AF614781

Springer Undergraduate Texts in Mathematics and Technology

Christiane Rousseau
Yvan Saint-Aubin

# Mathématiques et Technologie

Avec la participation d'Hélène Antaya et d'Isabelle Ascah-Coallier

Christiane Rousseau
Département de mathématiques
et de statistique
Université de Montréal
C.P. 6128, Succursale Centre-ville
Montréal, Québec H3C 3J7
Canada
rousseac@dms.umontreal.ca

Yvan Saint-Aubin
Département de mathématiques
et de statistique
Université de Montréal
C.P. 6128, Succursale Centre-ville
Montréal, Québec H3C 3J7
Canada
saint@dms.umontreal.ca

*Directeurs de collection*

Jonathan M. Borwein
Faculty of Computer Science
Dalhousie University
Halifax, Nova Scotia B3H 1W5
Canada
jborwein@cs.dal.ca

Helge Holden
Department of Mathematical Sciences
Norwegian University Science and
Technology
Alfred Getz vei 1
NO-7491 Trondheim
Norway
holden@math.ntnu.no

ISBN: 978-0-387-69212-8 e-ISBN: 978-0-387-69213-5

Library of Congress Control Number: 2007942237

Mathematics Subject Classi cation (2000): 00-01, 03-01, 42-01, 49-01, 94-01, 97-01



Printed on acid-free paper. / Imprimé sur papier non acide.

9 8 7 6 5 4 3 2 1

springer.com

# Préface

À quoi servent les mathématiques ? Tout n'a-t-il pas été trouvé en mathématiques ? Voici des questions bien naturelles pour de jeunes étudiants universitaires. Les réponses de leurs professeurs sont, la plupart du temps, rapides. En effet, les cours, structurés et chargés, s'accomodent mal de digressions qui permettraient de donner des exemples d'applications.

Les mêmes questions sont posées dans les écoles d'enseignement secondaire, par plus d'étudiants et avec plus d'insistance. Les maîtres de ces écoles ont évidemment la vie plus dure que les professeurs d'université. S'ils savent répondre de façon compétente à ces questions, c'est peut-être qu'ils l'ont appris auprès de ceux qui les ont formés. Et s'ils ne le savent pas, à qui la faute ?

***La genèse du livre***

Il est impossible d'introduire le présent livre sans présenter le cours d'où il tire ses origines. Le cours *Mathématiques et technologie* a été créé à l'Université de Montréal et donné pour la première fois au trimestre d'hiver 2001, pour pallier le fait que trop peu d'applications réelles étaient présentées dans nos cours. Depuis le début, le cours *Mathématiques et technologie* de l'Université de Montréal s'adresse principalement aux futurs maîtres au secondaire, quoiqu'il soit également ouvert à tous les étudiants de mathématiques.

Il n'existait pas de manuel approprié pour ce que nous voulions réaliser. Ceci nous a incité, dans un premier temps, à écrire des notes de cours. Nous nous sommes pris au jeu, si bien que ce livre contient maintenant plus de matériel que ce qui peut être enseigné en un seul trimestre. Et, quoique nous soyons tous deux des mathématiciens de carrière, nous devons avouer que nous ne connaissions pas ou peu les détails de plusieurs des applications qui sont décrites dans les chapitres qui suivent.

### *Les objectifs d'un cours* Mathématiques et technologie

Les objectifs d'un tel cours sont de montrer le caractère vivant des mathématiques et leur omniprésence dans le développement des technologies, et d'initier l'étudiant au processus de modélisation conduisant au développement de certaines applications des mathématiques.

Quoique quelques-uns des sujets couverts sortent maintenant du cadre strict des technologies, nous espérons faire comprendre que, oui, les mathématiques servent, et elles servent dans plusieurs applications de la vie de tous les jours. De plus, certains des sujets abordés sont en plein développement et permettent donc aux étudiants de se rendre compte, souvent pour la première fois, que les mathématiques sont en évolution et que de nombreuses questions demeurent ouvertes.

Puisque le cours accueille un nombre important de futurs maîtres au secondaire, il est important de souligner que le but n'est pas de leur fournir des exemples d'applications qu'ils pourront enseigner directement à leurs élèves, mais bien de leur présenter des exemples tangibles d'applications et de leur donner des outils pour qu'ils puissent eux-mêmes, plus tard, préparer des exemples d'applications à l'intention de leurs élèves. Ils doivent sentir qu'ils enseigneront une matière d'une grande beauté, certes, mais dont les applications ont façonné l'environnement humain et sa compréhension.

### *Le choix des sujets*

En choisissant les applications, nous avons porté une attention particulière aux points suivants.

- Les applications sont modernes ou touchent le quotidien des étudiants. De plus, contrairement aux mathématiques mûres enseignées dans les autres cours, les mathématiques utilisées ici appartiennent parfois à des chapitres récents ou même, encore en développement.
- Les mathématiques demeurent relativement élémentaires et, si elles dépassent les premiers cours du premier cycle (calcul, algèbre linéaire, probabilités) et les mathématiques du secondaire, les aspects manquants sont couverts dans le cadre du chapitre. Un effort spécial est fait pour donner aux mathématiques du secondaire, en particulier la géométrie, une place de choix. Le bagage mathématique de base est une boîte à outils remarquable, à condition de bien connaître et maîtriser ces outils, de se laisser aller à explorer leur polyvalence et, souvent pour la première fois, de découvrir combien ils deviennent puissants lorsqu'ils sont utilisés ensemble.
- Les applications choisies font ressortir la puissance de l'outil mathématique : pour le scientifique, les idées sont la chose la plus précieuse et, derrière la plupart des réussites technologiques, il y a une idée brillante, même si elle est parfois élémentaire.

Les sujets sont choisis tant pour leur intérêt intrinsèque que pour les mathématiques auxquelles ils font appel.

- La droite et le plan apparaissent sous toutes leurs formes (équation régulière, équation paramétrique, droite de l'espace), parfois de façon inattendue (les plans qui s'intersectent pour permettre la lecture d'un message encodé à l'aide du code de Reed–Solomon).

- Un très grand nombre de sujets font appel aux définitions géométriques d'objets géométriques usuels : le cercle, la sphère, les coniques. De plus, le concept de lieu géométrique revient à répétitions, par exemple pour les problèmes où on calcule la position d'un objet par triangulation (chapitre 1 sur le positionnement et chapitre 15 des flashs-science).
- Les différents types de transformations affines du plan ou de l'espace, en particulier les symétries et les rotations apparaissent de manière récurrente : compression d'images avec les fractales (chapitre 11), frises et mosaïques (chapitre 2), mouvement des robots (chapitre 3).
- Les groupes finis apparaissent comme groupes de symétrie des frises et mosaïques (chapitre 2), mais aussi pour les tests de primalité en cryptographie (chapitre 7).
- Les corps finis apparaissent aussi bien dans le chapitre sur les codes correcteurs d'erreurs (chapitre 6) que dans l'étude du signal généré par les satellites dans le système GPS (chapitre 1) et dans les générateurs de nombres aléatoires (chapitre 8).
- La cryptographie (chapitre 7) et les générateurs de nombres aléatoires (chapitre 8) font appel à l'arithmétique modulo $n$, alors que l'arithmétique modulo 2 intervient dans les codes correcteurs d'erreurs (chapitre 6).
- Les probabilités apparaissent dans des contextes inusités : l'algorithme PageRank pour le fonctionnement de Google (chapitre 9), ainsi que dans la construction de grands nombres premiers (chapitre 7), alors que leur utilisation dans les générateurs de nombres aléatoires est plus classique (chapitre 8).
- L'algèbre linéaire est omniprésente : codes de Hamming et de Reed–Solomon (chapitre 6), algorithme PageRank (chapitre 9), robotique (chapitre 3), frises et mosaïques (chapitre 2), fonctionnement du GPS (chapitre 1), standard JPEG (chapitre 12), etc.

### *Le livre comme manuel d'un cours*

Le livre s'adresse à des étudiants ayant maîtrisé les cours de calcul à plusieurs variables, d'algèbre linéaire et de probabilités élémentaires, et ayant des connaissances de géomérie euclidienne. Nous espérons n'avoir rien tenu d'autre pour acquis. La lecture du livre est malgré tout un défi et requiert une certaine maturité scientifique : elle demande de pouvoir sortir les acquis mathématiques des manuels originaux. En effet, la plupart des applications considérées nécessitent l'intégration d'une multitude de notions mathématiques. Pour cette raison, nous recommandons ce livre pour des étudiants de deuxième ou troisième année universitaire.

Le texte se présente sous deux formes : les chapitres principaux, plus longs et détaillés, et les *flashs-science* (chapitre 15), courts et bien circonscrits. Le lecteur verra une certaine unité dans les chapitres plus longs : les premières sections décrivent l'application et le problème mathématique qui est soulevé. Suit une description élémentaire de cas simples précédée, si besoin est, des compléments mathématiques. Nous appelons cette partie la *théorie élémentaire*. Enfin, une ou quelques sections couvrent en plus de détails les aspects mathématiques fins ou des détails technologiques où interviennent encore plus de mathématiques ou, simplement, mettent en relief le fait que les mathématiques seules ne suffisent pas toujours ! Nous avons pris l'habitude d'appeler cette dernière partie la *théorie avancée*. Chacune des applications est étudiée pendant environ cinq heures : d'abord la théorie élémentaire (une ou deux heures), des exercices (deux heures) et, si le temps le permet, la théorie avancée (une ou deux heures). Il arrive régulièrement que la partie avancée ne soit qu'effleurée. Les flashs-science peuvent être traités en une heure de cours ou donnés en exercice, sans avoir vu de théorie au préalable. Durant un trimestre, en plus de quelques flashs-science, nous parvenons à couvrir une partie importante de huit à 12 chapitres. Un autre choix naturel serait de réduire considérablement le nombre de chapitres couverts et de s'aventurer plus profondément dans les parties avancées.

Le présent recueil contient trop de matériel pour un cours d'un trimestre : on peut donc se permettre de choisir les sujets préférés, soit en fonction de leur intérêt comme tel, soit encore en fonction des mathématiques qu'ils font travailler. Les chapitres non traités ou les sections de théorie avancée peuvent servir de point de départ pour un projet de session. Quant au lecteur qui explorerait ce livre pour parfaire ses connaissances mathématiques et élargir ses horizons, il pourra aller d'un chapitre à l'autre selon sa fantaisie. Chaque chapitre est (mathématiquement) indépendant (ou presque), et tous les liens avec les autres chapitres sont explicites.

Une note, maintenant, pour les professeurs qui utiliseront ce manuel. L'enseignement de ce cours nous a forcé à réviser nos méthodes pédagogiques : ici, aucun sujet n'est un préalable pour un autre cours, les définitions et théorèmes ne sont pas le but ultime du cours, et les recettes ne sont pas suffisantes pour résoudre les problèmes. Tous ces facteurs sont source d'anxiété pour les étudiants. De plus, nous ne sommes pas des spécialistes des technologies que nous examinons. Nous multiplions les liens aves la technologie. Nous encourageons la participation des étudiants ; ceci permet de vérifier leur préparation relativement aux outils mathématiques utilisés. Quant aux examens, nous les rassurons dès le départ : ils sont à livre ouvert, non cumulatifs et limités aux parties élémentaires. Ils mettent ainsi l'accent sur la modélisation simple et la résolution de problèmes. Nos ensembles d'exercices mettent l'accent sur le développement de ces aptitudes. Les étudiants maîtrisent donc la partie élémentaire travaillée au moyen d'exercices, et découvrent, sans pression, le plaisir de se cultiver en explorant la partie avancée.

### *Le livre pour le lecteur solitaire*

Pendant toutes ces années d'écriture du livre, nous nous sommes pris au jeu de décortiquer et comprendre les mathématiques sous-jacentes aux applications technologiques proposées ici et de mettre en lumière la beauté et la puissance des outils mathématiques. Nous croyons que ce manuel peut intéresser tout lecteur, du jeune scientifique au mathématicien chevronné curieux de comprendre les mathématiques cachées derrière les réalisations technologiques. À son gré, ce lecteur peut se promener entre les parties élémentaires et avancées, tirer parti du fait que les chapitres sont indépendants, profiter des notes historiques et, qui sait, regarder quelques problèmes.

***Les contributions d'Hélène Antaya et Isabelle Ascah-Coallier***

Le chapitre 14 sur le calcul des variations a été écrit par Hélène Antaya alors qu'elle effectuait un stage d'été à la fin de son cégep. Le chapitre 13 sur l'ordinateur à l'ADN a été écrit l'été suivant par Hélène Antaya et Isabelle Ascah-Coallier, alors détentrices de bourses de recherche du premier cycle du Conseil de recherches en sciences naturelles et en génie du Canada.

***Mode d'emploi des chapitres***

À peu de choses près, les chapitres sont indépendants. Au début de chacun, un court mode d'emploi décrit les connaissances de base utilisées ainsi que la dépendance entre les sections et, s'il y a lieu, leurs difficultés relatives.

Christiane Rousseau
Yvan Saint-Aubin

Département de mathématiques et de statistique
Université de Montréal
Mai 2008

# Remerciements

La genèse du cours *Mathématiques et technologie* et des notes de cours ayant donné naissance à ce livre remonte à l'hiver 2001. Il nous a fallu apprendre de nouveaux sujets que nous ne connaissions pas ou peu, composer des exercices et encadrer des projets d'étudiants dans des domaines qui nous étaient inconnus. Pendant toutes ces années nous avons posé beaucoup de questions et quémandé beaucoup d'explications. Nous voulons remercier les nombreuses personnes qui nous ont supporté scientifiquement. Leur aide aura aussi réduit considérablement le nombre des imprécisions et erreurs ; nous demeurons évidemment responsables de celles qui demeurent et nous invitons les lecteurs à nous les rapporter.

Nous avons appris beaucoup de Jean-Claude Rizzi, Martin Vachon et Annie Boily, tous d'Hydro-Québec, sur le suivi des orages, de Stéphane Durand et Anne Bourlioux sur des points fins concernant le GPS, d'Andrew Granville sur les algorithmes récents de factorisation des nombres entiers, de Valérie Poulin et Isabelle Ascah-Coallier sur le fonctionnement de l'ordinateur quantique, de Pierre L'Écuyer sur les générateurs de nombres aléatoires, de Mehran Sahami sur Google, de Serge Robert, Jean LeTourneux et Anik Soulière sur les liens entre les mathématiques et le son musical, de Paul Rousseau et Pierre Beaudry sur les circuits fondamentaux des ordinateurs, de Mark Goresky sur les registres à décalage et les propriétés des suites qu'ils génèrent. David Austin, Robert Calderbank, Brigitte Jaumard, Jean LeTourneux, Robert Moody, Pierre Poulin, Robert Roussarie, Kaleem Siddiqi et Loïc Teyssier nous ont fourni des références et des commentaires précieux.

Beaucoup de nos amis et collègues ont lu des portions du manuscrit et nous ont fait des commentaires, dont Pierre Bouchard, Michel Boyer, Raymond Elmahdaoui, Alexandre Girouard, Martin Goldstein, Jean LeTourneux, Francis Loranger, Marie Luquette, Robert Owens, Serge Robert, Olivier Rousseau. Nicolas Beauchemin et André Montpetit nous ont aidés plus d'une fois lors de problèmes de graphisme et nous ont révélé des subtilités de TeX. Les conseils typographiques et linguistiques de Mireille Côté nous ont été fort utiles.

Dès les premières esquisses, nous avons fait circuler notre manuscrit. Beaucoup de nos collègues et amis nous ont encouragés dans notre aventure, dont John Ball, Jonathan Borwein, Bill Casselman, Carmen Chicone, Karl Dilcher, Freddy Dumortier, Stéphane Durand, Ivar Ekeland, Bernard Hodgson, Nassif Ghoussoub, Frédéric Gourdeau, Jacques Hurtubise, Louis Marchildon, Odile Marcotte et Pierre Mathieu.

Nous sommes très reconnaissants à Chris Hamilton, qui a travaillé pendant des mois à faire la traduction anglaise. Ses commentaires judicieux et sa traque des erreurs ont servi à l'amélioration de la version française du livre.

Nous remercions chaleureusement Dominique Bouchard d'avoir accepté si généreusement de relire notre manuscrit ; son travail aura permis une uniformisation de la typographie et de relever plusieurs coquilles.

Nous sommes reconnaissants à Ann Kostant et Springer, qui ont montré un grand intérêt pour notre livre, de la première version jusqu'à la version finale.

Nous voulons remercier également nos proches, Manuel Giménez, Serge Robert, Olivier Rousseau et Valérie Poulin, Anaïgue Robert et Chi-Thanh Quach qui nous ont longuement entendus parler de notre livre et soutenus dans notre projet.

# Table des matières

**Préface** ........ V

**1 Positionnement** ........ 1
1.1 Introduction ........ 1
1.2 Le GPS (***Global Positioning System***) ........ 2
1.2.1 Quelques informations sur le système de GPS ........ 2
1.2.2 La théorie du GPS ........ 3
1.2.3 L'adaptation aux contraintes pratiques ........ 6
1.3 Coups de foudre et orages ........ 12
1.3.1 La localisation des coups de foudre ........ 12
1.3.2 Seuil et qualité de la détection ........ 15
1.3.3 Gestion du risque à long terme ........ 18
1.4 Les registres à décalage ........ 19
1.4.1 La structure de corps sur $\mathbb{F}_{2^r}$ ........ 22
1.4.2 Preuve du théorème 1.4 ........ 25
1.5 La cartographie ........ 27
1.6 Exercices ........ 36

**Références** ........ 43

**2 Frises et mosaïques** ........ 45
2.1 Frises et symétries ........ 48
2.2 Groupe de symétrie et transformation affine ........ 53
2.3 La classification ........ 59
2.4 Mosaïques ........ 65
2.5 Exercices ........ 69

**Références** ........ 85

**3 Les mouvements d'un robot** ..... 87
3.1 Introduction ..... 87
3.1.1 Les mouvements d'un solide dans le plan ..... 90
3.1.2 Réflexion sur le nombre de degrés de liberté ..... 92
3.2 Mouvements qui préservent distances et angles ..... 93
3.3 Propriétés des matrices orthogonales ..... 97
3.4 Les changements de base ..... 105
3.5 Les différents repères associés à un robot ..... 108
3.6 Exercices ..... 114

**Référence** ..... 121

**4 Squelette et chirurgie aux rayons gamma** ..... 123
4.1 Introduction ..... 123
4.2 Définition de squelette. Régions bidimensionnelles ..... 124
4.3 Régions tridimensionnelles ..... 134
4.4 L'algorithme optimal pour la chirurgie ..... 137
4.5 Un algorithme numérique ..... 139
4.5.1 Première partie de l'algorithme ..... 140
4.5.2 Deuxième partie de l'algorithme ..... 143
4.5.3 Preuve de la proposition 4.17 ..... 144
4.6 Les autres applications du squelette en science ..... 146
4.7 La propriété fondamentale du squelette ..... 147
4.8 Exercices ..... 151

**Références** ..... 157

**5 Épargner et emprunter** ..... 159
5.1 Vocabulaire bancaire ..... 159
5.2 Composition des intérêts ..... 160
5.3 Un plan d'épargne ..... 163
5.4 Emprunter ..... 165
5.5 Exercices ..... 169
5.6 Appendice : tables de prêts hypothécaires ..... 171

**Références** ..... 175

**6 Codes correcteurs** ..... 177
6.1 Introduction : numériser, détecter et corriger ..... 177
6.2 Le corps $\mathbb{F}_2$ ..... 181
6.3 Le code de Hamming $C(7, 4)$ ..... 183
6.4 Les codes de Hamming $C(2^k - 1, 2^k - k - 1)$ ..... 186
6.5 Corps finis ..... 189
6.6 Les codes de Reed et Solomon ..... 198

6.7 Appendice : le produit scalaire et les corps finis ... 203
6.8 Exercices ... 204

**Références** ... 211

**7 La cryptographie à clé publique** ... 213
7.1 Introduction ... 213
7.2 Quelques outils de théorie des nombres ... 214
7.3 Le principe du code RSA ... 217
7.4 Construire de grands nombres premiers ... 225
7.5 L'algorithme de Shor ... 235
7.6 Exercices ... 238

**Références** ... 245

**8 Générateurs de nombres aléatoires** ... 247
8.1 Introduction ... 247
8.2 Le registre à décalage ... 252
8.3 Générateurs $\mathbb{F}_p$-linéaires ... 254
8.3.1 Le cas $p = 2$ ... 254
8.3.2 Une leçon pour les jeux de hasard ... 259
8.3.3 Le cas général ... 260
8.4 Générateur récursif multiple combiné ... 261
8.5 Conclusion ... 263
8.6 Exercices ... 264

**Références** ... 271

**9 Google et l'algorithme PageRank** ... 273
9.1 Les moteurs de recherche ... 273
9.2 Toile et chaînes de Markov ... 277
9.3 PageRank amélioré ... 286
9.4 Le théorème de Frobenius ... 289
9.5 Exercices ... 292

**Références** ... 297

**10 Pourquoi 44 100 nombres à la seconde ?** ... 299
10.1 Introduction ... 299
10.2 La gamme musicale ... 300
10.3 La dernière note (introduction à l'analyse de Fourier) ... 304
10.4 La fréquence de Nyquist et le pourquoi du 44 100 ... 315
10.5 Exercices ... 325

**Références** .......... 333

**11 Compression d'images par fonctions itérées** .......... 335
11.1 Introduction .......... 335
11.2 Les transformations affines du plan .......... 337
11.3 Les systèmes de fonctions itérées .......... 340
11.4 Itération d'une contraction et point fixe .......... 347
11.5 La distance de Hausdorff .......... 351
11.6 La dimension des attracteurs .......... 356
11.7 Une photographie comme attracteur .......... 361
11.8 Exercices .......... 372

**Références** .......... 377

**12 Compression d'images : le standard JPEG** .......... 379
12.1 Introduction .......... 379
12.2 Un zoom sur une photographie numérique en format JPEG .......... 382
12.3 Le cas du carré de $2 \times 2$ pixels .......... 383
12.4 Le cas du carré de $N \times N$ pixels .......... 389
12.5 Le standard JPEG .......... 399
12.6 Exercices .......... 407

**Références** .......... 413

**13 L'ordinateur à ADN** .......... 415
13.1 Introduction .......... 416
13.2 Le problème du chemin hamiltonien résolu par Adleman .......... 418
13.3 Machines de Turing et fonctions récursives .......... 421
13.3.1 Le fonctionnement d'une machine de Turing .......... 421
13.3.2 Fonctions primitives récursives et fonctions récursives .......... 428
13.4 Les machines de Turing et les systèmes d'insertion–délétion .......... 439
13.5 Les problèmes NP-complets .......... 443
13.5.1 Le problème du chemin hamiltonien .......... 443
13.5.2 Le problème de la satisfaisabilité .......... 444
13.6 Retour sur les ordinateurs à ADN .......... 447
13.6.1 Problème du chemin hamiltonien et insertion–délétion .......... 447
13.6.2 Les limites actuelles .......... 448
13.6.3 Quelques explications biologiques sur la réplication des bases .......... 450
13.7 Exercices .......... 454

**Références** .......... 459

**14 Le calcul des variations** ........ 461
14.1 Le problème fondamental du calcul des variations ........ 462
14.2 L'équation d'Euler–Lagrange ........ 466
14.3 Le principe de Fermat ........ 470
14.4 La meilleure piste de planche à roulettes ........ 471
14.5 Le tunnel le plus rapide ........ 474
14.6 La propriété tautochrone de la courbe cycloïde ........ 480
14.7 Un dispositif isochrone ........ 483
14.8 Pellicules de savon ........ 485
14.9 Le principe de Hamilton ........ 490
14.10 Deux problèmes isopérimétriques ........ 493
14.11 Le miroir liquide ........ 500
14.12 Exercices ........ 505

**Références** ........ 513

**15 Flashs-science** ........ 515
15.1 Les lois de réflexion et de réfraction de la lumière ........ 515
15.2 Quelques applications des coniques ........ 522
15.2.1 Une propriété remarquable de la parabole ........ 522
15.2.2 L'ellipse ........ 532
15.2.3 L'hyperbole ........ 534
15.2.4 Des outils ingénieux pour tracer les coniques ........ 535
15.3 Les quadriques en architecture ........ 535
15.4 La disposition optimale des antennes ........ 542
15.5 Les diagrammes de Voronoï ........ 546
15.6 La vision des ordinateurs ........ 551
15.7 Un bref coup d'œil sur l'architecture d'un ordinateur ........ 553
15.8 Le pavage régulier à 12 pentagones sphériques ........ 558
15.9 Le piquetage d'une route ........ 565
15.10 Exercices ........ 566

**Références** ........ 581

**Index** ........ 583

# 1

# Le positionnement sur la Terre et dans l'espace

*Ce chapitre est la meilleure illustration dans le livre de la diversité des applications des mathématiques à une seule question technique : comment localiser les personnes, objets et événements sur la planète. Cette surprenante diversité peut mériter qu'on consacre plus d'une semaine au chapitre.*

*En deux heures, on peut traiter de la théorie du GPS (section 1.2) et discuter très brièvement les applications à la localisation des orages (section 1.3). Ensuite il faut faire un choix. Si l'on a introduit les corps finis dans le chapitre 6 sur les codes correcteurs d'erreurs ou qu'on les a utilisés dans le chapitre 8 sur les générateurs de nombres aléatoires, alors on peut traiter le signal du GPS en un peu plus d'une heure (section 1.4), parce qu'on peut sauter les rappels sur les corps. Si le temps est limité et qu'on n'a pas vu les préalables sur les corps finis, on peut se contenter d'énoncer le théorème 1.4 et de l'illustrer sur des exemples comme l'exemple 1.5. Il faut compter presque deux heures pour présenter la cartographie (section 1.5), sauf si les étudiants connaissent déjà la notion de transformation conforme. La section 1.2 ne requiert que de la géométrie euclidienne et de l'algèbre linéaire de base, alors que la section 1.3 fait appel à des concepts probabilistes élémentaires. La section 1.4 est plus difficile sauf si on a une certaine familiarité avec les corps finis. La section 1.5 utilise le calcul à plusieurs variables.*

## 1.1 Introduction

De tout temps, l'homme a voulu connaître sa position sur la Terre. Il a commencé par utiliser des moyens élémentaires comme le sextant en navigation, la boussole pour indiquer le nord magnétique, le compas magnétique pour tenir un cap. Depuis peu, on dispose d'outils beaucoup plus sophistiqués comme le GPS (*Global Positioning System*). Dans ce chapitre, nous remonterons le temps : nous commencerons par décrire en détail le système GPS pour ensuite parler, très brièvement, des moyens anciens, principalement sous forme d'exercices.

Comme ces moyens ne sont utiles que si on dispose de cartes du monde, nous accorderons une section à la cartographie. En effet, la Terre étant une sphère, il est impossible de la représenter sur un plan en respectant les angles, les rapports de longueur et les rapports de surface. Des compromis doivent être faits. Les compromis choisis dépendent de la problématique. L'*Atlas de Peters* a fait le choix d'utiliser des projections qui préservent le rapport des surfaces [3]. Dans les cartes marines, on fait le choix d'utiliser une projection qui préserve les angles.

## 1.2 Le GPS (*Global Positioning System*)

### 1.2.1 Quelques informations sur le système de GPS

Le système GPS a été complètement déployé en juillet 1995 par le département de la Défense des États-Unis, qui autorise le public à s'en servir. À l'époque, il y avait 24 satellites, dont 21 au minimum fonctionnaient au moins 98 % du temps. En 2005, il y avait 32 satellites, dont 24 au moins en fonctionnement, les autres pouvant prendre la relève en cas de panne de satellites. Les satellites sont situés à une altitude de 20 200 km de la Terre. Ils sont répartis dans six plans orbitaux faisant des angles de 55 degrés avec le plan de l'équateur (figure 1.1). On a au moins quatre satellites par plan orbital, situés environ à égale distance les uns des autres. Les satellites ont une orbite circulaire avec une période de 11 heures et 58 minutes. La disposition des satellites est telle qu'à tout instant et à tout endroit sur la Terre, on peut capter le signal d'au moins quatre satellites.

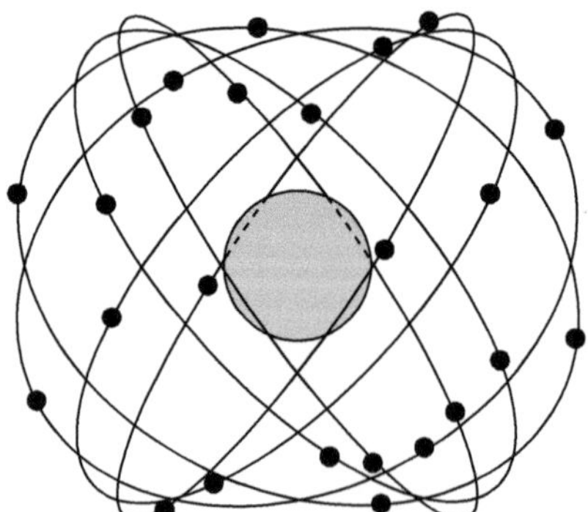

**Fig. 1.1.** Les 24 satellites sur six plans orbitaux

Les 24 satellites émettent des signaux répétés périodiquement. Les signaux sont captés à l'aide d'un récepteur. Lorsqu'on achète un GPS, on achète un récepteur qui captera le signal des satellites et calculera sa position. Le récepteur a en mémoire un almanach, lequel contient la position prévue des satellites à chaque instant. Cependant, comme des petites erreurs sur l'orbite sont inévitables, les corrections à apporter à la position du satellite sont codées dans le signal du satellite (la mise à jour de la position des satellites est faite toutes les heures). Chaque satellite émet son signal continûment. La période du signal est fixe, et les instants de début du cycle du signal sont inscrits dans l'almanach. Les satellites sont équipés d'horloges atomiques extrêmement précises permettant que le signal soit parfaitement en phase avec ce qui est annoncé dans l'almanach. Lorsque le récepteur capte le signal d'un satellite, il se met lui-même à générer les signaux des différents satellites et il les compare avec les signaux reçus. En général, les signaux ne concordent pas. Il translate alors les signaux qu'il génère jusqu'à ce qu'un des signaux qu'il génère soit en accord parfait avec le signal reçu (il mesure ceci en calculant la corrélation entre les deux signaux). Il peut alors calculer le temps de parcours du signal depuis le satellite. On discutera ceci en détail dans la section 1.4.

On décrira ci-dessous le fonctionnement d'un GPS commun. Son algorithme de calcul lui permet de déterminer la position du récepteur à 20 mètres près. La précision de la mesure a été brouillée jusqu'en mai 2000 par département de la Défense des États-Unis, si bien qu'on obtenait seulement une précision de 100 mètres au lieu des 20 mètres possibles par le système de mesure décrit ci-dessous.

### 1.2.2 La théorie du GPS

**Comment le récepteur calcule-t-il sa position ?** Nous ferons tout d'abord l'hypothèse que les horloges de tous les satellites et du récepteur sont parfaitement synchronisées. Le récepteur calcule sa position par triangulation. Le principe de base de toute méthode de triangulation est que, pour calculer la position d'un objet ou d'une personne, on décrit des caractéristiques de sa position (une distance, un angle, etc.) par rapport à des objets dont la position est connue. Dans le cas d'un récepteur GPS, les objets dont la position est connue sont les satellites. Voyons le détail :

- Le récepteur mesure le temps $t_1$ mis par le signal émis par un premier satellite $P_1$ pour parcourir la distance qui le sépare du satellite. Étant donné que le signal voyage à la vitesse de la lumière $c$, le récepteur calcule la distance

  $$r_1 = ct_1$$

  entre le récepteur et le satellite $P_1$. L'ensemble des points de l'espace situés à la distance $r_1$ du satellite $P_1$ est la sphère $S_1$ centrée en $P_1$ de rayon $r_1$. On sait donc que le récepteur est situé sur la sphère $S_1$. Prenons un système cartésien de coordonnées. Soient $(x, y, z)$ la position (inconnue) du récepteur et $(a_1, b_1, c_1)$ la position (connue) du satellite $P_1$. Alors $(x, y, z)$ satisfait l'équation des points de la sphère de centre $(a_1, b_1, c_1)$ et de rayon $r_1$ à savoir

  $$(x - a_1)^2 + (y - b_1)^2 + (z - c_1)^2 = r_1^2 = c^2 t_1^2. \tag{1.1}$$

- Cette donnée ne suffit pas à connaître précisément la position du récepteur. Le récepteur capte donc le signal d'un deuxième satellite $P_2$, mesure son temps de parcours $t_2$ et en déduit la distance $r_2 = ct_2$ de $P_2$ au récepteur. Comme précédemment, on peut en déduire que le récepteur se trouve sur la sphère $S_2$ centrée en $P_2$ de rayon $r_2$. En supposant que le deuxième satellite est situé au point $(a_2, b_2, c_2)$, alors $(x, y, z)$ satisfait l'équation des points de la sphère de centre $(a_2, b_2, c_2)$ et de rayon $r_2$ à savoir

$$(x-a_2)^2 + (y-b_2)^2 + (z-c_2)^2 = r_2^2 = c^2 t_2^2. \tag{1.2}$$

On a progressé, car deux sphères s'intersectent sur un cercle : on connaît maintenant un cercle $C_{1,2}$ sur lequel se trouve le récepteur, mais cela ne suffit pas à connaître précisément la position du récepteur.
- Pour que le récepteur puisse calculer complètement sa position, il suffit qu'il capte le signal d'un troisième satellite $P_3$ et mesure son temps de parcours $t_3$. Alors, le récepteur est situé sur la sphère $S_3$ centrée en $P_3$ de rayon $r_3 = ct_3$. Si $(a_3, b_3, c_3)$ sont les coordonnées de $P_3$, alors $(x, y, z)$ satisfait l'équation des points de la sphère de centre $(a_3, b_3, c_3)$ et de rayon $r_3$ à savoir

$$(x-a_3)^2 + (y-b_3)^2 + (z-c_3)^2 = r_3^2 = c^2 t_3^2. \tag{1.3}$$

Le récepteur est donc sur l'intersection du cercle $C_{1,2}$ et de la sphère $S_3$. Un cercle et une sphère s'intersectant en deux points, il semblerait qu'il nous manque encore de l'information pour connaître exactement la position du récepteur. Fort heureusement, il n'en est rien. En effet, la position des satellites est arrangée pour que l'une des deux solutions soit complètement irréaliste parce que très loin de la surface de la Terre. En cherchant les deux solutions du système $(\star)$ d'équations formé des équations (1.1), (1.2), (1.3) et en éliminant la solution irréaliste, le récepteur a déterminé précisément sa position.

**La solution du système** $(\star)$ Les équations du système $(\star)$ sont quadratiques (non linéaires), ce qui complique la solution. On peut cependant remarquer que, si on soustrait à une des équations de $(\star)$ une deuxième équation de $(\star)$, on obtient une équation linéaire, car les termes en $x^2$, $y^2$ et $z^2$ s'annulent. On remplace donc le système $(\star)$ par un système équivalent obtenu en gardant la troisième équation et en remplaçant la première équation par (1.1)$-$(1.3) et la seconde par (1.2)$-$(1.3). On obtient le système

$$\begin{array}{rcl} 2(a_3-a_1)x + 2(b_3-b_1)y + 2(c_3-c_1)z &=& A_1, \\ 2(a_3-a_2)x + 2(b_3-b_2)y + 2(c_3-c_2)z &=& A_2, \\ (x-a_3)^2 + (y-b_3)^2 + (z-c_3)^2 = r_3^2 &=& c^2 t_3^2, \end{array} \tag{1.4}$$

où

$$\begin{array}{rcl} A_1 &=& c^2(t_1^2 - t_3^2) + (a_3^2 - a_1^2) + (b_3^2 - b_1^2) + (c_3^2 - c_1^2), \\ A_2 &=& c^2(t_2^2 - t_3^2) + (a_3^2 - a_2^2) + (b_3^2 - b_2^2) + (c_3^2 - c_2^2). \end{array} \tag{1.5}$$

Les satellites sont disposés de telle sorte que jamais trois d'entre eux ne sont alignés. Ceci garantit qu'au moins un des trois déterminants $2 \times 2$

$$\begin{vmatrix} a_3 - a_1 & b_3 - b_1 \\ a_3 - a_2 & b_3 - b_2 \end{vmatrix}, \quad \begin{vmatrix} a_3 - a_1 & c_3 - c_1 \\ a_3 - a_2 & c_3 - c_2 \end{vmatrix}, \quad \begin{vmatrix} b_3 - b_1 & c_3 - c_1 \\ b_3 - b_2 & c_3 - c_2 \end{vmatrix},$$

est non nul. En effet, si ces trois déterminants sont nuls, alors les vecteurs $(a_3 - a_1, b_3 - b_1, c_3 - c_1)$ et $(a_3 - a_2, b_3 - b_2, c_3 - c_2)$ sont collinéaires (leur produit vectoriel est nul), c'est-à-dire que les trois points $P_1$, $P_2$ et $P_3$ sont alignés.

Supposons, par exemple, que le premier déterminant soit non nul. En utilisant la règle de Cramer, on peut tirer $x$ et $y$ en fonction de $z$ dans les deux premières équations de (1.4) :

$$\begin{aligned} x &= \frac{\begin{vmatrix} A_1 - 2(c_3 - c_1)z & 2(b_3 - b_1) \\ A_2 - 2(c_3 - c_2)z & 2(b_3 - b_2) \end{vmatrix}}{\begin{vmatrix} 2(a_3 - a_1) & 2(b_3 - b_1) \\ 2(a_3 - a_2) & 2(b_3 - b_2) \end{vmatrix}}, \\ y &= \frac{\begin{vmatrix} 2(a_3 - a_1) & A_1 - 2(c_3 - c_1)z \\ 2(a_3 - a_2) & A_2 - 2(c_3 - c_2)z \end{vmatrix}}{\begin{vmatrix} 2(a_3 - a_1) & 2(b_3 - b_1) \\ 2(a_3 - a_2) & 2(b_3 - b_2) \end{vmatrix}}. \end{aligned} \tag{1.6}$$

En remplaçant $x$ et $y$ par ces valeurs dans la troisième équation de (1.4), on obtient une équation quadratique en $z$ dont on peut calculer les deux solutions $z_1$ et $z_2$. En remplaçant $z$ successivement par $z_1$ et $z_2$ dans (1.6), on obtient les valeurs correspondantes $x_1$, $x_2$ et $y_1$, $y_2$. Un logiciel de manipulations symboliques peut facilement donner les formules, mais ces formules sont trop grosses pour avoir quelque intérêt.

**Un choix d'axes de coordonnées** Nulle part dans le calcul précédent n'avons-nous eu à choisir explicitement le système d'axes. Mais, pour faire le lien avec la position exprimée à l'aide de la longitude, la latitude et l'altitude, nous faisons le choix suivant :

- le centre des coordonnées est le centre de la Terre ;
- l'axe $z$ passe par les pôles et est orienté vers le pôle Nord ;
- les axes $x$ et $y$ sont dans le plan de l'équateur ;
- le demi-axe $x$ positif (respectivement demi-axe $y$ positif) pointe à la longitude 0 (respectivement 90 degrés ouest).

Le rayon de la Terre étant $R$ ($R$ est environ 6365 km), une solution $(x_i, y_i, z_i)$ est acceptable si $x_i^2 + y_i^2 + z_i^2 \approx (6365 \pm 50)^2$. L'incertitude de 50 km permet de pallier largement l'altitude en montagne ou pour un avion. Des coordonnées naturelles sur la Terre sont données par la longitude $L$, la latitude $l$ et la distance $h$ au centre de la Terre (l'altitude par rapport au niveau de la mer est alors $h - R$). La longitude et la latitude sont des angles que l'on va mesurer en degrés. Si un point $(x, y, z)$ est sur la sphère de rayon $R$, c'est-à-dire à l'altitude 0, alors sa longitude et sa latitude sont obtenues en résolvant le système d'équations

$$\begin{aligned} x &= R\cos L\cos l, \\ y &= R\sin L\cos l, \\ z &= R\sin l. \end{aligned} \tag{1.7}$$

Comme $l \in [-90°, 90°]$, on obtient

$$l = \arcsin\frac{z}{R}, \tag{1.8}$$

ce qui permet de calculer $\cos l$. La longitude $L$ est alors uniquement déterminée par les deux équations :

$$\begin{cases} \cos L = \dfrac{x}{R\cos l}, \\ \\ \sin L = \dfrac{y}{R\cos l}. \end{cases} \tag{1.9}$$

**Calcul de la position du récepteur** Soit $(x, y, z)$ la position du récepteur. On commence par calculer sa distance $h$ au centre de la Terre. Celle-ci est donnée par

$$h = \sqrt{x^2 + y^2 + z^2}.$$

On a maintenant deux choix pour calculer sa latitude et sa longitude : adapter les formules (1.8) et (1.9) en remplaçant $R$ par $h$ ou encore, dire que le récepteur a la même longitude et latitude que sa projection sur la sphère correspondant au niveau de la mer, à savoir le point :

$$(x_0, y_0, z_0) = \left(x\frac{R}{h}, y\frac{R}{h}, z\frac{R}{h}\right).$$

L'altitude du récepteur est $h - R$.

### 1.2.3 L'adaptation aux contraintes pratiques

Nous venons de présenter la théorie. Malheureusement, en pratique, les choses sont un peu plus compliquées, car les temps mesurés sont très petits, et il faut donc faire des mesures très précises. Les satellites sont équipés d'horloges atomiques très coûteuses et parfaitement synchronisées alors que le récepteur a une horloge de qualité moindre, ce qui lui permet d'être à la portée de toutes les bourses. Cette horloge de moindre qualité peut quand même calculer le temps de parcours du signal de manière adéquate, mais elle ne peut rester synchronisée avec les horloges des satellites. Comment contourne-t-on la difficulté ? Auparavant, nous avions trois inconnues $x, y, z$. Pour les trouver, nous avons donc eu besoin de mesurer trois quantités $t_1$, $t_2$ et $t_3$. Maintenant, notre récepteur mesure bien des temps $T_1$, $T_2$ et $T_3$, mais ce sont des temps de parcours fictifs, car le récepteur ne sait pas si son horloge est synchronisée avec celle des satellites. Le temps $T_i$ mesuré par le récepteur est donc donné par

$$\begin{aligned} T_i &= \text{(heure d'arrivée du signal sur l'horloge du récepteur)} \\ &\quad - \text{(heure de départ du signal sur l'horloge du satellite).} \end{aligned}$$

La solution vient du fait que l'erreur entre les temps de parcours réels $t_i$ et les temps de parcours fictifs $T_i$ est la même pour chaque satellite : $T_i = \tau + t_i$, $i = 1, 2, 3$, où

$$\begin{aligned} t_i &= \text{(heure d'arrivée du signal sur l'horloge du satellite)} \\ &\quad - \text{(heure de départ du signal sur l'horloge du satellite)} \end{aligned}$$

et $\tau$ est donné par

$$\begin{aligned} \tau &= \text{(heure d'arrivée du signal sur l'horloge du récepteur)} \\ &\quad - \text{(heure d'arrivée du signal sur l'horloge du satellite).} \end{aligned} \tag{1.10}$$

La constante $\tau$ ainsi calculée est le décalage entre l'horloge des satellites et l'horloge du récepteur. C'est une quatrième inconnue, $\tau$, qui s'ajoute aux trois inconnues $x$, $y$, $z$, que sont les coordonnées de la position du récepteur. Pour obtenir un nombre fini de solutions pour un système à quatre inconnues, il nous faut en général quatre équations. Il est très simple d'obtenir une quatrième équation : le récepteur mesure un quatrième temps de parcours (fictif) $T_4$ du signal émis par un quatrième satellite $P_4$. En notant que pour $i = 1, \ldots, 4$, on a $t_i = T_i - \tau$, on a donc le système

$$\begin{aligned} (x-a_1)^2 + (y-b_1)^2 + (z-c_1)^2 &= c^2(T_1-\tau)^2, \\ (x-a_2)^2 + (y-b_2)^2 + (z-c_2)^2 &= c^2(T_2-\tau)^2, \\ (x-a_3)^2 + (y-b_3)^2 + (z-c_3)^2 &= c^2(T_3-\tau)^2, \\ (x-a_4)^2 + (y-b_4)^2 + (z-c_4)^2 &= c^2(T_4-\tau)^2, \end{aligned} \tag{1.11}$$

aux quatre inconnues $x, y, z, \tau$. Dans ce système, on peut, comme précédemment, faire des opérations élémentaires permettant de remplacer trois des équations quadratiques par des équations linéaires. Pour ce faire, on soustrait la quatrième équation à chacune des trois premières. On obtient le système équivalent :

$$\begin{aligned} 2(a_4-a_1)x + 2(b_4-b_1)y + 2(c_4-c_1)z &= 2c^2\tau(T_4-T_1) + B_1, \\ 2(a_4-a_2)x + 2(b_4-b_2)y + 2(c_4-c_2)z &= 2c^2\tau(T_4-T_2) + B_2, \\ 2(a_4-a_3)x + 2(b_4-b_3)y + 2(c_4-c_3)z &= 2c^2\tau(T_4-T_3) + B_3, \\ (x-a_4)^2 + (y-b_4)^2 + (z-c_4)^2 &= c^2(T_4-\tau)^2, \end{aligned} \tag{1.12}$$

où

$$\begin{aligned} B_1 &= c^2(T_1^2-T_4^2) + (a_4^2-a_1^2) + (b_4^2-b_1^2) + (c_4^2-c_1^2), \\ B_2 &= c^2(T_2^2-T_4^2) + (a_4^2-a_2^2) + (b_4^2-b_2^2) + (c_4^2-c_2^2), \\ B_3 &= c^2(T_3^2-T_4^2) + (a_4^2-a_3^2) + (b_4^2-b_3^2) + (c_4^2-c_3^2). \end{aligned} \tag{1.13}$$

Dans le système (1.12), la règle de Cramer appliquée aux trois premières équations permet de tirer $x, y, z$ en fonction de $\tau$ :

$$
\begin{aligned}
x &= \frac{\begin{vmatrix} 2c^2\tau(T_4 - T_1) + B_1 & 2(b_4 - b_1) & 2(c_4 - c_1) \\ 2c^2\tau(T_4 - T_2) + B_2 & 2(b_4 - b_2) & 2(c_4 - c_2) \\ 2c^2\tau(T_4 - T_3) + B_3 & 2(b_4 - b_3) & 2(c_4 - c_3) \end{vmatrix}}{\begin{vmatrix} 2(a_4 - a_1) & 2(b_4 - b_1) & 2(c_4 - c_1) \\ 2(a_4 - a_2) & 2(b_4 - b_2) & 2(c_4 - c_2) \\ 2(a_4 - a_3) & 2(b_4 - b_3) & 2(c_4 - c_3) \end{vmatrix}}, \\
y &= \frac{\begin{vmatrix} 2(a_4 - a_1) & 2c^2\tau(T_4 - T_1) + B_1 & 2(c_4 - c_1) \\ 2(a_4 - a_2) & 2c^2\tau(T_4 - T_2) + B_2 & 2(c_4 - c_2) \\ 2(a_4 - a_3) & 2c^2\tau(T_4 - T_3) + B_3 & 2(c_4 - c_3) \end{vmatrix}}{\begin{vmatrix} 2(a_4 - a_1) & 2(b_4 - b_1) & 2(c_4 - c_1) \\ 2(a_4 - a_2) & 2(b_4 - b_2) & 2(c_4 - c_2) \\ 2(a_4 - a_3) & 2(b_4 - b_3) & 2(c_4 - c_3) \end{vmatrix}}, \qquad (1.14) \\
z &= \frac{\begin{vmatrix} 2(a_4 - a_1) & 2(b_4 - b_1) & 2c^2\tau(T_4 - T_1) + B_1 \\ 2(a_4 - a_2) & 2(b_4 - b_2) & 2c^2\tau(T_4 - T_2) + B_2 \\ 2(a_4 - a_3) & 2(b_4 - b_3) & 2c^2\tau(T_4 - T_3) + B_3 \end{vmatrix}}{\begin{vmatrix} 2(a_4 - a_1) & 2(b_4 - b_1) & 2(c_4 - c_1) \\ 2(a_4 - a_2) & 2(b_4 - b_2) & 2(c_4 - c_2) \\ 2(a_4 - a_3) & 2(b_4 - b_3) & 2(c_4 - c_3) \end{vmatrix}}.
\end{aligned}
$$

Ceci n'a de sens que si le dénominateur est non nul. Or, le dénominateur est nul si et seulement si les quatre satellites sont situés dans un même plan (voir l'exercice 1). Lorsqu'on dispose les satellites sur leurs orbites, il faut donc s'assurer qu'en aucun instant, on ne puisse avoir quatre satellites visibles d'un même point de la Terre et situés dans un même plan. On remplace les solutions de (1.14) dans la quatrième équation du système (1.12). On obtient une solution quadratique en $\tau$ qui admet deux racines $\tau_1$ et $\tau_2$. On remplace ces valeurs dans (1.14), ce qui nous donne deux ensembles de valeurs $(x_1, y_1, z_1)$ et $(x_2, y_2, z_2)$ pour la position du récepteur. On élimine la valeur irréaliste.

**Quels satellites doit choisir le récepteur s'il en capte plus de quatre ?** Dans ce cas, le récepteur a le choix des données qu'il va utiliser pour calculer sa position. Pour cela, il doit choisir les satellites avec lesquels l'erreur de calcul sera minimale. En effet, les temps de parcours des signaux sont approximatifs. Cela signifie que les distances des satellites au récepteur ne sont connues qu'approximativement. Graphiquement, on peut représenter la région d'incertitude en épaississant la surface de la sphère. L'intersection des sphères épaissies est un ensemble dont la taille est reliée à l'incertitude sur la solution. On peut facilement se convaincre que plus l'angle avec lequel les sphères se coupent est grand, plus la zone d'incertitude est petite. Au contraire, plus les sphères s'intersectent tangentiellement, plus la zone d'incertitude est grande. On a donc avantage à choisir les satellites qui sont les centres de sphères $S_i$ se coupant avec le plus grand angle possible (figure 1.2).

C'est la manière géométrique de voir les choses. Algébriquement on voit que les valeurs de $x, y, z$ en fonction de $\tau$ dans (1.14) sont obtenues en divisant par

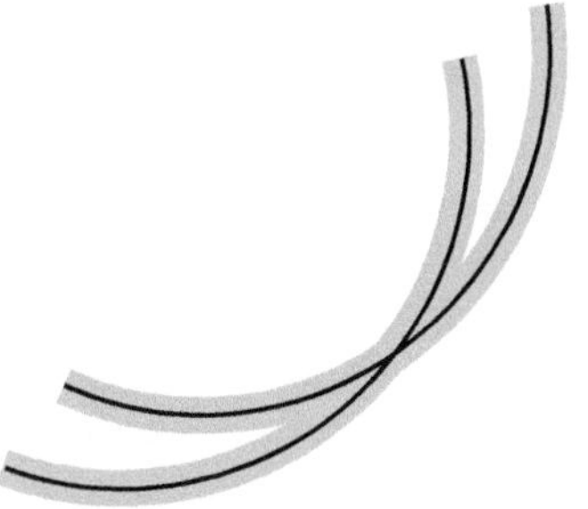
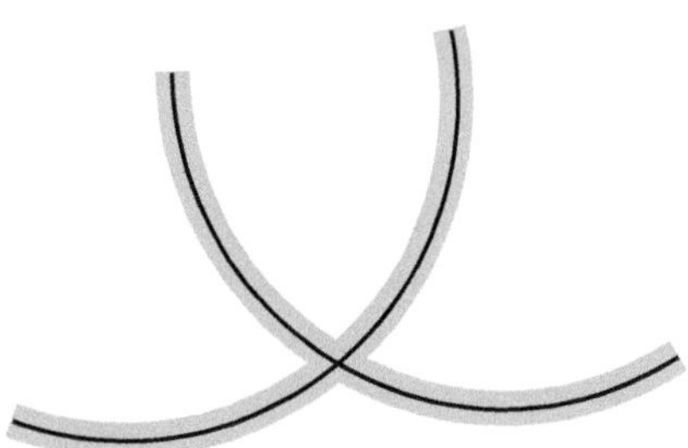

**Fig. 1.2.** Petit angle à gauche (perte de précision) et grand angle à droite

$$\begin{vmatrix} 2(a_4 - a_1) & 2(b_4 - b_1) & 2(c_4 - c_1) \\ 2(a_4 - a_2) & 2(b_4 - b_2) & 2(c_4 - c_2) \\ 2(a_4 - a_3) & 2(b_4 - b_3) & 2(c_4 - c_3) \end{vmatrix}.$$

Plus ce dénominateur est petit, plus les erreurs sont accentuées dans le calcul. On a donc intérêt à choisir des satellites pour lesquels ce dénominateur est maximal.

Des sujets plus avancés peuvent être étudiés dans le cadre d'un projet.

**Quelques exemples de raffinements**

- **GPS différentiels (DGPS)** Une source d'imprécision vient du fait que les calculs utilisent la constante $c$ qui est la vitesse de propagation de la lumière dans le vide. En pratique une onde électromagnétique est défléchie par l'atmosphère, ce qui allonge sa trajectoire et son temps de parcours. Pour obtenir une meilleure approximation de la vitesse du signal le long de sa trajectoire, on utilise un système de GPS différentiels. On compare le temps de parcours du signal du satellite au récepteur à celui du temps de parcours du même satellite à un deuxième récepteur situé dans la même région et dont la position est connue. Ceci permet de calculer la vitesse de propagation du signal puisque celui-ci ne voyage pas dans le vide. On peut augmenter alors la précision des mesures à l'ordre du centimètre.
- Le signal envoyé par chaque satellite est un signal aléatoire, mais qui est répété à des intervalles réguliers parfaitement connus. La période est relativement courte, si bien qu'en une période, le signal parcourt seulement quelques centaines de kilomètres. Quand le récepteur reçoit le début d'une période du signal du satellite, il lui faut déterminer à quel moment ce début de période a été envoyé. A priori on a une incertitude d'un nombre entier de périodes.
- **GPS en mouvement rapide** Installer des GPS sur des objets en mouvement rapide (par exemple, un avion) et les faire calculer en temps réel constitue une application naturelle : si un avion doit par exemple atterrir dans le brouillard, il doit connaître sa position précise à chaque instant, et le temps de calcul de la position doit être réduit au minimum.

- La Terre n'est pas sphérique ! La Terre n'est pas exactement une sphère, mais plutôt un ellipsoïde aplati aux pôles. Son rayon est de 6356 km aux pôles et de 6378 km à l'équateur. Il faut ajuster les coordonnées de longitude, de latitude et d'altitude dans lesquelles on transforme les coordonnées $(x, y, z)$.
- **Corrections relativistes** Les vitesses des satellites sont suffisamment importantes pour qu'il faille apporter aux calculs précédents des corrections, prenant en compte la théorie de la relativité restreinte. En effet, les horloges des satellites sont en mouvement rapide par rapport aux horloges terrestres. La théorie de la relativité restreinte prédit donc qu'elles sont au ralenti par rapport aux horloges terrestres. D'autre part, les satellites sont au voisinage de la Terre, qui a une masse importante. La relativité générale prévoit dans ce cas une accélération des horloges des satellites. Dans un premier temps, on peut assimiler la Terre à un objet massif, sphérique, non en rotation et sans charge électrique. Alors, le calcul se fait relativement aisément à l'aide de la métrique de Schwarzschild, qui décrit l'effet de la relativité générale sous ces hypothèses simplificatrices. Il se trouve que cette simplification suffit pour obtenir une bonne localisation du récepteur. Les deux effets de la relativité restreinte et de la relativité générale vont en sens contraire l'un de l'autre, mais ils ne se compensent que partiellement, et on ne peut donc se passer d'une correction relativiste aux calculs précédents pour obtenir une localisation adéquate du récepteur. Plus de détails dans [6].

**Applications du GPS** Elles sont nombreuses. En voici quelques-unes :

- Un récepteur GPS permet de retrouver son chemin dans la nature. C'est utile pour les randonneurs, les navigateurs à voile, les kayakistes de mer, etc. Le récepteur permet d'enregistrer des points repères. On enregistre un point repère, soit au moment où on passe sur le point, auquel cas le récepteur a calculé sa position, soit en rentrant ses coordonnées prises sur une carte. En joignant des points repères par des segments de droite, on peut enregistrer des « routes ». Le récepteur peut ensuite afficher sur son écran notre position par rapport à ces points repères ou nous diriger pour suivre une route. Parmi les options plus avancées, on peut aussi installer dans le récepteur des banques de cartes topographiques. Le récepteur affiche alors une portion de la carte sur son écran et sa propre position sur la carte. Il peut aussi afficher sur la carte les points repères et les routes que l'on a préalablement enregistrés.
- De plus en plus de véhicules, principalement des taxis, sont munis de GPS pour aider à trouver une adresse. Il existe en Europe de l'Ouest et en Amérique du Nord des logiciels fonctionnant avec un GPS et donnant les instructions pour trouver presque n'importe quelle adresse.
- Vous êtes muni d'une ancienne carte topographique sur laquelle le chemin que nous parcourez n'est pas inscrit ? Parcourez le chemin avec votre GPS ouvert qui enregistre votre trajet et branchez-vous ensuite sur un ordinateur avec un logiciel approprié : vous pourrez superposer le tracé du chemin parcouru sur votre carte. Si vous ne disposez pas d'une carte numérisée vous pouvez télécharger votre carte

papier et rentrer les coordonnées de trois points non alignés de la carte, ce qui permet au logiciel de munir la carte d'un système de coordonnées (voir exercice 5).

- La présence de GPS dans les avions a permis de réduire la largeur des couloirs aériens.
- Le système GPS permet de suivre à la trace la position des véhicules d'une flotte de véhicules de livraison. Par exemple, les taxis parisiens sont gérés par GPS. Dans ces applications, il faut coupler le récepteur GPS à un émetteur : par exemple, un GSM (*Global System for Mobile Communications*). Un tel système est aussi utilisé pour suivre des animaux sauvages à la trace dans des études environnementales. Et on voit tout de suite les atteintes possibles à la vie privée lorsqu'une compagnie de location d'autos décide de cacher un GPS-GSM dans un véhicule loué pour vérifier si le client respecte les limites de territoire apparaissant au contrat !
- On développe des systèmes pour aider les non-voyants à se localiser.
- Les géographes se servent du système GPS pour mesurer la croissance du mont Everest : en effet, ce dernier continue à croître au fur et à mesure que son glacier, le Khumbu, descend. Tous les deux ans, des expéditions munies de GPS mettent aussi à jour l'altitude officielle du mont Blanc. De plus, il y a quelques années, les géographes se sont demandé si le K2 n'était pas plus élevé que l'Everest. Grâce au GPS utilisé lors de l'expédition géographique de 1998, le débat est définitivement clos, et on sait de manière certaine que l'Everest est la plus haute montagne du globe. Il s'élève à 8830 mètres. Le calcul effectué en 1954 par B. L. Gulatee avait conclu à une hauteur de 8848 mètres. Les mesures avaient été effectuées à l'époque à partir de six stations dans la plaine indienne en utilisant un théodolite (appareil utilisé en géodésie, muni d'une lunette et servant à mesurer les angles).
- Il y a bien sûr les applications militaires lorsque le GPS est utilisé pour téléguider des bombes.

**Le futur : GPS et Galileo** Jusqu'à maintenant, les Américains ont occupé seuls ce marché qu'ils contrôlent totalement. Ils peuvent donc décider, si nécessaire, de brouiller les signaux accessibles dans une région pour des raisons militaires (programme NAVWAR pour *Navigational Warfare*). Les Européens ont donc lancé le 26 mars 2002 la phase de développement et de validation de Galileo, un système destiné à concurrencer le GPS. Deux satellites ont été déployés en 2005, et l'ensemble des satellites devrait être déployé en 2010. Le GPS dans sa forme actuelle ne diffuse pas d'information sur l'intégrité des signaux émis. Il peut s'écouler quelques heures avant que l'on ne réalise qu'un satellite est tombé en panne, avec les conséquences que l'on peut imaginer. En particulier, on n'ose pas se fier complètement au système GPS pour piloter un avion dans le brouillard. Avec Galileo, un message d'intégrité accompagnera chaque signal émis et préviendra le récepteur de ne pas utiliser un message faussé en raison du mauvais fonctionnement d'un satellite. Ceci sera effectué à l'aide d'un réseau de stations de surveillance qui vérifieront si la position réelle des satellites est bien celle qu'elles calculent en utilisant le signal du satellite. Cette information sera renvoyée rapidement aux satellites, qui la diffuseront aux usagers comme partie du signal. Les Américains espèrent aussi introduire une telle amélioration pour le système GPS.

## 1.3 Gestion des coups de foudre à Hydro-Québec

De nouvelles solutions à certains problèmes techniques apparaissent souvent lorsqu'une nouvelle technologie devient disponible. La gestion des coups de foudre à Hydro-Québec[1] repose aujourd'hui partiellement sur l'existence du système GPS. Mais, comme c'est souvent le cas, les mathématiques interviennent à plus d'un endroit dans cette méthode de gestion des coups de foudre. Ainsi, cette section n'est pas seulement l'étude d'une application (inattendue) du GPS, mais l'étude de quelques-unes des méthodes mathématiques intervenant dans ce problème technique.

### 1.3.1 La localisation des coups de foudre

Hydro-Québec a installé en 1992 un système de localisation des coups de foudre sur son territoire. La problématique globale consiste à circonscrire les zones orageuses de manière à diminuer le transit sur les lignes électriques situées dans ces zones et à rediriger le transit sur d'autres lignes. On atténue ainsi l'impact potentiel de la perte de lignes : en cas de pannes causées par la foudre tombant sur une ligne électrique, le nombre d'abonnés touchés est alors minimal, et la fiabilité du réseau, augmentée.

Pour cela, Hydro-Québec utilise un système de 13 détecteurs répartis dans les deux tiers sud de la province de Québec, soit le territoire couvert par des lignes électriques. Leur position est connue, mais, comme on doit mesurer des temps très précis, tous les détecteurs doivent être parfaitement synchronisés. Ils utilisent pour cela chacun un récepteur GPS.

**Le récepteur GPS : une référence de temps** Cela peut paraître un peu surprenant. Nous avons justement noté le fait qu'un récepteur GPS est muni d'une horloge peu coûteuse et donc, peu précise. Mais nous avons aussi vu que, pour calculer sa position, le récepteur GPS solutionne le système (1.11) de quatre équations aux quatre inconnues $x, y, z, \tau$. Lorsqu'il a solutionné le système, il connaît donc $\tau$, qui est le décalage entre son horloge interne et l'horloge des satellites. Il peut donc calculer l'heure exacte, et l'heure qu'il affiche est en fait l'heure des satellites. Le récepteur GPS calcule une position à quelques mètres près, avec une imprécision correspondante dans le calcul du décalage. On peut améliorer la précision quand le récepteur est stationnaire. On remplace les valeurs calculées $x, y, z$ et $\tau$ par les moyennes de plusieurs valeurs calculées $(x_i, y_i, z_i, \tau_i)_{i=1}^N$ à différents temps. En effet, il y a une erreur dans chaque calcul $(x_i, y_i, z_i, \tau_i)$. Les erreurs dans l'espace peuvent être dans n'importe quelle direction, et

[1] Hydro-Québec est le plus grand producteur, transporteur et distributeur d'électricité dans la province de Québec. Son nom s'explique par le fait que plus de 95 % de l'électricité produite est d'origine hydraulique.

elles obéissent à une loi statistique bien connue. (Elles sont gaussiennes et uniformément réparties dans toutes les directions.) De même, l'erreur dans le calcul du décalage $\tau$ peut être positive ou négative. Alors, la position du récepteur et le décalage sont estimés plus précisément par $(\frac{1}{N}\sum_{i=1}^N x_i, \frac{1}{N}\sum_{i=1}^N y_i, \frac{1}{N}\sum_{i=1}^N z_i, \frac{1}{N}\sum_{i=1}^N \tau_i)$.

Comme chaque récepteur GPS peut synchroniser son horloge sur celle des satellites, cette méthode permet aux 13 détecteurs de synchroniser leurs horloges entre elles à 100 nanosecondes près. (Une nanoseconde est un milliardième de seconde.) Une fois que les récepteurs GPS se sont synchronisés, ils peuvent « battre la seconde », c'est-à-dire envoyer une pulsation rythmée toutes les secondes. Cette pulsation rythmée est utilisée pour d'autres mesures.

**Localisation des coups de foudre** En plus de maintenir une référence de temps très précise, les 13 détecteurs sont aussi responsables de relever toute onde électromagnétique inhabituelle et d'identifier celles qui sont dues aux coups de foudre. Hydro-Québec les a donc localisés loin des lignes électriques, car le champ produit par les lignes brouillerait les lectures. Typiquement ils sont situés sur le toit de bâtiments administratifs de la compagnie et de manière la plus équidistante possible sur le territore à couvrir. Lorsqu'un coup de foudre affecte le territoire d'Hydro-Québec et que son amplitude est suffisante pour menacer le réseau, il est habituellement enregistré par un minimum de cinq détecteurs. Ceux-ci peuvent même détecter de gros coups de foudre qui tombent au Mexique, mais la précision de la localisation est moindre.

Le coup de foudre génère une onde électromagnétique qui se propage dans l'espace à la vitesse de la lumière. Les détecteurs doivent noter l'instant précis où ils perçoivent cette onde électromagnétique. Pour cela, ils utilisent un oscillateur rapide (par exemple, un cristal de quartz) qui est synchronisé sur la pulsation du GPS. La fréquence de cet oscillateur peut varier de 4 à 16 mégahertz (4 à 16 millions d'oscillations à la seconde). Les détecteurs relaient alors au système central l'instant précis où ils ont reçu l'onde. Ce dernier calcule la position du coup de foudre par triangulation (c'est-à-dire en utilisant le décalage entre les temps enregistrés par les différents détecteurs, comme dans l'exercice 2).

**L'identification des coups de foudre** Il existe trois types de coups de foudre :

- les coups de foudre entre nuages. Ceux-ci forment la majorité des coups de foudre. Ils ne sont pas détectés, mais ils n'affectent pas le réseau ;
- les coups de foudre négatifs. Le nuage est chargé négativement, et le coup de foudre consiste en une migration des électrons vers le sol ;
- les coups de foudre positifs. Le nuage est chargé positivement, et le coup de foudre consiste en une migration d'électrons du sol vers le nuage. L'onde enregistrée pour un coup de foudre positif est alors l'onde miroir de celle qui est enregistrée pour un coup de foudre négatif.

Les détecteurs peuvent faire la différence entre les coups de foudre positifs et les coups de foudre négatifs. Si on se limite aux coups de foudre entre des nuages et le sol, en temps normal, 90 % des coups de foudre sont négatifs. Mais lors d'orages forts, cette proportion est inversée, et 90 % des coups de foudre sont positifs. On pourrait donc croire que, si un détecteur observe une onde de coup de foudre positif et un autre détecteur, une onde de coup de foudre négatif, alors ces ondes ne peuvent appartenir au même coup de foudre. C'est un peu plus compliqué que cela. Lorsque l'onde a parcouru plus de 300 km depuis sa source, elle peut être réfléchie sur l'ionosphère, ce qui inverse le signal. Un détecteur situé à plus de 600 km d'un coup de foudre peut donc capter un signal réfléchi.

Pour reconnaître un coup de foudre et pour savoir si une onde électromagnétique provient d'un coup de foudre, le détecteur analyse la forme de l'onde par filtrage de signal : il doit trouver la signature spécifique de la foudre. En particulier, le détecteur note le début du signal, l'amplitude maximale, le nombre de pics, la vitesse de montée et envoie ces données au système central. L'analyse de signal est un beau sujet des mathématiques, mais nous n'en traiterons pas ici.

**De la théorie à la pratique** Des considérations pratiques peuvent également aider à porter le bon diagnostic.

- Soient $P$ et $Q$ les deux points les plus éloignés l'un de l'autre du territoire d'Hydro-Québec, et soit $T$ le temps mis par la lumière pour aller de $P$ à $Q$. Alors, on est sûr que, si un coup de foudre tombe sur le territoire d'Hydro-Québec, le décalage des temps enregistrés par deux détecteurs est inférieur à $T$. Donc, si deux détecteurs ont enregistré des ondes de coups de foudre à des instants $t_1$ et $t_2$ tels que $t_1 - t_2 > T$, alors ces ondes ne peuvent provenir du même coup de foudre.
- L'amplitude de l'onde générée par le coup de foudre est inversement proportionnelle au carré de la distance depuis la source. Pour que des ondes proviennent d'un même coup de foudre, il faut que les amplitudes de ces ondes soient compatibles avec la localisation potentielle du coup de foudre que l'on vient de calculer.
- Si un coup de foudre tombe à moins de 20 km d'un détecteur, on élimine ce détecteur pour le calcul. En effet, l'amplitude est trop grande, et le détecteur ne pourra pas faire la distinction entre un gros coup de foudre et la superposition de deux coups de foudre différents.

Avec ces méthodes, on localise les coups de foudre à 500 mètres près sur le territoire desservi. En dehors de ce territoire, la précision diminue.

**Localisation des défauts sur une ligne de transmission** On se sert d'une méthode similaire pour localiser les défauts sur une ligne de transmission : par exemple, lorsque la foudre a effectivement endommagé une ligne et qu'il faut savoir où aller la réparer. À chaque extrémité de la ligne à protéger, on installe un « oscilloperturbographe », lequel est aussi synchronisé par GPS. L'appareil mesure la forme d'onde du signal à 60 hertz. Selon le défaut, on a différents types de perturbation. La perturbation se propage le long de la ligne à la vitesse de la lumière. On note les temps $t_1$ et $t_2$ où elle est enregistrée aux deux bouts de la ligne. En utilisant la différence $t_1 - t_2$, on peut localiser approximativement le lieu où la ligne a été endommagée. La précision est de quelques centaines de mètres seulement, mais au Québec, les lignes sont parfois très longues, et de longues sections sont situées dans des régions inhabitées, donc une telle information, même imprécise, est très précieuse. On peut alors dépêcher une équipe de réparation sur les lieux.

**La répartition du transport de l'électricité** On utilise les localisations des coups de foudre pour circonscrire les zones orageuses. Comme les coups de foudre tombent de manière aléatoire, on utilise des modèles statistiques. Pour cela, on quadrille le territoire et on utilise une densité spatio-temporelle de coups de foudre. Par exemple, un orage avec deux coups de foudre par kilomètre carré aux dix minutes est un orage intense. Avec un tel quadrillage, on définit un cœur de l'orage (un centroïde). On refait le quadrillage toutes les cinq minutes. On doit se servir de cela pour évaluer la vitesse de déplacement de l'orage (elle peut aller de 0 à 200 km/h) et prévoir les zones qui seront affectées. Parmi les problématiques délicates à traiter qui sont de beaux défis pour les ingénieurs se trouve l'analyse du cas de deux orages proches : ils doivent décider si deux centroïdes sont distincts ou si le vrai centroïde est à mi-chemin entre les deux centroïdes observés.

Muni de ces informations, le répartiteur peut prendre la décision, sur la base de son expérience, de diminuer le transit d'une ligne de transmission à proximité du cœur de l'orage. L'équilibrage d'un réseau électrique est une opération très délicate. On doit avoir en tout temps un équilibre entre la production d'électricité, la quantité transportée et la demande. Pour pouvoir diminuer le transit sur une ligne, il faut avoir de la capacité de transport excédentaire sur une autre ligne. Donc, pour pouvoir prendre de telles décisions, le répartiteur doit avoir une marge de manœuvre. En effet, chaque ligne a une quantité maximale de transit, mais les normes de contingence de premier niveau sont telles que toutes les lignes ne doivent jamais fonctionner simultanément à capacité maximale et qu'on doit toujours pouvoir supporter la perte d'une ligne.

### 1.3.2 Seuil et qualité de la détection des coups de foudre

Les équipements installés aux sites détecteurs répondent à des normes minimales de détection, mais ils peuvent faire mieux. Il est donc utile de tester leur capacité réelle et, ici, les méthodes statistiques jouent un rôle clé.

À cette fin, on utilise une loi de probabilité empirique pour la variable aléatoire $X$ qui donne l'intensité des coups de foudre. Plutôt que la fonction de densité $f(I)$ des coups de foudre, on utilise une variante de la fonction de répartition

$$P(I) = \text{Prob}(X > I) = \frac{1}{1 + \left(\frac{I}{M}\right)^K}. \tag{1.15}$$

On a donc bien $P(0) = \text{Prob}(X > 0) = 1$. Les valeurs de $M$ et $K$ utilisées dépendent des zones géographiques et de leurs particularités environnementales. Elles sont déterminées empiriquement. La valeur de $I$ est donnée en kA (kiloampères). Certaines valeurs sont utilisées suffisamment souvent pour porter un nom. Ainsi, la fonction $P$ de (1.15) est appelée fonction de Popolansky quand $M = 25$ et $K = 2$. Elle est appelée fonction d'Anderson–Erikson quand $M = 31$ et $K = 2{,}6$. La figure 1.3 représente la fonction de Popolansky, et la figure 1.4, la fonction de densité $f(I)$ de la variable $X$ associée. Rappelons que $P(I) = \int_I^\infty f(J)dJ$ et donc, que $f(I) = -P'(I)$.

Voyons comment nous pouvons utiliser cette loi pour faire des calculs.

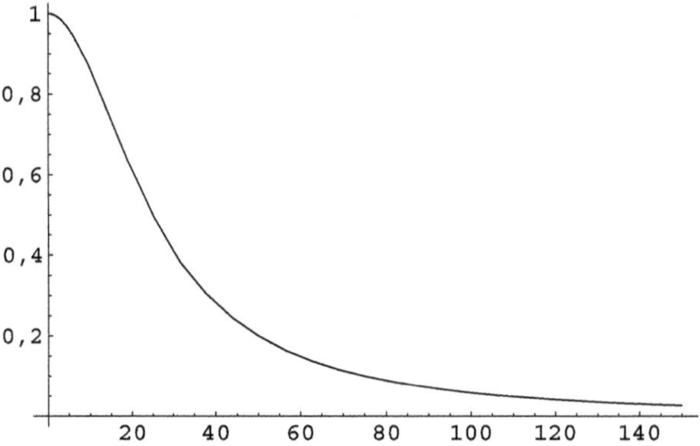


**Fig. 1.3.** La fonction de Popolansky

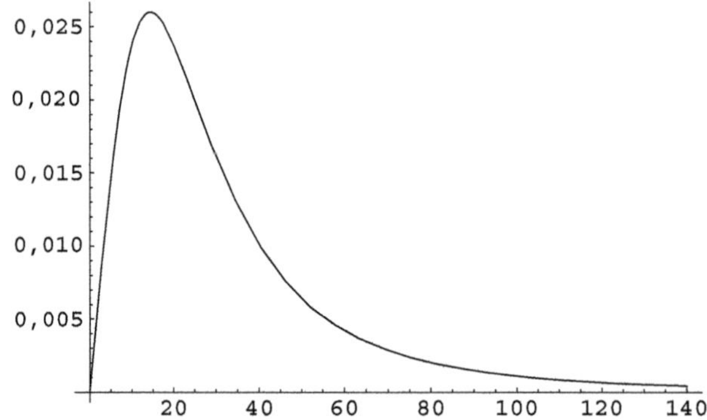


**Fig. 1.4.** La fonction de densité associée à la fonction de Popolansky

**Exemple 1.1** LA FONCTION DE POPOLANSKY

1. *La probabilité qu'un coup de foudre au hasard ait un ampérage supérieur à 50 kA est*
$$P(50) = \frac{1}{1 + \left(\frac{50}{25}\right)^2} = \frac{1}{5} = 0{,}2. \tag{1.16}$$

2. *La médiane de cette distribution est la valeur $I_m$ de $I$ telle que*
$$Prob(X > I_m) = P(I_m) = \frac{1}{2}. \tag{1.17}$$

*Ceci nous donne l'équation* $\frac{1}{1+\left(\frac{I_m}{25}\right)^2} = \frac{1}{2}$. *Donc* $1 + \left(\frac{I_m}{25}\right)^2 = 2$, *ce qui revient à* $\left(\frac{I_m}{25}\right)^2 = 1$. *D'où* $I_m = 25$.

**Calcul du taux de détection des coups de foudre** En pratique, on ne détecte jamais tous les coups de foudre, mais seulement ceux dont l'intensité dépasse un certain seuil. Ce seuil dépend de la position des coups de foudre par rapport au réseau de détection et des éléments perturbateurs qui nuisent à la qualité de réception de l'onde électromagnétique pour chaque détecteur à un moment donné. Voyons comment déterminer le pourcentage des coups de foudre détectés. Dans notre exemple, nous avons déterminé que 50 % des coups de foudre ont un ampérage supérieur à 25 kA. Supposons maintenant que dans l'échantillon observé, 60 % des coups de foudre détectés aient un ampérage supérieur à $I_m = 25$ kA. Soit $E$ l'événement : « le coup de foudre est détecté ». Alors, on cherche $\text{Prob}(E)$. On connaît la probabilité qu'un coup de foudre *détecté* (c'est-à-dire que l'événement $E$ s'est produit) ait un ampérage supérieur à $I_m = 25$ kA (c'est-à-dire $X > 25$) : c'est une probabilité conditionnelle, car on a supposé que le coup de foudre a été détecté, et donc que l'événement $E$ a eu lieu. On note cette probabilité conditionnelle :

$$\text{Prob}(X > 25 \mid E) = 0{,}6. \tag{1.18}$$

D'autre part, on sait que la probabilité conditionnelle de l'événement $X > 25$, sachant que l'événement $E$ s'est produit, se calcule comme

$$\text{Prob}(X > 25 \mid E) = \frac{\text{Prob}(X > 25 \ \text{ et } \ E)}{\text{Prob}(E)}. \tag{1.19}$$

Comme telle, cette expression ne nous avance pas, car le numérateur et le dénominateur sont tous deux inconnus. Mais supposons que l'on puisse faire l'hypothèse que tous les coups de foudre ayant un ampérage supérieur à 25 kA sont détectés. Alors, l'événement « $X > 25$ et $E$ » devient simplement $X > 25$, dont la probabilité est connue. D'où finalement

$$\text{Prob}(E) = \frac{\text{Prob}(X > 25)}{\text{Prob}(X > 25 \mid E)} = \frac{0{,}5}{0{,}6} = \frac{5}{6} = 0{,}83. \tag{1.20}$$

Supposons maintenant que, dans une zone géographique limitée, on puisse faire l'hypothèse (avec une marge d'erreur raisonnable) que les seuls coups de foudre non détectés sont ceux de plus faible ampérage. On peut vouloir déterminer le seuil $I_0$ pour l'ampérage, en deçà duquel les coups de foudre ne sont pas détectés. Alors, l'événement $E$ devient : $X > I_0$. On a vu que $\text{Prob}(E) = \frac{5}{6} = 0{,}83$. Comme $\text{Prob}(E) = \text{Prob}(X > I_0) = P(I_0)$ ceci donne l'équation

$$P(I_0) = \frac{0{,}5}{0{,}6} = \frac{5}{6}, \tag{1.21}$$

ce qui revient à solutionner $\frac{1}{1+\left(\frac{I_0}{25}\right)^2} = 5/6$, c'est-à-dire $1 + \left(\frac{I_0}{25}\right)^2 = \frac{6}{5}$. Donc $I_0$ satisfait $\left(\frac{I_0}{25}\right)^2 = \frac{1}{5} = 0{,}2$, ce qui donne :

$$I_0 = 25\sqrt{0{,}2} = 11{,}18. \tag{1.22}$$

On en conclut que le seuil de détection est $I_0 = 11{,}18$ kA et que les coups de foudre dont l'ampérage est sous ce seuil ne sont pas détectés.

### 1.3.3 Gestion du risque à long terme

La gestion des coups de foudre n'est pas limitée à la localisation des orages. Hydro-Québec garde des données à long terme servant à construire les cartes isokéroniques qui donnent la densité de coups de foudre pour une période de cinq ans. On peut ainsi identifier les zones à risques. Dans le cas de lignes déjà construites, on peut investir pour protéger certaines sections. Cela permet aussi de bien choisir les parcours lors de la construction de nouvelles lignes. Ces choix s'inscrivent dans un cadre de gestion du risque.

Les risques dus aux orages violents ne sont qu'une partie des nombreux risques auxquels fait face une compagnie produisant, transportant et distribuant de l'électricité. Ainsi, toutes ces opérations de localisation des coups de foudre, de suivi des orages, d'identification des zones à risques, s'insèrent dans le cadre général de la gestion du risque. La problématique est de rendre le réseau de transport le plus fiable possible. Cependant, investir dans la fiabilité représente des coûts. Donc, il faut évaluer quand ces investissements sont rentables. Plus un événement à risque est dangereux, plus son impact est coûteux, et plus on est prêt à investir pour s'en protéger ou en limiter l'impact. À condition toutefois que le coût de la protection ne soit pas exorbitant ! On introduit donc trois variables :

- la probabilité de l'événement à risque, $p$ ;
- le coût projeté de l'impact $C_i$, c'est-à-dire le montant que l'on risque de payer si l'événement se produit et qu'on ne s'est pas protégé ;
- le coût d'atténuation $C_a$, c'est-à-dire le montant que l'on paie pour protéger les équipements et limiter l'impact d'un événement.

On introduit un indice

$$\frac{pC_i}{C_a}. \tag{1.23}$$

En schématisant, on voit que le numérateur représente l'espérance du coût que l'on devra payer pour réparer, que l'on compare au coût de la protection. A priori, il faut que cet indice soit au moins égal à 1 pour que l'on décide d'investir dans la protection. Des facteurs additionnels doivent être considérés pour prendre la décision finale. Par exemple, on est plus tenté de protéger les équipements si on paie une seule fois pour la protection et que cette protection est valide pour plusieurs événements. Un autre facteur dont il faut tenir compte est si la protection est totale, à savoir qu'on n'encoure aucun coût si l'événement se produit, ou seulement partielle, c'est-à-dire que la protection diminue les dégâts (à défaut de les éliminer complètement). Dans le dernier cas, il reste un coût encouru, mais il est moindre que quand on n'a pas de protection.

## 1.4 Les registres à décalage et le signal du GPS

Les registres à décalage permettent de générer des séquences de caractères qui ont d'excellentes propriétés pour synchroniser l'écoute d'un récepteur. Ces appareils simples à bricoler (on pourrait en fabriquer un avec des composantes électriques simples) génèrent un signal pseudo-aléatoire, c'est-à-dire un signal qui a l'air aléatoire même s'il est généré par un algorithme déterministe.

On va construire un registre à décalage qui génère un signal périodique de longueur $2^r - 1$. Il aura la propriété d'être très mal corrélé avec toute translation de lui-même et avec un autre signal périodique produit par le même registre à décalage avec d'autres coefficients. Cette propriété d'avoir une séquence mal corrélée avec ses translatées ou avec un autre signal engendré à partir de paramètres différents permet entre autres au récepteur GPS d'identifier sans risque d'erreur le satellite dont il reçoit le signal et de mesurer le temps de parcours du signal du satellite en se synchronisant au signal reçu du satellite. Le signal produit par un registre à décalage est une suite de 0 et de 1. Le registre à décalage est donné par un ruban de $r$ cases contenant des entrées $a_{n-1}, \dots, a_{n-r}$, lesquelles sont des 0 ou des 1 (figure 1.5). À chaque case est associée un

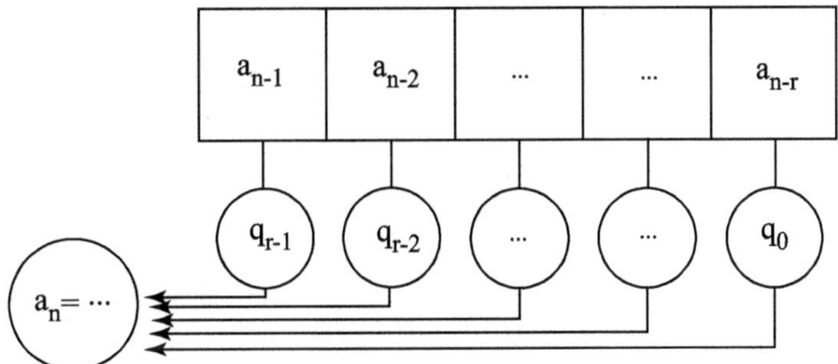


**Fig. 1.5.** Un registre à décalage

nombre $q_i \in \{0, 1\}$. Ces $r$ nombres $q_i$ sont fixés et sont propres à un satellite donné. On génère une suite pseudo-aléatoire de la façon suivante :

- On se donne des nombres initiaux $a_0, \dots, a_{r-1} \in \{0, 1\}$ non tous nuls.
- Étant donné $a_{n-r}, \dots, a_{n-1}$, le registre calcule l'élément suivant dans la suite comme suit

$$a_n \equiv a_{n-r}q_0 + a_{n-r+1}q_1 + \cdots + a_{n-1}q_{r-1} = \sum_{i=0}^{r-1} a_{n-r+i}q_i \pmod 2. \tag{1.24}$$

(Pour calculer modulo 2, on fait le calcul habituel. Le résultat est 0 si le nombre est pair et 1 s'il est impair. On écrit $a \equiv 0 \pmod 2$ si $a$ est pair et $a \equiv 1 \pmod 2$ si $a$ est impair.)

- On décale chacune des entrées vers la droite en oubliant le $a_{n-r}$. Le $a_n$ calculé occupe donc la case de gauche.
- On itère le procédé.

Comme le procédé est parfaitement déterministe et que le nombre de conditions initiales est fini, on génère une suite qui va devenir périodique et on voit tout de suite que sa période est inférieure ou égale à $2^r$, car on a au maximum $2^r$ suites distinctes de longueur $r$. En fait, on peut se convaincre que, si à un moment donné, on a $a_{n-r} = \cdots = a_{n-1} = 0$, alors, pour tout $m \geq n$, on a $a_m = 0$. Donc, une suite périodique intéressante ne doit jamais contenir une suite consécutive de $r$ zéros. Par suite, elle aura une période maximale de $2^r - 1$. Pour générer une suite qui ait des propriétés intéressantes, il suffit de bien choisir les $q_0, \ldots, q_{r-1} \in \{0, 1\}$ et les conditions initiales $a_0, \ldots, a_{r-1} \in \{0, 1\}$.

Nous ne regardons jamais toute la suite, mais une fenêtre de $M = 2^r - 1$ nombres consécutifs $\{a_n\}_{n=m}^{n=m+M-1}$, que nous pouvons appeler $B = \{b_1, \ldots, b_M\}$. Nous voulons la comparer avec une autre fenêtre $C = \{c_1, \ldots, c_M\}$ de la forme $\{a_n\}_{n=p}^{n=p+M-1}$. Par exemple, la suite $B$ est envoyée par le satellite, et la suite $C$ est une permutation cyclique de la même suite générée par le récepteur. Pour déterminer le décalage entre les deux, le récepteur translate (décale) d'une entrée la suite qu'il génère (en faisant $p \mapsto p + 1$) de manière répétée jusqu'à ce qu'elle soit identique à $B$.

**Définition 1.2** *On appellera corrélation entre les deux suites $B$ et $C$ de longueur $M$ le nombre d'entrées $i$ où $b_i = c_i$ moins le nombre d'entrées $i$ où $b_i \neq c_i$. On la notera* $\mathrm{Cor}(B, C)$.

**Remarque** Si le registre est constitué de $r$-tuples, alors la corrélation de toute paire de suites $B$ et $C$ satisfait $-M \leq \mathrm{Cor}(B, C) \leq +M$ avec $M = 2^r - 1$. Nous dirons que les suites sont mal corrélées si $\mathrm{Cor}(B, C)$ est proche de 0.

**Proposition 1.3** *La corrélation entre les deux suites est donnée par*

$$\mathrm{Cor}(B, C) = \sum_{i=1}^{M} (-1)^{b_i} (-1)^{c_i}. \tag{1.25}$$

Preuve Le nombre $\mathrm{Cor}(B, C)$ est calculé ainsi : chaque fois que $b_i = c_i$, on doit additionner 1. Chaque fois que $b_i \neq c_i$, on doit soustraire 1. Rappelons que les $b_i$ et $c_i$ ne prennent que les valeurs 0 ou 1. Si $b_i = c_i$, alors soit $(-1)^{b_i} = (-1)^{c_i} = 1$, soit $(-1)^{b_i} = (-1)^{c_i} = -1$. Dans les deux cas, $(-1)^{b_i}(-1)^{c_i} = 1$. De même, si $b_i \neq c_i$, exactement un des nombres $(-1)^{b_i}$ et $(-1)^{c_i}$ est égal à 1, et l'autre est égal à $-1$. Donc $(-1)^{b_i}(-1)^{c_i} = -1$. □

Le théorème qui suit montre qu'on peut initialiser un registre à décalage de manière à ce qu'il génère une suite très mal corrélée avec une translation d'elle-même.

**Théorème 1.4** *Étant donné un registre à décalage comme sur la figure 1.5, il existe des $q_0, \dots, q_{r-1} \in \{0,1\}$ et des conditions initiales $a_0, \dots, a_{r-1} \in \{0,1\}$ tels que la suite générée par le registre est périodique de longueur $2^r - 1$. On considère deux fenêtres de cette suite de même longueur $M = 2^r - 1$, soit $B = \{a_n\}_{n=m}^{n=m+M-1}$ et $C = \{a_n\}_{n=p}^{n=p+M-1}$ avec $p > m$. Si $M$ ne divise pas $p - m$ alors*

$$\mathrm{Cor}(B, C) = -1, \tag{1.26}$$

*c'est-à-dire que le nombre de bits en désaccord est toujours exactement 1 de plus que le nombre de bits en accord.*

La preuve du théorème fait appel aux corps finis. Nous allons donc commencer par illustrer au moyen d'un exemple la signification du théorème. La preuve suivra dans la section 1.4.2.

**Exemple 1.5** *Dans notre exemple, $r = 4$, $(q_0, q_1, q_2, q_3) = (1, 1, 0, 0)$ et $(a_0, a_1, a_2, a_3) = (0, 0, 0, 1)$. Nous laissons le lecteur vérifier que ceci génère une suite périodique de période $2^4 - 1 = 15$ dans laquelle on répète le bloc*

0 0 0 1 0 0 1 1 0 1 0 1 1 1 1

*Si l'on fait une translation de 1, on envoie le premier 0 à la fin, ce qui donne le bloc*

0 0 1 0 0 1 1 0 1 0 1 1 1 1 0

*On voit que les deux suites (blocs) diffèrent aux positions 3, 4, 6, 8, 9, 10, 11, 15, soit en huit positions et concordent aux sept positions restantes, soit une corrélation de $-1$.*

*Pour calculer la corrélation avec les autres translations, nous allons les écrire directement en dessous de la première suite et laisser le lecteur vérifier que deux lignes quelconques diffèrent en exactement huit entrées :*

| | | | | | | | | | | | | | | |
|---|---|---|---|---|---|---|---|---|---|---|---|---|---|---|
| 0 | 0 | 0 | 1 | 0 | 0 | 1 | 1 | 0 | 1 | 0 | 1 | 1 | 1 | 1 |
| 0 | 0 | 1 | 0 | 0 | 1 | 1 | 0 | 1 | 0 | 1 | 1 | 1 | 1 | 0 |
| 0 | 1 | 0 | 0 | 1 | 1 | 0 | 1 | 0 | 1 | 1 | 1 | 1 | 0 | 0 |
| 1 | 0 | 0 | 1 | 1 | 0 | 1 | 0 | 1 | 1 | 1 | 1 | 0 | 0 | 0 |
| 0 | 0 | 1 | 1 | 0 | 1 | 0 | 1 | 1 | 1 | 1 | 0 | 0 | 0 | 1 |
| 0 | 1 | 1 | 0 | 1 | 0 | 1 | 1 | 1 | 1 | 0 | 0 | 0 | 1 | 0 |
| 1 | 1 | 0 | 1 | 0 | 1 | 1 | 1 | 1 | 0 | 0 | 0 | 1 | 0 | 0 |
| 1 | 0 | 1 | 0 | 1 | 1 | 1 | 1 | 0 | 0 | 0 | 1 | 0 | 0 | 1 |
| 0 | 1 | 0 | 1 | 1 | 1 | 1 | 0 | 0 | 0 | 1 | 0 | 0 | 1 | 1 |
| 1 | 0 | 1 | 1 | 1 | 1 | 0 | 0 | 0 | 1 | 0 | 0 | 1 | 1 | 0 |
| 0 | 1 | 1 | 1 | 1 | 0 | 0 | 0 | 1 | 0 | 0 | 1 | 1 | 0 | 1 |
| 1 | 1 | 1 | 1 | 0 | 0 | 0 | 1 | 0 | 0 | 1 | 1 | 0 | 1 | 0 |
| 1 | 1 | 1 | 0 | 0 | 0 | 1 | 0 | 0 | 1 | 1 | 0 | 1 | 0 | 1 |
| 1 | 1 | 0 | 0 | 0 | 1 | 0 | 0 | 1 | 1 | 0 | 1 | 0 | 1 | 1 |
| 1 | 0 | 0 | 0 | 1 | 0 | 0 | 1 | 1 | 0 | 1 | 0 | 1 | 1 | 1 |

Dans l'exemple, nous n'avons pas expliqué comment nous avions trouvé les $q_0$, $q_1$, $q_2$, $q_3$ et $a_0$, $a_1$, $a_2$, $a_3$. Pour le faire et pour la démonstration du théorème 1.4, nous aurons besoin des corps finis, plus particulièrement du corps $\mathbb{F}_{2^r}$ à $2^r$ éléments. Dans le cas $r = 1$, le corps $\mathbb{F}_2$ est le corps à deux éléments $\{0, 1\}$ avec addition et multiplication modulo 2.

### 1.4.1 La structure de corps sur $\mathbb{F}_{2^r}$

*La structure de corps et la construction des corps finis d'ordre $p^n$ sont décrites aux sections 6.2 et 6.5 du chapitre 6. Ces sections peuvent être lues sans lire les autres sections du chapitre, et leur contenu est supposé connu.*

Les éléments de $\mathbb{F}_{2^r}$ sont des $r$-tuples $(b_0, \dots, b_{r-1})$ de 0 et de 1. L'addition de deux tels $r$-tuples est l'addition modulo 2, entrée par entrée.

$$(b_0, \dots, b_{r-1}) + (c_0, \dots, c_{r-1}) = (d_0, \dots, d_{r-1}) \tag{1.27}$$

où $d_i \equiv b_i + c_i \pmod 2$. Pour définir une multiplication, on commence par se donner un polynôme irréductible

$$P(x) = x^r + p_{r-1}x^{r-1} + \dots + p_1 x + p_0 \tag{1.28}$$

sur $\mathbb{F}_2$. On identifie chaque $r$-tuple $(b_0, \dots, b_{r-1})$ à un polynôme de degré $r - 1$ :

$$b_{r-1}x^{r-1} + \dots + b_1 x + b_0. \tag{1.29}$$

Pour multiplier les deux $r$-tuples, on multiplie les polynômes associés. Le produit est a priori un polynôme de degré $2(r - 1)$. On le réduit à un polynôme de degré $r - 1$ en utilisant la règle $P(x) = 0$, c'est-à-dire

$$x^r = p_{r-1}x^{r-1} + \dots + p_1 x + p_0 \tag{1.30}$$

(se rappeler que $-p_i = p_i$ dans $\mathbb{F}_2$), que l'on itère.

On identifie le polynôme $x$ au $r$-tuple $(0, 1, 0, \dots, 0)$. Le théorème suivant est classique en théorie des corps finis. Nous ne donnerons que quelques éléments de preuve, sans faire de rappels algébriques préalables. Le lecteur peu familier avec ceux-ci peut sauter cette preuve et regarder l'exemple 1.8 pour comprendre la signification du théorème et la manière de l'utiliser.

**Théorème 1.6** *1. $\mathbb{F}_{2^r}$ muni de l'addition des polynômes modulo 2 et de cette multiplication est un corps.*

*2. Il existe un élément $\alpha$ tel que les éléments non nuls de $\mathbb{F}_{2^r}$ sont précisément les éléments $\alpha^i$, $i = 0, \dots, 2^r - 2$, c'est-à-dire*

$$\mathbb{F}_{2^r} \setminus \{0\} = \{1, \alpha, \alpha^2, \dots, \alpha^{2^r-2}\}. \tag{1.31}$$

*À cause de cette propriété, $\alpha$ est appelé racine primitive du corps et satisfait à $\alpha^{2^r-1} = 1$.*

3. *$\{1, \alpha, \ldots, \alpha^{r-1}\}$ sont linéairement indépendants comme éléments de l'espace vectoriel $\mathbb{F}_2^r$ sur $\mathbb{F}_2$(qui est isomorphe à notre corps $\mathbb{F}_{2^r}$).*

4. *Une racine primitive $\alpha$ du corps $\mathbb{F}_{2^r}$ est racine d'un polynôme irréductible sur $\mathbb{F}_2$*

$$Q(x) = x^r + q_{r-1}x^{r-1} + \cdots + q_1 x + q_0.$$

*Le corps construit avec le polynôme $Q$ est isomorphe au corps construit avec le polynôme $P$.*

**Définition 1.7** *Un polynôme $Q(x)$ à coefficients dans $\mathbb{F}_2$ est primitif s'il est irréductible et si le polynôme $x$ est racine primitive du corps $\mathbb{F}_{2^r}$ construit à l'aide du polynôme $Q(x)$.*

**Exemple 1.8** *Avant de donner une idée de la preuve du théorème 1.6, regardons le polynôme $P(x) = x^4 + x + 1$ sur $\mathbb{F}_2$. Nous allons nous convaincre qu'il est primitif et que l'ensemble des polynômes de degré inférieur ou égal à 3 muni de la multiplication modulo $P(x)$ est un corps que nous noterons $\mathbb{F}_{2^4}$. La seule propriété qui est difficile à montrer est l'existence de l'inverse multiplicatif de tout polynôme non nul de degré inférieur ou égal à 3. Dire qu'on travaille modulo $P(x)$, c'est dire que $P(x) = 0$ et donc, $x^4 = x+1$ (dans $\mathbb{F}_2$ on a $-x = x$). Calculons maintenant les puissances $x^n$ pour $n > 4$.*

$$\begin{aligned}
x^5 &= x(x+1) = x^2 + x, \\
x^6 &= x(x^2 + x) = x^3 + x^2, \\
x^7 &= x(x^3 + x^2) = (x+1) + x^3 = x^3 + x + 1, \\
x^8 &= x(x^3 + x + 1) = (x+1) + x^2 + x = x^2 + 1, \\
x^9 &= x(x^2 + 1) = x^3 + x, \\
x^{10} &= x(x^3 + x) = (x+1) + x^2 = x^2 + x + 1, \\
x^{11} &= x(x^2 + x + 1) = x^3 + x^2 + x, \\
x^{12} &= x(x^3 + x^2 + x) = (x+1) + x^3 + x^2 = x^3 + x^2 + x + 1, \\
x^{13} &= x(x^3 + x^2 + x + 1) = (x+1) + x^3 + x^2 + x = x^3 + x^2 + 1, \\
x^{14} &= x(x^3 + x^2 + 1) = (x+1) + x^3 + x = x^3 + 1, \\
x^{15} &= x(x^3 + 1) = (x+1) + x = 1.
\end{aligned}$$

*On voit donc que toutes les puissances $\{x, x^2, \ldots, x^{15} = 1\}$ coïncident précisément avec les polynômes non nuls à coefficients dans $\mathbb{F}_2$ de degré inférieur ou égal à 3. Ceci nous montre que chaque élément non nul de $\mathbb{F}_{2^4}$ a un inverse multiplicatif. En effet, un tel élément est de la forme $x^n$ avec $n \leq 15$. Puisque $x^{15} = 1$, son inverse multiplicatif est $x^{15-n}$.*

*Une conséquence de ce que nous avons fait est que $P(x)$ est irréductible. En effet, supposons que $P(x) = Q(x)R(x)$, avec $Q(x)$ et $R(x)$ deux polynômes à coefficients dans $\mathbb{F}_2$ de degré inférieur à 4. On a donc $Q(x) = x^n$ et $R(x) = x^m$ pour $m, n \in \{1, \ldots, 15\}$. Alors $Q(x)R(x) = x^{m+n} \neq 0$ dans $\mathbb{F}_{2^4}$. Contradiction, car $P(x) = 0$ dans $F_{2^4}$.*

IDÉE DE LA PREUVE DU THÉORÈME 1.6

1. La preuve est identique à la preuve du fait que $\mathbb{F}_p$ (aussi appelé $\mathbb{Z}_p$) est un corps si $p$ est premier (voir exercice 24 du chapitre 6). On utilise pour cela l'algorithme d'Euclide pour les polynômes qui permet de trouver le plus grand diviseur commun de deux polynômes.
2. Les éléments non nuls de $\mathbb{F}_{2^r}$ forment un groupe multiplicatif $G$ dont le nombre d'éléments est $2^r - 1$. Chaque élément non nul $y$ engendre un sous-groupe fini $H = \{y^i \mid i \in \mathbb{N}\}$. ($H$ est fini puisque sous-groupe de $G$ fini.) Le théorème de Lagrange (théorème 7.18 du chapitre 7) dit que le nombre d'éléments de $H$ divise le nombre d'éléments de $G$. De plus, comme $H$ est fini, il existe $s$ minimum tel que $y^s = 1$. Ce $s$, appelé l'ordre de $y$, est égal au nombre d'éléments de $H$. Donc, $y$ est racine du polynôme $x^s + 1 = 0$. Comme $s \mid 2^r - 1$, alors $y$ est racine de $R(x) = x^{2^r-1} + 1$. (exercice : pourquoi ?) On vient donc de montrer que tout élément de $G$ est racine du polynôme $R(x) = x^{2^r-1} + 1$. Supposons maintenant qu'il existe $m$, un diviseur strict de $2^r - 1$ tel que l'ordre de tout élément de $G$ divise $m$. Alors, tout élément de $G$ est racine du polynôme $x^m + 1 = 0$. Contradiction, car ce polynôme n'a que $m$ racines. Donc, il existe des $y_i$ d'ordre $m_i$, $i = 1, \dots, n$, tels que le plus petit commun multiple des $m_i$ soit égal à $2^r - 1$. Alors, le produit $y_1 \dots y_n = \alpha$ est d'ordre $2^r - 1$ (voir lemme 7.23 du chapitre 7).
3. Nous admettrons que les éléments $\{1, \alpha, \dots, \alpha^{r-1}\}$ sont linéairement indépendants dans l'espace vectoriel $\mathbb{F}_2^r$ qui est isomorphe à $\mathbb{F}_{2^r}$.
4. Les vecteurs $\{1, \alpha, \dots, \alpha^r\}$ sont linéairement dépendants, car un ensemble de $r + 1$ vecteurs dans un espace de dimension $r$ est toujours linéairement dépendant. Comme les vecteurs $\{1, \alpha, \dots, \alpha^{r-1}\}$ sont linéairement indépendants, il existe des coefficients $q_0, \dots, q_{r-1}$ tels que $\alpha^r = q_0 + q_1\alpha + \dots + q_{r-1}\alpha^{r-1}$. Donc, $\alpha$ est racine du polynôme $Q(x) = x^r + q_{r-1}x^{r-1} + \dots + q_1 x + q_0$. Ce polynôme est irréductible sur $\mathbb{F}_2$. Sinon, $\alpha$ serait racine d'un polynôme de degré inférieur à $r$, ce qui serait en contradiction avec le fait que $\{1, \alpha, \dots, \alpha^{r-1}\}$ sont linéairement indépendants dans $\mathbb{F}_2^r$. □

**Conséquence** On aurait pu choisir de décrire le corps $\mathbb{F}_{2^r}$ avec le polynôme $Q(x)$ plutôt qu'avec le polynôme $P(x)$. L'avantage de cette dernière description est qu'elle nous permet de prendre $\alpha = x$ comme racine primitive. Attention : les puissances $x^i$, $i \geq r$, ne sont pas définies de la même manière suivant qu'on utilise la multiplication modulo $P(x)$ ou modulo $Q(x)$ !

**Définition 1.9** *La fonction trace du corps $\mathbb{F}_{2^r}$ est la fonction $T : \mathbb{F}_{2^r} \to \mathbb{F}_2$ définie par $T(b_{r-1}x^{r-1} + \dots + b_1 x + b_0) = b_{r-1}$.*

**Proposition 1.10** *La fonction $T$ est linéaire et surjective. Elle prend la valeur 0 sur exactement la moitié des éléments de $\mathbb{F}_{2^r}$ et la valeur 1 sur l'autre moitié.*

PREUVE Exercice !

### 1.4.2 Preuve du théorème 1.4

Nous choisissons un polynôme $P(x)$ primitif de degré $r$ sur $\mathbb{F}_2$

$$P(x) = x^r + q_{r-1}x^{r-1} + \dots + q_1 x + q_0$$

qui nous permet de construire le corps $\mathbb{F}_{2^r}$.

Les $q_i$ du registre à décalage sont les coefficients du polynôme $P(x)$. Pour construire de bonnes conditions initiales, on prend un $r$-tuple $b = (b_0, \dots, b_{r-1}) \in \mathbb{F}_2^r \setminus \{0\}$ que l'on identifie au polynôme $b_{r-1}x^{r-1} + \dots + b_1 x + b_0$. On prend comme éléments initiaux

$$\begin{array}{lllll} a_0 & = & T(b) & = & b_{r-1}, \\ a_1 & = & T(xb), & & \\ & \vdots & & & \\ a_{r-1} & = & T(x^{r-1}b). & & \end{array} \tag{1.32}$$

Voyons comment calculer $a_1$.

$$\begin{aligned} a_1 = T(bx) &= T(b_{r-1}x^r + b_{r-2}x^{r-1} + \dots + b_0 x) \\ &= T(b_{r-1}(q_{r-1}x^{r-1} + \dots + q_1 x + q_0) + b_{r-2}x^{r-1} + \dots + b_0 x) \\ &= T((b_{r-1}q_{r-1} + b_{r-2})x^{r-1} + \dots) \\ &= b_{r-1}q_{r-1} + b_{r-2}. \end{aligned} \tag{1.33}$$

Un calcul similaire permet de calculer $a_2, \dots, a_{r-1}$. Les formules deviennent vite énormes mais le calcul se fait très bien dans les exemples numériques quand on remplace les $q_i$ et les $b_i$ par des valeurs 0 ou 1.

**Exemple 1.11** *Dans l'exemple 1.5, le polynôme considéré est $P(x) = x^4 + x + 1$. On a vu à l'exemple 1.8 que ce polynôme est primitif. Le polynôme $b$ choisi est simplement $b = 1$. Alors, on doit prendre $a_0 = T(1) = 0$, $a_1 = T(x) = 0$, $a_2 = T(x^2) = 0$ et $a_3 = T(x^3) = 1$.*

**Proposition 1.12** *Choisissons pour les $q_i$ d'un registre à décalage les coefficients d'un polynôme primitif de degré $r$ sur $\mathbb{F}_2$*

$$P(x) = x^r + q_{r-1}x^{r-1} + \dots + q_1 x + q_0.$$

*Soit $b = b_{r-1}x^{r-1} + \dots + b_1 x + b_0$. On prend comme éléments initiaux $(a_0, \dots, a_{r-1})$ donnés en (1.32). Alors, la suite générée par le registre à décalage est la suite $\{a_n\}$, avec $a_n = T(x^n b)$. Elle est périodique, et sa période divise $2^r - 1$.*

Preuve On utilise que $P(x) = 0$, c'est-à-dire le fait que $x^r = q_{r-1}x^{r-1} + \dots + q_1 x + q_0$. Alors,

$$\begin{aligned} T(x^r b) &= T((q_{r-1}x^{r-1} + \cdots + q_1 x + q_0)b) \\ &= q_{r-1}T(x^{r-1}b) + \cdots + q_1 T(xb) + q_0 T(b) \\ &= q_{r-1}a_{r-1} + \cdots + q_1 a_1 + q_0 a_0 \\ &= a_r. \end{aligned} \tag{1.34}$$

Supposons maintenant, par induction, que les éléments de la suite générée vérifient tous $a_i = T(x^i b)$ pour $i \leq n-1$. Alors :

$$\begin{aligned} T(x^n b) = T(x^r x^{n-r} b) &= T((q_{r-1}x^{r-1} + \cdots + q_1 x + q_0)x^{n-r}b) \\ &= q_{r-1}T(x^{n-1}b) + \cdots + q_1 T(x^{n-r+1}b) + q_0 T(x^{n-r}b) \\ &= q_{r-1}a_{n-1} + \cdots + q_1 a_{n-r+1} + q_0 a_{n-r} \\ &= a_n. \end{aligned} \tag{1.35}$$

Donc, la multiplication par $x$ correspond exactement à l'action du registre à décalage. On voit que la suite est périodique de période $2^r - 1$ puisque $x^{2^r-1} = 1$. □

On peut se demander quelle est la période minimale de cette suite. A priori, ce pourrait être un diviseur de $2^r - 1$ (voir exercice 11). En fait, nous allons montrer que, si $P$ est primitif, la période minimale est exactement $2^r - 1$. La preuve sera indirecte. Si la période était donnée par $s \in \mathbb{N}$ tel que $2^r - 1 = sm$ et $1 < s < 2^r - 1$, alors la suite infinie $\{a_n\}_{n\geq 0}$ et la suite $\{a_{n+s}\}_{n\geq 0}$ devraient être identiques. Nous montrerons qu'il n'en est rien. N'oublions pas que nous voulons générer des suites qui sont très mal corrélées avec une translation d'elles mêmes. Nous allons donc calculer en même temps la corrélation entre deux fenêtres $B = \{a_n\}_{n=m}^{n=m+M-1}$ et $C = \{a_n\}_{n=p}^{n=p+M-1}$ de longueur $M = 2^r - 1$.

**Proposition 1.13** *Si* $B = \{a_n\}_{n=m}^{n=m+M-1}$ *et* $C = \{a_n\}_{n=p}^{n=p+M-1}$, *alors* $\mathrm{Cor}(B, C) = -1$ *si* $M$ *ne divise pas* $p - m$.

PREUVE On peut supposer $m \leq p$.

$$\begin{aligned} \mathrm{Cor}(B,C) &= \textstyle\sum_{i=0}^{M-1} (-1)^{a_{m+i}}(-1)^{a_{p+i}} \\ &= \textstyle\sum_{i=0}^{M-1} (-1)^{T(x^{m+i}b)}(-1)^{T(x^{p+i}b)} \\ &= \textstyle\sum_{i=0}^{M-1} (-1)^{T(x^{m+i}b)+T(x^{p+i}b)} \\ &= \textstyle\sum_{i=0}^{M-1} (-1)^{T(x^{m+i}b+x^{p+i}b)} \\ &= \textstyle\sum_{i=0}^{M-1} (-1)^{T(bx^{i+m}(1+x^{p-m}))} \\ &= \textstyle\sum_{i=0}^{M-1} (-1)^{T(x^{i+m}\beta)}, \end{aligned} \tag{1.36}$$

où $\beta = b(1 + x^{p-m})$. On sait que, dans notre corps, $x$ est une racine primitive et donc, que $x^M = 1$ et $x^N \neq 1$ si $1 \leq N < M$. On en déduit que $x^N = 1$ si et seulement si $M$ divise $N$. Si $M$ divise $p - m$, alors $x^{p-m} = 1$ et $\beta = b(1 + 1) = b \cdot 0 = 0$. Dans ce cas, $\mathrm{Cor}(B, C) = M$. Si $M$ ne divise pas $p-m$, le polynôme $(1+x^{p-m})$ n'est pas le polynôme nul ; ainsi $\beta = b(1 + x^{p-m})$ est non nul comme élément de $\mathbb{F}_{2^r}$, puisqu'il est le produit de deux éléments non nuls du corps. Donc $\beta$ est de la forme $x^k$ où $k \in \{0, \dots 2^r - 2\}$, ce qui entraîne que l'ensemble $\{\beta x^{i+m}, 0 \leq i \leq M-1\}$ forme une permutation de $\mathbb{F}_{2^r} \setminus \{0\} = \{1, x, \dots, x^{2^r-2}\}$. La fonction trace $T$ prend la valeur 1 sur la moitié des éléments de $\mathbb{F}_{2^r}$ et 0 sur l'autre moitié. Comme elle prend la valeur 0 en 0, elle prend la valeur 1 sur $2^{r-1}$ des éléments de $\mathbb{F}_{2^r} \setminus \{0\}$ et la valeur 0 sur $2^{r-1} - 1$ des éléments de $\mathbb{F}_{2^r} \setminus \{0\}$. D'où $\mathrm{Cor}(B, C) = -1$. □

**Corollaire 1.14** *La période de la suite pseudo-aléatoire générée par le registre à décalage est exactement $M = 2^r - 1$.*

PREUVE Si la période était égale à $K < M$, alors la suite coïnciderait avec sa translatée de $K$ composantes, et les deux auraient une corrélation égale à $M$, en contradiction avec la proposition 1.13. □

Si, maintenant, on veut générer d'autres suites pseudo-aléatoires de même longueur correspondant aux signaux des autres satellites, on peut utiliser le même principe et changer de polynôme $P(x)$. (On veut une suite différente pour chaque satellite !) La théorie de Galois permet dans certains cas de calculer la corrélation de cette nouvelle suite avec la précédente et ses translatées. Les ingénieurs pour leur part se contentent d'utiliser des tables.

## 1.5 La cartographie

Comme nous l'avons mentionné dans l'introduction, la cartographie pose des problèmes non triviaux si l'on veut représenter fidèlement la Terre. En effet, une carte doit nous servir à nous diriger. On pourrait vouloir qu'elle préserve les distances réelles pour que, si l'on choisit sur la carte le plus court chemin entre deux points, ce chemin soit effectivement le plus court. Pour une carte terrestre, ce genre de contrainte a un peu moins d'importance, car on est soumis à la contrainte de demeurer sur une route si l'on se promène en véhicule motorisé. Si l'on se promène à pied, les distortions sont suffisamment petites pour être négligées. Par contre, pour choisir la trajectoire d'un avion, ou encore, pour un navigateur, le problème est réel. De plus, pour un navigateur à la voile qui dispose d'outils rudimentaires, il ne suffit pas de dessiner un chemin sur la carte. Encore faut-il pouvoir s'y tenir. Jusqu'à l'arrivée récente du GPS, il était courant de se servir du champ magnétique terrestre. En utilisant un compas magnétique, on peut s'assurer que le bateau suive une trajectoire qui fait un angle constant avec les lignes du champ magnétique terrestre. Une telle trajectoire n'est pas nécessairement le plus court chemin entre deux points, mais, comme c'est une trajectoire naturelle, ce serait commode qu'une telle trajectoire soit représentée par une droite sur une carte. Les cartes marines ont cette propriété. Par contre, sur une carte marine, les aires ne sont pas préservées : deux régions du globe qui ont la même superficie ne sont pas nécessairement représentées sur la carte par des portions de surface de même aire.

Fixons tout de suite les règles du jeu. Un théorème de géométrie différentielle assure qu'il est impossible de cartographier une portion de sphère par une portion de plan en préservant les distances et les angles. (Pour ceux qui connaissent le jargon, une telle transformation serait une *isométrie* et préserverait donc la *courbure de Gauss*. Or, la courbure de Gauss d'une sphère de rayon $R$ est $1/R^2$, alors que les courbures de Gauss du plan et du cylindre sont toutes deux nulles.) On doit donc faire des compromis. Ceux-ci dépendent de la problématique.

Toutes les méthodes de cartographie sont des projections de divers types.

**Projection sur un plan tangent à la sphère** C'est la méthode la plus élémentaire à laquelle on puisse songer. Il existe différents types de projection suivant que l'on projette par le centre de la sphère (*projection gnomonique*), par le point antipodal au point de tangence (*projection stéréographique*), ou encore, par des droites orthogonales au plan de projection (*projection orthographique*) (voir figure 1.6). Ce type de cartographie donne des résultats acceptables si on veut cartographier une petite région de la sphère. Par contre, les déformations deviennent importantes dès qu'on s'éloigne du point de tangence entre la sphère et le plan. Sur le plan mathématique, ces projections ne présentent pas un grand intérêt (sauf la projection stéréographique discutée à l'exercice 24), et nous ne nous étendrons pas plus dessus.

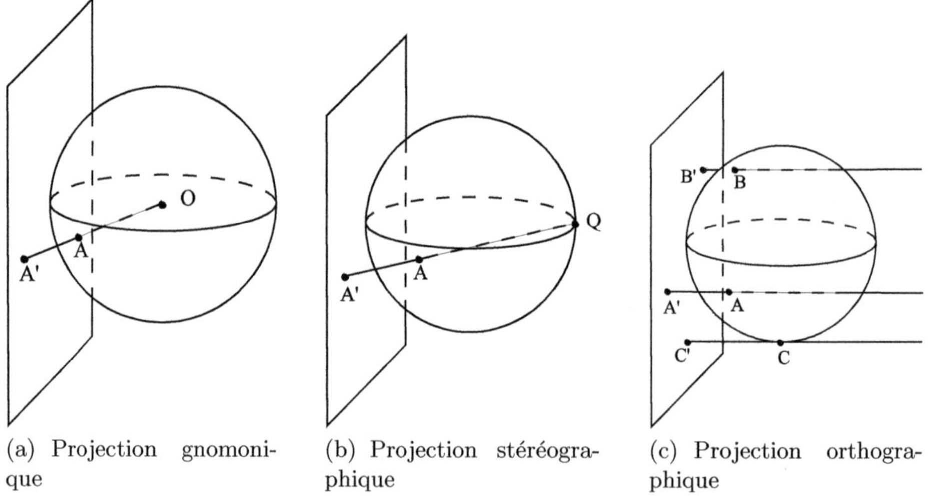


(a) Projection gnomonique (b) Projection stéréographique (c) Projection orthographique

**Fig. 1.6.** Trois types de projection sur un plan

D'ici la fin de la section, nous allons nous concentrer sur des projections sur un cylindre. En effet, on peut ensuite dérouler le cyclindre et obtenir une carte plane. Déjà, on a fait un gros progrès : toute la région voisine de l'équateur est représentée de manière assez fidèle. Par contre, on a de fortes distortions près des pôles. Nous n'avons pas précisé comment se fait la projection sur le cylindre. En fait, il n'existe pas un choix unique et, selon le type de projection choisi, la carte obtenue a différentes propriétés. Il y a un grand intérêt à choisir des projections qui envoient les parallèles sur des lignes horizontales et les méridiens sur des lignes verticales. Ainsi, nos coordonnées cartésiennes sur la carte plane correspondront à la longitude et à la latitude (mais on pourra avoir distortion des unités de latitude).

**Projection sur le cylindre par le centre de la sphère** L'image de la sphère par cette projection est le cylindre infini, les voisinages des pôles étant envoyés sur les extrémités infinies du cylindre. C'est une projection qui a peu d'intérêt, sinon que sa formule est simple.

**Projection horizontale sur le cylindre** Cette projection est couramment appelée en géographie *projection cylindrique de Lambert* alors qu'elle a en fait été étudiée pour la première fois par Archimède ! Soit la sphère $S$ de rayon $R$ et d'équation $x^2+y^2+z^2 = R^2$. On veut la projeter sur le cyclindre $C$ d'équation $x^2 + y^2 = R^2$. La projection associe à un point $(x_0, y_0, z_0)$ de la sphère un point $(x_1, y_1, z_1)$ du cylindre. La formule de la projection $P : S \to C$ est donnée par

$$P(x, y, z) = \left( \frac{Rx}{\sqrt{x^2 + y^2}}, \frac{Ry}{\sqrt{x^2 + y^2}}, z \right) \tag{1.37}$$

(figure 1.7). Le point $P(x_0, y_0, z_0)$ est donc le point d'intersection avec le cylindre de la demi-droite d'origine $(0, 0, z_0)$ passant par $(x_0, y_0, z_0)$. (Exercice : vérifier.)

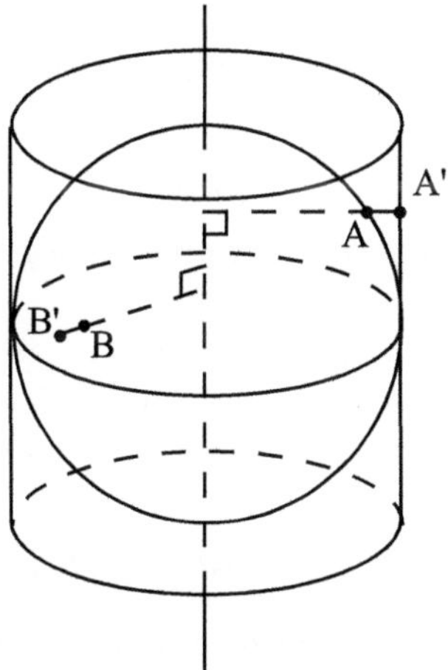


**Fig. 1.7.** La projection horizontale sur le cylindre

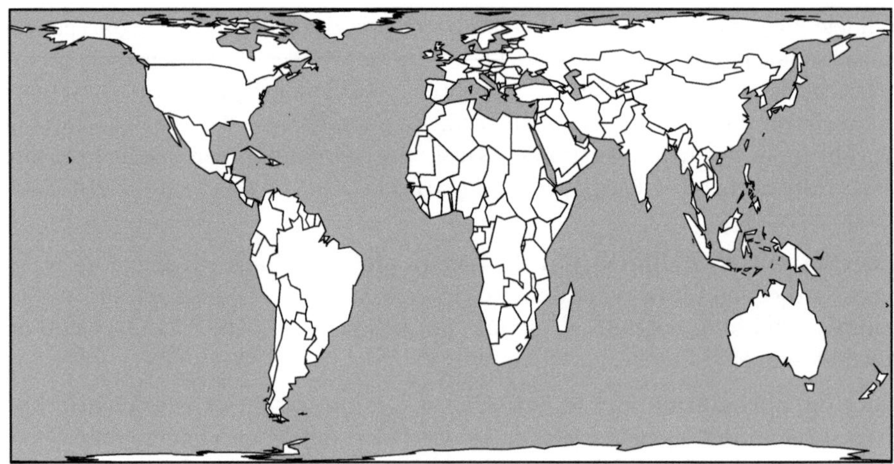

**Fig. 1.8.** La carte du monde avec la projection cylindrique de Lambert

Quoique ayant une moins grande distortion que la projection par le centre de la sphère, cette projection ne respecte pas du tout les distances dès qu'on s'éloigne trop de l'équateur. Par contre, elle a une propriété remarquable : elle préserve les aires. La découverte de cette propriété revient à Archimède. C'est cette projection qui a été utilisée pour la réalisation de l'*Atlas de Peters* [3] (voir figure 1.8). Alors que dans les autres atlas, les pays nordiques paraissent plus grands que nature par rapport aux autres pays, dans l'*Atlas de Peters*, des pays comme le Canada ou la Russie ont exactement la surface qu'ils méritent en comparaison des autres pays. Ils paraissent par contre plus larges et moins hauts. Démontrons cette propriété remarquable de la projection horizontale sur le cylindre.

**Théorème 1.15** *La projection $P : S \to C$ donnée par la formule* (1.37) *préserve les aires. (En géographie, on dit que cette projection est équivalente.)*

PREUVE Pour faire la preuve, nous allons changer de coordonnées et paramétriser la sphère à l'aide de deux coordonnées angulaires. Pour la sphère, nous utilisons les coordonnées sphériques que l'on peut voir comme une application

$$\begin{aligned} &F : (-\pi, \pi] \times [\tfrac{-\pi}{2}, \tfrac{\pi}{2}] \to S \\ &(\theta, \phi) \mapsto F(\theta, \phi) = (x, y, z) = (R\cos\theta\cos\phi, R\sin\theta\cos\phi, R\sin\phi). \end{aligned} \tag{1.38}$$

On pensera à $\theta$ comme la longitude (exprimée en radians plutôt qu'en degrés) : $\theta = 0$ est le méridien de Greenwich, $\theta > 0$ correspond à la longitude est, et $\theta < 0$, à la longitude ouest. $\phi$ est la latitude, et $\phi > 0$ correspond aux latitudes nordiques. Pour le cylindre, comme on ne projette la sphère que sur la zone du cylindre comprise dans $|z| \leq R$, on utilisera les mêmes coordonnées $(\theta, \phi)$. La paramétrisation est une application

$$\begin{array}{l} G : (-\pi, \pi] \times [-\frac{\pi}{2}, \frac{\pi}{2}] \to C \\ (\theta, \phi) \mapsto G(\theta, \phi) = (x, y, z) = (R\cos\theta, R\sin\theta, R\sin\phi). \end{array} \tag{1.39}$$

Dans ces coordonnées, la projection $P$ se lit : $(\theta, \phi) \mapsto (\theta, \phi)$ ! Soient $A$ une région de la sphère et $P(A)$ sa projection sur le cylindre. Alors, ces deux régions sont l'image d'une même région

$$B \subset (-\pi, \pi] \times [-\frac{\pi}{2}, \frac{\pi}{2}].$$

Nous justifierons brièvement ci-dessous cette formule classique pour l'aire de $A$ :

$$\text{Aire}(A) = \iint_B \left| \frac{\partial F}{\partial \theta} \wedge \frac{\partial F}{\partial \phi} \right| \, d\theta \, d\phi \tag{1.40}$$

où le symbole $v \wedge w$ représente le produit vectoriel de $v$ et $w$, et $|v \wedge w|$ représente sa longueur (voir, par exemple, [1] ou un livre de calcul à plusieurs variables). On a pour la sphère

$$\begin{array}{rcl} \frac{\partial F}{\partial \theta} & = & (-R\sin\theta\cos\phi, R\cos\theta\cos\phi, 0), \\ \frac{\partial F}{\partial \phi} & = & (-R\cos\theta\sin\phi, -R\sin\theta\sin\phi, R\cos\phi), \\ \frac{\partial F}{\partial \theta} \wedge \frac{\partial F}{\partial \phi} & = & (R^2\cos\theta\cos^2\phi, R^2\sin\theta\cos^2\phi, R^2\sin\phi\cos\phi), \\ \left| \frac{\partial F}{\partial \theta} \wedge \frac{\partial F}{\partial \phi} \right| & = & R^2|\cos\phi|. \end{array}$$

De même, pour le cylindre

$$\text{Aire}(P(A)) = \iint_B \left| \frac{\partial G}{\partial \theta} \wedge \frac{\partial G}{\partial \phi} \right| \, d\theta \, d\phi. \tag{1.41}$$

Ici, on a

$$\begin{array}{rcl} \frac{\partial G}{\partial \theta} & = & (-R\sin\theta, R\cos\theta, 0), \\ \frac{\partial G}{\partial \phi} & = & (0, 0, R\cos\phi), \\ \frac{\partial G}{\partial \theta} \wedge \frac{\partial G}{\partial \phi} & = & (R^2\cos\theta\cos\phi, R^2\sin\theta\cos\phi, 0), \\ \left| \frac{\partial G}{\partial \theta} \wedge \frac{\partial G}{\partial \phi} \right| & = & R^2|\cos\phi|. \end{array}$$

On voit sans peine que les aires de $A$ et de $P(A)$ s'obtiennent en intégrant la même fonction sur le même domaine $B$. Donc, ces deux aires sont égales. □

**Justification des formules** (1.40) **et** (1.41) Ceci est un rappel rapide de comment on obtient la formule donnant l'aire d'une surface. Vous avez probablement vu cela dans un cours de calcul à plusieurs variables. On découpe l'ensemble $B$ en éléments rectangulaires infinitésimaux de côtés $d\theta$ et $d\phi$. L'aire de $A$ (resp. de $P(A)$) est la somme des aires de leurs images par $F$ (resp. par $G$). Concentrons-nous sur l'aire de $A$. On peut penser aux éléments $d\theta$ et $d\phi$ comme à des segments infinitésimaux des tangentes aux courbes $\phi = \phi_0$ et $\theta = \theta_0$. Donc, leurs images sont des segments infinitésimaux tangents aux images de ces courbes : ce sont les vecteurs $\frac{\partial F}{\partial \theta} d\theta$ et $\frac{\partial F}{\partial \phi} d\phi$. Ces vecteurs engendrent en général un parallélogramme dont l'aire est précisément $\left|\frac{\partial F}{\partial \theta} \wedge \frac{\partial F}{\partial \phi}\right| d\theta\, d\phi$, soit le produit des longueurs des vecteurs, multiplié par le sinus de l'angle entre les deux vecteurs.

Dans notre problème, l'image par $F$ de cet élément de surface ressemble à un rectangle infinitésimal de côtés $Rd\theta|\cos\phi|$ et $Rd\phi$. L'image par $G$ ressemble à un rectangle infinitésimal de côtés $Rd\theta$ et $R|\cos\phi|d\phi$. Dans les deux cas, cet élément de surface infinitésimal a pour aire $R^2|\cos\phi|d\theta\, d\phi$.

**La projection de Mercator** La projection précédente préserve les aires, mais pas les angles. Dans les cartes marines, on va lui préférer une projection qui préserve les angles : ce sera la projection de Mercator $M : S \to C$. Dans ce cas, on projette la sphère sur tout le cylindre. Comme précédemment, on utilise les coordonnées sphériques (1.38) pour représenter un point $Q$ de la sphère, lequel est donc de la forme $F(\theta, \phi)$. Son image par $M$ est :

$$M(Q) = M(F(\theta,\phi)) = \left(R\cos\theta, R\sin\theta, R\log\left(\tan\tfrac{1}{2}(\phi+\tfrac{\pi}{2})\right)\right). \tag{1.42}$$

Une autre manière de regarder cette projection est de dérouler le cyclindre. Comme coordonnées, on prend $\theta$ comme abscisse et $z$ comme ordonnée. On obtient donc une application $N : S \to \mathbb{R}^2$. Alors, si $(\theta, \phi)$ sont les coordonnées sphériques de $Q$, on lui fait correspondre

$$N(F(\theta,\phi)) = \left(\theta, \log\left(\tan\tfrac{1}{2}(\phi+\tfrac{\pi}{2})\right)\right) \tag{1.43}$$

(Voir la figure 1.9 et la figure 1.10 pour une représentation du monde avec cette projection.)

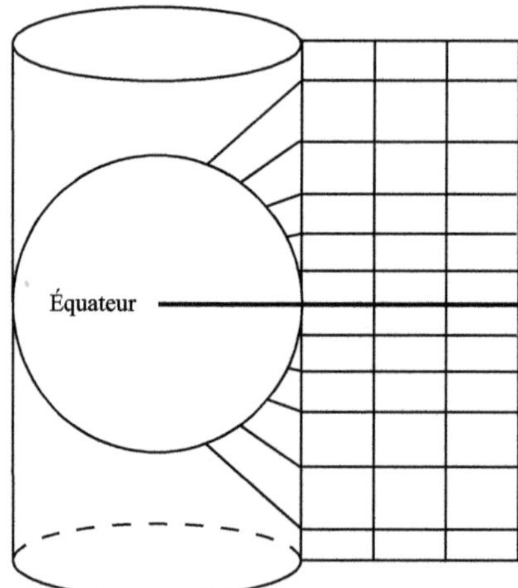


**Fig. 1.9.** La projection de Mercator : on projette sur le cylindre et on le déroule. Pour une même distance le long d'un méridien sur la sphère, la distance verticale sur la carte paraît plus longue si on est plus loin de l'équateur.

**Fig. 1.10.** La carte du monde avec la projection de Mercator. Comme la carte a une hauteur infinie, on n'a représenté que la région située entre les latitudes 85 °S et 85 °N.

**Définition 1.16** *Une transformation $N : S_1 \to S_2$ d'une surface $S_1$ dans une surface $S_2$ est conforme si elle préserve les angles, c'est-à-dire si, chaque fois que deux courbes de $S_1$ se coupent sous un angle $\alpha$ en un point $Q$, leurs images par $N$ se coupent dans $S_2$ sous le même angle $\alpha$ en $N(Q)$.*

**Théorème 1.17** *Les deux transformations $M$ et $N$ définies en* (1.42) *et* (1.43) *sont conformes.*

PREUVE Nous nous contenterons de donner la preuve pour le cas de $N$. Le cas de $M$ suit si l'on se convainc que, lorsqu'on enroule ou déroule un cylindre, on ne change pas les angles des courbes inscrites sur sa surface. On préserve ensuite les angles quand on compose avec une homothétie de rapport $R$. Comme deux courbes tangentes sont envoyées sur deux courbes tangentes, il suffit de travailler avec des segments de droite auxquels on peut penser comme des morceaux des droites tangentes aux courbes. Prenons un point $(\theta_0, \phi_0)$ et deux petits segments de droite passant par ce point, que l'on peut considérer comme les courbes

$$\begin{aligned} v(t) &= (\theta_0 + t\cos\alpha, \phi_0 + t\sin\alpha) \\ w(t) &= (\theta_0 + t\cos\beta, \phi_0 + t\sin\beta). \end{aligned}$$

On va considérer les vecteurs tangents en $Q = F(\theta_0, \phi_0)$ de $F \circ v = v_1$ et $F \circ w = w_1$ et montrer qu'ils sous-tendent le même angle que les vecteurs tangents en $N(Q)$ de $N \circ F \circ v = v_2$ et $N \circ F \circ w = w_2$. Le calcul de ces vecteurs tangents se fait en utilisant la règle de chaîne et donne

$$\begin{aligned}
v_1'(0) &= R(-\sin\theta_0\cos\phi_0\cos\alpha - \cos\theta_0\sin\phi_0\sin\alpha,\\
&\qquad \cos\theta_0\cos\phi_0\cos\alpha - \sin\theta_0\sin\phi_0\sin\alpha, \cos\phi_0\sin\alpha)\\
w_1'(0) &= R(-\sin\theta_0\cos\phi_0\cos\beta - \cos\theta_0\sin\phi_0\sin\beta,\\
&\qquad \cos\theta_0\cos\phi_0\cos\beta - \sin\theta_0\sin\phi_0\sin\beta, \cos\phi_0\sin\beta)\\
v_2'(0) &= (\cos\alpha, \tfrac{\sin\alpha}{\cos\phi_0})\\
w_2'(0) &= (\cos\beta, \tfrac{\sin\beta}{\cos\phi_0}).
\end{aligned}$$

Pour montrer que la transformation est conforme, nous utilisons le critère suivant :

**Lemme 1.18** *La transformation est conforme si pour tout $(\theta_0, \phi_0)$, il existe une constante positive $\lambda(\theta_0, \phi_0)$ telle que, pour tous $\alpha, \beta$, on a la relation suivante pour les produits scalaires de $v_i'(0)$ et $w_i'(0)$ :*

$$\langle v_1'(0), w_1'(0)\rangle = \lambda(\theta_0, \phi_0)\langle v_2'(0), w_2'(0)\rangle. \tag{1.44}$$

PREUVE Soit $\psi_i$ l'angle entre $v_i'(0)$ et $w_i'(0)$ pour $i = 1, 2$. On veut montrer que $\cos\psi_1 = \cos\psi_2$. Si (1.44) est satisfait, on a

$$\begin{aligned}
\cos\psi_1 &= \tfrac{\langle v_1'(0), w_1'(0)\rangle}{|v_1'(0)|\,|w_1'(0)|}\\
&= \tfrac{\langle v_1'(0), w_1'(0)\rangle}{\langle v_1'(0), v_1'(0)\rangle^{1/2}\langle w_1'(0), w_1'(0)\rangle^{1/2}}\\
&= \tfrac{\lambda(\theta_0,\phi_0)\langle v_2'(0), w_2'(0)\rangle}{(\lambda(\theta_0,\phi_0)\langle v_2'(0), v_2'(0)\rangle)^{1/2}(\lambda(\theta_0,\phi_0)\langle w_2'(0), w_2'(0)\rangle)^{1/2}}\\
&= \tfrac{\langle v_2'(0), w_2'(0)\rangle}{\langle v_2'(0), v_2'(0)\rangle^{1/2}\langle w_2'(0), w_2'(0)\rangle^{1/2}}\\
&= \tfrac{\langle v_2'(0), w_2'(0)\rangle}{|v_2'(0)|\,|w_2'(0)|}\\
&= \cos\psi_2.
\end{aligned}$$

La condition $\lambda(\theta_0, \phi_0) > 0$ assure qu'on ne divise pas par zéro et que les racines carrées sont réelles. □

La vérification de (1.44) pour la projection de Mercator est un peu longue, mais se simplifie bien. On obtient

$$\begin{aligned}
\langle v_1'(0), w_1'(0)\rangle &= R^2(\cos^2\phi_0\cos\alpha\cos\beta + \sin\alpha\sin\beta)\\
\langle v_2'(0), w_2'(0)\rangle &= \cos\alpha\cos\beta + \tfrac{\sin\alpha\sin\beta}{\cos^2\phi_0}.
\end{aligned}$$

D'où $\lambda(\theta_0, \phi_0) = R^2\cos^2\phi_0$. □

**Le plus court chemin entre deux points sur la sphère** On considère deux points $Q_1$ et $Q_2$ sur la sphère. S'ils ne sont pas antipodaux, ils ne sont pas alignés avec le centre de la sphère et déterminent donc avec celui-ci un unique plan. Ce plan coupe la sphère suivant un grand cercle. Sur ce cercle, $Q_1$ et $Q_2$ découpent deux arcs de cercle. Le plus court de ces arcs est le plus court chemin sur la sphère entre $Q_1$ et $Q_2$. Soit $O$ le centre de la sphère. La longueur de cet arc est $R\alpha$, où $\alpha \in [0, \pi)$ est l'angle entre $OQ_1$ et $OQ_2$, et $R$ est le rayon de la sphère. En navigation maritime, la route la plus courte entre deux points est appelée l'*orthodromie*. En mathématiques, quand on parle du plus court chemin sur une surface entre deux points, on parle plutôt de *géodésique*. Les géodésiques de la sphère sont donc des arcs de grands cercles. Si l'on considère une carte construite avec la projection de Mercator, l'orthodromie entre deux points représentant $Q_1$ et $Q_2$ n'est pas le segment de droite joignant ces deux points, sauf si ces deux points sont à la même longitude. Dans le vocabulaire maritime, la *loxodromie de deux points* est la route qui les joint en coupant tous les méridiens sous un même angle. Sur la projection de Mercator, cette route est le segment de droite joignant les deux points. Ceci nous montre donc qu'une telle route existe ! La distance loxodromique est plus longue que la distance orthodromique, quoiqu'on observe l'ordre de grandeur inverse pour leurs projections de Mercator (figure 1.11).

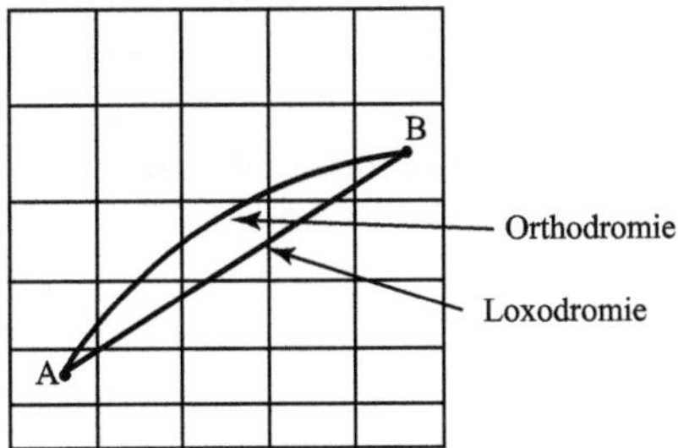


**Fig. 1.11.** Routes orthodromique et loxodromique entre deux points $A$ et $B$

**Suivre une trajectoire pour un navigateur** Si on veut aller d'un point $A$ à un point $B$ avec les moyens traditionnels de navigation, donc sans GPS, il est plus facile de suivre la route loxodromique, c'est-à-dire celle qui apparaît comme le segment de droite entre $A$ et $B$ sur la projection de Mercator. Cette droite fait un angle constant avec tous les méridiens. L'outil de navigation traditionnel est le compas magnétique. Il indique le nord magnétique. Les lignes du champ magnétique terrestre ressemblent à un faisceau de méridiens allant du nord magnétique au sud magnétique. Cependant, le nord magnétique et le sud magnétique ne sont pas situés au pôle Nord et au pôle Sud. Et, de plus, leur position est variable. Donc, en pratique, les lignes du champ magnétique terrestre forment un angle avec les méridiens, et cet angle n'est pas constant partout sur la Terre. Il n'est pas non plus constant d'une année à l'autre. On peut trouver cet angle dans des tables. Si on est ancré dans un endroit connu et qu'on peut observer des repères fixes, on peut aussi le calculer à l'aide de mesures d'angles entre le nord magnétique et la droite qui nous joint à des objets éloignés de position connue (comme un phare). Si on navigue suffisamment loin des pôles, on peut supposer cet angle à peu près constant. Pour suivre une route loxodromique, il suffit alors de régler notre compas magnétique de telle sorte qu'on fasse route avec un angle donné par rapport aux lignes de champ magnétique dont la direction est donnée par les aimants du compas.

**Cartographie du voisinage des pôles** Si l'on veut cartographier le voisinage des pôles, les projections précédentes ne conviennent pas. On va alors privilégier des projections sur des cylindres obliques ou encore sur des cônes. Si l'on veut une projection conforme, on peut, par exemple, utiliser une projection de Mercator sur un cylindre oblique. On perd alors la propriété qui fait que les méridiens et les parallèles sont projetés sur des droites. On utilise aussi des cartes obtenues par projection conforme sur un cône. De telles projections portent le nom de *projections de Lambert* (voir, par exemple, l'exercice 26 sur une projection de Lambert).

**Le système de coordonnées MTU** Lorsqu'on veut rentrer un point dans un récepteur GPS, on doit calculer ses coordonnées sur une carte. Beaucoup de cartes sont quadrillées à l'aide du système de coordonnées MTU venant de la « projection de Mercator transverse universelle ». Dans ce système, on utilise 60 projections du même type que la projection de Mercator. La différence est que le cylindre n'est plus vertical, mais horizontal, et donc tangent à la Terre le long d'un méridien. Une zone de longitude couvre un intervalle de longitude dont la largeur est de 6 degrés. Ce système a été élaboré par l'Organisation du Traité de l'Atlantique Nord (OTAN) en 1947.

## 1.6 Exercices

### *Le GPS* (Global positioning system)

**1.** Montrer que le dénominateur de (1.14) s'annule si et seulement si les quatre satellites sont dans un même plan.

**2.** Le système Loran (pour « Long Range ») a longtemps été utilisé en navigation, en particulier sur la côte américaine. Comme plusieurs bateaux ont encore des récepteurs Loran, le système n'a pas encore été démantelé, même si de plus en plus de bateaux ont maintenant des GPS. Les stations émettrices pour le système Loran sont regroupées par chaînes de trois à cinq. Chaque chaîne comporte une station maître ou principale $M$ et plusieurs stations asservies ou secondaires : $W$, $X$, $Y$, $Z$.
- La station principale envoie un signal.
- La station $W$ reçoit le signal, attend une durée pré-établie et renvoie le même signal.
- La station $X$ reçoit le signal, attend une durée pré-établie et renvoie le même signal.
- etc.

Les durées pré-établies sont choisies de telle sorte que l'on ne puisse avoir de doute sur la station d'origine des signaux captés dans la zone couverte par ces stations. Ici, le principe est que le récepteur Loran reçoit les signaux des stations émettrices et mesure le déphasage entre les signaux. Comme on a entre trois et cinq signaux, on a au moins deux déphasages indépendants.
**a)** Expliquer comment, en connaissant deux déphasages, on peut déterminer sa position.
**b)** En pratique, le déphasage entre la première antenne et la deuxième antenne permet de localiser le récepteur sur une branche d'hyperbole. Pourquoi ?
**Commentaire** Ces lignes hyperboliques de position sont dessinées sur les cartes marines. On connaît donc sa position sur une carte marine comme point d'intersection de deux branches d'hyperboles dessinées sur la carte.

**3.** Le fonctionnement du GPS requiert de connaître le temps de parcours des signaux de quatre satellites jusqu'au récepteur. Si, cependant, on met la contrainte que le récepteur est à l'altitude 0, soit exactement à la surface de la Terre (identifiée à une sphère de rayon $R$), montrer qu'alors, il suffit de connaître le temps de parcours des signaux de trois satellites jusqu'au récepteur pour calculer exactement la position du récepteur. Expliquer comment le GPS fait les calculs.

**4.** Beaucoup de météorites rentrant dans l'atmosphère se désintègrent dans une violente explosion terminale. Cette explosion génère une onde de choc se propageant dans toutes les directions à la vitesse du son $v$. L'onde de choc est détectée par des séismographes installés dans des stations au sol.

Si quatre stations (possédant des horloges parfaitement synchronisées) notent l'heure d'arrivée de l'onde de choc, expliquer comment on peut trouver la position et l'heure de l'explosion.

**5.** Lorsque vous rentrez une carte dans un GPS ou dans un logiciel, elle n'est pas nécessairement munie d'un système de coordonnées. Vous ne savez pas non plus nécessairement dans quelle direction est le nord. Expliquer pourquoi, pour munir une carte d'un système de coordonnées permettant de repérer des points, il suffit de rentrer les coordonnées de trois points non alignés. Quelle hypothèse faites-vous pour résoudre le problème ?

### *Coups de foudre et orages*

**6.** Quel est le nombre minimum de détecteurs qui doivent capter le coup de foudre pour pouvoir localiser celui-ci ? Donner le système d'équations que doit résoudre le système central.

**7.** À partir des temps $t_1$ et $t_2$ enregistrés par les oscilloperturbographes situés aux deux bouts d'une ligne électrique de longueur $L$ et signalant l'occurrence d'un défaut sur une ligne, décrire le lieu du défaut sur la ligne.

**8.** Une nanoseconde est un milliardième de seconde. Calculer la distance parcourue par la lumière en 100 nanosecondes et en déduire la précision donnée par une mesure de temps de parcours d'un signal à 100 nanosecondes près.

**9.** Calculer la fonction de densité $f(I)$ de la variable $X$ qui représente l'ampérage des coups de foudre lorsque $P(I)$ est la fonction de Popolansky. Quel est le mode de cette distribution, c'est-à-dire la valeur de $I$ où cette densité est maximum ?

**10.** Dans d'autres régions, on utilise plutôt la fonction d'Anderson–Erikson pour la fonction $P$ donnée en (1.15), à savoir $M = 31$ et $K = 2,6$. Contrairement à la fonction de Popolansky, elle exige d'utiliser des outils numériques.
**a)** Calculer la médiane de cette nouvelle distribution.
**b)** Calculer le 90e percentile, c'est-à-dire la valeur de $I$ telle que $\text{Prob}(X \leq I) = 0,9$.
**c)** Si 58 % des coups de foudre détectés ont un ampérage supérieur à la médiane, calculer le pourcentage de coups de foudre non détectés. En faisant l'hypothèse supplémentaire que, dans la région considérée, ce sont les coups de foudre de plus faible ampérage qui ne sont pas détectés, calculer le seuil de détection, c'est-à-dire la valeur $I_0$ de l'ampérage au delà de laquelle les coups de foudre sont détectés.
**d)** Calculer le mode de cette distribution.

***Les registres à décalage***

**11.** Montrer que, si une suite $\{a_n\}$ est périodique de période $N$, c'est-à-dire que $a_{n+N} = a_n$, alors sa période minimale, soit le plus petit entier $M$ tel que $a_{n+M} = a_n$ pour tout $n$, est un diviseur de $N$.

**12.** **a)** Montrer que le polynôme $x^4 + x^3 + 1$ est primitif sur $\mathbb{F}_2$.
**b)** Calculer la suite générée par le registre à décalage si on prend $(q_0, q_1, q_2, q_3) = (1, 0, 0, 1)$ et les conditions initiales $(a_0, a_1, a_2, a_3) = (T(b), T(xb), T(x^2b), T(x^3b))$ avec $b = 1$. Vérifier qu'elle a la période 15.
**c)** Vérifier que cette suite n'est pas la même que celle de l'exemple 1.5.
**d)** Calculer la corrélation entre cette suite et les suites translatées de la suite de l'exemple 1.5.

**13.** Montrer que le polynôme $x^4 + x^3 + x^2 + x + 1$ est irréductible, mais n'est pas primitif sur $\mathbb{F}_2$. Calculer la suite générée par le registre à décalage si on prend $(q_0, q_1, q_2, q_3) = (1, 0, 0, 1)$ et les conditions initiales $(a_0, a_1, a_2, a_3) = (T(b), T(xb), T(x^2b), T(x^3b))$ avec $b = 1$. Vérifier que sa période est inférieure à 15.

***Quelques manières élémentaires de connaître sa position***
*Avant l'invention du GPS, l'homme utilisait des méthodes (mathématiques !) et outils élémentaires pour connaître sa position : la position de l'étoile polaire, la position du soleil à midi, le sextant, etc. Certaines continuent à être utilisées aujourd'hui. En effet, même si le GPS est un instrument beaucoup plus précis et facile d'utilisation,*

*on ne peut jamais exclure qu'il tombe en panne ou encore, qu'on manque de piles de rechange. D'où l'importance de moyens d'appoint.*

**14.** L'étoile polaire est située sur l'axe de rotation de la Terre si bien qu'on ne peut l'apercevoir que lorsqu'on est dans l'hémisphère nord.
**a)** Si l'on est situé au 45e parallèle, avec quel angle au-dessus de l'horizon voit-on l'étoile polaire ? Et si on est situé au 60e parallèle ?
**b)** Supposez que vous voyez l'étoile polaire avec un angle $\theta$ au-dessus de l'horizon. À quelle latitude vous trouvez-vous ?

**15.** L'axe de la Terre fait un angle de 23,5 degrés avec la normale au plan de l'écliptique (le plan où gravitent les planètes autour du soleil).
**a)** Le cercle polaire est situé à 66,5 degrés de latitude nord. Si vous êtes au cercle polaire, avec quel angle voyez-vous le soleil à midi au moment de l'équinoxe ? Au solstice d'été ? Au solstice d'hiver ? (Commentaire : c'est cette dernière propriété qui a conduit à donner son nom à ce parallèle particulier.)
**b)** Même question si vous êtes à l'équateur.
**c)** Même question si vous êtes au 45e degré de latitude nord.
**d)** Le tropique du Cancer est situé à 23,5 degrés de latitude nord. Montrer que le soleil est vertical à midi au tropique du Cancer lors du solstice d'été.
**e)** Quels sont les points à la surface de la Terre pour lesquels le soleil est vertical à midi au moins un jour par an ?

**16.** On peut aussi utiliser la hauteur du soleil à midi pour calculer sa latitude. Si le soleil fait un angle $\theta$ au-dessus de l'horizon à midi au solstice d'été, calculez votre latitude. Même question si vous êtes à l'équinoxe ou au solstice d'hiver.

**17.** Pour déterminer approximativement votre longitude, vous pouvez utiliser le principe suivant. Vous mettez votre montre à l'heure du méridien de Greenwich. Vous notez l'heure qu'elle indique au moment où le soleil est au zénith. Expliquez comment vous calculez votre longitude. (La méthode n'est pas très précise, car il n'est pas facile de savoir exactement à quel moment le soleil est au zénith.) Les marins fonctionnent plutôt avec deux mesures de l'angle que fait le soleil, une avant le zénith et une après, et font une interpolation.

**18.** **Le fonctionnement du sextant** Comme décrit dans les exercices 14 et 17, nous connaissons notre longitude ou notre latitude en mesurant l'angle que fait la droite entre nous et le soleil ou entre nous et l'étoile polaire avec le plan horizontal. Ceci est très beau en théorie, mais, en pratique, comment mesurer des angles de manière précise si on se trouve sur un bateau secoué par la houle ? C'est là que le sextant nous vient en aide. Le sextant utilise un système de deux miroirs. L'utilisateur peut ajuster l'angle entre les deux miroirs. Il ajuste l'angle entre les miroirs de

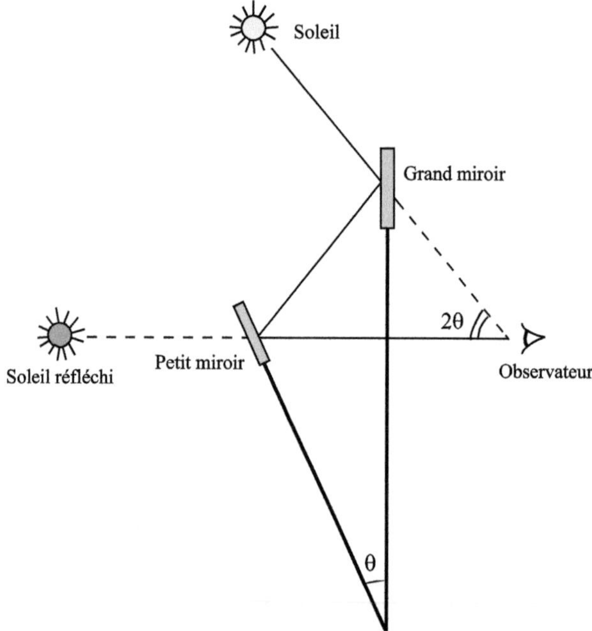


**Fig. 1.12.** Le fonctionnement du sextant (exercice 18)

manière à ce qu'il voie l'image réfléchie du soleil ou de l'étoile polaire exactement au niveau de l'horizon comme sur la figure 1.12.

**a)** Montrer que, si l'angle entre les deux miroirs est $\theta$, alors l'angle que fait le soleil ou l'étoile polaire avec l'horizon est de $2\theta$.

**b)** Vous convaincre que ce système n'est pas trop sensible à la houle.

### *La cartographie*

**19.** On se donne à la surface de la Terre (soit une sphère de rayon $R$) deux points $Q_1 = (x_1, y_1, z_1)$ et $Q_2 = (x_2, y_2, z_2)$ de longitudes respectives $\theta_1$ et $\theta_2$ et de latitudes respectives $\phi_1$ et $\phi_2$. Calculer la distance minimale à parcourir sur la Terre pour aller de $Q_1$ à $Q_2$.

**20.** Sur une carte obtenue par projection de Mercator, calculer l'équation de l'orthodromie joignant le point de longitude 0 et latitude 0 avec le point de longitude 90 degrés ouest et de latitude 60 degrés nord.

**21.** Sur une carte obtenue par projection cylindrique orthogonale, calculer l'équation de l'orthodromie joignant le point de longitude 0 et latitude 0 avec le point de longitude 90 degrés ouest et de latitude 60 degrés nord.

**22.** On projette la sphère sur le cylindre infini vertical en passant par le centre de la sphère.
a) Donner la formule de la projection.
b) Quelle est l'image des méridiens ? Des parallèles ?
c) Quelle est l'image d'un grand cercle ?

**23.** Dans les projections coniques, on utilise des cônes tangents ou sécants à la Terre et on projette en passant par le centre de la Terre. Imaginer des projections coniques et décrire le réseau de méridiens et de parallèles sur la projection.

**24.** **Projection stéréographique** On projette la sphère sur un plan tangent à la sphère en un point $P$. Soit $P'$ le point diamétralement opposé à $P$. La projection se fait ainsi : si $Q$ est un point de la sphère, sa projection est l'intersection de la droite $P'Q$ avec le plan tangent à la sphère en $P$.
a) Donner la formule de cette projection dans le cas où $P$ est le pôle Sud et où on considère la sphère $x^2 + y^2 + z^2 = 1$ de rayon 1. (Alors, le point $P'$ est le pôle Nord, et le plan tangent est le plan $z = -1$.)
b) Montrer que cette projection est conforme.

**25.** Pour faire de la bonne cartographie, on doit plutôt représenter la Terre comme un ellipsoïde de révolution $\frac{x^2}{a^2} + \frac{y^2}{a^2} + \frac{z^2}{b^2} = 1$. En généralisant un équivalent des coordonnées sphériques, les points de l'ellipsoïde peuvent s'écrire comme

$$(x, y, z) = (a \cos\theta \cos\phi, a \sin\theta \cos\phi, b \sin\phi).$$

La notion de longitude est la même que pour la sphère, soit $\theta$, mais les géographes utilisent plutôt la latitude géodésique définie comme suit : la latitude géodésique d'un point $P$ de l'ellipsoïde est l'angle entre la normale à l'ellipsoïde en $P$ et le plan de l'équateur (le plan $z = 0$). Calculer la latitude géodésique en fonction de $\phi$.

**26.** **Une projection conique conforme de Lambert** On considère la sphère $x^2 + y^2 + z^2 = 1$ et un cône d'axe $z$, centré en un point de l'axe $z$ au-dessus du pôle Nord.
a) Quelles sont les coordonnées du sommet du cône si le cône est tangent à la sphère le long du parallèle $\phi = \phi_0$.
b) Si on découpe le cône le long du demi-plan contenant le méridien $\theta = \pi$ et qu'on le déroule, on obtient un secteur. Montrer que l'angle au sommet de ce secteur est $2\pi \sin\phi_0$.
c) Montrer que la distance $\rho_0$ entre le sommet du cône et un point de tangence entre le cône et la sphère est $\rho_0 = \cot\phi_0$.
d) **Plus difficile !** On suppose que le secteur est disposé comme sur la figure 1.13.

La projection de Lambert de la sphère sur ce secteur est définie comme suit. Soit $(x, y, z) = (\cos\theta \cos\phi, \sin\theta \cos\phi, \sin\phi)$ un point de la sphère. On lui associe le point :

$$\begin{cases} X = \rho \sin\psi \\ Y = \rho_0 - \rho \cos\psi \end{cases}$$

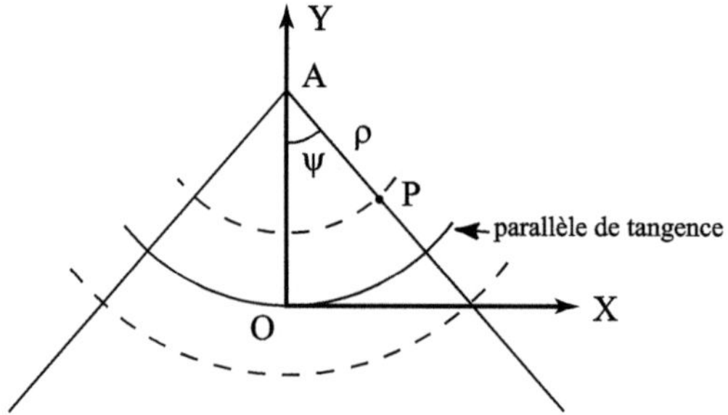


**Fig. 1.13.** Le déroulement du cône dans l'exercice 26 : si $P$ est un point, alors $\rho = |AP|$ et $\psi$ est l'angle $\widehat{OAP}$.

où

$$\begin{cases} \rho = \rho_0 \left( \frac{\tan \frac{1}{2}(\frac{\pi}{2} - \phi)}{\tan \frac{1}{2}(\frac{\pi}{2} - \phi_0)} \right)^{\sin \phi_0} \\ \psi = \theta \sin \phi_0. \end{cases}$$

Vérifier que la projection donnée par $(x, y, z) \mapsto (X, Y)$ est conforme.

# Références


[1] Do Carmo, Manfredo. *Differential geometry of curves and surfaces*, Englewood Cliffs, New Jersey, Prentice Hall, 1976, 503 p.

[2] Leiffet, Bernard. *Navigation côtière au Canada*, Montréal, Éditions du Trécarré, 1989.

[3] *Atlas de Peters*, Larousse, 1990.

[4] Richardus, Peter et Ron Kazimierz Adler. *Map projections for geodesists, cartographers and geographers*, Amsterdam, North-Holland, 1972, 174 p.

[5] Reignier, François. *Les systèmes de projection et leurs applications à la géographie, à la cartographie, à la topométrie, etc.*, Paris, Publications techniques de l'Institut Géographique National, 1957.

[6] Taylor, Edwin F. et John Archibald Wheeler. *Exploring Black Holes, Introduction to General Relativity*, San Francisco, Montreal, Addison Wesley Longman, 2000 (chapitres 1 et 2 et projet sur le GPS), 321 p.

# 2

# Frises et mosaïques

*Ce chapitre présente la classification des frises et quelques concepts reliés aux mosaïques. La première section introduit les opérations laissant une frise inchangée de façon intuitive et géométrique. Elle présente ce que seront les étapes de la preuve du théorème de classification des frises. La section 2.2 introduit les transformations affines (et leur représentation matricielle) et les isométries. La section 2.3 conclut la preuve du théorème de classification. La dernière section parle, d'une façon beaucoup plus succincte, des mosaïques. La preuve du théorème de classification (section 2.3) est la section la plus difficile. Les sections 2.1 et 2.4 peuvent être couvertes en trois heures ; les outils seront alors purement géométriques, et les étudiants auront une idée de la preuve. Il faut au moins quatre heures pour couvrir les trois premières sections. Quel que soit le matériel choisi, il est conseillé de se munir de deux copies sur support transparent des frises de la figure 2.2 ; leur projection sur un écran permet de comprendre rapidement les diverses opérations de symétrie en jeu. Seules des connaissances en algèbre linéaire et en géométrie euclidienne sont nécessaires à la lecture de ce chapitre. La preuve du théorème de classification requiert une habitude du raisonnement abstrait.*

*Ce sujet offre plusieurs pistes attrayantes pour poursuivre l'exploration : les pavages apériodiques (fin de la section 2.4) en sont une, les exercices 13, 14, 15 et 16 en proposent d'autres.*

Les frises et les mosaïques sont des éléments de décoration architecturaux qui sont utilisés depuis quelques millénaires. Les grandes civilisations sumérienne, égyptienne et maya les utilisaient avec brio. Inutile de prétendre dans ce cas que ce sont les mathématiques qui ont contribué à l'établissement de cette « technologie ». L'étude des frises et mosaïques, comme sujet mathématique, est relativement récente ; son début date d'au plus deux siècles. Le mémoire de Bravais [1] est probablement le premier texte scientifique à en faire l'analyse.

Les mathématiques peuvent cependant revendiquer une étude et une classification systématique des patrons que l'on retrouve en architecture. Ces classifications ont amené les mathématiciens à préciser les règles. Ce faisant, ils ont permis à ceux qui les utilisaient de mieux comprendre ces règles et donc, de pouvoir les enfreindre pour innover.

**Fig. 2.1.** Sept frises (Pour chaque frise ci-dessus, la frise vis-à-vis de la figure 2.2 possède les mêmes symétries.)

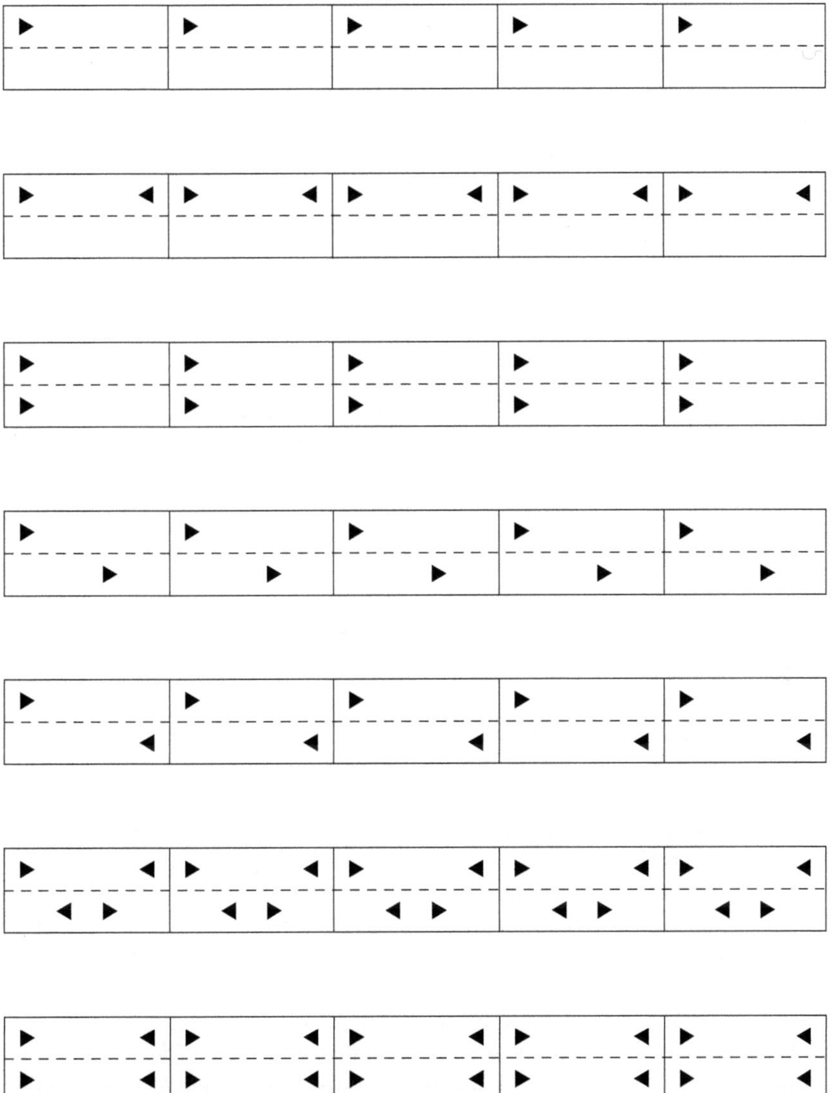

**Fig. 2.2.** A nouveau sept frises (Pour chaque frise ci-dessus, la frise vis-à-vis de la figure 2.1 possède les mêmes symétries.)

Classifier des objets mathématiques est une activité que le lecteur a peut-être déjà rencontrée. S'il a suivi un cours de calcul différentiel à plusieurs variables, il se rappellera la classification des extrema d'une fonction de deux variables. Si, en un extremum, la matrice (hessienne) des dérivées secondes est non singulière, l'extremum peut être classifié en un des trois types suivants : un minimum local, un maximum local ou un point de selle. Si le lecteur a suivi un cours de géométrie euclidienne ou un cours avancé d'algèbre linéaire, il aura peut-être également vu la classification des coniques. Et celui qui a lu le chapitre 6 sur les codes correcteurs notera que les théorèmes 6.17 et 6.18 classifient les corps finis. Ces exemples classifient des objets abstraits. Il peut être étonnant de réaliser que les mathématiques peuvent également classifier des objets aussi concrets que des patrons architecturaux. Voici comment ceci se fait.

## 2.1 Frises et symétries

Le Petit Robert définit *frise* comme suit : *bordure ornementale en forme de bandeau continu (d'un mur, d'une cheminée, d'un chambranle, d'un meuble, etc.)*. La figure 2.1 présente sept frises. Pour étudier mathématiquement ces objets, nous ajouterons à la définition du Robert les éléments suivants : *(i)* une frise possédera une largeur constante finie (la hauteur des frises dans la figure 2.1) et elle sera infinie dans la direction perpendiculaire (l'horizontale ici) ; *(ii)* elle sera périodique, c'est-à-dire qu'il existera une distance minimale $L$ non nulle telle qu'une translation de longueur $L$ de la frise dans la direction où elle est infinie la laisse inchangée. Le nombre $L$ sera appelé la *période* de la frise. Cette définition ne colle donc pas immédiatement aux frises de la figure puisque ces dernières ne sont pas infinies. Mais il n'est pas difficile de coller, à l'aide de son imagination, un nombre infini de copies d'une frise bout à bout de façon à produire une frise idéalisée. (La géométrie euclidienne nous a habitués à cet exercice mental : les points géométriques n'y ont pas de dimension, et les droites y sont infinies.)

La figure 2.2 présente également sept frises. Leur dessin est plus épuré, et il est peut-être plus simple de les étudier. Ces sept frises ont la même période $L$, la distance entre deux barres verticales. Dans ce qui suit, ces barres verticales seront considérées comme *ne faisant pas* partie du patron de la frise. Elles n'ont été tracées que pour aider l'œil. Certaines de ces frises sont invariantes sous d'autres opérations géométriques que la translation par une distance $L$. Par exemple, si on bascule la troisième ou la septième frise en échangeant le bas et le haut, ces deux frises demeurent inchangées. Nous dirons qu'elles sont invariantes sous l'opération de *réflexion dans un miroir horizontal.* La seconde, la sixième et la septième sont invariantes sous une *réflexion dans un miroir vertical* qui échange la gauche et la droite. Ces distinctions entre frises soulèvent une question naturelle : *est-il possible de classifier les frises selon l'ensemble des opérations géométriques qui les laissent inchangées ?* Par exemple, l'ensemble d'opérations qui laisse la première frise inchangée n'inclut ni le miroir horizontal ni le miroir vertical. Cet ensemble est donc distinct de l'ensemble laissant la troisième frise inchangée. Notons que les frises des figures 2.1 et 2.2 ont été ordonnées de façon à ce que leur vis-à-vis demeure inchangé sous les mêmes opérations. Par exemple, la troisième frise de la figure 2.1 et la troisième de la figure 2.2 demeurent inchangées sous les translations et la réflexion dans un miroir horizontal.

Lorsqu'une transformation géométrique préservant les longueurs (comme les translations et les réflexions dans un miroir) laisse une frise inchangée, on dit de cette transformation qu'elle est une *opération de symétrie pour la frise* ou, de façon plus courte, une *symétrie de la frise*. Dresser une liste complète des opérations de symétrie pour une frise donnée est parfois fastidieux ; notons, par exemple, que nous aimerions distinguer la translation d'une distance $L$ de celles d'une distance $2L$, $3L$, etc., et que ces translations sont déjà en nombre infini. L'ensemble des opérations contiendra également les inverses de ces translations. L'*inverse d'une opération de symétrie* est l'inverse au sens des fonctions : la composition d'une opération et de son inverse est l'identité sur le plan (ou sur la bande où est dessinée la frise). Par exemple, l'inverse d'une translation vers la droite d'une distance $L$ est une translation vers la gauche de la même distance. (Exercice : quel est l'inverse d'une réflexion par rapport à un miroir ? Et d'une rotation d'un angle $\theta$ ?) Ainsi, si nous associons une distance positive à une translation vers la droite et une distance négative à une translation vers la gauche, les symétries d'une frise de période $L$ incluent les translations d'une distance $nL$ pour tout $n \in \mathbb{Z}$. Clairement, l'ensemble des symétries d'une frise contiendra un nombre infini d'opérations de translation. Un bon compromis est de donner un sous-ensemble dont la composition et l'inversion des éléments permettent de construire tous les autres. Un tel sous-ensemble est appelé un *ensemble de générateurs*. C'est ce que nous essaierons d'obtenir par la suite. (Les mathématiciens préfèrent que ce sous-ensemble soit le plus petit possible. Ils le disent minimal si, après le retrait d'un de ses éléments, il ne suffit plus pour engendrer toutes les symétries.)

Notre but dans le reste de cette section est de développer une intuition géométrique de certaines des idées maîtresses menant au théorème de classification 2.12. Ce théorème dresse la liste complète des ensembles de générateurs qui peuvent caractériser les symétries d'une frise. Mais, avant de commencer, nous vous suggérons de faire une copie sur support transparent de la figure 2.2 et de la découper en sept bandes, une pour chaque frise. Vous pourrez ainsi expérimenter et vous familiariser avec les affirmations qui suivent.

**Les trois générateurs $t_L$, $r_h$ et $r_v$** Nous avons déjà introduit quelques opérations de symétrie possibles : les translations (par tout multiple entier de la période $L$), les réflexions par rapport à des miroirs horizontal et vertical. Nous noterons ces types de réflexion par $r_h$ et $r_v$ respectivement. Quant à l'ensemble de toutes les translations, il est engendré par l'unique translation $t_L$ d'une période $L$. (L'inversion nous permet d'engendrer $t_{-L}$, la translation d'une distance $nL$ est la composition $t_L \circ t_L \circ \cdots \circ t_L$ de $n$ opérations $t_L$, etc.)

Une subtilité doit être éclaircie immédiatement. Pour que la réflexion $r_h$ par rapport à un miroir horizontal laisse une frise invariante, il faut que l'axe de réflexion soit la ligne horizontale au centre de la frise (tracée en pointillé sur la figure 2.2). Donc, la position du miroir est complètement déterminée par l'exigence que l'image de la frise par la réflexion soit la frise. Il n'en est pas de même des réflexions par un miroir vertical. La position d'un miroir vertical doit, elle, être choisie selon le patron de la frise. La frise **2** (la seconde de la figure 2.2), par exemple, possède une infinité de miroirs verticaux. Tous les miroirs situés en chacun des segments verticaux qui indiquent la périodicité du patron laissent la frise inchangée. Ces miroirs sont déjà en nombre infini. Mais il y en a un autre ensemble infini : les miroirs situés précisément à mi-chemin entre ces mêmes segments verticaux. Nous verrons à l'exercice 7 que, si une frise de période $L$ est inchangée sous la réflexion par rapport à un miroir vertical, elle l'est également par rapport à une infinité d'autres miroirs verticaux, tous à distance $n\frac{L}{2}$ du premier, où $n$ est un entier ($\in \mathbb{Z}$). La notation $r_v$ sous-entend donc un choix donné pour la position d'un miroir vertical et tous ses translatés par un multiple entier de $\frac{L}{2}$. (Exercice : identifier quelles autres frises de la figure sont inchangées sous un miroir vertical.)

**Notation** La composition d'opérations de symétrie sera utilisée souvent, et nous omettrons le symbole « $\circ$ » par la suite. Ainsi $r_h \circ r_v$ sera simplement noté $r_h r_v$. Nous verrons également que l'ordre des opérations est important. Elles sont notées de droite à gauche ; ainsi la composition $r_h r_v$ dénote l'opération $r_v$ suivie de $r_h$.

**La rotation $r_h r_v$** La frise **5** nous force à introduire un nouveau générateur dans notre liste. Elle ne possède ni $r_h$ ni $r_v$ comme symétrie, mais si $r_v$, puis $r_h$ lui sont appliquées (avec le miroir de $r_v$ le long d'un des segments verticaux), la frise demeure invariante. (Exercice : le vérifier !) Donc, il peut se produire que ni $r_h$ ni $r_v$ ne soient des générateurs, mais que leur composition ($r_h r_v$) le soit. Ce générateur $r_h r_v$ obtenu de deux réflexions est une rotation de 180°. Pour s'en convaincre, il suffit de remarquer que $r_h r_v$ échange simultanément le haut et le bas, ainsi que la gauche et la droite, sans altérer les distances. (En termes d'un système de coordonnées dont l'origine est située sur une des barres verticales, un point $(x, y)$ de la frise deviendra le point $(-x, -y)$ sous cette transformation.) Ceci est exactement l'action de la rotation de 180° aussi appelée *symétrie par rapport à l'origine.* (L'exercice 8 donnera une preuve géométrique de cette propriété.)

Les propriétés suivantes des trois générateurs $r_h, r_v$ et $r_h r_v$ se vérifient aisément à l'aide de la copie sur support transparent que vous aurez faite. Elles pourront être également vérifiées à l'aide de la représentation matricielle qui sera introduite à la section 2.2. (Voir l'exercice 6.)

**Proposition 2.1** *1. Les opérations $r_h$ et $r_v$ commutent, c'est-à-dire que les compositions $r_h r_v$ et $r_v r_h$ sont égales.*
*2. L'opération inverse de $r_h$ est $r_h$, celle de $r_v$ est $r_v$, celle de $r_h r_v$ est $r_h r_v$.*
*3. La composition de $r_h$ et $r_h r_v$ donne $r_v$. Celle de $r_v$ et $r_h r_v$ donne $r_h$. (On en conclut que, si deux des trois opérations $r_h, r_v$ et $r_h r_v$ sont des symétries d'une frise, les trois le sont.)*

À l'aide de ces propriétés, il vous sera facile d'établir, pour une frise donnée de la figure 2.2, lesquelles parmi les trois opérations $r_h, r_v$ et $r_h r_v$ sont des symétries. (Exercice : le faire pour les sept frises !)

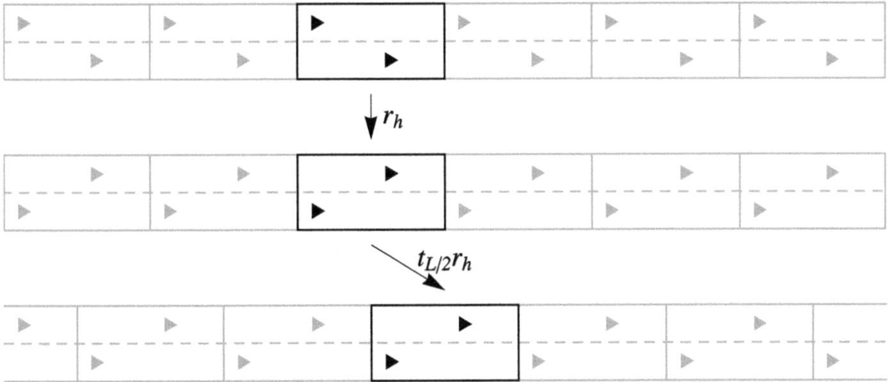


**Fig. 2.3.** La symétrie glissée. La frise **4** telle qu'on la retrouve à la figure 2.2 (en haut), la même frise après l'opération $r_h$ (au centre), puis après la translation d'une demi-période (en bas).

**La symétrie glissée $s_g = t_{L/2}r_h$** Cette dernière proposition nous permet de tracer un premier bilan : chacun des quatre générateurs $t_L, r_h, r_v$ et $r_hr_v$ est une symétrie d'au moins une frise. De plus, chacun des trois $r_h, r_v$ et $r_hr_v$ est absent des symétries d'au moins une frise. Un coup d'œil à la frise **4** nous montre que cette liste ne suffit pas. Aucun des trois générateurs $r_h, r_v$ et $r_hr_v$ n'est une symétrie de cette frise. Cependant, une réflexion $r_h$ suivie d'une translation d'une demi-période $\frac{L}{2}$ laisse cette frise invariante, comme on peut aisément le constater à la figure 2.3 ! (Attention : les barres verticales délimitant les périodes ne font pas partie du patron.) Nous allons nommer cette nouvelle opération $s_g$ pour *symétrie glissée*. En utilisant la notion de composition, nous pouvons écrire $s_g = t_{L/2}r_h$. (Exercice : une seule autre frise parmi les sept de la figure 2.2 possède $s_g$ parmi ses générateurs. Laquelle ?)

**Vers le théorème de classification** Nous avons maintenant identifié cinq générateurs $(t_L, r_h, r_v, r_hr_v, s_g)$ à partir de l'observation des sept frises de la figure 2.2. Pour obtenir une liste complète des ensembles de symétrie des frises, nous devons avoir une liste de tous les générateurs possibles. Or, nous avons découvert les cinq de notre liste en observant sept exemples bien particuliers de frises. Y a-t-il une frise autre que ces sept-là qui nous amènerait à allonger cette liste ? Existe-t-il d'autres générateurs que les cinq que nous avons découverts ? Ce sont les premières questions auxquelles nous devrons répondre avant de démontrer le théorème de classification.

Si nous admettons que cette liste est complète, nous pouvons alors énumérer les ensembles de symétrie potentiels pour les frises de période $L$. Nous le ferons en énumérant une liste de générateurs. Par la définition de frise, les symétries incluent toujours la translation $t_L$ d'une période $L$ et aucune autre translation d'une distance inférieure. Nous savons de plus que, si les générateurs d'une frise incluent deux des trois opérations

$r_h, r_v$ et $r_h r_v$, alors ils incluent les trois. Nous pouvons donc dresser la liste d'ensembles de générateurs suivante.

1. $\langle t_L \rangle$
2. $\langle t_L, r_v \rangle$
3. $\langle t_L, r_h \rangle$
4. $\langle t_L, s_g \rangle$
5. $\langle t_L, r_h r_v \rangle$
6. $\langle t_L, s_g, r_h r_v \rangle$
7. $\langle t_L, r_h, r_v \rangle$
8. $\langle t_L, s_g, r_h \rangle$
9. $\langle t_L, s_g, r_v \rangle$
10. $\langle t_L, s_g, r_h, r_v \rangle$

Comme nous l'avons dit, chacun de ces ensembles contient la translation $t_L$. Les ensembles **1** et **4** ne contiennent aucun des générateurs $r_h, r_v$ et $r_h r_v$. Les ensembles **2, 3, 5, 6, 8** et **9** contiennent un et un seul des générateurs $r_h, r_v$ et $r_h r_v$ ; les ensembles **6, 8, 9** contiennent également la symétrie glissée $s_g$, mais les ensembles **2, 3, 5** ne la contiennent pas. Les ensembles **7** et **10** contiennent deux des générateurs $r_h, r_v$ et $r_h r_v$ (et donc les trois), sans et avec la symétrie glissée $s_g$ respectivement. Voici donc la liste complète des ensembles possibles, si la liste des générateurs pouvant apparaître est bien $\{t_L, r_h, r_v, r_h r_v, s_g\}$.

Le théorème de classification devra faire face à deux autres questions. La première est la suivante : y a-t-il des répétitions dans la liste ci-dessus ? Puisque nous avons choisi de ne dresser que la liste d'ensembles de générateurs, il se peut bien que certains ensembles génèrent la même liste de symétries. La seconde est : y a-t-il des ensembles parmi ceux de la liste ci-dessus qui ne sont pas des ensembles de générateurs pour des frises de période $L$ ? Cette dernière question peut sembler surprenante. Mais nous pouvons y répondre partiellement immédiatement : l'ensemble **8** n'engendre pas un ensemble de symétries d'une frise de période $L$ ! En voici la raison.

Il est crucial de se rappeler que la symétrie glissée $s_g$ est la composition de $r_h$ et de $t_{L/2}$. On peut en déduire aisément que, pour une frise de période $L$, il est impossible que $s_g$ et $r_h$ soient toutes les deux des symétries de cette frise. Pourquoi ? Nous avons observé que l'inverse de l'opération $r_h$ est l'opération $r_h$ elle-même. On en déduit que $s_g r_h = t_{L/2} r_h r_h = t_{L/2}(id) = t_{L/2}$. Puisque la composition de symétries est une symétrie, la translation $t_{L/2}$ devrait être également une symétrie de la frise. Mais la période de cette frise est $L$ et, par définition de période, la translation d'une distance $L$ est la plus courte qui laisse la frise inchangée. Donc $t_{L/2}$ ne peut être une symétrie, et $s_g$ et $r_h$ ne peuvent être simultanément présents dans l'ensemble des symétries. Donc, l'ensemble **8** devra être rejeté. (Notez que cet ensemble engendre le même ensemble de symétries que l'ensemble de générateurs $\langle t_{L/2}, r_h \rangle$, c'est-à-dire l'ensemble **3** de la liste ci-dessus pour les frises de période $L/2$.) (Exercice : le théorème de classification ne gardera que sept des dix listes de générateurs. Nous venons de donner l'argument pour rejeter la liste **8**. Deux autres listes doivent donc encore être rejetées. Pouvez-vous dire lesquelles ?)

Nous compléterons la preuve du théorème de classification après avoir introduit un puissant outil algébrique pour étudier ces opérations géométriques : la représentation matricielle des transformations affines[1].

## 2.2 Groupe de symétrie et transformation affine

La représentation matricielle des transformations affines est l'outil mathématique que nous utiliserons pour décrire les opérations laissant les frises invariantes. (Si vous avez lu les chapitres 3 ou 11, vous avez déjà rencontré les transformations affines.)

**Définition 2.2** *Une* transformation affine *du plan est une transformation* $\mathbb{R}^2 \to \mathbb{R}^2$ *de la forme* $(x, y) \mapsto (x', y')$ *telle que*

$$\begin{aligned} x' &= ax + by + p, \\ y' &= cx + dy + q. \end{aligned}$$

*Une transformation affine est dite* propre *si elle est bijective.*

Cette transformation peut être écrite sous forme matricielle

$$\begin{pmatrix} x' \\ y' \end{pmatrix} = \begin{pmatrix} a & b \\ c & d \end{pmatrix} \begin{pmatrix} x \\ y \end{pmatrix} + \begin{pmatrix} p \\ q \end{pmatrix}. \tag{2.1}$$

La matrice $\left(\begin{smallmatrix} a & b \\ c & d \end{smallmatrix}\right)$ est une *transformation linéaire*, et les $p$ et $q$ représentent les *translations* dans les directions $x$ et $y$ respectivement. Dans ce qui suit, nous ne considérons que des *transformations affines propres* (ou *régulières*), c'est-à-dire les transformations affines bijectives. Comme nous le verrons sous peu, cette propriété supplémentaire ajoute la condition d'inversibilité de la transformation linéaire $\left(\begin{smallmatrix} a & b \\ c & d \end{smallmatrix}\right)$. Remarquons que la notation matricielle suivante décrit la même transformation affine :

$$\begin{pmatrix} x' \\ y' \\ 1 \end{pmatrix} = \begin{pmatrix} a & b & p \\ c & d & q \\ 0 & 0 & 1 \end{pmatrix} \begin{pmatrix} x \\ y \\ 1 \end{pmatrix}. \tag{2.2}$$

Dans cette nouvelle forme, une correspondance biunivoque est faite entre les éléments $(x, y)$ du plan $\mathbb{R}^2$ et les éléments $(x, y, 1)^t$ du plan bidimensionnel dans $\mathbb{R}^3$ constitué des points dont la troisième composante est 1. La correspondance entre les transformations affines (2.1) et les matrices $3 \times 3$

[1] Il est possible de donner une preuve purement géométrique du théorème de classification. Voir, par exemple, [2] ou [4].

$$\begin{pmatrix} a & b & p \\ c & d & q \\ 0 & 0 & 1 \end{pmatrix}$$

dont la troisième ligne est (0 0 1) est aussi biunivoque.

Si on compose deux transformations affines $(x,y) \mapsto (x',y')$ et $(x',y') \mapsto (x'',y'')$ données par

$$\begin{aligned} x' &= a_1 x + b_1 y + p_1, \\ y' &= c_1 x + d_1 y + q_1, \end{aligned}$$

et

$$\begin{aligned} x'' &= a_2 x' + b_2 y' + p_2, \\ y'' &= c_2 x' + d_2 y' + q_2, \end{aligned}$$

le résultat sur $(x,y)$ peut être obtenu comme suit

$$\begin{aligned} x'' &= a_2 x' + b_2 y' + p_2 \\ &= a_2(a_1 x + b_1 y + p_1) + b_2(c_1 x + d_1 y + q_1) + p_2 \\ &= (a_2 a_1 + b_2 c_1)x + (a_2 b_1 + b_2 d_1)y + (a_2 p_1 + b_2 q_1 + p_2) \end{aligned}$$

et

$$\begin{aligned} y'' &= c_2 x' + d_2 y' + q_2 \\ &= c_2(a_1 x + b_1 y + p_1) + d_2(c_1 x + d_1 y + q_1) + q_2 \\ &= (c_2 a_1 + d_2 c_1)x + (c_2 b_1 + d_2 d_1)y + (c_2 p_1 + d_2 q_1 + q_2). \end{aligned}$$

Notons qu'à nouveau, cette transformation peut être écrite sous forme de produit matriciel à l'aide d'une matrice $3 \times 3$

$$\begin{pmatrix} x'' \\ y'' \\ 1 \end{pmatrix} = \begin{pmatrix} a_2 a_1 + b_2 c_1 & a_2 b_1 + b_2 d_1 & a_2 p_1 + b_2 q_1 + p_2 \\ c_2 a_1 + d_2 c_1 & c_2 b_1 + d_2 d_1 & c_2 p_1 + d_2 q_1 + q_2 \\ 0 & 0 & 1 \end{pmatrix} \begin{pmatrix} x \\ y \\ 1 \end{pmatrix}.$$

Cette dernière écriture révèle la puissance de la notation matricielle, car le produit des deux matrices $3 \times 3$ représentant les deux transformations affines originales est précisément la matrice ci-dessus :

$$\begin{pmatrix} a_2 & b_2 & p_2 \\ c_2 & d_2 & q_2 \\ 0 & 0 & 1 \end{pmatrix} \begin{pmatrix} a_1 & b_1 & p_1 \\ c_1 & d_1 & q_1 \\ 0 & 0 & 1 \end{pmatrix} = \begin{pmatrix} a_2 a_1 + b_2 c_1 & a_2 b_1 + b_2 d_1 & a_2 p_1 + b_2 q_1 + p_2 \\ c_2 a_1 + d_2 c_1 & c_2 b_1 + d_2 d_1 & c_2 p_1 + d_2 q_1 + q_2 \\ 0 & 0 & 1 \end{pmatrix}.$$

Cette propriété remarquable permet d'étudier les transformations affines et leur *composition* à l'aide de cette représentation matricielle $3 \times 3$ et de la simple multiplication matricielle. Le problème géométrique est donc remplacé par un problème matriciel. À cause de cette correspondance, nous utiliserons souvent la représentation matricielle pour parler d'une transformation affine. Il faut cependant noter qu'une transformation affine peut être définie sans recours à un système de coordonnées, mais que sa représentation matricielle n'existe que lorsqu'un tel système a été choisi.

Pour montrer la puissance de la représentation matricielle, nous calculerons l'inverse d'une transformation affine propre. Cet inverse est la transformation qui associe $(x', y') \mapsto (x, y)$ où $x' = ax + by + p$ et $y' = cx + dy + q$. Puisque la composition des transformations affines est représentée par la multiplication matricielle, il faut que la transformation affine inverse soit représentée par l'inverse matriciel, qui est aisément calculé :

$$\begin{pmatrix} d/D & -b/D & (-dp+bq)/D \\ -c/D & a/D & (cp-aq)/D \\ 0 & 0 & 1 \end{pmatrix},$$

où $D = \det \left(\begin{smallmatrix} a & b \\ c & d \end{smallmatrix}\right) = ad - bc$. C'est encore la matrice d'une transformation affine propre. (Exercice : que devez-vous vérifier pour vous assurer qu'elle est propre ? Faites-le. Cet exercice confirme l'affirmation faite plus tôt : une transformation affine est propre si et seulement si la matrice $\left(\begin{smallmatrix} a & b \\ c & d \end{smallmatrix}\right)$ associée est inversible.) Si on écrit la matrice représentant la transformation affine originale sous la forme

$$B = \begin{pmatrix} A & \mathbf{t} \\ \mathbf{0} & 1 \end{pmatrix},$$

où

$$A = \begin{pmatrix} a & b \\ c & d \end{pmatrix}, \qquad \mathbf{0} = \begin{pmatrix} 0 & 0 \end{pmatrix} \qquad \text{et} \qquad \mathbf{t} = \begin{pmatrix} p \\ q \end{pmatrix},$$

alors son inverse peut être écrit comme

$$B^{-1} = \begin{pmatrix} A & \mathbf{t} \\ \mathbf{0} & 1 \end{pmatrix}^{-1} = \begin{pmatrix} A^{-1} & -A^{-1}\mathbf{t} \\ \mathbf{0} & 1 \end{pmatrix}.$$

Notons que $B^{-1}$ est du même type que $B$, c'est-à-dire que sa troisième ligne est $\begin{pmatrix} 0 & 0 & 1 \end{pmatrix}$ et que la partie transformation linéaire ($A^{-1}$) est aussi inversible.

L'ensemble des transformations affines propres forme un groupe.

**Définition 2.3** *Un ensemble $E$ muni d'une opération multiplicative $E \times E \to E$ est un groupe si l'opération satisfait aux propriétés suivantes :*

i) *associativité :* $(ab)c = a(bc)$, $\quad \forall a, b, c \in E$ ;

ii) *existence d'un élément neutre : il existe un élément $e \in E$ tel que $ea = ae = a$, $\forall a \in E$ ;*

iii) *existence d'éléments inverses : $\forall a \in E$, $\exists b \in E$ tel que $ab = ba = e$.*

*L'inverse de l'élément $a$ est habituellement noté $a^{-1}$.*

La structure mathématique de groupe joue également un rôle important dans d'autres chapitres. Voir, par exemple, les sections 1.4 et 7.4.

**Proposition 2.4** *L'ensemble des matrices représentant les transformations affines propres forme un groupe sous la multiplication matricielle. L'ensemble des transformations affines propres forme également un groupe lorsque l'opération multiplicative est la composition. Ce dernier est appelé le* groupe affin.

PREUVE Une matrice

$$B = \begin{pmatrix} A & \mathbf{t} \\ \mathbf{0} & 1 \end{pmatrix}$$

représentant une transformation affine propre est telle que $A$ est une matrice $2 \times 2$ inversible et donc, que la matrice $B$ associée est elle-même inversible. Étant du même type, $B^{-1}$ représente également une transformation affine propre, et la condition *(iii)* est donc vérifiée. La propriété *(i)* n'est que l'associativité de la multiplication matricielle, et la propriété *(ii)* est vérifiée puisque la matrice identité (le neutre multiplicatif) représente la transformation affine suivante :

$$\begin{pmatrix} 1 & 0 & 0 \\ 0 & 1 & 0 \\ 0 & 0 & 1 \end{pmatrix} \qquad \longleftrightarrow \qquad \begin{cases} x' = x, \\ y' = y. \end{cases}$$

Donc, l'ensemble des matrices représentant les transformations affines propres forme un groupe. Nous avons déjà constaté qu'il y a une correspondance biunivoque entre les matrices et les transformations. De plus, la composition de transformations affines correspond à la multiplication matricielle dans cette correspondance. La vérification ci-dessus s'étend donc à l'ensemble des transformations affines propres. □

Nous avons introduit plus tôt les réflexions par rapport à des miroirs horizontal et vertical et, à titre d'exemple, nous allons en obtenir la représentation matricielle. Pour définir ces matrices, nous devons fixer l'origine. Nous la placerons toujours à égale distance entre les extrémités supérieure et inférieure de la frise. (Voir la figure 2.4.) Ceci laisse tout de même un choix énorme pour l'origine : tout point sur l'axe horizontal au centre de la frise est possible. (Nous avons déjà souligné cette liberté lors de l'examen du miroir par rapport à un axe vertical. Nous utiliserons cette grande liberté dans la démonstration du lemme 2.10.) Cette origine fixée, la réflexion dans un miroir horizontal qui échange le haut et le bas (c'est-à-dire qui échange le demi-axe vertical positif avec le demi-axe négatif) est

$$\begin{pmatrix} r_h & & 0 \\ & & 0 \\ 0 & 0 & 1 \end{pmatrix}, \qquad \text{où } r_h = \begin{pmatrix} 1 & 0 \\ 0 & -1 \end{pmatrix},$$

et la réflexion dans un miroir vertical qui échange la gauche et la droite est

$$\begin{pmatrix} & r_v & & 0 \\ & & & 0 \\ 0 & & 0 & 1 \end{pmatrix}, \qquad \text{où } r_v = \begin{pmatrix} -1 & 0 \\ 0 & 1 \end{pmatrix},$$

si l'origine est sur un miroir. (Exercice : vous convaincre de ces énoncés !) Notons enfin que

$$r_h r_v = \begin{pmatrix} 1 & 0 \\ 0 & -1 \end{pmatrix} \begin{pmatrix} -1 & 0 \\ 0 & 1 \end{pmatrix} = \begin{pmatrix} -1 & 0 \\ 0 & -1 \end{pmatrix}.$$

Nous retrouvons l'observation que nous avons déjà faite : une rotation d'un angle $\pi$ (ou de 180°) peut être obtenue par composition d'une réflexion par rapport à un axe vertical et d'une réflexion par rapport à un axe horizontal. (Exercice : déterminer les matrices $3 \times 3$ qui représentent la translation $t_L$ et la symétrie glissée $s_g$.)

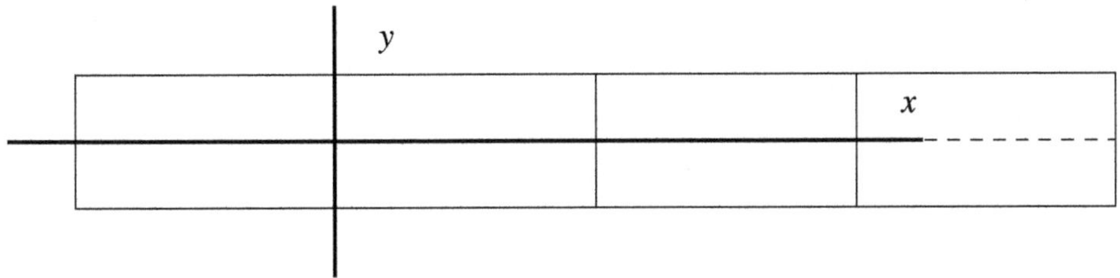


**Fig. 2.4.** Le système de coordonnées

Notre définition de transformation affine en fait une fonction de $\mathbb{R}^2 \to \mathbb{R}^2$. Nous voulons cependant étudier les transformations qui laissent une frise invariante. Ceci restreindra donc l'ensemble des transformations affines. Une seconde restriction sera faite qui précise, en fait, les frises que nous étudions.

**Définition 2.5** *Une isométrie du plan (ou d'une région du plan) est une fonction $T$ : $\mathbb{R}^2 \to \mathbb{R}^2$ (ou $T : F \subset \mathbb{R}^2 \to \mathbb{R}^2$) qui préserve les longueurs. Ainsi, si $(x_1, y_1)$ et $(x_2, y_2)$ sont deux points du plan, alors la distance entre ces points est égale à celle entre leurs images $T(x_1, y_1)$ et $T(x_2, y_2)$.*

**Définition 2.6** *Une symétrie d'une frise est une isométrie qui envoie la frise sur la frise.*

L'exercice 9 démontrera que toute isométrie est une transformation affine. Le lemme 2.7 montre que cette restriction aux transformations affines isométriques limite grandement les possibilités pour les transformations linéaires $A$.

**Lemme 2.7** *Soit*

$$\begin{pmatrix} A & \mathbf{0} \\ \mathbf{0} & 1 \end{pmatrix}$$

*une symétrie d'une frise qui est une transformation linéaire isométrique. Alors, le bloc* $A$ *(*$2 \times 2$*) est une des quatre matrices suivantes :*

$$\begin{pmatrix} 1 & 0 \\ 0 & 1 \end{pmatrix}, \quad r_h = \begin{pmatrix} 1 & 0 \\ 0 & -1 \end{pmatrix}, \quad r_v = \begin{pmatrix} -1 & 0 \\ 0 & 1 \end{pmatrix} \quad \textit{et} \quad r_h r_v = \begin{pmatrix} -1 & 0 \\ 0 & -1 \end{pmatrix}. \tag{2.3}$$

Preuve Une transformation linéaire est complètement déterminée par son action sur une base. Nous choisirons la base $\{\mathbf{u}, \mathbf{v}\}$ où $\mathbf{u}$ et $\mathbf{v}$ sont des vecteurs horizontal et vertical de longueur égale à la moitié de la largeur de la frise. Notons que tout point de la frise peut être repéré dans cette base et que $(x, y) = \alpha\mathbf{u} + \beta\mathbf{v}$ appartient à la frise si $\alpha \in \mathbb{R}$ et $\beta \in [-1, 1]$. (La contrainte $\beta \in [-1, 1]$ assure que le point $(x, y)$ est bien dans la frise.) Le choix de base assure que $\mathbf{u} \perp \mathbf{v}$, c'est-à-dire que le produit scalaire des deux vecteurs de base est nul : $(\mathbf{u}, \mathbf{v}) = 0$.

Pour s'assurer que $\begin{pmatrix} A & \mathbf{0} \\ \mathbf{0} & 1 \end{pmatrix}$ représente une isométrie, il est suffisant de vérifier que

$$|A\mathbf{u}| = |\mathbf{u}|, \qquad |A\mathbf{v}| = |\mathbf{v}| \qquad \text{et} \qquad A\mathbf{u} \perp A\mathbf{v}. \tag{2.4}$$

En effet, si $P$ et $Q$ sont deux points de la frise et que $Q - P = \alpha\mathbf{u} + \beta\mathbf{v}$ est le vecteur qui les sépare, alors, après transformation, ce vecteur sera $A(\alpha\mathbf{u} + \beta\mathbf{v})$, et le carré de sa longueur (c'est-à-dire la distance entre les points transformés) sera

$$\begin{aligned} |A(\alpha\mathbf{u} + \beta\mathbf{v})|^2 &= (\alpha A\mathbf{u} + \beta A\mathbf{v}, \alpha A\mathbf{u} + \beta A\mathbf{v}) \\ &= \alpha^2|A\mathbf{u}|^2 + 2\alpha\beta(A\mathbf{u}, A\mathbf{v}) + \beta^2|A\mathbf{v}|^2 \\ &= \alpha^2|\mathbf{u}|^2 + \beta^2|\mathbf{v}|^2 \\ &= (\alpha\mathbf{u} + \beta\mathbf{v}, \alpha\mathbf{u} + \beta\mathbf{v}) \\ &= |\alpha\mathbf{u} + \beta\mathbf{v}|^2, \end{aligned}$$

où nous avons utilisé, pour obtenir la troisième égalité, les trois relations (2.4) et, pour la quatrième, l'orthogonalité des vecteurs de la base ($(\mathbf{u}, \mathbf{v}) = 0$). Ainsi, la distance entre toute paire de points $P$ et $Q$ sera préservée si $A$ satisfait aux relations (2.4). (Exercice : montrer que ces relations sont également nécessaires.)

Soit $A\mathbf{u} = \gamma\mathbf{u} + \delta\mathbf{v}$ l'image de $\mathbf{u}$ par $A$. Puisque la transformation est linéaire, $A(\beta\mathbf{u}) = \beta(\gamma\mathbf{u} + \delta\mathbf{v})$. Si $\delta$ est non nul, alors il est possible de prendre $\beta \in \mathbb{R}$ suffisamment grand pour que $|\beta\delta| > 1$. Ceci veut dire que le point $A(\beta\mathbf{u})$ représentera un point en dehors de la frise. Il faut donc que $\delta = 0$. (En d'autres mots, une transformation $A$ telle que le facteur $\delta$ est non nul est une transformation qui incline la frise hors de l'horizontale.) Donc, $A\mathbf{u} = \gamma\mathbf{u}$ et, si $|A\mathbf{u}| = |\mathbf{u}|$, il faut que $\gamma = \pm 1$.

Soit maintenant $A\mathbf{v} = \rho\mathbf{u} + \sigma\mathbf{v}$ l'image de $\mathbf{v}$ par $A$. Il faut que $A\mathbf{u} \perp A\mathbf{v}$ et donc, que

$$0 = (A\mathbf{u}, A\mathbf{v}) = (\gamma\mathbf{u}, \rho\mathbf{u} + \sigma\mathbf{v}) = \gamma\rho|\mathbf{u}|^2.$$

Puisque ni $\gamma$ ni $|\mathbf{u}|$ ne sont nuls, il faut que $\rho$ le soit. Et, à nouveau, la dernière condition $|A\mathbf{v}| = |\mathbf{v}|$ exige que $\sigma = \pm 1$. Donc, la matrice $A$ représentant l'isométrie dans la base $\{\mathbf{u}, \mathbf{v}\}$ a la forme $\left(\begin{smallmatrix}\gamma & 0\\ 0 & \sigma\end{smallmatrix}\right)$. Puisqu'il y a deux choix pour $\gamma$ et $\sigma$, il y en a quatre pour $A$. Ce sont les quatre matrices qui apparaissent dans l'énoncé. □

La composition de deux isométries et l'inverse d'une isométrie sont aussi des isométries. Ainsi, le sous-ensemble des transformations isométriques du groupe affin forme lui-même un groupe que nous appellerons le groupe des isométries. Enfin, puisque la composition de deux isométries laissant une frise inchangée laisse elle-même la frise inchangée, l'ensemble de ces transformations isométriques forme un sous-ensemble du groupe des isométries qui est encore un groupe. D'où la définition suivante.

**Définition 2.8** *Le groupe de symétrie d'une frise est le groupe de toutes les isométries qui laissent la frise inchangée.*

## 2.3 Le théorème de classification

La formalisation des transformations isométriques permet de dresser une liste complète des transformations qui peuvent laisser une frise inchangée. Établir cette liste sera la première étape de cette section. La seconde consistera à utiliser cette liste pour énumérer tous les groupes de symétrie de frise possibles.

Plusieurs isométries ne peuvent pas apparaître dans les groupes de symétrie de frise. Nous avons déjà rejeté, lors de la preuve du lemme 2.7, les transformations linéaires qui déformaient la frise ou la tournaient hors de son domaine (la contrainte $\delta = 0$ de cette preuve). Les deux lemmes suivants terminent la caractérisation des isométries pouvant apparaître dans les groupes de symétrie d'une frise. Le lemme suivant décrit les translations parallèles à l'axe de la frise.

**Lemme 2.9** *Le groupe de symétrie de toute frise de période $L$ contient les translations*

$$\begin{pmatrix} 1 & 0 & nL \\ 0 & 1 & 0 \\ 0 & 0 & 1 \end{pmatrix}, \quad n \in \mathbb{Z},$$

*et ce sont les seules translations de ce groupe.*

PREUVE La translation

$$t_L = \begin{pmatrix} 1 & 0 & L \\ 0 & 1 & 0 \\ 0 & 0 & 1 \end{pmatrix}$$

laisse les frises de période $L$ invariantes. Remarquons que l'inverse de cette translation est

$$t_{-L} = \begin{pmatrix} 1 & 0 & -L \\ 0 & 1 & 0 \\ 0 & 0 & 1 \end{pmatrix}$$

et que son produit $n$ fois avec elle-même donne

$$t_{nL} = \begin{pmatrix} 1 & 0 & nL \\ 0 & 1 & 0 \\ 0 & 0 & 1 \end{pmatrix}.$$

(Exercice!) Les translations $t_{nL}$ sont donc dans le groupe de symétrie pour tout $n \in \mathbb{Z}$. Aucune translation de la forme

$$\begin{pmatrix} 1 & 0 & a \\ 0 & 1 & b \\ 0 & 0 & 1 \end{pmatrix}$$

avec $b \neq 0$ ne peut laisser une frise inchangée, car certains points de la frise seront amenés hors de la frise par la partie verticale de la translation. Il ne reste plus que la possibilité de translations de la forme

$$\begin{pmatrix} 1 & 0 & a \\ 0 & 1 & 0 \\ 0 & 0 & 1 \end{pmatrix},$$

où $a$ n'est pas un multiple entier de $L$. Supposons qu'après avoir effectué cette translation par $a$, nous translations la frise de façon répétée par $L$ ou par $-L$ jusqu'à ramener la frise à une distance (horizontale) de sa position originale qui soit $a'$ avec $0 \leq a' < L$. Si $0 < a' < L$, cette translation résultante, qui est aussi une symétrie de la frise, est plus petite que la période, ce qui contredit la définition même de la période. Si $a' = 0$, alors $a$ est un multiple entier de $L$, ce qui est aussi une contradiction. Les seules translations possibles sont donc celles de l'énoncé. □

Existe-t-il d'autres transformations de la forme

$$\begin{pmatrix} A & \mathbf{t} \\ \mathbf{0} & 1 \end{pmatrix}$$

où $A$ est une matrice différant de l'identité, et $\mathbf{t}$ est non nul ? Le lemme qui suit répond à cette question.

**Lemme 2.10** *Par une redéfinition de l'origine, il est possible de réduire la liste des transformations isométriques d'un groupe de symétrie de la forme* $\left(\begin{smallmatrix} A & \mathbf{t} \\ \mathbf{0} & 1 \end{smallmatrix}\right)$ *avec* $\mathbf{t}$ *non nul aux transformations de la forme*

$$(i) \quad \begin{pmatrix} & A & & nL \\ & & & 0 \\ 0 & 0 & & 1 \end{pmatrix}, \quad (ii) \quad \begin{pmatrix} 1 & 0 & L/2+nL \\ 0 & -1 & 0 \\ 0 & 0 & 1 \end{pmatrix} \quad \text{et} \quad (iii) \quad \begin{pmatrix} -1 & 0 & L/2+nL \\ 0 & 1 & 0 \\ 0 & 0 & 1 \end{pmatrix},$$

*où* $n \in \mathbb{Z}$ *et* $A$ *est une des quatre matrices permises par le lemme 2.7. La forme (iii) ne peut être présente que si la rotation* $r_h r_v$ *est aussi une symétrie.*

PREUVE La condition d'isométrie requiert que les longueurs soient préservées. Puisque la distance entre deux points est identique à celle entre leurs images par la même translation, il faudra encore que la matrice $A$ soit l'une des quatre matrices (2.3) trouvées au lemme 2.7. De plus, si $t_y \neq 0$ dans

$$\begin{pmatrix} a & b & t_x \\ c & d & t_y \\ 0 & 0 & 1 \end{pmatrix},$$

alors $y' = cx + dy + t_y$ quittera la frise pour certains $x$ et $y$. Pour le voir, notons d'abord que l'image du carré $[-1,1] \times [-1,1]$ par chacune des quatre matrices $A$ permises est le carré lui-même. Toute translation avec $t_y \neq 0$ mènera cette image plus haut (si $t_y > 0$) ou plus bas que sa position originale et donc, en dehors de la frise. Donc, $t_y$ doit être nul.

Puisqu'un groupe de symétrie contient les translations par un multiple entier de $L$ le long de l'axe horizontal, la présence de

$$\begin{pmatrix} a & 0 & t_x \\ 0 & d & 0 \\ 0 & 0 & 1 \end{pmatrix}$$

dans le groupe implique la présence de

$$\begin{pmatrix} 1 & 0 & nL \\ 0 & 1 & 0 \\ 0 & 0 & 1 \end{pmatrix} \begin{pmatrix} a & 0 & t_x \\ 0 & d & 0 \\ 0 & 0 & 1 \end{pmatrix} = \begin{pmatrix} a & 0 & t_x + nL \\ 0 & d & 0 \\ 0 & 0 & 1 \end{pmatrix}$$

pour tout $n \in \mathbb{Z}$. De l'ensemble des éléments de cette forme, un élément sera tel que $0 \leq t'_x = t_x + nL < L$.

Nous devons maintenant considérer les quatre cas possibles pour $A$. Si $A$ est l'identité, alors le lemme 2.9 force $t'_x$ à être nul, et la matrice devient du type *(i)*.

Soit $A = r_h$. Alors, le carré de

$$\begin{pmatrix} & r_h & & t'_x \\ & & & 0 \\ 0 & 0 & & 1 \end{pmatrix}$$

doit être également dans le groupe de la frise. Or,

$$\begin{pmatrix} 1 & 0 & t'_x \\ 0 & -1 & 0 \\ 0 & 0 & 1 \end{pmatrix}^2 = \begin{pmatrix} 1 & 0 & 2t'_x \\ 0 & 1 & 0 \\ 0 & 0 & 1 \end{pmatrix}$$

est une translation et donc, il existe $m \in \mathbb{Z}$ tel que $2t'_x = mL$. Puisque $0 \leq t'_x < L$, on a que $0 \leq 2t'_x < 2L$. Si $t'_x = 0$, la partie translation est triviale. Sinon, il faut que $t'_x = L/2$, et la transformation est

$$\begin{pmatrix} 1 & 0 & L/2 \\ 0 & -1 & 0 \\ 0 & 0 & 1 \end{pmatrix}. \tag{2.5}$$

Restent les deux cas $A = \left(\begin{smallmatrix} -1 & 0 \\ 0 & -1 \end{smallmatrix}\right)$ et $A = \left(\begin{smallmatrix} -1 & 0 \\ 0 & 1 \end{smallmatrix}\right)$. Nous allons utiliser ici la liberté du choix de l'origine. Considérons un changement de l'origine par une translation le long de l'axe des $x$ par la quantité $a$. La matrice de changement de coordonnées est donnée par

$$S = \begin{pmatrix} 1 & 0 & -a \\ 0 & 1 & 0 \\ 0 & 0 & 1 \end{pmatrix}.$$

Si $T$ est la matrice représentant une transformation affine dans le système de coordonnées $(x, y)$ et $S$, la matrice permettant de passer du système de coordonnées $(x, y)$ au nouveau système $(x', y')$, la même transformation affine sera représentée dans le nouveau système par la matrice $STS^{-1}$. Pour comprendre cette relation, il faut la lire de droite à gauche comme d'habitude. La matrice $S^{-1}$ remet les nouvelles coordonnées $(x', y')$ du point étudié dans le système de coordonnées original, la matrice $T$ qui représente la transformation affine dans le système original est alors appliquée et, finalement, les coordonnées du point transformé sont retransformées dans le nouveau système de coordonnées grâce à la matrice $S$. La transformation représentée dans le système original par

$$\begin{pmatrix} -1 & 0 & t'_x \\ 0 & \pm 1 & 0 \\ 0 & 0 & 1 \end{pmatrix} \tag{2.6}$$

sera alors représentée par la matrice

$$\begin{aligned} &\begin{pmatrix} 1 & 0 & -a \\ 0 & 1 & 0 \\ 0 & 0 & 1 \end{pmatrix} \begin{pmatrix} -1 & 0 & t'_x \\ 0 & \pm 1 & 0 \\ 0 & 0 & 1 \end{pmatrix} \begin{pmatrix} 1 & 0 & a \\ 0 & 1 & 0 \\ 0 & 0 & 1 \end{pmatrix} \\ &\qquad = \begin{pmatrix} -1 & 0 & t'_x - a \\ 0 & \pm 1 & 0 \\ 0 & 0 & 1 \end{pmatrix} \begin{pmatrix} 1 & 0 & a \\ 0 & 1 & 0 \\ 0 & 0 & 1 \end{pmatrix} = \begin{pmatrix} -1 & 0 & t'_x - 2a \\ 0 & \pm 1 & 0 \\ 0 & 0 & 1 \end{pmatrix} \end{aligned}$$

dans le nouveau système de coordonnées. (Exercice : il est crucial de s'assurer que le changement de système de coordonnées ne détruit pas la forme des autres opérations de symétrie. Montrer que les transformations représentées par $\left(\begin{smallmatrix} A & \mathbf{t} \\ \mathbf{0} & 1 \end{smallmatrix}\right)$ avec $A$ égal à $\left(\begin{smallmatrix} 1 & 0 \\ 0 & 1 \end{smallmatrix}\right)$ ou à $r_h$ sont toujours représentées par les mêmes matrices après une translation horizontale de l'origine.) Si $a$ est choisi égal à $t'_x/2$, alors la transformation représentée par (2.6) est maintenant représentée dans le nouveau système par

$$\begin{pmatrix} -1 & 0 & 0 \\ 0 & \pm 1 & 0 \\ 0 & 0 & 1 \end{pmatrix} \tag{2.7}$$

qui est du type *(i)*.

Notons enfin que, si le groupe de la frise contient deux transformations de type (2.6) avec $t'_{x1}, t'_{x2} \in [0, L)$ distincts, alors le déplacement de l'origine assure que celle avec $t'_{x1}$ peut être mise sous la forme (2.7). La seconde transformation demeure de la forme (2.6) avec $t'_{x2}$ remplacé par $t_{x2} = t'_{x2} - t'_{x1}$. Si les deux transformations ont le même $A$, alors leur composition sera une translation par $t_{x2}$, ce qui force $t_{x2}$ à être un multiple entier de $L$. (Dans ce cas, le changement d'origine aura mis les deux transformations sous la forme *(i)*.) Si, cependant, le bloc $A$ est différent pour ces deux transformations, nous pouvons supposer que la première a un $A = \left(\begin{smallmatrix} -1 & 0 \\ 0 & -1 \end{smallmatrix}\right)$ et qu'elle est donc une rotation $r_h r_v$ de 180°. La composition des deux est alors

$$\begin{pmatrix} 1 & 0 & t_{x2} \\ 0 & -1 & 0 \\ 0 & 0 & 1 \end{pmatrix}$$

et, par les arguments précédents, $t_{x2}$ doit être $nL$ ou $nL + \frac{L}{2}$ pour un certain entier $n$. La seconde transformation est donc de la forme *(i)* si $t_{x2}$ est un multiple entier de $L$ ou de la forme *(iii)* sinon. □

Les deux premières formes permises par le lemme 2.10 sont donc *(i)*, soit la composition d'une transformation linéaire (lemme 2.7) et d'une translation $t_{nL}$ par un multiple entier de la période $L$ *(ii)*, soit la composition de la symétrie glissée $s_g$ et d'une translation $t_{nL}$. La troisième forme, *(iii)*, ne peut être présente que si $r_h r_v$ l'est également, et alors, il est possible d'utiliser $r_h r_v$ et l'isométrie de la forme *(ii)* (avec $n = 0$) comme générateurs. Les trois lemmes montrent qu'il est possible d'engendrer le groupe de symétrie de toute frise à l'aide des cinq générateurs $t_L, r_h, r_v, r_h r_v, s_g$. Ils répondent donc à une des questions laissées en suspens à la fin de la section 2.1.

Les lemmes ci-dessus permettent maintenant de terminer la classification des groupes de symétrie des frises et de répondre par l'affirmative à la question que nous nous étions posée : *est-il possible de classifier les frises selon l'ensemble des opérations géométriques qui les laissent inchangées ?* Dans chaque cas, pour donner le groupe de symétrie d'une frise, nous spécifierons un ensemble de générateurs. Nous rappelons formellement la définition d'un ensemble de générateurs.

**Définition 2.11** *Soit $\{a, b, \ldots, c\}$ un sous-ensemble d'un groupe $G$. Cet ensemble est un ensemble de générateurs de $G$, et alors on écrit $\langle a, b, \ldots, c\rangle = G$, si $G$ est l'ensemble de toutes les compositions d'un nombre fini d'éléments de $\{a, b, \ldots, c\}$ et de leurs inverses.*

**Théorème 2.12 (classification des groupes des frises)** *Le groupe de symétrie d'une frise est l'un des sept suivants :*

1. $\langle t_L\rangle$
2. $\langle t_L, r_v\rangle$
3. $\langle t_L, r_h\rangle$
4. $\langle t_L, s_g\rangle$
5. $\langle t_L, r_h r_v\rangle$
6. $\langle t_L, s_g, r_h r_v\rangle$
7. $\langle t_L, r_h, r_v\rangle$

*Ces groupes sont décrits par un ensemble de générateurs et sont donnés dans l'ordre des frises apparaissant aux figures 2.1 et 2.2.*

PREUVE Désignons par $t_L$ la translation par $L$ le long de l'axe horizontal. Tous les groupes contiendront les translations par un multiple entier de $L$, la période de la frise étudiée. Par un choix approprié de l'origine, les seuls autres générateurs des groupes de symétrie seront les transformations linéaires décrites par $A = r_h, r_v$ ou $r_h r_v$ et la symétrie glissée $s_g$ du lemme 2.10. Notons que, si un groupe possède deux des trois opérations $r_h, r_v$ et $r_h r_v$, il possède automatiquement les trois. (Les opérations de symétrie forment un groupe !) La liste de toutes les combinaisons possibles de générateurs contient donc les sept qui figurent dans l'énoncé ainsi que

8. $\langle t_L, s_g, r_h\rangle$
9. $\langle t_L, s_g, r_v\rangle$
10. $\langle t_L, s_g, r_h, r_v\rangle$

(Revoir au besoin la description de cette liste à la fin de la section 2.1.) Pour le cas **8**, notons que l'existence parmi les générateurs de $s_g = t_{L/2} r_h$ et $r_h$ implique que le groupe contiendra également leur produit $(t_{L/2} r_h) \times r_h = t_{L/2}(r_h^2) = t_{L/2}$, c'est-à-dire la translation par $L/2$ (car $r_h^2 = \mathrm{Id}$), ce qui contredit le fait que la frise est périodique de période (minimale) $L$. Ce cas doit donc être rejeté. (Nous avions déjà fait cet argument à la fin de la section 2.1.)

Pour le cas **9**, notons que le produit des générateurs $s_g = t_{L/2} r_h$ et $r_v$ est de la forme $t_{L/2} r_h r_v$ examinée dans le lemme 2.10. Par translation de l'origine (par $a = \frac{L}{4}$), ce produit peut être mis sous la forme (2.7) avec $A = r_h r_v$. Un calcul simple montre que les générateurs $t_L$ et $s_g$ demeurent inchangés par cette translation, mais que $r_v$ devient $t_{L/2} r_v$. Ainsi, le sous-groupe **9** peut être également engendré par $\langle t_L, s_g, t_{L/2} r_v, r_h r_v\rangle$.

Trois de ces générateurs appartiennent à la liste engendrant le cas **6** alors que le quatrième générateur ($t_{L/2}r_v$) est simplement le produit de $s_g = t_{L/2}r_h$ et de $r_h r_v$. Donc, le cas **9** est identique au cas **6**, et nous pouvons l'omettre.

Le dernier cas, **10**, contient parmi ses générateurs ceux du cas **8** et est donc à éliminer pour la même raison.

Ainsi, le groupe de symétrie d'une frise est l'un des sept de l'énoncé. Y a-t-il des redondances dans cette liste ? Non, et la liste de la figure 2.2 permet de nous en convaincre. La démonstration est quelque peu fastidieuse, et nous la restreindrons à la frise **4** dont le groupe est $\langle t_L, s_g\rangle$. La première observation est que les deux générateurs $t_L$ et $s_g$ du sous-groupe **4** sont des symétries de cette frise. Le groupe qu'ils engendrent est donc un sous-groupe du groupe de symétrie de la frise **4**. Peut-on ajouter des générateurs à ces deux-là ? Un rapide coup d'œil montre qu'aucun ajout (parmi les possibilités restantes $r_h, r_v, r_h r_v$) n'est possible. Donc, $\langle t_L, s_g\rangle$ est bien le groupe de symétrie de la frise **4**. Enfin, puisque le groupe **1** est distinct du groupe **4** et que les cinq autres groupes de l'énoncé possèdent au moins un des générateurs $r_h, r_v$ ou $r_h r_v$ que le groupe **4** n'a pas, le groupe **4** est distinct des six autres. En répétant cet argument pour les autres paires frise / sous-groupe, on se convainc que la liste de l'énoncé est exhaustive et ne contient pas de redondance. □

## 2.4 Mosaïques

Les mosaïques sont aussi populaires, sinon plus, que les frises en architecture. Une mosaïque sera pour nous un patron remplissant le plan, qui possède deux directions linéairement indépendantes de périodicité. Ainsi, il existe deux vecteurs $\mathbf{t}_1$ et $\mathbf{t}_2$ linéairement indépendants le long desquels une translation de la mosaïque la laisse inchangée.

Comme pour les frises, les mosaïques peuvent être étudiées grâce aux opérations de symétrie qui les laissent inchangées. Et, comme pour les groupes des frises, il est possible de classifier les groupes de mosaïques. À cause de leur importance en physique et dans la chimie des cristaux, ils portent le nom de *groupes cristallographiques.* Il y a 17 groupes cristallographiques. Nous n'obtiendrons pas cette classification. Notre travail se limitera à énumérer les rotations pouvant intervenir dans les groupes de symétrie des mosaïques et à comprendre la description de la classification.

**Lemme 2.13** *Les rotations laissant une mosaïque inchangée font partie des rotations d'angle $\pi$, $\frac{2\pi}{3}$, $\frac{\pi}{2}$ et $\frac{\pi}{3}$.*

PREUVE Soit un point $\mathcal{O}$ d'une mosaïque qui est le centre d'une rotation laissant la mosaïque inchangée. Soit $\theta = \frac{2\pi}{n}$ le plus petit angle de rotation en ce centre. Puisque la mosaïque est périodique dans deux directions linéairement indépendantes, il existera une infinité de points possédant la même propriété. Soit $\mathbf{f}$ un vecteur joignant $\mathcal{O}$ à un

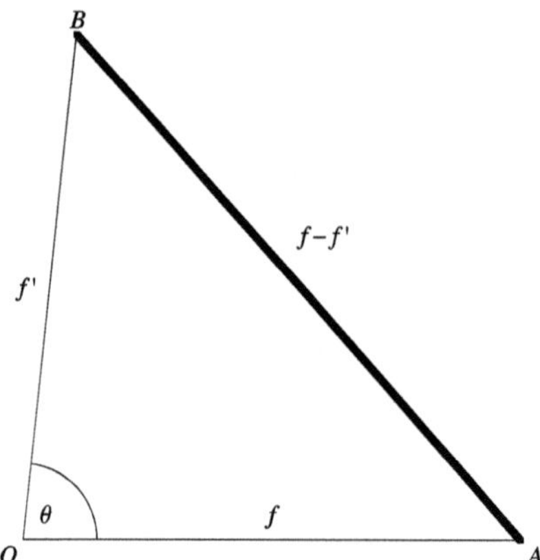


**Fig. 2.5.** Le point $\mathcal{O}$ et deux de ses images $\mathcal{A}, \mathcal{B}$ par translation

point $\mathcal{A}$ parmi les points les plus proches de $\mathcal{O}$ qui peuvent être obtenus de $\mathcal{O}$ par des translations laissant la mosaïque inchangée. La translation le long de $\mathbf{f}$ appartient donc au groupe de la mosaïque.

En faisant tourner la mosaïque autour de $\mathcal{O}$ de l'angle $\theta$, on obtient un point $\mathcal{B}$, et le vecteur $\mathbf{f}'$ joignant $\mathcal{O}$ à $\mathcal{B}$ est le vecteur d'une translation qui est également une symétrie de la mosaïque (figure 2.5). (Exercice : pourquoi ?) La distance entre $\mathcal{B}$ et $\mathcal{A}$ est la longueur du vecteur $\mathbf{f}-\mathbf{f}'$ et, puisque $\mathbf{f}-\mathbf{f}'$ est également une translation laissant la mosaïque inchangée, cette distance doit donc être plus grande ou égale à la longueur de $\mathbf{f}$ par hypothèse. ($\mathcal{A}$ est une des images par translation de $\mathcal{O}$ les plus proches de $\mathcal{O}$.) Puisque $\mathbf{f}$ et $\mathbf{f}'$ sont de même longueur, il faut donc que l'angle $\theta = \frac{2\pi}{n}$ soit plus grand ou égal à $\frac{2\pi}{6} = \frac{\pi}{3}$, c'est-à-dire à 60°. En effet, $\frac{\pi}{3}$ est l'angle qui est tel que $\mathbf{f}$, $\mathbf{f}'$ et $\mathbf{f}-\mathbf{f}'$ soient tous les trois de même longueur. Ce premier argument restreint les angles possibles à $\frac{2\pi}{2} = \pi$, $\frac{2\pi}{3}$, $\frac{2\pi}{4} = \frac{\pi}{2}$, $\frac{2\pi}{5}$ et $\frac{2\pi}{6} = \frac{\pi}{3}$.

La valeur $\frac{2\pi}{5}$ ne peut cependant pas être l'angle d'une rotation d'une mosaïque. La figure 2.6 montre $\mathbf{f}$ et son image $\mathbf{f}''$ par une rotation de $\frac{4\pi}{5}$. La translation le long de $\mathbf{f}+\mathbf{f}''$ sera aussi une symétrie, mais elle est plus courte que $\mathbf{f}$, ce qui est une contradiction. Il faut donc rejeter cet angle. □

Les éléments des groupes cristallographiques sont semblables à ceux que l'on retrouve dans les groupes de frises : les translations, les réflexions, les symétries glissées (telle l'opération $s_g$ pour les frises) et les rotations. Plutôt que de dresser une liste de générateurs pour les 17 groupes cristallographiques, nous reproduisons, aux figures 2.17 à 2.22 (p. 78 et suivantes), des exemples de chacun et de leurs symétries. Pour chaque groupe, on trouve à gauche une mosaïque avec un parallélogramme indiquant par ses arêtes deux vecteurs de translation linéairement indépendants. Ces deux vecteurs ont été choisis pour que le parallélogramme couvre la plus petite région du plan à partir de

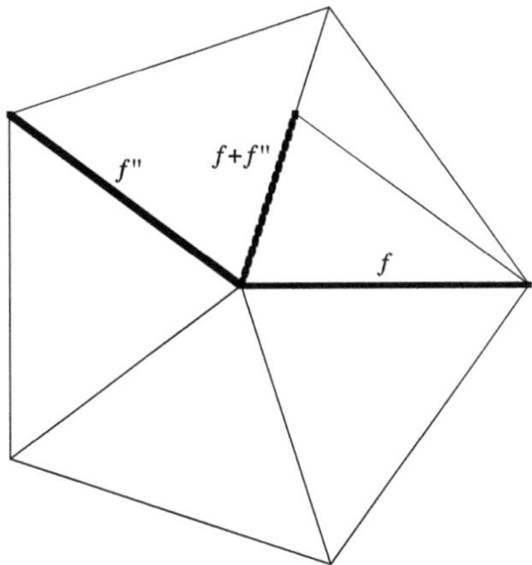


**Fig. 2.6.** Le cas d'une rotation d'angle $\frac{2\pi}{5}$

laquelle il est possible de couvrir le plan par translation. Cette région n'est pas unique. Nous reproduisons à sa droite cette même mosaïque, en plus pâle, sur laquelle nous superposons les rotations, les réflexions et les symétries glissées qui font partie du groupe de la mosaïque. Enfin, dans la légende, le symbole international du groupe associé est donné [4]. Voici la liste des conventions utilisées. Un trait plein indique un miroir (un axe de symétrie). Une droite en pointillé indique une symétrie glissée. Les autres symboles sont définis ainsi. Lorsqu'un centre de rotation tombe hors d'un axe de symétrie, nous utilisons les symboles suivants :

$\diamond$ pour le centre d'une rotation d'angle $\pi$,

$\triangle$ pour le centre d'une rotation d'angle $\frac{2\pi}{3}$,

$\square$ pour le centre d'une rotation d'angle $\frac{\pi}{2}$,

et un hexagone pour le centre d'une rotation d'angle $\frac{\pi}{3}$.

Lorsque le centre de rotation tombe sur un axe de symétrie, les symboles pleins (▲, ■, etc.) sont utilisés ; la rotation est du même angle que le symbole vide correspondant.

L'Alhambra, ancienne cité du gouvernement des princes arabes de Grenade, au sud de l'Espagne contemporaine, contient des mosaïques qui étonnent, tant par leur nombre que par leur complexité. On a longtemps débattu à savoir si les 17 groupes de mosaïques y étaient représentés. Des travaux récents [3] montrent cependant que ce n'est pas le cas. Mais on peut se demander si les architectes maures avaient reconnu la possibilité d'une telle classification.

La formulation des définitions précises des frises et des mosaïques a permis aux mathématiciens d'explorer de nouvelles structures en omettant certains des éléments de ces définitions. Les pavages apériodiques sont un exemple de ces nouvelles structures. Une première exigence des mosaïques est qu'elles remplissent le plan, c'est-à-dire que

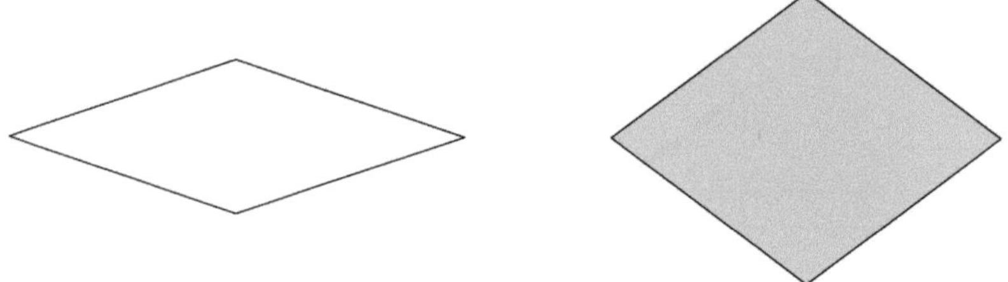

**Fig. 2.7.** Les tuiles de Penrose

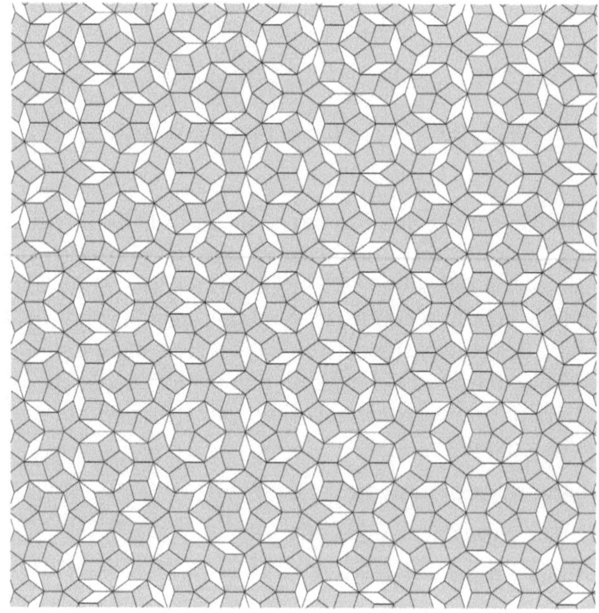

**Fig. 2.8.** Un pavage apériodique de Penrose

les répétitions du patron couvrent tous les points de $\mathbb{R}^2$ sans laisser d'interstices et sans chevauchement. Cette exigence est maintenue pour les pavages apériodiques. Par exemple, il est possible de paver le plan $\mathbb{R}^2$ avec les deux tuiles de la figure 2.7 dues à Penrose [4]. Même s'il est possible de paver périodiquement le plan avec ces tuiles, il est aussi possible de le faire sans qu'il y ait de symétrie de translation, c'est-à-dire *apériodiquement.* Voici, à la figure 2.8, un fragment d'un tel pavage apériodique. Peut-être retrouverons-nous un jour ces nouvelles structures en architecture... (D'autres tuiles, introduites également par Penrose avant celles qui sont illustrées ci-contre, permettent des pavages apériodiques, mais *aucun* pavage périodique !)

## 2.5 Exercices

**1.** On dit que deux opérations de symétrie $a, b \in E$ commutent si $ab = ba$.
**a)** Est-ce que les opérations de translation commutent ?
**b)** Est-ce que $r_h, r_v$ et $r_h r_v$ commutent entre elles ?
**c)** Est-ce que $r_h, r_v$ et $r_h r_v$ commutent avec les translations ?

**2.** Trouver les conditions pour qu'une transformation linéaire

$$\begin{pmatrix} a & b & 0 \\ c & d & 0 \\ 0 & 0 & 1 \end{pmatrix}$$

et une translation

$$\begin{pmatrix} 1 & 0 & p \\ 0 & 1 & q \\ 0 & 0 & 1 \end{pmatrix}$$

commutent entre elles.

**Fig. 2.9.** La frise de l'exercice 3

**3.** **a)** Indiquer sur la frise de la figure 2.9 la période $L$ du patron.
**b)** Lesquelles des transformations $t_L, r_h, s_g, r_v, r_h r_v$ laissent la frise invariante ?
**c)** Quel est le groupe de symétrie de cette frise parmi les sept groupes de frises ?
**d)** Ajouter un point par période à la frise de façon à réduire le groupe à $\langle t_L \rangle$ et à ne pas changer la période.

**4.**
**a)** Les frises sont souvent utilisées en architecture. Le livre [5] en donne des exemples fameux. Déterminer auquel des sept groupes de frise appartiennent quelques-uns des exemples qui s'y trouvent.
**b)** L'artiste M. Escher a réalisé beaucoup de mosaïques remarquables. Le livre [6] en rassemble un nombre important. Déterminer auquel des groupes cristallographiques (figures 2.17 à 2.22) appartiennent quelques-unes des mosaïques d'Escher.

**5.** **a)** Identifiez le groupe de symétrie de la frise de la figure 2.10.
**b)** En retirant deux triangles de chaque période de la frise proposée en a), construisez une frise dont le groupe de symétrie est le groupe **5** de la classification.

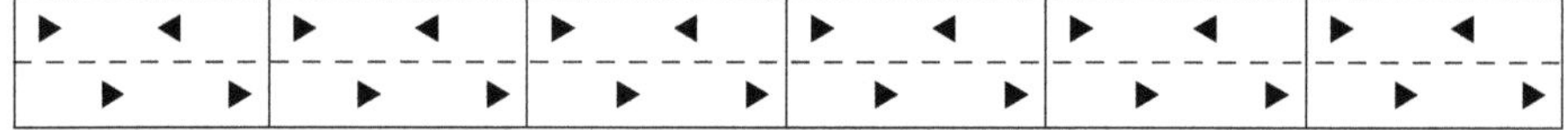

**Fig. 2.10.** Frise pour l'exercice 5

**6.** Démontrer les trois énoncés de la proposition 2.1. Suggestion : on peut démontrer ces propriétés en se servant seulement de la géométrie euclidienne ou en utilisant la représentation matricielle des transformations affines. Explorer les deux méthodes.

**7.** **a)** Soient $m_1$ et $m_2$ deux droites parallèles à une distance $d$, et soient $r_{m_1}$ et $r_{m_2}$ les réflexions par rapport à ces droites. Montrer que la composition $r_{m_2}r_{m_1}$ est une translation d'une distance $2d$ dans la direction perpendiculaire aux droites (miroirs) $m_1$ et $m_2$. Suggestion : démontrer cet énoncé à l'aide de la géométrie euclidienne seulement, c'est-à-dire sans avoir recours à des coordonnées. L'utilisation de la distance (ou de la longueur d'un segment) est permise.
**b)** Soit une frise de période $L$ invariante sous la réflexion $r_v$ par un miroir vertical. Montrer qu'elle est également invariante sous une réflexion par un miroir vertical à distance $\frac{L}{2}$ du premier. Suggestion : étudier la composition de la réflexion et de la translation $t_L$.

**8.** Soient $m_1$ et $m_2$ deux droites s'intersectant en un point $P$, et soient $r_{m_1}$ et $r_{m_2}$ les réflexions par rapport à ces droites. Montrer que la composition $r_{m_2}r_{m_1}$ est une rotation de deux fois l'angle entre les miroirs $m_1$ et $m_2$ et de centre $P$. Suggestion : soit $Q$ un point hors des droites $m_1$ et $m_2$. Démontrer d'abord que les images $r_{m_1}Q$ et $Q' = r_{m_2}r_{m_1}Q$ sont sur le cercle de centre $P$ et de rayon $|PQ|$. Il faudra alors étudier les angles que font les segments $PQ$ et $PQ'$ avec une droite donnée, par exemple $m_1$.

**9.** Le but de cet exercice est de montrer qu'une isométrie est la composition d'une transformation linéaire et d'une translation et donc, une transformation affine. (Une de ces opérations peut être l'identité.) Rappel : une transformation linéaire du plan est une fonction $T : \mathbb{R}^2 \to \mathbb{R}^2$ satisfaisant aux deux conditions : *(i)* $T(\mathbf{u}+\mathbf{v}) = T(\mathbf{u})+T(\mathbf{v})$ et *(ii)* $T(c\mathbf{u}) = cT(\mathbf{u})$ pour tous les points $\mathbf{u}, \mathbf{v} \in \mathbb{R}^2$ et toute constante $c \in \mathbb{R}$.
**a)** Montrer qu'une isométrie $T : \mathbb{R}^2 \to \mathbb{R}^2$ préserve les angles. Suggestion : choisir trois points $P, Q, R$ non colinéaires. Si $P', Q', R'$ sont leurs images respectives par $T$, montrer que les triangles $PQR$ et $P'Q'R'$ sont congruents.
**b)** Montrer qu'une translation est une isométrie.
**c)** Montrer que, si une isométrie $S$ n'a pas de point fixe et que $S(P) = Q$, alors la composition $TS$ où $T$ est la translation qui amène $Q$ sur $P$ possède au moins un point fixe.
**d)** Soit $S$ une isométrie ayant au moins un point fixe $O$. Soit $P, Q, R$ choisis tels que $OPQR$ soit un parallélogramme. Soient $P', Q', R'$ leur image par $S$. Montrer que la somme des vecteurs $OP'$ et $OR'$ est $OQ'$. (Donc, $S(OP+OR) = S(OP)+S(OR)$.)

**e)** Soit $S$ une isométrie ayant un point fixe $O$, et soient $P$ et $Q$ deux points distincts, et distincts de $O$, tels que $O$, $P$ et $Q$ soient colinéaires. Montrer que

$$S(OP) = \frac{|OP|}{|OQ|} S(OQ).$$

**f)** En conclure que toute isométrie du plan est une transformation linéaire suivie d'une translation et donc, une transformation affine. (Une de ces deux opérations peut être l'identité.)

**10.** **a)** Le patron de la figure 2.11 possède une ellipse le long de l'axe des $x$ centrée en $(2^i, 0)$. En ce point, les axes principaux de l'ellipse sont $r_x = 2^{i-2}, r_y = 1$. Ce patron est donc dessiné dans la demi-bande infinie $(0, \infty) \times [-\frac{1}{2}, \frac{1}{2}]$. Ce patron n'est pas une frise puisqu'il n'est pas périodique. Sauriez-vous remplacer la condition de périodicité par une autre condition d'invariance pour que ce patron soit une « frise » ?

**b)** Sauriez-vous écrire la transformation qui envoie une ellipse sur sa voisine immédiate ? Est-elle linéaire ? L'ensemble de ces transformations forme-t-il un groupe ?

**Fig. 2.11.** Un patron qui n'est pas périodique (voir l'exercice 10)

**11.** Soit $r > 1$ un nombre réel et

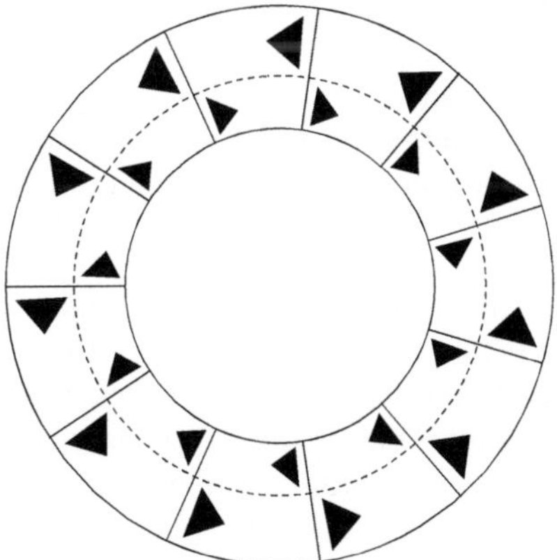

**Fig. 2.12.** Une frise annulaire (voir l'exercice 11)

$$A_r = \left\{ (x, y) \in \mathbb{R}^2 \;\middle|\; \frac{1}{r} \leq \sqrt{x^2 + y^2} \leq r \right\},$$

l'anneau centré à l'origine du plan et délimité par les cercles de rayon $r$ et $\frac{1}{r}$.

**a)** Montrer que l'ensemble $A_r$ est invariant sous les rotations

$$\begin{pmatrix} \cos\theta & -\sin\theta \\ \sin\theta & \cos\theta \end{pmatrix}$$

pour tout $\theta \in [0, 2\pi)$. (L'invariance de $A_r$ signifie que la restriction à $A_r$ de la transformation étudiée, ici la rotation, est inversible et que l'image de $A_r$ par la transformation est exactement $A_r$.)

**b)** Soit la transformation $\mathbb{R}^2 \setminus \{(0, 0)\} \to \mathbb{R}^2 \setminus \{(0, 0)\}$ définie par

$$x' = \frac{x}{x^2 + y^2},$$
$$y' = \frac{y}{x^2 + y^2}.$$

Cette transformation est appelée *inversion*. Montrer que $A_r$ est invariant sous cette transformation. Montrer que $A_r^2$ est l'identité. Est-ce que l'inversion est une transformation linéaire ?

**c)** La figure 2.12 représente une frise annulaire peinte sur un anneau $A_r$. La courbe en pointillé est le cercle de rayon 1. Contrairement aux frises introduites précédemment, les frises annulaires sont bornées. Il est facile de faire une correspondance entre les symétries des frises de la section 2.2 et les symétries possibles d'une frise annulaire. Les translations des frises deviennent les rotations des frises annulaires, et le miroir $r_h$ devient l'inversion introduite en b). Définir, pour la frise annulaire, la transformation correspondant au miroir $r_v$. Nous nommerons cette nouvelle transformation la *réflexion*. Est-ce que la réflexion est une transformation linéaire ? (Comme précédemment, cette transformation ne peut être définie qu'après le choix d'une origine. Il vous faudra choisir un point particulier de $A_r$ par lequel faire passer le miroir.)

**d)** À l'aide des trois générateurs rotation, inversion et réflexion, construire un ensemble de générateurs pour le groupe de symétrie de la frise annulaire de la figure 2.12.

**12.** **a)** Cet exercice poursuit le précédent. Soit $n$ le plus grand entier tel que la rotation d'une frise annulaire peinte sur $A_r$ soit invariante sous une rotation d'angle $\frac{2\pi}{n}$. On supposera $n \geq 2$. Faites la classification des groupes de symétries des frises annulaires pour un $n$ donné. Est-ce que cette classification dépend de $n$ ?

**b)** L'*ordre* d'un groupe est le nombre d'éléments dans un groupe. L'ordre des groupes de symétries des frises est infini, mais celui des groupes des frises annulaires est fini. Calculer l'ordre des groupes que vous avez obtenus en a).

**13.** Déterminer auquel des 17 groupes des mosaïques (groupes cristallographiques) appartiennent les pavages archimédiens reproduits à la figure 2.13. (Certains pavages

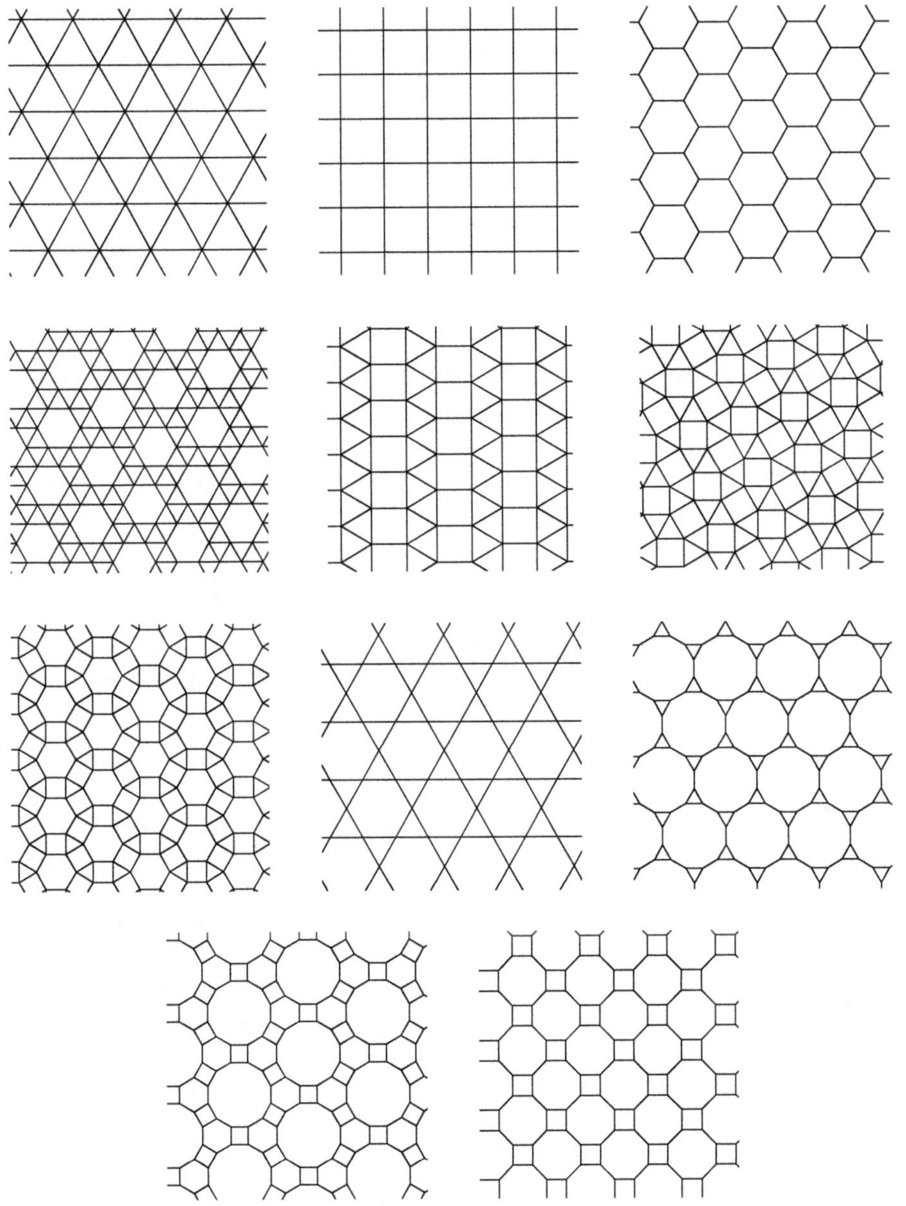

**Fig. 2.13.** Les pavages archimédiens (voir l'exercice 13)

pourraient correspondre au même groupe.) Un *pavage archimédien* est un pavage du plan constitué de polygones réguliers tels que chaque sommet est du même type. Pour que deux sommets soient du même type, il faut que les polygones qui s'y rencontrent soient les mêmes aux deux sommets et qu'ils apparaissent dans le même ordre si on tourne autour des sommets dans le même sens ou dans le sens inverse. Il peut arriver que l'image miroir d'un pavage ne puisse être obtenue par translation et rotation du pavage original. Si on confond un pavage et son image miroir (lorsqu'elle est distincte), il existe exactement 11 familles de pavages archimédiens. L'image miroir est distincte du pavage original pour une seule de ces familles. Pourriez-vous l'identifier ?

**14.** Un petit défi : la classification des pavages archimédiens (voir l'exercice 13).
**a)** Dénotons par $n$ le polygone régulier à $n$ côtés. Ses angles intérieurs sont tous égaux à $\frac{(n-2)\pi}{n}$. (Le montrer !) Soit un pavage archimédien, et soit $(n_1, n_2, \ldots, n_m)$ la liste des $m$ polygones se rencontrant en un sommet de ce pavage. La somme des angles en ce sommet doit être $2\pi$ et donc,

$$2\pi = \frac{(n_1 - 2)\pi}{n_1} + \frac{(n_2 - 2)\pi}{n_2} + \cdots + \frac{(n_m - 2)\pi}{n_m}.$$

Par exemple, pour le pavage archimédien de la figure 2.14, les polygones qui se rencontrent en un sommet sont étiquetés par la liste $(4, 3, 3, 4, 3)$ et, tel que désiré,

$$\frac{(4-2)\pi}{4} + \frac{(3-2)\pi}{3} + \frac{(3-2)\pi}{3} + \frac{(4-2)\pi}{4} + \frac{(3-2)\pi}{3} = 2\pi.$$

Énumérer toutes les listes $(n_1, n_2, \ldots, n_m)$ de polygones se rencontrant en un sommet. Réponse partielle : il y en a 17 si on ne distingue pas deux listes ne différant que par l'ordre de leurs éléments.
**b)** Pourquoi la liste de polygones $(5, 5, 10)$ ne définit-elle pas un pavage du plan ?
**c)** Pour tous les éléments de l'énumération obtenue en a), vérifier si l'ensemble des polygones $(n_1, n_2, \ldots, n_m)$ en un sommet permet d'engendrer un pavage du plan. Attention : l'ordre des éléments dans la liste $(n_1, n_2, \ldots, n_m)$ est important !

**15.** Un défi : la classification des pavages archimédiens sur la sphère.

A chaque polyèdre régulier (le tétraèdre, le cube, l'octaèdre, l'icosaèdre et le dodécaèdre) correspond un pavage régulier de la sphère. Cette correspondance se fait comme suit :

- le polyèdre est centré en l'origine. Les distances entre l'origine et les sommets sont alors les mêmes, et on considère la sphère passant par tous ces sommets ;
- on joint par des arcs de grands cercles sur la sphère deux sommets du polyèdre reliés par une arête.

Le résultat est le pavage de la sphère désiré. (Cette correspondance est aussi décrite dans la section 15.8.) La figure 2.15 montre cette construction pour l'icosaèdre. Cette construction peut être faite chaque fois qu'un polyèdre possède tous ses

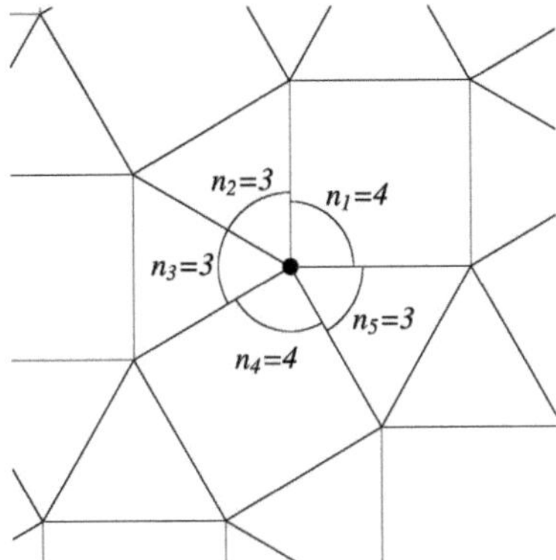


**Fig. 2.14.** Un zoom sur un des pavages archimédiens (voir l'exercice 14). La liste des polygones se rencontrant en un sommet est dénotée par $(4, 3, 3, 4, 3)$.

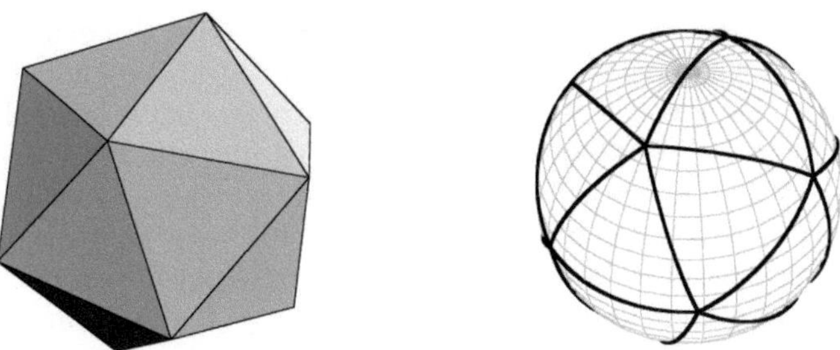

**Fig. 2.15.** Un icosaèdre et le pavage de la sphère correspondant (exercice 15).

sommets sur une sphère. (On dit qu'il est inscrit dans la sphère.) C'est le cas des polyèdres archimédiens : toutes leurs faces sont des polygones réguliers de même arête, et tous les sommets ont les mêmes polygones. Même si les polyèdres réguliers, dits platoniques, respectent ces conditions, on restreint l'adjectif « archimédien » aux polyèdres dont les faces contiennent au moins deux types de polygones distincts. Un exemple de polyèdre archimédien est le ballon de soccer ou icosaèdre tronqué (figure 2.16). Chaque sommet appartient à deux hexagones et à un pentagone. On le dénotera donc par $(5, 6, 6)$. La classification des pavages archimédiens de la sphère se décompose en trois listes : les prismes, les antiprismes et les 13 pavages exceptionnels. (Certains auteurs n'accordent le nom de pavage (ou solide) archimédien qu'à ces 13 derniers.)

**a)** La liste $(n_1, n_2, \dots, n_m)$ des polygones se rencontrant en un sommet du polyèdre doit remplir deux conditions simples. Pour que chaque sommet soit convexe (et non plan), il faut que la somme des angles internes soit inférieure à $2\pi$ :

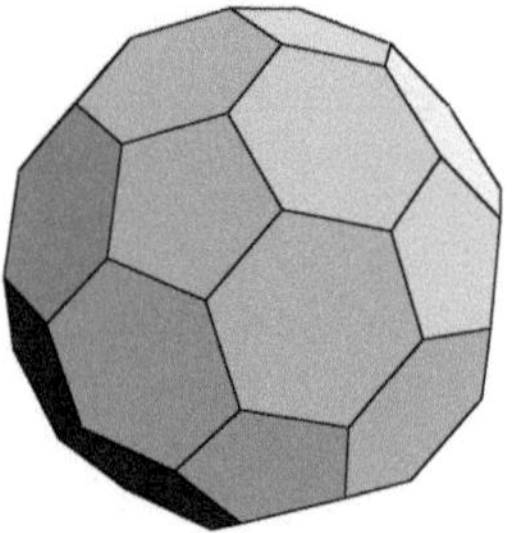
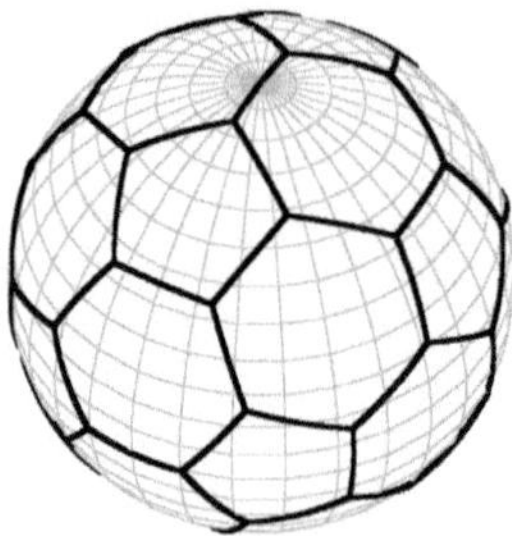

**Fig. 2.16.** Un icosaèdre tronqué et le pavage de la sphère correspondant (exercice 15).

$$\pi \sum_{i=0}^{m} \frac{n_i - 2}{n_i} < 2\pi.$$

C'est la première condition. La seconde repose sur le théorème de Descartes. Chaque sommet du polyèdre porte un déficit d'angle défini par $\Delta = 2\pi - \pi \sum_i (n_i - 2)/n_i$. Le théorème de Descartes affirme que la somme des déficits en chacun des sommets du polyèdre doit être égale à $4\pi$. Puisque tous les sommets d'un polyèdre archimédien sont identiques, il faut donc que $4\pi/\Delta$, qui est le nombre de sommets, soit un entier. Ceci est la seconde condition. Vérifier que le ballon de soccer satisfait à ces deux conditions. (Nous verrons en d) qu'elles ne sont pas suffisantes.)

**b)** Un prisme est un polyèdre possédant deux faces polygonales identiques et parallèles. Les arêtes de ces deux faces sont reliées par des carrés. Ils forment une famille infinie et sont dénotés par $(4, 4, n)$, $n \geq 3$. Convainquez-vous que tous les sommets sont décrits par la liste $(4, 4, n)$ et dessinez un prisme, par exemple $(4, 4, 5)$. Vérifiez que la liste $(4, 4, n)$ passe les deux tests décrits en a) quel que soit $n$. (Lorsque $n$ est assez grand, la forme est très semblable à celle d'un tambour.)

**c)** Un antiprisme est un polyèdre possédant deux faces parallèles à $n$ côtés. La seconde face est tournée d'un angle $\frac{\pi}{n}$ par rapport à la première, de telle sorte que les arêtes de ces deux faces puissent être reliées par des triangles équilatéraux. Les antiprismes forment une famille infinie et sont dénotés par $(3, 3, 3, n)$, $n \geq 4$. Répondre aux questions soulevées ci-dessus pour les prismes.

**d)** Montrer que la liste $(3, 4, 12)$ passe les deux tests décrits en a). Pourtant, il est impossible de construire un polyèdre régulier à partir de cette liste. Pourquoi ? Indice : commencer par rassembler un triangle, un carré et un polygone à 12 côtés (un dodécagone) en un de leurs sommets. Considérer alors les autres sommets de ces trois faces. Est-il possible que la même configuration de trois polygones imposée par la liste $(3, 4, 12)$ s'y retrouve ? (Ceci est la question la plus difficile de cette classification !)

**e)** Montrer qu'il existe 13 pavages archimédiens de la sphère (ou encore 13 polyèdres archimédiens) n'appartenant pas aux listes des prismes et des antiprismes. (Le ballon de soccer est l'un de ces 13 pavages.)

**16.** Un grand défi : obtenir la classification des mosaïques, c'est-à-dire la classification des groupes cristallographiques (figures 2.17–2.22).

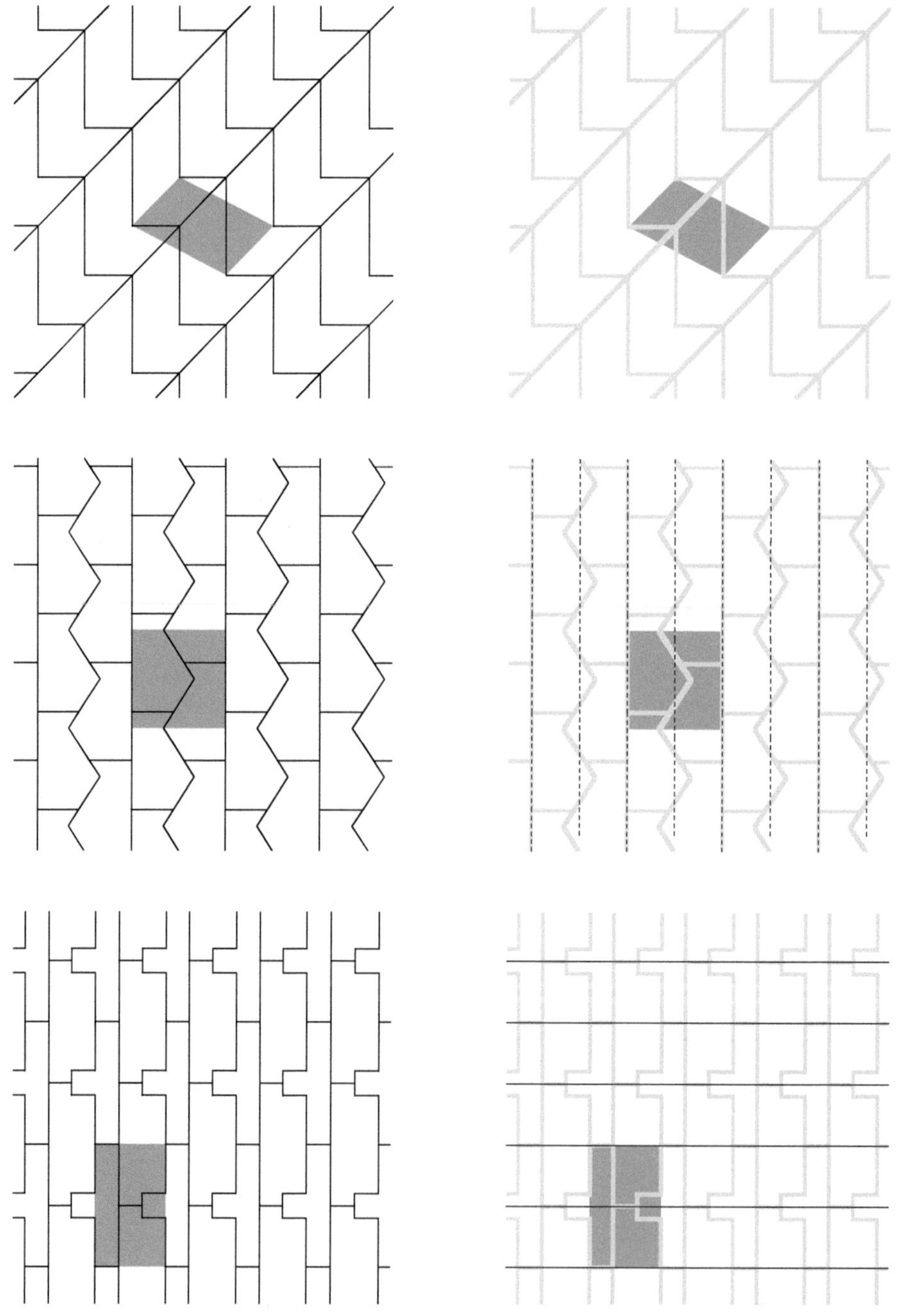

**Fig. 2.17.** Les 17 groupes cristallographiques. De haut en bas : les groupes *p1*, *pg*, *pm*.

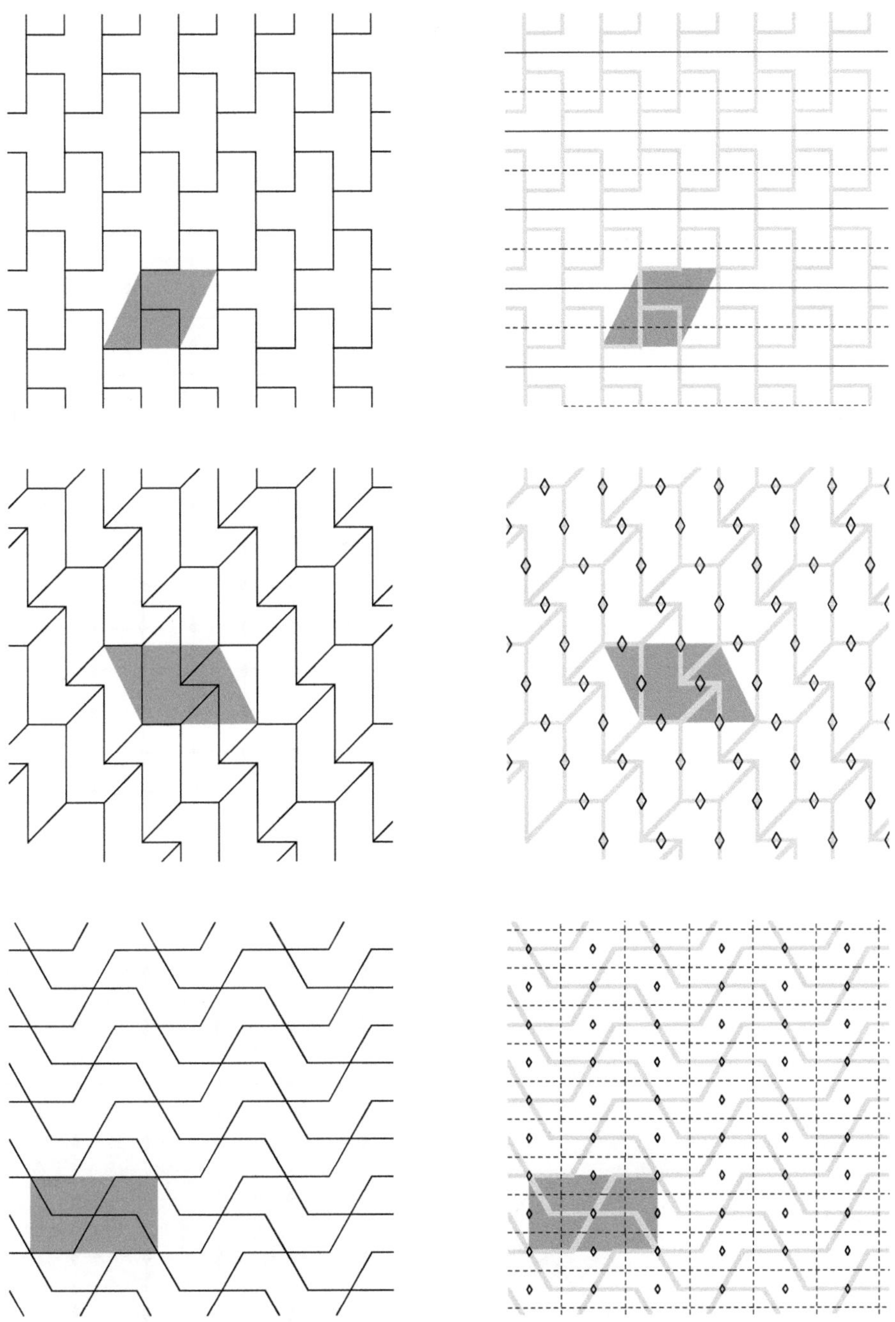

**Fig. 2.18.** Les 17 groupes cristallographiques (suite). De haut en bas : les groupes *cm*, *p2*, *pgg*.

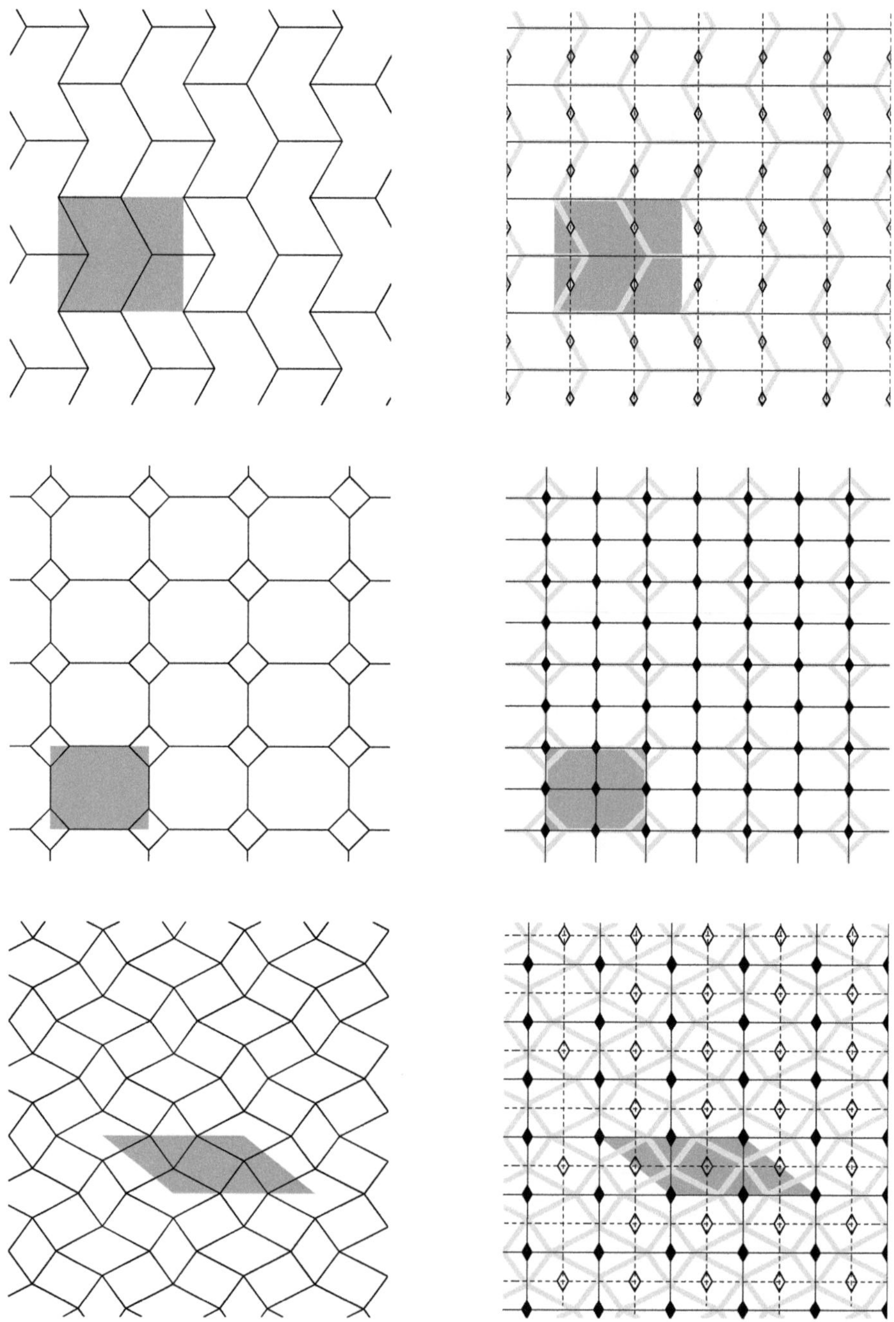

**Fig. 2.19.** Les 17 groupes cristallographiques (suite). De haut en bas : les groupes *pmg*, *pmm*, *cmm*.

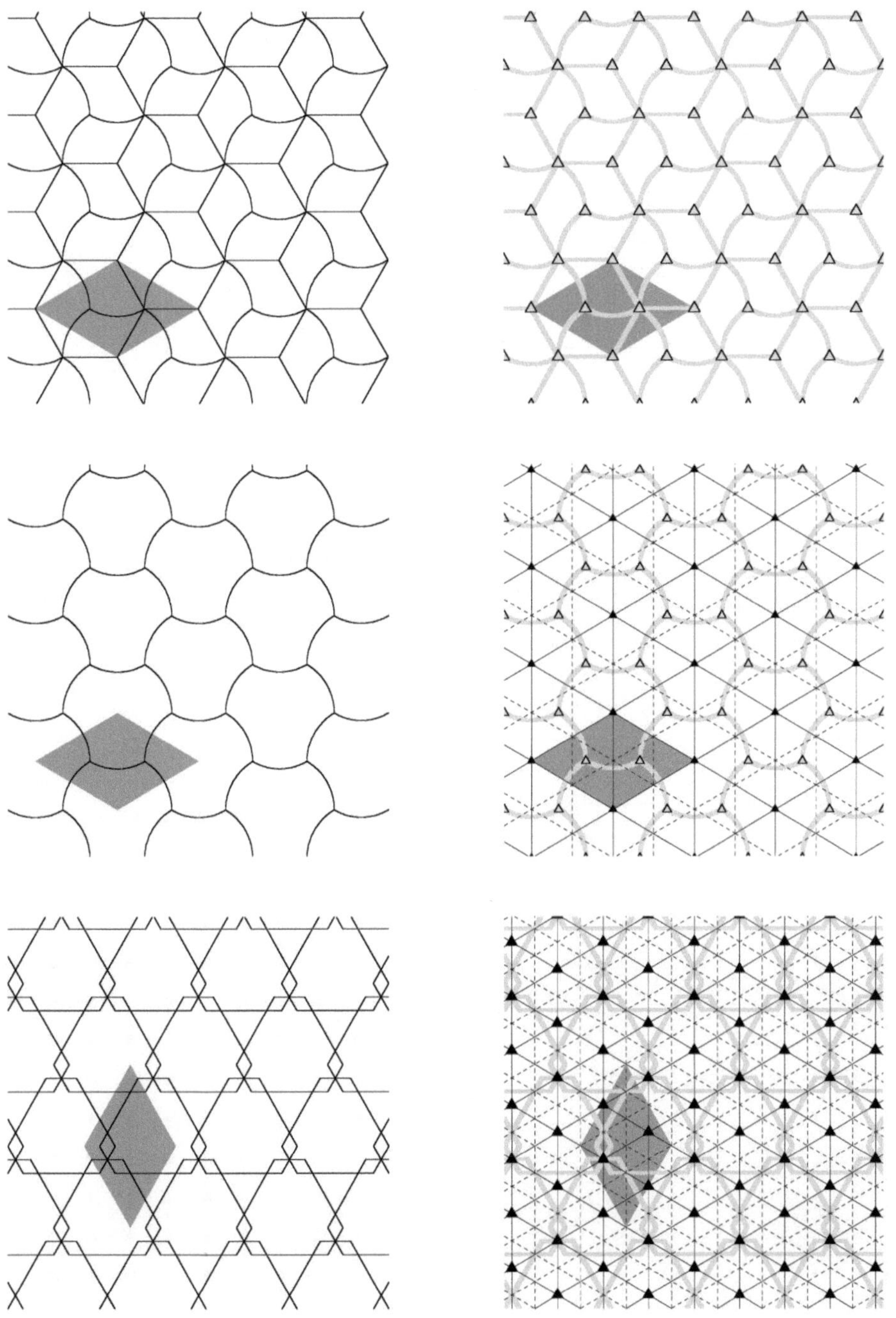

**Fig. 2.20.** Les 17 groupes cristallographiques (suite). De haut en bas : les groupes *p3*, *p31m*, *p3m1*.

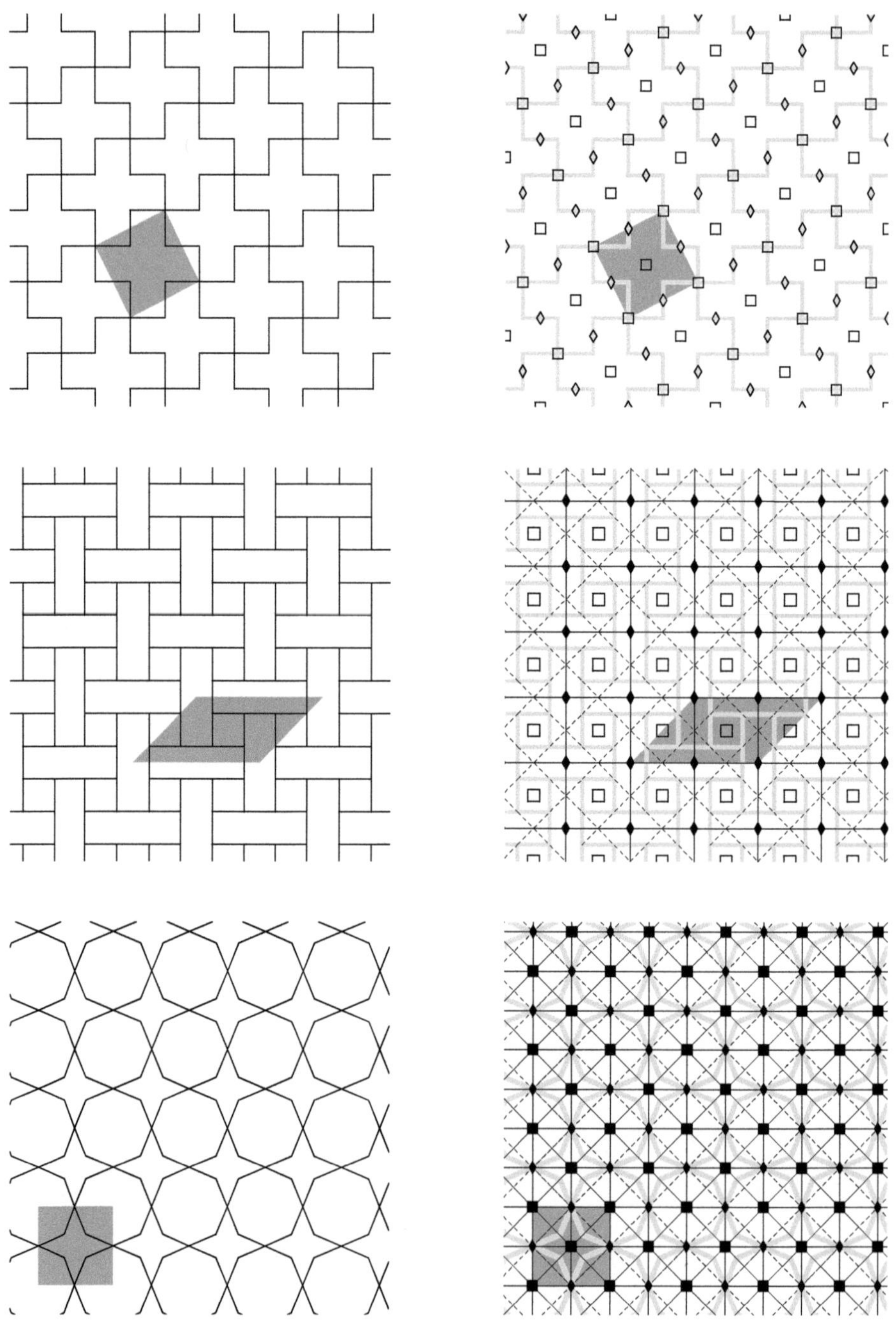

**Fig. 2.21.** Les 17 groupes cristallographiques (suite). De haut en bas : les groupes $p4$, $p4g$, $p4m$.

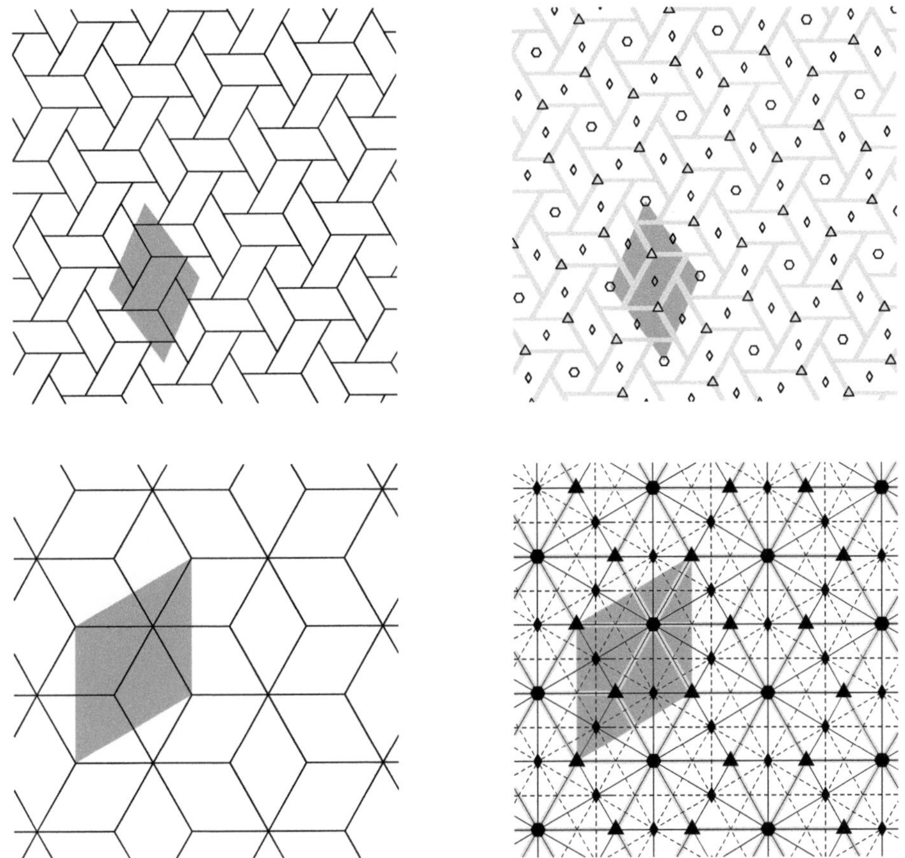

**Fig. 2.22.** Les 17 groupes cristallographiques (suite). De haut en bas : les groupes *p6*, *p6m*.

# Références


[1] Bravais, A. « Mémoire sur les systèmes formés par des points distribués régulièrement sur un plan ou dans l'espace », *Journal de l'École Polytechnique*, 1850, vol. 19, p. 1–128.

[2] Coxeter, H. S. M. *Introduction to geometry*, New York, Wiley, 1969.

[3] Grünbaum, B., Z. Grünbaum et G. C. Shephard. « Symmetry in Moorish and other ornaments », *Computers and Mathematics with Applications*, 1985, vol. 12, p. 641–653.

[4] Grünbaum, B. et G. C. Shephard. *Tilings and patterns*, New York, W. H. Freeman, 1987.

[5] *Arabic Art in Color*, édité par Prisse d'Avennes, Dover, 1978. (Ce livre présente quelques reproductions de l'œuvre monumentale de Prisse d'Avennes, « L'art arabe d'après les monuments du Kaire depuis le VII$^{e}$ siècle jusqu'à la fin du XVII$^{e}$ siècle », qu'il réalisa entre 1869 et 1877 et qui fut publié en 1877 à Paris par Morel.)

[6] Escher, M. C. *Visions of Symmetry : Notebooks, Periodic Drawings, and Related Work of M. C. Escher*, avec texte et commentaires de D. Schattschneider, New York, W. H. Freeman, 1990.

# 3

# Les mouvements d'un robot

*Ce chapitre peut se traiter en une semaine de cours. On commence la première heure en décrivant le robot de la figure 3.1. On insiste sur la notion de « dimension » du problème (ou nombre de degrés de liberté), en illustrant le concept par des exemples plus simples. Assez rapidement, on se concentre sur les rotations dans l'espace et leur représentation par des matrices orthogonales dans des bases orthonormées en énonçant et examinant les principaux résultats de la section 3.3. La dernière heure est consacrée entièrement à la présentation des sept repères associés au robot de la figure 3.1 et au calcul de la position des différentes articulations dans les différents repères (section 3.5). Puisqu'il faut garder toute une heure pour cette partie, on ne peut traiter toute la partie sur les transformations orthogonales et faire tous les détails du théorème fondamental (théorème 3.20) énonçant que toute transformation orthogonale dans* $\mathbb{R}^3$ *de déterminant 1 est une rotation. On doit se contenter d'énoncer et d'illustrer les principaux résultats. Le message important est que choisir une base adéquate permet de comprendre et de visualiser adéquatement la transformation. Le choix du matériel présenté sur les transformations orthogonales dépend de la préparation des étudiants en algèbre linéaire. On peut décider de seulement travailler à partir d'exemples, ou encore, de faire quelques preuves.*

## 3.1 Introduction

Regardons le robot tridimensionnel de la figure 3.1. Il est composé de trois bras, puis d'une pince. Sur la figure, on a représenté six mouvements de rotation numérotés de 1 à 6. Le robot est attaché à un mur. Le premier bras du robot est perpendiculaire au mur. Par contre, il peut pivoter autour de son axe par la rotation 1. Au bout du premier bras est attaché un deuxième bras. Une articulation permet de changer l'angle entre les deux bras. Cette articulation, semblable à celle du coude, ne fonctionne que dans un plan (rotation 2). Mais, si on la combine avec la rotation 1, on voit que ce plan de l'articulation tourne autour du premier bras. Finalement, en combinant ces deux mouvements, on peut placer le deuxième bras dans n'importe quelle direction. Regardons le troisième bras. Il peut être actionné par deux mouvements de rotation : la rotation 3 s'effectue dans un plan, comme la deuxième et, avec la rotation 4, le bras peut tourner autour de son axe. L'articulation de l'épaule peut servir de modèle : on peut lever le bras, ce qui est l'équivalent de la rotation 3, et on peut tourner le bras autour de son axe, ce qui est l'équivalent de la rotation 4. (En pratique, l'articulation de l'épaule a un troisième mouvement indépendant puisqu'on peut bouger le bras de gauche à droite ; donc, elle est plus polyvalente que l'articulation entre nos bras de robot.) Finalement, au bout du troisième bras est attachée une pince, elle aussi mue par deux rotations : la rotation 5 agit dans un plan et change l'angle entre la pince et le troisième bras, alors que la pince tourne autour de son axe avec la rotation 6.

Pourquoi ce robot a-t-il été conçu avec six mouvements de rotation ? Nous verrons que ce n'est pas un hasard et que, si nous avions eu moins de mouvements de rotation, notre robot aurait été très limité.

Prenons un exemple simple avec des translations.

**Exemple 3.1** *Soit $P = (x_0, y_0, z_0)$ un point de départ dans l'espace. Regardons quelles sont les positions $Q$ que nous pouvons atteindre si nous permettons des translations de $P$ dans la direction des vecteurs unitaires $v_1 = (a_1, b_1, c_1)$ et $v_2 = (a_2, b_2, c_2)$. L'ensemble des positions que nous pouvons atteindre est*

$$\{Q = P + t_1v_1 + t_2v_2 \mid t_1, t_2 \in \mathbb{R}\}.$$

*Cet ensemble est un plan passant par $P$ si $v_1 \neq \pm v_2$. (Exercice : pouvez-vous le montrer ?)*

*Par contre, si on rajoute des translations dans la direction d'un troisième vecteur unitaire $v_3$ choisi tel que $\{v_1, v_2, v_3\}$ soient linéairement indépendants, alors l'ensemble des positions $Q$ que nous pouvons atteindre est tout l'espace.*

*Pourquoi nous a-t-il fallu trois directions de translation ? Parce que la « dimension » du problème est trois. Ce qui se traduit en pratique par le fait qu'il nous faut trois nombres pour spécifier la position de $Q$. On dira que le problème a trois degrés de liberté.*

Essayons d'adapter cette idée à notre robot : de combien de nombres avons-nous besoin pour décrire sa position ? Pour un travailleur qui veut utiliser le robot pour saisir un objet, l'important est de bien positionner la pince. Il choisit donc :

- la position de $P$. Elle est définie par les trois coordonnées $(x, y, z)$ de $P$ dans l'espace.
- la direction de l'axe de la pince. On peut se donner une direction en se donnant un vecteur. A priori, on semble avoir besoin de trois nombres. Cependant, il existe une infinité de vecteurs qui spécifient une même direction, à savoir tous les multiples d'un même vecteur. Une manière plus économique de se donner une direction est d'imaginer une sphère de rayon 1 centrée à l'origine (ici notre point $P$) et de se donner un point $Q$ de la sphère. La direction est alors donnée par le vecteur

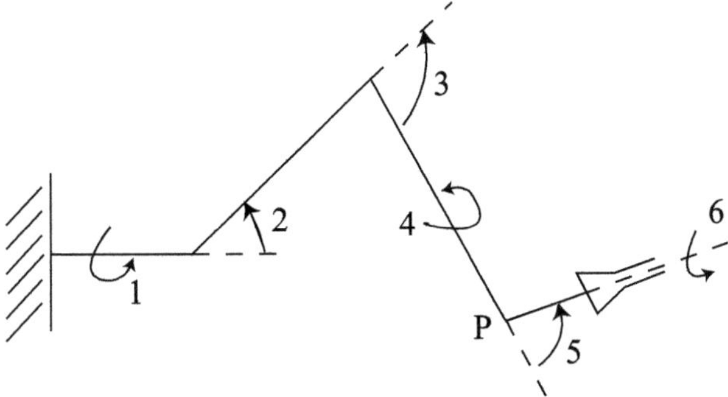


**Fig. 3.1.** Exemple d'un robot tridimensionnel avec six degrés de liberté

joignant l'origine à $Q$. Réciproquement, si on se donne une direction, c'est-à-dire une demi-droite issue de $P$, elle coupe la sphère centrée en $P$ de rayon 1 en un point. On a une bijection entre les points de la sphère et les directions. Pour se donner une direction, il suffit donc de préciser un point de la sphère. Ceci se fait de manière économique en utilisant les coordonnées sphériques : les points de la sphère de rayon 1 sont les points

$$(a, b, c) = (\cos\theta\cos\phi, \sin\theta\cos\phi, \sin\phi),$$

avec $\theta \in [0, 2\pi)$ et $\phi \in [-\frac{\pi}{2}, \frac{\pi}{2}]$. Donc, les deux nombres $\theta$ et $\phi$ suffisent pour décrire la position de l'axe de la pince.

- l'angle de la pince autour de son axe. En effet, la pince peut pivoter autour de son axe par un mouvement de rotation, lequel est uniquement déterminé par un angle de rotation $\alpha$.

Au total, on a eu besoin des six nombres $(x, y, z, \theta, \phi, \alpha)$ pour spécifier la position de la pince du robot pour le travailleur. Par analogie avec l'exemple 3.1, on dira que le robot de la figure 3.1 a six *degrés de liberté*. Les rotations 1, 2 et 3 amènent $P$ à sa position, c'est-à-dire permettent de réaliser la position $(x, y, z)$. Les rotations 4 et 5 placent l'axe de la pince dans la bonne direction, soit la direction $(a, b, c)$, alors que la rotation 6 autour de l'axe de la pince amène celle-ci à sa position finale. Ces six mouvements correspondent aux six degrés de liberté du robot.

Regardons la différence entre le point $Q$ de l'exemple 3.1 et la pince de notre robot. Nous avons besoin de trois nombres pour spécifier la position de $Q$, alors que nous en avons besoin de six pour spécifier la position de la pince. La pince est un exemple de ce qu'on appelle un « solide » dans l'espace, et nous allons voir que nous aurons toujours besoin de six nombres pour spécifier la position d'un solide dans l'espace. Pour développer notre intuition, nous allons commencer par nous concentrer sur le cas d'un solide dans le plan.

### 3.1.1 Les mouvements d'un solide dans le plan

Découpons une forme en carton, par exemple un triangle dont les trois angles sont différents (et donc, sans aucune symétrie). Le carton est indéformable, et la forme doit

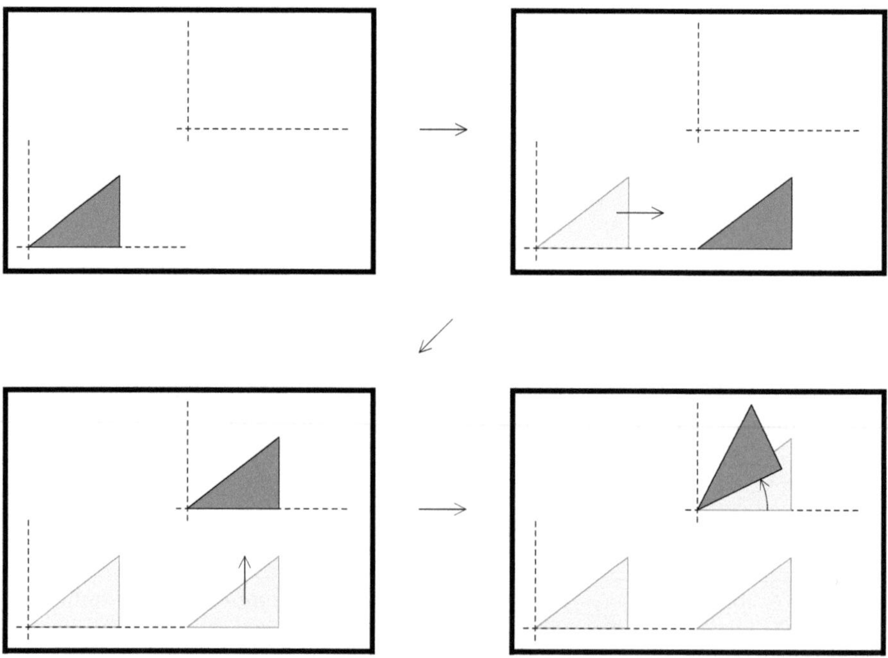

**Fig. 3.2.** Les mouvements d'un solide dans le plan

rester constamment dans le plan : elle ne peut donc que glisser sur le plan. Nous voulons décrire toutes les positions que peut prendre le triangle (voir figure 3.2). Pour cela nous choisissons un des sommets du triangle, soit $A$ (mais ce pourrait être n'importe quel autre point du triangle).

- Nous devons commencer par spécifier la position de $A$. Ceci se fait à l'aide des deux coordonnées $(x, y)$ de $A$ dans le plan.
- Nous devons ensuite préciser la position du triangle par rapport à son point $A$. Si $A$ est fixé, les seuls mouvements que peut faire le triangle sont des rotations autour de $A$. Si $B$ est un deuxième sommet, la position du triangle est alors déterminée par l'angle $\alpha$ que fait le vecteur $\overrightarrow{AB}$ avec une direction fixe, par exemple la direction horizontale vers la droite.

Nous avons donc besoin des trois nombres $(x, y, \alpha)$ pour déterminer uniquement la position d'un solide dans le plan.

Regardons maintenant la figure 3.2 et supposons qu'au départ, le point $A$ est situé à l'origine avec le vecteur $\overrightarrow{AB}$ dans la direction horizontale vers la droite. Pour l'amener à la position décrite par les nombres $(x, y, \alpha)$, nous pouvons commencer par appliquer une translation de $(x, 0)$ dans la direction de $e_1 = (1, 0)$, puis une translation de $(0, y)$ dans la direction de $e_2 = (0, 1)$ pour finalement lui faire subir une rotation d'angle $\alpha$ autour de $(x, y)$.

On a fait une équivalence entre les nombres $(x, y, \alpha)$ déterminant la position du triangle et les mouvements qui permettent d'amener le triangle de la position $(0, 0, 0)$ à la position $(x, y, \alpha)$. Nous donnons sans preuve le théorème suivant.

**Théorème 3.2** *Les mouvements d'un solide dans le plan sont des compositions de translations et de rotations. Ce sont des mouvements qui préservent les longueurs et les angles et qui préservent l'orientation.*

**Exemple 3.3** *Imaginons maintenant un robot réalisant les mouvements que nous venons de décrire. Il est donné à la figure 3.3 dans un plan vertical : au bout du deuxième bras se trouve une pince perpendiculaire au plan de mouvement du robot et actionnée par une troisième rotation. Si un triangle était attaché au bout du deuxième bras en un*

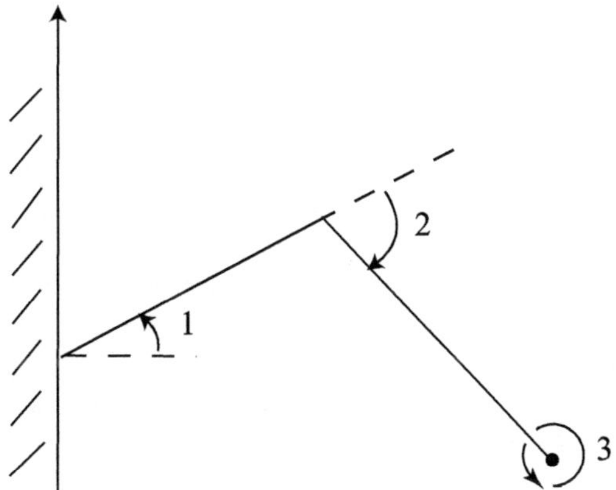


**Fig. 3.3.** Un robot plan

*point A, le mouvement de rotation le ferait tourner autour de A (figure 3.4). Quelles sont les positions que peut atteindre l'extrémité du deuxième bras ? Tous les points du plan ne peuvent être atteints, car on est limité par la longueur des bras et la présence du mur. Mais on peut atteindre beaucoup de positions, soit un ensemble de dimension 2, alors que si on avait un unique bras, les positions seraient limitées à un ensemble de dimension 1, en l'occurrence un arc de cercle. Les positions exactes que peut atteindre le point A font l'objet de l'exercice 13.*

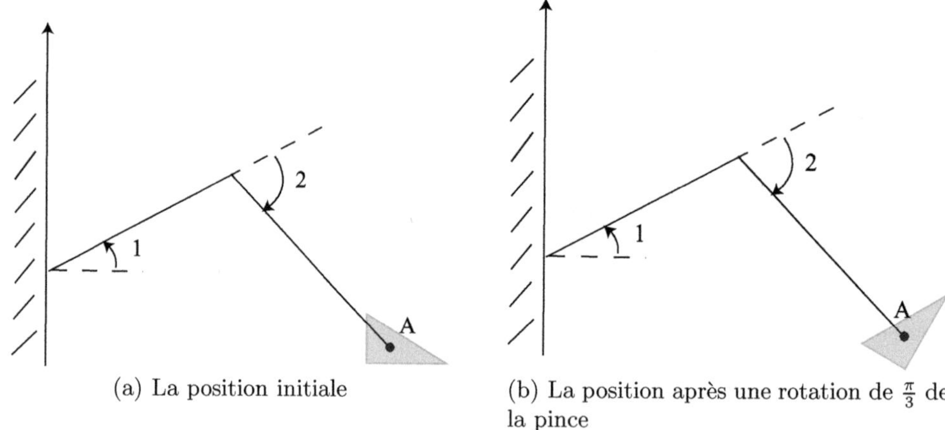


(a) La position initiale

(b) La position après une rotation de $\frac{\pi}{3}$ de la pince

**Fig. 3.4.** La troisième rotation

*Cet exemple illustre bien les trois degrés de liberté pour le mouvement d'un solide dans le plan et un robot conçu pour les contrôler.*

### 3.1.2 Réflexion sur le nombre de degrés de liberté

La construction du robot dans l'espace tridimensionnel n'est pas unique, mais *six degrés de liberté* (donc, au moins six mouvements indépendants) sont nécessaires pour atteindre tout point d'une région donnée avec la pince bien orientée. Donc, six degrés de liberté sont nécessaires pour les manettes qui permettent de manier le robot.

Vous pourriez essayer d'ajouter des bras supplémentaires au robot et de l'installer sur un rail mobile. Vous augmenteriez peut-être la taille de la région atteignable, mais vous n'augmenteriez pas la « dimension » de l'ensemble des positions finales de la pince. Ce qui n'exclut pas que votre robot puisse avoir d'autres avantages dont nous parlerons plus loin.

Par contre, construisez un robot qui n'a que cinq degrés de liberté. Quelle que soit la manière dont vous choisissez cinq mouvements indépendants décrits chacun par un seul nombre, il y aura des positions de la pince qui seront interdites. En fait, seul un petit ensemble de positions seront permises contre une majorité de positions défendues.

Le robot de la figure 3.1 n'a que des rotations. Vous pourriez essayer de remplacer certaines des rotations par d'autres mouvements : translation le long d'un rail, bras de robot télescopiques (c'est-à-dire dont la longueur peut varier). Essayez d'imaginer d'autres modèles de robots avec six degrés de liberté.

**Les mathématiques sous-jacentes** Lorsqu'on s'intéresse à décrire les mouvements du robot, on doit se pencher sur les mouvements d'un solide dans l'espace. Comme dans le cas du plan, ces mouvements seront des compositions de translations et de rotations autour d'un axe. Les différentes rotations auront en général des axes distincts.

- Si on choisit un système d'axes dont l'origine se trouve sur l'axe d'une rotation, alors dans ce système d'axes, la rotation est une transformation linéaire. Sa matrice est plus simple si l'axe de rotation est l'un des axes de coordonnées.
- Comme les différents axes de rotation sont distincts, il nous faudra étudier ensuite les changements de systèmes de coordonnées. Si on connaît les coordonnées d'un point $Q$ donné dans un système de coordonnées, cela permettra de calculer ses coordonnées dans un nouveau système de coordonnées.
- Pour l'exemple de la figure 3.1 on apprendra à calculer la position de l'extrémité de la pince après application des rotations $R_i(\theta_i)$ d'angles $\theta_i$, $i \in \{1, 2, 3, 4, 5, 6\}$, avec les six mouvements décrits.

## 3.2 Mouvements qui préservent les distances et les angles dans le plan ou dans l'espace

Nous allons commencer par considérer les transformations linéaires qui préservent les distances et les angles : ce sont précisément les transformations linéaires dont la matrice est orthogonale, appelées *transformations orthogonales*. Ce sera le cas d'une rotation autour d'un axe passant par l'origine.

Nous avons besoin de quelques rappels sur les transformations linéaires. Nous allons donner les définitions pour les transformations linéaires dans $\mathbb{R}^n$, mais nous serons en pratique intéressés aux cas $n = 2$ ou $n = 3$. Tout d'abord un peu de notation.

**Notation** Nous allons faire la distinction entre les vecteurs de $\mathbb{R}^n$ qui sont des objets géométriques et que l'on notera $v, w, \ldots$ et les matrices colonnes $n \times 1$ qui représentent leurs coordonnées dans la base canonique $\mathcal{C} = \{e_1, \ldots, e_n\}$, où

$$\begin{array}{rcl} e_1 & = & (1, 0, \ldots, 0), \\ e_2 & = & (0, 1, 0, \ldots, 0), \\ \vdots & & \\ e_n & = & (0, \ldots, 0, 1). \end{array} \tag{3.1}$$

On notera la matrice colonne des coordonnées du vecteur $v$ comme $[v]$ ou encore $[v]_{\mathcal{C}}$. Nous faisons cette distinction parce que nous aurons besoin de regarder des changements de bases.

**Théorème 3.4** *Soit $T : \mathbb{R}^n \to \mathbb{R}^n$ une transformation linéaire, c'est-à-dire une transformation qui a les propriétés suivantes :*

$$\begin{array}{rcll} T(v + w) & = & T(v) + T(w), & \forall v, w \in \mathbb{R}^n, \\ T(\alpha v) & = & \alpha T(v), & \forall v \in \mathbb{R}^n,\ \forall \alpha \in \mathbb{R}. \end{array} \tag{3.2}$$

1. *Il existe une unique matrice* $A$*,* $n \times n$*, telle que la matrice verticale* $[T(v)]$ *des coordonnées de* $T(v)$ *est donnée par* $A[v]$ *pour tout* $v \in \mathbb{R}^n$ *:*
$$[T(v)] = A[v]. \tag{3.3}$$
2. *La matrice* $A$ *de la transformation linéaire est construite ainsi : les colonnes de* $A$ *sont les images des vecteurs de la base standard de* $\mathbb{R}^n$*.*

PREUVE On commencera par prouver la deuxième partie. Calculons $[T(e_1)]$ :

$$[T(e_1)] = \begin{pmatrix} a_{11} & \dots & a_{1n} \\ a_{21} & \ddots & a_{2n} \\ \vdots & \ddots & \vdots \\ a_{n1} & \dots & a_{nn} \end{pmatrix} \begin{pmatrix} 1 \\ 0 \\ \vdots \\ 0 \end{pmatrix} = \begin{pmatrix} a_{11} \\ a_{21} \\ \vdots \\ a_{n1} \end{pmatrix},$$

et de même pour les autres vecteurs de la base standard.

Pour la première partie, la matrice $A$ cherchée est la matrice dont les colonnes sont les coordonnées des vecteurs $T(e_i)$ dans la base standard. Elle a bien la propriété (3.3).

Le fait que les colonnes de $A$ soient les coordonnées des vecteurs $T(e_i)$ dans la base standard garantit l'unicité de $A$. □

**Définition 3.5** 1. *Soit* $A = (a_{ij})$ *une matrice* $n \times n$*. La matrice transposée de* $A$ *est la matrice* $A^t = (b_{ij})$*, où*
$$b_{ij} = a_{ji}.$$
2. *Une matrice* $A$ *est orthogonale si son inverse est sa transposée, c'est-à-dire* $A^t = A^{-1}$ *ou encore*
$$AA^t = A^tA = I,$$
*où* $I$ *est la matrice identité* $n \times n$*.*
3. *Une transformation linéaire est orthogonale si sa matrice dans la base standard est une matrice orthogonale.*

**Définition 3.6** *Le produit scalaire de deux vecteurs* $v = (x_1, \dots, x_n)$ *et* $w = (y_1, \dots, y_n)$ *est*
$$\langle v, w \rangle = x_1y_1 + \dots + x_ny_n.$$

La proposition suivante est classique et rappelée sans preuve :

**Proposition 3.7** 1. *Si* $A$ *est une matrice* $m \times n$ *et* $B$*, une matrice* $n \times p$*, alors*
$$(AB)^t = B^tA^t.$$

*2. Le produit scalaire de deux vecteurs $v$ et $w$ peut se calculer comme suit :*

$$\langle v, w\rangle = [v]^t[w].$$

**Théorème 3.8** *1. Une matrice est orthogonale si et seulement si ses colonnes forment une base orthonormale de $\mathbb{R}^n$.*

*2. Une transformation linéaire préserve les distances et les angles si et seulement si sa matrice est orthogonale.*

PREUVE 1. Remarquons que les colonnes de $A$ sont données par $X_i = A[e_i]$, $i = 1, \ldots, n$, où les $X_i$ sont des matrices $n \times 1$. On écrira

$$A = \begin{pmatrix} X_1 & X_2 & \ldots & X_n \end{pmatrix}.$$

Alors, les transposées $X_1^t$, $\ldots X_n^t$ sont des vecteurs lignes, c'est-à-dire des matrices $1 \times n$. Si on représente la matrice $A^t$ par ses lignes, elle a la forme

$$A^t = \begin{pmatrix} X_1^t \\ \vdots \\ X_n^t \end{pmatrix}.$$

Calculons le produit matriciel $A^tA$ en utilisant cette forme :

$$A^tA = \begin{pmatrix} X_1^t \\ \vdots \\ X_n^t \end{pmatrix} \begin{pmatrix} X_1 & X_2 & \ldots & X_n \end{pmatrix} = \begin{pmatrix} X_1^tX_1 & X_1^tX_2 & \ldots & X_1^tX_n \\ X_2^tX_1 & X_2^tX_2 & \ldots & X_2^tX_n \\ \vdots & \vdots & \ddots & \vdots \\ X_n^tX_1 & X_n^tX_2 & \ldots & X_n^tX_n \end{pmatrix}.$$

Soit $T$ la transformation linéaire de matrice $A$. Nous avons

$$X_i^tX_j = (A[e_i])^tA[e_j] = [T(e_i)]^t[T(e_j)] = \langle T(e_i), T(e_j)\rangle.$$

La matrice $A$ est orthogonale si et seulement si la matrice $A^tA$ est égale à la matrice identité. Les entrées sur la diagonale sont égales à 1 si et seulement si le produit scalaire de $T(e_i)$ avec lui-même est de longueur 1. Ce produit scalaire est égal au carré de la longueur du vecteur $T(e_i)$. Donc, les entrées sur la diagonale sont égales à 1 si et seulement si chaque vecteur $T(e_i)$ est de longueur 1. Les entrées de $A^tA$ qui ne sont pas sur la diagonale sont nulles si et seulement si, pour tout $i \neq j$, le produit scalaire du vecteur $T(e_i)$ avec le vecteur $T(e_j)$ est nul. Donc, $A$ est orthogonale si et seulement si les vecteurs $T(e_1), \ldots, T(e_n)$ sont orthogonaux et de longueur 1, c'est-à-dire qu'ils forment une base orthonormale de $\mathbb{R}^n$.

2. Commençons par prouver la réciproque, à savoir que si $T$ est une transformation linéaire dont la matrice $A$ est orthogonale, alors $T$ préserve les distances et les angles. D'après la première partie, les images des vecteurs de la base standard (qui sont

les vecteurs colonnes de $A$) forment une base orthonormale. Donc, leur longueur est préservée, et leurs angles respectifs sont préservés. On peut se convaincre aisément qu'une transformation linéaire préserve les distances et les angles si et seulement si elle préserve le produit scalaire, c'est-à-dire $\langle T(v), T(w)\rangle = \langle v, w\rangle$ pour tous $v, w$. Soit $v, w$ deux vecteurs. Voyons que leur produit scalaire est préservé si $A$ est orthogonale :

$$\begin{aligned}\langle T(v), T(w)\rangle &= (A[v])^t(A[w]) \\ &= ([v]^t A^t)(A[w]) \\ &= [v]^t(A^t A)[w] \\ &= [v]^t I[w] \\ &= [v]^t[w] \\ &= \langle v, w\rangle.\end{aligned}$$

Pour la partie directe, l'hypothèse est que $T$ préserve les distances et les angles. Supposons que $A^t A = (b_{ij})$. Prenons $v = e_i$ et $w = e_j$. On a $[T(v)] = A[v]$ et $[T(w)] = A[w]$. Alors

$$\langle T(v), T(w)\rangle = ([v]^t(A^t A))[w] = (b_{i1} \cdots b_{in})[w] = b_{ij}.$$

D'autre part, $[v]^t[w] = \delta_{ij}$ où

$$\delta_{ij} = \begin{cases} 1 & \text{si} \quad i = j, \\ 0 & \text{si} \quad i \neq j. \end{cases}$$

Donc, $\forall i, j, b_{ij} = \delta_{ij}$, ce qui revient à $A^t A = I$, c'est-à-dire que A est orthogonale.□

**Théorème 3.9** *Les mouvements qui préservent les distances et les angles dans $\mathbb{R}^n$ sont des compositions de translations et de transformations orthogonales. (Ces mouvements sont aussi appelés des isométries.)*

PREUVE Considérons un mouvement $F : \mathbb{R}^n \to \mathbb{R}^n$ qui préserve les distances et les angles. Soit $F(0) = Q$, et soit $T$ la translation $T(v) = v - Q$. Alors $T(Q) = 0$. Donc, $T \circ F(0) = 0$. Soit $G = T \circ F$. C'est une transformation qui préserve les distances et les angles et qui a un point fixe à l'origine. Nous admettrons qu'elle est linéaire (voir la preuve à l'exercice 4). Par le théorème précédent, $G$ est une transformation linéaire orthogonale. Or, $F = T^{-1} \circ G$. Comme $T^{-1}$ est encore une translation, on a bien écrit $F$ comme composition d'une transformation linéaire orthogonale avec une translation. □

## 3.3 Propriétés des matrices orthogonales

Regardons la matrice orthogonale suivante :

$$A = \begin{pmatrix} 1/3 & 2/3 & 2/3 \\ 2/3 & -2/3 & 1/3 \\ 2/3 & 1/3 & -2/3 \end{pmatrix}. \tag{3.4}$$

Pouvons-nous décrire géométriquement la transformation orthogonale dont c'est la matrice ? En regardant cette matrice, il est difficile de visualiser l'action de $T$ sur $\mathbb{R}^3$. Nous savons seulement qu'elle est orthogonale, donc que la transformation linéaire $T$ préserve les distances et les angles. Comment peut-on comprendre la géométrie de $T$ ? L'outil très puissant qui nous permet de comprendre cette géométrie est la diagonalisation. En pratique, quand on diagonalise une matrice, on change de système d'axes de coordonnées. On se place dans un système d'axes de coordonnées dans lequel la matrice de la transformation linéaire est simple, c'est-à dire dans lequel on comprend la structure de la transformation linéaire. Avant de faire les calculs pour cette matrice, nous allons rappeler les définitions pertinentes.

**Définition 3.10** *Soit $T : \mathbb{R}^n \to \mathbb{R}^n$ une transformation linéaire de matrice $A$. Un nombre $\lambda \in \mathbb{C}$ est une valeur propre de $T$ (ou de $A$) s'il existe un vecteur non nul $v \in \mathbb{C}^n$ tel que $T(v) = \lambda v$. Tout vecteur $v$ ayant cette propriété est appelé vecteur propre de la valeur propre $\lambda$.*

**Remarques**

1. Il est essentiel dans le contexte des transformations orthogonales de regarder des valeurs propres complexes. En effet, lorsqu'on a un vecteur propre réel $v$ d'une valeur propre réelle $\lambda$ non nulle, alors l'ensemble $E$ des multiples de $v$ forme un sous-espace de dimension 1 (une droite) de $\mathbb{R}^n$ qui est invariant par $T$, c'est-à-dire $T(E) = E$. Prenons le cas d'une rotation de $\mathbb{R}^2$. Visiblement il n'y a pas de droite invariante. Donc, les valeurs propres et les vecteurs propres associés sont complexes.
2. Comment calcule-t-on $T(v)$ si $v \in \mathbb{C}^n$ ? La base canonique (3.1) est aussi une base de $\mathbb{C}^n$. Cela a donc du sens de définir $[T(v)] = A[v]$. Donc, $T(v)$ est le vecteur de $\mathbb{C}^n$ dont les coordonnées dans la base canonique de $\mathbb{C}^n$ sont $A[v]$.
3. Prenons dans $\mathbb{R}^3$ une rotation autour d'un axe : c'est une transformation orthogonale dont l'axe de rotation est une droite invariante. Donc, nous allons trouver cet axe lorsque nous diagonaliserons la transformation.

Nous donnons sans preuve le théorème suivant.

**Théorème 3.11** *Soit $T : \mathbb{R}^n \to \mathbb{R}^n$ une transformation linéaire de matrice $A$.*

1. *L'ensemble des vecteurs propres de la valeur propre $\lambda$ forme un sous-espace vectoriel de $\mathbb{R}^n$ appelé le sous-espace propre de la valeur propre $\lambda$.*

2. *Les valeurs propres sont les racines du polynôme*

$$P(\lambda) = \det(\lambda I - A)$$

*de degré $n$. Le polynôme $P(\lambda)$ est appelé* polynôme caractéristique *de $T$ (ou de $A$).*

3. *Soit $v \in \mathbb{R}^n \setminus \{0\}$. Alors, $v$ est vecteur propre de $\lambda$ si et seulement si $[v]$ est solution du système d'équations linéaires homogène*

$$(\lambda I - A)[v] = 0.$$

**Exemple 3.12** *Soit la transformation linéaire orthogonale de matrice $A$ donnée en* (3.4). *Pour diagonaliser la matrice $A$, on doit commencer par calculer son polynôme caractéristique*

$$P(\lambda) = \det(\lambda I - A) = \begin{vmatrix} \lambda - 1/3 & -2/3 & -2/3 \\ -2/3 & \lambda + 2/3 & -1/3 \\ -2/3 & -1/3 & \lambda + 2/3 \end{vmatrix}.$$

*On a*

$$P(\lambda) = \lambda^3 + \lambda^2 - \lambda - 1 = (\lambda + 1)^2(\lambda - 1).$$

*La matrice a donc les deux valeurs propres* 1 *et* $-1$. *Calculons leurs vecteurs propres.*

**Vecteurs propres de** $+1$ *Soit $v$ un vecteur propre de 1. Alors $[v]$ est solution du système linéaire homogène $(I - A)[v] = 0$. Pour trouver les solutions, on échelonne la matrice*

$$I - A = \begin{pmatrix} 2/3 & -2/3 & -2/3 \\ -2/3 & 5/3 & -1/3 \\ -2/3 & -1/3 & 5/3 \end{pmatrix} \sim \begin{pmatrix} 2/3 & -2/3 & -2/3 \\ 0 & 1 & -1 \\ 0 & -1 & 1 \end{pmatrix}$$

$$\sim \begin{pmatrix} 1 & -1 & -1 \\ 0 & 1 & -1 \\ 0 & 0 & 0 \end{pmatrix} \sim \begin{pmatrix} 1 & 0 & -2 \\ 0 & 1 & -1 \\ 0 & 0 & 0 \end{pmatrix}.$$

*Toutes les solutions sont donc des multiples du vecteur propre $v_1 = (2, 1, 1)$.*

**Vecteurs propres de** $-1$ *Ce sont les solutions du système homogène $(-I - A)[v] = 0$ ou encore du système équivalent $(I + A)[v] = 0$. Pour trouver les solutions, on échelonne la matrice*

$$I + A = \begin{pmatrix} 4/3 & 2/3 & 2/3 \\ 2/3 & 1/3 & 1/3 \\ 2/3 & 1/3 & 1/3 \end{pmatrix} \sim \begin{pmatrix} 1 & 1/2 & 1/2 \\ 0 & 0 & 0 \\ 0 & 0 & 0 \end{pmatrix}.$$

*Ici, l'ensemble des solutions est un plan. Il est engendré par les deux vecteurs $v_2 = (1, -2, 0)$ et $v_3 = (1, 0, -2)$.*

*Il est utile de travailler avec des bases orthonormales. On préfère donc remplacer* $v_3$ *par un vecteur* $v_3' = (x, y, z)$ *orthogonal à* $v_2$*. Il doit satisfaire à* $2x + y + z = 0$*, soit être un vecteur propre de* $-1$*, et à* $x - 2y = 0$*, soit être orthogonal à* $v_2$*. On peut prendre* $v_3' = (-2, -1, 5)$ *qui est solution du système*

$$\begin{aligned} 2x + y + z &= 0, \\ x - 2y &= 0. \end{aligned}$$

*Pour passer à une base orthonormale, on divise chacun des vecteurs par sa longueur. On obtient la base orthonormale*

$$\mathcal{B} = \left\{ w_1 = \left( \frac{2}{\sqrt{6}}, \frac{1}{\sqrt{6}}, \frac{1}{\sqrt{6}} \right), w_2 = \left( \frac{1}{\sqrt{5}}, -\frac{2}{\sqrt{5}}, 0 \right), w_3 = \left( -\frac{2}{\sqrt{30}}, -\frac{1}{\sqrt{30}}, \frac{5}{\sqrt{30}} \right) \right\}.$$

*Dans cette base, la matrice de la transformation est donnée par*

$$[T]_{\mathcal{B}} = \begin{pmatrix} 1 & 0 & 0 \\ 0 & -1 & 0 \\ 0 & 0 & -1 \end{pmatrix}.$$

*Géométriquement, on a* $T(w_1) = w_1$*,* $T(w_2) = -w_2$ *et* $T(w_3) = -w_3$*. On voit que cette transformation est la symétrie par rapport à la droite de vecteur directeur* $w_1$ *; cette transformation peut aussi être vue comme la rotation d'angle* $\pi$ *autour de l'axe* $w_1$*. On voit donc comment la diagonalisation nous a permis de « comprendre » la géométrie de la transformation.*

**Quelques caractéristiques de l'exemple 3.12** Les valeurs propres 1 et $-1$ ont toutes deux une valeur absolue égale à 1. Ce n'est pas un hasard puisqu'une transformation orthogonale préserve les distances. On ne peut donc avoir $T(v) = \lambda v$ avec $|\lambda| \neq 1$. De plus, tous les vecteurs propres de la valeur propre $-1$ sont orthogonaux aux vecteurs propres de la valeur propre 1. Ici non plus, ce n'est pas un hasard. Nous allons énoncer les propriétés particulières des transformations orthogonales en ce qui concerne la diagonalisation.

Comme nous l'avons déjà mentionné, les valeurs propres d'une matrice orthogonale ne sont pas toujours réelles. Regardons l'exemple suivant.

**Exemple 3.13** *La matrice*

$$B = \begin{pmatrix} 0 & -1 & 0 \\ 1 & 0 & 0 \\ 0 & 0 & 1 \end{pmatrix}$$

*d'une transformation* $T$ *est orthogonale (exercice). Elle représente une rotation de* $\frac{\pi}{2}$ *autour de l'axe* $z$ *: on le vérifie en regardant l'image des trois vecteurs de la base*

$$T\begin{pmatrix}1\\0\\0\end{pmatrix}=\begin{pmatrix}0\\1\\0\end{pmatrix}\qquad T\begin{pmatrix}0\\1\\0\end{pmatrix}=\begin{pmatrix}-1\\0\\0\end{pmatrix}\qquad T\begin{pmatrix}0\\0\\1\end{pmatrix}=\begin{pmatrix}0\\0\\1\end{pmatrix}.$$

*Sous l'action de $T$, on voit que le troisième vecteur $e_3$ est resté inchangé alors que les deux vecteurs $e_1$ et $e_2$ ont tourné de $\frac{\pi}{2}$ dans le plan $(x, y)$. Le polynôme caractéristique est*

$$\det(\lambda I - B) = (\lambda^2 + 1)(\lambda - 1),$$

*qui a les trois racines $1, i, -i$. Les deux valeurs propres complexes $i$ et $-i$ sont les conjuguées l'une de l'autre et ont pour module $1$.*

On rappelle sans preuve la proposition suivante.

**Proposition 3.14** *1. Soit $A$ une matrice $n \times n$. Alors,*

$$\det A^t = \det A.$$

*2. Soient $A$ et $B$ deux matrices $n \times n$. Alors*

$$\det AB = \det A \det B.$$

**Théorème 3.15** *Une matrice orthogonale a pour déterminant $+1$ ou $-1$.*

PREUVE D'après la proposition 3.14, on a

$$\det AA^t = \det A \det A^t = (\det A)^2.$$

D'autre part, $AA^t = I$, d'où $\det AA^t = 1$. Donc, $(\det A)^2 = 1$, c'est-à-dire $\det A = \pm 1$. □

On voit qu'on a deux cas pour une matrice orthogonale :

- $\det A = 1$. Dans ce cas-ci, la transformation orthogonale correspond au mouvement d'un solide ayant un point fixe. Nous allons voir que les seuls mouvements de ce type sont les rotations.
- $\det A = -1$. Dans ce cas-ci, la transformation « renverse l'orientation ». Un tel exemple de transformation est la symétrie par rapport à un plan. Prenez un objet dissymétrique, par exemple votre main droite, et son image dans un miroir : vous ne pourrez jamais transporter l'objet dans l'espace pour aller le superposer à l'image initiale que vous avez observée. Les transformations orthogonales de déterminant $-1$ ne sont pas des mouvements du solide. Par contre, on peut montrer que toute transformation orthogonale de déterminant $-1$ peut s'écrire comme la composition d'une rotation et d'une symétrie par rapport à un plan (exercice 10).

**Rappel sur les nombres complexes**

- Le conjugué d'un nombre complexe $z = x + iy$ est le nombre complexe $\overline{z} = x - iy$. De plus, on vérifie facilement que si $z_1$ et $z_2$ sont deux nombres complexes, alors

$$\begin{cases} \overline{z_1 + z_2} = \overline{z}_1 + \overline{z}_2 \\ \overline{z_1 z_2} = \overline{z}_1 \overline{z}_2. \end{cases} \tag{3.5}$$

- $z$ est réel si et seulement si $z = \overline{z}$.
- Le module d'un nombre complexe $z = x + iy$ est $|z| = \sqrt{x^2 + y^2} = \sqrt{z\overline{z}}$.

**Proposition 3.16** *Si $A$ est une matrice réelle et si $\lambda = a + ib$, $b \neq 0$, est une valeur propre complexe de $A$ de vecteur propre $v$, alors $\overline{\lambda} = a - ib$ est aussi une valeur propre de $A$ de vecteur propre $\overline{v}$.*

Preuve Soit $v$ un vecteur propre complexe de $\lambda$. On a $A[v] = \lambda[v]$. Prenons le conjugué de cette expression. D'après (3.5), on obtient $\overline{A[v]} = \overline{A}[\overline{v}] = \overline{\lambda}[\overline{v}]$. Comme $A$ est réelle, alors $\overline{A} = A$. D'où

$$A[\overline{v}] = \overline{\lambda}[\overline{v}],$$

ce qui entraîne que $\overline{\lambda}$ est une valeur propre de $A$ de vecteur propre $\overline{v}$. □

Le résultat principal que nous voulons montrer est que toute matrice orthogonale $A$, $3 \times 3$, avec $\det A = 1$, est la matrice d'une rotation d'angle $\theta$ autour d'un axe. Parmi les résultats intermédiaires, nous commencerons par le résultat correspondant pour une matrice $2 \times 2$.

**Proposition 3.17** *Si $A$ est une matrice $2 \times 2$ orthogonale telle que $\det A = 1$, alors $A$ est la matrice d'une rotation d'angle $\theta$,*

$$A = \begin{pmatrix} \cos\theta & -\sin\theta \\ \sin\theta & \cos\theta \end{pmatrix},$$

*pour un $\theta \in [0, 2\pi)$. Les valeurs propres sont $\lambda_1 = a + ib$ et $\lambda_2 = a - ib$, pour $a = \cos\theta$ et $b = \sin\theta$. Elles sont réelles si et seulement si $\theta = 0, \pi$. Dans le cas $\theta = 0$, on obtient $a = 1$, $b = 0$, et $A$ est la matrice identité ; dans le cas $\theta = \pi$ on obtient $a = -1$, $b = 0$, et $A$ est la rotation d'angle $\pi$ (aussi appelée symétrie par rapport à l'origine).*

Preuve Soit

$$A = \begin{pmatrix} a & c \\ b & d \end{pmatrix}.$$

Comme les colonnes sont de longueur 1, on doit avoir $a^2 + b^2 = 1$, ce qui permet de poser $a = \cos\theta$ et $b = \sin\theta$. Puisque les deux colonnes sont orthogonales, nécessairement

$$c\cos\theta + d\sin\theta = 0.$$

Donc,

$$\begin{cases} c = -C\sin\theta \\ d = C\cos\theta \end{cases}$$

pour un $C \in \mathbb{R}$. Puisque la deuxième colonne est un vecteur de longueur 1, soit $c^2+d^2 = 1$, ceci nous donne $C^2 = 1$, soit $C = \pm 1$. Finalement, puisque $\det A = C$, on doit avoir $C = 1$.

Le polynôme caractéristique est alors $\det(\lambda I - A) = \lambda^2 - 2a\lambda + 1$, dont les racines sont $a \pm \sqrt{a^2-1}$. La conclusion suit puisque

$$\pm\sqrt{a^2-1} = \pm\sqrt{\cos^2\theta - 1} = \pm\sqrt{-(1-\cos^2\theta)} = \pm i\sin\theta = \pm ib.$$

□

**Lemme 3.18** *Toutes les valeurs propres réelles d'une matrice orthogonale $A$ sont égales à $\pm 1$.*

Preuve Soit $\lambda$ une valeur propre réelle et $v$, un vecteur propre correspondant. Soit $T$ la transformation orthogonale de matrice $A$. Comme $T$ préserve les longueurs, on a $\langle T(v), T(v)\rangle = \langle v, v\rangle$. Mais $T(v) = \lambda v$. Donc, $\langle T(v), T(v)\rangle = \langle \lambda v, \lambda v\rangle = \lambda^2\langle v, v\rangle$. Finalement $\lambda^2 = 1$. □

**Proposition 3.19** *Si $A$ est une matrice orthogonale $3 \times 3$ avec $\det A = 1$, alors 1 est toujours une valeur propre. De plus, toute valeur propre complexe $\lambda = a + ib$ est de module 1.*

Preuve Le polynôme caractéristique de $A$, $\det(\lambda I - A)$, est de degré 3, donc il a toujours une racine réelle $\lambda_1$, qui ne peut être que 1 ou $-1$ d'après la proposition 3.18. Quant aux deux autres valeurs propres $\lambda_2$ et $\lambda_3$, soit elles sont réelles, soit elles sont complexes de la forme $a \pm ib$. Le déterminant est le produit des valeurs propres. Donc, $1 = \lambda_1\lambda_2\lambda_3$. Si $\lambda_2$ et $\lambda_3$ sont réelles, alors $\lambda_1, \lambda_2, \lambda_3 \in \{1, -1\}$ de par le lemme 3.18. Pour que le produit soit 1, on ne peut avoir que 0 ou deux valeurs propres égales à $-1$, et donc, au moins une des valeurs propres est égale à 1. Si $\lambda_2$ et $\lambda_3$ sont complexes, alors $\lambda_2 = a + ib$ et $\lambda_3 = \overline{\lambda_2} = a - ib$, d'où $\lambda_2\lambda_3 = |\lambda_2|^2 = a^2 + b^2$. Comme $1 = \lambda_1\lambda_2\lambda_3 > 0$, alors $\lambda_1 = 1$ et $a^2 + b^2 = 1$. □

**Théorème 3.20** *Si $A$ est une matrice $3 \times 3$ orthogonale telle que $\det A = 1$, alors $A$ est la matrice d'une rotation $T$ d'angle $\theta$ autour d'un axe. Si $A$ n'est pas la matrice identité, alors la direction de l'axe de rotation est la direction du vecteur propre de la valeur propre $+1$.*

Preuve Soit $v_1$ un vecteur propre unitaire de la valeur propre 1. On considère le sous-espace orthogonal à $v_1$ :

$$E = \{w \in \mathbb{R}^3 | \langle v_1, w\rangle = 0\}.$$

$E$ est un sous-espace de dimension 2. Considérons la transformation orthogonale $T$ de matrice $A$. Comme $T$ préserve le produit scalaire et $T(v_1) = v_1$, si $w \in E$, alors $T(w) \in E$, car

$$\langle T(w), T(v_1)\rangle = \langle T(w), v_1\rangle = \langle w, v_1\rangle = 0.$$

Considérons la restriction $T_E$ de $T$ à $E$. Soit $\mathcal{B}' = \{v_2, v_3\}$ une base orthonormale de $E$. Regardons la matrice $B$ de $T_E$ dans la base $\mathcal{B}'$. Si

$$B = \begin{pmatrix} b_{22} & b_{23} \\ b_{32} & b_{33} \end{pmatrix}$$

ceci signifie

$$\begin{cases} T(v_2) = b_{22}v_2 + b_{32}v_3 \\ T(v_3) = b_{23}v_2 + b_{33}v_3. \end{cases}$$

Comme $T_E$ préserve le produit scalaire, $B$ doit être une matrice orthogonale. Regardons maintenant la matrice $[T]_{\mathcal{B}}$ de $T$ dans la base $\mathcal{B} = \{v_1, v_2, v_3\}$ (qui est une base orthonormale de $\mathbb{R}^3$) :

$$[T]_{\mathcal{B}} = \begin{pmatrix} 1 & 0 \\ & \\ 0 & B \\ & \end{pmatrix}.$$

Le déterminant de cette matrice est égal à $\det B$. (Rappelons que le déterminant de la matrice d'une transformation linéaire ne change pas si on change de base.) Donc, $\det B = \det A = 1$. D'après la proposition 3.17, la matrice $B$ est la matrice d'une rotation. D'où

$$[T]_{\mathcal{B}} = \begin{pmatrix} 1 & 0 & 0 \\ 0 & \cos\theta & -\sin\theta \\ 0 & \sin\theta & \cos\theta \end{pmatrix}.$$

Regardons cette matrice : elle nous dit que tous les vecteurs de l'axe porté par $v_1$ sont envoyés sur eux-mêmes par $T$, et que tous les vecteurs dans le plan $E$ subissent une rotation d'angle $\theta$. Si maintenant on décompose un vecteur $v$ en $v = Cv_1 + w$ avec $w \in E$, alors $T(v) = Cv_1 + T_E(w)$, où $T_E$ est la rotation d'angle $\theta$ dans le plan $E$. C'est bien l'action d'une rotation d'angle $\theta$ autour de l'axe porté par $v_1$. □

**Corollaire 3.21** *Si $A$ est une matrice orthogonale $3 \times 3$ telle que $\det A = 1$ et toutes les valeurs propres de $A$ sont réelles, alors, soit $A$ est la matrice identité, soit $A$ a les trois valeurs propres $1, -1, -1$. Dans ce dernier cas, $A$ est la matrice d'une symétrie par rapport à la droite qui a la direction d'un vecteur propre de $+1$. (On peut aussi visualiser cette transformation comme une rotation d'angle $\pi$ autour de l'axe qui a la direction d'un vecteur propre de $+1$.)*

Le théorème 3.20 dit qu'une matrice orthogonale $A$ telle que $\det A = 1$ est la matrice d'une rotation. Comment calculer en pratique l'angle de la rotation ? Pour cela nous introduisons la trace d'une matrice.

**Définition 3.22** *Soit $A = (a_{ij})$ une matrice $n \times n$. Alors, la trace de la matrice $A$ est la somme des éléments sur la diagonale :*

$$tr(A) = a_{11} + \cdots + a_{nn}.$$

Nous énonçons sans preuve la propriété suivante de la trace d'une matrice.

**Théorème 3.23** *La trace d'une matrice est la somme de ses valeurs propres.*

**Proposition 3.24** *Soit $T : \mathbb{R}^3 \to \mathbb{R}^3$ une rotation de matrice $A$. Alors, l'angle $\theta$ de la rotation est tel que*

$$\cos\theta = \frac{tr(A) - 1}{2}. \tag{3.6}$$

PREUVE Regardons la preuve du théorème 3.20. En calculant le polynôme caractéristique de $[T]_{\mathcal{B}}$, on voit que les valeurs propres de $T$ sont 1 et $\cos\theta \pm i\sin\theta$. Donc, la somme des valeurs propres est $1 + 2\cos\theta$. D'après le théorème 3.23, cette somme est égale à $\text{tr}(A)$. □

**Analyse d'une transformation orthogonale dans $\mathbb{R}^3$** Le théorème 3.20 et la proposition 3.24 nous suggèrent une stratégie.

- On commence par calculer $\det A$. Si $\det A = 1$, alors 1 est une des valeurs propres et la transformation est une rotation. Si $\det A = -1$, alors $-1$ est une valeur propre (voir l'exercice 10). Nous allons nous limiter au cas $\det A = 1$ et laisser le cas $\det A = -1$ pour l'exercice 10.
- Pour déterminer l'axe de la rotation, on cherche un vecteur propre unitaire $v_1$ de la valeur propre 1.
- On calcule l'angle de la rotation par la formule (3.6). On a deux solutions possibles, car $\cos\theta = \cos(-\theta)$. On ne peut trancher sans faire un test. Pour cela on choisit un vecteur unitaire $w$ orthogonal à $v_1$ et on calcule $T(w)$. On calcule le produit vectoriel de $w$ et $T(w)$ (voir la définition 3.25 ci-dessous). C'est un multiple $Cv_1$ de $v_1$ tel que $|C| = |\sin\theta|$. L'angle $\theta$ est celui pour lequel $C = \sin\theta$.

**Définition 3.25** *Le produit vectoriel de deux vecteurs $v = (x_1, y_1, z_1)$ et $w = (x_2, y_2, z_2)$ est le vecteur $v \wedge w$ de coordonnées*

$$v \wedge w = \left( \begin{vmatrix} y_1 & z_1 \\ y_2 & z_2 \end{vmatrix}, - \begin{vmatrix} x_1 & z_1 \\ x_2 & z_2 \end{vmatrix}, \begin{vmatrix} x_1 & y_1 \\ x_2 & y_2 \end{vmatrix} \right).$$

**Remarque** L'angle de la rotation est déterminé par la règle de la main droite : avec la main droite positionnée pour que le pouce pointe dans la direction de $v_1$, on amène $w$ sur $T(w)$ : l'angle $\theta$ de la rotation est l'angle dont on a tourné. Il dépend donc de la direction qu'on a choisie pour l'axe de rotation. En particulier, la rotation d'axe porté par $v_1$ et d'angle $\theta$ coïncide avec la rotation d'axe porté par $-v_1$ et d'angle $-\theta$.

On a maintenant tous les éléments pour définir et décrire les mouvements d'un solide dans l'espace.

**Définition 3.26** *Une transformation $F$ est un mouvement d'un solide dans l'espace si $F$ préserve les distances et les angles, et si, pour chaque ensemble de vecteurs de même origine $P$ formant un repère orthonormé $\{v_1, v_2, v_3\}$ de $\mathbb{R}^3$ tel que $v_3 = v_1 \wedge v_2$, alors $\{F(v_1), F(v_2), F(v_3)\}$ est un repère orthonormé de $\mathbb{R}^3$ avec origine en $F(P)$ et tel que $F(v_3) = F(v_1) \wedge F(v_2)$.*

La condition additionnelle que $F$ envoie $v_1 \wedge v_2$ sur $F(v_1) \wedge F(v_2)$ est équivalente à dire que $F$ préserve l'orientation.

**Théorème 3.27** *Tout mouvement d'un solide dans l'espace est la composition d'une translation avec une rotation autour d'un axe.*

PREUVE Soit $F$ une transformation de l'espace qui est un mouvement du solide. Elle préserve les distances et les angles. On considère un point du solide. Soient $P_0 = (x_0, y_0, z_0)$ sa position initiale et $P_1 = (x_1, y_1, z_1)$ sa position finale. Soit $v = \overrightarrow{P_0P_1}$ et soit $G$ la translation par $v$. Posons $T = F \circ G^{-1}$. Alors, $T(P_1) = F(P_1 - v) = F(P_0) = P_1$. Donc, $P_1$ est un point fixe de $T$. Comme $T$ préserve les distances et les angles et qu'elle a un point fixe, c'est une transformation orthogonale de matrice $A$ (voir l'exercice 4 pour le fait que la transformation est linéaire). De plus, on a vu que si $\det A = -1$, alors $A$ ne peut être une transformation du solide (voir aussi l'exercice 10). Donc, $\det A = 1$, et $T$ est une rotation. □

## 3.4 Les changements de base

**Rappel sur la matrice d'une transformation linéaire dans une base $\mathcal{B}$** On considère une transformation linéaire $T : \mathbb{R}^n \to \mathbb{R}^n$. On ne s'intéressera qu'aux cas $n = 2$ ou $n = 3$. Soit $\mathcal{B}$ une base de l'espace. On représente un vecteur $v$ à l'aide de ses coordonnées dans la base $\mathcal{B}$ par une matrice colonne $[v]_{\mathcal{B}} = \left(\begin{smallmatrix} x \\ y \end{smallmatrix}\right)$ si $n = 2$ et $[v]_{\mathcal{B}} = \left(\begin{smallmatrix} x \\ y \\ z \end{smallmatrix}\right)$ si $n = 3$. Limitons-nous maintenant au cas $n = 3$. Si $\mathcal{B} = \{v_1, v_2, v_3\}$, alors l'écriture $[v]_{\mathcal{B}} = \left(\begin{smallmatrix} x \\ y \\ z \end{smallmatrix}\right)$ signifie $v = xv_1 + yv_2 + zv_3$. Soit $A$ la matrice de la transformation $T$ dans la base $\mathcal{B}$. On écrira $A = [T]_{\mathcal{B}}$. Les coordonnées de $T(v)$ dans la base $\mathcal{B}$ sont données par le produit matriciel

$$[T(v)]_{\mathcal{B}} = A[v]_{\mathcal{B}} = [T]_{\mathcal{B}}[v]_{\mathcal{B}}.$$

Comme dans le cas de la base standard, les colonnes de $A$ sont données par les coordonnées dans la base $\mathcal{B}$ des images par $T$ des vecteurs de $\mathcal{B}$.

**Rappel sur les changements de base et les matrices de changement de base**

1. Si on a deux bases $\mathcal{B}_1$ et $\mathcal{B}_2$ de l'espace, alors
$$[v]_{\mathcal{B}_2} = P[v]_{\mathcal{B}_1},$$
où $P$ est la matrice de changement de base de $\mathcal{B}_1$ à $\mathcal{B}_2$. La matrice $P$ est aussi appelée matrice de passage de $\mathcal{B}_1$ à $\mathcal{B}_2$.
2. Les colonnes de la matrice $P$ sont les coordonnées des vecteurs de $\mathcal{B}_1$ écrits dans la base $\mathcal{B}_2$. Dans le cas particulier où les deux bases sont orthonormales (c'est-à-dire que les vecteurs sont perpendiculaires et de longueur 1), alors la matrice $P$ est orthogonale.
3. Si $Q$ est la matrice de changement de base de $\mathcal{B}_2$ à $\mathcal{B}_1$, alors $Q = P^{-1}$. Les colonnes de la matrice $Q$ sont les coordonnées des vecteurs de $\mathcal{B}_2$ écrits dans la base $\mathcal{B}_1$. Dans le cas particulier où les deux bases sont orthonormales, alors $Q = P^t$, donc les colonnes de $Q$ sont les lignes de $P$.

**Théorème 3.28** *Soit $T$ une transformation linéaire et soient $\mathcal{B}_1$ et $\mathcal{B}_2$ deux bases de l'espace. Soit $P$ la matrice de changement de base de $\mathcal{B}_1$ à $\mathcal{B}_2$. Alors*
$$[T]_{\mathcal{B}_2} = P[T]_{\mathcal{B}_1}P^{-1}.$$

PREUVE Soit $v$ un vecteur. Alors, on a d'une part
$$[T(v)]_{\mathcal{B}_2} = [T]_{\mathcal{B}_2}[v]_{\mathcal{B}_2}.$$
D'autre part,
$$\begin{aligned}[T(v)]_{\mathcal{B}_2} &= P[T(v)]_{\mathcal{B}_1}\\ &= P([T]_{\mathcal{B}_1}[v]_{\mathcal{B}_1})\\ &= P[T]_{\mathcal{B}_1}(P^{-1}[v]_{\mathcal{B}_2})\\ &= (P[T]_{\mathcal{B}_1}P^{-1})[v]_{\mathcal{B}_2},\end{aligned}$$
d'où le résultat, puisque la matrice d'une transformation linéaire dans une base est unique. □

Jouer avec plusieurs bases permet de résoudre des problèmes difficiles. Nous avons vu comment la diagonalisation nous permettait de comprendre la structure d'une transformation linéaire. Nous pouvons aussi résoudre le problème inverse et reconstruire la matrice d'une transformation dont nous connaissons les propriétés. Illustrons-le sur un exemple.

**Exemple 3.29** *On se donne le cube dont les huit sommets sont situés aux points $(\pm1, \pm1, \pm1)$ (figure 3.5). On cherche les matrices des deux rotations d'angle $\pm\frac{2\pi}{3}$ dont l'axe est la droite joignant les sommets $(-1,-1,-1)$ et $(1,1,1)$ : remarquons que ces deux rotations envoient le cube sur le cube.*

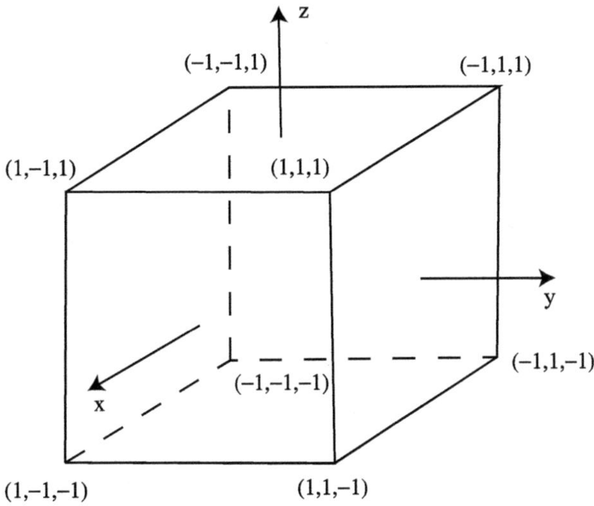


**Fig. 3.5.** Le cube de l'exemple 3.29

*Pour cela, on commence par choisir une base $\mathcal{B}$ bien adaptée au problème. La direction du premier vecteur sera donnée par la direction de la droite, soit la direction du vecteur $w_1 = (2, 2, 2)$. Pour les deux autres vecteurs de la base, $w_2$ et $w_3$, nous prendrons deux vecteurs orthogonaux à $w_1$. Leurs coordonnées $(x, y, z)$ satisferont donc à $x + y + z = 0$. Un premier vecteur est donné par exemple par $w_2 = (-1, 0, 1)$. On voudrait bien que le troisième vecteur $w_3$ soit aussi perpendiculaire à $w_2$. Ses coordonnées doivent satisfaire à*

$$\begin{cases} x + y + z = 0 \\ x - z = 0, \end{cases}$$

*et une solution est donc donnée par $w_3 = (1, -2, 1)$. Maintenant, on travaille avec des bases orthonormales. Donc, on divise chacun des vecteurs par sa longueur : $v_i = \frac{w_i}{||w_i||}$. La base cherchée est*

$$\mathcal{B} = \{v_1, v_2, v_2\} = \left\{ \left( \frac{1}{\sqrt{3}}, \frac{1}{\sqrt{3}}, \frac{1}{\sqrt{3}} \right), \left( -\frac{1}{\sqrt{2}}, 0, \frac{1}{\sqrt{2}} \right), \left( \frac{1}{\sqrt{6}}, -\frac{2}{\sqrt{6}}, \frac{1}{\sqrt{6}} \right) \right\}.$$

*Dans cette base, les deux transformations sont des rotations d'axe de rotation donné par le premier vecteur de la base et d'angle $\pm\frac{2\pi}{3}$. Remarquons que $\cos(-\frac{2\pi}{3}) = \cos\frac{2\pi}{3} = -\frac{1}{2}$ et $\sin(-\frac{2\pi}{3}) = -\sin\frac{2\pi}{3} = -\frac{\sqrt{3}}{2}$. Les deux rotations, qui sont des transformations linéaires $T_\pm$, ont donc comme matrice dans la base $\mathcal{B}$*

$$[T_\pm]_{\mathcal{B}} = \begin{pmatrix} 1 & 0 & 0 \\ 0 & \cos\frac{2\pi}{3} & \mp\sin\frac{2\pi}{3} \\ 0 & \pm\sin\frac{2\pi}{3} & \cos\frac{2\pi}{3} \end{pmatrix} = \begin{pmatrix} 1 & 0 & 0 \\ 0 & -\frac{1}{2} & \mp\frac{\sqrt{3}}{2} \\ 0 & \pm\frac{\sqrt{3}}{2} & -\frac{1}{2} \end{pmatrix}.$$

*Cherchons maintenant la matrice de $T_\pm$ dans la base standard $\mathcal{C}$. En appliquant le théorème précédent, on voit que cette matrice doit être donnée par*

$$[T_\pm]_\mathcal{C} = P^{-1}[T_\pm]_\mathcal{B}P,$$

*où $P$ est la matrice de passage de $\mathcal{C}$ à $\mathcal{B}$. Alors $P^{-1}$ est la matrice de passage de $\mathcal{B}$ à $\mathcal{C}$. Donc, les colonnes de $P^{-1}$ sont les vecteurs de $\mathcal{B}$ écrits dans la base $\mathcal{C}$. Ce sont précisément les vecteurs colonnes donnant les coordonnées de $v_1, v_2, v_3$ dans la base standard. Comme $P^{-1} = P^t$ on a*

$$P^{-1} = \begin{pmatrix} \frac{1}{\sqrt{3}} & -\frac{1}{\sqrt{2}} & \frac{1}{\sqrt{6}} \\ \frac{1}{\sqrt{3}} & 0 & -\frac{2}{\sqrt{6}} \\ \frac{1}{\sqrt{3}} & \frac{1}{\sqrt{2}} & \frac{1}{\sqrt{6}} \end{pmatrix}, \qquad P = \begin{pmatrix} \frac{1}{\sqrt{3}} & \frac{1}{\sqrt{3}} & \frac{1}{\sqrt{3}} \\ -\frac{1}{\sqrt{2}} & 0 & \frac{1}{\sqrt{2}} \\ \frac{1}{\sqrt{6}} & -\frac{2}{\sqrt{6}} & \frac{1}{\sqrt{6}} \end{pmatrix}.$$

*D'où*

$$[T_+]_\mathcal{C} = \begin{pmatrix} 0 & 0 & 1 \\ 1 & 0 & 0 \\ 0 & 1 & 0 \end{pmatrix}, \qquad [T_-]_\mathcal{C} = \begin{pmatrix} 0 & 1 & 0 \\ 0 & 0 & 1 \\ 1 & 0 & 0 \end{pmatrix}.$$

*On voit bien que la première transformation $T_+$ est la rotation d'angle $\frac{2\pi}{3}$ autour de l'axe de vecteur directeur $v_1$ (figure 3.5). Elle fait la permutation des trois sommets du cube $(1,1,-1) \mapsto (-1,1,1) \mapsto (1,-1,1)$. De même, on a aussi la permutation des trois autres sommets $(-1,-1,1) \mapsto (1,-1,-1) \mapsto (-1,1,-1)$, alors que les deux sommets $(1,1,1)$ et $(-1,-1,-1)$ restent fixes dans la rotation.*

**Remarque** $[T_+]_\mathcal{C}$ *est orthogonale et* $T_- = T_+^{-1}$. *Donc,* $[T_-]_\mathcal{C} = [T_+]_\mathcal{C}^{-1} = [T_+]_\mathcal{C}^t$.

## 3.5 Les différents repères associés à un robot

**Définition 3.30** *Un repère dans l'espace est la donnée d'un point $P$ de l'espace, appelé origine du repère, et d'une base $\mathcal{B} = \{v_1, v_2, v_3\}$ de $\mathbb{R}^3$.*

Se donner un repère revient à se donner trois axes de coordonnées passant par $P$ et orientés suivant les vecteurs de la base. Les unités sur les axes sont choisies de telle sorte que les vecteurs $v_i$ aient pour coordonnées $v_1 = (1,0,0)$, $v_2 = (0,1,0)$ et $v_3 = (0,0,1)$.

Regardons le robot de la figure 3.1 que l'on reproduit à la figure 3.6 en position allongée et à la figure 3.8 après quelques rotations. On se donne sept repères $R_0, \ldots, R_6$, ayant leur origine respective en $P_0, \ldots, P_6$. Pour chaque repère, on se donne des axes $x_i$, $y_i$, $z_i$, $i = 0, \ldots, 6$, déterminés par des bases $\mathcal{B}_0, \ldots, \mathcal{B}_6$. Les directions des axes du repère $R_i$ sont celles des vecteurs de la base $\mathcal{B}_i$, et les unités de longueur sur les axes sont déterminées par le fait que les vecteurs de $\mathcal{B}_i$ ont la longueur 1. Le repère $\mathcal{B}_0$ est le repère de base. Il est fixe et centré en $P_0 = (0,0,0)$. Le repère $R_i$ est centré en $P_i$ (figures 3.6, 3.7 et 3.8). Au départ, en position allongée, les repères ont tous leurs axes parallèles comme sur la figure 3.6. Ensuite, les repères bougent lorsqu'on effectue des rotations. Puisque bouger une articulation affecte la position des bras et articulations situés plus loin le long du robot, alors la position du repère $R_i$ dépend des rotations 1, ..., $i$ qu'on a effectuées et est indépendante des rotations $i+1$, ..., 6.

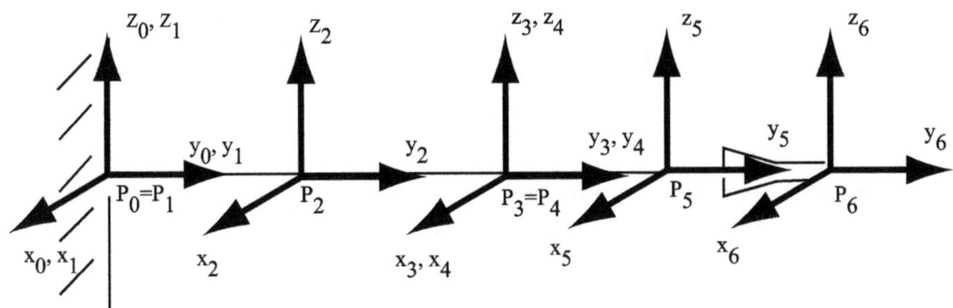


**Fig. 3.6.** Les différents repères du robot

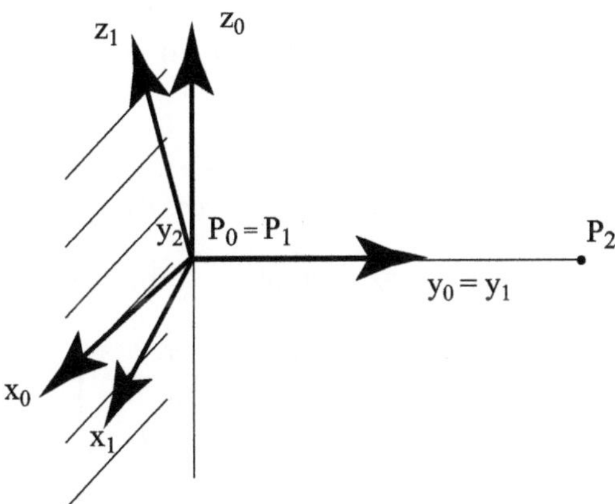


**Fig. 3.7.** Le repère $R_1$ obtenu à partir du repère $R_0$ après une rotation autour de l'axe $y_0$

Voici la suite de mouvements de ce robot l'amenant à la position de la figure 3.1 :

(i) Le premier mouvement est une rotation $T_1$ d'angle $\theta_1$ autour de l'axe $y_0$. Dans le repère $R_0$, c'est une transformation linéaire puisque l'origine est un point fixe. Elle a donc pour matrice dans la base $\mathcal{B}_0$

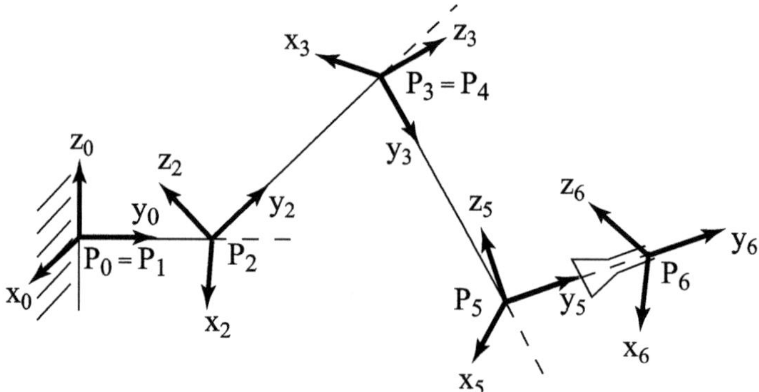


**Fig. 3.8.** Les différents repères du robot après les rotations 2, 3, 5 et 6. Le repère $R_1$ coïncide avec le repère $R_0$, et le repère $R_4$, avec le repère $R_3$. C'est pourquoi ils ne sont pas dessinés.

$$A_1 = \begin{pmatrix} \cos\theta_1 & 0 & -\sin\theta_1 \\ 0 & 1 & 0 \\ \sin\theta_1 & 0 & \cos\theta_1 \end{pmatrix}.$$

Le deuxième repère est un repère mobile $R_1$, obtenu par application de $T_1$ à $R_0$. En particulier la base $\mathcal{B}_1$ est donnée par l'image de $\mathcal{B}_0$ par $T_1$.

(ii) Le deuxième mouvement est une rotation $T_2$ d'angle $\theta_2$ autour de l'axe $x_2$, de matrice

$$A_2 = \begin{pmatrix} 1 & 0 & 0 \\ 0 & \cos\theta_2 & -\sin\theta_2 \\ 0 & \sin\theta_2 & \cos\theta_2 \end{pmatrix}.$$

(iii) Le troisième mouvement est, par exemple, une rotation $T_3$ d'angle $\theta_3$ autour de l'axe $x_3$ de matrice

$$A_3 = \begin{pmatrix} 1 & 0 & 0 \\ 0 & \cos\theta_3 & -\sin\theta_3 \\ 0 & \sin\theta_3 & \cos\theta_3 \end{pmatrix}.$$

En fait, il est difficile de trancher simplement au vu de la figure 3.1 s'il s'agit d'une rotation autour de l'axe $x_3$ ou autour de l'axe $z_3$. Ce qui, à l'œil, peut paraître comme une rotation autour de l'axe $x_3$ ou, plutôt, comme une rotation autour de l'axe $z_3$ dépend de la rotation $T_1$ que l'on a effectuée.

(iv) Le quatrième mouvement est une rotation $T_4$ d'angle $\theta_4$ autour de l'axe $y_4$ de matrice

$$A_4 = \begin{pmatrix} \cos\theta_4 & 0 & -\sin\theta_4 \\ 0 & 1 & 0 \\ \sin\theta_4 & 0 & \cos\theta_4 \end{pmatrix}.$$

(v) Le cinquième mouvement est une rotation $T_5$ d'angle $\theta_5$ autour de l'axe $x_5$ de matrice

$$A_5 = \begin{pmatrix} 1 & 0 & 0 \\ 0 & \cos\theta_5 & -\sin\theta_5 \\ 0 & \sin\theta_5 & \cos\theta_5 \end{pmatrix}.$$

(vi) Le sixième mouvement est une rotation $T_6$ d'angle $\theta_6$ autour de l'axe $y_6$ de matrice

$$A_6 = \begin{pmatrix} \cos\theta_6 & 0 & -\sin\theta_6 \\ 0 & 1 & 0 \\ \sin\theta_6 & 0 & \cos\theta_6 \end{pmatrix}.$$

On veut calculer la position d'un point du robot par rapport aux différents repères. Pour cela, on commence par calculer comment sont modifiées les directions quand on passe d'un repère à un autre. Ceci permet de trouver l'« orientation » de la base $\mathcal{B}_{i+k}$ dans la base $\mathcal{B}_i$. Les colonnes de la matrice $A_i$ donnent les coordonnées des vecteurs de la base $\mathcal{B}_{i+1}$ dans la base $\mathcal{B}_i$. C'est donc la matrice de passage de la base $\mathcal{B}_{i+1}$ à la base $\mathcal{B}_i$. Pour cette raison, on la notera $M_i^{i+1}$.

**Matrice de changement de base de la base $\mathcal{B}_{i+k}$ à la base $\mathcal{B}_i$** On en déduit qu'elle est donnée par

$$M_i^{i+k} = M_i^{i+1} M_{i+1}^{i+2} \dots M_{i+k-1}^{i+k}.$$

Soit $Q$ un point de l'espace. Préciser sa position dans le repère $R_i$, c'est se donner le vecteur $\overrightarrow{P_iQ}$ dans la base $\mathcal{B}_i$, c'est-à-dire $[\overrightarrow{P_iQ}]_{\mathcal{B}_i}$. Alors sa position dans le repère $R_{i-1}$ est donnée par

$$\begin{aligned} [\overrightarrow{P_{i-1}Q}]_{\mathcal{B}_{i-1}} &= [\overrightarrow{P_{i-1}P_i}]_{\mathcal{B}_{i-1}} + [\overrightarrow{P_iQ}]_{\mathcal{B}_{i-1}} \\ &= [\overrightarrow{P_{i-1}P_i}]_{\mathcal{B}_{i-1}} + M_{i-1}^i [\overrightarrow{P_iQ}]_{\mathcal{B}_i}. \end{aligned}$$

On va utiliser ceci et écrire chacun des changements pour $i = 1, \dots, 6$. On en déduira la position de l'extrémité du robot dans l'espace et son orientation dans la base $\mathcal{B}_0$, sachant qu'on a effectué dans l'ordre six rotations d'angles respectifs $\theta_1, \dots, \theta_6$. Supposons que l'on connaisse la position de $Q$ dans le repère $R_6$, à savoir $[\overrightarrow{P_6Q}]_{\mathcal{B}_6}$.

- Soit $l_5$ la longueur de la pince. Alors

$$\begin{aligned} [\overrightarrow{P_5Q}]_{\mathcal{B}_5} &= [\overrightarrow{P_5P_6}]_{\mathcal{B}_5} + [\overrightarrow{P_6Q}]_{\mathcal{B}_5} \\ &= \begin{pmatrix} 0 \\ l_5 \\ 0 \end{pmatrix} + M_5^6 [\overrightarrow{P_6Q}]_{\mathcal{B}_6}. \end{aligned}$$

- Soit $l_4$ la longueur du troisième bras de robot. Alors

$$\begin{aligned}
[\overrightarrow{P_4Q}]_{\mathcal{B}_4} &= [\overrightarrow{P_4P_5}]_{\mathcal{B}_4} + [\overrightarrow{P_5Q}]_{\mathcal{B}_4} \\
&= \begin{pmatrix} 0 \\ l_4 \\ 0 \end{pmatrix} + M_4^5 \left( \begin{pmatrix} 0 \\ l_5 \\ 0 \end{pmatrix} + M_5^6 [\overrightarrow{P_6Q}]_{\mathcal{B}_6} \right) \\
&= \begin{pmatrix} 0 \\ l_4 \\ 0 \end{pmatrix} + M_4^5 \begin{pmatrix} 0 \\ l_5 \\ 0 \end{pmatrix} + M_4^6 [\overrightarrow{P_6Q}]_{\mathcal{B}_6}.
\end{aligned}$$

- Le repère $R_3$ a la même origine que $R_4$ : $P_3 = P_4$. Donc, dans le repère $R_3$

$$\begin{aligned}
[\overrightarrow{P_3Q}]_{\mathcal{B}_3} &= [\overrightarrow{P_4Q}]_{\mathcal{B}_3} = M_3^4 \left( \begin{pmatrix} 0 \\ l_4 \\ 0 \end{pmatrix} + M_4^5 \begin{pmatrix} 0 \\ l_5 \\ 0 \end{pmatrix} + M_4^6 [\overrightarrow{P_6Q}]_{\mathcal{B}_6} \right) \\
&= M_3^4 \begin{pmatrix} 0 \\ l_4 \\ 0 \end{pmatrix} + M_3^5 \begin{pmatrix} 0 \\ l_5 \\ 0 \end{pmatrix} + M_3^6 [\overrightarrow{P_6Q}]_{\mathcal{B}_6}.
\end{aligned}$$

- Soit $l_2$ la longueur du deuxième bras de robot. Alors

$$\begin{aligned}
[\overrightarrow{P_2Q}]_{\mathcal{B}_2} &= [\overrightarrow{P_2P_3}]_{\mathcal{B}_2} + [\overrightarrow{P_3Q}]_{\mathcal{B}_2} \\
&= \begin{pmatrix} 0 \\ l_2 \\ 0 \end{pmatrix} + M_2^4 \begin{pmatrix} 0 \\ l_4 \\ 0 \end{pmatrix} + M_2^5 \begin{pmatrix} 0 \\ l_5 \\ 0 \end{pmatrix} + M_2^6 [\overrightarrow{P_6Q}]_{\mathcal{B}_6}.
\end{aligned}$$

- Soit $l_1$ la longueur du premier bras de robot. Alors

$$\begin{aligned}
[\overrightarrow{P_1Q}]_{\mathcal{B}_1} &= [\overrightarrow{P_1P_2}]_{\mathcal{B}_1} + [\overrightarrow{P_2Q}]_{\mathcal{B}_1} \\
&= \begin{pmatrix} 0 \\ l_1 \\ 0 \end{pmatrix} + M_1^2 \begin{pmatrix} 0 \\ l_2 \\ 0 \end{pmatrix} + M_1^4 \begin{pmatrix} 0 \\ l_4 \\ 0 \end{pmatrix} + M_1^5 \begin{pmatrix} 0 \\ l_5 \\ 0 \end{pmatrix} + M_1^6 [\overrightarrow{P_6Q}]_{\mathcal{B}_6}.
\end{aligned}$$

- Finalement, dans le repère fixe sur le mur, comme $P_0 = P_1$, on a

$$[\overrightarrow{P_0Q}]_{\mathcal{B}_0} = M_0^1 \begin{pmatrix} 0 \\ l_1 \\ 0 \end{pmatrix} + M_0^2 \begin{pmatrix} 0 \\ l_2 \\ 0 \end{pmatrix} + M_0^4 \begin{pmatrix} 0 \\ l_4 \\ 0 \end{pmatrix} + M_0^5 \begin{pmatrix} 0 \\ l_5 \\ 0 \end{pmatrix} + M_0^6 [\overrightarrow{P_6Q}]_{\mathcal{B}_6}. \tag{3.7}$$

En posant $l_3 = 0$, on peut réécrire (3.7) comme suit :

$$[\overrightarrow{P_0Q}]_{\mathcal{B}_0} = \sum_{i=1}^{5} M_0^i \begin{pmatrix} 0 \\ l_i \\ 0 \end{pmatrix} + M_0^6 [\overrightarrow{P_6Q}]_{\mathcal{B}_6}.$$

Inversement,

$$[\overrightarrow{P_6Q}]_{\mathcal{B}_6} = M_6^0[\overrightarrow{P_0Q}]_{\mathcal{B}_0} - \sum_{i=1}^{5} M_6^i \begin{pmatrix} 0 \\ l_i \\ 0 \end{pmatrix},$$

où $M_6^i$ est la matrice de passage de $\mathcal{B}_i$ à $\mathcal{B}_6$. On a $M_6^i = (M_i^6)^{-1} = (M_i^6)^t$. On peut aussi, si nécessaire, calculer $[\overrightarrow{P_iQ}]_{\mathcal{B}_i}$ en fonction de $[\overrightarrow{P_0Q}]_{\mathcal{B}_0}$.

**Applications**

1. *Le bras canadien ou Canadarm pour la station spatiale internationale.* Au départ, le bras canadien était fixé sur la station. Depuis, on a ajouté des rails pour qu'il puisse se promener le long de la station. Ceci facilite le travail des astronautes lors de l'assemblage de nouveaux modules ou lors de réparations.

   Le Canadarm ou télémanipulateur de la station spatiale internationale (*Shuttle Remote Manipulator System* ou SRMS) est un robot à six degrés de liberté. Semblable au bras humain, il a seulement deux segments ; au bout du deuxième segment se trouve un poignet. Le segment supérieur est amarré sur un rail sur la station. Il peut faire un angle quelconque avec la surface de la station. On a donc besoin de deux degrés de liberté pour cela : un mouvement de *tangage* (de haut en bas) et un mouvement de *lacet* (de gauche à droite). L'articulation entre les deux segments n'a qu'un degré de liberté, à la façon d'un coude : seul un mouvement de haut en bas est permis. L'articulation du poignet a trois degrés de liberté : on peut faire prendre au poignet n'importe quelle direction par rapport au deuxième bras par des mouvements de tangage et de lacet. De plus, il peut tourner sur son axe par un mouvement de *roulis.* (Voir aussi l'exercice 16.) Le segment supérieur mesure cinq mètres de longueur et l'avant-bras, 5, 8 mètres.

   Depuis, on a raffiné le Canadarm : le Canadarm2 a 17 mètres de long et est maintenant pourvu de sept articulations, ceci lui donnant plus de souplesse pour atteindre des endroits difficilement accessibles. Il peut être commandé depuis le sol.

2. *Les robots utilisés en chirurgie.* Ils permettent des chirurgies non invasives, car on peut les insérer par une fente minuscule et les manipuler de l'extérieur du corps. Ils ont beaucoup de très petits bras près de l'extrémité du robot pour permettre beaucoup de petits mouvements dans une région très petite.

**La suite des mathématiques du robot** Nous sommes loin d'avoir fait le tour de tous les problèmes que rencontre le concepteur ou l'utilisateur d'un robot, en particulier des problèmes pratiques. En voici quelques-uns :

(i) Il existe plusieurs suites de mouvements qui amènent le robot à sa position finale. Laquelle est la meilleure ? Certains « petits » mouvements conduisent à de « grands » déplacements de la pince, alors que d'autres « grands » mouvements conduisent à de « petits » déplacements de la pince. Ces derniers sont préférables lorsqu'on veut faire effectuer au robot du travail de précision, ce qui est le cas, par exemple, pour un robot en chirurgie.

(ii) On peut ajouter des bras de robot supplémentaires et augmenter le nombre de mouvements possibles pour permettre au robot de contourner des obstacles. Quel est l'effet d'ajouter des morceaux et d'augmenter le nombre de mouvements possibles ?

(iii) Quel est l'effet de changer la longueur des différents bras ?

(iv) Le problème inverse (difficile !) : étant donné la position finale de la pince du robot, donner une suite de mouvements amenant la pince à cette position. Pour répondre à la question, on doit résoudre un système d'équations non linéaires.

(v) À vous d'inventer les suivants...

## 3.6 Exercices

**1.** **a)** Calculer la matrice de la rotation d'angle $\theta$ dans le plan pour la base standard $\{e_1 = (1,0), e_2 = (0,1)\}$, en utilisant le fait que les colonnes de $A$ sont les coordonnées des images des vecteurs $e_1$ et $e_2$.
**b)** Soit $z = x + iy$. Faire tourner le vecteur $(x, y)$ d'un angle $\theta$ revient à faire l'opération $z \mapsto e^{i\theta}z$. Utiliser cette propriété pour calculer la matrice $A$.

**2.** Si on compose deux transformations linéaires $T_1$ et $T_2$ de matrices respectives $A_1$ et $A_2$, alors la matrice de $T_1 \circ T_2$ est $A_1A_2$. On travaille avec $n = 2$.
**a)** Vérifier que la composition d'une rotation d'angle $\theta_1$ avec une rotation d'angle $\theta_2$ est une rotation d'angle $\theta_1 + \theta_2$.
**b)** Vérifier que le déterminant de la matrice d'une rotation est égal à 1.
**c)** Vérifier que la matrice inverse de la matrice $A$ d'une rotation est la matrice transposée $A^t$ de la matrice $A$.

**3.** Le triangle représenté à la figure 3.2 est un triangle rectangle de côtés 3, 4 et 5. Au départ, le sommet opposé au côté de longueur 3 est à l'origine ; à la fin des mouvements, il est situé en $(7, 5)$. Donner les coordonnées du sommet opposé au côté de longueur 4 si la rotation finale est d'angle $\frac{\pi}{7}$.

**4.** Montrer que toute transformation $T$ du plan ou de l'espace préservant les distances et les angles et ayant un point fixe est une transformation linéaire. Suggestion :
**a)** Commencer par montrer que la transformation préserve la somme de deux vecteurs, en utilisant le fait que la somme $v_1 + v_2$ des deux vecteurs $v_1$ et $v_2$ est construite comme la diagonale du parallélogramme de côtés $v_1$ et $v_2$.
**b)** Il faut maintenant montrer que pour tout vecteur $v$ et tout $c \in \mathbb{R}$, alors $T(cv) = cT(v)$. Faire la preuve en plusieurs étapes :

- montrer l'affirmation pour $c \in \mathbb{N}$ ;
- montrer l'affirmation pour $c \in \mathbb{Q}$ ;

- montrer que $T$ est uniformément continue. En déduire que $T(cv) = cT(v)$ pour $c \in \mathbb{R}$. En effet, si $c = \lim_{n\to\infty} c_n$, $c_n \in \mathbb{Q}$, et si $T$ est continue, alors $T(c) = \lim_{n\to\infty} T(c_n)$.

**5.** Montrer que toute transformation orthogonale dans $\mathbb{R}^2$ de déterminant égal à $-1$ est la symétrie par rapport à une droite passant par l'origine.

**6.** On donne les matrices orthogonales suivantes de déterminant égal à 1

$$A = \begin{pmatrix} 2/3 & -1/3 & -2/3 \\ 2/3 & 2/3 & 1/3 \\ 1/3 & -2/3 & 2/3 \end{pmatrix}, \qquad B = \begin{pmatrix} 1/3 & 2/3 & 2/3 \\ -2/3 & 2/3 & -1/3 \\ -2/3 & -1/3 & 2/3 \end{pmatrix}.$$

Pour chacune, donner la direction de l'axe de rotation et calculer l'angle de rotation (au signe près).

**7.** Montrer que le produit de deux matrices orthogonales $A_1$ et $A_2$ telles que $\det A_1 = \det A_2 = 1$ est encore une matrice orthogonale telle que $\det A_1A_2 = 1$. En conclure que la composition de deux rotations dans l'espace est encore une rotation dans l'espace (même si les deux axes de rotation ne sont pas les mêmes!).

**8.** On se donne une rotation d'angle $+\pi/4$ autour de l'axe engendré par $v_1 = (1/3, 2/3, 2/3)$. En utilisant la base $\mathcal{B} = \{v_1, v_2, v_3\}$ où $v_1 = (1/3, 2/3, 2/3)$, $v_2 = (2/3, -2/3, 1/3)$ et $v_3 = (2/3, 1/3, -2/3)$ pour faire les calculs, donner la matrice de cette rotation dans la base standard.

**9.** **a)** Soient $\Pi$ un plan passant par l'origine dans $\mathbb{R}^3$ et $v$ un vecteur unitaire perpendiculaire au plan à l'origine. La symétrie par rapport à $\Pi$ (aussi appelée réflexion par rapport à $\Pi$) est l'opération qui, à un vecteur $x \in \mathbb{R}^3$ associe $R_\Pi(x) = x - 2\langle x, v\rangle v$. Montrer que $R_\Pi$ est une transformation orthogonale. Quel est le déterminant de la matrice associée à $R_\Pi$ ?
**b)** Montrer que la composition de deux symétries par rapport à deux plans passant par l'origine est une rotation autour d'un axe passant par l'origine. Vérifier que cet axe est la droite d'intersection des deux plans.

**10.** **a)** Montrer que, si une matrice orthogonale $3 \times 3$ a un déterminant égal à $-1$, alors $-1$ est une valeur propre.
**b)** Montrer que toute transformation orthogonale dans $\mathbb{R}^3$ dont la matrice a le déterminant $-1$ est la composition d'une réflexion par rapport à un plan passant par l'origine avec une rotation autour d'un axe passant par l'origine et perpendiculaire au plan.
**c)** En conclure qu'une transformation orthogonale dans $\mathbb{R}^3$ de déterminant $-1$ ne peut représenter un mouvement d'un solide dans l'espace.

**11.** On se donne le robot suivant (figure 3.9) dans un plan vertical : au bout du deuxième bras se trouve une pince perpendiculaire au plan de mouvement du robot et actionnée par une troisième rotation (nous ignorerons cette troisième rotation). On suppose que les deux bras du robot ont la même longueur $l$.
**a)** Soit $Q$ l'extrémité du deuxième bras du robot. Calculer la position de $Q$ si le premier bras a effectué une rotation d'angle $\theta_1$, et le deuxième bras, une rotation d'angle $\theta_2$.

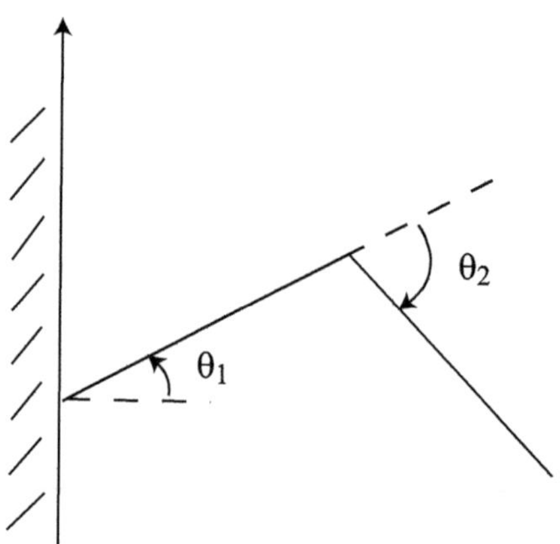


**Fig. 3.9.** Le robot de l'exercice 11

**b)** Calculer l'angle $\theta_2$ de chacune des deux rotations possibles du deuxième bras pour que l'extrémité du robot soit située à la distance $\frac{l}{2}$ du point d'attache du robot.
**c)** Calculer les deux couples d'angles $(\theta_1, \theta_2)$ possibles pour que l'extrémité du robot soit située au point $(\frac{l}{2}, 0)$.
**d)** On suppose maintenant que le robot est monté sur un rail vertical. Choisir un système d'axes et, dans ce système d'axes, calculer la position de $Q$ si on a translaté le robot d'une hauteur $h$, si le premier bras a effectué une rotation d'angle $\theta_1$, et le deuxième bras, une rotation d'angle $\theta_2$.

**12.** Dans $\mathbb{R}^3$, soient $R_x$ la rotation autour de l'axe $x$ d'angle $\pi/2$, $R_y$, la rotation autour de l'axe $y$ d'angle $\pi/2$, et $R_z$, la rotation autour de l'axe $z$ d'angle $\pi/2$.
**a)** La composition $R_y \circ R_z$ est une rotation. Donner son axe et son angle.
**b)** Montrer que $R_x = (R_y)^{-1} \circ R_z \circ R_y$.

**13.** Dans un plan, on se donne un robot attaché à un point fixe et muni de deux bras de longueur $l_1$ et $l_2$. Le premier bras est attaché au point fixe et peut effectuer des rotations autour de ce point. Le deuxième bras est attaché à l'extrémité du premier et peut pivoter autour du point d'attache. Déterminer l'ensemble des positions atteignables par l'extrémité du deuxième bras suivant les valeurs de $l_1$ et $l_2$.

**14.** On se donne un robot attaché à un mur et muni de deux bras de longueur $l_1$ et $l_2$ avec $l_2 < l_1$. Le premier bras est attaché au mur par un joint universel (c'est-à-dire qui peut tourner dans toutes les directions), et les deux bras sont également reliés entre eux par un joint universel. Déterminer l'ensemble des positions atteignables par l'extrémité du deuxième bras du robot.

**15.** Voici un robot se mouvant dans le plan vertical (figure 3.10) :

- le premier bras est fixé en $P_0 = P_1$ de longueur $\ell_1$.
- le deuxième bras est fixé au bout du premier bras en $P_2$. Sa longueur est variable : sa longueur minimum est $\ell_2$, et sa longueur maximum est $L_2 = \ell_2 + d_2$. À son extrémité $P_3$ est fixée la pince.
- la pince est de longueur $d_3$, et on a $d_3 < \ell_1, \ell_2$.

a) Donner les conditions sur $\ell_1, \ell_2, d_2, d_3$ pour que l'extrémité $P_4$ de la pince puisse saisir un objet situé en $P_0$.

b) Choisir un système d'axes fixes centré en $P_0$. Dans ce système d'axes, donner la position de l'extrémité $P_4$ de la pince si on a effectué des rotations $\theta_1, \theta_2, \theta_3$ comme sur la figure 3.10, et si le deuxième bras a été allongé de $r$ par rapport à sa longueur minimum.

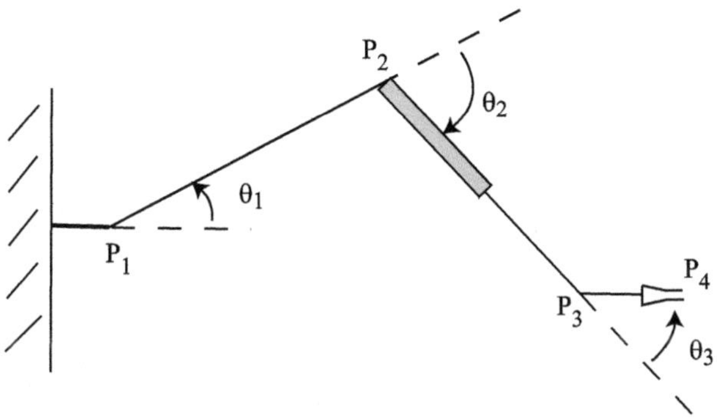


**Fig. 3.10.** Le robot de l'exercice 15

**16.** Le Canadarm ou télémanipulateur de la station spatiale (*Shuttle Remote Manipulator System* ou SRMS) est un robot à six degrés de liberté. Le segment supérieur est amarré sur un rail sur la station. Il peut faire un angle quelconque avec la surface de la station par un mouvement de tangage (de haut en bas) et un mouvement de lacet (de gauche à droite). L'articulation entre les deux segments n'a qu'un degré de liberté : seul un mouvement de tangage est permis. L'articulation du poignet a trois degrés de liberté : on peut faire prendre au poignet n'importe quelle direction par rapport au deuxième bras par des mouvements de tangage et de lacet. De plus, il peut tourner sur son axe par un mouvement de roulis.

**a)** En négligeant les mouvements de translation sur le rail le long de la station, dessiner un ensemble de repères adéquat pour calculer la position de l'extrémité du poignet et donner, dans les repères appropriés, les six mouvements de rotation correspondant aux six degrés de liberté.

**b)** Étant donné une suite de six rotations d'angle $\theta_1, \dots, \theta_6$, donner la position de l'extrémité du poignet dans le repère initial.

**17.** Essayer d'imaginer un système de manettes permettant de contrôler les six mouvements d'un robot comme celui de la figure 3.1.

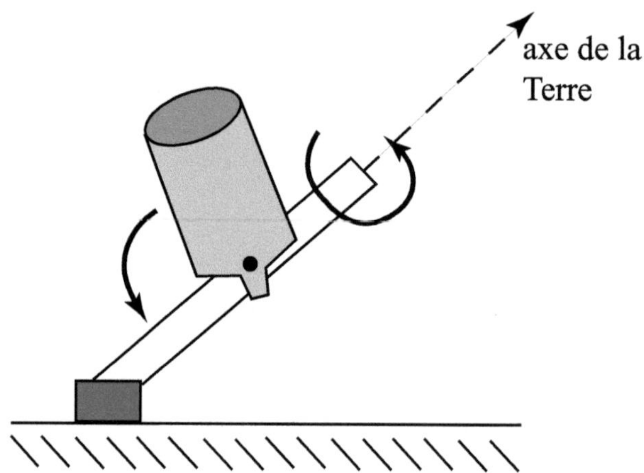


**Fig. 3.11.** Les deux rotations permettant d'aligner un télescope (exercice 18)

**18.** Lorsqu'ils veulent faire des observations, les astronomes doivent orienter leur télescope. La base du télescope est fixe.

**a)** Montrer que deux rotations indépendantes sont suffisantes pour pointer le télescope dans n'importe quelle direction.

**b)** Les astronomes ont une autre contrainte quand ils veulent observer des objets célestes très éloignés et peu lumineux : ils doivent pouvoir faire une observation prolongée, ou encore, prendre une photo étalée sur plusieurs heures. Or, la Terre tourne pendant ce temps. Donc, le télescope doit pouvoir bouger pendant ce temps pour rester aligné avec l'objet céleste. Voici comment le système fonctionne : on installe un axe parfaitement aligné sur l'axe de la Terre, autour duquel le télescope peut pivoter par un premier mouvement de rotation. On appelle cet axe le premier axe (figure 3.11). Pour quelqu'un qui regarde le ciel dans l'hémisphère Nord, l'axe de la Terre est aligné sur l'étoile Polaire. Si on est au pôle Nord, cet axe est

vertical, mais ailleurs il est oblique. Le télescope lui même est aligné sur un axe transversal au premier : à l'aide d'une deuxième rotation, on peut changer l'angle entre l'axe du télescope et le premier axe. Montrer qu'on peut ainsi, à l'aide des deux mouvements de rotation, aligner le télescope sur l'objet désiré.
**c)** Montrer qu'on peut garder le télescope aligné sur l'objet céleste en utilisant une rotation uniforme autour du premier axe seulement.
**d)** Montrer qu'au au 45$^{e}$ parallèle, l'axe de la Terre fait un angle de 45 degrés avec l'horizontale.

## Référence

[1] Coiffet, Philippe. *Les robots, Tome 1, Modélisation et commande*, Neuilly, Hermès Publishing, 1986.

# 4

# Squelette et chirurgie aux rayons gamma

*Le concept de squelette intervient dans la conception de stratégies optimales dans la chirurgie radioactive au « scalpel à rayons gamma » ([5] et [4]). C'est une notion importante dans de nombreux chapitres des sciences. Si le chapitre fait l'objet de trois heures de cours et de deux heures de travaux pratiques, nous recommandons d'énoncer la problématique du scalpel à rayons gamma et de traiter les sections 4.2 et 4.3 contenant la définition de squelette et les exemples en deux et trois dimensions. La section 4.4 peut être étudiée très brièvement, à simple titre d'information. Si l'on peut compter une quatrième heure, il faut faire un choix : par exemple, entre l'algorithme numérique de la section 4.5 ou la propriété fondamentale du squelette de la section 4.7. On pourrait privilégier l'algorithme numérique pour des étudiants de mathématiques appliquées et la propriété fondamentale du squelette pour des étudiants en enseignement. Le reste du chapitre est de l'enrichissement et peut servir de point de départ à un projet de session.*

## 4.1 Introduction

Le scalpel à rayons gamma est une technique de chirurgie utilisée pour traiter des tumeurs au cerveau. L'unité de traitement focalise 201 sources radioactives de cobalt 60 disposées sur un casque focalisant, de manière à ce qu'elles s'intersectent sur une sphère. La région de forme sphérique est exposée à une forte dose que l'on appellera « dose de radiation ». L'appareil peut distribuer des doses de quatre rayons différents (2 mm, 4 mm, 7 mm, 9 mm). Chaque casque produit des doses d'un seul rayon. Il faut donc changer de casque lorsqu'on change de rayon. Comme chaque casque pèse environ 225 kilos, il est important pendant le traitement de minimiser le nombre de changements de casques.

Le problème qui se pose aux mathématiciens est de trouver un algorithme de planification du traitement permettant de traiter l'ensemble de la tumeur en un temps optimal : ceci permet de diminuer les coûts, mais également d'améliorer la qualité du traitement pour le patient pour qui d'interminables séances de radiothérapie sont très pénibles. Le problème est facile pour une tumeur de petite taille qui peut souvent être traitée par une seule dose de radiation, mais devient complexe lorsqu'on a affaire à une tumeur de grand volume et de forme irrégulière. Les algorithmes recherchés permettent en général de planifier un traitement de 1 à 15 doses. L'algorithme doit être le plus robuste possible, c'est-à-dire donner des solutions au moins acceptables, à défaut d'être optimales, pour presque toutes les formes de régions.

On voit qu'on peut comparer le problème au problème mathématique d'empilement des sphères. On doit remplir au maximum une région $R \subset \mathbb{R}^3$ avec des sphères, de manière à ce que le volume non couvert soit, en proportion, inférieur à un seuil de tolérance $\epsilon$ : si on utilise des boules (ou sphères pleines) $B(X_i, r_i) \subset R$, $i = 1, \ldots N$, de centres respectifs $X_i$ et de rayons respectifs $r_i$, la zone irradiée est $P_N(R) = \cup_{i=1}^N B(X_i, r_i)$. En notant $V(S)$ le volume d'une région $S$ on demande :

$$\frac{V(R) - V(P_N(R))}{V(R)} \leq \epsilon. \tag{4.1}$$

Pour obtenir un algorithme optimal, la première chose est de bien choisir le centre des sphères. En effet, il faut choisir des sphères qui « collent » le mieux possible à la surface de la région. Ce sont a priori des sphères qui ont le plus de points de contact (points de tangence) avec la frontière de la région. Les centres des sphères seront pris sur le « squelette » de la région.

## 4.2 Définition de squelette. Régions bidimensionnelles

Le concept de *squelette* d'une région de $\mathbb{R}^2$ ou $\mathbb{R}^3$ est un concept mathématique qui est couramment utilisé en analyse de formes et en reconnaissance de formes. Commençons par en donner une définition intuitive.

Supposons que la région soit formée de matière combustible uniforme et qu'on allume le feu simultanément en tous les points de la frontière (par exemple, une région plane gazonnée). Les points du squelette sont les points où le feu va s'éteindre faute de combustible (voir, par exemple, la figure 4.1).

Nous reviendrons à cette description intuitive du squelette qui doit nous servir de guide pour développer notre intuition. Mais pour l'instant, voici les définitions mathématiques. Une *région* $R$ est un sous-ensemble ouvert du plan ou de l'espace. Une région exclut donc sa frontière que nous noterons par $\partial R$. Les définitions qui suivent valent aussi bien pour les régions en deux dimensions qu'en trois dimensions. Parfois, le mot usuel pour un concept varie selon la dimension ; par exemple, on parle de cercle ou de disque en deux dimensions et de sphères ou de boules en trois dimensions. Lorsque le vocabulaire varie, nous mettrons le mot pour la description tridimensionnelle entre parenthèses.

**Définition 4.1** *On note par $|X - Y|$ la distance entre deux points du plan ou de l'espace.*

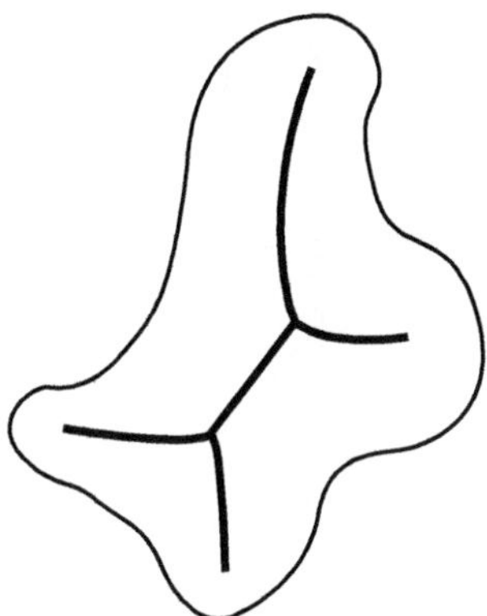

**Fig. 4.1.** Le squelette d'une région

Ainsi, si les deux points $X$ et $Y \in \mathbb{R}^2$ ont comme composantes $(x_1, y_1)$ et $(x_2, y_2)$ respectivement, leur distance est simplement $|X - Y| = \sqrt{(x_1 - x_2)^2 + (y_1 - y_2)^2}$.

**Définition 4.2** *Soient $R$ une région du plan ou de l'espace et $\partial R$ sa frontière. Le squelette de $R$, noté $\Sigma(R)$, est l'ensemble de points suivant :*

$$\Sigma(R) = \{X^* \in R \mid \exists X_1, X_2 \in \partial R \text{ tels que } X_1 \neq X_2 \text{ et } |X^* - X_1| = |X^* - X_2| = \min_{Y \in \partial R} |X^* - Y|\}.$$

Cette définition est quelque peu rebutante. Expliquons-en les éléments. La quantité $\min_{Y \in \partial R} |X^* - Y|$ donne la distance entre le point $X^*$ et la frontière $\partial R$ de $R$. Contrairement à la distance entre deux points, il n'existe pas d'expression algébrique simple pour cette distance. Plutôt, celle-ci est exprimée comme le minimum d'une fonction, $f(Y) = |X^* - Y|$, vue comme fonction de $Y$ ($X^*$ étant constant). On cherche donc le segment le plus court parmi tous ceux qui joignent $X^*$ à un point $Y$ de la frontière. La longueur du segment le plus court est $\min_{Y \in \partial R} |X^* - Y|$. Dans le cas d'une région du plan, la figure 4.2 trace plusieurs de ces segments pour un $X^*$ donné ; le segment le plus court est représenté par un trait gras.

Supposons que l'on trace un cercle (une sphère) de centre $X^*$ et de rayon

$$d = \min_{Y \in \partial R} |X^* - Y|, \tag{4.2}$$

que l'on notera

$$S(X, d) = \{Y \in \mathbb{R}^2 (\text{ou } \mathbb{R}^3) \mid |X - Y| = d\}.$$

Pour que $X^*$ soit dans le squelette $\Sigma(R)$, la définition ci-dessus requiert que $S(X^*, d)$ intersecte $\partial R$ en (au moins) deux points $X_1$ et $X_2$. Donc, $S(X^*, d)$ et la frontière $\partial R$ doivent avoir au moins deux points en commun. Puisque le rayon de $S(X^*, d)$ est

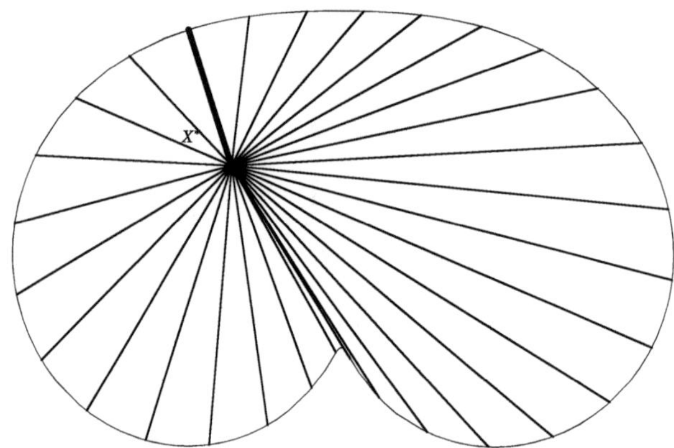


**Fig. 4.2.** La recherche de la distance entre un point $X^*$ et la frontière $\partial R$

précisément $\min_{Y \in \partial R} |X^* - Y|$, il faut que l'intérieur de $S(X^*, d)$ soit inclus dans $R$. Pour le voir, choisissons $Z$, un point quelconque du complémentaire $C(R)$ de $R$ (c'est-à-dire $Z \in C(R) = \mathbb{R}^2 \setminus R$ ou $Z \in C(R) = \mathbb{R}^3 \setminus R$) et traçons le segment joignant $X^*$ à $Z$. Puisque $X^* \in R$ et $Z \in C(R)$, le segment doit croiser la frontière $\partial R$ en un certain point que nous appellerons $Y'$. Par définition de la distance entre $X^*$ et la frontière,

$$\min_{Y \in \partial R} |X^* - Y| \leq |X^* - Y'| < |X^* - Z|,$$

le point $Z$ du complémentaire de $R$ est à l'extérieur de $S(X^*, d)$. Ainsi, aucun point du complémentaire de $R$ n'est à l'intérieur de $S(X^*, d)$, et l'intérieur de $S(X^*, d)$ est constitué de points de $R$. Si on définit le disque (ou la boule) de centre $X$ et de rayon $r$ par

$$B(X, r) = \{Y \in \mathbb{R}^2(\text{ou } \mathbb{R}^3) \mid |X - Y| < r\},$$

alors les éléments $X^*$ du squelette $\Sigma(R)$ sont tels que

$$B(X^*, d) \subset R.$$

Même si le rayon $d$ est défini à l'aide d'un minimum (voir (4.2)), c'est aussi un maximum ! C'est le rayon maximal que peut avoir un disque (une boule) centré(e) en $X^*$, $B(X^*, r)$, si $B(X^*, r)$ ne doit contenir que des points de $R$. (Tout disque $B(X^*, r)$ tel que $r > d$ contiendra automatiquement un point $Z$ du complémentaire $C(R)$. Pour le voir, traçons un segment de $X^*$ au point $X_1$ de la frontière qui est le plus proche de $X^*$[1]. Alors $|X_1 - X^*| = d$. Si $r > d$, alors le segment de longueur $r$ issu de $X^*$ et passant par $X_1$ traversera la frontière $\partial R$ et contiendra donc un point extérieur.)

[1]Le lecteur plus avancé remarquera que des hypothèses sont sous-entendues sur $R$ et sa frontière. En effet, nous supposons que $R$ a une frontière $\partial R$ continûment différentiable par morceaux. Les autres lecteurs peuvent s'en remettre à leur intuition en toute sécurité !

On a donc démontré la proposition suivante, qui nous donne une définition équivalente du squelette.

**Proposition 4.3** *Soient $X^* \in R$ et $d = \min_{Y \in \partial R} |X^* - Y|$. Le nombre $d$ est le rayon maximal pour que $B(X^*, d)$ soit inclus(e) dans $R$. Le point $X^*$ est dans le squelette $\Sigma(R)$ si et seulement si $B(X^*, d) \subset R$ et $S(X^*, d) \cap \partial R$ contient au moins deux points.*

Il devient clair que, pour un point du squelette, cette distance $d = \min_{Y \in \partial R} |X^* - Y|$, qui dépend de $X^*$, est un objet clé, et la définition suivante lui donne un nom.

**Définition 4.4** *Soit $R$ une région du plan (de l'espace). Pour chaque point $X$ du squelette $\Sigma(R)$ de $R$, on note $d(X)$ le rayon maximum du disque (de la boule) $B(X, d(X))$ centré(e) en $X$ et inclus(e) dans $R$. On sait que*

$$d(X) = \min_{Y \in \partial R} |X - Y|.$$

Voici enfin une définition dont nous verrons l'utilité technologique sous peu.

**Définition 4.5** *Soit $r \geq 0$. Le $r$-squelette d'une région, noté $\Sigma_r(R)$, est l'ensemble des points du squelette qui sont situés à une distance supérieure ou égale à $r$ de la frontière de la région :*

$$\Sigma_r(R) = \{X \in \Sigma(R) | d(X) \geq r\} \subset \Sigma(R).$$

*On remarque que $\Sigma(R) = \Sigma_0(R)$.*

Même avec cette reformulation, la définition de squelette n'est pas facile à utiliser pour trouver en pratique le squelette parce qu'elle suppose de connaître la distance de chacun des points de l'intérieur de $R$ à chacun des points de la frontière. Elle peut quand même être utilisée pour des régions de forme géométrique simple. Pour cela, les lemmes suivants seront utiles.

**Lemme 4.6** *1. On considère une région angulaire $R$ délimitée par deux demi-droites issues d'un même point $O$. Alors, le squelette de la région est la bissectrice de l'angle formé par les deux demi-droites (figure 4.3a).*

*2. On considère une bande $R$ délimitée par deux droites parallèles $(D_1)$ et $(D_2)$ à une distance $h$ l'une de l'autre. Alors, le squelette de la région est la droite parallèle équidistante à $(D_1)$ et $(D_2)$ (figure 4.3b).*

Preuve Nous ferons seulement la preuve dans le cas d'une région angulaire. Soit $P$ un point du squelette. Regardons la figure 4.4. Par hypothèse, $|PA| = |PB|$ puisque $P$ est à égale distance des deux côtés de l'angle. De plus, $\widehat{PAO} = \widehat{PBO} = \frac{\pi}{2}$. On doit montrer que $\widehat{POA} = \widehat{POB}$. Pour cela, on montrera que les deux triangles $POA$ et $POB$ sont congrus, en montrant qu'ils ont trois côtés égaux. Ce sont deux triangles rectangles. Ils

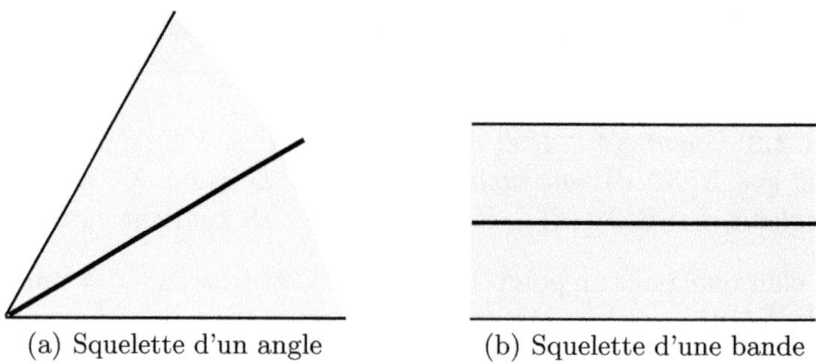

(a) Squelette d'un angle (b) Squelette d'une bande

**Fig. 4.3.** Les exemples du lemme 4.6

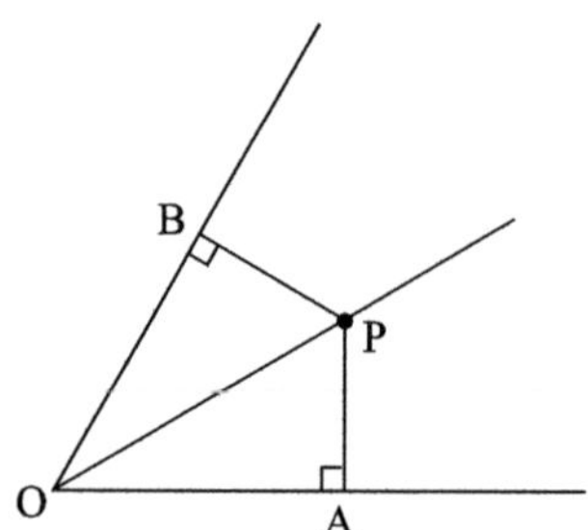


**Fig. 4.4.** La preuve du lemme 4.6

ont même hypoténuse $c = |OP|$. De plus, $|PA| = |PB|$. Finalement, de par le théorème de Pythagore,

$$|OA| = \sqrt{c^2 - |PA|^2} = \sqrt{c^2 - |PB|^2} = |OB|.$$

Comme les deux triangles sont congrus, on conclut à l'égalité des angles correspondants $\widehat{POA} = \widehat{POB}$. □

**Lemme 4.7** *1. Une droite tangente en un point $P$ à un cercle de centre $O$ est perpendiculaire au rayon $OP$. En conséquence, si ce cercle est tangent en $P$ à la frontière $\partial R$ d'une région $R$ du plan, alors le centre $O$ du cercle est situé sur la normale à $\partial R$ en $P$.*

*2. Soit $P$ un point d'un cercle $S(O, r)$. Pour toute droite autre que la tangente au cercle en $P$, un segment de cette droite est inclus dans le disque $B(O, r)$.*

PREUVE Pour faire la preuve, il nous faut une définition de la tangente. Regardons la figure 4.5. Une tangente à un cercle est la position limite d'une sécante au cercle en deux points $A$ et $B$ lorsque les points sont confondus. Comme $|OA| = |OB|$, le triangle $OAB$ est isocèle. On en conclut que $\widehat{OAB} = \widehat{OBA}$. Comme $\widehat{OAB} + \alpha = \pi$ et $\widehat{OBA} + \beta = \pi$,

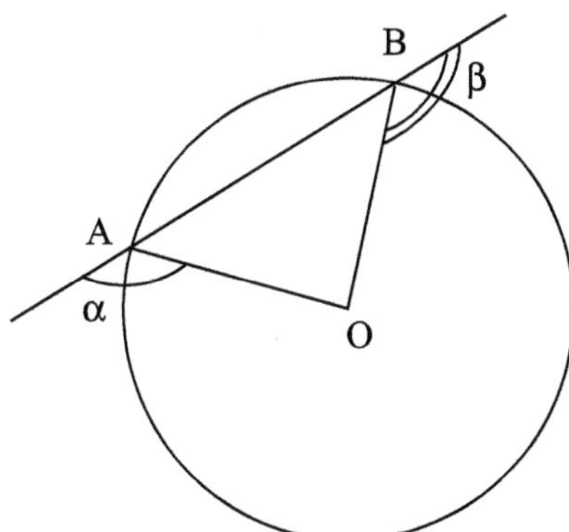


**Fig. 4.5.** La normale à un cercle passe par le centre du cercle.

on conclut que $\alpha = \beta$. À la limite, lorsque $A$ et $B$ sont confondus, on aura les deux conditions

$$\begin{cases} \alpha = \beta \\ \alpha + \beta = \pi. \end{cases}$$

On conclut qu'à la limite, $\alpha = \beta = \frac{\pi}{2}$. Nous laissons la deuxième partie comme exercice. □

**Exemple 4.8 (le rectangle)** *Nous allons obtenir le squelette d'un rectangle $R$ de base $b$ et de hauteur $h$ tel que $b > h$. D'après le lemme 4.6, il est naturel de construire les six droites qui peuvent contenir des points du squelette en prenant les côtés du rectangle deux à deux : les quatre droites bissectrices, la droite parallèle aux côtés verticaux et la droite parallèle aux côtés horizontaux (voir la figure 4.6).*

*On peut rapidement exclure tout segment de la droite verticale. En effet, prenons un point sur cette droite qui soit intérieur au rectangle. Sa distance aux côtés verticaux sera toujours plus grande que sa distance au côté horizontal le plus proche, car $b > h$. Et à moins d'être à égale distance des côtés supérieur et inférieur, le cercle qui y est centré ne touchera au rectangle qu'en un point. Un segment $I$ de la droite horizontale appartient sûrement au squelette. À nouveau, soit un point sur cette droite qui est intérieur au rectangle ; le cercle qui est de rayon $\frac{h}{2}$ touche aux deux côtés horizontaux. La seule restriction pour que ce point appartienne au squelette est que ce point ne soit pas trop proche des côtés verticaux, c'est-à-dire qu'il en soit à une distance supérieure ou égale à $\frac{h}{2}$. Si l'origine des coordonnées cartésiennes coïncide avec le sommet inférieur gauche et si la base est le long de l'axe horizontal, alors les deux disques de rayon $\frac{h}{2}$ avec trois points de tangence sont centrés en $(\frac{h}{2}, \frac{h}{2})$ et $(b - \frac{h}{2}, \frac{h}{2})$. Nous venons donc d'identifier un segment qui sera un sous-ensemble du squelette du rectangle : $I = \{(x, \frac{h}{2}) \in \mathbb{R}^2 \mid \frac{h}{2} \leq x \leq b - \frac{h}{2}\} \subset \Sigma(\textit{rectangle})$. Par un argument semblable, il est aisé de se convaincre que*

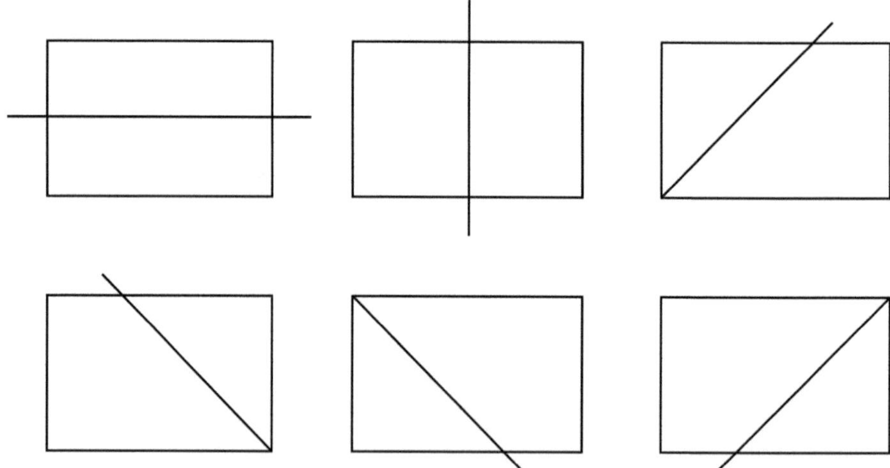

**Fig. 4.6.** Les six droites pouvant contenir des points du squelette d'un rectangle

*les segments des bissectrices qui appartiennent au squelette* $\Sigma$(*rectangle*) *sont ceux qui vont des sommets jusqu'au segment* $I$. *Le squelette est donc, dans ce cas, la réunion de ces cinq segments, et il est présenté à la figure 4.7a. Quelques disques maximaux apparaissent à la figure 4.7b.*

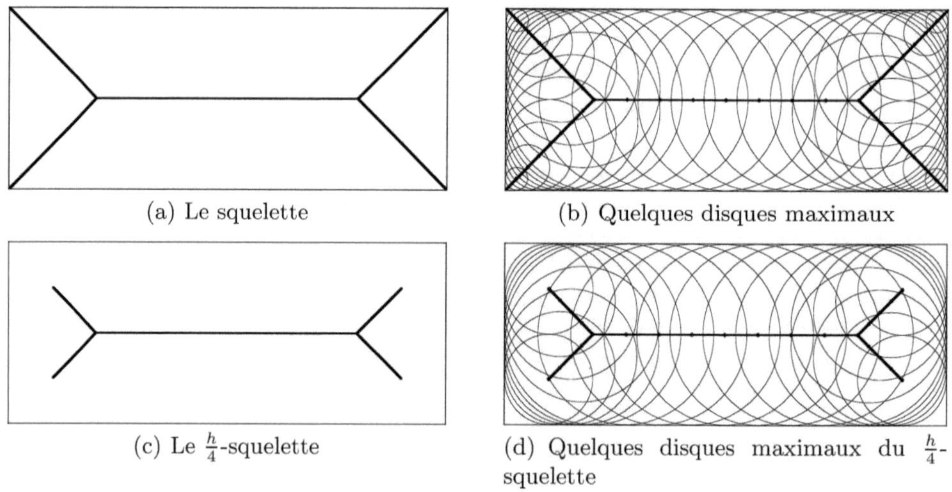

(a) Le squelette

(b) Quelques disques maximaux

(c) Le $\frac{h}{4}$-squelette

(d) Quelques disques maximaux du $\frac{h}{4}$-squelette

**Fig. 4.7.** Le squelette d'un rectangle de base $b$ supérieure à la hauteur $h$

*Sur la figure 4.7c, on trouve un exemple de r-squelette. Nous avons choisi* $r = \frac{h}{4}$*. Pour obtenir ce* $\frac{h}{4}$*-squelette, nous n'avons conservé que les centres des disques qui ont un rayon supérieur ou égal à* $\frac{h}{4}$*. La moitié des segments sur les bissectrices a ainsi été rejetée. Le concept de r-squelette est utile pour la raison suivante : puisque les doses d'une solution optimale pour une chirurgie aux rayons gamma sont centrées sur le squelette et que les doses attaquent une boule de rayon minimal* $r_0$ *(*$r_0 = 2$ mm *dans la technologie actuelle), ces doses devront être centrées à distance* $r_0$ *de la frontière et donc appartenir au* $r_0$*-squelette.*

Avant de donner un second exemple, revenons à la définition intuitive du squelette comme lieu géométrique des points où s'éteint un feu allumé simultanément en tous les points de la frontière $\partial R$. Dans cette analogie, chacun des points de la frontière est un foyer du feu. Le feu se propage de chacun de ces foyers à vitesse égale dans toutes les directions intérieures à $R$ et, à chaque instant, dessine un *front* qui est un arc de cercle. Nous dirons que le feu s'éteint en un point $X$ de $R$ si ce point est atteint pour la première fois simultanément par deux fronts. La relation entre cette analogie et la définition formelle du squelette est alors limpide. Puisque $X$ est atteint pour la première fois par les fronts issus de deux points $X_1$ et $X_2 \in \partial R$, c'est que ces points sont ceux de la frontière qui sont les plus proches de $X$ ; puisque leurs fronts atteignent $X$ simultanément, c'est qu'ils sont à égale distance de $X$. Ainsi $X$ est tel que

$$|X_1 - X| = |X_2 - X| = \min_{Y \in \partial R} |Y - X|,$$

ce qui est précisément la condition pour que $X$ appartienne au squelette. Notons que la condition que nous proposons pour que « le feu s'éteigne en $X$ » n'est qu'intuitive. Par exemple, lorsque deux fronts atteignent un point $X$ sur la bissectrice issue d'un sommet du rectangle, le feu s'éteindra en ce point, mais poursuivra sa route le long de la bissectrice. La figure 4.8 capture le feu à deux instants, lorsque le feu a couvert une distance de $\frac{h}{4}$ (en (a)) et lorsqu'il a parcouru une distance de $\frac{h}{2}$ (en (b)). Plusieurs fronts issus des foyers sur la frontière sont tracés pour ces deux moments. Seuls les quatre points indiqués sur la figure 4.8a s'« éteindront » au premier instant dessiné. Cependant, au second instant choisi (figure 4.8b), tout l'intervalle $I$ décrit dans l'exemple ci-dessus s'éteindra. Cette analogie est fort riche et elle nous permettra d'obtenir le squelette pour une région délimitée par une courbe fermée continûment différentiable.

**Remarque** Même si le feu allumé en un point se propage dans toutes les directions, lorsqu'on allume le feu simultanément en tous les points de la frontière, on voit le front avancer à vitesse constante le long de la normale à la frontière. Cela vient du fait que, dans les autres directions, le feu s'éteint parce qu'il rencontre le feu issu des autres points de la frontière.

**Exemple 4.9 (l'ellipse)** *Nous allumons le feu simultanément en chaque point de l'ellipse, et il se propage à vitesse constante à l'intérieur de l'ellipse. En chaque point de la frontière, le feu se propage le long de la normale à la frontière. De plus, à chaque*

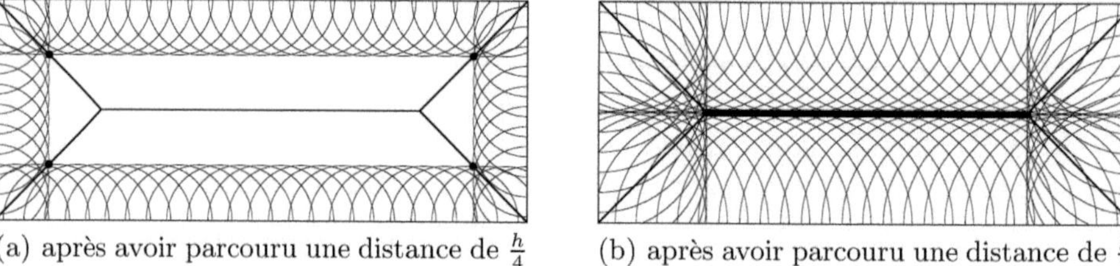

(a) après avoir parcouru une distance de $\frac{h}{4}$ (b) après avoir parcouru une distance de $\frac{h}{2}$

**Fig. 4.8.** Le progrès d'un feu allumé à la frontière d'un rectangle

*instant il avance le long de la normale au front de feu en cet instant. À l'aide d'un logiciel on peut faire tracer la ligne de feu après un temps donné comme sur la figure 4.9. Au début, la ligne de feu ressemble à une ellipse (sans toutefois en être une). On voit ensuite apparaître des coins : c'est lorsque les premiers coins apparaissent que le feu commence à s'éteindre.*

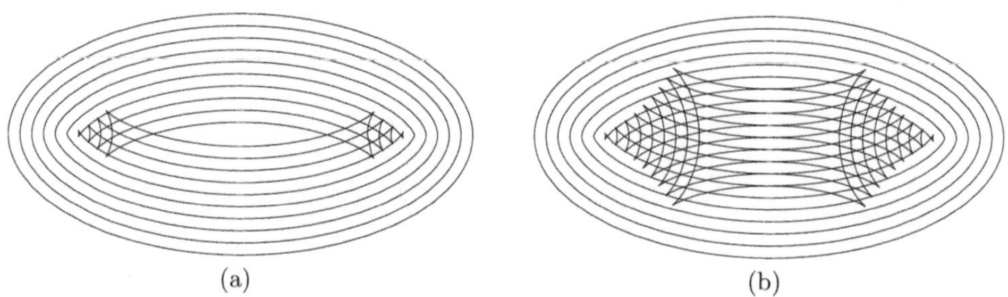

(a) (b)

**Fig. 4.9.** Avance de la ligne de feu pour une ellipse

*Supposons que notre ellipse ait comme équation*

$$\frac{x^2}{a^2} + \frac{y^2}{b^2} = 1,$$

*avec $a > b$. Alors on remarque que les points où le feu s'éteint sont les points où la normale à l'ellipse en un point $(x_0, y_0)$ rencontre la normale à l'ellipse au point $(x_0, -y_0)$. Pour des raisons de symétrie, ce sont précisément les points où ces normales coupent l'axe des $x$ (ces points sont bien déterminés dès que $y_0 \neq 0$). Déterminons l'ensemble de ces points. Soit $(x_0, y_0)$ un point de l'ellipse. Écrivons l'équation de la normale à l'ellipse en ce point : pour cela, on assimile l'ellipse à la courbe de niveau $F(x, y) = 1$ de la fonction*

$$F(x, y) = \frac{x^2}{a^2} + \frac{y^2}{b^2}.$$

*Le vecteur gradient*

$$\nabla F(x_0, y_0) = \left(\frac{\partial F}{\partial x}, \frac{\partial F}{\partial y}\right)(x_0, y_0) = \left(\frac{2x_0}{a^2}, \frac{2y_0}{b^2}\right)$$

*est normal à l'ellipse en* $(x_0, y_0)$. *(Rappelez-vous : le gradient d'une fonction à plusieurs variables est perpendiculaire aux courbes (ou aux surfaces) de niveau !) La normale à l'ellipse en* $(x_0, y_0)$ *est donc la droite passant par* $(x_0, y_0)$ *et parallèle au vecteur* $\nabla F(x_0, y_0) = \left(\frac{2x_0}{a^2}, \frac{2y_0}{b^2}\right)$. *Pour trouver son équation, on écrit que le vecteur* $(x - x_0, y - y_0)$ *est parallèle au vecteur* $\left(\frac{2x_0}{a^2}, \frac{2y_0}{b^2}\right)$, *ce qui donne*

$$\frac{2y_0}{b^2}(x - x_0) - \frac{2x_0}{a^2}(y - y_0) = 0.$$

*Pour trouver le point d'intersection de cette droite avec l'axe des* $x$, *on pose* $y = 0$. *On obtient*

$$x = x_0 - \frac{b^2}{2y_0}\frac{2x_0y_0}{a^2} = x_0\left(1 - \frac{b^2}{a^2}\right) = x_0\frac{a^2 - b^2}{a^2}.$$

*(On voit qu'on a dû utiliser dans ce calcul le fait que* $y_0 \neq 0$.*) Si* $x_0 \in (-a, a)$, *alors* $x \in \left(-\frac{a^2-b^2}{a}, \frac{a^2-b^2}{a}\right)$. *Le squelette est donc le segment*

$$y = 0, \quad x \in \left[-\frac{a^2 - b^2}{a}, \frac{a^2 - b^2}{a}\right].$$

*Nous avons ajouté les deux points extrêmes, car il est naturel que le squelette soit un ensemble fermé. Notons cependant que le disque tangent en chacun de ces deux points extrêmes ne touche l'ellipse qu'en un point (une des extrémités du grand axe). Malgré cette observation, l'inclusion de ces deux points dans* $\Sigma(\text{ellipse})$ *est justifiée. L'exercice 16 explique pourquoi (ces points sont des points multiples de tangence).*

*On aurait pu penser que les extrémités du squelette seraient les foyers de l'ellipse. Vérifions que ce n'est pas le cas. Pour cela, nous allons recalculer la position des foyers de l'ellipse. Ceux-ci sont situés aux points* $(\pm c, 0)$. *Ils ont la propriété que, pour tout point* $(x_0, y_0)$ *de l'ellipse, la somme des distances de* $(x_0, y_0)$ *aux deux foyers* $(-c, 0)$ *et* $(c, 0)$ *est constante. Prenons les point particuliers* $(a, 0)$ *et* $(0, b)$. *Pour le premier point* $(a, 0)$, *la somme de ses distances aux foyers est*

$$(a + c) + (a - c) = 2a.$$

*Pour le deuxième point* $(0, b)$, *la somme de ses distances aux foyers est*

$$2\sqrt{b^2 + c^2}.$$

*On doit donc avoir* $2a = 2\sqrt{b^2 + c^2}$ *ce qui donne*

$$c = \sqrt{a^2 - b^2}.$$

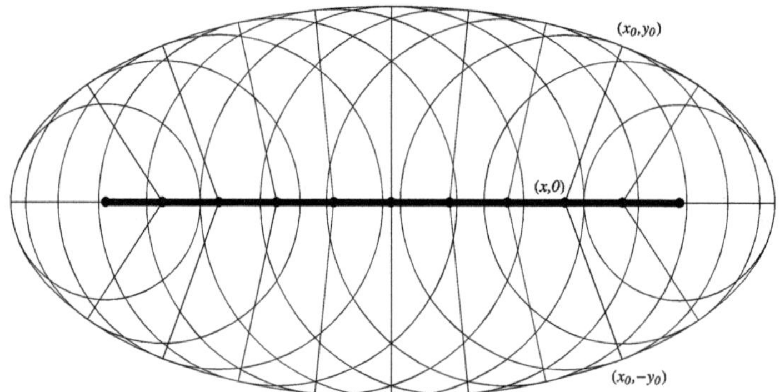


**Fig. 4.10.** Squelette de l'ellipse. Les rayons des cercles inscrits relient le point $X$ du squelette aux deux points sur la frontière d'où originent les feux qui s'éteindront en $X$.

## 4.3 Régions tridimensionnelles

La définition donnée plus haut s'applique sans changement aux régions tridimensionnelles. On peut cependant distinguer certains points du squelette $\Sigma(R)$ d'une région tridimensionnelle selon le nombre de points de tangence d'une boule maximale avec la frontière de $R$.

**Définition 4.10** *Soient $R$ une région de l'espace et $\partial R$ sa frontière. La partie « linéaire » du squelette est définie comme suit :*

$$\Sigma_1(R) = \{X^* \in R \mid \exists\, X_1, X_2, X_3 \in \partial R \text{ tels que } X_1 \neq X_2 \neq X_3 \neq X_1 \text{ et tels que } |X^* - X_1| = |X^* - X_2| = |X^* - X_3| = \min_{X \in \partial R} |X^* - X|\}.$$

*La partie « surface » du squelette de $R$ est*

$$\Sigma_2(R) = \Sigma(R) \setminus \Sigma_1(R).$$

**Exemple 4.11 (le cône de section circulaire)** *Le cône plein est la région de l'espace donnée par*

$$\{(x,y,z) \in \mathbb{R}^3 \mid z > x^2 + y^2\}.$$

*Les boules qui ont deux points de tangence en ont automatiquement une infinité, et leur centre est sur l'axe du cône. Le squelette est donc l'axe des $z$ positifs, $\Sigma(\text{cône}) = \{(0,0,z), z > 0\}$, et le squelette du cône ne contient qu'une partie linéaire. Comme nous le verrons à l'instant, ce cas est très particulier. La figure 4.11a représente la frontière du cône, son squelette (son axe de symétrie) et une boule tangente.*

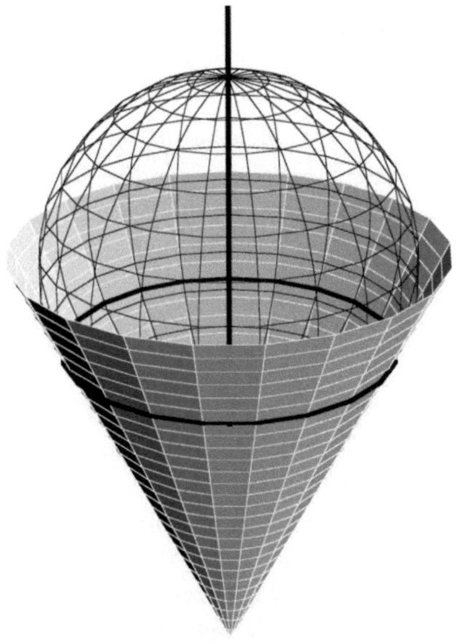

(a) Le squelette d'un cône plein de section circulaire est donné par son axe.

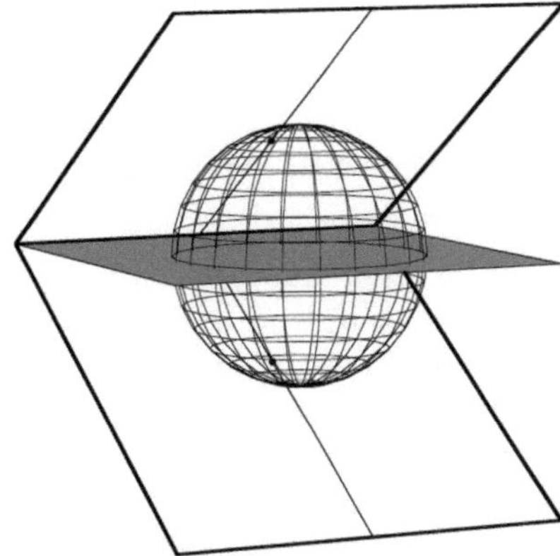

(b) Le squelette d'un angle dièdre est donné par le demi-plan bissecteur.

**Fig. 4.11.** Squelettes de deux régions simples. En (a), la région est l'intérieur d'un cône de section circulaire. (Le cône est plein même si seule sa *frontière* est ici tracée.) L'axe vertical est son squelette, et une des boules tangentes est représentée avec son cercle de tangence à $\partial R$. En (b), la région $R$ est l'angle dièdre, c'est-à-dire le sous-ensemble de $\mathbb{R}^3$ compris entre deux demi-plans infinis ayant la même droite commune comme frontière.

**Exemple 4.12 (l'angle dièdre)** *Une autre région géométrique simple est la région limitée par l'angle dièdre déterminé par deux demi-plans sécants. Alors, le squelette est le demi-plan bissecteur. Le squelette n'a, dans ce cas, qu'une partie surface. La figure 4.11b trace les deux demi-plans sécants en blanc ; le squelette est le demi-plan ombragé. Une boule et ses deux points de tangence sont également représentés.*

Les deux exemples précédents étaient intuitivement fort simples. Leur squelette n'est cependant pas typique, car, en général, le squelette d'une région de l'espace possède une partie linéaire et une partie surface. Dans beaucoup de cas, la partie linéaire du squelette (ou une partie de celle-ci) est la frontière de la partie surface. Voici donc un autre exemple plus représentatif.

**Exemple 4.13 (le parallélépipède rectangle avec deux faces carrées)** *La région $R$ est maintenant un parallélépipède $R = [0,b] \times [0,h] \times [0,h] \subset \mathbb{R}^3$ tel que $b > h$. Pour simplifier la visualisation, nous avons choisi deux des arêtes orthogonales* *de longueur égale. Comme pour le cas du rectangle, nous devons trouver des boules ayant au moins deux points de tangence avec la frontière de R. Ces deux points devront nécessairement appartenir à des faces distinctes. Pour toute une famille de ces boules, elles touchent simultanément aux quatre faces d'aire* $b \times h$*. Elles sont de rayon* $\frac{h}{2}$*, et le segment* $J = \{(x, \frac{h}{2}, \frac{h}{2}) \in \mathbb{R}^3, \frac{h}{2} \leq x \leq b - \frac{h}{2}\}$ *sera un sous-ensemble de la partie linéaire du squelette. Comme pour les disques collés au coin du rectangle, des boules de rayon inférieur ou égal à* $\frac{h}{2}$ *peuvent, dans le cas présent, toucher à trois faces contiguës. Ainsi, la partie linéaire du squelette du parallélépipède sera constituée du segment J et de segments de droite issus des huit sommets. Cette partie linéaire est représentée à la figure 4.12a.*

*On peut diminuer continûment le rayon d'une sphère touchant quatre faces en préservant au moins deux points de tangence. On peut également déplacer une sphère collée aux trois faces d'un sommet vers un autre sommet tout en préservant deux points de tangence. Les centres de ces nouvelles sphères sont situés maintenant sur des polygones dont les arêtes sont des segments du squelette linéaire ou des arêtes du parallélépipède initial. Ces polygones sont situés dans les demi-plans bissecteurs des angles dièdres formés par deux faces du parallélépipède. Deux angles de vue du squelette entier sont présentés sur la ligne inférieure de la figure 4.12. La partie linéaire est située à l'intersection des plans où se trouve la partie surface.*

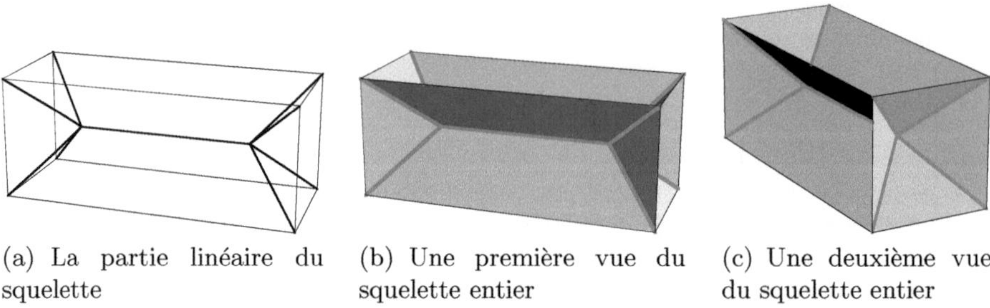

(a) La partie linéaire du squelette

(b) Une première vue du squelette entier

(c) Une deuxième vue du squelette entier

**Fig. 4.12.** Squelette du parallélépipède rectangle ($b > h$) avec deux faces carrées

Ces exemples sont loin des cas pratiques. Seul un ordinateur peut attaquer le cas des régions complexes qu'on retrouve en chirurgie. Cependant, comme le squelette est un concept très important en sciences (voir la section 4.6), il se fait beaucoup de recherche pour trouver de bons algorithmes numériques permettant de le calculer (voir la section 4.5).

## 4.4 L'algorithme optimal pour la chirurgie

Dans cette section, nous décrivons brièvement les éléments de base d'un algorithme optimal pour la chirurgie au scalpel gamma. Il fait appel à la programmation dynamique ([4] et [5]).

Au départ, il faut se rappeler qu'on n'a pas besoin d'irradier toute la région, mais seulement une fraction $1 - \epsilon$ de celle-ci (voir (4.1)). Pourquoi cela ? Rappelons-nous que l'unité de traitement focalise 201 sources radioactives de cobalt 60 disposées sur un casque focalisant de manière à ce qu'elles s'intersectent sur une sphère. Comme ces sources viennent de toutes les directions, il est clair que les régions situées au voisinage des sphères irradiées reçoivent aussi une bonne dose de radiation. L'expérience montre qu'on n'a pas besoin que les doses se recouvrent, tant qu'elles sont suffisamment serrées les unes contre les autres. L'autre chose qu'il faut garder en mémoire est qu'on n'a besoin que d'une solution « raisonnablement optimale ». Enfin, la troisième considération pratique est qu'on ne dispose que de quatre rayons pour les doses de radiation.

L'idée de base d'un algorithme de programmation dynamique est qu'on ne programme pas d'un coup toute la stratégie, mais qu'on y va étape par étape.

**Le principe de base de la stratégie** Supposons qu'une solution optimale pour une région $R$ soit donnée par $\cup_{i=1}^N B(X_i^*, r_i)$. Alors, si $I \subset \{1, \dots, N\}$, $\cup_{i \notin I} B(X_i^*, r_i)$ est forcément une solution optimale pour $R \setminus \cup_{i \in I} B(X_i^*, r_i)$ (voir l'exercice 8).

Si naïf qu'il paraisse, ce principe est très puissant. Il nous permet d'appliquer un procédé itératif. Plutôt que de calculer l'ensemble des doses nécessaires pour irradier une région $R$, on en choisit une première que l'on considère raisonnablement optimale et qui couvre une boule $B(X_1^*, r_1)$.

**Le choix de la première dose** Une dose d'une solution optimale est une dose centrée sur le squelette. On se rappellera que les doses des appareils ont quatre rayons possibles $r_1 < r_2 < r_3 < r_4$ ; il est donc naturel de travailler avec les $r_i$-squelettes. Raisonnons pour une région plane. La dose sera centrée soit en un point extrême d'un $r_i$-squelette, soit en un point d'intersection de plusieurs branches du squelette (figure 4.13). (Dans le cas d'une région de l'espace, l'équivalent d'un point d'intersection de plusieurs branches du squelette est un point de la partie linéaire du squelette. Il peut même exister des points d'intersection de branches de la partie linéaire du squelette en lesquels une boule maximale est tangente à la frontière en au moins quatre points.) Dans le cas d'une dose centrée en un point extrême d'un $r_i$-squelette, on remplit un bout de la région. Dans le deuxième cas, on irradie une sphère qui touche en au moins trois points à la frontière. Comment choisir ? On a intérêt à utiliser le plus de grosses doses possibles. Mais on ne dispose pas de tous les rayons possibles. La deuxième option est bonne si on peut trouver un point d'intersection, $X$, de branches du squelette pour lequel on a une dose de rayon adéquat : il faut pour cela que le rayon $d(X)$ du disque maximal $B(X, d(X))$ centré en $X$ soit à peu près l'un des $r_i$, $i = 1, 2, 3, 4$. Alors, un tel disque sera tangent en trois points à la frontière de $R$. Dans le cas contraire, il vaut mieux choisir de centrer

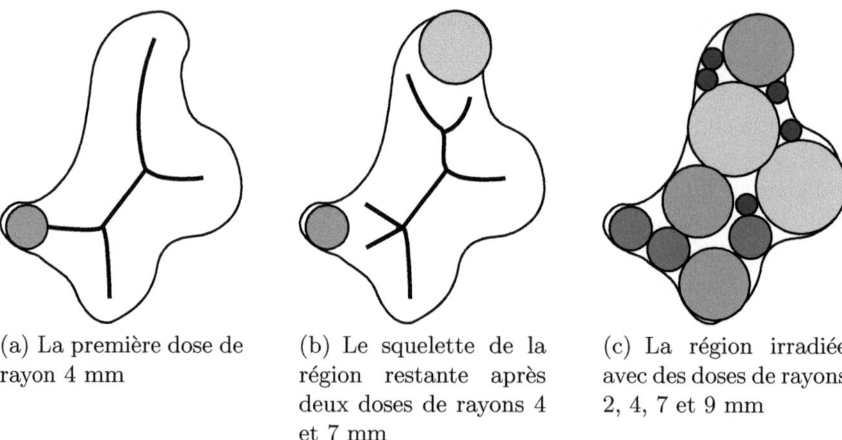

(a) La première dose de rayon 4 mm

(b) Le squelette de la région restante après deux doses de rayons 4 et 7 mm

(c) La région irradiée avec des doses de rayons 2, 4, 7 et 9 mm

**Fig. 4.13.** Les différentes étapes d'irradiation de la région de la figure 4.1

un disque en un bout d'un $r_i$-squelette. Dans ce cas, il faut choisir le $r_i$ adéquat. Ceci dépend de la forme de la région au voisinage du point extrême du $r_i$-squelette. Si la région a une forme assez pointue, alors on doit choisir un $r_i$ petit pour que l'extrémité non irradiée ne soit pas située trop loin de la zone irradiée, c'est-à-dire qu'elle reçoive quand même des radiations (figure 4.14). Si la région est moins pointue, on peut se permettre un $r_i$ plus grand.

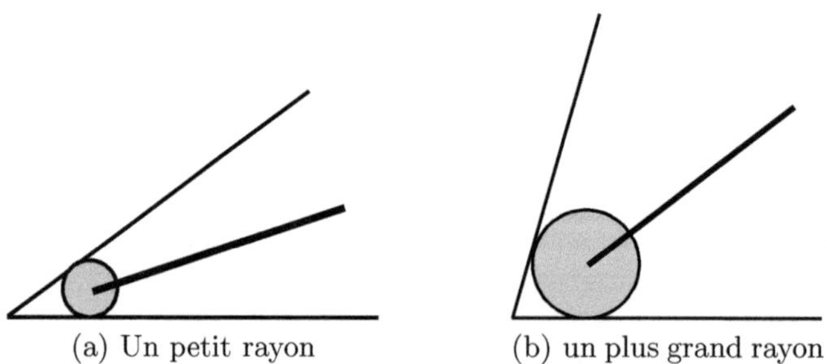

(a) Un petit rayon

(b) un plus grand rayon

**Fig. 4.14.** Le choix du rayon d'une dose centrée en un point extrême du squelette

**La suite de l'algorithme** Une fois qu'on a appliqué une dose $B(X_1^*, r_1)$, on itère, tout simplement : on considère la région $R_1 = R \setminus B(X_1^*, r_1)$. On cherche son squelette, et on détermine une dose raisonnablement optimale, et ainsi de suite. Le seuil de tolérance permet de décider quand arrêter. Si l'on veut améliorer l'algorithme, on lui fait choisir plusieurs doses initiales $B(X_1^*, r_1)$ et, pour chacune, plusieurs doses subséquentes.

## 4.5 Un algorithme numérique pour trouver le squelette

C'est un problème non trivial que de programmer un bon algorithme pour trouver le squelette d'une région. Nous nous limiterons ici à examiner le problème pour une région plane $R$. Nous admettrons sans preuve que, si notre région est simplement connexe (c'est-à-dire d'un seul tenant et sans trou), alors le squelette est un graphe particulier appelé arbre.

Les définitions de graphe varient dans la littérature. Dans cette section, nous considérons des graphes non orientés.

**Définition 4.14** *1. Un graphe (non orienté) est formé d'un ensemble de sommets $S_1, \dots, S_n$ et d'arêtes joignant deux sommets. Pour chaque paire de sommets $\{S_i, S_j\}$ distincts, $i \neq j \in \{1, \dots, n\}$, on a au plus une arête de sommets $S_i$ et $S_j$.*

*2. On dit que deux graphes sont équivalents si les deux conditions suivantes sont satisfaites :*
- *on a une bijection $h$ entre les sommets du premier graphe et ceux du second graphe ;*
- *il y a une arête entre $S_i$ et $S_j$ dans le premier graphe si et seulement si il y a une arête entre $h(S_i)$ et $h(S_j)$ dans le second graphe.*

**Définition 4.15** *1. Un graphe est connexe si, pour toute paire de sommets $S_i$ et $S_j$, il existe des sommets $T_1 = S_i, T_2, \dots, T_{n-1}, T_n = S_j$ tels que chaque paire de sommets consécutifs $\{T_m, T_{m+1}\}$ est connectée par une arête. La suite $\{T_1, \dots T_n\}$ est un chemin entre $S_i$ et $S_j$.*

*2. Étant donné un graphe, un ensemble d'arêtes distinctes $A_i$, $i = 1, \dots, n$, de sommets respectifs $S_i$ et $S_{i+1}$, est un cycle si $S_1 = S_{n+1}$.*

*3. Un graphe est un arbre s'il est connexe et n'a pas de cycle.*

Numériquement, on teste si les points intérieurs d'une région sont sur le squelette. Les erreurs numériques peuvent conduire à deux types de problèmes :

(i) Le squelette peut devenir non connexe si on a manqué certains points.

(ii) Au contraire, on peut voir des branches supplémentaires si on a faussement inclus des points dans le squelette.

Dans tous les cas, on a changé la « topologie » du squelette. D'où l'importance d'un algorithme « robuste », c'est-à-dire qui ne produise pas de tels défauts. Nous allons décrire un algorithme de [2].

L'algorithme comprend deux parties : une première partie utilise l'analogie avec la propagation du feu allumé sur la frontière de la région. Le feu se propage le long des lignes de flot d'un champ de vecteurs. Ceci permet de délimiter approximativement l'emplacement des points du squelette comme des discontinuités du champ de vecteurs, mais ne remédie pas aux inconvénients énumérés ci-dessus. La deuxième partie de l'algorithme veut pallier ces inconvénients en préservant la « topologie » du squelette.

### 4.5.1 Première partie de l'algorithme

L'idée est de considérer l'analogie avec la propagation du feu allumé simultanément en tout point de $\partial R$. À partir de chaque point de $X \in \partial R$, le feu se propage à une vitesse constante (que l'on va supposer égale à 1) vers l'intérieur le long de la normale en $X$ à $\partial R$. Si un point $X$ se trouve sur la normale à $\partial R$ en un point $X_1 \in \partial R$, le vecteur vitesse en $X$ est de longueur 1, dans la direction de la normale à $\partial R$ en $X_1$, pointant vers l'intérieur de $R$. La donnée de ce vecteur vitesse en chaque point de $R$ nous donne un champ de vecteurs $V(X)$ sur $R$ (figure 4.15). Mais attention : si on a un point $X$ sur le squelette de $R$, il est à l'intersection des normales à $\partial R$ en au moins deux points $X_1$ et $X_2$. Donc, $V(X)$ n'est pas bien défini aux points de $\Sigma(R)$, et $V(X)$ est discontinu au voisinage d'un tel $X$. C'est cette propriété qu'on veut utiliser pour détecter les points du squelette.

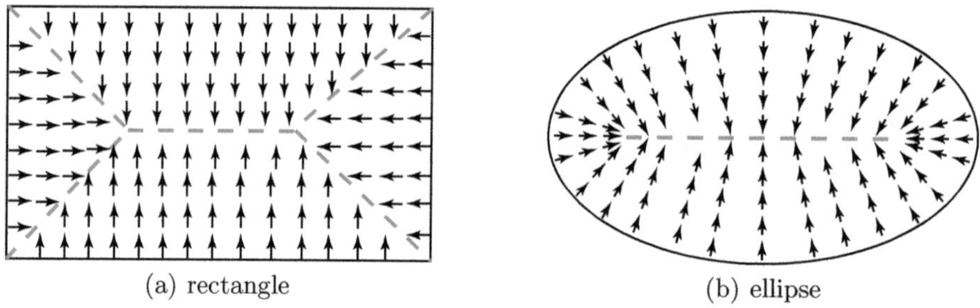

(a) rectangle (b) ellipse

**Fig. 4.15.** Le champ de vecteurs $V(X)$ et le squelette en trait pointillé gris

Pour cela, il nous faut pouvoir manipuler analytiquement le champ de vecteurs $V(X)$ : on considère sur $R$ la fonction

$$d(X) = \min_{Y \in \partial R} |X - Y| \tag{4.3}$$

qui est la distance de $X \in R$ à la frontière $\partial R$. C'est la généralisation à toute la région $R$ de la fonction $d$ introduite sur $\Sigma(R)$ à la définition 4.4. Cette fonction dépend des deux variables qui sont les coordonnées de $X$. On va ensuite montrer que $V(X) = \nabla d(X)$.

**Définition 4.16** *1. Soient $U$ un ouvert de $\mathbb{R}^n$ et $r \geq 1$. Une fonction $F = (f_1, \ldots, f_m) : U \to \mathbb{R}^m$ est de classe $C^r$ si pour tout $(i_1, \ldots, i_r) \in \{1, \ldots, n\}^r$ et pour tout $j \in \{1, \ldots, m\}$ la dérivée partielle $\frac{\partial^r f_j}{\partial x_{i_1} \cdots \partial x_{i_r}}$ existe et est continue. Dans le cas où $r = 1$, on dit aussi que la fonction est continûment différentiable.*

*2. On dit qu'une courbe $\mathcal{C}$ de $\mathbb{R}^2$ est de classe $C^r$ si pour tout point $X_0$ de $\mathcal{C}$, il existe un voisinage $U$ de $X_0$ dans $\mathbb{R}^2$ et une fonction $F : U \to R$ de classe $C^r$ tels que $\mathcal{C} \cap U = \{X \in U | F(X) = 0\}$, et que le gradient de $F$ ne s'annule pas sur $U$.*

**Proposition 4.17** *Soit $R$ une région telle que $\partial R$ est de classe $C^2$. Alors, la fonction $d(X)$ est de classe $C^1$ aux points de $R \backslash \Sigma(R)$. Le champ $\nabla d(X)$ est continu sur $R \backslash \Sigma(R)$. Si, de plus, $\partial R$ est de classe $C^3$, alors $\nabla d(X)$ est de classe $C^1$ sur $R \setminus \Sigma(R)$.*

La preuve fait appel au théorème des fonctions implicites qui est d'un niveau élevé. Pour ne pas couper le fil des idées, on la retarde à la section 4.5.3. On peut aussi décider d'accepter la preuve et se concentrer sur le reste de l'algorithme qui est d'un niveau plus élémentaire.

Examinons, par contre, la conséquence qui nous intéresse.

**Proposition 4.18** *En un point $X \in R \setminus \Sigma(R)$, le champ de vecteurs $V(X)$ est le gradient $\nabla d(X)$ de la fonction $d(X)$ définie en* (4.3). *C'est un vecteur de longueur 1.*

PREUVE Regardons un point $X_0 \in R \backslash \Sigma(R)$. Alors, $B(X_0, d(X_0)) \subset R$, et $S(X_0, d(X_0))$ est tangent à $\partial R$ en un unique point $X_1$. Le gradient de $d(X)$ en $X_0$, $\nabla d(X_0)$, est dirigé dans la direction où le taux de croissance de $d(X)$ est le plus rapide. Nous allons nous convaincre que cette direction est celle de la normale à $\partial R$, pointant vers l'intérieur de $R$, soit la direction de la droite $X_1X_0$. En effet, la dérivée directionnelle de $d$ dans la direction d'un vecteur unitaire $\mathbf{u}$ est donnée par $\langle \nabla d(X_0), \mathbf{u} \rangle$, où $\langle .,. \rangle$ dénote le produit scalaire. À l'échelle infinitésimale, on peut identifier un petit morceau de la frontière au voisinage de $X_1$ à un petit segment dans la direction du vecteur tangent $\mathbf{v}(X_1)$ à la frontière en $X_1$. Donc, si on bouge $X_0$ dans la direction parallèle à $\mathbf{v}(X_1)$, la dérivée directionnelle de $d(X_0)$ dans cette direction est nulle, puisque la fonction $d$ est constante. Alors, $\nabla d(X_0)$ est orthogonal à $\mathbf{v}(X_1)$, et donc, $\nabla d(X_0)$ est un multiple de $X_0 - X_1$. La longueur du vecteur $\nabla d(X_0)$ est donnée par la dérivée directionnelle de $d(X)$ en $X_0$ dans la direction du vecteur $X_0 - X_1$. Sur cette droite, on a $d(X) = |X - X_1|$ tant que $X$ n'est pas sur le squelette. Comme on peut supposer $X_1$ constant, il est facile de faire le calcul, et on voit que $\nabla d(X_0) = \frac{X_0 - X_1}{|X_0 - X_1|}$, qui est bien de longueur 1. □

**Définition 4.19** *On considère un champ de vecteurs $V(X)$ défini sur une région $R$ et un cercle $S(X_0, r)$ paramétré par $\theta \in [0, 2\pi]$ : $X(\theta) = X_0 + r(\cos\theta, \sin\theta)$, tel que le disque $B(X_0, r)$ soit inclus dans $R$. Soit $N(\theta) = (\cos\theta, \sin\theta)$ le vecteur unitaire normal* *à* $S(X_0, r)$ *en* $X(\theta)$*. Le flux du champ* $V(X)$ *le long d'un cercle* $S(X_0, r)$ *est l'intégrale de ligne*

$$I = \int_0^{2\pi} \langle V(X(\theta)), N(\theta) \rangle \, d\theta, \tag{4.4}$$

*où* $\langle V(X(\theta)), N(\theta) \rangle$ *représente le produit scalaire de* $V(X(\theta))$ *et* $N(\theta)$*.*

**Lemme 4.20** *Le flux d'un champ de vecteurs constant* $V(X) = (v_1, v_2)$ *le long de tout cercle* $S(X_0, r)$ *est nul.*

PREUVE

$$\begin{aligned} I &= \textstyle\int_0^{2\pi} \langle V(X(\theta)), N(\theta) \rangle \, d\theta \\ &= \textstyle\int_0^{2\pi} v_1 \cos\theta + v_2 \sin\theta \, d\theta \\ &= (-v_1 \sin\theta + v_2 \cos\theta)\big|_0^{2\pi} \\ &= 0. \end{aligned}$$

□

Le lemme 4.20 nous fournit la clef pour déterminer approximativement les points du squelette. En effet, lorsqu'on est dans le voisinage d'un point $X_0$ loin du squelette et qu'on prend de petits disques de frontière $S(X_0, r)$, le champ de vecteurs $V(X)$ sur le disque $B(X_0, r)$ est presque constant. On peut donc se convaincre que son flux le long du cercle $S(X_0, r)$ est très petit. Par contre, il est facile de se convaincre que le flux est important si le disque contient des points du squelette (exemple 4.21 ci-dessous).

Ce défaut nous fournit notre test : pour décider si un point $X \in R$ est sur le squelette, on calcule (4.4) sur un petit cercle entourant $X$ et contenu dans $R$. Si l'intégrale est en deçà d'un certain seuil, on conclut que $X$ n'est pas sur le squelette. Si l'intégrale dépasse le seuil, on se doute que le petit cercle qu'on a considéré contient des points du squelette et on raffine la recherche.

**Exemple 4.21** *Les morceaux de courbes du squelette peuvent ressembler, à petite échelle, à des segments de droite. Prenons le cas d'une portion de squelette qui est un segment, par exemple un morceau de l'axe des* $x$*. Alors, on peut vérifier que le champ* $V(X)$ *est donné par*

$$V(x, y) = \begin{cases} (0, -1), & y > 0, \\ (0, 1), & y < 0. \end{cases}$$

*Si on regarde un cercle* $S(X_0, r)$ *centré sur l'axe des* $x$*, on a*

$$I = \int_0^{\pi} -\sin\theta \, d\theta + \int_{\pi}^{2\pi} \sin\theta \, d\theta = -4.$$

*On peut vérifier que l'intégrale est encore non nulle si le cercle est centré en dehors de l'axe des* $x$*, mais contient des points de l'axe des* $x$*. Le calcul est seulement un peu plus compliqué. L'intégrale diminue au fur et à mesure que le centre du cercle s'éloigne de l'axe des* $x$*.*

**Implantation pratique de la première partie** Supposons que la fonction $d$ de (4.3) et son gradient aient déjà été calculés. La région $R$ est identifiée à un ensemble de pixels appartenant à $R$. Prenons un pixel $P$ et décidons si ce point appartient ou non au squelette. Ses huit voisins, c'est-à dire les pixels qui le touchent par le coin ou par un côté, sont représentés sur la figure 4.16a. Soit $\delta$ la longueur du côté d'un

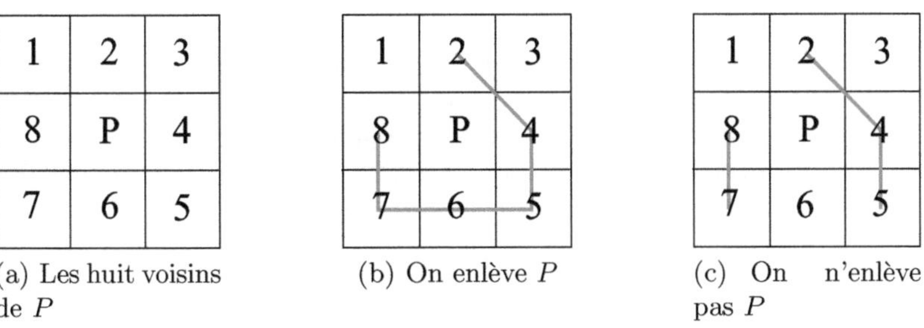


(a) Les huit voisins de $P$ (b) On enlève $P$ (c) On n'enlève pas $P$

**Fig. 4.16.** Les huit pixels voisins du pixel $P$ et les graphes permettant de décider si on enlève $P$

pixel. Considérons le cercle $S(P,\delta)$ centré en $P$ de rayon $\delta$ et prenons huit points $P_i$, $i = 1,\dots,8$, divisant ce cercle en huit arcs égaux et situés respectivement dans le carré représentant le pixel $i$. On calcule le vecteur unitaire $N_i$ normal à $S(P,\delta)$ en $P_i$. On approxime (à une constante près) l'intégrale (4.4) par la quantité

$$\overline{I}(P) = \frac{2\pi}{8}\sum_{i=1}^{8}\langle N_i, \nabla d(P_i)\rangle.$$

Le point $P$ peut être exclu si $|\overline{I}(P)| < \epsilon$, où $\epsilon$ est un seuil adéquatement choisi. Si le seuil est assez élevé, on réussit à enlever les branches qui ne font pas partie du squelette. Par contre, on risque d'en enlever trop et de se retrouver avec un squelette en plusieurs morceaux.

### 4.5.2 Deuxième partie de l'algorithme

Comment prévenir ce fractionnement du squelette ? Et comment peut-on conserver au squelette sa forme d'arbre ? Pour cela, on construit le squelette à petits pas. Pour chaque pixel, on doit décider s'il est ou non dans le squelette. On procède délicatement, en enlevant les pixels non compris dans le squelette. On y va, couche par couche, en partant de la frontière et on obtient une région de plus en plus petite, qui, à la fin, n'est que le squelette suffisamment épaissi pour être bien visible à l'écran. Chaque fois qu'on doit enlever un pixel, on vérifie que la région restante, qui devient de plus en plus mince et qui se rapproche d'un graphe, reste connexe, et qu'on ne crée pas de cycle dans le graphe. Voyons maintenant les détails.

**Implantation pratique de la deuxième partie** On commence par décider que les pixels de la frontière ne font pas partie du squelette. On analyse ensuite les pixels un par un, en partant de la frontière. Pour un pixel $P$, on commence par calculer $\overline{I}(P)$. Si $|\overline{I}(P)| < \epsilon$, le pixel $P$ peut être enlevé. Pour décider si on l'enlève, on regarde l'état de ses huit voisins de la figure 4.16a. Si aucun des voisins n'a été enlevé, on n'enlève pas $P$, car on créerait un trou. Si au moins un des voisins a été enlevé, alors on construit un graphe sur les voisins non enlevés. On met une arête entre $i$ et $j$ si $i$ et $j$ sont voisins par un côté ou par un coin. Les paires de voisins possibles sont : $(1,2)$, $(2,3)$, $(3,4)$, $(4,5)$, $(5,6)$, $(6,7)$, $(7,8)$, $(8,1)$, $(2,4)$, $(4,6)$, $(6,8)$, $(8,2)$. Par contre, on ne veut pas créer de cycle dans le graphe. De tels cycles sont donnés par les triplets d'arêtes

$$\begin{cases} \{(1,2),(8,1),(8,2)\}, \\ \{(2,3),(3,4),(2,4)\}, \\ \{(4,5),(5,6),(4,6)\}, \\ \{(6,7),(7,8),(6,8)\}. \end{cases}$$

Si un tel triplet est présent, alors on enlève l'arête diagonale. Par exemple, on remplace le triplet d'arêtes $\{(1,2),(8,1),(8,2)\}$ par le couple d'arêtes $\{(1,2),(8,1)\}$. Une fois qu'on a construit ce graphe dont les sommets sont les voisins de $P$ qui n'ont pas été enlevés, on enlève $P$ si et seulement si ce graphe est un arbre (voir figure 4.16b et c). Une fois qu'on a décidé si on enlève $P$ ou non, on s'occupe du pixel suivant de la même manière. Notons qu'une méthode pour tester si ce graphe est un arbre est donnée à l'exercice 15.

**Remarque** Cette méthode peut être généralisée pour des régions tridimensionnelles.

### 4.5.3 Preuve de la proposition 4.17

Rappelons que la proposition 4.17 affirme que, si $R$ est une région telle que $\partial R$ est de classe $C^2$ (respectivement $C^3$), alors la fonction $d(X)$ est de classe $C^1$ (respectivement $C^2$) aux points de $R \setminus \Sigma(R)$, et le champ $\nabla d(X)$ est continu (respectivement $C^1$) sur $R \setminus \Sigma(R)$.

Pour montrer cela, il nous faut « calculer » $d(X)$. Ceci se fait par le théorème des fonctions implicites que nous rappelons :

**Théorème 4.22** *Soit $F = (f_1, \dots, f_n) : U \to R^n$ une fonction de classe $C^r$, $r \geq 1$, sur un ouvert $U \subset \mathbb{R}^{n+k}$. On note les points de $U$ comme des couples $(X,Y)$, avec $X \in \mathbb{R}^n$ et $Y \in \mathbb{R}^k$, et on note $X = (x_1, \dots, x_n)$. Soit $(X_0, Y_0) \in U$ tel que $F(X_0, Y_0) = 0$ et tel que la matrice jacobienne partielle*

$$J(X_0, Y_0) = \begin{pmatrix} \frac{\partial f_1}{\partial x_1} & \cdots & \frac{\partial f_1}{\partial x_n} \\ \vdots & \cdots & \vdots \\ \frac{\partial f_n}{\partial x_1} & \cdots & \frac{\partial f_n}{\partial x_n} \end{pmatrix} (X_0, Y_0)$$

*est inversible. Alors, il existe un voisinage $V$ de $Y_0$, une fonction unique $g : V \to \mathbb{R}^n$ et un voisinage $W$ de $(X_0, Y_0)$ tels que*

*(i) $g$ est de classe $C^r$ sur $V$, et son graphe est inclus dans $W$.*

*(ii) $g(Y_0) = X_0$.*

*(iii) sur $W$ on a $F(X,Y) = 0$ si et seulement si $X = g(Y)$.*

Preuve de la proposition 4.17 Soit $X_0 = (x_0, y_0)$ un point de $R$ qui n'est pas sur le squelette. Sa distance à la frontière est donnée par $d(X_0) = |X_0 - X_1|$, où $X_1 = (x_1, y_1)$ est un point de $\partial R$ tel que le vecteur $X_0 - X_1$ est normal à $\partial R$. On veut montrer que $d(X)$ est de classe $C^1$ au voisinage de $X_0$. La principale difficulté est de calculer $d(X)$. Pour cela, on doit trouver le point $Y = (\overline{x}, \overline{y})$ de la frontière qui est le plus proche de $X = (x, y)$. On va le trouver par le théorème des fonctions implicites (théorème 4.22). D'après la définition 4.16, on peut supposer que la frontière est une courbe de niveau $f_1(Y) = 0$ d'une fonction $f_1$ de classe $C^2$ à valeurs dans $\mathbb{R}$. De plus, il faut que le vecteur $X - Y$ soit normal à la frontière en $Y$. Comme la normale à la frontière a la direction du gradient $\nabla f_1(Y)$ de $f_1$, le vecteur $X - Y$ doit être parallèle au vecteur $\nabla f_1(Y)$, qui s'exprime comme suit :

$$f_2(\overline{x}, \overline{y}, x, y) = \begin{vmatrix} \overline{x} - x & \frac{\partial f_1}{\partial \overline{x}}(Y) \\ \overline{y} - y & \frac{\partial f_1}{\partial \overline{y}}(Y) \end{vmatrix} = 0.$$

On cherche donc les solutions de $F(\overline{x}, \overline{y}, x, y) = 0$, où $F = (f_1, f_2)$. Si $f_1$ est de classe $C^2$, alors $f_2$, donc $F$, est de classe $C^1$. D'après le théorème des fonctions implicites (théorème 4.22), les solutions de $F = 0$ seront données sous la forme d'une unique fonction $(\overline{x}, \overline{y}) = g(x, y) = g(X)$, de classe $C^1$, si on montre que

$$J(x_1, y_1, x_0, y_0) = \begin{pmatrix} \frac{\partial f_1}{\partial \overline{x}} & \frac{\partial f_1}{\partial \overline{y}} \\ \frac{\partial f_2}{\partial \overline{x}} & \frac{\partial f_2}{\partial \overline{y}} \end{pmatrix} (x_1, y_1, x_0, y_0)$$

est inversible. On a

$$J(X_1, X_0)^t = \begin{pmatrix} \frac{\partial f_1}{\partial \overline{x}}(X_1) & \frac{\partial f_1}{\partial \overline{y}}(X_1) - (y_1 - y_0)\frac{\partial^2 f_1}{\partial \overline{x}^2}(X_1) + (x_1 - x_0)\frac{\partial^2 f_1}{\partial \overline{x}\partial \overline{y}}(X_1) \\ \frac{\partial f_1}{\partial \overline{y}}(X_1) & -\frac{\partial f_1}{\partial \overline{x}}(X_1) + (x_1 - x_0)\frac{\partial^2 f_1}{\partial \overline{y}^2}(X_1) - (y_1 - y_0)\frac{\partial^2 f_1}{\partial \overline{x}\partial \overline{y}}(X_1) \end{pmatrix}. \tag{4.5}$$

Que signifie la condition $\det(J(x_1, y_1, x_0, y_0)) = 0$ ? C'est précisément la condition pour laquelle le cercle $S(X_0, |X_1 - X_0|)$ a un contact d'ordre supérieur à 1 en $X_0$ tel que décrit à l'exercice 16. Un tel point $X_0$ correspond à une extrémité du squelette. Nous laissons la vérification de ce point un peu délicat pour l'exercice 17. (Un changement de variables nous permet de considérer le cas plus facile où $f_1(\overline{x}, \overline{y}) = \overline{y} - f(\overline{x})$ pour une fonction $f$ de classe $C^2$.) Donc, si $X_0$ n'est pas sur le squelette, alors $J(X_1, X_0)$ est inversible, ce qui assure l'existence d'un unique $g$ de classe $C^1$.

Maintenant on sait que $d(x, y) = |X - g(X)|$ est de classe $C^1$. Alors $\nabla d$ est continu. Si on avait supposé que $f_1$ était de classe $C^3$, on aurait obtenu que $\nabla d$ est de classe $C^1$.

□

**Remarque sur la preuve** Examinons un peu plus la structure de cette preuve. On a pris un point $X_0 \in R \setminus \Sigma(R)$. On s'est seulement servi de cette hypothèse pour affirmer qu'il existe un unique point de la frontière, $X_1$, qui est le plus proche de $X_0$. Mais cette hypothèse est aussi vérifiée par les points extrêmes du squelette, par exemple les extrémités du squelette de l'ellipse (voir l'exemple 4.9). On veut montrer que, pour chaque $X$ voisin de $X_0$, il existe un unique point $Y$ de la frontière dont il est le plus proche. Cette propriété n'est plus vraie pour les points extrêmes du squelette. En effet, un tel point extrême du squelette a des voisins sur le squelette pour lesquels la distance minimale à la frontière est réalisée en plusieurs points $Y$.

**Remarque sur l'utilité de la proposition 4.17** On a rencontré beaucoup d'exemples de domaines dont la frontière est continue et seulement $C^3$ par morceaux, par exemple des domaines polygonaux. Donc, l'hypothèse de la proposition 4.17 n'est pas vérifiée. Si on arrondit très légèrement les coins d'une région dont la frontière est de classe $C^3$ par morceaux, alors la frontière de la nouvelle région devient de classe $C^3$, et la méthode s'applique. Il faut se convaincre que le « lissage » de la frontière n'a pas changé significativement le squelette de la région, (voir l'exercice 18).

## 4.6 Les autres applications du squelette en science

**Le squelette en morphologie** La notion de squelette d'une région a été introduite dans le contexte de la biologie théorique par Harry Blum [1] pour décrire les formes de la nature ou *morphologie*. Blum appelait le squelette « axe de symétrie » de la figure. En effet, lorsque les biologistes veulent décrire les formes de la nature, ils sont intéressés à décrire les différences de formes entre deux espèces. Or, à l'intérieur d'une même espèce, on observe déjà une très grande variabilité de formes. On a donc besoin de trouver des propriétés *caractéristiques* de la forme de *tous* les individus d'une même espèce. Rappelons, par exemple, que le squelette d'une région plane est un graphe (voir la définition 4.14). Les propriétés de ce graphe peuvent décrire une espèce animale si les graphes de tous les individus de l'espèce sont équivalents. Dans ce cas, on dira que le graphe du squelette est un « invariant » de l'espèce.

Pour une forme plane, on associe un graphe à son squelette de la manière suivante : un sommet du graphe est, soit une extrémité d'une branche du squelette, soit un point de jonction de plusieurs branches. On a une arête entre deux sommets si les deux points du squelette auxquels ils correspondent sont reliés par un morceau de courbe du squelette sans autre sommet.

Dans l'analyse morphologique des formes planes, on voudra classifier comme différentes les formes planes dont les graphes de squelette sont non équivalents. L'idée de Blum est qu'on devrait définir une nouvelle géométrie adaptée à la description des formes de la nature et basée sur la notion de point et de « croissance ». La croissance à partir de la frontière nous amène naturellement à la notion de squelette de la forme.

La croissance à partir du squelette et de la fonction $d(X)$ associée génère une forme à partir de son cœur.

Cette idée de Blum est suffisamment puissante pour qu'on lui réserve la section 4.7 ci-dessous. On va décrire une région, non par sa frontière, mais par son squelette et son volume autour du squelette : c'est ce qu'on appelle la propriété fondamentale du squelette.

**Quelques autres applications du squelette** La notion de squelette était connue depuis longtemps des physiciens. Elle intervient dans l'étude des fronts d'onde, en particulier en optique géométrique. Par exemple, il est connu depuis longtemps que le squelette d'une ellipse est un segment de droite.

La notion de squelette apparaît dans l'étude de la forme des dunes de sable : comme celles-ci ont une pente à peu près constante, la projection de l'arête sommitale sur la base est à peu près le squelette de la base [3].

Le squelette d'une forme est un concept couramment utilisé par les informaticiens qui font de la modélisation en trois dimensions. Si l'on se donne une courbe dans l'espace $X(t) = (x(t), y(t), z(t))$, $t \in [a, b]$, et, en chaque point de la courbe, un rayon $d(t)$, alors on engendre un volume comme la réunion des boules $B(X(t), d(t))$ centrées en $X(t)$ de rayon $d(t)$. Ce volume est un genre de cyclindre généralisé, car son axe est une courbe plutôt qu'une droite, et son rayon est variable. Les informaticiens approximent le volume qu'ils veulent modéliser par un nombre fini de tels cylindres généralisés. On voit aisément que cela donne une manière économique de spécifier un volume donné.

## 4.7 La propriété fondamentale du squelette d'une région

Nous allons caractériser les points du squelette d'une région $R$ par une propriété fondamentale. Toutes les preuves de cette section seront intuitives, en ce sens que nous supposerons que la frontière $\partial R$ de $R$ possède une tangente en tout point. Il est possible de généraliser à d'autres régions, mais au prix de subtilités d'analyse que nous voulons éviter.

Pour cela, on définit la notion de disque (boule) maximal(e) inclus(e) dans une région $R$ de $\mathbb{R}^2$ (de $\mathbb{R}^3$). Nous allons montrer que les points du squelette sont précisément les centres des disques maximaux (boules maximales).

**Définition 4.23** *Soit $R$ une région du plan $\mathbb{R}^2$ (de l'espace $\mathbb{R}^3$). Notons par $B(X, r)$ un disque (une boule) centré(e) en $X$ de rayon $r$. Le disque (la boule) $B(X, r)$ est un disque (une boule) maximal(e) de la région $R$ si $B(X, r) \subset R$ et $B(X, r)$ n'est inclus dans aucun disque (aucune boule) également inclus(e) dans $R$.*

Commençons par développer l'intuition de ce nouveau concept en nous convainquant de l'énoncé suivant.

**Proposition 4.24** *Tout point $X$ d'une région $R$ appartient à un disque maximal.*

Preuve Nous écrirons la preuve dans le cas d'une région de $\mathbb{R}^2$ et invitons le lecteur à faire les changements nécessaires pour le cas d'une région de $\mathbb{R}^3$.

Pour cela, nous allons « gonfler » un disque autour de $X$ jusqu'à ce qu'il soit maximal.

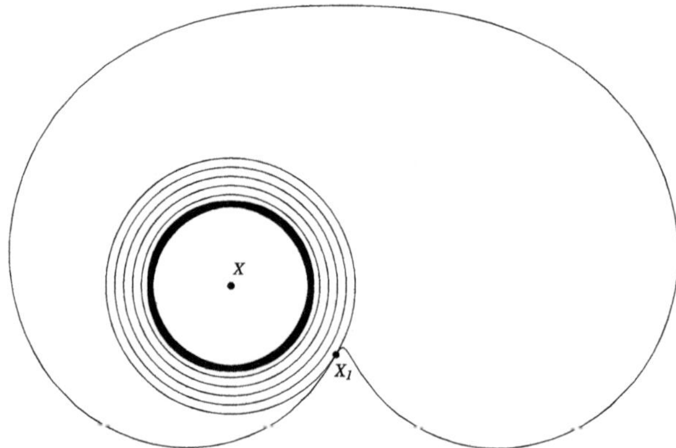


(a) On augmente le rayon jusqu'à ce que le disque touche la frontière.

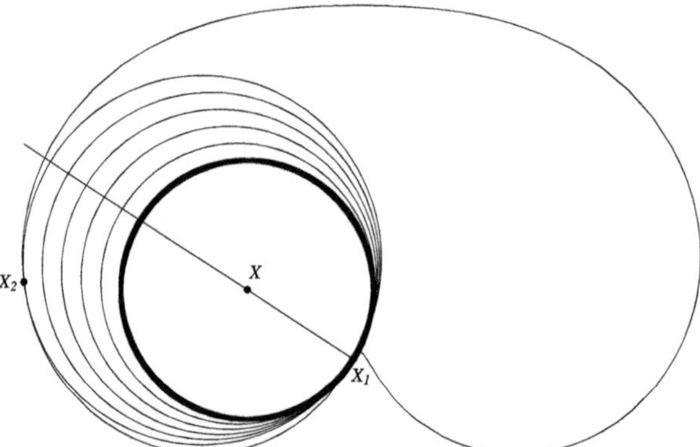


(b) On recule le centre du disque jusqu'à ce que le disque soit tangent à $\partial R$ en 2 points.

**Fig. 4.17.** La construction d'un disque maximal procède par deux processus de gonflement.

Puisque $X$ est à l'intérieur de $R$, on peut choisir un rayon $\epsilon$ suffisamment petit pour que le (petit) disque $B(X, \epsilon)$ soit complètement inclus dans $R$. Augmentons le rayon de ce disque jusqu'à ce qu'il rencontre la frontière. Le rayon du disque est alors

$\min_{Y\in\partial R}|X-Y|$. Quelques étapes du « gonflement » du disque sont représentées à la figure 4.17a. Le disque initial $B(X,\epsilon)$ est en trait gras, les disques subséquents sont en trait fin. Le premier point de contact $X_1$ est indiqué. La droite joignant $X$ et $X_1$ contient un diamètre du cercle. Elle est normale à la tangente au cercle en $X_1$. Comme le cercle est tangent à $\partial R$ en $X_1$, cette droite est normale à la frontière (voir le lemme 4.7).

Le disque $B(X,\min_{Y\in\partial R}|X-Y|)$ contient $X$, mais n'est pas nécessairement maximal. Pour le voir, traçons une droite passant par le centre de $X$ et le premier point de contact $X_1$. Cette droite est normale à la frontière, et nous savons que le centre d'un disque tangent à $\partial R$ doit se trouver sur cette droite (ceci découle du fait que $R$ et le disque ont la même tangente en $X_1$ et du lemme 4.7). Traçons maintenant de nouveaux disques dont le centre est sur cette droite et choisis de façon à ce que $X_1$ demeure à leur frontière. Ce second processus de gonflement est décrit à la figure 4.17b. Le disque $B(X,\min_{Y\in\partial R}|X-Y|)$ obtenu à la première étape est tracé en gras, les disques subséquents le sont en trait fin. Nous arrêtons ce processus lorsqu'un second point de contact $X_2$ est obtenu. (Le second point de contact peut être confondu avec $X_1$ (voir l'exercice 16).) Le disque $B(X',r)$ ainsi tracé contient le point $X$ original. Les deux lemmes suivants nous convaincront qu'il est maximal. □

**Lemme 4.25** *Si $B(X,r)\subset R$ et si son cercle frontière $S(X,r)$ contient un point $X_1$ de $\partial R$, alors $X_1$ est un point de tangence de $S(X,r)$ et $\partial R$.*

PREUVE Puisque $B(X,r)\subset R$ et que $S(X,r)$ contient un point $X_1$ de $\partial R$, il faut que $r=\min_{Y\in\partial R}|X-Y|$. Regardons la tangente à $\partial R$ en $X_1$. Si elle ne coïncide pas avec la tangente au cercle $S(X,r)$ en $X_1$, alors un segment de la tangente est inclus dans le disque $B(X,r)$ (voir le lemme 4.7). Comme la frontière est tangente à ce segment, un morceau de la frontière est situé à l'intérieur de $B(X,r)$. $B(X,r)$ contient donc aussi des points situés à l'extérieur de $R$ (figure 4.18). Ceci contredit le fait que $B(X,r)\subset R$. □

**Lemme 4.26** *Si $B(X,r)\subset R$ et $S(X,r)$ contient deux points distincts $X_1$ et $X_2$ de $\partial R$, alors $B(X,r)$ est un disque maximal de $R$. (Nous pourrions aussi généraliser au cas d'un point de contact entre $S(X,r)$ et $\partial R$ avec un ordre de contact plus grand que 1. Voir l'exercice 16.)*

PREUVE La question à laquelle nous devons répondre est la suivante : existe-t-il un disque $B(X',r')$ (distinct de $B(X,r)$) tel que

$$B(X,r)\subset B(X',r')\subset R? \tag{4.6}$$

S'il n'y en a pas, $B(X,r)$ sera maximal. Essayons donc de construire un tel $B(X',r')$.

Puisque $X_1,X_2\in S(X,r)$, il faut donc que le cercle $S(X',r')$ entourant $B(X',r')$ contienne également ces points. Puisqu'ils sont à la frontière de $\partial R$ et que $B(X',r')$ doit être inclus dans $R$, il est impossible de choisir $X'=X$ et $r'>r$ car, alors, $B(X'=X,r')$ contiendrait des points à l'extérieur de $R$.

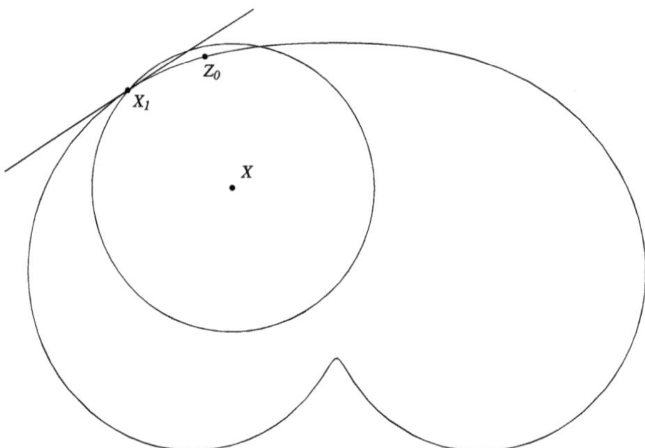


**Fig. 4.18.** Un disque $B(X, r)$ inclus dans $R$ et dont la frontière $S(X, r)$ touche $\partial R$ en $X_1$ doit être tangent à $\partial R$ en $X_1$.

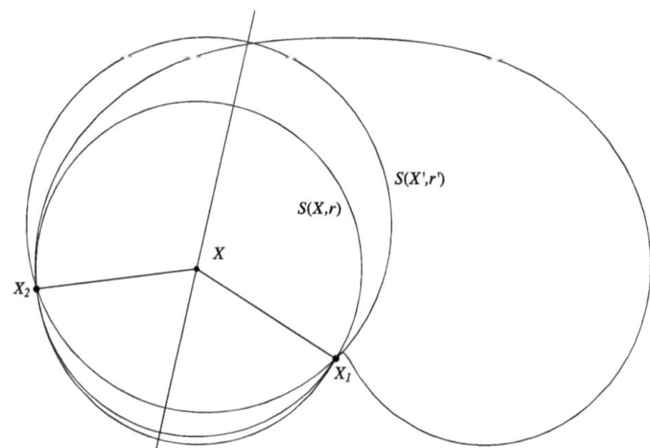


**Fig. 4.19.** À la recherche du disque $B(X', r')$ du lemme 4.26.

Puisque $X_1$ et $X_2$ doivent être sur le cercle $S(X', r')$, ils doivent être à égale distance du centre $X'$. Il faut donc que ce centre $X'$ soit sur la médiatrice de $X_1X_2$. Mais, en construisant un cercle $S(X', r')$ dont le centre est sur cette droite et qui contient $X_1$ et $X_2$, nous voyons que $S(X', r')$ et $S(X, r)$ ne sont tangents ni en $X_1$ ni en $X_2$ (sauf si $X' = X$ et $r' = r$). Ces nouveaux cercles $S(X', r')$ ne peuvent donc pas être tangents à $\partial R$ (voir la figure 4.19), et les disques $B(X', r')$ qu'ils délimitent ne peuvent pas être inclus dans $R$ par la contraposée du lemme 4.25. Il n'existe donc pas de $B(X', r')$ satisfaisant à (4.6), et le disque $B(X, r)$ est maximal. □

Voici enfin la propriété fondamentale du squelette $\Sigma(R)$ d'une région $R$ qui en est une nouvelle caractérisation.

**Théorème 4.27** *Le squelette d'une région $R$ du plan $\mathbb{R}^2$ (respectivement de l'espace $\mathbb{R}^3$) est l'ensemble des centres des disques maximaux (boules maximales) de la région $R$.*

PREUVE Bien que le théorème soit valide sous des hypothèses plus générales, nous ne considérons, comme précédemment, que le cas où la frontière est continûment différentiable, et nous nous limitons à une région de $\mathbb{R}^2$.

Soit $E$ l'ensemble des centres des disques maximaux. Montrer l'égalité entre les deux définitions consiste à montrer les deux inclusions suivantes

$$\begin{cases} \Sigma(R) & \subset E \\ \Sigma(R) & \supset E. \end{cases}$$

Si $X \in \Sigma(R)$ et $d(X) = \min_{Y \in \partial R} |X - Y|$, alors le cercle $S(X, d(X))$ contient deux points $X_1$ et $X_2$ de $\partial R$, $B(X, d(X)) \subset R$ par définition du squelette, et $B(X, d(X))$ est donc maximal de par le lemme 4.26. L'inclusion $\Sigma(R) \subset E$ est donc démontrée.

Pour démontrer l'inclusion $\Sigma(R) \supset E$, choisissons $X \in E$ et $r$ tels que $B(X, r)$ est un disque maximal. Alors $B(X, r) \subset R$. Le cercle $S(X, r)$ doit contenir un point $X_1 \in \partial R$; sinon, nous pourrions utiliser le premier processus de gonflement dépeint à la figure 4.17a, et $B(X, r)$ ne serait pas maximal. Il doit avoir, en fait, un second point de tangence; sinon, nous pourrions utiliser le second processus de gonflement dépeint à la figure 4.17b. Ainsi, $B(X, r) \subset R$ est de rayon maximal (c'est-à-dire $r = \min_{Y \in \partial R} |X - Y|$) et touche $\partial R$ en deux points. Ces deux propriétés sont précisément les conditions pour que $X \in \Sigma(R)$. □

Nous laissons la preuve du corollaire suivant en exercice.

**Corollaire 4.28** *Une région $R$ du plan (respectivement de l'espace) est complètement déterminée par son squelette $\Sigma(R)$ et la fonction $d(X)$ définie pour $X \in \Sigma(R)$.*

## 4.8 Exercices

1. **a)** Trouver le squelette d'un triangle. Déterminer son $r$-squelette.
   **b)** Montrer que le squelette du triangle est la réunion de trois segments de droite. Quel théorème classique de la géométrie euclidienne assure que ces trois segments se rencontrent en un point ?

**2.** Cet exercice poursuit l'analogie entre le $r$-squelette et les feux de gazon allumés simultanément en tous les points de la frontière d'une région $R \subset \mathbb{R}^2$. Soit $v$ la vitesse de propagation du feu. Pourriez-vous dire à quoi correspondent les points du $r$-squelette dans cette analogie ?

**3.** Pouvez-vous imaginer une région $R$ dont le squelette
**a)** est un seul point ?
**b)** est un segment de droite (à part l'ellipse) ?

**4.** L'exemple du rectangle a montré que son squelette est constitué de cinq segments de droite.
**a)** Quel est le squelette d'un carrré ($b = h$) ? Montrer que ce squelette n'est constitué que de deux segments.
**b)** Est-ce que d'autres régions possèdent le squelette du carré ?

**5.** Déterminer le squelette d'une parabole (voir la figure 4.20).

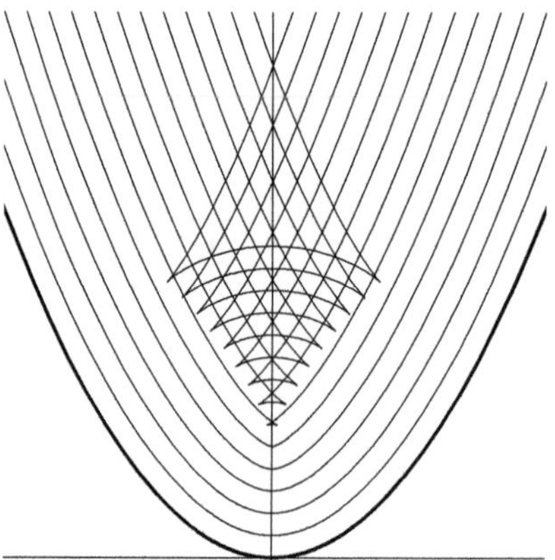

**Fig. 4.20.** Avance de la ligne de feu pour une parabole (exercice 5).

**6.** **a)** Soit $R$ la région de $\mathbb{R}^2$ représentée à gauche de la figure 4.21. Les deux courbes sont des demi-cercles. Tracez le squelette de cette région.
**b)** Soit $L$ la région de $\mathbb{R}^2$ représentée à droite de la figure 4.21. Quels sont le rayon et le centre du plus grand cercle qui peut être inscrit dans cette région $L$ ? (Note : les deux bras de $L$ sont de largeur égale ($h = 1$), et les courbes sont à nouveau des demi-cercles.)
**c)** Tracez le squelette de la région $L$ le plus précisément possible et expliquez votre réponse. (Si ce squelette est constitué de plusieurs courbes ou segments, leurs intersections devraient être clairement indiquées.)

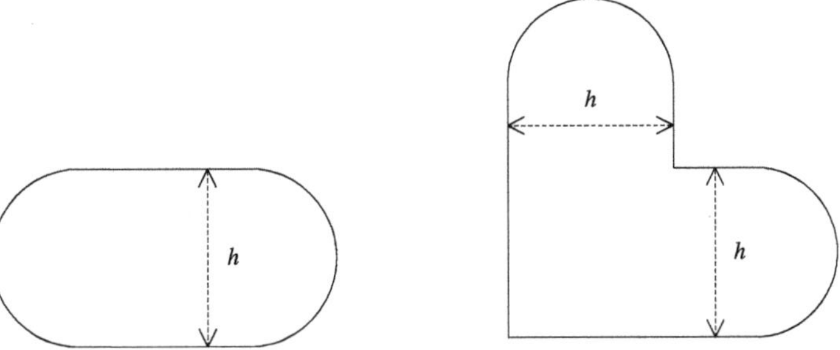


**Fig. 4.21.** Régions $R$ et $L$ de l'exercice 6.

**7.** Penser à un algorithme permettant de tracer le squelette d'un polygone convexe ou non. En déduire un algorithme permettant de calculer le $r$-squelette du polygone.

**8.** Dans le cadre de la chirurgie radioactive au scalpel à rayons gamma, supposons qu'une solution optimale pour une région $R$ soit donnée par $\cup_{i=1}^{N} B(X_i^*, r_i)$. Expliquer pourquoi il est naturel que, si $I \subset \{1, \ldots, N\}$, alors $\cup_{i \notin I} B(X_i^*, r_i)$ est une solution optimale pour $R \setminus \cup_{i \in I} B(X_i^*, r_i)$.

**9.** La preuve du théorème 4.27 ne s'applique pas au squelette du triangle puisque les vecteurs tangents aux sommets ne sont pas bien définis. Montrez (par une autre méthode) que ce théorème est quand même valide pour les triangles.

**10.** Trouver le squelette d'un parallélépipède rectangle avec des arêtes de trois longueurs distinctes ? Quel est son $r$-squelette ?

**11.** Quel est le squelette d'un tétraèdre ? Trouver son $r$-squelette.

**12.** Quel est le squelette d'un cône dont la section est une ellipse ?

**13.** On se donne un ellipsoïde de révolution

$$\frac{x^2}{a^2} + \frac{y^2}{b^2} + \frac{z^2}{b^2} = 1,$$

avec $b < a$. Donner son squelette. Justifier votre réponse.

**14.** Quel est le squelette d'un cylindre dont la base est un disque de rayon $r$ et la hauteur est $h$. Vous devrez étudier les trois cas : (i) $h > 2r$, (ii) $h = 2r$ et (iii) $h < 2r$.

**15.** **a)** Montrer qu'un graphe connexe est un arbre si et seulement si sa caractéristique d'Euler, définie comme le nombre de sommets moins le nombre d'arêtes, est 1.

**b)** Montrer qu'un graphe sans cycle est connexe, donc est un arbre, si et seulement si sa caractéristique d'Euler est 1.

**16. Les points extrêmes du squelette de l'ellipse $\frac{x^2}{a^2} + \frac{y^2}{b^2} = 1$ quand $b < a$**
Cet exercice poursuit l'exemple 4.9. Les points du squelette ont été définis comme étant les points intérieurs de l'ellipse qui sont atteints par deux feux allumés simultanément sur la frontière. Le squelette est un segment du grand axe. Ses deux extrémités

$$\left(\frac{a^2 - b^2}{a}, 0\right) \qquad \text{et} \qquad \left(-\frac{a^2 - b^2}{a}, 0\right)$$

ne sont cependant pas atteintes par les feux issus de deux foyers distincts. Par exemple, en étudiant la figure 4.10, on voit que, pour le point extrême $(\frac{a^2-b^2}{a}, 0)$, c'est le feu issu du point $(a, 0)$ au bout du grand axe de l'ellipse qui l'atteint le premier. Pourquoi ces deux points extrêmes appartiennent-ils donc au squelette ? La théorie des contacts de courbes de la géométrie différentielle y répond.

Soient $\alpha(x) = (x, y_1(x))$ et $\beta(x) = (x, y_2(x))$ deux courbes dans le plan qui se touchent en $x = 0$ :

$$\alpha(0) = \beta(0).$$

Soit $p \geq 1$. On dit que les deux courbes $\alpha$ et $\beta$ ont un contact d'ordre supérieur ou égal à $p$ si

$$\begin{cases} \frac{d}{dx}\alpha(0) = \frac{d}{dx}\beta(0), \\ \frac{d^2}{dx^2}\alpha(0) = \frac{d^2}{dx^2}\beta(0), \\ \vdots \\ \frac{d^p}{dx^p}\alpha(0) = \frac{d^p}{dx^p}\beta(0). \end{cases}$$

Le contact est d'ordre exactement $p$ si $\frac{d^{p+1}}{dx^{p+1}}\alpha(0) \neq \frac{d^p p+1}{dx^{p+1}}\beta(0)$. Intuitivement, un contact d'ordre élevé entre deux courbes indique qu'elles demeurent proches « longtemps » lorsqu'on s'approche ou qu'on s'éloigne du point commun, ou encore, que leur « degré de tangence » est plus intime. On peut faire le lien avec la notion de multiplicité d'une racine d'une équation. Quand on a une racine double (ou une racine de multiplicité $p$), on peut la considérer comme le cas limite de deux racines ($p$ racines) qui se confondent. Ici on peut voir un point de contact d'ordre $p$ comme le cas limite de $p$ points de tangence qui se confondent.

Nous allons calculer l'ordre du contact du disque maximal avec l'ellipse au bout de l'axe mineur (c'est-à-dire en $(0, b)$), puis au bout de l'axe majeur (c'est-à-dire en $(a, 0)$).

**a)** Montrer que l'équation du cercle frontière du disque maximal tangent au point $(0, b)$ est

$$\alpha(x) = (x, \sqrt{b^2 - x^2})$$

et que l'équation de l'ellipse est

$$\beta(x) = \left(x, \frac{b}{a}\sqrt{a^2 - x^2}\right).$$

Montrer que ces deux courbes se touchent en $x = 0$. Montrer que le contact est d'ordre 1 en ce point, mais pas d'ordre 2.

**b)** Pour étudier le contact au point $(a, 0)$, il est utile d'échanger le rôle de $x$ et de $y$ dans la définition ci-dessus. Ainsi, l'équation de l'ellipse prendra la forme

$$\beta(y) = \left(\frac{a}{b}\sqrt{b^2 - y^2}, y\right).$$

(Vous en convaincre!) Écrire l'équation du cercle frontière du disque maximal tangent au point $(a, 0)$ sous la forme $\alpha(y) = (f(y), y)$ pour une bonne fonction $f(y)$. Vous assurer que $\alpha(0) = \beta(0) = (a, 0)$. Quel est l'ordre du contact des deux courbes en ce point ? (On l'obtiendra en prenant les dérivées par rapport à $y$.) En conclure qu'il est raisonnable d'inclure les deux points extrêmes $(-(a^2 - b^2)/a, 0)$ et $((a^2 - b^2)/a, 0)$ dans le squelette $\Sigma$(ellipse).

**17.** Dans le cas où la fonction $f_1(\overline{x}, \overline{y})$ de la preuve de la proposition 4.17 est de la forme $f_1(\overline{x}, \overline{y}) = \overline{y} - f(\overline{x})$, montrer que la condition $J$ non inversible (c'est-à-dire $\det(J) = 0$), où la matrice $J$ est donnée par (4.5), est équivalente à dire que la courbe $\overline{y} = f(\overline{x})$ a un contact d'ordre supérieur ou égal à 2 en $(x_1, y_1)$ avec le cercle $(\overline{x} - x_0)^2 + (\overline{y} - y_0)^2 = r^2$, où $r^2 = (x_1 - x_0)^2 + (y_1 - y_0)^2$. (Vous devez montrer que si vous écrivez l'équation du cercle sous la forme $\overline{y} = g(\overline{x})$, et si vous supposez $f(x_1) = g(x_1) = y_1$ et $f'(x_1) = g'(x_1)$, alors $\det(J) = 0$ si et seulement si $f''(x_1) = g''(x_1)$.) (Le concept de contact d'ordre $p$ a été défini et exploré à l'exercice 16.)

**Fig. 4.22.** La région $R_\epsilon$ de l'exercice 18

**18.** On considère une région $R_\epsilon$ qui est un rectangle $R$ dans lequel on a remplacé les coins par des quarts de cercle de rayon $\epsilon$ (voir la figure 4.22). Donner le squelette de $R_\epsilon$. Montrer qu'il coïncide avec le $r$-squelette de $R$ pour un certain $r$. Lequel ? (Remarque : ici, la frontière de $R_\epsilon$ n'est que $C^1$. Pour obtenir une frontière $C^3$ par morceaux, il aurait fallu remplacer les quarts de cercle par des arcs de courbe ayant un contact d'ordre 3 avec les segments de droite. Mais l'exercice illustre bien que, dans le cas d'un domaine convexe, il existe $r_0$ tel que, pour $r > r_0$, il n'y a pas de différence entre le $r$-squelette du domaine initial et le $r$-squelette du domaine « lissé ». Pour un domaine qui n'est pas convexe, la conclusion n'est pas aussi simple, mais on peut quand même obtenir une approximation raisonnable du squelette en lissant la frontière.)

**19. Lien avec les diagrammes de Voronoi (voir la section 15.5)** Montrer que le squelette d'un ensemble $S$ de $n$ points est donné par les frontières des cellules de Voronoi du diagramme de Voronoi de $S$. Dans cet exercice, la région $R = \mathbb{R}^2 \setminus S$ est le plan privé d'un ensemble de points, et $\partial R = S$.

# Références

[1] Blum, H., « Biological shape and visual science (Part I) », *J. Theoretical Biology*, 1973, vol. 38, 1973, p. 205–287.

[2] Dimitrov, P., C. Phillips et K. Siddiqi, « Robust and efficient skeletal graphs », *Proceedings of the IEEE Computer Science Conference on Computer Vision and Pattern Recognition*, 2000.

[3] Jamm, F. et D. Parlongue, « Les tas de sable », *Gazette des mathématiciens*, 2002, vol. 93, p. 65–82.

[4] Wu, Q.J. et J. D. Bourland, « Morphology-guided radiosurgery treatment planning and optimization for multiple isocenters », *Medical Physics*, 1999, vol. 26, p. 2151–2160.

[5] Wu, Q.J., « Sphere packing using morphological analysis », *DIMACS Series in Discrete Mathematics and Theoretical Computer Science*, 2000, vol. 55, p. 45–54.

# 5

# Épargner et emprunter

*Ce chapitre ne nécessite que les concepts de série géométrique, de suite définie récursivement et de limite. Il peut être couvert en deux heures de cours. Il ne contient qu'une partie élémentaire (voir la préface).*

Rien ne semble plus éloigné des mathématiques que d'acheter une maison ou de penser à sa retraite, surtout quand on est âgé de 20 ans. Pourtant, épargner et emprunter sont soumis à des règles qui se modélisent très bien mathématiquement. C'est une des technologies mathématiques les plus vieilles. Leibniz a consacré de nombreux articles scientifiques aux problèmes des intérêts, des assurances et, de façon plus large, aux mathématiques financières [1]. Mais notre civilisation n'est pas la première à étudier ces problèmes. Une mission archéologique en Iran, sous la direction de Contenau et de Mecquenem, a ramassé en 1933 des tablettes babyloniennes dont l'étude a été faite dans les décennies qui ont suivi. Quelques-unes de ces tablettes avaient un contenu mathématique ; elles seraient de la fin de la première dynastie de Babylone, un peu postérieures à Hammourabi (1793–1750 av. J.-C.), et une d'entre elles porte sur le calcul de l'intérêt composé et des annuités [2]. Ainsi, les problèmes étudiés dans ce chapitre constituent sûrement la plus vieille des applications mathématiques à la vie courante examinée dans le présent recueil !

Les mathématiques intervenant dans ces problèmes bancaires sont relativement simples. Pourtant, l'homme de la rue est en général rebuté par le jargon des prêts hypothécaires et est souvent suspicieux devant les promesses presque faramineuses des plans d'épargne-retraite. Il vaut donc la peine d'apprendre le vocabulaire et les bases mathématiques de ce sujet.

## 5.1 Vocabulaire bancaire

Comme dans plusieurs sujets où les mathématiques ont été ou sont utilisées, le vocabulaire n'a pas été créé par les mathématiciens. Il est souvent flou. Heureusement, dans le présent sujet, il est simple et précis. Deux exemples nous permettront d'introduire ce vocabulaire.

Le premier exemple est celui d'une épargnante. Elle va à la banque déposer 1000 $ le jour de son anniversaire dans le but de retirer cette somme dans cinq ans, jour pour jour. La banque s'engage à lui verser 5 % par an. Le *solde initial* ou *principal* est le montant que l'épargnante met en banque ; dans l'exemple ci-dessus, le solde initial est de 1000 $. Les 5 % que lui donne la banque sont le *taux d'intérêt*[1].

Le second exemple est celui d'un emprunteur. Vous avez travaillé plusieurs étés et il ne vous manque que 5000 $ pour acheter votre première auto. Vous allez à la banque pour emprunter cette somme. La banque vous demandera de rembourser cette somme en donnant 156,38 $ par mois pendant trois ans, car le prêt est concédé à 8 %. Le *montant du prêt* ou *solde initial* est la somme de 5000 $ que la banque vous remet initialement, la *mensualité* est le montant de 156,38 $ que vous paierez mensuellement, la *période d'amortissement* est les trois ans pendant lesquels vous paierez votre emprunt. À tout moment durant ces trois ans, le *solde* sera la partie du prêt (c'est-à-dire du solde initial) qu'il vous reste à payer. Dans trois ans, ce solde sera (enfin) 0 $, et vous posséderez complètement votre auto !

## 5.2 Composition des intérêts

Il y a deux types d'intérêts : les simples et les composés. Nous commencerons par décrire les intérêts composés qui sont de loin les plus répandus.

Les intérêts composés ne « s'additionnent » pas, mais ils se... « composent ». Voyons ce que ceci veut dire. Dans le premier exemple de la section précédente, les intérêts sont de 5 % (sous-entendu par an). Le principal de 1000 $ vaudra au premier anniversaire

$$1000\,\$ + (5\,\% \text{ de } 1000\,\$) = \left(1000\,\$ + \frac{5}{100} \times 1000\,\$\right) = (1000\,\$ + 50\,\$) = 1050\,\$.$$

Mais attention, au second anniversaire, le principal vaudra *plus* que $(1000\,\$ + 50\,\$ + 50\,\$) = 1100\,\$$. En effet, au premier anniversaire, le principal est de 1050 $, et les intérêts que vous verse la banque sont alors calculés sur ce « nouveau » principal. À la fin de la seconde année, c'est-à-dire au second anniversaire du dépôt, le principal et les intérêts vaudront

$$1050\,\$ + (5\,\% \text{ de } 1050\,\$) = \left(1050\,\$ + \frac{5}{100} \times 1050\,\$\right) = (1050\,\$ + 52{,}50\,\$) = 1102{,}50\,\$.$$

Le petit 2,50 $ de différence est pratiquement insignifiant ? Vous verrez que cette petite différence joue un grand rôle. Refaisons le calcul pour les autres anniversaires :

[1] Les mots « 5 % » ou « $n$ % » signifient des fractions multiples de centièmes. Ainsi « 5 % » signifie $\frac{5}{100}$ et « $n$ % » signifie $\frac{n}{100}$.

$$\begin{aligned}\text{troisième anniversaire :}\quad & 1157,63\,\$\\ \text{quatrième anniversaire :}\quad & 1215,51\,\$\\ \text{cinquième anniversaire :}\quad & 1276,28\,\$.\end{aligned}$$

Si les intérêts aux cinq anniversaires avaient été égaux à ceux de la première année (50 \$), le principal au cinquième anniversaire aurait valu $(1000\,\$ + 5 \times 50\,\$) = 1250\,\$$. Puisque les intérêts sont composés annuellement, le principal après cinq ans vaut plutôt 1276,28 \$.

Il est temps de formaliser ce calcul. Soient $p_i$ la valeur du principal au $i$-ième anniversaire et $p_0$ le solde initial. Soit $r$ le taux d'intérêt. Dans l'exemple ci-dessus, le taux est $r = \frac{5}{100}$. Le solde $p_i$ à l'anniversaire $i$ peut être calculé à partir du solde $p_{i-1}$ un an avant. En effet, il suffit d'ajouter à ce dernier $r \times p_{i-1}$ :

$$p_i = p_{i-1} + r \cdot p_{i-1} = p_{i-1}(1+r), \qquad i \geq 1.$$

À l'aide de cette formule récursive, on déduit que $p_i$ est relié à $p_0$ par

$$\begin{aligned} p_i &= p_{i-1}(1+r) \\ &= (p_{i-2}(1+r))\,(1+r) = p_{i-2}(1+r)^2 \\ &= \cdots \\ &= p_0(1+r)^i, \qquad i \geq 1. \end{aligned} \tag{5.1}$$

Ceci est la formule des intérêts composés. Un mathématicien lirait cette formule en disant que « le principal d'un placement croît géométriquement », c'est-à-dire qu'il croît comme la puissance du nombre $1 + r$ (qui est plus grand que 1).

Certaines banques veulent avantager les clients et composent les intérêts selon un cycle *plus court* que l'année. Supposons que, dans l'exemple précédent, les intérêts sont composés trimestriellement, c'est-à-dire aux trois mois. Puisqu'il y a quatre cycles de trois mois dans un an, la banque versera des intérêts de $\frac{r}{4}\,\% = \frac{5}{4}\,\%$ tous les trois mois. Après un an, il y aura eu quatre versements d'intérêts, et leur composition produira un taux annuel $r_{\text{eff}}$ supérieur au taux annoncé de 5 %. En effet,

$$1 + r_{\text{eff}} = \left(1 + \frac{r}{4}\right)^4$$

et

$$r_{\text{eff}} = 5,095\,\%,$$

ce qui est donc avantageux pour le client ! Lorsqu'une banque verse les intérêts à intervalles plus rapprochés que l'année, le taux d'intérêt annoncé (par exemple, 5 %) est le *taux nominal.* Dans les faits, le taux annuel, appelé *taux effectif*, est celui que vous observerez aux anniversaires et est légèrement supérieur. Dans le présent exemple, le taux nominal est de 5 % alors que le taux effectif est de 5,095%.

Comme on peut l'imaginer, le taux effectif croît lorsque la période de composition des intérêts raccourcit. Par exemple, si les intérêts sont versés quotidiennement, le taux effectif associé à $r = 5\,\%$ est

$$r_{\text{eff}} = \left(1 + \frac{r}{365}\right)^{365} - 1 = 5{,}126\,75\,\%.$$

Que dire des intérêts composés à l'heure ? A la seconde ? Au millième de seconde ? Évidemment, seul un mathématicien peut poser la question : existe-t-il une limite au taux effectif lorsque la période tend vers zéro ? Mais c'est une fort jolie question ! Si l'année est divisée en $n$ parties égales, alors le taux effectif $r_{\text{eff}}(n)$ est relié au taux nominal $r$ par

$$1 + r_{\text{eff}}(n) = \left(1 + \frac{r}{n}\right)^n.$$

Selon cette règle, le banquier le plus généreux de la planète composera ses intérêts continûment, et son taux effectif sera

$$1 + r_{\text{eff}}(\infty) = \lim_{n\to\infty} (1 + r_{\text{eff}}(n)) = \lim_{n\to\infty} \left(1 + \frac{r}{n}\right)^n = e^r.$$

La dernière étape utilise la relation

$$\lim_{n\to\infty} \left(1 + \frac{1}{n}\right)^n = e$$

qui est habituellement démontrée dans un premier cours d'analyse. En faisant le changement de variable $m = \frac{n}{r}$, on obtient

$$\lim_{n\to\infty} \left(1 + \frac{r}{n}\right)^n = \lim_{m\to\infty} \left(1 + \frac{1}{m}\right)^{mr} = \left(\lim_{m\to\infty} \left(1 + \frac{1}{m}\right)^m\right)^r = e^r.$$

Il est amusant de voir apparaître la base $e$ des logarithmes népériens dans ce calcul simple. (Puisque les prêts sont vieux comme le monde, les banquiers auraient pu être les premiers à introduire ce nombre.) Si $r = 5\,\%$ comme plus tôt, 20 ans permettront de multiplier le principal par le nombre $e$. En effet, selon la formule des intérêts composés (5.1), le principal vaudra après 20 ans

$$p_{20} = p_0(1 + r_{\text{eff}}(\infty))^{20} = p_0(e^r)^{20} = p_0 e^{\frac{5}{100}\times 20} = p_0 e.$$

Il n'y a pas une grande différence entre le taux nominal de $r = 5\,\%$ et le taux effectif $r_{\text{eff}}(\infty)$ correspondant : $r_{\text{eff}}(\infty) = e^r - 1 = 5,127\,11\ldots\,\%$. Les banquiers n'utilisent donc pas ce concept de composition limite (un peu abstrait) comme outil de marketing.

Les *intérêts simples* sont très rares et ne sont presque jamais utilisés dans les milieux bancaires. Ils consistent à calculer les intérêts sur le solde initial quel que soit l'anniversaire du placement. Dans l'exemple d'un placement initial $p_0 = 1000\,\$$ et $r = 5\,\%$, les intérêts (simples) seront de $1000 \times \frac{5}{100}$ \$= 50 \$ chaque année. Le principal et les intérêts des cinq premiers anniversaires vaudront ensemble :

$$\begin{aligned} p_1 &= 1050\,\$, \\ p_2 &= 1100\,\$, \\ p_3 &= 1150\,\$, \\ p_4 &= 1200\,\$, \\ p_5 &= 1250\,\$. \end{aligned}$$

Cette progression est dite arithmétique, car l'accroissement dépend *linéairement* du nombre d'années en banque :

$$p_i - p_0 = ir.$$

Si vous désirez placer votre argent à la banque, refusez les intérêts simples. Et si vos parents vous concèdent un prêt à intérêts simples, ils sont très généreux !

## 5.3 Un plan d'épargne

Les institutions financières recommandent de commencer à investir tôt pour la retraite. Elles proposent plusieurs plans d'épargne, certains vous promettant de pouvoir prendre votre retraite dès votre 55e anniversaire dans un confort financier assuré. Pour une jeune étudiante, ceci semble bien loin, et il peut lui paraître approprié de retarder de quelques années le début de son plan d'épargne pour la retraite. Mais les banques ont raison : le plus tôt sera le mieux !

Un plan d'épargne invite un client à s'engager à déposer chaque année une somme $\Delta$ \$ et ce, pendant $N$ années. Durant ces $N$ années, la banque offrira un taux $r$ que nous supposerons constant et composé annuellement. Les variables sont donc

| | |
|---|---|
| $\Delta$ : | dépôt annuel de l'épargnant |
| $r$ : | taux d'intérêt constant pour les $N$ années |
| $N$ : | durée du plan d'épargne |
| $p_i$ : | solde du plan au $i$-ième anniversaire, $i = 0, 1, \dots, N$. |

L'épargnant dépose $\Delta$ \$ le jour de la signature du contrat et

$$p_0 = \Delta.$$

Après un an, les intérêts ont couru, et la banque les verse dans le compte. À ces intérêts, l'épargnant ajoute une nouvelle tranche de $\Delta$ \$. Ainsi, au premier anniversaire, le solde est

$$\begin{aligned} p_1 &= p_0 + rp_0 + \Delta \\ &= p_0(1 + r) + \Delta. \end{aligned}$$

Ce raisonnement peut être répété pour toutes les années suivantes. Ainsi, $p_i$ se déduit de $p_{i-1}$ par

$$p_i = p_{i-1}(1+r) + \Delta.$$

Il est possible d'obtenir $p_i$ en fonction de $p_0$. En expérimentant un peu, nous devinerons la réponse :

$$\begin{aligned} p_2 &= p_1(1+r) + \Delta \\ &= (p_0(1+r) + \Delta)(1+r) + \Delta \\ &= p_0(1+r)^2 + \Delta(1+(1+r)) \end{aligned}$$

et

$$\begin{aligned} p_3 &= p_2(1+r) + \Delta \\ &= \left(p_0(1+r)^2 + \Delta(1+(1+r))\right)(1+r) + \Delta \\ &= p_0(1+r)^3 + \Delta\left(1+(1+r)+(1+r)^2\right). \end{aligned}$$

Il est tentant de proposer la formule générale

$$\begin{aligned} p_i &= p_0(1+r)^i + \Delta\left(1+(1+r)+(1+r)^2+\cdots+(1+r)^{i-1}\right) \\ &= p_0(1+r)^i + \Delta\sum_{j=0}^{i-1}(1+r)^j. \end{aligned} \tag{5.2}$$

Cette formule sera prouvée à l'exercice 1.

En se rappelant que la somme des $i$ premières puissances d'un nombre $x$ est

$$\sum_{j=0}^{i-1} x^j = \frac{x^i - 1}{x - 1}$$

si $x \neq 1$, on obtient

$$\begin{aligned} p_i &= \Delta(1+r)^i + \Delta\sum_{j=0}^{i-1}(1+r)^j, \qquad \text{car } p_0 = \Delta \\ &= \Delta\sum_{j=0}^{i}(1+r)^j \\ &= \Delta\frac{(1+r)^{i+1} - 1}{(1+r) - 1} \\ &= \frac{\Delta}{r}\left((1+r)^{i+1} - 1\right). \end{aligned}$$

Donc,

$$p_i = \frac{\Delta}{r}\left((1+r)^{i+1} - 1\right), \tag{5.3}$$

et, après $N$ années, $p_N = \Delta((1+r)^{N+1} - 1)/r$. Remarquez que, si l'épargnant prend sa retraite au $N$-ième anniversaire, il ne déposera sans doute pas le montant de $\Delta$ \$, car c'est le jour où il prend possession de ses placements. Si c'est le cas, $p_N$ devient plutôt

$$\begin{aligned} q_N &= p_N - \Delta \\ &= \frac{\Delta}{r}\left((1+r)^{N+1} - 1\right) - \Delta \\ &= \frac{\Delta}{r}\left((1+r)^{N+1} - 1 - r\right) \\ &= \frac{\Delta}{r}\left((1+r)^{N+1} - (1+r)\right). \end{aligned} \tag{5.4}$$

Nous utiliserons cette formule (5.4) plutôt que (5.3) à l'avenir.

**Exemple 5.1** *a) Voici un exemple numérique qui donne une idée des sommes en jeu. Supposons des placements annuels de* $\Delta = 1000$ \$ *pendant* $N = 25$ *ans. Si le taux d'intérêt est de 8 %, alors*

$$q_N = \frac{\Delta}{r}\left((1+r)^{N+1} - 1\right) - \Delta = 78\,954{,}42\,\$$$

*alors que l'épargnant a déboursé 25 000 \$.*

*b) Supposons qu'un second épargnant retarde d'un an le début de ses contributions, mais prend sa retraite en même temps que l'épargnant de a). Quelle différence y aura-t-il entre les deux soldes terminaux ? Pour le second épargnant,* $N = 24$ *alors que toutes les autres variables sont les mêmes. Donc,* $q_{24} = 72\,105{,}94$ \$, *et la différence entre les deux soldes est de* 6848,48 \$. *Pour avoir contribué 1000 \$ de moins lors de la première année, le second épargnant se retrouve avec près de 10 % de moins que le premier. Les banques ont raison : commencez tôt à épargner pour vos vieux jours !*

Nous avons fait au tout début l'hypothèse que le taux d'intérêt offert au cours des $N$ années était constant. Cette hypothèse n'est pas réaliste ! La figure 5.1 montre le taux moyen des prêts hypothécaires à l'habitation des principales banques canadiennes pour la dernière moitié de siècle. Lorsque les banques exigent des taux d'intérêt importants de leurs emprunteurs, elles peuvent offrir de bons taux aux épargnants.

## 5.4 Emprunter

Beaucoup de gens empruntent de l'argent pour s'acheter de gros objets tels une auto ou des électroménagers, d'autres, pour payer leurs études, et presque tous emprunteront à la banque pour s'acheter une maison. Il est donc utile de comprendre la « dynamique » des prêts.

À l'achat d'une maison, une personne utilise une partie de ses économies pour faire une mise de fond, c'est-à-dire que cette personne paie en partie sa maison à l'aide de ses épargnes. Elle emprunte la somme résiduelle à la banque et elle donne cette somme et sa mise de fonds au propriétaire précédent de la maison. L'acheteur n'aura donc une responsabilité financière qu'auprès de la banque.

La banque invitera l'emprunteur à choisir la *période d'amortissement* de son prêt, fixera le taux d'intérêt $r$ (le *taux hypothécaire*) et déterminera la *mensualité* $\Delta$, c'est-à-dire la somme que l'emprunteur devra payer à la banque tous les mois. Voici les variables en jeu.

| | |
|---|---|
| $p_i$ : | solde résiduel du capital emprunté au $i$-ième mois |
| $\Delta$ : | mensualité |
| $r_m$ : | taux d'intérêt mensuel effectif |
| $N$ : | période d'amortissement (en années). |

La quantité $p_0$ représente l'emprunt contracté par l'acheteur. Il est important de remarquer que le « $i$ » de cette section compte les mois alors que celui de la section précédente étiquetait les années. Chaque mois, les intérêts courent et augmentent la somme due, *mais* l'emprunteur remet $\Delta$ \$. Donc, s'il doit encore $p_i$ au $i$-ième mois, il devra au $(i+1)$-ième mois :

$$p_{i+1} = p_i(1 + r_m) - \Delta.$$

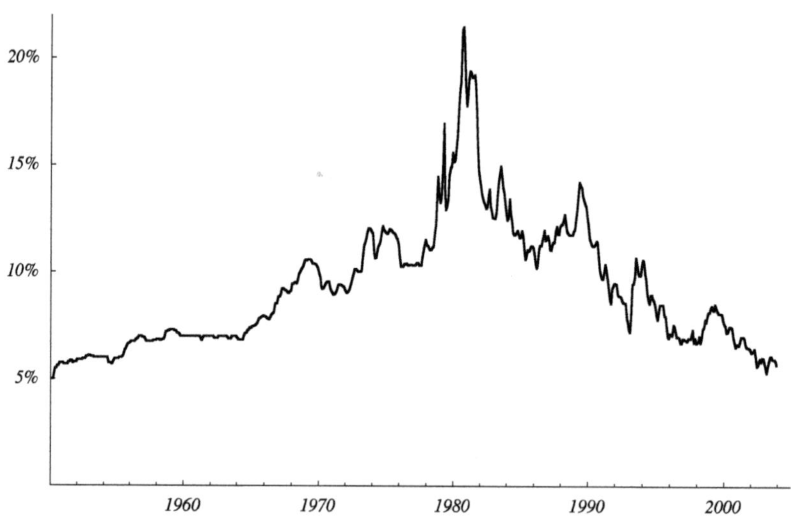


**Fig. 5.1.** Le taux moyen des prêts hypothécaires à l'habitation des principales banques canadiennes au cours des ans (source : site internet de la Banque du Canada).

Le signe « $-$ » devant $\Delta$ indique que l'emprunteur *réduit* sa dette chaque mois alors que les intérêts mensuels $r_m p_i$ l'augmentent. (Il n'a donc une chance de payer sa dette que si $p_i r_m < \Delta$.) Puisqu'il a choisi de payer cette dette en $N$ années, et donc en $12N$ mois, il faudra que

$$p_{12N} = 0.$$

En copiant le calcul de la section précédente (exercice !), on peut exprimer $p_i$ en fonction de $p_0$. On trouve

$$\begin{aligned} p_i &= p_0(1+r_m)^i - \Delta \sum_{j=0}^{i-1} (1+r_m)^j \\ &= p_0(1+r_m)^i - \Delta \frac{(1+r_m)^i - 1}{r_m}. \end{aligned} \tag{5.5}$$

Puisque la banque fixe le taux hypothécaire (et donc $r_m$) et que le client choisit le montant emprunté $p_0$ et la période d'amortissement, la seule inconnue est $\Delta$. En utilisant $p_{12N} = 0$, on trouve

$$0 = p_{12N} = p_0(1+r_m)^{12N} - \frac{\Delta}{r_m}\left((1+r_m)^{12N} - 1\right)$$

et donc,

$$\Delta = r_m p_0 \frac{(1+r_m)^{12N}}{((1+r_m)^{12N} - 1)}. \tag{5.6}$$

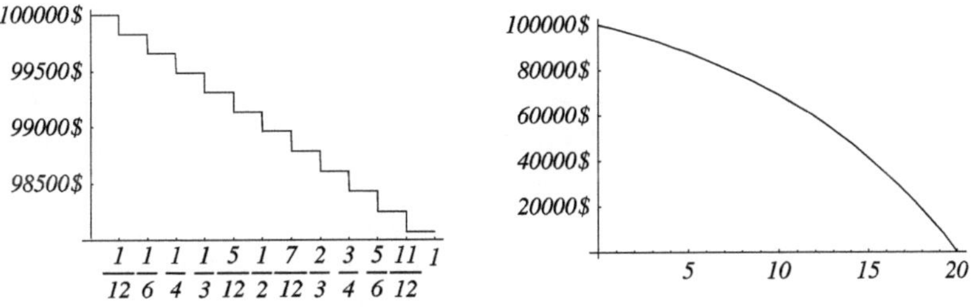


**Fig. 5.2.** Le solde résiduel durant la première année (à gauche) et durant les 20 ans d'amortissement (à droite). Voir l'exemple 5.2.

**Exemple 5.2** *Pour un emprunt de 100 000 \$ payé sur 20 ans et contracté à un taux mensuel de* $\frac{2}{3}$ % *(donc, à un taux annuel nominal de* $12 \times \frac{2}{3}\,\% = 8\,\%$*), un acheteur devra débourser des mensualités de*

$$\Delta = \frac{2}{300} \times 100\ 000 \times \frac{(1+\frac{2}{300})^{240}}{((1+\frac{2}{300})^{240} - 1)}\ \$ = 836{,}44\,\$.$$

*Ses 240 mensualités de* 836,44 \$ *totaliseront* $240 \times 836{,}44$ \$ $=$ 200 746 \$, *plus de deux fois le montant emprunté. En utilisant la formule (5.5), on peut tracer le solde résiduel* $p_i$ *au cours des 20 années. La figure 5.2 montre le progrès du paiement de la dette de l'emprunteur durant la première année (graphique de gauche) et durant les 20 années suivantes jusqu'au remboursement complet (graphique de droite). Vous remarquerez qu'au cours de la première année, le solde n'a pas même baissé de 3000 \$ alors que l'acheteur a donné à la banque* $12 \times 836{,}44$ \$ $=$ 10 037,28 \$. *Les hypothèques sont bien frustrantes.*

*Si nous désirions rembourser le même emprunt en 15 ans plutôt qu'en 20, les versements mensuels seraient de 955,65 \$, pour un total de 172 017 \$ au terme de ces 15 années. Cette différence de plus de 28 000 \$ entre les totaux sur 20 et sur 15 ans en fera songer plusieurs. Vous y penserez sûrement encore quand vous achèterez votre première résidence.*

Nous avons vu à la première section la distinction entre taux nominal et taux effectif. Une distinction similaire apparaît pour les taux hypothécaires. Les banques présentent toujours leur taux hypothécaire $r$ (annuel) sans expliquer comment elles calculent le taux mensuel $r_m$. Est-ce que

$$r_m = \frac{r}{12}? \tag{$r_{m1}$}$$

Ou est-ce que $r_m$ est déterminé par

$$(1+r) = (1+r_m)^{12}? \tag{$r_{m2}$}$$

Dans le premier cas, le taux annuel effectif sera

$$r_{\text{eff1}} = (1+r_{m1})^{12} - 1 = \left(1+\frac{r}{12}\right)^{12} - 1$$

alors que, dans le second, il sera $r_{\text{eff2}} = r$. Il est clair que $(1+\frac{r}{12})^{12} - 1 > r$ (pourquoi ?) et que les banques recevront plus d'intérêts avec $r_{m1}$ qu'avec $r_{m2}$. Ainsi, $r_{m1}$ avantage les banques, $r_{m2}$, les emprunteurs. Alors, comment $r_m$ est-il calculé ?

La réponse dépend des pays ! Même en Amérique du Nord, les $r_m$ sont calculés différemment au Canada et aux États-Unis. C'est la formule ($r_{m1}$) qu'utilisent les banques américaines. Les banques canadiennes n'utilisent ni ($r_{m1}$) ni ($r_{m2}$). Elles déterminent plutôt le taux mensuel effectif à l'aide de

$$\left(1+\frac{r}{2}\right) = (1+r_m)^6, \tag{$r_{m\text{CAN}}$}$$

c'est-à-dire que le taux $r_m$ composé mensuellement sur six mois doit reproduire la moitié du taux annuel. Avec ces $r_m$ (américain ou canadien), il est possible de reproduire les calculs des banquiers au cent près !

## 5.5 Exercices

**Note :** les intérêts sont composés annuellement à moins d'indication contraire.

**1.** Prouver la formule (5.2). (Suggestion : par induction évidemment !)

**2.** **a)** La formule (5.4) est-elle linéaire en $\Delta$ ? En d'autres mots, si le dépôt annuel $\Delta$ est multiplié par $x$, est-ce que le solde du placement au $i$-ième anniversaire sera également multiplié par $x$ ? (L'homme de la rue et les banquiers parleront de « règle de trois » plutôt que de « linéarité ».)
**b)** La même formule est-elle linéaire en $r$ ?
**c)** Si l'épargnante verse plutôt $\frac{\Delta}{2}$ tous les six mois, est-ce qu'elle retirera la même somme après $N$ années ?

**3.** La plupart des compagnies de cartes de crédit affichent des pourcentages annuels même si elles composent les intérêts mensuellement. Si le taux effectif annuel d'une compagnie est de 18 %, quel pourcentage mensuel celle-ci doit-elle utiliser ? Avant de commencer l'exercice : ce pourcentage mensuel sera-t-il plus petit ou plus grand que $\frac{18}{12}\,\% = 1{,}5\,\%$ ?

**4.** **a)** Une étudiante de 20 ans place 1000 $ à 5 %. Elle a l'intention de laisser ce placement fructifier jusqu'à sa retraite à 65 ans. On suppose que le rendement (5 %) ne changera pas pendant sa carrière. Que vaudra alors le placement si les intérêts sont composés *(i)* annuellement ou *(ii)* mensuellement au taux de $\frac{5}{12}\,\%$ ?
**b)** Un étudiant du même âge que l'étudiante de a) décide de ne rien investir jusqu'à 45 ans. Alors, il décide de déposer une somme qui lui donnera, à 65 ans, le même montant que le placement de l'étudiante de a). Quelle est cette somme si les deux placements profitent du même taux ?

**5.** **a)** Une somme de 1000 $ est placée pour dix ans. Que vaudra-t-elle si le rendement annuel est de 6 %, de 8 %, de 10 % ?
**b)** Combien faut-il attendre de temps pour que ce placement de 1000 $ double de valeur pour les rendements annuels de a) ?
**c)** Que deviennent les réponses de b) si les intérêts sont simples plutôt que composés ?
**d)** Que deviennent les réponses de b) si le placement initial est de 2000 $ ?

**6.** Une hypothèque est payée sur une période de 20 ans à un taux hypothécaire constant de 8 %. Après combien de mois la moitié de l'emprunt sera-t-elle remboursée ?

**7.** **a)** Une étudiante de 20 ans découvre une banque lui offrant 10 % par an si elle s'engage à placer 1000 $ par année le jour de son anniversaire jusqu'à ce qu'elle ait 65 ans. Que vaudra le magot à son 65$^{\text{e}}$ anniversaire ?
**b)** Que devrait être le dépôt annuel si l'étudiante veut prendre sa retraite millionnaire ?

**8.** Un étudiant veut emprunter une somme d'argent. Il sait qu'il ne pourra pas remettre un sou avant cinq ans. Deux scénarios s'offrent à lui. Premièrement, son père est prêt à lui prêter l'argent à 10 % d'intérêt simple pendant ces cinq ans. Deuxièmement, un ami s'offre à lui prêter l'argent à 7 % d'intérêt composé. Que lui suggérez-vous ?

**9.** Lors de la négociation d'un prêt hypothécaire, les paramètres suivants sont établis : le taux, le montant du prêt, la période d'amortissement, la période des versements (habituellement un mois, mais aussi une ou deux semaines) et la *durée du contrat.* Cette durée est toujours plus petite ou égale à la période d'amortissement. À la fin du contrat, l'emprunteur et la banque renégocient les paramètres ; le nouveau montant du prêt est alors le montant résiduel à payer.
**a)** Un couple achète une maison et doit emprunter 100 000 $ pour en assurer le paiement. Ils optent pour un remboursement sur 25 ans. Puisque les taux d'intérêt sont élevés au moment de l'achat (12 %), ils décident de fixer leur premier contrat avec la banque pour trois ans. Quel sera leur versement mensuel ? Quel sera le solde à la fin de cette période de trois ans ?
**b)** Après ces trois premières années, les taux ont baissé, et ils désirent toujours s'acquitter de leur dette au cours des 22 années restantes. Ils s'engagent donc pour une période de cinq ans à 8 %. Quel sera leur nouveau versement mensuel ? Quel sera le solde résiduel à la fin de ces huit premières années ?

**10.** Deux prêts hypothécaires sont accordés pour des sommes égales. Ils seront remboursés sur 20 ans. Si les taux sont différents, quel sera le taux qui, à mi-terme (dix ans), aura permis de payer la plus grande partie du capital : le prêt au plus petit taux ou celui au plus grand ?

**11.** Dans presque toutes les librairies, on peut acheter des *Tables de prêts hypothécaires.* Vous trouverez en appendice (p. 171) les pages correspondant aux taux de 8 % et de 12 %. Le taux mensuel effectif a été calculé selon les règles canadiennes.
**a)** Selon ces tables, quel sera le versement mensuel sur un prêt hypothécaire de 40 000 $ à 8 % qui sera remboursé sur 15 ans ?
**b)** Et sur un prêt de 42 000 $ au même taux remboursé aussi sur 15 ans ?
**c)** Calculer le montant demandé en a) sans utiliser la table. (Déterminer d'abord le taux effectif mensuel $r_m$ utilisé par les banques.)

**12.** Plusieurs banques offrent des hypothèques dont les versements sont faits aux deux semaines. Ces banques calculent le montant que l'emprunteur devrait payer s'il y avait 24 versements par année et l'utilisent comme paiement aux deux semaines. Supposons qu'il y ait exactement 26 paiements par année. Si la banque consent un prêt de 7 % sur 20 ans, ces versements aux deux semaines permettront de rembourser le prêt plus rapidement. En combien de temps le prêt sera-t-il remboursé ? (Vous devrez trouver une façon raisonnable de déterminer le taux $r_{2s}$ aux deux semaines. Essayez de copier la relation $(r_{m\text{CAN}})$.)

**13.** Utiliser votre logiciel préféré pour écrire un programme reproduisant les tables de l'appendice.

## 5.6 Appendice : tables de prêts hypothécaires

Les deux pages qui suivent contiennent respectivement les tables pour un taux annuel de 8 % et de 12 %. Ce sont ces tables que l'on retrouve dans les petits livres intitulés *Tables de prêts hypothécaires*. La ligne supérieure donne la période d'amortissement en années, et la colonne de gauche, le montant emprunté. Ces tables sont données à titre d'exemple et comme outil pour certains des exercices. Le taux mensuel effectif a été déterminé selon les règles canadiennes.

| | 1 | 2 | 3 | 4 | 5 | 6 | 7 | 8 | 9 | 10 | 15 | 20 | 25 |
|---|---|---|---|---|---|---|---|---|---|---|---|---|---|
| 1000 | 86,93 | 45,17 | 31,28 | 24,35 | 20,21 | 17,47 | 15,52 | 14,07 | 12,95 | 12,06 | 9,48 | 8,28 | 7,63 |
| 2000 | 173,86 | 90,34 | 62,55 | 48,70 | 40,43 | 34,94 | 31,04 | 28,14 | 25,90 | 24,13 | 18,96 | 16,57 | 15,26 |
| 3000 | 260,78 | 135,50 | 93,83 | 73,06 | 60,64 | 52,41 | 46,56 | 42,21 | 38,85 | 36,19 | 28,44 | 24,85 | 22,90 |
| 4000 | 347,71 | 180,67 | 125,11 | 97,41 | 80,86 | 69,88 | 62,09 | 56,28 | 51,81 | 48,26 | 37,93 | 33,13 | 30,53 |
| 5000 | 434,64 | 225,84 | 156,38 | 121,76 | 101,07 | 87,35 | 77,61 | 70,35 | 64,76 | 60,32 | 47,41 | 41,42 | 38,16 |
| 6000 | 521,57 | 271,01 | 187,66 | 146,11 | 121,28 | 104,82 | 93,13 | 84,42 | 77,71 | 72,38 | 56,89 | 49,70 | 45,79 |
| 7000 | 608,50 | 316,18 | 218,93 | 170,46 | 141,50 | 122,29 | 108,65 | 98,49 | 90,66 | 84,45 | 66,37 | 57,99 | 53,42 |
| 8000 | 695,43 | 361,34 | 250,21 | 194,81 | 161,71 | 139,76 | 124,17 | 112,56 | 103,61 | 96,51 | 75,85 | 66,27 | 61,06 |
| 9000 | 782,35 | 406,51 | 281,49 | 219,17 | 181,93 | 157,23 | 139,69 | 126,64 | 116,56 | 108,58 | 85,33 | 74,55 | 68,69 |
| 10 000 | 869,28 | 451,68 | 312,76 | 243,52 | 202,14 | 174,70 | 155,21 | 140,71 | 129,51 | 120,64 | 94,82 | 82,84 | 76,32 |
| 15 000 | 1303,92 | 677,52 | 469,15 | 365,28 | 303,21 | 262,05 | 232,82 | 211,06 | 194,27 | 180,96 | 142,22 | 124,25 | 114,48 |
| 20 000 | 1738,57 | 903,36 | 625,53 | 487,04 | 404,28 | 349,40 | 310,43 | 281,41 | 259,03 | 241,28 | 189,63 | 165,67 | 152,64 |
| 25 000 | 2173,21 | 1129,20 | 781,91 | 608,80 | 505,35 | 436,74 | 388,04 | 351,77 | 323,78 | 301,60 | 237,04 | 207,09 | 190,80 |
| 30 000 | 2607,85 | 1355,04 | 938,29 | 730,56 | 606,42 | 524,09 | 465,64 | 422,12 | 388,54 | 361,92 | 284,45 | 248,51 | 228,96 |
| 35 000 | 3042,49 | 1580,88 | 1094,67 | 852,32 | 707,50 | 611,44 | 543,25 | 492,47 | 453,30 | 422,24 | 331,85 | 289,93 | 267,12 |
| 40 000 | 3477,13 | 1806,72 | 1251,05 | 974,07 | 808,57 | 698,79 | 620,86 | 562,82 | 518,05 | 482,56 | 379,26 | 331,34 | 305,29 |
| 45 000 | 3911,77 | 2032,56 | 1407,44 | 1095,83 | 909,64 | 786,14 | 698,46 | 633,18 | 582,81 | 542,88 | 426,67 | 372,76 | 343,45 |
| 50 000 | 4346,41 | 2258,40 | 1563,82 | 1217,59 | 1010,71 | 873,49 | 776,07 | 703,53 | 647,57 | 603,20 | 474,08 | 414,18 | 381,61 |
| 60 000 | 5215,70 | 2710,08 | 1876,58 | 1461,11 | 1212,85 | 1048,19 | 931,29 | 844,24 | 777,08 | 723,85 | 568,89 | 497,01 | 457,93 |
| 70 000 | 6084,98 | 3161,76 | 2189,34 | 1704,63 | 1414,99 | 1222,88 | 1086,50 | 984,94 | 906,59 | 844,49 | 663,71 | 579,85 | 534,25 |
| 80 000 | 6954,26 | 3613,44 | 2502,11 | 1948,15 | 1617,13 | 1397,58 | 1241,72 | 1125,65 | 1036,11 | 965,13 | 758,52 | 662,69 | 610,57 |
| 90 000 | 7823,54 | 4065,12 | 2814,87 | 2191,67 | 1819,27 | 1572,28 | 1396,93 | 1266,36 | 1165,62 | 1085,77 | 853,34 | 745,52 | 686,89 |
| 100 000 | 8692,83 | 4516,79 | 3127,64 | 2435,19 | 2021,42 | 1746,98 | 1552,14 | 1407,06 | 1295,13 | 1206,41 | 948,15 | 828,36 | 763,21 |

**Tab. 5.1.** Table des mensualités pour des prêts hypothécaires à un taux annuel de 8 %

| | 1 | 2 | 3 | 4 | 5 | 6 | 7 | 8 | 9 | 10 | 15 | 20 | 25 |
|---|---|---|---|---|---|---|---|---|---|---|---|---|---|
| 1000 | 88,71 | 46,94 | 33,08 | 26,19 | 22,10 | 19,40 | 17,50 | 16,09 | 15,02 | 14,18 | 11,82 | 10,81 | 10,32 |
| 2000 | 177,43 | 93,88 | 66,15 | 52,38 | 44,20 | 38,80 | 35,00 | 32,19 | 30,04 | 28,36 | 23,63 | 21,62 | 20,64 |
| 3000 | 266,14 | 140,82 | 99,23 | 78,58 | 66,30 | 58,20 | 52,49 | 48,28 | 45,06 | 42,54 | 35,45 | 32,43 | 30,96 |
| 4000 | 354,85 | 187,75 | 132,30 | 104,77 | 88,39 | 77,60 | 69,99 | 64,38 | 60,09 | 56,72 | 47,26 | 43,24 | 41,28 |
| 5000 | 443,57 | 234,69 | 165,38 | 130,96 | 110,49 | 97,00 | 87,49 | 80,47 | 75,11 | 70,90 | 59,08 | 54,05 | 51,59 |
| 6000 | 532,28 | 281,63 | 198,46 | 157,15 | 132,59 | 116,40 | 104,99 | 96,57 | 90,13 | 85,08 | 70,90 | 64,86 | 61,91 |
| 7000 | 620,99 | 328,57 | 231,53 | 183,34 | 154,69 | 135,80 | 122,49 | 112,66 | 105,15 | 99,26 | 82,71 | 75,67 | 72,23 |
| 8000 | 709,71 | 375,51 | 264,61 | 209,54 | 176,79 | 155,20 | 139,99 | 128,75 | 120,17 | 113,44 | 94,53 | 86,48 | 82,55 |
| 9000 | 798,42 | 422,45 | 297,69 | 235,73 | 198,89 | 174,60 | 157,48 | 144,85 | 135,19 | 127,62 | 106,34 | 97,29 | 92,87 |
| 10 000 | 887,13 | 469,38 | 330,76 | 261,92 | 220,98 | 194,00 | 174,98 | 160,94 | 150,21 | 141,80 | 118,16 | 108,10 | 103,19 |
| 15 000 | 1330,70 | 704,08 | 496,14 | 392,88 | 331,48 | 291,00 | 262,47 | 241,41 | 225,32 | 212,70 | 177,24 | 162,15 | 154,78 |
| 20 000 | 1774,27 | 938,77 | 661,52 | 523,84 | 441,97 | 388,00 | 349,97 | 321,88 | 300,43 | 283,61 | 236,32 | 216,19 | 206,38 |
| 25 000 | 2217,84 | 1173,46 | 826,91 | 654,80 | 552,46 | 485,00 | 437,46 | 402,36 | 375,54 | 354,51 | 295,40 | 270,24 | 257,97 |
| 30 000 | 2661,40 | 1408,15 | 992,29 | 785,76 | 662,95 | 582,00 | 524,95 | 482,83 | 450,64 | 425,41 | 354,48 | 324,29 | 309,57 |
| 35 000 | 3104,97 | 1642,84 | 1157,67 | 916,72 | 773,45 | 679,00 | 612,44 | 563,30 | 525,75 | 496,31 | 413,56 | 378,34 | 361,16 |
| 40 000 | 3548,54 | 1877,54 | 1323,05 | 1047,68 | 883,94 | 776,00 | 699,93 | 643,77 | 600,86 | 567,21 | 472,64 | 432,39 | 412,76 |
| 45 000 | 3992,10 | 2112,23 | 1488,43 | 1178,64 | 994,43 | 873,00 | 787,42 | 724,24 | 675,97 | 638,11 | 531,72 | 486,44 | 464,35 |
| 50 000 | 4435,67 | 2346,92 | 1653,81 | 1309,60 | 1104,92 | 970,00 | 874,92 | 804,71 | 751,07 | 709,01 | 590,80 | 540,49 | 515,95 |
| 60 000 | 5322,81 | 2816,30 | 1984,57 | 1571,52 | 1325,91 | 1164,00 | 1049,90 | 965,65 | 901,29 | 850,82 | 708,97 | 648,58 | 619,14 |
| 70 000 | 6209,94 | 3285,69 | 2315,34 | 1833,44 | 1546,89 | 1358,00 | 1224,88 | 1126,60 | 1051,50 | 992,62 | 827,13 | 756,68 | 722,33 |
| 80 000 | 7097,08 | 3755,07 | 2646,10 | 2095,36 | 1767,88 | 1552,00 | 1399,87 | 1287,54 | 1201,72 | 1134,42 | 945,29 | 864,78 | 825,52 |
| 90 000 | 7984,21 | 4224,46 | 2976,86 | 2357,27 | 1988,86 | 1746,00 | 1574,85 | 1448,48 | 1351,93 | 1276,22 | 1063,45 | 972,88 | 928,71 |
| 100 000 | 8871,34 | 4693,84 | 3307,62 | 2619,19 | 2209,85 | 1940,00 | 1749,83 | 1609,42 | 1502,15 | 1418,03 | 1181,61 | 1080,97 | 1031,90 |

**Tab. 5.2.** Table des mensualités pour des prêts hypothécaires à un taux annuel de 12 %

# Références


[1] Leibniz, G. W. *Hauptschriften zur Versicherungs- und Finanzmathematik*, dir. E. Knobloch et J.-M. Graf von der Schulenburg, Akademie Verlag, 2000, 686 p.

[2] Bruins, E. M. et M. Rutten. « Textes mathématiques de Suse », *Mémoires de la Mission archéologique en Iran*, tome XXXIV, Paris, Librairie orientaliste Paul Geuthner, 1961.

# 6

# Codes correcteurs

*La partie élémentaire est constituée des sections 6.1 à 6.4. Elle explique la nécessité des codes correcteurs, introduit le corps fini $\mathbb{F}_2$ de deux éléments et décrit une famille de codes correcteurs non triviaux, les codes de Hamming. L'arithmétique du corps $\mathbb{F}_2$ sera nouvelle pour la plupart des lecteurs, mais la partie élémentaire n'utilise que les concepts relatifs aux espaces vectoriels et à l'algèbre matricielle (sur $\mathbb{F}_2$). Elle peut être couverte en trois heures. Les sections 6.5 et 6.6 forment la partie avancée. Les corps finis $\mathbb{F}_{p^r}$, où $p$ est premier, sont construits par l'introduction sur les polynômes de degré inférieur à $r$ d'une multiplication modulo un polynôme irréductible. La pratique sur quelques exemples permet d'assimiler facilement ce concept qui peut, au premier abord, sembler déroutant. Les codes de Reed–Solomon sont enfin présentés à la dernière section. Il faut au moins trois heures supplémentaires pour couvrir la partie avancée.*

## 6.1 Introduction : numériser, détecter et corriger

La transmission d'information à distance a été utilisée très tôt dans l'histoire de l'humanité[1]. La découverte des lois physiques de l'électromagnétisme et de leurs applications a permis d'envoyer des messages sous forme électrique dès la seconde moitié du XIX^e^ siècle. Que la communication se fasse directement à l'aide d'une langue humaine (tel le français ou l'anglais) ou soit préalablement encodée (par exemple, à l'aide du code Morse (1836)), l'utilité de pouvoir détecter et corriger des erreurs lors de la transmission se fait rapidement sentir.

Une première méthode permettant d'améliorer la fidélité de la transmission d'un message possède une importance historique. Au début de la téléphonie (avec ou sans fil), la qualité de la transmission laissait beaucoup à désirer. Il était donc usuel d'épeler

[1]Selon la légende, le soldat chargé de rapporter la victoire des Athéniens sur les Perses en l'an 490 aurait couru la distance entre Marathon et Athènes et serait mort d'épuisement à son arrivée. La longueur du marathon olympique est maintenant de 41,195 km.

un mot en remplaçant chaque lettre par un mot dont la première lettre coïncidait avec la lettre à épeler. Ainsi, pour transmettre le mot « erreur », l'interlocuteur aurait dit les mots « Écho, Roméo, Roméo, Écho, Uniforme, Roméo ». Les armées américaine et britannique avaient de tels « alphabets » dès la Première Guerre mondiale. Ce code pour améliorer la transmission d'un message multiplie l'information ; on espère que le récepteur puisse extraire du message codé (Écho, Roméo, Roméo, Écho, Uniforme, Roméo) le message original (« erreur »), et ce, avec plus de constance et de précision que si le mot « erreur » avait été simplement dit ou épelé. Cette « multiplication de l'information » ou *redondance* est la clé de tout code détecteur et correcteur.

Notre second exemple sera celui d'un code détecteur : il permet de diagnostiquer qu'une erreur a été commise lors de la transmission, mais pas de corriger cette erreur. En informatique, il est usuel de remplacer les caractères de notre alphabet étendu (a, b, c, ..., A, B, C, ..., 0, 1, 2, ..., +, −, :, ;, ...) par un chiffre entre 0 et 127. En représentation binaire, il faut sept caractères 0 ou 1 (chacun appelé *bit*, une contraction de *binary digit*) pour étiqueter ces $2^7 = 128$ caractères. Par exemple, supposons que la lettre $a$ corresponde au nombre 97. Puisque $97 = 64 + 32 + 1 = 1 \cdot 2^6 + 1 \cdot 2^5 + 1 \cdot 2^0$, la lettre $a$ est encodée comme 1100001. Ainsi, une correspondance possible est donnée par le tableau suivant.

| | décimal | binaire | parité+binaire |
|---|---|---|---|
| A | 65 | 1000001 | 01000001 |
| B | 66 | 1000010 | 01000010 |
| C | 67 | 1000011 | 11000011 |
| ⋮ | ⋮ | ⋮ | ⋮ |
| a | 97 | 1100001 | 11100001 |
| b | 98 | 1100010 | 11100010 |
| c | 99 | 1100011 | 01100011 |
| ⋮ | ⋮ | ⋮ | ⋮ |

Pour détecter une erreur, on ajoute au code de sept bits un huitième bit, dit *bit de parité.* Il est placé à gauche des sept bits initiaux. Ce huitième bit est choisi de façon à ce que la somme des huit bits du code soit paire. Par exemple, la somme des sept bits de « A » est $1+0+0+0+0+0+1=2$, le bit de parité sera alors 0, et « A » sera représenté par 01000001. Cependant, la somme des sept bits de « a » est $1+1+0+0+0+0+1=3$, et « a » sera représenté par les huit bits 11100001. Ce bit de parité est un code de détection. Il permet de détecter qu'une erreur a été commise lors de la transmission, mais il ne permet pas de la corriger, car le récepteur ne sait pas lequel des huit bits est le bit fautif. Le récepteur, constatant l'erreur, peut cependant demander à ce que le caractère lui soit retransmis. Notons que ce code détecteur repose sur l'hypothèse qu'au maximum un bit est erroné. Cette hypothèse est raisonnable si la transmission est presque parfaite et que la probabilité de deux erreurs au sein d'une transmission de huit bits est presque nulle.

Le troisième exemple présente une idée simple pour construire un code correcteur, c'est-à-dire un code permettant de détecter *et* de corriger une erreur. Il consiste à répéter la totalité du message suffisamment de fois. Par exemple, tous les caractères d'un texte pourraient être répétés deux fois. Ainsi, le mot « erreur » pourrait être transmis sous la forme « eerrrreeuurr ». Cette première version de ce code simple n'est cependant pas un code correcteur, car, même si on suppose qu'au plus une lettre par paire puisse être erronée, il ne permet pas la correction des erreurs. Quel était le message original si nous recevons « ââgmee » ? Était-ce « âge » ou « âme » ? Pour faire de cette idée simple un code *correcteur*, il suffit de répéter trois fois chaque lettre. Si l'hypothèse d'au plus une erreur par groupe de trois lettres est raisonnable, alors « âââgmmeee » sera décodé en « âme ». En effet, même si les trois lettres « gmm » ne coïncident pas, une seule est erronée, par hypothèse, et les trois lettres originales ne peuvent donc être que « mmm ». Voici donc un premier exemple de code correcteur ! Ce code est peu utilisé, car il est coûteux : il demande que toute l'information soit transmise en triple. Les codes que nous présenterons dans ce chapitre sont beaucoup plus économiques. Comme pour tous les codes, il n'est pas impossible que, dans un groupe de trois lettres, deux ou même trois soient erronées ; notre hypothèse est que ces événements sont *très* peu probables. Comme l'exercice 8 le montre, ce code fort simple conserve cependant un léger avantage sur le code de Hamming qui sera introduit à la section 6.3.

Les codes détecteurs et correcteurs existent donc depuis longtemps. Avec la numérisation de l'information, ces codes sont devenus de plus en plus nécessaires et aisés à mettre en œuvre. Leur nécessité est facile à comprendre quand on connaît la grandeur des fichiers typiques contenant des photos et de la musique. Voici, à la figure 6.1, une toute petite photo numérisée : les deux copies représentent le sommet de la tour d'un des bâtiments de l'Université de Montréal. À gauche, la photo est dans son format original. À droite, la même photo a été agrandie huit fois horizontalement et verticalement : on y voit clairement les pixels, c'est-à-dire les carrés de gris constant. En fait, ces deux photos ont été fractionnées en $72 \times 72$ carrés de gris constant (les pixels), et la profondeur du gris a été repérée sur une échelle de $256 = 2^8$ niveaux de gris (le blanc étant à une extrémité de cette échelle, le noir étant à l'autre). Il faut donc transmettre $72 \times 72 \times 8 = 41{,}472$ bits pour transmettre cette petite photo en noir et blanc. Et nous sommes fort loin d'une photo couleur grand format puisque les caméras numériques actuelles ont des capteurs de plus de $2000 \times 3000$ pixels couleur[2] !

Le son et, en particulier, la musique sont de plus en plus souvent numérisés. Par rapport à la numérisation des images, celle du son est plus difficile ... à visualiser. Il faut savoir que le son est une onde. Les vagues sur la mer sont une onde qui se propage

[2]Ceux qui s'intéressent à l'informatique sont habitués à voir les grandeurs de fichier et les capacités des espaces-disques mesurées en octets, en kilooctets (Ko, c'est-à-dire 1000 octets), en mégaoctets (1 Mo = $10^6$ octets), en gigaoctets (1 Go = $10^9$ octets), etc. Un octet est égal à huit bits, et notre petite photo noir et blanc occupe 41 472/8 o = 5184 o = 5,184 Ko.

**Fig. 6.1.** Une photo numérisée : à gauche, l'« original » et à droite, la photo agrandie huit fois en hauteur et en largeur.

à la surface de l'eau, la lumière est une onde des champs électrique et magnétique, et le son est une onde de la densité de l'air. Si nous pouvions mesurer la densité en un point fixe de l'air près d'un piano qui sonne la note *la* au centre du clavier, nous verrions que la densité de l'air augmente et diminue environ 440 fois par seconde. La variation est minuscule, mais nos oreilles la détectent, la transforment en onde électrique, transmettent cette onde à notre cerveau, qui l'analyse et la « perçoit » comme le *la* au centre du clavier d'un piano. La figure 6.2 donne une représentation de cette onde de densité. (L'axe horizontal repère le temps alors que le vertical donne l'amplitude de l'onde. Les unités importent peu pour ce qui suit.) Lorsque la fonction est positive, la densité est supérieure à celle de l'air au repos (c'est-à-dire dans le silence absolu), et lorsque la fonction est négative, la densité est inférieure. La numérisation du son consiste à remplacer cette fonction continue par une fonction en escalier. Pour chaque période très courte de $\Delta$ seconde, la fonction « son » est remplacée pour toute cette période par la valeur au centre de cet intervalle de temps. Si $\Delta$ est assez court, l'approximation par la fonction escalier sera suffisamment bonne pour que l'oreille ne puisse pas percevoir de différence entre la fonction son et la fonction escalier. (Une paire de fonctions son et escalier est représentée à la figure 6.3.) Cette étape réalisée, il suffit d'énumérer les valeurs de la fonction escalier pour chacune des périodes $\Delta$.

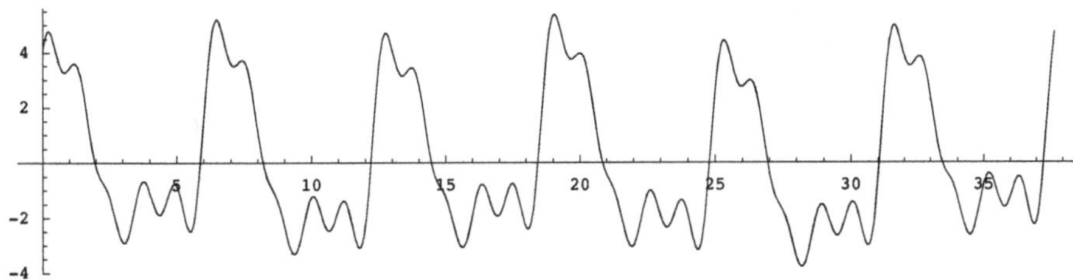


**Fig. 6.2.** La fonction « onde de densité » pendant une courte fraction de seconde

Sur un disque compact, le son est haché en 44 100 morceaux par seconde (l'équivalent des pixels de l'image ci-dessus), et la valeur de la fonction escalier durant chacune de ces $\Delta = \frac{1}{44\,100}$ seconde est repérée sur une échelle de $65\,536 = 2^{16}$ intensités[3]. Si on se rappelle que les disques compacts reproduisent le son en stéréo, chaque seconde de musique demande $44\,100 \times 16 \times 2 = 1\ 411\,200$ bits, et un disque d'environ 70 minutes devra transmettre fidèlement $1\,411\,200 \times 60 \times 70 = 5\,927\,040\,000$ bits $= 740\,880\,000$ octets, soit approximativement 740 Mo. La possibilité de détecter et de corriger les erreurs semble attrayante.

Dans ce qui suit, deux codes classiques sont présentés, celui de Hamming et celui de Reed et Solomon. Le premier a été retenu par France Télécom pour la transmission du signal du Minitel, un précurseur d'Internet tel que nous le connaissons aujourd'hui. Le code de Reed–Solomon confère, aux disques compacts, leur grande robustesse. Le Consultative Committee for Space Data System, créé en 1982 pour harmoniser les pratiques des différentes agences spatiales, recommande également ce code pour la transmission de données par satellite.

## 6.2 Le corps $\mathbb{F}_2$

Pour comprendre le code de Hamming, nous devons connaître les règles de calcul applicables au corps à deux éléments $\mathbb{F}_2$. Un corps est un ensemble de nombres sur lequel sont définies deux opérations appelées « addition » et « multiplication », opérations qui doivent satisfaire aux propriétés qui nous sont familières pour les nombres rationnels

[3]Sony et Philips sont les deux compagnies qui ont établi conjointement le standard du disque compact. Après avoir hésité entre une échelle fragmentée en $2^{14}$ ou en $2^{16}$ niveaux, les ingénieurs des deux compagnies ont opté pour l'échelle la plus fine, celle de $2^{16}$ niveaux [1]. Voir aussi le chapitre 10.

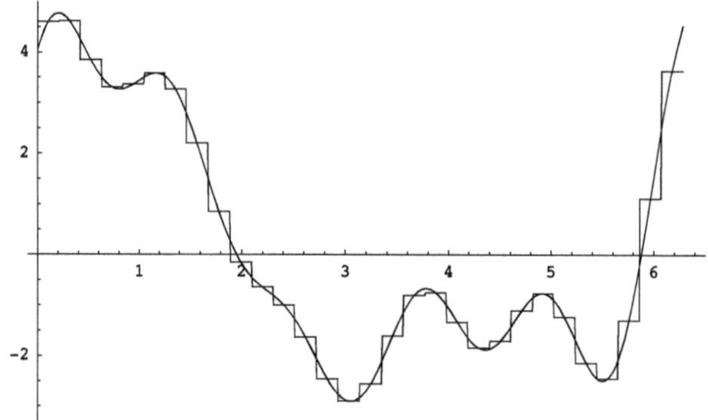


**Fig. 6.3.** La fonction « son » et une fonction « escalier » qui l'approche

et réels : associativité, commutativité, distributivité de la multiplication sur l'addition, existence de neutres pour l'addition et la multiplication, existence d'un inverse additif, existence d'un inverse multiplicatif pour tout élément non nul. Le lecteur connaît sûrement l'ensemble des rationnels $\mathbb{Q}$, celui des réels $\mathbb{R}$ et probablement celui des complexes $\mathbb{C}$. Ces trois ensembles, munis des opérations $+$ et $\times$ usuelles, sont des corps. Mais il existe beaucoup d'autres corps que ceux-ci !

Nous examinerons la structure mathématique d'un corps en plus de détails à la section 6.5 ; il nous suffira, pour le présent exemple, de donner les règles de l'addition $+$ et de la multiplication $\times$ qui sont définies sur cet ensemble de deux éléments $\{0, 1\}$. Les tables d'addition et de multiplication se lisent comme suit

$$\begin{array}{c|cc} + & 0 & 1 \\ \hline 0 & 0 & 1 \\ 1 & 1 & 0 \end{array} \qquad\qquad \begin{array}{c|cc} \times & 0 & 1 \\ \hline 0 & 0 & 0 \\ 1 & 0 & 1 \end{array} \tag{6.1}$$

Ces opérations répondent aux règles que l'on connaît pour les nombres rationnels $\mathbb{Q}$, les réels $\mathbb{R}$ et les complexes $\mathbb{C}$ : associativité, commutativité et distributivité, existence des neutres et des inverses. Par exemple, en utilisant les tables d'addition et de multiplication ci-dessus, on vérifie que, pour tout $x, y, z \in \mathbb{F}_2$, la distributivité

$$x \times (y + z) = x \times y + x \times z$$

est vérifiée. Puisque $x, y$ et $z$ prennent chacun deux valeurs, la distributivité représente huit relations correspondant aux huit valeurs possibles du triplet $(x, y, z) \in \{(0,0,0), (1,0,0), (0,1,0), (0,0,1), (1,1,0), (1,0,1), (0,1,1), (1,1,1)\}$. Voici la vérification explicite de la distributivité pour le triplet $(x, y, z) = (1, 0, 1)$ :

$$x \times (y + z) = 1 \times (0 + 1) = 1 \times 1 = 1$$

et

$$x \times y + x \times z = 1 \times 0 + 1 \times 1 = 0 + 1 = 1.$$

Comme dans $\mathbb{Q}$, $\mathbb{R}$ et $\mathbb{C}$, 0 est le neutre pour $+$ et 1, le neutre pour $\times$. Tous les éléments possèdent un inverse additif. (Exercice : quel est l'inverse additif de 1 ?) Et tous les éléments de $\mathbb{F}_2 \setminus \{0\}$ possèdent un inverse multiplicatif. Dans ce dernier cas, l'affirmation est très simple, car il n'y a qu'un élément dans $\mathbb{F}_2 \setminus \{0\} = \{1\}$, et l'inverse multiplicatif de 1 est 1 puisque $1 \times 1 = 1$.

Tout comme il est possible de définir des espaces vectoriels $\mathbb{R}^3$, $\mathbb{R}^n$ ou $\mathbb{C}^2$, il est possible de parler des espaces vectoriels à trois composantes, chacune d'entre elles étant un élément de $\mathbb{F}_2$. Il est possible d'additionner deux vecteurs de $\mathbb{F}_2^3$ et d'en faire des combinaisons linéaires (avec coefficients dans $\mathbb{F}_2$ évidemment !). Par exemple :

$$\begin{aligned}(1,0,1) + (0,1,0) &= (1,1,1),\\ (1,0,1) + (0,1,1) &= (1,1,0),\end{aligned}$$

et

$$0 \cdot (1,0,1) + 1 \cdot (0,1,1) + 1 \cdot (1,1,0) = (1,0,1).$$

Puisque les composantes doivent être dans $\mathbb{F}_2$ et que seules les combinaisons linéaires avec coefficients dans $\mathbb{F}_2$ sont permises, le nombre de vecteurs dans $\mathbb{F}_2^3$ (et dans tout $\mathbb{F}_2^n, n < \infty$) est fini ! Attention, même si la dimension de $\mathbb{R}^3$ est 3 (et donc finie), le nombre de vecteurs dans $\mathbb{R}^3$ est infini. Pour $\mathbb{F}_2^3$, ce nombre de vecteurs est huit, et la liste *complète* des vecteurs de cet espace vectoriel est

$$\{(0,0,0), (0,0,1), (0,1,0), (1,0,0), (0,1,1), (1,0,1), (1,1,0), (1,1,1)\}.$$

(Exercice : rappeler la définition de dimension d'un espace vectoriel et calculer la dimension de $\mathbb{F}_2^3$.) Les espaces vectoriels sur des corps finis tel $\mathbb{F}_2$ sont déroutants, car leurs vecteurs sont en nombre fini, et les cours d'algèbre linéaire n'en parlent pas ou peu même si beaucoup des méthodes qui y sont développées (le calcul matriciel, entre autres) s'appliquent à eux.

## 6.3 Le code de Hamming C(7, 4)

Voici un premier exemple de code correcteur moderne. Plutôt que les lettres usuelles (a, b, c, ...), il utilise un alphabet constitué de deux lettres ($\mathbb{F}_2$) que nous désignerons par 0 et 1[4]. Nous nous limiterons de plus à transmettre des mots ayant précisément quatre lettres $(u_1, u_2, u_3, u_4)$. (Exercice : est-ce une restriction grave ?) Notre vocabulaire ou

[4]Comme nous l'avons vu dans l'introduction, ceci n'est pas une restriction puisqu'il existe des « dictionnaires » traduisant notre alphabet latin en une série de caractères 0 et 1.

*code* $C \subset \mathbb{F}_2^4$ ne contiendra donc que 16 mots ou *éléments*. Plutôt que de transmettre ces quatre lettres, nous transmettrons les sept lettres suivantes :

$$\begin{aligned}
v_1 &= u_1,\\
v_2 &= u_2,\\
v_3 &= u_3,\\
v_4 &= u_4,\\
v_5 &= u_1 + u_2 + u_4,\\
v_6 &= u_1 + u_3 + u_4,\\
v_7 &= u_2 + u_3 + u_4.
\end{aligned}$$

Ainsi, pour transmettre le mot $(1,0,1,1)$, nous enverrons le message

$$(v_1, v_2, v_3, v_4, v_5, v_6, v_7) = (1,0,1,1,0,1,0)$$

puisque

$$\begin{aligned}
v_5 =& u_1 + u_2 + u_4 = 1 + 0 + 1 = 0,\\
v_6 =& u_1 + u_3 + u_4 = 1 + 1 + 1 = 1,\\
v_7 =& u_2 + u_3 + u_4 = 0 + 1 + 1 = 0.
\end{aligned}$$

(Attention : « + » est l'addition dans $\mathbb{F}_2$.)

Puisque les quatre premières composantes de $(v_1, v_2, \dots, v_7)$ sont précisément les quatre lettres du mot à transmettre, à quoi peuvent bien servir les trois autres lettres ? Ces lettres sont *redondantes* et permettent de corriger *une lettre* erronée, quelle qu'elle soit. Comment ce « miracle » peut-il être accompli ?

En voici un exemple. Le récepteur reçoit les sept lettres $(w_1, w_2, \dots, w_7) = (1,1,1,1,1,0,0)$. Nous distinguons les $v_i$ des $w_i$, car, lors de la transmission, une des lettres, disons $v_j$, peut avoir été corrompue. Alors $v_j \neq w_j$. À cause de la qualité de son canal de transmission, le récepteur peut, avec une bonne assurance, faire l'hypothèse qu'aucune ou au plus une lettre est erronée. Le récepteur calcule donc

$$\begin{aligned}
W_5 &= w_1 + w_2 + w_4,\\
W_6 &= w_1 + w_3 + w_4,\\
W_7 &= w_2 + w_3 + w_4,
\end{aligned}$$

et les compare avec les $w_5, w_6$ et $w_7$ qu'il a reçus. S'il n'y a pas eu d'erreur lors de la transmission, $W_5, W_6, W_7$ devraient coïncider avec $w_5, w_6, w_7$. Voici ce calcul pour l'exemple présent :

$$\begin{aligned}
W_5 &= w_1 + w_2 + w_4 = 1 + 1 + 1 = 1 = w_5,\\
W_6 &= w_1 + w_3 + w_4 = 1 + 1 + 1 = 1 \neq w_6,\\
W_7 &= w_2 + w_3 + w_4 = 1 + 1 + 1 = 1 \neq w_7.
\end{aligned} \tag{6.2}$$

Le récepteur constate qu'une erreur a dû se produire, car deux des trois lettres reçues, $w_5, w_6$ et $w_7$, ne reproduisent pas celles qu'il calcule, c'est-à-dire $W_5, W_6, W_7$. Mais où est l'erreur ? Touche-t-elle une des quatre premières lettres du message original ou une des trois lettres ajoutées ? Il est facile d'exclure la possibilité que $w_5$ ou $w_6$ ou $w_7$ soit erronée. Si nous changeons *une seule* de ces trois lettres, au moins une des trois égalités (6.2) ne sera pas satisfaite. Il faut donc que la lettre erronée soit une des quatre premières. Quelle lettre, parmi $w_1$, $w_2$, $w_3$ et $w_4$, peut-on changer de façon à corriger simultanément les deux dernières égalités fausses de (6.2) tout en préservant la première qui est juste ? La réponse est simple : la lettre à corriger est $w_3$. En effet, la première somme ne contient pas $w_3$ et ne sera pas affectée par le changement de cette lettre. Les deux autres changeront et seront donc « corrigées ». Ainsi, même si les quatre premières lettres reçues par le récepteur sont $(w_1, w_2, w_3, w_4) = (1, 1, 1, 1)$, le message original (correct) devait être $(v_1, v_2, v_3, v_4) = (1, 1, 0, 1)$.

Dressons maintenant la liste de toutes les possibilités. Supposons que le récepteur reçoive les lettres $(w_1, w_2, \ldots, w_7)$. La seule chose dont ce récepteur est assuré est que ces sept lettres $w_i, i = 1, \ldots, 7$ coïncident avec les lettres $v_i = i, \ldots, 7$, à l'exception, peut-être, d'une seule lettre (qu'il ne connaît cependant pas). Huit possibilités se présentent au récepteur. Les voici :

(0) il n'y a aucune lettre erronée ;

(1) $w_1$ est erronée ;

(2) $w_2$ est erronée ;

(3) $w_3$ est erronée ;

(4) $w_4$ est erronée ;

(5) $w_5$ est erronée ;

(6) $w_6$ est erronée ;

(7) $w_7$ est erronée.

À l'aide des lettres redondantes, le récepteur peut déterminer laquelle est juste. En effet, en calculant $W_5, W_6$ et $W_7$ comme ci-dessus, il pourra diagnostiquer lequel des huit cas $(i)$, $i = 0, \ldots, 7$, est le bon à l'aide du tableau suivant :

(0) si $w_5 = W_5$ et $w_6 = W_6$ et $w_7 = W_7$ ;

(1) si $w_5 \neq W_5$ et $w_6 \neq W_6$ ;

(2) si $w_5 \neq W_5$ et $w_7 \neq W_7$ ;

(3) si $w_6 \neq W_6$ et $w_7 \neq W_7$ ;

(4) si $w_5 \neq W_5$ et $w_6 \neq W_6$ et $w_7 \neq W_7$ ;

(5) si $w_5 \neq W_5$ ;

(6) si $w_6 \neq W_6$ ;

(7) si $w_7 \neq W_7$.

L'hypothèse qu'au maximum une lettre est erronée est cruciale. Si deux lettres pouvaient être erronées, alors le récepteur ne pourrait distinguer, par exemple, entre « $w_1$ est erronée » et « $w_5$ et $w_6$ sont toutes les deux erronées » et ne pourrait donc effectuer de correction. Connaissant, le cas échéant, la lettre erronée, il la corrigera, tronquera le message de ses trois dernières lettres, et les quatre lettres restantes seront à coup sûr le message que l'émetteur voulait transmettre. Le processus est donc symbolisé par

$$\boxed{(u_1, u_2, u_3, u_4) \in C \subset \mathbb{F}_2^4} \xrightarrow[\text{encodage}]{} \boxed{(v_1, v_2, v_3, v_4, v_5, v_6, v_7) \in \mathbb{F}_2^7}$$

$$\xrightarrow[\text{transmission}]{} \boxed{(w_1, w_2, w_3, w_4, w_5, w_6, w_7) \in \mathbb{F}_2^7}$$

$$\xrightarrow[\text{correction et décodage}]{} \boxed{(w_1', w_2', w_3', w_4') \in C \subset \mathbb{F}_2^4}$$

Comment le code de Hamming C$(7, 4)$ se compare-t-il aux autres codes correcteurs ? Cette question est trop vague. En effet, la qualité d'un code ne peut être jugée qu'en fonction des besoins : le taux d'erreur du canal de transmission, la longueur moyenne des messages à émettre, la rapidité d'encodage et de décodage requise, etc. Nous pouvons tout de même le comparer au code qui consiste à simplement répéter l'information envoyée. Par exemple, chacune des lettres $u_i, i = 1, 2, 3, 4$, peut être envoyée de façon répétée jusqu'à ce qu'un bon niveau de confiance soit atteint. Reprenons l'hypothèse qu'une seule erreur puisse se produire dans quelques bits ($< 15$ bits). Alors, chacune des quatre lettres peut être répétée. Comme nous l'avons déjà vu, si chacune des $u_i$ est envoyée deux fois, seule une détection d'erreur peut être accomplie. Il faut transmettre chaque lettre trois fois pour assurer la correction d'une erreur. Transmettre trois fois les quatre lettres requiert 12 bits, et le code de Hamming en requiert sept. Il s'agit d'une amélioration significative.

## 6.4 Les codes de Hamming C$(2^k - 1, 2^k - k - 1)$

Le code de Hamming C$(7, 4)$ que nous venons d'étudier est le premier d'une famille de codes de Hamming C$(2^k - 1, 2^k - k - 1)$ que nous allons maintenant introduire. Tous ces codes ne permettent la correction que d'une erreur. Les deux nombres $2^k - 1$ et $2^k - k - 1$ indiquent respectivement la *longueur* des mots du code et la *dimension* du sous-espace formé par les mots transmis. Ainsi, pour $k = 3$, on retrouve le code C$(7, 4)$ où 7 est la longueur des mots transmis, c'est-à-dire que les mots transmis $\in \mathbb{F}_2^7$, alors que les mots (sans erreur) forment un sous-espace de dimension 4 isomorphe à $\mathbb{F}_2^4$.

Deux matrices jouent un rôle important dans la description du code de Hamming (et de tous les codes dits linéaires, dont le code de Reed–Solomon fait partie) : la *matrice génératrice $G$* et la *matrice de contrôle $H$*. La matrice génératrice $G_k$ est une matrice $(2^k - k - 1) \times (2^k - 1)$ et possède comme lignes une base du sous-espace isomorphe à $\mathbb{F}_2^{(2^k - k - 1)}$ des mots du code $C$, c'est-à-dire des mots sans erreur. Tout mot du code sera une combinaison linéaire de ces lignes. Pour C$(7, 4)$, la matrice $G_3$ peut être choisie sous la forme

$$G_3 = \begin{pmatrix} 1 & 0 & 0 & 0 & 1 & 1 & 0 \\ 0 & 1 & 0 & 0 & 1 & 0 & 1 \\ 0 & 0 & 1 & 0 & 0 & 1 & 1 \\ 0 & 0 & 0 & 1 & 1 & 1 & 1 \end{pmatrix}.$$

Par exemple, la première ligne de $G_3$ correspond au mot du code tel que $u_1 = 1$ et $u_2 = u_3 = u_4 = 0$. Alors, par les règles que nous avons choisies, $v_1 = 1, v_2 = v_3 = v_4 = 0$, et $v_5 = u_1 + u_2 + u_4 = 1$, $v_6 = u_1 + u_3 + u_4 = 1$ et $v_7 = u_2 + u_3 + u_4 = 0$. Ce sont les éléments de la première ligne. Les 16 mots du code $C$ seront déduits des 16 différentes combinaisons linéaires possibles des quatre lignes de $G_3$. Puisque $G$ est définie à l'aide du choix d'une base, $G$ n'est pas définie uniquement.

La matrice de contrôle $H$ est une matrice $k \times (2^k - 1)$ dont les $k$ lignes forment une base du complément orthogonal du sous-espace engendré par les lignes de $G$. Le produit scalaire est le produit usuel : si $v, w \in \mathbb{F}_2^n$, alors $(v, w) = \sum_{i=1}^n v_i w_i \in \mathbb{F}_2$. (L'appendice à la fin de ce chapitre rappelle la définition de produit scalaire et souligne les différences importantes entre cette structure sur les corps usuels ($\mathbb{Q}, \mathbb{R}$ et $\mathbb{C}$) et sur les corps finis. Certaines de ces différences ne sont pas très intuitives!) Pour $C(7, 4)$ et le choix de $G_3$ ci-dessus, la matrice de contrôle $H_3$ peut être choisie ainsi :

$$H_3 = \begin{pmatrix} 1 & 1 & 0 & 1 & 1 & 0 & 0 \\ 1 & 0 & 1 & 1 & 0 & 1 & 0 \\ 0 & 1 & 1 & 1 & 0 & 0 & 1 \end{pmatrix}.$$

Puisque les lignes de $G$ et de $H$ sont orthogonales deux à deux, les matrices $G$ et $H$ satisfont à

$$GH^t = 0. \tag{6.3}$$

Par exemple, pour $k = 3$ :

$$G_3 H_3^t = \underbrace{\begin{pmatrix} 1 & 0 & 0 & 0 & 1 & 1 & 0 \\ 0 & 1 & 0 & 0 & 1 & 0 & 1 \\ 0 & 0 & 1 & 0 & 0 & 1 & 1 \\ 0 & 0 & 0 & 1 & 1 & 1 & 1 \end{pmatrix}}_{4\times 7} \underbrace{\begin{pmatrix} 1 & 1 & 0 \\ 1 & 0 & 1 \\ 0 & 1 & 1 \\ 1 & 1 & 1 \\ 1 & 0 & 0 \\ 0 & 1 & 0 \\ 0 & 0 & 1 \end{pmatrix}}_{7\times 3} = \underbrace{\begin{pmatrix} 0 & 0 & 0 \\ 0 & 0 & 0 \\ 0 & 0 & 0 \\ 0 & 0 & 0 \end{pmatrix}}_{4\times 3}.$$

Le code de Hamming général $C(2^k - 1, 2^k - k - 1)$ est défini par la donnée de la matrice de contrôle $H$. Cette matrice possède comme *vecteurs colonnes* tous les vecteurs non nuls de $\mathbb{F}_2^k$. Puisque $\mathbb{F}_2^k$ contient $2^k$ vecteurs (dont le vecteur nul), $H$ est bien une matrice $k \times (2^k - 1)$. La matrice $H_3$ en est un exemple. Comme nous l'avons dit, les lignes de la matrice génératrice $G$ engendrent le complément orthogonal des lignes de $H$. Ceci termine la définition du code de Hamming $C(2^k - 1, 2^k - k - 1)$.

Voici comment l'encodage et le décodage sont faits.

Dans le choix de la matrice $G_3$ que nous avons fait, chacune des lignes correspond à un des mots à transmettre suivants : $(1,0,0,0), (0,1,0,0), (0,0,1,0)$ et $(0,0,0,1)$. Pour obtenir le mot général $(u_1, u_2, u_3, u_4)$, il suffit de faire une combinaison linéaire des quatre lignes de $G_3$ :

$$\begin{pmatrix} u_1 & u_2 & u_3 & u_4 \end{pmatrix} G_3 \in \mathbb{F}_2^7.$$

(Exercice : vérifier que le produit matriciel $\begin{pmatrix} u_1 & u_2 & u_3 & u_4 \end{pmatrix} G_3$ donne bien une matrice $1 \times 7$.) L'encodage de $u \in \mathbb{F}_2^{2^k-k-1}$ du code $\mathrm{C}(2^k-1, 2^k-k-1)$ se fait exactement de la même façon :

$$v = uG \in \mathbb{F}_2^{2^k-1}.$$

L'encodage est donc une simple multiplication matricielle sur le corps à deux éléments $\mathbb{F}_2$.

Le décodage est plus subtil ! Les deux observations suivantes sont au cœur de cette étape. La première est assez directe : un mot du code $v \in \mathbb{F}_2^{2^k-1}$ sans erreur est annihilé par la matrice de contrôle :

$$Hv^t = H(uG)^t = HG^tu^t = (GH^t)^tu^t = 0$$

du fait de l'orthogonalité des lignes de $G$ et $H$.

La seconde observation est plus difficile. Soit $v \in \mathbb{F}_2^{2^k-1}$ un mot (sans erreur) du code et $v^{(i)} \in \mathbb{F}_2^{2^k-1}$ le mot obtenu de $v$ en additionnant 1 à la $i$-ième composante de $v$. Ainsi, $v^{(i)}$ est un mot erroné en position $i$. Notons que $H(v^{(i)})^t \in \mathbb{F}_2^k$ est indépendant de $v$ ! En effet,

$$v^{(i)} = v + (0, 0, \ldots, 0, \underbrace{1}_{\text{position } i}, 0, \ldots, 0)$$

et

$$H(v^{(i)})^t = Hv^t + H \begin{pmatrix} 0 \\ 0 \\ \vdots \\ 0 \\ 1 \\ 0 \\ \vdots \\ 0 \end{pmatrix} = H \begin{pmatrix} 0 \\ 0 \\ \vdots \\ 0 \\ 1 \\ 0 \\ \vdots \\ 0 \end{pmatrix} \leftarrow \text{ position } i,$$

puisque $v$ est un mot du code. Ainsi, $H(v^{(i)})^t$ est la $i$-ième colonne de $H$. Puisque toutes les colonnes de $H$ sont distinctes, par définition de $H$, une erreur sur la lettre $i$ dans le mot reçu $w \in \mathbb{F}_2^{2^k-1}$ revient à obtenir la $i$-ième colonne de $H$ par le produit $Hw^t$.

Le décodage fonctionne comme suit :

| $w \in \mathbb{F}_2^{2^k-1}$ reçu | $\longrightarrow$ | calcul du produit $Hw^t \in \mathbb{F}_2^k$ |
|---|---|---|

$\longrightarrow$

| $Hw^t$ est nul | $\Rightarrow$ | $w$ passe à l'étape suivante |
|---|---|---|
| $Hw^t$ est égal à la colonne $i$ de $H$ | $\Rightarrow$ | la lettre $w_i$ est changée |

$\longrightarrow$

| recherche de la combinaison linéaire des lignes de $G$ donnant le $w$ corrigé |
|---|

Quoique ces codes ne corrigent qu'une erreur, ils sont très économiques pour $k$ suffisamment grand. Par exemple, pour $k = 7$, il suffit d'ajouter sept bits à un message de 120 bits pour être sûr de pouvoir corriger une erreur. C'est précisément le code de Hamming $\mathrm{C}(2^k - 1, 2^k - k - 1)$, $k = 7$, qui est utilisé pour le Minitel.

## 6.5 Corps finis

Pour présenter le code de Reed–Solomon, nous aurons besoin de connaître quelques propriétés des corps finis. Cette section couvre les éléments requis.

**Définition 6.1** *Un corps $\mathbb{F}$ est un ensemble muni de deux opérations $+$ et $\times$ et contenant au moins deux éléments notés 0 et $1 \in \mathbb{F}$, tel que les cinq propriétés suivantes soient satisfaites :*

*(P1) commutativité*
$a+b=b+a$ *et* $a\times b=b\times a, \qquad \forall a,b\in\mathbb{F}$

*(P2) associativité*
$(a+b)+c=a+(b+c)$ *et* $(a\times b)\times c=a\times(b\times c), \qquad \forall a,b,c\in\mathbb{F}$

*(P3) distributivité*
$(a+b)\times c=(a\times c)+(b\times c), \qquad \forall a,b,c\in\mathbb{F}$

*(P4) neutres additif et multiplicatif*
$a+0=a$ *et* $a\times 1=a, \qquad \forall a\in\mathbb{F}$

*(P5) existence des inverses additif et multiplicatif*
$\forall\ a\in\mathbb{F},\ \exists\ a'\in\mathbb{F}$ *tel que* $a+a'=0$,
$\forall\ a\in\mathbb{F}\setminus\{0\},\ \exists\ a'\in\mathbb{F}$ *tel que* $a\times a'=1$.

**Définition 6.2** *Un corps $\mathbb{F}$ est dit* fini *si le nombre d'éléments dans $\mathbb{F}$ est fini.*

**Exemple 6.3** *Les trois corps les plus familiers sont* $\mathbb{Q}, \mathbb{R}$ *et* $\mathbb{C}$, *c'est-à-dire les nombres rationnels, réels et complexes. Ils* ne sont pas *finis. La liste des propriétés ci-dessus est probablement familière au lecteur. Le but de donner la définition de corps est donc d'axiomatiser les propriétés de ces trois ensembles. L'avantage est de pouvoir étendre à des corps moins intuitifs les techniques de calcul développées pour* $\mathbb{Q}, \mathbb{R}$ *et* $\mathbb{C}$ *et qui ne reposent que sur (P1), (P2), (P3), (P4) et (P5).*

**Exemple 6.4** $\mathbb{F}_2$ *muni des opérations* $+$ *et* $\times$ *données à la section 6.2 est un corps. Les calculs faits durant l'étude des codes de Hamming vous ont sans doute convaincu que* $(\mathbb{F}_2, +, \times)$ *est bien un corps. Une vérification systématique est proposée à l'exercice 4 en fin de chapitre.*

**Exemple 6.5** $\mathbb{F}_2$ *n'est que le premier d'une famille de corps finis. Soit* $p$ *un nombre premier. On dit que deux nombres* $a$ *et* $b$ *sont congrus modulo* $p$ *si* $p$ *divise* $a - b$. *La congruence est une relation d'équivalence sur les entiers. On a exactement* $p$ *classes d'équivalence représentées par* $\bar{0}, \bar{1}, \ldots, \overline{p-1}$. *Par exemple, pour* $p = 3$, *les entiers* $\mathbb{Z}$ *sont partitionnés en trois sous-ensembles :*

$$\begin{aligned}\bar{0} &= \{\ldots, -6, -3, 0, 3, 6, \ldots\},\\ \bar{1} &= \{\ldots, -5, -2, 1, 4, 7, \ldots\},\\ \bar{2} &= \{\ldots, -4, -1, 2, 5, 8, \ldots\}.\end{aligned}$$

*L'ensemble* $\mathbb{Z}_p = \{\bar{0}, \bar{1}, \bar{2}, \ldots, \overline{p-1}\}$ *est l'ensemble de ces classes d'équivalence. On définit, entre ces classes, les opérations* $+$ *et* $\times$ *comme l'addition et la multiplication modulo* $p$. *Pour faire l'addition modulo* $p$ *des classes* $\bar{a}$ *et* $\bar{b}$, *on choisit un élément de la classe* $\bar{a}$ *et un autre de la classe* $\bar{b}$. *Le résultat de* $\bar{a} + \bar{b}$ *est* $\overline{a+b}$, *c'est-à-dire la classe de* $\mathbb{Z}_p$ *à laquelle appartient la somme des deux éléments choisis. (Exercice : pourquoi cette classe ne dépend-elle pas du choix des éléments, mais seulement des classes* $\bar{a}$ *et* $\bar{b}$ *? Cette définition coïncide-t-elle avec celle donnée précédemment en 6.2 pour le cas* $\mathbb{F}_2$ *?) La multiplication entre classes est définie de la même façon. Il est usuel d'omettre le «* $\bar{\ }$ *» qui dénote la classe d'équivalence. L'exercice 24 démontre que* $(\mathbb{Z}_p, +, \times)$ *est un corps.*

**Exemple 6.6** *L'ensemble des entiers* $\mathbb{Z}$ *n'est pas un corps, car l'élément* 2, *par exemple, n'y a pas d'inverse multiplicatif.*

**Exemple 6.7** *Soit* $\mathbb{F}$ *un corps. Dénotons par* $\tilde{\mathbb{F}}$ *l'ensemble de tous les quotients de polynômes en une variable* $x$ *à coefficients dans* $\mathbb{F}$ *; ainsi, tous les éléments de* $\tilde{\mathbb{F}}$ *sont de la forme* $\frac{p(x)}{q(x)}$, $p(x)$ *et* $q(x)$ *étant des polynômes (de degré fini par définition) à coefficients dans* $\mathbb{F}$ *et* $q$ *étant différent du polynôme identiquement nul. Si nous munissons* $\tilde{\mathbb{F}}$ *de l'addition et de la multiplication usuelles pour les fonctions, alors* $(\tilde{\mathbb{F}}, +, \times)$ *est un corps. Les quotients de polynômes* $0/1 = 0$ *(c'est-à-dire le quotient tel que* $p(x) = 0$ *et* $q(x) = 1$*) et* $1/1$ *(c'est-à-dire tel que* $p(x) = q(x) = 1$*) sont les neutres additif et multiplicatif. On peut aisément vérifier les propriétés (P1) à (P5).*

L'ensemble $\mathbb{Z}_p$ ci-dessus mérite d'être étudié de plus près. Les tables d'addition et de multiplication dans $\mathbb{Z}_3$ sont

| + | 0 | 1 | 2 |
|---|---|---|---|
| 0 | 0 | 1 | 2 |
| 1 | 1 | 2 | 0 |
| 2 | 2 | 0 | 1 |

| × | 0 | 1 | 2 |
|---|---|---|---|
| 0 | 0 | 0 | 0 |
| 1 | 0 | 1 | 2 |
| 2 | 0 | 2 | 1 |

(6.4)

et celles de $\mathbb{Z}_5$ sont

| + | 0 | 1 | 2 | 3 | 4 |
|---|---|---|---|---|---|
| 0 | 0 | 1 | 2 | 3 | 4 |
| 1 | 1 | 2 | 3 | 4 | 0 |
| 2 | 2 | 3 | 4 | 0 | 1 |
| 3 | 3 | 4 | 0 | 1 | 2 |
| 4 | 4 | 0 | 1 | 2 | 3 |

| × | 0 | 1 | 2 | 3 | 4 |
|---|---|---|---|---|---|
| 0 | 0 | 0 | 0 | 0 | 0 |
| 1 | 0 | 1 | 2 | 3 | 4 |
| 2 | 0 | 2 | 4 | 1 | 3 |
| 3 | 0 | 3 | 1 | 4 | 2 |
| 4 | 0 | 4 | 3 | 2 | 1 |

(6.5)

(Exercice : vérifier que ces tables représentent bien l'addition et la multiplication modulo 3 et 5 respectivement.) L'exemple introduisant le corps $\mathbb{Z}_p$ stipule que $p$ doit être un nombre premier. Qu'arrive-t-il si $p$ ne l'est pas ? Voici les tables d'addition et de multiplication modulo 6 définies sur l'ensemble $\{0, 1, 2, 3, 4, 5\}$ :

| + | 0 | 1 | 2 | 3 | 4 | 5 |
|---|---|---|---|---|---|---|
| 0 | 0 | 1 | 2 | 3 | 4 | 5 |
| 1 | 1 | 2 | 3 | 4 | 5 | 0 |
| 2 | 2 | 3 | 4 | 5 | 0 | 1 |
| 3 | 3 | 4 | 5 | 0 | 1 | 2 |
| 4 | 4 | 5 | 0 | 1 | 2 | 3 |
| 5 | 5 | 0 | 1 | 2 | 3 | 4 |

| × | 0 | 1 | 2 | 3 | 4 | 5 |
|---|---|---|---|---|---|---|
| 0 | 0 | 0 | 0 | 0 | 0 | 0 |
| 1 | 0 | 1 | 2 | 3 | 4 | 5 |
| 2 | 0 | 2 | 4 | **0** | 2 | 4 |
| 3 | 0 | 3 | **0** | 3 | **0** | 3 |
| 4 | 0 | 4 | 2 | **0** | 4 | 2 |
| 5 | 0 | 5 | 4 | 3 | 2 | 1 |

(6.6)

Comment prouver que $\{0, 1, 2, 3, 4, 5\}$ muni de ces tables ne forme pas un corps ? À l'aide des zéros en caractère gras dans la table de multiplication ci-dessus ! En voici la preuve.

Nous savons que $0 \times a = 0$ dans $\mathbb{Q}$ et dans $\mathbb{R}$. Est-ce vrai pour tout élément non nul $a$ dans un corps quelconque $\mathbb{F}$ ? Oui ! La preuve qui suit est élémentaire. (En la lisant, noter que chaque étape découle directement d'une des propriétés du corps $\mathbb{F}$.) Soit $a$ un élément quelconque de $\mathbb{F}$. Alors

$$\begin{aligned} 0 \times a &= (0+0) \times a && \text{(P4)} \\ &= 0 \times a + 0 \times a && \text{(P3).} \end{aligned}$$

Par (P5), tout élément de $\mathbb{F}$ possède un inverse additif. Soit $b$ l'inverse additif de $(0 \times a)$. Ajoutons cet élément aux deux membres de l'équation ci-dessus :

$$(0 \times a) + b = (0 \times a + 0 \times a) + b.$$

Le membre de gauche est nul (par définition de $b$) alors que celui de droite peut être réécrit

$$\begin{aligned} 0 &= 0 \times a + ((0 \times a) + b) && \text{(P2)} \\ &= 0 \times a + 0 \\ &= 0 \times a && \text{(P4)} \end{aligned}$$

à cause du choix de $b$. Ainsi, $0 \times a$ est nul quel que soit $a \in \mathbb{F}$. Revenons maintenant à la table de multiplication d'un corps $\mathbb{F}$. Soient $a$ et $b \in \mathbb{F}$ deux éléments non nuls de $\mathbb{F}$ tels que

$$a \times b = 0.$$

En multipliant les deux membres de cette équation par l'inverse multiplicatif $b'$ de $b$ qui existe de par (P5), on a

$$a \times (b \times b') = 0 \times b',$$

et, par la propriété qui vient d'être démontrée,

$$a \times 1 = 0$$

ou, par (P4),

$$a = 0,$$

ce qui est une contradiction, car $a$ est non nul. *Donc, dans un corps $\mathbb{F}$, le produit d'éléments non nuls est non nul.* Ainsi, $(\mathbb{Z}_6, +, \times)$ n'est pas un corps... à cause des zéros en caractère gras.

Si $p$ n'est pas un nombre premier, il existe $q_1$ et $q_2$ non nuls et différents de 1 tels que $p = q_1 q_2$. Dans $\mathbb{Z}_p$, on aura $q_1 \times q_2 = p = 0 \pmod p$. *Ainsi, si $p$ n'est pas premier, $\mathbb{Z}_p$ muni de l'addition et de la multiplication modulo $p$ ne peut être un corps.* Nous allons utiliser cette observation (ainsi démontrée) pour introduire un résultat que nous ne prouverons pas.

On dénote par $\mathbb{F}[x]$ l'ensemble des polynômes en une variable $x$ à coefficients dans $\mathbb{F}$. Cet ensemble peut être muni de l'addition et de la multiplication polynomiales usuelles. Attention : $\mathbb{F}[x]$ n'est pas un corps. Par exemple, l'élément non nul $(x + 1)$ n'a pas d'inverse multiplicatif.

**Exemple 6.8** *$\mathbb{F}_2[x]$ est l'ensemble de tous les polynômes à coefficients dans $\mathbb{F}_2$. Voici un exemple de multiplication dans $\mathbb{F}_2[x]$ :*

$$(x + 1) \times (x + 1) = x^2 + x + x + 1 = x^2 + (1 + 1)x + 1 = x^2 + 1 \in \mathbb{F}_2[x].$$

De la même façon que nous avons appris à calculer « modulo $p$, » il est possible de calculer « modulo un polynôme $p(x)$. » Soit $p(x) \in \mathbb{F}[x]$ un polynôme de degré $n \geq 1$

$$p(x) = a_n x^n + a_{n-1} x^{n-1} + \cdots + a_1 x + a_0,$$

tel que $a_i \in \mathbb{F}, 0 \leq i \leq n$ et $a_n \neq 0$. On choisira, par la suite, un polynôme où $a_n = 1$. Les opérations $+$ et $\times$ modulo $p(x)$ consistent à faire les opérations $+$ et $\times$ polynomiales usuelles sur $\mathbb{F}[x]$, puis à utiliser de façon répétitive des multiples polynomiaux de $p(x)$ pour réduire le résultat à un polynôme de degré inférieur à $n$. Cette phrase est compliquée, mais deux exemples la clarifieront.

**Exemple 6.9** *Soit $p(x) = x^2 + 1 \in \mathbb{Q}[x]$ et soient $(x+1)$ et $(x^2+2x)$, deux polynômes appartenant également à $\mathbb{Q}[x]$, que nous désirons multiplier modulo $p(x)$. Les égalités qui suivent sont donc des égalités entre des polynômes différant par un multiple du polynôme $p(x)$. Ce ne sont pas des égalités strictes comme l'indique le « $(\text{mod}\, p(x))$ » à la dernière ligne. Voici les étapes :*

$$\begin{aligned}(x+1)\times(x^2+2x) &= x^3+2x^2+x^2+2x\\ &= x^3+3x^2+2x-x(x^2+1)\\ &= x^3-x^3+3x^2+2x-x\\ &= 3x^2+x\\ &= 3x^2+x-3(x^2+1)\\ &= 3x^2-3x^2+x-3\\ &= x-3 \ (\text{mod}\, p(x)).\end{aligned}$$

*Il est aisé de vérifier que le polynôme $(x-3)$ est également le reste de la division de $(x+1)\times(x^2+2x)$ par $p(x)$. Ceci n'est pas une coïncidence ! C'est une propriété générale qui donne une autre méthode pour calculer $q(x)\ (\text{mod}\, p(x))$. Voir l'exercice 14.*

**Exemple 6.10** *Soit $p(x) = x^2 + x + 1 \in \mathbb{F}_2[x]$. Le carré du polynôme $(x^2+1)$ modulo $p(x)$ est*

$$\begin{aligned}(x^2+1)\times(x^2+1) &= x^4+1 = x^4+1-x^2(x^2+x+1) = x^3+x^2+1\\ &= x^3+x^2+1-x(x^2+x+1) = x+1 \ (\text{mod}\, p(x)).\end{aligned}$$

On peut engendrer tous les corps finis à partir des ensembles de polynômes $\mathbb{F}[x]$ en copiant la construction des $\mathbb{Z}_p$ munis de $+$ et $\times$ modulo $p$ où, rappelons-le, $p$ doit être premier. Pour $\mathbb{F}[x]$, les opérations $+$ et $\times$ se feront modulo un polynôme $p(x)$. N'importe quel polynôme ? Non ! De même que $p$ doit être un nombre premier dans le cas de $\mathbb{Z}_p$, de même le polynôme $p(x)$ devra satisfaire à une condition particulière : être *irréductible*. Un polynôme non nul $p(x) \in \mathbb{F}[x]$ est irréductible si, pour tous $q_1(x)$ et $q_2(x) \in \mathbb{F}[x]$ tels que

$$p(x) = q_1(x)q_2(x),$$

alors $q_1(x)$ ou $q_2(x)$ est un polynôme constant. En d'autres mots, $p(x)$ n'est pas le produit de deux polynômes $\in \mathbb{F}[x]$ de degré inférieur à celui de $p(x)$.

**Exemple 6.11** *Le polynôme $x^2 + x - 1$ peut être factorisé sur $\mathbb{R}$. En effet, soient*

$$x_1 = \tfrac{1}{2}(\sqrt{5} - 1) \quad et \quad x_2 = -\tfrac{1}{2}(\sqrt{5} + 1),$$

*les racines de ce polynôme. Ces deux nombres appartiennent à $\mathbb{R}$ et*

$$x^2 + x - 1 = (x - x_1)(x - x_2).$$

*Ainsi, $x^2 + x - 1 \in \mathbb{R}[x]$ n'est pas irréductible sur $\mathbb{R}$. Ce même polynôme est cependant irréductible sur $\mathbb{Q}[x]$, car ni $x_1$ ni $x_2$ n'appartiennent à $\mathbb{Q}$ et $x^2 + x - 1$ ne peut être factorisé sur $\mathbb{Q}$.*

**Exemple 6.12** *Le polynôme $x^2 + 1$ est irréductible sur $\mathbb{R}$, mais sur $\mathbb{F}_2$, il peut être écrit comme $x^2 + 1 = (x + 1) \times (x + 1)$, et il n'est donc pas irréductible sur $\mathbb{F}_2$.*

On dénotera par $\mathbb{F}[x]/(p(x))$ l'ensemble des polynômes à coefficients dans $\mathbb{F}$ muni des opérations $+$ et $\times$ modulo $p(x)$. Voici le résultat central dont nous aurons besoin.

**Proposition 6.13** *(i) Soit $p(x)$ un polynôme de degré $n$. Le quotient $\mathbb{F}[x]/p(x)$ peut être identifié à $\{q(x) \in \mathbb{F}[x] \mid \text{degré } q < n\}$ muni de l'addition et de la multiplication modulo $p(x)$.*
*(ii) $\mathbb{F}[x]/(p(x))$ est un corps si et seulement si $p(x)$ est irréductible sur $\mathbb{F}$.*

Nous ne démontrerons pas ce résultat, mais nous l'utiliserons pour donner un exemple de construction explicite d'un corps fini qui ne soit pas un des corps $\mathbb{Z}_p$ avec $p$ premier.

**Exemple 6.14 Construction de $\mathbb{F}_9$, le corps à neuf éléments.** *Soit $\mathbb{Z}_3$ le corps à trois éléments dont les tables ont été données ci-dessus. Soit $\mathbb{Z}_3[x]$ l'ensemble des polynômes à coefficients dans $\mathbb{Z}_3$ et soit $p(x) = x^2 + x + 2$.*

*Convainquons-nous d'abord que $p(x)$ est irréductible. S'il ne l'est pas, alors il existe deux polynômes non constants $q_1$ et $q_2$ dont le produit est $p$. Ces deux polynômes doivent être de degré 1. Ainsi,*

$$p(x) = (x + a)(bx + c) \tag{6.7}$$

*pour certains $a, b, c \in \mathbb{Z}_3$. Si tel est le cas, $p(x)$ s'annulera pour l'inverse additif du nombre $a \in \mathbb{Z}_3$. Mais*

$$\begin{aligned} p(0) &= 0^2 + 0 + 2 = 2, \\ p(1) &= 1^2 + 1 + 2 = 1, \\ p(2) &= 2^2 + 2 + 2 = 1 + 2 + 2 = 2; \end{aligned}$$

*donc $p(x)$ ne s'annule pour aucun des trois éléments de $\mathbb{Z}_3$. (Attention : les calculs sont faits dans $\mathbb{Z}_3$ !) Ainsi, $p(x)$ ne peut être mis sous la forme (6.7), et $p(x)$ est donc irréductible.*

*Commençons par trouver le nombre d'éléments du corps* $\mathbb{Z}_3[x]/(p(x))$. *Puisque tous les éléments de ce corps sont des polynômes de degré inférieur au degré de* $p(x)$, *ils sont tous de la forme* $a_1x + a_0$. *Puisque* $a_0, a_1 \in \mathbb{Z}_3$ *et que chacun peut prendre trois valeurs, il y aura donc* $3^2 = 9$ *éléments distincts dans* $\mathbb{Z}_3[x]/(p(x))$.

*Cherchons maintenant la table de multiplication. Deux exemples montrent comment faire :*

$$\begin{aligned}(x+1)^2 &= x^2+2x+1 = (x^2+2x+1)-(x^2+x+2) = x-1 = x+2\\ x(x+2) &= x^2+2x = x^2+2x-(x^2+x+2) = x-2 = x+1.\end{aligned}$$

*La table de multiplication complète est*

| $\times$ | $0$ | $1$ | $2$ | $x$ | $x+1$ | $x+2$ | $2x$ | $2x+1$ | $2x+2$ |
|---|---|---|---|---|---|---|---|---|---|
| $0$ | $0$ | $0$ | $0$ | $0$ | $0$ | $0$ | $0$ | $0$ | $0$ |
| $1$ | $0$ | $1$ | $2$ | $x$ | $x+1$ | $x+2$ | $2x$ | $2x+1$ | $2x+2$ |
| $2$ | $0$ | $2$ | $1$ | $2x$ | $2x+2$ | $2x+1$ | $x$ | $x+2$ | $x+1$ |
| $x$ | $0$ | $x$ | $2x$ | $2x+1$ | $1$ | $x+1$ | $x+2$ | $2x+2$ | $2$ |
| $x+1$ | $0$ | $x+1$ | $2x+2$ | $1$ | $x+2$ | $2x$ | $2$ | $x$ | $2x+1$ |
| $x+2$ | $0$ | $x+2$ | $2x+1$ | $x+1$ | $2x$ | $2$ | $2x+2$ | $1$ | $x$ |
| $2x$ | $0$ | $2x$ | $x$ | $x+2$ | $2$ | $2x+2$ | $2x+1$ | $x+1$ | $1$ |
| $2x+1$ | $0$ | $2x+1$ | $x+2$ | $2x+2$ | $x$ | $1$ | $x+1$ | $2$ | $2x$ |
| $2x+2$ | $0$ | $2x+2$ | $x+1$ | $2$ | $2x+1$ | $x$ | $1$ | $2x$ | $x+2$ |

(6.8)

*Mais cette méthode est fastidieuse. Y a-t-il une manière de simplifier les calculs ? Énumérons plutôt les puissances du polynôme* $q(x) = x$. *À nouveau, toutes les égalités sont modulo* $p(x)$. *On a*

$$\begin{aligned}q &= x,\\ q^2 &= x^2 = x^2-(x^2+x+2) = -x-2 = 2x+1,\\ q^3 &= q\times q^2 = 2x^2+x = 2x^2+x-2(x^2+x+2) = 2x+2,\\ q^4 &= q\times q^3 = 2x^2+2x = 2x^2+2x-2(x^2+x+2) = 2,\\ q^5 &= q\times q^4 = 2x,\\ q^6 &= q\times q^5 = 2x^2 = 2x^2-2(x^2+x+2) = x+2,\\ q^7 &= q\times q^6 = x^2+2x = x^2+2x-(x^2+x+2) = x+1,\\ q^8 &= q\times q^7 = x^2+x = x^2+x-(x^2+x+2) = 1.\end{aligned}$$

*En prenant les puissances du polynôme* $q(x) = x$, *on obtient donc les huit polynômes non nuls de* $\mathbb{Z}_3[x]/(p(x))$. *La multiplication des éléments* $\{0, q, q^2, q^3, q^4, q^5, q^6, q^7, q^8 = 1\}$ *est aisée puisque* $q^i \times q^j = q^k$ *où* $k = i + j \pmod 8$ *car* $q^8 = 1$. *Ceci nous donne une manière simple de calculer la table de multiplication. On transforme tout polynôme en une puissance de* $q$. *Alors, la multiplication de deux éléments se réduit à l'addition des exposants modulo* 8. *Nous pouvons refaire aisément les deux exemples ci-dessus*

$$(x+1)^2 = q^7 \times q^7 = q^{14} = q^6 = x+2,$$
$$x(x+2) = q \times q^6 = q^7 = x+1.$$

*Cette deuxième méthode nous permet également de vérifier nos calculs. Nous redonnons donc la table de multiplication ci-dessus en renommant les polynômes par leur puissance de $q$.*

| $\times$ | 0 | 1 | $q^4$ | $q^1$ | $q^7$ | $q^6$ | $q^5$ | $q^2$ | $q^3$ |
|---|---|---|---|---|---|---|---|---|---|
| 0 | 0 | 0 | 0 | 0 | 0 | 0 | 0 | 0 | 0 |
| 1 | 0 | 1 | $q^4$ | $q$ | $q^7$ | $q^6$ | $q^5$ | $q^2$ | $q^3$ |
| $q^4$ | 0 | $q^4$ | 1 | $q^5$ | $q^3$ | $q^2$ | $q$ | $q^6$ | $q^7$ |
| $q^1$ | 0 | $q$ | $q^5$ | $q^2$ | 1 | $q^7$ | $q^6$ | $q^3$ | $q^4$ |
| $q^7$ | 0 | $q^7$ | $q^3$ | 1 | $q^6$ | $q^5$ | $q^4$ | $q$ | $q^2$ |
| $q^6$ | 0 | $q^6$ | $q^2$ | $q^7$ | $q^5$ | $q^4$ | $q^3$ | 1 | $q$ |
| $q^5$ | 0 | $q^5$ | $q$ | $q^6$ | $q^4$ | $q^3$ | $q^2$ | $q^7$ | 1 |
| $q^2$ | 0 | $q^2$ | $q^6$ | $q^3$ | $q$ | 1 | $q^7$ | $q^4$ | $q^5$ |
| $q^3$ | 0 | $q^3$ | $q^7$ | $q^4$ | $q^2$ | $q$ | 1 | $q^5$ | $q^6$ |

(6.9)

*Avec ces nouveaux noms, il est peut-être naturel de réordonner les lignes et les colonnes de façon à ce que les exposants de $q$ croissent. Revoici donc une troisième fois la table de multiplication de $\mathbb{F}_9$ !*

| $\times$ | 0 | $q^1$ | $q^2$ | $q^3$ | $q^4$ | $q^5$ | $q^6$ | $q^7$ | 1 |
|---|---|---|---|---|---|---|---|---|---|
| 0 | 0 | 0 | 0 | 0 | 0 | 0 | 0 | 0 | 0 |
| $q^1$ | 0 | $q^2$ | $q^3$ | $q^4$ | $q^5$ | $q^6$ | $q^7$ | 1 | $q$ |
| $q^2$ | 0 | $q^3$ | $q^4$ | $q^5$ | $q^6$ | $q^7$ | 1 | $q$ | $q^2$ |
| $q^3$ | 0 | $q^4$ | $q^5$ | $q^6$ | $q^7$ | 1 | $q$ | $q^2$ | $q^3$ |
| $q^4$ | 0 | $q^5$ | $q^6$ | $q^7$ | 1 | $q$ | $q^2$ | $q^3$ | $q^4$ |
| $q^5$ | 0 | $q^6$ | $q^7$ | 1 | $q$ | $q^2$ | $q^3$ | $q^4$ | $q^5$ |
| $q^6$ | 0 | $q^7$ | 1 | $q$ | $q^2$ | $q^3$ | $q^4$ | $q^5$ | $q^6$ |
| $q^7$ | 0 | 1 | $q$ | $q^2$ | $q^3$ | $q^4$ | $q^5$ | $q^6$ | $q^7$ |
| 1 | 0 | $q$ | $q^2$ | $q^3$ | $q^4$ | $q^5$ | $q^6$ | $q^7$ | 1 |

(6.10)

*La table d'addition peut également être obtenue facilement. Voici deux exemples de calcul :*

$$q^2 + q^4 = (2x+1) + (2) = 2x + (2+1) = 2x = q^5,$$
$$q^3 + q^6 = (2x+2) + (x+2) = (2+1)x + (2+2) = 1 = q^8.$$

*Voici la table d'addition complète de $\mathbb{F}_9$. (Exercice : vérifier quelques éléments de cette table d'addition.)*

| $+$ | $0$ | $q^1$ | $q^2$ | $q^3$ | $q^4$ | $q^5$ | $q^6$ | $q^7$ | $1$ |
|---|---|---|---|---|---|---|---|---|---|
| $0$ | $0$ | $q^1$ | $q^2$ | $q^3$ | $q^4$ | $q^5$ | $q^6$ | $q^7$ | $1$ |
| $q^1$ | $q^1$ | $q^5$ | $1$ | $q^4$ | $q^6$ | $0$ | $q^3$ | $q^2$ | $q^7$ |
| $q^2$ | $q^2$ | $1$ | $q^6$ | $q^1$ | $q^5$ | $q^7$ | $0$ | $q^4$ | $q^3$ |
| $q^3$ | $q^3$ | $q^4$ | $q^1$ | $q^7$ | $q^2$ | $q^6$ | $1$ | $0$ | $q^5$ |
| $q^4$ | $q^4$ | $q^6$ | $q^5$ | $q^2$ | $1$ | $q^3$ | $q^7$ | $q^1$ | $0$ |
| $q^5$ | $q^5$ | $0$ | $q^7$ | $q^6$ | $q^3$ | $q^1$ | $q^4$ | $1$ | $q^2$ |
| $q^6$ | $q^6$ | $q^3$ | $0$ | $1$ | $q^7$ | $q^4$ | $q^2$ | $q^5$ | $q^1$ |
| $q^7$ | $q^7$ | $q^2$ | $q^4$ | $0$ | $q^1$ | $1$ | $q^5$ | $q^3$ | $q^6$ |
| $1$ | $1$ | $q^7$ | $q^3$ | $q^5$ | $0$ | $q^2$ | $q^1$ | $q^6$ | $q^4$ |

(6.11)

**Définition 6.15** *Un élément non nul d'un corps tel que tous les autres éléments non nuls peuvent être obtenus de celui-ci par exponentiation est appelé élément primitif ou racine primitive.*

Tous les éléments ne sont pas primitifs. Par exemple, dans $\mathbb{F}_9$, l'élément $q^4$ n'est pas primitif ; les seuls éléments distincts qu'il engendre sont $q^4$ et $q^4 \times q^4 = q^8 = 1$. À l'exercice 13, vous trouverez tous les éléments (non nuls) primitifs de $\mathbb{F}_9$. Dans l'exemple ci-dessus, le polynôme $q(x) = x$ est primitif puisqu'il nous a permis de construire les huit polynômes non nuls sous la forme $q^i$, $i = 1, \ldots, 8$. Mais $q(x) = x$ n'est pas primitif pour tous les choix du corps de base $\mathbb{F}$ et du polynôme irréductible $p(x)$. Nous en donnons deux exemples, le premier à l'exercice 17 ci-dessous et le second à l'exercice 6 du chapitre 8. Nous résumons cette analyse dans le théorème suivant.

**Théorème 6.16** *Tout corps fini $\mathbb{F}_{p^r}$ possède une racine primitive, c'est-à-dire qu'il existe un élément non nul $\alpha$ dont l'ensemble des puissances coïncide avec l'ensemble des éléments non nuls de $\mathbb{F}_{p^r}$ :*

$$\mathbb{F}_{p^r} \setminus \{0\} = \{\alpha, \alpha^2, \ldots, \alpha^{p^r-1} = 1\}.$$

Il est usuel de choisir la lettre $\alpha$ pour une racine primitive ; dans cette section, nous avons utilisé la lettre $q$, décrivant le polynôme $q(x) = x$, mais nous utiliserons $\alpha$ à la prochaine section. (Les lecteurs qui connaissent la structure de *groupe* noteront qu'un élément primitif est en fait un générateur du groupe multiplicatif des éléments non nuls du corps. Ceci indique que ces éléments forment un groupe cyclique. Nous n'utilisons cependant pas ce fait dans le présent chapitre.)

Avant de terminer notre introduction aux corps finis, nous énoncerons deux théorèmes sans les prouver.

**Théorème 6.17** *Le nombre d'éléments dans un corps fini est une puissance d'un nombre premier.*

**Théorème 6.18** *Si deux corps finis possèdent le même nombre d'éléments, alors ils sont isomorphes, c'est-à-dire qu'il existe un réordonnement des éléments du premier corps tel que les tables d'addition et de multiplication des deux corps coïncident. Un tel réordonnement s'appelle un isomorphisme entre les deux corps.*

## 6.6 Les codes de Reed et Solomon

Les codes de Reed et Solomon sont plus complexes que les codes de Hamming. Nous allons tout d'abord décrire l'encodage et le décodage. Puis nous prouverons trois propriétés qui caractérisent ces codes.

Soient $\mathbb{F}_{2^m}$ le corps à $2^m$ éléments et $\alpha$ une racine primitive. Les $2^m - 1$ éléments non nuls de $\mathbb{F}_{2^m}$ sont donc de la forme

$$\{\alpha, \alpha^2, \ldots, \alpha^{2^m-1} = 1\},$$

et alors, tous ces éléments non nuls satisfont à $x^{2^m-1} = 1$.

Les mots à encoder seront des mots de $k$ lettres (chacune étant un élément de $\mathbb{F}_{2^m}$) où $k < 2^m - 2$. (Nous expliquerons sous peu comment cet entier $k$ est choisi.) Ainsi, ce seront des éléments $(u_0, u_1, u_2, \ldots, u_{k-1}) \in \mathbb{F}_{2^m}^k$. À chacun de ces mots nous ferons correspondre le polynôme

$$p(x) = u_0 + u_1x + u_2x^2 + \cdots + u_{k-1}x^{k-1} \in \mathbb{F}_{2^m}[x].$$

Ces mots seront encodés dans un vecteur $v = (v_0, v_1, v_2, \ldots, v_{2^m-2}) \in \mathbb{F}_{2^m}^{2^m-1}$ dont les composantes seront données par

$$v_i = p(\alpha^i), \qquad i = 0, 1, 2, \ldots, 2^m - 2$$

où $\alpha$ est la racine primitive choisie au départ. Ainsi, l'*encodage* consiste à calculer

$$\begin{array}{lclcl} v_0 & = & p(1) & = & u_0 + u_1 + u_2 + \cdots + u_{k-1}, \\ v_1 & = & p(\alpha) & = & u_0 + u_1\alpha + u_2\alpha^2 + \cdots + u_{k-1}\alpha^{k-1}, \\ v_2 & = & p(\alpha^2) & = & u_0 + u_1\alpha^2 + u_2\alpha^4 + \cdots + u_{k-1}\alpha^{2(k-1)}, \\ \vdots & = & \vdots & = & \vdots \\ v_{2^m-2} & = & p(\alpha^{2^m-2}) & = & u_0 + u_1\alpha^{2^m-2} + u_2\alpha^{2(2^m-2)} + \cdots + u_{k-1}\alpha^{(k-1)(2^m-2)}. \end{array} \tag{6.12}$$

Le code de Reed–Solomon $\mathrm{C}(2^m - 1, k)$ est l'ensemble des vecteurs $v \in \mathbb{F}_{2^m}^{2^m-1}$ ainsi obtenu. Une des conditions de base de tout encodage est que des mots différents aient des formes encodées distinctes. C'est ce qu'assure la propriété suivante du code de Reed–Solomon.

**Propriété 6.19** *L'encodage $u \mapsto v$ tel que $u \in \mathbb{F}_{2^m}^k$ et $v \in \mathbb{F}_{2^m}^{2^m-1}$, est une application linéaire dont le noyau est nul, c'est-à-dire égal à $\{0\} \subset \mathbb{F}_{2^m}^k$.*

(Les preuves des propriétés 6.19 et 6.20 sont données à la fin de la section.)

La transmission peut introduire des erreurs dans le message encodé $v$. Ainsi, le message reçu $w \in \mathbb{F}_{2^m}^{2^m-1}$ pourrait différer de $v$ par une composante ou même plus. Le décodage consiste à remplacer, dans le système (6.12), les $v_i$ par les composantes $w_i$ de $w$ et à extraire de ce nouveau système linéaire les composantes $u_j$ du message original et ce, malgré les erreurs possibles dans $w$. Pour comprendre comment ceci peut être fait, nous décrivons d'abord le système (6.12) géométriquement. Chacune des équations de (6.12) représente un plan dans l'espace $\mathbb{F}_2^k$ paramétrisé par les coordonnées $(u_0, u_1, \ldots, u_{k-1})$. Il y a donc $2^m-1$ plans, plus que $k$, le nombre d'inconnues $u_j$. Utilisons notre intuition de $\mathbb{R}^3$ pour dessiner une représentation géométrique de la situation. La figure 6.4a présente cinq plans (plutôt que $2^m-1$) dans $\mathbb{R}^3$ (plutôt que dans $\mathbb{F}_2^k$). S'il n'y a aucune erreur lors de la transmission (et alors, chacune des composantes $w_i$ coïncide avec la composante correspondante $v_i$), alors les plans s'intersectent tous en un seul point $u$ qui correspond au message original. De plus, chaque choix de trois plans parmi les cinq détermine uniquement la solution $u$. En d'autres mots, deux des cinq plans sont redondants et, dans cette transmission sans erreur, il y a plusieurs façons de reconstruire le message original $u$. Supposons maintenant qu'une des composantes de $w$ soit erronée. L'équation qui la contient sera fausse, et le plan correspondant sera déplacé par rapport au plan original. C'est ce que représente la figure 6.4b où le plan horizontal a été déplacé vers le haut. Même si les quatre plans justes (sans erreur) s'intersectent encore en $u$, un choix de trois plans qui inclut le plan erroné donne une détermination $\bar{u}$ erronée. Dans $\mathbb{R}^3$, trois plans sont nécessaires pour déterminer $u$ (justement ou erronément). Dans le système (6.12), il faut $k$ plans (= équations) pour obtenir une valeur de $u$. Nous pouvons donc penser à un choix de $k$ plans « votant » pour la valeur $u$ où ils s'intersectent. Si quelques $w_i$ sont faux, nous pouvons nous demander sous quelles conditions la valeur correcte de $u$ obtiendra le plus grand nombre de votes. C'est à cette question que nous allons répondre maintenant. (Exercice : vérifier que, pour l'exemple de la figure 6.4b, la réponse $u$ reçoit quatre votes alors que la réponse erronée $\bar{u}$ n'en reçoit qu'un.)

Supposons qu'une fois le message transmis, nous recevions les $2^m-1$ lettres de $w = (w_0, w_1, w_2, \ldots, w_{2^m-2}) \in \mathbb{F}_{2^m}^{2^m-1}$. Si toutes ces lettres sont exactes, on peut retrouver le message original $u$ en choisissant dans (6.12) n'importe quel sous-ensemble de $k$ lignes (= plans) et en résolvant le système linéaire correspondant. Supposons qu'on choisisse les lignes $i_0, i_1, \ldots, i_{k-1}$, tels que $0 \le i_0 < i_1 < \cdots < i_{k-1} \le 2^m-2$, et que $\alpha_j$ dénote $\alpha^{i_j}$. Alors, le système linéaire se lit

$$\begin{pmatrix} w_{i_0} \\ w_{i_1} \\ w_{i_2} \\ \vdots \\ w_{i_{k-1}} \end{pmatrix} = \begin{pmatrix} 1 & \alpha_0 & \alpha_0^2 & \alpha_0^3 & \ldots & \alpha_0^{k-1} \\ 1 & \alpha_1 & \alpha_1^2 & \alpha_1^3 & \ldots & \alpha_1^{k-1} \\ 1 & \alpha_2 & \alpha_2^2 & \alpha_2^3 & \ldots & \alpha_2^{k-1} \\ \vdots & \vdots & \vdots & \vdots & \ddots & \vdots \\ 1 & \alpha_{k-1} & \alpha_{k-1}^2 & \alpha_{k-1}^3 & \ldots & \alpha_{k-1}^{k-1} \end{pmatrix} \begin{pmatrix} u_0 \\ u_1 \\ u_2 \\ \vdots \\ u_{k-1} \end{pmatrix}, \qquad (6.13)$$

et on peut obtenir le message original $u$ en inversant la matrice $\{\alpha_i^j\}_{0 \le i,j \le k-1}$, pour autant qu'elle soit inversible.

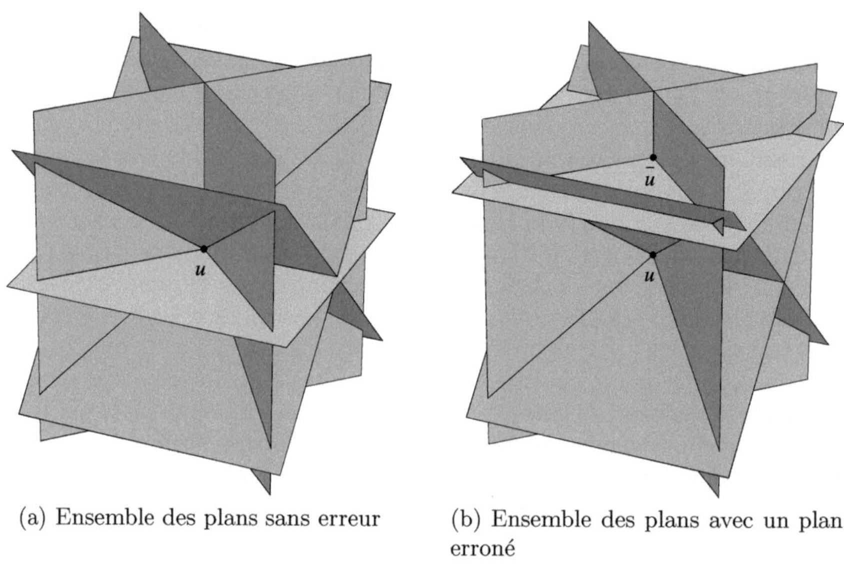


(a) Ensemble des plans sans erreur

(b) Ensemble des plans avec un plan erroné

**Fig. 6.4.** Les plans du système (6.12)

**Propriété 6.20** *Pour tout choix* $0 \leq i_0 < i_1 < i_2 < \cdots < i_{k-1} \leq 2^m - 2$, *la matrice* $\{\alpha_i^j\}$ *ci-dessus est inversible.*

Ainsi, lorsque le message reçu ne contient aucune erreur, il y a autant de façons de déterminer le message original que de choix de $k$ équations parmi les $2^m - 1$ équations du système (6.12), c'est-à-dire

$$\binom{2^m - 1}{k} = \frac{(2^m - 1)!}{k!(2^m - 1 - k)!}.$$

Supposons maintenant que $s$ composantes parmi les $2^m - 1$ de $w$ soient erronées. Alors seules $(2^m - s - 1)$ équations de (6.12) sont justes, et seules $\binom{2^m - s - 1}{k}$ déterminations de $u$ parmi les $\binom{2^m - 1}{k}$ possibilités seront justes. Les autres seront erronées ; il y aura donc plusieurs déterminations de $u$, une seule étant la bonne. Soit $\bar{u}$ une des valeurs fautives qu'on obtient en choisissant certaines des équations fausses de (6.12). Combien de fois peut-on obtenir $\bar{u}$ en changeant les équations retenues ? La solution $\bar{u}$ est l'intersection des $k$ plans que représentent les $k$ équations de (6.12) choisies. Au maximum $s + k - 1$ plans s'intersectent en $\bar{u}$, car s'il y en avait un seul de plus, il y aurait parmi ceux-ci $k$ plans décrits par des équations justes, et alors, $\bar{u} = u$. Il y aura donc au maximum $\binom{s+k-1}{k}$ déterminations menant à $\bar{u}$. La valeur juste $u$ obtiendra le plus de votes (c'est-à-dire le plus de déterminations) si

$$\binom{2^m - s - 1}{k} > \binom{s + k - 1}{k}$$

ou, de façon équivalente si

$$2^m - s - 1 > s + k - 1.$$

On en déduit que

$$2^m - k > 2s.$$

Puisque le nombre d'erreurs $s$ est un entier, cette inégalité peut également être écrite

$$2^m - k - 1 \geq 2s.$$

En d'autres termes, tant que le nombre d'erreurs $s$ est plus petit ou égal à $\frac{1}{2}(2^m - k - 1)$, la valeur juste $u$ obtiendra le plus grand nombre de déterminations, et nous venons de prouver la dernière propriété.

**Propriété 6.21** *Le code de Reed–Solomon peut corriger* $[\frac{1}{2}(2^m - k - 1)]$ *erreurs où la notation* $[x]$ *signifie la partie entière de* $x$.

Le *décodage* de $w$ consiste donc à choisir, parmi toutes les déterminations de $u$ à l'aide de (6.12), celle qui obtient le plus de votes.

Nous terminons cette section en prouvant les propriétés 6.19 et 6.20.

PREUVE DE LA PROPRIÉTÉ 6.19 Remarquons que chacune des composantes $v_j$ de $v, j = 0, 1, \ldots, 2^m - 2$, dépend linéairement des composantes $u_i$. Ainsi, l'encodage $u \mapsto v$ est une application linéaire de $\mathbb{F}_{2^m}^k$ dans $\mathbb{F}_{2^m}^{2^m-1}$.

Pour montrer que le noyau de cette application est trivial, il suffit de se convaincre que seul le polynôme nul sera envoyé dans $0 \in \mathbb{F}_{2^m}^{2^m-1}$. Si $p$ est un polynôme non nul de degré $k-1$ ou inférieur, il ne peut pas s'annuler pour plus de $k-1$ valeurs. Les $v_i$ sont les évaluations du polynôme $p$ pour les puissances $\alpha^i, i = 0, 1, 2, \ldots, 2^m - 2$. Puisque $\alpha$ est une racine primitive, toutes les $2^m - 1$ valeurs $\alpha^i$ sont distinctes. Et puisque $p$ n'a pas plus de $k-1$ racines distinctes, seules $k-1$ des $2^m - 1$ valeurs $v_i = p(\alpha^i)$ peuvent être nulles. Ainsi, tout polynôme $p$ non nul est envoyé sur un vecteur $v$ non nul. □

La propriété 6.20 découle du lemme suivant que nous démontrerons tout d'abord.

**Lemme 6.22 (déterminant de Vandermonde)** *Soient* $x_1, x_2, \ldots, x_n$ *des éléments quelconques d'un corps* $\mathbb{F}$. *Alors*

$$\begin{vmatrix} 1 & x_1 & x_1^2 & \ldots & x_1^{n-1} \\ 1 & x_2 & x_2^2 & \ldots & x_2^{n-1} \\ 1 & x_3 & x_3^2 & \ldots & x_3^{n-1} \\ \vdots & \vdots & \vdots & \ddots & \vdots \\ 1 & x_n & x_n^2 & \ldots & x_n^{n-1} \end{vmatrix} = \prod_{1 \leq i < j \leq n} (x_j - x_i).$$

Preuve Si on soustrait la ligne $j$ de la ligne $i$, la valeur du déterminant n'est pas changée, et la ligne $i$ devient

$$\begin{pmatrix}0 & x_i - x_j & x_i^2 - x_j^2 & x_i^3 - x_j^3 & \dots & x_i^{n-1} - x_j^{n-1}\end{pmatrix}.$$

Puisque

$$x_i^k - x_j^k = (x_i - x_j) \sum_{l=0}^{k-1} x_i^l x_j^{k-l-1},$$

tous les éléments de cette nouvelle ligne $i$ possèdent $(x_i - x_j)$ comme facteur. Le déterminant, vu comme polynôme en les variables $x_1, x_2, \dots, x_n$, possède donc $(x_i - x_j)$ comme facteur pour tout $i$ et $j$. Le déterminant est donc le produit de

$$\prod_{1 \leq i < j \leq n} (x_j - x_i)$$

et d'un polynôme demeurant à déterminer. Notons que, dans $\prod_{1\leq i<j\leq n}(x_j - x_i)$, la puissance maximale de $x_n$ est $n-1$, car il y a $(n-1)$ termes tels que $j = n$. Dans le déterminant, la puissance maximale de $x_n$ est également $n-1$, car les termes incluant $x_n$ sont tous dans la même ligne, et c'est $x_n^{n-1}$ qui, dans cette ligne, a la plus grande puissance. Ainsi, le polynôme multipliant $\prod_{1\leq i<j\leq n}(x_j - x_i)$ ne peut pas dépendre de $x_n$. On peut répéter cet argument pour tous les autres $x_i$ ; on conclut que le polynôme multipliant $\prod_{1\leq i<j\leq n}(x_j - x_i)$ est une constante. Le terme $x_1^0 x_2^1 x_3^2 \cdots x_n^{n-1}$ dans le déterminant vient du produit de tous les termes diagonaux et a donc pour coefficient $+1$. Dans le produit $\prod_{1\leq i<j\leq n}(x_j - x_i)$, ce même terme $x_1^0 x_2^1 x_3^2 \cdots x_n^{n-1}$ est obtenu par multiplication des *premiers* termes de tous les monômes $(x_j - x_i)$ et a également pour coefficient $+1$. (Pourquoi les *premiers* termes ? Il y a précisément $n-1$ monômes du produit $\prod_{1\leq i<j\leq n}(x_j - x_i)$ qui contiennent le terme $x_n$, et dans tous ces monômes, la variable $x_n$ est le premier terme de $(x_j - x_i)$ puisque $i < j$. Il faut donc choisir les $n-1$ premiers termes de ces monômes. Parmi les monômes restants, il y en a précisément $n-2$ qui contiennent le terme $x_{n-1}$. À nouveau, dans tous ces monômes, la variable $x_{n-1}$ est le premier terme. En répétant l'argument, on arrive à l'énoncé.) Donc, le déterminant et le polynôme sont égaux. □

Preuve de la propriété 6.20 Le lemme appliqué à la matrice du système (6.13) montre que son déterminant est égal à $\prod_{i<j}(\alpha_j - \alpha_i)$. Rappelons que les $\alpha_i$ sont des puissances distinctes de la racine primitive $\alpha$ et inférieures à $2^m - 1$. Donc, tous ces $\alpha_i$ sont distincts, le déterminant est non nul et la matrice inversible. □

Voici un exemple concret des divers paramètres $k, m$ et $s$ du code. Nous avons vu au tout début de ce chapitre qu'il est usuel d'utiliser sept ou huit bits pour coder chacun des symboles de typographie (lettres, chiffres, signes de ponctuation, etc.). Si $m$ est fixé à huit, alors chacune des lettres ($\in \mathbb{F}_{2^m}$) pourra représenter précisément une lettre de notre alphabet ou un caractère de ponctuation. Ainsi, la correspondance entre « lettre de l'alphabet » et « lettre dans $\mathbb{F}_{2^m}$ » est biunivoque. Si nous choisissons

$m = 8$, le nombre $k$ de lettres est borné par $2^m - 2 = 254$. Supposons maintenant que le canal de transmission soit assez fiable et qu'il soit pratiquement toujours suffisant de pouvoir corriger deux lettres. Puisque le nombre d'erreurs corrigibles $s$ est égal à $[\frac{1}{2}(2^m - k - 1)]$, il faut donc que $(2^m - k - 1)$ soit supérieur ou égal à $2s = 4$. Nous pouvons donc transmettre le texte par blocs de $k = 2^8 - 4 - 1 = 251$ lettres. Notons qu'il pourrait y avoir plus d'un bit erroné au sein de chaque lettre transmise. Le code de Reed–Solomon corrige les lettres (et non les bits individuels).

La technologie du disque compact ne transmet pas des caractères latins, mais bien sûr un signal musical numérisé. Elle utilise malgré tout le code de Reed–Solomon avec les paramètres que nous venons d'étudier, soit $m = 8$ et un maximum de deux erreurs. Notons enfin qu'il existe des algorithmes efficaces de décodage qui évitent la solution de $\binom{2^m-1}{k}$ systèmes linéaires de $k$ équations en $k$ inconnues [2, 8]. Ces algorithmes accélèrent considérablement le décodage.

## 6.7 Appendice : le produit scalaire et les corps finis

Il est fort probable que votre cours d'algèbre linéaire ait défini le produit scalaire sur un espace vectoriel $V$ sur le corps $\mathbb{R}$ comme une fonction notée $(\cdot,\cdot)$ qui associe à une paire d'éléments de $V$ un nombre réel et telle que

*(i)* $(x, y) = (y, x)$, pour tout $x, y \in V$ ;

*(ii)* $(x + y, z) = (x, z) + (y, z)$ pour tout $x, y, z \in V$ ;

*(iii)* $(cx, y) = c(x, y)$ pour tout $x, y \in V$ et $c \in \mathbb{R}$ ;

*(iv)* $(x, x) \geq 0$ et $(x, x) = 0$ seulement pour $x = 0$.

Si le corps $\mathbb{R}$ des nombres réels est remplacé par un corps fini, cette définition est conservée à l'exception de la dernière exigence qui devient

*(iv)*$_{\text{fini}}$ si $(x, y) = 0$ pour tout $y \in V$, alors $x = 0$.

C'est donc avec cette modification que le produit scalaire est utilisé dans le présent chapitre. Notons que la condition *(iv)* originale n'a pas de sens dans un corps fini, car il n'y a pas de relation d'ordre (« $<$ ») préservée par l'addition. Par exemple, dans $\mathbb{F}_2$, nous pourrions proposer que $0 < 1$. Cependant, cette inégalité ne peut être réconciliée avec l'affirmation usuelle dans les réels qui dit que, si $a < b$, alors $a + c < b + c$ pour tout nombre $c$. En effet, si le nombre $1 \in \mathbb{F}_2$ est ajouté aux deux membres de $0 < 1$, nous obtenons $0 + 1 < 1 + 1$, c'est-à-dire $1 < 0$, ce qui contredit clairement $0 < 1$ !

La définition de complément orthogonal demeure la même pour le produit scalaire avec *(iv)*$_{\text{fini}}$. Nous la rappelons.

**Définition 6.23** *Si $W \subset V$ est un sous-ensemble de $V$, alors le complément orthogonal $W^\perp$ est défini par $W^\perp = \{v \in V | (v, w) = 0$ pour tout $w \in W\}$.*

C'est un sous-espace vectoriel de $V$. La modification *(iv)* $\to$ *(iv)*$_{\text{fini}}$ a une conséquence inattendue. Rappelons que, si $W \subset \mathbb{R}^n$ est un sous-espace vectoriel, alors lui et son complément n'ont que l'origine en commun : $W \cap W^\perp = \{0\}$. Dans un espace vectoriel sur un corps fini, ceci n'est plus toujours le cas ! Par exemple, considérons le sous-espace $W$ engendré par le vecteur

$$\begin{pmatrix}1\\1\\0\end{pmatrix} \in \mathbb{F}_2^3.$$

Les éléments $w = (w_1, w_2, w_3)^t \in \mathbb{F}_2^3$ du complément orthogonal $W^\perp$ devront satisfaire à

$$\begin{pmatrix}w_1 & w_2 & w_3\end{pmatrix}\begin{pmatrix}1\\1\\0\end{pmatrix} = 0$$

et donc à $w_1 + w_2 = 0$. Ainsi,

$$\left\{\begin{pmatrix}1\\1\\0\end{pmatrix}, \begin{pmatrix}0\\0\\1\end{pmatrix}\right\}$$

forme une base de $W^\perp$ et

$$\begin{pmatrix}1\\1\\0\end{pmatrix} \in W \cap W^\perp.$$

Nous devons donc utiliser notre intuition des compléments orthogonaux avec prudence !

## 6.8 Exercices

**1.** **a)** Dans le code de Hamming C$(7,4)$, que sont les vecteurs à envoyer ($\in \mathbb{F}_2^7$) si on désire transmettre les mots $(0,0,0,0)$, $(0,0,1,0)$ ou $(0,1,1,1)$ ?
**b)** Le récepteur reçoit les mots : $(1,1,1,1,1,1,1)$, $(1,0,1,1,1,1,1)$, $(0,0,0,0,1,1,1)$ et $(1,1,1,1,0,0,0)$. Quels étaient les mots transmis ?

**2.** **a)** On utilise le code de Hamming $C(15,11)$ pour corriger des messages contenant au plus un bit erroné. Si la matrice de contrôle est

$$H = \begin{pmatrix}1&0&1&1&1&0&0&0&1&1&1&1&0&0&0\\1&1&0&1&1&0&1&1&0&0&1&0&1&0&0\\1&1&1&0&1&1&0&1&0&1&0&0&0&1&0\\1&1&1&1&0&1&1&0&1&0&0&0&0&0&1\end{pmatrix}$$

et le message reçu est

$$w = \begin{pmatrix} 1 & 0 & 1 & 0 & 1 & 0 & 1 & 0 & 1 & 0 & 1 & 0 & 1 & 0 & 1 \end{pmatrix},$$

y a-t-il eu une erreur lors de la transmission ?

**b)** On désire utiliser le code de Hamming $C(2^k - 1, 2^k - k - 1)$ pour un certain $k$, mais on ne veut pas ajouter plus de 10 % de bits au mot original. Quelle est la longueur minimale du mot original et quel est le $k$ caractérisant le code à utiliser ?

**3.** Les questions suivantes portent sur le code de Hamming $\mathrm{C}(2^k - 1, 2^k - k - 1)$.

**a)** Dans ce code, combien de lettres ont les mots $u$ à transmettre ? Combien y a-t-il de mots distincts que l'on peut transmettre ?

**b)** Combien de lettres ont les mots encodés $v$ ?

**c)** Combien de mots reçus $w$ distincts (erronés ou non) seront décodés comme le même message $u$ ?

**d)** Existe-t-il des messages reçus qui ne peuvent pas être décodés ? (Une autre façon de poser cette question est : existe-t-il un $w \in \mathbb{F}_2^{2^k-1}$ qui ne soit pas, à une erreur possible près, l'encodage $v$ d'un message $u \in \mathbb{F}_2^{2^k-k-1}$ ?)

**4.** Vérifier que l'addition $+$ et la multiplication $\times$ dans $\mathbb{F}_2$ définies par les tables de la section 6.2 remplissent les conditions de la structure de corps définie en 6.5.

**5.** Soit $(\mathbb{F}, +, \times)$ un corps fini. Montrer que la table de multiplication des éléments non nuls de $\mathbb{F}$ a la propriété suivante : toutes les lignes et toutes les colonnes contiennent tous les éléments non nuls de $\mathbb{F}$ une et une seule fois.

**6.** **a)** Dans le code de Hamming $\mathrm{C}(7,4)$, existe-t-il un message reçu $(w_1, w_2, w_3, w_4, w_5, w_6, w_7) \in \mathbb{F}_2^7$ qu'il est impossible de décoder comme un des 16 éléments (mots) $\in \mathbb{F}_2^4$ lorsqu'on fait l'hypothèse d'un maximum d'une lettre erronée (voir aussi l'exercice 3 d)) ?

**b)** Montrer qu'un code du même type qu'un code de Hamming transformant un mot de trois bits en un mot de huit bits ne peut corriger deux erreurs.

**c)** Construire un code transformant un mot de trois bits en un mot de dix bits et corrigeant deux erreurs.

**7.** **a)** Soit $H$ une matrice $k \times n$, $n > k$, dont les éléments appartiennent à $\mathbb{F}_2$. Soit $G$ une matrice $(n-k) \times n$ dont les éléments appartiennent à $\mathbb{F}_2$, qu'obtient de $H$ en demandant que $G$ soit de rang maximal et que ses lignes soient orthogonales à celles de $H$. Si $H$ a la forme

$$H = \Big( \underbrace{M}_{k \times (n-k)} \mid I_{k \times k} \Big)$$

où $M$ est une matrice $k \times (n-k)$ et $I_{k \times k}$ est la matrice identité $k \times k$, montrer que $G$ peut être choisie comme

$$G = \left( \, I_{(n-k)\times(n-k)} \mid \underbrace{M^t}_{(n-k)\times k} \, \right).$$

**b)** Écrire $G_4$ et $H_4$ pour le code de Hamming C$(15, 11)$, c'est-à-dire pour $k = 4$. (Commencer par $H_4$.)

**c)** Quel est le message $u$ que l'émetteur voulait envoyer si celui-ci utilisait le code C$(15, 11)$ et si le message reçu se lit $(1, 1, 1, 1, 1, 0, 0, 0, 0, 0, 1, 1, 1, 1, 1)$ ?

**8.** Soit $p = \frac{1}{1000}$ la probabilité qu'un bit soit transmis erronément.

**a)** Quelle est la probabilité d'avoir précisément deux bits fautifs lors de la transmission de sept bits, comme lors de la transmission d'un mot du code de Hamming C$(7, 4)$ ?

**b)** Quelle est la probabilité d'avoir plus d'une erreur lors de la transmission de sept bits ?

**c)** Plutôt que le code de Hamming, on transmet un bit en le répétant trois fois. On décode à la majorité. Calculer la probabilité qu'on décode correctement le bit envoyé.

**d)** On transmet quatre bits en répétant chacun trois fois. Quelle est la probabilité que les quatre bits soient décodés correctement ? En comparant les résultats de cette question avec b) ci-dessus, on voit que le code simple possède un léger avantage sur le code de Hamming C$(7, 4)$, mais au prix de transmettre 12 bits plutôt que sept.

**9.** Chaque livre a un code ISBN (pour *International Standard Book Number*) qui lui est propre. Celui-ci est composé de dix chiffres. Par exemple, ISBN 2-12345-678-0. Les trois premiers segments identifient le groupe linguistique, la maison d'édition et le volume. Le dernier symbole est un symbole détecteur d'erreur choisi parmi $\{0, 1, 2, 3, 4, 5, 6, 7, 8, 9, X\}$, où $X$ représente 10 en chiffres romains. Appelons $a_i$, $i = 1, \ldots, 10$, les 10 symboles. Alors, $a_{10}$ est choisi comme le reste de la division de $b = \sum_{i=1}^{9} i a_i$ par 11. Ainsi, dans notre exemple, $b = 1 \times 2 + 2 \times 1 + 3 \times 2 + 4 \times 3 + 5 \times 4 + 6 \times 5 + 7 \times 6 + 8 \times 7 + 9 \times 8 = 242 = 11 \times 22 + 0$.

**a)** Montrer que ce code détecte une erreur.

**b)** Montrer que la somme $\sum_{i=1}^{10} i a_i$ est divisible par 11.

**c)** Trouver le dernier chiffre du code ISBN commençant par

ISBN 0-7267-3514-?.

**d)** Un type d'erreur commun est l'inversion de deux chiffres. Par exemple, le code 0-1311-0362-8 sera entré erronément comme 0-1311-0326-8. Montrer que le code permet de détecter une telle erreur si les deux chiffres consécutifs ne sont pas identiques (auquel cas l'inversion n'est pas une erreur !).

**e)** Dans d'autres références, on dit que $a_{10}$ est choisi de telle sorte que la somme

$$\sum_{i=1}^{10} (11 - i) a_i$$

soit divisible par 11. Montrer que cette nouvelle définition est équivalente à celle qui est donnée ci-dessus.

**10.** La méthode suivante a été introduite par IBM pour construire un numéro de carte de crédit. Elle est aussi utilisée au Canada dans les numéros de carte d'assurance sociale. On construit des numéros de $n$ chiffres, $a_1, \ldots, a_n$, où $a_i \in \{0, 1, 2, 3, 4, 5, 6, 7, 8, 9\}$. Le numéro est valide si le nombre $b$ construit comme suit est un multiple de 10 :

- si $i$ est impair on pose $c_i = a_i$ ;
- si $i$ est pair et $2a_i < 10$, on pose $c_i = 2a_i$ ;
- si $i$ est pair et $2a_i \geq 10$, alors $2a_i = 10 + d_i$. On pose $c_i = 1 + d_i$, c'est-à-dire la somme des chiffres de $2a_i$ ;
- alors
$$b = \sum_{i=1}^{n} c_i.$$

**a)** Montrer que, si $i$ est pair, alors $c_i$ est le reste de la division de $2a_i$ par 9.
**b)** Les 15 premiers chiffres d'une carte sont 1234 5678 1234 567. Calculer le 16e chiffre.
**c)** Montrer que cette méthode détecte une erreur dans un des chiffres.
**d)** Un type d'erreur commun est l'inversion de deux chiffres consécutifs. La méthode IBM ne détecte pas toujours ce genre d'erreur. Montrer cependant qu'elle permet de détecter une telle erreur si les deux chiffres consécutifs ne sont pas identiques (auquel cas l'inversion n'est pas une erreur) et s'ils ne sont pas tous les deux dans l'ensemble $\{0, 9\}$.

**11.** Le code suivant est construit sur le même principe que le code de Hamming. On veut envoyer un mot de quatre bits $(x_1, x_2, x_3, x_4)$ où les $x_i = 0, 1$. On l'allonge à un mot de 11 lettres en ajoutant les bits $x_5, \ldots, x_{11}$ définis comme suit (on utilise l'addition sur $\mathbb{F}_2$) :
$$\begin{aligned}
x_5 &= x_1 + x_4,\\
x_6 &= x_1 + x_3,\\
x_7 &= x_1 + x_2,\\
x_8 &= x_1 + x_2 + x_3,\\
x_9 &= x_2 + x_4,\\
x_{10} &= x_2 + x_3 + x_4,\\
x_{11} &= x_3 + x_4.
\end{aligned}$$
Montrer que ce code détecte deux erreurs.

**12.** Construire le corps fini $\mathbb{F}_4$ à quatre éléments. (Donner explicitement les tables d'addition et de multiplication.)

**13.** Donner tous les éléments primitifs du corps $\mathbb{F}_9$ de l'exemple 6.14 construit à l'aide du polynôme $p(x) = x^2 + x + 2$.

**14.** **a)** Soient $q(x)$ et $p(x)$ deux polynômes de $\mathbb{F}[x]$. Montrer qu'il existe des polynômes $s(x)$ et $r(x) \in \mathbb{F}[x]$ tels que $q(x) = s(x)p(x) + r(x)$ avec $0 \leq$ degré de $r <$ degré de $p$.
**b)** En conclure que $q(x) = r(x) \pmod{p(x)}$.

**15.** Soit $\mathcal{M}_n$ l'ensemble des matrices $n \times n$, et dénotons par $+$ et $\cdot$ l'addition et la multiplication matricielles usuelles. Est-ce que $(\mathcal{M}_n, +, \cdot)$ est un corps ? Justifier.

**16.** Soient $\mathcal{E}$ un ensemble fini et $U(\mathcal{E})$ l'ensemble de ses sous-ensembles. Par exemple, si $\mathcal{E} = \{a, b, c\}$, alors $U(\mathcal{E}) = \{\emptyset, \{a\}, \{b\}, \{c\}, \{a, b\}, \{a, c\}, \{b, c\}, \{a, b, c\}\}$. On définit sur $U(\mathcal{E})$ des opérations $+$ et $\times$ respectivement par l'union et par l'intersection ensemblistes usuelles. Pour $+$, le neutre est $\emptyset$, et pour $\times$, le neutre est $\mathcal{E}$. Est-ce que $U(\mathcal{E})$ muni de $+$ et de $\times$ forme un corps ? Le montrer ou donner les propriétés qui ne sont pas satisfaites.

**17.** **a)** Soit $\mathbb{F}_3$ le corps à trois éléments. Il y a neuf polynômes de degré 2 de la forme $x^2+ax+b$ où $a, b \in \mathbb{F}_3$. Énumérer ces neuf polynômes et identifier les trois qui sont irréductibles. (Suggestion : commencer par énumérer les polynômes de la forme $(x+c)(x+d)$.)
**b)** Afin de construire le corps à neuf éléments, on considère le quotient $\mathbb{F}_3[x]/q(x)$ où $q(x) = x^2 + 2x + 2$. Montrer que $x$ est une racine primitive en exprimant les huit éléments $x^i, i = 1, 2, \ldots, 8$, comme polynômes de degré un ou zéro.
**c)** Dans la notation de b), pour quel $i$ l'égalité $x^3 + x^5 = x^i$ est-elle juste ?
**d)** Le corps $\mathbb{F}_9$ a maintenant été construit de deux façons différentes, la première dans l'exemple 6.14 à la section 6.5 et ci-dessus à la question b). Pouvez-vous construire l'isomorphisme entre le résultat de ces deux constructions (voir le théorème 6.18 pour la définition d'isomorphisme) ?
**e)** En a), vous avez identifié trois polynômes irréductibles. Soient $p(x)$ celui qui est utilisé dans l'exemple 6.14, $q(x)$ celui qui l'est ci-dessus en b), et $r(x)$, le troisième. Est-ce que le polynôme $i(x) = x$ est une racine primitive de $\mathbb{F}_3[x]/r(x)$ ? Que faudrait-il faire pour obtenir les tables d'addition et de multiplication de $\mathbb{F}_3[x]/r(x)$ ?

**18.** **a)** Trouver le seul polynôme irréductible sur $\mathbb{F}_2$ de degré 2, les deux de degré 3 et les trois de degré 4.
**b)** Construire les tables d'addition et de multiplication du corps $\mathbb{F}_8$ à huit éléments.

**19.** **a)** Pour les ambitieux : construire $\mathbb{F}_{16}$.
**b)** Également pour les ambitieux : trouver un polynôme irréductible de degré 8 sur $\mathbb{F}_2$. Ce polynôme vous permettrait de construire un corps à combien d'éléments ?

**20.** **a)** On considère le code correcteur d'erreurs qui consiste à répéter trois fois chaque bit. Pour envoyer un mot de sept bits, on commence par l'allonger à 21 bits. Par exemple, pour envoyer 0100111 on envoie

000 111 000 000 111 111 111

Ce code corrige au minimum une erreur. Mais il peut en corriger plus si les erreurs sont bien placées. Quel est le nombre maximum d'erreurs qu'il peut corriger ? Sous quelle condition ?

**b)** On considère maintenant le code de Reed–Solomon $C(7,3)$. Les lettres sont des éléments du corps à huit éléments, $\mathbb{F}_{2^3}$, identifié à $\{0,1\}^3$, sur lequel on a une addition et une multiplication. On décrit chaque lettre comme une suite de trois bits $\underbrace{b_0 b_1 b_2}$. Combien de bits au maximum ce code peut-il corriger ? Sous quelle condition ?

**21.** Soit le système suivant de trois équations à trois inconnues

$$\begin{aligned} 2x - \tfrac{1}{2}y \phantom{- z} &= 1, \\ -x + 2y - z &= 0, \\ -y + 2z &= 1. \end{aligned} \qquad (\star)$$

**a)** Résoudre ce système sur le corps $\mathbb{F}_3$ à trois éléments. (Le nombre $\frac{1}{2}$ est l'inverse multiplicatif du nombre 2.)

**b)** Considérons le système $(\star)$ sur le corps $\mathbb{F}_p$ à $p$ éléments où $p$ est un nombre premier plus grand que 2. Pour quels $p$ le système possède-t-il une solution unique ?

**22.** **a)** Calculer, dans le corps des réels $\mathbb{R}$, le déterminant $d$ suivant

$$d = \begin{vmatrix} 2 & -1 & 0 \\ -1 & 2 & -1 \\ 0 & -1 & 2 \end{vmatrix}.$$

**b)** Expliquer pourquoi le déterminant $d_2$ de la matrice

$$\begin{pmatrix} 0 & 1 & 0 \\ 1 & 0 & 1 \\ 0 & 1 & 0 \end{pmatrix} \in \mathbb{F}_2^{3\times 3}$$

est égal à $d$ mod 2.

**c)** Calculer dans $\mathbb{F}_3$ le déterminant $d_3$ de la matrice

$$\begin{pmatrix} 2 & 2 & 0 \\ 2 & 2 & 2 \\ 0 & 2 & 2 \end{pmatrix} \in \mathbb{F}_3^{3\times 3}.$$

Pouvez-vous obtenir ce déterminant à partir de la réponse de a) ?

**d)** Soit le système

$$\begin{aligned} 2a - b \phantom{+ 2c} &= 1, \\ -a + 2b - c &= 1, \\ -b + 2c &= 1. \end{aligned} \qquad (\star)$$

Dans quels corps, parmi $\mathbb{R}, \mathbb{F}_2, \mathbb{F}_3$, ce système possède-t-il une unique solution ? (Les coefficients entiers du système sont compris modulo 2 ou 3 si la résolution est dans $\mathbb{F}_2$ ou $\mathbb{F}_3$ respectivement.)

**e)** Résoudre $(\star)$ dans $\mathbb{F}_3$.

**23.** Cet exercice a pour but d'encoder et de décoder un message à l'aide du code de Reed–Solomon avec $m = 3$ et $k = 3$. On doit avoir construit le corps $\mathbb{F}_8$ auparavant (voir l'exercice 18 ci-dessus). Les calculs sont assez directs, mais ils sont nombreux : travaillez en équipe. (Tous les participants doivent choisir la même racine primitive $\alpha$ et avoir les mêmes tables de $\mathbb{F}_8$ !)

**a)** Combien d'erreurs au maximum le code de Reed–Solomon $C(7,3)$ peut-il corriger ?

**b)** Quel est l'encodage du mot $(0,1,\alpha) \in \mathbb{F}_2^3$ ?

**c)** L'équation (6.12) peut être réécrite

$$p = Cu,$$

où $p \in F_{2^m}^{2^m-1}$, $u \in \mathbb{F}_{2^m}^k$ et $C \in \mathbb{F}_{2^m}^{(2^m-1)\times k}$. Obtenir la matrice $C$ pour le code $C(7,3)$.

**d)** Supposons que le message reçu soit

$$w = (1, \alpha^4, \alpha^2, \alpha^4, \alpha^2, \alpha^4, \alpha^2) \in \mathbb{F}_{2^m}^{2^m-1}.$$

Choisir les lignes $0, 1$ et $4$ du système (6.12) et résoudre afin de trouver le vecteur $(u_0, u_1, u_2) \in \mathbb{F}_8^3$.

**e)** Combien y a-t-il de choix possibles de trois équations distinctes parmi celles de (6.12) ? Combien faudra-t-il résoudre de systèmes comme celui de la question précédente pour être sûr que la réponse précédente est le message original ?

**f)** Est-ce que la solution de d) est le message original ?

**24.** Soit $p$ un nombre premier. Cet exercice prouve que $\mathbb{Z}_p$ est un corps. On dit que $a$ et $b$ sont congrus modulo $p$ si leur différence $a - b$ est un multiple entier de $p$ (voir l'exemple 6.5).

**a)** Montrer que « être congru » est une relation d'équivalence, appelée *congruence modulo p*.

**b)** On identifie $\mathbb{Z}_p$ à l'ensemble des classes d'équivalence des entiers modulo $p$. Soit $\bar{a}, \bar{b} \in \mathbb{Z}_p$. Soient $i, j \in \bar{a}$ et $m, n \in \bar{b}$. Montrer que si $i + m \in \bar{c}$ et $j + n \in \bar{d}$, alors $\bar{c} = \bar{d}$. Même question pour $i \times m$ et $j \times n$. Cet exercice montre que les définitions de $+$ et de $\times$ données à l'exemple 6.5 ne dépendent pas de l'élément des classes $\bar{a}$ et $\bar{b}$ choisi.

**c)** Montrer que la classe $\bar{0}$ est le neutre pour $+$ et que $\bar{1}$ est le neutre pour $\times$.

**d)** Soit $\bar{a} \in \mathbb{Z}_p$ un élément différent de $\bar{0}$. Utiliser l'algorithme d'Euclide (corollaire 7.4 du chapitre 7) pour montrer qu'il existe $\bar{b} \in \mathbb{Z}_p$ tel que $\bar{a}\bar{b} = \bar{1}$.

**e)** Finir de démontrer que $\mathbb{Z}_p$ est un corps.

# Références


[1] Pohlmann, K.C. *The compact disc handbook*, 2e édition, Madison, A-R Editions, 1992.

[2] Papini, O. et J. Wolfmann. *Algèbre discrète et codes correcteurs*, Berlin, Springer, 1995.

[3] Lang, S. *Undergraduate algebra*, 2e édition, New York, Springer, 1990.

[4] Monforte, J. « The digital reproduction of sound », *Scientific American*, n° décembre 1984, p. 78–84.

[5] Arnoux, P. « Minitel, codage et corps finis », *Pour la Science*, n° mars 1988.

[6] Lachaud, D. et S. Vladut. « Les codes correcteurs d'erreurs », *La Recherche*, n° hors-série août 1999.

[7] Reed, I.S. et G. Solomon. « Polynomial codes over certain finite fields », *J. Soc. Ind. Appl. Math.*, vol. 8, p. 300–304, 1960. (Cet article est contenu dans le recueil de Berlekamp.)

[8] Berlekamp, E.R., dir. *Key papers in the development of coding theory*, IEEE Press, 1974.

7

# La cryptographie à clé publique : le code RSA (1978)

*Ce chapitre contient plus de matière que ce qu'on peut traiter en une semaine. Les rappels sur la théorie des nombres autour de l'algorithme d'Euclide sont optionnels (section 7.2) : ils dépendent de la préparation des étudiants. Une partie de cette préparation peut faire l'objet d'exercices. Par contre, il faut prendre le temps de présenter brièvement l'arithmétique modulo n. On traite ensuite la section 7.3 : on présente le fonctionnement du code RSA et on fait la preuve du théorème d'Euler, ce qui permet de justifier complètement et rigoureusement le fonctionnement du code RSA. On explique comment signer un message. Cette première partie peut se traiter en deux heures environ, sauf s'il a fallu faire beaucoup de préalables sur la théorie des nombres. Ensuite, la dernière heure est consacrée à la partie avancée. Par exemple, on peut expliquer le principe d'un algorithme probabiliste permettant de tester si un nombre est premier (début de la section 7.4). Si on ne dispose que d'une heure, on n'a pas le temps de faire tous les détails du test lui-même. On peut seulement l'illustrer par des exemples.*

*Le reste du chapitre est d'un niveau nettement plus avancé. Pour pouvoir le traiter en classe, il est préférable de s'adresser à des étudiants ayant des notions de théorie des groupes. Ces notions seront utilisées dans les détails de l'algorithme de primalité (section 7.4) ou encore, dans ceux de l'algorithme de Shor pour la factorisation de grands nombres entiers (section 7.5). Ces sections avancées peuvent aussi servir de point de départ à un projet de session.*

## 7.1 Introduction

La cryptographie est un sujet vieux comme le monde. De tout temps, l'homme a inventé des codes secrets permettant de transmettre des messages sans qu'ils puissent être compris par un intercepteur. L'histoire a montré qu'il est très difficile de trouver des codes secrets qui résistent longtemps et que des scientifiques astucieux finissent toujours par percer les codes secrets. Prenons, par exemple, un code où on permuterait les lettres de l'alphabet, chaque lettre étant remplacée par la lettre située trois places plus loin :

par exemple, $a$ est remplacé par $d$, $b$ par $e$, $c$ par $f$, etc. En français, la lettre la plus fréquente est le $e$ : en regardant les textes transmis, on finirait par déduire que le $e$ a été changé en $h$, et, de proche en proche, on finirait par déduire le code. La deuxième raison pour laquelle les codes secrets sont vulnérables est que l'expéditeur et le receveur doivent se communiquer le mode de fonctionnement du code. Comme avec tout échange d'information, il est possible qu'il y ait une fuite lors de cette communication.

Dans ce chapitre, nous étudions le code RSA, du nom de ses concepteurs Rivest, Shamir et Adleman. C'est un code à *clé publique*. Ce qui est particulièrement remarquable dans ce code, c'est qu'il tient depuis 1978, même si, depuis plus de 29 ans, les meilleurs scientifiques savent que la célébrité les attend s'ils réussissent à le casser. Le fait est d'autant plus surprenant que le mode de fonctionnement du code est complètement public. Nous allons étudier ci-dessous le fonctionnement de ce code et voir qu'il suffit d'apprendre à un ordinateur à factoriser de grands nombres pour le casser. C'est donc cette opération que nous avons apprise à l'école, décomposer un entier en ses facteurs premiers, qui tient en échec les super-ordinateurs et les meilleurs scientifiques, pour peu que l'entier soit assez grand !

L'ingrédient de base du code RSA est la théorie des nombres, plus particulièrement l'arithmétique $(+,.)$ modulo $n$, et on utilise le petit théorème de Fermat généralisé par Euler. La méthode fonctionne à cause des trois faits suivants, bien connus des théoriciens des nombres :

- il est difficile pour un ordinateur de factoriser un grand nombre ;
- il est facile pour un ordinateur de construire de grands nombres premiers ;
- il est facile pour un ordinateur de décider si un grand nombre est premier.

**Avantages d'un système à clé publique** Ils sont très importants. Pour que deux personnes communiquent avec un système cryptographique, il faut que les deux soient en possession de la méthode : c'est au moment de ce partage de la méthode que le danger d'interception est grand. Dans le cas de la cryptographie à clé publique, ce danger n'existe plus : le code est public ! C'est aussi le seul type de codage qui puisse fonctionner lorsqu'il y a des millions d'utilisateurs, par exemple, lorsque vous voulez envoyer un numéro de carte de crédit sur Internet.

Nous verrons que le code RSA a un autre avantage : il est possible de « signer » un message de telle sorte qu'on soit sûr de sa provenance. De nos jours où il se fait beaucoup d'usurpation d'identité sur Internet ou dans les messageries électroniques, c'est un avantage très important.

## 7.2 Quelques outils de théorie des nombres

**Définition 7.1** *(i) Soient $a$ et $b$ deux entiers. On dit que $a$ divise $b$ s'il existe un entier $q$ tel que $b = aq$. On note $a \mid b$. (La définition est valable aussi bien pour $a, b, q \in \mathbb{N}$ que pour $a, b, q \in \mathbb{Z}$.)*

*(ii) Le plus grand diviseur commun (PGCD) de $a$ et $b$, noté $(a, b)$, satisfait aux deux propriétés suivantes :*

- *$(a,b) \mid a$ et $(a,b) \mid b$ ;*
- *Si $d \mid a$ et $d \mid b$, alors $d \mid (a,b)$.*

*(iii) On dit que $a$ est congru à $b$ modulo $n$ si $n \mid (a-b)$, c'est-à-dire s'il existe $x \in \mathbb{Z}$ tel que $(a-b) = nx$. On note $a \equiv b \pmod{n}$. La relation « $\equiv \pmod{n}$ » est une relation d'équivalence appelée congruence modulo $n$.*

**Proposition 7.2** *Soient $a, b, c, d, x, y \in \mathbb{Z}$. Alors,*

$$\begin{array}{lll} a \equiv c \pmod{n} \quad \textit{et} \quad b \equiv d \pmod{n} & \Longrightarrow & a + b \equiv c + d \pmod{n}, \\ a \equiv c \pmod{n} \quad \textit{et} \quad b \equiv d \pmod{n} & \Longrightarrow & ab \equiv cd \pmod{n}, \\ a \equiv c \pmod{n} \quad \textit{et} \quad b \equiv d \pmod{n} & \Longrightarrow & ax + by \equiv cx + dy \pmod{n}. \end{array}$$

PREUVE Démontrons la seconde implication. Les autres sont laissées en exercice.

Puisque $a \equiv c \pmod{n}$, alors $n \mid a - c$. Donc, il existe un entier $x$ tel que $a - c = nx$. De même, il existe $y$ tel que $b - d = ny$. Pour montrer que $ab \equiv cd \pmod{n}$, on doit montrer que $n \mid ab - cd$. Or,

$$\begin{aligned} ab - cd &= (ab - ad) + (ad - cd) \\ &= a(b - d) + d(a - c) \\ &= nay + nxd \\ &= n(ay + xd). \end{aligned}$$

D'où $n \mid (ab - cd)$, ce qui est équivalent à la conclusion. □

L'algorithme d'Euclide permet de trouver le PGCD, $(a,b)$, de deux entiers $a$ et $b$. Son fonctionnement est explicité dans la proposition suivante. Il fait appel à la notion de division avec reste de deux entiers.

**Proposition 7.3 (Algorithme d'Euclide)** *Soient $a$ et $b$ deux entiers positifs tels que $a \geq b$ et soit la suite d'entiers $\{r_i\}$ construite de la façon suivante. On fait la division avec reste de $a$ par $b$ : on nomme $q_1$ le quotient et $r_1$ le reste. On a*

$$a = bq_1 + r_1, \qquad 0 \leq r_1 < b.$$

*De la même manière, on fait maintenant la division avec reste de $b$ par $r_1$ :*

$$b = r_1 q_2 + r_2, \qquad 0 \leq r_2 < r_1.$$

*On itère...*

$$r_{i-1} = r_i q_{i+1} + r_{i+1}, \qquad 0 \leq r_{i+1} < r_i.$$

*La suite $\{r_i\}$ est strictement décroissante. Donc, il existe un entier $n$ tel que $r_{n+1} = 0$. Alors $r_n = (a,b)$.*

Preuve Montrons d'abord que $r_n \mid a$ et $r_n \mid b$. Puisque $r_{n+1} = 0$, la dernière équation s'écrit $r_{n-1} = q_{n+1}r_n$. Donc, $r_n \mid r_{n-1}$. L'avant-dernière équation est : $r_{n-2} = q_n r_{n-1} + r_n$. Comme $r_n \mid r_{n-1}$, alors $r_n \mid q_n r_{n-1} + r_n$. Donc, $r_n \mid r_{n-2}$. On itère en remontant les équations une à une. On obtient finalement que $r_n \mid r_i$ pour tout $i$. Donc, $r_n \mid r_1 q_2 + r_2 = b$. Finalement, puisque $r_n \mid b$ et $r_n \mid r_1$, alors $r_n \mid bq_1 + r_1 = a$. Donc, $r_n \mid a$ et $r_n \mid b$, ce qui entraîne que $r_n \mid (a, b)$.

Soit maintenant $d$ un diviseur de $a$ et de $b$. On doit montrer que $d$ divise $r_n$. Dans ce cas-ci, on procède en sens inverse. Puisque $d \mid a$ et $d \mid b$, alors $d \mid r_1 = a - bq_1$. Dans la deuxième équation, on a $d \mid b$ et $d \mid r_1$, donc $d \mid r_2 = b - r_1 q_2$. On itère et on obtient $d \mid r_i$ pour tout $i$. En particulier, $d \mid r_n$.

On peut donc conclure que $r_n = (a, b)$. □

**Corollaire 7.4** *Soient $a$ et $b$ deux entiers et $c = (a, b)$. Il existe $x, y \in \mathbb{Z}$ tels que $c = ax + by$.*

Preuve La preuve utilise la preuve de la proposition 7.3. On sait que $c = r_n$. On remonte les équations une à une. Comme $r_{n-2} = q_n r_{n-1} + r_n$, alors

$$r_n = r_{n-2} - q_n r_{n-1}. \tag{7.1}$$

Dans cette équation, on substitue $r_{n-1} = r_{n-3} - q_{n-1} r_{n-2}$. L'équation (7.1) devient

$$r_n = r_{n-2}(1 + q_{n-1} q_n) - q_n r_{n-3}. \tag{7.2}$$

Dans cette équation, on substitue $r_{n-2} = r_{n-4} - q_{n-2} r_{n-3}$. On itère... On obtient finalement $r_n = r_1 x_1 + r_2 y_1$ pour $x_1, y_1 \in \mathbb{Z}$. On substitue $r_2 = b - r_1 q_2$, ce qui donne

$$r_n = r_1(x_1 - q_2 y_1) + b y_1.$$

On substitue $r_1 = a - bq_1$ pour finalement obtenir

$$r_n = a(x_1 - q_2 y_1) + b(-q_1 x_1 + q_1 q_2 y_1 + y_1) = ax + by,$$

où $x = x_1 - q_2 y_1$ et $y = -q_1 x_1 + q_1 q_2 y_1 + y_1$. □

**Remarque** La preuve du corollaire 7.4 est très importante. Elle donne la méthode pour trouver les entiers $x$ et $y$ tels que $(a, b) = ax + by$. Cette méthode peut sembler fastidieuse lorsqu'on l'applique à la main, mais elle se programme et s'exécute facilement sur un ordinateur, même si $a$ et $b$ sont grands. De même, il est facile pour un ordinateur de trouver le plus grand commun diviseur de deux nombres à l'aide de l'algorithme d'Euclide présenté à la proposition 7.3.

**Proposition 7.5** *1. Soit $c = (a, b)$. Alors, $c$ est caractérisé par la propriété suivante :*

$$c = \min\{ax + by \mid x, y \in \mathbb{Z}, ax + by > 0\}.$$

*2. Soient $a, b, m \in \mathbb{N}$. Alors,*

$$(ma, mb) = m(a, b).$$

*3. Soient $a, b, c \in \mathbb{N}$. Si $c \mid ab$ et $(c, b) = 1$, alors $c \mid a$.*

*4. Si $p$ est premier et $p \mid ab$, alors $p \mid a$ ou $p \mid b$.*

PREUVE 1. Soit $F = \{ax + by \mid x, y \in \mathbb{Z}, ax + by > 0\}$ et soit $c = (a, b)$. Alors, $c \in F$ par le corollaire 7.4. Supposons que $d = ax' + by' \in F$ est tel que $d > 0$ et $d < c$. Comme $c \mid a$ et $c \mid b$, alors $c \mid ax' + by'$. Donc, $c \mid d$. Mais $0 < d < c$. Contradiction.

2. À cause de 1., on a

$$\begin{aligned}(ma, mb) &= \min\{max + mby \mid x, y \in \mathbb{Z}, max + mby > 0\} \\ &= m \min\{ax + by \mid x, y \in \mathbb{Z}, ax + by > 0\} \\ &= m(a, b).\end{aligned}$$

3. Comme $(c, b) = 1$, de par le corollaire 7.4, il existe $x, y \in \mathbb{Z}$ tels que $cx + by = 1$. Multiplions cette égalité par $a$. On obtient $acx + aby = a$. On a $c \mid acx$ et $c \mid aby$. Donc, $c \mid (acx + aby)$, c'est-à-dire $c \mid a$.

4. On applique 3. à $c = p$ premier. Si $(p, b) = 1$, on obtient $p \mid a$ en vertu de 3. Sinon, $(p, b) = d > 1$. Mais les seuls diviseurs de $p$ sont 1 et $p$. Donc, $d = p = (p, b)$, c'est-à-dire $p \mid b$. $\square$

Le corollaire suivant est très utile.

**Corollaire 7.6** *Soient $a$ et $n$ deux entiers tels que $a < n$. Si $(a, n) = 1$, alors il existe un $x \in \{1, \ldots, n-1\}$ unique tel que $ax \equiv 1 \pmod{n}$.*

PREUVE Commençons par l'existence. Puisque $(a, n) = 1$, le corollaire 7.4 assure l'existence de $x, y \in \mathbb{Z}$ tels que $ax + ny = (a, n) = 1$. Donc, $ax = 1 - ny$ ou encore, $ax \equiv 1 \pmod{n}$. Si $x \notin \{1, \ldots, n-1\}$, alors on peut lui ajouter ou retrancher un multiple de $n$ pour l'y ramener sans pour cela changer la congruence $ax \equiv 1 \pmod{n}$. Donc, l'existence est prouvée.

Passons à l'unicité. Supposons maintenant qu'il existe une deuxième solution $x' \in \{1, \ldots, n-1\}$ telle que $ax' \equiv 1 \pmod{n}$. Alors, $a(x-x') \equiv 0 \pmod{n}$. Donc, $n \mid a(x-x')$. Comme $(n, a) = 1$, alors $n \mid x - x'$. Mais $x - x' \in \{-(n-1), \ldots, n-1\}$. Donc, la seule possibilité est $x - x' = 0$. $\square$

## 7.3 Le principe du code RSA

Nous présentons la méthode cryptographique RSA en suivant l'article original [7]. Nous commençons par rapidement faire le tour de toutes les étapes. Dans un deuxième temps, nous reviendrons les préciser une à une et donner des détails.

Un système de cryptographie à clé publique est mis sur pied par une personne ou une organisation (que nous appellerons le receveur) qui veut recevoir des messages de manière sécuritaire. C'est elle qui construit le système et publie la méthode transmission des messages.

**Première étape** Le receveur choisit $p$ et $q$ deux grands nombres premiers (plus de 100 chiffres). Il calcule $n = pq$. Ce nombre, la « clé », a près de 200 chiffres. Il est public, alors que $p$ et $q$ sont gardés secrets. Les ordinateurs ne peuvent, en un temps raisonnable, retrouver $p$ et $q$ à partir de $n$ .

**Deuxième étape** Le receveur calcule $\phi(n)$, où $\phi$ est la fonction d'Euler définie comme suit : $\phi(n)$ est le nombre d'entiers dans $\{1, 2, \dots, n-1\}$ qui sont relativement premiers avec $n$, pour $n > 1$ et $\phi(1) = 1$. On montrera dans la proposition 7.8 que $\phi(n) = (p-1)(q-1)$. Remarquons que cette formule fait appel aux facteurs inconnus $p$ et $q$ de $n$. Calculer $\phi(n)$ sans connaître $p$ et $q$ semble aussi difficile que de factoriser $n$ (quoiqu'il n'y ait pas de preuve rigoureuse que les deux opérations soient aussi difficiles l'une que l'autre).

**Troisième étape : choix d'une clé de cryptage** Le receveur choisit $e \in \{1, \dots, n-1\}$ relativement premier avec $\phi(n)$. Le nombre $e$ est la clé de cryptage. Elle est publique. L'expéditeur s'en sert pour encoder son message suivant les instructions publiées par le receveur.

**Quatrième étape : construction d'une clé de décryptage** Il existe $d \in \{1, \dots, n-1\}$ tel que $ed \equiv 1 \pmod{\phi(n)}$ (c'est-à-dire que le reste de la division de $ed$ par $\phi(n)$ est 1). L'existence de $d$ découle du corollaire 7.6. La preuve du corollaire 7.6 et des propositions sur lesquelles il repose, dont l'algorithme d'Euclide, donne la méthode de construction de $d$. Le nombre $d$, construit par le receveur, est la clé de décryptage. Elle est secrète et permet au receveur de décrypter les messages reçus.

**Cinquième étape : cryptage d'un message à envoyer** L'expéditeur veut envoyer un message qui est un nombre $m$ appartenant à $\{1, \dots, n-1\}$, relativement premier avec $n$. Pour l'encoder, il calcule le reste $a$ de la division de $m^e$ par $n$. On a donc $m^e \equiv a \pmod{n}$, où $a \in \{1, \dots, n-1\}$. Le $a$ qu'il a calculé est le message crypté. L'expéditeur envoie $a$. Nous verrons ci-dessous qu'il est facile pour un ordinateur de calculer $a$, même si $m$, $e$ et $n$ sont très grands.

**Sixième étape : décryptage du message reçu** Le receveur reçoit $a$. Pour décrypter, il calcule $a^d \pmod{n}$. Nous allons montrer à la proposition 7.10 que le reste de la division de $a^d$ par $n$ est précisément le message initial $m$.

Avant de détailler les différentes étapes, regardons un exemple simple avec des petits nombres.

**Exemple 7.7** *On prend* $p = 7$ *et* $q = 13$. *Alors,* $n = pq = 91$. *Quels sont les entiers de* $E = \{1, \dots, 90\}$ *qui ne sont pas relativement premiers avec* 91 *? Ce sont* 7, 13, 14, 21, 26, 28, 35, 39, 42, 49, 52, 56, 63, 65, 70, 77, 78, 84, *soit 18 entiers. Il y a donc* $90 - 18 = 72$ *entiers de* $E$ *relativement premiers avec* 91, *ce qui donne* $\phi(91) = 72$. *Choisissons* $e = 29$. *On a bien* $(e, \phi(n)) = 1$. *Appliquons l'algorithme d'Euclide pour trouver* $d$ *:*

$$\begin{aligned} 72 &= 29 \times 2 + 14, \\ 29 &= 14 \times 2 + 1. \end{aligned}$$

*Maintenant, nous remontons pour écrire* 1 *en fonction de* 29 *et de* 72 *:*

$$\begin{aligned} 1 &= 29 - 14 \times 2 \\ &= 29 - (72 - 29 \times 2) \times 2 = 29 \times 5 - 72 \times 2. \end{aligned}$$

*On a donc* $29 \times 5 \equiv 1 \pmod{72}$*, ce qui donne* $d = 5$*. Soit* $m = 59$ *notre message. On a bien* $(59, 91) = 1$*. Pour encoder, nous devons calculer* $59^{29} \pmod{91}$*. Comme* $59^{29}$ *est un très grand nombre, il faut être astucieux pour faire ce calcul. On va calculer successivement* $59^2$, $59^4$, $59^8$ *et* $59^{16}$ *modulo* 91*, et utiliser que* $59^{29} = 59^{16} \times 59^8 \times 59^4 \times 59$*. Allons-y !*

$$\begin{aligned} &59^2 = 3481 \equiv 23 \pmod{91}, \\ &59^4 = (59^2)^2 \equiv 23^2 = 529 \equiv 74 \pmod{91}, \\ &59^8 = (59^4)^2 \equiv 74^2 = 5476 \equiv 16 \pmod{91}, \\ &59^{16} = (59^8)^2 \equiv 16^2 = 256 \equiv 74 \pmod{91}. \end{aligned}$$

*Donc, finalement,*

$$\begin{aligned} 59^{29} &= 59^{16} \times 59^8 \times 59^4 \times 59 \pmod{91} \\ &\equiv (74 \times 16) \times 74 \times 59 \pmod{91} \\ &\equiv 1 \times 74 \times 59 = 4366 \pmod{91} \\ &\equiv 89 \pmod{91}. \end{aligned}$$

*La méthode de calcul que nous avons présentée est celle qu'utilisent les ordinateurs. Le message encodé est* $a = 89$*. Nous l'envoyons. Pour le décoder, le receveur doit calculer le reste de la division de* $89^5$ *par* 91*. La même méthode permet de faire le calcul et de récupérer le message initial, soit* $m = 59$*. En effet,*

$$\begin{aligned} &89^2 = 7921 \equiv 4 \pmod{91}, \\ &89^4 = (89^2)^2 \equiv 4^2 = 16 \pmod{91}, \end{aligned}$$

*ce qui permet de calculer*

$$89^5 = 89^4 \times 89 \equiv 16 \times 89 = 1424 \equiv 59 \pmod{91}.$$

*On a récupéré le message* $m$ *!*

**Proposition 7.8** *Soient* $p$ *et* $q$ *deux nombres premiers distincts. Alors,*

$$\phi(pq) = (p-1)(q-1).$$

PREUVE On doit compter le nombre d'entiers de $E = \{1, 2, \dots, pq-1\}$ qui sont relativement premiers avec $pq$. Les seuls entiers qui ne sont pas relativement premiers avec $pq$ sont les multiples de $p$, soit $P = \{p, 2p, \dots (q-1)p\}$ (on en a $q-1$) et les multiples de $q$, soit $Q = \{q, 2q, (p-1)q\}$ (on en a $p-1$). Notons que $P \cap Q = \emptyset$ puisque, si $np = mq$

avec $m < p$, alors $p \mid np = mq$, et de par la proposition 7.5(4), soit $p \mid m$, soit $p \mid q$, ce qui est absurde. Au total, le nombre d'entiers de $S$ qui sont relativement premiers avec $pq$ est

$$pq - 1 - (p-1) - (q-1) = pq - p - q + 1 = (p-1)(q-1).$$

□

**Théorème 7.9 (théorème d'Euler et petit théorème de Fermat)** *Si $m < n$ est relativement premier avec $n$, alors $m^{\phi(n)} \equiv 1 \pmod{n}$. (Quand $n$ est premier, le résultat, prouvé par Fermat et qui se lit $m^{n-1} \equiv 1 \pmod{n}$, est appelé petit théorème de Fermat.)*

PREUVE Commençons par le cas où $n$ est premier. Dans ce cas $\phi(n) = n-1$, car les nombres $1, 2, \ldots, n-1$ sont relativement premiers avec $n$. Soit $m \in E = \{1, \ldots, n-1\}$. Prenons les produits

$$1 \cdot m, \quad 2 \cdot m, \quad \ldots, \quad (n-1) \cdot m. \tag{7.3}$$

Les restes $r_i$, $i = 1, \ldots, n-1$, de la division de ces produits par $n$ ($i \cdot m \equiv r_i \pmod{n}$) forment une permutation de $1, \ldots, n-1$. En effet, le reste $r_k$ de la division de $k \cdot m$ par $n$ ne peut être nul si $n$ est premier et $k, m < n$. Donc, il appartient à $E$. De plus, les nombres $r_j$ sont deux à deux distincts. En effet, supposons que $k_1 \cdot m$ et $k_2 \cdot m$ ont le même reste lorsqu'on les divise par $n$. On peut supposer $k_1 \geq k_2$. Alors,

$$k_1 \cdot m = q_1 \cdot n + r, \qquad k_2 \cdot m = q_2 \cdot n + r.$$

D'où

$$(k_1 - k_2) \cdot m = (q_1 - q_2) \cdot n$$

Donc, $n$ divise $(k_1 - k_2) \cdot m$. Comme $n$ est premier et $0 \leq k_1 - k_2 < n$ et $m < n$, la seule possibilité est $k_1 = k_2$.

En multipliant tous les restes $r_i$ et en travaillant modulo $n$, on obtient donc

$$\begin{aligned} (n-1)! &= 1 \cdot 2 \cdot 3 \cdots (n-1) = r_1 \cdot r_2 \cdot \cdots \cdot r_{n-1} \\ &\equiv (m \cdot 1) \cdot (m \cdot 2) \cdots (m \cdot (n-1)) \pmod{n} \\ &= m^{n-1} \cdot (n-1)!. \end{aligned}$$

Ceci entraîne que $n \mid (m^{n-1} - 1) \cdot (n-1)!$. Comme $n$ est premier, on a $(n, (n-1)!) = 1$. Donc, $n \mid m^{n-1} - 1$, ce qui est équivalent au résultat $m^{n-1} \equiv 1 \pmod{n}$.

La preuve est presque identique dans le cas où $n$ n'est pas premier. Dans ce cas, au lieu de prendre tous les nombres $1, 2, \ldots, n-1$, on prend seulement le sous-ensemble des nombres $k$ qui sont relativement premiers avec $n$. Il y en a $\phi(n)$. Comme précédemment on les multiplie par $m$ et on prend le reste de la division de ces produits $k \cdot m$ par $n$. Comme précédemment, ces restes sont non nuls. Si $m$ est relativement premier avec $n$, on obtient une permutation des nombres précédents. En effet, si on suppose comme ci-dessus que $k_1 \cdot m$ et $k_2 \cdot m$ ont le même reste lorsqu'on les divise par $n$ et que $k_1 \geq k_2$, alors on obtient encore $(k_1 - k_2) \cdot m = (q_1 - q_2) \cdot n$. Donc, $n$ doit diviser le produit $(k_1 - k_2) \cdot m$. Comme $n$ est relativement premier avec $m$, on doit avoir $n \mid k_1 - k_2$. Mais $0 \leq k_1 - k_2 \leq n - 1$. Donc, finalement, la seule possibilité est $k_1 - k_2 = 0$, c'est-à-dire $k_1 = k_2$.

En multipliant tous ces nombres, on obtient

$$\prod_{\substack{(k,n)=1\\k<n}} k \equiv m^{\phi(n)} \cdot \prod_{\substack{(k,n)=1\\k<n}} k \pmod{n}.$$

Le résultat suit comme précédemment, par « simplification » de $\prod_{(k,n)=1,k<n} k$, qui est relativement premier avec $n$, de par la proposition 7.5(3). En effet, si $a = \prod_{(k,n)=1,k<n} k$ et $b = m^{\phi(n)} - 1$, on a $n \mid ab$ et $(n, a) = 1$, ce qui entraîne $n \mid b$, c'est-à-dire la conclusion cherchée. □

**Proposition 7.10** *Le cryptage-décryptage du code RSA fonctionne : si on encode un message $m$ tel que $(m, n) = 1$ comme $a$, où $m^e \equiv a \pmod{n}$, alors le décryptage redonne le message $m$ : $a^d \equiv m \pmod{n}$.*

PREUVE Si $m^e \equiv a \pmod{n}$, alors

$$\begin{aligned} a^d &\equiv (m^e)^d = m^{ed} = m^{k\phi(n)+1} = m^{k\phi(n)}.m = (m^{\phi(n)})^k.m \\ &\equiv 1^k.m = 1.m = m \pmod{n}. \end{aligned}$$

□

**Exemple 7.11** *Une compagnie veut monter un système de commandes sur Internet. Elle instaure donc un cryptage à clé publique pour la transmission du numéro de carte de crédit. Le numéro de carte de crédit est un nombre de 16 chiffres auquel on ajoute les 4 chiffres qui correspondent à la date d'expiration, pour un total de 20 chiffres. La compagnie choisit $p$ et $q$, deux grands nombres premiers. Nous fonctionnerons dans notre exemple avec des nombres de 25 chiffres, ce qui donne pour $n$ un nombre de 50 chiffres environ. Prenons*

$$p = 1234567980199456799008945 9$$

*et*

$$q = 8369567977777368712343087.$$

*Ceci donne*

$$n = pq = 10332800633466658218847856400733362485562263021 9933$$

*et*

$$\begin{aligned} \phi(n) &= (p - 1)(q - 1) \\ &= 10332800633466658218847854329208584508368592778 7388. \end{aligned}$$

*La compagnie choisit ensuite*

$$e = 115670849$$

*qui satisfait à* $(e, \phi(n)) = 1$, *et utilise le corollaire 7.6 pour calculer :*

$$d = 34113931743910925784483561065442183977516731202177.$$

*Le d de notre exemple est un grand nombre. On doit s'en féliciter, car cela réduit à néant la possibilité de le découvrir par hasard en cherchant à l'aveuglette.*

*A priori, on ne peut envoyer que des messages relativement premiers avec n. Ici, aucun problème : les seuls diviseurs de n ont au moins 25 chiffres, et donc, tout nombre de 20 chiffres est relativement premier avec n. Un client a le numéro de carte de crédit* 4540 3204 4567 8231, *et la date d'expiration de sa carte est le 10/02. On doit donc envoyer le message* $m = 45403204456782311002$. *Avant d'envoyer, le logiciel calcule*

$$m^e \equiv a \equiv 49329085221791275793017511397395566847998886183308 \pmod{n}.$$

*Le nombre a est transmis. Sur réception, la compagnie calcule*

$$a^d \equiv 45403204456782311002 = m \pmod{n}.$$

*Dans cet exemple, les entiers p et q choisis ne sont pas assez grands, et un ordinateur pourrait factoriser n.*

*Que se passerait-il s'il y avait une erreur de transmission ? On pourrait facilement s'en rendre compte : le message erroné n'a a priori aucune raison d'avoir 20 chiffres une fois décodé.*

**Signature d'un message** Jusqu'à présent, on a vu qu'une personne, que nous appellerons Béatrice, peut mettre sur pied un système de cryptographie à clé publique lui permettant de décrypter des messages reçus de n'importe qui. Supposons que Béatrice reçoive un message de son associé Alain lui demandant de faire un virement de fonds dans un compte en banque dont il lui donne les coordonnées. Qu'est-ce qui lui prouve que ce message provient réellement d'Alain et non d'un fraudeur qui se fait passer pour son associé ? On voit qu'il est nécessaire qu'Alain puisse prouver qu'il est bien l'auteur du message que Béatrice reçoit. C'est ce qu'on appelle signer un message.

Dans ce cas, tant l'expéditeur que le récepteur se fabriquent un système à clé publique, soit un triplet $(n, e, d)$. Deux clés publiques sont nécessaires.

- l'expéditeur (ici Alain) publie $n_A$, $e_A$ et garde $d_A$ secrète ;
- le receveur (ici Béatrice) publie $n_B$, $e_B$ et garde $d_B$ secrète.

**Transmission d'un message signé**

- Pour envoyer un message $m$ relativement premier avec $n_A$, l'expéditeur commence par apposer sa signature en calculant

$$m_1 \equiv m^{d_A} \pmod{n_A}.$$

Si $m_1$ est relativement premier avec $n_B$, il encode ensuite avec la clé de cryptage du receveur
$$m_2 \equiv m_1^{e_B} \pmod{n_B}.$$
Il envoie $m_2$. Si jamais $(m_1, n_B) \neq 1$, ce qui est très peu probable car $n_B$ a très peu de diviseurs, il change un peu le message $m$ jusqu'à ce qu'il ait un $m$ tel que $(m, n_A) = 1$ et $(m_1, n_B) = 1$.

- Pour décrypter le message, le receveur commence par récupérer $m_1$ puisqu'il est le seul à connaître $d_B$. Pour cela, il calcule
$$m_1 \equiv m_2^{d_B} \pmod{n_B}.$$
En effet,
$$m_2^{d_B} \equiv m_1^{e_B d_B} \equiv m_1^{k_1\phi(n_B)+1} = m_1 \cdot (m_1^{\phi(n_B)})^{k_1} \equiv m_1 \pmod{n_B}.$$
Ensuite, il récupère le message $m$ en utilisant $e_A$ qui est public
$$m \equiv m_1^{e_A} \pmod{n_A}.$$
En effet,
$$m_1^{e_A} \equiv m^{d_A e_A} \equiv m^{k_2\phi(n_A)+1} = m \cdot (m^{\phi(n_A)})^{k_2} \equiv m \pmod{n_A}.$$
Si le message a été envoyé par un imposteur, cela devient visible sur réception, après décodage. Dans l'exemple 7.11, si le message avait été envoyé par un fraudeur, le décodage ne donnerait presque jamais un nombre de 20 chiffres, donc un numéro possible pour une carte de crédit. Dans un autre contexte où on utiliserait le code RSA pour transmettre un morceau de texte, préalablement transformé en une suite de nombres, les nombres reçus et retransformés en lettres n'auraient a priori aucune chance de faire des phrases cohérentes.

**Applications** Le code RSA est très utilisé sur Internet, par exemple, pour sécuriser un site lorsqu'il reçoit des numéros de cartes de crédit. Le système bancaire est également protégé par le code RSA. Par contre, la méthode de cryptage-décryptage du code RSA est longue et fastidieuse. Le système perd donc son avantage lorsqu'on veut transmettre de longs textes, et on lui préfère d'autres méthodes, surtout quand le texte transmis n'a pas besoin d'être tenu secret pendant de très longues périodes. Parmi les méthodes plus rapides, on trouve le code DES (Data Encryption Standard) ou encore le code AES (Advanced Encryption Standard) (voir, par exemple, [2]). Les codes DES et AES sont des systèmes cryptographiques à clé symétrique, c'est-à-dire que l'expéditeur et le receveur partagent la même clé et s'en servent pour crypter et décrypter le message. La clé est typiquement beaucoup plus courte que le message. L'expéditeur et le receveur peuvent utiliser le code RSA pour se transmettre la clé qui, dans ce cas-ci, n'est pas publique.

**Discussion de la valeur du code RSA** Le code RSA a été introduit en 1978. Il a incité les chercheurs à trouver de meilleurs algorithmes pour factoriser de grands nombres entiers, mais sans grand succès : la méthode tient toujours si l'entier $n$ est assez grand. En fait, on ne sait même pas si toute méthode de décryptage de RSA ne serait pas aussi complexe que la factorisation de $n$. Les efforts pour décrypter le code par une méthode plus simple (pour un ordinateur) que la factorisation de $n$ se sont avérés vains jusqu'à présent.

En 1978, l'article original [7] évaluait à 74 ans le temps requis pour factoriser un nombre de 100 chiffres, à $3{,}8 \times 10^9$ années le temps nécessaire pour factoriser un nombre de 200 chiffres et à $4{,}2 \times 10^{25}$ années le temps qu'il faudrait pour factoriser un nombre de 500 chiffres. Où en est-on par rapport aux évaluations de 1978 ? Étant donné l'augmentation de la puissance des ordinateurs, une clé de 100 chiffres est totalement déconseillée. Une clé de 200 chiffres ne tenait déjà plus le coup en 2005 face à des professionnels du décryptage équipés d'ordinateurs puissants (voir ci-dessous). Les améliorations sont de deux ordres : la puissance des ordinateurs et l'efficacité des algorithmes. La « loi » de Moore (du nom de Gordon Moore, cofondateur d'Intel) prédisait en 1965 que la densité des transistors doublerait tous les 18-24 mois et s'est révélée étonnamment exacte. Quel rapport avec la vitesse de calcul ? Les précisions suivantes viennent de Paul Rousseau, qui travaille chez TSMC : la vitesse des transistors augmente d'un facteur de 1,4 tous les deux à trois ans. Même si les compagnies annoncent que la vitesse de l'horloge d'un circuit est multipliée par deux, le circuit fait moins de travail par cycle, et ce facteur est donc artificiel. La vraie mesure est la capacité de faire du « vrai travail ». Pour un algorithme de factorisation permettant le travail en parallèle, l'augmentation de la capacité de travail est de l'ordre de 2,8, soit 1,4 par transistor et un facteur 2 dû à l'augmentation du nombre de transistors. En 2005, 27 ans avaient passé depuis 1978. Si l'on prend des générations ayant en moyenne 2,5 années, cela donne 10,8 générations, soit un facteur de 67 500 qui est inférieur à $10^5$.

L'amélioration des algorithmes n'est pas moins spectaculaire. Déjà, Gauss au XIX^e^ siècle avait qualifié le problème pratique de la factorisation de grands nombres de problème fondamental en théorie des nombres. Les algorithmes les plus importants sont

- le crible quadratique de Pomerance,
- la méthode des courbes elliptiques de Lenstra,
- le crible général des corps de nombres de Pollard, Adleman, Buhler, Lenstra et Pomerance.

Un bon article sur le sujet est l'article de Carl Pomerance [6].

En 1996, on factorisait des nombres de 130 chiffres et en 1999, des nombres de 155 chiffres. En 2005, F. Bahr, M. Boehm, J. Franke et T. Kleinjung annoncent la factorisation d'un nombre de 200 chiffres,

$$\begin{aligned} n \;=\; & 27997833911221327870829467638722601621070446786955428537560009929326 \\ & 12840010760934567105295536085606182235191095136578863710595448200657 \\ & 67750985805576135790987349501441788631789462951872378692218239 83, \end{aligned}$$

qui est produit des deux nombres premiers $p$ et $q$ donnés par

$$\begin{aligned} p &= 35324619344027701212726049781984643686711974001976 \\ &\phantom{=} 25023649303468776121253679423200058547956528088349, \\ q &= 79258699544783330333470858414800596877379758573642 \\ &\phantom{=} 19960734330341455767872818152135381409304740185467. \end{aligned}$$

La factorisation a été obtenue par la méthode du crible général des corps de nombres, qui était encore en 2005 le meilleur algorithme de factorisation connu.

Malgré toutes ces améliorations, le code RSA ne semble pas encore menacé, mais il faut augmenter la longueur des clés. Dans l'article de Jean-Paul Delahaye [4] en 2000, il est recommandé d'utiliser une clé de 232 chiffres pour les données pas trop importantes, une clé de 309 chiffres pour les usages commerciaux et une clé de 617 chiffres si on veut une garantie de protection sur une longue période de temps.

**Nombres de Carmichael** Dans le code RSA à une clé publique $n = pq$, le message $m$ doit remplir la condition $(m, n) = 1$ pour que l'opération cryptage-décryptage fonctionne. En fait, si on fait des tests avec des messages $m$ qui ne sont pas relativement premiers avec $n$, c'est-à-dire qu'on applique à $m$ l'opération de cryptage suivie de l'opération de décryptage, on récupère souvent le message $m$. La question se pose donc de savoir si la condition $(m, n) = 1$ est inutile. La réponse est connue : la condition est inutile si $n$ est un nombre de Carmichael. Mais il n'existe que peu de nombres de Carmichael, et tous ont au moins trois facteurs. Donc, quand on utilise le code RSA, on doit continuer à s'assurer que $(m, n) = 1$.

## 7.4 Construire de grands nombres premiers

Nous avons affirmé qu'il est facile de construire de grands nombres premiers. C'est une conséquence du théorème des nombres premiers : en mots simples, ce théorème donne la probabilité qu'un grand entier de $N$ chiffres choisi au hasard soit premier. Pour construire un nombre premier de 100 chiffres, on génère au hasard des nombres entiers de 100 chiffres et on teste s'ils sont premiers. Le théorème des nombres premiers assure qu'après en moyenne 115 essais, on devrait obtenir un nombre premier (si on génère seulement des nombres impairs). Ce théorème des nombres premiers donne la distribution « asymptotique » des nombres premiers parmi les entiers, c'est-à dire, pour un grand entier $N$, la proportion approximative des entiers inférieurs ou égaux à $N$ qui sont premiers.

**Théorème 7.12 (théorème des nombres premiers)** *Soit*

$$\pi(N) = \#\{p \leq N \mid p \text{ premier}\}$$

*(c'est-à-dire que $\pi(N)$ est le nombre d'entiers inférieurs ou égaux à $N$ qui sont premiers). Alors, si $N$ est grand, on a*

$$\pi(N) \approx \frac{N}{\ln N}.$$

**Remarque** La preuve de ce théorème est d'un niveau très avancé et ne sera pas présentée ici.

On veut construire de grands nombres premiers. Supposons pour le moment qu'on connaisse un test permettant de déterminer si un grand nombre est premier. On pourrait vouloir choisir au hasard un grand nombre $n$ et tester s'il est premier. S'il n'est pas premier, on testera si $n+1$ est premier, etc. jusqu'à ce qu'on tombe sur un nombre premier. Nous allons montrer que ce n'est pas une bonne méthode.

**Théorème 7.13** *Il existe des suites arbitrairement longues de nombres entiers consécutifs qui ne sont pas premiers.*

PREUVE Soit $n \in \mathbb{N}$. La suite

$$n! + 2, n! + 3, \ldots, n! + n$$

est une suite de $n-1$ nombres consécutifs non premiers. En effet, soit $1 < m \leq n$. Alors, $m \mid n!$. Donc, $m \mid n! + m$. □

La bonne technique est plutôt de choisir au hasard des grands nombres et de tester s'ils sont premiers. La théorie des probabilités assure que, si les choix sont indépendants, on va tomber sur un nombre premier en un nombre raisonnable d'essais.

Considérons l'ensemble des entiers $F = \{1, \ldots, N\}$ tel que $N$ est grand. Si on veut obtenir des entiers de 100 (respectivement 200) chiffres, on va prendre $N = 10^{100}$ (respectivement $N = 10^{200}$). Par le théorème des nombres premiers, le nombre d'entiers de $F$ qui sont premiers est de l'ordre de $\pi(N) = \frac{N}{\ln N}$. Donc, si on choisit au hasard un nombre $n$ dans $F$, on peut calculer approximativement la probabilité que $n$ soit premier. On a

$$\text{Prob}(n \text{ premier}) \approx \frac{\frac{N}{\ln N}}{N} = \frac{1}{\ln N}.$$

Si $N = 10^{100}$, alors $\ln N = 100 \ln 10 = 100 \times 2{,}30259 = 230{,}259$. Donc, en prenant au hasard un nombre de 100 chiffres, on a environ une chance sur 230 d'obtenir un nombre premier. On peut améliorer grandement ces chances en choisissant au hasard un nombre impair (il suffit de choisir au hasard le dernier chiffre dans l'ensemble $\{1, 3, 5, 7, 9\}$). La probabilité de trouver un nombre premier est alors d'une sur 115. Si on avait choisi le dernier chiffre dans $\{1, 3, 7, 9\}$ (on aurait éliminé ainsi les multiples de 5), elle serait devenue d'une sur 92.

Soit $B$ l'ensemble des nombres impairs de $F$ qui ne sont pas divisibles par 5. Cet ensemble contient environ $\frac{2N}{5}$ éléments. Soit $p = \frac{5}{2 \ln N}$. Chaque fois qu'on choisit au hasard un nombre de $B$, on a une probabilité $p$ que le nombre soit premier. On appelle « expérience aléatoire » le fait de choisir au hasard un nombre de $B$ et de tester s'il est premier. On répète l'expérience aléatoire de manière indépendante jusqu'à ce qu'on tombe sur un nombre premier. Soit $X$ le nombre d'expériences nécessaires. Alors, $X$ est une variable aléatoire de type géométrique de paramètre $p$. On a donc

$$\text{Prob}(X = k) = (1-p)^{k-1}p.$$

En effet, on a une probabilité $1-p$ de tirer un entier non premier à chacun des $k-1$ premiers tirages et une probabilité $p$ de tirer un nombre premier au $k$-ième tirage. L'espérance de la variable aléatoire $X$ est le nombre moyen d'expériences qu'on s'attend à faire pour obtenir un premier succès, c'est-à-dire générer un nombre premier. Pour une variable géométrique de paramètre $p$, on a

$$E(X) = \sum_{k=1}^{\infty} k\text{Prob}(X = k) = \sum_{k=1}^{\infty} k(1-p)^{k-1}p = \frac{1}{p}.$$

(Montrer que $\sum_{k=1}^{\infty} k(1-p)^{k-1}p = \frac{1}{p}$ demande un peu d'astuce. Ce calcul se trouve dans tout livre de probabilité.)

Dans notre cas, si le dernier chiffre appartient à $\{1,3,7,9\}$ et donc que $p \approx \frac{1}{92}$, alors $E(X) = 92$ ; il faudra donc faire en moyenne 92 expériences avant de générer un nombre premier.

Ce que nous avons fait jusqu'à présent suppose qu'il existe un moyen de tester si un nombre entier $n$ est premier, qui soit plus simple que de factoriser $n$. Un tel test s'appelle test de primalité. Il en existe plusieurs dans la littérature. Tous font appel à un certain raffinement mathématique. Le test que nous présentons ici est le test apparaissant dans l'article original du code RSA, [7]. Il est technique et utilise le symbole de Jacobi, introduit ci-dessous et peu intuitif. Le principe sous-jacent est que $n$ laisse ses « empreintes » partout si bien que, si $n$ n'est pas premier, au moins la moitié des nombres de l'ensemble $\{1,\dots,n\}$ « savent » que $n$ n'est pas premier. Si $k$ nombres $m_1,\dots m_k \in \{1,\dots,n\}$ réussissent le test, alors $n$ a une grande probabilité d'être premier : c'est un exercice avec la formule de Bayes.

**Un test probabiliste de primalité** Nous introduisons, pour des entiers $m$ et $n$ relativement premiers, le symbole de Jacobi $J(m,n) \in \{-1,1\}$. La définition technique de $J(m,n)$ sera donnée plus bas. Soit

$$E = \{1,\dots,n-1\}.$$

Si $n$ est un nombre premier et si $a \in E$, alors

$$\begin{cases} (a,n) = 1, \\ J(a,n) \equiv a^{\frac{n-1}{2}} \pmod{n}. \end{cases} \tag{7.4}$$

Si $n$ n'est pas premier, alors au moins la moitié des nombres de $E$ ne satisfont pas à (7.4). On dira qu'ils « échouent au test ». Dès qu'un nombre $a \in E$ échoue au test, on sait que $n$ n'est pas premier. Si on choisit $a \in E$ au hasard, on a donc

$$\text{Prob}(a \text{ réussit le test} \mid n \text{ est non premier}) \leq \frac{1}{2}.$$

On choisit $a_1, \ldots, a_k$ au hasard dans $E$ et on fait passer le test. Calculons la probabilité que $n$ soit premier sachant que $a_1, \ldots, a_k$ ont réussi le test. Donnons des noms aux événements : $A_i$ est l'événement « $a_i$ a réussi le test ». Soit $P(n)$ l'événement « $n$ est premier » et $Q(n)$ son complémentaire, c'est-à-dire « $n$ n'est pas premier ». Notons $A = A_1 \cap \cdots \cap A_k$. $A$ est donc l'événement « tous les éléments $a_1, \ldots, a_k$ ont réussi le test ». La formule de Bayes donne

$$\operatorname{Prob}(P(n) \mid A) = \frac{\operatorname{Prob}(A \mid P(n))\operatorname{Prob}(P(n))}{\operatorname{Prob}(A \mid P(n))\operatorname{Prob}(P(n)) + \operatorname{Prob}(A \mid Q(n))\operatorname{Prob}(Q(n))}.$$

Comme

$$\begin{aligned}\operatorname{Prob}(A \mid P(n)) &= 1,\\ \operatorname{Prob}(A \mid Q(n)) &\leq \tfrac{1}{2^k},\end{aligned}$$

et qu'on peut calculer approximativement $\operatorname{Prob}(P(n))$ et $\operatorname{Prob}(Q(n))$ par le théorème des nombres premiers, on peut calculer approximativement la probabilité que $n$ soit premier (ou plutôt, donner une borne inférieure à cette probabilité) sachant que $a_1, \ldots, a_k$ ont passé le test.

En effet, le dénominateur satisfait à

$$\begin{aligned}&\operatorname{Prob}(A \mid P(n))\operatorname{Prob}(P(n)) + \operatorname{Prob}(A \mid Q(n))\operatorname{Prob}(Q(n))\\ &\qquad\leq \operatorname{Prob}(P(n)) + \tfrac{1}{2^k}\operatorname{Prob}(Q(n)).\end{aligned}$$

Le numérateur vaut simplement $\operatorname{Prob}(P(n))$. Prenons maintenant le cas où $n$ est un nombre impair de 100 chiffres non divisible par 5 (c'est-à-dire un élément de $B$). Alors, on a vu que

$$\operatorname{Prob}(P(n)) \approx \frac{1}{92}$$

et $\operatorname{Prob}(Q(n)) \approx \frac{91}{92}$. Ceci donne

$$\operatorname{Prob}(P(n) \mid A) \geq \frac{1}{1 + 91\frac{1}{2^k}} = p_k.$$

Faisons maintenant des tests numériques avec différentes valeurs de $k$.

$$\begin{aligned}p_{10} &= 0{,}9184 = 1 - 0{,}816 \times 10^{-1},\\ p_{20} &= 0{,}999913 = 1 - 0{,}868 \times 10^{-4},\\ p_{30} &= 0{,}9999999152 = 1 - 0{,}848 \times 10^{-7},\\ p_{40} &= 0{,}9999999999172 = 1 - 0{,}828 \times 10^{-10}.\end{aligned}$$

On voit que le nombre $k$ n'a pas besoin d'être grand pour qu'il y ait une très grande probabilité que $n$ soit premier.

Il nous reste maintenant à définir le symbole de Jacobi et à montrer que, si $n$ n'est pas premier, moins de la moitié des nombres $a \in E$ réussissent le test, c'est-à-dire satisfont à (7.4). On doit aussi montrer que, si $n$ est premier, alors tous les nombres $a \in E$ réussissent le test.

**Le symbole de Jacobi** Soient $a, b \in \mathbb{N}$ relativement premiers. Le symbole de Jacobi $J(a,b)$ prend ses valeurs dans $\{1,-1\}$. Si $b$ est premier, on pose

$$J(a,b) = \begin{cases} 1, & \text{si} \quad \exists x \in \mathbb{N} \quad x^2 \equiv a \pmod{b}, \\ -1, & \text{sinon.} \end{cases}$$

Si $b$ n'est pas premier, on peut alors écrire $b = p_1 \ldots p_r$ (les $p_i$ ne sont pas nécessairement distincts), et $J(a,b)$ est défini par

$$J(a,b) = J(a,p_1) \cdots J(a,p_r) = \prod_{i=1}^{r} J(a,p_i).$$

(Le symbole de Jacobi $J(a,b)$ est aussi noté $\left(\frac{a}{b}\right)$ dans certains livres de théorie des nombres.) On voit bien que cette définition est un peu obscure et, de plus, difficile à manipuler. En effet, comment vérifie-t-on s'il existe $x$ tel que $x^2 \equiv a \pmod{b}$, c'est-à-dire que $a$ est un carré dans l'arithmétique modulo $b$ (on dit que $a$ est un *résidu quadratique*) ? De plus, la définition suppose que l'on connaisse la factorisation de $b$. On a donc l'impression de tourner en rond ! Il existe heureusement une manière algorithmique de calculer $J(a,b)$ sans passer par la définition. Nous illustrerons son utilisation sur des exemples.

Le théorème suivant que nous citerons sans preuve donne cette manière algorithmique de calculer $J(a,b)$. Remarquons que, pour notre problème, nous pouvons nous limiter au cas $a \leq b$ et $b$ impair.

**Théorème 7.14** *Si $(a,b)=1$, pour $a \leq b$ et $b$ impair, alors on a*

$$J(a,b) = \begin{cases} 1, & si \quad a = 1, \\ J(\frac{a}{2}, b)(-1)^{\frac{b^2-1}{8}}, & si \quad a \quad pair, \\ J(b \pmod{a}, a)(-1)^{\frac{(a-1)(b-1)}{4}}, & si \quad a \quad impair\ et \quad a > 1. \end{cases} \tag{7.5}$$

Dans la formule (7.5), remarquons que les exposants $\frac{b^2-1}{8}$ et $\frac{(a-1)(b-1)}{4}$ sont toujours des entiers (exercice 16).

**Exemple 7.15** *Prenons $a = 130$ et $b = 207$. Alors,*

$$\begin{aligned} J(130,207) &= J(65,207)(-1)^{\frac{42848}{8}} = J(65,207)(-1)^{5356} \\ &= J(65,207) = J(12,65)(-1)^{\frac{64\times 206}{4}} = J(12,65) \\ &= J(6,65)(-1)^{\frac{4224}{8}} = J(6,65)(-1)^{528} = J(6,65) \\ &= J(3,65)(-1)^{528} = J(3,65) = J(2,3)(-1)^{\frac{2\times 64}{4}} \\ &= J(2,3) = J(1,3)(-1)^{\frac{8}{8}} = -J(1,3) = -1. \end{aligned}$$

*Le calcul peut sembler long et fastidieux. Mais ce qui est important c'est que, pour un ordinateur, c'est un calcul simple.*

*Pour vérifier si a passe le test, on doit maintenant calculer* $a^{\frac{b-1}{2}} \pmod b$. *On a* $\frac{b-1}{2} = 103$. *Nous avons déjà vu comment évaluer* $130^{103}$. *On décompose* $\frac{b-1}{2} = 103$ *en puissances de 2 :* $103 = 64 + 32 + 4 + 2 + 1 = 1 + 2^1 + 2^2 + 2^5 + 2^6$. *On calcule*

$$\begin{array}{lcl} 130^2 & = & 16900 \equiv 133 \pmod{207}, \\ 130^4 & = & (130^2)^2 \equiv 133^2 = 17689 \equiv 94 \pmod{207}, \\ 130^8 & = & (130^4)^2 \equiv 94^2 = 8836 \equiv 142 \pmod{207}, \\ 130^{16} & = & (130^8)^2 \equiv 142^2 = 20164 \equiv 85 \pmod{207}, \\ 130^{32} & = & (130^{16})^2 \equiv 85^2 = 7225 \equiv 187 \pmod{207}, \\ 130^{64} & = & (130^{32})^2 \equiv 187^2 = 34969 \equiv 193 \pmod{207}. \end{array}$$

*Maintenant*

$$\begin{array}{lcl} 130^{103} & = & 130^{64} \times 130^{32} \times 130^4 \times 130^2 \times 130 \\ & \equiv & 193 \times 187 \times 94 \times 133 \times 130 \pmod{207} \\ & \equiv & 67 \pmod{207}. \end{array}$$

*On voit que* $J(130, 207) \neq 130^{\frac{207-1}{2}}$. *On en conclut que 207 n'est pas premier. Ici, c'était facile à voir :* $207 = 3^2 \cdot 23$.

Dans la présentation de notre test de primalité, nous avons affirmé que, si $n$ n'est pas premier, alors moins de la moitié des éléments de $E$ réussissent le test, tandis que si $n$ est premier, la totalité des éléments de $E$ passent le test. Nous allons esquisser la preuve du premier résultat et montrer le deuxième. Cette partie est avancée. Elle fait appel à des notions de théorie des groupes finis.

**Définition 7.16** *1. Un ensemble G muni d'une opération* $*$ *est un groupe si*

- *l'opération* $*$ *est associative, c'est-à-dire*

$$\forall a, b, c \in G, \quad (a * b) * c = a * (b * c);$$

- *il existe un élément neutre* $1 \in G$ *tel que*

$$\forall a \in G, \quad 1 * a = a * 1 = a;$$

- *tout élément a un inverse, c'est-à-dire*

$$\forall a \in G, \exists b \in G, \quad a * b = b * a = 1.$$

2. *Un sous-ensemble* $H \subset G$ *de G est un sous-groupe de G si H, muni de l'opération* $*$, *est un groupe.*
3. *Un groupe est cyclique s'il existe un élément* $g \in G$ *tel que tout élément a du groupe est de la forme* $a = g^m$ *pour un entier* $m \in \mathbb{Z}$, *où on note*

$$g^m = \begin{cases} \underbrace{g * g * \cdots * g}_{m} & m > 0 \\ 1 & m = 0 \\ \underbrace{g^{-1} * g^{-1} * \cdots * g^{-1}}_{|m|} & m < 0. \end{cases}$$

*Dans le cas d'un groupe fini de $n$ éléments, on peut se convaincre que le groupe est de la forme $G = \{1, g, g^2, \ldots, g^{n-1}\}$ et que $g^n = 1$.*

**Exemple 7.17** *Soient $p$ un nombre premier et $G = \{1, 2, \ldots, p-1\}$. Sur $G$, on définit $a * b = c$ si $c$ est le reste de la division de $ab$ par $p$. Autrement dit, $*$ est la multiplication modulo $p$. Avec cette opération, $G$ est un groupe. Nous laissons le lecteur vérifier que $*$ est associative. Il est évident que 1 est un élément neutre. Finalement, l'existence de l'inverse découle du corollaire 7.6. Nous verrons ci-dessous au théorème 7.22 que ce groupe est cyclique.*

*On peut déjà le vérifier pour $p = 7$ puisque si $g = 3$, alors $g^2 = 2$, $g^3 = 6$, $g^4 = 4$, $g^5 = 5$ et $g^6 = 1$.*

**Notation** Dans l'exemple ci-dessus et les exemples de groupe que nous rencontrerons ci-dessous, l'opération sera toujours la multiplication modulo $n$. Dans ce cas, nous laisserons tomber le signe $*$ pour l'opération et noterons simplement $ab$ au lieu de $a * b$.

Lagrange a démontré le théorème suivant.

**Théorème 7.18 (théorème de Lagrange)** *Soient $G$ un groupe fini et $H$ un sous-groupe de $G$. Alors, le nombre d'éléments de $H$, noté $|H|$, divise le nombre d'éléments de $G$, noté $|G|$.*

Preuve Si $H = G$, on a fini. Sinon, il existe $a_1 \in G \setminus H$.

Soit $a_1 H = \{a_1 * h \mid h \in H\}$. Alors, $|a_1 H| = |H|$. En effet, si $h \neq h'$ alors $a_1 * h \neq a_1 * h'$. Donc, $f : H \to a_1 H$, définie par $h \mapsto a_1 * h$, est une bijection.

De plus, $a_1 H \cap H = \emptyset$. En effet, si $h \in a_1 H \cap H$, alors $h = a_1 * h'$ pour $h' \in H$. Donc, $a_1 = h * (h')^{-1} \in H$. Contradiction.

Deux cas peuvent maintenant se produire. Si $a_1 H \cup H = G$, alors $|G| = 2|H|$. Sinon, il existe $a_2 \in G \setminus (H \cup a_1 H)$. On considère $a_2 H = \{a_2 * h \mid h \in H\}$. On itère le procédé. Comme $|G|$ est fini, on peut écrire $G = H \cup a_1 H \cup a_2 H \cup \cdots \cup a_n H$ où $H$ et les $a_i H$ sont disjoints et $|H| = |a_1 H| = \cdots = |a_n H|$. Alors, $|G| = (n+1)|H|$. □

**Théorème 7.19** *Si $n$ n'est pas premier, moins de la moitié des nombres $a \in E = \{1, \ldots, n-1\}$ réussissent le test, c'est-à-dire satisfont à (7.4).*

Idée de la preuve La preuve utilise l'astuce suivante. Les éléments de $E$ qui sont relativement premiers avec $n$ forment un groupe $G$ sous la multiplication modulo $n$. En effet, remarquons d'abord que le produit $aa'$ de deux nombres $a$ et $a'$ relativement premiers avec $n$ est encore relativement premier avec $n$, c'est-à-dire $(aa', n) = 1$. Soit $a''$

le reste de la division de $aa'$ par $n$. C'est encore un nombre de $E$ relativement premier avec $n$. Notre opération de groupe est $a * a' = a''$ : c'est la multiplication modulo $n$, et $G$ est fermé sous cette opération. Il est facile de vérifier qu'elle est associative et que 1 est un élément neutre. Le fait que tout élément a un inverse est une conséquence immédiate du corollaire 7.6.

Le groupe $G$ a moins de $n-1$ éléments. Le sous-ensemble de $G$ formé des éléments qui satisfont à la deuxième moitié de (7.4) est un sous-groupe $H$ de $G$ ; nous ne prouverons pas cette affirmation. $G$ et $H$ sont des groupes finis. Par le théorème de Lagrange, le nombre d'éléments de $H$ divise le nombre d'éléments de $G$. Deux cas sont possibles. Soit $H = G$, auquel cas $|H| = |G|$. Sinon, $|H|$ est un diviseur strict de $|G|$. En particulier, $|H| \leq \frac{|G|}{2}$. On peut cependant montrer qu'il existe $a \in G$ tel que $J(a,n)$ n'est pas congru à $a^{\frac{n-1}{2}}$ modulo $n$, ce qui exclut le cas $|H| = |G|$. Cette preuve est avancée et nous ne la ferons pas ici.

Alors, $|H| \leq \frac{|G|}{2} < \frac{n-1}{2}$. □

**Théorème 7.20** *Si $n$ est un nombre premier impair, alors tous les nombres $a \in E = \{1, \ldots, n-1\}$ réussissent le test, c'est-à-dire satisfont à* (7.4).

Nous mettons en évidence sous forme de résultats distincts des parties de la preuve qui nous seront utiles dans d'autres chapitres.

**Lemme 7.21** *1. Soient $n$ un nombre premier, $S = \{0, 1, \ldots, n-1\}$ et $P(x)$ un polynôme*

$$P(x) = x^r + a_{r-1}x^{r-1} + \cdots + a_1 x + a_0$$

*tel que $a_i \in S$. Alors, il existe au plus $r$ solutions $x_i \in S$ de la congruence*

$$P(x) \equiv 0 \pmod{n}.$$

*2. Dans le cas particulier du polynôme $P_d(x) = x^d - 1$ pour $d \mid n-1$, la congruence $P_d(x) \equiv 0 \pmod{n}$ a exactement $d$ solutions distinctes dans $E = S \setminus \{0\}$.*

PREUVE 1. La preuve se fait par induction sur $r$. C'est vrai pour $r = 1$. Supposons que ce soit vrai pour tout polynôme de degré $r$ et montrons-le pour un polynôme $P(x)$ de degré $r+1$. Supposons qu'il existe $a_1 \in E$ tel que $P(a_1) \equiv 0 \pmod{n}$. Divisons le polynôme $P(x)$ par $x - a_1$. Nous obtenons

$$P(x) = (x - a_1)Q(x) + \beta,$$

où $Q(x)$ est un polynôme de degré $r$ à coefficients dans $\mathbb{Z}$. Soit

$$Q(x) = x^r + b_{r-1}x^{r-1} + \cdots + b_1 x + b_0,$$

et soient $b_i \equiv c_i \pmod{n}$ et $\beta \equiv \gamma \pmod{n}$ pour $c_i, \gamma \in S$. Posons

$$Q'(x) = x^r + c_{r-1}x^{r-1} + \cdots + c_1x + c_0.$$

Alors, si $x \in S$, $Q(x) \equiv Q'(x) \pmod n$. Donc, si $x \in S$,

$$P(x) \equiv (x - a_1)Q'(x) + \gamma \pmod n.$$

Évaluons en $a_1$. Nous obtenons $P(a_1) \equiv \gamma \pmod n$. Donc, $\gamma = 0$ et

$$P(x) \equiv (x - a_1)Q'(x) \pmod n.$$

Alors, $P(x) \equiv 0 \pmod n$ si et seulement si $n \mid (x - a_1)Q'(x)$. Comme $n$ est premier, ceci est vrai si et seulement si $x \equiv a_1 \pmod n$ ou $Q'(x) \equiv 0 \pmod n$. De par l'hypothèse d'induction, $Q'(x) \equiv 0 \pmod n$ a au plus $r$ solutions. Donc, $P(x) \equiv 0 \pmod n$ a au plus $r + 1$ solutions.

2. D'après le petit théorème de Fermat (théorème 7.9), tout $x \in S \setminus \{0\}$ est une solution de $P_{n-1}(x) \equiv 0 \pmod n$. Donc, cette congruence a exactement $n - 1$ solutions distinctes. Soit $d$ un diviseur de $n - 1 : n - 1 = dk$. Alors on peut écrire $P_{n-1}(x) = (x^d - 1)Q(x)$ pour $Q(x) = \sum_{i=0}^{k-1} x^{id}$. Comme, en vertu de 1., $P_d(x) = x^d - 1 \equiv 0 \pmod n$ a au plus $d$ solutions et que $Q(x) \equiv 0 \pmod n$ a au plus $(k-1)d$ solutions, si $P_d(x) \equiv 0 \pmod n$ a moins de $d$ solutions, cela donnera moins de $d + (k-1)d = n - 1$ solutions pour $P_{n-1}(x) \equiv 0 \pmod n$, soit une contradiction. Donc, $P_d(x) \equiv 0 \pmod n$ a exactement $d$ solutions distinctes dans $S \setminus \{0\} = E$. □

**Théorème 7.22** *Si $n$ est premier, l'ensemble $E = \{1, \ldots, n-1\}$, muni de la multiplication modulo $n$ est un groupe cyclique. Si $g \in E$ est tel que $E = \{g, g^2, \ldots, g^{n-1} = 1\}$, alors $g$ est appelé* racine primitive *de $E$.*

PREUVE Commençons par remarquer que $E = \{1, \ldots, n-1\}$ est un groupe sous la multiplication modulo $n$. En effet, comme $n$ est premier, tout $a \in E$ est relativement premier avec $n$. La conclusion découle du corollaire 7.6.

D'après le petit théorème de Fermat (théorème 7.9), pour tout $a$ dans $E$, on a $a^{n-1} = 1$. ($a^{n-1} = 1$ est une égalité d'éléments d'un groupe. Elle signifie $a^{n-1} \equiv 1 \pmod n$.) Soit $r \geq 1$ l'entier minimum tel que $a^r = 1$. On sait qu'un tel $r$ existe puisque $a^{n-1} = 1$. Ce $r$ est appelé l'*ordre* de $a$. Regardons l'ensemble $F = \{a, a^2, \ldots, a^r = 1\}$. Il est facile de vérifier que c'est un sous-groupe de $E$ qui contient $r$ éléments. Alors, de par le théorème de Lagrange, $r \mid n - 1$. On doit montrer qu'il existe un $a$ dont l'ordre est exactement $n - 1$. Soit $d$ un diviseur propre de $n - 1$. Démontrons qu'on a exactement $d$ éléments de $G$ dont l'ordre divise $d$. En effet, tout élément $a$ dont l'ordre divise $d$ est une solution de la congruence $x^d - 1 \equiv 0 \pmod n$. Le résultat découle de la partie 2 du Lemme 7.21.

Décomposons $n - 1$ en facteurs premiers : $n - 1 = p_1^{k_1} \ldots p_s^{k_s}$, et considérons les polynômes $Q_{p_i^{k_i}}(x) = x^{p_i^{k_i}} - 1$. En vertu de la partie 2 du Lemme 7.21, chaque congruence $Q_{p_i^{k_i}}(x) \equiv 0 \pmod n$ a exactement $p_i^{k_i}$ solutions dans $E$ : toutes ces solutions sont des éléments de $E$ dont l'ordre divise $p_i^{k_i}$. Si toutes les solutions de $Q_{p_i^{k_i}}(x) \equiv 0 \pmod{n}$ dans $E$ correspondaient à des éléments du groupe d'ordre inférieur à $p_i^{k_i}$, leur ordre diviserait $p_i^{k_i-1}$. Ces éléments seraient donc des solutions de la congruence $Q_{p_i^{k_i-1}}(x) = x^{p_i^{k_i-1}} - 1 \equiv 0 \pmod{n}$. Il y aurait contradiction, car $Q_{p_i^{k_i-1}}(x) \equiv 0 \pmod{n}$ a exactement $p_i^{k_i-1}$ solutions dans $E$. Soit donc $g_i \in E$, une solution de $Q_{p_i^{k_i}}(x) \equiv 0 \pmod{n}$ correspondant à un élément du groupe d'ordre $p_i^{k_i}$. Alors, on vérifie facilement que

$$g = g_1 \dots g_s$$

est d'ordre $p_1^{k_1} \dots p_s^{k_s} = n - 1$. Ceci est une conséquence du lemme suivant. □

**Lemme 7.23** *Soit $G$ un groupe fini dans lequel l'opération est commutative. Si $g_1$ est d'ordre $m_1$, que $g_2$ est d'ordre $m_2$ et que $(m_1, m_2) = 1$, alors $g_1g_2$ est d'ordre $m_1m_2$.*

PREUVE Soit $m$ l'ordre de $g_1g_2$. On a $(g_1g_2)^{m_1m_2} = (g_1^{m_1})^{m_2}(g_2^{m_2})^{m_1} = 1$. Donc, $m \mid m_1m_2$. Puisque $m \mid m_1m_2$, on peut écrire $m$ comme suit : $m = n_1n_2$ pour $n_1 = (m_1, m) \mid m_1$ et $n_2 = (m_2, m) \mid m_2$ (exercice : vérifier !). Ceci permet d'écrire $m_i$ sous la forme $m_i = n_ir_i$. On a

$$g_1^{mr_1} = g_1^{n_1n_2r_1} = (g_1^{m_1})^{n_2} = 1.$$

Puisque $(g_1g_2)^m = 1$, on a $g_1^m = g_2^{-m}$, donc on a aussi $g_2^{-mr_1} = 1$, ce qui entraîne $g_2^{mr_1} = 1$. Mais

$$g_2^{mr_1} = g_2^{n_1n_2r_1} = g_2^{m_1n_2}.$$

On doit donc avoir $m_2 \mid m_1n_2$. Puisque $(m_2, m_1) = 1$, ceci entraîne $m_2 \mid n_2$. Comme déjà $n_2 \mid m_2$, on a finalement $m_2 = n_2$. De même, on peut vérifier que $m_1 = n_1$. Donc, $m = m_1m_2$. □

PREUVE DU THÉORÈME 7.20 Il suffit de vérifier que tous les $a$ satisfont à $J(a, n) \equiv a^{\frac{n-1}{2}} \pmod{n}$. Pour $a$, on a deux possibilités.

Si $a$ est un résidu quadratique, c'est-à-dire qu'il existe $x \in E$ tel que $x^2 \equiv a \pmod{n}$, alors par définition $J(a, n) = 1$. D'autre part, $a^{\frac{n-1}{2}} \equiv x^{n-1} \equiv 1 \pmod{n}$ de par le petit théorème de Fermat (théorème 7.9).

Le deuxième cas ($a$ n'est pas un résidu quadratique) demande un peu plus de travail. Dans ce cas, on a $J(a, n) = -1$ par définition. On va montrer que $a^{\frac{n-1}{2}} \equiv -1 \pmod{n}$.

Nous avons montré au théorème 7.22 qu'il existe un élément $g \in E$ tel que $E = \{g, g^2, \dots, g^{n-1} = 1\}$. Comme $g^{n-1} = 1$, alors chaque élément $a \in E$ satisfait à $a^{n-1} = 1$, c'est-à-dire est solution de la congruence $x^{n-1} - 1 \equiv 0 \pmod{n}$. Remarquons que

$$x^{n-1} - 1 = \left(x^{\frac{n-1}{2}} - 1\right)\left(x^{\frac{n-1}{2}} + 1\right).$$

Nous avons vu dans la preuve du théorème 7.22 qu'une congruence $P(x) \equiv 0 \pmod{n}$ a au plus $\frac{n-1}{2}$ racines dans $E$ quand $P(x)$ est un polynôme de degré $\frac{n-1}{2}$.

Il est évident que $1, g^2, g^4, \ldots, g^{2k}, \ldots$ sont des résidus quadratiques. Ce sont les solutions de $x^{\frac{n-1}{2}} - 1 \equiv 0 \pmod{n}$. Donc, les nombres $g, g^3, \ldots, g^{2k+1}, \ldots$ sont les solutions de $x^{\frac{n-1}{2}} \equiv -1 \pmod{n}$. Vérifions que ces nombres ne peuvent être des résidus quadratiques. En effet, si $g^{2k+1} \equiv y^2 \pmod{n}$ pour $y \in E$, on aurait $(g^{2k+1})^{\frac{n-1}{2}} \equiv (y^2)^{\frac{n-1}{2}} \equiv y^{n-1} \equiv 1 \pmod{n}$. Ceci est une contradiction, car $(g^{2k+1})^{\frac{n-1}{2}} \equiv -1 \pmod{n}$. □

**Un algorithme déterministe de primalité** L'algorithme que nous venons de décrire pour tester si un nombre est premier est un *algorithme probabiliste*. En effet, il permet de déterminer si un nombre n'est pas premier, mais il ne permet jamais d'être complètement certain en un temps raisonnable qu'un nombre est premier : il faudrait faire le test sur plus de la moitié des entiers inférieurs à $n$.

En 2003, Agrawal, Kayal et Saxena annonçaient un nouvel algorithme *déterministe*, appelé algorithme AKS, permettant de tester si un nombre est premier en un temps raisonnable : l'article n'est paru qu'en 2004 [1]. Cet algorithme est beaucoup moins rapide que les algorithmes probabilistes, mais son intérêt théorique est grand : il répond à une question posée par Gauss il y a 200 ans. Il est difficile de le résumer en quelques lignes, mais l'étudier en détail est un bon projet de session à condition d'avoir des notions de théorie des nombres.

## 7.5 Casser le code RSA : l'algorithme de Shor pour factoriser de grands nombres

Comme nous l'avons déjà mentionné, il se fait beaucoup de recherche pour trouver de meilleurs algorithmes pour factoriser de grands entiers. Pour les informaticiens, un bon algorithme est un algorithme qui fonctionne en « temps polynomial » (nous définirons ce concept ci-dessous). L'introduction par Shor en 1997 d'un algorithme pouvant factoriser de grands nombres entiers en temps polynomial a eu beaucoup de retentissement. Mais ... cet algorithme fonctionne sur un ordinateur quantique; même si l'ordinateur quantique n'est plus complètement une fiction, il n'est pas encore une réalité non plus.

Avant d'examiner cet algorithme, parlons un peu de la taille d'un algorithme.

**Complexité d'un algorithme appliqué à un entier $n$ de $m$ chiffres** On a alors $n \approx 10^m$.

Le nombre $m$ est la « taille » de notre entier. La complexité de l'algorithme est le nombre d'opérations que doit effectuer l'ordinateur pour exécuter l'algorithme. Ce nombre d'opérations dépend de la taille de l'entier.

Si le nombre d'opérations est de l'ordre de $Cm^r$ où $r$ est un entier, on dit que l'algorithme fonctionne en temps polynomial.

L'algorithme classique de factorisation fonctionne en temps exponentiel. En effet, il requiert de tester si les nombres $1, 2, \ldots, d \leq \sqrt{n}$ sont des diviseurs de $n$. Le nombre de tests est donc de l'ordre de $10^{m/2}$. Si $m$ est grand, ce nombre devient vite trop grand pour l'ordinateur.

À titre d'information, l'algorithme probabiliste décrit précédemment fonctionne en temps polynomial, de même que le nouvel algorithme AKS. C'est pourquoi il est beaucoup plus facile pour un ordinateur de construire de grands nombres premiers que de factoriser de grands nombres entiers.

Nous allons commencer par nous convaincre que les raffinements de l'algorithme classique de factorisation ne permettent pas de diminuer significativement le temps de factorisation. On considère un nombre $n$ de 200 chiffres, c'est-à-dire un nombre de l'ordre de $10^{200}$. L'algorithme classique consiste à chercher s'il existe un diviseur $d \leq \sqrt{n}$. On doit donc faire de l'ordre de $10^{100}$ essais. Essayons quelques astuces :

- Si on se limite aux nombres impairs, on a $m_1 \approx \frac{10^{100}}{2}$ tests à faire.
- Si on se limite à des grands diviseurs (des nombres de 100 chiffres), alors on a $m_2 = \frac{9}{10}m_1$ tests à faire (exercice).
- Si on met en parallèle un milliard d'ordinateurs, on a $m_3 = 10^{-9}m_2$ tests à faire.
- Si on met en parallèle un milliard de superordinateurs de 5000 processeurs pouvant faire 5000 opérations en parallèle (c'était la puissance maximum des superordinateurs en 2004), on limite le nombre d'opérations successives à $m_4 = \frac{m_3}{5000}$.
- Dans ce dernier cas, on aurait encore $m_5 \geq 10^{86}$ opérations successives à faire. Trop !

Supposons qu'on arrive à s'approcher avec d'autres astuces d'une factorisation de la clé, alors il suffit d'allonger la clé de quelques dizaines de chiffres pour voir ces efforts anéantis.

On voit donc que, pour factoriser des grands nombres, il nous faut absolument de meilleurs algorithmes. Tel que mentionné plus haut, il existe de bien meilleurs algorithmes, et certains fonctionnent en temps sous-exponentiel. L'algorithme de Shor introduit en 1997 permet de factoriser des nombres entiers. Cet algorithme fonctionne en temps exponentiel sur un ordinateur classique, mais en temps polynomial sur un ordinateur quantique. C'est un algorithme probabiliste : si $n$ n'est pas premier, l'algorithme a une très grande probabilité de trouver un diviseur $d$ de $n$ en temps polynomial. Nous nous contenterons de donner les grandes lignes de cet algorithme, sans en montrer tous les détails.

**Le principe de l'algorithme de Shor ([5], [8])** L'idée de base de l'algorithme est de trouver un diviseur $d$ de $n$. Une fois qu'on a pu écrire $n = dm$, on teste si $d$ et $m$ sont premiers. Si au moins un des deux n'est pas premier, on itère en réappliquant la même méthode à $d$ et à $m$. On s'arrête quand tous les facteurs sont premiers. Au fur et à mesure qu'on itère, les calculs deviennent plus faciles, car $d$ et $m$ sont plus petits que $n$.

*La méthode* On cherche un entier $r$ tel que $n \mid r^2 - 1$, mais tel que ni $r-1$, ni $r+1$ ne soient divisibles par $n$.

Trouver un tel $r$ permet de trouver un diviseur propre de $n$. En effet, $r^2 - 1 \equiv 0 \pmod{n}$, ce qui implique que $(r-1)(r+1) = mn$ pour un entier $m$. Alors, si $p$ est un facteur premier de $n$, nécessairement $p \mid r-1$ ou $p \mid r+1$. Si $p \mid r-1$, alors

$(r-1, n) = d > 1$. Puisque $n$ ne divise pas $r-1$, $d$ est un diviseur de $n$ différent de $n$. De même si $p \mid r+1$.

*Exemple* Si $n = 65$ et $r = 14$, alors $r^2 = 196 = 3 \times 65 + 1 \equiv 1 \pmod{65}$ et $r - 1 = 13$ est un diviseur de 65.

Par contre, si on prend $s = 64 \equiv -1 \pmod{65}$, alors $s^2 \equiv (-1)^2 = 1 \pmod{65}$. On voit que $s + 1 = 65$ est divisible par 65. Donc, ce $s$ ne nous est d'aucun secours pour trouver un diviseur propre de 65.

*Comment trouver r ?* On prend $a$ au hasard dans $E = \{1, \dots, n-1\}$.

- On commence par calculer $(a, n)$.
- Si $(a, n) = d$, on a trouvé un diviseur de $n$.
- Si $(a, n) = 1$, on calcule les puissances de $a$ : $a, a^2, a^3, \dots$ On les réduit modulo $n$ : $a^k \equiv a_k \pmod{n}$, où $a_k \in E$.
- Comme $E$ est fini, il existe $k$ et $l$ tels que $a_k = a_l$. On peut supposer $k > l$. Alors, $a_{k-l} \equiv a^{k-l} \equiv 1 \pmod{n}$.
- Donc, il existe $s$ minimum tel que $a^s \equiv 1 \pmod{n}$. Ce nombre $s$ est appelé l'ordre de $a$. On a $s \leq n$.
- Si $s$ est impair, $a$ n'était pas un bon choix. On recommence avec $a' \neq a$ choisi au hasard dans $E$.
- Si $s$ est pair, $s = 2m$. On prend $r \equiv a^m \pmod{n}$, où $r \in E$. Alors, $r^2 \equiv a^{2m} = a^s \equiv 1 \pmod{n}$.
- Si ni $r-1$ ni $r+1$ ne sont divisibles par $n$, on a terminé. Sinon, on recommence avec $a' \neq a$ choisi au hasard dans $E$.

On peut montrer qu'il y a beaucoup de $a \in E$ d'ordre pair qui font l'affaire ; donc, c'est un bon algorithme.

**Rapidité de l'algorithme** La seule partie de l'algorithme qui ne s'effectue pas en temps polynomial est le calcul de l'ordre de $a$. C'est pour cette seule partie de l'algorithme qu'un ordinateur quantique prend la relève.

**Calcul de l'ordre de $a$ modulo $n$ avec un ordinateur quantique** Nous nous contenterons de donner quelques idées. On écrit les nombres en base 2. Si $n$ s'écrit avec $m$ chiffres dans $\{0, 1\}$, alors $n < 2^m$ et donc, $a < 2^m$. En base 2, les entiers $k \in E = \{1, \dots, 2^m - 1\}$ deviennent

$$k = [j_{m-1} j_{m-2} \cdots j_1 j_0] = j_{m-1} 2^{m-1} + j_{m-2} 2^{m-2} + \cdots + j_1 2^1 + j_0 2^0.$$

Se donner $k$ revient donc à se donner $m$ bits $j_{m-1}, \dots, j_0$ dans $\{0, 1\}$. Pour calculer l'ordre de $a$, on voudrait pouvoir calculer $a^k$ pour tous les $k$ simultanément, c'est-à-dire pour tous les $[j_{m-1} \cdots j_0] \in \{0, 1\}^m$. Essayer tous les $k \in E$, c'est essayer toutes les possibilités $j_i = 0$ et $j_i = 1$, pour $i = 0, \dots m-1$, soit $2^m$ possibilités. C'est là que l'ordinateur quantique vient à la rescousse. On remplace les bits classiques $j_i$ par des bits quantiques .

**Les bits quantiques** Un bit quantique a la propriété de pouvoir se mettre dans un *état superposé*. Il est dans l'état $|0\rangle$ avec probabilité $|\alpha|^2$ et dans l'état $|1\rangle$ avec probabilité

$|\beta|^2$, $\alpha$ et $\beta$ étant des nombres complexes tels que $|\alpha|^2 + |\beta|^2 = 1$. En mécanique quantique, on dira que son état est $\alpha|0\rangle + \beta|1\rangle$. Pour nous donner une analogie, pensons à un sou : il a une chance sur deux de tomber pile et une chance sur deux de tomber face. Avant le lancer, notre sou est donc dans un état superposé. Par contre, quand on le lance, on observe soit pile, soit face. C'est la même chose pour un bit quantique. Si on le mesure, on obtient 0 avec probabilité $|\alpha|^2$ et 1 avec probabilité $|\beta|^2$.

**Le grand parallélisme d'un ordinateur quantique** Si on met tous les bits $j_{m-1}, \ldots, j_0$ dans un état superposé en même temps, alors, en calculant $a^{|k\rangle} \pmod{n}$, où $|k\rangle$ est une superposition de tous les $k \in E$, on fait le calcul $a^k$ pour tous les $k \in E$ simultanément ! Comme le calcul quantique est linéaire et réversible, on peut voir $a^{|k\rangle} \pmod{n}$ comme une superposition de tous les $a_k \equiv a^k \pmod{n}$, chacun étant lié à la valeur de $k \in E$ associée. Toute l'information qui nous est nécessaire se retrouve maintenant dans cet état, mais on ne peut y accéder sans le mesurer. La difficulté est de récupérer le résultat. Ici, cela devient de la mécanique quantique, et nous n'irons pas plus loin.

**Remarque** On a déjà montré dans la section précédente qu'il n'est pas difficile pour un ordinateur classique de calculer $a^k \pmod{n}$ . En effet, si $k = j_{m-1}2^{m-1} + \cdots + j_0 2^0$, alors $a^k = \prod_{\{i|j_i=1\}} a^{2^i}$. Il suffit donc de calculer les $a^{2^i} \pmod{n}$ pour $i = 0, \ldots, m-1$. Ce calcul se fait de proche en proche :

- $a = a_0$ ;
- $a^2 \equiv a_1 \pmod{n}$, où $a_1 \in E$ ;
- $a^4 \equiv (a_1)^2 \equiv a_2 \pmod{n}$, où $a_2 \in E$ ;
- $\vdots$
- $a^{2^{m-1}} \equiv (a_{m-2})^2 \equiv a_{m-1} \pmod{n}$, où $a_{m-1} \in E$.

Finalement, $a^k \equiv \prod_{\{i|j_i=1\}} a_i \pmod{n}$.

**Où en est l'ordinateur quantique ?** Quoique l'ordinateur quantique ne présente aucune menace à la cryptographie RSA pour l'instant, des montages physiques réels ont déjà permis la factorisation de *très* petits nombres (en 2002, le nombre 15 a été factorisé à l'aide d'un ordinateur à sept bits quantiques simultanément dans un état superposé par l'équipe d'Isaac Chuang.)

## 7.6 Exercices

**1.** Soient $a, b, c, d, x, y \in \mathbb{Z}$. Montrer que :

**a)** $a \equiv c \pmod{n}$ et $b \equiv d \pmod{n}$ $\Longrightarrow$ $a + b \equiv c + d \pmod{n}$.

**b)** $a \equiv c \pmod{n}$ et $b \equiv d \pmod{n}$ $\Longrightarrow$ $ax + by \equiv cx + dy \pmod{n}$.

**2.** La fonction d'Euler $\phi : \mathbb{N} \to \mathbb{N}$ est définie comme suit : si $m \in \mathbb{N}$ alors $\phi(m)$ est le nombre d'entiers de l'ensemble $\{1, 2, \ldots, m-1\}$ qui sont relativement premiers avec $m$.

**a)** Montrer que si $m = p_1 \dots p_k$ où $p_1, \dots, p_k$ sont des nombres premiers distincts, alors $\phi(m) = (p_1 - 1) \dots (p_k - 1)$.
**b)** Soit $p$ un nombre premier. Montrer que

$$\phi(p^n) = p^n - p^{n-1}.$$

**3.** Le principe de la cryptographie à clé publique fonctionne pour un entier $n = pq$, où $p$ et $q$ sont deux grands nombres premiers distincts. Est-ce que le principe fonctionnerait aussi pour un entier de la forme $n = p_1 p_2 p_3$ où $p_1, p_2, p_3$ sont trois nombres premiers distincts ?

**4.** Soit $p$ un nombre premier.
**a)** Calculer $\phi(p^2)$, où $\phi$ est la fonction d'Euler.
**b)** Le principe de la cryptographie à clé publique fonctionne pour un entier $n = pq$, où $p$ et $q$ sont deux grands nombres premiers distincts. Est-ce que le principe fonctionnerait aussi avec l'entier $n = p^2$ ? Si oui, décrire les étapes à suivre. Pourquoi alors ne l'utiliserait-on pas ? On aurait en effet seulement un nombre premier à trouver.

**5.** Dans un article « grand public » la revue *La Recherche* donne l'exemple suivant pour la cryptographie à clé publique. On choisit deux nombres premiers $p$ et $q$ distincts tels que $p, q \equiv 2 \pmod 3$. Soit $n = pq$. Alice veut envoyer un message à Bob. Son message est un nombre $x$ dans $\{1, \dots, n-1\}$ tel que $(x, n) = 1$ (ce dernier détail n'apparaît pas dans *La Recherche* !) Pour envoyer son message, Alice calcule $x^3$ et divise ensuite ce nombre par $n$. Soit $y \in \{1, \dots, n-1\}$ le reste de la division de $x^3$ par $n$ (c'est-à-dire $x^3 \equiv y \pmod n$). Bob décode avec

$$d = \frac{2(p-1)(q-1)+1}{3}.$$

Il calcule $y^d$ et le reste $z$ de la division de $y^d$ par $n$ (c'est-à-dire $y^d \equiv z \pmod n$) où $z \in \{1, \dots, n-1\}$.
**a)** Vérifier que $d$ est bien un entier.
**b)** Expliquer pourquoi $y$ et $z$ ne peuvent s'annuler, c'est-à-dire qu'on a bien $y, z \in \{1, \dots, n-1\}$.
**c)** Montrer que $z = x$, c'est-à-dire que Bob a bien décodé le message d'Alice.

**6.** Vous voulez vulgariser le système de cryptographie à clé publique. Voici comment vous vous y prenez : vous choisissez un entier premier $p$, tel que $p \equiv 2 \pmod 7$ et un entier premier $q$, tel que $q \equiv 3 \pmod 7$. Ceci vous permet de calculer $n = pq$. Vous expliquez alors comment Alain peut envoyer un message à Béatrice. Son message est un nombre $m$ de $\{1, \dots, n-1\}$ tel que $(m, n) = 1$. Pour envoyer son message, Alain calcule $m^7$ et divise ensuite ce nombre par $n$. Soit $a \in \{1, \dots, n-1\}$ le reste de la division de $m^7$ par $n$ (c'est-à-dire $m^7 \equiv a \pmod{n}$). Vous expliquez que Béatrice décode avec la clé de décryptage

$$d = \frac{3(p-1)(q-1)+1}{7}.$$

Elle calcule $a^d$ et le reste $m_1$ de la division de $a^d$ par $n$ (c'est-à-dire $a^d \equiv m_1 \pmod{n}$), où $m_1 \in \{1, \ldots, n-1\}$. Vous affirmez que ce reste est le message d'Alain.

**a)** Vérifiez que $d$ est bien un entier.

**b)** Expliquez pourquoi $a$ et $m_1$ ne peuvent s'annuler, c'est-à-dire qu'on a bien $a, m_1 \in \{1, \ldots, n-1\}$.

**c)** Montrez que $m_1 = m$, c'est-à-dire que Béatrice décodera bien le message d'Alain.

**7.** Voici un principe simple de cryptographie. Le carré blanc □ est représenté par le chiffre 0. Les lettres $A, \ldots, Z$ par les nombres $1, \ldots, 26$. Le nombre 27 correspond au point et le nombre 28, à la virgule. La table ci-dessous résume ceci :

| Symbole à coder | □ | A | B | C | D | E | F | G | H | I | J | K | L | M | N |
|---|---|---|---|---|---|---|---|---|---|---|---|---|---|---|---|
| Nombre associé | 0 | 1 | 2 | 3 | 4 | 5 | 6 | 7 | 8 | 9 | 10 | 11 | 12 | 13 | 14 |

| Symbole à coder | O | P | Q | R | S | T | U | V | W | X | Y | Z | . | , |
|---|---|---|---|---|---|---|---|---|---|---|---|---|---|---|
| Nombre associé | 15 | 16 | 17 | 18 | 19 | 20 | 21 | 22 | 23 | 24 | 25 | 26 | 27 | 28 |

Voici comment on code un mot :

- on remplace les symboles par leurs nombres associés ;
- on multiplie par 2 le nombre associé à chaque symbole ;
- on réduit le résultat obtenu modulo 29 ;
- on trouve les symboles correspondant aux nombres obtenus : ceci nous donne le mot codé.

Par exemple, pour coder le mot « LA » on remplace ses lettres par les nombres $12, 1$. On les multiplie par 2 et on obtient $24, 2$. On les réduit modulo 29 (ici, ce n'est pas nécessaire). La lettre associée à 24 est X ; celle associée à 2 est $B$. Le mot codé représentant « LA » est « XB ».

**a)** Coder le mot « OUI ».

**b)** Expliquer pourquoi le code est inversible et comment on s'y prend pour décoder.

**c)** Décoder le mot « XMF ».

**8.** On considère ici une itération du principe précédent. On utilise les 29 symboles de l'exercice 7. Voici comment on code un mot formé de tels symboles :

- on remplace les symboles par leurs nombres associés ;
- on multiplie par 3 le nombre associé à chaque symbole et on ajoute 4 ;
- on réduit le résultat obtenu modulo 29 ;
- on trouve les symboles correspondant aux nombres obtenus. Ceci nous donne le mot codé.

**a)** Coder le mot « MATHS ».
**b)** Expliquer pourquoi le code est inversible et comment on s'y prend pour décoder.
**c)** Décoder le mot « CODE ».

**9.** La preuve par 9 est une ancienne méthode pour vérifier le résultat de la multiplication de deux entiers. Elle était abondamment enseignée lorsqu'on ne disposait pas encore de calculatrices. On multiplie deux nombres $m$ et $n$. Soit $N = mn$. On veut vérifier le résultat obtenu. Pour cela, on utilise la notation décimale d'un nombre $M \in \mathbb{N}$ : $M = a_p \dots a_0$ où $a_i \in \{0, 1, \dots 9\}$. Ceci revient à l'écriture

$$M = \sum_{i=0}^{p} a_i 10^i.$$

Au nombre $M$, on associe le nombre $F(M) \in \{0, 1, \dots 8\}$, où $F(M)$ est le reste de la division de

$$\sum_{i=0}^{p} a_i = a_0 + \dots + a_p$$

par 9. Donnons un exemple. Soit $M = 2857$. Alors $2 + 8 + 5 + 7 = 22 \equiv 4 \pmod 9$. Donc, $F(2857) = 4$.

Dans la preuve par 9, on calcule $F(N)$ d'une part. D'autre part, on calcule $F(m)$, $F(n)$ et le produit $r = F(m)F(n)$. On calcule ensuite $F(r)$.
**a)** Montrer que, s'il n'y a pas d'erreur de calcul dans la multiplication (c'est-à-dire si $N = mn$), alors on doit avoir

$$F(N) = F(r).$$

Sinon, on conclut qu'il y a une erreur de calcul dans la multiplication (à condition, bien sûr, qu'on n'ait pas fait d'erreur dans le calcul des différents $F(M)$ !)
**b)** Donner un exemple simple.
**c)** Que peut-on dire si $F(N) = F(r)$ ? Peut-on conclure qu'il n'y a pas eu d'erreur dans la multiplication $N = mn$ ?

**10.** Construire un code RSA à clé publique avec une clé $n = p.q$ de 60 chiffres. Pour cela, $p$ et $q$ seront des nombres premiers de 30 chiffres.
**a)** Générer des nombres de 30 chiffres et tester s'ils sont premiers avec un logiciel de manipulations symboliques.
**b)** Vérifier si ces nombres sont premiers en faisant le test de Jacobi à l'aide de nombres $a_1, \dots, a_k$ de moins de 30 chiffres. Faire le test dans le cas d'un nombre premier et dans le cas d'un nombre non premier. Dès que le test est négatif, on arrête et on conclut que le nombre est non premier. Si le test est positif, on continue pour obtenir une plus grande certitude que le nombre est premier.

**11.** On se donne un code RSA avec clé $n = 23 \times 37 = 851$ et clé de cryptage $e = 47$. Trouver la clé de décryptage $d$ qui satisfait à

$$e \cdot d \equiv 1 \pmod{\phi(n)}.$$

**12.** On se donne un nombre entier de $N$ chiffres. Soit $a_{N-1} \dots a_1 a_0$ sa représentation décimale, c'est-à-dire

$$N = a_{N-1}10^{N-1} + a_{N-2}10^{N-2} \dots + a_1 10 + a_0.$$

**a)** Montrer que $N$ est divisible par 11 si et seulement si

$$a_0 - a_1 + a_2 - a_3 + \dots + (-1)^{N-2}a_{N-2} + (-1)^{N-1}a_{N-1} \equiv 0 \pmod{11}.$$

(Suggestion : considérer $10^i \pmod{11}$.)

Remarque : lors de la recherche de nombres premiers, ceci permet d'écrire un test simple permettant d'éliminer tous les multiples de 11.

**b)** Montrer que $N$ est divisible par 101 si et seulement si

$$-(a_0 + 10a_1) + (a_2 + 10a_3) - (a_4 + 10a_5) + (a_6 + 10a_7) \dots \equiv 0 \pmod{101}$$

**13.** Montrer que $n$ est premier si et seulement si

$$(x+1)^n \equiv x^n + 1 \pmod{n}.$$

Remarque : cet exercice constitue l'idée centrale de l'algorithme AKS [1].

**14.** On considère les ensembles $E_n = \{0, 1, \dots, n-1\}$ pour $n \in \mathbb{N}$. Soient $p$ et $q$ tels que $(p, q) = 1$. On définit la fonction : $F : E_{pq} \to E_p \times E_q$ par $F(n) = (n_1, n_2)$ où $n \equiv n_1 \pmod{p}$ et $n \equiv n_2 \pmod{q}$. Montrer que $F$ est une bijection. (Ce résultat est la formulation moderne de ce qu'on appelle le « théorème chinois des restes ».)

**15.** Démontrer le théorème de Wilson : $n$ est premier si et seulement si $n$ divise $(n-1)!+1$. (Un sens est plus difficile. Si $n$ est premier, il faut se servir du fait que $\{1, \dots, n-1\}$ est un groupe pour la multiplication pour montrer que $n \mid (n-1)!+1$.)

Remarque : ce théorème donne un test pour décider si $n$ est premier. Cependant, ce test n'est pas intéressant en pratique parce que le calcul de $(n-1)!$ est hors de portée des ordinateurs si $n$ est un grand nombre.

**16.** Montrer que les exposants $\frac{b^2-1}{8}$ et $\frac{(a-1)(b-1)}{4}$ dans la formule (7.5) donnant $J(a, b)$ sont toujours des entiers pour $a, b$ impairs.

**17.** Soit $E_n = \{1, \ldots, n-1\}$.
**a)** Soit $n = 13$. Vérifier en calculant explicitement $J(a, n)$ et $a^{\frac{n-1}{2}} \pmod{n}$ que tout $a \in E_n$ satisfait à (7.4).
**b)** Soit maintenant $n = 15$. Combien de $a \in E_n$ ne satisfont pas au test ?

**18.** On veut utiliser l'algorithme de Shor pour trouver un diviseur de 91. Pour cela, on choisit $a = 15$.
**a)** Calculer l'ordre de $a$, c'est-à-dire le plus petit exposant entier $s$ tel que $a^s \equiv 1 \pmod{91}$. Vérifier que $s$ est pair.
**b)** Construire $r \equiv a^{\frac{s}{2}} \pmod{91}$ et montrer que ni $r-1$ ni $r+1$ ne sont divisibles par 91.
**c)** Suivre la démarche de l'algorithme de Shor pour trouver un diviseur de 91 à partir de $r$.

**19.** On veut utiliser l'algorithme de Shor pour factoriser 30. Pour cela, on choisit $a$ au hasard dans $\{1, 2, \ldots, 29\}$ et on applique la procédure. Donner les $a$ qui permettent de trouver un diviseur propre de 30 et, dans chaque cas, décrire quelle a été la méthode utilisée.

# Références


[1] Agrawal M., N. Kayal et N. Saxena, « PRIMES is in $P$ », *Annals of Mathematics*, volume 160, 2004, p. 781–793. Aussi « PRIMES is in $P$ : A breakthrough for everyman », Bornemann F., *Notices de l'American Mathematical Society*, vol. 50, n$^o$ 5, 2003, p. 545–552.

[2] Buchmann, Johannes A. *Introduction to cryptography*, deuxième édition, New York, Springer, 2001, 335p.

[3] de Koninck, Jean-Marie et Armel Mercier. *Introduction à la théorie des nombres*, Mont-Royal, Québec, Modulo Editeur, 1994, 254p.

[4] Delahaye J.-P., « La cryptographie RSA 20 ans après », *Pour la Science*, 2000.

[5] Knill E., R. Laflamme, H. Barnum, D. Dalvit, J. Dziarmaga, J. Gubernatis, L. Gurvits, G. Ortiz, L. Viola and W. H. Zurek, « Quantum Information Processing : A Hands-on Primer »et « From Factoring to Phase Estimation—A Discussion of Shor's Algorithm », *Los Alamos Science*, vol. 27, 2002, p. 2–45.

[6] Pomerance C., « A tale of two sieves », *Notices de l'American Mathematical Society*, vol. 43, n$^o$ 12, 1996, p. 1473–1485.

[7] Rivest R.L., A. Shamir et L. Adleman, « A method for obtaining digital signatures and public key cryptosystems », *Communications of the ACM*, vol. 21, n$^o$ 2, 1978, p. 120–126.

[8] Shor P.W., « Polynomial-time algorithms for prime factorization and discrete logarithms on a quantum computer », *SIAM J. Computation*, vol. 26, 1997, p. 1484–1509.

# 8

# Générateurs de nombres aléatoires

*Ce chapitre peut être utilisé de deux manières : on peut soit en tirer une ou deux heures de « flash-science », avec un bagage minimum comprenant néanmoins une certaine familiarité avec l'arithmétique modulo p, soit traiter le sujet plus en profondeur. Dans ce cas, il est préférable d'être déjà familier avec les corps finis ou la congruence modulo 2, parce qu'on a au préalable regardé le chapitre 6 (ou le chapitre 7), par exemple. Les sections faisant référence à ces chapitres sont clairement indiquées. Dans ce chapitre, nous traiterons longuement des registres à décalage qui sont aussi étudiés à la section 1.4 du chapitre 1, mais les deux traitements sont indépendants. Certains exercices font appel aux probabilités et peuvent être sautés si on n'a pas de bagage suffisant de ce côté-là.*

## 8.1 Introduction

Le 10 avril 1994, un joueur est appréhendé par la police au Casino de Montréal. Son crime ? Il vient de battre toutes les statistiques possibles en remportant *trois* lots consécutifs au jeu de keno, amassant ainsi plus d'un demi-million de dollars[1]. Il est clairement soupçonné d'avoir enfreint les lois des jeux de hasard interdisant la collusion avec les employés du casino, la manipulation des appareils électroniques, etc. Une enquête est menée et, après quelques semaines, le joueur est relâché et son lot, capital et intérêts, lui est remis. Et le Casino de Montréal a appris une leçon rapide sur les générateurs de nombres aléatoires.

Il reste fort peu d'appareils mécaniques dans les casinos modernes. Seule peut-être la roulette demeure. Les autres jeux ont été remplacés par des ordinateurs qui simulent

[1]Au keno, le joueur doit choisir une dizaine de nombres dans l'ensemble $\{1, 2, \ldots, 80\}$. Le casino tire alors 20 boules parmi 80 boules numérotées de 1 à 80. Ce tirage peut également être fait électroniquement, comme c'est le cas maintenant dans la plupart des casinos. Le lot gagné dépend de la mise du joueur et du nombre de coïncidences entre les nombres choisis par le joueur et les numéros des boules tirées au sort.

le hasard. Tous ont, dans leur programme, un segment produisant des nombres qui *apparaissent* aléatoires à l'utilisateur, mais qui sont engendrés de façon complètement déterministe. Ces algorithmes, les générateurs de nombres aléatoires, jouent un rôle important dans plusieurs appareils. Outre les jeux de casino, les jeux vidéo en font grand usage. Si le comportement de ces jeux était toujours le même chaque fois que l'appareil est démarré, le joueur s'en lasserait rapidement.

Les générateurs de nombres aléatoires sont aussi importants dans la vie de tous les jours qu'en science. La modélisation sur ordinateur des cours boursiers ou de la propagation de virus (humains ou informatiques!) et le choix des quelques (malheureux) contribuables dont le gouvernement scrutera la déclaration utilisent également ces générateurs de façon routinière. En science, il est parfois difficile de modéliser un système dont le comportement n'est connu qu'avec certaines probabilités. Un exemple d'un tel système est le promeneur impartial se baladant sur la grande toile du Web décrite à la section 9.2. On présuppose l'existence de générateurs de nombres aléatoires lorsqu'on étudie les algorithmes probabilistes dans le chapitre 7 sur la cryptographie. Les générateurs de nombres aléatoires sont utilisés explicitement (!) dans la construction d'images fractales à l'aide de systèmes de fonctions itérées (voir le chapitre 11) et dans le signal des satellites du système de positionnement GPS (voir le chapitre 1).

Ces générateurs ont donc de nombreuses applications dans notre société, et il n'est pas étonnant qu'il se fasse beaucoup de recherche pour trouver de « meilleurs » générateurs de nombres aléatoires. Que signifie « meilleurs » ? Cela dépend du contexte. Quand les générateurs de nombres aléatoires servent dans les casinos, on veut que les joueurs ne puissent pas deviner leur fonctionnement pour ajuster leur stratégie de jeu. Les gérants de casinos veulent aussi que les distributions probabilistes des nombres aléatoires suivent des lois de probabilité choisies a priori pour ne pas être accusés de fraude et d'offrir un jeu inéquitable.

Introduisons d'abord un générateur « mécanique » de nombres aléatoires. Quoique son utilisation soit impraticable à grande échelle, il illustre tous les défis que devront relever les algorithmes informatiques de générateurs. Jouons donc à pile ou face en lançant une pièce de monnaie un grand nombre de fois : en notant 0 pour PILE et 1 pour FACE, nous obtenons une suite aléatoire de 0 et de 1, c'est-à-dire une suite qui semble n'obéir à aucune règle. Si plusieurs personnes répètent l'expérience, elles obtiennent en général des suites qui n'ont rien à voir les unes avec les autres.

Supposons maintenant que nous voulions générer une suite de nombres aléatoires de l'ensemble $S = \{0, \dots, 31\}$. Étant donné que $32 = 2^5$, chacun des nombres $n \in S$ devient en base 2

$$n = a_0 + 2a_1 + 2^2a_2 + 2^3a_3 + 2^4a_4 = \sum_{i=0}^{4} a_i 2^i$$

où $a_i \in \{0, 1\}$. On le représente par le quintuple $(a_0, a_1, a_2, a_3, a_4)$. Par exemple, le quintuple $(0, 1, 1, 0, 1)$ représente $2 + 4 + 16 = 22$.

Si on génère une suite de 0 et de 1 en lançant une pièce, on peut ensuite regrouper ceux-ci en quintuples de bits dans $\{0,1\}$ et les transformer en nombres de $S$. Par exemple, supposons qu'on ait obtenu la suite

$$10000\ 00101\ 11110\ 01001\ 01001\ 11011. \tag{8.1}$$

Elle génère la suite

$$\underbrace{10000}_{1}\ \underbrace{00101}_{20}\ \underbrace{11110}_{15}\ \underbrace{01001}_{18}\ \underbrace{01001}_{18}\ \underbrace{11011}_{27},$$

soit

$$1, 20, 15, 18, 18, 27$$

de nombres de $S$.

Si, au lieu de 31, on avait pris $N = 2^r - 1$ et $S = \{0, \ldots, N\}$, on aurait pu transformer une suite aléatoire de 0 et de 1 en une suite aléatoire d'éléments de $S$.

Mais, pour peu que $r$ soit grand ou que l'on veuille une longue suite de nombres aléatoires, on voit bien que le processus décrit ci-dessus, à savoir lancer la pièce un grand nombre de fois, ne convient plus. La solution retenue est de programmer un ordinateur pour qu'il génère une suite de 0 et de 1 de telle sorte que la suite ait l'air aussi aléatoire qu'une vraie suite de résultats du jeu de pile ou face. Un tel programme ou algorithme est un générateur de nombres aléatoires. En fait, comme l'algorithme qui génère ces nombres est déterministe, la suite de nombres générée n'a que l'apparence d'une suite de nombres aléatoires. C'est pour cela que les spécialistes appellent ces algorithmes des *générateurs de nombres pseudo-aléatoires.*

Leur utilisation est également très répandue dans des simulations de toutes sortes. Dans beaucoup de ces cas, on veut générer au hasard des nombres réels de l'intervalle $[0, 1]$. Dans ce cas-ci, on peut écrire un nombre réel de $[0, 1]$ à l'aide de son développement binaire. Pour différencier le développement binaire du développement décimal, on met un indice 2 à la fin de l'écriture du nombre. Ainsi, $(0{,}a_1a_2 \ldots a_n)_2$ représente

$$(0a_1a_2 \ldots a_n)_2 = a_1 2^{-1} + a_2 2^{-2} + \cdots + a_n 2^{-n} = \sum_{i=1}^{n} \frac{a_i}{2^i}.$$

En général, un nombre réel a un développement binaire infini, mais comme un ordinateur ne peut calculer avec une précision infinie, on se limite à un développement fini ayant la précision voulue. Ainsi, la suite (8.1) génère la suite de nombres de $[0, 1]$

$$0{,}10000_2 \qquad 0{,}00101_2 \qquad 0{,}11110_2 \qquad 0{,}01001_2 \qquad 0{,}01001_2 \qquad 0{,}11011_2.$$

Les nombres de cette suite sont

$$\begin{cases} 0{,}10000_2 = 2^{-1} = \frac{1}{2} = 0{,}5, \\ 0{,}00101_2 = 2^{-3} + 2^{-5} = 0{,}15625, \\ 0{,}11110_2 = 2^{-1} + 2^{-2} + 2^{-3} + 2^{-4} = 0{,}9375, \\ 0{,}01001_2 = 2^{-2} + 2^{-5} = 0{,}28125, \\ 0{,}01001_2 = 2^{-2} + 2^{-5} = 0{,}28125, \\ 0{,}11011_2 = 2^{-1} + 2^{-2} + 2^{-4} + 2^{-5} = 0{,}84375, \end{cases}$$

la dernière écriture étant l'écriture décimale.

Qu'est-ce qu'un bon générateur de nombres aléatoires ? À quels critères doit-il satisfaire ? Lorsqu'on lance une pièce plusieurs fois, le résultat de chaque lancer est indépendant des précédents, et chacun des deux résultats possibles a une probabilité de $\frac{1}{2}$. Cela a comme conséquence que, si on lance un grand nombre de fois, on devrait avoir PILE (noté 0) une fois sur deux à peu près et FACE (notée 1) environ une fois sur deux : c'est la *loi des grands nombres.* Si notre expérience consiste plutôt à lancer la pièce deux fois, on a quatre résultats possibles :

$$00 \quad 01 \quad 10 \quad 11.$$

Si on répète souvent cette expérience de deux lancers consécutifs, on s'attend à obtenir chaque résultat environ une fois sur quatre. De même, si l'expérience consiste à lancer la pièce trois fois, on a $2^3 = 8$ résultats possibles équiprobables :

$$000 \quad 001 \quad 010 \quad 011 \quad 100 \quad 101 \quad 110 \quad 111.$$

Dans le cas d'un générateur de nombres aléatoires, on voudrait que les mêmes propriétés soient respectées. Pour vérifier que les générateurs de nombres aléatoires que l'on construit ont bien ces propriétés, on les soumet à une batterie de tests statistiques.

Tous les générateurs de nombres pseudo-aléatoires sont des algorithmes qui génèrent des suites périodiques de nombres à partir de conditions initiales en nombre fini. Penchons-nous sur ces suites.

**Définition 8.1** *Une suite $\{a_n\}_{n\geq 0}$ est périodique s'il existe un entier $M > 0$ tel que, pour tout $n \in \mathbb{N}$, $a_n = a_{n+M}$. Le nombre $N > 0$ minimum ayant cette propriété est appelé la période de la suite. Lorsqu'on voudra mettre l'accent sur cette propriété, on pourra, à l'occasion, appeler $N$ la période minimale de la suite.*

**Lemme 8.2** *Soit $\{a_n\}_{n\in\mathbb{N}\cup\{0\}}$ une suite périodique de période minimale $N$ et soit $M \in \mathbb{N}$ tel que, pour tout $n \in \mathbb{N}$, $a_n = a_{n+M}$. Alors, $N$ divise $M$.*

PREUVE Divisons $M$ par $N$ : il existe des entiers $q$ et $r$ tels que $M = qN + r$ et $0 \leq r < N$. Montrons que, pour tout $n$, on a $a_n = a_{n+r}$.

En effet,

$$a_n = a_{n+M} = a_{n+qN+r} = a_{n+r}.$$

Comme $N$ est le plus petit entier tel que $a_n = a_{n+N}$, nécessairement $r = 0$. Donc, $N$ divise $M$. □

**Exemple 8.3** *Un générateur de nombres aléatoires très populaire est le générateur linéaire congruentiel. Il génère des nombres appartenant à* $E = \{1, \ldots, p-1\}$ *par la règle*

$$x_n = ax_{n-1} \pmod p,$$

*où* $p$ *premier et* $a$ *est une racine primitive de* $\mathbb{F}_p$, *c'est-à-dire un élément de* $E$ *tel que*

$$\begin{cases} a^k \not\equiv 1 \pmod p, & k < p-1, \\ a^{p-1} \equiv 1. \end{cases}$$

*(Rappelons que* $\mathbb{F}_p$ *(aussi appelé* $\mathbb{Z}_p$ *au chapitre 7) est l'ensemble des entiers* $\{0, \ldots, p-1\}$ *muni de l'addition et de la multiplication modulo* $p$. $\mathbb{F}_p$ *est un corps si* $p$ *est premier ; ceci signifie (voir la définition 6.1 du chapitre 6) que l'addition et la multiplication sont commutatives et associatives et ont chacune un élément neutre, que la multiplication est distributive sur l'addition, que tout élément a un inverse additif et que tout élément non nul a un inverse multiplicatif. L'existence d'un inverse multiplicatif pour tout élément non nul est la propriété qui nous intéresse : elle est démontrée à l'exercice 24 du chapitre 6, mais on peut l'admettre pour comprendre la suite.)*

*Prenons comme exemple le cas* $p = 7$. *Alors, 2 n'est pas une racine primitive, car* $2^3 = 8 \equiv 1 \pmod 7$, *mais 3 en est une, car*

$$\begin{cases} 3^2 \equiv 2 \pmod 7, \\ 3^3 \equiv 6 \pmod 7, \\ 3^4 \equiv 18 \equiv 4 \pmod 7, \\ 3^5 \equiv 12 \equiv 5 \pmod 7, \\ 3^6 \equiv 15 \equiv 1 \pmod 7. \end{cases}$$

*La preuve qu'une racine primitive* $a$ *existe toujours se trouve au théorème 7.22 du chapitre 7. (À nouveau, vous pouvez tenir ce résultat pour acquis et poursuivre votre lecture.)*

*Ce générateur produit une suite périodique de période exactement* $p-1$. *Les générateurs linéaires congruentiels sont employés dans de nombreux logiciels et, par exemple, on utilise souvent* $p = 2^{31} - 1$ *et* $a = 16\,807$, *mais ces générateurs ne sont pas jugés très fiables par les experts, car ils ne passent pas les tests statistiques (voir les exercices 2 et 4).*

D'autres critères entrent en ligne de compte, notamment des critères économiques. Dans nombre de cas, on cherche à minimiser le temps de calcul et l'espace-mémoire. On se contentera alors de générateurs de nombres aléatoires imparfaits du point de vue statistique, mais suffisants pour les buts visés.

## 8.2 Le registre à décalage

Le registre à décalage (aussi étudié au chapitre 1) est un bon générateur de nombres aléatoires. Il est constitué d'un ruban de $r$ cases contenant des entrées $a_{n-1}, \dots, a_{n-r}$, lesquelles sont des 0 ou des 1 (figure 8.1). Sur chacune de ces cases opère un $q_i \in \{0, 1\}$

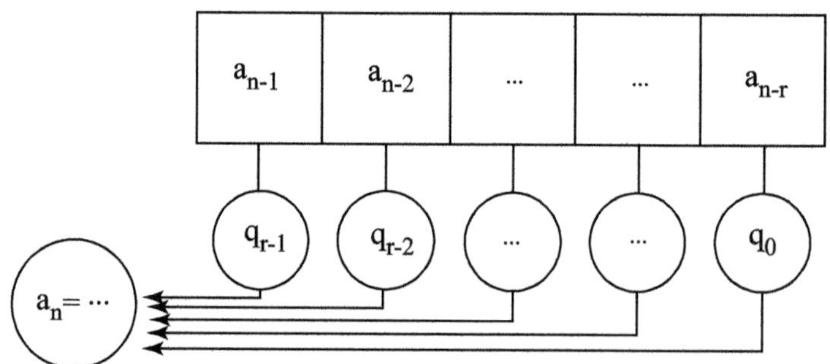


**Fig. 8.1.** Un registre à décalage

par multiplication, et les résultats sont ensuite additionnés modulo 2. Les $q_i$ sont fixés et caractérisent le générateur de nombres aléatoires. On génère une suite pseudo-aléatoire de la façon suivante.

- On se donne des nombres initiaux $a_0, \dots, a_{r-1} \in \{0, 1\}$ non tous nuls.
- Étant donné $a_{n-r}, \dots, a_{n-1}$, le registre calcule l'élément suivant comme suit :

$$a_n \equiv a_{n-r}q_0 + a_{n-r+1}q_1 + \cdots + a_{n-1}q_{r-1} = \sum_{i=0}^{r-1} a_{n-r+i}q_i \pmod 2. \tag{8.2}$$

- On décale chacune des entrées vers la droite en oubliant $a_{n-r}$. Le $a_n$ calculé occupe donc la case de gauche.
- On itère le procédé.

Dans la section 1.4 du chapitre 1, on montre que, si on choisit bien les $q_i$ et les conditions initiales $a_0, a_1, \dots, a_{r-1}$, alors on génère une suite de période $2^r - 1$. Nous reviendrons plus bas sur cette propriété pour montrer comment on choisit les $q_i$.

**Exemple 8.4** *Prenons le registre à décalage de quatre cases tel que* $(q_0, q_1, q_2, q_3) = (1, 1, 0, 0)$. *Posons les conditions initiales* $(a_0, a_1, a_2, a_3) = (0, 0, 0, 1)$. *Alors, le registre génère la suite de période 15*

$$\underbrace{000100110101111}_{15}\,0001\dots$$

*Dans ce cycle de 15 entrées,* 0 *est sorti sept fois et* 1, *huit fois. Regardons maintenant les* 15 *sous-suites possibles de deux entrées :* 00 *est sortie trois fois*

$$\begin{cases} \overbrace{00}\,0100110101111 \\ 0\,\overbrace{00}\,100110101111 \\ 0001\,\overbrace{00}\,110101111, \end{cases}$$

*et les trois autres, soit* 01, 10 *et* 11, *sont sorties exactement quatre fois. Dans le cas de la sous-suite* 10, *la quatrième occurrence est à cheval sur deux périodes :*

$$\begin{cases} 000\,\overbrace{10}\,0110101111 \\ 0001001\,\overbrace{10}\,101111 \\ 000100110\,\overbrace{10}\,1111 \\ 00010011010111\,\overbrace{1\;0}\,001\dots \end{cases}$$

*De même, nous laissons le lecteur vérifier que chaque sous-suite de trois symboles est sortie deux fois sauf* 000 *qui n'est sortie qu'une fois. Quant aux sous-suites de quatre symboles, elles sont toutes sorties exactement une fois sauf* 0000. *Pouvons-nous continuer avec des sous-suites de cinq symboles ? Non, notre registre n'a que quatre cases, si bien que chaque fois que les quatre premiers symboles sont déterminés, le cinquième et les suivants le sont aussi. Nous pouvons aussi expliquer pourquoi les sous-suites n'ayant que des 0 apparaissent moins souvent : nous ne pouvons nous permettre d'avoir une sous-suite de la forme* 0000 *parce que la règle de fonctionnement du registre à décalage forcerait tous les symboles suivants de la suite à être des zéros.*

*Cet exemple montre que ce registre a de bonnes propriétés statistiques tant qu'on ne considère pas des sous-suites trop longues (ici, on se limite à des sous-suites de quatre symboles). Ceci n'est pas un hasard, et nous le montrerons plus bas au théorème 8.13.*

*Si l'on veut pouvoir bénéficier des bonnes propriétés de ce type de registre pour des sous-suites plus longues, il faudra prendre un nombre $r$ de cases assez grand.*

Nous allons décrire le fonctionnement du registre à décalage sous une autre forme qui se prêtera à des généralisations. À un instant donné, que l'on appellera l'instant $j$, les entrées dans les cases sont $a_j, \dots, a_{j+r-1}$. Réécrivons ces entrées sous la forme $x_{j,0}, \dots, x_{j,r-1}$, où $x_{j,i} = a_{i+j}$. L'avantage de cette écriture est que l'indice $j$ indique l'instant et l'indice $i$, la case où se trouve le symbole. Appelons $\mathbf{x}_j$ le vecteur-colonne dont les entrées sont $x_{j,0}, \dots, x_{j,r-1}$, c'est-à-dire les symboles apparaissant dans les cases à l'instant $j$. Soit $A$ la matrice

$$A = \begin{pmatrix} 0 & 1 & 0 & 0 & \dots & 0 \\ 0 & 0 & 1 & 0 & \dots & 0 \\ 0 & 0 & 0 & 1 & \dots & 0 \\ \vdots & \vdots & \vdots & \vdots & \ddots & \vdots \\ 0 & 0 & 0 & 0 & \dots & 1 \\ q_0 & q_1 & q_2 & q_3 & \cdots & q_{r-1} \end{pmatrix} \tag{8.3}$$

où toutes les opérations sont effectuées modulo 2. Alors, le vecteur représentant les symboles des cases à l'instant $j+1$ est donné par

$$\mathbf{x}_{j+1} = A\mathbf{x}_j. \tag{8.4}$$

(Exercice : vérifier !)

Avant de passer à des généralisations, voyons déjà un avantage de cette nouvelle présentation. Supposons que l'on veuille passer directement de $\mathbf{x}_j$ à $\mathbf{x}_{j+k}$ sans calculer les étapes intermédiaires. On a $\mathbf{x}_{j+k} = A^k\mathbf{x}_j$. Donc, si on calcule la matrice $A^k$, on peut automatiser le calcul de $\mathbf{x}_{j+k}$ en fonction de $\mathbf{x}_j$. Le fait de pouvoir automatiser avec des calculs raisonnables le passage de $\mathbf{x}_j$ à $\mathbf{x}_{j+k}$ est une propriété recherchée dans les bons générateurs de nombres aléatoires.

**Comment calculer $A^k$ si $k$ est grand ?** En général, si on prend une matrice $A$ à coefficients réels, les coefficients de $A^k$ peuvent devenir très grands en valeur absolue. Ici, toutes les entrées de $A$ sont des éléments de $\{0,1\}$, et les opérations sont l'addition et la multiplication modulo 2. Donc, les entrées de $A^k$ sont aussi des éléments de $\{0,1\}$. Mais si $k$ est grand, il faut user d'astuce pour faire les calculs en temps raisonnable. Décomposons $k$ en base 2 :

$$k = b_0 + b_1 2 + b_2 2^2 + \cdots + b_s 2^s.$$

Alors, on pose $A_0 = A$ et on calcule

$$\begin{array}{rcl} A_1 & = & A^2, \\ A_2 & = & A^4 = A_1^2, \\ & \vdots & \\ A_s & = & A^{2^s} = A_{s-1}^2, \end{array}$$

et finalement

$$A^k = \prod_{\{i|b_i=1\}} A_i.$$

Remarquons que chacune des $A_i$ est le produit de deux matrices. Il faudra donc faire $s$ produits matriciels pour calculer toutes les matrices $A_i$. Finalement, $\prod_{\{i|b_i=1\}} A_i$ contient au plus $s+1$ facteurs. Ainsi, $A^k$ peut être calculé en au plus $2s \leq 2\log_2 k$ produits matriciels.

On voit aussi qu'on peut obtenir d'autres générateurs de nombres aléatoires en gardant l'étape de récurrence (8.4) et en permettant d'autres formes de matrice $A$.

## 8.3 Le contexte général des générateurs $\mathbb{F}_p$-linéaires

### 8.3.1 Le cas $p = 2$

Commençons par le cas $p = 2$. Le corps $\mathbb{F}_2$ est l'ensemble $\{0,1\}$ muni des opérations d'addition et de multiplication modulo 2.

**Définition 8.5** *Un générateur $\mathbb{F}_2$-linéaire est un générateur de la forme*

$$\begin{aligned} \mathbf{x}_{n+1} &= A\mathbf{x}_n, \\ \mathbf{y}_n &= \mathbf{x}_n, \\ u_n &= \sum_{i=1}^{k} y_{n,i} 2^{-i}, \end{aligned}$$

*où $A$ et $B$ sont des matrices à coefficients dans $\mathbb{F}_2$, $A$ est une matrice $r \times r$ et $B$ est une matrice $k \times r$. La matrice $A$ est la matrice de transition pour passer de $\mathbf{x}_n$ à $\mathbf{x}_{n+1}$, alors que la matrice $B$ transforme le vecteur $\mathbf{x}_n$ de longueur $r$ en un vecteur de sortie $\mathbf{y}_n$ de longueur $k$, $\mathbf{y}_n = (y_{n,1}, \ldots, y_{n,k})$, dont les entrées sont les éléments du développement en binaire d'un nombre $u_n \in [0,1]$. La dernière étape transforme le vecteur $\mathbf{y}_n$ en le nombre $u_n$.*

**Exemple 8.6** *On peut agencer le registre à décalage considéré ci-dessus avec un tel générateur. Pour cela, il faut transformer des sous-suites de longueur $k$ de la suite $a_n$, $k < r$, en éléments de $[0,1]$. Prendre des sous-suites de longueur $k$ revient à prendre la matrice $B$ dont les $k$ lignes sont les $k$ premières lignes de la matrice identité $r \times r$.*

*Après application de $B$, toutes les sous-suites de longueur $k$ deviennent des sorties. Ainsi,*

$$\mathbf{y}_n = (x_{n,0}, \ldots, x_{n,k-1}) = (a_n, \ldots, a_{n+k-1}).$$

*Revenons à l'exemple 8.4, soit le registre à décalage de quatre cases, de coefficients $(q_0, q_1, q_2, q_3) = (1,1,0,0)$, et doté des conditions initiales $(a_0, a_1, a_2, a_3) = (0,0,0,1)$, qui génère la suite 000100110101111... de période 15, et prenons $k = 2$. Alors, les sorties seront les sous-suites $(a_n, a_{n+1})$ de longueur 2 répétées selon une une période de 15, soit*

$$00 \quad 00 \quad 01 \quad 10 \quad 00 \quad 01 \quad 11 \quad 10 \quad 01 \quad 10 \quad 01 \quad 11 \quad 11 \quad 11 \quad 10.$$

*On peut maintenant transformer chacune de ces sous-suites de longueur 2, $(y_{n,1}, y_{n,2})$, en un nombre $u_n \in \{0, \frac{1}{4}, \frac{1}{2}, \frac{3}{4}\}$ tel que $u_n = \frac{y_{n,1}}{2} + \frac{y_{n,2}}{4}$. Ceci nous donne la suite de période 15 $u_0, \ldots, u_{14}$ :*

$$0 \quad 0 \quad \frac{1}{4} \quad \frac{1}{2} \quad 0 \quad \frac{1}{4} \quad \frac{3}{4} \quad \frac{1}{2} \quad \frac{1}{4} \quad \frac{1}{2} \quad \frac{1}{4} \quad \frac{3}{4} \quad \frac{3}{4} \quad \frac{3}{4} \quad \frac{1}{2}.$$

*Tout élément de $\{0, \frac{1}{4}, \frac{1}{2}, \frac{3}{4}\}$ apparaît quatre fois sauf 0 qui apparaît trois fois.*

La grande particularité des générateurs $\mathbb{F}_2$-linéaires est qu'ils sont très économiques. Par contre, si on veut améliorer leurs propriétés statistiques, il faut allonger la période, ce qui leur fait perdre leur avantage économique. Dans ce cas, on peut faire mieux. Nous allons commencer par étudier en détail les générateurs $\mathbb{F}_2$-linéaires pour ensuite les généraliser aux générateurs $\mathbb{F}_p$-linéaires. Ensuite, plutôt que de prendre des générateurs de grande période, nous obtiendrons de meilleurs générateurs en combinant plusieurs générateurs $\mathbb{F}_p$-linéaires de périodes indépendantes.

Revenons sur le registre à décalage et montrons comment sont choisis les coefficients pour que la suite générée soit de période $2^r - 1$. Quoique cela ne soit pas absolument nécessaire, il est préférable d'avoir vu la section 1.4 du chapitre 1 pour lire la preuve de ce résultat (théorème 8.9 ci-dessous). Pour mémoire, le corps $\mathbb{F}_p$ est l'ensemble $\{0, 1, \ldots, p-1\}$ muni des opérations d'addition et de multiplication modulo $p$. C'est un corps si et seulement si $p$ est premier.

**Définition 8.7** *Un polynôme*

$$Q(x) = x^r + q_{r-1}x^{r-1} + \cdots + q_1x + q_0$$

*à coefficients dans* $\mathbb{F}_p$ *est primitif s'il est irréductible et si l'ensemble des éléments non nuls de*

$$\mathbb{F}_{p^r} = \{b_0 + b_1x + \cdots + b_{r-1}x^{r-1} \mid b_i \in \mathbb{F}_p\}$$

*peut s'écrire comme*

$$\mathbb{F}_{p^r} \setminus \{0\} = \{x^i \mid i = 0, \ldots, p^r - 2\}$$

*où les puissances* $x^i$ *de* $x$ *sont prises modulo* $Q(x)$.

**Exemple 8.8** *Prenons* $p = 2$. *On va montrer que le polynôme* $Q(x) = x^3 + x + 1$ *est irréductible sur* $\mathbb{F}_2$. *En effet, supposons que* $Q(x) = Q_1(x)Q_2(x)$. *Puisque* $Q(x)$ *est de degré* 3, *soit* $Q_1(x)$ *soit* $Q_2(x)$ *est de degré* 1 *et appartient à l'ensemble* $\{x, x+1\}$. *Si* $x$ *divise* $Q(x)$, *alors on devrait avoir* $Q(0) = 0$, *ce qui n'est pas vrai. Si* $x+1$ *divise* $Q(x)$, *alors on devrait avoir* $Q(1) = 0$, *ce qui n'est pas vrai non plus. Donc, ni* $x$ *ni* $x+1$ *ne divise* $Q(x)$. *Par conséquent,* $Q(x)$ *est irréductible. Les éléments non nuls de* $\mathbb{F}_{2^3}$ *sont donnés par* $\{1, x, x+1, x^2, x^2+1, x^2+x, x^2+x+1\}$. *Vérifions que ce sont tous des puissances de* $x$. *En effet,* $Q(x) = 0$ *donne* $x^3 = x + 1$, *donc*

$$\begin{aligned}
&x^4 = x(x+1) = x^2 + x,\\
&x^5 = x(x^2+x) = x^3 + x^2 = (x+1) + x^2 = x^2 + x + 1,\\
&x^6 = x(x^2+x+1) = x^3 + x^2 + x = (x+1) + x^2 + x = x^2 + 1,\\
&x^7 = x(x^2+1) = x^3 + x = (x+1) + x = 1.
\end{aligned}$$

**Théorème 8.9** *Si les coefficients* $q_0, \ldots, q_{r-1}$ *d'un registre à décalage sont choisis tels que le polynôme*

$$Q(x) = x^r + q_{r-1}x^{r-1} + \cdots + q_1x + q_0 \tag{8.5}$$

*est primitif sur* $\mathbb{F}_2$, *alors, pour toute suite* $(a_0, \ldots, a_{r-1})$ *de conditions initiales, telle que les* $a_i$ *ne sont pas tous nuls, la suite générée par le registre est périodique de période* $2^r - 1$.

PREUVE On a vu au chapitre 6 que l'ensemble

$$\mathbb{F}_{2^r} = \{b_0 + b_1x + \cdots + b_{r-1}x^{r-1} \mid b_i \in \{0,1\}\}$$

muni de l'addition et de la multiplication modulo $Q(x)$ est un corps lorsque le polynôme $Q(x)$ est irréductible. On a aussi vu (section 1.4 du chapitre 1) que, pour la construction du corps $\mathbb{F}_{2^r}$, il est toujours possible de choisir un polynôme $Q(x)$ primitif, c'est-à-dire tel que l'ensemble des éléments non nuls s'écrit

$$\{x^i \mid i = 0, \dots, 2^r - 2\}$$

et que $x^{2^r-1} = 1$. Introduisons la fonction (linéaire) $T : \mathbb{F}_{2^r} \to \mathbb{F}_2$ définie par

$$T(b_0 + b_1x + \cdots + b_{r-1}x^{r-1}) = b_{r-1}.$$

Nous allons montrer dans le lemme 8.10 ci-dessous que, pour toute suite non nulle $(a_0, \dots, a_{r-1})$, il existe un unique $b = b_0 + b_1x + \dots b_{r-1}x^{r-1}$ tel que $a_i = T(bx^i)$, $i = 0, \dots, r-1$. La proposition 1.12 du chapitre 1 nous dit que, si $a_n$ est la suite générée par le registre à décalage avec les conditions initiales $a_i = T(bx^i)$, alors, pour tout $n$, on a $a_n = T(bx^n)$. Puisque $x^{2^r-1} = 1$, la suite $a_n$ est périodique et, pour tout $n$, $a_n = a_{n+2^r-1}$.

Mais $N = 2^r - 1$ est-il la période minimale ? Supposons qu'il existe $m < 2^r - 1$ tel que $a_n = a_{n+m}$ pour tout $n$. Alors, $a_0 = a_m, \dots, a_{r-1} = a_{r+m-1}$. D'après le lemme 8.10 ci-dessous, il existe $b'$ tel que $a_{i+m} = T(b'x^i)$, $i = 0, \dots, r-1$, et à cause de l'unicité de $b'$ dans ce même lemme, on a $b' = b$, et d'autre part, $b' = bx^m$ (cette égalité est bien sûr modulo $Q(x)$). D'où $b(x^m - 1) = 0$ et, comme $b \neq 0$, $x^m = 1$. Comme $x$ est une racine primitive, on a $x^m \neq 1$ pour $m < 2^r - 1$, d'où la contradiction. □

**Lemme 8.10** *On considère le corps*

$$\mathbb{F}_{2^r} = \{b_0 + b_1x + \cdots + b_{r-1}x^{r-1} \mid b_i \in \{0,1\}\}$$

*muni de l'addition et de la multiplication modulo $Q(x)$, où $Q(x)$ est le polynôme irréductible donné en (8.5). Alors, pour toute suite $(a_0, \dots, a_{r-1})$, il existe un unique $b = b_0 + b_1x + \dots b_{r-1}x^{r-1}$ tel que $a_i = T(bx^i)$, $i = 0, \dots, r-1$.*

PREUVE On considère le système d'équations linéaires $T(bx^i) = a_i$, $i = 0, \dots, r-1$, aux inconnues $b_0, \dots, b_{r-1}$. Regardons la première équation

$$T(b) = b_{r-1} = a_0.$$

Elle nous permet de trouver $b_{r-1}$. Maintenant,

$$\begin{aligned} bx &= (b_0 + b_1x + \cdots + b_{r-1}x^{r-1})x \\ &= b_0x + b_1x^2 + \cdots + b_{r-2}x^{r-1} + b_{r-1}(q_0 + q_1x + \dots q_{r-1}x^{r-1}). \end{aligned}$$

Ainsi $T(bx) = b_{r-2} + q_{r-1}b_{r-1} = a_1$. Comme $b_{r-1}$ est déjà connu, cela nous permet de trouver $b_{r-2}$.

On trouve ainsi tous les $b_i$. En effet, supposons que $b_{i+1}, \ldots, b_{r-1}$ aient déjà été trouvés. Considérons $bx^{r-1-i}$. Alors,

$$\begin{aligned} bx^{r-1-i} &= (b_0 + b_1x + \cdots + b_{r-1}x^{r-1})x^{r-1-i} \\ &= b_0x^{r-1-i} + b_1x^{r-i} + \cdots + b_ix^{r-1} + x^rP(x, b_{i+1}, \ldots, b_{r-1}), \end{aligned}$$

où $P(x, b_{i+1}, \ldots, b_{r-1})$ est un polynôme en $x$ dont les coefficients dépendent seulement de $b_{i+1}, \ldots, b_{r-1}$, c'est-à-dire des coefficients déjà connus. Alors,

$$T(bx^{r-1-i}) = b_i + R(b_{i+1}, \ldots b_{r-1}).$$

La formule de $R(b_{i+1}, \ldots b_{r-1})$ n'est pas simple, mais ce qui est important, c'est que cette expression ne dépend que des $b_{i+1}, \ldots, b_{r-1}$ déjà connus. Alors, on peut trouver le $b_i$ de l'équation $T(bx^{r-1-i}) = a_{r-1-i}$, et ce processus détermine uniquement le polynôme $b$. □

**Définition 8.11** *On considère un registre à décalage de $r$ cases dont les coefficients $q_0, \ldots, q_{r-1}$ et les conditions initiales sont choisis de telle sorte que la suite générée soit périodique de période $2^r - 1$. Alors, on apelle* fenêtre *une sous-suite de longueur $2^r - 1$ qui est répétée périodiquement.*

**Corollaire 8.12** *Considérons un registre à décalage de $r$ cases dont les coefficients $q_0, \ldots, q_{r-1}$ sont choisis tels que le polynôme $Q(x)$ de (8.5) est primitif sur $\mathbb{F}_2$. Alors, étant donné des conditions initiales $(a_0, \ldots, a_{r-1})$ telles que les $a_i$ ne sont pas tous nuls, toutes les sous-suites de longueur $r$ apparaissent exactement une fois dans la fenêtre de longueur $2^r - 1$, sauf la sous-suite nulle. (Dans ce contexte, on regarde la fenêtre comme une suite cyclique, en identifiant l'indice $n + 2^r - 1$ à l'indice $n$ : ceci veut dire qu'on permet aussi des sous-suites à cheval sur deux périodes.)*

Preuve Étant donné une fenêtre $a_0, \ldots a_{2^r-2}$ de longueur $2^r - 1$ représentant une période de la suite, il existe $2^r - 1$ sous-suites de longueur $r$ commençant chacune en un $a_i$ distinct. (Si $i \geq 2^r - r$, alors en utilisant la périodicité, la sous-suite de la suite initiale commençant en $a_i$ coïncide avec $a_i, \ldots, a_{2^r-2}, a_0, \ldots, a_{i-2^r+r}$.) On a exactement $2^r$ suites distinctes de longueur $r$, car on a deux choix pour chaque entrée. Parmi celles-ci, on en a exactement $2^r - 1$ dont au moins un élément est non nul. Donc, chaque sous-suite de longueur $r$ apparaîtra au moins une fois si elle apparaît au plus une fois. Supposons qu'une sous-suite de longueur $r$ apparaisse deux fois et commence en $a_i$ et en $a_j$, $0 < j - i < 2^r - 1$. Alors, comme l'état du registre est le même en $a_i$ et en $a_j$, on aura, pour tout $n \geq j$, $a_n = a_{n-j+i}$, ce qui contredit le fait que la période minimale de la suite $\{a_n\}$ est $2^r - 1$. Donc, chaque sous-suite non nulle de longueur $r$ apparaît exactement une fois dans une fenêtre de longueur $2^r - 1$. □

Le théorème suivant montre qu'un registre à décalage a de bonnes propriétés statistiques quand on considère des sous-suites de longueur $k$ telles que $k \leq r$.

**Théorème 8.13** *Considérons un registre à décalage de $r$ cases dont les coefficients $q_0, \ldots, q_{r-1}$ sont choisis tels que le polynôme $Q(x)$ de (8.5) est primitif sur $\mathbb{F}_2$. Soit $(a_0, \ldots, a_{r-1})$ une suite de conditions initiales telle que les $a_i$ ne sont pas tous nuls et soit $k \leq r$. Alors, dans une fenêtre de longueur $2^r - 1$ de la suite générée par le registre (la fenêtre étant considérée comme une suite cyclique), toute sous-suite de longueur $k$ apparaît $2^{r-k}$ fois, sauf la sous-suite nulle qui apparaît $(2^{r-k} - 1)$ fois.*

PREUVE Dans le corollaire 8.12, on a montré que toutes les sous-suites de longueur $r$ apparaissent exactement une fois, sauf la sous-suite nulle. Prenons une sous-suite $b_0, \ldots, b_{k-1}$ de longueur $k$ et considérons toutes les manières de la transformer en une sous-suite de longueur $r$ en ajoutant des symboles $b_k, \ldots, b_{r-1}$ à sa droite : il existe $2^{r-k}$ manières différentes de l'allonger, puisqu'on a deux choix pour chacun des $b_j$, $j = k, \ldots, r-1$. Si au moins un des $b_i$, $i = 0, \ldots, k-1$ est non nul, toutes ces manières d'allonger la sous-suite existent dans la suite cyclique, puisque toutes les sous-suites non identiquement nulles de longueur $r$ existent. De plus, chacune de ces $2^{r-k}$ manières apparaît exactement une fois, puisque chaque sous-suite non identiquement nulle de longueur $r$ apparaît exactement une fois. Ainsi la sous-suite $b_0, \ldots, b_{k-1}$ apparaît exactement $2^{r-k}$ fois.

Au contraire, si la sous-suite $b_0, \ldots, b_{k-1}$ est la sous-suite nulle, on doit exclure la transformation en sous-suite nulle de longueur $r$. Toutes les autres manières d'allonger la sous-suite apparaissent exactement une fois. Donc, la sous-suite nulle apparaît exactement $2^{r-k} - 1$ fois. □

### 8.3.2 Une leçon pour les jeux de hasard

Les théorèmes 8.9 et 8.13 nous offrent la clé de l'histoire du joueur appréhendé au Casino de Montréal. Le joueur en question connaissait, de par son travail, le mécanisme des générateurs de nombres aléatoires. Il savait que les algorithmes sous-jacents sont déterministes et donc, qu'un algorithme donné, pour des conditions initiales identiques, génère des suites identiques. Lors de précédentes visites, il avait remarqué que les nombres des appareils de keno sortaient, soir après soir, dans le même ordre. Il nota donc ces nombres et les joua avec le résultat décrit au début du chapitre. Mais sachant que ce problème existe, pourquoi le Casino de Montréal a-t-il accepté de réouvrir le jeu sur ces machines ? La raison officielle a été que ces machines avaient été mal programmées et que l'erreur avait été corrigée. Une autre raison (moins honorable pour le casino, mais également possible) est que les machines étaient éteintes tous les soirs par un employé, par exemple celui qui fait le ménage. Alors, au moment du redémarrage, les machines réutilisaient les *mêmes conditions initiales* $a_i$, produisant soir après soir les mêmes nombres dans le même ordre.

Cette histoire soulève en fait une autre question ! Comment peut-on changer les conditions initiales pour que les suites $a_i$ ne soient pas toujours les mêmes à chaque démarrage du programme ? Doit-on laisser les machines de keno éternellement allumées ? Et comment font les jeux vidéos ? Voici deux solutions assez communes. La première façon nécessite que l'appareil soit éteint « convenablement ». Si on l'éteint en pressant le bouton d'allumage (et non en débranchant le câble d'alimentation électrique), l'appareil enregistre, juste avant de s'éteindre, les derniers $a_i$ qu'il vient de générer sur un disque ou une carte-mémoire; ils serviront alors comme conditions initiales au prochain allumage. La deuxième solution suppose qu'une horloge soit intégrée aux circuits de l'appareil. Au démarrage, le programme demande le nombre de secondes (ou de millièmes de secondes) écoulé depuis une date fixée, disons depuis minuit le 1er janvier de l'an 2000. Les dernières décimales de ce nombre seront utilisées comme conditions initiales.

### 8.3.3 Le cas général

Ici, nous supposerons que le lecteur connaît le corps $\mathbb{F}_{p^r}$ (voir, par exemple, la section 6.5 du chapitre 6).

**Définition 8.14** *1. Soit $p$ un entier premier. Un générateur de nombres aléatoires $\mathbb{F}_p$-linéaire est un générateur de la forme*

$$a_n = q_0 a_{n-r} + q_1 a_1 + \cdots + q_{r-1} a_{n-1} \pmod{p}, \tag{8.6}$$

*où les $q_0, \ldots, q_{r-1}$ et les conditions initiales $a_0, \ldots, a_{r-1}$ sont des entiers de $\{0, 1, \ldots, p-1\}$, et les opérations sont celles de $\mathbb{F}_p$, c'est-à-dire modulo $p$.*

*2. Un générateur récursif multiple est défini par la récurrence linéaire*

$$\begin{cases} a_n = q_0 a_{n-r} + q_1 a_1 + \cdots + q_{r-1} a_{n-1} \pmod{p}, \\ u_n = \frac{a_n}{p}. \end{cases}$$

On voit que, si on prend $p = 2$, alors un générateur de nombres aléatoires $\mathbb{F}_2$-linéaire est simplement un registre à décalage. Un générateur de nombres aléatoires $\mathbb{F}_p$-linéaire génère des nombres aléatoires $a_n \in \{0, 1, \ldots, p-1\}$, alors que le générateur récursif multiple associé génère des nombres aléatoires $u_n \in [0, 1]$.

Les théorèmes 8.9 et 8.13 se généralisent à un générateur $\mathbb{F}_p$-linéaire. Dans le cas de $\mathbb{F}_2$, le fait de travailler modulo le polynôme $Q(x)$ donné en (8.5) permet d'écrire

$$x^r = q_0 + q_1 x + \cdots + q_{r-1} x^{r-1} \tag{8.7}$$

parce que $q_i = -q_i$. Comme ceci n'est plus vrai dans $\mathbb{F}_p$, il faut adapter le polynôme $Q(x)$ pour que la relation (8.7) reste valable.

**Théorème 8.15** *Si $p$ est premier et que $q_0, \ldots, q_{r-1} \in \{0, 1, \ldots, p-1\}$ sont choisis tels que le polynôme*

$$Q(x) = x^r - q_{r-1} x^{r-1} - \cdots - q_1 x - q_0$$

*est primitif sur* $\mathbb{F}_p$, *alors le générateur* $\mathbb{F}_p$*-linéaire donné en* (8.6) *génère une suite de période* $p^r - 1$.

*Si on prend une suite* $(a_0, \ldots, a_{r-1})$ *de conditions initiales, telle que les* $a_i$ *ne sont pas tous nuls, alors, dans une fenêtre de longueur* $p^r - 1$ *de la suite générée par le registre, toute sous-suite de longueur* $k$ *avec* $k \leq r$ *apparaît* $p^{r-k}$ *fois, sauf la sous-suite nulle qui apparaît* $p^{r-k} - 1$ *fois. (On considère la fenêtre comme une suite cyclique, en identifiant l'indice* $n + p^r - 1$ *à l'indice* $n$*.)*

PREUVE Comme la preuve est identique à celle des théorèmes 8.9 et 8.13, nous la laissons en exercice. □

En pratique, on travaille souvent avec des générateurs $\mathbb{F}_p$-linéaires dans lesquels le polynôme $Q(x)$ n'a que deux coefficients $q_i$ non nuls, soit $q_0$ et $q_s$, $0 < s \leq r - 1$. Ceci rend les calculs très simples.

**Exemple 8.16** *On considère* $p = 3$ *et le polynôme* $Q(x) = x^4 - x - 1$. *Nous allons admettre que ce polynôme est primitif et laisser les détails pour l'exercice 10. Si l'on prend les conditions initiales* $(a_0, a_1, a_2, a_3) = (0, 0, 0, 1)$, *alors la suite* $\{a_n\}$ *engendrée par le générateur* $\mathbb{F}_3$*-linéaire associé est de période* $3^4 - 1 = 80$, *et la fenêtre de longueur* 80 *qui est répétée est :*

$$\begin{array}{l} 0\,0\,0\,1\,0\,0\,1\,1\,0\,1\,2\,1\,1\,0\,0\,2\,1\,0\,2\,0\,1\,2\,2\,1\,0\,1\,0\,1\,1\,1\,1\,2\,2\,2\,0\,1\,1\,2\,1\,2 \\ 0\,0\,0\,2\,0\,0\,2\,2\,0\,2\,1\,2\,2\,0\,0\,1\,2\,0\,1\,0\,2\,1\,1\,2\,0\,2\,0\,2\,2\,2\,2\,1\,1\,1\,0\,2\,2\,1\,2\,1. \end{array} \tag{8.8}$$

*On peut vérifier les bonnes propriétés statistiques de cette suite. En effet,* 1 *et* 2 *apparaissent chacun 27 fois, alors que* 0 *apparaît* 26 *fois. Toutes les sous-suites de longueur* 2 *apparaissent chacune neuf fois, sauf* 00 *qui apparaît huit fois. Toutes les sous-suites de longueur* 3 *apparaissent chacune trois fois sauf* 000 *qui apparaît deux fois. Toutes les sous-suites de longueur* 4 *apparaissent chacune une fois, sauf* 0000.

## 8.4 Générateur récursif multiple combiné

Les générateurs $\mathbb{F}_p$-linéaires qui n'ont que deux coefficients non nuls, $q_0$ et $q_s$, $0 < s \leq r-1$, conduisent à des calculs très simples. Par contre, ils ne se comportent pas très bien statistiquement. Pour pallier cet inconvénient, on combine plusieurs générateurs de ce type caractérisés par des entiers premiers $p$ distincts et des polynômes $Q(x)$ distincts, mais de même degré.

**Définition 8.17** *On considère* $m$ *récurrences linéaires*

$$a_{n,j} = q_{0,j} a_{n-r,j} + q_{1,j} a_{n-r+1,j} + \cdots + q_{r-1,j} a_{n-1,j} \pmod{p_j},$$

$j = 1, \ldots m$, *satisfaisant aux hypothèses du théorème 8.15, où les* $p_j$ *sont des entiers premiers distincts. La fonction « sortie » transforme les vecteurs* $(a_{n,1}, \ldots, a_{n,m})$ *en nombres réels de* $[0, 1]$ *par la formule*

$$u_n = \left\{ \sum_{j=1}^{m} \frac{\delta_j a_{n,j}}{p_j} \right\},$$

*dans laquelle les $\delta_j$ sont des entiers arbitraires relativement premiers avec les $p_j$. Ici, $\{x\}$ représente la partie fractionnaire d'un nombre réel $x$, c'est-à-dire le nombre*

$$\{x\} = x - [x],$$

*où $[x]$ est la partie entière de $x$. Ce générateur de nombres aléatoires qui produit la suite $u_n$ est appelé générateur récursif multiple combiné.*

**Remarque** Dans la littérature, on trouve aussi la notation $x \pmod 1$ au lieu de $\{x\}$. Même si $x$ et $\{x\}$ ne sont pas des entiers, ceci est en accord avec la définition selon laquelle deux nombres $a$ et $b$ sont congrus modulo un entier $n$ si leur différence $a-b$ est de la forme $mn$ pour un entier $m \in \mathbb{Z}$.

**Exemple 8.18** *Nous considérons un générateur récursif multiple combiné tel que $r = 3$, $m = 2$, $p_1 = 3$, $p_2 = 2$ et $\delta_1 = \delta_2 = 1$. Nous laissons le lecteur vérifier que le polynôme $Q_1(x) = x^3 - x - 2$ est primitif sur $\mathbb{F}_3$. Alors, la première récurrence linéaire associée, sous les conditions initiales 001, génère la suite $\{a_n\}$ de période 26 dans laquelle la fenêtre suivante est répétée :*

$$00101211201110020212210222.$$

*La deuxième récurrence linéaire est celle qui est associée au polynôme $Q_2(x) = x^3 - x - 1$, lequel est primitif sur $\mathbb{F}_2$, comme l'a montré l'exemple 8.8. Alors, la récurrence linéaire associée, sous les conditions initiales 001 génère la suite $\{a'_n\}$ de période 7 dans laquelle la fenêtre suivante est répétée :*

$$0010111.$$

*Le générateur combiné a donc comme période $7 \times 26 = 182$. Nous présentons ses sorties par blocs de trois lignes : la première ligne de chaque bloc représente une période de la première récurrence linéaire. La deuxième ligne représente la suite correspondante $a'_n$ : des traits verticaux séparent les différentes fenêtres répétant la période. La troisième ligne représente les sorties $\frac{a_n}{3} + \frac{a'_n}{2}$. Toutes ces sorties ont été écrites en multiples de $\frac{1}{6}$ pour mettre en évidence le fait que les numérateurs forment une suite de nombres aléatoires de $\{0, 1, \ldots, 5\}$. Ainsi, le premier bloc représente $n = 0, \ldots, 25$, le second $n = 26, \ldots, 51$, etc.*

*On voit que, si les nombres $p_i$ sont petits, la régularité des sorties des différents nombres ou sous-suites n'apparaît pas aussi rapidement que dans les récurrences $\mathbb{F}_p$-linéaires.*

$$
\begin{array}{cccccccccccccccccccccccccc}
0 & 0 & 1 & 0 & 1 & 2 & 1 & \vert\,1 & 2 & 0 & 1 & 1 & 1 & 0 & \vert\,0 & 2 & 0 & 2 & 1 & 2 & 2 & \vert\,1 & 0 & 2 & 2 & 2 \\
0 & 0 & 1 & 0 & 1 & 1 & 1 & \vert\,0 & 0 & 1 & 0 & 1 & 1 & 1 & \vert\,0 & 0 & 1 & 0 & 1 & 1 & 1 & \vert\,0 & 0 & 1 & 0 & 1 \\
0 & 0 & \frac{5}{6} & 0 & \frac{5}{6} & \frac{1}{6} & \frac{5}{6} & \vert\,\frac{2}{6} & \frac{4}{6} & \frac{3}{6} & \frac{2}{6} & \frac{5}{6} & \frac{5}{6} & \frac{3}{6} & \vert\,0 & \frac{4}{6} & \frac{3}{6} & \frac{4}{6} & \frac{5}{6} & \frac{1}{6} & \frac{1}{6} & \vert\,\frac{2}{6} & 0 & \frac{1}{6} & \frac{4}{6} & \frac{1}{6} \\
0 & 0 & \vert\,1 & 0 & 1 & 2 & 1 & 1 & 2 & \vert\,0 & 1 & 1 & 1 & 0 & 0 & 2 & \vert\,0 & 2 & 1 & 2 & 2 & 1 & 0 & \vert\,2 & 2 & 2 \\
1 & 1 & \vert\,0 & 0 & 1 & 0 & 1 & 1 & 1 & \vert\,0 & 0 & 1 & 0 & 1 & 1 & 1 & \vert\,0 & 0 & 1 & 0 & 1 & 1 & 1 & \vert\,0 & 0 & 1 \\
\frac{3}{6} & \frac{3}{6} & \vert\,\frac{2}{6} & 0 & \frac{5}{6} & \frac{4}{6} & \frac{5}{6} & \frac{5}{6} & \frac{1}{6} & \vert\,0 & \frac{2}{6} & \frac{5}{6} & \frac{2}{6} & \frac{3}{6} & \frac{3}{6} & \frac{1}{6} & \vert\,0 & \frac{4}{6} & \frac{5}{6} & \frac{4}{6} & \frac{1}{6} & \frac{5}{6} & \frac{3}{6} & \vert\,\frac{4}{6} & \frac{4}{6} & \frac{1}{6} \\
0 & 0 & 1 & 0 & \vert\,1 & 2 & 1 & 1 & 2 & 0 & 1 & \vert\,1 & 1 & 0 & 0 & 2 & 0 & 2 & \vert\,1 & 2 & 2 & 1 & 0 & 2 & 2 & \vert\,2 \\
0 & 1 & 1 & 1 & \vert\,0 & 0 & 1 & 0 & 1 & 1 & 1 & \vert\,0 & 0 & 1 & 0 & 1 & 1 & 1 & \vert\,0 & 0 & 1 & 0 & 1 & 1 & 1 & \vert\,0 \\
0 & \frac{3}{6} & \frac{5}{6} & \frac{3}{6} & \vert\,\frac{2}{6} & \frac{4}{6} & \frac{5}{6} & \frac{2}{6} & \frac{1}{6} & \frac{3}{6} & \frac{5}{6} & \vert\,\frac{2}{6} & \frac{2}{6} & \frac{3}{6} & 0 & \frac{1}{6} & \frac{3}{6} & \frac{1}{6} & \vert\,\frac{2}{6} & \frac{4}{6} & \frac{1}{6} & \frac{2}{6} & \frac{3}{6} & \frac{1}{6} & \frac{1}{6} & \vert\,\frac{4}{6} \\
0 & 0 & 1 & 0 & 1 & 2 & \vert\,1 & 1 & 2 & 0 & 1 & 1 & 1 & \vert\,0 & 0 & 2 & 0 & 2 & 1 & 2 & \vert\,2 & 1 & 0 & 2 & 2 & 2 \\
0 & 1 & 0 & 1 & 1 & 1 & \vert\,0 & 0 & 1 & 0 & 1 & 1 & 1 & \vert\,0 & 0 & 1 & 0 & 1 & 1 & 1 & \vert\,0 & 0 & 1 & 0 & 1 & 1 \\
0 & \frac{3}{6} & \frac{2}{6} & \frac{3}{6} & \frac{5}{6} & \frac{1}{6} & \vert\,\frac{2}{6} & \frac{2}{6} & \frac{1}{6} & 0 & \frac{5}{6} & \frac{5}{6} & \frac{5}{6} & \vert\,0 & 0 & \frac{1}{6} & 0 & \frac{1}{6} & \frac{5}{6} & \frac{1}{6} & \vert\,\frac{4}{6} & \frac{2}{6} & \frac{3}{6} & \frac{4}{6} & \frac{1}{6} & \frac{1}{6} \\
0 & \vert\,0 & 1 & 0 & 1 & 2 & 1 & 1 & \vert\,2 & 0 & 1 & 1 & 1 & 0 & 0 & \vert\,2 & 0 & 2 & 1 & 2 & 2 & 1 & \vert\,0 & 2 & 2 & 2 \\
1 & \vert\,0 & 0 & 1 & 0 & 1 & 1 & 1 & \vert\,0 & 0 & 1 & 0 & 1 & 1 & 1 & \vert\,0 & 0 & 1 & 0 & 1 & 1 & 1 & \vert\,0 & 0 & 1 & 0 \\
\frac{3}{6} & \vert\,0 & \frac{2}{6} & \frac{3}{6} & \frac{2}{6} & \frac{1}{6} & \frac{5}{6} & \frac{5}{6} & \vert\,\frac{4}{6} & 0 & \frac{5}{6} & \frac{2}{6} & \frac{5}{6} & \frac{3}{6} & \frac{3}{6} & \vert\,\frac{4}{6} & 0 & \frac{1}{6} & \frac{2}{6} & \frac{1}{6} & \frac{1}{6} & \frac{5}{6} & \vert\,0 & \frac{4}{6} & \frac{1}{6} & \frac{4}{6} \\
0 & 0 & 1 & \vert\,0 & 1 & 2 & 1 & 1 & 2 & 0 & \vert\,1 & 1 & 1 & 0 & 0 & 2 & 0 & \vert\,2 & 1 & 2 & 2 & 1 & 0 & 2 & \vert\,2 & 2 \\
1 & 1 & 1 & \vert\,0 & 0 & 1 & 0 & 1 & 1 & 1 & \vert\,0 & 0 & 1 & 0 & 1 & 1 & 1 & \vert\,0 & 0 & 1 & 0 & 1 & 1 & 1 & \vert\,0 & 0 \\
\frac{3}{6} & \frac{3}{6} & \frac{5}{6} & \vert\,0 & \frac{2}{6} & \frac{1}{6} & \frac{2}{6} & \frac{5}{6} & \frac{1}{6} & \frac{3}{6} & \vert\,\frac{2}{6} & \frac{2}{6} & \frac{5}{6} & 0 & \frac{3}{6} & \frac{1}{6} & \frac{3}{6} & \vert\,\frac{4}{6} & \frac{2}{6} & \frac{1}{6} & \frac{4}{6} & \frac{5}{6} & \frac{3}{6} & \frac{1}{6} & \vert\,\frac{4}{6} & \frac{4}{6} \\
0 & 0 & 1 & 0 & 1 & \vert\,2 & 1 & 1 & 2 & 0 & 1 & 1 & \vert\,1 & 0 & 0 & 2 & 0 & 2 & 1 & \vert\,2 & 2 & 1 & 0 & 2 & 2 & 2 \\
1 & 0 & 1 & 1 & 1 & \vert\,0 & 0 & 1 & 0 & 1 & 1 & 1 & \vert\,0 & 0 & 1 & 0 & 1 & 1 & 1 & \vert\,0 & 0 & 1 & 0 & 1 & 1 & 1 \\
\frac{3}{6} & 0 & \frac{5}{6} & \frac{3}{6} & \frac{5}{6} & \vert\,\frac{4}{6} & \frac{2}{6} & \frac{5}{6} & \frac{4}{6} & \frac{3}{6} & \frac{5}{6} & \frac{5}{6} & \vert\,\frac{2}{6} & 0 & \frac{3}{6} & \frac{4}{6} & \frac{3}{6} & \frac{1}{6} & \frac{5}{6} & \vert\,\frac{4}{6} & \frac{4}{6} & \frac{5}{6} & 0 & \frac{1}{6} & \frac{1}{6} & \frac{1}{6}
\end{array}
$$

De tels générateurs sont excellents, même si on prend $m$ aussi petit que 3. On peut se permettre de prendre la plupart des coefficients $q_{i,j}$ nuls et des coefficients non nuls relativement simples, ce qui fait que les calculs sont simples et économiques. L'article [4] donne des exemples de bons coefficients. Malgré la simplicité des calculs, comme les récurrences linéaires sont combinées, ces générateurs passent bien les tests statistiques. De plus, comme on peut choisir les coefficients pour que la période du générateur combiné soit le produit des périodes des récurrences linéaires, on peut produire des générateurs ayant de très grandes périodes sans que la période de chaque récurrence linéaire soit elle-même grande. Aussi le calcul pour passer d'un coup de $u_n$ à $u_{n+N}$ est beaucoup plus facile que dans une unique récurrence linéaire avec des coefficients compliqués.

## 8.5 Conclusion

Presque tous les langages de programmation offrent un ou des générateurs de nombres aléatoires de base. L'utilisateur n'a donc pas besoin de connaître la théorie de ces générateurs pour faire des simulations de nature probabiliste. Mais le domaine des générateurs pseudo-aléatoires est relativement récent, la recherche se poursuit, et le nombre de tests statistiques qu'un « bon » générateur doit réussir ne fait qu'augmenter.

(Voir, par exemple, [1] pour la description de tests de base pour les générateurs de nombres aléatoires.) Il n'est donc pas surprenant que certains générateurs offerts par les langages de programmation deviennent rapidement désuets. L'histoire du langage C est intéressante sur ce point. Le langage a été développé au début des années 70, et le premier manuel de Kernighan et Ritchie, les pères du langage, a paru en 1978. À cause de son grand succès, la nécessité d'un standard s'est vite fait sentir. Le processus a été ardu mais, en 1989, l'*American National Standards Institute* (ANSI) établissait une norme standardisant le langage. Dans les premières versions, la fonction `rand()` offerte par le langage avait un cycle de $2^{15}-1 = 32\,767$, une période fort courte, certainement trop courte pour l'utilisation dans les jeux de hasard. Le standard ANSI ne fixait pas la fonction `rand()` ; il se limitait à demander que le générateur produise des entiers dans l'ensemble $\{0, 1, \ldots, \texttt{RAND\_MAX}\}$ et que `RAND_MAX` soit au moins égal à 32 767. Ainsi les divers compilateurs C respectant le standard ANSI de 1989 peuvent avoir des fonctions `rand()` différentes, ou de `RAND_MAX` et de périodes différents et un même programme, compilé sur diverses machines, peut produire des résultats différents même pour des conditions initiales identiques. Les fonctions `rand()` de plusieurs compilateurs sont connues pour leurs piètres résultats, c'est-à-dire qu'elles échouent à certains tests statistiques jugés fondamentaux. Les concepteurs de ces compilateurs ne sont pas nécessairement à condamner ; cet état de fait montre plutôt que la recherche dans ce domaine est encore active.

## 8.6 Exercices

**1.** Montrer que, si on génère une suite de bits indépendants (par exemple en lançant une pièce de monnaie) et si on les regroupe par blocs de longueur $r$, lesquels représentent l'expression binaire (de gauche à droite) de nombres entiers de $S = \{0, 1, \ldots, 2^{r-1}\}$, alors chaque entier apparaît en moyenne une fois sur $2^r$.

**2.** Le générateur linéaire congruentiel génère des nombres de $E = \{1, \ldots, p-1\}$ par la règle

$$x_n = ax_{n-1} \pmod{p},$$

où $p$ premier et $a$ est tel que

$$\begin{cases} a^k \not\equiv 1 \pmod{p}, & k < p-1, \\ a^{p-1} \equiv 1. \end{cases}$$

(L'existence d'un tel $a$, appelé racine primitive de $\mathbb{F}_p$ ($\mathbb{Z}_p$), est démontrée au théorème 7.22 du chapitre 7.)

**a)** Soit $p = 11$. Trouver les racines primitives de $\mathbb{F}_{11}$ (il y en a quatre).

**b)** Montrer que, quel que soit $x_0 \in S$, ce générateur produit une suite périodique de période exactement $p-1$.

**3.** Le générateur linéaire congruentiel de l'exercice 2 génère une suite de nombres entiers uniformément distribués dans $E = \{1, \ldots, p-1\}$. Trouver une manière de transformer cette suite en une suite de 0 et de 1 de telle sorte que 0 et 1 soient équiprobables.

**4.** L'exercice suivant est destiné à montrer qu'un générateur linéaire congruentiel comme celui de l'exercice 2 n'a pas toujours de bonnes propriétés statistiques. Prenons $p = 151$, la racine primitive $a = 30$ et la condition initiale $x_0 = 1$. Voici le segment $\{x_n\}_{n=1}^{150}$ de la suite :

| | | | | | | | | | | | | | | |
|---|---|---|---|---|---|---|---|---|---|---|---|---|---|---|
| 30 | 145 | 122 | 36 | 23 | 86 | 13 | 88 | 73 | 76 | 15 | 148 | 61 | 18 | 87 |
| 43 | 82 | 44 | 112 | 38 | 83 | 74 | 106 | 9 | 119 | 97 | 41 | 22 | 56 | 19 |
| 117 | 37 | 53 | 80 | 135 | 124 | 96 | 11 | 28 | 85 | 134 | 94 | 102 | 40 | 143 |
| 62 | 48 | 81 | 14 | 118 | 67 | 47 | 51 | 20 | 147 | 31 | 24 | 116 | 7 | 59 |
| 109 | 99 | 101 | 10 | 149 | 91 | 12 | 58 | 79 | 105 | 130 | 125 | 126 | 5 | 150 |
| 121 | 6 | 29 | 115 | 128 | 65 | 138 | 63 | 78 | 75 | 136 | 3 | 90 | 133 | 64 |
| 108 | 69 | 107 | 39 | 113 | 68 | 77 | 45 | 142 | 32 | 54 | 110 | 129 | 95 | 132 |
| 34 | 114 | 98 | 71 | 16 | 27 | 55 | 140 | 123 | 66 | 17 | 57 | 49 | 111 | 8 |
| 89 | 103 | 70 | 137 | 33 | 84 | 104 | 100 | 131 | 4 | 120 | 127 | 35 | 144 | 92 |
| 42 | 52 | 50 | 141 | 2 | 60 | 139 | 93 | 72 | 46 | 21 | 26 | 25 | 146 | 1. |

On le transforme en une suite de 0 et de 1 en posant

$$y_n = \begin{cases} 0, & x_n \leq 75, \\ 1, & x_n \geq 76, \end{cases}$$

ce qui nous donne la suite :

0 1 1 0 0 1 0 1 0 1 0 1 0 0 1 0 1 0 1 0 1 0 1 0 1 1 0 0 0 0
1 0 0 1 1 1 1 0 0 1 1 1 1 0 1 0 0 1 0 1 0 0 0 0 1 0 0 1 0 0
1 1 1 0 1 1 0 0 1 1 1 1 1 0 1 1 0 0 1 1 0 1 0 1 0 1 0 1 1 0
1 0 1 0 1 0 1 0 1 0 0 1 1 1 1 0 1 1 0 0 0 0 1 1 0 0 0 0 1 0
1 1 0 1 0 1 1 1 1 0 1 1 0 1 1 0 0 0 1 0 0 1 1 0 0 0 0 0 1 0.

**a)** Quelles sont les fréquences respectives de 0 et de 1 ?
**b)** Quelles sont les fréquences respectives des différentes sous-suites de longueur 2 : 00, 01, 10, 11 ? Dans un bon générateur de nombres aléatoires, elles devraient être à peu près égales. Que pouvez-vous conclure ?
**c)** Même question pour les sous-suites de longueur 3.

**5.** On considère un registre à décalage (c'est-à-dire un générateur $\mathbb{F}_2$-linéaire) de coefficients $(q_0, q_1, q_2, q_3) = (1, 0, 0, 1)$ et les conditions initiales $(a_0, a_1, a_2, a_3) = (0, 0, 0, 1)$. Vérifier que la suite générée est périodique de période 15, mais qu'elle n'est pas celle de l'exemple 8.4.

**6.** Montrer que le polynôme $x^4+x^3+x^2+x+1$ est irréductible, mais n'est pas primitif sur $\mathbb{F}_2$. Vérifier d'autre part que, si on prend $(q_0, q_1, q_2, q_3) = (1, 1, 1, 1)$ comme coefficients d'un registre à décalage, alors aucune suite générée par le registre à décalage n'est de période 15.

**7.** On considère le registre à décalage de coefficients $(q_0, q_1, q_2, q_3, q_4) = (1, 0, 1, 0, 0)$ et conditions initiales $(a_0, a_1, a_2, a_3, a_4) = (0, 0, 0, 0, 1)$.
**a)** Vérifier que la suite générée est périodique de période 31 en énumérant explicitement $a_i$, $i = 0, \ldots, 35$ (s'assurer que $a_0 = a_{31}$, $a_1 = a_{32}$, $a_2 = a_{33}$, $a_3 = a_{34}$, $a_4 = a_{35}$).
**b)** Vérifier que 1 apparaît 16 fois sur 31.
**c)** Vérifier que chaque sous-suite de longueur 2 apparaît huit fois sur 31, sauf 00 qui apparaît sept fois sur 31.
**d)** Vérifier que chaque sous-suite de longueur 3 apparaît quatre fois sur 31, sauf 000 qui apparaît trois fois sur 31.
**e)** Vérifier que chaque sous-suite de longueur quatre apparaît deux fois sur 31, sauf 0000 qui apparaît une fois sur 31.
**f)** Vérifier que chaque sous-suite de longueur 5 apparaît une fois sur 31, sauf 00000. En déduire qu'on aurait pu prendre n'importe quelle sous-suite non nulle de longueur 5 comme ensemble de conditions initiales.
**g)** En déduire que, si on considère des sous-suites de longueur $k \leq r$ et si on élimine les suites qui ne contiennent que des zéros, on obtient un générateur dont toutes les sorties sont équiprobables.

**8.** Le registre de l'exercice 7 génère une suite $\{a_n\}$.
**a)** Donner la fonction qui à $a_n$ associe $a_{n+2}$. (Suggestion : utiliser la forme matricielle.)
**b)** Donner la fonction qui à $a_n$ associe $a_{n+10}$.

**9.** Trouver tous les polynômes irréductibles de degré 2 sur $\mathbb{F}_3$. Lesquels sont primitifs ?

**10.** Le but de l'exercice est de montrer que le polynôme $Q(x) = x^4 - x - 1$ est primitif sur $\mathbb{F}_3$.
**a)** Montrer que $Q(x)$ est irréductible sur $\mathbb{F}_3$. Pour cela, vous aurez besoin de l'exercice 9.
**b)** Montrer que $Q(x)$ est primitif, c'est-à-dire que $x^k \neq 1$ si $k < 80$. Pour cela, il faut calculer les puissances $x^k$ en utilisant la règle $x^4 = x + 1$. Par exemple,

$$\begin{cases} x^5 = x(x+1) = x^2 + x, \\ x^6 = x(x^2+x) = x^3 + x^2, \\ x^7 = x(x^3+x^2) = x^4 + x^3 = (x+1) + x^3 = x^3 + x + 1. \end{cases}$$

(Le calcul peut sembler fastidieux. On peut le simplifier en utilisant le fait que $x^{80} = 1$ et le lemme 8.2 qui garantit que si $x^k = 1$, $k < 80$, alors $k \mid 80$. Ceci permet de se limiter à calculer $x^k$ pour $k$, un diviseur de 80.)

**11.** Choisir un polynôme primitif de degré 2 sur $\mathbb{F}_3$ et utiliser ses coefficients pour construire le générateur $\mathbb{F}_3$-linéaire associé.

**a)** Construire la suite de nombres aléatoires produite par ce générateur.

**b)** Combien y a-t-il d'occurrences de 0, de 1 et de 2 dans une période ?

**c)** Vérifier que chaque sous-suite de longueur 2 apparaît exactement une fois, sauf 00.

**12.** Choisir un polynôme primitif de degré 3 sur $\mathbb{F}_3$ et utiliser ses coefficients pour construire un générateur $\mathbb{F}_3$-linéaire associé.

**a)** Construire la suite de nombres aléatoires produite par ce générateur.

**b)** Combien y a-t-il d'occurrences de 0, de 1 et de 2 dans une période ?

**c)** Vérifier que chaque sous-suite de longueur 2 apparaît exactement trois fois, sauf 00 qui apparaît deux fois.

**d)** Vérifier que chaque sous-suite de longueur 3 apparaît exactement une fois, sauf 000.

**13.** Choisir un polynôme primitif $Q_1$ de degré 2 sur $\mathbb{F}_2$ et le générateur $\mathbb{F}_2$-linéaire associé. Choisir un polynôme primitif $Q_2$ de degré 2 sur $\mathbb{F}_3$ et le générateur $\mathbb{F}_3$-linéaire associé.

**a)** Quelle est la période du générateur récursif multiple combiné qu'on obtient en prenant $\delta_1 = \delta_2 = 1$ ?

**b)** Choisir des conditions initiales et écrire la suite des sorties pendant une période.

**14.** Imaginer des générateurs de nombres aléatoires qui simulent le lancer d'un dé. Vous voulez donc générer de manière équiprobable des nombres de l'ensemble $\{1, \ldots, 6\}$.

**15.** Lorsqu'on fait des simulations, on utilise souvent des suites de nombres aléatoires qui obéissent à une loi de probabilité donnée. Ainsi nous avons donné des générateurs de nombres aléatoires de $[0,1]$ qui obéissent à une loi uniforme $U[0,1]$ sur $[0,1]$. Montrer comment combiner un tel générateur avec une transformation affine pour générer des nombres aléatoires qui obéissent à une loi uniforme $U[a,b]$ sur un intervalle $[a,b]$.

Note : la fonction de densité d'une variable aléatoire uniforme sur $[a,b]$ est donnée par

$$f(x) = \begin{cases} \frac{1}{b-a}, & x \in [a,b], \\ 0, & x \notin [a,b]. \end{cases}$$

**16.** Lorsqu'on veut générer des nombres aléatoires obéissant à une loi de probabilité plus générale, on doit considérer la fonction de répartition : si $X$ est une variable aléatoire, alors sa fonction de répartition est donnée par

$$F_X(x) = \text{Prob}(X \leq x).$$

**a)** Montrer que, si $X$ est une variable aléatoire uniforme sur $[0,1]$ (on écrit $X \sim U[0,1]$), de fonction de densité

$$f(x) = \begin{cases} 1, & x \in [0,1], \\ 0, & x \notin [0,1], \end{cases}$$

sa fonction de répartition est donnée par

$$F_X(x) = \begin{cases} 0, & x < 0, \\ x, & x \in [0,1], \\ 1, & x > 1. \end{cases}$$

**b)** Soit $X \sim U[0,1]$ et $g : [0,1] \to \mathbb{R}$ une fonction strictement croissante. On considère la variable aléatoire $Y = g(X)$. Montrer que sa fonction de répartition est donnée par

$$F_Y(y) = F_X(g^{-1}(y))$$

(où $g^{-1}$ dénote la fonction inverse de $g$ satisfaisant à $g^{-1}(g(x)) = x$).
**c)** Calculer la fonction de répartition d'une variable aléatoire $Y$ qui suit une loi exponentielle de paramètre $\lambda$ pour laquelle la fonction de densité est donnée par

$$f_Y(y) = \begin{cases} 0, & y < 0, \\ \lambda e^{-\lambda y}, & y \geq 0. \end{cases}$$

**d)** Quelle fonction $g$ doit-on prendre pour que, si $X \sim U[0,1]$, alors $Y = g(X)$ suive une loi exponentielle de paramètre $\lambda$ ? Expliquer comment on pourrait s'y prendre en pratique pour générer une suite de nombres aléatoires obéissant à une loi de probabilité exponentielle de paramètre $\lambda$.

**17.** Au bridge, 52 cartes sont distribuées entre quatre joueurs $A, B, C, D$.
**a)** Expliquez pourquoi il y a $\frac{52!}{(13!)^4}$ façons de distribuer les cartes. (Au bridge, les joueurs sont numérotés de 1 à 4 suivant l'ordre dans lequel ils sont appelés à annoncer. L'ordre dans lequel se jouent les cartes est différent et dépend des annonces. Deux parties pour lesquelles on a les quatre mêmes mains attribuées à des joueurs différents sont considérées comme différentes.)
**b)** Combien y a-t-il de secondes en un an ? Déterminer combien d'années sont requises pour jouer toutes les parties de bridge possibles si on complète une partie toutes les secondes.
**c)** On voit donc qu'il est impossible d'explorer toutes les parties de bridge possibles. Cela signifie-t-il qu'il est impossible de faire des statistiques sur les parties possibles ? Les statistiques permettent de tirer des conclusions sur l'ensemble d'une population (ici, la population des parties de bridge) à partir de l'analyse d'un échantillon, à condition que l'échantillon soit représentatif. Une manière de bâtir un échantillon représentatif serait de numéroter les cartes de 1 à 52. Pour choisir les cartes du premier joueur, on demanderait à l'ordinateur de choisir un nombre parmi 52, puis un nombre parmi 51 (le numéro choisi correspondant à

l'ordre de la carte parmi les cartes restantes et non au numéro de la deuxième carte choisie) ... jusqu'à la dernière carte du premier joueur, qui serait choisie par tirage au hasard d'un nombre parmi 40. On choisirait ensuite de la même manière les cartes du deuxième joueur, puis du troisième. Le quatrième joueur recevrait les cartes restantes. Pour générer une deuxième partie, on ferait exécuter le même algorithme une deuxième fois. Donner des conditions sur les différents générateurs de nombres aléatoires pour que toutes les parties aient la même probabilité d'être générées.

**d)** Nous avons vu qu'il ne suffit pas que tous les événements (ici, les parties) aient la même probabilité d'être générés. Il faut aussi que toutes les sous-suites de $k$ événements aient la même probabilité d'être générées. Comme ce genre de question est trop difficile à trancher à cause de la taille de l'ensemble des suites de $k$ parties, on peut faire des tests statistiques partiels. Par exemple, quelle est la probabilité qu'une main de bridge contienne les quatre as ? On peut ensuite générer 1000 parties et vérifier si le nombre de parties dans lesquelles une main de bridge contient les quatre as se rapproche de la probabilité calculée.

**e)** Calculer la probabilité de deux autres événements pas trop rares que vous pourriez utiliser pour faire un test statistique.

# Références


[1] Knuth, Donald. *The Art of Computer Programming, Volume 2 : Seminumerical Algorithms*, Third Edition, Reading, Massachusetts, Menlo Park, California, London, Don Mills, Ontario, Addison-Wesley, 1997, 624 p.

[2] L'Ecuyer P., « Random numbers », dans *The International Encyclopedia of the Social and Behavioral Sciences*, N. J. Smelser et Paul B. Baltes Eds., Pergamon, Oxford, 2002, p. 12735–12738.

[3] L'Ecuyer P. et Panneton F., « Fast random number generators based on linear recurrences modulo 2 : overview and comparison », *Proceedings of the 2005 Winter Simulation Conference*, p. 110–119.

[4] L'Ecuyer P., « Good parameters and implementations for combined multiple recursive random number generators », *Operations Research*, vol. 47, 1999, p. 159–164.

# 9

# Google et l'algorithme PageRank

*Les trois premières sections de ce chapitre font appel à l'algèbre linéaire (diagonalisation, valeurs et vecteurs propres) et aux probabilités élémentaires (y compris l'indépendance d'événements et la probabilité conditionnelle). Elles constituent la partie élémentaire de ce chapitre, peuvent être couvertes en trois heures et donnent une fort bonne idée de l'algorithme PageRank. La section 9.4 constitue la partie avancée ; elle requiert une connaissance de base de l'analyse réelle (point d'accumulation, convergence d'une suite) et peut être couverte en une ou deux heures supplémentaires.*

## 9.1 Les moteurs de recherche

Dans le monde numérique, les nouveaux besoins sont habituellement rapidement comblés par de nouveaux produits ou de nouveaux algorithmes. Ceux qui utilisent la grande Toile (*World Wide Web*) depuis quelques années, disons depuis 1998, se rappelleront sans doute avoir utilisé les moteurs de recherche proposés par les compagnies AltaVista et Yahoo. Maintenant, ces mêmes personnes utilisent probablement le moteur de recherche de la compagnie Google. Parmi les moteurs de recherche tout usage de la Toile, la suprématie présente de Google s'est établie en quelques mois. Google l'a gagnée grâce à un des algorithmes qu'elle utilise pour ordonner les pages trouvées par son moteur de recherche ; il s'agit de l'algorithme PageRank. Le but du présent chapitre est de décrire cet algorithme et les mathématiques sur lesquelles il repose, les chaînes de Markov.

L'utilisation d'un moteur de recherche est simple. Quelqu'un, assis à un ordinateur relié à la Toile, désire connaître les meilleures sources d'information sur un sujet particulier. Supposons, à titre d'exemple, qu'il cherche à connaître la quantité de neige que reçoit Montréal annuellement. Il choisit d'interroger le moteur de Google[1] à l'aide des

[1]L'adresse de la page de Google est `www.google.com`, ou encore `www.google.ca` et `www.google.fr`.

**Fig. 9.1.** Une recherche sur Google menée à partir des mots *précipitation*, *neige*, *montréal* et *siècle*

mots *précipitation neige montréal siècle.* (Seul le dernier mot semble un peu étrange. Mais l'utilisateur choisit d'ajouter ce mot afin d'obtenir des statistiques sur une plus longue période.) Le moteur répond à l'aide d'une première page de suggestions (voir la figure 9.1). La barre horizontale supérieure indique que la recherche s'est faite en un peu moins d'un dixième de seconde et que Google a trouvé 323 pages qui pourraient être pertinentes. La première provient du Service des travaux publics et de l'environnement de la Ville de Montréal, et on y trouve des statistiques de base sur les précipitations de neige à Montréal. (Le record depuis que des statistiques sont enregistrées peut y être lu : 353,3 cm durant l'hiver 1946-1947. Mais, réjouissez-vous, on y apprend que la moyenne des dix dernières années n'est que de 206,7 cm.) La première suggestion de Google a donc bien des chances de répondre à la question de l'utilisateur. Qu'en est-il des autres suggestions ? La dernière, c'est-à-dire la 323e, mène au téléchargement de notes de cours conçues par l'Académie canadienne de la Défense et intitulées *Qualification intermédiaire en leadership.* Ce texte est bien loin des intérêts de l'utilisateur, car il ne parle pas du tout des précipitations sur Montréal. Mais ce cours de quelque 240 pages contient effectivement les mots *neige*, *montréal* et *siècle.*

Cette anecdote enseigne un élément important[2] : Google parvient à ordonner les pages qu'il propose en mettant en premier celles qui sont les plus susceptibles de répondre aux désirs de l'utilisateur. La recherche serait fort fastidieuse si il devait regarder les quelque 300 pages pour y trouver ce qu'il cherche. Les mots proposés par l'utilisateur auront évidemment un impact sur les pages que Google trouvera. Mais comment un ordinateur peut-il deviner les désirs ou l'ordre de préférence des utilisateurs ?

Les outils de recherche automatisée datent déjà de quelques décennies. On pensera aux catalogues de bibliothèques, aux registres gouvernementaux (des naissances, mariages, décès, du fisc, de l'assurance maladie...) ou encore aux bases de données professionnelles (de la jurisprudence pour les professions juridiques, des maladies, médicaments et procédures médicales pour les professions de la santé...). Ces sources d'information ont quelques points en commun. Tout d'abord, l'information qui y est rassemblée est bien circonscrite. Tous les livres d'une bibliothèque ont un titre, un ou des auteurs, une maison d'édition, une date de parution, etc. L'*uniformité* des informations à organiser est donc utile, tant pour la classification que pour la recherche. La *qualité* de la présentation est aussi une caractéristique commune. Habituellement, les fiches signalétiques des livres sont créées par des professionnels, les bibliothécaires, et le taux d'erreur est très faible. Et si une erreur est détectée, elle peut être aisément corrigée. L'*uniformité* des utilisateurs et de leurs besoins est aussi un avantage. Le but des catalogues de bibliothèques est avant tout le repérage des documents disponibles. Bien que

[2]Cet exemple nous enseigne autre chose. Si le lecteur refait aujourd'hui la recherche à partir des quatre mêmes mots, le résultat sera fort probablement différent. La première page reproduite à la figure 9.1 n'existe plus au moment d'écrire ces lignes, et le nombre de pages trouvées sera sans doute plus grand. Il faut donc conclure que la Toile est un univers changeant constamment.

les mots techniques abondent en médecine, tous les médecins, infirmiers et professionnels de la santé les connaissent. Tous pourront donc fouiller dans les bases de données efficacement. Le *rythme de progression* de la base de données est, pour tous ces exemples, relativement lent. Dans une bibliothèque, peu de livres disparaissent chaque année, et les ajouts dépassent rarement 10 % de la collection en place. Ajoutons à cela que le titre des livres, leur cote, leurs auteurs, etc., ne changent pas ! La mise à jour de la base de données peut donc être faite par des humains. Enfin, un *consensus* peut être facilement établi sur la qualité de l'information à répertorier. Dans tous les départements d'université, un comité est chargé de recommander les achats des bibliothèques qui les desservent. De plus, les professeurs aiguilleront leurs étudiants vers les meilleurs livres pour leurs cours.

Aucune de ces caractéristiques n'existe sur la Toile. Les pages qui s'y côtoient ont les fonctions les plus diverses : information technique ou professionnelle, promotionnelle, commerciale, culturelle, etc. La qualité va du *nec plus ultra* à la médiocrité absolue : on peut s'attendre à beaucoup de fautes d'orthographe et à des erreurs dans les informations mêmes qui sont disponibles (que ces erreurs soient volontaires ou non). Les utilisateurs sont aussi nombreux que les fonctions des diverses pages qui se trouvent sur la Toile, *et* leur niveau de familiarité avec les outils de recherche est extrêmement variable. La Toile continue de se développer à un rythme effréné. Actuellement, Google catalogue des dizaines de milliards de pages. Un grand nombre apparaissent chaque jour. Et quoi de plus éphémère que les pages produites par un seul individu. Enfin, il semble illusoire d'établir un consensus sur la qualité ou l'ordre des pages étant donné leur nombre, leur diversité et celle des intérêts des centaines de millions d'utilisateurs. Les pages de la Toile n'ont rien en commun !

En fait, ceci est faux. Les pages de la Toile *ont* quelque chose en commun. Elles sont écrites dans le langage de codage HTML (*hypertext markup language*) ou dans un de ses dialectes. Et elle sont reliées l'une à l'autre de manière uniforme ; les liens entre pages sont toujours annoncés dans le code HTML par quelques symboles précédant leur adresse, c'est-à-dire leur URL (*uniform resource locator*). Ce sont précisément ces liens qu'un humain peut suivre pour se promener sur la Toile et qu'un ordinateur peut différencier du texte ou des images qui constituent les éléments importants pour les humains. En janvier 1998, quatre chercheurs de l'Université Stanford, L. Page, S. Brin, R. Motwani et T. Winograd [1], proposaient un algorithme pour ordonner les pages de la Toile. Cet algorithme, le PageRank, utilise, non pas le contenu textuel ou visuel des pages, mais la structure des liens entre elles[3].

[3]Les quatre premières lettres du nom *PageRank* réfèrent au premier auteur de ce rapport technique et non aux pages de la Toile que l'algorithme ordonne.

## 9.2 Toile et chaînes de Markov

La Toile constituée des milliards de pages[4] et des liens qui les relient peut être représentée par un graphe orienté, c'est-à-dire une collection de nœuds (les pages) reliés entre eux par des arêtes orientées (les liens). Par exemple, la figure 9.2 représente une (minuscule) toile qui ne contiendrait que cinq pages ($A$, $B$, $C$, $D$ et $E$). Les flèches tracées entre ces pages indiquent que

- le seul lien partant de la page $A$ pointe vers la page $B$ ;
- les liens de la page $B$ pointent vers les pages $A$ et $C$ ;
- les liens de la page $C$ pointent vers les pages $A$, $B$ et $E$ ;
- le seul lien de la page $D$ pointe vers la page $A$ ;
- les liens de la page $E$ pointent vers les pages $B$, $C$ et $D$.

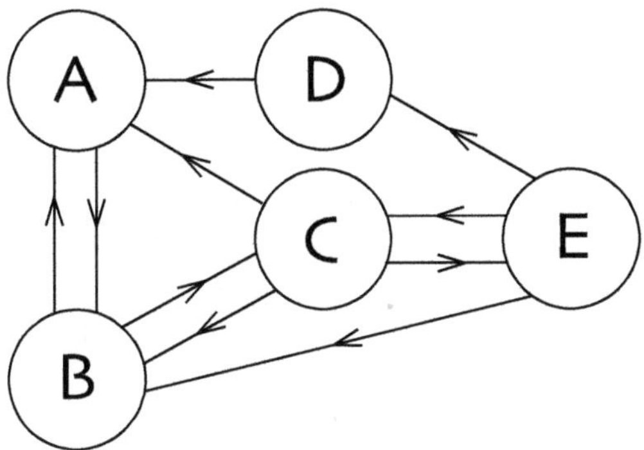


**Fig. 9.2.** Une toile de cinq pages et ses liens

Pour déterminer l'ordre à donner à chacune de ces cinq pages, nous considérerons un algorithme PageRank simplifié. Supposons qu'un promeneur impartial (ou un automate) navigue sur cette toile en cliquant sans biais sur les liens qui lui sont offerts. Lorsqu'il n'y a qu'un choix (par exemple, quand il se trouve à la page $D$), il cliquera sur le seul lien qui lui est offert (et donc, sur le lien qui mène à la page $A$). S'il se trouve à la page $C$, il choisira le lien menant à la page $A$ le tiers des fois, le lien menant à la page $B$ un autre tiers des fois et, enfin, le lien menant à la page $E$ le reste du temps. En d'autres mots, lorsqu'il est à une page donnée (par exemple, la page $C$), il choisira entre les pages qui lui sont offertes (les pages $A$, $B$ et $E$ lorsqu'il est en $C$) avec égales probabilités. Si ce promeneur est laissé à son jeu, changeant de page une fois à la minute, à quelle page sera-t-il dans une heure, dans deux jours, après un nombre très grand de sauts ? Ou, puisque

[4]Lorsque Page et ses collaborateurs publièrent leur algorithme en 1998, ils estimaient à environ 150 millions le nombre de pages et à 1,7 milliard le nombre de liens. En 2006, le nombre de pages était de l'ordre de la dizaine de milliards.

la destination de chacun de ses mouvements est déterminée de façon probabiliste, avec quelle probabilité se trouvera-t-il à une page donnée après cette longue promenade ?

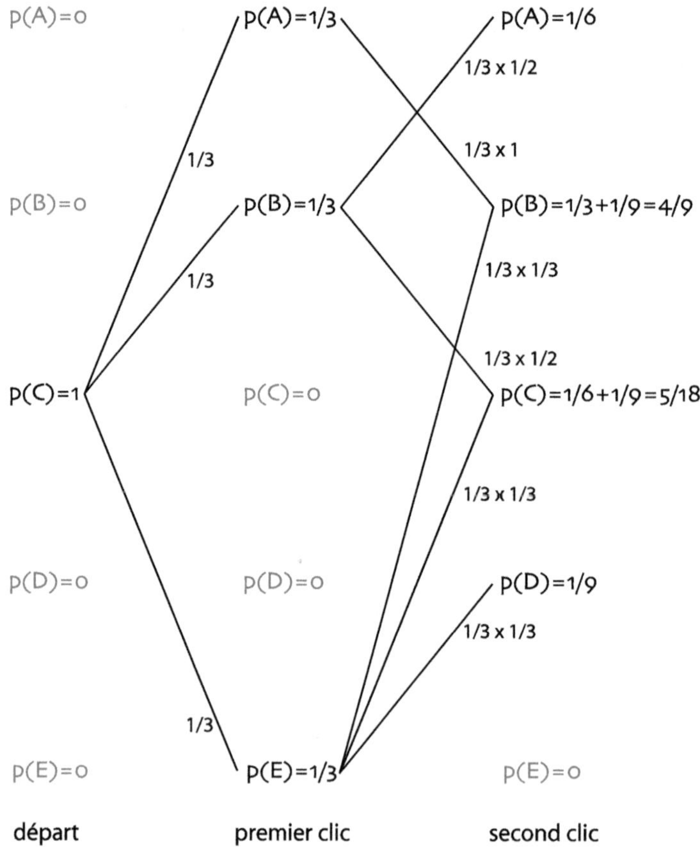


**Fig. 9.3.** Les deux premiers pas du promeneur commençant son périple à la page $C$

La figure 9.3 répond à cette question pour les deux premiers clics d'un promeneur commençant à la page $C$. Cette page offre trois liens, et le promeneur ne pourra aller qu'aux pages $A$, $B$ et $E$. Ainsi, après le premier clic, il se retrouvera à la page $A$ avec probabilité $\frac{1}{3}$, à la page $B$ avec probabilité $\frac{1}{3}$ et à la page $E$, également avec probabilité $\frac{1}{3}$. C'est ce qui est indiqué dans la colonne médiane de la figure 9.3 par les trois relations

$$p(A) = \frac{1}{3}, \qquad p(B) = \frac{1}{3}, \qquad p(E) = \frac{1}{3},$$

alors que les deux relations

$$p(C) = 0, \qquad p(D) = 0$$

indiquent qu'après le premier clic, le promeneur ne pourra pas être aux pages $C$ ou $D$, car aucun lien n'y mène de la page $C$ où il était à l'étape précédente. Chacun des trois chemins est indiqué par un trait auquel nous avons ajouté le nombre $\frac{1}{3}$ pour indiquer la probabilité de ce chemin. Et, comme il se doit,

$$p(A) + p(B) + p(C) + p(D) + p(E) = 1,$$

c'est-à-dire : le promeneur se trouve sûrement en une des cinq pages de la toile.

Le résultat de ce premier clic était simple et prévisible. Celui du second clic l'est moins. La figure 9.3 donne les trajectoires possibles du second pas. Si le promeneur était en $A$ après le premier clic, il sera assurément en $B$ après le second. En effet, il n'a qu'un choix possible à partir de $A$. Puisqu'il était en $A$ avec une probabilité de $\frac{1}{3}$, ce chemin contribuera pour $\frac{1}{3}$ à la probabilité de se retrouver en $B$ après le second clic. Mais la probabilité $p(B)$ n'est pas $\frac{1}{3}$ après ce second clic, car un autre chemin, indépendant au sens des probabilités, y mène. C'est celui qui vient de la page $E$. Si, après le premier clic, le promeneur se trouve à la page $E$, il pourra choisir, avec égales probabilités, entre les trois pages $B$, $C$ et $D$. Chacun de ces chemins contribuera pour $\frac{1}{3} \times \frac{1}{3} = \frac{1}{9}$ aux probabilités $p(B)$, $p(C)$ ou $p(D)$ de se trouver aux pages $B$, $C$ ou $D$ après le second clic. Quoique les possibilités soient plus nombreuses et les probabilités qui y sont rattachées, plus compliquées, le bilan est relativement simple. Après le second clic, le promeneur se retrouvera aux pages de la toile avec les probabilités suivantes :

$$p(A) = \frac{1}{6}, \qquad p(B) = \frac{4}{9}, \qquad p(C) = \frac{5}{18}, \qquad p(D) = \frac{1}{9}, \qquad p(E) = 0.$$

À nouveau, il est rassurant de vérifier que

$$p(A) + p(B) + p(C) + p(D) + p(E) = \frac{1}{6} + \frac{4}{9} + \frac{5}{18} + \frac{1}{9} + 0 = \frac{3+8+5+2+0}{18} = 1.$$

Ouf ! Les étapes sont claires, et peut-être pourrions-nous encore calculer les probabilités pour les quelques prochains clics. Mais il est utile de formaliser le comportement du promeneur impartial. L'outil naturel est la chaîne de Markov.

Un *processus aléatoire* $\{X_n, n = 0, 1, 2, 3 \ldots\}$ est une famille de variables aléatoires paramétrées par l'entier $n$. Nous supposerons que chacune de ces variables $X_n$ prend ses valeurs dans un ensemble $T$ fini. Dans l'exemple du promeneur, $T$ est l'ensemble des pages de la toile $T = \{A, B, C, D, E\}$. Pour chaque minute $n \in \{0, 1, 2, 3, \ldots\}$, la position du promeneur est $X_n$. Toujours dans ce vocabulaire, nous avons déterminé ci-dessus les probabilités que les variables aléatoires $X_1$ et $X_2$ prennent une des cinq valeurs possibles étant donné que le promeneur commence en $C$. Ceci est exprimé par une probabilité conditionnelle $P(I|J)$ qui est la probabilité que l'événement $I$ se produise si l'événement $J$ s'est produit. Par exemple, $P(X_1 = A|X_0 = C)$ désigne la probabilité que le promeneur se trouve à la page $A$ après le premier clic ($X_1 = A$) s'il se trouvait en $C$ au départ ($X_0 = C$). Ainsi,

$$p(X_1 = A|X_0 = C) = \frac{1}{3}, \quad p(X_1 = B|X_0 = C) = \frac{1}{3}, \quad p(X_1 = C|X_0 = C) = 0,$$
$$p(X_1 = D|X_0 = C) = 0, \quad p(X_1 = E|X_0 = C) = \frac{1}{3},$$

et

$$p(X_2 = A|X_0 = C) = \frac{1}{6}, \quad p(X_2 = B|X_0 = C) = \frac{4}{9}, \quad p(X_2 = C|X_0 = C) = \frac{5}{18},$$
$$p(X_2 = D|X_0 = C) = \frac{1}{9}, \quad p(X_2 = E|X_0 = C) = 0.$$

La marche aléatoire du promeneur impartial possède la propriété-clé définissant les chaînes de Markov. Voici tout d'abord la définition de ces chaînes.

**Définition 9.1** *Soit* $\{X_n, n = 0, 1, 2, 3, \ldots\}$ *un processus aléatoire prenant ses valeurs dans* $T = \{A, B, C, \ldots\}$. *On dit que* $\{X_n\}$ *est une chaîne de Markov si la probabilité* $p(X_n = i)$, $i \in T$, *ne dépend que de l'état* $X_{n-1}$ *à l'instant précédent et non des valeurs antérieures* $X_{n-2}, X_{n-3}, \ldots$ *Nous noterons par* $N < \infty$ *le nombre d'éléments de l'ensemble* $T$.

Dans l'exemple du promeneur impartial, les variables aléatoires sont les positions $X_n$ après le clic $n$. En refaisant mentalement les étapes du calcul donnant les probabilités des différentes valeurs de $X_1$ et $X_2$, nous constatons que, pour obtenir les probabilités après le premier clic, nous n'avons utilisé que le fait que le promeneur commençait à la page $C$ alors que, pour obtenir celles après le second clic, seules les probabilités $p(X_1 = A), p(X_1 = B), \ldots, p(X_1 = E)$ sont entrées en jeu. Cette possibilité de déterminer la probabilité de chaque état après le clic $n$ à partir des probabilités après le clic $n - 1$ est la propriété de Markov. Mais tous les processus aléatoires ne sont-ils pas des chaînes de Markov ? Certainement pas. Nous pouvons changer légèrement les règles de la marche aléatoire du promeneur pour qu'elle perde la propriété de Markov. Supposons, par exemple, que nous voulions empêcher le promeneur de retourner immédiatement aux pages d'où il vient. Par exemple, après le premier clic, le promeneur se trouve aux pages $A$, $B$ et $E$ avec égales probabilités. Il ne peut pas revenir à la page $C$ à partir de la page $A$, mais il peut le faire à partir des pages $B$ et $E$. Nous pouvons interdire au promeneur de rebrousser chemin à partir de ces pages $B$ et $E$. Ainsi, pour cette nouvelle marche, le promeneur n'aurait qu'un choix à partir de $B$ (aller à $A$), et il en aurait deux à partir de $E$ (aller à une des pages $B$ et $D$). Cette marche forçant le promeneur à éviter, si possible, les retours immédiats viole la propriété de Markov : elle a une *mémoire*. En effet, pour déterminer les probabilités $P(X_2)$, nous devons connaître non seulement les probabilités après le clic 1, mais aussi la page (ou les pages) où le promeneur impartial se trouvait avant le premier clic. Les règles que nous avons utilisées jusqu'à présent sont donc particulières au sens mathématique : une chaîne de Markov n'a pas de mémoire. Elle n'utilise que la situation présente du promeneur pour déterminer celle à l'instant suivant.

Les chaînes de Markov ont le grand avantage que leur état à tout instant $n$ peut être déterminé à l'aide de l'état initial ($p(C) = 1$ dans l'exemple de la figure 9.3) et d'une *matrice de transition* donnée par

$$p(X_n = i \mid X_{n-1} = j) = p_{ij}. \tag{9.1}$$

Une matrice $P$ représente une matrice de transition d'une chaîne de Markov si et seulement si

$$p_{ij} \in [0,1] \quad \text{pour tout } i,j \in T \qquad \text{et} \qquad \sum_{i \in T} p_{ij} = 1 \quad \text{pour tout } j \in T. \tag{9.2}$$

Pour le promeneur sur la toile, les éléments $p_{ij}, i,j \in T$, de la matrice $P$ représentent donc la probabilité de se retrouver à la page $i$ si, au clic précédent, il était à la page $j \in T$. Mais la règle impartiale que nous nous sommes donnée veut qu'il choisisse avec égales probabilités entre tous les liens que cette page lui donne. Si la page $j$ offre le choix entre $m$ liens, alors la colonne $j$ de la matrice $P$ contiendra $\frac{1}{m}$ aux lignes qui représentent les pages vers lesquelles $j$ pointent et 0 ailleurs. Il est facile d'écrire la matrice de transition pour la (minuscule) toile de la figure 9.2. La voici :

$$P = \begin{array}{c} \begin{matrix} A & B & C & D & E \end{matrix} \\ \begin{pmatrix} 0 & \frac{1}{2} & \frac{1}{3} & 1 & 0 \\ 1 & 0 & \frac{1}{3} & 0 & \frac{1}{3} \\ 0 & \frac{1}{2} & 0 & 0 & \frac{1}{3} \\ 0 & 0 & 0 & 0 & \frac{1}{3} \\ 0 & 0 & \frac{1}{3} & 0 & 0 \end{pmatrix} \end{array} \begin{matrix} A \\ B \\ C \\ D \\ E \end{matrix} \tag{9.3}$$

Les éléments non nuls d'une colonne indiquent les destinations possibles : de la page $E$, le promeneur ne peut aller qu'aux pages $B$, $C$ et $D$. Les éléments non nuls d'une ligne donnée indiquent les origines possibles. Par exemple, le fait qu'un seul élément de la ligne $D$ soit non nul indique qu'on ne peut atteindre cette page qu'en ayant visité la page $E$ auparavant.

Que veut dire la seconde contrainte de (9.2) ? Pour le comprendre, réécrivons-la à l'aide de la définition (9.1) :

$$\sum_{i \in T} p_{ij} = \sum_{i \in T} p(X_n = i \mid X_{n-1} = j) = 1,$$

qui se lit comme suit : si à l'instant $n-1$, le système est dans l'état $j$, alors la probabilité qu'il se trouve à l'instant $n$ dans un des états possibles du système est 1. Ou encore, dans l'exemple précédent, le promeneur qui se trouve sur une des pages de la toile à l'instant $n-1$ tombera certainement sur une autre page de $T$ après avoir cliqué sur un lien. C'est donc une équation assez évidente.

Cette formalisation a de grands avantages. Nous pouvons par simples multiplications matricielles reproduire l'exercice laborieux des deux premiers clics. Comme précédemment, nous supposerons le promeneur à la page $C$ au départ. Ainsi

$$p^0 = \begin{pmatrix} p(X_0 = A) \\ p(X_0 = B) \\ p(X_0 = C) \\ p(X_0 = D) \\ p(X_0 = E) \end{pmatrix} = \begin{pmatrix} 0 \\ 0 \\ 1 \\ 0 \\ 0 \end{pmatrix}.$$

Le vecteur de probabilités $p^1$ après le premier clic est simplement $p^1 = Pp^0$ et donc,

$$p^1 = \begin{pmatrix} p(X_1 = A) \\ p(X_1 = B) \\ p(X_1 = C) \\ p(X_1 = D) \\ p(X_1 = E) \end{pmatrix} = \begin{pmatrix} 0 & \frac{1}{2} & \frac{1}{3} & 1 & 0 \\ 1 & 0 & \frac{1}{3} & 0 & \frac{1}{3} \\ 0 & \frac{1}{2} & 0 & 0 & \frac{1}{3} \\ 0 & 0 & 0 & 0 & \frac{1}{3} \\ 0 & 0 & \frac{1}{3} & 0 & 0 \end{pmatrix} \begin{pmatrix} 0 \\ 0 \\ 1 \\ 0 \\ 0 \end{pmatrix} = \begin{pmatrix} \frac{1}{3} \\ \frac{1}{3} \\ 0 \\ 0 \\ \frac{1}{3} \end{pmatrix}$$

comme nous l'avions calculé. De la même façon, le second clic donnera lieu à un vecteur de probabilités $p^2$ obtenu de $p^1$ par $p^2 = Pp^1$ :

$$p^2 = \begin{pmatrix} p(X_2 = A) \\ p(X_2 = B) \\ p(X_2 = C) \\ p(X_2 = D) \\ p(X_2 = E) \end{pmatrix} = \begin{pmatrix} 0 & \frac{1}{2} & \frac{1}{3} & 1 & 0 \\ 1 & 0 & \frac{1}{3} & 0 & \frac{1}{3} \\ 0 & \frac{1}{2} & 0 & 0 & \frac{1}{3} \\ 0 & 0 & 0 & 0 & \frac{1}{3} \\ 0 & 0 & \frac{1}{3} & 0 & 0 \end{pmatrix} \begin{pmatrix} \frac{1}{3} \\ \frac{1}{3} \\ 0 \\ 0 \\ \frac{1}{3} \end{pmatrix} = \begin{pmatrix} \frac{1}{6} \\ \frac{4}{9} \\ \frac{5}{18} \\ \frac{1}{9} \\ 0 \end{pmatrix}.$$

Le calcul des probabilités après les premier et second clics indiquent comment celles après le $n$-ième sont obtenues : elles le sont récursivement par $p^n = Pp^{n-1}$, ou encore directement par

$$p^n = Pp^{n-1} = P(Pp^{n-2}) = \cdots = \underbrace{PP \cdots P}_{n \text{ fois}} p^0 = P^n p^0.$$

Les contraintes (9.2) sur les matrices de transition de $P$ ont des conséquences qui sont vraies pour toutes les chaînes de Markov et qui sont capitales pour l'algorithme PageRank.

Pour découvrir la première propriété à l'étude, nous prendrons quelques-unes des puissances de la matrice $P$ que nous venons d'introduire. Les puissances $P^4$, $P^8$, $P^{16}$ et $P^{32}$, arrondies à trois décimales près, sont :

$$P^4 = \begin{pmatrix} 0{,}333 & 0{,}296 & 0{,}204 & 0{,}167 & 0{,}420 \\ 0{,}222 & 0{,}463 & 0{,}531 & 0{,}667 & 0{,}160 \\ 0{,}389 & 0{,}111 & 0{,}160 & 0{,}000 & 0{,}370 \\ 0{,}056 & 0{,}000 & 0{,}031 & 0{,}000 & 0{,}019 \\ 0{,}000 & 0{,}130 & 0{,}074 & 0{,}167 & 0{,}031 \end{pmatrix}, \quad P^8 = \begin{pmatrix} 0{,}265 & 0{,}313 & 0{,}294 & 0{,}323 & 0{,}279 \\ 0{,}420 & 0{,}360 & 0{,}409 & 0{,}372 & 0{,}381 \\ 0{,}217 & 0{,}233 & 0{,}191 & 0{,}201 & 0{,}252 \\ 0{,}031 & 0{,}022 & 0{,}018 & 0{,}012 & 0{,}035 \\ 0{,}067 & 0{,}072 & 0{,}088 & 0{,}092 & 0{,}052 \end{pmatrix},$$

$$P^{16} = \begin{pmatrix} 0{,}294 & 0{,}291 & 0{,}293 & 0{,}291 & 0{,}294 \\ 0{,}388 & 0{,}392 & 0{,}389 & 0{,}391 & 0{,}391 \\ 0{,}220 & 0{,}219 & 0{,}221 & 0{,}221 & 0{,}218 \\ 0{,}024 & 0{,}025 & 0{,}025 & 0{,}025 & 0{,}024 \\ 0{,}074 & 0{,}073 & 0{,}072 & 0{,}072 & 0{,}074 \end{pmatrix}, \quad P^{32} = \begin{pmatrix} 0{,}293 & 0{,}293 & 0{,}293 & 0{,}293 & 0{,}293 \\ 0{,}390 & 0{,}390 & 0{,}390 & 0{,}390 & 0{,}390 \\ 0{,}220 & 0{,}220 & 0{,}220 & 0{,}220 & 0{,}220 \\ 0{,}024 & 0{,}024 & 0{,}024 & 0{,}024 & 0{,}024 \\ 0{,}073 & 0{,}073 & 0{,}073 & 0{,}073 & 0{,}073 \end{pmatrix}.$$

Nous observons donc que $P^m$ semble converger vers une matrice constante dont les colonnes sont identiques. Ceci n'est pas un hasard et se produit pour la plupart des matrices de Markov. Voici pourquoi.

**Propriété 9.2** *La matrice de transition $P$ d'une chaîne de Markov possède* 1 *parmi ses valeurs propres.*

PREUVE Rappelons que les valeurs propres d'une matrice sont toujours égales aux valeurs propres de sa transposée. Ceci vient du fait que les polynômes caractéristiques sont les mêmes :

$$\Delta_{P^t}(\lambda) = \det(\lambda I - P^t) = \det(\lambda I - P)^t = \det(\lambda I - P) = \Delta_P(\lambda).$$

Nous avons utilisé pour obtenir la troisième égalité la propriété selon laquelle le déterminant d'une matrice est le même que celui de sa transposée. Or, il est facile de trouver un vecteur propre de la matrice $P^t$. Soit le vecteur $u = (1, 1, \ldots, 1)^t$. Alors, $P^t u = u$. En effet, calculons l'élément de matrice $i$ de cette relation :

$$\begin{aligned}(P^t u)_i &= \sum_{j=1}^{n} [P^t]_{ij} u_j = \sum_{j=1}^{n} p_{ji} \cdot 1, \qquad \text{car tous les } u_j \text{ sont } 1,\\ &= 1\end{aligned}$$

d'après (9.2). □

**Propriété 9.3** *Si $\lambda$ est une valeur propre d'une matrice de transition $P$, $n \times n$, alors $|\lambda| \leq 1$. De plus, il existe un vecteur propre associé à la valeur propre $\lambda = 1$ dont toutes les composantes sont positives ou nulles.*

Cette propriété découle d'un théorème attribué à Frobenius. Quoique sa preuve ne repose que sur des éléments d'algèbre linéaire et d'analyse élémentaire, elle n'est pas simple. Nous l'avons reporté à la section 9.4

**Hypothèses** Nous ferons, pour la suite, trois hypothèses.

*(i)* Tout d'abord, nous supposerons qu'il n'y a qu'une valeur propre telle que $|\lambda| = 1$ et que, selon la propriété 9.2, cette valeur propre est donc 1.

*(ii)* Nous supposerons également que cette valeur propre n'est pas dégénérée, c'est-à-dire que le sous-espace propre associé est de dimension 1.

*(iii)* Enfin, nous tiendrons pour acquis que la matrice $P$ représentant la toile est diagonalisable, c'est-à-dire qu'il est possible de construire une base à l'aide de ses vecteurs propres.

Les deux premières hypothèses ne sont pas réalisées pour toute matrice de transition $P$, et il existe même des toiles dont la matrice $P$ ne satisfait ni à l'une ni à l'autre (voir les exercices). Ce sont tout de même des hypothèses raisonnables pour la Toile. La troisième hypothèse est là pour simplifier la présentation qui suit.

**Propriété 9.4** *1. Si la matrice de transition $P$ d'une chaîne de Markov répond aux trois hypothèses ci-dessus, alors il existe un unique vecteur $\pi$ dont les composantes $\pi_i = P(X_n = i), i \in T$, satisfont à*

$$\pi_i \geq 0, \qquad \pi_i = \sum_{j \in T} p_{ij}\pi_j \qquad \text{et} \qquad \sum_{i \in T} \pi_i = 1.$$

*On appellera ce vecteur $\pi$ le* régime stationnaire *de la chaîne de Markov.*
*2. Quel que soit le point de départ $p_i^0 = P(X_0 = i), i \in T$, tel que $\sum_i p_i^0 = 1$, la distribution des probabilités $P(X_n = i), i \in T$, convergera vers ce régime stationnaire $\pi$ lorsque $n \to \infty$.*

Preuve L'énoncé 1 ne fait que répéter qu'il n'y a qu'un vecteur propre associé à la valeur propre 1 et dont la somme des composantes est 1. En effet, l'équation définissant le régime stationnaire est simplement : $\pi = P\pi$, c'est-à-dire l'équation pour un vecteur propre de la matrice $P$ de valeur propre 1. Selon la propriété 9.3, $\pi$ peut être choisi tel que toutes ses composantes soient positives ou nulles. Puisqu'un vecteur propre n'est pas nul, la somme des composantes est donc positive. En divisant au besoin le vecteur propre par la somme de ses composantes, nous pouvons choisir $\pi$ tel que $\sum_i \pi_i = 1$.

Pour démontrer l'énoncé 2, nous écrirons le vecteur donnant les probabilités qui caractérisent l'état initial du promeneur $p^0 = (p_1^0, p_2^0, \dots, p_N^0)$ dans la base des vecteurs propres de $P$. Ordonnons les valeurs propres de $P$ comme suit : $1 = \lambda_1 > |\lambda_2| \geq |\lambda_3| \geq \dots \geq |\lambda_N|$. Nous savons de par les hypothèses *(i)* et *(ii)*, que la première inégalité est stricte (c'est-à-dire que la norme de $\lambda_1$ est strictement plus grande que celle de $\lambda_2$) et de par l'hypothèse *(iii)*, qu'il y a suffisamment de vecteurs propres linéairement indépendants pour former une base de l'espace de dimension $N$ où agit $P$. (Pour cela, il faut compter les valeurs propres avec leur multiplicité.) Soit $v_i$ un vecteur propre associé à la valeur propre $\lambda_i$. On peut aussi supposer que $v_1$ est égal au régime stationnaire $\pi$. L'ensemble $\{v_i, i \in T\}$ est donc une base, et il est possible d'écrire

$$p^0 = \sum_{i=1}^{N} a_i v_i,$$

où les $a_j$ sont les coefficients de $p^0$ dans cette base.

Montrons maintenant que le coefficient $a_1$ est toujours 1. Pour cela, nous utiliserons le vecteur $u^t = (1, 1, \dots, 1)$ que nous avons introduit lors de l'étude de la propriété 9.2. Ce vecteur satisfait à $u^t P = u^t$. Si $v_i$ est un vecteur propre de $P$ de valeur propre $\lambda_i$ (c'est-à-dire $Pv_i = \lambda_i v_i$), alors le produit matriciel $u^t P v_i$ peut être simplifié de deux façons. La première donne

$$u^t P v_i = (u^t P) v_i = u^t v_i$$

et la seconde,

$$u^t P v_i = u^t (P v_i) = \lambda_i u^t v_i.$$

Les deux expressions doivent être égales en vertu de l'associativité de la multiplication matricielle. Pour $i \geq 2$, la valeur propre $\lambda_i$ est différente de 1, et cette égalité ne peut avoir lieu que si $u^t v_i = 0$ ou, si nous écrivons cette relation en coordonnées,

$$u^t v_i = \sum_{j=1}^{N} (v_i)_j = 0$$

où $(v_i)_j$ représente la coordonnée $j$ du vecteur $v_i$. Cette relation veut dire que la somme des composantes de chacun des vecteurs $v_i, i \geq 2$, est égale à zéro. Si nous faisons la somme des composantes de $p^0$, nous obtiendrons 1 par hypothèse. Or,

$$1 = \sum_{j=1}^{N} p_j^0 = \sum_{j=1}^{N} \sum_{i=1}^{N} a_i (v_i)_j = \sum_{i=1}^{N} a_i \sum_{j=1}^{N} (v_i)_j = a_1 \sum_{j=1}^{N} (v_1)_j = a_1 \sum_{j=1}^{N} \pi_j = a_1.$$

(Pour la seconde égalité, nous avons utilisé l'expression de $p^0$ dans la base des vecteurs propres ; pour la quatrième, nous avons utilisé le fait que les sommes des composantes des $v_i$ sont toutes nulles sauf celle de $v_1$.)

Afin d'obtenir le comportement après plusieurs clics, appliquons la matrice de transition $P$ de façon répétée ($m$ fois) au vecteur de départ $p^0$ :

$$P^m p^0 = \sum_{j=1}^{N} a_j P^m v_j = \sum_{j=1}^{N} a_j \lambda_j^m v_j = a_1 v_1 + \sum_{j=2}^{N} \lambda_j^m a_j v_j = \pi + \sum_{j=2}^{N} \lambda_j^m a_j v_j.$$

Ainsi, le carré de la distance entre les deux vecteurs $P^m p^0$ et $\pi$ est

$$||P^m p^0 - \pi||^2 = ||\sum_{j=2}^{N} \lambda_j^m (a_j v_j)||^2.$$

La somme au membre de droite est une somme de vecteurs fixés (les $a_j v_j$) dont les coefficients diminuent exponentiellement comme $\lambda_j^m$. (Rappelons que les $\lambda_j, j \geq 2$, sont tous de norme inférieure à 1.) Puisque cette somme est finie, elle tend vers zéro lorsque $m \to \infty$. Donc, $p^m = P^m p^0 \to \pi$ lorsque $m \to \infty$. □

Revenons au promeneur impartial. Ce que disent les trois propriétés, c'est que, s'il poursuit suffisamment longtemps sa promenade aléatoire, il visitera chacune des pages de la toile avec une probabilité de plus en plus proche du régime stationnaire $\pi$ de $P$, et que ce régime stationnaire est le vecteur propre de valeur propre 1 normalisé de façon que la somme de ses composantes soit 1.

Nous sommes prêts à faire le lien entre le vecteur $\pi$ et l'ordre PageRank.

**Définition 9.5** *1. Le rang donné à la page i de la Toile par l'algorithme PageRank (simplifié) est la composante $\pi_i$ correspondant à cette page dans le vecteur $\pi$.*

2. *On ordonne les pages $i$ selon la grandeur de leur rang. La page $i$ a l'ordre $j$ si $j-1$ pages ont un rang plus grand que $\pi_i$.*

L'exemple initial de la petite toile à cinq pages (figure 9.2) permet de comprendre ce rang. Les valeurs propres de la matrice $P$ donnée en (9.3) ont comme norme les valeurs 1, 0,70228, 0,70228, 0,33563, 0,33563, et seule la valeur propre 1 est un nombre réel. Un vecteur propre associé à cette valeur 1 est $(12,16,9,1,3)$, ce qui donne, si on divise par la somme des composantes,

$$\pi = \frac{1}{41}\begin{pmatrix}12\\16\\9\\1\\3\end{pmatrix}.$$

Ceci veut dire que, durant une promenade infiniment longue, c'est la page $B$ que le promeneur impartial visitera le plus souvent, en fait 16 fois sur 41 en moyenne, et il ignorera presque la page $D$, la visitant une seule fois sur 41 en moyenne.

Quel est l'ordre de chaque page ? La page $B$ obtient l'ordre 1, ce qui traduit qu'elle est la plus importante. La page $A$ a l'ordre 2, la page $C$, l'ordre 3, la page $E$, l'ordre 4, et finalement, la page $D$, l'ordre 5. Cette dernière est donc la moins importante.

Quant au rang, voici une autre façon de le comprendre : chacune des pages redonne son rang aux pages vers lesquelles elle pointe. Revenons au vecteur $\pi = (\frac{12}{41}, \frac{16}{41}, \frac{9}{41}, \frac{1}{41}, \frac{3}{41})$. La page $D$ ne reçoit un lien que de la page $E$. Puisque le rang de $E$ est $\frac{3}{41}$ et qu'il doit être divisé entre les trois pages vers lesquelles $E$ pointe, la page $D$ doit avoir un rang trois fois moindre, soit $\frac{1}{41}$. Trois pages pointent vers la page $B$ ; ce sont les pages $A$, $C$ et $E$. Ces trois pages ont un rang respectif de $\frac{12}{41}$, $\frac{9}{41}$ et $\frac{3}{41}$. Or, $A$ pointe vers une seule page, $C$ et $E$ vers trois chacune. Le rang de $B$ est donc

$$\text{rang }(B) = 1 \cdot \frac{12}{41} + \frac{1}{3} \cdot \frac{9}{41} + \frac{1}{3} \cdot \frac{3}{41} = \frac{16}{41}.$$

Pourquoi l'ordre choisi par le promeneur impartial donne-t-il un ordre raisonnable aux milliards de pages de la Toile ? Avant tout parce qu'il laisse les utilisateurs décider de ce qui est important. Et il ignore ce que le créateur d'une page en particulier pense de l'importance de *sa* page. De plus, l'effet est cumulatif. Une page importante qui pointe vers peu de pages transmettra à ces dernières son rang important. Ainsi, les utilisateurs mettent leur confiance en certaines pages, et ces pages transmettent cette confiance aux pages vers lesquelles elles pointent, un phénomène que les inventeurs nomment « *the collaborative trust* ».

## 9.3 PageRank amélioré

L'algorithme décrit à la section précédente n'est pas utilisable tel quel. Deux difficultés assez évidentes doivent être corrigées.

La première est l'existence de pages qui n'ont aucun lien. L'absence de liens peut venir du fait que l'outil de dépistage de Google n'a pas encore recensé les pages vers lesquelles la page donnée pointe ou, simplement, que cette page ne mène effectivement nulle part. Alors, le promeneur impartial arrivant à cette page n'en sortira plus. Une façon simple de sortir de cette impasse consiste à effacer de la toile $T$ ou du graphe qui la représente cette page et tous les liens qui y mènent. Le régime stationnaire peut alors être calculé. Il est possible, cela fait, de donner à une page effacée le rang que lui aurait donné la page ou les pages (en nombre $n$) qui pointent vers elle, c'est-à-dire $\sum_{i=1}^{n} \frac{1}{l_i} r_i$ où $l_i$ est le nombre de liens issus de la $i$-ème page qui y mène et $r_i$ son rang. La prochaine difficulté montrera que, en plus d'être bancale, cette solution n'est que partielle.

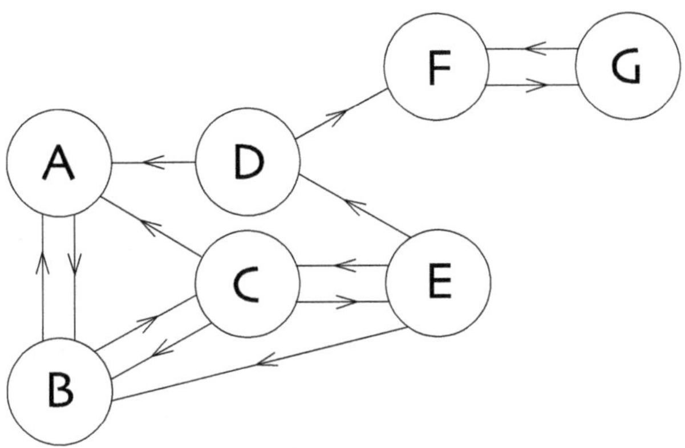


**Fig. 9.4.** Une toile de sept pages

La seconde difficulté ressemble à la première, mais elle n'est pas aussi simple à corriger. Elle est dépeinte sur une petite toile de sept pages à la figure 9.4. Cette toile est constituée des cinq pages de notre premier exemple plus deux autres qui ne seront reliées à la toile originale que par un lien partant de $D$. Nous avons vu à la section précédente que le promeneur impartial visite rarement la page $D$ de la toile à cinq pages. Il y passe tout de même $\frac{1}{41}$ de son temps. Qu'arrivera-t-il dans cette nouvelle toile de sept pages ? À chaque visite en $D$, le promeneur choisira la moitié du temps la page $A$ et l'autre moitié du temps la page $F$. S'il choisit cette dernière, il ne pourra plus jamais revenir aux pages $A, B, C, D$ ou $E$. Il n'est pas surprenant, donc, que le régime stationnaire pour cette nouvelle toile, c'est-à-dire son vecteur $\pi$, soit $\pi = (0,0,0,0,0,\frac{1}{2},\frac{1}{2})^t$. En d'autres termes, la paire $F$ et $G$ « aspire » toute l'importance que devraient avoir les autres pages ! (Mais attention ! $(-1)$ est aussi une valeur propre si bien que la matrice $P^n$ ne tend pas, quand $n \to \infty$, vers la matrice dont toutes les colonnes sont $\pi$.) Peut-on solutionner cette difficulté comme précédemment, en effaçant toute la partie du graphe qui agit comme « aspirateur » ? Ceci n'est pas une très bonne idée, car, dans les cas réels, cette partie du graphe pourrait contenir des milliers de pages qu'il faut aussi ordonner. Et on peut imaginer que le promeneur impartial réalisera que sa promenade est devenue ennuyeuse ($F \to G \to F \to G \to \dots$) et qu'il voudra visiter une autre partie de la toile. Les concepteurs de l'algorithme PageRank suggèrent donc d'ajouter à la matrice de transition $P$ une matrice $Q$ qui représente le goût du promeneur. La matrice $Q$ doit être elle-même une matrice de transition, et la nouvelle matrice dont le régime stationnaire sera à trouver est

$$P' = \beta P + (1-\beta)Q, \qquad \beta \in [0,1].$$

Notons que la matrice $P'$ est elle-même une matrice de transition : les éléments de chacune de ses colonnes ont pour somme 1. (Exercice!) La pondération relative entre les goûts et humeurs du promeneur (représentés par la matrice $Q$) et la structure des liens de la Toile (représentée par la matrice $P$) se fait par un paramètre $\beta$ entre 0 et 1. Lorsque $\beta = 1$, les goûts du promeneur (et donc, $Q$) sont ignorés et les pièges de la toile (comme la paire $(F, G)$ ci-dessus) peuvent le capturer. À l'autre extrémité, lorsque $\beta = 0$, les choix du promeneur seront maîtres, il ne visitera que les pages qu'il a choisies, et l'ordre naturel que les liens de la Toile créent sera complètement ignoré.

Mais comment Google peut-il deviner les intérêts du promeneur ? Comment peut-il choisir la matrice $Q$ ? Dans l'algorithme PageRank, la matrice $Q$ est choisie le plus « démocratiquement » possible. Elle accorde à toutes les pages de la Toile la même probabilité de transition. Si $N$ est le nombre de pages de la Toile, tous les éléments de la matrice $Q$ sont $\frac{1}{N}$ : $q_{ij} = \frac{1}{N}$. Ceci veut dire que, si le promeneur est coincé dans la paire $(F, G)$ de la toile de la figure 9.4, il a une probabilité $\frac{5}{7} \times (1-\beta)$ d'en sortir à chaque clic. Dans leur article original, les inventeurs de PageRank avaient fait leurs expériences avec une pondération $\beta = 0{,}85$, forçant le promeneur à ignorer les liens de la page où il se trouvait 3 fois sur 20.

C'est cette variation de l'algorithme de la section précédente, avec la matrice $Q$ et la pondération $\beta$, que les concepteurs ont appelée PageRank. Quelques-unes de ses propriétés seront étudiées en exercice.

Depuis que l'algorithme PageRank a été proposé par des universitaires, il a été breveté. Deux des concepteurs, Sergey Brin et Larry Page, alors dans la vingtaine, ont fondé la compagnie Google en 1998. Cette compagnie est maintenant inscrite en Bourse et génère des profits. Il est donc difficile de connaître les améliorations qu'a subies l'algorithme original, puisqu'elles sont protégées par les impératifs commerciaux. On connaît (ou on peut deviner) quelques bribes d'information. PageRank est *un* des algorithmes ordonnant les pages trouvées lors d'une recherche, mais il n'est probablement pas le seul. Puisque Google se targue d'avoir catalogué près de dix milliards de pages, on imagine que le nombre de lignes $N$ est de cet ordre. Pour trouver l'ordre PageRank des pages de la Toile, il faut donc trouver un vecteur propre d'une matrice $N \times N$ où $N \approx 10\,000\,000\,000$. Mais résoudre l'équation $\pi = P\pi$ (ou plutôt $\pi = P'\pi$) où $P$ est une matrice approximativement $10^{10} \times 10^{10}$ n'est pas une mince tâche. En fait, selon C. Moler, le fondateur de Matlab, il se pourrait bien que cet exercice soit parmi les plus gros problèmes matriciels résolus par ordinateur. (Pour le point sur les moteurs de recherche et particulièrement sur PageRank, il faut lire [3].) Cette tâche est probablement faite tous les mois. Quel est l'algorithme utilisé ? Par échelonnage de la matrice $(I-P)$ ? Ou par itération $P^m p^0$ pour un certain $p^0$ comme le suggère la convergence de la propriété 9.4 (méthode d'itération) ? Ou par un algorithme restreignant tout d'abord le calcul à des parties de la Toile qui sont fortement connectées par des liens (méthode d'agrégation) ? Et utilise-t-on le vecteur $\pi$ du mois précédent ? Il semble que les méthodes d'itération et d'agrégation soient les plus prometteuses. Mais le secret des améliorations apportées à PageRank depuis la fondation de Google ne permet pas de trancher la question[5].

L'ordre des événements (invention de l'algorithme PageRank, diffusion de l'article original, obtention du brevet, création de la compagnie Google, adoption par le grand public du moteur proposé par cette compagnie...) a été optimal : d'une part, la communauté scientifique connaît les rouages internes du moteur de recherche, et d'autre part, les fondateurs de Google ont eu quelques mois d'avance pour mettre sur pied leur compagnie et récolter les fruits de leur invention. Connaissant l'algorithme de base, les chercheurs (à l'exception de ceux de Google, qui travaillent maintenant dans le secret) peuvent proposer des améliorations à l'algorithme pour certaines fins particulières et en discuter librement, par exemple, comment prendre en compte efficacement les goûts d'un utilisateur particulier, comment profiter des pages qui sont fortement reliées entre elles, comment restreindre une recherche à un domaine de l'activité humaine, etc.

## 9.4 Le théorème de Frobenius

Pour énoncer et démontrer le théorème de Frobenius, nous devons utiliser des matrices dont les éléments sont non négatifs[6]. Nous distinguerons trois cas. Si $P$ est une matrice $n \times n$, alors nous écrirons

- $P \geq 0$ si $p_{ij} \geq 0$ pour tout $1 \leq i,j \leq n$ ;
- $P > 0$ si $P \geq 0$ et au moins un des $p_{ij}$ est positif ;
- $P \gg 0$ si $p_{ij} > 0$ pour tout $1 \leq i,j \leq n$.

Nous utiliserons la même notation pour les vecteurs $x \in \mathbb{R}^n$. Enfin, $x \geq y$ signifiera $x - y \geq 0$. Ces « inégalités » sont sans doute peu familières. En guise de pratique, voici deux énoncés simples les mettant en jeu. Tout d'abord, si $P \geq 0$ et $x \geq y$, alors $Px \geq Py$ ; en effet, puisque $(x-y) \geq 0$ et que $P \geq 0$, le produit matriciel de $P$ et de $(x-y)$ ne contiendra que des sommes d'éléments positifs ou nuls, et les éléments du vecteur $P(x-y)$ seront tous positifs ou nuls, d'où $Px \geq Py$. Le deuxième énoncé est laissé en exercice : si $P \gg 0$ et $x > y$, alors $Px \gg Py$.

Lorsque $P \geq 0$, on définit un ensemble $\Lambda \subset \mathbb{R}$ constitué de tous les nombres réels $\lambda$ qui ont la propriété suivante. Il existe un vecteur $x = (x_1, x_2, \dots, x_n)$ tel que

[5]Les recherches des utilisateurs (nous !) sont traitées par une grappe d'environ 22 000 ordinateurs (ce nombre est celui de décembre 2003) fonctionnant à l'aide du système d'exploitation Linux. Le délai de réponse dépasse rarement une demi-seconde !

[6]Rappel : l'expression « non négatif » veut dire « positif ou nul ».

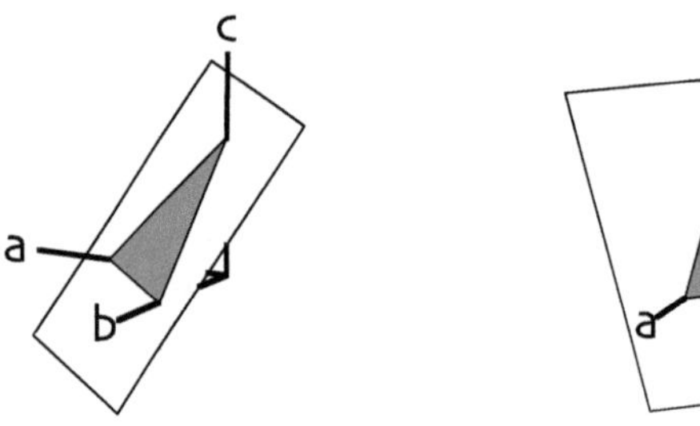


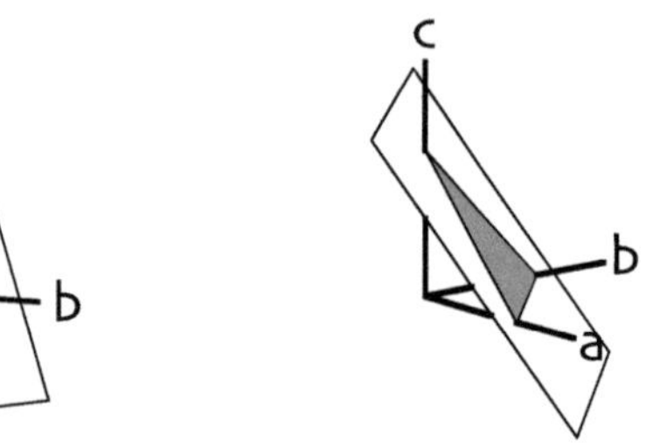


**Fig. 9.5.** Trois points de vue du simplexe auquel appartiennent les vecteurs $x = (a, b, c)$. Le plan $a + b + c = 1$ est représenté par un carré blanc, et le simplexe $(a, b, c \geq 0)$, par le triangle gris.

$$\sum_{1 \leq j \leq n} x_j = 1, \qquad x > 0 \qquad \text{et} \qquad Px \geq \lambda x. \tag{9.4}$$

Par exemple, si $n = 3$, la condition $x > 0$ positionne le point $x = (a, b, c)$ dans l'octant où toutes les coordonnées des points sont positives ou nulles, et la contrainte $a + b + c = 1$ est un plan. Sur la figure 9.5, ce plan est dénoté par un carré blanc. La condition supplémentaire $x > 0$ restreint les points $(a, b, c)$ de ce plan au triangle peint en gris. Ces deux contraintes combinées représentent donc l'ensemble des points de ce triangle. Dans le cas de dimension $n$, l'objet ainsi construit est appelé un simplexe. (À quoi ressemble le simplexe si $n = 2$ ? Et si $n = 4$ ? Exercice !) La propriété importante de cet ensemble est qu'il est compact, c'est-à-dire fermé et borné. Pour chacun des points de ce simplexe, on calcule $Px$ qui, de par l'observation ci-dessus, est $Px \geq 0$. Il est donc possible de trouver $\lambda \geq 0$ tel que $Px \geq \lambda x$. (Il peut bien arriver que $\lambda = 0$ ; par exemple, si $P = \left(\begin{smallmatrix} 0 & 1 \\ 0 & 0 \end{smallmatrix}\right)$ et $x = \left(\begin{smallmatrix} 0 \\ 1 \end{smallmatrix}\right)$, alors $Px = \left(\begin{smallmatrix} 1 \\ 0 \end{smallmatrix}\right) \geq \lambda \left(\begin{smallmatrix} 0 \\ 1 \end{smallmatrix}\right)$, qui ne peut être valide que si $\lambda = 0$.)

**Proposition 9.6** *Soit $\lambda_0 = \sup_{\lambda \in \Lambda} \lambda$. Alors, $\lambda_0 < \infty$. De plus, si $P \gg 0$, alors $\lambda_0 > 0$.*

PREUVE Posons $M = \max_{i,j} p_{ij}$, c'est-à-dire que $M$ est le plus grand élément de la matrice $P$. Alors, pour tout $x$ satisfaisant à $\sum_j x_j = 1$ et $x > 0$, on a

$$(Px)_i = \sum_{1 \leq j \leq n} p_{ij} x_j \leq \sum_{1 \leq j \leq n} M x_j = M \qquad \text{pour tout } i,$$

et, puisque au moins une des composantes de $x$ doit être $\geq \frac{1}{n}$, disons $x_i$, alors $Px \geq \lambda x$ implique que $M \geq (Px)_i \geq \lambda x_i \geq \lambda \frac{1}{n}$. Puisque ceci est vrai pour tout $\lambda \in \Lambda$, on a $\lambda_0 = \sup_\Lambda \lambda \leq Mn$. Si maintenant $P \gg 0$, alors posons $m = \min_{ij} p_{ij}$, c'est-à-dire que $m$ est le plus petit élément de la matrice $P$. Alors, pour $x = (\frac{1}{n}, \frac{1}{n}, \ldots, \frac{1}{n})$, on a $(Px)_i = \sum_j p_{ij} \frac{1}{n} \geq (mn) \frac{1}{n} = (mn) x_i$ et donc, $Px \geq (mn)x$ et $\lambda_0 \geq mn > 0$. □

**Théorème 9.7 (Frobenius)** *Soient $P > 0$ et $\lambda_0$ tel que défini ci-dessus. Alors,*

*a)* $\lambda_0$ *est une valeur propre de* $P$*, et il est possible de choisir un vecteur propre* $x^0$ *associé à* $\lambda_0$ *tel que* $x^0 > 0$ *;*
*b) si* $\lambda$ *est une autre valeur propre de* $P$*, alors* $|\lambda| \leq \lambda_0$.

PREUVE[7] a) Nous démontrerons cet énoncé en deux étapes, *(i)* et *(ii)*.

*(i)* Si $P \gg 0$, il existe $x^0 \gg 0$ tel que $Px^0 = \lambda_0 x^0$.
Pour démontrer ce premier énoncé, considérons une suite $\{\lambda_i < \lambda_0, i \in \mathbb{N}\}$ d'éléments de $\Lambda$ qui converge vers $\lambda_0$ et des vecteurs $x^{(i)}, i \in \mathbb{N}$, qui satisfont à (9.4)

$$\sum_{1 \leq j \leq n} x_j^{(i)} = 1, \qquad x^{(i)} > 0 \qquad \text{et} \qquad Px^{(i)} \geq \lambda_i x^{(i)}.$$

Puisque les points $x^{(i)}$ appartiennent tous au simplexe décrit ci-dessus qui est compact, leur ensemble $\{x^{(i)}\}$ possède un point d'accumulation dans ce simplexe, et on peut choisir une sous-suite $\{x^{(n_i)}\}$, $n_1 < n_2 < \dots$, qui converge. Soit $x^0$ la limite

$$\lim_{i \to \infty} x^{(n_i)} = x^0.$$

Notons que $x^0$ appartient au simplexe et donc, $\sum_j x_j^0 = 1$ et $x^0 > 0$. Enfin, puisque $P(x^{(n_i)} - \lambda_i x^{(n_i)}) \geq 0$, on a $Px^0 \geq \lambda_0 x^0$. Montrons en fait que $Px^0 = \lambda_0 x^0$. Pour ce faire, supposons que $Px^0 > \lambda_0 x^0$. Puisque $P \gg 0$, en multipliant les deux membres de $Px^0 > \lambda_0 x^0$ par $P$ et en nommant $y^0 = Px^0$, on obtient $Py^0 \gg \lambda_0 y^0$. (Exercice : écrire les détails.) Puisque cette inégalité est stricte pour toutes les composantes, il existe $\epsilon > 0$ tel que $Py^0 \gg (\lambda_0 + \epsilon)y^0$. En normalisant $y^0$ pour que $\sum_j y_j^0 = 1$, on déduit que $\lambda_0 + \epsilon \in \Lambda$ et que $\lambda_0$ ne peut pas être le supremum, ce qui est une contradiction. Donc, $Px^0 = \lambda_0 x^0$. Puisque $P \gg 0$ et $x^0 > 0$, on a de plus $Px^0 \gg 0$, c'est-à-dire $\lambda_0 x^0 \gg 0$ et donc, $x^0 \gg 0$ car $\lambda_0 > 0$.

*(ii)* Si $P > 0$, alors il existe $x^0 > 0$ tel que $Px^0 = \lambda_0 x^0$.
Considérons la matrice $E$, $n \times n$, dont tous les éléments sont 1. Notons que, si $x > 0$, alors $(Ex)_i = \sum_j x_j \geq x_i$ pour tout $i$ et donc, $Ex \geq x$. Si $P > 0$, alors $(P + \delta E) \gg 0$ pour tout $\delta > 0$, et l'énoncé *(i)* démontré ci-dessus s'applique à cette matrice. Soit $\delta_2 > \delta_1 > 0$ et soit $x \in \mathbb{R}^n$ tel que $x > 0$ et $\sum_j x_j = 1$. Si, de plus, $(P + \delta_1 E)x \geq \lambda x$, on a

$$(P + \delta_2 E)x = (P + \delta_1 E)x + (\delta_2 - \delta_1)Ex \geq \lambda x + (\delta_2 - \delta_1)x$$

et donc, la valeur $\lambda_0(\delta)$ associée par l'énoncé *(i)* à la matrice $(P + \delta E)$ est une fonction croissante de $\delta$. De plus, $\lambda_0(0)$ est le $\lambda_0$ associé à la matrice $P$. Choisissons une suite $\{\delta_i, i \in \mathbb{N}\}$ positive décroissante convergeant vers 0. En vertu de *(i)*, il est possible de trouver des $x(\delta_i)$ satisfaisant à $(P + \delta_i E)x(\delta_i) = \lambda_0(\delta_i)x(\delta_i)$ où $x(\delta_i) \gg 0$ et $\sum_j x_j(\delta_i) = 1$. Puisque tous ces vecteurs sont situés dans le simplexe décrit, il existe une sous-suite $\{\delta_{n_i}\}$ telle que les $x(\delta_{n_i})$ convergent vers un vecteur $x^0$. Ce vecteur satisfait sûrement

[7] La démonstration proposée ici suit de près celle de Karlin et Taylor [2].

à $x^0 > 0$ et $\sum_j x_j^0 = 1$. Soit $\lambda'$ la limite des $\lambda_0(\delta_{n_i})$. Puisque la suite $\delta_i$ est décroissante et que $\lambda_0(\delta)$ est une fonction croissante, $\lambda' \geq \lambda_0(0) = \lambda_0$. Puisque $P + \delta_{n_i}E \to P$ et que $(P + \delta_{n_i}E)x(\delta_{n_i}) = \lambda_0(\delta_{n_i})x(\delta_{n_i})$, la limite des deux membres donne $Px^0 = \lambda' x^0$ et, selon la définition de $\lambda_0$, il faut que $\lambda' \leq \lambda_0$. Ainsi, $\lambda' = \lambda_0$, ce qui termine la preuve de a).

b) Soient $\lambda \neq \lambda_0$ une autre valeur propre de $P$ et $z$ un vecteur propre non nul : $Pz = \lambda z$, c'est-à-dire

$$(Pz)_i = \sum_{1 \leq j \leq n} p_{ij} z_j = \lambda z_i.$$

En prenant la norme des deux membres, on a

$$|\lambda|\,|z_i| = \left| \sum_{1 \leq j \leq n} p_{ij} z_j \right| \leq \sum_{1 \leq j \leq n} p_{ij} |z_j|$$

et donc,

$$P|z| \geq |\lambda|\,|z|$$

où $|z| = (|z_1|, |z_2|, \dots, |z_n|)$. En changeant la normalisation de $|z|$ au besoin, on s'assure que $|z|$ appartient au simplexe et donc, $|\lambda| \in \Lambda$. Ainsi, $|\lambda| \leq \lambda_0$ par définition de $\lambda_0$. □

**Corollaire 9.8** *Si $P$ est une matrice de transition d'une chaîne de Markov, alors* $\lambda_0 = 1$.

PREUVE Considérons $Q = P^t$. Alors, $\sum_j q_{ij} = 1$ pour tout $i$. Et puisque $P > 0$, on a également $Q > 0$. La partie a) du théorème de Frobenius établit l'existence de $\lambda_0$ et $x_0$ (où $x^0 > 0$ et $\sum_j x_j^0 = 1$) tels que $Qx^0 = \lambda_0 x^0$. Puisque $x^0 > 0$, l'élément le plus grand de $x^0$, disons $x_k^0$, est positif, et

$$\lambda_0 x_k^0 = (Qx^0)_k = \sum_{1 \leq j \leq n} q_{kj} x_j^0 \leq \sum_{1 \leq j \leq n} q_{kj} x_k^0 = x_k^0,$$

d'où on déduit que $\lambda_0 \leq 1$. La propriété 9.2 a établi que 1 est une valeur propre de $P$ (et de $Q$) ; donc $\lambda_0 \geq 1$. Le résultat suit. □

La propriété 9.3 découle clairement du théorème de Frobenius et du corollaire 9.8.

## 9.5 Exercices

1. a) En utilisant la matrice de transition, calculer les probabilités pour le promeneur impartial d'être aux pages $A, B, C, D$ et $E$ de la toile de la figure 9.2 après son troisième clic. Comparer ces résultats avec le régime stationnaire $\pi$ pour cette toile.

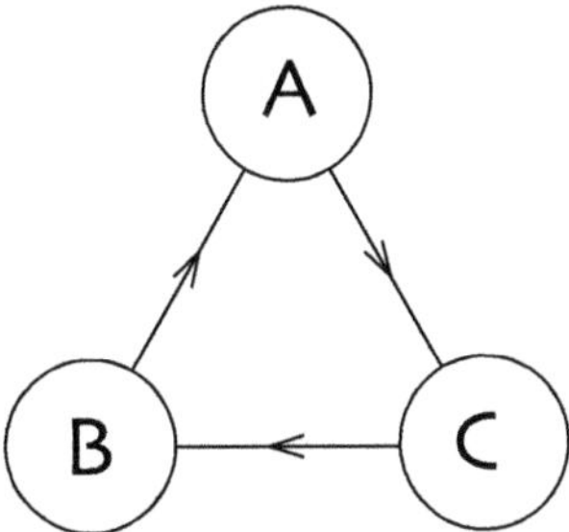


**Fig. 9.6.** Une toile circulaire (exercices 3 et 4)

**b)** Quelles sont les probabilités d'être aux pages $A, B, C, D$ et $E$ de la même figure après le premier clic si le promeneur est à la page $E$ au départ ? Après le second clic ?

**2.** **a)** Soit

$$P = \begin{pmatrix} 1-a & b \\ a & 1-b \end{pmatrix} \qquad \text{avec } a, b \in [0,1].$$

Montrer que $P$ est une matrice de transition pour une chaîne de Markov.
**b)** Calculer les valeurs propres de $P$ en fonction de $(a, b)$. (Une de ces deux valeurs propres doit être 1 de par la propriété 9.2.)
**c)** Quelles valeurs de la paire $(a, b)$ mènent à une seconde valeur propre $\lambda$ telle que $|\lambda| = 1$ ? Tracer les toiles qui sont représentées par les matrices de transition correspondantes.

**3.** **a)** Donner la matrice de transition $P$ associée à la toile illustrée à la figure 9.6.
**b)** Montrer que les trois valeurs propres de $P$ sont de valeur absolue égale à 1.
**c)** Trouver (ou mieux, deviner) l'ordre prescrit par l'algorithme PageRank simplifié.
Note : on remarquera que cette toile ne satisfait pas à l'hypothèse *(i)* faite pour obtenir la propriété 9.4.

**4.** Dans le cas de la toile de la figure 9.6, un promeneur commence à la page $A$ à l'instant $n = 1$. Pouvez-vous donner les probabilités $P(X_n = A), P(X_n = B)$ et $P(X_n = C)$ pour tout $n$ ?

**5.** **a)** Intuitivement, quelle est la paire de pages $(A, B)$ ou $(C, D)$ qui se verra attribuer le rang le plus élevé par l'algorithme PageRank simplifié dans la toile de la figure 9.7 ?
**b)** Trouver l'ordre prescrit par l'algorithme PageRank simplifié.
**c)** Trouver le régime stationnaire pour le véritable algorithme PageRank, c'est-à-dire pour la matrice $P' = (1-\beta)E + \beta P$. La matrice $E$ est la matrice $4 \times 4$ dont

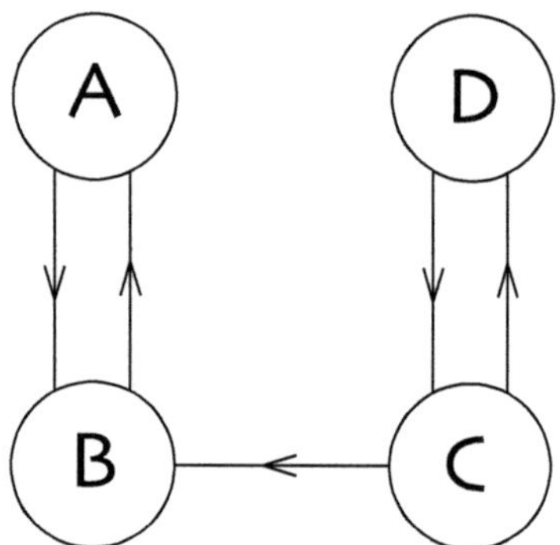


**Fig. 9.7.** Une toile avec deux paires reliées par un seul lien (exercice 5)

tous les éléments sont $\frac{1}{4}$. Pour quelle valeur de $\beta$ le promeneur passera-t-il le tiers de son temps à visiter la paire $(C, D)$ ?

**6.** **a)** Donner la matrice de transition représentant le comportement d'un promeneur impartial sur la toile représentée à la figure 9.8.
**b)** Si, au clic $n$, les probabilités de trouver le promeneur à l'une ou l'autre des quatre pages sont égales ($P(X_n = A) = P(X_n = B) = P(X_n = C) = P(X_n = Z) = \frac{1}{4}$), quelle est la probabilité de le trouver à la page $Z$ au clic $n+1$ suivant ?
**c)** Obtenir le régime stationnaire $\pi$. Le promeneur impartial séjournera-t-il plus souvent en $A$ ou en $Z$ ?

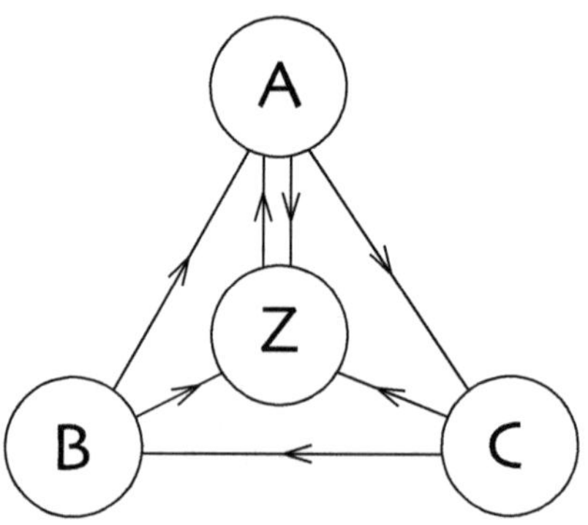


**Fig. 9.8.** Une toile de quatre pages et ses liens (voir l'exercice 6)

**7.** Soit la toile de la figure 9.9.

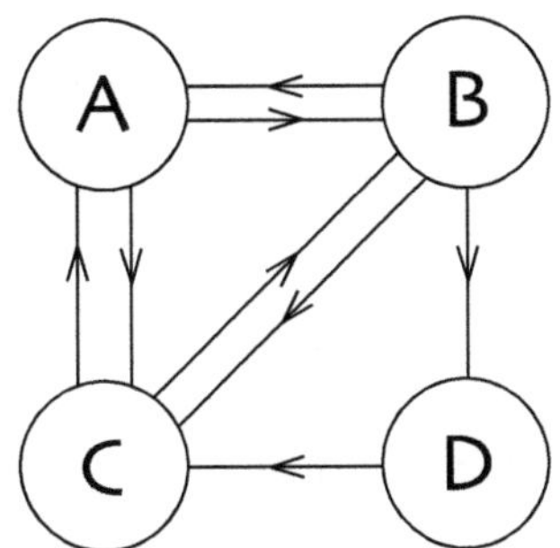


**Fig. 9.9.** La toile de l'exercice 7

**a)** Écrire la matrice de la chaîne de Markov associée.
**b)** Si on est parti de $B$, quelle est la probabilité de se retrouver en $A$ après deux clics ?
**c)** Si on est parti de $B$, quelle est la probabilité de se retrouver en $D$ après trois clics ?
**d)** Calculer la distribution stationnaire et le rang de chaque page. Quelle est la page la plus importante ?

**8.** Le but de cet exercice est de montrer que l'hypothèse *(ii)* faite pour obtenir la propriété 9.4 n'est pas toujours vraie.
**a)** Supposons l'existence de deux toiles parallèles, c'est-à-dire que deux énormes toiles coexistent sans que jamais la première ne pointe vers une des pages de la seconde et vice versa. La matrice de transition $P$ pour les deux toiles combinées aura une forme bien particulière. Laquelle ?
**b)** Montrer que la matrice de transition $P$ de cette paire de toiles parallèles possède deux vecteurs propres de valeur propre 1.

**9.** **a)** Écrire un programme, par exemple en Maple, Matlab ou Mathematica, qui, étant donné $n$, produise un vecteur $(x_1, x_2, \ldots, x_n)$ aléatoire soumis aux contraintes

$$x_i \in [0,1] \quad \text{pour tout } i \in T \qquad \text{et} \qquad \sum_i x_i = 1.$$

(La plupart des langages de programmation modernes offrent une fonction générant des nombres pseudo-aléatoires.)
**b)** Écrire un programme qui produise une matrice $n \times n$ telle que la somme des éléments de chaque colonne est 1.
**c)** Écrire un programme qui, étant donné une matrice $P$ et un entier $m$, calcule le produit matriciel de $m$ copies de $P$, c'est-à-dire $P^m$.

**d)** Générer des matrices $P$ de bonnes dimensions ($10 \times 10$, $20 \times 20$ ou même plus) et vérifier si les hypothèses de la propriété 9.4 sont raisonnables. (Remarque : dans un langage comme C, Fortran, Java, etc., il faut écrire une fonction de recherche de valeurs propres. Ceci est difficile, alors qu'une telle fonction existe dans les langages recommandés.)
**e)** Pour ces matrices $P$ générées aléatoirement, déterminer les valeurs de $m$ à partir desquelles toutes les colonnes de $P^m$ sont approximativement égales. Suggestion : énoncer tout d'abord un critère précis remplaçant les mots « colonnes approximativement égales ».

**10.** **a)** Vous êtes un homme d'affaires un peu crapuleux qui s'adonne au commerce électronique. Proposez des stratégies pour que l'algorithme PageRank accorde à votre site électronique un rang élevé.
**b)** Vous êtes une jeune chercheure de l'équipe de Google qui doit déjouer les entrepreneurs du commerce électronique qui inventent des méthodes pour obtenir des rangs fallacieux. Proposez des stratégies pour déjouer ces requins.
Note : l'article original de Page et de ses collaborateurs parle un peu de l'impact des intérêts commerciaux sur l'ordre donné par PageRank.

# Références


[1] Page L., S. Brin, R. Motwani et T. Winograd. « The PageRank citation ranking : Bringing order to the web », rapport technique, Stanford University, 1998.

[2] Karlin S. et M. Taylor. *A first course in stochastic processes*, deuxième édition, Academic Press, 1975.

[3] Langville, A. M. et C. D. Meyer. *Google's PageRank and Beyond : The Science of Search Engine Rankings*, Princeton University Press, 2006.

[4] Ross S. M. *Stochastic processes*, deuxième édition, Wiley & Sons, 1996. (Cet ouvrage est plus avancé que celui de Karlin et Taylor.)

# 10

# Pourquoi 44 100 nombres à la seconde ?

*Ce chapitre peut être couvert en trois ou quatre heures, selon l'importance accordée à la preuve de la section 10.4. Il a été écrit pour des étudiants* qui ne connaissent pas *l'analyse de Fourier. Les prérequis sont donc modestes : calcul à une variable, concept intuitif de convergence et nombres complexes. Si les étudiants connaissent la transformée de Fourier, le professeur pourra choisir d'ajouter une preuve du théorème d'échantillonnage qui est énoncé ici sans preuve. (Voir, par exemple, les sections 8.1 et 8.2 de Kammler [4] ou l'exercice 60.16 de Körner [5] pour une preuve.) Ce sujet offre plusieurs pistes pour des projets de plus longue haleine ; les étudiants pourront poursuivre leur exploration à l'aide des exercices 13, 14 et 15, ou encore d'un des nombreux sujets traités dans le livre de Benson [2] ; s'ils sont débrouillards en informatique, ils pourront répéter certaines expériences numériques de ce chapitre.*

## 10.1 Introduction

Ce chapitre explique le choix des ingénieurs de Philips et de Sony dans l'établissement du standard du disque compact comme support musical. Il est possible de numériser le signal sonore. Le son est une onde de pression qui est une fonction continue dans le temps. Lors de la numérisation, cette fonction continue est remplacée par une fonction en paliers (figure 10.1). (Voir aussi la section 6.1.) Les mathématiciens appellent une telle fonction *constante par morceaux*. Dans la numérisation sonore, chacun des paliers possède la même largeur, c'est-à-dire que la durée représentée par un palier est toujours la même. Il suffit donc de donner la hauteur du palier pour décrire cette nouvelle fonction. Les ingénieurs de Philips et de Sony ont choisi de prendre la largeur du palier égale à $\frac{1}{44\,100}$ de seconde. Le contenu technologique de ce chapitre consiste à expliquer ce choix.

Pour un profane, ce but semblera bien mince. Pourtant, comme c'est souvent le cas, ce choix technologique repose sur des connaissances provenant de divers domaines de l'activité humaine. Évidemment, un premier élément essentiel provient du matériau

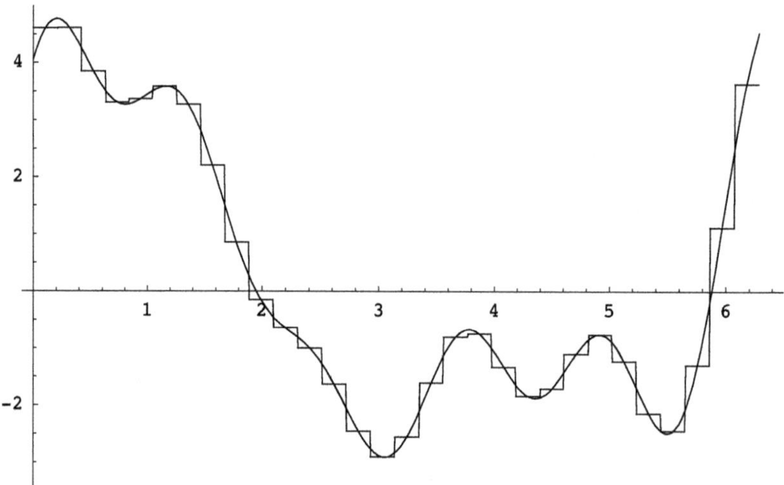


**Fig. 10.1.** La fonction « onde de pression » et une fonction « escalier » qui l'approche

de base : qu'est-ce que le son musical ? Un second élément provient de la physiologie humaine : comment l'oreille humaine réagit-elle à l'onde sonore ? Finalement, le mathématicien fournit le troisième élément : connaissant ce que nous apprennent la musique et la physiologie humaine, est-il possible de déterminer que 44 100 mesures de l'onde de pression à la seconde sont suffisantes ? C'est le domaine des mathématiques appelé *analyse de Fourier* qui répond à cette question.

## 10.2 La gamme musicale

Le son est une onde de pression. Comme pour toute onde, le première observation possible pour décrire cette onde est son caractère oscillatoire. La figure 10.2 en donne un exemple. Deux propriétés mathématiques de cette fonction sont reliées à deux perceptions sonores claires : la *fréquence* est reliée à la *hauteur* du son, l'*amplitude*, à l'*intensité sonore*. Le chant d'une femme est caractérisé par des fréquences supérieures à celles du chant d'un homme. Et l'amplitude de la fonction représentant le chant d'un Pavarotti est plus grande que celle du chant de la plupart d'entre nous.

Nous reviendrons sur l'amplitude de la fonction son et sa relation avec la perception d'intensité sonore à la prochaine section. Nous nous pencherons ici sur la relation entre fréquence et hauteur du son. Même si tous n'ont pas pris des leçons de piano, tous savent que les notes graves sont à gauche du clavier du piano et les aiguës, à droite. Voici, à la figure 10.3, une représentation du clavier du piano moderne. Les notes *do* y sont indiquées. L'*intervalle* entre deux notes de même nom consécutives est appelé *octave*. Sur le clavier moderne, deux notes de même nom consécutives sont séparées

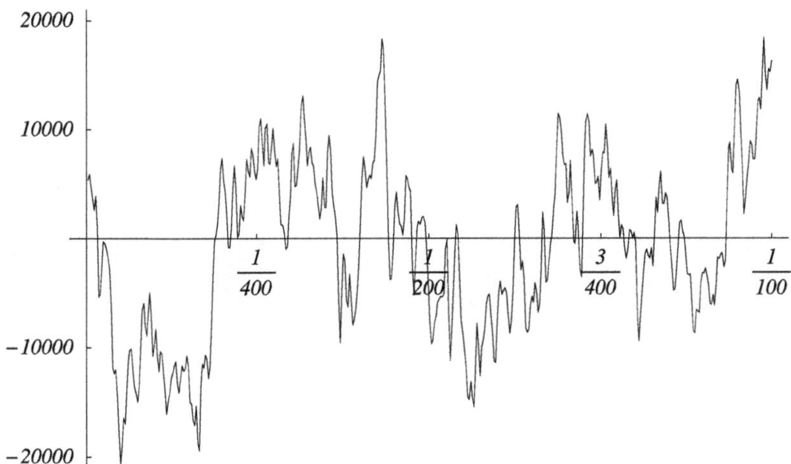


**Fig. 10.2.** L'onde de pression pendant un centième de seconde de la dernière note de la Neuvième Symphonie de Beethoven. Sur un disque compact, chacune des 44 100 mesures à la seconde est ramenée à une valeur entière $\in [-2^{15}, 2^{15}-1]$, la hauteur du palier. L'unité de l'axe horizontal est la seconde alors que celle du vertical est le palier ($2^{15} = 32\,768$).

par 12 touches en comptant la dernière, mais pas la première de ces deux notes. La gamme occidentale[1] est composée de 12 notes différentes : les notes blanches du piano (*do*, *ré*, *mi*, *fa*, *sol*, *la* et *si*) et les cinq notes noires intercalées qui portent chacune deux noms (*do* ♯ et *ré* ♭, *ré* ♯ et *mi* ♭, *fa* ♯ et *sol* ♭, *sol* ♯ et *la* ♭, *la* ♯ et *si* ♭)[2]. Les musiciens savent cependant que les notes *ré* ♯ et *mi* ♭, comme les deux notes des autres paires, ne sont pas exactement le même son. On fait un compromis en les identifiant. (Nous allons expliquer ce compromis plus bas.) Le clavier moderne compte sept ensembles complets de ces 12 notes. Un *do* est ajouté dans l'extrême aigu (à droite) et quelques notes dans l'extrême grave (à gauche). En tout, le clavier est constitué de 88 notes. Enfin, le rapport des fréquences entre deux notes distantes d'une octave, c'est-à-dire deux notes de même nom consécutives, est de 2 ; par exemple, les fréquences des *do* augmentent dans les rapports $1, 2^1, 2^2, 2^3, \ldots$ Nous serons intéressés plus loin à représenter linéairement

[1]D'autres cultures ont favorisé d'autres gammes. Par exemple, les gamelans balinais sont accordés selon deux gammes différentes, la pentatonique et l'heptatonique, qui contiennent respectivement cinq et sept notes différentes plutôt que les 12 de notre gamme.

[2]Pourquoi certaines notes sont-elles blanches et d'autres noires ? Il n'y a pas de réponse scientifique à cette question. Le choix entre le blanc et le noir est culturel. Il représente le rôle prépondérant que jouent les notes blanches dans une tonalité donnée, la tonalité de *do* majeur. D'autres musiques, par exemple la japonaise, donnent de l'importance à d'autres notes, et si des instruments semblables au piano y avaient été créés, il est probable que leurs notes prépondérantes auraient eu une place de choix sur leur clavier, comme l'ont chez nous les notes blanches. Nous n'aurons pas besoin de comprendre ces distinctions culturelles.

l'ensemble des fréquences et à repérer les notes correspondantes sur le clavier ; il faudra alors déformer graphiquement le clavier par une transformation logarithmique. (Voir la figure 10.7.)

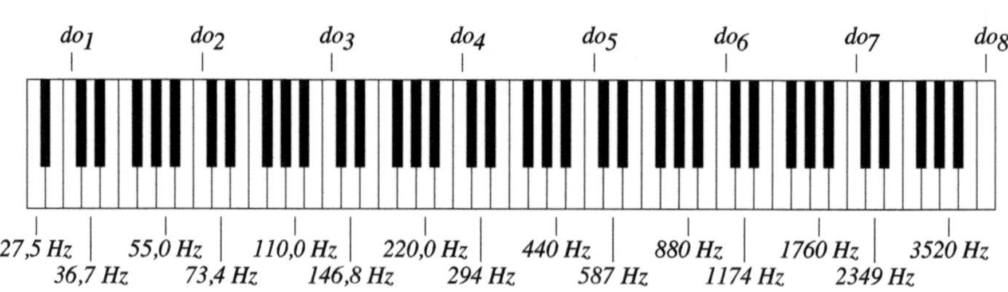


**Fig. 10.3.** Le clavier du piano moderne. Les huit *do* sont indiqués ainsi que la fréquence de tous les *ré* et *la*.

Pourquoi n'y a-t-il pas 88 noms différents pour ces 88 notes ? La réponse est avant tout physiologique... et un peu physique ou mathématique. La physiologie de la perception montre que deux personnes chantant la même chanson simultanément en commençant sur deux notes différentes, mais de même nom peuvent chanter ensemble et donner l'impression qu'elles chantent exactement la même chanson. On dit qu'elles chantent à l'*unisson*. Les notes séparées par une octave (ou par un multiple entier d'une octave) sonnent presque pareil. Si ces mêmes personnes choisissaient de commencer sur des notes ne portant pas le même nom, le résultat serait perçu comme bizarre ou discordant. (Et si elles s'entendaient chanter l'une l'autre, elles auraient l'impression de fausser et changeraient vite leur choix pour revenir à l'unisson. Il faut une paire de bons musiciens pour maintenir des intervalles différant de l'octave durant toute une chanson !) La raison plus physique ou mathématique est que les notes portant le même nom consécutives sont telles que le rapport de leurs fréquences est une puissance de 2. Le rapport entre les fréquences à une octave de « distance » est précisément 2. Pourquoi l'oreille et le cerveau favorisent-ils ce rapport de 2 ? Ni la physique ni les mathématiques ne peuvent répondre à cette question[3] !

La perception privilégiée du rapport de 2 entre les fréquences de deux notes à une octave l'une de l'autre est bien surprenante. Encore plus surprenant est le fait que l'oreille et le cerveau perçoivent également agréablement le rapport de 3. Les notes qui ont ce rapport de fréquences sont à un intervalle d'une octave et une quinte. Une *quinte* est un intervalle de sept notes consécutives du clavier, compte tenu de la note d'arrivée, mais non de la note de départ. Il faut compter toutes les notes consécutives, qu'elles

[3]Mais des explications physiologiques (utilisant la description scientifique du son) existent. Voir [3].

soient blanches ou noires ! On verra facilement que les deux notes *do* et *sol* (séparées d'un seul *do*) sont à un tel intervalle d'une octave et une quinte[4]. Puisque le rapport entre les fréquences des deux notes séparées par un intervalle d'une octave et une quinte est égal à trois, les notes à une quinte d'intervalle auront leur rapport de fréquences égal à $\frac{3}{2}$. (Exercice : vous en convaincre !)

Tout écart par rapport à ces rapports de fréquence, même minime, est perçu aisément par les musiciens chevronnés. Accorder un piano en maintenant tous ces rapports est cependant une impossibilité mathématique. En voici l'origine. Le *cycle des quintes* est l'énumération de toutes les notes de façon que, dans l'ordre énuméré, une note immédiatement à droite d'une autre soit à une quinte vers la droite sur le clavier. Tout bon musicien peut réciter le cycle des quintes presque sans y penser. En commençant par *do*, il se lit

$$\begin{array}{cccccccccccc} do_1, & sol_1, & ré_2, & la_2, & mi_3, & si_3, & fa_4\sharp, & do_5\sharp, & sol_5\sharp, & ré_6\sharp, & la_6\sharp, & mi_7\sharp, \\ & & & & & & & & (la_5\flat) & (mi_6\flat) & (si_6\flat) & (fa_7) \end{array}$$

et, après le $mi_7$ ♯ ($fa_7$), le cycle recommence au $do_8$[5]. (On n'écrit pas habituellement l'octave à laquelle appartient chacune des notes du cycle des quintes. Nous l'avons fait, car ce sera utile ci-dessous.)

Pour chaque quinte de ce cycle, la fréquence a été multipliée par $\frac{3}{2}$. Du $do_1$ jusqu'au $do_8$, 12 facteurs ont été utilisés : $(\frac{3}{2})^{12}$. Il y a cependant sept octaves entre ces deux mêmes notes, et le rapport de leurs fréquences est $2^7$. Est-ce que, par hasard, $(\frac{3}{2})^{12} = 2^7$, ou encore, $3^{12} = 2^{19}$ ? Non, cette identité est sûrement fausse. En effet, le produit de nombres impairs est impair, et celui de nombres pairs est pair. Puisque $3^{12}$ est impair et que $2^{19}$ est pair, l'égalité ne peut tenir ! Pourtant, la différence n'est pas grande, car

$$3^{12} = 531\,441 \qquad \text{et} \qquad 2^{19} = 524\,288.$$

L'erreur n'est pas énorme, un peu moins de 2 %, étalée sur plusieurs octaves. Les musiciens de la Renaissance étaient au courant de cette difficulté. Pour une oreille bien entraînée, les intervalles les plus plaisants sont ceux dont les fréquences sont *précisément* des multiples entiers (ou des fractions dont le numérateur et le dénominateur sont de petits entiers). Mais ceux-ci créent l'erreur que nous venons de relever. Une solution proposée dès la fin du XVII^e^ siècle est d'accorder le clavier en respectant les deux règles suivantes : *(i)* le rapport de fréquences entre deux notes espacées par une octave est

[4]Pourquoi l'intervalle est-il de sept notes sur le clavier pour une quinte et de 12 pour une octave ? Après tout, « quinte » et « octave » suggèrent les nombres 5 et 8 respectivement. La raison repose encore sur le rôle prépondérant des notes blanches dans la gamme de *do* majeur. De *do* à *sol*, il y a une quinte ; et si *do* reçoit le numéro 1, le *sol* à sa droite sera la note (blanche) numéro 5. Et pour l'octave, le *do* suivant sera le numéro 8.

[5]Les notes entre parenthèses coïncident, sur le clavier, avec les notes qui les précèdent. Les violonistes, qui « construisent » eux-mêmes leurs sons à l'aide de leur main gauche, font cependant une différence entre ces notes. En fait, plutôt que de recommencer le cycle des quintes sur le *do*, il faudrait poursuivre sur le *si* ♯ que les pianistes confondent avec le *do*.

2 et *(ii)* tous les rapports de fréquences entre notes consécutives sur le clavier sont égaux. Dans ce *tempérament*, dit *tempérament égal*, tous les intervalles sont *faux* sauf les octaves. C'est le choix le plus « démocratique », celui avec lequel nous vivons depuis près de trois siècles. Ainsi, un piano accordé selon le tempérament égal est parfaitement et précisément faux[6]. (Pour une présentation de l'histoire des tempéraments par un mathématicien, voir Benson [2].)

Peut-on déterminer les fréquences des notes du piano moderne ? Non, car il manque encore une donnée. En effet, les paragraphes précédents n'ont parlé que de rapports de fréquences. Il faut encore donner la fréquence d'une note pour que toutes les autres soient fixées. Il est traditionnel, depuis au moins un siècle, d'accorder le premier *la* à droite du centre du piano à 440 Hz[7], c'est-à-dire de l'accorder de telle sorte que la vibration (fondamentale) oscille 440 fois par seconde. À un intervalle d'une octave, la fréquence augmente d'un facteur de 2. Puisqu'il y a 12 intervalles entre deux *do* (ou deux *la*) et que tous les intervalles (c'est-à-dire les rapports entre les fréquences) doivent être égaux, chacun de ces 12 intervalles doit représenter une augmentation d'un facteur de $\sqrt[12]{2}$ entre deux notes contiguës. Entre le *la* qui vibre à 440 Hz et le *mi* juste plus haut, le rapport des fréquences doit donc être de $\sqrt[12]{2}^7 = 1{,}49831$ qui est très proche du $\frac{3}{2}$ idéal. La fréquence du *mi* immédiatement à droite du *la* sur le clavier tempéré également est donc : $\sqrt[12]{2}^7 \times 440$ Hz $= 1{,}49831 \times 440$ Hz $= 659{,}26$ Hz, ce qui est très proche du *mi* « juste » qui vibre à 660 Hz.

## 10.3 La dernière note de la dernière symphonie de Beethoven : une rapide introduction à l'analyse de Fourier

Peut-on connaître les notes d'un disque compact sans l'écouter ? Est-il possible de lire, des 44 100 entiers $\in [-2^{15}, 2^{15} - 1]$ qui décrivent la musique pendant une seconde, ce que celle-ci contient ? C'est ce que nous tenterons de faire dans cette section.

Nous nous concentrerons sur un quart de seconde tiré de la dernière note du dernier mouvement de la Neuvième Symphonie de Ludwig van Beethoven. (Dans la plupart des interprétations, cette dernière note est à peine plus longue que ce quart de seconde.) Ce choix est particulièrement à propos. La petite histoire (véridique ?) dit que tous les efforts ont été faits, lors de l'établissement du standard du disque compact, pour que cette fameuse symphonie puisse tenir sur un disque [7]. Quoique les longueurs des interprétations varient, certaines durent près de 75 minutes, tel un des enregistrements de Karajan. C'est pourquoi un disque compact peut contenir un peu plus de 79 minutes. Une autre raison pour ce choix est que la dernière note de cette symphonie est

[6]Le titre des deux cahiers de préludes et fugues de Jean-Sébastien Bach (*Le clavier bien tempéré*) rappelle comment le problème de l'accord était d'actualité au début du XVIII^e^ siècle.

[7]La mesure de fréquence est le hertz (dont l'abréviation est Hz). Un hertz correspond à une vibration à la seconde. Le choix de 440 Hz pour le *la* est arbitraire. Certains musiciens et orchestres s'en écartent, la plupart en augmentant la fréquence.

**Fig. 10.4.** La dernière page de la partition de la Neuvième Symphonie

particulièrement facile à étudier mathématiquement, car tous les musiciens attaquent exactement la même note en même temps. Même si les musiciens disent que c'est la même note, il s'agit plutôt de notes portant le même nom, toutes à des intervalles d'une ou de plusieurs octaves l'une de l'autre. Ces notes sont des *ré*. Pour ceux qui lisent la musique, la dernière page de la partition se trouve à la figure 10.4. Chaque ligne représente un groupe d'instruments, du piccolo et des flûtes, en haut, aux violoncelles et contrebasses, en bas. Le triangle et les cymbales ne produisent qu'une note (ou bruit) ; ils ne se voient accorder qu'une ligne sur la partition. Tous les autres instruments, y compris les timbales (« Timp. » sur la partition), produisent des sons de hauteur variable, et leur partition utilise la portée à cinq lignes. Le temps coule de gauche à droite, et toutes les notes apparaissant sur une même ligne verticale sont jouées simultanément. La dernière note est dans la colonne à l'extrême droite. On n'y trouve que des *ré* à différentes hauteurs. Les *ré* de ce dernier accord couvrent tous les *ré* du piano à l'exception des deux plus graves. (Certaines familles d'instruments semblent jouer des notes distinctes du *ré*. Par exemple, la note écrite pour les clarinettes (Cl. sur la partition) est un *fa*. Mais le son produit aura la fréquence d'un *ré* ! La raison de cette différence entre la note écrite et celle entendue réside dans l'histoire du développement de ces instruments. Après de longues expérimentations, les spécialistes se sont entendus sur la longueur du tube de clarinette optimisant la qualité du son de l'instrument sur tout son registre. Hélas, cette longueur accorde des doigtés un peu acrobatiques aux notes les plus communes. On a donc convenu de changer le nom de toutes les notes produites de façon à accorder aux notes communes des doigtés aisés. Ainsi, quand la clarinette joue la note écrite *do*, la fréquence émise est celle d'un *si*♭. Il faut donc écrire un *fa* pour les clarinettes afin d'entendre un *ré*. Pour les compositeurs, cette « translation » fait partie de la routine.)

Rappelons que les enregistrements stéréo contiennent deux pistes permettant d'obtenir la définition spatiale du son. Nous nous limiterons à une seule de ces deux pistes. Le quart de seconde que nous étudierons contient $\frac{44\,100}{4} = 11\,025$ nombres. Les dix premiers de ces nombres sont $5409, 5926, 4634, 3567, 2622, 3855, 948, -5318, -5092, -2376$ ; les 441 premiers (donnant un centième de seconde de musique) sont portés en ordonnée à la figure 10.2. Comment « entendre » mathématiquement l'accord joué par l'orchestre ?

**Exemple 10.1** *Pour le comprendre, commençons par un exemple très simple. Supposons que, plutôt que le dernier accord représenté à la figure 10.2, nous étudiions un son $f(t)$ ne contenant qu'une fréquence dont l'onde de pression est représentée à la figure 10.5 pour une seconde complète ($t \in [0,1]$). On remarquera qu'il y a quatre cycles complets de la fonction sinusoïdale durant cette seconde et que la fréquence émise est de 4 Hz. Ainsi $f(t) = \sin(4 \cdot 2\pi t)$. L'œil voit cette évidence rapidement, mais comment voir ce fait mathématiquement ? La réponse à cette question est contenue dans l'analyse de Fourier. L'idée est de comparer l'onde de pression $f(t)$ aux fonctions cosinus et sinus de fréquences entières, c'est-à-dire les fréquences qui sont des multiples entiers de 1 Hz.*

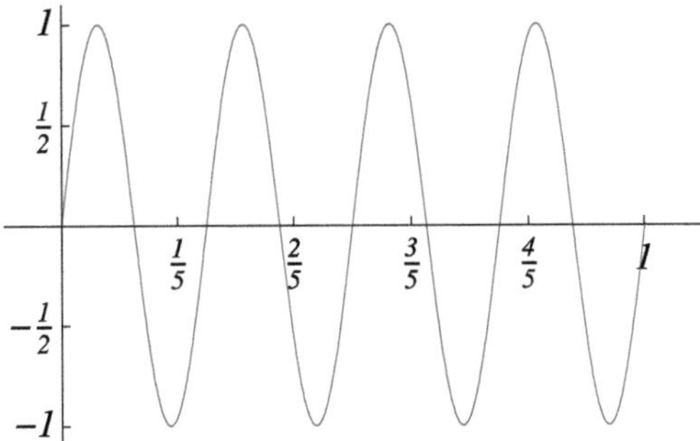


**Fig. 10.5.** Une onde sonore très simple (un son pur sans harmonique)

**L'analyse de Fourier** L'analyse de Fourier permet de calculer, pour une onde donnée, son contenu à la fréquence $k$ Hz et de reconstituer l'onde à partir de l'ensemble de ces composantes. Le contenu à la fréquence $k$ est donné par l'ensemble des deux coefficients $c_k$ et $s_k$. La formule des coefficients de Fourier est la suivante :

$$c_k = 2\int_0^1 f(t)\cos(2\pi kt)\,dt, \qquad k = 0, 1, 2\ldots \tag{10.1}$$

$$s_k = 2\int_0^1 f(t)\sin(2\pi kt)\,dt, \qquad k = 1, 2, 3\ldots \tag{10.2}$$

(L'exercice 3 expliquera pourquoi il faut deux coefficients pour une seule fréquence.)

**Exemple 10.1 (suite)** *Commençons par calculer les nombres $c_k$ et $s_k$ pour la fonction $f(t)$ de l'exemple 10.1. On obtient le coefficient $c_0$ en multipliant $\cos 2\pi kt$ avec $k = 0$, et $f(t)$, puis en intégrant la fonction résultante sur une seconde. Puisque $\cos 2\pi kt = 1$ pour $k = 0$, le coefficient $c_0$ sera donné par*

$$c_0 = 2\int_0^1 f(t)\,dt.$$

*Mais $f(t)$ est une sinusoïde, et l'aire sous la courbe entre $t = 0$ et $t = 1$ est clairement nulle. (Rappelez-vous que l'aire entre l'axe des $t$ et le graphe est négative pour les régions où $f(t)$ est négative.) Donc,*

$$c_0 = 0.$$

*Calculons maintenant $s_1$ :*

$$s_1 = 2\int_0^1 f(t)\sin 2\pi t\,dt.$$

*Le produit de $\sin 2\pi t$ et de $f(t)$ apparaît à la figure 10.6. Remarquons que $f(t) = f(t+\frac{1}{2})$ et que $\sin 2\pi t = -\sin 2\pi(t+\frac{1}{2})$, ce qui entraîne $f(t)\sin 2\pi t = -(f(t+\frac{1}{2})\sin 2\pi(t+\frac{1}{2}))$ pour $t \in [0, \frac{1}{2}]$. Par conséquent l'intégrale de $f(t)\sin 2\pi t$ est nulle :*

$$s_1 = 0.$$

*Peut-on répéter ce truc pour tous les $c_k, k = 0, 1, 2, \ldots$ et tous les $s_k, k = 1, 2, 3, \ldots$ ? Si tel est le cas, tous ces coefficients sont nuls et donc... inutiles ! Quoi qu'il en soit, il nous faut une méthode plus efficace pour calculer ces coefficients.*

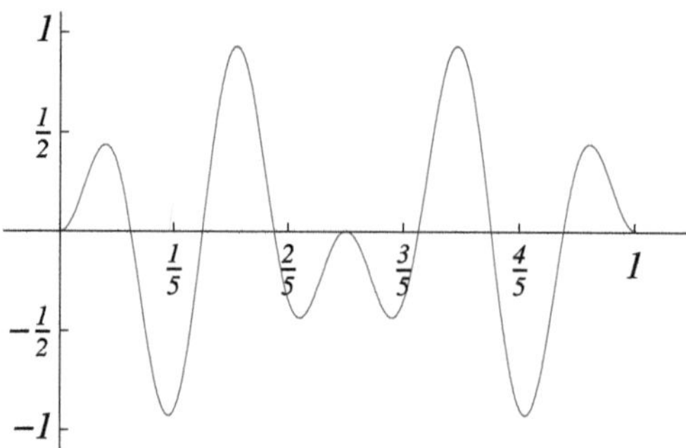


**Fig. 10.6.** Le produit de $f(t)$ et de $\sin 2\pi t$

La proposition suivante nous donne les outils pour faire ce calcul.

**Proposition 10.2** *Soient $m, n \in \mathbb{Z}$. Le delta de Kronecker $\delta_{m,n}$ est défini comme suit : il prend la valeur 1 si $m = n$ et 0 si $m \neq n$. Alors,*

$$2\int_0^1 \cos(2\pi mt)\ \cos(2\pi nt)\,dt = \delta_{m,n} + \delta_{m,-n}; \tag{10.3}$$

$$\int_0^1 \cos(2\pi mt)\ \sin(2\pi nt)\,dt = 0; \tag{10.4}$$

$$2\int_0^1 \sin(2\pi mt)\ \sin(2\pi nt)\,dt = \delta_{m,n} - \delta_{m,-n}. \tag{10.5}$$

PREUVE Appelons

$$I_1 = \int_0^1 \cos(2\pi mt)\cos(2\pi nt)\,dt,$$

$$I_2 = \int_0^1 \cos(2\pi mt)\sin(2\pi nt)\,dt$$

$$\text{et} \qquad I_3 = \int_0^1 \sin(2\pi mt)\sin(2\pi nt)\,dt$$

les trois intégrales à l'étude. Pour les calculer, rappelons les identités

$$\begin{aligned}\cos(\alpha+\beta) &= \cos\alpha\cos\beta - \sin\alpha\sin\beta,\\ \cos(\alpha-\beta) &= \cos\alpha\cos\beta + \sin\alpha\sin\beta,\\ \sin(\alpha+\beta) &= \sin\alpha\cos\beta + \cos\alpha\sin\beta,\\ \sin(\alpha-\beta) &= \sin\alpha\cos\beta - \cos\alpha\sin\beta.\end{aligned}$$

En additionnant les deux premières équations ci-dessus, on trouve :

$$2\cos\alpha\cos\beta = \cos(\alpha+\beta) + \cos(\alpha-\beta).$$

Ainsi,

$$2I_1 = 2\int_0^1 \cos(2\pi mt)\cos(2\pi nt)\,dt = \int_0^1 (\cos(2\pi(m+n)t) + \cos(2\pi(m-n)t))\,dt,$$

qui est facile à intégrer. Si $m+n \neq 0$ et $m-n \neq 0$, alors

$$2I_1 = \left(\frac{\sin(2\pi(m+n)t)}{2\pi(m+n)} + \frac{\sin(2\pi(m-n)t)}{2\pi(m-n)}\right)\Bigg|_0^1 = 0,$$

puisque $m$ et $n$ sont entiers et que $\sin\pi p = 0$ lorsque $p$ est entier. Si, cependant, $m+n=0$ ou $m-n=0$, les primitives que nous avons choisies sont fausses : un des dénominateurs est nul ! (Si $m$ et $n$ sont des entiers nuls ou positifs, $m+n=0$ ne peut se produire que si $m=n=0$.) Si $m-n=0$, par exemple, le second terme $\cos(2\pi(m-n)t)$ de la fonction à intégrer est identiquement égal à 1, et alors

$$\int_0^1 \cos 2\pi(m-n)t\,dt = 1.$$

On trouve donc

$$2I_1 = 2\int_0^1 \cos(2\pi mt)\ \cos(2\pi nt)\,dt = \delta_{m,n} + \delta_{m,-n},$$

où $\delta_{m,n}$ est le delta de Kronecker. On trouve similairement (exercice 2)

$$I_2 = \int_0^1 \cos(2\pi mt)\ \sin(2\pi nt)\,dt = 0$$

et

$$2I_3 = 2\int_0^1 \sin(2\pi mt)\ \sin(2\pi nt)\,dt = \delta_{m,n} - \delta_{m,-n},$$

ce qui termine la preuve. □

**Exemple 10.1 (suite et fin)** *Il est enfin possible de calculer facilement tous les coefficients $c_k$ et $s_k$ de la fonction de l'exemple 10.1. Pour l'onde sonore $f(t) = \sin(4\cdot 2\pi t)$, tous les coefficients $c_k$ et $s_k$ sont nuls* sauf *$s_4$ qui est*

$$s_4 = 1.$$

*Le fait que $s_4$ soit non nul nous dit que $f(t)$ contient une composante vibrant à 4 Hz et que son amplitude est 1. Le fait que tous les autres soient nuls nous indique que $f(t)$ ne contient aucune autre fréquence.*

Ce calcul révèle un peu la nature des coefficients de Fourier :

*Les coefficients de Fourier décrivent le contenu en fréquence et en amplitude de l'onde de pression $f(t)$.*

Il est donc tentant de calculer les coefficients de Fourier du quart de seconde du dernier accord de la Neuvième Symphonie. Mais nous ne connaissons pas $f(t)$ ; nous ne connaissons que sa valeur en $N = 11\,025$ points équidistants dans le temps. Nous allons donc supposer que cet échantillon décrit assez bien $f(t)$ et nous allons remplacer les intégrales par des sommes. Si les $f_i, i = 1, 2, \ldots, N$, désignent les nombres lus sur le disque compact, nous allons calculer les nombres

$$C_k = \frac{1}{N}\sum_{i=1}^{N} f_i \cos\left(2\pi k \frac{i}{N}\right) \quad \text{et} \quad S_k = \frac{1}{N}\sum_{i=1}^{N} f_i \sin\left(2\pi k \frac{i}{N}\right). \tag{10.6}$$

Le temps continu $t$ a été remplacé par un temps discret $t_i = \frac{i}{N}, i = 1, 2, \ldots, N$. Attention : les $k$ ne sont plus exactement les fréquences puisque $k$ est le nombre de cycles des fonctions cos et sin durant un quart de seconde. Pour obtenir la véritable fréquence, il faudra multiplier par quatre le nombre de cycles, et les fréquences seront donc de $(4k)$ Hz. Notons enfin que la correspondance entre une intégrale $\int f(t)\,dt$ et sa discrétisation $\sum f(t_i)\Delta t$ fait intervenir un facteur numérique $\Delta t$ qui est, dans le cas présent, $\Delta t = \frac{1}{N} = \frac{1}{11\,025}$. C'est le facteur devant les deux sommes ci-dessus.

Calculer ces coefficients de Fourier semble un travail redoutable. Mais un ordinateur peut s'en acquitter aisément. Les résultats de ces sommes de $N$ termes sont présentés à la figure 10.7 et à la figure 10.8 pour les basses fréquences. Ces figures contiennent en ordonnée les nombres $e_k = k(C_k^2 + S_k^2)$ pour les fréquences de $(4k)$ Hz, pour $k = 1$ à 1000, et donc pour les fréquences de 4 Hz à 4000 Hz. Les points $(4k, e_k)$ ont été reliés par un trait, et le graphe semble donc être celui d'une fonction continue. Puisque les coefficients $C_k$ et $S_k$ représentent des notes de même fréquence, il est naturel de les joindre en un seul nombre. La somme des carrés $(C_k^2 + S_k^2)$ est reliée au concept d'énergie contenue dans les modes de fréquence $(4k)$ Hz de l'onde de pression. Plusieurs auteurs préfèrent tracer cette somme, et c'est elle (ou sa racine carrée) que nous utiliserons dans les exercices. Cependant, ici, la fonction $(C_k^2 + S_k^2)$ décroît si rapidement lorsque $k$ croît que nous avons choisi, un peu arbitrairement, de mettre un facteur $k$ devant la quantité habituelle. L'image d'un clavier a été ajoutée pour aider à déterminer la hauteur des notes émises. Puisque nous avons choisi une échelle linéaire pour les fréquences, le clavier apparaît déformé.

Sous ces graphes ont été indiquées les fréquences des maxima locaux de $e_k$. On remarquera que les pics de la fonction $e_k$ sont parfois assez larges (par exemple, autour de

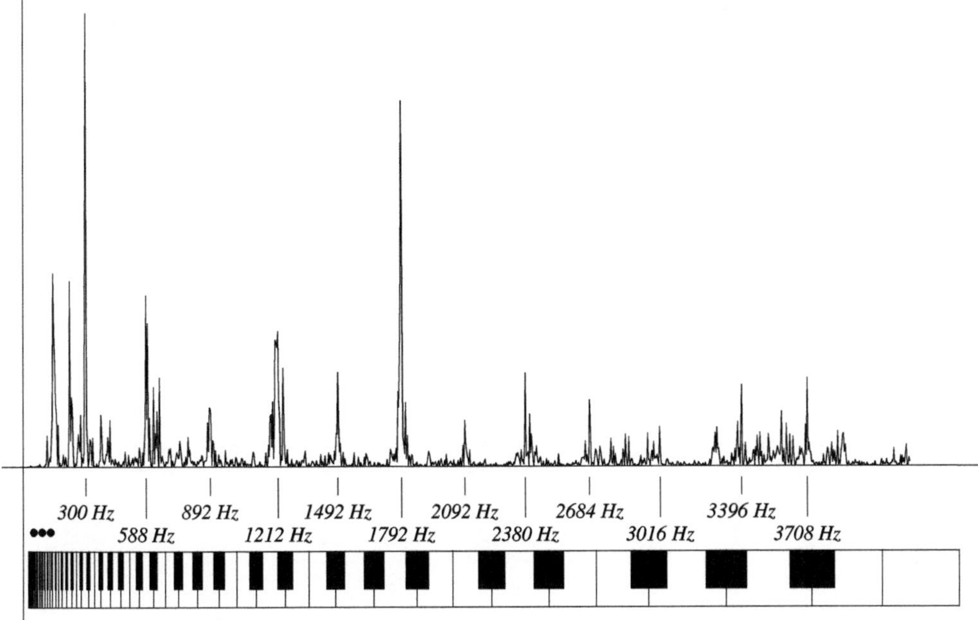


**Fig. 10.7.** La fonction $e_k = k(C_k^2 + S_k^2)$ en fonction de la fréquence $(4k)$ Hz

1212 Hz) et que le choix du maximum local est quelque peu arbitraire pour caractériser le pic.

Quelles sont les fréquences les plus audibles ? On retrouve $144, 300, 588, 1212$ et 2380 Hz, des fréquences très voisines de celles des *ré* (voir la figure 10.3) et également 224, 892 et 1792 Hz qui, elles, sont proches des *la*. Il y a quelques autres fréquences, comme $1492, 2092, 2684, 3016, 3396$ et 3708 Hz, qui semblent avoir été rajoutées pour rendre l'espacement des pics plus régulier. Il faut connaître un peu de physique pour comprendre d'où viennent les *la* (Beethoven n'a demandé que les *ré* !) et les quelques autres fréquences « parasites ».

**Fréquences fondamentale et harmoniques** Pour résoudre l'équation d'onde décrivant les mouvements d'une corde vibrante, comme celles d'un violon, on détermine d'abord tous les mouvements de cette corde pour lesquels chacun des segments de la corde bouge avec la même fréquence. Ces solutions sont toutes de la forme

$$f_k(x,t) = A \sin \frac{\pi k x}{L} \cdot \sin(\omega_k t + \alpha),$$

où $A$ est l'amplitude de l'onde, $L$ la longueur de la corde, $t$ le temps et $x \in [0, L]$ la position sur la corde. La fonction $f_k$ donne le déplacement transversal de la corde par rapport à sa position au repos. (Le mot « transversal » veut dire « perpendiculaire à l'axe de la corde ».) Il y a une infinité de telles solutions $f_k$ ; elles sont étiquetées par

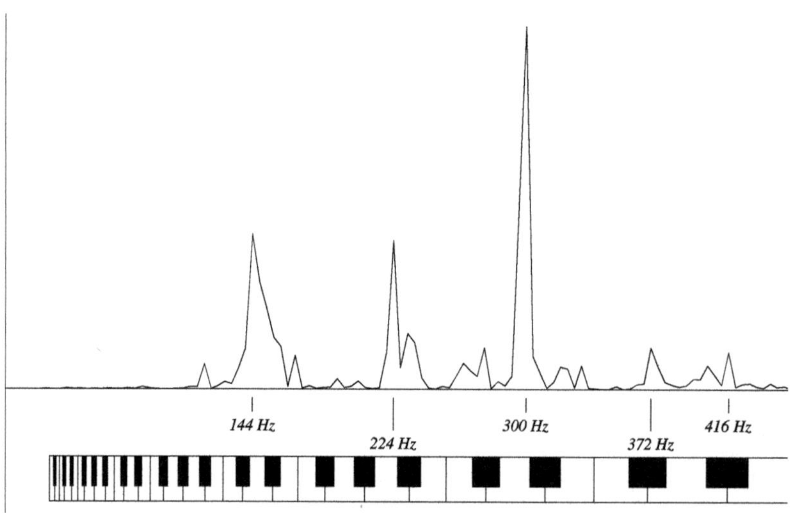


**Fig. 10.8.** La fonction $e_k = k(C_k^2 + S_k^2)$ en fonction de la fréquence $(4k)$ Hz pour les fréquences inférieures à 450 Hz

l'entier $k = 1, 2, \ldots$ La phase[8] $\alpha$ est arbitraire, mais la fréquence $\omega_k$ est complètement déterminée par $k$ et par deux propriétés de la corde : sa densité et sa tension. (Puisqu'il est difficile de changer la densité d'une corde, c'est en variant la tension des cordes que les musiciens accordent leur instrument.) La relation déterminant $\omega_k$ est simplement

$$\omega_k = k\omega_1,$$

où $\omega_1$ est la fréquence fondamentale qui ne dépend que des propriétés physiques (densité et tension). Cette fréquence est dite *fondamentale*. Toutes les autres solutions (tous les autres « sons purs » de la corde) vibrent à des fréquences qui sont des multiples entiers de cette fréquence fondamentale. Ces autres fréquences sont dites *harmoniques*. En général, le mouvement correspondant à la fréquence fondamentale est celui qui domine (même si ce n'est pas toujours le cas), et il est facile d'entendre « la » note que joue l'instrument. Mais cela n'empêche pas que les autres mouvements propres de la corde (les harmoniques) soient aussi présents. Chaque type d'instrument fait ressortir certaines harmoniques plutôt que d'autres ; l'importance relative de ces harmoniques détermine en partie le timbre des instruments. La présence de ces harmoniques est donc un des outils que l'oreille et le cerveau utilisent pour différencier les instruments[9]. Ce ne sont

[8] L'oreille ne perçoit pas les phases. Plus précisément, deux sources émettant le même son pur avec un déphasage l'une par à rapport à l'autre seront perçues identiquement.

[9] Un maître enseignant un instrument va souvent conseiller son élève pour que le son qu'il produise soit beau. Si le maître et ses élèves connaissaient les sciences, le maître pourrait également dire : « Pourriez-vous changer légèrement les coefficients de Fourier de cette note ? »

pas les seules caractéristiques du son que l'oreille utilise ; un autre élément crucial est, par exemple, l'*attaque*, c'est-à-dire les premières fractions de seconde pendant lesquelles le son est produit.

La présence des fréquences harmoniques qu'explique la physique rend bien compte de la figure 10.7. En effet, à partir de 300 Hz (qui est proche des 293,7 Hz d'un des *ré* du piano), on trouve dans la figure un pic proche de tous les multiples entiers de 293,7 Hz jusqu'à $9 \times 293{,}7 = 2643$ Hz, fréquence très proche de 2684 Hz. Les pics suivants marqués sur la figure s'écartent un peu des multiples entiers. On observe le même phénomène à la figure 10.8 donnant les basses fréquences. Le premier pic se situe à 144 Hz, très près du *ré* vibrant à 146,8 Hz (le *ré* le plus grave demandé par la partition), et certains des premiers multiples entiers de cette fréquence sont également visibles. La figure 10.8 indique enfin un mode proche du *la* à 220,2 Hz ; cette fréquence est trois fois la fréquence du *ré* à 73,4. Mais ce *ré* n'est pas joué par l'orchestre ; ce *la* n'est donc pas aisément expliqué.

L'analyse de Fourier fait plus qu'extraire l'intensité de certaines fréquences dans une fonction $f$. En fait, le théorème suivant, dû à Dirichlet, dit que les nombres $c_k$ et $s_k$ décrivent *complètement* la fonction $f$ si celle-ci est suffisamment régulière.

**Théorème 10.3 (Dirichlet)** *Soit $f : \mathbb{R} \to \mathbb{R}$ une fonction périodique de période 1 (c'est-à-dire telle que $f(x+1) = f(x)$) et une fois continûment différentiable. Soient $c_k$ et $s_k$ les coefficients donnés par les équations (10.1–10.2). Alors,*

$$f(x) = \frac{c_0}{2} + \sum_{k=1}^{\infty} (c_k \cos 2\pi kx + s_k \sin 2\pi kx) \qquad \forall x \in \mathbb{R}; \tag{10.7}$$

*plus précisément, la série du membre de droite converge uniformément vers $f$.*

Est-ce que ceci veut dire que les nombres $C_k$ et $S_k$ que nous avons calculés peuvent être utilisés pour reconstruire l'onde sonore ? Oui, et pour nous en convaincre, nous avons superposé, à la figure 10.9, le premier centième de seconde (figure 10.2) et sa reconstruction

$$\frac{C_0}{2} + \sum_{k=1}^{800} (C_k \cos 2\pi kt + S_k \sin 2\pi kt) .$$

Notons que nous avons limité la somme aux valeurs de $k$ de 1 à 800 plutôt que de 1 à $\infty$ comme le demande le théorème de Dirichlet. Bien que le nombre de termes conservés soit fini, l'accord général est très bon, mais toutes les oscillations rapides ont été aplanies. Ceci n'est pas surprenant ; il faudrait ajouter plusieurs termes à la somme ci-dessus pour reproduire ces oscillations de grandes fréquences. Rappelons de plus que les coefficients $C_k$ et $S_k$ utilisés dans la somme ne sont que des approximations obtenues par discrétisation des intégrales définissant les $c_k$ et $s_k$. Existe-t-il une forme discrète

Le spectre d'un instrument, c'est-à-dire l'ensemble et l'amplitude des fréquences qu'il émet, est un des outils aussi utilisés par les synthétiseurs de sons.

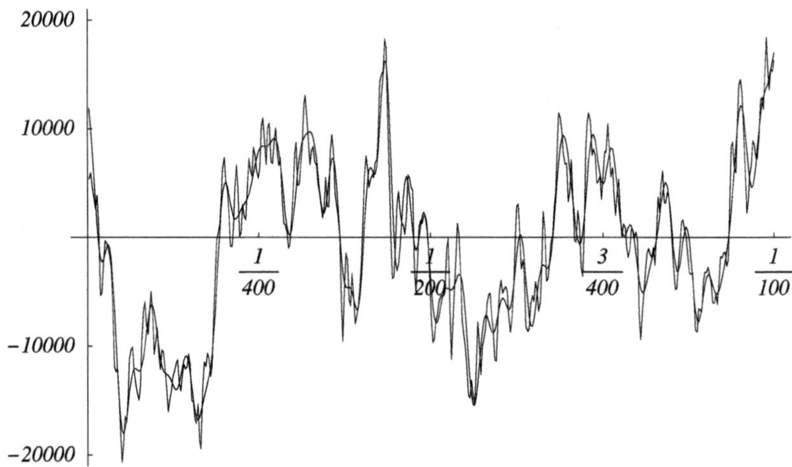


**Fig. 10.9.** Le premier centième de seconde de la figure 10.2 et sa reconstruction à partir des premiers coefficients de Fourier $C_k, k = 0, 1, \ldots, 800$ et $S_k, k = 1, 2, \ldots, 800$

du théorème de Dirichlet ? Et si oui, combien de termes de plus seront nécessaires pour reproduire exactement la fonction palier donnée à la figure 10.2 ? La section suivante répondra à ces questions.

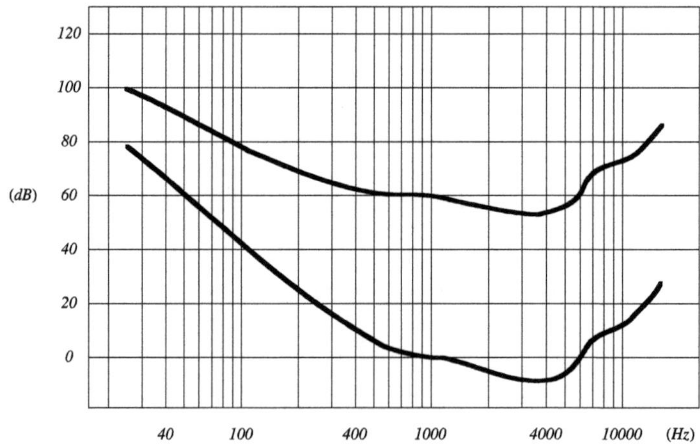


**Fig. 10.10.** Le seuil d'audition (courbe inférieure) et une courbe de perception constante à 60 dB (courbe supérieure) en fonction de la fréquence

Nous terminerons cette étude du dernier accord de la Neuvième Symphonie sur une note *physiologique* importante. Les sons de fréquence 144, 224 et 300 Hz sur la figure 10.7 dominent largement tous les autres. (Rappelons que nous avons tracé les quantités $e_k = k(C_k^2 + S_k^2)$ sur les figures 10.7 et 10.8, alors qu'il est habituel d'utiliser $(C_k^2 + S_k^2)$. Sans le facteur $k$, le pic en 1792 Hz serait environ six fois plus petit que celui qui avoisine 300 Hz.) Comment se fait-il que ces trois sons n'assourdissent pas complètement tous les autres ? La physiologie humaine explique ce phénomène. En 1933, deux chercheurs, H. Fletcher et W. Munson, ont proposé une façon de relier les mesures physiques de la pression d'une onde sonore à la perception moyenne humaine. Sur la figure 10.10, la courbe inférieure représente le *seuil d'audition* en fonction de la fréquence. (Chaque humain a sa propre courbe de seuil d'audition, et celle qui est représentée ici est une moyenne.) Notons d'abord que l'échelle des fréquences y est logarithmique. L'échelle verticale en dB (décibel) est elle-même une échelle logarithmique dissimulée. En effet, l'unité décibel est telle qu'une augmentation de dix unités correspond à un facteur 10 en intensité, et une augmentation de 20 unités, à un facteur 100. La table 10.1 donne une liste de bruits et de sons usuels avec leur intensité en décibel. Le seuil d'audition est l'intensité minimale requise pour que l'oreille humaine décèle un son. Ce seuil dépend de la fréquence. C'est entre 2 et 5 kHz (c'est-à-dire 2000 à 5000 Hz) que l'oreille humaine est la plus sensible, comme l'indique la figure 10.10. Il est plus difficile pour nous de percevoir les fréquences entre 20 et 200 Hz et celles au-dessus de 8 kHz. Quoique ces chiffres soient approximatifs et qu'ils dépendent des individus (et de leur âge !), la grande majorité des gens ne perçoivent, ni les fréquences inférieures à 20 Hz, ni celles supérieures à 20 kHz. Ces données physiologiques expliquent donc pourquoi les quelques sons entre 100 et 300 Hz de la figure 10.7 ne nous assourdissent pas. De plus, elles nous donnent un indice crucial pour la prochaine section. La figure 10.10 présente une seconde courbe qui croise la droite des 60 dB à 1000 Hz. Cette courbe est la *courbe de perception constante* à 60 dB. Le long de cette courbe, l'oreille humaine perçoit un son d'intensité constante. Ainsi un « humain type » qui entend coup sur coup un son à 200 Hz de 70 dB et un autre à 1000 Hz de 60 dB dira que l'intensité des deux sons est la même. Cette perception est clairement subjective, et une telle courbe n'a de sens que si elle représente la moyenne sur un grand échantillon. Depuis les premiers travaux de Fletcher et Munson, ces définitions ont été raffinées, et les mesures, répétées. L'allure générale des courbes n'a cependant pas changé : c'est entre 2000 et 5000 Hz que l'oreille humaine est la plus sensible.

## 10.4 La fréquence de Nyquist et le pourquoi du 44 100

La section précédente a décrit de façon intuitive la méthode par laquelle les mathématiques appréhendent le son : *l'onde de pression est une fonction qui est la somme de « sons purs » ayant une fréquence déterminée. Pour un intervalle de temps donné, ces sons purs sont des fonctions trigonométriques (*sin *et* cos*) de fréquence donnée, et*

| **Source** | **Intensité en W/m$^2$** | **Niveau d'intensité en dB** |
|---|---|---|
| Seuil de l'audition | $10^{-12}$ | 0 |
| Mouvement des feuilles d'un arbre | $10^{-11}$ | 10 |
| Chuchotement | $10^{-10}$ | 20 |
| Conversation normale | $10^{-6}$ | 60 |
| Rue animée | $10^{-5}$ | 70 |
| Aspirateur | $10^{-4}$ | 80 |
| Grand orchestre | $6{,}3 \times 10^{-3}$ | 98 |
| Baladeur à pleine puissance | $10^{-2}$ | 100 |
| Concert rock (aux premiers rangs) | $10^{-1}$ | 110 |
| Seuil de la douleur | $10^{+1}$ | 130 |
| Décollage d'un jet militaire | $10^{+2}$ | 140 |
| Perforation du tympan | $10^{+4}$ | 160 |

**Tab. 10.1.** Quelques sources de bruit ou de son et leur intensité

*l'onde de pression est la superposition (la somme) de ces sons purs pondérés par les coefficients de Fourier.*

Dans cette section, nous poserons la question : à quel intervalle doit-on échantillonner l'onde de pression pour que le contenu en fréquences audibles soit reproduit correctement ? Nous répondrons à cette question en deux étapes.

**Le cas des fréquences entières** Pour la première étape, nous ferons l'hypothèse que la musique que nous désirons numériser ne contient que des sons purs de fréquence entière (1, 2, 3,... Hz). L'oreille humaine perçoit les fréquences de 20 Hz à 20 kHz approximativement. Par combien de paliers devons-nous remplacer la fonction « onde de pression » pour que l'oreille humaine ne puisse pas déceler le processus de numérisation ? En vertu de l'hypothèse ci-dessus, l'onde de pression perçue par l'oreille est une superposition de sons purs de fréquence entre 20 Hz et 20 kHz :

$$f(t) = \sum_{k=20}^{20000} (c_k \cos 2\pi kt + s_k \sin 2\pi kt)\,. \tag{10.8}$$

La donnée des $c_k, s_k$ pour $k = 20, 21, \ldots, 20\,000$ détermine complètement la fonction. (Par simplicité, nous commencerons à l'avenir les sommes de sons purs à $k = 0$.) Est-il possible de remplacer la donnée des $c_k$ et $s_k$ par la donnée de valeurs de $f$ à intervalles constants

$$f_i = f(i\Delta), \qquad i = 1, 2, \ldots$$

sans perte d'information ? Et si oui, quel est l'intervalle de temps $\Delta$ entre les moments où la fonction doit être évaluée ?

Plutôt que d'attaquer le cas général immédiatement, commençons par un exemple particulier simple à partir duquel nous pourrons comprendre la mécanique des calculs.

**Exemple 10.4** *Ici, au lieu de considérer les sons purs de fréquence entre* 20 *Hz et* 20 *kHz, nous allons nous limiter à trois fréquences et considérer la somme :*

$$f(t) = \tfrac{1}{2}c_0 + c_1 \cos 2\pi t + c_2 \cos 4\pi t + c_3 \cos 6\pi t + s_1 \sin 2\pi t + s_2 \sin 4\pi t \tag{10.9}$$

*pour* $t \in [0,1]$. *Le terme* $c_0$ *a été ajouté pour simplifier l'analyse ; il ne devrait pas jouer un rôle très important lorsque nous considérerons* 20 000 *sons purs. Enfin on remarquera que le terme* $\sin 6\pi t$ *a été omis ; nous reviendrons sur cette omission ci-dessous.*

*Cette onde de pression simplifiée est déterminée par les six nombres réels* $c_0, c_1, c_2, c_3, s_1, s_2$. *Nous allons voir à l'instant que la relation entre ces nombres et les valeurs* $f_i = f(i\Delta)$ *de la fonction* $f$ *est linéaire. Il faudra donc au moins six valeurs* $f_i$ *pour déterminer* $c_0, c_1, c_2, c_3, s_1, s_2$. *Nous essaierons donc* $\Delta = \frac{1}{6}$, *et les* $f_i$ *seront données par*

$$f_i = f(\tfrac{i}{6}), \qquad i = 0, 1, 2, 3, 4, 5.$$

*Ces valeurs peuvent être calculées à partir de (10.9). Par exemple,* $f_1$ *est*

$$\begin{aligned} f_1 &= \tfrac{1}{2}c_0 + c_1 \cos 2\pi(\tfrac{1}{6}) + c_2 \cos 4\pi(\tfrac{1}{6}) + c_3 \cos 6\pi(\tfrac{1}{6}) + s_1 \sin 2\pi(\tfrac{1}{6}) + s_2 \sin 4\pi(\tfrac{1}{6}) \\ &= \tfrac{1}{2}c_0 + \tfrac{1}{2}c_1 - \tfrac{1}{2}c_2 - c_3 + \tfrac{\sqrt{3}}{2}s_1 + \tfrac{\sqrt{3}}{2}s_2. \end{aligned}$$

*En répétant ce calcul pour les cinq autres valeurs* $f_i$, *on obtient :*

$$\begin{aligned} f_0 &= \tfrac{1}{2}c_0 + c_1 + c_2 + c_3 \\ f_1 &= \tfrac{1}{2}c_0 + \tfrac{1}{2}c_1 - \tfrac{1}{2}c_2 - c_3 + \tfrac{\sqrt{3}}{2}s_1 + \tfrac{\sqrt{3}}{2}s_2 \\ f_2 &= \tfrac{1}{2}c_0 - \tfrac{1}{2}c_1 - \tfrac{1}{2}c_2 + c_3 + \tfrac{\sqrt{3}}{2}s_1 - \tfrac{\sqrt{3}}{2}s_2 \\ f_3 &= \tfrac{1}{2}c_0 - c_1 + c_2 - c_3 \\ f_4 &= \tfrac{1}{2}c_0 - \tfrac{1}{2}c_1 - \tfrac{1}{2}c_2 + c_3 - \tfrac{\sqrt{3}}{2}s_1 + \tfrac{\sqrt{3}}{2}s_2 \\ f_5 &= \tfrac{1}{2}c_0 + \tfrac{1}{2}c_1 - \tfrac{1}{2}c_2 - c_3 - \tfrac{\sqrt{3}}{2}s_1 - \tfrac{\sqrt{3}}{2}s_2. \end{aligned}$$

*On peut réécrire ce système sous forme matricielle :*

$$\begin{pmatrix} f_0 \\ f_1 \\ f_2 \\ f_3 \\ f_4 \\ f_5 \end{pmatrix} = \begin{pmatrix} \frac{1}{2} & 1 & 1 & 1 & 0 & 0 \\ \frac{1}{2} & \frac{1}{2} & -\frac{1}{2} & -1 & \frac{\sqrt{3}}{2} & \frac{\sqrt{3}}{2} \\ \frac{1}{2} & -\frac{1}{2} & -\frac{1}{2} & 1 & \frac{\sqrt{3}}{2} & -\frac{\sqrt{3}}{2} \\ \frac{1}{2} & -1 & 1 & -1 & 0 & 0 \\ \frac{1}{2} & -\frac{1}{2} & -\frac{1}{2} & 1 & -\frac{\sqrt{3}}{2} & \frac{\sqrt{3}}{2} \\ \frac{1}{2} & \frac{1}{2} & -\frac{1}{2} & -1 & -\frac{\sqrt{3}}{2} & -\frac{\sqrt{3}}{2} \end{pmatrix} \begin{pmatrix} c_0 \\ c_1 \\ c_2 \\ c_3 \\ s_1 \\ s_2 \end{pmatrix}.$$

*Comme nous l'avions annoncé précédemment, la relation entre les coefficients de Fourier* $c_0, c_1, c_2, c_3, s_1, s_2$ *et les valeurs* $f_i$ *de* $f$ *est linéaire. La question d'équivalence* *entre les ensembles des $c_i$ et $s_i$ d'une part, et des $f_i$ d'autre part, est donc : est-ce que cette matrice est inversible ? Elle l'est si son déterminant est non nul. Plusieurs de ses lignes sont fort semblables, et on peut le calculer assez aisément en faisant d'abord des opérations sur les lignes et sur les colonnes. Il est plus facile de le faire soi-même, mais voici quand même des étapes intermédiaires. (Si vous le faites, ces résultats intermédiaires seront probablement différents !) À l'aide d'opérations élémentaires sur les lignes, le déterminant de cette matrice peut être mis sous la forme*

$$2\begin{vmatrix} \frac{1}{2} & 0 & 1 & 0 & 0 & 0 \\ 0 & 0 & 0 & 0 & \sqrt{3} & \sqrt{3} \\ 0 & 0 & 0 & 0 & \sqrt{3} & -\sqrt{3} \\ 0 & -1 & 0 & -1 & 0 & 0 \\ \frac{1}{2} & -\frac{1}{2} & -\frac{1}{2} & 1 & 0 & 0 \\ \frac{1}{2} & \frac{1}{2} & -\frac{1}{2} & -1 & 0 & 0 \end{vmatrix},$$

*et, à l'aide d'opérations sur les colonnes, sous la forme*

$$\begin{vmatrix} 3 & 0 & 0 & 0 & 0 & 0 \\ 0 & 0 & 0 & 0 & 2\sqrt{3} & 0 \\ 0 & 0 & 0 & 0 & 0 & -\sqrt{3} \\ 0 & 0 & 0 & -3 & 0 & 0 \\ 0 & 0 & -1 & 0 & 0 & 0 \\ 0 & \frac{1}{2} & 0 & 0 & 0 & 0 \end{vmatrix}.$$

*Le calcul est maintenant aisé, on trouve que le déterminant est égal à 27, et la matrice est inversible. Ainsi, une onde de pression de la forme générale (10.9) peut être spécifiée complètement par ses six valeurs $f_i = f(i/6)$ pour $i = 0, 1, 2, 3, 4, 5$.*

*Nous pouvons comprendre maintenant pourquoi nous n'avons pas introduit dans cet exemple simple le son pur $\sin 6\pi t$. Si nous l'avions fait, deux possibilités se seraient présentées à nous. La première aurait été d'omettre $c_0$ pour garder le nombre de constantes à six. Alors, nous aurions encore échantillonné $f$ tous les $\Delta = \frac{1}{6}$. Mais $\sin 6\pi(\frac{i}{6}) = \sin i\pi$ s'annule pour tout $i = 0, \ldots, 5$. La matrice aurait contenu une colonne nulle et n'aurait pas été inversible. La seconde possibilité aurait été de conserver $c_0$ et d'échantillonner tous les $\Delta = \frac{1}{7}$. La matrice résultante est également inversible, mais les calculs auraient été beaucoup plus difficiles, car les fonctions trigonométriques ne prennent pas des valeurs simples pour les multiples de $\frac{2\pi}{7}$.*

Le cas général est conceptuellement aussi simple. Cependant, la preuve la plus directe utilise la représentation des fonctions trigonométriques en termes des fonctions exponentielles complexes. L'avantage de cette représentation est que l'on peut calculer explicitement l'inverse de la matrice, plutôt que seulement son déterminant.

Rappelons que

$$\left.\begin{array}{rcl} e^{i\alpha} & = & \cos\alpha + i\sin\alpha \\ e^{-i\alpha} & = & \cos\alpha - i\sin\alpha \end{array}\right\} \Longleftrightarrow \left\{\begin{array}{rcl} \cos\alpha & = & \frac{1}{2}(e^{i\alpha} + e^{-i\alpha}) \\ \sin\alpha & = & \frac{1}{2i}(e^{i\alpha} - e^{-i\alpha}) \end{array}\right.$$

où $i = \sqrt{-1}$. Alors, la somme de fonctions trigonométriques de même fréquence

$$c_k \cos 2\pi kt + s_k \sin 2\pi kt$$

peut être remplacée par

$$\begin{aligned} c_k \cos 2\pi kt + s_k \sin 2\pi kt &= \frac{1}{2} c_k (e^{2\pi ikt} + e^{-2\pi ikt}) + \frac{1}{2i} s_k (e^{2\pi ikt} - e^{-2\pi ikt}) \\ &= \frac{1}{2}(c_k - is_k) e^{2\pi ikt} + \frac{1}{2}(c_k + is_k) e^{-2\pi ikt}. \end{aligned}$$

En introduisant de nouveaux coefficients de Fourier (qui sont maintenant complexes)

$$d_k = \frac{1}{2}(c_k - is_k), \qquad d_{-k} = \frac{1}{2}(c_k + is_k), \qquad k \neq 0,$$

on a

$$c_k \cos 2\pi kt + s_k \sin 2\pi kt = d_k e^{2\pi ikt} + d_{-k} e^{-2\pi ikt}.$$

On définit enfin $d_0 = \frac{1}{2} c_0$. Une onde de pression contenant tous les sons purs de fréquence 0 à $N$ est de la forme

$$\frac{c_0}{2} + \sum_{k=1}^{N} (c_k \cos 2\pi kt + s_k \sin 2\pi kt)$$

ou, avec ces nouveaux coefficients,

$$\sum_{k=-N}^{N} d_k e^{2\pi ikt}.$$

Pour des raisons de simplicité, nous laisserons tomber le « son » $e^{2\pi iNt}$, ce qui ramène à précisément $2N$ le nombre de coefficients $d_k$ dans l'expression ci-dessus. En effet, l'indice $k$ dans la somme précédente prend les $(2N+1)$ valeurs $-N, -N+1, \ldots, -1, 0, 1, \ldots, N-1, N$. L'omission d'un terme ne réduit pas la généralité du résultat : en effet, si la dernière fréquence $N$ est audible, il suffit d'utiliser une somme de $(N+1)$ fréquences. Nous supposerons donc

$$f(t) = \sum_{k=-N}^{N-1} d_k e^{2\pi ikt}. \tag{10.10}$$

Il y a $2N$ coefficients $d_k$ dans la forme générale (10.10), et il est raisonnable, comme nous l'avons vu dans l'exemple simplifié précédent, de proposer un échantillonnage à chaque intervalle $\Delta = \frac{1}{2N}$ de seconde. Les valeurs $f_l$ seront donc

$$f_l = f(l\Delta) = \sum_{k=-N}^{N-1} d_k e^{2\pi ikl/2N}, \qquad l = 0, 1, \ldots, 2N-1. \tag{10.11}$$

Est-ce que l'ensemble des $d_k$ peut être déduit univoquement de l'ensemble des $f_l, l = 0, 1, \ldots, 2N-1$ ? Ou, en d'autres mots, est-ce que la matrice

$$\left\{e^{2\pi ikl/2N}\right\}_{-N\leq k\leq N-1, 0\leq l\leq 2N-1} \tag{10.12}$$

peut être inversée ?

La réponse dépend de l'observation simple suivante. Soient $p$ un nombre rationnel et $n$ un entier tels que $e^{2\pi ipn} = 1$. Alors,

$$\sum_{l=0}^{n-1} e^{2\pi ipl} = \begin{cases} 0, & \text{si } e^{2\pi ip} \neq 1, \\ n, & \text{si } e^{2\pi ip} = 1. \end{cases} \tag{10.13}$$

Pour le prouver, utilisons l'expression des sommes partielles de la somme géométrique

$$\begin{aligned} \sum_{l=0}^{n-1} e^{2\pi ipl} &= \frac{1 - e^{2\pi ipn}}{1 - e^{2\pi ip}} \qquad \text{si } e^{2\pi ip} \neq 1 \\ &= \frac{1-1}{1 - e^{2\pi ip}} = 0. \end{aligned}$$

Si $e^{2\pi ip} = 1$, alors

$$\sum_{l=0}^{n-1} e^{2\pi ipl} = \sum_{l=0}^{n-1} (1)^l = n.$$

La relation (10.13) suggère de faire des combinaisons linéaires des équations (10.11) comme suit. Multiplions les membres de gauche et de droite de l'équation (10.11) par $e^{-2\pi iml/2N}$ et sommons sur $l = 0, 1, \ldots, 2N-1$. Le membre de gauche devient

$$A_m = \sum_{l=0}^{2N-1} e^{-2\pi iml/2N} f_l,$$

et le membre de droite peut être simplifié comme suit

$$\begin{aligned} A_m &= \sum_{l=0}^{2N-1} \sum_{k=-N}^{N-1} d_k e^{-2\pi iml/2N} e^{2\pi ikl/2N} \\ &= \sum_{k=-N}^{N-1} d_k \sum_{l=0}^{2N-1} e^{2\pi il(k-m)/2N}. \end{aligned}$$

L'indice $k$ des $d_k$ est un entier dans l'intervalle $[-N, N-1]$. Si on limite l'entier $m$ à ce même intervalle, la différence $k-m$ est un entier dans l'intervalle $[-(2N-1), 2N-1]$, et le nombre $e^{2\pi ip}$, où $p = (k-m)/2N$, ne sera pas égal à 1 à moins que $k = m$. Ainsi, la relation (10.13) permet d'obtenir

$$A_m = 2N \sum_{k=-N}^{N-1} d_k \delta_{k,m}.$$

Quel que soit l'entier $m \in [-N, N-1]$, un (et un seul) des termes de cette dernière somme aura $k = m$ et donc

$$A_m = 2N d_m.$$

Ainsi, l'ensemble des $d_k, k = -N, -N+1, \dots, N-1$, peut être obtenu de l'ensemble des $f_l, l = 0, 1, \dots, 2N-1$ par l'expression

$$d_k = \frac{1}{2N} A_k = \frac{1}{2N} \sum_{l=0}^{2N-1} f_l e^{-2\pi i k l/2N}. \tag{10.14}$$

En conclusion, pour reproduire toutes les fréquences (entières) jusqu'à la fréquence maximale $N$, il faut échantillonner la fonction au rythme de $2N$ valeurs à la seconde, et vice versa, si une mesure de l'onde de pression est faite tous les intervalles $\Delta$ pendant une seconde, l'amplitude des modes de fréquence jusqu'à

$$f_{\text{Nyquist}} = \frac{1}{2\Delta} \tag{10.15}$$

peut être reproduite. Cette fréquence maximale, dite *fréquence de Nyquist*, porte le nom de l'ingénieur qui s'est intéressé au problème de la fidélité de transmission et de reproduction des signaux analogues [6]. Pour le cas des fréquences entières, ce résultat est une conséquence élémentaire de l'analyse de Fourier ; il est cependant un élément central de la transformation d'un signal analogique (ou continu) comme l'onde sonore en signal numérique (ou discret).

Rappelons que ce calcul a été fait sous l'hypothèse que les fréquences émises sont des nombres entiers. L'inversibilité de la transformation linéaire $\{f_l, 0 \le l \le 2N-1\} \mapsto \{d_k, -N \le k \le N-1\}$ assure donc qu'un de ces deux ensembles permet de reconstruire l'autre. Une mise en garde, cependant : le théorème de Dirichlet dit que la reconstruction d'une fonction $f$ est parfaite si les coefficients $c_k$ et $s_k$ définis par (10.1) et (10.2) sont utilisés. Il sera montré en exercice que la formule pour les coefficients $d_k$ des ondes complexes est

$$d_k = \int_0^1 f(t) e^{-2\pi i k t} dt.$$

Or, dans l'argument ci-dessus, cette intégrale est remplacée par la somme finie (10.14). Il semble donc y avoir deux façons de calculer les coefficients $d_k$ lorsque les fréquences intervenant dans $f$ sont bornées. L'exercice 11 montrera que ces deux façons de calculer $d_k$ coïncident. En pratique, les lecteurs de disques compacts ne calculent ni les $d_k$ ni les coefficients $c_k$ et $s_k$ pour reconstruire l'onde sonore continue. Ils utilisent directement les $f_l$ pour produire une fonction continue $f(t)$ qui épouse bien la fonction en escalier donnée par les $f_l$.

Les ingénieurs de Philips et de Sony, sachant que la perception humaine ne dépasse pas la fréquence de 20 kHz, ont choisi un nombre (44 100) légèrement supérieur aux $2 \times 20\,000 = 40\,000$ valeurs prescrites par la borne de Nyquist. Voilà donc la raison annoncée au début du chapitre. La valeur exacte (44 100 plutôt que 40 000) a été déterminée par d'autres technologies existantes à l'époque [7]. Les premiers appareils d'enregistrement numérique utilisaient les vidéocassettes comme support. Or l'image vidéo du standard européen PAL possède 294 lignes par champ vidéo, chacune en trois couleurs, et est rafraîchie 50 fois à la seconde. Ce standard requiert donc $294 \times 3 \times 50 = 44\,100$ nombres à la seconde. C'est donc un peu par hasard que le nombre précis 44 100 a été choisi ; la seule contrainte que les ingénieurs devaient respecter était que $\frac{1}{\Delta} \leq 2 f_{\text{Nyquist}} = 2 \times 20\,000$ Hz.

**Le cas des fréquences continues** La deuxième étape de cette section consiste à étudier ce qui arrive si l'hypothèse des fréquences entières est abandonnée. L'onde de pression pourra alors contenir n'importe quelle fréquence $\omega$ entre 0 et le maximum audible $\sigma$, par exemple 20 000 Hz. (Si nous continuons à utiliser les ondes complexes $e^{2\pi i \omega t}$, alors la fréquence $\omega$ appartient à l'intervalle $[-\sigma, \sigma]$.) Cette situation est alors plus difficile ; la représentation de l'onde de pression à l'aide d'une somme finie telle que (10.8) ne tient plus, et il faut la remplacer par une intégrale sur toutes les fréquences $\omega$ permises, soit

$$f(t) = \int_0^\sigma \mathcal{C}(\omega) \cos(2\pi\omega t) d\omega + \int_0^\sigma \mathcal{S}(\omega) \sin(2\pi\omega t) d\omega,$$

ou

$$f(t) = \int_{-\sigma}^{\sigma} \mathcal{F}(\omega) e^{2\pi i \omega t} d\omega \tag{10.16}$$

si les ondes complexes sont utilisées. Les trois fonctions $\mathcal{C}(\omega)$, $\mathcal{S}(\omega)$ et $\mathcal{F}(\omega)$ jouent le rôle des $c_k$ et $s_k$ dans le théorème de Dirichlet (équation (10.7)) ou des $d_k$ dans l'équation (10.10). Elles décrivent le contenu en fréquence et en amplitude de la fonction onde de pression $f(t)$. Malgré ce surcroît de complexité, le théorème suivant indique qu'à nouveau, la fréquence de Nyquist joue le rôle-clé pour déterminer la cadence de l'échantillonnage.

Introduisons tout d'abord deux définitions. Soit sinc : $\mathbb{R} \to \mathbb{R}$ la fonction définie par

$$\operatorname{sinc}(x) = \begin{cases} 1, & \text{si } x = 0, \\ \frac{\sin \pi x}{\pi x}, & \text{si } x \neq 0. \end{cases} \tag{10.17}$$

La contribution de chaque fréquence $\omega$ à l'onde est donnée par la *transformée de Fourier* $\mathcal{F}$ de la fonction $f$ définie par

$$\mathcal{F}(\omega) = \int_{-\infty}^{\infty} f(x) e^{-2\pi i \omega x} dx.$$

(La fonction $f$ doit satisfaire à certaines conditions pour que sa transformée de Fourier $\mathcal{F}$ existe ; par exemple, sa valeur absolue doit décroître assez rapidement à $\pm\infty$. Nous supposerons que ces conditions sont satisfaites.) Comme nous l'avons dit, c'est cette fonction $\mathcal{F}$ qui joue, dans la représentation (10.16), le rôle des coefficients de Fourier $c_k$ et $s_k$ dans la représentation de Dirichlet (10.7). Notons que le domaine de $\mathcal{F}$ est $\mathbb{R}$, alors que les $c_k$ et $s_k$ sont étiquetés par un entier $k$. Il est donc possible de dériver $\mathcal{F}$ par rapport à $\omega$. Voici enfin le théorème d'échantillonnage.

**Théorème 10.5 (d'échantillonnage)** *Soit $f$ une fonction dont la transformée de Fourier $\mathcal{F}$ est nulle en dehors de l'intervalle $[-\sigma,\sigma]$ pour un certain $\sigma$ fixé. Soit $\Delta$ choisi tel que $\Delta \le \frac{1}{2\sigma}$. Si $\mathcal{F}$ est continûment différentiable, alors la série*

$$g(t) = \sum_{n=-\infty}^{\infty} f(n\Delta)\ \mathrm{sinc}\left(\frac{t-n\Delta}{\Delta}\right) \tag{10.18}$$

*converge uniformément vers $f$ sur $\mathbb{R}$. (La fonction* sinc *est donnée en* (10.17)*.)*

Nous ne prouverons pas ce théorème. Mais nous pouvons expliquer de façon intuitive la présence de la curieuse fonction sinc. Puisque les hypothèses du théorème affirment que la transformée $\mathcal{F}$ de $f$ est différente de zéro uniquement sur l'intervalle $[-\sigma,\sigma]$, la reconstruction de $f$ à l'aide de (10.16) procède par les étapes élémentaires suivantes

$$\begin{aligned}
f(t) &= \int_{-\sigma}^{\sigma} \mathcal{F}(\omega) e^{2\pi i\omega t} d\omega \\
&= \int_{-\sigma}^{\sigma} \left( \int_{-\infty}^{\infty} f(x) e^{-2\pi i\omega x} dx \right) e^{2\pi i\omega t} d\omega \\
&= \int_{-\sigma}^{\sigma} \left( \int_{-\infty}^{\infty} f(x) e^{2\pi i\omega(t-x)} dx \right) d\omega \\
&\stackrel{1}{=} \int_{-\infty}^{\infty} f(x) \left( \int_{-\sigma}^{\sigma} e^{2\pi i\omega(t-x)} d\omega \right) dx \\
&\stackrel{2}{=} \int_{-\infty}^{\infty} f(x) \left. \frac{e^{2\pi i\omega(t-x)}}{2i\pi(t-x)} \right|_{-\sigma}^{\sigma} dx \\
&= \int_{-\infty}^{\infty} f(x) \frac{e^{2\pi i\sigma(t-x)} - e^{-2\pi i\sigma(t-x)}}{2i\pi(t-x)} dx \\
&= \int_{-\infty}^{\infty} f(x) \frac{\sin(2\pi\sigma(t-x))}{\pi(t-x)} dx \\
&= 2\sigma \int_{-\infty}^{\infty} f(x)\ \mathrm{sinc}\ (2\sigma(t-x)) dx.
\end{aligned}$$

Deux remarques sur ces étapes. Premièrement, l'égalité marquée d'un 1 n'est pas rigoureuse, car, en général, il n'est pas possible d'intervertir l'ordre de deux intégrales. Deuxièmement, la primitive obtenue pour l'intégration sur la variable $\omega$ est juste (égalité marquée d'un 2), sauf lorsque $t = x$. En ce point, la primitive devrait être $\omega$ et l'intégrale,

$2\sigma$. Mais ceci est précisément la valeur accordée à cette intégrale en $t = x$ dans la dernière ligne puisque la valeur $\text{sinc}(x = 0)$ est définie par 1.

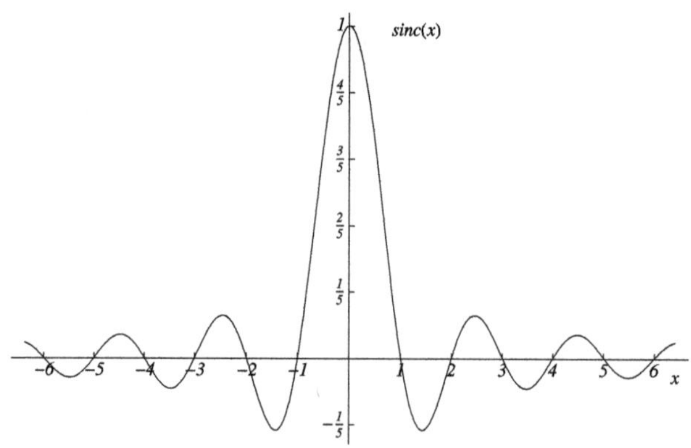


**Fig. 10.11.** La fonction sinc

Pour relier cette dernière expression au théorème d'échantillonnage, nous devons étudier le taux de variation des deux fonctions $f(x)$ et $\text{sinc}\,(2\sigma(t-x))$ apparaissant sous le signe de l'intégrale. À cette fin, posons $\Delta = \frac{1}{2\sigma}$. Puisque $\sigma$ est la fréquence maximale (et donc un nombre d'oscillations par seconde), la quantité $\Delta$ peut être vue comme le temps qui s'écoule, en secondes, entre deux extremums de l'oscillation qui a la plus grande fréquence possible. Si les caractéristiques globales de la fonction $f$ varient peu au cours de $\Delta$ secondes, alors les deux valeurs $f(t)$ et $f(t+\Delta)$ sont à peu près égales. La fonction

$$\text{sinc}\,(2\sigma(t-x)) = \text{sinc}\,((t-x)/\Delta),$$

elle, varie beaucoup plus vite. Notons qu'un accroissement de $x$ à $x+\Delta$ augmente l'argument de sinc d'une unité. Or, comme la figure 10.11 le montre, le signe de la fonction sinc varie quand son argument change d'une unité (sauf lorsque $x$ appartient à l'intervalle $(-1,1)$). Ainsi, c'est la fonction sinc qui varie le plus rapidement dans l'intégrale ci-dessus. Pour approximer cette intégrale, il est alors naturel d'échantillonner (au moins) à chaque changement de signe de la fonction sinc, c'est-à-dire à chaque $x = n\Delta, n \in \mathbb{Z}$. En remplaçant l'intervalle infinitésimal $dx$ par $\Delta$, nous obtenons une valeur approximative pour $f(t)$ qui est

$$\begin{aligned} f(t) &\approx 2\sigma \sum_{n=-\infty}^{\infty} f(n\Delta)\,\text{sinc}\left(\frac{t-n\Delta}{\Delta}\right)\Delta \\ &= \sum_{n=-\infty}^{\infty} f(n\Delta)\,\text{sinc}\left(\frac{t-n\Delta}{\Delta}\right), \end{aligned}$$

qui est la forme proposée par l'équation (10.18). Notons finalement que si $f$ varie beaucoup sur un intervalle de largeur $\Delta$, l'approximation que nous venons de faire a peu de chance de mener à une bonne estimation de $f$. Cet argument n'est pas une preuve. Mais il souligne le rôle de sinc et le lien entre l'intervalle d'échantillonnage $\Delta$ et la fréquence maximale contenue dans $f$.

Ainsi, le théorème nous assure qu'il est suffisant d'échantillonner la fonction $f$ à intervalles $\Delta \leq \frac{1}{2\sigma}$ pour reconstruire cette fonction. Ou encore, la fréquence d'échantillonnage d'une fonction $f$ doit être au moins le double de la fréquence maximale contenue dans $f$. Ceci mène donc à nouveau à la fréquence de Nyquist (10.15).

Ce théorème porte le nom de plusieurs scientifiques, car il a été découvert indépendamment par des chercheurs de domaines fort différents. C'est en télécommunications et en traitement du signal qu'il a, encore maintenant, son plus grand impact. Il n'est donc pas surprenant que ce soient les noms des ingénieurs électriciens Kotelnikov, Nyquist et Shannon qu'on associe le plus fréquemment à cet énoncé. Mais deux mathématiciens, E. Borel et E.T. Whittaker, l'avaient également obtenu. De plus en plus, ce théorème est traité dans les cours d'analyse de Fourier pour les mathématiciens. (Voir, par exemple, [4] et [5].)

## 10.5 Exercices

**1.** Déterminer les fréquences des *do* du piano.

**2.** Démontrer les identités (10.4) et (10.5).

**3.** **a)** Montrer que

$$c_k \cos 2\pi kt + s_k \sin 2\pi kt = \sqrt{c_k^2 + s_k^2}\cos(2\pi k(t + t_0))$$

pour $t_0 \in [0, 1]$. La somme $c_k \cos 2\pi kt + s_k \sin 2\pi kt$ correspond donc à une onde simple de fréquence $k$ translatée dans le temps ; $t_0$ s'appelle la phase.

**b)** Montrer que, réciproquement, toute fonction de la forme $f(t) = r\cos(2\pi k(t + t_0))$ peut être écrite sous la forme $f(t) = c_k \cos 2\pi kt + s_k \sin 2\pi kt$. Calculer $c_k$ et $s_k$ en fonction de $r$ et $t_0$.

**4.** **a)** Combien de notes toujours audibles par l'oreille humaine pourrait-on ajouter à l'extrême aigu du piano ?

**b)** Même question pour l'extrême grave.

**c)** Certaines races de petits chiens peuvent entendre des fréquences allant jusqu'à 45 000 Hz. Combien d'octaves pourrions-nous ajouter au piano moderne pour couvrir le registre d'audition canine ?

**d)** Combien de nombres à la seconde devrions-nous mettre sur un disque compact pour reproduire le son de façon convaincante pour un chien ?

**5.** **D'autres tempéraments** Construire les gammes de Pythagore et de Zarlino, c'est-à-dire déterminer les fréquences de chacune des notes entre deux *la* consécutifs. Il vous faudra consulter des traités de musique ou explorer quelques pages de la Toile pour découvrir comment ces gammes sont construites.

**6.** Est-ce que la fonction $f : \mathbb{R} \to \mathbb{R}$ donnée par

$$f(t) = \frac{1}{2}\sin 2\pi t - \frac{1}{3}\sin 6\pi t - \frac{1}{600}\sin 400\pi t$$

est périodique ? Si oui, quelle est sa période ? Quels sont ses coefficients de Fourier non nuls ?

**7.** **a)** Trouver les coefficients de Fourier de la fonction $f : [0, 1) \to \mathbb{R}$ donnée par

$$f(x) = \begin{cases} 1, & 0 \le x < \frac{1}{2}, \\ -1, & \frac{1}{2} \le x < 1. \end{cases} \tag{10.19}$$

Suggestion : les expressions donnant les $c_k$ et $s_k$ sont des intégrales définies sur l'intervalle $[0, 1)$. Partitionner ces intégrales en deux, la première, sur l'intervalle $[0, \frac{1}{2})$, et la seconde, sur $[\frac{1}{2}, 1)$.

**b)** Utiliser un langage de manipulation symbolique pour tracer la somme des premiers termes de la série de Fourier (10.7) associée à cette fonction $f$. Vérifier que cette somme s'approche de la fonction originale.

**8.** La première note de la première sonate de Brahms pour violoncelle et piano est jouée par le violoncelle seul. Il joue alors une note seule (et non un accord). Le graphe de la figure 10.12 présente l'intensité $\sqrt{c_k^2 + s_k^2}$ des coefficients de Fourier pour la fréquence $k$ Hz.

**a)** Identifier la note jouée par le violoncelle sur le clavier de la figure 10.3.

**b)** Un seul des énoncés suivants est vrai. Dire lequel et justifier votre réponse.

1. Une des fréquences harmoniques domine la fréquence fondamentale.
2. La fréquence harmonique la plus importante correspond à une note portant un nom différent de celui de la note jouée.
3. Le pic à 82 Hz ne peut pas être perçu par l'oreille humaine.
4. L'axe horizontal du graphe couvre la totalité du spectre audible humain.
5. Selon la phase entre la fréquence fondamentale et une harmonique donnée, cette dernière pourrait ne pas être entendue.

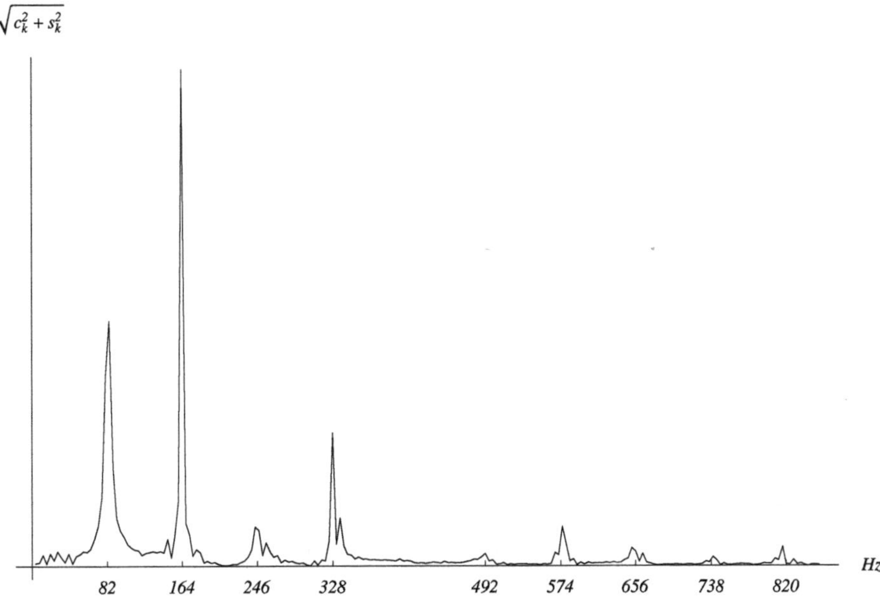


**Fig. 10.12.** Spectre de la première note de la première sonate pour violoncelle de Brahms. Les fréquences des maxima locaux sont données (voir l'exercice 8).

**9.** a) La dernière note du premier impromptu, D. 946, de Schubert se termine par un accord de quatre notes. Ceci veut dire que le pianiste joue quatre touches simultanément. La figure 10.13 donne le spectre de cet accord. Parmi ces quatre notes, une est difficile à identifier. Donner les trois autres faciles à identifier et expliquer ce choix.

b) Pourquoi une note peut-elle être difficile à identifier lorsqu'un accord est joué ? Selon la réponse, suggérer des possibilités pour la quatrième note.

**10.** a) *Rhapsody in Blue* de G. Gershwin s'ouvre par un glissando de clarinette. Cet instrument est le seul à jouer à ce moment. Le spectre au début du glissando est donné à la figure 10.14. Quelle est la note jouée par le clarinettiste ?

b) Les harmoniques de la clarinette possèdent une caractéristique que l'on peut voir dans le spectre ci-joint. Quelle est cette caractéristique ? (Un peu de recherche sera nécessaire pour comprendre cette particularité de la clarinette. Un bon point de départ est le livre de Benson [2].)

**11.** a) Montrer, en utilisant les relations définissant les coefficients $d_k$ en termes des $c_k$ et $s_k$, qu'une fonction $f$ périodique de période 1 peut être écrite sous la forme

$$f(t) = \sum_{k \in \mathbb{Z}} d_k e^{2\pi i k t}$$

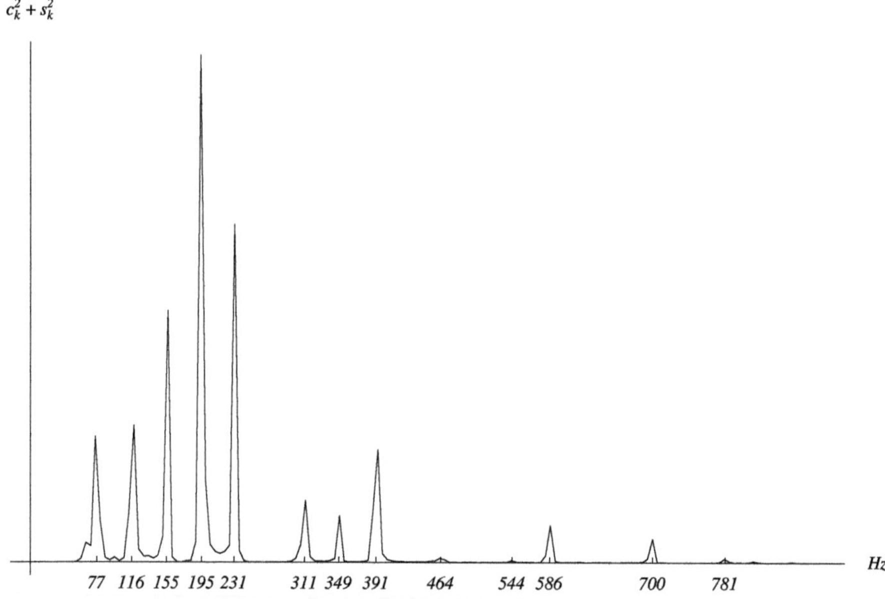


**Fig. 10.13.** Spectre du dernier accord du premier impromptu, D. 946, de Schubert. Les fréquences des maxima locaux sont données (voir l'exercice 9).

si les $d_k$ sont calculés par la relation

$$d_k = \int_0^1 f(t)e^{-2\pi ikt}\,dt.$$

**b)** Supposons que la fonction $f(t)$ ne contienne que les ondes $k \in \{-N, -N+1, \dots, N-2, N-1\}$ et définissons les coefficients $D_k$ obtenus par échantillonnage de $f$ à intervalles $\Delta = \frac{1}{2N}$ :

$$D_k = \frac{1}{2N}\sum_{l=0}^{2N-1} f(l\Delta)e^{-2\pi ikl/2N}.$$

Observer que (10.14) permet de conclure que $d_k = D_k$ pour une telle fonction $f$.

**12.** Une autre manière de montrer que le système (10.11) a une solution unique $\{d_{-N}, \dots, d_{N-1}\}$ est de montrer que le déterminant de la matrice (10.12) est non nul. Le montrer en le transformant en déterminant de Vandermonde et en utilisant le lemme 6.22 du chapitre 6.

**13.** **Battements** Les battements sont un phénomène musical bien connu. Lorsque deux instruments (physiquement rapprochés) produisent la même note avec la

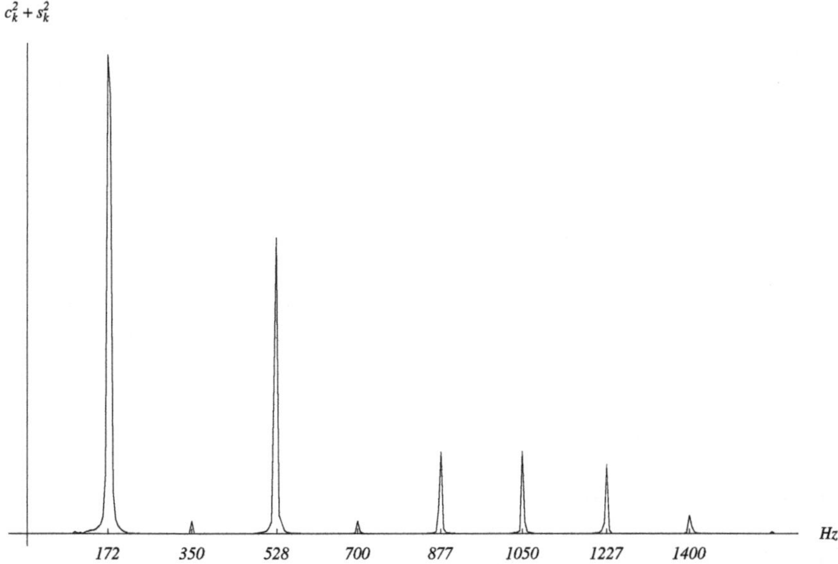


**Fig. 10.14.** Le spectre de la première note de *Rhapsody in Blue*. Les fréquences des maxima locaux sont données (voir l'exercice 10).

même intensité mais avec des fréquences légèrement différentes, le son perçu varie en intensité au cours du temps : son amplitude augmente et diminue périodiquement. Cette oscillation peut être lente (une fois toutes les quelques secondes) ou rapide (plusieurs fois par seconde).

**a)** Deux flûtes émettent des sons $f_1$ et $f_2$ de fréquences respectives $\omega_1$ et $\omega_2$ :

$$f_1 = \sin(\omega_1 t) \qquad \text{et} \qquad f_2(t) = \sin(\omega_2 t).$$

(On néglige les harmoniques que l'on suppose faibles.) La résultante entendue est $f = f_1 + f_2$. Montrer que l'on peut écrire $f$ sous la forme

$$f(t) = 2 \sin \alpha t \ \cos \beta t$$

et déterminer $\alpha$ et $\beta$ en fonction de $\omega_1$ et $\omega_2$.

**b)** Supposons que $\omega_1$ soit la fréquence du *mi* du tempérament égal (659,26 Hz) et $\omega_2$, celle du *mi* juste (660 Hz). Montrer que l'oreille percevra $f$ comme un son de fréquence voisine de 660 Hz dont l'amplitude s'éteindra tous les $\frac{4}{3}$ de seconde environ. C'est le phénomène de battement décrit ci-dessus.

**14.** **Crénelage** La présentation de ce chapitre ignore une difficulté d'origine mathématique que les ingénieurs doivent résoudre. Nous avons montré que l'échantillonnage tous les $\Delta = \frac{1}{44\,100}$ de seconde permet de reproduire correctement tout le spectre audible. Le problème est que les instruments de musique peuvent produire des fréquences au delà de l'extrême audible $N_{\max} = 20\,000$ Hz. À cause de l'échantillonnage, un son de fréquence $N > N_{\max}$ est perçu comme un son d'une fréquence entre 0 et $N_{\max}$. (Voir la figure 10.15 où les points de l'échantillonnage ont l'air d'appartenir à une sinusoïde de plus petite fréquence.) Ce problème est connu, en anglais, sous le nom d'*aliasing*, car un alias est créé par l'échantillonnage entre des fréquences distinctes. Ce problème apparaît dans tous les domaines où le spectre des fréquences est limité. Par exemple, il apparaît dans le domaine de la photographie numérisée, où il produit un aspect moiré ou un crénelage des contours. C'est pourquoi on traduit *aliasing* par crénelage. Ce crénelage est très semblable à l'effet cinématographique suivant : dans les films, les rayons d'une roue d'une voiture tournant dans le sens horaire peuvent sembler tourner dans le sens anti horaire.

Déterminer la fréquence fantôme $N'$ du son perçu après échantillonnage d'un son de fréquence $N > N_{\max}$. (La fréquence fantôme est telle que $0 \leq N' \leq N_{\max}$.)

**15. Théorème d'échantillonnage** Cet exercice donne un exemple de reconstruction d'une onde sonore $f(t)$ à l'aide du théorème 10.5. Supposons que nous désirions reproduire des ondes sonores dont le contenu en fréquence est restreint à l'intervalle $[-\sigma, \sigma]$ où $\sigma = 6$ Hz. Nous prendrons comme intervalle d'échantillonnage $\Delta = \frac{1}{2\sigma} = \frac{1}{12}$ de seconde. La fonction $f(t) = \cos 2\pi\omega_0 t$ devrait donc pouvoir être reconstruite à l'aide de ses seules valeurs $f(n\Delta), n \in \mathbb{Z}$, si $\omega_0 \in [-\sigma, \sigma]$. Prenons, par exemple, $\omega_0 = 5{,}5$ Hz.

**a)** À l'aide d'un logiciel, tracer le graphe de $f(t)$ sur l'intervalle $t \in [0, 1]$.

**b)** Tracer le graphe de la fonction sinc $t$, définie en (10.17), sur l'intervalle $t \in [-6, 6]$.

**c)** Tracer le graphe de la somme partielle

$$\sum_{n=M}^{N} f(n\Delta) \operatorname{sinc}\left(\frac{t - n\Delta}{\Delta}\right)$$

sur l'intervalle $t \in [0, 1]$ et le comparer avec le graphe obtenu en a). Commencer par un petit nombre de termes, par exemple $M = 0$ et $N = 11$. Augmenter le

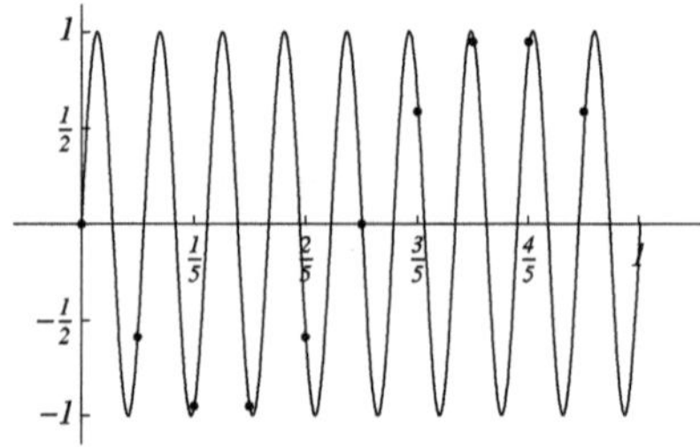


**Fig. 10.15.** Le phénomène de crénelage vu sur un exemple simple (voir l'exercice 14)

nombre de termes dans la somme partielle, en diminuant $M$ et en augmentant $N$ ; étudier l'écart entre la fonction $f$ et sa reconstruction.

**d)** Pour ceux qui connaissent la transformée de Fourier. La fonction $f$ ici ne satisfait pas aux conditions du théorème 10.5. Pourquoi ? Pourriez-vous la modifier légèrement pour qu'elle les remplisse ? La reconstruction faite en c) changerait-elle significativement ?

# Références


[1] Beethoven, L. van. *Symphonie, no. 9, ré mineur, opus 125.* Elle a été publiée en 1826 par Schott (Mainz), l'éditeur de Beethoven à cette époque. Depuis, beaucoup éditions ont vu le jour (Eulenberg, Breitkopf & Härtel, Kalmus, Bärenreiter, etc.). Des réimpressions à bon marché sont maintenant disponibles.

[2] Benson, D.J. *Music : a Mathematical Offering*, Cambridge University Press, 2006.

[3] Hemholtz, H. von. *Théorie physiologique de la musique fondée sur l'étude des sensations auditives, trad. de l'allemand par G. Guéroult, avec le concours, pour la partie musicale, de M. Wolff.*, Paris, Masson, 1868.

[4] Kammler, D.W. *A First Course in Fourier Analysis*, New Jersey, Prentice Hall, 2000.

[5] Körner, T.W. *Fourier Analysis*, Cambridge University Press, 1988 ; *Exercises for Fourier Analysis*, Cambridge University Press, 1993. Le théorème d'échantillonnage (Théorème 10.5) est traité dans le livre d'exercices.

[6] Nyquist, H. « Certain topics in telegraph transmission theory », *Transactions of the American Institute of Electrical Engineers*, vol. 47, p. 617–644, 1928.

[7] Pohlmann, K.C. *The compact disc handbook, 2nd edition*, Madison, A-R Editions, 1992.

# 11

# La compression d'images : les systèmes de fonctions itérées

*Ce chapitre peut être traité en une ou deux semaines de cours. Si on ne dispose que d'une semaine, on traite brièvement de l'alphabet d'images (section 11.1) et on explique en détail l'idée de l'attracteur d'un système de fonctions itérées (section 11.3) en se concentrant sur l'exemple du triangle de Sierpiński (exemple 11.5). On démontre le théorème sur la construction d'une transformation affine envoyant trois points du plan sur trois plans du plan et on examine les transformations affines particulières auxquelles on recourt souvent dans la construction de systèmes de fonctions itérées (section 11.2). On explique le théorème du point fixe de Banach pour faire ressortir que l'idée de la preuve dans $\mathbb{R}$ se généralise telle quelle aux espaces métriques complets (section 11.4). On aborde la définition intuitive de la distance de Hausdorff (début de la section 11.5) et on énonce le théorème du collage de Barnsley (théorème 11.17). Si on décide de consacrer une deuxième semaine au sujet, on peut alors faire quelques preuves des propriétés de la distance de Hausdorff (section 11.5), voir la définition de dimension fractale (section 11.6) et prendre toute une heure de cours pour étudier la construction du système de fonctions itérées permettant la reconstruction d'une vraie photographie (section 11.7). Les sections 11.5, 11.6 et 11.7 sont presque indépendantes. Il est donc possible de traiter une des sections 11.6 et 11.7 sans avoir traité la section 11.5 qui est plus difficile.*

*Une autre option pour une semaine de cours est de couvrir les sections 11.1 à 11.4 en se limitant dans cette dernière section à l'énoncé du théorème du point fixe de Banach et de sauter à la section 11.7 qui explique l'application de la méthode à la compression d'images.*

## 11.1 Introduction

La manière la plus simple de garder une image en mémoire est de noter la couleur de chaque pixel. Une quantité énorme de mémoire est requise dès que la taille des images augmente et que le nombre d'images croît !

À l'heure de la numérisation, on a besoin de mettre en mémoire un très grand nombre d'images. Il est donc impératif que chaque image n'occupe pas un trop grand espace mémoire. C'est aussi une contrainte pour la navigation sur la Toile. Pour une image sur la Toile, on n'a pas besoin de la même résolution que pour une photographie ou une grande affiche sur un mur. On a même intérêt à utiliser une moins bonne résolution, car les fichiers d'images ralentissent beaucoup la navigation. Pourtant, ce sont des fichiers comprimés.

Il existe plusieurs techniques de compression d'images. La technique JPEG (*Joint Photographic Experts Group*) fait appel aux transformations de Fourier discrètes et est traitée dans le chapitre 12. Dans ce chapitre-ci nous nous concentrerons sur une autre technique : la compression d'images à l'aide de systèmes de fonctions itérées.

Cette technique a suscité énormément d'espoir lorsqu'elle a été introduite dans les années 1980, et les recherches sur le sujet ont été abondamment subventionnées. Elle n'a pas réussi à s'imposer à grande échelle parce que la mise en pratique n'est pas suffisamment performante. Mais la recherche n'a peut-être pas dit son dernier mot. Nous avons décidé de présenter cette méthode pour plusieurs raisons. Tout d'abord, il est facile d'y mettre en évidence la démarche de modélisation mathématique qui utilise le très puissant théorème du point fixe de Banach, le point fixe du théorème étant un attracteur pour un opérateur. De plus, la méthode utilise des fractales que l'on apprend à construire de manière très simple comme points fixes (attracteurs) d'un opérateur : qu'un objet géométrique aussi complexe qu'une fractale puisse avoir une construction simple est en soi une percée mathématique importante. Cela montre que, si on regarde l'objet du bon point de vue, on voit sa simplicité et on comprend sa structure.

Nous avons dit plus haut que la manière la plus simple de garder une image en mémoire est de noter la couleur de chaque pixel, mais c'est très peu économique. Comment faire mieux? Supposons qu'on ait dessiné une ville (figure 11.1). On garde en mémoire

- les segments de droite,
- les arcs de cercles,
- etc.

qui approximent notre image.

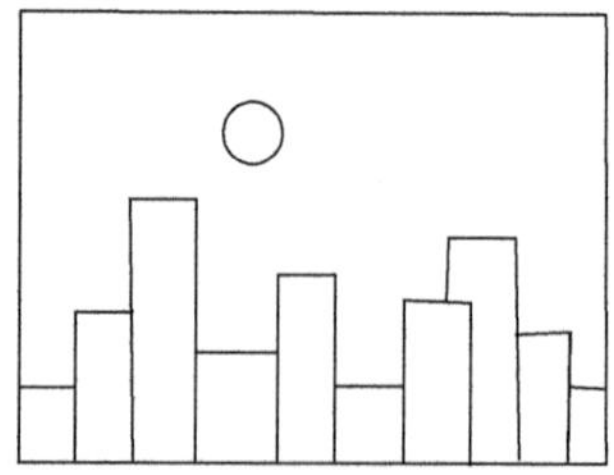

**Fig. 11.1.** Une ville

On a représenté l'image par des objets géométriques connus.

Pour un segment de droite, le plus économique consiste à garder en mémoire les deux extrémités du segment et à créer un programme qui explique à l'ordinateur comment tracer le segment joignant deux points. De même, un arc de cercle est spécifié par son centre, son rayon et les angles de début et de fin. Les objets géométriques utilisés pour décrire l'image sont notre *alphabet*.

Comment peut-on garder en mémoire un paysage complexe? On utilise le même principe avec un alphabet plus large :

- on approxime le paysage avec des fractales, par exemple la fougère de la figure 11.2;
- pour garder en mémoire la fractale, par exemple la fougère, on enregistre le programme qui permet de la dessiner. L'autosimilarité de la fougère permet de la tracer avec un programme de moins de 15 lignes. On trouvera un tel programme à la fin de la section 11.3.

Dans ce processus, la fougère est l'« attracteur » d'un opérateur $W$ (défini ci-dessous) qui envoie un sous-ensemble du plan sur un sous-ensemble du plan. Partant de n'importe quel sous-ensemble $B_0$ du plan, nous construirons par récurrence la suite $B_1 = W(B_0)$, $B_2 = W(B_1), \dots, B_{n+1} = W(B_n)\dots$ Pour $n$ assez grand (en fait $n = 10$ suffit si $B_0$ est bien choisi), $B_n$ ressemblera à s'y méprendre à la fougère.

La méthode peut sembler simpliste : peut-on vraiment programmer un ordinateur pour qu'il approxime une photographie avec des fractales? En fait, ce n'est comme cela que nous passerons à la pratique, mais nous garderons l'idée que l'image reconstruite est l'attracteur d'un opérateur. Comme cette partie est plus avancée, elle n'est traitée qu'à la fin du chapitre (section 11.7), alors que les premières sections porteront sur la construction de programmes permettant le traçage de fractales.

## 11.2 Les transformations affines du plan

Commençons par expliquer pourquoi nous avons besoin de transformations affines. Regardons la fougère de la figure 11.2. Elle est la réunion

- de la partie inférieure de la tige et
- de trois fougères plus petites : la branche inférieure gauche, la branche inférieure droite et la fougère moins les deux branches inférieures.

Chacun de ces quatre morceaux est l'image de la grande fougère sous une transformation affine. La donnée de ces quatre transformations affines, soit

- la transformation $T_1$ qui envoie la grande fougère sur la fougère moins les deux branches inférieures;
- la transformation $T_2$ qui envoie la grande fougère sur la petite fougère inférieure gauche (notée $G$ sur la figure);
- la transformation $T_3$ qui envoie la grande fougère sur la petite fougère inférieure droite (notée $D$ sur la figure);
- la transformation $T_4$ qui envoie la grande fougère sur la portion inférieure de la tige,

**Fig. 11.2.** La fougère

permettra de reconstruire la fougère.

**Définition 11.1** *Une transformation affine $T : \mathbb{R}^2 \to \mathbb{R}^2$ est la composition d'une translation et d'une transformation linéaire. Elle s'écrit donc*

$$T(x,y) = (ax + by + e, cx + dy + f). \tag{11.1}$$

C'est la composition de la transformation linéaire

$$S_1(x,y) = (ax + by, cx + dy)$$

et de la translation

$$S_2(x,y) = (x + e, y + f).$$

Pour les transformations linéaires, on utilise souvent la notation matricielle :

$$S_1 \begin{pmatrix} x \\ y \end{pmatrix} = \begin{pmatrix} a & b \\ c & d \end{pmatrix} \begin{pmatrix} x \\ y \end{pmatrix}.$$

On pourra aussi l'utiliser pour les transformations affines :

$$T\begin{pmatrix} x \\ y \end{pmatrix} = \begin{pmatrix} a & b \\ c & d \end{pmatrix}\begin{pmatrix} x \\ y \end{pmatrix} + \begin{pmatrix} e \\ f \end{pmatrix}.$$

On voit que la transformation affine est spécifiée par les six nombres $a, b, c, d, e, f$. Pour déterminer de manière unique une transformation affine, on a donc besoin de six équations linéaires.

**Théorème 11.2** *Il existe une unique transformation affine qui envoie trois points $P_1$, $P_2$ et $P_3$ distincts non alignés sur trois points quelconques $Q_1$, $Q_2$ et $Q_3$.*

PREUVE Soient $(x_1, y_1)$, $(x_2, y_2)$, $(x_3, y_3)$ les coordonnées de $P_1$, $P_2$, $P_3$ et $(X_1, Y_1)$, $(X_2, Y_2)$, $(X_3, Y_3)$ les coordonnées de $Q_1$, $Q_2$, $Q_3$. La transformation cherchée est de la forme (11.1), et on doit déterminer $a, b, c, d, e, f$, sachant que $T(x_i, y_i) = (X_i, Y_i)$, $i = 1, 2, 3$. Ceci nous donne six équations à six inconnues, $a, b, c, d, e, f$ :

$$\begin{array}{rcl} ax_1 + by_1 + e & = & X_1, \\ cx_1 + dy_1 + f & = & Y_1, \\ ax_2 + by_2 + e & = & X_2, \\ cx_2 + dy_2 + f & = & Y_2, \\ ax_3 + by_3 + e & = & X_3, \\ cx_3 + dy_3 + f & = & Y_3. \end{array}$$

Tout comme $a, b, e$ sont les solutions du système

$$\begin{array}{rcl} ax_1 + by_1 + e & = & X_1, \\ ax_2 + by_2 + e & = & X_2, \\ ax_3 + by_3 + e & = & X_3, \end{array} \tag{11.2}$$

$c, d, f$ sont les solutions du système

$$\begin{array}{rcl} cx_1 + dy_1 + f & = & Y_1, \\ cx_2 + dy_2 + f & = & Y_2, \\ cx_3 + dy_3 + f & = & Y_3, \end{array} \tag{11.3}$$

de même matrice $A$, dont le déterminant est

$$\det A = \begin{vmatrix} x_1 & y_1 & 1 \\ x_2 & y_2 & 1 \\ x_3 & y_3 & 1 \end{vmatrix}.$$

Voyons que ce déterminant est non nul précisément quand les points $P_1$, $P_2$ et $P_3$ sont non alignés (et donc distincts). En effet, les trois points sont alignés si et seulement si les vecteurs $\overrightarrow{P_1P_2} = (x_2 - x_1, y_2 - y_1)$ et $\overrightarrow{P_1P_3} = (x_3 - x_1, y_3 - y_1)$ sont colinéaires, ce qui est le cas si et seulement si le déterminant suivant s'annule :

$$\begin{vmatrix} x_2 - x_1 & y_2 - y_1 \\ x_3 - x_1 & y_3 - y_1 \end{vmatrix} = (x_2 - x_1)(y_3 - y_1) - (x_3 - x_1)(y_2 - y_1).$$

D'autre part, le déterminant d'une matrice ne change pas quand on ajoute à une ligne un multiple d'une autre. Soustrayons donc la première ligne de $A$ de la deuxième ligne et de la troisième. On a

$$\begin{aligned} \det A &= \begin{vmatrix} x_1 & y_1 & 1 \\ x_2 - x_1 & y_2 - y_1 & 0 \\ x_3 - x_1 & y_3 - y_1 & 0 \end{vmatrix} \\ &= (x_2 - x_1)(y_3 - y_1) - (x_3 - x_1)(y_2 - y_1). \end{aligned}$$

On voit que $\det A = 0$ précisément quand les trois points sont alignés. Par contre, si $\det A \neq 0$, chacun des systèmes (11.2) et (11.3) a une solution unique. □

**Remarque** Dans la fougère, on doit utiliser la méthode de la preuve du théorème 11.2 pour trouver les quatre transformations affines. Pour cela, on doit se donner un système d'axes dans lequel on mesure les coordonnées des points $P_i$ et $Q_i$. Dans beaucoup d'exemples, on peut cependant deviner la formule de l'application affine sans avoir besoin de mesurer les coordonnées des points $P_i$ et $Q_i$ et de résoudre les systèmes (11.2) et (11.3). Pour cela, on utilise des compositions des applications affines simples suivantes.

**Exemples d'applications affines simples**

- Homothétie de rapport $r$ : $T(x, y) = (rx, ry)$.
- Symétrie par rapport à l'axe des $x$ : $T(x, y) = (x, -y)$.
- Symétrie par rapport à l'axe des $y$ : $T(x, y) = (-x, y)$.
- Symétrie par rapport à l'origine : $T(x, y) = (-x, -y)$.
- Rotation d'angle $\theta$ : $T(x, y) = (x \cos\theta - y \sin\theta, x \sin\theta + y \cos\theta)$. Pour trouver cette formule, on utilise le fait qu'une rotation est une transformation linéaire. Les colonnes de sa matrice sont les coordonnées des images des vecteurs de la base $e_1 = (1, 0)$ et $e_2 = (0, 1)$ (figure 11.3). La matrice de la transformation est alors

$$\begin{pmatrix} \cos\theta & -\sin\theta \\ \sin\theta & \cos\theta \end{pmatrix}.$$

- Projection sur l'axe des $x$ : $T(x, y) = (x, 0)$.
- Projection sur l'axe des $y$ : $T(x, y) = (0, y)$.
- Translation par un vecteur $(e, f)$ : $T(x, y) = (x + e, y + f)$.

## 11.3 Les systèmes de fonctions itérées

Les fractales que nous construisons à l'aide de la méthode décrite sont des *attracteurs* de *systèmes de fonctions itérées*. Nous allons définir ces termes.

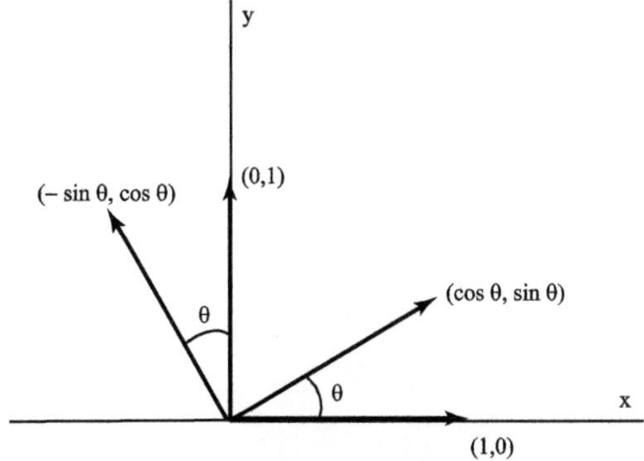


**Fig. 11.3.** Les images des vecteurs de la base sous une rotation d'angle $\theta$

**Définition 11.3** *1. Une transformation affine est une contraction affine si l'image de tout segment est un segment de longueur inférieure.*

*2. Un système de fonctions itérées est un ensemble de contractions affines* $\{T_1, \dots, T_m\}$.

*3. L'attracteur d'un système de fonctions itérées* $\{T_1, \dots, T_m\}$ *est l'unique objet géométrique* $A$ *tel que*

$$A = T_1(A) \cup \cdots \cup T_m(A).$$

**Exemple 11.4 (la fougère)** *Considérons la fougère de la figure 11.2. On voit bien que les petites branches de chaque côté de la tige ressemblent elles-mêmes à des fougères. Donc, notre fougère est la réunion d'une tige et d'un ensemble infini de petites fougères. Mais nous ne voulons pas travailler sur une infinité d'ensembles, donc il nous faut être astucieux. Appelons* $A$ *le sous-ensemble du plan formé des points de la fougère et donnons-nous un système d'axes avec des unités. Regardons la figure 11.4 et cherchons la transformation affine* $T_1$ *qui envoie* $P_i$ *sur* $Q_i$*. Considérons* $T_1(A)$*. C'est un sous-ensemble de* $A$*. Prenons maintenant l'ensemble* $A \setminus T_1(A)$*. Il comprend la partie inférieure de la tige ainsi que les branches inférieures gauche et droite mises en évidence sur la figure 11.2. Comme exercice, vous pouvez choisir les points* $Q_1'$*,* $Q_2'$ *et* $Q_3'$ *pour construire une transformation affine* $T_2$ *envoyant la grande fougère sur la petite fougère de gauche. De même, vous pouvez choisir les points* $Q_1''$*,* $Q_2''$ *et* $Q_3''$ *pour construire une transformation affine* $T_3$ *envoyant la grande fougère sur la petite fougère de droite. Alors,* $A \setminus (T_1(A) \cup T_2(A) \cup T_3(A))$ *est simplement le morceau inférieur de la tige de la fougère. Ce morceau de tige est aussi de la forme* $T_4(A)$ *pour une transformation affine* $T_4$ *qui correspond à la projection sur l'axe des* $y$ *composée avec une homothétie de rapport* $r < 1$ *et une translation.*

**Fig. 11.4.** Le choix des points $P_i$ et $Q_i$ pour $T_1$

*Résumons ce que nous avons fait. Nous avons construit quatre transformations affines telles que*

$$A = T_1(A) \cup T_2(A) \cup T_3(A) \cup T_4(A). \tag{11.4}$$

*Nous pouvons déjà affirmer (la preuve suivra) que la fougère est le seul ensemble satisfaisant à* (11.4). *La fougère est l'attracteur du système de fonctions itérées* $\{T_1, T_2, T_3, T_4\}$.

Cet exemple est compliqué. Nous allons en examiner un autre plus simple, qui va guider notre intuition.

**Exemple 11.5 (le triangle de Sierpiński)** *Pour simplifier les calculs, nous considérerons un triangle de Sierpiński de base* 1 *et de hauteur* 1 *(figure 11.5).*

*Ici le triangle $A$ est la réunion de trois copies plus petites de lui-même :* $A = T_1(A) \cup T_2(A) \cup T_3(A)$. *On peut facilement écrire dans ce cas les équations des contractions affines. En effet, si on suppose que l'origine est située au point inférieur gauche, alors $T_1$ est une homothétie de rapport* $1/2$ *:*

$$T_1(x, y) = (x/2, y/2).$$

*$T_2$ et $T_3$ sont simplement des compositions de $T_1$ et d'une translation. Si on suppose que la base du triangle est de longueur* 1 *de même que sa hauteur, alors $T_2$ est la*

**Fig. 11.5.** Le triangle de Sierpiński

*composition de* $T_1$ *et de la translation par* $(1/2, 0)$, *et* $T_3$, *celle de* $T_1$ *et de la translation par* $(1/4, 1/2)$) :

$$\begin{aligned} T_2(x,y) &= (x/2+1/2, y/2), \\ T_3(x,y) &= (x/2+1/4, y/2+1/2). \end{aligned}$$

*Le triangle s'inscrit dans le carré* $C_0 = [0,1] \times [0,1]$. *On va s'intéresser aux ensembles*

$$\begin{aligned} C_1 &= T_1(C_0) \cup T_2(C_0) \cup T_3(C_0), \\ C_2 &= T_1(C_1) \cup T_2(C_1) \cup T_3(C_1), \\ &\vdots \\ C_n &= T_1(C_{n-1}) \cup T_2(C_{n-1}) \cup T_3(C_{n-1}), \\ &\vdots \end{aligned}$$

(*figure 11.6*). *On remarque que, pour* $n$ *assez grand (mais déjà pour* $n = 10$), *cet ensemble ressemble beaucoup à* $A$. *L'ensemble*

$$C_n = T_1(C_{n-1}) \cup T_2(C_{n-1}) \cup T_3(C_{n-1})$$

*est appelé la* $n^{\text{ième}}$ *itérée de l'ensemble* $C_0$ *sous l'opérateur*

$$C \mapsto W(C) = T_1(C) \cup T_2(C) \cup T_3(C)$$

*qui associe à* $C$, *un sous-ensemble du plan,* $W(C)$, *un autre sous-ensemble du plan.*

*C'est pour cela qu'on dit que* $A$ *est un attracteur. Le phénomène remarquable est que, si on était parti d'un autre sous-ensemble du plan différent de* $C_0$ *et qu'on avait appliqué le même procédé, la limite aurait encore été le triangle de Sierpiński (voir la figure 11.7).*

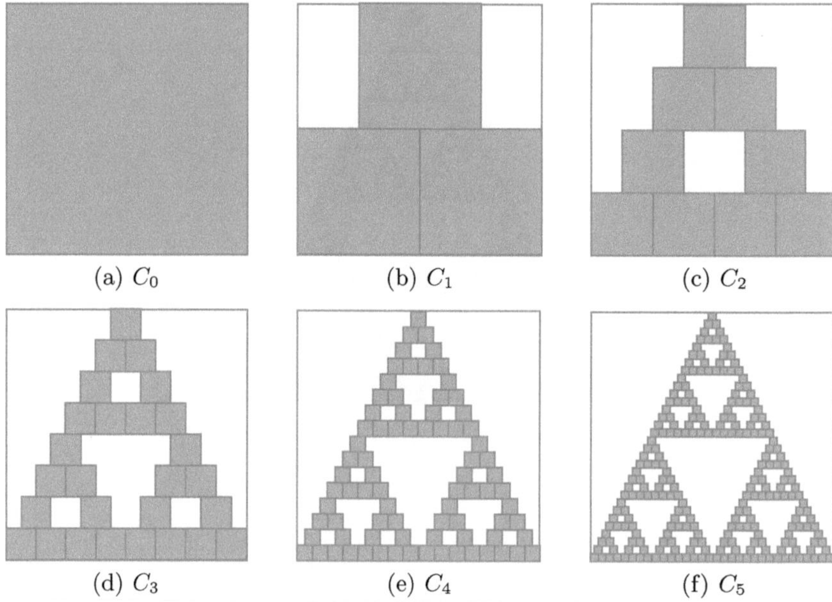

(a) $C_0$ (b) $C_1$ (c) $C_2$

(d) $C_3$ (e) $C_4$ (f) $C_5$

**Fig. 11.6.** $C_0$ et les cinq premières itérées $C_1$–$C_5$

**Le principe général** L'exemple du triangle de Sierpiński nous a permis de voir se profiler le cas général. Étant donné un système de fonctions itérées $\{T_1, \ldots, T_m\}$ donné par des contractions affines, nous construisons un *opérateur* $W$ sur les sous-ensembles du plan. À un sous-ensemble $C$, nous associons le sous-ensemble $W(C)$ défini comme suit :

$$W(C) = T_1(C) \cup T_2(C) \cup \cdots \cup T_m(C). \tag{11.5}$$

L'objet fractal $A$ que nous voulons construire est un sous-ensemble du plan tel que $W(A) = A$. Nous disons alors que $A$ est un *point fixe* de l'opérateur $W$.

Nous verrons à la prochaine section que, pour tout système de fonctions itérées, il existe un unique sous-ensemble $A$ du plan qui est un point fixe de l'opérateur $W$. De plus, nous montrerons que, pour tout sous-ensemble non vide $C_0$ de $\mathbb{R}^2$, le sous-ensemble $A$ est la *limite* de la suite $\{C_n\}$ définie par récurrence

$$C_{n+1} = W(C_n).$$

Ce sous-ensemble $A$ est appelé l'attracteur du système de fonctions itérées. Donc, si nous connaissons un ensemble $B$ tel que $B = W(B)$, nous pouvons déjà dire que $B$ est la limite de la suite $\{C_n\}$.

**Remarque sur la notion d'opérateur** Nous avons l'habitude de la notion de fonction $f : K \to L$. Une telle fonction est une règle qui associe à tout élément de $K$ un unique élément de $L$ : si $x \in K$, $f(x) \in L$. D'ordinaire, les ensembles $K$ et $L$ sont des sous-ensembles de $\mathbb{R}^n$. Ici notre opérateur est simplement une fonction ! Son domaine $K$ est égal à son codomaine $L$. Par contre les « points » de $K$ ne sont pas des nombres ou des vecteurs, mais des ensembles, plus précisément des sous-ensembles du plan $\mathbb{R}^2$. Donc, $K$ est un ensemble d'ensembles ! Et l'opérateur $W$ est une fonction associant à un sous-ensemble $B$ de $\mathbb{R}^2$ son image par $W$, qui est un unique sous-ensemble $W(B)$ de $\mathbb{R}^2$. L'analyse mathématique que vous connaissez s'intéresse beaucoup aux fonctions. On va généraliser les définitions et théorèmes de l'analyse aux opérateurs. Une telle démarche est courante en mathématiques. Par exemple, en analyse fonctionnelle, on considère des espaces dont les éléments sont des fonctions, et les opérateurs associent à une fonction une autre fonction.

Dans notre exemple sur le triangle de Sierpiński, nous avons pris pour ensemble $C_0$ le carré $[0,1] \times [0,1]$ et nous avons construit la suite $\{C_n\}_{n\geq 0}$ par récurrence en posant $C_{n+1} = W(C_n)$. L'expérience de la figure 11.6 nous a fait voir que la suite $\{C_n\}_{n\geq 0}$ « convergeait » vers l'ensemble $A$ qui est le triangle de Sierpiński. Nous aurions pu faire la même expérience avec n'importe quel autre ensemble $B_0$ de départ, par exemple le carré $B_0 = [1/4, 3/4] \times [1/4, 3/4]$. Nous aurions encore constaté que la suite $\{B_n\}_{n\geq 0}$ telle que $B_{n+1} = W(B_n)$, converge vers $A$ (figure 11.7).

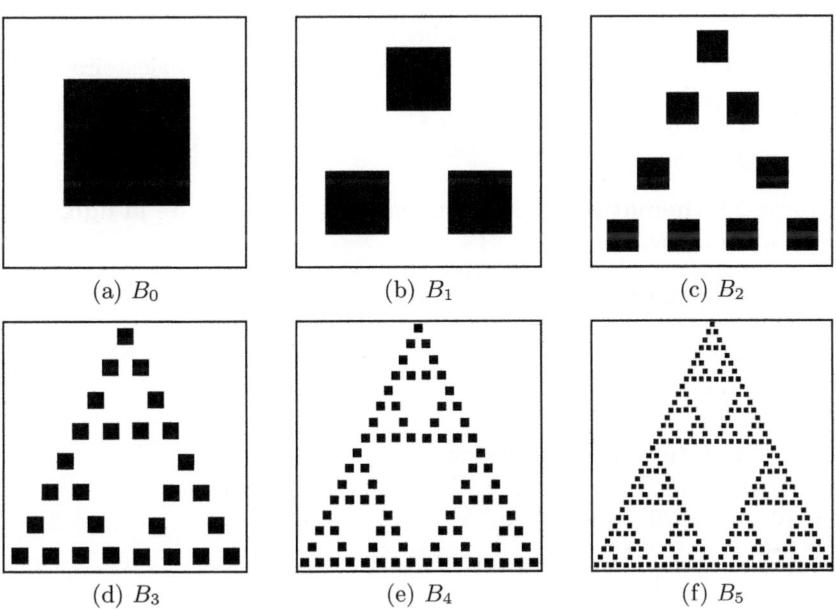

(a) $B_0$ (b) $B_1$ (c) $B_2$

(d) $B_3$ (e) $B_4$ (f) $B_5$

**Fig. 11.7.** $B_0$ et ses cinq premières itérées $B_1$–$B_5$

On pourrait prendre comme ensemble $B_0$ un seul point du carré $C_0$. Alors, l'ensemble $B_n$ serait formé de $3^n$ points. Si, pour chaque point de l'ensemble $B_n$, on noircissait le pixel correspondant, alors $B_n$, pour $n$ assez grand, ressemblerait au triangle de Sierpiński $A$.

En fait, les programmes traditionnels exploitent une variante de cette idée, car il est plus simple de tracer un point à la fois que de dessiner $3^n$ sous-ensembles du plan. On choisit un point $P_0$ du rectangle $R$. À chaque étape, on choisit au hasard une des transformations $T_1, \dots, T_m$, soit $T_{i_n}$, et on calcule $P_n = T_{i_n}(P_{n-1})$. Si le point $P_0$ est déjà dans $A$, alors on trace l'ensemble des points de la suite $\{P_n\}_{n \geq 0}$ : cet ensemble ressemble fortement à $A$. Si on ne sait pas si $P_0$ est dans $A$, alors on rejette les $M$ premiers points générés $P_0, \dots, P_{M-1}$ et on trace ensuite les points de la suite $\{P_n\}_{n \geq M}$. La section suivante montrera qu'il existe toujours un $M$ menant à une bonne approximation de $A$. En pratique, $M$ peut souvent être aussi petit que 10, car la convergence vers l'attracteur est rapide.

Par exemple, pour tracer le triangle de Sierpiński (figure 11.5), on a choisi aléatoirement, à chaque étape du dessin, une transformation parmi $\{T_1, T_2, T_3\}$. Ceci revient à choisir aléatoirement, à l'étape $n$, un nombre $i_n \in \{1, 2, 3\}$ et à appliquer $T_{i_n}$. Ainsi, chaque fois qu'on génère 1 (respectivement 2, 3) on applique $T_1$ (respectivement $T_2$, $T_3$). Pour la fougère, cette méthode ne serait pas très économique : on tracerait beaucoup trop de points sur la tige et dans les petites fougères et pas assez dans la grande fougère. Soit $T_1$ (respectivement $T_2$, $T_3$, $T_4$) la contraction affine qui envoie la fougère originale sur la grande fougère (respectivement sur la fougère de gauche, la fougère de droite, la tige). On veut que 1 soit choisi avec une probabilité de 85 %, 2 et 3 avec une probabilité de 7 % et 4 avec une probabilité de 1 %. Pour cela, on génère de façon aléatoire des nombres $\bar{a}_n \in \{1, \dots, 100\}$. On applique $T_1$ (c'est-à-dire $i_n = 1$) si le nombre généré $\bar{a}_n$ appartient à $\{1, \dots, 85\}$. De même, on applique $T_2$ (c'est-à-dire $i_n = 2$) si $\bar{a}_n \in \{86, \dots, 92\}$, $T_3$ si $\bar{a}_n \in \{93, \dots, 99\}$, $T_4$ si $\bar{a}_n = 100$.

**Programme Mathematica utilisé pour tracer la fougère de la figure 11.2** (Les coefficients des $T_i$ proviennent de [1].)

```
choixT := (r = RandomInteger[{1, 100}];
    If[r <= 85, 1,
      If[r <= 92, 2,
        If[r <= 99, 3, 4]]])

t = { (* { transformation lineaire, translation } *)
      {{{0.85, 0.04}, {-0.04, 0.85}}, {0., 1.6}},
      {{{0.2, -0.26}, {0.23, 0.22}}, {0., 1.6}},
      {{{-0.15, 0.28}, {0.26, 0.24}}, {0., 0.44}},
      {{{0., 0.}, {0., 0.16}}, {0., 0.}}
      };

transfoAff[t_, pt_] := t[[1]].pt + t[[2]]
```

```
nIteration = 20000;
A = {{0., 0.}};
Do[AppendTo[A, transfoAff[t[[choixT]], Last[A]]], {nIteration}]

ListPlot[A, AspectRatio -> Automatic, Axes -> False]
```

## 11.4 Itération d'une contraction et point fixe

La lecture complète de cette section exige quelques notions d'analyse, mais on peut essayer de la parcourir pour retenir les idées.

Nous avons annoncé précédemment que, pour tout système de fonctions itérées $\{T_1, \dots, T_m\}$, il existe un unique sous-ensemble $A$ du plan qui est un point fixe de l'opérateur $W$ défini par

$$W(B) = T_1(B) \cup \cdots \cup T_m(B). \tag{11.6}$$

Ce sous-ensemble $A$ satisfaisant à $W(A) = A$ est appelé l'attracteur du système de fonctions itérées. Nous voulons maintenant justifier cette propriété.

Un théorème d'analyse dans $\mathbb{R}$ va nous donner la clé.

**Théorème 11.6** *Soit $f : \mathbb{R} \to \mathbb{R}$ une contraction, c'est-à-dire qu'il existe $0 < r < 1$ tel que, pour tous $x, x' \in \mathbb{R}$, on a*

$$|f(x) - f(x')| \leq r|x - x'|.$$

*Alors, $f$ a un unique point fixe $a \in \mathbb{R}$ tel que $f(a) = a$.*

Nous allons faire la preuve du théorème pour découvrir ses ressorts internes. En particulier, nous remarquerons qu'on peut remplacer $\mathbb{R}$ par n'importe quel intervalle fermé $[\alpha, \beta]$ et, plus généralement, par tout ensemble métrique complet (voir ci-dessous pour une définition intuitive). Mais nous ne pourrions pas remplacer $\mathbb{R}$ par $\mathbb{Q}$ ni par un intervalle ouvert $(\alpha, \beta)$. Lorsque nous voudrons généraliser le théorème, nous remplacerons la notion de point de $\mathbb{R}$ par la notion de sous-ensemble fermé borné de $\mathbb{R}^2$ et la fonction $f$ par l'opérateur $W$ défini en (11.6). Il nous faudra alors définir une *distance* entre deux sous-ensembles (l'équivalent de $|x - x'|$ qui représente la distance entre deux nombres) et montrer que $W$ est une contraction pour cette distance. On utilisera le même argument déductif que dans la preuve du théorème 11.6 pour démontrer l'existence d'un unique attracteur $A$, un sous-ensemble fermé borné de $\mathbb{R}^2$, qui est le point fixe de $W$.

Preuve du théorème 11.6 Commençons par montrer que, si $f$ a un point fixe, alors ce point fixe est unique. Supposons que $a_1 \neq a_2$ soient deux points fixes de $f$. Alors, $f(a_2) - f(a_1) = a_2 - a_1$, car ce sont des points fixes. D'autre part, comme $f$ est une contraction, on a $|f(a_2) - f(a_1)| \leq r|a_2 - a_1|$, $0 < r < 1$. Contradiction.

Il faut maintenant démontrer l'existence de $a$. Pour obtenir $a$ on va prendre un point quelconque $x_0 \in \mathbb{R}$ et construire la suite de ses itérées $x_1 = f(x_0)$, $x_2 = f(x_1)$, …, $x_{n+1} = f(x_n)$… Si $x_1 = x_0$, alors $x_0$ est un point fixe. Considérons le cas $x_1 \neq x_0$. Alors,

$$|x_{n+1} - x_n| = |f(x_n) - f(x_{n-1})| \leq r|x_n - x_{n-1}|.$$

En itérant, on obtient

$$|x_{n+1} - x_n| \leq r^n |x_1 - x_0|.$$

On veut montrer que la suite $\{x_n\}$ converge vers un point $a \in \mathbb{R}$ et que sa limite $a$ est un point fixe de $f$. Pour montrer qu'une suite converge sans avoir de candidat préalable pour sa limite, il existe un outil très puissant : il suffit de montrer que c'est une suite de Cauchy. (Rappel : une suite $\{x_n\}$ est une suite de Cauchy si $\forall \epsilon > 0$, $\exists N \in \mathbb{N}$ tel que, si $n, m > N$, alors $|x_n - x_m| < \epsilon$.) Supposons $n > m$. Alors,

$$\begin{array}{rcl} |x_n - x_m| & = & |(x_n - x_{n-1}) + (x_{n-1} - x_{n-2}) + \cdots + (x_{m+1} - x_m)| \\ & \leq & |x_n - x_{n-1}| + |x_{n-1} - x_{n-2}| + \cdots + |x_{m+1} - x_m| \\ & \leq & (r^{n-1} + r^{n-2} + \cdots + r^m)|x_1 - x_0| \\ & \leq & r^m(r^{n-m-1} + \cdots + 1)|x_1 - x_0| \\ & \leq & \frac{r^m}{1-r}|x_1 - x_0|. \end{array}$$

Pour que $|x_n - x_m| < \epsilon$, il suffit donc de prendre $m$ assez grand pour que

$$\frac{r^m|x_1 - x_0|}{1 - r} < \epsilon,$$

c'est-à-dire $r^m < \frac{\epsilon(1-r)}{|x_1 - x_0|}$. Comme $0 < r < 1$ et donc, $r^m < r^N$ pour $m > N$, on prend $N$ assez grand pour que $\frac{r^N|x_1 - x_0|}{1-r} < \epsilon$, ce qui montre que la suite est une suite de Cauchy.

Puisque dans $\mathbb{R}$, toute suite de Cauchy converge, il existe un nombre $a \in \mathbb{R}$ tel que la suite $\{x_n\}$ converge vers $a$. Montrons que $a$ est un point fixe de $f$. Pour cela, on doit montrer que $f$ est continue. En fait, $f$ est même uniformément continue sur $\mathbb{R}$. En effet, soit $\epsilon > 0$, et prenons $\delta = \epsilon$. Alors si $|x - x'| < \delta$,

$$|f(x) - f(x')| \leq r|x - x'| < r\delta = r\epsilon < \epsilon.$$

Comme $f$ est continue, l'image de la suite convergente $\{x_n\}$ de limite $a$ est encore une suite convergente de limite $f(a)$. Alors,

$$f(a) = \lim_{n\to\infty} f(x_n) = \lim_{n\to\infty} x_{n+1} = \lim_{n\to\infty} x_n = a.$$

□

On peut généraliser l'énoncé du théorème précédent tout en gardant exactement la même preuve. Nous remplacerons $\mathbb{R}$ par un espace $K$ qui a les mêmes bonnes propriétés que $\mathbb{R}$. Ce devra être un *espace métrique complet.* Comme $K$ pourrait être, par exemple, $\mathbb{R}^n$ on notera les éléments de $K$ par les lettres $v, w$… Définissons d'abord la notion de *distance* $d(v, w)$ entre deux éléments de $K$ ; elle aura les mêmes propriétés que la valeur absolue $|x - x'|$ dans $\mathbb{R}$.

**Définition 11.7** *1. Une distance sur un ensemble $K$ est une fonction $d : K \times K \to \mathbb{R}^+ \cup \{0\}$ telle que :*

*(i) $d(v,w) \geq 0$ ;*

*(ii) $d(v,w) = d(w,v)$ ;*

*(iii) $d(v,w) = 0$ si et seulement si $v = w$ ;*

*(iv) pour tous $v, w, z$, $d(v,w) \leq d(v,z) + d(z,w)$. C'est ce qu'on appelle « l'inégalité du triangle ».*

*2. Un ensemble $K$ muni d'une distance $d$ est un espace métrique.*

*3. Une suite $\{v_n\}$ d'éléments de $K$ est une suite de Cauchy si $\forall \epsilon > 0$, $\exists N \in \mathbb{N}$ tel que, pour tous $m, n > N$, on a $d(v_n, v_m) < \epsilon$.*

*4. Une suite $\{v_n\}$ d'éléments de $K$ converge vers un élément $w \in K$ si $\forall \epsilon > 0$, $\exists N \in \mathbb{N}$ tel que, pour tout $n > N$, on a $d(v_n, w) < \epsilon$.*

*5. Un espace métrique $K$ est complet si toute suite de Cauchy d'éléments de $K$ converge vers un élément de $K$.*

**Exemple 11.8** *1. $\mathbb{R}^n$ doté de la distance euclidienne est un espace métrique complet.*

*2. Soit $K$ l'ensemble des sous-ensembles de $\mathbb{R}^2$ qui sont fermés et bornés : on les appellera les sous-ensembles compacts de $\mathbb{R}^2$. La distance sur $K$ que l'on utilisera est la distance de Hausdorff que l'on va définir et étudier en détail à la section 11.5. Muni de cette distance, $K$ sera un espace métrique complet. (La preuve, que nous ne ferons pas, se trouve dans [1].)*

*3. Lorsque nous passerons à la pratique de la compression d'images à la section 11.7, une photographie en noir et blanc sur un rectangle $R$ sera une fonction $f : R \to S$, $S$ dénotant l'ensemble des tons de gris. Nous pourrons alors définir la distance entre deux fonctions $f$ et $f'$ à l'aide d'une des deux définitions suivantes :*

$$d_1(f, f') = \max_{(x,y) \in R} |f(x,y) - f'(x,y)| \tag{11.7}$$

*et*

$$d_2(f, f') = \left( \iint_R (f(x,y) - f'(x,y))^2 \, dx \, dy \right)^{1/2}. \tag{11.8}$$

*Muni d'une de ces distances, l'espace des fonctions $f : R \to S$ est un espace métrique complet. On peut remplacer $R = [a,b] \times [c,d]$ par un ensemble discret de pixels recouvrant le rectangle en adaptant légèrement les définitions ci-dessus. Par exemple, l'intégrale double devient alors une somme discrète sur chacun des pixels. Si $x$ et $y$ prennent les valeurs $\{0, \ldots, h-1\}$ et $\{0, \ldots, v-1\}$ respectivement, alors la distance devient*

$$d_3(f, f') = \left( \sum_{x=0}^{h-1} \sum_{y=0}^{v-1} (f(x,y) - f'(x,y))^2 \right)^{1/2}. \tag{11.9}$$

Une fois que $K$ est un espace métrique complet, il faut que l'opérateur $W$ défini sur $K$ prenne bien ses valeurs dans $K$ et que ce soit une contraction. Nous pourrons alors appliquer le célèbre théorème du point fixe de Banach : comme nous l'appliquerons dans le contexte où les éléments de $K$ sont des ensembles compacts du plan, nous utiliserons des lettres majuscules pour les points de $K$.

**Théorème 11.9 (théorème du point fixe de Banach)** *Soient $K$ un espace métrique complet et $W : K \to K$ une contraction, c'est-à-dire une fonction telle que, pour tous $B_1, B_2 \in K$,*

$$d(W(B_1), W(B_2)) \leq r\, d(B_1, B_2), \tag{11.10}$$

*où $0 < r < 1$. Alors, il existe un unique point fixe $A$ de $W$ (c'est-à-dire tel que $A \in K$ et $W(A) = A$).*

Nous ne donnerons pas la preuve du théorème, qui est identique à celle du théorème 11.6. On remplace seulement $|x - x'|$, qui représente la distance entre deux points $x, x' \in \mathbb{R}$, par $d(B_1, B_2)$, qui est la distance entre deux éléments $B_1, B_2 \in K$.

Le théorème du point fixe de Banach est un des théorèmes les plus importants des mathématiques. Il a des applications dans une foule de domaines.

**Exemple 11.10** *Considérons quelques applications.*

1. *Une première application du théorème du point fixe de Banach permet de démontrer le théorème d'existence et d'unicité des solutions des équations différentielles ordinaires qui satisfont à une condition de Lipschitz. Dans ce cas, les éléments de $K$ sont des fonctions. Le point fixe est la fonction qui est la solution de l'équation différentielle. Nous ne nous étendrons pas plus sur ce sujet si ce n'est pour mentionner qu'une idée simple peut avoir des applications importantes dans des champs très éloignés les uns des autres.*
2. *La deuxième application est celle qui nous intéresse. Soit $K$ l'ensemble des sous-ensembles de $\mathbb{R}^2$ qui sont fermés et bornés, muni de la distance de Haudorff qui en fait un espace métrique complet. On se donne un ensemble de contractions affines $T_1, \ldots, T_m$ qui forment donc un système de fonctions itérées. On définit alors l'opérateur* (11.6) *et on montre que cet opérateur est une contraction, c'est-à-dire qu'il satisfait à* (11.10) *pour un certain $r \in (0, 1)$. Le théorème 11.9 nous permet alors de conclure à l'existence et à l'unicité de l'attracteur $A$ du système de fonctions itérées.*

**Remarque** Le théorème affirme que l'ensemble $A$ qui est un point fixe de $W$ est *unique*. Si nous connaissons déjà un ensemble qui a cette propriété (par exemple, la fougère), nous sommes sûrs que l'attracteur que nous faisons construire par notre programme est bien l'ensemble que nous connaissons.

## 11.5 La distance de Hausdorff

La distance de Hausdorff est définie sur l'ensemble $K$ des sous-ensembles fermés bornés du plan. Comme sa définition est difficile, nous allons commencer par des notions intuitives. Dans la preuve du théorème du point fixe de Banach, on se sert de la métrique pour dire que deux éléments de $K$ sont proches et pour parler de convergence. Rappel : quand on parle de convergence d'une suite $\{B_n\}$ d'éléments de $K$ vers une limite $A$, on veut dire que, pour $n$ assez grand, les ensembles $B_n$ ressemblent beaucoup à l'ensemble $A$.

On voudrait exprimer l'idée que deux ensembles $B_1$ et $B_2$ sont proches, c'est-à-dire qu'ils sont à une distance inférieure à $\epsilon$ l'un de l'autre. Pour cela, on considère un « épaississement » de $B_1$, c'est-à-dire l'ensemble des points du plan qui sont à une distance inférieure à $\epsilon$ d'un point de $B_1$. $B_2$ est proche de $B_1$ s'il est inclus dans cet ensemble. Mettons cela en équation. L'épaississement de $B_1$ est

$$B_1(\epsilon) = \{v \in \mathbb{R}^2 | \exists w \in B_1 \text{ tel que } d(v, w) < \epsilon\},$$

où $d(v, w)$ est la distance euclidienne usuelle entre $v$ et $w$, deux points de $\mathbb{R}^2$. Il faut que $B_2 \subset B_1(\epsilon)$, mais cela ne suffit pas. $B_2$ pourrait avoir une forme très différente de $B_1$ et être beaucoup plus petit. Il faut donc aussi considérer l'épaississement de $B_2$

$$B_2(\epsilon) = \{v \in \mathbb{R}^2 | \exists w \in B_2 \text{ tel que } d(v, w) < \epsilon\}$$

et exiger que $B_1 \subset B_2(\epsilon)$. Si $d_H(B_1, B_2)$ est la *distance de Hausdorff* entre $B_1$ et $B_2$ (qui reste à définir), alors

$$d_H(B_1, B_2) < \epsilon \Longleftrightarrow (B_1 \subset B_2(\epsilon) \quad \text{et} \quad B_2 \subset B_1(\epsilon)).$$

Cette idée intuitive d'épaississement aide à comprendre la définition formelle de la distance de Hausdorff.

**Définition 11.11** *1. Soient $B$ un sous-ensemble compact (c'est-à-dire fermé et borné) de $\mathbb{R}^2$ et $v \in \mathbb{R}^2$. La distance de $v$ à $B$, notée $d(v, B)$, est*

$$d(v, B) = \min_{w \in B} d(v, w).$$

*2. La distance de Hausdorff entre deux sous-ensembles compacts $B_1$ et $B_2$ du plan est*

$$d_H(B_1, B_2) = \max\left(\max_{v \in B_1} d(v, B_2), \max_{w \in B_2} d(w, B_1)\right).$$

**Remarques**

1. Dans la définition 11.11, le fait que $B$, $B_1$ et $B_2$ soient compacts sert à assurer que les minima et maxima dont on parle existent.

2. Étant donné la propriété suivante du maximum de deux nombres,
$$\max(a,b) < \epsilon \Longleftrightarrow (a < \epsilon \quad \text{et} \quad b < \epsilon),$$
on a
$$d_H(B_1, B_2) < \epsilon$$
si et seulement si
$$\max_{v \in B_1} d(v, B_2) < \epsilon \quad \text{et} \quad \max_{w \in B_2} d(w, B_1) < \epsilon$$
si et seulement si
$$B_1 \subset B_2(\epsilon) \quad \text{et} \quad B_2 \subset B_1(\epsilon).$$
La distance de Hausdorff est donc intimement reliée au concept intuitif d'épaississement.

Nous donnons sans preuve le théorème suivant.

**Théorème 11.12** [1] *Soit $K$ l'ensemble des sous-ensembles compacts du plan. La distance de Hausdorff est bien une distance, c'est-à-dire qu'elle satisfait aux propriétés (i)-(iv) de la définition 11.7. De plus, $K$ muni de la métrique de Hausdorff est un espace complet.*

Notre ensemble $K$ muni de la distance de Hausdorff est un espace métrique complet. Nous avons défini l'opérateur $W : K \to K$ par la formule (11.6). Pour pouvoir appliquer le théorème du point fixe de Banach, nous devons maintenant montrer que $W$ est une contraction.

Pour cela, il nous faut commencer par définir la notion de facteur de contraction d'une contraction affine.

**Définition 11.13** *Soit $T : \mathbb{R}^2 \to \mathbb{R}^2$ une contraction affine.*

1. *Un nombre réel $r \in (0,1)$ est un facteur de contraction pour $T$ si, pour tous $x, y \in \mathbb{R}^2$, on a*
$$d(T(v), T(w)) \leq r d(v, w).$$
2. *Un facteur de contraction $r$ est un facteur de contraction exact si, pour tous $v, w \in \mathbb{R}^2$, on a*
$$d(T(v), T(w)) = r d(v, w).$$

**Remarque** Seule une transformation affine dont la partie linéaire est la composition d'une homothétie de rapport $r$ et d'une rotation ou d'une symétrie peut avoir un facteur de contraction exact.

**Théorème 11.14** *Soit* $\{T_1, \ldots, T_m\}$ *un système de fonctions itérées tel que chaque* $T_i$ *a un facteur de contraction* $r_i \in (0,1)$*. Alors, l'opérateur* $W$ *défini par* (11.5) *sur* $K$ *est une contraction dont le facteur de contraction est* $r = \max(r_1, \ldots, r_m)$.

La preuve du théorème utilise la propriété suivante de la distance de Hausdorff.

**Lemme 11.15** *Soient* $B, C, D, E \in K$*. Alors,*

$$d_H(B \cup C, D \cup E) \leq \max(d_H(B, D), d_H(C, E)).$$

PREUVE De par la remarque suivant la définition 11.11, il suffit de montrer que :

(i) pour tout $v \in B \cup C$, on a $d(v, D \cup E) \leq d_H(B, D) \leq \max(d_H(B, D), d_H(C, E))$ ou $d(v, D \cup E) \leq d_H(C, E) \leq \max(d_H(B, D), d_H(C, E))$ ; et

(ii) pour tout $w \in D \cup E$, on a $d(w, B \cup C) \leq d_H(B, D) \leq \max(d_H(B, D), d_H(C, E))$ ou $d(w, B \cup C) \leq d_H(C, E) \leq \max(d_H(B, D), d_H(C, E))$.

On montrera seulement (i), (ii) étant similaire. Soit $v \in B \cup C$ un point donné. Comme $D$ et $E$ sont des compacts de $R$, il existe $z \in D \cup E$ tel que $d(v, D \cup E) = d(v, z)$. On a donc que, pour tout $w \in D \cup E$, $d(v, z) \leq d(v, w)$. En particulier, pour tout $u \in D$, on a $d(v, z) \leq d(v, u)$, c'est-à-dire $d(v, z) \leq d(v, D)$ et, pour tout $p \in E$, on a $d(v, z) \leq d(v, p)$, d'où $d(v, z) \leq d(v, E)$. Or, $v \in B \cup C$. Donc, $v \in B$ ou $v \in C$. Si $v \in B$,

$$d(v, D) \leq d_H(B, D) \leq \max(d_H(B, D), d_H(C, E)).$$

De même, si $v \in C$

$$d(v, E) \leq d_H(C, E) \leq \max(d_H(B, D), d_H(C, E)).$$

L'énoncé (i) découle du fait que $d(v, D \cup E) \leq d(v, D)$ et $d(v, D \cup E) \leq d(v, E)$ (exercice 14). □

**Lemme 11.16** *Si* $T : \mathbb{R}^2 \to \mathbb{R}^2$ *est une contraction affine de facteur de contraction* $r \in (0,1)$*, alors l'application (encore notée* $T$ *par abus de notation)* $T : K \to K$ *définie par*

$$T(B) = \{T(v) | v \in B\}$$

*est une contraction sur* $K$ *de même facteur de contraction* $r$.

PREUVE Soient $B_1, B_2 \in K$. On doit montrer que

$$d_H(T(B_1), T(B_2)) \leq r d_H(B_1, B_2).$$

Comme précédemment, il suffit de montrer que

(i) pour tout $v \in T(B_1)$ on a $d(v, T(B_2)) \leq r d_H(B_1, B_2)$ ; et

(ii) pour tout $w \in T(B_2)$ on a $d(w, T(B_1)) \leq r d_H(B_1, B_2)$.

On montrera seulement (i), (ii) étant analogue. Comme $v \in T(B_1)$, on a $v = T(v')$ pour un certain $v' \in B_1$. Soit $w \in T(B_2)$. On a $d(v, T(B_2)) \leq d(v, w)$. Soit $w' \in B_2$ tel que $w = T(w')$. Alors,

$$d(v, T(B_2)) \leq d(v, w) = d(T(v'), T(w')) \leq rd(v', w').$$

Puisque ceci est vérifié pour tout $w' \in B_2$, on en tire

$$d(v, T(B_2)) \leq rd(v', B_2) \leq rd_H(B_1, B_2).$$

□

PREUVE DU THÉORÈME 11.14. La preuve se fait par induction sur le nombre $m$ de transformations définissant l'opérateur $W$ : nous montrerons que si $T_i$ est une contraction de facteur de contraction $r_i$, $i = 1, \ldots, m$, alors $W$ est une contraction de facteur de contraction $r = \max(r_1, \ldots, r_m)$. Le cas $m = 1$ est l'objet du lemme 11.16. Quoiqu'il ne soit pas nécessaire de traiter le cas $m = 2$, nous le faisons pour bien illustrer les idées avant le cas général et pour mettre en évidence le facteur de contraction de $W$. Si $m = 2$, $W(B) = T_1(B) \cup T_2(B)$.

$$\begin{array}{rcl} d_H(W(B), W(C)) & = & d_H(T_1(B) \cup T_2(B), T_1(C) \cup T_2(C)) \\ & \leq & \max(d_H(T_1(B), T_1(C)), d_H(T_2(B), T_2(C))) \\ & \leq & \max(r_1 d_H(B, C), r_2 d_H(B, C)) \\ & = & \max(r_1, r_2) d_H(B, C), \end{array}$$

par application successive du lemme 11.15 et du lemme 11.16.

Supposons que le théorème est démontré pour un système de $m$ fonctions itérées et démontrons-le pour un système de $m + 1$ fonctions itérées : on a $W(B) = T_1(B) \cup \ldots T_{m+1}(B)$. Alors,

$$\begin{array}{rcl} d_H(W(B), W(C)) & = & d_H(T_1(B) \cup \cdots \cup T_{m+1}(B), T_1(C) \cup \cdots \cup T_{m+1}(C)) \\ & = & d_H \left[ \left( \bigcup_{i=1}^{m} T_i(B) \right) \cup T_{m+1}(B), \left( \bigcup_{i=1}^{m} T_i(C) \right) \cup T_{m+1}(C) \right] \\ & \leq & \max \left( d_H \left( \bigcup_{i=1}^{m} T_i(B), \bigcup_{i=1}^{m} T_i(C) \right), d_H(T_{m+1}(B), T_{m+1}(C)) \right) \\ & \leq & \max(\max(r_1, \ldots, r_m) d_H(B, C), r_{m+1} d_H(B, C)) \\ & \leq & \max(r_1, \ldots, r_{m+1}) d_H(B, C), \end{array}$$

en vertu des lemmes 11.15 et 11.16 et de l'hypothèse d'induction. □

Le théorème 11.14 nous assure que, quel que soit $B \subset \mathbb{R}^2$, la distance de Hausdorff entre deux de ses itérées consécutives $W^n(B)$ et $W^{n+1}(B)$ décroît à mesure que $n$ augmente puisque

$$d_H(W^n(B), W^{n+1}(B)) \leq r d_H(W^{n-1}(B), W^n(B)) \leq \cdots \leq r^n d_H(B, W(B)),$$

où $r \in (0,1)$. Il ne permet cependant pas de borner la distance entre $B$ et l'attracteur $A$. C'est ce que fait le prochain théorème, appelé *théorème du collage* par Barnsley.

**Théorème 11.17 (théorème du collage de Barnsley [1])** *Soit le système de fonctions itérées $\{T_1, \ldots, T_m\}$ de facteur de contraction $r \in (0,1)$ et d'attracteur $A$. Soient $B$ et $\epsilon > 0$ tels que*

$$d_H(B, T_1(B) \cup \cdots \cup T_m(B)) \leq \epsilon.$$

*Alors,*

$$d_H(B, A) \leq \frac{\epsilon}{1-r}. \tag{11.11}$$

Preuve Nous copions un argument de la preuve du théorème 11.6 pour borner la distance $d_H(B, W^n(B))$. Puisqu'une distance satisfait à l'inégalité du triangle (propriété (iv)), on a

$$\begin{aligned} d_H(B, W^n(B)) &\leq d_H(B, W(B)) + d_H(W(B), W^2(B)) + \cdots + d_H(W^{n-1}(B), W^n(B)) \\ &\leq (1 + r^1 + \ldots r^{n-1}) d_H(B, W(B)) \\ &\leq \tfrac{1-r^n}{1-r} d_H(B, W(B)) \\ &\leq \tfrac{1}{1-r} d_H(B, W(B)) \leq \tfrac{\epsilon}{1-r}. \end{aligned}$$

Prenons $\eta > 0$ arbitraire. Il existe $N$ tel que, si $n > N$, alors $d_H(W^n(B), A) < \eta$. Alors, si $n > N$, on a

$$d_H(B, A) \leq d_H(B, W^n(B)) + d_H(W^n(B), A) < \frac{\epsilon}{1-r} + \eta.$$

Comme cette inégalité vaut pour tout $\eta > 0$, on en conclut que $d_H(B, A) \leq \frac{\epsilon}{1-r}$. □

Le théorème du collage est extrêmement important pour les applications pratiques. En effet, supposons qu'au lieu de la fougère « mathématique » de la figure 11.2, on ait la photographie d'une vraie fougère que nous appellerons $B$ ; il est possible que les transformations affines $T_1, \ldots, T_4$ telles que $B = T_1(B) \cup T_2(B) \cup T_3(B) \cup T_4(B)$ n'existent pas et que $B$ ne soit qu'approximativement égal à

$$C = T_1(B) \cup T_2(B) \cup T_3(B) \cup T_4(B)$$

pour des transformations affines $T_1, \ldots, T_4$. Si on fait construire par l'ordinateur l'attracteur $A$ du système de fonctions itérées $\{T_1, \ldots, T_4\}$ et si $d_H(B, C) \leq \epsilon$, le théorème du collage assure que $d_H(A, B) \leq \frac{\epsilon}{1-r}$, c'est-à-dire que $A$ ressemble à $B$. Notre méthode est donc « robuste » : elle résiste aux approximations des images.

## 11.6 La dimension des attracteurs de systèmes de fonctions itérées

Il n'est pas nécessaire d'avoir vu l'ensemble de la section précédente pour lire cette section. Il suffit de connaître avec la définition de facteur de contraction (définition 11.13).

Nous avons construit plusieurs attracteurs de systèmes de fonctions itérées $\{T_1, \dots, T_m\}$, où $T_i$ a pour facteur de contraction $r_i$, par exemple, la fougère ou le triangle de Sierpiński. Nous avons l'impression que ce sont des objets plus « denses » qu'une simple courbe de l'espace. Pourtant, nous pouvons vérifier qu'ils ont tous une aire nulle dès que $r_1^2 + \dots + r_m^2 < 1$, ce qui est le cas dans nos deux exemples.

**Proposition 11.18** *L'attracteur d'un système de fonctions itérées $\{T_1, \dots, T_m\}$ de facteurs de contraction respectifs $r_1, \dots, r_m$, satisfaisant à*

$$r_1^2 + \dots + r_m^2 < 1 \tag{11.12}$$

*a une aire nulle.*

PREUVE Soit $S(B)$ l'aire d'un sous-ensemble compact $B$ de $\mathbb{R}^2$. Alors, $S(T_i(B)) \leq r_i^2 S(B)$. Donc, $S(W(B_0)) \leq (r_1^2 + \dots + r_m^2)S(B_0)$. Si $B_{n+1} = W(B_n)$, on obtient alors en itérant

$$S(B_{n+1}) \leq (r_1^2 + \dots + r_m^2)S(B_n) \leq \dots \leq (r_1^2 + \dots + r_m^2)^{n+1} S(B_0).$$

Donc,

$$\lim_{n\to\infty} S(B_n) = S(A) = 0.$$

□

La notion d'aire ne permet donc pas de dire que ces objets sont plus denses qu'une simple courbe : leur aire est nulle. Ces objets sont « plus qu'une courbe et moins qu'une surface pleine ». Nous allons exprimer cela à l'aide de la notion de *dimension*. Nous devons introduire une définition de la *dimension* d'un objet qui donne 1 pour les courbes usuelles, 2 pour les surfaces usuelles, 3 pour les volumes et qui soit calculable pour les fractales que nous considérons ici. Comme nos attracteurs sont à mi-chemin entre une courbe et une surface, leur dimension devrait être un nombre entre 1 et 2. *Toute théorie cohérente de la dimension doit nous donner des nombres non entiers (fractionnaires) pour la dimension de certains objets fractals.*

Il existe plusieurs définitions de *dimension*. Elles coïncident toutes avec la définition usuelle pour les courbes, surfaces et volumes. Par contre, elles peuvent différer pour les objets fractals. Nous n'utiliserons que la notion de *dimension fractale*.

Commençons par considérer le segment $[0, 1]$, le carré $[0, 1] \times [0, 1]$, le cube $[0, 1]^3$ et prenons des petits segments de longueur $1/n$, des petits carrés de côté $1/n$ et des petits cubes d'arête $1/n$.

- Le segment $[0,1]$ peut être considéré dans $\mathbb{R}$ ou $\mathbb{R}^2$ ou $\mathbb{R}^3$. Dans chaque cas, on peut recouvrir le segment avec $n$ petits segments ou petits carrés ou petits cubes.
- Prenons maintenant le carré $[0,1]^2$ que l'on peut considérer dans $\mathbb{R}^2$ ou plongé dans $\mathbb{R}^3$. On a besoin de $n^2$ petits carrés ou petits cubes pour le recouvrir. On ne peut le recouvrir par un nombre fini de segments.
- Le cube $[0,1]^3$ ne peut être considéré que dans $\mathbb{R}^3$. On peut le recouvrir par $n^3$ petits cubes. On ne peut le recouvrir par un nombre fini de segments ou de carrés.
- Si, au lieu du segment $[0,1]$, on avait pris un segment $[0,L]$, on aurait eu besoin d'environ $nL$ petits segments, carrés ou cubes pour le recouvrir.
- Si, au lieu du carré $[0,1]^2$, on avait pris un carré $[0,L]^2$, on aurait eu besoin d'environ $L^2n^2$ petits carrés ou cubes pour le recouvrir.
- Si, au lieu du cube $[0,1]^3$, on avait pris un cube $[0,L]^3$, on aurait eu besoin d'environ $L^3n^3$ petits cubes pour le recouvrir.

Cherchons maintenant une règle plus générale.

(i) Si on avait eu une courbe finie différentiable du plan ou de l'espace, on aurait eu besoin pour la recouvrir d'un nombre $N(1/n)$ de petits carrés ou de petits cubes d'arête $1/n$ satisfaisant, si $n$ est assez grand, à

$$C_1n \leq N(1/n) \leq C_2n.$$

Cela demande un peu de réflexion pour s'en convaincre. Si la courbe est de longueur $L$, on peut la couper en au plus $Ln$ morceaux de longueur inférieure ou égale à $\frac{1}{n}$. Chaque petit morceau peut être recouvert par un petit carré de côté $1/n$. D'où $N(1/n) \leq C_2n$ pour un certain $C_2$. L'autre inégalité est plus difficile et valable seulement pour $n$ assez grand. En effet, la courbe pourrait être repliée, si bien que des carrés (cubes) de côté $\frac{1}{n}$ pourraient contenir une grande longueur de la courbe. Mais comme la courbe est différentiable (et non fractale), la taille minimale des replis est limitée et ne peut tendre vers 0. Si l'on prend $\frac{1}{n}$ assez petit, alors un petit carré (cube) contiendra un morceau de courbe de longueur maximale $C\frac{1}{n}$. Le nombre minimum de carrés (cubes) sera donc $C_1n$ où $C_1 = \frac{L}{C}$.

(ii) De même, si on avait eu une surface finie lisse du plan ou de l'espace, on aurait eu besoin pour la couvrir d'un nombre $N(1/n)$ de petits cubes d'arête $1/n$ satisfaisant, si $n$ est assez grand, à

$$C_1n^2 \leq N(1/n) \leq C_2n^2.$$

(iii) Finalement, si on avait eu un volume de l'espace, on aurait eu besoin pour le couvrir d'un nombre $N(1/n)$ de petits cubes d'arête $1/n$ satisfaisant, si $n$ est assez grand,

$$C_1n^3 \leq N(1/n) \leq C_2n^3.$$

(iv) Le nombre $N(1/n)$ est du même ordre de grandeur, quel que soit l'espace dans lequel on travaille ! En effet, si on considère une courbe du plan et qu'on utilise des carrés ou des cubes, on obtient le même ordre de grandeur.

On voit donc que la dimension correspond à l'exposant du facteur $n$ dans l'ordre de grandeur de $N(1/n)$ et que les différentes constantes $C_1, C_2$ n'ont rien à voir avec la dimension. Dans chaque cas, on peut vérifier que ce nombre correspond à

$$\lim_{n\to\infty} \frac{\ln N(1/n)}{\ln n}.$$

En effet, dans le cas d'une courbe, on a

$$\frac{\ln(C_1 n)}{\ln n} \leq \frac{\ln N(1/n)}{\ln n} \leq \frac{\ln(C_2 n)}{\ln n}.$$

Comme $\ln(C_i n) = \ln C_i + \ln n$, alors

$$\lim_{n\to\infty} \frac{\ln(C_i n)}{\ln n} = 1.$$

On peut faire le même raisonnement pour des surfaces ou des volumes et obtenir que cette limite vaut 2 ou 3.

On va maintenant pouvoir donner la définition de la dimension fractale. On va généraliser la démarche ci-dessus et permettre non seulement les segments, (respectivement les carrés, les cubes) de longueur (respectivement de côté, d'arête) $1/n$, mais aussi ceux de longueur (respectivement de côté, d'arête) $\epsilon$, $\epsilon$ étant petit.

**Définition 11.19** *On considère un sous-ensemble fermé borné $B$ de $\mathbb{R}^i$, $i = 1, 2, 3$. Soit $N(\epsilon)$ le nombre minimal de petits segments (respectivement carrés, cubes) de longueur (respectivement côté, arête) $\epsilon$ nécessaires pour recouvrir $B$. Alors, la dimension fractale $D(B)$ de $B$ est la limite suivante si elle existe :*

$$D(B) = \lim_{\epsilon\to 0} \frac{\ln N(\epsilon)}{\ln 1/\epsilon}.$$

## Remarques

1. Dans la définition précédente, si $B$ est un sous-ensemble d'une droite de $\mathbb{R}^3$, on obtient la même limite, que l'on recouvre $B$ par des segments, des carrés ou des cubes. De même, si $B$ est un sous-ensemble d'un plan de $\mathbb{R}^3$, on obtient la même limite, que l'on recouvre $B$ par des carrés ou des cubes.
2. La définition précise que la limite peut ne pas exister. Les fractales que nous avons construites jusqu'à présent sont *autosimilaires*, c'est-à-dire que, si on les regarde au microscope à différents grossissements, on voit toujours se répéter la même structure. Dans ces cas, on peut montrer que la limite existe. Par contre, elle pourrait ne pas exister si l'ensemble $B$ était très compliqué et n'avait pas de propriété d'autosimilarité.

**Définition 11.20** *Un système de fonctions itérées $\{T_1, \ldots, T_m\}$ d'attracteur $A$ est totalement déconnecté si les ensembles $T_1(A), \ldots, T_m(A)$ sont disjoints.*

Nous admettrons sans preuve le théorème suivant

**Théorème 11.21** *Soit $A$ l'attracteur d'un système de fonctions itérées totalement déconnecté. Alors, sa dimension fractale existe.*

**Exemple 11.22** *Calculons la dimension du triangle de Sierpiński $A$. À partir de la figure 11.6, il est possible de compter le nombre de carrés de côté $\frac{1}{2^n}$ nécessaires pour recouvrir $A$.*

- *Nous avons besoin d'un carré de côté $1$ pour le couvrir : $N(1) = 1$.*
- *Nous avons besoin de trois carrés de côté $1/2$ pour le couvrir : $N(1/2) = 3$.*
- *Nous avons besoin de neuf carrés de côté $1/4$ pour le couvrir : $N(1/4) = 9$.*
- ...
- *Nous avons besoin de $3^n$ carrés de côté $1/2^n$ pour le couvrir : $N(1/2^n) = 3^n$.*

*Posant $\epsilon = 1/2^n$ ; alors $\epsilon \to 0$ quand $n \to \infty$. Comme la limite définissant la dimension $D(A)$ du triangle de Sierpiński existe de par le théorème 11.21, cette limite est égale à*

$$D(A) = \lim_{n\to\infty} \frac{\ln N(1/2^n)}{\ln(2^n)} = \lim_{n\to\infty} \frac{n \ln 3}{n \ln 2} = \frac{\ln 3}{\ln 2} \approx 1{,}58496.$$

*On a $1 < D(A) < 2$ : tel qu'annoncé, la dimension de $A$ est supérieure à celle d'une courbe et inférieure à celle d'une surface.*

Nous allons maintenant énoncer un théorème qui permet de calculer directement la dimension fractale de $A$ sans recourir à ce comptage de carrés qui pourrait être difficile pour un attracteur compliqué.

**Théorème 11.23** *Soit $\{T_1, \dots, T_m\}$ un système de fonctions itérées totalement déconnecté, où $T_i$ a le facteur de contraction exact $0 < r_i < 1$, et $A$ son attracteur. Alors, la dimension fractale $D = D(A)$ de $A$ est l'unique solution de l'équation*

$$r_1^D + \cdots + r_m^D = 1. \tag{11.13}$$

*Dans le cas particulier où $r_1 = \cdots = r_m = r$, on a*

$$D(A) = \frac{\ln m}{-\ln r} = -\frac{\ln m}{\ln r}. \tag{11.14}$$

*(Ce quotient est positif, car $\ln r < 0$.)*

Idée de la preuve Commençons par vérifier que (11.14) est une conséquence de (11.13). En effet, si $r_1 = \cdots = r_m = r$, alors (11.13) donne

$$r^D + \cdots + r^D = mr^D = 1.$$

D'où $r^D = 1/m$. En prenant le logarithme des deux côtés, on obtient

$$D \ln r = \ln 1/m = -\ln m.$$

D'où le résultat.

Pour la première partie de la preuve, nous serons plus intuitifs. Soient $A$ notre attracteur et $N(\epsilon)$ le nombre minimum de carrés de côté $\epsilon$ nécessaires pour le couvrir. Puisque $A$ est la réunion disjointe de $T_1(A)$, ..., $T_m(A)$, $N(\epsilon)$ est à peu près égal à $N_1(\epsilon) + \cdots + N_m(\epsilon)$ où $N_i(\epsilon)$ est le nombre de carrés de côté $\epsilon$ nécessaires pour couvrir $T_i(A)$. Cette approximation est d'autant meilleure que $\epsilon$ est petit. Maintenant $T_i(A)$ est obtenu de $A$ par application d'une contraction de facteur de contraction exact $r_i$ (c'est-à-dire que $T_i$ est la composition d'une homothétie de rapport $r_i$ et d'une isométrie préservant les distances et les angles). Donc, si on a besoin de $N_i(\epsilon)$ carrés de côté $\epsilon$ pour recouvrir $T_i(A)$, l'application de $T_i^{-1}$ à ces carrés nous donne $N_i(\epsilon)$ carrés de côté $\epsilon/r_i$ qui recouvrent $A$. Donc,

$$N(\epsilon/r_i) \approx N_i(\epsilon).$$

On a donc

$$N(\epsilon) \approx N(\epsilon/r_1) + \cdots + N(\epsilon/r_m). \tag{11.15}$$

Sous cette forme, il est difficile de calculer la limite $\lim_{\epsilon\to 0} N(\epsilon)$. Nous allons donc supposer que $N(\epsilon) \approx C\epsilon^{-D}$ où $D$ est la dimension cherchée (ici nous sommes seulement intuitifs !) ; ceci serait le cas pour les segments, carrés et cubes considérés dans nos exemples simples. Selon cette hypothèse, l'équation (11.15) nous donne

$$C\epsilon^{-D} = C\left(\frac{\epsilon}{r_1}\right)^{-D} + \cdots + C\left(\frac{\epsilon}{r_m}\right)^{-D}.$$

On peut simplifier $C\epsilon^{-D}$, ce qui nous laisse

$$1 = \frac{1}{r_1^{-D}} + \cdots + \frac{1}{r_m^{-D}} = r_1^D + \cdots + r_m^D.$$

□

**Exemple 11.24** *Pour le triangle de Sierpiński, on a $r = 1/2$ et $m = 3$. En vertu du théorème, sa dimension est $\frac{\ln 3}{\ln 2} \approx 1{,}58496$, ce qui correspond au résultat obtenu par comptage de carrés à l'exemple 11.22.*

**Calcul de la dimension D(A) à l'aide de** (11.13) **quand les $r_i$ ne sont pas tous égaux et sous la condition** (11.12)**.** Même si ce n'est pas facile de donner une preuve rigoureuse, on peut se convaincre en analysant les exemples que la condition (11.12) se vérifie souvent dans les systèmes de fonctions itérées totalement déconnectés. On ne peut trouver la solution exacte, mais on peut chercher une solution numérique. En effet, on sait que la dimension $D(A) \in [0, 2]$. La fonction

$$f(D) = r_1^D + \cdots + r_m^D - 1$$

est strictement décroissante sur $[0,2]$, car

$$f'(D) = r_1^D \ln r_1 + \ldots r_m^D \ln r_m < 0.$$

En effet, $r_i < 1$ implique que $\ln r_i < 0$. De plus, $f(0) = m - 1 > 1$ et $f(2) = r_1^2 + \cdots + r_m^2 - 1 < 0$ de par (11.12). Donc, de par le théorème de la valeur intermédiaire, la fonction $f(D)$ a une racine unique dans $[0,2]$. On peut faire tracer la fonction pour trouver cette racine ou encore, utiliser la méthode de Newton.

**Exemple 11.25** *Calculons la dimension fractale de l'attracteur d'un système de fonctions itérées $\{T_1, T_2, T_3\}$ de facteurs de contraction exacts $r_1 = 0{,}5$, $r_2 = 0{,}4$ et $r_3 = 0{,}7$. La figure 11.8(a) représente le graphe de la fonction*

$$f(D) = 0{,}5^D + 0{,}4^D + 0{,}7^D - 1$$

*sur $[0,2]$. Sur la figure 11.8(b) on a agrandi la zone $[1{,}75; 1{,}85]$ pour évaluer la racine avec plus de précision. On obtient $D(A) \approx 1{,}81$.*

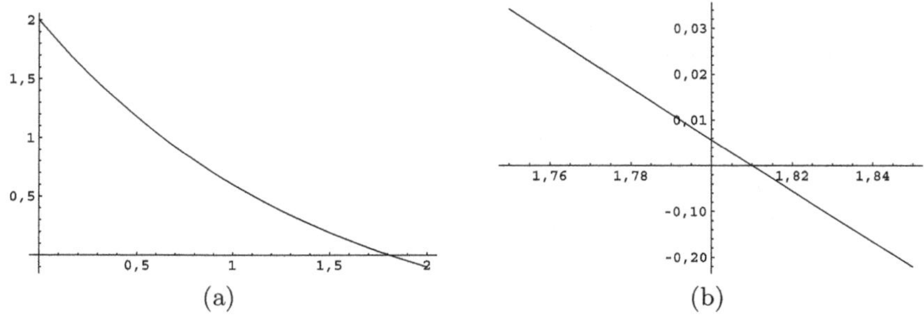


**Fig. 11.8.** Le graphe de $f(D)$ sur $[0,2]$ et sur $[1{,}75; 1{,}85]$

## 11.7 Une photographie comme attracteur d'un système de fonctions itérées ?

Tout ce que nous avons vu est bien beau sur le plan théorique, mais ne nous avance pas beaucoup quand il s'agit de comprimer l'information d'une image. On a vu qu'on peut garder en mémoire sous forme d'un programme très court toute l'information pour reconstruire une fractale. Mais pour profiter de cette énorme compression, il faudrait savoir reconnaître les éléments d'une photographie qui ont un grand degré d'autosimilarité et construire les programmes très courts qui les engendrent. Est-ce que toutes les parties de la photographie appartiendront à un tel patron fractal ? Il est fort probable que non ! Même si un humain réussit à rapprocher chaque partie d'une photographie donnée d'un modèle fractal, et, ainsi, à reconstruire une image ressemblant à la photographie initiale (il y a de jolis exemples dans [1]), ceci n'est pas la même chose que de programmer un ordinateur pour le faire de manière systématique sur des centaines de photographies. Il faut transformer et généraliser les idées que nous venons d'introduire pour obtenir un algorithme de compression photographique efficace.

Les idées exposées ci-dessus seront donc appliquées un peu différemment. Le point commun est l'existence d'un système de fonctions itérées, qu'on appellera *système de fonctions itérées partitionné*, dont l'attracteur approximera l'image que l'on veut reproduire. La présentation qui suit a été inspirée de [2]. La recherche se poursuit sur d'autres méthodes.

**Représentation d'une image comme le graphe d'une fonction** On discrétise une photographie en la traitant comme un ensemble fini de minuscules carrés lumineux appelés pixels (pour *picture elements*). À chacun de ces pixels, on associe un nombre qui représente sa couleur. Pour simplifier, on va se limiter aux tons de gris. À chaque point $(x, y)$ du rectangle, on associe un nombre $z$ qui représente son niveau de gris. Un choix usuel en photographie numérique consiste à donner à $z$ une valeur entière dans l'ensemble $\{0, \dots, 255\}$ ; 0 représente le noir et 255 le blanc. Ainsi, de façon formelle, une photographie est une fonction ! Si elle contient $h$ pixels horizontalement et $v$ verticalement et que nous notons par $S_N$ l'ensemble $\{0, 1, 2, \dots, N-1\}$, alors une photographie est une fonction

$$f : S_h \times S_v \longrightarrow S_{255},$$

c'est-à-dire une règle qui associe à chaque pixel $(x, y)$, $0 \leq x \leq h-1$, $0 \leq y \leq v-1$, un ton de gris

$$z = f(x, y) \in \{0, 1, 2, \dots, 255\}.$$

Les fonctions à itérer que nous allons introduire à l'instant pourront transformer une photographie $f$ en une autre $f'$ dont les valeurs ne sont pas des entiers entre 0 et 255. Il sera donc plus facile de travailler sur les fonctions

$$f : S_h \times S_v \longrightarrow \mathbb{R}.$$

**Construction du système de fonctions itérées partitionné** C'est sur l'ensemble $\mathcal{F} = \{f : S_h \times S_v \to \mathbb{R}\}$ de toutes les photographies qu'agira le système de fonctions itérées partitionné. Voici comment ce système est construit pour une photographie donnée. On divise l'image en une réunion de carrés de quatre pixels par quatre pixels : un tel carré, appelé *petit carré*, est noté $C_i$, et $I$ désigne l'ensemble des petits carrés. Pour chaque petit carré on choisit dans l'image le carré de huit pixels par huit pixels qui lui « ressemble le plus », que l'on appelle *grand carré associé* (figure 11.9) et qu'on note $G_i$. (Nous donnerons bientôt une définition précise de l'expression « ressemble le plus ».)

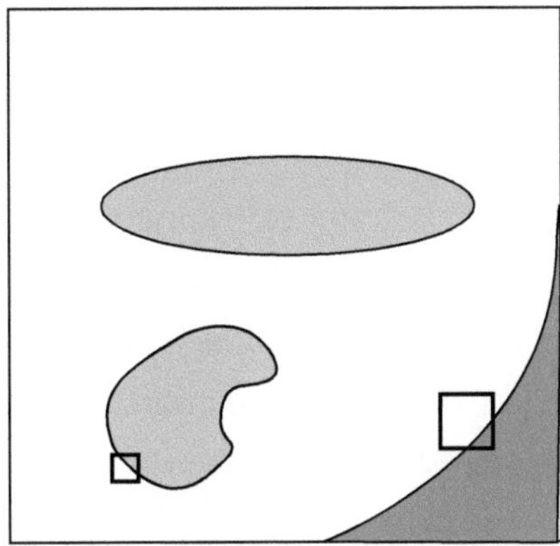

**Fig. 11.9.** Choix d'un grand carré ressemblant au petit carré

Chaque point de l'image est représenté par ses coordonnées $(x, y, z)$ où, à nouveau, $z$ est le ton de gris du point $(x, y)$. Une transformation affine $T_i$ envoyant le grand carré $G_i$ sur le petit carré $C_i$ sera choisie de la forme

$$T_i \begin{pmatrix} x \\ y \\ z \end{pmatrix} = \begin{pmatrix} a_i & b_i & 0 \\ c_i & d_i & 0 \\ 0 & 0 & s_i \end{pmatrix} \begin{pmatrix} x \\ y \\ z \end{pmatrix} + \begin{pmatrix} \alpha_i \\ \beta_i \\ g_i \end{pmatrix}. \tag{11.16}$$

Restreinte aux coordonnées $(x, y)$, cette transformation est une simple contraction affine

$$t_i(x, y) = (a_i x + b_i y + \alpha_i, c_i x + d_i y + \beta_i), \tag{11.17}$$

du type qu'on a considéré plus tôt. Regardons maintenant le ton de gris. Le paramètre $s_i$ sert à modifier l'étendue du spectre de gris utilisé dans le carré : $s_i < 1$ si le petit carré $C_i$ est moins contrasté que le grand carré $G_i$, et $s_i > 1$ s'il l'est plus. Le paramètre $g_i$ correspond à une translation du spectre de gris. On a $g_i < 0$ si le grand carré est plus pâle en moyenne que le petit (rappelons que 0 représente le noir et 255, le blanc). Au contraire, $g_i > 0$ si le grand carré est plus foncé en moyenne que le petit. En pratique, puisque le grand carré contient quatre fois plus de pixels ($8 \times 8 = 64$ pixels au total) que le petit (qui en contient $4 \times 4 = 16$), on commence par remplacer chaque carré de deux pixels par deux pixels de $G_i$ par un carré d'une couleur uniforme donnée par la moyenne des tons de gris des quatre pixels de ce carré. On compose avec la transformation $T_i$ : on appelle la composée $\overline{T}_i$. Si les côtés du grand carré $G_i$ sont envoyés sur ceux du petit carré $C_i$, le choix de la partie linéaire $\begin{pmatrix} a_i & b_i \\ c_i & d_i \end{pmatrix}$ de la transformation affine $T_i$ est grandement limité. En effet, la partie linéaire de la transformation est la composition de l'homothétie de rapport $1/2$,

$$(x, y) \mapsto (x/2, y/2),$$

et d'une des huit transformations linéaires $L$ suivantes :

1. l'identité $\begin{pmatrix} 1 & 0 \\ 0 & 1 \end{pmatrix}$ ;
2. la rotation d'angle $\pi/2$ dont la matrice est $\begin{pmatrix} 0 & -1 \\ 1 & 0 \end{pmatrix}$ ;
3. la rotation de $\pi$ ou symétrie par rapport à l'origine, de matrice $\begin{pmatrix} -1 & 0 \\ 0 & -1 \end{pmatrix}$ ;
4. la rotation d'angle $-\pi/2$, de matrice $\begin{pmatrix} 0 & 1 \\ -1 & 0 \end{pmatrix}$ ;
5. la symétrie par rapport à l'axe horizontal, de matrice $\begin{pmatrix} 1 & 0 \\ 0 & -1 \end{pmatrix}$ ;
6. la symétrie par rapport à l'axe vertical, de matrice $\begin{pmatrix} -1 & 0 \\ 0 & 1 \end{pmatrix}$ ;
7. la symétrie par rapport à la première diagonale, de matrice $\begin{pmatrix} 0 & 1 \\ 1 & 0 \end{pmatrix}$ ;
8. la symétrie par rapport à la deuxième diagonale, de matrice $\begin{pmatrix} 0 & -1 \\ -1 & 0 \end{pmatrix}$.

Notons que les matrices associées à ces transformations linéaires sont des matrices orthogonales, c'est-à-dire dont l'inverse est égal à la transposée. (Exercice : à la figure 11.9, quelle est la transformation linéaire utilisée pour envoyer le grand carré sur le petit carré ?)

Pour décider si les fonctions de deux carrés se ressemblent, nous définirons une distance $d$ entre fonctions. Et le système de fonctions itérées partitionné que nous introduirons produira des itérées se rapprochant l'une de l'autre par rapport à cette même distance $d$ sur l'ensemble $\mathcal{F}$ de toutes les photographies. Si $f, f' \in \mathcal{F}$, c'est-à-dire si $f$ et $f'$ sont deux photographies sur notre rectangle initial, alors la distance entre elles définie par

$$d_{h\times v}(f, f') = \sqrt{\sum_{x=0}^{h-1}\sum_{y=0}^{v-1}(f(x,y) - f'(x,y))^2}$$

est la distance $d_3$ donné en (11.9) dans l'exemple 11.8. Cette distance semble très intimidante. Elle n'est cependant que la distance euclidienne sur l'espace vectoriel $\mathbb{R}^{h\times v}$. En effet, elle correspond à la racine carrée de la somme du carré des différences pour chaque composante des deux fonctions ; dans le cas présent, ce sont les différences des tons de gris dans chaque pixel. Pour décider si un grand carré $G_i$ ressemble au petit carré $C_i$, nous devons aussi introduire la distance entre $G_i$ et $C_i$. En fait, on calcule la distance entre $f_{C_i}$, qui est la photographie restreinte à $C_i$ et la photographie $\overline{f}_{C_i}$ sur $C_i$ correspondant à $\overline{T}_i(f_{G_i})$, qui est l'image par $\overline{T}_i$ de la photographie restreinte à $G_i$, où $T_i$ est une des transformations affines décrites ci-dessus et $\overline{T}_i$ est la transformation associée obtenue

- en commençant par faire la moyenne des tons de gris de chaque groupe de $2 \times 2$ pixels de $G_i$ dont l'image recouvre un unique pixel de $C_i$ et
- en appliquant $T_i$.

Soit $H_i$ (respectivement $V_i$) l'ensemble des abscisses (respectivement ordonnées) des pixels de $C_i$ :

$$d_4(f_{C_i}, \overline{f}_{C_i}) = \sqrt{\sum_{x\in H_i}\sum_{y\in V_i}\left(f_{C_i}(x,y) - \overline{f}_{C_i}(x,y)\right)^2}. \tag{11.18}$$

C'est en choisissant soigneusement $s_i$ et $g_i$ qu'on aura de très grandes chances d'obtenir un système de fonctions itérées partitionné contractant par rapport à cette distance. Soit $C_i$ un petit carré. Voici comment sont choisis le grand carré $G_i$ et la transformation $T_i$ associés à $C_i$. Pour un $C_i$ fixé, nous répétons les étapes suivantes pour chacun des grands carrés $G_j$ et chacune des transformations linéaires $L$ ci-dessus :

- transformation de la restriction $f_{G_j}$ de $f$ au grand carré $G_j$ en une fonction $\hat{f}_{G_j}$ obtenue en faisant la moyenne des tons de gris sur les petits blocs $2 \times 2$ de $G_j$ ;
- application d'une transformation affine $T$ à cette fonction (l'image obtenue est celle qui est associée à $\overline{T}(G_j)$ défini plus haut) : nous l'appellerons $\overline{f}_{C_i}$. Lors de cette transformation, la transformation du point $(x, y)$ est complètement déterminée, mais la transformation affine du ton de gris déterminée par la paire $(s_i, g_i)$ demeure à fixer ;
- choix des $s_i$ et $g_i$ qui minimisent la distance $d_4$ définie en (11.18) ;
- calcul de la distance pour ces $s_i$ et $g_i$ optimaux.

Une fois ces opérations effectuées pour tous les grands carrés $G_j$ et les huit transformations linéaires $L$ ci-dessus, nous choisissons le grand carré $G_i$ et la transformation affine $T_i$ qui produisent la plus petite distance parmi celles qui ont calculées à la dernière étape. Cette transformation fera partie du système de fonctions itérées partitionné. Il faut effectuer les étapes ci-dessus pour tous les autres petits carrés $C_i$. Si la photographie contient $h \times v$ pixels, il y a $h \times v/16$ petits carrés. Pour chacun, le nombre de grands carrés à considérer est énorme ! Pour spécifier un grand carré, il suffit de spécifier son pixel supérieur gauche. Il y a $(h-7) \times (v-7)$ grands carrés possibles si on accepte n'importe quel pixel supérieur gauche. Comme ce nombre est trop grand, nous nous limitons aux grands carrés dont le pixel supérieur gauche a comme coordonnées des multiples de 8 ; ces grands carrés forment une partition de la photographie et sont au nombre de $h \times v/64$. C'est dans cet alphabet de carrés munis de patrons de tons de gris que nous devons choisir pour approximer le mieux possible chacun des $h \times v/16$ petits carrés $C_i$. Si $h \times v = 640 \times 640$, il faut calculer $(\frac{1}{64}h \times v) \times 8 \times (\frac{1}{16}h \times v) \approx 1{,}3 \times 10^9$ paires $(s_i, g_i)$. C'est beaucoup ! Il y a certes des façons de réduire le nombre de paires à considérer, mais malgré ces améliorations, c'est à la compression que cette méthode est coûteuse.

**Méthode des moindres carrés** C'est la méthode employée dans l'avant-dernière étape ci-dessus, soit la recherche des $s_i$ et $g_i$ optimaux. Il est probable que vous l'ayez vue dans un cours de calcul à plusieurs variables, d'algèbre linéaire ou de statistique. On doit minimiser

$$d_4(f_{C_i}, \overline{f}_{C_i}) = \sqrt{\sum_{x \in H_i} \sum_{y \in V_i} \left(f_{C_i}(x,y) - \overline{f}_{C_i}(x,y)\right)^2}. \tag{11.19}$$

Minimiser $d_4$ équivaut à minimiser son carré $d_4^2$, ce qui nous débarrasse de la racine carrée. Pour cela, on doit donner la formule de $\overline{f}_{C_i}$ en fonction de $s_i$ et $g_i$. Voyons comment nous obtenons $\overline{f}_{C_i}$ :

- nous commençons par faire la moyenne des tons de gris des carrés $2 \times 2$ du grand carré $G_i$ ;
- nous appliquons simplement la transformation (11.17) qui revient à envoyer $G_i$ sur $C_i$ sans faire d'ajustement de tons de gris ;
- nous composons avec l'application $(x, y, z) \mapsto (x, y, s_i z + g_i)$ qui revient à ajuster les tons de gris.

La composée des deux premières transformations produit une image sur $C_i$ donnée par une fonction $\tilde{f}_{C_i}$, et on a

$$\overline{f}_{C_i} = s_i \tilde{f}_{C_i} + g_i. \tag{11.20}$$

Pour minimiser $d_4^2$ dans (11.19), on remplace $\overline{f}_{C_i}$ par son expression dans (11.20) et on écrit que les dérivées partielles par rapport à $s_i$ et à $g_i$ sont égales à zéro. Si la dérivée partielle par rapport à $g_i$ est égale à zéro, on a

$$\sum_{x \in H_i} \sum_{y \in V_i} f_{C_i}(x, y) = s_i \sum_{x \in H_i} \sum_{y \in V_i} \tilde{f}_{C_i}(x, y) + 16 g_i,$$

ce qui revient à dire que les fonctions $f_{C_i}$ et $\overline{f}_{C_i}$ ont le même niveau moyen de gris. Si la dérivée partielle par rapport à $s_i$ est égale à zéro, on obtient (après quelques simplifications)

$$s_i = \frac{\operatorname{Cov}(f_{C_i}, \tilde{f}_{C_i})}{\operatorname{var}(\tilde{f}_{C_i})},$$

où la covariance, $\operatorname{Cov}(f_{C_i}, \tilde{f}_{C_i})$, de $f_{C_i}$ et $\tilde{f}_{C_i}$ est définie par

$$\begin{aligned}
\operatorname{Cov}(f_{C_i}, \tilde{f}_{C_i}) &= \frac{1}{16} \sum_{x \in H_i} \sum_{y \in V_i} f_{C_i}(x, y) \tilde{f}_{C_i}(x, y) \\
&\quad - \frac{1}{16^2} \left( \sum_{x \in H_i} \sum_{y \in V_i} f_{C_i}(x, y) \right) \left( \sum_{x \in H_i} \sum_{y \in V_i} \tilde{f}_{C_i}(x, y) \right),
\end{aligned}$$

et la variance $\operatorname{var}(\tilde{f}_{C_i})$ est simplement définie par

$$\operatorname{var}(\tilde{f}_{C_i}) = \operatorname{Cov}(\tilde{f}_{C_i}, \tilde{f}_{C_i}).$$

**Opérateur $W$ associé au système de fonctions itérées partitionné $\{\mathbf{T_i}\}_{\mathbf{i} \in \mathbf{I}}$** Étant donné une image quelconque $f \in \mathcal{F}$ en tons de gris, $W(f)$ est l'image obtenue quand on remplace l'image $f_{C_i}$ de chaque petit carré $C_i$ par l'image par $\overline{f}_{C_i}$ du grand carré $G_i$ associé. Ceci donne une photographie $\overline{f} \in \mathcal{F}$ définie par

$$\overline{f}(x, y) = \overline{f}_{C_i}(x, y) \qquad \text{si} \quad (x, y) \in C_i.$$

L'attracteur de ce système de fonctions itérées devrait être la photographie que l'on veut comprimer (et reproduire par la suite). Ainsi, $W : \mathcal{F} \to \mathcal{F}$ est un opérateur sur l'ensemble des photographies. Cette méthode de compression a remplacé l'*alphabet d'objets géométriques* que nous avions utilisé dans l'étude des fractales par un *alphabet de patrons de tons de gris*, plus spécifiquement les patrons des grands carrés $8 \times 8$ de la photographie à comprimer.

**La reconstruction de l'image** La photographie peut être reconstituée de la manière suivante.

- On choisit arbitrairement une fonction $f^0 \in \mathcal{F}$. Un choix naturel est la fonction $f^0(x, y) = 128$ pour tout $x$ et $y$, c'est-à-dire la fonction « ton de gris uniforme » qui associe à chaque pixel le même gris.
- On calcule les itérées $f^j = W(f^{j-1})$, c'est-à-dire qu' on remplace la fonction $f^{j-1}$ sur chaque petit carré $C_i$ par la transformation par $\overline{T}_i$ de l'image de $f^{j-1}$ sur le grand carré $G_i$ associé. (Si on veut mesurer la qualité de la précision obtenue après le calcul de chaque $f^j$, on calcule la distance globale $d_{h\times v}(f^j, f^{j-1})$. Si cette distance est inférieure à un certain seuil, on arrête le processus d'itération.)
- Pour la dernière itérée obtenue, on arrondit le ton de gris de chacun des pixels à l'entier le plus proche. Si l'entier est négatif, on le remplace par 0 ; s'il est supérieur à 255, on le remplace par 255.

Comme nous le verrons dans l'exemple qui suit, les itérées $f^1$ et $f^2$ donnent déjà de bonnes approximations de la photographie à reproduire, et la distance entre $f^5$ et $f^6$ est très petite ou, en d'autres mots, $f^5$ est visuellement une excellente approximation de l'attracteur (et, on l'espère, de la photographie initiale).

**Remarque** Les $T_i$, transformations affines sur $\mathbb{R}^3$, ne sont pas toutes des contractions ; en fait, $T_i$ n'est jamais une contraction si $s_i > 1$ ! Mais la plupart des $T_i$ sont des contractions parce qu'il est naturel d'avoir plus de contraste sur les grands carrés que sur les petits. À notre connaissance, il n'y a pas de théorème garantissant la convergence de l'algorithme pour toutes les images. Cependant, en pratique, on observe généralement la convergence, comme si le système $\{T_i\}_{i\in I}$ était une application contractante. Benoît Mandelbrot a élaboré une nouvelle géométrie, la géométrie fractale, pour décrire les formes de la nature, la géométrie traditionnelle n'étant pas assez riche pour cela. Outre les formes des végétaux comme la fougère, on peut penser au contour des côtes rocheuses, à certains types de montagnes, aux réseaux hydrographiques, au réseau de capillaires du corps humain, etc. La méthode de compression d'images par système de fonctions itérées partitionné est adaptée à des photographies ayant un caractère fractal, c'est-à-dire possédant des patrons très similaires à diverses échelles ; pour de telles photos, on peut s'attendre non seulement à la convergence de l'algorithme, mais à une reproduction fidèle. Mais voyons enfin un exemple !

**Exemple 11.26** *Après avoir lu la mise en garde ci-dessus, on peut se demander si cette méthode de compression a une chance de reproduire correctement une photographie. L'exemple qui suit rassurera les lecteurs. Nous utiliserons la même photographie qu'au chapitre 12 consacré au standard de compression JPEG, celle de la figure 12.1 de la*

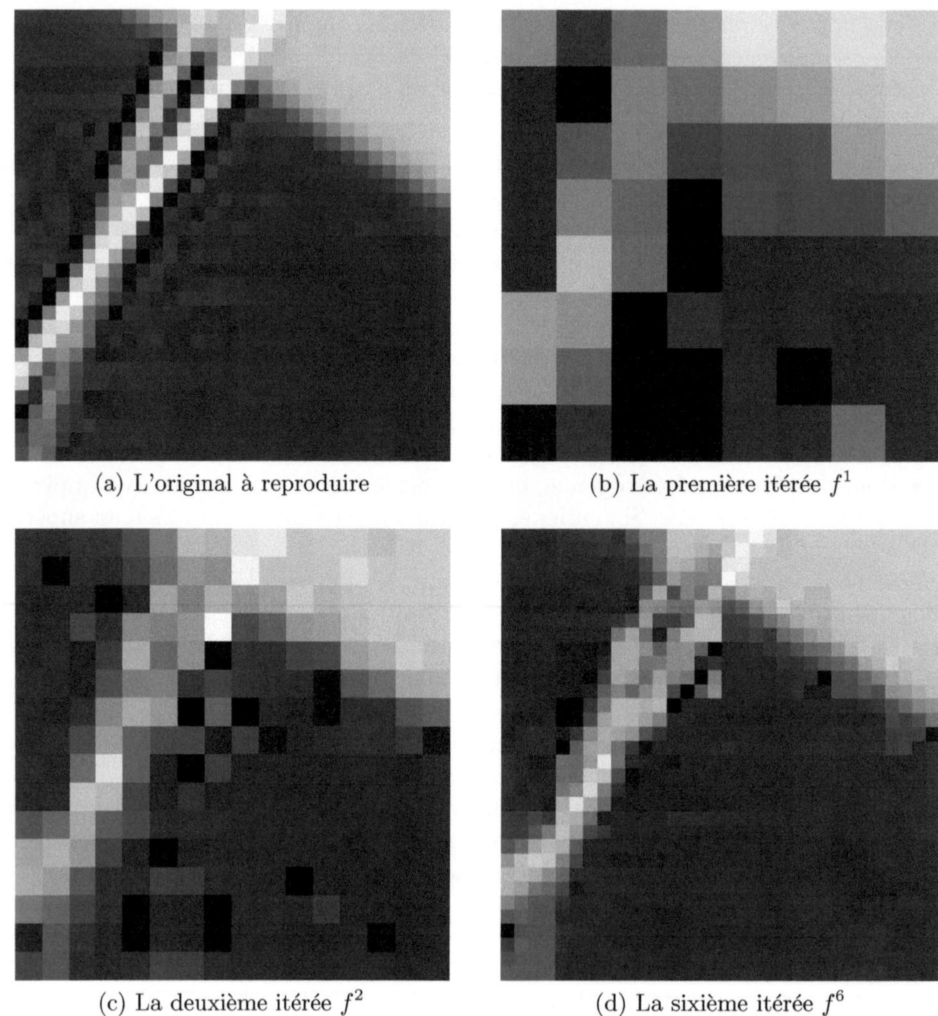

(a) L'original à reproduire

(b) La première itérée $f^1$

(c) La deuxième itérée $f^2$

(d) La sixième itérée $f^6$

**Fig. 11.10.** La reconstruction d'un bloc $32 \times 32$ (voir exemple 11.26)

*page 384. Cette photographie contient* $h \times v = 640 \times 640$ *pixels. Nous définirons deux systèmes de fonctions itérées partitionnés : le premier pour reproduire le bloc* $32 \times 32$ *où se croisent deux poils de la chatte (voir le zoom de la figure 12.1), le second pour la photographie entière. La compression du bloc* $32 \times 32$ *est très délicate ; en effet, il n'y a que 16 grands carrés* $G_j$ *parmi lesquels on puisse choisir. En d'autres mots, l'alphabet des patrons de tons de gris est extrêmement limité. Nous verrons cependant que, même dans ce cas difficile, cette méthode donne un assez bon résultat !*

*Pour le bloc* $32 \times 32$, *il n'existe que* 16 *blocs* $8 \times 8$, *chacun devant être transformé par une des huit transformations orthogonales permises. (Comme ci-dessus, nous nous limitons aux grands blocs dont le pixel supérieur gauche a des coordonnées qui sont des multiples de* 8.*) Ceci constitue un* alphabet *de* $16 \times 8 = 128$ *patrons de tons de gris parmi lesquels choisir. C'est relativement peu, mais au moins, le choix des grands carrés et des transformations* $T_i$ *peut être fait relativement rapidement. Après avoir obtenu la transformation* $T_i$ *pour chacun des* $8 \times 8 = 64$ *blocs* $4 \times 4$, *on peut procéder à la reconstruction. Le résultat est montré à la figure 11.10. Le bloc (a) de la figure 11.10 est l'original à reproduire. Pour la reconstruction, nous sommes partis de la fonction* $f^0$ *constante qui associe à chacun des* $32 \times 32$ *pixels le ton de gris* 128, *à mi-chemin entre noir (*0*) et le blanc (*255*). Les autres blocs de la figure représentent la première itérée* $f^1$ *(b), la seconde* $f^2$ *(c) et la sixième* $f^6$ *(d). La première surprise, facile à expliquer, est le fait que l'itérée* $f^1$ *ne semble être constituée que de* $8 \times 8$ *pixels. Mais cette itérée contient bien* $32 \times 32$ *pixels comme la photographie à reproduire. Puisque chacun des pixels des petits carrés* $C_i$ *est obtenu à partir de la même règle* $s_i z + g_i$ *et que tous les tons de gris* $z$ *de la fonction* $f^0$ *sont les mêmes, tous les pixels d'un petit carré donné obtiennent le même ton de gris dans* $f^1$. *Et, pour la même raison, les tons de gris de* $f^2$ *sont les mêmes dans des blocs* $2 \times 2$. *Déjà, nous voyons apparaître dans l'itérée* $f^2$ *le bord de la table et la diagonale que font les deux poils blancs de la moustache de la chatte. Les itérées* $f^4$, $f^5$ *et* $f^6$ *sont très semblables. En fait,* $f^5$ *et* $f^6$ *sont presque indistinguables, signe que le point fixe existe fort probablement et que ces itérées en sont très voisines ! Dans l'itérée* $f^6$, *la résolution des deux vibrisses est presque parfaite, mais des défauts sont apparus : certains pixels sont nettement plus pâles ou plus foncés que dans l'original. L'alphabet limité dans lequel nous devions choisir les patrons se fait sentir.*

*Pour obtenir le système de fonctions itérées partitionné pour la photographie dans sa totalité, nous avons fait certaines concessions relativement à la résolution. (Rappelons que le nombre de paires* $(s_j, g_j)$ *de cet exemple dépasse le milliard ! En effet, pour chaque petit carré, pour chaque grand carré et pour chacune des huit transformations linéaires, on calcule une paire* $(s_j, g_j)$. *Donc, pour chaque petit carré, on doit faire le calcul pour huit fois le nombre de grands carrés. Le premier compromis est le suivant : dès que nous trouvions un grand carré* $G_j$ *et une transformation linéaire* $L$ *tels que la distance entre la fonction du petit carré et la transformée du grand était à une distance* $d_4$ *inférieure ou égale à* 10, *nous arrêtions la recherche. Est-ce que* 10 *est une grande distance dans cet espace euclidien* $\mathbb{R}^{h \times v} = \mathbb{R}^{16}$ *? Non, c'est très proche ! Si la distance est égale à* 10, *la distance au carré est égale à* 100. *Dans un petit carré, il y a* 16 *pixels et donc, en moyenne, chacun sera à une distance au carré de* $\frac{100}{16} \approx 6{,}3$ *du pixel correspondant ou encore, les tons de gris ne différeront que de* $\sqrt{6{,}3} \approx 2{,}5$ *niveaux sur l'échelle allant de* 0 *à* 255. *Comme nous le verrons, c'est une erreur dont l'œil peut aisément s'accommoder. Le second compromis a consisté à rejeter toutes les paires* $(s_i, g_i)$ *dont le* $|s_i| > 1$ *; nous avons fait ce choix pour améliorer la convergence vers l'attracteur.*

*La figure 11.11 présente les itérées* $f^1$ *(a),* $f^2$ *(b),* $f^4$ *(c) et* $f^6$ *(d). À nouveau, il est possible d'observer les blocs* $4 \times 4$ *à ton de gris constant sur la première itérée et les*

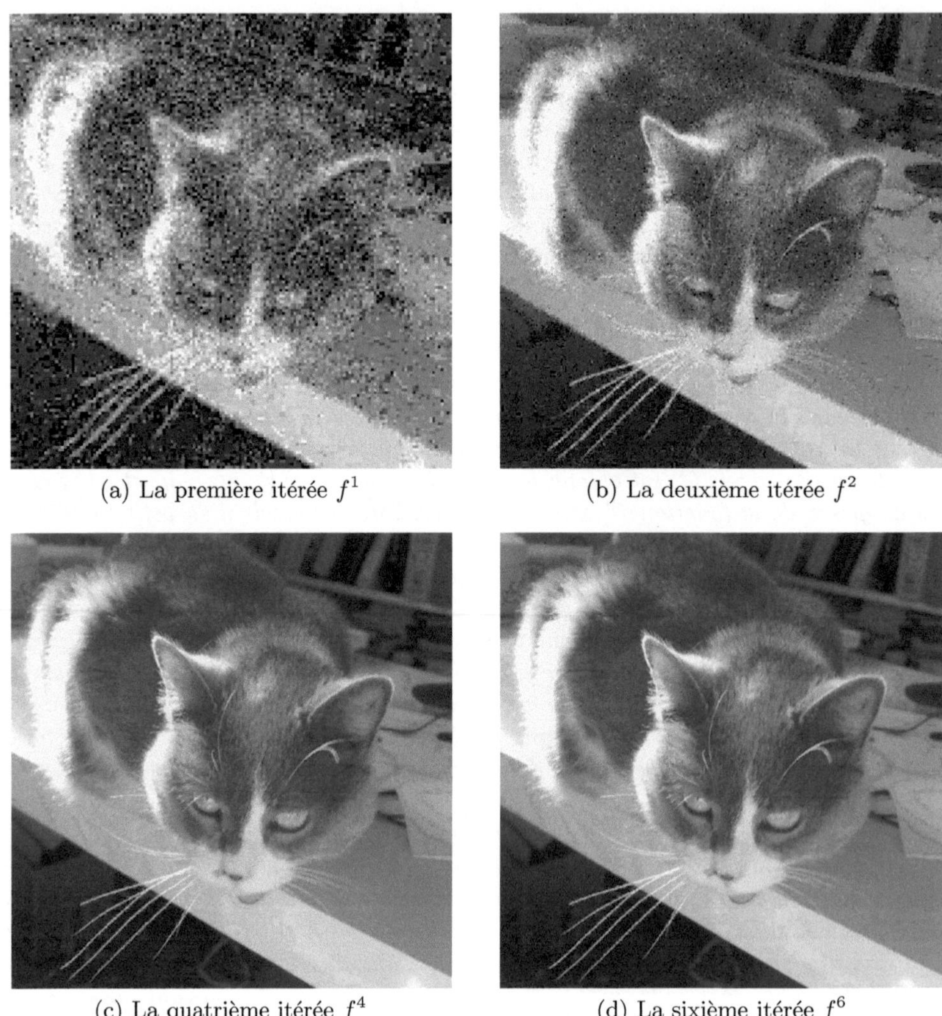

(a) La première itérée $f^1$

(b) La deuxième itérée $f^2$

(c) La quatrième itérée $f^4$

(d) La sixième itérée $f^6$

**Fig. 11.11.** La reconstruction de la photographie entière du chat (voir l'exemple 11.26)

*blocs* $2 \times 2$ *sur la seconde. Quant à* $f^4$ *et* $f^6$*, elles sont pratiquement identiques ; seuls de minuscules détails les distinguent. La qualité de l'itérée* $f^6$ *est comparable à celle de la photographie originale, sauf peut-être dans les détails fins très contrastés, par exemple, les poils de la moustache sur fond noir. Précisons que la plupart des petits carrés sont approximés par des transformations affines de grands carrés à une distance inférieure à* 10. *Mais environ 15 % sont à une plus grande distance, et le petit carré le moins bien approximé demeure à une distance d'environ* 280.

**Le degré de compression réalisé** En 2007, plusieurs appareils numériques populaires offraient des capteurs d'environ huit millions de pixels et les appareils professionnels allaient jusqu'à 50 millions de pixels. Étudions donc le degré de compression obtenu pour une photographie de 3000 pixels par 2000 pixels avec $2^8 = 256$ tons de gris. Chaque ton de gris est donné par huit bits, soit un octet (un octet égale huit bits). Le fichier non comprimé donnant le ton de gris de chaque pixel a $6 \times 8 \times 10^6$ bits, soit six mégaoctets (6Mo). Voyons maintenant de combien de bits nous avons besoin pour mettre en mémoire le fichier comprimé selon la méthode décrite.

Pour chaque petit carré $C_i$ $4 \times 4$, on met en mémoire une transformation $T_i$ choisie pour ce carré. Comptons le nombre de bits nécessaires.

(i) Nombre de bits pour représenter une transformation $T_i$ de la forme (11.16) :
- trois bits pour représenter la partie linéaire $L$ de $T_i$, car on a $2^3 = 8$ possibilités ;
- huit bits pour le facteur $s_i$ permettant d'ajuster l'amplitude des tons de gris ;
- neuf bits pour $g_i$ puisqu'on doit permettre des translations négatives de couleur.

(ii) Nombre de bits pour préciser le grand bloc associé : il suffit de donner les coordonnées $(e_i, f_i)$ du coin supérieur gauche du grand carré. Si nous acceptons tous les carrés $8 \times 8$, alors $e_i \in \{0, \ldots, 2992\}$, $f_i \in \{0, \ldots, 1992\}$, et il y a trop de possibilités pour obtenir une bonne compression. Si nous nous limitons aux grands carrés pour lesquels $e_i$ et $f_i$ sont des multiples de 8 (comme nous l'avons fait pour comprimer la photographie de la chatte), alors il reste $\frac{3000}{8} \times \frac{2000}{8} = 93\,750$ choix. Comme $2^{16} = 65\,536 < 93\,750 < 2^{17} = 131\,072$, il faudra 17 bits pour fixer la position du grand carré.

(iii) Nombre de petits carrés nécessaires pour recouvrir la photographie : $\frac{3000}{4} \times \frac{2000}{4} = 375\,000$.

Au total, on a besoin de $3+8+9+17 = 37$ bits pour définir la transformation $T_i$ associée à chacun des 375 000 petits carrés, ce qui donne un total de $37 \times 375\,000$ bits ou 1,73 Mo. La compression est de l'ordre de 3,46. Dans cette méthode, on voit qu'on peut jouer beaucoup sur le nombre de grands carrés qu'on compare au petit carré. Si, au lieu de la solution retenue, on explore seulement le quart des grands carrés, par exemple, ceux qui sont au voisinage du petit carré choisi, le nombre de bits nécessaires pour repérer la position du grand carré associé diminue de deux (de 37 à 35) et le degré de compression devient $\frac{37}{35} \times 1{,}73 \approx 3{,}66$.

Un gain plus substantiel est réalisé si la taille des petits carrés est fixée à $8 \times 8$ pixels et celle des grands à $16 \times 16$ ; c'est alors un facteur 4 qui est gagné, mais on perd plus en qualité. Finalement, la taille des petits carrés et des grands carrés n'a pas besoin d'être fixe. On pourrait augmenter la taille des carrés dans des régions de l'image où il y a peu de détails. Le degré de compression peut donc être amélioré selon les capacités du stockage et la fidélité de la reproduction désirée.

**Les systèmes de fonctions itérées partitionnés et JPEG** La méthode décrite ici est très différente du format JPEG. Quelle méthode de compression d'images est la meilleure ? Cela dépend du type d'image, du taux de compression désiré et de la situation dans laquelle sera utilisé l'algorithme. Comme le système de fonctions itérées partitionné que nous venons de décrire, le standard JPEG offre divers degrés de compression grâce à ses tables de quantification variables (voir la section 12.5). Les appareils numériques offrent habituellement d'enregistrer les photographies en format JPEG à deux ou trois niveaux de résolution. Le degré de compression obtenu pour la résolution la plus fine dépend de la photographie (contrairement à l'algorithme présenté ici), mais varie habituellement entre 6 et 10. Ce sont donc des degrés de compression semblables à ceux que nous venons de calculer. La méthode des systèmes de fonctions itérées est étudiée depuis plusieurs années, mais ne s'est pas imposée dans la pratique ; son point faible est le temps requis au moment de la compression. (Rappelez-vous que, dans la version initiale, le nombre d'étapes dépend du carré du nombre de pixels, c'est-à-dire de $(h \times v)^2$.) Le temps requis par l'algorithme à la base de JPEG croît linérairement comme le nombre total de pixels, c'est-à-dire comme $h \times v$. Pour un photographe qui aime prendre des photos en rafale, cet avantage est de taille. Pour un travail en laboratoire sur un ordinateur puissant, il l'est peut-être moins. Le domaine évolue et tout n'a peut-être pas été dit...

## 11.8 Exercices

Certaines des fractales qui suivent ont été construites à partir de figures de [1].

**1.** **a)** Trouver un système de fonctions itérées dont les fractales de la figure 11.12 sont l'attracteur. Dans chaque cas, mettre en évidence le système d'axes choisi.
Construire ces fractales à l'aide d'un logiciel.
**b)** Pour le système d'axes choisi, donner deux systèmes de fonctions itérées différents dont la fractale (b) est l'attracteur.

**2.** Trouver un système de fonctions itérées dont les fractales de la figure 11.13 sont l'attracteur. Dans chaque cas, mettre en évidence le système d'axes choisi.
Construire ces fractales à l'aide d'un logiciel.

**3.** Trouver un système de fonctions itérées dont les fractales de la figure 11.14 sont l'attracteur. Dans chaque cas, mettre en évidence le système d'axes choisi. Attention : ici le triangle de la figure 11.14(b) est équilatéral, contrairement au triangle de Sierpiński.
Construire ces fractales à l'aide d'un logiciel.

**4.** Trouver un système de fonctions itérées dont les fractales de la figure 11.15 sont l'attracteur. Dans chaque cas, mettre en évidence le système d'axes choisi.
Construire ces fractales à l'aide d'un logiciel.

**5.** Choisir des systèmes de fonctions itérées, deviner leur attracteur et les construire sur un logiciel.

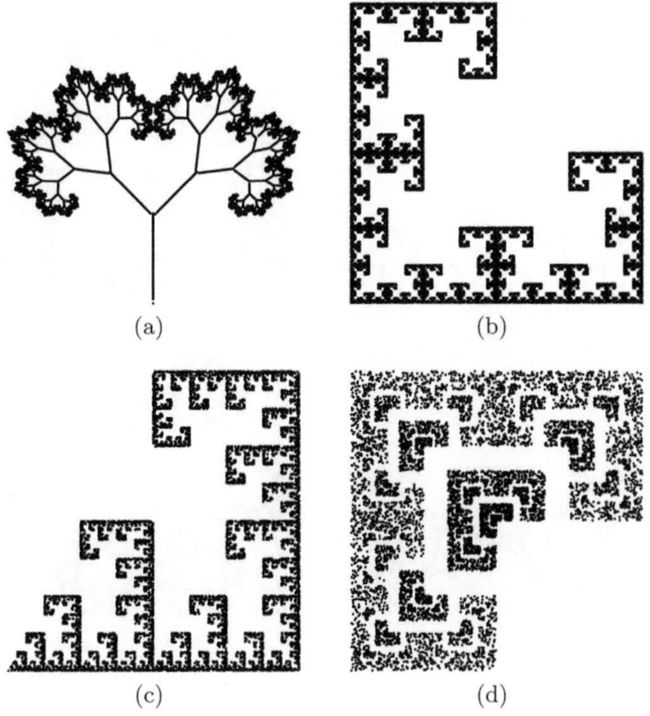


**Fig. 11.12.** Exercice 1

**6.** Calculer la dimension fractale des fractales des exercices 1 (sauf a)), 2, 3 et 4. (Dans certains cas, vous devrez recourir à une méthode numérique.)

**7.** L'ensemble de Cantor est un sous-ensemble de l'intervalle $[0, 1]$ qui est l'attracteur du système de fonctions itérées $\{T_1, T_2\}$, où $T_1$ et $T_2$ sont deux contractions affines définies par $T_1(x) = x/3$ et $T_2(x) = x/3 + 2/3$.

**a)** Décrire l'ensemble de Cantor.

**b)** Le tracer (sur ordinateur, au besoin).

**c)** Montrer qu'il est en bijection avec l'ensemble des nombres réels dont l'écriture en base 3 est

$$0.a_1a_2 \dots a_n \dots,$$

où $a_i \in \{0, 2\}$.

**d)** Calculer sa dimension fractale.

**8.** Montrer que la dimension fractale du produit cartésien $A_1 \times A_2$ est la somme des dimensions fractales de $A_1$ et $A_2$ :

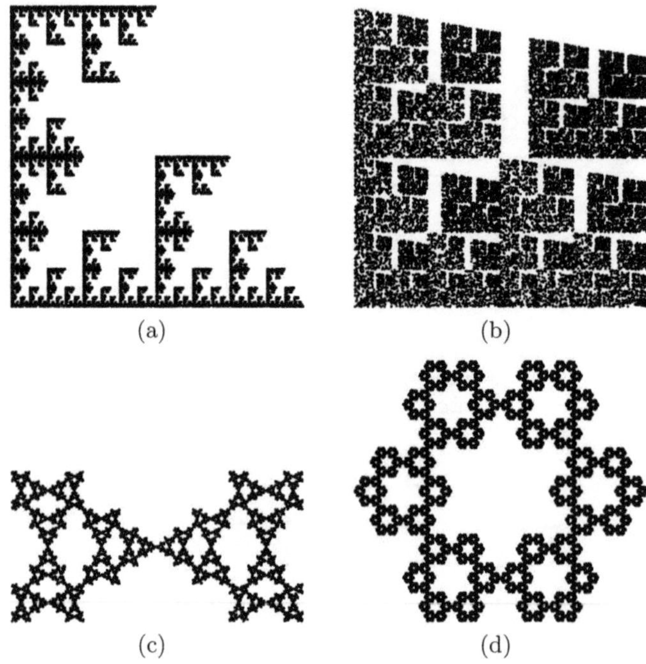

(a) (b) (c) (d)

**Fig. 11.13.** Exercice 2

$$D(A_1 \times A_2) = D(A_1) + D(A_2).$$

**9.** Soit $A$ l'ensemble de Cantor de l'exercice 7. C'est un sous-ensemble de $\mathbb{R}$. Trouver un système de fonctions itérées sur $\mathbb{R}^2$ dont $A \times A$ est l'attracteur.

**10.** Le flocon de von Koch est l'objet obtenu à la limite du procédé décrit ci-dessous (voir aussi la figure 11.16) :
- On part avec le segment $[0, 1]$.
- On le remplace par les quatre segments de la figure 11.16(b) ;
- On itère en remplaçant chaque segment par quatre segments (figure 11.16(c)), etc.

**a)** Donner un système de fonctions itérées permettant de construire le flocon de von Koch.
**b)** Pouvez-vous construire un système de fonctions itérées ayant seulement deux contractions affines et dont l'attracteur est le flocon de von Koch ?
**c)** Donner la dimension fractale du flocon de von Koch.

**11.** Expliquer comment modifier un système de fonctions itérées

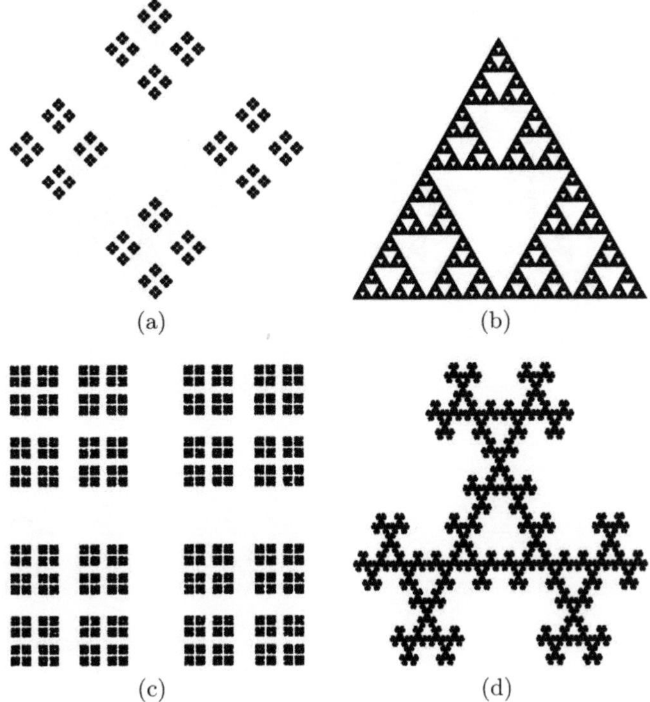

**Fig. 11.14.** Exercice 3

**a)** pour que son attracteur soit deux fois plus grand ;
**b)** pour déplacer son point inférieur gauche dans le plan.

**12.** On considère une transformation affine $T(x, y) = (ax + by + e, cx + dy + f)$.
**a)** Montrer que $T$ est une contraction affine si et seulement si la transformation linéaire associée $U(x, y) = (ax + by, cx + dy)$ est une contraction.
**b)** Montrer que $U$ contracte les distances si

$$\begin{cases} a^2 + c^2 < 1, \\ b^2 + d^2 < 1, \\ a^2 + b^2 + c^2 + d^2 - (ad - bc)^2 < 1. \end{cases}$$

Suggestion : le carré de la longueur de $U(x, y)$ doit être inférieur au carré de la longueur de $(x, y)$ dès que $(x, y) \neq (0, 0)$.

**13.** Soient $P_1, \ldots, P_4$, quatre points non coplanaires de $\mathbb{R}^3$. Soient $Q_1, \ldots, Q_4$, quatre autres points de $\mathbb{R}^3$. Montrer qu'il existe une unique transformation affine $T : \mathbb{R}^3 \to \mathbb{R}^3$ telle que $T(P_i) = Q_i$.

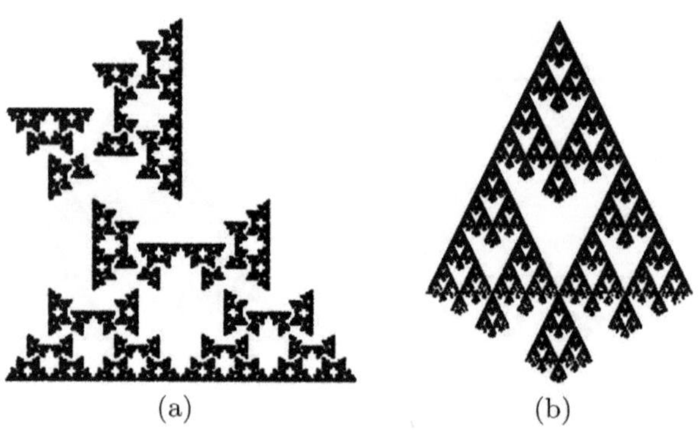

(a) (b)

**Fig. 11.15.** Exercice 4

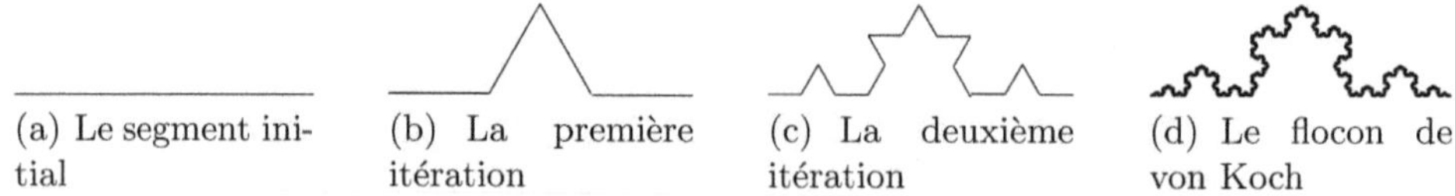

(a) Le segment initial
(b) La première itération
(c) La deuxième itération
(d) Le flocon de von Koch

**Fig. 11.16.** La construction du flocon de von Koch de l'exercice 10

**Remarque** On peut considérer des systèmes de fonctions itérées dans $\mathbb{R}^3$. Ceci permet, par exemple, de reconstruire une fougère courbée sous son poids. Pour la dessiner, on projette la fougère sur un plan.

**14.** Soient $A, B$, deux sous-ensembles fermés bornés de $\mathbb{R}^2$ et $v \in \mathbb{R}^2$. Montrer que $d(v, A \cup B) \leq d(v, A)$ et $d(v, A \cap B) \geq d(v, A)$.

**15.** Trouver numériquement des facteurs de contraction pour les $T_i$ de la fougère. Certains sont-ils exacts ?

**16.** **a)** Soient $B_1$ et $B_2$ deux disques de rayon $r$ dont les centres sont à la distance $d$. Calculer $d_H(B_1, B_2)$.
**b)** Soient $B_1$ et $B_2$ deux disques concentriques de rayon $r_1$ et $r_2$. Calculer $d_H(B_1, B_2)$.

# Références

[1] Barnsley, Michael F. *Fractals everywhere*, San Diego, Academic Press, 1988, 394 p.

[2] Kominek J., « Advances in fractal compression for multimedia applications », *Multimedia Systems Journal*, vol. 5, n° 4, 1997, p. 255–270.

# 12

# La compression d'images : le standard JPEG

*Il faut environ quatre heures pour présenter le standard JPEG dans le détail donné dans ce chapitre. Pour cette période de temps, il faudra cependant sauter, dans la section 12.4, la preuve de l'orthogonalité de la matrice $C$, qui peut être vue comme la partie avancée, mais il faudra quand même en retenir les relations entre les matrices $f$ et $\alpha$ et la base des 64 éléments $A_{kl}$. L'idée centrale du standard JPEG est un changement de base dans un espace à 64 dimensions ; ce chapitre est donc l'occasion de revoir cette partie du cours d'algèbre linéaire.*

## 12.1 Introduction : compression avec ou sans perte

La compression de données est au cœur de l'univers informatique, et la popularisation d'Internet en fait un outil de tous les jours pour la plupart d'entre nous. Et ce, même si nous en ignorons complètement l'usage. Plusieurs algorithmes de compression sont utilisés, et les plus communs portent des « noms » familiers aux utilisateurs des ordinateurs (gzip et, dans le monde UNIX, la commande `compress`), aux internautes et aux amateurs de musique (gif, jpg, mp3, etc.). Le réseau Internet serait complètement paralysé si aucun algorithme de compression n'était utilisé.

Le but de ce chapitre est d'étudier un algorithme de compression pour les images couleur ou noir et blanc fixes (« fixes » par opposition aux films). Cette méthode de compression porte le nom JPEG, acronyme du *Joint Photographic Experts Group* qui l'a développée. Le groupe a commencé ses travaux en juin 1987, et la première ébauche du standard a été proposée en 1991. Les internautes reconnaissent cette méthode de compression au suffixe « jpg » ajouté aux images et photos transmises sur la Toile. Cette méthode de compression est la plus communément utilisée par les appareils photo numériques.

Avant d'aborder les détails de cette méthode et les mathématiques sous-jacentes, il est bon de connaître certains faits élémentaires sur la compression de données. Deux grandes familles d'algorithmes de compression doivent être distinguées : ceux qui tolèrent une certaine dégradation du contenu (dits *avec perte*) et ceux qui permettent la restitution parfaite du contenu original (dits *sans perte*). Deux observations simples s'imposent.

La première est qu'il est impossible de comprimer *sans perte* tous les fichiers d'une taille donnée. Supposons qu'une telle méthode existe pour tous les fichiers ayant précisément $N$ bits. Chacun des bits peut prendre deux valeurs (0 et 1), et il existe donc au total $2^N$ fichiers ayant précisément $N$ bits. Si l'algorithme comprime véritablement tous les fichiers, alors chacun de ces $2^N$ fichiers sera représenté par au plus $N-1$ bits. Or, il existe $2^{N-1}$ fichiers de longueur $N-1$, il en existe $2^{N-2}$ de longueur $N-2, \ldots,$ et il en existe $2^1$ de longueur 1 et un seul de longueur nulle. Le nombre de fichiers de moins de $N$ bits est ainsi :

$$1 + 2^1 + 2^2 + \cdots + 2^{N-2} + 2^{N-1} = \sum_{n=0}^{N-1} 2^i = \frac{2^N - 1}{2-1} = 2^N - 1.$$

Il existe donc au moins deux fichiers de $N$ bits qui seront comprimés en un même fichier plus court. Et ces deux fichiers deviendront donc indistinguables après compression. À nouveau : *il est impossible de comprimer sans perte tous les fichiers d'une taille donnée.*

La seconde observation est une conséquence de la première : en développant un algorithme de compression, la personne chargée de cette tâche doit décider s'il est important de transmettre l'information sans absolument aucune perte ou si une légère perte (ou transformation) de l'information peut être tolérée. Deux exemples peuvent aider à comprendre la nature de ce choix et certaines des méthodes qui seront utilisées une fois celui-ci fait.

Le Petit Robert (édition de 1972) contient environ 1950 pages, deux colonnes par page, 90 lignes par colonnes, une soixantaine de caractères par ligne, pour un total d'environ 21 millions de caractères. Ces caractères peuvent être représentés dans un alphabet de 256 caractères où chacun est codé par huit bits, soit un octet (voir la section 12.2). Il faut donc environ 21 Mo pour emmagasiner ce dictionnaire. (Notons qu'un disque compact peut contenir près de 750 Mo. La totalité du Petit Robert pourrait donc être logée, sans compression, plus de 35 fois sur un disque compact.) Aucun auteur d'un dictionnaire, d'une encyclopédie ou d'un traité n'acceptera de voir une lettre de son texte changée par un algorithme de compression permettant des pertes ou transformations de l'information. Il faudra alors choisir un algorithme de compression permettant de reproduire fidèlement le document original.

Une idée assez répandue pour un tel algorithme est d'accorder un code de longueur variable à chacune des lettres de l'alphabet. Sachant qu'un texte en français contient en grande majorité des espaces « ␣ » entre les mots et la lettre « e », il est naturel de leur accorder un code plus court (un ou deux bits) que les lettres « k » et « w » qui n'apparaissent pratiquement jamais. (Voir la table 12.1.) De cette façon, les caractères obtiennent des représentations de longueur variable (plutôt que d'une longueur uniforme de un octet), les lettres plus probables ayant les représentations les plus courtes. Cet algorithme ne viole-t-il pas notre première observation ? Non, certains textes pourront être représentés par des fichiers plus longs que les fichiers originaux où toutes les lettres avaient une représentation de huit bits. Par exemple, un texte dans une langue où les probabilités des lettres sont différentes pourrait bien ne pas être comprimé par cet algorithme. (Les lettres les plus probables en anglais sont, dans l'ordre, ␣, e, t, a, o, i, n,...) Le succès de cet algorithme élémentaire de compression dépend donc des fichiers à comprimer. L'idée d'accorder aux lettres de l'alphabet un encodage de longueur reliée à leur fréquence est la base du code de Huffman.

| lettre | fréquence | lettre | fréquence | lettre | fréquence |
|---|---|---|---|---|---|
| e | 0,164 | l | 0,051 | g | 0,0096 |
| a | 0,089 | d | 0,037 | b | 0,0081 |
| s | 0,074 | m | 0,033 | j | 0,0064 |
| t | 0,074 | c | 0,031 | x | 0,0038 |
| i | 0,074 | p | 0,025 | z | 0,0035 |
| n | 0,070 | v | 0,020 | y | 0,0030 |
| r | 0,066 | q | 0,013 | k | 0,0003 |
| u | 0,065 | h | 0,011 | w | 0,0002 |
| o | 0,057 | f | 0,0097 | | |

**Tab. 12.1.** Fréquence des lettres de l'alphabet dans *Les trois mousquetaires* d'Alexandre Dumas. (Les espaces et les signes de ponctuation ont été ignorés ; les lettres accentuées et les majuscules ont été identifiées à la minuscule sans accent correspondante. Ce roman contient un peu plus de un million de lettres.)

Notre second exemple se rapproche du sujet de ce chapitre. Tous les écrans d'ordinateur ont une résolution finie. Pour la plupart d'entre eux, celle-ci est mesurée en nombre de points lumineux qu'ils peuvent afficher. Chacun de ces points (appelés pixels pour *picture elements*) peut être allumé en toutes les couleurs du spectre[1] avec une intensité variable. Les premiers écrans pouvaient afficher $640 \times 480 = 307\,200$ pixels[2]. (Le nombre de pixels est donné sous la forme « nombre de pixels par ligne horizontale × nombre de lignes ».) Supposons que le Louvre désire numériser sa collection. Le musée voudra sûrement obtenir des reproductions numériques dont les experts du domaine de l'art pourront être satisfaits. Cependant, si le musée désire aussi produire des versions pour transmission par Internet et visualisation sur un écran d'ordinateur,

[1]Ceci n'est pas strictement exact. Les ordinateurs divisent aussi l'arc-en-ciel des couleurs en petites fenêtres à peu près égales ; ceci permet de reproduire le spectre des couleurs par un nombre grand, mais fini de couleurs.

[2]Maintenant, il est standard d'avoir des écrans d'ordinateur donc le nombre de pixels est de l'ordre du million. Les très grands écrans dépassent même quatre millions de pixels.

il n'est sûrement pas nécessaire de transmettre plus que l'état de chacun des pixels d'un écran moyen. Les fichiers pour transmission Internet et les fichiers destinés aux experts seront sûrement de tailles différentes. Les premiers contiendront moins d'information, mais répondront au besoin. En fait, transmettre plus d'information serait une perte de temps étant donné l'outil utilisé pour regarder les œuvres ! La décision sur le nombre de pixels est assez évidente. Mais supposons que l'équipe technique du Louvre désire encore réduire la grandeur des fichiers transmis. Elle fait valoir que les mathématiciens approximent souvent une fonction par une droite autour d'un point donné ; les graphes de la fonction et de la droite sont habituellement proches l'un de l'autre. Si nous construisons une fonction d'une photo dont les tons pâles sont les sommets du graphe et les tons foncés, ses vallées, pouvons-nous utiliser l'idée mathématique d'approximation de cette « fonction » ?

Cette dernière question est plus physiologique que mathématique : pouvons-nous tromper l'utilisateur en lui soumettant une photo qui a été « approximée » ? Si la réponse est oui, ceci signifie qu'une perte d'information peut être acceptable dans certains cas, selon l'usage que l'on veut faire du contenu des fichiers à garder ou à transmettre. Des critères autres que l'usage prévu peuvent aussi jouer, tels la physiologie humaine et le type d'images à reproduire. Par exemple, pour la reproduction de la musique, il est utile de savoir que l'oreille humaine ne perçoit pas les sons de fréquences supérieures à 20 000 Hz. Le standard utilisé pour l'enregistrement des disques compacts utilise ce fait et ne reproduit fidèlement que les fréquences inférieures à environ 22 000 Hz, une perte due à la compression qui ne dérangera que les chiens et les chauves-souris dont l'ouïe est plus fine que la nôtre. Pour les images, y a-t-il des variations de couleur ou d'intensité lumineuse que l'œil ne peut percevoir ? L'appareil « œil et cerveau » peut-il se contenter de moins d'information que la donnée exacte de l'état de chacun des pixels ? Doit-on comprimer les photos et les images de bandes dessinées de la même façon ? L'exemple du standard de compression JPEG répond, par ses succès et ses limites, à ces questions.

## 12.2 Un zoom sur une photographie numérique en format JPEG

Une photographie peut être numérisée de diverses façons. Dans la méthode JPEG, la photographie est tout d'abord divisée en éléments très petits, les pixels, chacun portant une couleur ou un niveau de gris pratiquement uniforme. Sur la photographie de la chatte apparaissant au haut de la figure 12.1, l'information a été subdivisée en $640 \times 640$ pixels. Ensuite, pour chacun de ces $640 \times 640 = 409\,600$ pixels, un ton de gris a été choisi sur une échelle allant du noir au blanc. Dans le cas présent, l'échelle contenait 256 niveaux de gris, l'échelon 0 correspondant au noir parfait et l'échelon 255, au blanc le plus pur. Puisque l'information est habituellement conservée sur les supports informatiques à l'aide d'un alphabet ne contenant que les deux lettres $\{0, 1\}$ appelées bits, il faut huit bits pour conserver le niveau de gris d'un pixel. En effet, chacune des huit lettres (qui peuvent être soit 0, soit 1) offre deux possibilités, pour un total de $2^8 = 256$. Par convention, on donne le nom d'*octet* (ou, en anglais, *byte*) à un mot de huit lettres de $\{0, 1\}$. Si nous n'utilisons pas de compression, il faut donc approximativement 400 000 octets pour conserver la photo de la chatte, c'est-à-dire 400 Ko. (Les multiples du système métrique sont utilisés ici : Ko représente un millier d'octets, Mo un million d'octets, etc.) Pour numériser une photographie couleur, le codage décrit ci-dessus pour les niveaux de gris serait utilisé pour chacune de trois couleurs de base, par exemple le rouge, le vert et le bleu. Ceux qui naviguent souvent sur la Toile savent que les grandes images (couleur !) transmises en format JPEG, c'est-à-dire celles dont le fichier porte le suffixe « `jpg` », ne dépassent que rarement 100 Ko. La méthode JPEG comprime donc efficacement l'information. L'utilité de cette méthode n'est cependant pas restreinte aux fichiers transmis sur la grande Toile. C'est maintenant le principal standard utilisé pour la compression des photographies. Pratiquement tous les appareils numériques l'offrent ; la compression a lieu au moment de la prise de la photographie, et une partie est alors perdue à tout jamais. Comme nous le verrons, cette perte peut être acceptable ou ne pas l'être. C'est l'utilisation qui sera faite de la photographie qui en décidera. (Exercice : de nombreux appareils offrent maintenant des capteurs numériques CCD (*charge-coupled device*) d'environ 10 millions de pixels. Quelle est la grosseur du fichier occupé par une photographie numérique couleur prise par ces appareils si elle n'est pas comprimée ?)

Plutôt que de s'attaquer à la photographie dans sa totalité, le standard JPEG regroupe les pixels en petits carrés de $8 \times 8$ pixels. Sur la figure 12.1, deux zooms successifs sont faits. En bas à gauche, une plage $32 \times 32$ a été extraite de l'image originale. Un cadre blanc a été tracé sur la photo originale et sur cette plage $32 \times 32$. Ce cadre délimite le même bloc $8 \times 8$, situé au croisement de deux poils de moustache près du bord de la table ; nous avons agrandi ce bloc $8 \times 8$ dans le second zoom, en bas à droite. Ce carré est très particulier dans l'ensemble de la photo ; en effet, dans ce petit carré $8 \times 8$, on peut voir de grands contrastes, avec plusieurs pixels presque noirs et d'autres presque blancs. Ce carré n'est pas typique ! Dans la plus grande partie de la photo, les variations sont graduelles. Remarquez que la table, son bord, le dessous de la table, de même que la fourrure de la chatte, sont constitués de dégradés très lents. C'est le cas de beaucoup de photos. Pensez à un paysage où le ciel est presque uniformément bleu. L'idée fondamentale des artisans du standard JPEG a été de miser sur cette uniformité : essayer de transmettre la plus petite quantité d'information possible quand le carré de $8 \times 8$ pixels à l'étude est d'une couleur presque constante et, dans le cas où les contrastes sont grands (comme dans le bloc $8 \times 8$ où se situe le croisement des poils de moustache), accepter d'en transmettre plus.

## 12.3 Le cas du carré de $2 \times 2$ pixels

Il est plus simple de détailler la caractérisation d'un carré de $2 \times 2$ pixels que celle d'un carré de $8 \times 8$ pixels, et nous commencerons donc par ce cas.

Nous avons vu que les tons de gris sont répertoriés sur une échelle de 256 échelons. Nous pourrions cependant imaginer que l'échelle est plus fine et couvre la totalité

**Fig. 12.1.** Deux zooms successifs sont faits sur la photo du haut, qui contient $640 \times 640$ pixels. Le premier zoom, en bas à gauche, contient $32 \times 32$ pixels, et le second, en bas à droite, $8 \times 8$. Le cadre blanc sur la photo originale et sur le premier zoom (moustache de la chatte près du bord de la table) délimite le bloc $8 \times 8$ montré dans le dernier zoom.

de l'intervalle réel $[-1, 1]$ ou de tout autre intervalle $[-L, L]$ de $\mathbb{R}$, les points négatifs proches de l'extrémité inférieure de l'intervalle correspondant aux gris foncés et les points positifs proches de l'extrémité supérieure, aux gris très pâles. L'origine serait alors un gris correspondant à un ton entre les échelons 127 et 128. Même si ce changement d'origine et d'échelle est naturel, il n'est pas nécessaire pour ce qui suit, et nous ne le ferons pas. Nous ferons toutefois abstraction du fait que les nombres $\{0, 1, 2, \ldots, 255\}$ associés aux tons de gris lors de la numérisation sont des entiers et nous les traiterons comme des nombres réels. Le ton de chaque pixel sera donc repéré par un nombre réel, et pour décrire complètement le carré $2 \times 2$, il faudra quatre nombres réels ou encore, un point dans $\mathbb{R}^4$. (Si le carré est $N \times N$, il faudra un point dans $\mathbb{R}^{N^2}$.)

Pour étiqueter ces coordonnées, il est plus naturel de mettre deux indices, par exemple $i$ et $j$, chacun allant de 0 à 1 (ou de 0 à $N-1$ pour le carré $N \times N$). Le premier indice repère la ligne du pixel et le second, sa colonne. Par exemple, les valeurs de la fonction $f$ donnant les tons de gris sur le carré $2 \times 2$ de la figure 12.2 sont

$$f = \begin{pmatrix} f_{00} & f_{01} \\ f_{10} & f_{11} \end{pmatrix} = \begin{pmatrix} 191 & 207 \\ 191 & 175 \end{pmatrix}.$$

Plusieurs des fonctions que nous étudierons prendront leurs valeurs dans l'intervalle $[-1, 1]$ ; pour leur représentation graphique en tons de gris, nous utiliserons une transformation affine de $[-1, 1]$ à $[0, 255]$. Cette fonction pourrait être

$$\text{aff}_1(x) = 255(x + 1)/2 \tag{12.1}$$

ou

$$\text{aff}_2(x) = [255(x + 1)/2], \tag{12.2}$$

où $[x]$ dénote la partie entière de $x$. (Cette dernière fonction sera utile si les valeurs de $f$ sont restreintes aux entiers de l'intervalle $[0, 255]$. Voir l'exercice 1.) Par la suite, nous noterons par $f$ les fonctions qui repèrent les pixels par un nombre $\in [0, 255]$ et par $g$ celles qui utilisent l'intervalle $[-1, 1]$. L'encadré suivant résume les deux notations entre lesquelles nous oscillerons. La fonction $g$ associée à la fonction $f$ ci-dessus est donc

$$g = \begin{pmatrix} g_{00} & g_{01} \\ g_{10} & g_{11} \end{pmatrix} = \begin{pmatrix} \frac{1}{2} & \frac{5}{8} \\ \frac{1}{2} & \frac{3}{8} \end{pmatrix}.$$

$$f_{ij} \in [0, 255] \subset \mathbb{Z} \quad \longleftrightarrow \quad g_{ij} \in [-1, 1] \subset \mathbb{R}$$
$$f_{ij} = \text{aff}_2(g_{ij}) \quad \text{où} \quad \text{aff}_2(x) = \left[\tfrac{255}{2}(x + 1)\right]$$

Nous allons représenter graphiquement l'image du carré $2 \times 2$ de deux façons différentes. La première utilise les tons de gris qui apparaissent dans la photo originale.

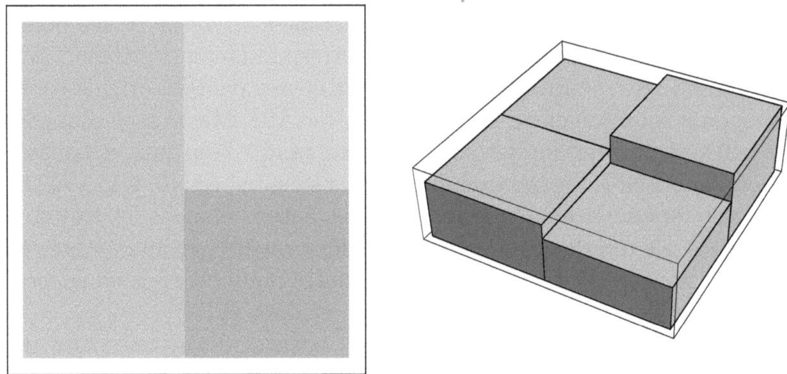

**Fig. 12.2.** Deux représentations graphiques de la fonction $g = (g_{00}, g_{01}, g_{10}, g_{11}) = (\frac{1}{2}, \frac{5}{8}, \frac{1}{2}, \frac{3}{8})$

La seconde consiste à interpréter les $g_{ij}$, $0 \leq i, j \leq 1$, comme une fonction de deux variables ($i$ et $j$). La figure 12.2 représente la fonction $g = (g_{00}, g_{01}, g_{10}, g_{11}) = (\frac{1}{2}, \frac{5}{8}, \frac{1}{2}, \frac{3}{8})$ selon les deux méthodes que nous venons de décrire. Les composantes donnant les gris de la colonne de gauche sont $g_{00}$ (haut) et $g_{10}$ (bas) et sont égales. Celles de la colonne de droite sont $g_{01}$ (en haut, le gris le plus pâle, car $= \frac{5}{8}$) et $g_{11}$ (en bas). En d'autres mots, si nous utilisons la notation matricielle suivante

$$g = \begin{pmatrix} g_{00} & g_{01} \\ g_{10} & g_{11} \end{pmatrix},$$

les éléments de matrice de $g$ occupent les positions des pixels sur la figure 12.2. Sur le graphique à droite, nous voyons les deux paliers de hauteur égale ($g_{00}$ et $g_{10}$), le plus bas ($g_{11}$) et le plus haut ($g_{01}$). Cet exemple a été choisi pour ses tons de gris voisins. Il est donc assez typique d'un petit carré $2 \times 2$ qui serait extrait d'une grande plage assez uniforme dans une photo numérique. (En fait, plus la photo contient de pixels, plus les dégradés sont lents entre pixels voisins.)

Les coordonnées $(g_{00}, g_{01}, g_{10}, g_{11})$, ou de façon équivalente les $(f_{00}, f_{01}, f_{10}, f_{11})$, représentent parfaitement la photographie dans le petit carré $2 \times 2$. (En d'autres termes, aucune compression n'a été faite à ce point.) Ces coordonnées sont celles dans la base usuelle $\mathcal{B}$ dont chaque élément contient trois composantes nulles et une égale à 1. Les quatre éléments de la base $\mathcal{B}$ sont représentés à la figure 12.3. Si nous effectuons un changement de base

$$[g]_{\mathcal{B}} = \begin{pmatrix} g_{00} \\ g_{01} \\ g_{10} \\ g_{11} \end{pmatrix} \mapsto [g]_{\mathcal{B}'} = \begin{pmatrix} \beta_{00} \\ \beta_{01} \\ \beta_{10} \\ \beta_{11} \end{pmatrix} = [P]_{\mathcal{B}'\mathcal{B}}[g]_{\mathcal{B}}, \tag{12.3}$$

les nouvelles coordonnées $\beta_{ij}$ représenteront tout aussi bien le contenu (complet) du carré. Les coordonnées $g_{ij}$ ne sont pas appropriées pour notre but. En effet, nous voulons

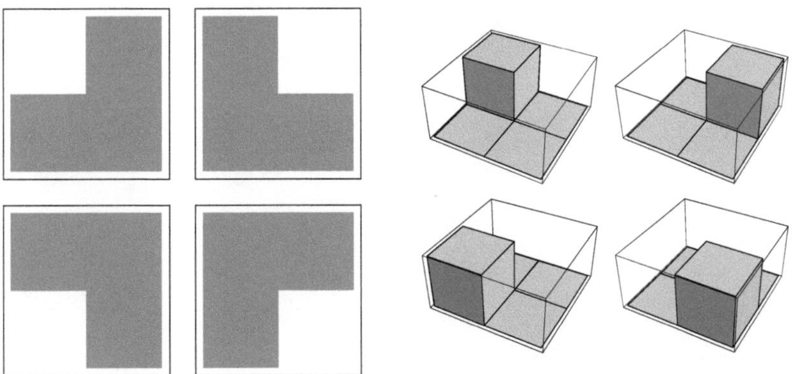

**Fig. 12.3.** Les quatre éléments de la base $\mathcal{B}$ usuelle de $\mathbb{R}^4$ représentés graphiquement

pouvoir reconnaître aisément les carrés où tous les pixels sont pratiquement de la même couleur (ou du même ton de gris). Pour cela, il serait plus utile de trouver une base dans laquelle, si le carré est monochrome ($g_{00} = g_{01} = g_{10} = g_{11}$), une des composantes $\beta_{ij}$ est très importante alors que les autres sont petites. De plus, il faudrait que la base puisse « détecter » si des contrastes importants se produisent au sein du carré 2 × 2.

Le standard JPEG propose une autre base $\mathcal{B}' = \{A_{00}, A_{01}, A_{10}, A_{11}\}$. Tous les éléments $A_{ij}$ de cette base peuvent être exprimés dans la base originale décrite à la figure 12.3. Voici leurs composantes dans la base $\mathcal{B}$ :

$$[A_{00}]_{\mathcal{B}} = \begin{pmatrix} \frac{1}{2} \\ \frac{1}{2} \\ \frac{1}{2} \\ \frac{1}{2} \end{pmatrix}, \qquad [A_{01}]_{\mathcal{B}} = \begin{pmatrix} \frac{1}{2} \\ -\frac{1}{2} \\ \frac{1}{2} \\ -\frac{1}{2} \end{pmatrix}, \qquad [A_{10}]_{\mathcal{B}} = \begin{pmatrix} \frac{1}{2} \\ \frac{1}{2} \\ -\frac{1}{2} \\ -\frac{1}{2} \end{pmatrix}, \qquad [A_{11}]_{\mathcal{B}} = \begin{pmatrix} \frac{1}{2} \\ -\frac{1}{2} \\ -\frac{1}{2} \\ \frac{1}{2} \end{pmatrix}. \tag{12.4}$$

Les éléments de cette nouvelle base sont représentés à la figure 12.4. Le premier élément $A_{00}$ représente un carré de couleur uniforme. Si le carré 2 × 2 était pris dans un ciel gris, seulement la composante selon $A_{00}$ serait non nulle. Les deux éléments $A_{01}$ et $A_{10}$ représentent un contraste gauche/droite et haut/bas respectivement. Le dernier élément $A_{11}$ représente un carré dont chaque pixel contraste avec son voisin immédiat comme sur un échiquier.

Connaissant l'expression des $A_{ij}$ dans la base originale, on obtient aisément la matrice $[P]_{\mathcal{B}\mathcal{B}'}$ de changement de base de $\mathcal{B}'$ en $\mathcal{B}$. En effet, ses vecteurs colonnes sont donnés par les coordonnées des vecteurs de $\mathcal{B}'$ dans la base $\mathcal{B}$. La matrice de passage est donc

$$[P]_{\mathcal{B}\mathcal{B}'} = [P]^{-1}_{\mathcal{B}'\mathcal{B}} = \begin{pmatrix} \frac{1}{2} & \frac{1}{2} & \frac{1}{2} & \frac{1}{2} \\ \frac{1}{2} & -\frac{1}{2} & \frac{1}{2} & -\frac{1}{2} \\ \frac{1}{2} & \frac{1}{2} & -\frac{1}{2} & -\frac{1}{2} \\ \frac{1}{2} & -\frac{1}{2} & -\frac{1}{2} & \frac{1}{2} \end{pmatrix}. \tag{12.5}$$

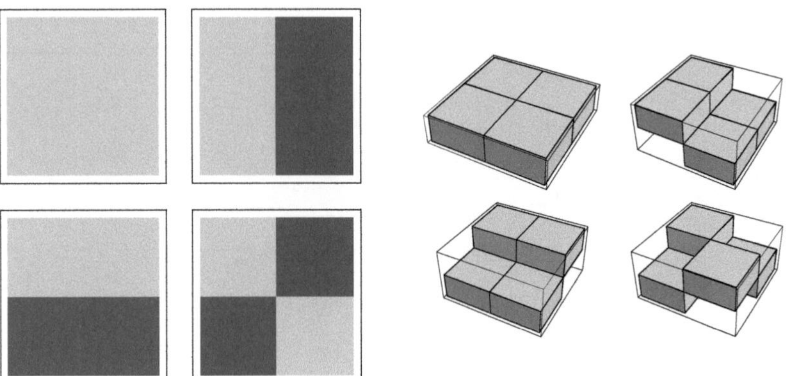

**Fig. 12.4.** Les quatre éléments de la base $\mathcal{B}'$ proposée. (L'élément $A_{00}$ est en haut à gauche et l'élément $A_{01}$, en haut à droite.)

Pour calculer $[g]_{\mathcal{B}'}$, on a besoin de $[P]_{\mathcal{B}'\mathcal{B}}$, c'est-à-dire de l'inverse de $[P]_{\mathcal{B}\mathcal{B}'}$. Ici la matrice $[P]_{\mathcal{B}\mathcal{B}'}$ est orthogonale et donc,

$$[P]_{\mathcal{B}'\mathcal{B}} = [P]^{-1}_{\mathcal{B}\mathcal{B}'} = [P]^t_{\mathcal{B}\mathcal{B}'} = [P]_{\mathcal{B}\mathcal{B}'}.$$

La dernière égalité vient du fait que la matrice $[P]_{\mathcal{B}\mathcal{B}'}$ est symétrique. (Exercice : une matrice $A$ est orthogonale si $A^tA = AA^t = I$. Vérifier que $P_{\mathcal{B}\mathcal{B}'}$ est effectivement orthogonale.) Les composantes de $f$ dans cette base sont simplement

$$[g]_{\mathcal{B}'} = \begin{pmatrix} \beta_{00} \\ \beta_{01} \\ \beta_{10} \\ \beta_{11} \end{pmatrix} = \begin{pmatrix} \frac{1}{2} & \frac{1}{2} & \frac{1}{2} & \frac{1}{2} \\ \frac{1}{2} & -\frac{1}{2} & \frac{1}{2} & -\frac{1}{2} \\ \frac{1}{2} & \frac{1}{2} & -\frac{1}{2} & -\frac{1}{2} \\ \frac{1}{2} & -\frac{1}{2} & -\frac{1}{2} & \frac{1}{2} \end{pmatrix} \begin{pmatrix} \frac{1}{2} \\ \frac{5}{8} \\ \frac{1}{2} \\ \frac{3}{8} \end{pmatrix} = \begin{pmatrix} 1 \\ 0 \\ \frac{1}{8} \\ -\frac{1}{8} \end{pmatrix}.$$

Dans cette base, la plus grande composante est $\beta_{00} = 1$ ; elle est le poids de $A_{00}$ qui donne une importance égale aux quatre pixels. En d'autres mots, cet élément de la nouvelle base leur accorde le même ton de gris. Les deux autres composantes non nulles, beaucoup plus petites ($\beta_{10} = -\beta_{11} = \frac{1}{8}$), contiennent l'information sur le petit contraste entre les pixels de gauche et de droite, d'une part, et entre les deux pixels de la colonne de droite, d'autre part. Le choix de cette base, qui souligne les contrastes entre les pixels plutôt que de donner l'information sur chacun des pixels de façon isolée, est l'idée fondamentale du standard JPEG. L'utilisateur du standard pourra maintenant décider quelles sont les composantes suffisamment grandes pour qu'elles soient conservées lors de la compression. Quant aux autres, elles pourront simplement être supprimées.

## 12.4 Le cas du carré de $N \times N$ pixels

Le standard JPEG fractionne l'image numérique en carrés de $8 \times 8$ pixels. La base $\mathcal{B}'$ qui met l'accent sur les contrastes plutôt que sur les pixels individuels existe pour toutes les dimensions des carrés $N \times N$. Celle que nous avons introduite à la section précédente ($N = 2$) et celle utilisée par JPEG ($N = 8$) en sont des cas particuliers.

La transformation en cosinus discrète[3] remplace la donnée $\{f_{ij},\ i,j = 0,1,2,\dots, N-1\}$ d'une fonction évaluée sur un réseau carré contenant $N \times N$ points également espacés par la donnée de coefficients $\alpha_{kl},\ k,l = 0,1,\dots,N-1$. Les coefficients $\alpha_{kl}$ sont donnés par

$$\alpha_{kl} = \sum_{i,j=0}^{N-1} c_{ki}c_{lj}f_{ij}, \qquad 0 \le k,l \le N-1, \tag{12.6}$$

où les $c_{ij}$ sont

$$c_{ij} = \frac{\delta_i}{\sqrt{N}} \cos\frac{i(2j+1)\pi}{2N}, \qquad i,j = 0,1,\dots,N-1, \tag{12.7}$$

et

$$\delta_i = \begin{cases} 1 & \text{si } i = 0, \\ \sqrt{2} & \text{sinon.} \end{cases} \tag{12.8}$$

(Exercice : assurez-vous que les coefficients $c_{ij}$ sont donnés, pour $N = 2$, par

$$C = \begin{pmatrix} c_{00} & c_{01} \\ c_{10} & c_{11} \end{pmatrix} = \begin{pmatrix} \frac{1}{\sqrt{2}} & \frac{1}{\sqrt{2}} \\ \frac{1}{\sqrt{2}} & -\frac{1}{\sqrt{2}} \end{pmatrix}.$$

Est-il possible que la transformation (12.6) soit le changement de base de $[g]_{\mathcal{B}}$ à $[g]_{\mathcal{B}'}$ (équation (12.3)) donné par l'inverse de la matrice $[P]_{\mathcal{B}\mathcal{B}'}$ de (12.5) ? Expliquer.)

Le passage (12.6) des $\{f_{ij}\}$ vers les $\{\alpha_{kl}\}$ est une transformation linéaire. C'est ce que nous vérifions maintenant. Si on pose

$$\alpha = \begin{pmatrix} \alpha_{00} & \alpha_{01} & \dots & \alpha_{0,N-1} \\ \alpha_{10} & \alpha_{11} & \dots & \alpha_{1,N-1} \\ \vdots & \vdots & \ddots & \vdots \\ \alpha_{N-1,0} & \alpha_{N-1,1} & \dots & \alpha_{N-1,N-1} \end{pmatrix}, \quad f = \begin{pmatrix} f_{00} & f_{01} & \dots & f_{0,N-1} \\ f_{10} & f_{11} & \dots & f_{1,N-1} \\ \vdots & \vdots & \ddots & \vdots \\ f_{N-1,0} & f_{N-1,1} & \dots & f_{N-1,N-1} \end{pmatrix},$$

et

[3]La transformation en cosinus discrète est un exemple particulier d'une technique fondamentale en mathématiques nommée l'*analyse de Fourier*. Introduite au début du XIXe siècle par Jean Baptiste Joseph Fourier pour étudier la propagation de la chaleur, cette technique a depuis envahi le monde du génie. Elle joue également un rôle important au chapitre 10.

$$C = \begin{pmatrix} \sqrt{\frac{1}{N}} & \sqrt{\frac{1}{N}} & \dots & \sqrt{\frac{1}{N}} \\ \sqrt{\frac{2}{N}} \cos \frac{\pi}{2N} & \sqrt{\frac{2}{N}} \cos \frac{3\pi}{2N} & \dots & \sqrt{\frac{2}{N}} \cos \frac{(2N-1)\pi}{2N} \\ \sqrt{\frac{2}{N}} \cos \frac{2\pi}{2N} & \sqrt{\frac{2}{N}} \cos \frac{6\pi}{2N} & \dots & \sqrt{\frac{2}{N}} \cos \frac{2(2N-1)\pi}{2N} \\ \vdots & \vdots & \ddots & \vdots \\ \sqrt{\frac{2}{N}} \cos \frac{(N-1)\pi}{2N} & \sqrt{\frac{2}{N}} \cos \frac{3(N-1)\pi}{2N} & \dots & \sqrt{\frac{2}{N}} \cos \frac{(2N-1)(N-1)\pi}{2N} \end{pmatrix},$$

la transformation (12.6) prend en effet la forme matricielle

$$\alpha = CfC^t, \tag{12.9}$$

où $C^t$ dénote la transposée de la matrice $C$. En effet,

$$\alpha_{kl} = [\alpha]_{kl} = [CfC^t]_{kl} = \sum_{i,j=0}^{N-1} [C]_{ki}[f]_{ij}[C^t]_{jl} = \sum_{i,j=0}^{N-1} c_{ki} f_{ij} c_{lj},$$

qui est bien (12.6). Cette nouvelle forme permet de vérifier facilement que $f \mapsto \alpha$ est une transformation linéaire. En effet, supposons que $f_1$ et $f_2$ soient envoyés en $\alpha_1$ et $\alpha_2$ par (12.9) (et donc que $\alpha_1 = Cf_1C^t$ et $\alpha_2 = Cf_2C^t$). Alors,

$$C(f_1 + f_2)C^t = Cf_1C^t + Cf_2C^t = \alpha_1 + \alpha_2$$

découle immédiatement de la distributivité de la multiplication matricielle. Et si $c \in \mathbb{R}$, alors

$$C(cf_1)C^t = c(Cf_1C^t) = c\alpha_1.$$

Les deux identités précédentes sont précisément les propriétés définissant les transformations linéaires.

Cette transformation sera un isomorphisme si la matrice $C$ est inversible. (Il sera montré par la suite que c'est le cas.) On pourra donc écrire

$$f = C^{-1}\alpha(C^t)^{-1}$$

et récupérer la valeur des $f_{ij}, i, j = 0, 1, \dots, N-1$, à partir de la valeur des $\alpha_{kl}, k, l = 0, 1, \dots, N-1$. Et puisque cette transformation est aussi une transformation linéaire, c'est un *changement de base*! Notons que la transformation de $f$ à $\alpha$ n'est pas exprimée par une matrice de passage $[P]_{\mathcal{B}'\mathcal{B}}$ comme dans la section précédente. Mais l'algèbre linéaire nous assure qu'une telle transformation $f \mapsto \alpha$ peut être écrite à l'aide d'une telle matrice. (Si les deux indices de $f$ prennent leurs valeurs dans $\{0, 1, \dots, N-1\}$, il y a donc $N^2$ coordonnées $f_{ij}$, et la matrice $[P]_{\mathcal{B}'\mathcal{B}}$ effectuant le changement de base est $N^2 \times N^2$. La forme (12.9) a donc l'avantage de n'utiliser que des matrices $N \times N$.)

La preuve de l'inversibilité de $C$ repose sur l'observation que $C$ est une matrice orthogonale :

$$C^t = C^{-1}. \tag{12.10}$$

Cette observation simplifie les calculs, car l'expression ci-dessus pour $f$ devient

$$f = C^t \alpha C. \tag{12.11}$$

Nous donnerons la preuve de cette propriété à la fin de la section.

Pour l'instant, acceptons ce fait et donnons un exemple de la transformation $f \mapsto \alpha$. Pour cela, nous utiliserons les tons de gris définis par le bloc $8 \times 8$ de la figure 12.1. Les $f_{ij}, 0 \leq i, j \leq 7$, sont donnés à la table 12.2 ci-contre. À nouveau, la position des pixels (gauche/droite, haut/bas) dans le zoom de la figure 12.1 correspond à la position des tons de gris de la table. Et $0 =$ noir et $255 =$ blanc. Les grands nombres ($> 150$) de cette table correspondent aux deux poils de moustache (blancs) de la chatte. La caractéristique saillante du bloc $8 \times 8$ est la présence de deux diagonales voisines, l'une très pâle, l'autre très foncée. Nous verrons comment ce contraste influence les coefficients $\alpha$ de cette fonction.

Les $\alpha_{kl}$ de la fonction $f$ de la table 12.2 sont donnés à la table 12.3. Ils sont représentés dans le même ordre que précédemment : le premier élément $\alpha_{00}$ est en haut à gauche, et l'élément $\alpha_{07}$, en haut à droite. Aucun n'est strictement nul, mais on voit que les coefficients les plus importants en valeur absolue sont $\alpha_{00}, \alpha_{01}, \alpha_{12}, \alpha_{23} \dots$ Pour pouvoir interpréter ces nombres, il faut une meilleure compréhension « visuelle » des éléments de la nouvelle base $\mathcal{B}'$. Ceci est notre prochain but.

Revenons aux expressions du changement de base :

$$\alpha = CfC^t \qquad \text{et} \qquad f = C^t \alpha C.$$

En coordonnées, la relation donnant $f$ en termes de $\alpha$ est

$$f_{ij} = \sum_{k,l=0}^{N-1} \alpha_{kl}(c_{ki}c_{lj}).$$

| | | | | | | | |
|---|---|---|---|---|---|---|---|
| 40 | 193 | 89 | 37 | 209 | 236 | 41 | 14 |
| 102 | 165 | 36 | 150 | 247 | 104 | 7 | 19 |
| 157 | 92 | 88 | 251 | 156 | 3 | 20 | 35 |
| 153 | 75 | 220 | 193 | 29 | 13 | 34 | 22 |
| 116 | 173 | 240 | 54 | 11 | 38 | 20 | 19 |
| 162 | 255 | 109 | 9 | 26 | 22 | 20 | 29 |
| 237 | 182 | 5 | 28 | 20 | 15 | 28 | 20 |
| 222 | 33 | 8 | 23 | 24 | 29 | 23 | 23 |

**Tab. 12.2.** Les 64 valeurs de la fonction $f$

| | | | | | | | |
|---|---|---|---|---|---|---|---|
| 681,63 | 351,77 | −8,671 | 54,194 | 27,63 | −55,11 | −23,87 | −15,74 |
| 144,58 | −94,65 | −264,52 | 5,864 | 7,660 | −89,93 | −24,28 | −12,13 |
| −31,78 | −109,77 | 9,861 | 216,16 | 29,88 | −108,14 | −36,07 | −24,40 |
| 23,34 | 12,04 | 53,83 | 21,91 | −203,72 | −167,39 | 0,197 | 0,389 |
| −18,13 | −40,35 | −19,88 | −35,83 | −96,63 | 47,27 | 119,58 | 36,12 |
| 11,26 | 9,743 | 24,22 | −0,618 | 0,0879 | 47,44 | −0,0967 | −23,99 |
| 0,0393 | −12,14 | 0,182 | −11,78 | −0,0625 | 0,540 | 0,139 | 0,197 |
| 0,572 | −0,361 | 0,138 | −0,547 | −0,520 | −0,268 | −0,565 | 0,305 |

**Tab. 12.3.** Les 64 coefficients $\alpha_{kl}$ de la fonction $f$

Cette forme peut être réinterprétée comme suit. Soit $A_{kl}$ la matrice $N \times N$ dont les éléments de matrice sont $[A_{kl}]_{ij} = c_{ki}c_{lj}$. Alors, $f$ est une combinaison linéaire des matrices $A_{kl}$ avec poids $\alpha_{kl}$. Ainsi, l'ensemble des $N^2$ matrices $\{A_{kl}, 0 \leq k, l \leq N-1\}$ forme une base dans laquelle la fonction $f$ est exprimée. Pour nous, $N = 8$. Nous avons représenté les 64 matrices $A_{kl}$ graphiquement à la figure 12.5. La matrice $A_{00}$ est dans le coin supérieur gauche, et $A_{77}$, dans le coin inférieur droit. Pour représenter graphiquement ces éléments de la base, nous devons associer des niveaux de gris (et donc, des éléments de $\{0, \ldots, 255\}$) à chacune de leurs entrées. Ceci est fait à l'aide des deux étapes suivantes. Tout d'abord, nous remplaçons les $[A_{kl}]_{ij}$ par

$$[\tilde{A}_{kl}]_{ij} = \frac{N}{\delta_k \delta_l}[A_{kl}]_{ij},$$

où les $\delta_k$ and $\delta_l$ sont donnés par (12.8). Cette transformation assure que les nouveaux $[\tilde{A}_{kl}]_{ij} \in [-1, 1]$. Puis nous appliquons la transformation affine $\text{aff}_2$ introduite en (12.2) à chaque élément pour obtenir

$$[B_{kl}]_{ij} = \text{aff}_2([\tilde{A}_{kl}]_{ij}) = \left[\frac{255}{2}([\tilde{A}_{kl}]_{ij} + 1)\right].$$

Ces $[B_{kl}]_{ij}$ peuvent être interprétés comme des tons de gris puisque $0 \leq [B_{kl}]_{ij} \leq 255$. Ce sont eux qui sont représentés sur les figures.

Il est possible de comprendre les représentations graphiques des $A_{kl}$ à partir de leur définition. Voici, par exemple, les détails de la construction de l'élément $A_{23}$ de la base

$$[A_{23}]_{ij} = \frac{2}{N} \cos \frac{2(2i+1)\pi}{2N} \cos \frac{3(2j+1)\pi}{2N}.$$

Pour $N = 8$, nous avons représenté, au haut de la figure 12.6, la fonction

$$\cos \frac{3(2j+1)\pi}{16},$$

**Fig. 12.5.** Les 64 éléments $A_{kl}$ de la base $\mathcal{B}'$. L'élément $A_{00}$ occupe le coin supérieur gauche.

et verticalement, à droite de cette même figure, la fonction

$$\cos \frac{2(2i+1)\pi}{16}.$$

Comme il était à prévoir, lorsque $j$ varie de 0 à $N-1=7$, l'argument du cosinus de la première fonction passe de $3\pi/16$ à $3 \cdot 15\pi/16 = 45\pi/16 = 2\pi + 13\pi/16$, et le graphique représente donc un cycle complet auquel s'ajoute près de la moitié du cycle suivant de la fonction cosinus. Nous avons donné à chaque rectangle de l'histogramme $\cos 3(2j+1)\pi/16, 0 \leq j \leq 7$, la teinte de gris correspondant à

$$\frac{255}{2}\left(\cos\left(\frac{3(2j+1)\pi}{16}\right)+1\right).$$

Le même travail a été fait pour la seconde fonction $\cos 2(2i+1)\pi/16$, et le résultat apparaît verticalement. La fonction $A_{23}$ est alors obtenue par multiplication des deux fonctions dont nous venons d'obtenir les histogrammes. Cette multiplication se fait entre les valeurs des cosinus obtenues, donc entre deux nombres de l'intervalle $[-1, 1]$. Nous pouvons cependant reconnaître visuellement ce calcul sur la figure. Multiplier deux rectangles blancs ou très pâles (correspondant à des valeurs des cosinus proches de $+1$) donne une valeur blanche. Le produit de deux rectangles foncés (valeurs proches de $-1$) donne également une valeur pâle (proche de $+1$). Le bloc $8 \times 8$ est la matrice de base $A_{23}$.

**Fig. 12.6.** La construction de la représentation graphique de $A_{23}$

Revenons une dernière fois au bloc $8 \times 8$ contenant les deux poils de la moustache de la chatte. Quels seront les coefficients $\alpha_{kl}$ les plus importants de la fonction $f$ ? Un $\alpha_{kl}$ prendra une valeur importante si les extremums locaux de la fonction de base $A_{kl}$ se trouvent très voisins de ceux de $f$. La fonction de base $A_{77}$ (coin inférieur droit de la figure 12.5) alterne rapidement entre le noir et le blanc ; elle a donc beaucoup d'extremums. La fonction $f$ n'a que deux diagonales, l'une blanche, l'autre noire, et son coefficient $\alpha_{77}$ doit être très faible. Le calcul donne $\alpha_{77} = 0{,}305$. Au contraire, le coefficient $\alpha_{01}$ sera très élevé. La matrice de base $A_{01}$ (deuxième sur la ligne supérieure de la figure 12.5) possède une moitié gauche très pâle et une moitié droite très foncée. Même si la diagonale blanche de $f$ empiète un peu sur la moitié droite de $f$ (figure 12.1), la moitié gauche de $f$ est beaucoup plus pâle que sa moitié droite. Le calcul donne

$\alpha_{01} = 351{,}77$. Que peut bien signifier un $\alpha_{kl}$ négatif ? Le coefficient $\alpha_{12} = -264{,}52$ l'est, et il nous donne la réponse. L'élément de base $A_{12}$ possède six régions contrastantes pâles et foncées, trois en haut et trois en bas. Remarquons que deux plages foncées, celle du haut au centre et celle du bas à gauche, couvrent les deux poils blancs du bloc $8 \times 8$. Si on multiplie par $-1$ cet élément de base, les plages foncées et pâles sont échangées et $-A_{12}$ décrit assez bien les poils blancs obliques sur le fond noir. C'est pour cela que le coefficient (négatif) $\alpha_{12}$ est important. Il est fastidieux de répéter ce calcul « visuel ». Après tout, les formules (12.6) peuvent être enseignées aisément à un ordinateur. Cependant, cette analyse permet de comprendre la règle intuitive suivante : *le coefficient $\alpha_{kl}$ associé à une fonction $f$ est important si les variations de $A_{kl}$ sont semblables à celles de $f$. Un coefficient négatif indique que les variations de $f$ sont semblables à celles de $A_{kl}$ si on échange les gris foncés et les gris pâles.* Ainsi, à un extrême, les $A_{00}, A_{01}, A_{10}$ représentent bien des fonctions presque constantes, et à l'autre extrême, les $A_{67}, A_{76}$ et $A_{77}$, des fonctions à variations rapides.

Preuve de l'orthogonalité de la matrice $C$ (12.12) Pour démontrer ce fait surprenant, réécrivons l'identité $C^tC = I$ en termes de ses éléments de matrice :

$$[C^tC]_{jk} = \sum_{i=0}^{N-1} [C^t]_{ji}[C]_{ik} = \sum_{i=0}^{N-1} [C]_{ij}[C]_{ik} = \delta_{jk} = \begin{cases} 1 & \text{si } j = k, \\ 0 & \text{sinon,} \end{cases}$$

ou encore,

$$[C^tC]_{jk} = \sum_{i=0}^{N-1} \frac{\delta_i^2}{N} \cos\frac{i(2j+1)\pi}{2N} \cos\frac{i(2k+1)\pi}{2N} = \delta_{jk}. \tag{12.12}$$

Démontrer (12.12) équivaut à démontrer (12.10), soit l'orthogonalité de $C$, ce qui implique l'inversibilité de (12.6). La preuve qui suit n'est pas difficile, mais elle contient plusieurs cas et sous-cas qui doivent être étudiés méticuleusement.

Développons le produit de cosinus de (12.12) en utilisant l'identité trigonométrique

$$\cos\alpha\cos\beta = \frac{1}{2}\cos(\alpha+\beta) + \frac{1}{2}\cos(\alpha-\beta).$$

Appelons $S_{jk} = [C^tC]_{jk}$. Nous avons donc

$$\begin{aligned} S_{jk} &= \sum_{i=0}^{N-1} \frac{\delta_i^2}{N} \cos\frac{i(2j+1)\pi}{2N} \cos\frac{i(2k+1)\pi}{2N} \\ &= \sum_{i=0}^{N-1} \frac{\delta_i^2}{2N} \left( \cos\frac{i(2j+2k+2)\pi}{2N} + \cos\frac{i(2j-2k)\pi}{2N} \right) \\ &= \sum_{i=0}^{N-1} \frac{\delta_i^2}{2N} \left( \cos\frac{2\pi i(j+k+1)}{2N} + \cos\frac{2\pi i(j-k)}{2N} \right). \end{aligned}$$

Puisque $\delta_i^2 = 1$ si $i = 0$ et que $\delta_i^2 = 2$ autrement, nous pouvons ajouter le terme $i = 0$ et le soustraire pour obtenir

$$S_{jk} = \frac{1}{N}\sum_{i=0}^{N-1}\left(\cos\frac{2\pi i(j+k+1)}{2N} + \cos\frac{2\pi i(j-k)}{2N}\right) - \frac{1}{N}.$$

Nous divisons l'étude en trois cas : $j = k$, $j - k$ pair mais non nul, $j - k$ impair. Remarquons que $(j-k)$ et $(j+k+1)$ sont toujours de parité distincte. Nous étudierons ces trois cas en séparant les sommes et le terme $-\frac{1}{N}$ comme suit :

$\boxed{j = k}$ On pose $S_{jk} = S_1 + S_2$ où

$$S_1 = -\frac{1}{N} + \frac{1}{N}\sum_{i=0}^{N-1}\cos\frac{2\pi il}{2N}, \qquad S_2 = \frac{1}{N}\sum_{i=0}^{N-1}\cos\frac{2\pi il}{2N},$$

où $l = j + k + 1$ est impair, où $l = j - k = 0$,

$\boxed{j - k \text{ pair et } j \neq k}$ $S_{jk} = S_1 + S_2$ où

$$S_1 = -\frac{1}{N} + \frac{1}{N}\sum_{i=0}^{N-1}\cos\frac{2\pi il}{2N}, \qquad S_2 = \frac{1}{N}\sum_{i=0}^{N-1}\cos\frac{2\pi il}{2N},$$

où $l = j + k + 1$ est impair, où $l = j - k$ est pair et non nul,

$\boxed{j - k \text{ impair}}$ $S_{jk} = S_1 + S_2$ où

$$S_1 = \frac{1}{N}\sum_{i=0}^{N-1}\cos\frac{2\pi il}{2N}, \qquad S_2 = -\frac{1}{N} + \frac{1}{N}\sum_{i=0}^{N-1}\cos\frac{2\pi il}{2N},$$

où $l = j + k + 1$ est pair, non nul et $< 2N$, où $l = j - k$ est impair.

Il y a donc trois sommes distinctes à étudier :

$$\frac{1}{N}\sum_{i=0}^{N-1}\cos\frac{2\pi il}{2N}, \qquad \text{où } l = 0, \tag{12.13}$$

$$\frac{1}{N}\sum_{i=0}^{N-1}\cos\frac{2\pi il}{2N}, \qquad \text{où } l \text{ est pair, non nul et } < 2N, \tag{12.14}$$

$$-\frac{1}{N} + \frac{1}{N}\sum_{i=0}^{N-1}\cos\frac{2\pi il}{2N}, \qquad \text{où } l \text{ est impair.} \tag{12.15}$$

La première est très simple, car si $l = 0$ :

$$\frac{1}{N}\sum_{i=0}^{N-1}\cos\frac{2\pi i l}{2N} = \frac{1}{N}\sum_{i=0}^{N-1} 1 = \frac{N}{N} = 1.$$

Puisque nous désirons montrer que $S_{jk}$ est nul sauf lorsque $j = k$ (et alors $S_{jj} = 1$), la preuve sera terminée si nous prouvons que les sommes (12.14) et (12.15) sont nulles. Pour (12.14), rappelons que la somme

$$\sum_{i=0}^{2N-1} e^{2\pi i l\sqrt{-1}/2N} = \frac{e^{2\pi l\cdot 2N\sqrt{-1}/2N} - 1}{e^{2\pi l\sqrt{-1}/2N} - 1} = 0 \tag{12.16}$$

si $e^{2\pi l\sqrt{-1}/2N} \neq 1$. Si $l < 2N$, cette inégalité est toujours satisfaite. En prenant la partie réelle de (12.16), on trouve

$$\sum_{i=0}^{2N-1}\cos\frac{2\pi i l}{2N} = 0.$$

La somme contient deux fois plus de termes que (12.14). On peut cependant la réécrire :

$$\begin{aligned}
0 &= \sum_{i=0}^{2N-1}\cos\frac{2\pi i l}{2N}\\
&= \sum_{i=0}^{N-1}\cos\frac{2\pi i l}{2N} + \sum_{i=N}^{2N-1}\cos\frac{2\pi i l}{2N}\\
&= \sum_{i=0}^{N-1}\cos\frac{2\pi i l}{2N} + \sum_{j=0}^{N-1}\cos\frac{2\pi (j+N) l}{2N}, \qquad \text{pour } i = j+N,\\
&= \sum_{i=0}^{N-1}\cos\frac{2\pi i l}{2N} + \sum_{j=0}^{N-1}\cos\left(\frac{2\pi j l}{2N} + \frac{2\pi N l}{2N}\right).
\end{aligned}$$

Si $l$ est pair, la phase $\frac{2\pi N l}{2N} = \pi l$ est un multiple pair de $\pi$ et peut donc être oubliée puisque la fonction cosinus est périodique de période $2\pi$. Donc,

$$0 = \sum_{i=0}^{N-1}\cos\frac{2\pi i l}{2N} + \sum_{j=0}^{N-1}\cos\frac{2\pi j l}{2N} = 2\sum_{i=0}^{N-1}\cos\frac{2\pi i l}{2N},$$

et la somme (12.14) est nulle.

Remarquons que le premier terme $i = 0$ de la somme (12.15) est

$$\frac{1}{N}\cos\frac{2\pi\cdot 0\cdot l}{2N} = \frac{1}{N}$$

qui annule le terme $-\frac{1}{N}$. Ainsi la somme (12.15) est égale à

$$\sum_{i=1}^{N-1} \cos \frac{2\pi il}{2N}.$$

Il faut maintenant diviser le cas (12.15) en deux sous-cas, $N$ impair et $N$ pair. Nous allons séparer la somme $\sum_{i=1}^{N-1} \cos \frac{2\pi il}{2N}$ comme suit

$N$ impair

$$\sum_{i=1}^{\frac{N-1}{2}} \cos \frac{2\pi il}{2N} \qquad \text{et} \qquad \sum_{i=\frac{N-1}{2}+1}^{N-1} \cos \frac{2\pi il}{2N}$$

$N$ pair

$$\text{le terme } i = \frac{N}{2}, \qquad \sum_{i=1}^{\frac{N}{2}-1} \cos \frac{2\pi il}{2N} \qquad \text{et} \qquad \sum_{i=\frac{N}{2}+1}^{N-1} \cos \frac{2\pi il}{2N}.$$

Commençons par ce dernier sous-cas. Si $N$ est pair, alors pour $i = N/2$, on a

$$\cos \frac{2\pi}{2N} \cdot \frac{N}{2} \cdot l = \cos \frac{\pi}{2} l = 0,$$

car $l$ est impair. Restent les deux sommes. Réécrivons la seconde en posant $j = N - i$. Puisque $\frac{N}{2} + 1 \leq i \leq N - 1$, le domaine de $j$ est $1 \leq j \leq \frac{N}{2} - 1$ :

$$\sum_{i=\frac{N}{2}+1}^{N-1} \cos \frac{2\pi il}{2N} = \sum_{j=1}^{\frac{N}{2}-1} \cos \frac{2\pi(N-j)l}{2N} = \sum_{j=1}^{\frac{N}{2}-1} \cos \left(\pi l - \frac{2\pi jl}{2N}\right).$$

Puisque $l$ est impair, la phase $\pi l$ est toujours un multiple impair de $\pi$, et

$$\sum_{i=\frac{N}{2}+1}^{N-1} \cos \frac{2\pi il}{2N} = \sum_{j=1}^{\frac{N}{2}-1} - \cos \left(-\frac{2\pi jl}{2N}\right).$$

La fonction cosinus étant paire, on a finalement

$$\sum_{i=\frac{N}{2}+1}^{N-1} \cos \frac{2\pi il}{2N} = -\sum_{j=1}^{\frac{N}{2}-1} \cos \frac{2\pi jl}{2N},$$

et les deux sommes de ce sous-cas s'annulent l'une l'autre. Le sous-cas (12.15), soit $N$ impair, est laissé en exercice. □

## 12.5 Le standard JPEG

L'introduction a souligné qu'une bonne méthode de compression tire profit des caractéristiques de l'objet à comprimer. Le standard JPEG a pour but de comprimer des images fixes, surtout des photos. Le standard mise donc sur le fait que, dans une photo, les variations rapides sont assez rares. Vu ce que nous venons d'apprendre sur la transformation en cosinus discrète et les coefficients $\alpha_{kl}$, il semble donc naturel de faire jouer un rôle important aux $\alpha_{kl}$ de $k$ et $l$ petits et un rôle moindre aux $\alpha_{kl}$ de $k$ et $l$ proches de $N$. Et la règle pouvant nous guider demeure : toute dégradation d'une image qui est imperceptible à l'appareil visuel humain (œil + cerveau) est acceptable.

Les principales étapes de la compression sont les suivantes :

- translation de la fonction palier
- transformation en cosinus par blocs $8 \times 8$
- quantification
- ordre en zigzag et encodage.

Nous décrirons chacune de ces étapes sur la photo de la chatte reproduite à la figure 12.1. Cette photo a été prise par un appareil numérique qui lui-même stocke les photos en format JPEG. Une plage carrée de $640 \times 640$ pixels a été extraite de cette photographie et l'information a été transformée en une fonction palier dont chaque palier (niveau de gris) prend ses valeurs dans l'ensemble $\{0, 1, 2, \dots, 2^8 - 1 = 255\}$. Rappelons que chacun des pixels requiert ainsi un octet et qu'il y a $640 \times 640$ pixels. Pour stocker cette image, il faut donc 409 600 o = 409,6 Ko = 0,4096 Mo.

**Translation de la fonction palier** La première étape est la *translation* des valeurs de $f$ par la quantité $2^{b-1}$ où $b$ est le nombre de bits utilisés pour chaque pixel. Dans notre exemple, nous utilisons $b = 8$ et nous réduisons chaque palier par la quantité $2^{b-1} = 2^7 = 128$. Cette première étape consiste donc à donner au nouveau $\tilde{f}$ ainsi obtenu un domaine $[-2^{b-1}, 2^{b-1} - 1]$ qui est (presque) symétrique par rapport à l'origine comme le sont les images des fonctions cosinus qui créent la base des $A_{kl}$. Nous suivrons les étapes sur l'exemple défini à la table 12.2. Les valeurs de $\tilde{f}_{ij} = f_{ij} - 128$ peuvent être lues à la table 12.4 (et celles de la fonction originale $f$, à la table 12.2).

| | | | | | | | |
|---|---|---|---|---|---|---|---|
| -88 | 65 | -39 | -91 | 81 | 108 | -87 | -114 |
| -26 | 37 | -92 | 22 | 119 | -24 | -121 | -109 |
| 29 | -36 | -40 | 123 | 28 | -125 | -108 | -93 |
| 25 | -53 | 92 | 65 | -99 | -115 | -94 | -106 |
| -12 | 45 | 112 | -74 | -117 | -90 | -108 | -109 |
| 34 | 127 | -19 | -119 | -102 | -106 | -108 | -99 |
| 109 | 54 | -123 | -100 | -108 | -113 | -100 | -108 |
| 94 | -95 | -120 | -105 | -104 | -99 | -105 | -105 |

**Tab. 12.4.** Les 64 valeurs de la fonction $\tilde{f}_{ij} = f_{ij} - 128$

**Transformation en cosinus par blocs** $8 \times 8$ La seconde étape consiste à partitionner l'image en blocs de $8 \times 8$ pixels. (Si le nombre de pixels sur une ligne horizontale n'est pas un multiple de 8, des colonnes supplémentaires sont ajoutées à droite, dans un ton de gris identique à celui du dernier pixel original à droite. Un traitement similaire est fait à l'aide de lignes additionnelles si la dimension verticale n'est pas un multiple de 8.) Après cette *partition* de l'image en blocs $8 \times 8$, la *transformation en cosinus discrète* est appliquée à chacun des blocs. Le résultat de cette seconde étape appliquée à la fonction $\tilde{f}$ est donné à la table 12.5. Si on le compare à la table des $\alpha_{kl}$ de $f$ (table 12.3), on s'aperçoit que seul le coefficient $\alpha_{00}$ a changé. Ce n'est pas un hasard : cela s'explique par le fait que $\tilde{f}$ s'obtient de $f$ par une translation. L'exercice 11 b) élucide ce fait.

| | | | | | | | |
|---|---|---|---|---|---|---|---|
| −342,38 | 351,77 | −8,671 | 54,194 | 27,63 | −55,11 | −23,87 | −15,74 |
| 144,58 | −94,65 | −264,52 | 5,864 | 7,660 | −89,93 | −24,28 | −12,13 |
| −31,78 | −109,77 | 9,861 | 216,16 | 29,88 | −108,14 | −36,07 | −24,40 |
| 23,34 | 12,04 | 53,83 | 21,91 | −203,72 | −167,39 | 0,197 | 0,389 |
| −18,13 | −40,35 | −19,88 | −35,83 | −96,63 | 47,27 | 119,58 | 36,12 |
| 11,26 | 9,743 | 24,22 | −0,618 | 0,0879 | 47,44 | −0,0967 | −23,99 |
| 0,0393 | −12,14 | 0,182 | −11,78 | −0,0625 | 0,540 | 0,139 | 0,197 |
| 0,572 | −0,361 | 0,138 | −0,547 | −0,520 | −0,268 | −0,565 | 0,305 |

**Tab. 12.5.** Les 64 coefficients $\alpha_{kl}$ de la fonction $\tilde{f}$

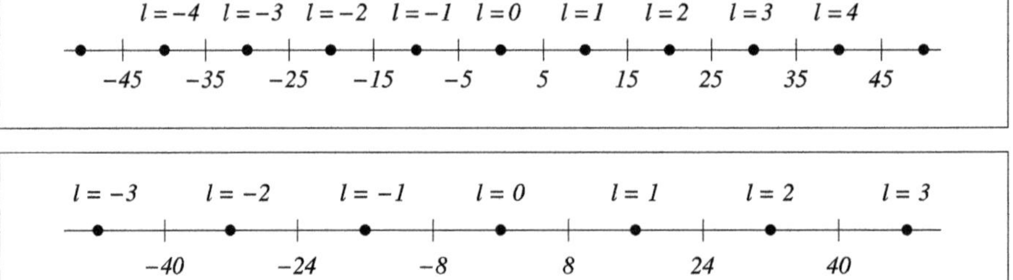


**Fig. 12.7.** Les échelles discrètes pour mesurer $\alpha_{00}$ (en haut), $\alpha_{01}$ et $\alpha_{10}$ (en bas)

**Quantification** La troisième étape est appelée *quantification* : elle consiste à transformer les nombres réels $\alpha_{kl}$ ($\in \mathbb{R}$) en entiers $\ell_{kl}$ ($\in \mathbb{Z}$). L'entier $\ell_{kl}$ est obtenu de $\alpha_{kl}$ et $q_{kl}$ par la formule

$$\ell_{kl} = \left[\frac{\alpha_{kl}}{q_{kl}} + \frac{1}{2}\right], \tag{12.17}$$

où $[x]$ est la partie entière de $x$, c'est-à-dire le plus grand entier plus petit ou égal à $x$.

| | | | | | | | |
|---|---|---|---|---|---|---|---|
| 10 | 16 | 22 | 28 | 34 | 40 | 46 | 52 |
| 16 | 22 | 28 | 34 | 40 | 46 | 52 | 58 |
| 22 | 28 | 34 | 40 | 46 | 52 | 58 | 64 |
| 28 | 34 | 40 | 46 | 52 | 58 | 64 | 70 |
| 34 | 40 | 46 | 52 | 58 | 64 | 70 | 76 |
| 40 | 46 | 52 | 58 | 64 | 70 | 76 | 82 |
| 46 | 52 | 58 | 64 | 70 | 76 | 82 | 88 |
| 52 | 58 | 64 | 70 | 76 | 82 | 88 | 94 |

**Tab. 12.6.** La table de quantification $q_{kl}$ utilisée dans l'exemple

Expliquons d'où vient cette formule. Puisque les nombres réels représentables sur un ordinateur ne sont pas en nombre infini, le concept mathématique de « droite réelle » n'est pas naturel en informatique. Sur un ordinateur, les nombres réels forment un ensemble discret. Il est possible de tirer profit de ce fait. Il faut discrétiser les nombres obtenus, mais pourquoi faudrait-il les discrétiser par le plus petit intervalle permis par l'ordinateur utilisé ? Ne pourrait-on pas identifier à une même valeur tous les nombres réels à l'intérieur d'une fenêtre plus large ? Le standard JPEG nous laisse une grande flexibilité à cette étape : chacun des coefficients $\alpha_{kl}$ peut être discrétisé à l'aide d'une fenêtre de largeur différente. Ces largeurs sont codées dans la *table de quantification*, qui sera la même pour tous les blocs $8\times 8$ constituant l'image. La table de quantification que nous utiliserons pour l'exemple est donnée à la table 12.6. Dans cette table, les fenêtres de $\alpha_{00}$ sont de largeur 10 alors que, déjà pour $\alpha_{01}$ et $\alpha_{10}$, elles sont de largeur 16. Voyons sur la figure 12.7 la conséquence pour $\alpha_{00}$ et $\alpha_{01}$ de cette table de quantification. Remarquons que tout $\alpha_{00}$ entre 5 et 15 (15 exclu) recevra la valeur $\ell_{00} = 1$ ; en effet,

$$\ell_{00}(5) = \left[\frac{5}{10} + \frac{1}{2}\right] = [1] = 1$$

et

$$\ell_{00}(15-\epsilon) = \left[\frac{15-\epsilon}{10} + \frac{1}{2}\right] = \left[2 - \frac{\epsilon}{10}\right] = 1$$

pour un petit nombre positif $\epsilon$. Le graphique du haut de la figure 12.7 représente ce fait en délimitant par un court trait vertical les intervalles de $\alpha_{00}$ partageant la même valeur de $\ell$. Les valeurs de $\alpha_{00}$ sont indiquées en dessous de l'axe horizontal, et les valeurs de $\ell$, au-dessus. Les points indiquent la valeur $\ell_{00} \times q_{00}$ qui sera restituée lorsque le récepteur décodera un fichier dont le suffixe est `jpg` : c'est la valeur au centre de ces intervalles, et c'est la fraction $\frac{1}{2}$ dans la relation (12.17) qui assure que cette valeur $\ell_{00} \times q_{00}$ se trouve au centre. Le graphique du bas de cette même figure présente la situation pour les $\alpha_{01}$ et $\alpha_{10}$ ; la largeur (identique) des fenêtres est $q_{01} = q_{10} = 16$. Beaucoup plus de valeurs de $\alpha_{01}$ et $\alpha_{10}$ sont identifiées à un même entier donné $\ell_{01}$. En d'autres termes, plus la fenêtre $q_{kl}$ de quantification est large, plus la quantité d'information associée au $\alpha_{kl}$ qui est perdue est importante. Dans le cas extrême de la table de quantification 12.6, $q_{77} = 94$, et tout coefficient $\alpha_{77}$ dont la valeur appartient à l'intervalle $[-47, 47)$ se verra accorder la valeur $\ell_{77} = 0$. La valeur précise de $\alpha_{77}$ dans cet intervalle sera irrémédiablement perdue lors du processus de compression.

En choisissant la table de quantification 12.6, nous pouvons quantifier la fonction $\tilde{f}$ (et donc aussi la fonction originale $f$) selon les valeurs $\ell_{kl}$ de la table 12.7.

| | | | | | | | |
|---|---|---|---|---|---|---|---|
| -34 | 22 | 0 | 2 | 1 | -1 | -1 | 0 |
| 9 | -4 | -9 | 0 | 0 | -2 | 0 | 0 |
| -1 | -4 | 0 | 5 | 1 | -2 | -1 | 0 |
| 1 | 0 | 1 | 0 | -4 | -3 | 0 | 0 |
| -1 | -1 | 0 | -1 | -2 | 1 | 2 | 0 |
| 0 | 0 | 0 | 0 | 0 | 1 | 0 | 0 |
| 0 | 0 | 0 | 0 | 0 | 0 | 0 | 0 |
| 0 | 0 | 0 | 0 | 0 | 0 | 0 | 0 |

**Tab. 12.7.** La quantification $\ell_{kl}$ de la fonction $f$

Plusieurs appareils numériques proposent de sauvegarder les photos à diverses résolutions (fine, moyenne, grossière, par exemple). Les logiciels de traitement de photographies et d'images font de même. Une fois le choix de l'utilisateur fixé, l'appareil ou le logiciel utilise une des tables de quantification que ses concepteurs ont prédéterminées. Le niveau de compression résultant se situe entre un niveau minimal (résolution fine) et maximal (résolution grossière). La table de quantification est identique pour *tous* les blocs $8 \times 8$ d'une photo. Elle est transmise une seule fois dans le préambule du fichier contenant les $\alpha_{kl}$ de tous les blocs. Même si le standard JPEG propose une série de tables de quantification, l'utilisateur peut utiliser celle qu'il désire. C'est dans cette table que réside la grande flexibilité du standard.

**Ordre en zigzag et encodage** La dernière étape de la compression est l'*encodage* de la table des coefficients quantifiés $\ell_{kl}$. Nous ne le décrirons pas en grand détail. Nous dirons seulement que le coefficient $\ell_{00}$ fait l'objet d'un traitement légèrement différent des autres $\ell_{kl}$ et que l'encodage utilise l'idée décrite dans l'introduction : les valeurs de $\ell_{kl}$ les plus fréquentes se voient accorder un code plus court. Quelles sont les valeurs les plus fréquentes ? Le standard JPEG favorise les $\ell_{kl}$ dont la valeur absolue est petite : plus $|\ell_{kl}|$ est petit, plus le code de $\ell_{kl}$ est court. Est-ce surprenant qu'une photographie ait plusieurs $\ell_{kl}$ presque nuls ? Non, si on se rappelle que les $\alpha_{kl}$ (et donc les $\ell_{kl}$) mesurent des variations sur des blocs de $8 \times 8$ pixels qui sont relativement très petites par rapport à la dimension totale de l'image.

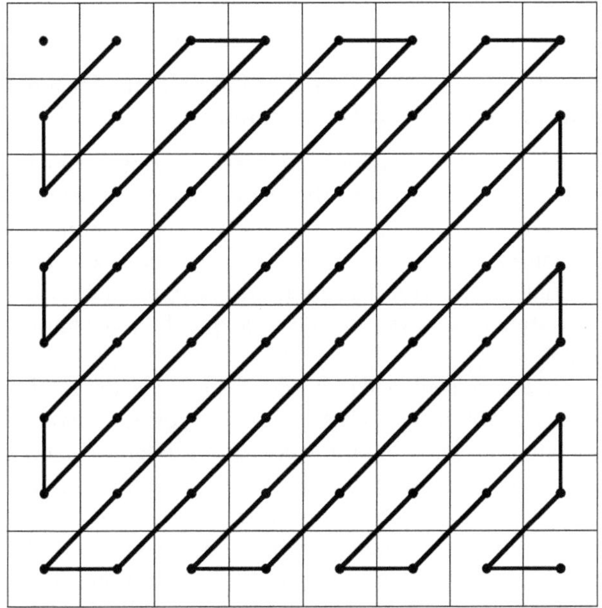

**Fig. 12.8.** L'ordre dans lequel sont transmis les $\ell_{kl}$ à commencer par $\ell_{01}, \ell_{10}, \ldots$ jusqu'à $\ell_{77}$

Grâce à la quantification, plusieurs $\ell_{kl}$ de $k$ et $l$ grands sont nuls. L'encodage profite de ce fait en transmettant les $\ell_{kl}$ dans l'ordre décrit à la figure 12.8 : $\ell_{01}, \ell_{10}, \ell_{20}, \ell_{11}, \ell_{02}, \ell_{03}, \ldots$ Il arrive souvent que, dans cet ordre, les derniers $\ell_{kl}$ soient nuls. Plutôt que de les transmettre, l'encodeur envoie, après le dernier $\ell_{kl}$ non nul, un signal signifiant « fin de bloc ». Le récepteur sait alors qu'il doit compléter les 64 valeurs de $\ell_{kl}$ de ce bloc $8 \times 8$ par des zéros. Notons que, dans la table 12.7, le $\ell_{46} = 2$ est le dernier $\ell_{kl}$ non nul dans l'ordre en zigzag proposé. Les 11 suivants $(\ell_{37}, \ell_{47}, \ell_{56}, \ell_{65}, \ell_{74}, \ell_{75}, \ell_{66}, \ell_{57}, \ell_{67}, \ell_{76}, \ell_{77})$ sont nuls. Ils ne seront pas transmis. Nous verrons dans l'exemple de la chatte que ceci est un gain énorme pour la compression.

**Reconstruction** Un ordinateur peut rapidement reconstruire une photographie à partir de l'information contenue dans un fichier encodé selon le standard JPEG. La table de quantification (les $q_{kl}$) est tout d'abord lue dans l'en-tête du fichier. Puis, pour chaque bloc $8 \times 8$, les étapes suivantes sont exécutées. L'information pour un bloc est lue. Si l'information « fin de bloc » est rencontrée avant que 64 coefficients $\ell_{kl}$ aient été lus, l'ordinateur sait qu'il doit donner aux coefficients manquants la valeur zéro. Il multiplie alors les 64 coefficients $\ell_{kl}$ par le facteur de quantification correspondant $q_{kl}$. Ceci permet d'obtenir un coefficient $\beta_{kl} = \ell_{kl} \times q_{kl}$ qui est au centre de la fenêtre où se trouvait le $\alpha_{kl}$ original avant quantification. La transformation en cosinus inverse (12.11) est alors appliquée aux $\beta$ pour obtenir les nouveaux tons de gris $\bar{f}$ du bloc $8 \times 8$ :

$$\bar{f} = C^t \beta C.$$

Après compensation de la translation de palier faite lors de l'encodage, les tons de gris de ce bloc $8 \times 8$ sont prêts à être affichés à l'écran.

La figure 12.9 présente le travail décrit dans cette section, non pas pour un bloc $8 \times 8$, mais pour la totalité de la photo initiale. Rappelons que cette photo a $640 \times 640$ pixels et donc, $80 \times 80 = 6400$ blocs de $8 \times 8$ pixels. Les quatre étapes (translation, transformation discrète, quantification et ordre zigzag/encodage) ont donc été réalisées 6400 fois. La colonne de gauche contient les trois originaux de la figure 12.1[4]. La colonne de droite contient les images obtenues à partir de celles de gauche par compression avec la table de quantification 12.6.

Le bloc $8 \times 8$ où se croisent les poils de moustache de la chatte a été choisi à cause de ses éléments contrastants. C'est pour ce type de carrés que la compression JPEG est la moins efficace. En comparant ces agrandissements, on peut voir l'effet de la compression (à gauche avant, à droite après). C'est près des poils de moustache que l'effet est le plus visible. Puisqu'il y a de grands contrastes dans les blocs $8 \times 8$ où les poils passent, il aurait fallu garder une grande précision sur les coefficients $\alpha_{kl}$ pour les reproduire clairement. La mise à zéro de plusieurs $\ell_{kl}$ a pour conséquence un certain « bruit » près des moustaches. On notera qu'un certain bruit était déjà présent dans l'original, une indication claire que l'appareil utilisait le standard JPEG pour enregistrer les photographies. Une autre signature du standard est la juxtaposition de blocs $8 \times 8$, certains bruités, d'autres nets. Portons notre attention sur les deux blocs de $32 \times 32$ pixels qui se trouvent sur la ligne du centre de la figure 12.9. Chacun contient $4 \times 4$ blocs de $8 \times 8$ pixels. Notez en particulier le bloc $8 \times 8$ en deuxième position à partir du bas et en troisième position à partir de la gauche. Ce bloc est complètement « sous la table » et est uniformément gris. Il ne s'y trouve aucun pixel contrastant. Il n'est donc pas surprenant que sa quantification ne produise que deux $\ell_{kl}$ non nuls ($\ell_{00}$ et $\ell_{10}$) ; la transmission de ce bloc omet donc 62 coefficients $\ell_{kl}$, et la compression y est à son meilleur !

Mais est-ce que ce bloc est une exception ou la règle ? Il y a $640 \times 640 = 409\,600$ pixels dans l'image totale. Par la transformation en cosinus discrète, nous avons encodé les tons de gris de ces 409 600 pixels par 409 600 coefficients $\ell_{kl}$. Après le réordonnement selon le zigzag décrit ci-dessus, les queues contiennent plus de 352 000 coefficients nuls, près de

[4]On se rappellera que l'original de cette photo a été pris par un appareil numérique stockant lui-même les fichiers dans le format JPEG.

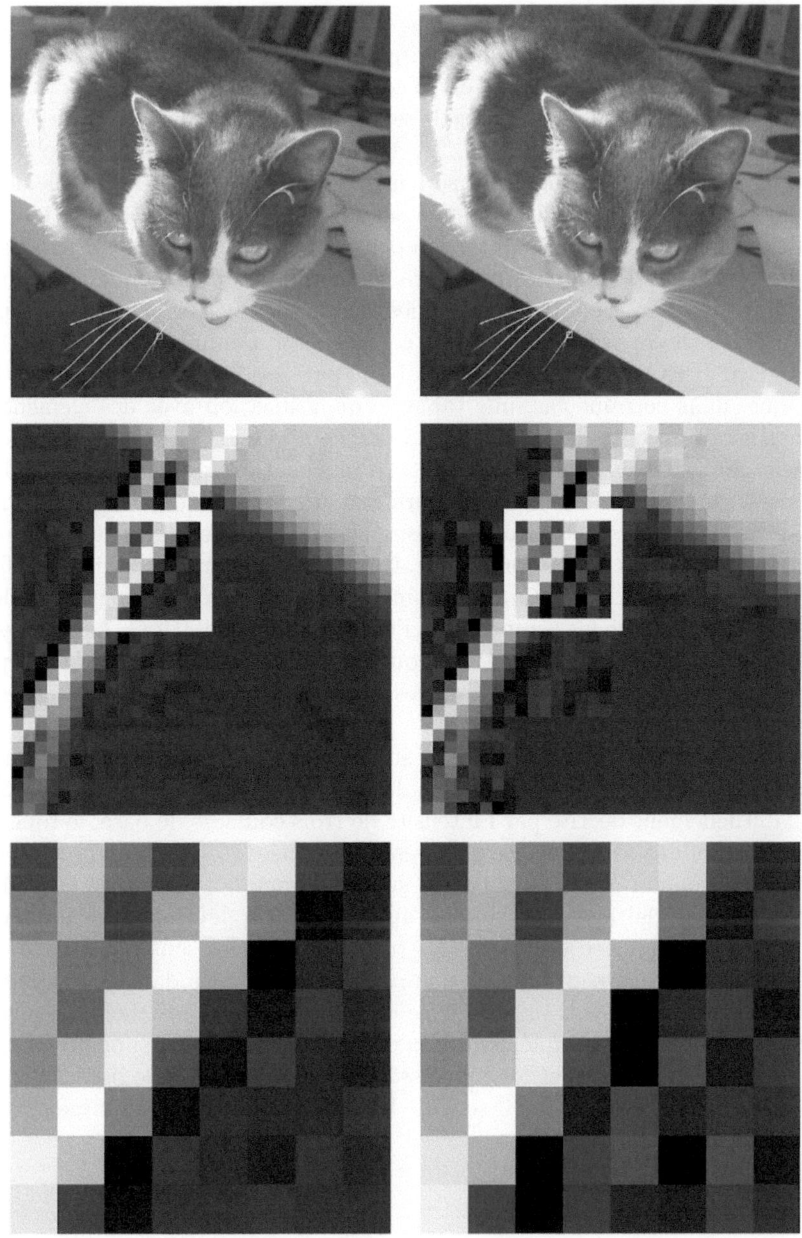

**Fig. 12.9.** Les trois images de la colonne de gauche sont exactement celles de la figure 12.1. Celles de la colonne de droite ont été obtenues des images originales par une forte compression. Les blocs du centre ont $32 \times 32$ pixels, ceux du bas, $8 \times 8$ pixels.

sept huitièmes des coefficients ! Il n'est donc pas surprenant que le taux de compression atteint par le standard JPEG soit si remarquable[5].

Le test ultime, le seul qui compte, est la comparaison à l'œil nu. C'est à vous de juger si la compression (la mise à zéro de près de sept huitièmes des coefficients de Fourier $\alpha_{kl}$) a été dommageable à la photographie. Et, attention, cette comparaison doit avoir lieu dans les conditions où la photographie sera utilisée. Rappelez-vous l'exemple des photos du Louvre. Si le fichier n'est visionné que sur des écrans de faible résolution (avec un nombre de pixels restreint), la compression peut être agressive. Si des historiens de l'art utiliseront le fichier pour étudier une œuvre, si une maison d'édition le reproduira dans un livre, si un logiciel permettra de faire des zooms sur diverses parties de la photo, le nombre de pixels devra être énorme, et la compression, minimale.

Le standard JPEG offre une grande flexibilité par sa table de quantification. On peut imaginer que, dans certains cas, une table de quantification avec des éléments encore plus grands serait acceptable et mènerait à une compression encore plus grande. C'est évidemment au voisinage d'éléments contrastants que la compression JPEG montre ses faiblesses, surtout si la table de quantification contient de grandes valeurs. C'est pourquoi ce standard n'est pas idéal pour comprimer les bandes dessinées qui ne sont que des traits de plume noirs sur un fond blanc. Ces traits deviennent rapidement diffus lors d'unc compression agressive. Il serait également inapproprié de photographier les pages d'un dictionnaire, puis de les comprimer à l'aide du standard JPEG. Les lettres sur ces pages sont autant d'éléments contrastants qui seront embrouillés lors de la compression. Le standard JPEG a été développé pour les photographies, et c'est pour celles-ci qu'il excelle.

Et les photos couleur ? Il est bien connu que la couleur d'un objet peut être « repérée » à l'aide de trois coordonnées. Par exemple, la couleur d'un pixel sur un écran d'ordinateur est habituellement décrite par l'intensité de trois couleurs de base, le rouge, le vert et le bleu. Le standard JPEG utilise d'autres coordonnées (toujours au nombre de trois) pour repérer la couleur. Elles sont basées sur les recommandations de la Commission internationale de l'éclairage qui, dans les années 1930, a développé les premiers standards et définitions dans ce domaine. Ces trois coordonnées sont séparées, et chacune est traitée comme les niveaux de gris que nous avons étudiés dans ce chapitre. (Pour ceux qui aimeraient en savoir plus, le livre de Pennebaker et Mitchell [2] contient une description permettant une implémentation complète du standard, une présentation des mathématiques sous-jacentes et les connaissances physiologiques de base sur le système visuel humain. Les références [3, 4] sont de bonnes introductions au large champ de la compression de données.)

[5]Avec une table de quantification bien choisie, cette photo peut être aisément comprimée en un fichier de moins de 30 Ko (à comparer aux 410 Ko initaux) sans que la dégradation soit pour autant intolérable.

## 12.6 Exercices

**1.** **a)** Vérifier que, si $x \in [-1,1] \subset \mathbb{R}$, alors $\text{aff}_1(x) = 255(x+1)/2$ est un élément de $[0,255]$.
**b)** Est-ce que $\text{aff}_1$ est la transformation idéale ? Pour quels $x$ a-t-on $\text{aff}_1(x) = 255$ ? Pouvez-vous proposer une fonction $\text{aff}'$ telle que tous les entiers de $\{0,1,2,\ldots,255\}$ soient les images de sous-intervalles $[-1,1]$ de longueur égale ?
**c)** Donner l'inverse de $\text{aff}_1$. La fonction $\text{aff}'$ ne peut pas avoir d'inverse. Pourquoi ? Pouvez-vous, malgré cela, proposer une règle qui permettrait de construire une fonction $g$ à partir d'une fonction $f$ comme dans la section 12.3 ?

**2.** **a)** Vérifier que les quatre vecteurs $A_{00}, A_{01}, A_{10}$ et $A_{11}$ de (12.4) dans la base usuelle $\mathcal{B}$ sont orthonormés, c'est-à-dire qu'ils sont de longueur 1 et mutuellement orthogonaux.
**b)** Soit $v$ le vecteur dont les composantes dans la base $\mathcal{B}$ sont

$$[v]_{\mathcal{B}} = \begin{pmatrix} -\frac{3}{8} \\ \frac{5}{8} \\ \frac{1}{2} \\ -\frac{1}{2} \end{pmatrix}.$$

Donner ses coordonnées dans la base $\mathcal{B}' = \{A_{00}, A_{01}, A_{10}, A_{11}\}$. Quelle est la plus grande composante de $[v]_{\mathcal{B}'}$ en valeur absolue ? Auriez-vous pu le prévoir sans calculer explicitement ses composantes ? Comment ?

**3.** **a)** Montrer que la matrice $C$, $N \times N$, donnant la transformation en cosinus discrète utilisée par le standard JPEG est, pour $N = 4$, de la forme

$$\begin{pmatrix} \frac{1}{2} & \frac{1}{2} & \frac{1}{2} & \frac{1}{2} \\ \gamma & \delta & -\delta & -\gamma \\ \frac{1}{2} & -\frac{1}{2} & -\frac{1}{2} & \frac{1}{2} \\ \delta & -\gamma & \gamma & -\delta \end{pmatrix}.$$

Exprimer les deux inconnues $\gamma$ et $\delta$ en fonction de la fonction cosinus.
**b)** En utilisant l'identité trigonométrique $\cos 2\theta = 2\cos^2\theta - 1$, exprimer explicitement les nombres $\gamma$ et $\delta$. (« Explicitement » veut dire ici : comme expression algébrique de nombres entiers et de radicaux, *mais* sans la fonction cosinus.) En utilisant ces expressions, montrer que la deuxième ligne de $C$ représente un vecteur de norme 1 comme l'exige l'orthogonalité de la matrice $C$.

**4.** **a)** Par la transformation en cosinus discrète, les fonctions discrètes $g : \{0,\ldots,N-1\} \to \mathbb{R}$ données par $g(i) = g_i$ peuvent être exprimées comme des combinaisons linéaires des $N$ fonctions de base discrètes $C_k$ telles que $C_k(i) = (C_k)_i = c_{ki}, k = 0,1,2,\ldots,N-1$, à l'aide de $g = \sum_{k=0}^{N-1} \beta_k C_k$, ce qui donne

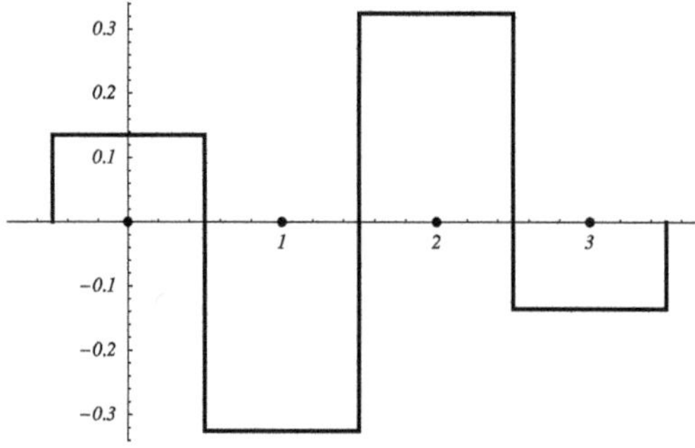


**Fig. 12.10.** La fonction discrète $g$ de l'exercice 4 b)

$$g_i = \sum_{k=0}^{N-1} \beta_k (C_k)_i.$$

Si $N = 4$, représenter par un histogramme la fonction $(C_2)_i$. (Cet exercice utilise les résultats de l'exercice 3 sans pour autant supposer que le lecteur l'a résolu.)
**b)** Étant donné que les valeurs numériques des $\gamma$ et $\delta$ de l'exercice précédent sont approximativement 0,65 et 0,27 respectivement, quel est le coefficient $\beta_k$ le plus important de la fonction $g$ représentée à la figure 12.10 ci-contre ?

**Fig. 12.11.** La fonction $f$ de l'exercice 6

**5.** Terminer le calcul de la somme apparaissant en (12.15) dans le sous-cas $N$ impair.

**6.** Une fonction

$$f : \{0,1,2,3,4,5,6,7\} \times \{0,1,2,3,4,5,6,7\} \to \{0,1,2,\ldots,255\}$$

est représentée graphiquement par les tons de gris suivants à la figure 12.11. Les valeurs $f_{ij}$ d'une même ligne sont constantes, c'est-à-dire $f_{ij} = f_{ik}$ pour tous les $j,k \in \{0,1,2,\ldots,7\}$.
**a)** Si $f_{0j} = 0, f_{1j} = 64, f_{2j} = 128, f_{3j} = 192, f_{4j} = 192, f_{5j} = 128, f_{6j} = 64, f_{7j} = 0$ pour tout $j$, calculer le $\alpha_{00}$ défini par le standard JPEG (sans faire la translation des valeurs de $f$ décrite à la première étape du début de la section 12.5).
**b)** La transformation en cosinus discrète du standard JPEG appliquée à la fonction $f$ à lignes constantes mènera à de nombreux $\alpha_{kl}$ nuls. Dire lesquels et expliquer.

**7.** Soit $C$ la matrice de transformation en cosinus discrète. Ses éléments $[C]_{ij} = c_{ij}, 0 \leq i,j \leq N-1$, sont donnés en (12.7). Soit $N$ pair. Montrer que chacun des éléments des lignes $i$ de $C$, pour $i$ impair, est une des $N$ valeurs suivantes :

$$\pm\sqrt{\frac{2}{N}}\cos\frac{k\pi}{2N}, \qquad \text{où } k \in \{1,3,5,\ldots,N-1\}.$$

**8.** La figure 12.12 représente un bloc $8 \times 8$ de tons de gris. Quel est le coefficient $\alpha_{ij}$ le plus grand en valeur absolue (si on exclut de la course le coefficient $\alpha_{00}$) ? Quel est son signe ?

**9.** Avec l'avènement de la photographie numérique, les programmes permettant de retoucher les photographies sont devenus populaires. Ils permettent entre autres de recadrer une photo en rognant des bandes verticales ou horizontales de l'original. Expliquer pourquoi il est avantageux de rogner des bandes contenant des lignes ou des colonnes de pixels dont le nombre est un multiple de 8.

**10.** **a)** Deux copies d'une même photographie sont comprimées indépendamment avec deux tables de quantification différentes, $q_{ij}$ et $q'_{ij}$. Si $q_{ij} > q'_{ij}$ pour tout $i$ et tout $j$, quel sera, en général, le fichier le plus gros, le premier ou le second ? Quelle table de quantification mènera à la dégradation la plus sérieuse de la photographie ?
**b)** Si la table de quantification 12.6 est utilisée et si $\alpha_{34} = 87{,}2$, quelle est la valeur de $\ell_{34}$ ? Et si $\alpha_{34} = -87{,}2$ ?
**c)** Quelle est la plus petite valeur de $q_{34}$ qui mène à un $\ell_{34}$ nul pour les valeurs $\alpha_{34}$ de la question précédente ?
**d)** Est-ce que $\ell_{kj}(-\alpha_{kj}) = -\ell_{kj}(\alpha_{kj})$ ? Expliquer.
Note : un autre problème technologique vient de la possibilité de comprimer une seconde fois une photo en format JPEG. Si le fichier d'une photo (comprimée

**Fig. 12.12.** Bloc $8 \times 8$ de tons de gris. Voir l'exercice 8.

à l'aide d'une première table de quantification) demeure gros, il peut être utile de le comprimer à nouveau avant de le transmettre sur Internet, par exemple pour accéder à la requête d'un utilisateur dont la connexion est lente. L'utilisation d'une seconde table de quantification plus aggressive (et donc aux fenêtres plus larges) s'impose. Le problème du choix de cette table est cependant délicat, car la dégradation de l'image ne croît pas monotonement en fonction des coefficients $q_{kl}$. Voir, par exemple, [1].

**11.** **a)** Calculer la différence entre le $\alpha_{00}$ de la fonction $f$ donnée en exemple (table 12.2) et celui de la fonction $\tilde{f}$ obtenue par translation.
**b)** Montrer qu'une translation de tous les paliers de $f$ par une même constante (par exemple, 128) ne change que le coefficient $\alpha_{00}$.
**c)** À partir de la définition de la transformation en cosinus discrète, prédire la différence calculée en a) entre les deux coefficients $\alpha_{00}$.
**d)** Montrer que $\alpha_{00}$ est $N$ fois le niveau de gris moyen.

**12.** Soit $g$ une fonction palier représentant un échiquier : la case $(0, 0)$ est égale à $+1$, et toutes les autres prennent une des deux valeurs $+1$ ou $-1$ et sont obtenues en demandant que les valeurs voisines portent des signes différents.
**a)** Montrer que cette fonction palier $g_{ij}$ peut être décrite par la formule

$$g_{ij} = \sin(i + \tfrac{1}{2})\pi \cdot \sin(j + \tfrac{1}{2})\pi.$$

**b)** Calculer les huit nombres

$$\lambda_i = \sum_{j=0}^{7} c_{ij} \sin(j + \tfrac{1}{2})\pi \qquad \text{pour } i = 0, \ldots, 7,$$

où $c_{ij}$ est donné par (12.7). (Si cet exercice est trop difficile analytiquement, faites-le faire par l'ordinateur !)

**c)** Obtenir les coefficients $\beta_{kl}$ de la fonction échiquier $g$ donnés par $\beta_{kl} = \sum_{i,j=0}^{N-1} c_{ki} c_{lj} g_{ij}$ (le calcul des $\lambda_i$ vous sera utile). Auriez-vous pu prévoir les nombreux 0 et leur position ? La position du plus grand coefficient $\beta_{kl}$ est-elle surprenante ?

# Références

[1] Bauschke, H.H., C.H. Hamilton, M.S. Maklem, J.S. McMichael et N.R. Swart. « Recompression of JPEG Images by Requantization », *IEEE Transactions on Image Processing*, vol. 12, p. 843–849, 2003.

[2] Pennebaker, W.B. et J.L. Mitchell. *JPEG, Still Image Data Compression Standard*, New York, Springer, 1996.

[3] Sayood, K. *Introduction to Data Compression*, San Francisco, Morgan Kaufmann, 1996.

[4] Salomon, D. *Data Compression : The Complete Reference*, deuxième édition, New York, Springer, 2000.

# 13

# L'ordinateur à ADN[1]

*L'essentiel du chapitre peut se traiter presque complètement en deux semaines de cours. Il est cependant possible de ne consacrer qu'une semaine à ce chapitre. Dans ce dernier cas, et avec des étudiants ayant un bagage plutôt mathématique, on construit les fonctions récursives à partir des fonctions de base et des opérations de composition, récurrence et minimalisation. On explique le fonctionnement d'une machine de Turing et on montre par des exemples comment construire les machines de Turing calculant certaines fonctions simples (section 13.3). On énonce sans preuve le théorème 13.39, à savoir que toute fonction récursive est Turing-calculable. Ici, on a le choix : on peut décider de présenter une partie de la preuve ou encore, passer directement à l'ordinateur à ADN. Dans ce dernier cas, on a seulement le temps de voir des opérations biologiques possibles sur l'ADN et l'exemple du problème du chemin hamiltonien résolu par Adleman (section 13.2).*

*Avec des étudiants ayant un bagage plus informatique, il est intéressant de consacrer deux semaines au chapitre. On privilégie la description des machines de Turing et on fait au moins une étape de la preuve des théorèmes sur la nature Turing-calculable de toute fonction récursive (théorèmes 13.31 et 13.39). On introduit les systèmes d'insertion–délétion (section 13.4) et on explique que les enzymes peuvent réaliser des insertions et des délétions sur des brins d'ADN. On énonce le théorème 13.43 à savoir que, pour toute machine de Turing, il existe un système d'insertion–délétion qui exécute le même programme, en insistant sur la signification du théorème. On examine un des cas de la preuve. Si le temps ne le permet pas, on laisse tomber l'exemple d'Adleman.*

[1]Ce chapitre a été écrit par Hélène Antaya et Isabelle Ascah-Coallier pendant qu'elles effectuaient un stage d'été financé par une bourse de recherche du premier cycle du CRSNG.

## 13.1 Introduction

Le sujet que nous présentons dans ce chapitre est en plein développement. L'ordinateur à ADN est encore du domaine de la fiction, même s'il a déjà été utilisé afin de résoudre un problème mathématique. La recherche sur le sujet est intense et réunit des équipes multidisciplinaires : informaticiens théoriciens et biochimistes.

Faisons le parallèle avec le développement de l'ordinateur classique. Il a commencé lorsqu'on s'est rendu compte que des circuits électriques pouvaient effectuer des opérations. (Des exemples simples sont traités à la section 15.7 du chapitre 15.) Les ordinateurs modernes sont des agencements d'un grand nombre de transistors. Au temps des premiers ordinateurs, la programmation impliquait de comprendre le fonctionnement interne de l'ordinateur pour pouvoir décomposer le programme à exécuter en une suite d'opérations exécutables par des circuits électriques. Des raffinements sont ensuite apparus dans plusieurs directions. Grâce à ces progrès, il est devenu de moins en moins important de comprendre le fonctionnement interne d'un ordinateur pour en utiliser un.

On s'est alors posé la question de savoir quelles questions étaient résolubles par un ordinateur. Pour pouvoir y répondre, il faut définir ce qu'est un « algorithme » et ce qu'est un « ordinateur ». Les deux questions sont difficiles, quasi philosophiques. Plutôt que de parler d'algorithme, on parle souvent de fonctions « calculables ». Toutes les approches de la calculabilité ont conduit à des définitions équivalentes. En particulier, si on se limite aux fonctions $f : \mathbb{N}^n \to \mathbb{N}$, les fonctions calculables sont les fonctions récursives dont nous parlerons en détail à la section 13.3.2. Faute de pouvoir imaginer les ordinateurs complexes de l'avenir, on s'est penché sur l'ordinateur le plus simple que l'on puisse imaginer, soit la machine de Turing décrite à la section 13.3. Le grand théorème du sujet démontre qu'une fonction $f : \mathbb{N}^n \to \mathbb{N}$ est récursive si et seulement si elle est calculable par une machine de Turing (voir le théorème 13.40 ci-dessous, qui présente une des deux directions). Ceci a amené Church à formuler sa fameuse thèse, à savoir qu'une fonction est « calculable » si et seulement si elle est calculable par une machine de Turing.

La théorie précédente donne une méthode pour programmer le calcul de toute fonction récursive. Par contre, c'est souvent loin d'être la solution la plus élégante ou encore la plus rapide. Lorsqu'on s'intéresse à la solution numérique d'un problème, les algorithmes théoriques dont on vient de parler ne sont d'aucune utilité, et les algorithmes retenus sont souvent très loin de ces algorithmes théoriques. Beaucoup de problèmes qui s'énoncent simplement tiennent encore en échec les meilleurs ordinateurs. C'est le cas de la factorisation de grands nombres entiers examinée au chapitre 7 ou encore, du problème du chemin hamiltonien exposé ci-dessous : dans ce problème, on se donne un certain nombre de villes et de chemins orientés reliant certaines paires de villes et on cherche s'il existe un itinéraire partant de la première ville, passant par chacune des villes exactement une fois et se terminant à la dernière. Lorsque le nombre de villes est assez grand (plus d'une centaine), le nombre de possibilités à explorer devient trop grand pour qu'un ordinateur, même puissant, puisse en trouver la solution en explorant toutes les possibilités. Pour améliorer la performance, les chercheurs s'emploient à trouver de meilleurs algorithmes. En même temps, le parallélisme des ordinateurs augmente, ce qui permet de faire plusieurs opérations simultanément au lieu de les faire en série, et qui diminue d'autant le temps de calcul. En 2005, le plus gros ordinateur de la planète avait 131 072 processeurs en parallèle. Le nombre de processeurs en parallèle risque de rester toujours limité, car de tels ordinateurs coûtent une fortune et deviennent vite obsolètes.

L'ordinateur à ADN est né en 1994. C'est Leonard Adleman, un informaticien théoricien déjà créateur du code RSA en cryptographie (voir le chapitre 7), qui a observé que les opérations biologiques effectuées sur l'ADN à l'intérieur des cellules pouvaient avoir un potentiel informatique, car elles s'apparentent à des opérations logiques. La molécule d'ADN est une très grande molécule formée de deux brins enroulés en double hélice, que l'on peut séparer en deux brins simples comme on ouvre une fermeture-éclair. Chacun des brins simples est une suite de bases azotées de quatre types : $A$ (adénine), $C$ (cytosine), $G$ (guanine) et $T$ (thymine). On peut assembler deux brins simples en un brin double si les deux brins sont complémentaires : les $A$ ne peuvent se lier qu'avec des $T$, et les $C$, qu'avec des $G$. Certains enzymes permettent de couper les brins d'ADN à des endroits précis appelés « loci ». On peut enlever un morceau d'ADN bien déterminé s'il se trouve entre deux loci prédéterminés (délétion) ou encore, insérer un morceau d'ADN également bien déterminé à un endroit très précis (insertion). De plus, l'ADN polymérase (un autre enzyme) permet de dupliquer les molécules d'ADN et donc, de cloner des molécules d'ADN identiques. Adleman a vu dans ces opérations l'équivalent des circuits électriques ou des transistors à la base des ordinateurs classiques (voir, par exemple, la section 15.7 du chapitre 15). L'ordinateur à ADN était né... Pour démontrer le fait, Adleman a construit, à l'aide de manipulations de chaînes d'ADN en laboratoire, la solution d'un chemin hamiltonien à sept villes. Cette prouesse d'Adleman a lancé la recherche sur le sujet. Comme pour l'ordinateur classique, la recherche s'est développée dans plusieurs directions. Sur le plan théorique, elle est très avancée. Kari et Thierrin [5] ont montré que toute fonction calculable par une machine de Turing est calculable avec des chaînes d'ADN sur lesquelles on effectue des opérations de délétion et d'insertion. Nous démontrerons ce théorème à la section 13.4. De même que dans le cas des machines de Turing, les algorithmes théoriques utilisés dans la preuve ne seront pas nécessairement les algorithmes rapides requis pour résoudre de gros problèmes numériques. La recherche se poursuit aussi du côté pratique. Pour résoudre son problème de chemin hamiltonien à sept villes, Adleman a eu besoin de sept jours en laboratoire, alors que n'importe qui peut trouver la solution à la main en quelques minutes. On ne sait pas encore si on pourra, en laboratoire, résoudre de gros problèmes avec un ordinateur à ADN. Dans le cas du chemin hamiltonien, on voit rapidement que la méthode d'Adleman ne pourrait pas fonctionner pour un grand nombre de villes. Mais comme le parallélisme des ordinateurs classiques demeurera limité ce qui intéresse les chercheurs, c'est de déterminer le potentiel de parallélisme d'un ordinateur à ADN. A priori, on peut cloner de très grandes quantités de molécules d'ADN de quelques types donnés. En les mélangeant dans une éprouvette avec des enzymes donnés, on peut espérer faire un grand nombre d'insertions et de délétions en parallèle. Peut-on utiliser ces propriétés pour construire un ordinateur doté d'un grand parallélisme ? La recherche se poursuit...

## 13.2 Le problème du chemin hamiltonien résolu par Adleman

Même si on ne sait pas encore si on pourra un jour bâtir un ordinateur à ADN viable, certains calculs simples ont déjà été effectués sur des chaînes d'ADN. Comme on l'a dit plus haut, Leonard Adleman a réussi en 1994 à résoudre un problème concret de petite taille en utilisant ce nouvel outil.

Le problème avait pour point de départ le graphe dirigé (ou graphe orienté) représenté dans la figure 13.1. Un graphe dirigé est un ensemble de sommets (ici numérotés de 0 à 6) et un ensemble d'arêtes dirigées reliant deux sommets et représentées par des flèches partant du sommet de départ et pointant vers le sommet d'arrivée.

Le problème du chemin hamiltonien consiste à trouver un chemin qui part du premier sommet (sommet 0) et se rend jusqu'au dernier (sommet 6), en passant par chaque sommet du graphe une et une seule fois, tout en suivant les directions indiquées par les flèches des arêtes. Ceci est un problème mathématique classique portant le nom de *recherche d'un chemin hamiltonien.*

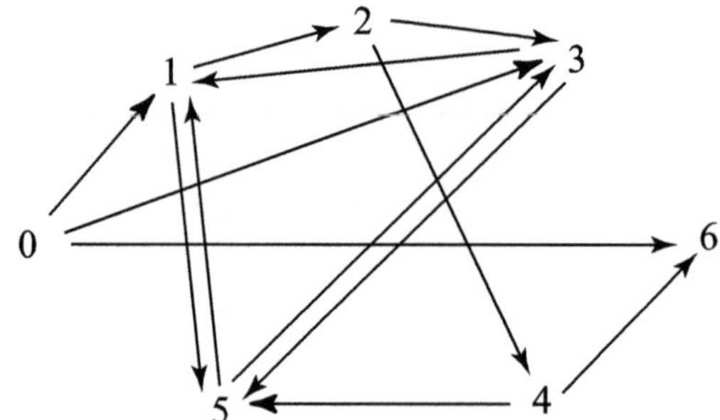


**Fig. 13.1.** Le graphe hamiltonien résolu par Adleman

**La solution d'Adleman** Il a commencé par associer à chaque sommet une chaîne d'ADN simple constituée de huit bases azotées. Par exemple, on pourrait donner au sommet 0 le code

$$AGTTAGCA$$

et au sommet 1,

$$GAAACTAG.$$

Nous appellerons « prénom » d'un sommet les quatre premières bases de son code et « nom », les quatre dernières. Les codes des arêtes sont composés des bases complémentaires du nom du sommet de départ, suivies des compléments du prénom du sommet d'arrivée. Rappelons que $A$ est le complément de $T$ et $C$, celui de $G$. Par exemple, l'arête allant du sommet 0 au sommet 1 porte le code $TCGTCTTT$ puisque les bases « $TCGT$ » sont les compléments du nom du sommet 0, $AGTT\underline{AGCA}$, et « $CTTT$ », celles du prénom du sommet 1, $\underline{GAAA}CTAG$.

Adleman a ensuite déposé un grand nombre d'exemplaires, environ $10^{14}$ molécules, de chaque brin d'ADN codant un sommet ou une arête dans une éprouvette. On sait que les brins d'ADN ont une forte tendance à s'unir avec leurs compléments. Par exemple, si les brins des sommets 0 et 1 et celui de l'arête allant de 0 à 1 se trouvent à proximité, ils ont une forte chance de s'unir pour former le double brin

$$\begin{array}{cccccccccccccccc} & & & & T & C & G & T & C & T & T & T & & & & \\ & & & & | & | & | & | & | & | & | & | & & & & \\ A & G & T & T & A & G & C & A & G & A & A & A & C & T & A & G \end{array}$$

où le trait vertical indique un lien chimique stable entre bases complémentaires. Le brin inférieur possède encore des bases non appariées. Celles-ci peuvent alors attirer d'autres arêtes qui, à leur tour, attireront d'autres sommets. C'est donc un grand calcul en parallèle où tous les chemins possibles sont testés au même moment. Ce parallélisme ne serait pas possible avec un ordinateur classique, qui explore seulement un petit nombre de possibilités à chaque étape.

En chauffant le mélange, on sépare les doubles brins en brins simples. On obtient alors de longs « brins sommet » et de longs « brins arête ». Adleman a choisi de se limiter aux brins sommet qu'on appellera « chemins » puisqu'ils modélisent de vrais chemins dans le graphe.

En principe, on s'attend à ce que tous les chemins possibles d'une longueur inférieure ou égale à un certain $N$ soient générés. Si le problème comporte une solution, il est pratiquement certain qu'elle se retrouve dans l'éprouvette. Le problème est alors d'isoler et de lire cette solution. Parmi toutes ces chaînes d'ADN, comment reconnaître la bonne ? Pour réussir cet exploit, Adleman a dû recourir à plusieurs techniques biologiques ou chimiques relativement complexes. En effet, cette partie est (et de beaucoup) la plus longue et la plus onéreuse de toutes les étapes de la solution. L'algorithme de base est assez facile à comprendre sous sa forme théorique. En effet, Adleman a utilisé la « méthode brute » qui consiste à examiner chacun des chemins possibles pour ensuite sélectionner le bon.

Pour isoler la solution, Adleman a procédé en cinq étapes.

**Étape 1** Il faut sélectionner tous les chemins qui commencent par le sommet 0 et qui finissent par le sommet 6. L'idée est de multiplier ces chemins pour qu'ils dominent en nombre tous les autres. Les détails de cette étape requièrent des notions de chimie. Nous en parlerons à la section 13.6.3.

**Étape 2** Parmi les chemins multipliés à l'étape 1, il faut sélectionner tous ceux qui contiennent une suite de sept sommets (donc six arêtes). La longueur de ces chemins sera de 56 bases azotées, contre 48 bases azotées pour le brin simple qui contient les arêtes (voir la figure 13.2). Pour ce faire, Adleman a utilisé l'électrophorèse, qui est un procédé déjà bien connu en biologie. L'idée est d'induire une charge négative sur un échantillon de la solution de molécules d'ADN et de déposer cet échantillon d'un côté d'une plaque de gel. Ensuite, on applique une différence de potentiel entre les deux côtés de la plaque (voir la figure 13.3).

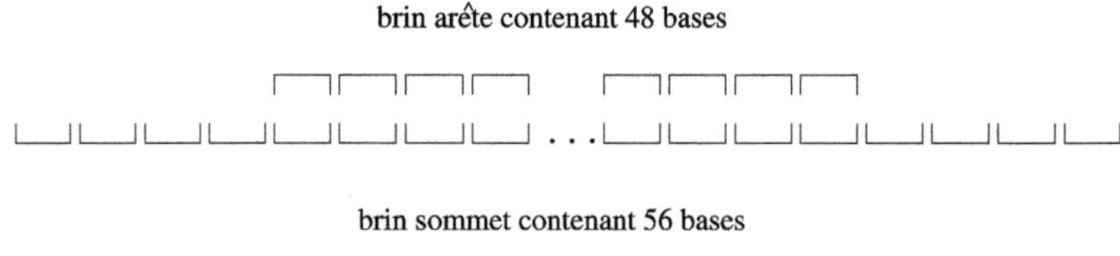


**Fig. 13.2.** Longueur des chemins

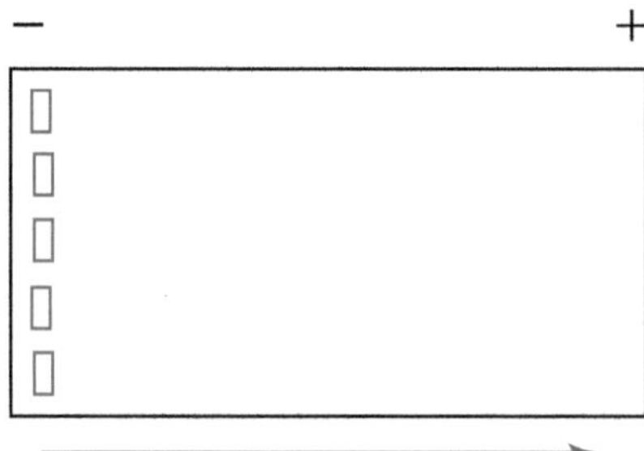


**Fig. 13.3.** Schéma d'une plaque d'électrophorèse. Les petits carrés à gauche représentent une échelle permettant de mesurer l'ADN.

Attirées par le côté positif de la plaque, les molécules se mettent alors à migrer dans le gel. Quand les premières molécules négatives touchent le côté positif, la plaque est désactivée, et les molécules s'immobilisent. La vitesse de migration dépend de la longueur des molécules : les plus courtes se déplacent plus rapidement que les plus longues. Ainsi, on peut juger de la longueur des molécules par leur position finale. Pour connaître la longueur précise des molécules, on utilise un étalon : on applique l'électrophorèse à un échantillon de longueur connue en même temps qu'aux autres molécules et on compare ensuite le chemin parcouru par l'étalon à celui parcouru par les molécules à mesurer. Ainsi, on récupère seulement les molécules qui ont une longueur de 48, 52 ou 56 bases azotées et on se débarrasse de toutes les autres. Pourquoi ces trois longueurs, alors que les brins sommet ont 56 bases azotées ? Cela vient des limites des méthodes biologiques de réplication de l'ADN présentées à la section 13.6.3.

**Étape 3** On choisit parmi les chemins restants ceux qui passent par chacun des cinq autres sommets. Pour ce faire, on utilise le principe de complémentarité des bases azotées. L'idée est d'isoler les brins simples d'ADN possédant la chaîne associée à un sommet particulier, disons le sommet 1. On commence par chauffer la solution pour n'avoir que des brins simples. On introduit dans la solution des billes de fer microscopiques sur lesquelles sont fixés de nombreux exemplaires du complément du sommet 1. Toutes les molécules qui représentent des chemins passant par le sommet 1 se lient aux compléments de ce sommet, ce qui fixe toutes les molécules qui nous intéressent aux billes de fer. Ensuite, on retient les billes d'un côté de l'éprouvette au moyen d'un aimant, et on jette le reste du contenu de l'éprouvette, soit les molécules qui représentent des chemins ne passant pas par le sommet 1. On enlève alors l'aimant et on ajoute un solvant dans léprouvette. On chauffe le liquide contenant les molécules passant par le sommet 1, ce qui les détache des billes de fer (celles-ci peuvent alors être retirées à l'aide d'un aimant). On répéte les étapes précédentes pour les quatre autres sommets 2, 3, 4, 5.

**Étape 4** On regarde s'il reste des chaînes d'ADN dans l'éprouvette : si oui, on a trouvé une (ou des) solution(s) au problème du chemin hamiltonien ; si non, le problème n'a probablement pas de solution.

**Étape 5** S'il reste des chaînes, il faut les analyser pour connaître le ou les chemins.

Adleman a passé sept jours dans son laboratoire pour trouver la solution du graphe hamiltonien de la figure 13.1 par cette méthode.

## 13.3 Machines de Turing et fonctions récursives

Comme nous l'avons dit dans l'introduction, lorsqu'on étudie le potentiel de calcul théorique d'un ordinateur, une des bases de référence les plus utilisées est la machine de Turing. Celle-ci a été inventée par Alan Turing en 1936 [9] dans le but de définir la notion d'algorithme.

Dans cette section, nous aborderons le fonctionnement d'une machine de Turing standard. Nous établirons ensuite le lien entre ce type de machine, les fonctions primitives récursives et les fonctions récursives. Nous conclurons par une présentation de la thèse de Church, qui est souvent considérée comme la définition d'un algorithme.

### 13.3.1 Le fonctionnement d'une machine de Turing

Il est intéressant de comparer une machine de Turing à un programme d'ordinateur. La machine de Turing est faite d'un ruban infini qui peut être considéré comme la mémoire d'un ordinateur (qui, elle, est limitée). Le ruban est séparé en cases distinctes, chacune pouvant contenir au plus un symbole. En tout temps, seul un nombre fini de cases contiennent un symbole différent du symbole blanc. La machine travaille sur une case à la fois. La case sur laquelle elle travaille est identifiée par un pointeur. L'opération qui a lieu sur le ruban dépend d'une fonction $\varphi$ qui se compare au programme d'un ordinateur. Cette fonction prend pour entrée le symbole pointé et l'état du pointeur. Cet état représente le degré d'avancement du programme. Tout comme en programmation, la fonction $\varphi$ doit respecter des règles de syntaxe particulières et dépend du problème qui doit être résolu.

Débutons cette section par l'étude d'un exemple dans lequel nous construirons une machine de Turing pour un problème particulier. Par la suite, nous définirons de façon plus formelle ce qu'est une machine de Turing.

**Exemple 13.1** *Soit un ruban non borné vers la droite et séparé en cases distinctes tel qu'illustré dans la figure 13.4. Un symbole blanc,* B*, occupe la première case, suivi par une suite de* 1 *et de* 0 *qui se termine par un autre* B*, chaque symbole occupant une case distincte. L'ensemble des symboles* $\{0, 1, \mathrm{B}\}$ *forme ce qu'on appelle un alphabet. Un pointeur dans un certain état, l'état initial (parmi un nombre fini d'états), indique la première case. Notre but est de changer tous les* 1 *en* 0 *et tous les* 0 *en* 1*, puis de ramener le pointeur vis-à-vis de la première case.*

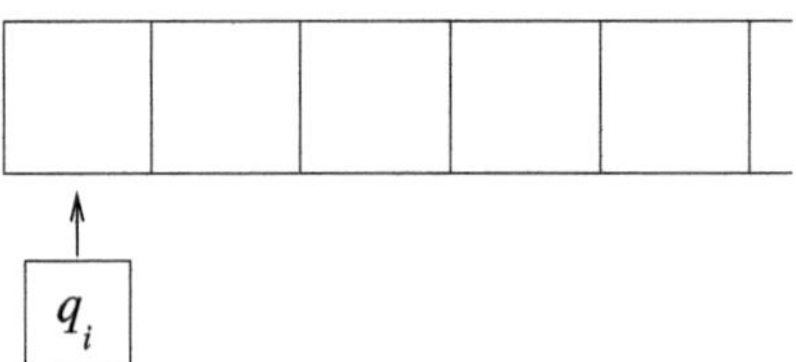


**Fig. 13.4.** Un ruban semi-infini

*Les actions possibles dépendent de l'état du pointeur et du caractère pointé. Elles sont de trois types :*

1. *changer le caractère sur le ruban ;*
2. *changer l'état du pointeur ;*
3. *se déplacer d'une case vers la gauche ou vers la droite.*

*Voici l'algorithme qui nous permet d'effectuer la tâche voulue. Lorsque le pointeur rencontre le premier blanc, il se déplace vers la droite. Par la suite, chaque fois qu'il rencontre un* 1*, il le change pour un* 0 *et il se déplace d'une case vers la droite ; chaque fois qu'il rencontre un* 0*, il le change en* 1 *et il se déplace d'une case vers la droite, le tout jusqu'à ce qu'il arrive à un deuxième blanc. Il recule alors jusqu'au premier blanc. Cet algorithme est représenté à la figure 13.5.*

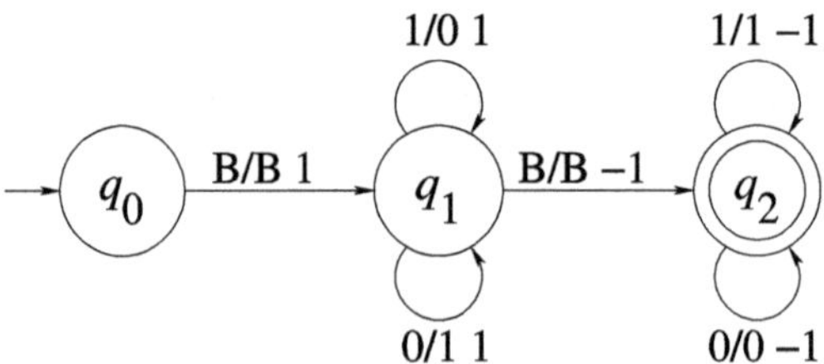


**Fig. 13.5.** Algorithme de l'exemple 13.1

*Décrivons ce type de diagramme de manière plus détaillée puisqu'il sera utilisé à quelques reprises dans ce chapitre. Les cercles représentent les états dans lesquels peut se trouver la machine de Turing, alors que les flèches décrivent les actions qu'elle peut accomplir. La flèche entrant dans le cercle* $q_0$ *indique que cet état est l'état initial. Le double cercle autour de* $q_2$ *indique que* $q_2$ *est l'état final. Une flèche partant du cercle* $q_i$*, se rendant au cercle* $q_j$ *et surmontée par une chaîne de type « $x_k/x_l$ c » où* $c \in \{-1, 0, 1\}$ *est interprétée ainsi : si la machine pointe vers une case contenant le symbole* $x_k$ *alors qu'elle est dans l'état* $q_i$*, elle remplace le symbole* $x_k$ *par* $x_l$*, passe à l'état* $q_j$ *et se déplace de c cases, c'est-à-dire que si* $c = -1$*, elle se déplace d'une case vers la gauche ; si* $c = 0$*, elle reste en place ; si* $c = 1$*, elle se déplace d'une case vers la droite.*

*Suivons les étapes effectuées par la machine sur le ruban initial* B10011B *par exemple. Au départ, le pointeur est dans l'état* $q_0$ *et pointe vers le premier* B*. Nous allons représenter cette configuration de la machine par la chaîne de caractères ci-dessous. Notons que nous écrivons l'état du pointeur à gauche du symbole qu'il repère. Ainsi,*

$$q_0\mathrm{B10011B}$$

*signifie que la machine est dans l'état* $q_0$*, que le pointeur est situé sur la case correspondant au* B *le plus à gauche et que le ruban est dans la configuration* B10011B*. La machine passe à l'état* $q_1$*, et le pointeur se déplace d'une case vers la droite. Le pointeur change alors les* 1 *qu'il rencontre en* 0 *et les* 0 *en* 1 *tout en se déplaçant chaque fois d'une case vers la droite, jusqu'à ce qu'il rencontre le symbole* B*. Comme la machine fait toujours la même chose lorsqu'elle rencontre un* 0 *ou un* 1*, elle n'a pas besoin de changer d'état entre deux actions. Ceci donne la suite de configurations*

$$\mathrm{B}q_1\mathrm{10011B}$$

$$\mathrm{B0}q_1\mathrm{0011B}$$

$$\mathrm{B01}q_1\mathrm{011B}$$

$$\mathrm{B011}q_1\mathrm{11B}$$

$$\mathrm{B0110}q_1\mathrm{1B}$$

$$\mathrm{B01100q_1B}$$

*Lorsque nous rencontrons le second symbole* B*, nous savons que tous les* 0 *ont été changés en* 1 *et vice versa. Reste à ramener le pointeur sur la première case. Pour cela, la machine passe à l'état* $q_2$*, et le pointeur se déplace vers la gauche, une case à la fois, jusqu'à ce qu'il lise le symbole* B*.*

$$\mathrm{B0110}q_2\mathrm{0B}$$

$$\mathrm{B011}q_2\mathrm{00B}$$

$$\mathrm{B01}q_2\mathrm{100B}$$

$$\mathrm{B0}q_2\mathrm{1100B}$$

$$\mathrm{B}q_2 01100\mathrm{B}$$

$$q_2 \mathrm{B}01100\mathrm{B}$$

*Nous avons atteint la position finale. En effet, aucun mouvement n'est prévu lorsque la machine est dans l'état* $q_2$ *et pointe vers un* B. *Donc, elle est forcée de s'arrêter, et nous avons le résultat escompté.*

*Nous voyons à présent l'utilité des différents états : pour un même symbole, l'opération effectuée par la machine et la direction dans laquelle elle se déplace dépendent de l'état dans lequel elle se trouve. On voit aussi pourquoi il ne faut pas changer d'état si on répète toujours la même opération. Cela permet à la machine, qui a un nombre fini d'instructions de traiter un nombre arbitrairement grand d'entrées* 0 *et* 1 *entre les deux symboles* B.

Nous pouvons maintenant définir plus rigoureusement ce qu'est une machine de Turing.

**Définition 13.2** *Une machine de Turing standard (M) est un triplet*

$$M = (Q, X, \varphi)$$

*où* $Q$ *est un ensemble fini appelé alphabet d'état,* $X$ *est un ensemble fini appelé alphabet de ruban et* $\varphi : D \to Q \times X \times \{-1, 0, 1\}$ *est une fonction de domaine* $D \subset Q \times X$ *et où* $-1, 0, 1$ *représentent les options du pointeur : respectivement aller à gauche, rester en place et aller à droite. Notons que* $Q$ *et* $X$ *sont en général des alphabets disjoints, c'est-à-dire* $Q \cap X = \emptyset$. *De plus,* $q_0 \in Q$ *est nommé l'état initial,* $\mathrm{B} \in X$ *est le symbole blanc et le sous-ensemble* $Q_f \subset Q$ *est l'ensemble final d'états.*

**Fin de l'exemple 13.1** *Dans cette notation, la machine de Turing de l'exemple 13.1 est définie par* $Q = \{q_0, q_1, q_2\}$, $X = \{1, 0, \mathrm{B}\}$, $Q_f = \{q_2\}$ *et la fonction* $\varphi$ *de la table 13.1 : le symbole de départ (l'entrée), qui est un élément de* $X$, *se trouve dans la colonne de gauche, et l'état de départ (un élément de* $Q$*) se trouve dans la rangée du haut. On lit dans la case correspondante du tableau le symbole de sortie, le nouvel état et la constante* $c$ *indiquant le déplacement associés à la fonction* $\varphi$.

| | $q_0$ | $q_1$ | $q_2$ |
|---|---|---|---|
| B | $(q_1, \mathrm{B}, 1)$ | $(q_2, \mathrm{B}, -1)$ | |
| 0 | | $(q_1, 1, 1)$ | $(q_2, 0, -1)$ |
| 1 | | $(q_1, 0, 1)$ | $(q_2, 1, -1)$ |

**Tab. 13.1.** La fonction $\varphi$ de l'exemple 13.1

**Remarque** Le ruban d'une machine de Turing standard est non borné dans une direction. Il existe cependant des machines de Turing dont le ruban est non borné à droite et à gauche ainsi que des machines à plusieurs rubans. Il est possible de prouver que ces machines particulières peuvent se ramener à des machines de Turing standard [8] ; c'est pourquoi nous consacrerons notre étude à celles-ci. Notons qu'à tout moment, même si le ruban est non borné, seul un nombre fini de cases du ruban contiennent un caractère de l'alphabet de ruban autre que le symbole blanc puisque la chaîne enregistrée au départ est finie et qu'à chaque étape, on change au plus un symbole blanc en un caractère de l'alphabet.

Avant d'aller plus loin, il est primordial de définir rigoureusement ce qu'est une fonction calculable par une machine de Turing, fonction que nous appellerons MT-calculable. Cependant, nous devons tout d'abord prendre le temps de définir l'ensemble des mots bâtis avec un alphabet $X$, ensemble que nous utiliserons à quelques reprises.

**Définition 13.3** *Soient $X$ un alphabet et $\lambda$ le mot ne comportant aucun caractère. L'ensemble $X^*$ des mots construits avec l'alphabet $X$ est défini comme suit :*

*(i) $\lambda \in X^*$ ;*

*(ii) si $a \in X$ et $c \in X^*$, alors $ca \in X^*$, où $ca$ représente le mot construit à partir du mot $c$ par addition du symbole $a$ à droite ;*

*(iii) $\omega \in X^*$ seulement s'il peut être obtenu de $\lambda$ par application de l'étape (ii) un nombre fini de fois.*

Nous utiliserons aussi à quelques reprises une opération sur deux mots qu'on nomme la *concaténation*. Nous allons définir cette dernière opération.

**Définition 13.4** *Soient $b$ et $c$ deux mots de $X^*$. La concaténation de $b$ et de $c$ est le mot $bc \in X^*$ qu'on obtient en écrivant $c$ à la suite de $b$.*

**Définition 13.5** *Une machine de Turing $M = (Q, X, \varphi)$ calcule la fonction $f : U \subset X^* \to X^*$ si*

1. *il existe une unique transition de $q_0$ et que sa forme est $\varphi(q_0, \mathrm{B}) = (q_i, \mathrm{B}, 1)$, $q_i \neq q_0$ ;*
2. *il n'existe pas de transition de la forme $\varphi(q_i, x) = (q_0, y, c)$, où $i \neq 0$, $x, y \in X$ et $c \in \{-1, 0, 1\}$ ;*
3. *il n'existe pas de transition de la forme $\varphi(q_f, \mathrm{B})$, où $q_f \in Q_f$ ;*
4. *pour tout $\mu \in U$, le calcul effectué par $M$ sur $\mu$ pour $q_0\mathrm{B}\mu\mathrm{B}$ comme configuration initiale s'arrête dans la configuration finale $q_f\mathrm{B}\nu\mathrm{B}$, $\nu \in X^*$, après un nombre fini d'étapes si $f(\mu) = \nu$. (Nous dirons qu'une machine de Turing s'arrête dans la configuration $q_i x_1 ... x_n$ si la valeur $\varphi(q_i, x_1)$ n'est pas définie) ;*
5. *le calcul effectué par $M$ continue indéfiniment si l'entrée est $\mu \in X^*$ et que $f(\mu)$ n'est pas définie, c'est-à-dire si $\mu \in X^* \setminus U$.*

*On dit alors que la fonction $f$ est MT-calculable.*

À première vue, il peut sembler difficile de réaliser des opérations numériques avec une machine de Turing. Cependant, ces machines permettent de travailler sur des fonctions ayant comme entrées des nombres naturels. Nous utilisons la représentation unaire des nombres.

**Définition 13.6** *Un nombre* $x \in \mathbb{N}$ *a pour représentation unaire* $1^{x+1}$*, c'est-à-dire la concaténation de* $x+1$ *symboles* 1*. Ainsi, la représentation unaire de* 0 *est* 1*, celle de* 1 *est* 11*, celle de* 2 *est* 111*, etc. La représentation unaire d'un nombre* $x$ *est notée par* $\overline{x}$ *.*

**Exemple 13.7 (la fonction successeur)** *Nous pouvons construire une machine de Turing qui effectue la fonction successeur définie comme suit :* $s(x) = x + 1$*. L'alphabet de ruban est* $X = \{1, \mathrm{B}\}$*, l'alphabet d'état est* $Q = \{q_0, q_1, q_2\}$*,* $Q_f = \{q_2\}$*,* $U = \{\lambda, \mathrm{B1B}, \mathrm{B11B}, \mathrm{B111B}, \ldots\}$*, et la fonction* $\varphi$ *est donnée à la figure 13.6. Notons que l'entrée sur le ruban est la représentation unaire d'un nombre précédée par le symbole* B*. Toutes les autres cases du ruban sont occupées par le symbole* B*.*

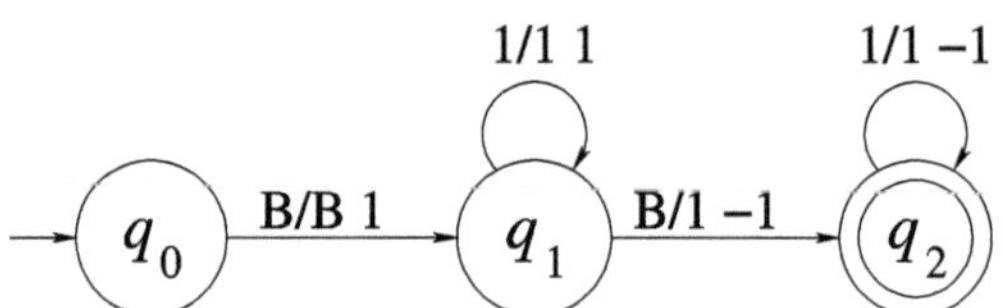


**Fig. 13.6.** Fonction successeur

*Le pointeur rencontre tout d'abord un blanc ; il change d'état et se dirige vers la droite jusqu'à ce qu'il rencontre un deuxième blanc. Le blanc est remplacé par un* 1*, et le pointeur se dirige vers la gauche jusqu'à ce qu'il rencontre de nouveau le premier blanc. La machine s'arrête alors puisque* $\varphi(q_2, \mathrm{B})$ *n'est pas définie.*

**Exemple 13.8 (la fonction zéro)** *Construisons une machine permettant d'effectuer la fonction zéro définie comme suit :* $z(x) = 0$*. Nous devons effacer tous les* 1 *sauf le premier et retourner au premier blanc. L'alphabet de ruban est le même que dans l'exemple précédent, et l'alphabet d'état est* $Q = \{q_0, q_1, q_2, q_3, q_4\}$*. La configuration initiale du ruban est* $q_0\mathrm{B}\overline{x}\mathrm{B}$*, et la configuration finale est* $q_f\mathrm{B1B}$ *(ici* $q_f = q_4$*). La fonction* $\varphi$ *est représentée à la figure 13.7.*

**Exemple 13.9 (l'addition)** *Nous allons maintenant construire une machine de Turing qui effectue une addition. Sur le ruban, on marque comme entrée* $\mathrm{B}\overline{x}\mathrm{B}\overline{y}\mathrm{B}$*, où* $x$ *et* $y$ *sont les deux nombres à additionner (dans leur représentation unaire). La machine changera le blanc entre les deux nombres à additionner pour un* 1*, puis effacera les deux derniers* 1 *rencontrés. La configuration finale sera* $q_f\mathrm{B}\overline{x+y}\mathrm{B}$*, avec* $q_f = q_5$*. L'alphabet d'état est* $Q = \{q_i : i = 0, \ldots, 5\}$*. L'alphabet de ruban reste celui de l'exemple précédent. La fonction* $\varphi$ *est décrite à la figure 13.8.*

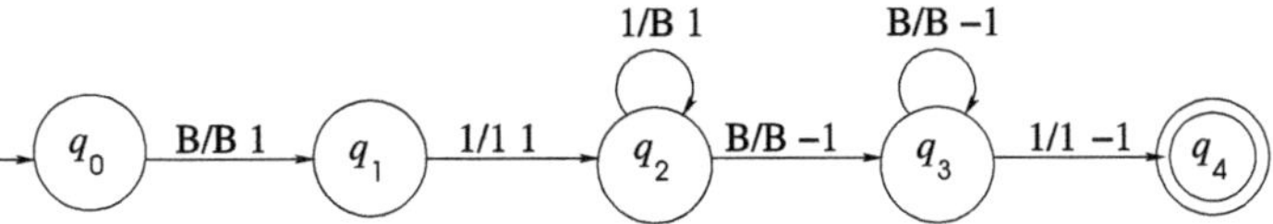


**Fig. 13.7.** Fonction zéro

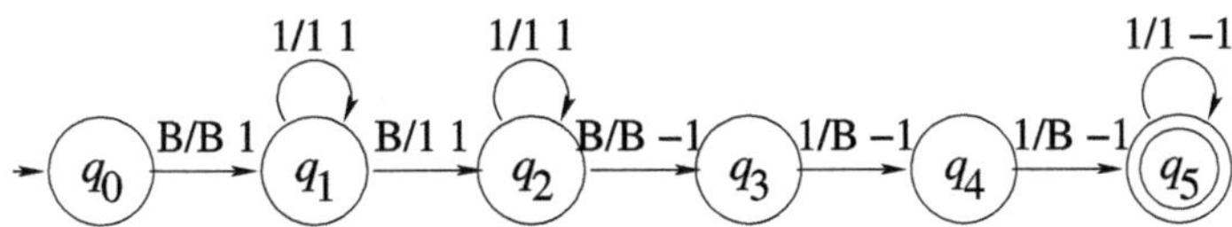


**Fig. 13.8.** Fonction addition

**Exemple 13.10 (les fonctions projection)** *Construisons une dernière machine pour un type de fonctions qui sera important dans la prochaine section, les fonctions projection. Nous définissons la fonction projection* ${p_i}^{(n)}$ *comme suit :*

$$ {p_i}^{(n)}(x_1, x_2, \ldots, x_n) = x_i, \quad 1 \leq i \leq n. $$

*Pour construire cette fonction, nous devons effacer les* $i-1$ *premiers nombres sur le ruban, conserver le* $i^{\text{ème}}$ *et effacer les* $n-i$ *restants. L'alphabet de ruban reste celui des exemples précédents. L'alphabet d'état est* $\{q_i : i = 0, \ldots, n+2\}$, *et la fonction* $\varphi$ *est représentée à la figure 13.9. Notons que le ruban a la configuration initiale* $q_0\mathrm{B}\overline{x_1}\mathrm{B}\ldots\mathrm{B}\overline{x_n}\mathrm{B}$ *et la configuration finale* $q_f\mathrm{B}\overline{x_i}\mathrm{B}$.

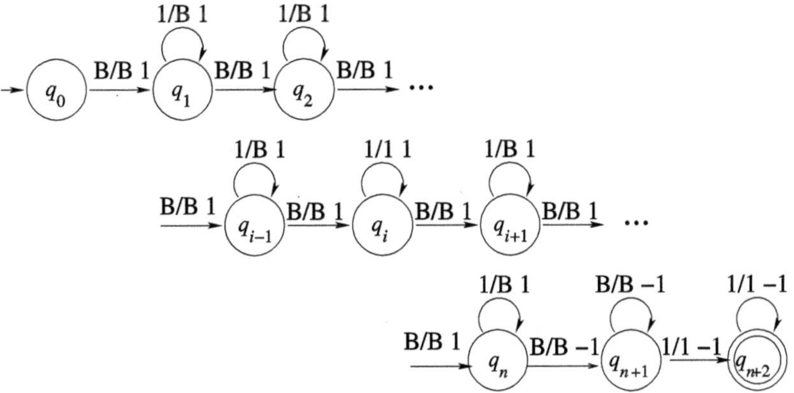


**Fig. 13.9.** Fonction projection

*Nous pouvons voir sur la figure 13.9 les étapes suivies par cette machine. Après l'état initial,* $q_0$*, les* $i-1$ *premiers états prescrivent de remplacer chacune des entrées des nombres* $\overline{x_1},\ldots,\overline{x_{i-1}}$ *par le caractère blanc. La machine atteint alors l'état* $q_i$ *qui prescrit de balayer* $\overline{x_i}$ *sans le changer. Les états* $q_{i+1}$ *à* $q_n$ *prescrivent de remplacer* $\overline{x_{i+1}}$ *à* $\overline{x_n}$ *par des blancs. L'état* $q_{n+1}$ *prescrit de positionner le pointeur à droite de* $\overline{x_i}$*, et* $q_{n+2}$ *de positionner le pointeur à gauche de* $\overline{x_i}$*. La machine s'arrête à cette position puisque* $\varphi(q_{n+2},\mathrm{B})$ *n'est pas définie. Notons que, dans cet exemple, la machine ne s'arrête pas sur la case de départ, soit la case à l'extrême gauche.*

*Nous aurions pu ajouter des instructions pour translater le résultat* $\overline{x_i}$ *au début du ruban, le laissant seulement précédé du symbole* B*, et pour arrêter le pointeur sur le premier* B *(voir l'exercice 3), comme c'était le cas dans les derniers exemples. Ce n'est cependant pas requis par la définition d'une fonction calculable (définition 13.5).*

### 13.3.2 Les fonctions primitives récursives et les fonctions récursives

Nous avons vu dans la section précédente qu'il existe des fonctions numériques qui sont calculables par une machine de Turing appropriée. Nous pouvons maintenant nous demander quels types de fonctions sont MT-calculables. Les fonctions primitives récursives et les fonctions récursives dont nous parlerons ci-dessous en sont des exemples.

Avant de présenter les fonctions primitives récursives, nous avons besoin de quelques définitions préliminaires.

Dans tout ce chapitre, on aura

$$\mathbb{N} = \{0, 1, 2, \ldots\}.$$

**Définition 13.11** *Une fonction arithmétique est une fonction de la forme*

$$f : \mathbb{N} \times \mathbb{N} \times \cdots \times \mathbb{N} \to \mathbb{N}.$$

**Exemple 13.12** *Les fonctions successeur*

$$s : \mathbb{N} \to \mathbb{N}, \qquad x \mapsto x + 1,$$

*et projection*

$$p_i^{(n)} : \mathbb{N} \times \mathbb{N} \times ... \times \mathbb{N} \to \mathbb{N}, \qquad (x_1, x_2, ..., x_n) \mapsto x_i,$$

*sont des fonctions arithmétiques.*

On peut identifier une fonction $f : \mathrm{X} \to \mathrm{Y}$ à un sous-ensemble de $\mathrm{X} \times \mathrm{Y}$. Ainsi, si $(x, y) \in f$, on note $y = f(x)$.

**Définition 13.13** *Une fonction* $f : \mathrm{X} \to \mathrm{Y}$ *est dite totale si elle respecte les deux conditions suivantes :*

*1.* $\forall x \in X$, $\exists y \in Y$ *tel que* $(x, y) \in f$ *;*

*2. si* $(x, y_1) \in f$ *et* $(x, y_2) \in f$, *alors* $y_1 = y_2$.

Cette définition est celle qu'on utilise d'ordinaire pour une fonction dont le domaine est X. Nous jugeons important de la donner ici pour distinguer les fonctions totales des fonctions partielles qui seront définies plus tard.

Les fonctions primitives récursives sont générées à partir des fonctions de base suivantes.

**Fonctions de base de la classe des fonctions primitives récursives :**

1. la fonction successeur $s$ : $s(x) = x + 1$ ;
2. la fonction zéro $z$ : $z(x) = 0$ ;
3. les fonctions projection ${p_i}^{(n)}$ : ${p_i}^{(n)}(x_1, x_2, \ldots, x_n) = x_i, 1 \leq i \leq n$.

Remarquons que la fonction identité fait partie des fonctions de base, car elle est égale à $p_1^{(1)}$.

Les fonctions primitives récursives se construisent avec deux types d'opérations que l'on peut itérer sur les fonctions de base définies précédemment. Ces opérations, la *composition* et la *récurrence*, permettent de conserver la MT-calculabilité des fonctions, ce que nous montrerons plus tard.

**Définition 13.14** *Soient* $g_1, g_2, \ldots, g_k$ *des fonctions arithmétiques de* $n$ *variables et* $h$ *une fonction arithmétique de* $k$ *variables. Soit* $f$ *la fonction définie par*

$$f(x_1, x_2, \ldots, x_n) = h(g_1(x_1, x_2, \ldots, x_n), \ldots, g_k(x_1, x_2, \ldots, x_n)).$$

$f$ *est appelée la composition de* $h$ *et de* $g_1, g_2, \ldots, g_k$, *notée* $f = h \circ (g_1, g_2, \ldots, g_k)$.

**Exemple 13.15** *Soient* $h(x_1, x_2) = s(x_1) + x_2$, $g_1(x) = x^3$ *et* $g_2(x) = x^2 + 9$. *Soit* $f(x) = h \circ (g_1, g_2)(x)$ *pour* $x \geq 0$. *Alors,* $f$ *peut s'écrire de manière simplifiée*

$$f(x) = x^3 + x^2 + 10.$$

Nous pouvons maintenant définir la récurrence.

**Définition 13.16** *Soient* $g$ *et* $h$ *des fonctions arithmétiques totales de* $n$ *et* $n + 2$ *variables respectivement. La fonction* $f$ *de* $n + 1$ *variables définie par*

*1.* $f(x_1, x_2, \ldots, x_n, 0) = g(x_1, x_2, \ldots, x_n)$ *;*

*2.* $f(x_1, x_2, \ldots, x_n, y + 1) = h(x_1, x_2, \ldots, x_n, y, f(x_1, x_2, \ldots, x_n, y))$,

*est appelée* récurrence de base $g$ et de pas $h$. *On permet* $n = 0$ *avec la convention qu'une fonction de zéro variable est une constante.*

Nous avons maintenant tous les outils nécessaires pour définir les fonctions primitives récursives.

**Définition 13.17** *Une fonction est primitive récursive si elle peut être obtenue de la fonction successeur, de la fonction zéro et des fonctions projection, par l'application d'un nombre fini de compositions et de récurrences.*

**Exemple 13.18 (la fonction** add**)** *Nous pouvons définir l'addition,* $\mathrm{add}(m,n) = m+n$*, à partir de la fonction successeur, des fonctions projection* $p_1^{(1)}$ *et* $p_3^{(3)}$ *et d'une récurrence de base* $g(x) = p_1^{(1)}(x) = x$ *et de pas* $h(x,y,z) = s \circ p_3^{(3)}(x,y,z) = s(p_3^{(3)}(x,y,z)) = s(z)$*.*

$$\begin{cases} \mathrm{add}(m,0) = g(m) = m, \\ \mathrm{add}(m,n+1) = h(m,n,\mathrm{add}(m,n)) = s(\mathrm{add}(m,n)). \end{cases}$$

**Exemple 13.19 (la fonction** mult**)** *À partir de la fonction addition précédemment définie, des fonctions projection* $p_1^{(3)}$ *et* $p_3^{(3)}$*, et d'une récurrence de base* $g(x) = 0$ *et de pas* $h(x,y,z) = \mathrm{add}(p_1^{(3)}(x,y,z), p_3^{(3)}(x,y,z)) = \mathrm{add}(x,z)$*, nous pouvons définir la multiplication.*

$$\begin{cases} \mathrm{mult}(m,0) = g(m) = 0, \\ \mathrm{mult}(m,n+1) = h(m,n,\mathrm{mult}(m,n)) = \mathrm{add}(m,\mathrm{mult}(m,n)). \end{cases}$$

**Exemple 13.20 (la fonction** exp**)** *De façon similaire on peut définir la fonction exponentielle* $\exp(m,n) = m^n$*. Il suffit de choisir* $g(x) = 1$ *et* $h(x,y,z) = \mathrm{mult}(x,z)$*. Notons ici que, dans le but d'alléger la notation, nous n'utilisons plus la fonction projection. Nous avons alors :*

$$\begin{cases} \exp(m,0) = 1, \\ \exp(m,n+1) = \mathrm{mult}(m,\exp(m,n)). \end{cases}$$

**Exemple 13.21** *Pour définir la récursion* $\mathrm{add}(m,n+1)$*, nous avons utilisé la fonction successeur. Pour* $\mathrm{mult}(m,n+1)$*, nous avons utilisé* add *et pour* $\exp(m,n+1)$*, nous avons utilisé* mult*. La prochaine fonction qui est formée en suivant le même processus est une tour d'exponentielles. Notons* $\mathrm{add}(m,n) = f_1(m,n)$*,* $\mathrm{mult}(m,n) = f_2(m,n)$*,* $\exp(m,n) = f_3(m,n)$*. On définit* $f_4$ *par*

$$\begin{cases} f_4(m,0) = 1 \\ f_4(m,n+1) = f_3(m,f_4(m,n)). \end{cases}$$

*On a alors*

$$f_4(m,n) = \underbrace{m^{m^{\cdot^{\cdot^{\cdot^{m}}}}}}_{n \text{ fois}}.$$

*La fonction $f_4$ est appelée tétration ou tour de puissance.*

*Similairement, pour $i > 4$, on peut définir $f_i(m, n)$ par*

$$\begin{cases} f_i(m, 0) = 1, \\ f_i(m, n+1) = f_{i-1}(m, f_i(m, n)). \end{cases}$$

*Ces fonctions sont appelées puissances itérées de Knuth. Chaque fonction $f_{i+1}$ croît inimaginablement plus vite que $f_i$.*

**Exemple 13.22** *La fonction factorielle est une fonction primitive récursive. On définit la fonction factorielle comme suit :*

$$\begin{cases} \text{fact}(0) = 1, \\ \text{fact}(n+1) = \text{mult}(n+1, \text{fact}(n)). \end{cases}$$

Après avoir montré que l'addition est une fonction primitive récursive, on peut se demander s'il en est de même pour la soustraction. La soustraction usuelle n'est pas une fonction totale dans $\mathbb{N}$. En effet, si on prend $f : \mathbb{N} \times \mathbb{N} \to \mathbb{N}$ telle que $f(x, y) = x - y$, on remarque que, par exemple, $f(3, 5)$ n'est pas définie. Il faut donc définir un autre type de soustraction pour avoir une fonction totale sur $\mathbb{N} \times \mathbb{N}$. Nous allons appeler cette fonction la *soustraction propre.*

**Définition 13.23** *La soustraction propre est définie comme suit :*

$$\begin{cases} \text{sous}(x, y) = x - y & \textit{si} \quad x \geq y, \\ \text{sous}(x, y) = 0 & \textit{si} \quad x < y. \end{cases}$$

**Exemple 13.24** *La soustraction propre est une fonction primitive récursive. Pour le démontrer, il faut procéder en deux étapes. On commence par démontrer que la fonction prédécesseur est une fonction primitive récursive et on s'en sert pour construire la soustraction propre.*

**Définition 13.25** *La fonction prédécesseur se définit par récurrence :*

$$\begin{cases} \text{pred}(0) = 0, \\ \text{pred}(y+1) = y. \end{cases}$$

*Nous pouvons maintenant construire la soustraction propre en utilisant la récurrence et la composition.*

$$\begin{cases} \text{sous}(m, 0) = m, \\ \text{sous}(m, n+1) = \text{pred}(\text{sous}(m, n)). \end{cases}$$

On peut aussi définir à l'aide de fonctions primitives récursives les opérateurs booléens qui sont nécessaires pour construire des propositions. Ces trois opérateurs sont le NON ($\neg$), le ET ($\wedge$), et le OU ($\vee$) (voir aussi la section 15.7 du chapitre 15). Cependant, il est nécessaire de construire tout d'abord les fonctions sgn et cosgn qui correspondent au « signe » d'un nombre naturel. Ces fonctions sont primitives récursives (voir l'exercice 11) :

$$\begin{cases} \text{sgn}(0) = 0, \\ \text{sgn}(y+1) = 1; \end{cases} \qquad \begin{cases} \text{cosgn}(0) = 1, \\ \text{cosgn}(y+1) = 0. \end{cases}$$

**Définition 13.26** *Un prédicat à n variables, ou proposition ouverte, est une proposition qui devient vraie ou fausse selon la valeur attribuée aux variables $x_1, \ldots, x_n$ qu'elle contient. Nous noterons un prédicat $P(x_1, \ldots, x_n)$.*

**Exemple 13.27** *Soient $P_1(x, y)$, $P_2(x, y)$ et $P_3(x, y)$ les trois énoncés « $x < y$ », « $x > y$ » et « $x = y$ » respectivement. $P_1$, $P_2$ et $P_3$ sont des prédicats binaires.*

Lorsqu'il est évalué, un prédicat peut prendre les valeurs de vérité VRAI ou FAUX, comme mentionné précédemment. Cependant, comme nous voulons travailler sur des valeurs numériques, nous associerons le nombre 1 à la valeur de vérité VRAI et le nombre 0 à la valeur de vérité FAUX.

**Définition 13.28** *Étant donné un prédicat $P$ de $n$ variables, sa fonction valeur, notée $|P|$, est la fonction qui, à des nombres $x_1, \ldots, x_n$ associe la valeur de vérité de $P(x_1, \ldots, x_n)$. La fonction $|P|$ prend ses valeurs dans $\{0, 1\}$.*

Nous pouvons définir de façon primitive récursive les fonctions valeur des trois prédicats binaires introduits dans l'exemple précédent.

$$\begin{aligned} |x < y| &= \text{pp}(x, y) &&= \text{sgn}(\text{sous}(y, x)), \\ |x > y| &= \text{pg}(x, y) &&= \text{sgn}(\text{sous}(x, y)), \\ |x = y| &= \text{eg}(x, y) &&= \text{cosgn}(\text{pp}(x, y) + \text{pg}(x, y)), \end{aligned} \tag{13.1}$$

où, par abus de notation, nous écrivons $\text{pp}(x, y) + \text{pg}(x, y)$ plutôt que $\text{add}(\text{pp}(x, y), \text{pg}(x, y))$.

Définissons maintenant les opérateurs booléens. Soient $P_1$ et $P_2$ deux prédicats tels que $|P_1| = p_1$ et $|P_2| = p_2$. Les équations suivantes définissent les trois opérateurs booléens à partir des fonctions sgn et cosgn et de fonctions primitives récursives connues :

$$\begin{aligned} |\neg P_1| &= \text{cosgn}(p_1), \\ |P_1 \vee P_2| &= \text{sgn}(p_1 + p_2), \\ |P_1 \wedge P_2| &= p_1 * p_2, \end{aligned}$$

où, par abus de notation, nous écrivons $p_1 * p_2$ plutôt que $\text{mult}(p_1, p_2)$. Le lecteur pourra vérifier dans l'exercice 6 que ces trois fonctions correspondent bien aux fonctions valeurs des opérateurs booléens.

**Définition 13.29** *Un prédicat est primitif récursif si sa fonction valeur est primitive récursive.*

**Exemple 13.30** *Les prédicats « $x < y$ », « $x > y$ » et « $x = y$ » de l'exemple 13.27 sont primitifs récursifs. Nous avons en effet construit leur fonction valeur en* (13.1) *par composition de fonctions primitives récursives.*

Maintenant que nous avons introduit les fonctions primitives récursives, nous pouvons faire le lien entre cet ensemble de fonctions et les machines de Turing.

**Théorème 13.31** *Toutes les fonctions primitives récursives sont MT-calculables.*

PREUVE Puisque nous avons déjà construit les machines de Turing qui calculent les fonctions successeur, zéro et projection, il suffit de montrer que l'ensemble des fonctions MT-calculables est fermé sous la composition et sous la récurrence.

Commençons par montrer la fermeture sous la composition. Soit

$$f(x_1, \ldots, x_n) = h \circ (g_1(x_1, \ldots, x_n), \ldots, g_k(x_1, \ldots, x_n)),$$

où $g_i$, $i = 1, \ldots, k$, et $h$ sont des fonctions arithmétiques totales et calculables par une machine de Turing. Nous noterons $H$ et $G_i$ les machines permettant de calculer les fonctions $h$ et $g_i$ respectivement. Nous allons construire la machine de Turing permettant de calculer $f(x_1, \ldots, x_n)$ à partir des machines précédemment mentionnées.

1. Le calcul de $f(x_1, \ldots, x_n)$ commence avec la configuration de ruban

$$\mathrm{B}\overline{x_1}\mathrm{B}\overline{x_2}\mathrm{B}\ldots\mathrm{B}\overline{x_n}\mathrm{B}.$$

2. On copie cette partie du ruban à droite :

$$\underbrace{\mathrm{B}\overline{x_1}\mathrm{B}\ldots\mathrm{B}\overline{x_n}\mathrm{B}}\,\underbrace{\overline{x_1}\mathrm{B}\ldots\mathrm{B}\overline{x_n}\mathrm{B}}.$$

   La machine copiant la configuration initiale du ruban sera construite dans l'exercice 2.

3. On utilise la machine $G_1$ pour obtenir

$$\mathrm{B}\overline{x_1}\mathrm{B}\overline{x_2}\mathrm{B}\ldots\mathrm{B}\overline{x_n}\mathrm{B}\overline{g_1(x_1, \ldots, x_n)}\mathrm{B}.$$

   On peut maintenant copier de nouveau l'entrée $\mathrm{B}\overline{x_1}\mathrm{B}\overline{x_2}\mathrm{B}\ldots\mathrm{B}\overline{x_n}\mathrm{B}$ à la fin du ruban pour obtenir la configuration

$$\mathrm{B}\overline{x_1}\mathrm{B}\overline{x_2}\mathrm{B}\ldots\mathrm{B}\overline{x_n}\mathrm{B}\overline{g_1(x_1, \ldots, x_n)}\mathrm{B}\overline{x_1}\mathrm{B}\overline{x_2}\mathrm{B}\ldots\mathrm{B}\overline{x_n}\mathrm{B}.$$

   Il est possible d'utiliser $G_2$ sur les $n$ derniers nombres. On effectue ces étapes $k$ fois afin d'obtenir la configuration

$$\mathrm{B}\overline{x_1}\mathrm{B}\overline{x_2}\mathrm{B}\ldots\mathrm{B}\overline{x_n}\mathrm{B}\overline{g_1(x_1, \ldots, x_n)}\mathrm{B}\ldots\mathrm{B}\overline{g_k(x_1, \ldots, x_n)}\mathrm{B}.$$

4. On efface les $n$ premiers nombres en les remplaçant par des B et on translate les nombres restants, comme il est demandé dans l'exercice 3, pour obtenir la configuration
$$\mathrm{B}\overline{g_1(x_1,\ldots,x_n)}\mathrm{B}\ldots\mathrm{B}\overline{g_k(x_1,\ldots,x_n)}\mathrm{B}.$$
5. La machine $H$ effectue l'opération finale. On obtient alors
$$\mathrm{B}\overline{h(y_1,\ldots,y_k)}\mathrm{B},$$
où $y_i = g_i(x_1,\ldots,x_n)$, qui est effectivement
$$\mathrm{B}\overline{f(x_1,\ldots,x_n)}\mathrm{B}.$$

Montrons maintenant la fermeture sous la récurrence. Soient $g$ et $h$ des fonctions arithmétiques calculables par une machine de Turing et soit $f$ la fonction

$$\begin{cases} f(x_1,\ldots,x_n,0) = g(x_1,\ldots,x_n) \\ f(x_1,\ldots,x_n,y+1) = h(x_1,\ldots,x_n,y,f(x_1,\ldots,x_n,y)) \end{cases}$$

définie par récurrence de base $g$ et de pas $h$. Soient $G$ et $H$ des machines de Turing standard qui permettent de calculer les fonctions $g$ et $h$ respectivement.

1. Le calcul de $f(x_1,\ldots,x_n,y)$ commence avec la configuration de ruban
$$\mathrm{B}\overline{x_1}\mathrm{B}\overline{x_2}\mathrm{B}\ldots\mathrm{B}\overline{x_n}\mathrm{B}\overline{y}\mathrm{B}.$$
2. Un compteur qui débute à zéro est placé à la droite des entrées et de la variable de récursion $y$. Ce compteur permet d'enregistrer la valeur de la variable récursive tout au long des calculs. Les nombres $x_1,\ldots,x_n$ sont répétés à la droite du compteur, ce qui produit la configuration
$$\mathrm{B}\overline{x_1}\mathrm{B}\overline{x_2}\mathrm{B}\ldots\mathrm{B}\overline{x_n}\mathrm{B}\overline{y}\mathrm{B}\overline{0}\mathrm{B}\overline{x_1}\mathrm{B}\overline{x_2}\mathrm{B}\ldots\mathrm{B}\overline{x_n}\mathrm{B}.$$
3. La machine $G$ effectue le calcul de $g(x_1,\ldots,x_n)$ sur les $n$ dernières valeurs du ruban, produisant
$$\mathrm{B}\overline{x_1}\mathrm{B}\overline{x_2}\mathrm{B}\ldots\mathrm{B}\overline{x_n}\mathrm{B}\overline{y}\mathrm{B}\overline{0}\mathrm{B}\overline{g(x_1,\ldots,x_n)}\mathrm{B}.$$
Notons ici que le nombre $g(x_1,\ldots,x_n)$ est égal à $f(x_1,\ldots,x_n,0)$.
4. Le ruban a maintenant la forme
$$\mathrm{B}\overline{x_1}\mathrm{B}\overline{x_2}\mathrm{B}\ldots\mathrm{B}\overline{x_n}\mathrm{B}\overline{y}\mathrm{B}\overline{i}\mathrm{B}\overline{f(x_1,\ldots,x_n,i)}\mathrm{B},$$
où $i = 0$. Les opérations effectuées pour $i = 0$ étant identiques à celles que l'on effectuera plus tard pour les autres valeurs de $i$, on décrit directement le cas général.

5. Si $i < y$, c'est-à-dire si $\mathrm{pp}(i, y) = 1$, la machine copie les variables et le compteur $i$ à gauche de $f(x_1, \ldots, x_n, i)$. L'exercice 10 montre qu'une machine de Turing peut calculer $\mathrm{pp}(i, y)$. Ainsi, on peut construire une machine de Turing qui se met dans un état si $\mathrm{pp}(i, y) = 1$ et dans un autre état sinon. On obtient alors la configuration

$$\mathrm{B}\overline{x_1}\mathrm{B}\overline{x_2}\mathrm{B}\ldots\mathrm{B}\overline{x_n}\mathrm{B}\overline{y}\mathrm{B}\overline{i}\mathrm{B}\overline{x_1}\mathrm{B}\overline{x_2}\mathrm{B}\ldots\mathrm{B}\overline{x_n}\mathrm{B}\overline{i}\mathrm{B}\overline{f(x_1, \ldots, x_n, i)}\mathrm{B}.$$

On applique alors la fonction successeur au compteur pour obtenir la configuration

$$\mathrm{B}\overline{x_1}\mathrm{B}\overline{x_2}\mathrm{B}\ldots\mathrm{B}\overline{x_n}\mathrm{B}\overline{y}\mathrm{B}\overline{i+1}\mathrm{B}\overline{x_1}\mathrm{B}\overline{x_2}\mathrm{B}\ldots\mathrm{B}\overline{x_n}\mathrm{B}\overline{i}\mathrm{B}\overline{f(x_1, \ldots, x_n, i)}\mathrm{B}.$$

La machine $H$ opérant sur les $n + 2$ dernières variables, produit

$$\mathrm{B}\overline{x_1}\mathrm{B}\overline{x_2}\mathrm{B}\ldots\mathrm{B}\overline{x_n}\mathrm{B}\overline{y}\mathrm{B}\overline{i+1}\mathrm{B}\overline{h(x_1, \ldots, x_n, i, f(x_1, \ldots, x_n, i))}\mathrm{B}.$$

Notons que $h(x_1, \ldots, x_n, i, f(x_1, \ldots, x_n, i))$ est égal à $f(x_1, \ldots, x_n, i+1)$. Si le compteur marque $i = y$, c'est-à-dire si $\mathrm{pp}(i, y) = 0$, alors on complète le calcul en effaçant les $n + 2$ premiers nombres sur le ruban. Le calcul de la machine se poursuit par répétition de l'étape 5 jusqu'à l'arrêt. □

On peut se demander si toutes les fonctions arithmétiques totales qui sont calculables par une machine de Turing sont des fonctions primitives récursives. Le théorème suivant répond à cette question.

**Théorème 13.32** *L'ensemble des fonctions primitives récursives est un sous-ensemble propre des fonctions calculables par une machine de Turing, c'est-à-dire qu'il existe une fonction $f$, MT-calculable, qui n'est pas primitive récursive.*

**Exemple 13.33** *La fonction d'Ackermann définie par*

1. $A(0, y) = y + 1$,
2. $A(x + 1, 0) = A(x, 1)$,
3. $A(x + 1, y + 1) = A(x, A(x + 1, y))$,

*est MT-calculable, mais n'est pas primitive récursive. La fonction d'Ackermann a la propriété de « croître plus rapidement » que toutes les fonctions primitives récursives, d'où son attrait. Mais puisqu'elle croît plus rapidement que toute fonction primitive récursive, elle ne peut en être une. Les preuves de ces propriétés sont arides, nous nous abstiendrons de les faire ici. Vous pouvez cependant les trouver dans [4].*

Pour définir une nouvelle famille de fonctions qui contient celle des fonctions primitives récursives, nous utiliserons les opérateurs booléens et les opérateurs de relation. Ils nous permettront de définir une nouvelle opération : la *minimalisation*.

**Définition 13.34** *Soient $P$ un prédicat de $(n+1)$ variables et $p = |P|$ sa fonction valeur associée. L'expression $\mu z[p(x_1, \ldots, x_n, z)]$ représente le plus petit nombre naturel $z$, s'il existe, tel que $p(x_1, \ldots, x_n, z) = 1$, c'est-à-dire tel que $P(x_1, \ldots, x_n, z)$ soit vrai. Sinon, l'expression n'est pas définie. Cette construction s'appelle la minimalisation de $p$, et $\mu z$ est appelé l'opérateur $\mu$.*

Un prédicat de $(n+1)$ variables permet de définir une fonction $f$ de $n$ variables,

$$f(x_1, \ldots, x_n) = \mu z[p(x_1, \ldots, x_n, z)],$$

dont le domaine est l'ensemble des $(x_1, \ldots, x_n)$ pour lesquels il existe $z$ tel que $P(x_1, \ldots, x_n)$ est vrai.

**Exemple 13.35** *Considérons la « fonction »*

$$\begin{aligned} f :\ & \mathbb{N} \to \mathbb{N}, \\ & x \mapsto \sqrt{x}. \end{aligned}$$

*Ce n'est pas une fonction au sens usuel, mais la définition 13.5 permet d'imaginer une machine de Turing qui calcule*

$$f : \{0, 1, 4, 9, \ldots\} = U \to \mathbb{N}$$

*et qui ne s'arrête pas si $x$ n'est pas un carré parfait. Dans notre exemple, on a pu délimiter facilement le domaine $U$, mais dans d'autres cas, il peut être difficile de déterminer le domaine de la fonction. On va donc introduire la notion de fonction partielle (définition 13.36 ci-dessous). À l'aide de l'opérateur $\mu$, la fonction $f$ s'écrit*

$$f(x) = \mu z[\mathrm{eg}(x, z * z)].$$

*Cette fonction peut être traitée comme une procédure de recherche. En partant de $z = 0$, on vérifie s'il y a bien égalité. Si c'est le cas, la valeur de $z$ est trouvée. Sinon, on applique la fonction successeur à $z$, et on vérifie de nouveau l'égalité. Pous les valeurs de $x$ qui n'appartiennent pas à $\{0, 1, 4, 9, \ldots\}$, il n'y aura jamais égalité. Ainsi, le calcul se poursuivra indéfiniment.*

**Définition 13.36** *Une fonction partielle $f : X \to Y$ est un sous-ensemble de $X \times Y$ tel que, si $(x, y_1) \in f$ et $(x, y_2) \in f$, alors $y_1 = y_2$. On dit que $f$ est définie pour $x$ s'il existe $y \in Y$ tel que $(x, y) \in f$ ; sinon $f$ n'est pas définie pour $x$.*

Nous sommes donc certains que la fonction $f$ de l'exemple 13.35 n'est pas une fonction primitive récursive puisque toute fonction de ce type est totale. Ainsi, même si un prédicat $p$ est primitif récursif, la fonction bâtie par la minimalisation de $p$ n'est pas nécessairement une fonction primitive récursive. Elle fait cependant partie de l'ensemble des fonctions récursives que nous définissons maintenant.

**Définition 13.37** *Les familles des fonctions et des prédicats récursifs sont définies comme suit.*

1. *Les fonctions successeur, zéro et projection sont récursives.*
2. *Soient $g_1, g_2, \ldots, g_k$ et $h$ des fonctions récursives. Soit $f$ la composition de $h$ et de $g_1, g_2, \ldots, g_k$. Alors, $f$ est une fonction récursive.*
3. *Soient $g$ et $h$ deux fonctions récursives. Soit $f$ la récurrence de base $g$ et de pas $h$. Alors, $f$ est une fonction récursive.*
4. *Un prédicat est récursif si sa fonction valeur est récursive. Il est total si sa fonction valeur est totale.*
5. *Soit $P$ un prédicat total récursif de $n+1$ variables. La fonction $f$ obtenue par minimalisation de $p = |P|$ est récursive.*
6. *Une fonction est récursive si elle peut être obtenue par un nombre fini de compositions, de récurrences et de minimalisations à partir des fonctions successeur, zéro et projection.*

Les trois premiers points de la définition ci-dessus impliquent que toutes les fonctions primitives récursives sont aussi récursives. L'exemple 13.35 nous montre que l'ensemble des fonctions primitives récursives est un sous-ensemble propre de l'ensemble des fonctions récursives. Nous affirmons sans preuve le résultat suivant.

**Proposition 13.38** *La fonction d'Ackermann définie dans l'exemple 13.33 est récursive.*

**Théorème 13.39** *Toutes les fonctions récursives sont MT-calculables.*

PREUVE Nous avons déjà démontré que les fonctions successeur, zéro et projection sont MT-calculables. De plus, les preuves de la fermeture de la MT-calculabilité sous la composition et la récurrence ont été faites dans la démonstration du théorème 13.31. Il ne nous reste qu'à faire la preuve de la fermeture sous la minimalisation, c'est-à-dire à montrer que l'ensemble des fonctions $T$-calculables contient la minimalisation des prédicats récursifs totaux.

Soit $f(x_1, \ldots, x_n) = \mu z[p(x_1, \ldots, x_n, z)]$ où $p(x_1, \ldots, x_n, z)$ est la fonction valeur d'un prédicat total $P(x_1, \ldots, x_n)$ calculable par une machine de Turing. Soit $\Pi$, la machine calculant la fonction valeur du prédicat $p$.

1. Le ruban a comme configuration de départ
$$\mathrm{B}\overline{x_1}\mathrm{B}\overline{x_2}\mathrm{B}\ldots\mathrm{B}\overline{x_n}\mathrm{B}.$$
2. On ajoute la valeur 0 à droite des entrées. On obtient alors
$$\mathrm{B}\overline{x_1}\mathrm{B}\overline{x_2}\mathrm{B}\ldots\mathrm{B}\overline{x_n}\mathrm{B}\overline{0}\mathrm{B}.$$
On appelle le nombre à droite des entrées, ici le nombre 0, l'*indice de minimalisation*, noté $j$.

3. On copie les entrées et $j$ à la droite des valeurs déjà présentes sur le ruban. On obtient alors la configuration suivante :

$$\mathrm{B}\overline{x_1}\mathrm{B}\overline{x_2}\mathrm{B}\ldots\mathrm{B}\overline{x_n}\mathrm{B}\overline{j}\mathrm{B}\overline{x_1}\mathrm{B}\overline{x_2}\mathrm{B}\ldots\mathrm{B}\overline{x_n}\mathrm{B}\overline{j}\mathrm{B}.$$

4. La machine $\Pi$ est appliquée à la copie des entrées et de $j$, ce qui nous permet d'obtenir

$$\mathrm{B}\overline{x_1}\mathrm{B}\overline{x_2}\mathrm{B}\ldots\mathrm{B}\overline{x_n}\mathrm{B}\overline{j}\mathrm{B}\overline{p(x_1,\ldots,x_n,j)}\mathrm{B}.$$

5. Si $p(x_1,\ldots,x_n,j)=1$, alors $f(x_1,\ldots,x_n)=j$, et on efface toutes les autres entrées. Sinon la valeur de $p(x_1,\ldots,x_n,j)$ est effacée, et la fonction successeur est appliquée à l'indice de minimalisation. On reprend alors les étapes 3 à 5.

Si la fonction $f(x_1,\ldots,x_n)$ est définie, alors on obtient la valeur recherchée. Dans le cas contraire, la machine continue ses calculs indéfiniment, ce qui correspond à la définition précédemment énoncée de la MT-calculabilité (définition 13.5). □

Ce théorème montre qu'un grand nombre de fonctions sont calculables par une machine de Turing. En fait, la relation entre les machines de Turing et les fonctions récursives est encore plus forte, comme l'indique le théorème suivant que nous ne démontrerons pas.

**Théorème 13.40** [8] *Une fonction est MT-calculable si et seulement si elle est récursive.*

Nous allons maintenant introduire la thèse de Church-Turing qui fait le lien entre « calculabilité » et MT-calculabilité. Cette thèse peut prendre plusieurs formes, mais, toutes ces formes s'étant avérées équivalentes, nous retenons celle qui a un lien avec le théorème ci-dessus.

THÈSE DE CHURCH *Une fonction partielle est « calculable » si et seulement si elle est récursive.*

Ainsi, d'après cette thèse, toutes les fonctions « calculables » seraient MT-calculables. On en vient même à accepter la définition suivante de calculabilité comme étant : une fonction est calculable s'il existe une machine de Turing qui peut la calculer.

Le problème, c'est qu'il est impossible de « démontrer » cette thèse tant qu'on n'a pas de définition mathématique de « calculabilité ». Il serait possible de l'infirmer en trouvant une fonction qui soit calculable par un algorithme précis, mais qu'aucune machine de Turing ne puisse calculer. Cependant, la notion d'« algorithme » n'est pas assez claire pour qu'on puisse prouver que, si un algorithme existe pour calculer une fonction, alors elle est MT-calculable. Il est toutefois intéressant de noter que toutes les tentatives faites pour définir la notion d'algorithme tendent à valider la thèse de Church puisqu'à chaque tentative, on arrive toujours à calculer exactement les fonctions MT-calculables.

## 13.4 Les machines de Turing et les systèmes d'insertion–délétion de l'ordinateur à ADN

Nous avons vu comment une machine de Turing peut exécuter un programme. Construisons de la même manière un ordinateur à ADN. Comme pour les machines de Turing, nous aurons besoin d'un alphabet $X$ constitué d'un ensemble fini de symboles. Pour un ordinateur à ADN, l'alphabet naturel est bien sûr constitué des quatre bases azotées. Nous aurons donc

$$X = \{A, C, G, T\}.$$

Cet alphabet peut sembler restreint, mais rappelons que les ordinateurs conventionnels ne disposent que d'un alphabet binaire composé du 0 et du 1.

On construit alors des chaînes avec les symboles de cet alphabet et on définit $X^*$ comme l'ensemble des chaînes finies qu'il est possible de construire par la méthode de la définition 13.3. Dans le cas de l'ADN, $X^*$ représente donc l'ensemble des chaînes simples d'ADN de longueur finie pouvant être construites avec les quatre bases azotées, plus la chaîne nulle.

Dans une machine de Turing, les mots sont les entrées du ruban. La machine de Turing a un ensemble fini d'instructions qui transforment une entrée du ruban en une autre entrée du ruban.

Ici, les instructions transformeront des chaînes d'ADN en d'autres chaînes d'ADN. Un des modèles les plus connus de calcul par ordinateur à ADN est celui de *l'insertion–délétion*. L'idée est d'utiliser des enzymes pour effectuer deux types d'opérations :

- l'opération de délétion qui consiste à retirer une sous-chaîne d'ADN déterminée à un endroit prescrit par des marqueurs ;
- l'opération d'insertion qui consiste à insérer une sous-chaîne déterminée dans une autre à un endroit prescrit par des marqueurs.

Voyons maintenant comment on peut décrire l'insertion et la délétion de manière rigoureuse. Nous dirons par la suite que l'insertion et la délétion sont deux *règles de production.*

**Définition 13.41** *1. Insertion. Si $x = x_1x_2$ est une portion d'un mot $z = v_1xv_2$ dans $X^*$, on peut insérer une chaîne $u \in X^*$ entre $x_1$ et $x_2$, ce qui donne le mot $w = v_1yv_2$ où $y = x_1ux_2$. Pour alléger la notation, on écrit l'opération sous la forme simplifiée*

$$x \Longrightarrow_I y$$

*et on dit que $y$* **dérive** *de $x$ par la loi de production de l'insertion. (Il est sous-entendu que $x$ et $y$ peuvent être des parties de mots plus longs.) Cette loi est représentée par le triplet $(x_1, u, x_2)_I$.*

*2. Délétion. Si $x = x_1ux_2$ est une portion d'un mot $z = v_1xv_2$ dans $X^*$, on peut retrancher la chaîne $u$, ce qui donne le mot $w = v_1yv_2$ où $y = x_1x_2$. On écrit encore une fois*

$$x \Longrightarrow_D y$$

*et on dit que $y$* **dérive** *de $x$ par la loi de production de la délétion. Cette loi est représentée par le triplet $(x_1, u, x_2)_D$.*

*Ainsi, les lois d'insertion et de délétion peuvent être traitées comme des éléments de $(X^*)^3$.*

**Notation** On introduit alors la notation générale $x \Longrightarrow y$ pour dire que $y$ a été obtenu de $x$ par une des lois de production. Si $y$ a été obtenu par application à $x$ de plusieurs lois de production l'une après l'autre, on utilise la notation

$$x \Longrightarrow^* y.$$

**Définition 13.42** *Un système d'insertion–délétion est un triplet*

$$ID = (X, I, D),$$

*où $X$ est un alphabet, $I$ est l'ensemble des règles d'insertion, et $D$ est l'ensemble des règles de délétion. Dans le cas de l'ADN, l'alphabet $X = \{A, G, T, C\}$ est constitué des quatre bases azotées. $I$ et $D$ sont tous deux des sous-ensembles de $(X^*)^3$.*

Théoriquement, ce modèle est très efficace. En effet, nous allons prouver qu'on peut calculer n'importe quelle fonction récursive et résoudre n'importe quel problème exprimable récursivement en utilisant l'insertion–délétion. Cependant, il est souvent assez difficile de trouver un algorithme pratique pour résoudre des problèmes mathématiques à l'aide d'une suite d'insertions et de délétions.

**Théorème 13.43** [5] *Pour chaque machine de Turing, il existe un système d'insertion–délétion qui exécute le même programme.*

**Remarque** Cet énoncé est assez vague. Le donner rigoureusement requerrait d'introduire plusieurs notions difficiles de l'informatique théorique comme les langages formels, les grammaires, etc. En langage courant, il signifie que, pour chaque machine de Turing (que l'on peut identifier à un programme), on peut construire un système d'insertion–délétion qui effectue le programme, donc qui réalise les instructions de la machine de Turing. Pour qu'une machine de Turing effectue une opération, il faut une entrée du ruban, l'état de la machine et la position du pointeur. Aux triplets composés d'une entrée du ruban, d'un état de la machine de Turing et de la position du pointeur, on fait correspondre une chaîne d'ADN. Une portion de la chaîne contient l'entrée du ruban, une autre l'information sur l'état et une autre, la position du pointeur. La preuve ci-dessous donne, pour chaque instruction de la machine de Turing, un ensemble d'insertions et de délétions transformant la chaîne correspondant à l'ancien triplet en une chaîne correspondant au nouveau triplet. Cet ensemble d'insertions et de délétions doit donc transformer la portion de chaîne représentant l'entrée du ruban pour qu'elle corresponde à la nouvelle entrée du ruban. Il doit aussi couper la portion de chaîne correspondant à l'ancien état et la remplacer par une portion de chaîne correspondant au nouvel état. Finalement, il doit couper la portion de chaîne correspondant à l'ancienne position du pointeur et la remplacer par une portion de chaîne correspondant à la nouvelle position du pointeur.

IDÉE DE LA PREUVE DU THÉORÈME 13.43 Nous voulons montrer que toutes les actions sur le ruban que peut faire une machine de Turing peuvent aussi être faites sur des mots par un système d'insertion–délétion. Pour chaque transition sur le ruban d'une machine de Turing, nous allons donc construire le système d'insertion–délétion qui effectue la même action sur une chaîne de caractères représentant l'entrée du ruban.

Soit $M = (Q, X, \varphi)$ une machine de Turing. Si $\varphi(q_i, x_i) = (q_j, x_j, c)$, nous noterons $(q_i, x_i) \rightarrow (q_j, x_j, c)$, où $c \in (-1, 0, 1)$. Séparons cette règle selon que $c = 0$, $c = 1$ ou $c = -1$. Il faut vérifier que chacune de ces trois règles de transition possède un équivalent dans un système d'insertion–délétion $ID = (N, I, D)$ pour lequel N sera de la forme $N = X \cup Q \cup \{L, R, O\} \cup \{q'_i : q_i \in Q\}$. Les ensembles $\{q'_i : q_i \in Q\}$ et $\{L, R, O\}$ et leur rôle seront explicités dans la preuve. Le but est de construire, pour chacune des règles de transition de la machine de Turing, un ensemble d'insertions et de délétions qui, *effectuées dans un ordre prescrit*, ont le même effet que la règle de transition. *Une mise en garde* : nous devons empêcher que ces insertions et délétions puissent être exécutées dans un autre ordre avec pour effet de produire des résultats non conformes aux instructions de la machine de Turing.

Nous utiliserons diverses chaînes de caractères dans cette preuve. Notons que $\mu, \mu_1, \nu, x_i, x_j, \mu_2, \rho, \sigma, \tau \in X$ et $q_i, q_j \in Q$.

1. Pour toutes les règles de la forme $(q_i, x_i) \rightarrow (q_j, x_j, 0)$, nous devons ajouter à ID les trois règles suivantes : $(q_i x_i, q_j O x_j, \nu)_I$, $(\mu, q_i x_i, q_j O x_j)_D$, $(\rho\sigma q_j, O, x_j)_D$ pour tous les $\mu, \nu, \rho, \sigma \in X$. En fait, pour chaque caractère $\nu$ de $X$, il faut ajouter à ID une règle de la forme $(q_i x_i, q_j O x_j, \nu)_I$, et de même pour les deux autres règles. Puisque la cardinalité de $X$ est finie, nous avons un nombre fini de règles à ajouter à ID, et cela ne pose donc aucun problème.
   Nous pouvons alors effectuer les opérations suivantes sur une chaîne de la forme $\mu q_i x_i \nu$ :
   $$\mu q_i x_i \nu \Longrightarrow_I \mu q_i x_i q_j O x_j \nu \Longrightarrow_D \mu q_j O x_j \nu \Longrightarrow_D \mu q_j x_j \nu.$$
   Décrivons-les. Partant de la chaîne $\mu q_i x_i \nu$, nous insérons la chaîne $q_j O x_j$ entre $q_i x_i$ et $\nu$. Suivent deux délétions : la première permet d'enlever $q_i x_i$, la seconde spprime le $O$ restant entre $q_j$ et $x_j$. Le résultat final, $\mu q_j x_j \nu$, est la chaîne que nous voulions obtenir. Rappelons que le caractère représentant l'état du pointeur, c'est-à-dire $q_j$, précède le caractère sur lequel le pointeur se trouve. Nous voyons alors que les opérations précédentes nous ont permis de passer de la configuration $\mu \underline{x_i} \nu$ dans l'état $q_i$ à la configuration $\mu \underline{x_j} \nu$ dans l'état $q_j$.
   Pourquoi avons-nous utilisé ce $O$ ? Pourquoi n'avons-nous pas simplement effectué
   $$\mu q_i x_i \nu \Longrightarrow_I \mu q_i x_i q_j x_j \nu \Longrightarrow_D \mu q_j x_j \nu ?$$

Plus tard, nous devrons effectuer une instruction $(q_j, x_j) \to (q_k, x_k, c)$. Il faut empêcher le système de commencer à effectuer cette opération avant d'avoir effacé $q_i x_i$. La présence du $O$ intermédiaire l'empêche de reconnaître la chaîne $q_j x_j$ avant que la chaîne $q_i x_i$ n'ait été effacée.

2. Pour toutes les règles de la forme $(q_i, x_i) \to (q_j, x_j, 1)$, nous devons ajouter à ID les six règles suivantes : $(q_i x_i, q_i' O x_j, \nu)_I$, $(\mu, q_i x_i, q_i' O x_j)_D$, $(\rho\sigma q_i', O, x_j)_D$, $(q_i' x_j, q_j R, \nu)_I$, $(\mu, q_i', x_j q_j R)_D$, $(\tau x_j q_j, R, \nu)_D$, pour tous les $\mu, \nu, \rho, \sigma, \tau \in X$. Nous pouvons alors effectuer les opérations suivantes sur une chaîne de la forme $\mu q_i x_i \nu$ :
$$\begin{aligned} \mu q_i x_i \nu &\Longrightarrow_I \mu q_i x_i q_i' O x_j \nu \Longrightarrow_D \mu q_i' O x_j \nu \Longrightarrow_D \mu q_i' x_j \nu \\ &\Longrightarrow_I \mu q_i' x_j q_j R \nu \Longrightarrow_D \mu x_j q_j R \nu \Longrightarrow_D \mu x_j q_j \nu. \end{aligned}$$
On voit ici que les trois premières opérations sont une répétition de celles que nous avons ajoutées pour l'exécution des règles de la forme $(q_i, x_i) \to (q_j, x_j, 0)$. Ces trois opérations, une insertion et deux délétions, permettent en effet de changer $x_i$ en $x_j$ sans déplacer la position du pointeur. On utilise un état artificiel $q_i'$ pour signifier qu'on n'a pas terminé l'exécution de la commande de la machine de Turing. Les trois opérations suivantes permettent de déplacer le pointeur vers la droite et d'amener celui-ci à l'état $q_j$ désiré. La machine est alors en position d'effectuer une commande $(q_j, \nu) \to (q_k, x_k, c)$, $c \in \{-1, 0, 1\}$, si une telle commande existe.
Ici encore, on a recours aux symboles artificiels $O$ et $R$ et $q_i'$ pour forcer les insertions et les délétions à s'effectuer dans l'ordre exact qu'on a choisi. Par exemple, la règle $(\rho\sigma q_i', O, x_j)_D$ est construite pour qu'on ne puisse pas enlever le $O$ dans $\mu q_i x_i q_i' O x_j \nu$ avant d'avoir d'abord enlevé $q_i x_i$. En effet, dans $\mu q_i x_i q_i' O x_j \nu$, l'état artificiel $q_i'$ n'est précédé que d'un symbole de $X$, soit $x_i$, lequel est précédé d'un état. On ne peut enlever $O$ que quand $q_i'$ est précédé de deux symboles de $X$ (l'un d'eux pouvant être le symbole B). Nous laissons le lecteur se convaincre de l'utilité des autres règles de production.

3. Pour toutes les règles de la forme $(q_i, x_i) \to (q_j, x_j, -1)$, nous devons ajouter à ID les six règles suivantes : $(q_i x_i, q_i' O x_j, \nu)_I$, $(\mu_2, q_i x_i, q_i' O x_j)_D$, $(\rho\sigma q_i', O, x_j)_D$, $(\mu_1, q_j L, \mu_2 q_i' x_j)_I$, $(q_j L \mu_2, q_i', x_j)_D$, $(q_j, L, \mu_2 x_j)_D$ pour tous $\mu_1, \mu_2, \nu, \rho, \sigma \in X$. Nous pouvons alors effectuer les opérations suivantes sur une chaîne de la forme $\mu_1 \mu_2 q_i x_i \nu$ :
$$\begin{aligned} \mu_1 \mu_2 q_i x_i \nu &\Longrightarrow_I \mu_1 \mu_2 q_i x_i q_i' O x_j \nu \Longrightarrow_D \mu_1 \mu_2 q_i' O x_j \nu \\ &\Longrightarrow_D \mu_1 \mu_2 q_i' x_j \nu \Longrightarrow_I \mu_1 q_j L \mu_2 q_i' x_j \nu \Longrightarrow_D \mu_1 q_j L \mu_2 x_j \nu \Longrightarrow_D \mu_1 q_j \mu_2 x_j \nu. \end{aligned}$$

Et donc, toutes les commandes $(q_j, \nu) \to (q_k, x_k, c)$, $c \in \{-1, 0, 1\}$, peuvent être effectuées par un système d'insertion–délétion.

□

Ce théorème montre qu'un système d'insertion–délétion a au moins le même pouvoir théorique de calcul qu'une machine de Turing : tout problème résoluble par une machine de Turing peut être résolu par un système d'insertion–délétion et, potentiellement, par un ordinateur à ADN. Ceci comprend le calcul d'une fonction MT-calculable. Nous voyons ici toute la puissance théorique de calcul d'un ordinateur à ADN.

## 13.5 Les problèmes NP-complets

Ici nous serons très brefs, nous contentant de donner des exemples.

Les problèmes NP-complets constituent une classe de problèmes très importants en informatique. Ce sont des problèmes faciles à énoncer, souvent importants dans les applications, mais difficiles à solutionner par ordinateur. La définition exacte de problème NP-complet peut se trouver dans [8].

### 13.5.1 Le problème du chemin hamiltonien

Un premier exemple de problème NP-complet est le problème du chemin hamiltonien dont nous avons parlé plus tôt (voir la section 13.2). Rappelons que le problème consiste à trouver, dans un graphe orienté, un chemin passant par tous les sommets du graphe une et une seule fois. On peut imaginer des applications de ce type de problème dans les transports.

Si on prend le graphe de la figure 13.1, le problème se résout facilement à la main. En effet, la solution est de passer par les sept sommets dans l'ordre suivant : $0, 3, 5, 1, 2, 4, 6$. C'est encore plus simple par un ordinateur : même avec un algorithme rudimentaire, le calcul prend une fraction de seconde.

Qu'est-ce qui en fait un problème « complexe » ? C'est le temps nécessaire pour arriver à une solution si le graphe est « grand ». En effet, le temps d'exécution des algorithmes classiques de recherche d'un chemin hamiltonien dépend exponentiellement du nombre de sommets du graphe. Au-delà d'un certain nombre de sommets, aucun ordinateur ne peut trouver de solution dans un délai raisonnable. Déjà, à 100 sommets, un ordinateur prend beaucoup trop de temps pour résoudre le problème. Ceci vient du fait qu'un ordinateur classique fait ses opérations séquentiellement (l'une à la suite de l'autre). D'où l'intérêt de construire un ordinateur qui effectuerait ses opérations en parallèle.

Nous avons vu qu'Adleman a passé sept jours en laboratoire pour arriver au même résultat. Quel est alors l'avantage d'utiliser un ordinateur à ADN ? Avec l'ADN, on peut potentiellement faire des milliards d'opérations en parallèle. C'est ce qui fait sa force, et c'est pourquoi l'ordinateur à ADN fascine les chercheurs. Pour le moment, la partie la plus longue de l'exécution d'un algorithme par un ordinateur à ADN est la suite d'opérations de laboratoire qui doivent être effectuées par un être humain. Dans la méthode par ADN proposée par Adleman, le temps de résolution du problème croît de façon linéaire par rapport à la taille du graphe. On s'aperçoit cependant qu'en pratique, Adleman ne pourrait pas traiter un graphe comportant un très grand nombre de sommets, car le nombre de chemins possibles de longueur $\leq N$, croît, lui, exponentiellement comme $N$. Lorsque $N$ devient grand, la probabilité que tous les chemins de longueur $\leq N$ ne soient pas générés augmente. Sans parler de la difficulté d'isoler la solution qui représente une si petite fraction des chemins générés ! Il reste donc encore beaucoup de chemin à parcourir avant qu'on puisse exploiter le parallélisme de l'ordinateur à ADN.

### 13.5.2 Le problème de la satisfaisabilité

Un autre exemple classique important de problème NP-complet est le problème de la satisfaisabilité. Ce problème peut se résoudre à l'aide de l'ADN, d'une façon similaire à celle qui est utilisée pour solutionner le problème du chemin hamiltonien d'un graphe. Ceci montre que la méthode utilisée par Adleman n'est pas réservée au problème du chemin hamiltonien.

Le problème de la satisfaisabilité concerne des énoncés logiques bâtis uniquement de $\vee$ (OU), $\wedge$ (ET) et $\neg$ (NON) et de variables booléennes $x_1, \ldots, x_n$ qui peuvent prendre les valeurs VRAI ou FAUX. Regardons deux exemples.

**Exemple 13.44** *Soit $\alpha$ l'énoncé suivant :*

$$\alpha = (x_1 \vee x_2) \wedge \neg x_3.$$

*$\alpha$ représente la valeur de vérité totale de l'énoncé logique suivant les valeurs de vérité de $x_1$, $x_2$ et $x_3$. Bien sûr, $\alpha$ sera* VRAI *ou* FAUX *selon les valeurs assignées aux variables. Par exemple, si $x_1$, $x_2$ et $x_3$ ont la valeur* VRAI, *la valeur de $\alpha$ sera* FAUX.

*Peut-on assigner des valeurs de vérité à $x_1$, $x_2$ et $x_3$ telles que $\alpha$ ait la valeur* VRAI *? Ici, il est facile de voir que oui. En effet, nous pouvons par exemple assigner la valeur* VRAI *à $x_1$ et à $x_2$ et la valeur* FAUX *à $x_3$. Nous disons alors qu'on peut vérifier l'équation logique $\alpha =$* VRAI *ou encore, qu'on peut satisfaire à $\alpha$.*

**Exemple 13.45** *Considérons maintenant l'énoncé logique :*

$$\beta = (x_1 \vee x_2) \wedge (\neg x_1 \vee x_2) \wedge (\neg x_2).$$

*Dans ce cas-ci, on peut facilement se convaincre qu'il n'existe pas de valeur de vérité pour $x_1$ et $x_2$ permettant de vérifier l'équation logique $\beta =$* VRAI. *On ne peut donc satisfaire à $\beta$.*

**Définition 13.46** *On peut satisfaire à un énoncé logique composé uniquement de $\vee$ (*OU*), de $\wedge$ (*ET*), de $\neg$ (*NON*) et de variables booléennes $x_1, \ldots, x_n$ s'il existe une assignation de valeurs de vérité aux variables booléennes pour laquelle l'énoncé logique prend la valeur* VRAI.

L'exemple 13.44 était facile à visualiser pour un être humain et facile à programmer, même avec un algorithme rudimentaire. En effet, pour un ordinateur, il s'agit simplement de tester toutes les valeurs possibles ($2^3$ dans le cas de cet exemple, car il y a trois variables, et chacune peut prendre soit la valeur VRAI, soit la valeur FAUX). Par contre, le problème devient beaucoup plus compliqué lorsqu'on a un grand nombre de variables. Déjà, à 100 variables, l'ordinateur doit tester $2^{100}$ ensembles de valeurs. De plus, en général, il n'existe pas de raccourci.

C'est pourquoi ce problème a intéressé les chercheurs, et un algorithme de solution par ADN a été proposé. En effet, comme tous les problèmes de vérification exhaustive, celui-ci bénéficie grandement des capacités de calcul en parallèle, puisqu'avec l'ADN, tous les cas sont testés en même temps. La difficulté devient alors d'extraire la bonne solution, si elle existe.

Au départ, il s'agit de trouver une façon de générer dans l'éprouvette toutes les assignations de valeurs possibles sous forme de brins d'ADN. Par exemple, si on a trois variables, il faut trouver une façon de représenter chacune des $2^3 = 8$ possibilités.

Ceci est possible à l'aide de la théorie des graphes. En effet, on modélise les assignations possibles en se servant du graphe de la figure 13.10. Il y a une bijection entre l'ensemble des chemins de longueur maximale du graphe et l'ensemble des assignations de valeurs de vérité à chacune des variables. On note FAUX par 0 et VRAI par 1. Les sommets $a_j^0$ représentent la valeur 0 pour $x_j$, et les sommets $a_j^1$, la valeur 1 pour $x_j$. Les $v_i$ sont simplement des séparateurs. Par exemple, le chemin $a_1^0 v_1 a_2^0 v_2 a_3^0 v_3$ représente l'assignation de la valeur de vérité FAUX à chacune des trois variables. On peut facilement voir que, en suivant tous les trajets maximaux du graphe, on énumérera les huit assignations différentes de valeurs pour les trois variables.

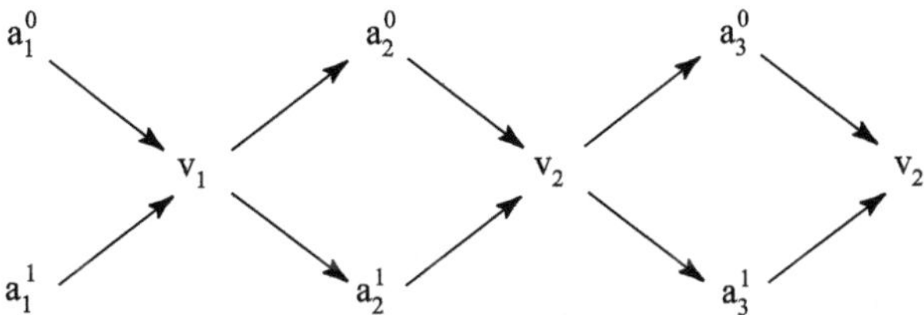


**Fig. 13.10.** Graphe associé à l'énoncé logique $\alpha = (x_1 \vee x_2) \wedge \neg x_3$ (et à tout énoncé à trois variables)

Ceci est utile, car la première étape de l'algorithme par ADN consiste à produire des exemplaires de chacun des huit chemins possibles pour pouvoir les tester ensuite. Pour ce faire, l'expérience fournie par la résolution du problème d'Adleman nous sera très précieuse : en effet, nous savons déjà comment coder les sommets et les arêtes d'un graphe orienté pour générer tous les chemins possibles. Nous commencerons par attribuer à chacun des sommets du graphe une séquence de $2N$ bases azotées et à chacune des arêtes les compléments des $N$ dernières bases azotées du sommet de départ suivis des compléments des $N$ premières bases du sommet d'arrivée. Le $N$ dépend du nombre de variables. Plus il y a de variables, plus $N$ doit être grand pour représenter tous les sommets et toutes les arêtes par des séquences différentes.

On met donc dans une éprouvette une grande quantité de chacune des chaînes d'ADN codantes, sommets comme arêtes, et au bout d'un certain temps, tous les chemins possibles sont formés avec une très forte probabilité. Il reste donc à faire des tests pour voir si l'énoncé logique se vérifie.

La première étape est la reformulation de l'énoncé sous la *forme conjonctive normale*, c'est-à-dire sous la forme

$$\alpha = C_1 \wedge C_2 \wedge C_3 \wedge \cdots \wedge C_m$$

où tous les $C_i$ sont des propositions logiques n'utilisant que le $\vee$ et le $\neg$. Un théorème de logique assure qu'une telle conversion est possible pour n'importe quel énoncé logique utilisant des ET, des OU et des NON. Cela se fait à l'aide des règles suivantes :

1. Pour tous $x_1, x_2, x_3$,
$$x_1 \wedge (x_2 \vee x_3) = (x_1 \wedge x_2) \vee (x_1 \wedge x_3).$$
2. Pour tous $x_1, x_2, x_3$,
$$x_1 \vee (x_2 \wedge x_3) = (x_1 \vee x_2) \wedge (x_1 \vee x_3).$$
3. Pour tous $x_1, x_2$,
$$\neg(x_1 \vee x_2) = \neg x_1 \wedge \neg x_2.$$
4. Pour tous $x_1, x_2$,
$$\neg(x_1 \wedge x_2) = \neg x_1 \vee \neg x_2.$$

Bien que la conversion soit possible, elle ne se fait pas toujours facilement. En effet, les algorithmes connus pour ce type de conversion sont assez complexes et ne donnent pas nécessairement la forme conjonctive normale dans un délai raisonnable. Cependant, dans plusieurs problèmes, l'énoncé est déjà sous forme conjonctive normale et ne nécessite pas cette traduction laborieuse. Ainsi, dans le cas de l'exemple 13.44, il suffit de choisir $C_1 = x_1 \vee x_2$ et $C_2 = \neg x_3$.

Pour satisfaire à un énoncé de la forme $C_1 \wedge \cdots \wedge C_m$, on doit satisfaire à $C_1$ **et** on doit satisfaire à $C_2$ **et** on doit satisfaire à $\cdots$ $C_m$.

La conversion à la forme conjonctive normale sert à guider l'extraction de la solution. On prend l'énoncé $C_1$ et on extrait de l'éprouvette toutes les chaînes qui correspondent à ces critères. Dans notre exemple, $C_1 = x_1 \vee x_2$. Ceci veut dire qu'on extrait toutes les chaînes où au moins une des deux variables $x_1$ et $x_2$ vaut 1.

Ceci peut se faire en extrayant en premier lieu toutes les chaînes où $x_1 = 1$. Pour ce faire, on peut utiliser des techniques similaires à celles d'Adleman. En effet, on peut mettre dans l'éprouvette de départ (éprouvette A) des petites billes de fer auxquelles sont attachées des amorces constituées des compléments des chaînes d'ADN représentant

$a_1^1 v_1$. Les chaînes qui codent des chemins du graphe où $x_1 = 1$ sont alors attirées par leurs compléments tandis que les chaînes qui ne représentent pas des solutions restent en suspension dans l'éprouvette.

On attire alors les billes de fer au bord de l'éprouvette à l'aide d'un aimant, ce qui plaque les chaînes qui y sont attachées contre la paroi, et on vide les autres chaînes dans une autre éprouvette (éprouvette B). Ensuite, on remet les chaînes accrochées aux billes de fer (celles qui codent des chemins où $x_1 = 1$) en suspension dans l'éprouvette A.

Pour que $x_1 \vee x_2$ ait la valeur 1, il se peut aussi que $x_2$ ait la valeur 1 et $x_1$, la valeur 0. Il faut donc transvaser dans l'éprouvette A toutes les chaînes de l'éprouvette B pour lesquelles la valeur de $x_2$ est 1. Pour ce faire, on extrait ces chaînes d'ADN de l'éprouvette B en utilisant la méthode des billes de fer, et on ajoute les chaînes ainsi isolées à l'éprouvette A. On peut déjà jeter le contenu de l'éprouvette B.

L'éprouvette A contient à présent toutes les chaînes qui donnent la valeur de vérité 1 à la proposition $C_1$. Reste à extraire de l'éprouvette A toutes les solutions qui correspondent à la valeur de vérité 1 de $C_2$, car pour que $C_1 \wedge C_2$ soit vrai, il faut à la fois que $C_1$ soit vrai et que $C_2$ soit vrai : on ne peut donc trouver des solutions que dans l'éprouvette A.

Dans notre exemple, $C_2 = \neg x_3$. Il faut donc extraire de l'éprouvette A toutes les chaînes où la valeur de $x_3$ est 0. Ainsi, il ne restera dans l'éprouvette que les chaînes vérifiant chacun des $C_i$ et, par conséquent, la conjonction de ces $C_i$.

On peut se demander en quoi les manipulations de l'ADN peuvent aider à résoudre le problème une fois que l'équation logique est sous la forme conjonctive normale. Supposons que $\alpha = C_1 \wedge C_2 \wedge C_3 \wedge \cdots \wedge C_m$ et que les $C_i$ sont formés de $n$ variables $x_j$ et de leurs négations $\neg x_j$ (toutes les variables n'apparaissent pas nécessairement dans chaque $C_i$). On a donc $2^n$ chemins possibles dans le graphe. Par contre, comme on l'a vu, on a au plus $n$ vérifications à faire pour chacun des $C_i$, soit au plus $mn$ vérifications. Donc, la méthode proposée est une amélioration par rapport à l'exploration systématique de tous les chemins, sauf si $m$ est très grand par rapport à $n$.

## 13.6 Retour sur les ordinateurs à ADN

### 13.6.1 Problème du chemin hamiltonien et insertion–délétion

Nous avons montré à la section 13.4 qu'un ordinateur à ADN peut calculer toute fonction récursive en utilisant des insertions et des délétions, et pourtant, la solution d'Adleman au problème du chemin hamiltonien ne fait appel à aucune insertion ou délétion.

Comme nous l'avons mentionné dans l'introduction, les algorithmes de la théorie des fonctions récursives sont souvent loin d'être les meilleurs. C'est également le cas pour les machines de Turing. Considérons la fonction $\text{add}(m, n) = m + n$. Comme c'est une fonction primitive-récursive, la preuve du théorème 13.31 nous fournit un moyen de la construire en plusieurs étapes. Mais la machine de Turing de la figure 13.8 (exemple 13.9) la calcule de manière beaucoup plus simple !

Comme l'illustre cet exemple et celui du chemin hamiltonien, il est trop tôt pour savoir quelles opérations biologiques seront privilégiées par l'ordinateur à ADN du futur, si un jour il devient réalité.

### 13.6.2 Les limites actuelles des ordinateurs à ADN

Jusqu'ici, nous avons peint un tableau assez encourageant des ordinateurs à ADN. En effet, nous avons montré comment résoudre des problèmes mathématiques concrets (comme le graphe hamiltonien) à l'aide des chaînes d'ADN. La grande capacité théorique de parallélisme de l'ordinateur à ADN semble permettre de tester toutes les solutions possibles à un problème en même temps, au lieu de les essayer une à la fois comme dans un ordinateur classique. De plus, nous avons vu que tous les problèmes résolubles par une machine de Turing pourraient être résolus par un ordinateur à ADN au moyen d'une séquence d'insertions et de délétions. Sous ces angles, l'ordinateur à ADN est un outil de calcul potentiellement très puissant.

Cependant, tous nos modèles théoriques font une hypothèse importante : la nature est parfaite, et nous pouvons la manipuler à notre gré. Or, c'est loin d'être le cas. En effet, dans la nature, il arrive que des chaînes d'ADN en suspension dans l'eau se brisent (s'hydrolisent) spontanément. Il arrive aussi qu'il y ait des erreurs quand une chaîne se lie à son complément. Par exemple, la chaîne

$$AAGTACCA$$

dont le complément est

$$TTCATGGT$$

pourrait se lier à un « faux complément » qui lui ressemble à une base près. On pourrait donc se retrouver avec le double brin

$$\begin{array}{cccccccc} A & A & \mathbf{G} & T & A & C & C & A \\ T & T & \mathbf{T} & A & T & G & G & T \end{array}$$

où le $G$ est lié à un $T$ au lieu d'un $C$. On comprend facilement que ce type d'erreur peut être fatal pour des algorithmes, comme celui d'Adleman, qui reposent sur la complémentarité des bases. La recherche est en cours pour régler ce problème. Certains proposent de faire les opérations à l'intérieur d'une cellule vivante (*in vivo*) plutôt qu'à l'extérieur. En effet, les cellules disposent de dispositifs de contrôle des erreurs assez efficaces, qui leur permettent de filtrer de telles anomalies.

Il faut par ailleurs savoir que l'expérience du graphe hamiltonien qui a été réussie en 1994 par Adleman a été répétée (sans succès !) en 1995 par Kaplan, Cecci et Libchaber. Leur électrophorèse n'a pas donné les résultats escomptés. À l'endroit où les solutions de la bonne longueur (celles qui passent par six arêtes) auraient dû se trouver, il y avait beaucoup de contaminants (solutions passant par plus de six arêtes ou moins de six arêtes). Le gel utilisé pour l'électrophorèse avait beaucoup d'imperfections, et, de plus, les molécules d'ADN étaient parfois trop repliées sur elles-mêmes pour que leur vitesse de migration soit proportionnelle à leur longueur. D'ailleurs, Adleman a avoué qu'il avait dû répéter l'électrophorèse plusieurs fois pour qu'elle fonctionne.

De plus, dans l'expérience d'Adleman, il y a toujours le risque que la solution ne soit pas générée. Regardons le graphe de la figure 13.1. Il existe des chemins, appelés cycles, dont les sommets de départ et d'arrivée coïncident, par exemple le chemin 12351. Rien n'empêche a priori qu'il existe un chemin infini répétant cette boucle. Donc, le nombre de chemins possibles est infini, alors que la quantité d'ADN dans l'éprouvette est finie. On doit s'arranger pour que cette quantité soit suffisante pour permettre, avec une très grande probabilité, que tous les chemins de longueur $\leq N$, pour un certain $N$ plus grand que le nombre de sommets, soient générés. Bien sûr, rien ne peut nous garantir à 100 % qu'ils seront tous présents. Il se peut bien que la solution du problème du chemin hamiltonien ne s'y trouve pas, même si elle existe.

Dans ce type de calcul, si on trouve une solution, on peut conclure avec certitude, mais si on n'en trouve pas, l'algorithme ne permet pas d'affirmer hors de tout doute que la solution n'existe pas. Tout ce qu'on peut dire, c'est qu'il est très probable qu'il n'y ait pas de solution. C'est donc un algorithme probabiliste.

Le modèle théorique de l'insertion–délétion pose également problème. En effet, nous avons supposé qu'il était possible de faire n'importe quelle insertion et n'importe quelle délétion. Cela suppose qu'il existe un nombre infini d'enzymes ayant des actions différentes et qu'on puisse en placer un nombre aussi grand qu'on veut dans une éprouvette, où ils agiront sans interférence les uns avec les autres. Or, dans la réalité, notre maîtrise de la biochimie est imparfaite, et nous ne comprenons pas assez bien l'action des enzymes pour pouvoir opérer n'importe quelle insertion ou délétion permise par la théorie.

**Peut-on programmer un ordinateur à ADN ?** Nos ordinateurs actuels ne sont pas construits pour effectuer un seul programme. On peut, au contraire, leur apprendre à exécuter n'importe quel programme. Les ordinateurs à ADN, en revanche pourraient sembler impossibles à programmer. En effet, les calculs faits par Adleman sont peu reproductibles, au sens que la méthode de résolution est faite sur mesure pour le problème du chemin hamiltonien (bien qu'une méthode similaire puisse être utilisée pour résoudre le problème de satisfaisabilité). Mais nous avons vu qu'avec le modèle d'insertion–délétion, on peut reproduire tout ce que fait une machine de Turing. Or, il existe une machine de Turing universelle [8], c'est-à-dire une machine de Turing qui prend pour entrée le programme d'une machine de Turing $M$ et l'entrée $\omega$ sur laquelle on veut que la machine de Turing $M$ travaille, et qui donne la sortie de la machine $M$ lorsqu'elle reçoit $\omega$ comme entrée. Cette machine de Turing est donc programmable. Le théorème 13.43 permet de conclure qu'un ordinateur à ADN pourrait théoriquement l'être.

Pour que ces idées deviennent une technologie, il faudra relever des défis énormes, mais elles sont fort séduisantes.

### 13.6.3 Quelques explications biologiques sur la réplication des bases

Nous avons introduit dans la section 13.2 la méthode générale qu'Adleman a utilisée pour résoudre le problème du chemin hamiltonien. Celle-ci se compose de cinq étapes :

- sélectionner tous les chemins qui commencent par le sommet 0 et qui finissent par 6 ;
- parmi ceux-là, sélectionner tous ceux qui sont de la longueur souhaitée (sept sommets) ;
- retenir parmi les chemins restants ceux qui passent par tous les sommets ;
- regarder s'il reste des chaînes d'ADN dans l'éprouvette : si oui, on a trouvé une (ou des) solution(s) ;
- analyser la ou les solutions pour connaître le ou les chemins.

Nous avons cependant omis les détails techniques relatifs à la première étape puisque ceux-ci demandent des notions de chimie plus poussées. Nous exposons ci-dessous la méthode utilisée par Adleman pour mener à bien cette première étape.

Adleman a utilisé la technique d'amplification des gènes (PCR). En gros, elle consiste à répliquer tous les brins d'ADN ayant la bonne chaîne de départ et la bonne chaîne d'arrivée pour qu'ils deviennent numériquement prédominants.

Ici, les chaînes qu'on veut répliquer sont celles qui commencent par le sommet 0 (code $AGTTAGCA$) et se terminent par le sommet 6 (code $CCGAGCAA$). En observant la figure 13.1, on se rend compte qu'il est impossible d'aller au sommet 0 à partir d'un autre sommet, tout comme il est impossible de partir du sommet 6 pour aller vers un autre sommet. Si le sommet 0 se retrouve dans un chemin, il sera nécessairement le premier sommet, et le sommet 6 sera le dernier. Par exemple, une chaîne d'ADN générale ayant les bons sommets de départ et d'arrivée est représentée par

$$\begin{array}{ccccccccccccccccc} & & & & T & C & G & T & \ldots & G & G & C & T & & & & \\ & & & & | & | & | & | & \ldots & | & | & | & | & & & & \\ A & G & T & T & A & G & C & A & \ldots & C & C & G & A & G & C & A & A \end{array}$$

La nature nous offre un outil puissant pour multiplier ces chaînes : l'ADN polymérase. Cet enzyme est capable de compléter le brin complémentaire d'une chaîne d'ADN lorsqu'une « amorce » (les quelques premières bases azotées du brin complémentaire) est présente.

La polymérase a une direction. En présence d'une amorce, un brin complémentaire est généré dans une seule direction. Nous allons réécrire nos chaînes en ajoutant le symbole 5' à une extrémité et le symbole 3' à l'autre, pour indiquer la direction de la polymérase (cette notation sera expliquée ci-dessous). Il est important de noter que la polymérase n'étend la chaîne que dans la direction 5'–3' et qu'une chaîne ayant la direction 5'–3' ne peut être liée qu'à une chaîne de direction 3'–5'. Après ajout des symboles 5' et 3', une chaîne d'ADN générale ayant les bons sommets de départ et d'arrivée est représentée par

$$\begin{array}{ccccccccccccccccc}
 & & & & 3' & & & & & & & & 5' & & & & \\
 & & & & T & C & G & T & \dots & G & G & C & T & & & & \\
 & & & & | & | & | & | & \dots & | & | & | & | & & & & \\
A & G & T & T & A & G & C & A & \dots & C & C & G & A & G & C & A & A \\
5' & & & & & & & & & & & & & & & & 3'
\end{array}$$

Mais comment utiliser la polymérase pour multiplier les chaînes qui nous intéressent ? La première étape est de séparer tous les brins doubles pour en faire des brins simples. Pour ce faire, on chauffe les chaînes d'ADN en solution jusqu'à ce que tous les brins soient séparés. Le brin double se sépare donc en deux brins simples : un « brin arête » et un « brin sommet ». Par exemple, nous passons du brin double

$$\begin{array}{ccccccccccccccccc}
 & & & & 3' & & & & & & & & 5' & & & & \\
 & & & & T & C & G & T & \dots & G & G & C & T & & & & \\
 & & & & | & | & | & | & \dots & | & | & | & | & & & & \\
A & G & T & T & A & G & C & A & \dots & C & C & G & A & G & C & A & A \\
5' & & & & & & & & & & & & & & & & 3'
\end{array}$$

au brin arête

$$\begin{array}{ccccccccc}
3' & & & & & & & & 5' \\
T & C & G & T & \dots & G & G & C & T
\end{array}$$

et au brin sommet

$$\begin{array}{ccccccccccccccccc}
5' & & & & & & & & & & & & & & & & 3' \\
A & G & T & T & A & G & C & A & \dots & C & C & G & A & G & C & A & A.
\end{array}$$

**Explication de la notation 5'–3'** Regardons un brin simple d'ADN. Son ossature extérieure est formée de sucres. Chaque base azotée est liée à un sucre. Chacun des sucres comporte cinq atomes de carbone (numérotés de 1' à 5'). La base est liée au carbone 1', tandis qu'un groupe hydroxyle (OH) est attaché au 3' et un phosphate au 5', du côté opposé à l'hydroxyle. Quand deux sucres correspondant à deux bases voisines sur le brin se lient, un groupe hydroxyle s'attache toujours à un groupe phosphate.

Donc, si on imagine une chaîne d'ADN dont la première base est liée à un sucre qui a un groupe phosphate libre (elle sera appelée 5'), l'hydroxyle du côté opposé sera attaché au groupe phosphate du sucre de la base suivante, dont le groupe hydroxyle sera à son tour lié au groupe phosphate du sucre de la troisième base, etc. Le sucre de la dernière base de cette chaîne aura donc un groupe hydroxyle libre, et cette base sera appelée 3'. Ce sera donc une chaîne allant de 5' vers 3'.

Lors de la formation d'un double brin d'ADN, une chaîne 5'–3' ne peut se lier qu'à une chaîne 3'–5'. Les rangées de sucres sont à l'extérieur de la double hélice et en forment l'ossature. Les bases s'attachent ensemble deux à deux par des liens hydrogènes.

**La réplication dans notre exemple** On introduit dans l'éprouvette une grande quantité d'amorces de deux types différents. Le premier est constitué du nom du sommet

0 (soit $AGCA$) : c'est l'amorce du brin sommet. Le deuxième est constitué des bases complémentaires du prénom du sommet 6 (soit $GGCT$) : c'est l'amorce du brin arête. Les amorces se lient ensuite à leurs compléments. Par exemple, le brin arête

$$\begin{array}{cccccccc} 3' & & & & & & & 5' \\ T & C & G & T & \ldots & G & G & C & T \end{array}$$

se liera avec l'amorce du brin sommet pour former le double brin partiel

$$\begin{array}{ccccccccc} 3' & & & & & & & & 5' \\ T & C & G & T & \ldots & G & G & C & T \\ A & G & C & A & & & & & \\ 5' & & & 3' & & & & & \end{array}$$

alors que le brin sommet

$$\begin{array}{cccccccccccccccc} 5' & & & & & & & & & & & & & & & & 3' \\ A & G & T & T & A & G & C & A & \ldots & C & C & G & A & G & C & A & A \end{array}$$

se liera avec l'amorce du brin arête pour former le double brin partiel

$$\begin{array}{ccccccccccccccccc} & & & & & & & & & 3' & & & 5' & & & & \\ & & & & & & & & & G & G & C & T & & & & \\ A & G & T & T & A & G & C & A & \ldots & C & C & G & A & G & C & A & A. \\ 5' & & & & & & & & & & & & & & & & 3' \end{array}$$

En s'attachant à l'extrémité 3' de l'amorce, l'ADN polymérase complète les deuxièmes brins à partir des amorces et des bases azotées libres qu'on a ajoutées dans la solution, mais seulement en allant du 5' vers le 3'. On a maintenant doublé le nombre de brins sommet et le nombre de brins arête comprenant à la fois le sommet 0 et le sommet 6 ou leurs compléments. Ce processus peut être répété jusqu'à ce que ces brins dominent tous les autres.

Nous allons donner un exemple pour observer le déroulement de la procédure de réplication avec l'ADN polymérase.

**Exemple 13.47** *Prenons le double brin formé par les sommets* 0 *et* 6 *et le brin arête qui les relie.*

$$\begin{array}{cccccccccccccccc} & & & & 3' & & & & & & & 5' & & & & \\ & & & & T & C & G & T & G & G & C & T & & & & \\ A & G & T & T & A & G & C & A & C & C & G & A & G & C & A & A \\ 5' & & & & & & & & & & & & & & & 3' \end{array}$$

*Chauffé, ce double brin donne les deux brins simples*

$$TCGTGGCT \qquad et \qquad AGTTAGCACCGAGCAA.$$

*Les amorces se lient aux deux brins pour former*

```
                        3'       5'
                        G  G  C  T
A  G  T  T  A  G  C  A  C  C  G  A  G  C  A  A
5'                                            3'
```

*et*

```
3'                   5'
T  C  G  T  G  G  C  T
A  G  C  A
5'       3'
```

*L'ADN polymérase complète les chaînes à partir des amorces. Nous obtenons deux brins doubles, dont un est partiel :*

```
3'                                   5'
T  C  A  A  T  C  G  T  G  G  C  T
A  G  T  T  A  G  C  A  C  C  G  A  G  C  A  A
5'                                            3'
```

*et*

```
3'                   5'
T  C  G  T  G  G  C  T
A  G  C  A  C  C  G  A
5'                   3'
```

*Nous pouvons alors répéter le cycle de réchauffement et de refroidissement. Notons qu'à partir des deux brins simples contenant les sommets* 0 *et* 6 *(ou leurs compléments), nous obtenons quatre brins simples dotés des mêmes propriétés, mais de longueur un peu différente.*

*Si nous prenons plutôt le brin double formé des sommets* 0 *et* 1*, l'ADN polymérase nous donnera un seul nouveau brin sommet simple. En effet, en partant du double brin partiel*

```
            3'                   5'
            T  C  G  T  C  T  T  T
A  G  T  T  A  G  C  A  G  A  A  A  C  T  A  G
5'                                            3'
```

*nous obtenons les deux brins simples TCGTCTTT et AGTTAGCAGAAACTAG. Seule l'amorce AGCA pourra se lier au brin arête et former le double brin partiel*

```
3'                   5'
T  C  G  T  C  T  T  T
A  G  C  A
5'       3'.
```

*Ce brin pourra alors être complété par l'ADN polymérase. On voit ici comment les brins dans lesquels un seul des deux sommets* 0 *ou* 6 *est présent se répliquent plus lentement que les brins contenant les deux sommets.*

Ce cycle de refroidissement (réaction de l'ADN polymérase avec des amorces) et de réchauffement (séparation des brins des molécules d'ADN) fait croître exponentiellement le nombre de molécules possédant le bon sommet de départ et le bon sommet d'arrivée (il double à chaque étape du cycle), tandis que le nombre de celles qui n'ont ni le bon début ni la bonne fin reste toujours le même. Les molécules qui ont soit le bon départ, soit la bonne fin, mais pas les deux, se reproduisent aussi, mais à un rythme beaucoup plus lent que celles qui nous intéressent, comme nous avons pu voir dans l'exemple 13.47.

En fin de compte, après $n$ applications de ce cycle, il y a plus de $2^n$ brins sommet tronqués et brins arête pour chacun des chemins commençant par un sommet 0 et se terminant par un sommet 6. Parmi cette multitude, on espère que, si $n$ est assez grand, le nombre de molécules qui répondent à notre premier critère soit suffisamment important pour qu'on puisse les trouver en appliquant les autres étapes de la méthode d'Adleman.

## 13.7 Exercices

### *Les machines de Turing*

**1.** Soient la figure 13.11 représentant la fonction $\varphi$ d'une machine de Turing M et l'entrée

$$\text{B111111B11111B11111B11B}.$$

Le pointeur se trouve sur le B le plus à gauche au départ. Décrire l'action de la machine et préciser quelle est la position du pointeur à la fin du calcul de M. Notons que l'action ne change pas nécessairement l'entrée.

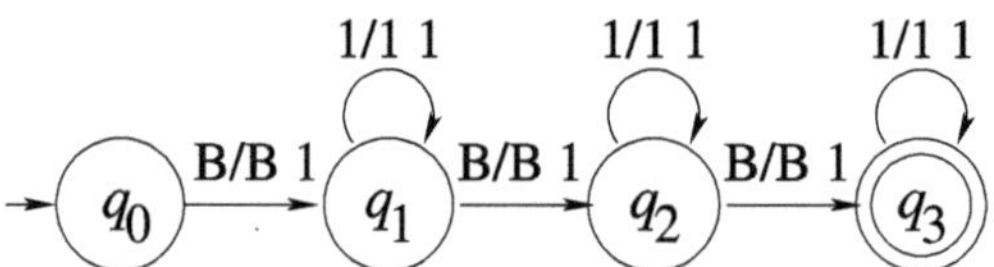


**Fig. 13.11.** La fonction $\varphi$ de l'exercice 1

**2.** **a)** Construire une machine de Turing permettant de recopier un nombre unaire à sa suite en laissant un blanc entre les deux (l'entrée est B$\overline{x}$B et la sortie B$\overline{x}$B$\overline{x}$B). Ne pas oublier de ramener le pointeur avant le premier nombre.

**b)** Construire une machine de Turing permettant de copier $k$ fois un nombre unaire, les $k$ copies du nombre étant séparées par des blancs. Utiliser l'induction.

**3.** **a)** Construire une machine de Turing permettant de translater un nombre de $n$ cases.

**b)** Construire une machine de Turing permettant de translater $k$ nombres de $n$ cases.

**c)** Construire une machine de Turing permettant de translater un nombre précédé d'un nombre arbitraire de B sur le ruban pour le remettre juste à la droite du premier symbole B : BBBBBB$\overline{x}$B devient B$\overline{x}$B.

**4.** Construire une machine de Turing qui calcule la fonction prédécesseur.

**5.** Construire une machine de Turing effectuant la fonction cosgn : $\mathbb{N} \to \mathbb{N}$ définie par

$$\text{cosgn}(n) = \begin{cases} 1, & n = 0, \\ 0, & n \geq 1. \end{cases}$$

**6.** Vérifier que les égalités

$$\begin{aligned} |\neg P_1| &= \text{cosgn}(p_1), \\ |P_1 \vee P_2| &= \text{sgn}(p_1 + p_2), \\ |P_1 \wedge P_2| &= p_1 * p_2, \end{aligned}$$

correspondent bien aux fonctions valeurs des opérateurs booléens ET, OU et NON. Les tables de vérité de ces opérateurs sont données à la section 15.7 du chapitre 15.

**7.** **a)** Expliquer comment construire une machine de Turing qui calcule la fonction

$$f : \mathbb{N} \times \mathbb{N} \to \{0, 1\} \subset \mathbb{N}$$

définie par

$$f(x, y) = \begin{cases} 1, & x = y, \\ 0, & \text{sinon.} \end{cases}$$

**b)** Expliquer comment construire une machine de Turing qui calcule la fonction

$$f : \mathbb{N} \times \mathbb{N} \to \{0, 1\} \subset \mathbb{N}$$

définie par

$$f(x, y) = \begin{cases} 1, & x \geq y, \\ 0, & \text{sinon.} \end{cases}$$

**8.** Construire une machine de Turing qui intervertit deux nombres sur le ruban : si B$\overline{x}$B$\overline{y}$B est la configuration initiale, alors la machine s'arrêtera sur B$\overline{y}$B$\overline{x}$B. L'exercice est plus simple si on utilise l'alphabet de ruban $\{\text{B}, 1, A\}$, où $A$ sert de marqueur sur le ruban. Notons qu'il n'est pas nécessaire que le B à la gauche du $y$ soit le premier sur le ruban (c'est-à-dire qu'il n'est pas nécessaire de vous soucier de translater le résultat).

**9.** Expliquer comment construire une machine de Turing permettant de calculer la fonction factorielle en supposant connue une machine de Turing $\mathcal{M}$ qui calcule la fonction multiplication.

**10.** On considère les fonctions pp, pg et eg définies en (13.1).
**a)** Expliquer comment construire une machine de Turing qui calcule $\mathrm{pp}(x, y)$.
**b)** Expliquer comment construire une machine de Turing qui calcule $\mathrm{pg}(x, y)$.
**c)** Expliquer comment construire une machine de Turing qui calcule $\mathrm{eg}(x, y)$.

***Les fonctions récursives***

**11.** Montrer que les fonctions sgn et cosgn définies comme suit

$$\begin{cases} \mathrm{sgn}(0) = 0, \\ \mathrm{sgn}(y+1) = 1, \end{cases} \qquad \begin{cases} \mathrm{cosgn}(0) = 1, \\ \mathrm{cosgn}(y+1) = 0, \end{cases}$$

sont des fonctions primitives récursives.

**12.** Montrer que la fonction $f : \mathbb{N} \times \mathbb{N} \to \mathbb{N}$ donnée par $f(m, n) = mn + 3n^2 + 1$ est primitive récursive.

**13.** Montrer que les fonctions suivantes sont récursives.
**a)** $\mathrm{abs}(x, y) = |x - y|$.
**b)** $\max(x, y) = \begin{cases} x, & x \geq y, \\ y, & x < y. \end{cases}$
**c)** $f(x) = \lfloor \log_2(x) \rfloor$. Ici $f(x)$ est une fonction totale qui, à $x$, associe la partie entière de $\log_2(x)$.
**d)** $\mathrm{div}(x, y) = \lfloor x/y \rfloor$. Ici $\mathrm{div}(x, y)$ est la partie entière du quotient de x par y. Ainsi $\mathrm{div}(7, 3) = 2$.
**e)** $\mathrm{rest}(x, y) = x \, mod \, y$. Nous voulons ici le reste de la division entière. Ainsi $\mathrm{rest}(31, 7) = 3$.
**f)** $f(x) = \begin{cases} 5, & x = 0, \\ 2, & x = 1, \\ 4, & x = 2, \\ 3x, & x > 3. \end{cases}$

**14.** Montrer que, si $g$ est une fonction primitive récursive de $n + 1$ variables, alors

$$f(x_1, \ldots, x_n, y) = \sum_{i=0}^{y} g(x_1, \ldots, x_n, i)$$

est une fonction primitive récursive.

***Systèmes d'insertion–délétion***

**15.** Élaborer un algorithme pour additionner deux nombres par le modèle d'insertion–délétion. Prendre l'alphabet $X = \{0, 1\}$.

***Satisfaisabilité***

**16.** Donner le graphe associé à l'énoncé logique de l'exemple 13.45 (comme dans la figure 13.10).

**17.** **a)** On considère l'énoncé logique

$$\gamma = (x_1 \wedge x_2) \vee (\neg x_3 \wedge x_4)$$

où $x_1$, $x_2$, $x_3$ et $x_4$ sont des variables booléennes. Mettre $\gamma$ sous forme conjonctive normale.

**b)** Même question pour l'énoncé

$$\delta = (\neg(x_1 \vee x_2)) \vee (\neg(x_3 \vee \neg x_4)).$$

**c)** Donner le graphe associé à l'énoncé logique $\gamma$.

# Références


[1] Adleman L., « Calculer avec l'ADN », *Dossier Pour la science*, vol. 252, octobre 1998, p. 56–63.

[2] Campbell, Neil A., et Jane B. Reece, traduction Richard Mathieu. *Biologie*, Saint-Laurent(Qubec), Éditions du Renouveau Pédagogique Inc., 2004, 1400 p.

[3] Church A., « An Unsolvable Problem of Elementary Number Theory », American Journal of Mathematics, vol. 58, 1936, p. 345–363.

[4] Dehornoy, Patrick. *Complexité et Décidabilité*, Paris, Springer-Verlag France, 1993, 200 p.

[5] Kari L. et G. Thierrin, « Contextual insertions/deletions and computability », *Information and Computation*, vol. 131, n$^o$ 1, 1996, p. 47–61.

[6] Păun, Gheorghe, Grzegorz Rozenberg et Arto Salomaa. *DNA Computing : New Computing Paradigms*, Berlin, New York, Springer, 1998, 402 p.

[7] Sipser, Michael. *Introduction to the Theory of Computation*, 2$^e$ édition, Boston, Course Technology, 2006, 431 p.

[8] Sudkamp, Thomas A. *Languages and Machine, An Introduction to the Theory of Computer Science*, 3$^e$ édition, Boston MA, Montreal, Addison-Wesley, 2006, 654 p.

[9] Turing A.M., « On computable Numbers with an Application to the Entscheidungsproblem », Proc. London Mathematical Society, vol. 42, 1937, p. 230–265.

# 14

# Le calcul des variations et ses applications[1]

*Ce chapitre est plus « classique » que les autres. Il introduit au calcul des variations, un très beau chapitre des mathématiques, trop souvent méconnu des mathématiciens. Une connaissance du calcul à plusieurs variables suffira, mais une connaissance élémentaire des équations différentielles sera un atout.*

*Le chapitre contient plus de matière que ce qu'on peut traiter en une semaine. Si l'on veut y consacrer une semaine, on commence par motiver le calcul des variations par des exemples de problèmes se ramenant à minimiser une fonctionnelle (section 14.1). On montre ensuite comment dériver la condition nécessaire d'Euler–Lagrange et le cas particulier de l'identité de Beltrami (section 14.2). On solutionne enfin les questions formulées à la section 14.1, dont le problème classique de la brachistochrone (section 14.4). Pour traiter le reste du chapitre, il faut disposer d'une deuxième ou même d'une troisième semaine. Cependant, le niveau mathématique reste constant tout au long du chapitre (il n'y a pas de partie avancée).*

*Certaines sections poursuivent l'étude des propriétés de la cycloïde qui constitue la solution au problème de la brachistochrone : la propriété tautochrone est présentée à la section 14.6 et le pendule isochrone de Huygens, à la section 14.7. Ces deux sections n'utilisent pas le calcul des variations, mais donnent des exemples de modélisation ayant suscité des espoirs d'applications technologiques.*

*Toutes les autres sections abordent un nouveau problème du calcul des variations : le tunnel le plus rapide (section 14.5), les bulles de savon (section 14.8), des problèmes isopérimétriques tels la chaînette, l'arc tenant sous son propre poids (section 14.10) et le télescope à miroir liquide (section 14.11).*

*La section 14.9 porte sur le principe de Hamilton, qui reformule la mécanique classique au moyen d'un principe variationnel. Moins « technologique » que les autres, cette section se veut un enrichissement culturel pour les étudiants en mathématiques qui ont été initiés à la mécanique newtonienne et n'ont pas eu l'occasion de pousser plus loin leur étude de la physique.*

---

[1]La première version de ce chapitre a été réalisée par Hélène Antaya au début de ses études de premier cycle en mathématiques.

## 14.1 Le problème fondamental du calcul des variations

Le calcul des variations est une branche des mathématiques qui permet d'optimiser des quantités physiques (comme le temps, la surface ou la distance). Il trouve des applications dans des domaines aussi variés que l'aéronautique (maximiser la portée d'une aile d'avion), la conception d'équipements sportifs performants (minimiser la friction de l'air sur un casque de cycliste, optimiser la forme d'un ski), la résistance des structures (maximiser la résistance d'une colonne, d'un barrage hydroélectrique, d'une voûte), l'optimisation des formes (profiler la coque d'un navire), la physique (calculer les trajectoires des corps en mécanique classique et les géodésiques en relativité générale), etc.

Deux exemples permettent de comprendre les problèmes auxquels s'attaque le calcul des variations.

**Exemple 14.1** *Cet exemple est très simple, et nous connaissons déjà la réponse au problème. Sa formulation nous aidera cependant par la suite. Il s'agit de trouver le chemin le plus court entre deux points* $A = (x_1, y_1)$ *et* $B = (x_2, y_2)$. *Nous savons que la réponse est la ligne droite, mais nous ferons l'effort de reformuler ce problème dans le langage du calcul des variations. Supposons que* $x_1 \neq x_2$ *et qu'il est possible d'écrire la seconde coordonnée comme fonction de la première. Alors, le chemin est donné par* $(x, y(x))$ *pour* $x \in [x_1, x_2]$, $y(x_1) = y_1$ *et* $y(x_2) = y_2$. *La quantité* $I$ *dont on doit trouver le minimum est ici la longueur du chemin entre* $A$ *et* $B$ *selon la trajectoire. Cette quantité* $I(y)$ *dépend évidemment de la trajectoire choisie et donc, de la fonction* $y(x)$. *Cette « fonction d'une fonction » est appelée une* fonctionnelle *par les mathématiciens.*

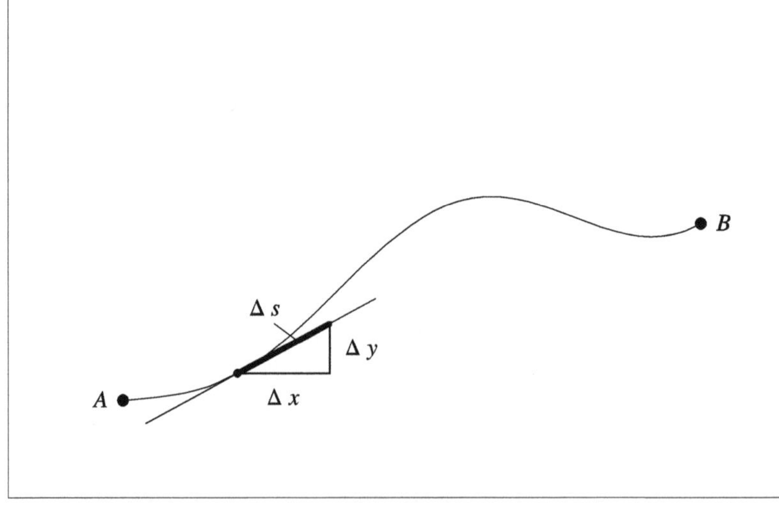


**Fig. 14.1.** Une trajectoire entre les deux points $A$ et $B$

*À chaque incrément $\Delta x$ le long d'une trajectoire correspond un court segment de la trajectoire dont la longueur, notée $\Delta s$, dépend de $x$. La longueur totale du chemin est donc*

$$I(y) = \sum \Delta s(x).$$

*À l'aide du théorème de Pythagore, cette longueur $\Delta s$ peut être approximée, pour $\Delta x$ suffisamment petit, par $\Delta s(x) = \sqrt{(\Delta x)^2 + (\Delta y)^2}$ comme l'indique la figure 14.1. Ainsi,*

$$\Delta s = \sqrt{(\Delta x)^2 + (\Delta y)^2} = \sqrt{1 + \left(\frac{\Delta y}{\Delta x}\right)^2} \Delta x.$$

*Si $\Delta x$ tend vers zéro, le rapport $\frac{\Delta y}{\Delta x}$ devient la dérivée $\frac{dy}{dx}$, et l'intégrale $I$,*

$$I(y) = \int_{x_1}^{x_2} \sqrt{1 + (y')^2} dx. \tag{14.1}$$

*Trouver le plus court chemin entre les points $A$ et $B$ s'énonce comme suit dans le calcul des variations : quelle trajectoire $(x, y(x))$ allant de $A$ à $B$ minimise la fonctionnelle $I$ ? Nous reviendrons sur ce problème à la section 14.3.*

Ce premier exemple ne convaincra personne de l'utilité du calcul des variations. La question posée (trouver la trajectoire $(x, y(x))$ minimisant l'intégrale $I$) semble bien difficile pour résoudre un problème dont on connaît déjà la solution. C'est pourquoi nous présentons un second exemple dont la solution, elle, ne sera sans doute pas évidente.

**Exemple 14.2** *Quelle est la meilleure piste de planche à roulettes ? La demi-lune est populaire en planche à roulettes, mais aussi en planche à neige, sport qui est devenu une discipline olympique aux Jeux de Nagano en 1998 ; elle a la forme d'une cuvette aux murs légèrement arrondis. Le planchiste, glisse d'une paroi à l'autre de la cuvette et exécute des prouesses acrobatiques quand il atteint les sommets. Trois profils possibles sont présentés à la figure 14.2. Les trois ont les mêmes sommets ($A$ et $C$) et le même fond ($B$). Le profil en pointillé requiert une explication : il faut imaginer qu'on ajoute un petit quart de cercle dans chaque coin pour transformer la vitesse verticale en vitesse horizontale (ou le contraire) et qu'on prend ensuite la limite lorsque le rayon du quart de cercle tend vers zéro. Ce parcours serait casse-cou puisqu'il contient deux angles droits ; il permettrait cependant au sportif démarrant du point $A$ d'atteindre très tôt une grande vitesse parce que cette piste commence par une chute libre. Le profil en traits discontinus est constitué des segments de droite $AB$ et $BC$ ; c'est donc le profil passant par $A$, $B$ et $C$ qui est le plus court en distance.*

*Mais que veut dire « la meilleure piste » ? Cette formulation n'est guère mathématique. Nous la changerons pour la définition suivante : quelle est la piste qui permet de se rendre du point $A$ au point $B$ dans le temps le plus court ? Cette nouvelle définition est précise mathématiquement, mais elle pourrait ne pas satisfaire les sportifs. Elle semble malgré tout un bon compromis. Selon cette définition précise, quel est le meilleur profil* *de cuvette ? Le sportif a-t-il avantage à atteindre la plus grande vitesse rapidement même si sa trajectoire sera plus longue (profil en pointillé), devra-t-il opter pour le profil constitué de deux segments de droite ou encore choisir une courbe entre ces deux extrêmes, telle la courbe lisse de la figure 14.2 ?*

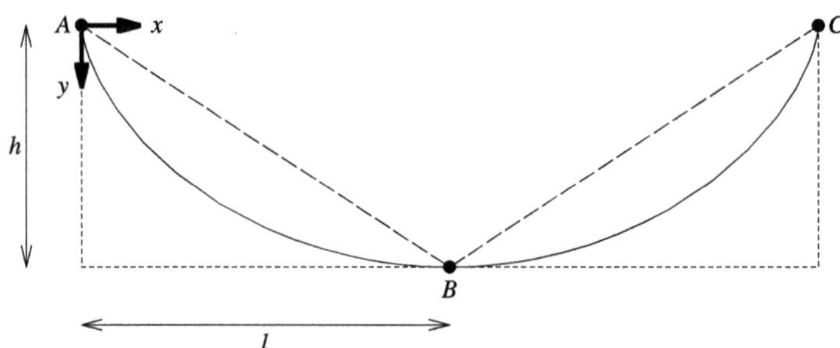


**Fig. 14.2.** Trois profils possibles pour la meilleure piste de planche à roulettes

*Il est relativement aisé de calculer le temps de parcours pour les deux profils extrêmes. Mais nous montrerons sous peu que le « meilleur » profil est celui d'une courbe lisse entre ces deux extrêmes. Calculons donc le temps de parcours entre les points $A$ et $B$ pour une courbe quelconque $(x, y(x))$.*

**Lemme 14.3** *Soit un système d'axes tel que l'axe des $y$ pointe vers le bas comme sur la figure 14.2, et une courbe $y(x)$ telle que $A = (x_1, y(x_1))$ et $B = (x_2, y(x_2))$. Le temps de parcours d'un point matériel parcourant la courbe de $A$ à $B$ sous la seule action de son poids est donné par*

$$I(y) = \frac{1}{\sqrt{2g}} \int_{x_1}^{x_2} \frac{\sqrt{1 + (y')^2}}{\sqrt{y}} dx. \tag{14.2}$$

PREUVE La clé pour calculer le temps de parcours est le principe physique de la conservation de l'énergie. L'énergie totale $E$ du point matériel est la somme de son énergie cinétique ($T = \frac{1}{2}mv^2$) et de son énergie potentielle ($V = -mgy$). (Attention : le signe « $-$ » dans $V$ s'explique par le fait que $y$ croît vers le bas alors que l'énergie potentielle diminue dans cette direction.) Ici, $m$ est la masse du point matériel, $v$ sa vitesse, et $g$ est l'accélération due à la gravité. Cette constante vaut $g \approx 9{,}8\ m/s^2$ à la surface de la Terre. L'énergie $E = T + V = \frac{1}{2}mv^2 - mgy$ du point matériel est conservée pendant la glissade dans la cuvette, c'est-à-dire qu'elle est constante. Si la vitesse du point matériel en $A$ est nulle, alors $E$ est nulle au départ et donc, tout le long de la trajectoire. Ainsi la vitesse du point matériel est reliée à sa hauteur par $E = 0$, c'est-à-dire que $\frac{1}{2}mv^2 = mgy$ ou encore

$$v = \sqrt{2gy}. \tag{14.3}$$

Le temps de parcours est la somme sur tous les accroissements infinitésimaux $dx$ du temps $dt$ pris pour parcourir la distance $ds$ correspondante. Ce temps est évidemment le quotient de la distance $ds$ par la vitesse à ce moment de la glissade. Donc,

$$I(y) = \int_A^B dt = \int_A^B \frac{ds}{v}.$$

L'exemple 14.1 a montré que, pour $dx$ infinitésimal, $ds = \sqrt{1+(y')^2}dx$ où $y'$ est la dérivée de $y$ par rapport à $x$. Le temps de parcours est donc donné par l'intégrale (14.2). □

**Retour sur l'exemple 14.2.** Le lemme 14.3 établit que l'intégrale à minimiser est bien (14.2) sous les conditions aux limites $A = (x_1, 0)$ et $B = (x_2, y_2)$. Le problème de la meilleure piste de planche à roulettes revient à trouver la fonction $y = y(x)$ qui minimise l'intégrale $I$. Ce problème semble beaucoup plus difficile que le premier !

Les problèmes des exemples 14.1 et 14.2 appartiennent au domaine des mathématiques appelé *calcul des variations*. Il est possible qu'ils vous rappellent les problèmes d'optimisation que l'on rencontre dans les cours de calcul différentiel. Dans ces cours, vous deviez trouver les extrema d'une fonction $f : [a, b] \to \mathbb{R}$. Ceux-ci se trouvent aux points où la dérivée s'annule ou encore, aux extrémités de l'intervalle. Le calcul différentiel nous fournit donc un outil très puissant pour résoudre ce type de problèmes. Les problèmes des exemples 14.1 et 14.2 sont cependant d'un type différent. En calcul différentiel, la quantité qui varie lors de la recherche de l'extremum de $f(x)$ est une simple variable, $x$, alors qu'elle est une fonction en calcul des variations (la fonction $y(x)$ paramétrisant la trajectoire). Nous allons cependant voir que l'outil du calcul différentiel est tellement puissant qu'il permet de résoudre les problèmes des exemples 14.1 et 14.2.

Énonçons maintenant le problème fondamental du calcul des variations.

**Problème fondamental du calcul des variations** Étant donné une fonction $f = f(x, y, y')$, trouver les fonctions $y(x)$ qui mènent à des extrema de l'intégrale

$$I = \int_{x_1}^{x_2} f(x, y, y')dx$$

sous les conditions aux limites

$$\begin{cases} y(x_1) = y_1, \\ y(x_2) = y_2. \end{cases}$$

Comment faire pour savoir quelles fonctions $y(x)$ minimisent ou maximisent l'intégrale $I$ ? C'est à cette question que répond l'équation d'Euler–Lagrange.

## 14.2 L'équation d'Euler–Lagrange

**Théorème 14.4** *Une condition nécessaire pour que l'intégrale*

$$I = \int_{x_1}^{x_2} f(x, y, y')\, dx \tag{14.4}$$

*atteigne un extremum sous les conditions aux limites*

$$\begin{cases} y(x_1) = y_1 \\ y(x_2) = y_2 \end{cases} \tag{14.5}$$

*est que la fonction $y = y(x)$ satisfasse à l'équation d'Euler–Lagrange*

$$\frac{\partial f}{\partial y} - \frac{d}{dx}\left(\frac{\partial f}{\partial y'}\right) = 0. \tag{14.6}$$

Preuve Les cas du minimum et du maximum se traitent similairement. Supposons que l'intégrale $I$ atteigne un minimum pour la fonction particulière $y_*$ qui satisfait donc à $y_*(x_1) = y_1$ et $y_*(x_2) = y_2$. Si nous déformons $y_*$ en la soumettant à certaines variations, mais en conservant les conditions aux limites (14.5), l'intégrale $I$ augmentera forcément, puisqu'elle est minimale pour $y_*$. Nous choisissons des déformations d'un type particulier, sous la forme d'une famille de fonctions $Y(\epsilon, x)$ représentant des courbes reliant $(x_1, y_1)$ et $(x_2, y_2)$ :

$$Y(\epsilon, x) = y_*(x) + \epsilon g(x). \tag{14.7}$$

Ici $\epsilon$ est un nombre réel, et g(x) est une fonction dérivable choisie arbitrairement, mais fixée. Elle doit satisfaire à la condition $g(x_1) = g(x_2) = 0$ qui garantit que $Y(\epsilon, x_1) = y_1$ et que $Y(\epsilon, x_2) = y_2$ pour tout $\epsilon$. Le terme $\epsilon g(x)$ est une *variation* de la fonction minimisatrice, d'où le nom *calcul des variations.*

Pour cette famille de déformations, l'intégrale devient une fonction $I(\epsilon)$ d'une variable réelle :

$$I(\epsilon) = \int_{x_1}^{x_2} f(x, Y, Y')\, dx.$$

Le problème de trouver l'extremum de $I(\epsilon)$ pour cette famille de déformations a donc été ramené à un problème de calcul différentiel ordinaire. Nous devons calculer la dérivée $\frac{dI}{d\epsilon}$ pour trouver les points critiques de $I(\epsilon)$ :

$$I'(\epsilon) = \frac{d}{d\epsilon}\int_{x_1}^{x_2} f(x, Y, Y')\, dx = \int_{x_1}^{x_2} \frac{d}{d\epsilon} f(x, Y, Y')\, dx.$$

Par la formule de dérivation des fonctions composées (que vous connaissez peut-être sous le nom de *règle de la chaîne*), on obtient

$$I'(\epsilon) = \int_{x_1}^{x_2} \left( \frac{\partial f}{\partial x}\frac{\partial x}{\partial \epsilon} + \frac{\partial f}{\partial y}\frac{\partial Y}{\partial \epsilon} + \frac{\partial f}{\partial y'}\frac{\partial Y'}{\partial \epsilon} \right) dx. \tag{14.8}$$

Mais, dans (14.8), $\frac{\partial x}{\partial \epsilon} = 0$, $\frac{\partial Y}{\partial \epsilon} = g(x)$ et $\frac{\partial Y'}{\partial \epsilon} = g'(x)$. Donc,

$$I'(\epsilon) = \int_{x_1}^{x_2} \left( \frac{\partial f}{\partial y} g + \frac{\partial f}{\partial y'} g' \right) dx. \tag{14.9}$$

Le deuxième terme de (14.9) est intégrable par parties :

$$\int_{x_1}^{x_2} \frac{\partial f}{\partial y'} g' \, dx = \left[ \frac{\partial f}{\partial y'} g \right]_{x_1}^{x_2} - \int_{x_1}^{x_2} g \frac{d}{dx}\left( \frac{\partial f}{\partial y'} \right) dx.$$

Le terme de gauche (entre crochets) disparaît puisque $g(x_1) = g(x_2) = 0$. Donc,

$$\int_{x_1}^{x_2} \frac{\partial f}{\partial y'} g' \, dx = -\int_{x_1}^{x_2} g \frac{d}{dx}\left( \frac{\partial f}{\partial y'} \right) dx, \tag{14.10}$$

et la dérivée $I'(\epsilon)$ devient

$$I'(\epsilon) = \int_{x_1}^{x_2} \left[ \frac{\partial f}{\partial y} - \frac{d}{dx}\left( \frac{\partial f}{\partial y'} \right) \right] g \, dx.$$

Par hypothèse, le minimum de $I(\epsilon)$ se trouve en $\epsilon = 0$, car c'est alors que $Y(x) = y_*(x)$. La dérivée $I'(\epsilon)$ doit donc être nulle en $\epsilon = 0$

$$I'(0) = \int_{x_1}^{x_2} \left[ \frac{\partial f}{\partial y} - \frac{d}{dx}\left( \frac{\partial f}{\partial y'} \right) \right] \Bigg|_{y=y_*} g \, dx = 0.$$

La notation $|_{y=y_*}$ indique que la quantité est évaluée quand la fonction $Y$ est la fonction particulière $y_*$. Rappelons que la fonction $g$ est arbitraire. Pour que $I'(0)$ soit toujours nulle, quelle que soit $g$, il faut donc que

$$\left( \frac{\partial f}{\partial y} - \frac{d}{dx}\left( \frac{\partial f}{\partial y'} \right) \right) \Bigg|_{y=y_*} = 0,$$

qui est l'équation d'Euler–Lagrange. □

Dans certains cas, nous pourrons utiliser des formes simplifiées de l'équation d'Euler–Lagrange, qui nous permettront de trouver la solution plus rapidement et plus facilement. Un de ces « raccourcis » se nomme l'identité de Beltrami.

**Théorème 14.5** *Dans les cas où la fonction $f(x, y, y')$ à l'intérieur de l'intégrale* (14.4) *est explicitement indépendante de $x$, une condition nécessaire pour que l'intégrale ait un extremum est donnée par l'identité de Beltrami, qui est une forme particulière de l'équation d'Euler–Lagrange :*

$$y' \frac{\partial f}{\partial y'} - f = C, \tag{14.11}$$

*où $C$ est une constante.*

Preuve Calculons $\frac{d}{dx}\left(\frac{\partial f}{\partial y'}\right)$ dans l'équation d'Euler–Lagrange. Par la règle de dérivation des fonctions composées, et puisque $f$ est indépendante de $x$, on obtient

$$\frac{d}{dx}\left(\frac{\partial f}{\partial y'}\right) = \frac{\partial^2 f}{\partial y \partial y'} y' + \frac{\partial^2 f}{\partial y'^2} y''.$$

Donc, l'équation d'Euler–Lagrange devient

$$\frac{\partial^2 f}{\partial y \partial y'} y' + \frac{\partial^2 f}{\partial y'^2} y'' = \frac{\partial f}{\partial y}. \tag{14.12}$$

Pour démontrer l'identité de Beltrami, nous devons montrer que la dérivée par rapport à $x$ de la fonction $h = y'\frac{\partial f}{\partial y'} - f$ est nulle. Calculons cette dérivée :

$$\begin{aligned}
\frac{dh}{dx} &= \left(\frac{\partial f}{\partial y'} y'' + \frac{\partial^2 f}{\partial y \partial y'} y'^2 + \frac{\partial^2 f}{\partial y'^2} y' y''\right) - \left(\frac{\partial f}{\partial y} y' + \frac{\partial f}{\partial y'} y''\right) \\
&= y'\left(\frac{\partial^2 f}{\partial y \partial y'} y' + \frac{\partial^2 f}{\partial y'^2} y'' - \frac{\partial f}{\partial y}\right) \\
&= 0.
\end{aligned}$$

La dernière égalité découle de (14.12). □

Avant de donner des exemples d'application des équations d'Euler–Lagrange, il est utile de faire quelques remarques et mises en garde.

Les équations d'Euler–Lagrange et de Beltrami sont des *équations différentielles* pour la fonction $y(x)$, c'est-à-dire que ce sont des équations reliant la fonction $y$ à ses dérivées. Résoudre des équations différentielles est une des facettes les plus importantes du calcul différentiel, qui a de multiples applications en sciences et en génie.

Un exemple d'une équation différentielle facile est $y'(x) = y(x)$ (ou simplement $y' = y$). Dans cet exemple, « lire » l'équation aide à la résoudre : quelle est la fonction $y$ dont la dérivée $y'$ est égale à la fonction elle-même ? Beaucoup se rappelleront que la fonction exponentielle a cette propriété : si $y(x) = e^x$, alors $y'(x) = e^x = y(x)$. En effet, la solution la plus générale de $y' = y$ est $y = ce^x$ où $c$ est une constante. Pour déterminer cette constante $c$, il faut utiliser une autre équation, typiquement une condition aux limites comme (14.5). Il n'existe pas de méthode systématique pour trouver les solutions d'équations différentielles. Ceci n'est pas surprenant : déjà, une équation différentielle simple comme $y' = f(x)$ a pour solution $y = \int f(x)dx$. Or, il n'existe pas toujours de formule pour la primitive d'une fonction, même si on sait qu'une telle primitive existe et qu'on peut évaluer numériquement une intégrale définie $\int_a^b f(x)dx$. Tout comme pour les méthodes d'intégration, il existe un nombre important de méthodes ad hoc pour des équations différentielles relativement simples et assez communes. Nous verrons quelques exemples de telles solutions dans ce qui suit. Pour les autres, on utilise des méthodes théoriques pour les questions d'existence et d'unicité des solutions d'une équation différentielle donnée, et des méthodes numériques pour calculer approximativement les solutions. Ces méthodes dépassent le but du présent chapitre. Elle se trouvent par exemple dans [2].

Comme le processus d'optimisation d'une fonction ne dépendant que d'une variable réelle, l'équation d'Euler–Lagrange donne parfois plusieurs solutions, et il faut des tests supplémentaires pour savoir si celles-ci sont des minima, des maxima ou des points d'une autre nature. De plus, ces extrema pourraient être locaux plutôt que globaux. Qu'est-ce qu'un point critique ? Dans les fonctions d'une variable réelle, c'est un point où la dérivée s'annule. Un tel point peut être un extremum ou encore, un point d'inflexion. Et dans les fonctions de plusieurs variables réelles, des points de selle peuvent apparaître. Dans le cadre du calcul des variations mettant en jeu une fonctionnelle (14.4), on dit qu'une fonction $y(x)$ est un point critique de la fonctionnelle si elle est une solution de l'équation d'Euler–Lagrange associée.

Une dernière mise en garde. Si on relit la preuve de l'équation d'Euler–Lagrange, on verra qu'elle n'a de sens que si la fonction $y$ est deux fois différentiable. Mais il peut arriver que la vraie solution d'un problème d'optimisation soit une fonction qui n'est pas différentiable en tous les points du domaine ! Un exemple d'une telle situation se produit dans l'étude du problème suivant : pour un volume et une hauteur donnés, trouver la forme qu'on doit donner à une colonne de révolution pour qu'elle puisse supporter la plus grande pression venant du haut. Nous n'écrirons pas les équations de ce problème, mais son histoire est intéressante. Lagrange pensait avoir prouvé que la solution est un cylindre, mais en 1992, Cox et Overton [3] ont montré que la bonne colonne prend la forme de la figure 14.3. Pourtant, le calcul de Lagrange ne comporte pas d'« erreurs » à proprement parler ; seulement il cherche la meilleure fonction dans la classe des fonctions différentiables, alors que la fonction de Cox et Overton ne l'est pas !

**Fig. 14.3.** La colonne optimale de Cox et Overton

Le cas de la colonne n'est pas un exemple isolé. Les pellicules de savon (section 14.8) peuvent avoir des angles. En fait, il est très courant que les problèmes du calcul des variations, aussi appelés problèmes variationnels, aient des solutions non différentiables.

Pour résoudre ce type de problèmes, on a généralisé les notions de dérivées : c'est le sujet de l'analyse non lisse.

## 14.3 Le principe de Fermat

Nous pouvons maintenant résoudre les deux problèmes de la section 14.1.

**Exemple 14.6 (retour sur l'exemple 14.1)** *Comme nous l'avons dit, nous connaissons la réponse au premier problème : quel est le chemin le plus court entre les deux points* $A = (x_1, y_1)$ *et* $B = (x_2, y_2)$ *du plan ? Sa solution à l'aide de l'équation d'Euler–Lagrange nous fournit cependant un exemple d'équations différentielles. Nous avons déjà reformulé cette question dans les termes du calcul des variations : trouver la fonction* $y = y(x)$ *qui minimise l'intégrale*

$$I(y) = \int_{x_1}^{x_2} \sqrt{1 + (y')^2} dx$$

*sous les conditions aux limites*

$$\begin{cases} y(x_1) = y_1, \\ y(x_2) = y_2. \end{cases}$$

*La fonction* $f(x, y, y')$ *est donc* $\sqrt{1 + (y')^2}$*. Puisque les trois variables* $x$*,* $y$ *et* $y'$ *sont indépendantes, cette fonction ne dépend ni de* $x$ *ni de* $y$*. Nous ne devrons calculer que le second terme de l'équation d'Euler–Lagrange :*

$$\frac{\partial f}{\partial y'} = \frac{y'}{\sqrt{1 + (y')^2}}$$

*et*

$$\frac{d}{dx}\left(\frac{\partial f}{\partial y'}\right) = \frac{y''}{(1 + (y')^2)^{\frac{3}{2}}}.$$

*Le chemin le plus court est décrit par la fonction* $y$ *satisfaisant à l'équation d'Euler–Lagrange, c'est-à-dire*

$$\frac{y''}{(1 + (y')^2)^{\frac{3}{2}}} = 0.$$

*Puisque le dénominateur est toujours positif, nous pouvons multiplier les deux membres de cette équation par cette quantité, et l'équation différentielle à résoudre devient*

$$y'' = 0.$$

*Même si vous n'avez pas suivi un cours d'équations différentielles, vous pouvez sans doute deviner la solution. Résoudre cette équation différentielle revient à répondre à la question : quelles sont les fonctions dont la seconde dérivée est identiquement nulle ? La réponse est : tout polynôme du premier degré* $y(x) = ax + b$. *Ce polynôme dépend de deux constantes* $a$ *et* $b$ *qu'il faut déterminer pour que* $y$ *passe par* $A$ *et* $B$, *c'est-à-dire pour que* $y(x_1) = y_1$ *et* $y(x_2) = y_2$. *(Exercice !) Le calcul des variations nous assure donc que le chemin le plus court entre* $A$ *et* $B$ *est la droite* $y(x) = ax + b$ *passant par ces deux points.*

Cet exercice nous a permis de comprendre comment utiliser l'équation d'Euler–Lagrange. Malgré son aspect fort simple, c'est un exemple très riche qui a des généralisations immédiates beaucoup plus difficiles.

Nous savons que la lumière se propage en ligne droite lorsqu'elle est dans un milieu uniforme et qu'elle est réfractée quand elle passe d'un milieu à un autre de densité différente. De plus, un rayon lumineux se réfléchit sur un miroir avec un angle de réflexion égal à l'angle d'incidence. Le *principe de Fermat* résume ces observations physiques en un énoncé utilisable directement par le calcul des variations. Il se lit comme suit : la lumière suit le trajet qui prend le temps le plus court. (Voir la section 15.1 du chapitre 15.)

La vitesse de la lumière dans le vide, notée $c$, est une constante physique fondamentale (approximativement $3,00 \times 10^8$ m/s). Mais la vitesse de la lumière n'est pas la même dans les gaz ou les matériaux comme le verre. Cette vitesse, $v$, est souvent exprimée à l'aide de l'indice de réfraction $n$ du milieu : $v = \frac{c}{n}$. Si le milieu est homogène, $n$ est constant. Sinon, $n$ dépend de $(x, y)$. Un exemple simple est l'indice de réfraction de l'atmosphère, qui varie en fonction de la densité de l'air et dépend donc de l'altitude. (La situation est encore plus compliquée que cela, car la vitesse de la lumière peut également dépendre de la fréquence de l'onde.) Si on se limite à un problème plan, l'intégrale (14.1) étudiée ci-dessus doit être changée pour tenir compte de cette vitesse variable. Elle prend alors la forme

$$I = \int_{x_1}^{x_2} dt = \int_{x_1}^{x_2} n(x, y)\frac{ds}{c} = \int_{x_1}^{x_2} n(x, y)\frac{\sqrt{1 + (y')^2}}{c}\, dx.$$

Ici, $dt$ représente un intervalle infinitésimal de temps et $ds$, un intervalle infinitésimal de longueur qui, le long d'une trajectoire $(x, y(x))$, est $\sqrt{1 + (y')^2}dx$. Si $n$ est constant, $n$ et $c$ peuvent être extraits de l'intégrale, et nous retrouvons le problème de l'exemple 14.1.

Par contre, si le milieu n'est pas homogène, la vitesse de la lumière varie selon l'indice de réfraction du milieu dans lequel elle se trouve, et la ligne droite n'est plus le trajet le plus rapide. La lumière est alors réfractée, c'est-à-dire que sa direction est déviée par rapport à la ligne droite. On doit tenir compte de ce fait dans le domaine des télécommunications (par ondes courtes en particulier).

## 14.4 La meilleure piste de planche à roulettes

Nous sommes maintenant prêts à attaquer le problème plus difficile de la meilleure piste de planche à roulettes. C'est un vieux problème. En fait, sa formulation précède l'invention de la planche à roulettes de près de trois siècles ! Au XVIIe siècle, Jean Bernoulli lance un concours qui occupera les plus grands esprits de l'époque. Il fait insérer le problème suivant dans *Acta Editorum* de Leipzig : « *Deux points A et B étant donnés dans un plan vertical, déterminer la courbe AMB le long de laquelle un mobile M, abandonné en A, descend sous l'action de sa propre pesanteur et parvient à l'autre point B dans le moins de temps possible.* » Le problème prend le nom de brachistochrone, qui veut dire, traduit textuellement, « temps le plus court ». On sait qu'au moins cinq mathématiciens proposèrent une solution : Leibniz, L'Hospital, Newton, Jean Bernoulli lui-même ainsi que son frère Jacques [6].

L'intégrale à minimiser, obtenue en (14.2), est

$$I(y) = \frac{1}{\sqrt{2g}} \int_{x_1}^{x_2} \frac{\sqrt{1+(y')^2}}{\sqrt{y}}\, dx,$$

et la fonction $f = f(x, y, y')$ est donc

$$f(x, y, y') = \frac{\sqrt{1+(y')^2}}{\sqrt{y}}.$$

Puisque $x$ n'apparaît pas explicitement dans l'expression de $f$, nous pouvons appliquer l'identité de Beltrami au lieu de l'équation d'Euler–Lagrange (voir le théorème 14.5). La meilleure piste est donc caractérisée par une fonction $y$ satisfaisant à

$$y' \frac{\partial f}{\partial y'} - f = C.$$

Un calcul direct donne

$$\frac{(y')^2}{\sqrt{1+(y')^2}\sqrt{y}} - \frac{\sqrt{1+(y')^2}}{\sqrt{y}} = C.$$

Nous pouvons simplifier cette expression en mettant ses deux termes au même dénominateur

$$\frac{-1}{\sqrt{1+(y')^2}\sqrt{y}} = C.$$

En isolant $y'$, nous obtenons l'équation différentielle

$$\frac{dy}{dx} = \sqrt{\frac{k-y}{y}}, \tag{14.13}$$

où $k$ est une constante égale à $\frac{1}{C^2}$.

Cette équation différentielle est difficile, même pour quelqu'un qui a fait un cours d'équations différentielles. Il est en fait impossible d'exprimer $y$ en fonction de $x$ sous une forme simple. La substitution trigonométrique suivante permet cependant d'intégrer l'équation :

$$\sqrt{\frac{y}{k-y}} = \tan \phi.$$

La fonction $\phi$ est une nouvelle fonction de $x$. En isolant $y$, nous trouvons

$$y = k \sin^2(\phi).$$

La dérivée de la nouvelle fonction $x$ peut être calculée à l'aide de la règle de dérivation des fonctions composées :

$$\frac{d\phi}{dx} = \frac{d\phi}{dy} \cdot \frac{dy}{dx} = \frac{1}{2k(\sin \phi)(\cos \phi)} \cdot \frac{1}{(\tan \phi)} = \frac{1}{2k \sin^2 \phi}.$$

Une méthode usuelle pour résoudre cette nouvelle équation est de la réécrire sous la forme

$$dx = 2k \sin^2 \phi \, d\phi,$$

qui indique la relation entre les deux accroissements infinitésimaux $dx$ et $d\phi$. En trouvant les primitives des deux membres, nous obtenons

$$x = 2k \int \sin^2 \phi \, d\phi = 2k \int \frac{1 - \cos 2\phi}{2} \, d\phi = 2k \left( \frac{\phi}{2} - \frac{\sin 2\phi}{4} \right) + C_1.$$

Nous avons choisi le point initial $A$ de la trajectoire à l'origine du système de coordonnées (voir la figure 14.2). Ce choix permet de fixer la constante d'intégration $C_1$. En $A$, les deux coordonnées $x$ et $y$ sont nulles. L'équation $y = k \sin^2 \phi$ donne, en ce point, $\phi = 0$ (ou un multiple entier de $\pi$). Et dans l'expression ci-dessus pour $x$, $\phi = 0$ donne $x = C_1$. Il faut donc poser $C_1 = 0$. Finalement, en posant $\frac{k}{2} = a$ et $2\phi = \theta$, on obtient

$$\begin{cases} x = a(\theta - \sin \theta), \\ y = a(1 - \cos \theta). \end{cases} \tag{14.14}$$

Ces équations sont les équations paramétriques d'une cycloïde. Une cycloïde est une courbe engendrée par le déplacement d'un point fixé sur un cercle de rayon $a$ qui roule sans glisser sur une droite (figure 14.4).

Voici donc la meilleure piste de planche à roulettes, du moins celle où le sportif, parti en $A$ à vitesse nulle, atteindra le point $B$ dans le temps le plus court ! La courbe lisse tracée entre les deux profils en segments de droite à la figure 14.2 est une cycloïde.

La cycloïde est une courbe bien connue des géomètres. Elle possède d'autres propriétés intéressantes. Par exemple, Christiaan Huygens a découvert que, dans une cuve dont le profil est une cycloïde, la période des oscillations d'une bille est constante, quelle que soit son amplitude. Si on laisse glisser une particule soumise seulement à la gravité à partir de n'importe quel point sur la courbe, elle mettra toujours exactement le même temps à se rendre jusqu'au bas de la courbe. Cette indépendance de la période de l'oscillation par rapport au point de départ est appelée la propriété *tautochrone*. Nous la démontrerons à la section 14.6.

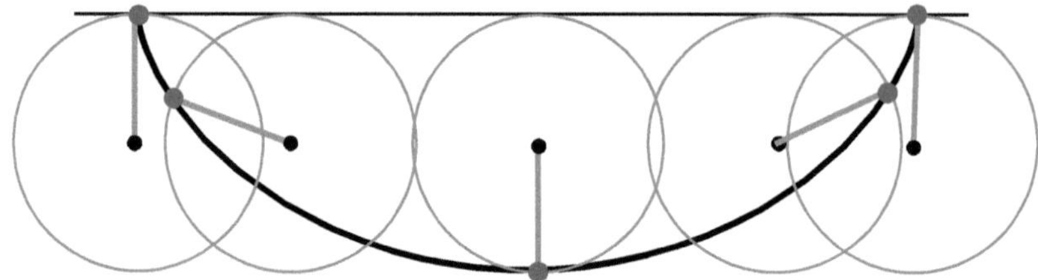

**Fig. 14.4.** Construction d'une cycloïde

## 14.5 Le tunnel le plus rapide

Nous abordons maintenant une généralisation de la brachistochrone qui pourrait, en théorie, complètement révolutionner le domaine des transports. Supposons que nous puissions percer l'intérieur de la Terre pour construire un tunnel allant d'une ville $A$ à une ville $B$ à la surface de la Terre. Si on néglige le frottement, un train démarrant à vitesse nulle de $A$ serait attiré vers le centre de la Terre par la gravité, accélérerait tant que le tunnel s'approcherait du centre de la Terre, puis décélererait quand le tunnel s'en éloignerait et, par conversion de l'énergie, ressortirait de ce tunnel en atteignant $B$ à vitesse nulle ! Pas besoin de combustible, pas besoin de frein ! Et nous serons encore plus audacieux : *nous dessinerons dans cette section le profil du tunnel qui sera parcouru le plus rapidement !*

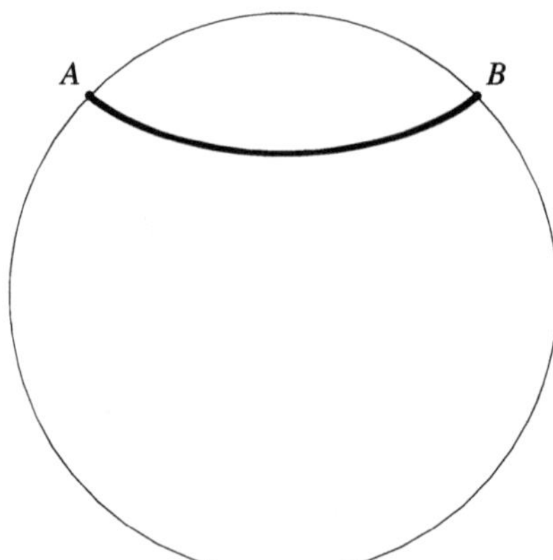


**Fig. 14.5.** Tunnel entre les deux villes $A$ et $B$

Un calcul (exercice 13) montrera que le temps de transit par ce « meilleur tunnel » entre New York et Los Angeles est de moins de 30 minutes, contre environ cinq heures en avion. (La distance le long d'un grand cercle entre New York et Los Angeles est d'environ 3940 km.) Mais n'achetez pas vos billets immédiatement ! Ce projet révolutionnaire bute sur quelques difficultés. Si les villes sont assez éloignées, le « meilleur tunnel » s'enfonce assez profondément dans la Terre, et il faudra creuser dans le magma ! Quel matériau pourrait résister à de telles chaleurs, sans compter la pression à de telles profondeurs ? Et si nous parvenions à surmonter les obstacles dus à la chaleur et à la pression, il resterait le problème des coûts. Seules les grandes villes de plusieurs millions d'habitants peuvent se payer des métros ; leur circuit totalise rarement plus que quelques centaines de kilomètres (1160 km pour le métro de New York). Le tunnel sous la Manche mesure 50 km. Inauguré en 1994, il a coûté 16 milliards d'euros. Ce n'est pas le plus long tunnel du monde : le tunnel ferroviaire du Seikan, au Japon, mesure 53,85 km. Le seul projet en cours (en 2006) qui le dépassera est le tunnel de base du Gothard, en Suisse ; d'une longueur de 57 km, il devrait être terminé en 2015. (Exercice : estimer la hauteur de la colline de forme conique d'une pente de 30 degrés, qui serait construite à la surface de la Terre par la roche retirée des entrailles de la Terre pour n'importe lequel de ces tunnels.) Notre solution du « meilleur tunnel » serait peut-être plus utile sur la Lune... Malgré le caractère utopique (au moins à l'heure actuelle) du calcul qui suit, il s'agit d'un très joli exercice !

On peut modéliser cette situation physiquement en assimilant la Terre à une boule de densité de masse volumique constante et les villes $A$ et $B$ à deux points à sa surface. Traçons un tunnel dans le plan passant par $A$, par $B$ et par le centre de la boule et repérons les points de cette courbe par $(x, y(x))$. Le but du calcul est donc à nouveau de trouver la courbe $(x, y(x))$ qui sera parcourue le plus rapidement par quelqu'un s'y engageant à vitesse nulle et s'y déplaçant sans frottement sous l'effet de la seule force gravitationnelle. Mais quelle est la différence entre ce problème et celui de la brachistochrone ? La seule différence est que, dans le cas du tunnel, la gravité est variable le long du parcours, car la distance entre la particule et le centre de la Terre varie selon la position de la particule dans le tunnel.

Comme pour la brachistochrone, c'est le temps de parcours qui doit être minimisé, c'est-à-dire l'intégrale

$$T = \int \frac{ds}{v}, \tag{14.15}$$

où $v$ désigne la vitesse au point $(x, y(x))$ de la course, et $ds$ est l'élément de longueur

$$ds = \sqrt{1 + (y')^2}\, dx. \tag{14.16}$$

La vitesse $v$ sera un peu plus difficile à exprimer, puisque la gravité est variable.

**Proposition 14.7** *En un point à distance $r = \sqrt{x^2 + y^2}$ du centre de la boule pleine de rayon $R > r$ et de densité de masse volumique constante, la force gravitationnelle est orientée vers le centre de la boule, et sa grandeur est donnée par*

$$|F| = \frac{GMm}{R^3} r,$$

*où $M$ est la masse de la boule, et $G$ est la constante de gravitation de Newton.*

Comme on peut décider d'accepter sans preuve ce résultat classique et de poursuivre la lecture nous reportons la preuve à la fin de la section.

Pour déterminer la vitesse $v$ au point $(x, y(x))$, on utilise la conservation de l'énergie. Ce principe physique dit qu'en l'absence de frottement, l'énergie totale de la particule en mouvement (c'est-à-dire la somme de son énergie cinétique $\frac{1}{2}mv^2$ et de son énergie potentielle $V$) est une constante le long de la trajectoire. Or, au départ, la vitesse est supposée nulle, et l'énergie cinétique est donc nulle. Puisque le départ se fait à la surface de la Terre, $r_{\text{initial}} = R$, et l'énergie potentielle est donc la valeur de $V$ pour $r = R$. La relation entre l'énergie potentielle et la force gravitationnelle est donnée par $F = -\nabla V$. Puisque $F$ ne dépend que du rayon, il suffit de trouver la primitive de $F$ qui est

$$V = \frac{GMmr^2}{2R^3}.$$

L'énergie potentielle n'est déterminée qu'à une constante additive près; nous l'avons posée égale à zéro. L'énergie totale de la particule au départ de sa course est donc

$$E = \frac{1}{2}mv^2 + V(r) = 0 + \left.\frac{GMmr^2}{2R^3}\right|_{r=R} = \frac{GMm}{2R}.$$

Nous sommes maintenant en mesure de trouver la vitesse $v$ de la particule en fonction de sa position $(x, y(x))$. En vertu de la conservation de l'énergie,

$$\frac{GMm}{2R} = \frac{mv^2}{2} + \frac{GMm}{2R^3}r^2$$

et donc,

$$v = \sqrt{\frac{GM(R^2 - r^2)}{R^3}}.$$

En posant $g = \frac{GM}{R^2}$, ce qui correspond à la constante gravitationnelle à la surface de la Terre, nous pouvons écrire la vitesse sous la forme

$$v = \sqrt{\frac{g}{R}}\sqrt{R^2 - r^2} = \sqrt{\frac{g}{R}}\sqrt{R^2 - x^2 - y^2}. \tag{14.17}$$

À l'aide de (14.15), (14.16) et (14.17), le temps de parcours de la particule dans le tunnel peut s'exprimer comme suit :

$$t = \sqrt{\frac{R}{g}} \int_{x_A}^{x_B} \frac{\sqrt{1 + (y')^2}}{\sqrt{R^2 - x^2 - y^2}}\, dx.$$

On arrive à une expression fort semblable à celle de la brachistochrone. Si on la résout au moyen des équations d'Euler–Lagrange, on obtient une courbe (figure 14.6) dont les équations paramétriques sont

$$\begin{aligned} x(\theta) &= R\left[(1-b)\cos\theta + b\cos\left(\frac{1-b}{b}\theta\right)\right], \\ y(\theta) &= R\left[(1-b)\sin\theta - b\sin\left(\frac{1-b}{b}\theta\right)\right], \end{aligned} \tag{14.18}$$

où $b \in [0,1]$. Cette courbe porte le nom d'hypocycloïde. Nous ne ferons pas ce calcul. Vous pouvez vérifier vous-même que (14.18) est bien une solution, mais le calcul est un peu long, et un logiciel de manipulations symboliques peut s'avérer utile. Dans le

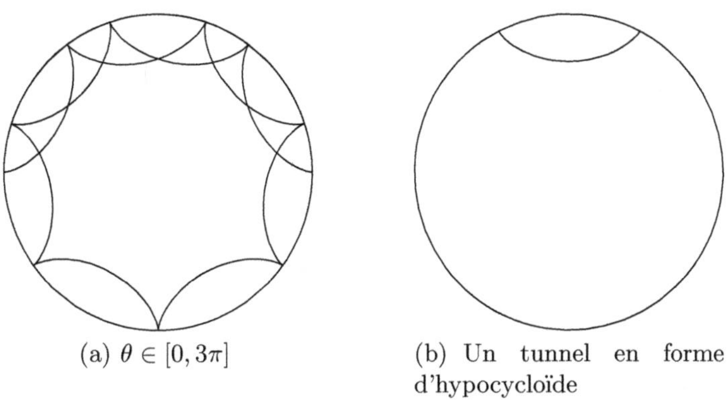

(a) $\theta \in [0, 3\pi]$

(b) Un tunnel en forme d'hypocycloïde

**Fig. 14.6.** Une hypocycloïde de paramètre $b = 0,15$

cas particulier où $b = \frac{1}{2}$, l'hypocycloïde est un segment de droite, car $x \in [-R, R]$ et $y = 0$. Nous avons vu qu'on peut tracer la cycloïde en suivant la trajectoire d'un point à la périphérie d'un disque roulant le long d'une droite. L'hypocycloïde, elle, peut être engendrée par le déplacement d'un point fixé sur un cercle de rayon $a$ roulant sur un autre cercle de rayon $R$ (le paramètre $b$ de l'équation (14.18) est $b = \frac{a}{R}$). Certains d'entre vous se rappelleront peut-être le jeu SpiroGraph de la maison Hasbro où on plante un crayon dans un petit disque qu'on fait rouler à l'intérieur d'un anneau. La seule différence, ici, est que le « crayon » est exactement sur la périphérie du petit cercle. Il est remarquable de noter la similitude entre la solution de la brachistochrone et celle du présent problème.

Preuve de la proposition 14.7 On considère une boule homogène et on étudie la force gravitationnelle s'exerçant sur une particule placée en $P$, un point intérieur. Sans perte de généralité, on peut supposer que la particule $P$ est située sur l'axe des $x$ à une distance $r \leq R$ de l'origine (figure 14.7). On décide de placer l'origine en $P$ et on utilise les coordonnées sphériques

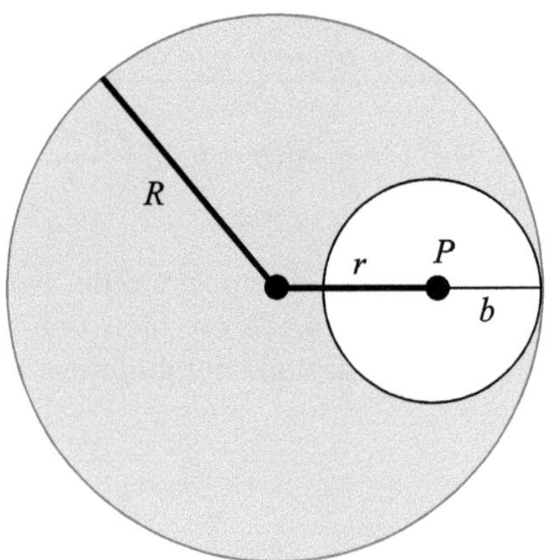


**Fig. 14.7.** Les variables caractérisant le point intérieur $P$

$$\begin{cases} x = \rho \sin \theta, \\ y = \rho \cos \theta \cos \phi, \\ z = \rho \cos \theta \sin \phi, \end{cases}$$

où $\theta \in [-\frac{\pi}{2}, \frac{\pi}{2}]$, $\rho \geq 0$ et $\phi \in [0, 2\pi]$. Le jacobien de ce changement de coordonnées est $\rho^2 \cos \theta \geq 0$, et donc, les volumes infinitésimaux d'intégration sont reliés par $dx\, dy\, dz = \rho^2 \cos \theta\, d\rho\, d\theta\, d\phi$.

La sphère de centre $P$ et de rayon $b = R - r$ a une attraction nette nulle sur $P$ pour des raisons de symétrie. Donc, l'attraction totale de la sphère sur le point $P$ est égale à l'attraction exercée sur $P$ par la partie en gris de la figure 14.7.

La force gravitationnelle exercée par un petit élément de volume de $dx\, dy\, dz$, centré en $(x, y, z)$, est proportionnelle au vecteur $\frac{(x,y,z)}{(x^2+y^2+z^2)^{\frac{3}{2}}} dx\, dy\, dz$. La force gravitationnelle totale doit être la somme des petites contributions. Pour des raisons de symétrie, ses composantes en $y$ et en $z$ sont nulles.

La grandeur de la force totale est donc donnée par l'intégrale triple

$$F = mG\mu \iiint \frac{x}{(x^2 + y^2 + z^2)^{\frac{3}{2}}}\, dx\, dy\, dz,$$

où $\mu$ est la densité de masse volumique de la boule, $G$, la constante de gravitation de Newton et $m$, la masse de la particule. Le domaine d'intégration est le volume décrit par la partie en gris de la figure 14.7, c'est-à-dire la partie entre la sphère interne (de rayon $b$) et la sphère externe (la Terre). Pour calculer cette intégrale triple, on la transforme en coordonnées sphériques :

$$F = mG\mu \iiint \left( \frac{\rho \sin \theta}{\rho^3} \rho^2 \cos \theta \right) d\phi\, d\rho\, d\theta.$$

On devra donc exprimer les bornes de l'intégrale en termes de ces nouvelles variables. Les coordonnées d'un point sur la sphère interne satisfont à $x^2+y^2+z^2=\rho^2$, $\rho=b=R-r$. Les coordonnées d'un point sur la sphère externe satisfont, elles, à $(x+r)^2+y^2+z^2=R^2$, c'est-à-dire

$$(\rho\sin\theta+r)^2+\rho^2\cos^2\theta\cos^2\phi+\rho^2\cos^2\theta\sin^2\phi=R^2,$$

d'où

$$\rho^2+r^2+2r\rho\sin\theta=R^2.$$

Cette équation possède deux racines. On choisit

$$\rho=-r\sin\theta+\sqrt{r^2\sin^2\theta-r^2+R^2}$$

de façon à ce que $\rho\geq 0$. On a donc maintenant tout ce qu'il faut pour évaluer l'intégrale triple $F$, puisqu'on a exprimé les bornes de l'intégrale en coordonnées sphériques :

$$\begin{aligned}
F &= mG\mu\int_{-\frac{\pi}{2}}^{\frac{\pi}{2}}\int_{R-r}^{-r\sin\theta+\sqrt{R^2-r^2\cos^2\theta}}\int_0^{2\pi}\left(\frac{\rho\sin\theta}{\rho^3}\right)\rho^2\cos\theta\,d\phi\,d\rho\,d\theta\\
&= 2\pi mG\mu\int_{-\frac{\pi}{2}}^{\frac{\pi}{2}}\int_{R-r}^{-r\sin\theta+\sqrt{R^2-r^2\cos^2\theta}}\sin\theta\cos\theta\,d\rho\,d\theta\\
&= 2\pi mG\mu\int_{-\frac{\pi}{2}}^{\frac{\pi}{2}}\sin\theta\cos\theta(-r\sin\theta+\sqrt{R^2-r^2\cos^2\theta}+r-R)\,d\theta\\
&= 2\pi mG\mu\int_{-\frac{\pi}{2}}^{\frac{\pi}{2}}\left(-r\sin^2\theta\cos\theta+\sin\theta\cos\theta\sqrt{R^2-r^2\cos^2\theta}+(r-R)\frac{\sin 2\theta}{2}\right)d\theta\\
&= 2\pi mG\mu\left(\frac{-r\sin^3\theta}{3}\Big|_{-\frac{\pi}{2}}^{\frac{\pi}{2}}+\frac{1}{3r^2}(R^2-r^2\cos^2\theta)^{\frac{3}{2}}\Big|_{-\frac{\pi}{2}}^{\frac{\pi}{2}}-\frac{(r-R)\cos 2\theta}{4}\Big|_{-\frac{\pi}{2}}^{\frac{\pi}{2}}\right).
\end{aligned}$$

Les deux derniers termes sont égaux à 0. Donc :

$$F=-\frac{4\pi}{3}rmG\mu.$$

Le signe négatif indique que la force est dirigée vers le centre de la Terre. Finalement, si $M$ est la masse de la Terre, on a $\mu=\frac{M}{4\pi R^3/3}$ et

$$|F|=\frac{GMm}{R^3}r.$$

□

## 14.6 La propriété tautochrone de la courbe cycloïde

Rappelons que la cycloïde est paramétrisée comme suit

$$\begin{cases} x(\theta) = a(\theta - \sin\theta), \\ y(\theta) = a(1 - \cos\theta), \end{cases} \tag{14.19}$$

en fonction de la variable $\theta \in [0, 2\pi]$. (La figure 14.8 représente une telle cycloïde; l'axe des $y$ pointe vers le bas.) Les sommets de la cycloïde sont aux points $\theta = 0$ et $2\pi$, et le fond de la cuvette est en $\theta = \pi$. Posons une bille de masse $m$ en $(x(\theta_0), y(\theta_0))$, pour un certain $\theta_0 < \pi$, et relâchons-la sans vitesse. Si le frottement est négligeable, la bille se rendra au point symétrique de $(x(\theta_0), y(\theta_0))$ par rapport au fond de la cuvette, puis rebroussera chemin pour revenir au point de départ qu'elle atteindra à vitesse nulle. Cette oscillation complète est une période. Le but de cette section est de prouver que cette période est indépendante du point de départ déterminé par $\theta_0$.

**Proposition 14.8** *Soit $T(\theta_0)$ la période des oscillations pour une bille lâchée en $(x(\theta_0), y(\theta_0))$. Alors,*

$$T(\theta_0) = 4\pi\sqrt{\frac{a}{g}}. \tag{14.20}$$

*La période est donc indépendante de $\theta_0$.*

PREUVE La période est égale à $4\tau(\theta_0)$ où $\tau(\theta_0)$ est le temps mis par la particule pour aller de $(x(\theta_0), y(\theta_0))$ à $(x(\pi), y(\pi))$. Nous allons montrer que $\tau(\theta_0) = \pi\sqrt{\frac{a}{g}}$.

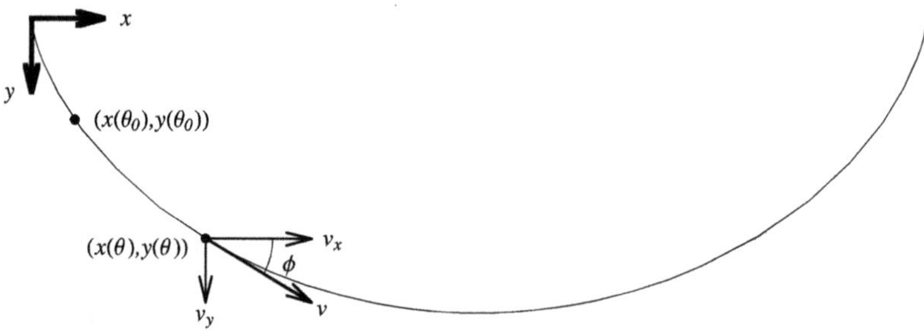


**Fig. 14.8.** La position de départ $(x(\theta_0), y(\theta_0))$ de la bille et les composantes de sa vitesse en un temps ultérieur

Soit $v_y(\theta)$ la vitesse verticale de la particule en $P(\theta)$. Alors, on a

$$\tau(\theta_0) = \int_0^{\tau(\theta_0)} dt = \int_{y(\theta_0)}^{y(\pi)} \frac{dy}{v_y(\theta)} = \int_{\theta_0}^{\pi} \frac{1}{v_y(\theta)} \frac{dy}{d\theta} d\theta. \tag{14.21}$$

De par (14.19),

$$\frac{dy}{d\theta} = a \sin\theta.$$

On doit calculer $v_y(\theta)$. À nouveau, c'est la conservation de l'énergie qui le permet ; comme pour (14.3), la vitesse totale $v(\theta)$ en $(x(\theta), y(\theta))$ dépend de la distance verticale parcourue

$$h(\theta) = y(\theta) - y(\theta_0) = a(\cos\theta_0 - \cos\theta),$$

et

$$v(\theta) = \sqrt{2gh(\theta)} = \sqrt{2ga}\sqrt{\cos\theta_0 - \cos\theta}.$$

La vitesse verticale est

$$v_y(\theta) = v(\theta)\sin\phi, \tag{14.22}$$

où $\phi$ est l'angle entre le vecteur vitesse et l'horizontale. Comme

$$\tan\phi = \frac{dy}{dx} = \frac{dy}{d\theta}\Big/\frac{dx}{d\theta} = \frac{\sin\theta}{1-\cos\theta},$$

on a

$$1 + \tan^2\phi = \frac{2}{1-\cos\theta}$$

et

$$\sin\phi = \sqrt{1-\cos^2\phi} = \sqrt{1 - \frac{1}{1+\tan^2\phi}} = \sqrt{\frac{1+\cos\theta}{2}}. \tag{14.23}$$

(Attention ! Puisque l'axe des $y$ est mesuré vers le bas, l'angle $\phi$ croît dans la direction horaire plutôt qu'antihoraire ; l'angle $\phi$ indiqué sur la figure 14.8 est donc positif.) Ainsi,

$$v_y(\theta) = \sqrt{ga}\sqrt{\cos\theta_0 - \cos\theta}\sqrt{1+\cos\theta}. \tag{14.24}$$

La fonction à intégrer dans (14.21) peut maintenant être explicitée en termes de $\theta_0$ et $\theta$. Puisque pour $0 \le \theta \le \pi$, la fonction $\sin\theta$ est positive, $\sin\theta = \sqrt{1-\cos^2\theta}$, et nous obtenons

$$\begin{aligned}\frac{1}{v_y(\theta)}\frac{dy}{d\theta} &= \frac{a\sin\theta}{\sqrt{ga}\sqrt{\cos\theta_0 - \cos\theta}\sqrt{1+\cos\theta}} \\ &= \sqrt{\frac{a}{g}}\frac{\sqrt{(1-\cos\theta)(1+\cos\theta)}}{\sqrt{\cos\theta_0 - \cos\theta}\sqrt{1+\cos\theta}} \\ &= \sqrt{\frac{a}{g}}\frac{\sqrt{1-\cos\theta}}{\sqrt{\cos\theta_0 - \cos\theta}}.\end{aligned} \tag{14.25}$$

Alors,

$$\tau(\theta_0) = \sqrt{\frac{a}{g}} I(\theta_0), \qquad \text{où} \qquad I(\theta_0) = \int_{\theta_0}^{\pi} \frac{\sqrt{1-\cos\theta}}{\sqrt{\cos\theta_0 - \cos\theta}} d\theta.$$

Il ne reste plus qu'à évaluer l'intégrale $I(\theta_0)$. La première étape est de réécrire

$$I(\theta_0) = \int_{\theta_0}^{\pi} \frac{\sin\frac{\theta}{2}}{\sqrt{\cos^2\frac{\theta_0}{2} - \cos^2\frac{\theta}{2}}} d\theta,$$

en utilisant $\sqrt{1-\cos\theta} = \sqrt{2}\sin\frac{\theta}{2}$ et $\cos\theta = 2\cos^2\frac{\theta}{2} - 1$. Pour calculer cette intégrale, on utilise le changement de variables

$$u = \frac{\cos\frac{\theta}{2}}{\cos\frac{\theta_0}{2}}, \qquad du = -\frac{\sin\frac{\theta}{2}}{2\cos\frac{\theta_0}{2}} d\theta.$$

Les nouvelles bornes d'intégration sont, lorsque $\theta = \theta_0$, $u = 1$ et, lorsque $\theta = \pi$, $u = 0$. L'intégrale devient donc

$$I(\theta_0) = -\int_1^0 \frac{2}{\sqrt{1-u^2}} du = -2\arcsin(u)\Big|_1^0 = \pi,$$

ce qui termine la preuve. □

Notons pour terminer que les calculs de cette section permettent d'obtenir le temps de parcours d'une bille glissant le long d'une cycloïde (14.19) du point $(0,0)$ au point $(x(\theta), y(\theta))$. L'intégrale (14.21) s'applique toujours : il suffit d'en changer les bornes.

**Corollaire 14.9** *Le temps de parcours d'un point matériel le long de la cycloïde* (14.19) *du point $\theta = 0$ au point $\theta$, sous la seule action de son poids, est donné par*

$$T(\theta) = \sqrt{\frac{a}{g}}\theta.$$

*En particulier, $T(\pi) = \pi\sqrt{\frac{a}{g}}$ (c'est le temps $\tau(\theta_0)$ calculé ci-dessus pour arriver au bas de la cuvette), et $T(2\pi) = 2\pi\sqrt{\frac{a}{g}}$ est la demi-période (c'est-à-dire le temps le plus court pour aller de $(0,0)$ à $(2\pi a, 0)$ en utilisant seulement la gravité).*

Preuve La fonction à intégrer est donnée par (14.25). Nous sommes dans le cas particulier où $\theta_0 = 0$ et où la borne supérieure est paramétrée par $\theta$. Le temps de parcours est donc donné par

$$T(\theta) = \int_0^{T(\theta)} dt = \sqrt{\frac{a}{g}} \int_0^{\theta} \frac{\sin\frac{\theta}{2}}{\sqrt{1-\cos^2\frac{\theta}{2}}} d\theta = \sqrt{\frac{a}{g}} \int_0^{\theta} d\theta = \sqrt{\frac{a}{g}}\theta.$$

□

## 14.7 Un dispositif isochrone

À l'époque où elle a été découverte, la propriété tautochrone de la section précédente a soulevé beaucoup d'espoir par ses applications potentielles en horlogerie. Si on peut forcer une particule à parcourir une trajectoire de cycloïde sous l'effet de la gravité et éliminer tous les frottements, ses oscillations auront la même période ($4\pi\sqrt{\frac{a}{g}}$), peu importe l'amplitude du mouvement. Ce n'est pas le cas du pendule classique qui trace une trajectoire en arc de cercle. Dans ce type de pendule, la période augmente en fonction de l'angle de déplacement. En pratique, on peut négliger cette variation si l'angle est petit, mais l'horloge ne sera jamais parfaitement précise[2].

Ayant découvert que la courbe tautochrone est la cycloïde et non l'arc de cercle, Huygens a eu l'idée de construire une horloge où il contraindrait le pendule à parcourir une trajectoire cycloïdale. À l'époque, une amélioration de la précision des horloges avait un impact important en astronomie et en navigation. En fait, la précision des horloges était pratiquement une question de vie ou de mort pour les marins. Pour déterminer leur longitude, les marins avaient besoin de connaître avec précision le moment de la journée. Or, les montres imprécises de l'époque accumulaient, lors de longs voyages, des erreurs inacceptables, car elles pouvaient laisser croire aux marins munis de cartes maritimes que leur navire était au-dessus de fonds sûrs alors qu'il était près de récifs.

Nous décrirons maintenant un dispositif imaginé par Huygens pour faire parcourir une courbe cycloïde à la masse d'un pendule. Le problème de ce dispositif est que les frottements y sont beaucoup plus importants que pour le pendule classique.

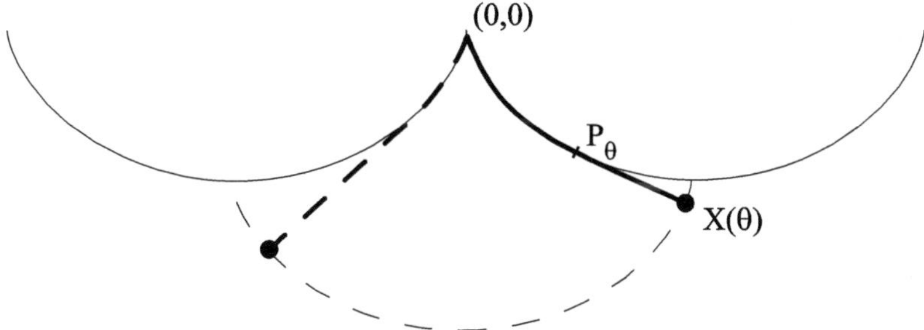


**Fig. 14.9.** Le dispositif de Huygens et deux positions du pendule

[2] Il est possible que vous ayez étudié le pendule dans un cours de physique. L'équation du mouvement, $\frac{d^2}{dt^2}\theta = -\frac{g}{l}\sin\theta$, peut être approximée par $\frac{d^2}{dt^2}\theta = -\frac{g}{l}\theta$ lorsque l'hypothèse des petites amplitudes ($\theta(t) \sim 0$) est faite. (La longueur de la corde du pendule est $l$.) Cette approximation mène à la solution $\theta(t) = \theta_0 \cos(\sqrt{\frac{g}{l}}(t - t_0))$, qui est de période indépendante de l'amplitude $\theta_0$. Cependant, cette solution est inadéquate si l'amplitude maximale $\theta_0$ est choisie assez grande.

Huygens a assemblé deux palettes en forme de cycloïdes de paramètre $a$ et il a suspendu un pendule de longueur $L = 4a$ entre les deux (figure 14.9). Lorsque le pendule est en mouvement, sa corde vient se coller sur la palette sur une distance $l(\theta)$, entre la position $(0,0)$ et la position $P_\theta$. Ensuite, la partie libre de la corde décrit un segment tangent à la cycloïde en $P_\theta$.

**Proposition 14.10** *En l'absence de friction, le pendule de Huygens de la figure 14.9 a des oscillations isochrones.*

PREUVE La position de la boule au bout du pendule peut être décrite par

$$P_\theta + (L - l(\theta))T(\theta) = X(\theta), \tag{14.26}$$

où $P_\theta$ est le point où la corde se détache de la palette, $T(\theta)$ est le vecteur unitaire tangent en $P_\theta$, et $(L - l(\theta))$ est la longueur de corde restante. Quant à $X(\theta)$, il représente la position de la boule au bout du pendule pour la valeur $\theta$ du paramètre. (Attention, le paramètre $\theta$ est celui de la cycloïde, il *n'est pas* l'angle que fait le pendule avec la verticale.)

Commençons par exprimer $P_\theta$ sous la forme d'un vecteur. Ceci est facile, car ses composantes sont les coordonnées de la cycloïde :

$$P_\theta = (a(\theta - \sin\theta), a(1 - \cos\theta))\,.$$

Pour trouver la direction du vecteur tangent à une position $\theta$, il suffit de dériver par rapport à $\theta$ ces mêmes composantes :

$$V(\theta) = (a(1 - \cos\theta), a\sin\theta)\,.$$

Pour obtenir le vecteur tangent *unitaire*, il faut trouver la longueur de ce vecteur :

$$|V(\theta)| = \sqrt{a^2(1-\cos\theta)^2 + a^2\sin^2\theta} = \sqrt{2}a\sqrt{1-\cos\theta}.$$

Ainsi, le vecteur unitaire est donné par

$$T(\theta) = \frac{V(t)}{|V(t)|} = \left(\frac{\sqrt{1-\cos\theta}}{\sqrt{2}}, \frac{\sin\theta}{\sqrt{2}\sqrt{1-\cos\theta}}\right).$$

Nous avons fixé la longueur de la corde à $L = 4a$. Il ne reste donc qu'à calculer la valeur de $l(\theta)$, qui est la longueur de l'arc de cycloïde entre $(0,0)$ et $P_\theta$ (voir la figure 14.9). Nous y réussirons en calculant l'intégrale suivante :

$$l(\theta) = \int_0^\theta \sqrt{(x')^2 + (y')^2}\,d\theta = \int_0^\theta a\sqrt{2}\sqrt{1-\cos\theta}\,d\theta. \tag{14.27}$$

Il est facile de simplifier ceci si on se rappelle que $\sqrt{1-\cos\theta} = \sqrt{2}\sin\frac{\theta}{2}$. Alors,

$$l(\theta) = \int_0^\theta a\sqrt{2}\sqrt{2}\sin\frac{\theta}{2}\,d\theta = \left[-4a\cos\frac{\theta}{2}\right]_0^\theta = -4a\cos\frac{\theta}{2} + 4a.$$

Nous avons maintenant tout ce qu'il faut pour obtenir la trajectoire $X(\theta)$. Simplifions d'abord l'expression du vecteur allant du point $P_\theta$ à l'extrémité $X(\theta)$ :

$$\begin{aligned}
\overrightarrow{P_\theta X(\theta)} &= (L - l(\theta))T(\theta) \\
&= 4a\cos\tfrac{\theta}{2}\left(\frac{\sqrt{1-\cos\theta}}{\sqrt{2}}, \frac{\sin\theta}{\sqrt{2}\sqrt{1-\cos\theta}}\right) \\
&= 4a\left(\frac{\sqrt{1-\cos\theta}\sqrt{1+\cos\theta}}{2}, \frac{(\cos\frac{\theta}{2})(2\sin\frac{\theta}{2}\cos\frac{\theta}{2})}{\sqrt{2}\sqrt{2}\sin\frac{\theta}{2}}\right) \\
&= 2a(\sqrt{1-\cos^2\theta}, 2\cos^2\frac{\theta}{2}) \\
&= 2a(\sin\theta, 1+\cos\theta).
\end{aligned}$$

En ajoutant les coordonnées de $P_\theta$, nous obtenons

$$\begin{aligned}
X(\theta) &= (a\theta - a\sin\theta + 2a\sin\theta, a - a\cos\theta + 2a + 2a\cos\theta) \\
&= (a(\theta+\sin\theta), a(1+\cos\theta) + 2a) \\
&= (a(\phi - \sin\phi) - a\pi, a(1-\cos\phi) + 2a),
\end{aligned}$$

où $\phi = \theta + \pi$. Nous avons utilisé les identités $\sin\theta = -\sin(\theta+\pi)$ et $\cos\theta = -\cos(\theta+\pi)$. Cette courbe est donc une cycloïde translatée de $(-\pi a, 2a)$. Ainsi, par ce dispositif, l'extrémité $X(\theta)$ du pendule se déplace sur une cycloïde. □

## 14.8 Pellicules de savon

Quelle forme prend une pellicule élastique si elle est tendue sur un cadre? Cette question possède une réponse évidente si le cadre a la forme d'un cercle. Tout le monde sait que la peau (la pellicule « élastique ») tendue sur le pourtour d'un tambour (le cadre) repose dans le plan de ce cadre. Nous n'avons guère besoin du calcul des variations pour répondre à cette question. Mais qu'advient-il si le cadre n'appartient pas à un plan? La réponse est beaucoup moins évidente! Pourtant, un enfant a tous les outils pour y répondre. Muni de cintres métalliques qu'il peut déformer à sa guise et d'eau savonneuse, il peut obtenir une réponse explicite en plongeant les cintres dans la solution. Lorsqu'il les en retirera, la pellicule savonneuse donnera une solution expérimentale à la question que nous venons de poser.

L'architecture de la dernière moitié de siècle a pu prendre de grandes libertés et s'éloigner des murs horizontaux et toits plans. Plusieurs grands projets comportent des surfaces qui sont non planaires, particulièrement pour les toits. Quoique les matériaux soient loin d'être élastiques et souples, ces toits semblent parfois être des pellicules tendues sur un cadre de forme exotique.

Le calcul des variations permet de résoudre la question de la forme des pellicules élastiques si on la reformule en tenant compte du fait que la pellicule élastique décrit une surface dont l'aire est minimale. (Pour vous en convaincre, rappelez-vous que la tension d'une bande ou d'une surface élastique est d'autant moins forte qu'elle est moins étirée. Minimiser la longueur d'une bande ou l'aire d'une surface consiste à minimiser les tensions qui s'y trouvent.) Ainsi, résoudre la question originale revient à minimiser l'intégrale

$$I = \iint_D \sqrt{1 + \left(\frac{\partial f}{\partial x}\right)^2 + \left(\frac{\partial f}{\partial y}\right)^2}\, dx\, dy \tag{14.28}$$

qui représente l'aire de la partie du graphe d'une fonction $f = f(x, y)$ située au-dessus d'un domaine $D$ dont le pourtour est une courbe fermée $\mathcal{C}$ (le cadre). Dans cette formulation, cette question est un problème de géométrie classique nommé le problème des *surfaces minimales.*

Trouver la fonction $f$ minimisant l'intégrale (14.28) requiert de dériver une équation d'Euler–Lagrange pour une fonctionnelle donnée par une intégrale double. Cela n'est pas difficile, et nous laissons cela pour l'exercice 16. Nous allons nous limiter ici au cas d'une surface de révolution qui nous ramène à un problème à une dimension que nous savons résoudre.

**Exemple 14.11** *Prenons un cadre bien particulier, constitué de deux cercles parallèles $y^2 + z^2 = R^2$ situés dans les plans $x = -a$ et $x = a$. Prenons une courbe $z = f(x)$ telle que $f(-a) = R$ et $f(a) = R$. Considérons la surface de révolution obtenue en faisant tourner la courbe autour de l'axe des $x$. Ceci engendre une surface de révolution dont le bord est constitué des deux cercles parallèles. Nous vérifierons dans l'exercice 15 que l'aire est donnée par la formule*

$$I = 2\pi \int_{-a}^{a} f\sqrt{1 + f'^2}dx. \tag{14.29}$$

*Pour minimiser cette intégrale, nous devons résoudre l'identité de Beltrami associée, soit*

$$\frac{f'^2 f}{\sqrt{1 + f'^2}} - f\sqrt{1 + f'^2} = C,$$

*que l'on peut réécrire*

$$\frac{f}{\sqrt{1 + f'^2}} = C.$$

*On aura donc*

$$f' = \pm\frac{1}{C}\sqrt{f^2 - C^2}.$$

*Pour intégrer cette équation différentielle, on pose*

$$\frac{df}{\sqrt{f^2 - C^2}} = \pm \frac{1}{C} dx.$$

*En intégrant des deux côtés, on obtient*

$$\operatorname{arccosh}(f/C) = \pm \frac{x}{C} + K_{\pm}.$$

*On a deux constantes d'intégration parce que la solution $z = f(x)$ est donnée sous la forme de la réunion de deux graphes de fonctions $x = g_{\pm}(z)$. En appliquant* cosh *aux deux membres, on obtient*

$$f = C \cosh\left(\frac{x}{C} \pm K_{\pm}\right).$$

*Nous avons utilisé ici la fonction cosinus hyperbolique (définie en termes de l'exponentielle par $\cosh x = \frac{1}{2}(e^x + e^{-x})$) et son inverse, la fonction* arccosh. *Comme on veut que les deux fonctions se recollent, on prend $K_+ = -K_- = K$. Vérifier que la dérivée de* $\operatorname{arccosh} x$ *est $1/\sqrt{x^2-1}$ est un bon exercice ; c'est ce que nous avons utilisé ci-dessus.*

*Puisque $f(-a) = f(a) = R$,*

$$\begin{cases} K = 0, \\ C \cosh(\frac{a}{C}) = R. \end{cases}$$

*La deuxième équation permet de déterminer $C$, mais seulement implicitement.*

*La courbe $y = C \cosh\left(\frac{x}{C} + K\right)$ est appelée caténaire, et la surface de révolution qu'elle engendre est appelée caténoïde. Nous reverrons la caténaire ci-dessous.*

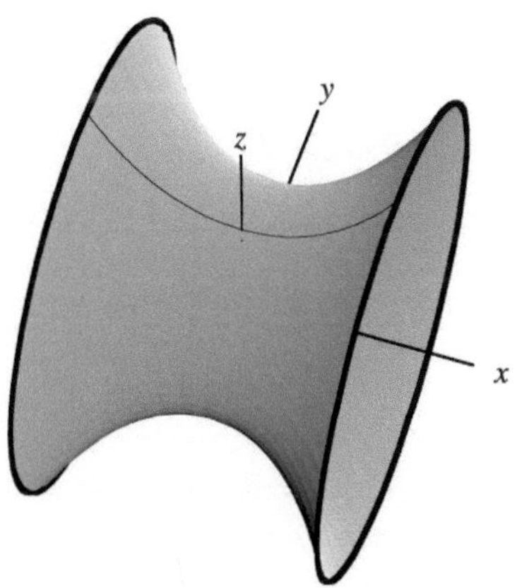


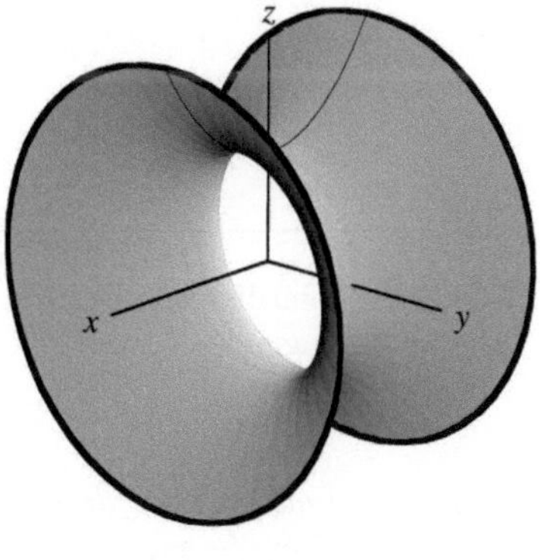


**Fig. 14.10.** Deux points de vue de la pellicule élastique joignant deux cerceaux de rayons égaux

Il est rare, en mathématiques, qu'un jeu suffise pour découvrir ou vérifier, au moins approximativement, une solution analytique. Un peu d'eau savonneuse permet cependant de vérifier la solution que nous venons d'obtenir et de trouver les solutions pour d'autres cadres $\mathcal{C}$. L'expérimentation permet aussi d'explorer certaines limitations du calcul des variations, limitations dont nous avons déjà dit quelques mots à la section 14.2 (voir l'anectode sur la colonne la plus stable). Nous vous suggérons donc de trouver une « bonne » recette d'eau savonneuse sur Internet et d'expérimenter avec divers cadres. Le cadre constitué des arêtes d'un cube donne un résultat saisissant ; nous vous le recommandons !

Les pellicules de savon nous donnent un moyen facile et intéressant de répondre à d'autres questions. En voici une.

**Exemple 14.12 (les trois villes et les pellicules de savon)** *Supposons que nous ayons trois villes disposées sur un terrain parfaitement plat. On cherche à relier ces trois villes par la route la plus courte. Comment procéder ?*

*On commence par identifier les villes à trois points $A$, $B$, $C$. Tout ce qu'on a à faire, c'est construire un modèle formé de deux plaques parallèles d'un matériau transparent, reliées par trois chevilles perpendiculaires placées aux points de coordonnées $A$, $B$ et $C$, et tremper cet ensemble dans une solution de savon. Quand on sort le modèle de la solution, un film relie les trois chevilles. Ce film étant une surface minimale, il nous donne exactement la forme que devrait prendre la route reliant directement les trois points.*

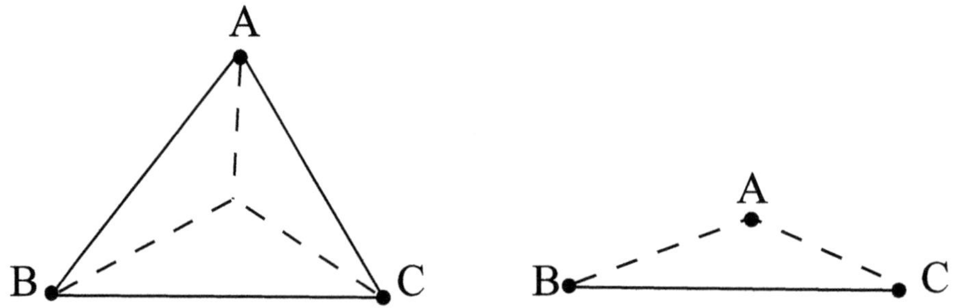


**Fig. 14.11.** En pointillé : le plus court réseau routier reliant les trois villes situées aux sommets $A$, $B$ et $C$ du triangle

*Il est un peu surprenant de constater que la forme de la pellicule de savon n'est pas toujours la ligne brisée qui relie les trois points. En effet, si les angles du triangle $ABC$ sont tous inférieurs à $\frac{2\pi}{3}$, on obtient une « route » plus courte si on passe d'abord par un point intermédiaire situé entre les trois autres. Au contraire, si un des angles est supérieur ou égal à $\frac{2\pi}{3}$, alors la réunion de ses deux côtés adjacents est le chemin le plus court (figure 14.11).*

*On appelle* **point de Fermat** *le point intermédiaire qui minimise la longueur totale de la route entre les trois points. On peut trouver la position du point de Fermat simplement en dessinant un triangle équilatéral sur chaque côté du triangle formé par les trois points. On joint ensuite chaque sommet du triangle* $ABC$ *au sommet du triangle équilatéral qui lui est opposé. Les trois droites* $AA'$, $BB'$ *et* $CC'$ *s'intersectent en un point* $P$ *(figure 14.12). Il ne se trouve à l'intérieur du triangle que si les angles du triangle sont tous inférieurs ou égaux à* $\frac{2\pi}{3}$.

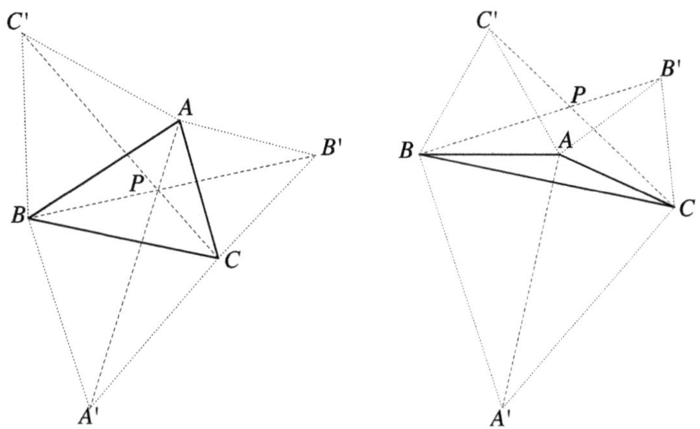


**Fig. 14.12.** Construction d'un point de Fermat

*On montrera dans l'exercice 18 que le chemin construit est bien le plus court.*

Ceci se généralise aisément à plus de trois points. Là aussi, on pourrait trouver la route la plus courte qui les joint en construisant un modèle qu'on plongerait dans une solution de savon. Le problème généralisé est en fait un ancien problème d'optimisation appelé *problème de l'arbre minimal de Steiner.*

**Problème de l'arbre minimal de Steiner** Ce problème s'énonce comme suit : étant donné $n$ points dans un plan, trouver le réseau le plus court permettant de les relier. Il est facile de se convaincre qu'un tel réseau est une union de segments de droite. En effet, si on avait des arcs de courbe, on pourrait les remplacer par des lignes polygonales de longueur inférieure. De plus, on peut se convaincre que l'ensemble des segments ne contient pas de triangle, car on a vu ci-dessus comment remplacer un triangle par un réseau plus court reliant les trois sommets du triangle. Selon le même type d'argument, la réunion des segments ne contient pas de polygones fermés. Cette réunion de segments est donc un arbre au sens de la théorie des graphes, d'où le nom du problème.

Les surfaces minimales apparaissent dans beaucoup d'autres applications. Vous en rencontrerez peut-être quelques-unes.

## 14.9 Le principe de Hamilton

Le principe de Hamilton est un des plus grands succès du calcul des variations. Il permet de reformuler la mécanique classique et plusieurs autres domaines de la physique comme des problèmes variationnels.

Selon le principe de Hamilton, un système en mouvement dans l'espace suit toujours la trajectoire qui optimise l'intégrale suivante,

$$A = \int_{t_1}^{t_2} L\,dt = \int_{t_1}^{t_2} (T - V)\,dt, \tag{14.30}$$

où la fonction $L$, appelée le lagrangien, est la différence entre l'énergie cinétique $T$ du système et son énergie potentielle $V$. Pour des raisons historiques, l'intégrale $A$ est appelée l'*action*. Ainsi, le principe de Hamilton est aussi appelé le principe de moindre action[3]. Puisque, dans beaucoup de problèmes de mécanique, l'énergie cinétique dépend de la vitesse des composantes du système (dans le cas d'une particule, elle est de la forme $\frac{1}{2}mv^2$, où $v$ est la vitesse de la particule et $m$, sa masse) et que l'énergie potentielle ne dépend que de la position, le lagrangien $L$ est en fait une fonction $L = L(t, \mathbf{y}, \mathbf{y}')$ où $\mathbf{y} = \mathbf{y}(t)$ est la position du système au cours du temps et $\mathbf{y}' = \frac{d\mathbf{y}}{dt}$, sa vitesse. On reconnaît donc la forme

$$A = \int_{t_1}^{t_2} L(t, \mathbf{y}, \mathbf{y}')\,dt$$

à laquelle s'applique le calcul des variations ; la variable $x$ a été remplacée par le temps $t$.

Le vecteur $\mathbf{y}$ décrit la position du système. Le nombre de ses coordonnées dépend du système considéré. Si on décrit le mouvement d'un point matériel dans le plan (respectivement dans l'espace), $\mathbf{y} \in \mathbb{R}^2$ (respectivement $\mathbf{y} \in \mathbb{R}^3$). Si le système comprend deux points matériels, $\mathbf{y} = (\mathbf{y}_1, \mathbf{y}_2)$, et donc, $\mathbf{y} \in \mathbb{R}^4$ (respectivement $\mathbf{y} \in \mathbb{R}^6$), où $\mathbf{y}_1$ (respectivement $\mathbf{y}_2$) représente la position du premier (respectivement deuxième) point. Dans le cas général, $\mathbf{y} \in R^n$, et on dit que le système a $n$ degrés de liberté. (Voir l'introduction du chapitre 3 pour une discussion des degrés de liberté dans un autre contexte.)

Si $\mathbf{y} = (y_1, \dots, y_n) \in \mathbb{R}^n$, le lagrangien prend la forme $L = L(t, y_1, \dots, y_n, y_1', \dots, y_n')$. Les équations d'Euler–Lagrange peuvent être généralisées aux problèmes comportant un nombre quelconque de degrés de liberté. Voici la généralisation à deux degrés de liberté.

---

[3] Il est difficile de comprendre pourquoi les systèmes physiques minimisent l'intégrale de la différence entre leurs énergies cinétique et potentielle. Pourquoi cette différence plutôt que toute autre combinaison ? Les livres de physique sont fort laconiques sur ce point. Dans ses cours d'introduction à la physique, Feynman consacre tout un chapitre au principe de moindre action. Son émerveillement se porte, non sur le fait que ce soit la différence $T - V$ qui décrive la nature, mais bien sur l'existence même d'une telle quantité dont le minimum décrit la physique observée. Pour ceux qui veulent explorer plus profondément le lien entre calcul des variations et physique, ce cours de Feynman est un magnifique point de départ. [5]

**Théorème 14.13** *Soit l'intégrale*

$$I(x,y) = \int_{t_1}^{t_2} f(t,x,y,x',y')\,dt. \tag{14.31}$$

*Pour que la paire $(x^*, y^*)$ minimise cette intégrale, il faut que $(x^*, y^*)$ soit une solution du système de deux équations d'Euler–Lagrange*

$$\frac{\partial f}{\partial x} - \frac{d}{dt}\left(\frac{\partial f}{\partial x'}\right) = 0, \qquad \frac{\partial f}{\partial y} - \frac{d}{dt}\left(\frac{\partial f}{\partial y'}\right) = 0.$$

Dans les calculs précédents, le comportement de la solution était fixé par des conditions sur la fonction $y$ données aux bornes d'intégration. Par exemple, les constantes d'intégration qui décrivent la cycloïde sont fixées par les points de départ $(x_1, y_1)$ et d'arrivée $(x_2, y_2)$. En physique, plutôt que de déterminer la trajectoire d'une particule en utilisant ses points de départ et d'arrivée, on a coutume de donner sa position et sa vitesse au départ. Nous verrons comment cela est fait dans un exemple.

**Exemple 14.14** ***(la trajectoire d'un projectile)*** *Comme exemple du principe de Hamilton, nous trouverons la trajectoire d'un projectile de masse $m$ dans le champ gravitationnel à la surface de la Terre. Nous supposerons que la friction de l'air est négligeable. Le projectile est lancé à l'instant $t_1 = 0$, à la hauteur $h$ (c'est-à-dire $(x(0), y(0)) = (0, h)$) et à la vitesse $\mathbf{v}_0$ faisant un angle $\theta$ avec l'axe horizontal. Les composantes de la vitesse sont donc $(v_{0x}, v_{0y}) = |\mathbf{v}_0|(\cos\theta, \sin\theta)$.*

*L'action d'un tel projectile (voir (14.30)) est*

$$A = \int_{t_1}^{t_2} L(t,x,y,x',y')dt = \int_{t_1}^{t_2} (T - V)dt.$$

*Le $'$ indique une dérivée par rapport au temps $t$. L'énergie cinétique est $T = \frac{1}{2}m|\mathbf{v}|^2$ et l'énergie potentielle, $V = mgy$. Puisque le carré de la longueur du vecteur vitesse est $|\mathbf{v}|^2 = (x')^2 + (y')^2$, l'action peut être écrite en termes des variables $x, y, x'$ et $y'$ sous la forme*

$$A = \int_{t_1}^{t_2} m\left(\tfrac{1}{2}(x')^2 + \tfrac{1}{2}(y')^2 - gy\right) dt.$$

*Les équations du mouvement du projectile sont obtenues à l'aide des équations d'Euler–Lagrange du théorème 14.13 où le lagrangien $L = m\left(\frac{1}{2}(x')^2 + \frac{1}{2}(y')^2 - gy\right)$ est la fonction dont l'intégrale est à minimiser. On utilise de façon équivalente $f = \frac{L}{m}$. La première équation, pour le degré de liberté $x = x(t)$, donne*

$$0 = \frac{\partial f}{\partial x} - \frac{d}{dt}\left(\frac{\partial f}{\partial x'}\right) = -\frac{d}{dt}(x') = -x''. \tag{14.32}$$

*La seconde égalité découle du fait que $L$ ne dépend pas de $x$. La seconde dérivée de $x$ étant nulle, sa première dérivée, $x'$, doit être une constante. Or, nous connaissons cette constante : c'est la composante horizontale de la vitesse initiale $v_{0x}$. Donc,*

$$x' = v_{0x} = |\mathbf{v}_0| \cos\theta.$$

*On retrouve une observation physique bien connue : un objet lancé à partir du sol et qui ne subit aucune friction a une vitesse horizontale constante. Une seconde intégration donne la coordonnée $x$ au cours du temps : $x = v_{0x}t + a$. La constante d'intégration $a$ peut être fixée à l'aide des données initiales. En $t_1 = 0$, le projectile était en $(x, y) = (0, h)$. Il faut donc que $a = 0$, et alors*

$$x = v_{0x}t = |\mathbf{v}_0| t \cos\theta.$$

*L'équation d'Euler–Lagrange pour le second degré de liberté donne*

$$0 = \frac{\partial f}{\partial y} - \frac{d}{dt}\left(\frac{\partial f}{\partial y'}\right) = -g - \frac{d}{dt}y' = -g - y''$$

*ou encore*

$$y'' = -g. \tag{14.33}$$

*Dans la direction verticale, la particule subit une accélération due à la force gravitationnelle dirigée vers le bas. Une première intégration donne*

$$y' = -gt + b,$$

*où la constante d'intégration $b$ est la composante verticale de $\mathbf{v}_0$, c'est-à-dire $v_{0y}$. En effet, en $t_1 = 0$, $y' = |\mathbf{v}_0| \sin\theta$. La vitesse de la particule s'exprime donc comme suit :*

$$y' = -gt + |\mathbf{v}_0| \sin\theta.$$

*Enfin, une dernière intégration par rapport à $t$ donne*

$$y = \frac{-gt^2}{2} + |\mathbf{v}_0| t \sin\theta + c.$$

*La constante $c$ doit être la position verticale initiale $y(0) = h$. La trajectoire de la particule est donc*

$$x = v_{0x}t = |\mathbf{v}_0| t \cos\theta \qquad \text{et} \qquad y = \frac{-gt^2}{2} + |\mathbf{v}_0| t \sin\theta + h. \tag{14.34}$$

*Comme nous allons le montrer à l'instant, cette trajectoire est une parabole si $\theta \neq \pm\frac{\pi}{2}$. En effet, si $\cos\theta \neq 0$, alors $t = x/(|\mathbf{v}_0| \cos\theta)$, et la coordonnée $y$ peut être écrite en fonction de $x$*

$$y = \frac{-gx^2}{2|\mathbf{v}_0|^2 cos^2\theta} + x \tan\theta + h,$$

*qui est la parabole annoncée. Le cas $\cos\theta = 0$ correspond à un lancer vertical, vers le haut ou vers le bas. Dans ces deux cas, la trajectoire est une droite.*

*Notons pour terminer cet exemple que les équations du mouvement (14.32) et (14.33) sont les équations que les lois de Newton nous auraient permis d'obtenir. Ici elles apparaissent comme des conséquences du principe de Hamilton ou encore, du principe de moindre action.*

**Exemple 14.15** ***(le mouvement d'un ressort)*** *Cet exemple facile que vous connaissez bien est traité à l'exercice 14.*

**Exemple 14.16** ***(cas particulier des systèmes en équilibre)*** *Les systèmes en équilibre offrent une simplification supplémentaire. La configuration d'un système en équilibre est la même à tout instant, donc le lagrangien est constant dans le temps. Si l'on veut que l'intégrale d'action $\int_{t_1}^{t_2} L\,dt$ atteigne un extremum, le lagrangien doit lui-même avoir un extremum puisqu'il est constant. Nous en verrons plusieurs exemples dans la section 14.10 : chaînette, arc tenant sous son propre poids, miroir liquide.*

La reformulation des lois physiques que permet le principe de Hamilton ne se limite pas à la mécanique classique. En fait, le principes de moindre action jouent un rôle fondamental en mécanique quantique, en électromagnétisme, en théorie des champs classique et quantique et en relativité générale.

## 14.10 Deux problèmes isopérimétriques

Les problèmes isopérimétriques forment une partie importante du calcul des variations. Ils représentent des problèmes dont l'optimisation est soumise à au moins une contrainte.

Le terme « problème isopérimétrique » n'est peut-être pas évocateur de l'optimisation avec contraintes. On a choisi ce nom pour rappeler le premier problème de ce type, formulé dans l'Antiquité. Ce problème consiste à trouver, pour un périmètre donné, la figure géométrique qui circonscrit la plus grande aire. La réponse est le cercle ayant le périmètre prescrit. On verra ci-dessous comment le calcul des variations permet de donner une réponse à ce problème (et à bien d'autres encore).

Voici une variante de ce problème.

**Exemple 14.17** *On veut maximiser*

$$I = \int_{x_1}^{x_2} y\,dx$$

*sous la contrainte*

$$J = \int_{x_1}^{x_2} \sqrt{1+(y')^2}\,dx = L$$

*où $L$ est une constante qui représente la longueur de la courbe. Le périmètre est donc $L + (x_2 - x_1)$. La première intégrale, elle, est l'aire sous la courbe $y(x)$ entre $x_1$ et $x_2$.*

**Rappel sur les multiplicateurs de Lagrange** Pour les fonctions de variables réelles, le problème d'optimisation sous contrainte est résolu par la méthode classique des multiplicateurs de Lagrange. Rappelons-en les grandes lignes. Nous voulons trouver les extrema d'une fonction $F = F(x, y)$ de deux variables sous une contrainte $G(x, y) = C$.

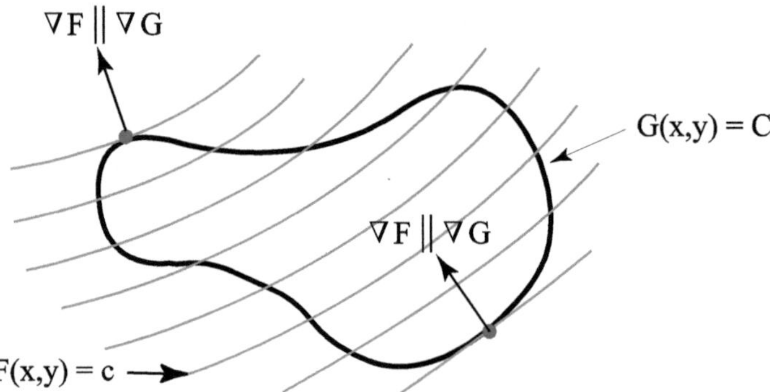


**Fig. 14.13.** Explication des multiplicateurs de Lagrange

Les extrema sont obtenus en des points où les gradients $\nabla F$ et $\nabla G$ sont parallèles ($\nabla F \parallel \nabla G$ et donc, $\nabla F = \lambda \nabla G$ pour un certain nombre réel $\lambda$). À la figure 14.13, la fonction $F(x, y)$ a été représentée à l'aide de ses courbes de niveau tracées en traits gris. La contrainte $G(x, y) = C$ est la courbe fermée tracée en noir. Deux extrema se trouvent le long de la courbe de la contrainte ; en ces points, les gradients de $F$ et de $G$ sont effectivement parallèles. Ainsi, pour les fonctions de variables réelles, le problème d'optimisation sous contrainte consiste à solutionner le système

$$\begin{cases} \nabla F = \lambda \nabla G, \\ G(x, y) = C. \end{cases}$$

La méthode se généralise au cadre du calcul des variations à l'aide du théorème suivant, que nous énoncerons sans preuve.

**Théorème 14.18** *Une fonction $y(x)$ qui est un extremum de $I = \int_{x_1}^{x_2} f(x, y, y')\,dx$ sous la contrainte $J = \int_{x_1}^{x_2} g(x, y, y')\,dx = C$ est une solution de l'équation différentielle d'Euler–Lagrange pour la fonctionnelle*

$$M = \int_{x_1}^{x_2} (f - \lambda g)(x, y, y')dx.$$

On doit donc résoudre le système

$$\begin{cases} \dfrac{d}{dx}\left(\dfrac{\partial(f - \lambda g)}{\partial y'}\right) = \dfrac{\partial(f - \lambda g)}{\partial y}, \\ J = \displaystyle\int_{x_1}^{x_2} g(x, y, y')\,dx = C. \end{cases} \tag{14.35}$$

Si $f$ et $g$ sont indépendantes de $x$, on peut plutôt utiliser l'identité de Beltrami et résoudre le système

$$\begin{cases} y'\dfrac{\partial(f-\lambda g)}{\partial y'} - (f-\lambda g) = K, \\ J = \displaystyle\int_{x_1}^{x_2} g(x,y,y')\,dx = C. \end{cases} \tag{14.36}$$

**Exemple 14.19** ***(la chaînette)*** *Supposons que l'on ait une chaînette suspendue entre deux points : par exemple, un câble de haute tension tendu entre deux pylônes (figure 14.14). On sait que, si la longueur de la chaînette est plus grande que la distance qui sépare les deux points d'attache, la chaînette décrira une courbe. L'équation d'Euler–Lagrange sous contrainte nous permet de découvrir que cette courbe est une caténaire et de donner son équation exacte. La fonctionnelle à minimiser est ici l'énergie potentielle de la chaînette ; on peut donc voir ce problème comme une application du principe de Hamilton au cas où le système est en équilibre, l'énergie cinétique est nulle, et l'énergie potentielle constante (voir l'exemple 14.16).*

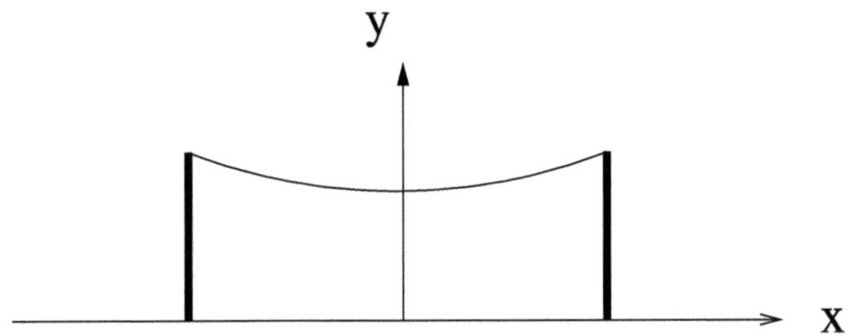


**Fig. 14.14.** Quelle est l'équation de la courbe décrite par la chaînette ?

*Supposons que la chaînette soit de densité de masse linéaire $\sigma$ et que $L$ soit sa longueur. Puisque l'énergie potentielle d'une masse $m$ à une hauteur $y$ est $mgy$, l'énergie potentielle d'un élément de longueur $ds$ de la chaînette est $\sigma gy\,ds$. L'énergie potentielle totale est donnée par*

$$I = \sigma g \int_0^L y\,ds$$

*ou encore,*

$$I = \sigma g \int_{x_1}^{x_2} y\sqrt{1+(y')^2}\,dx. \tag{14.37}$$

*La contrainte est ici la longueur $L$ de la chaînette. Donc, l'intégrale*

$$J = \int_{x_1}^{x_2} \sqrt{1+(y')^2}\,dx = L$$

*doit être constante lors du calcul des variations. Nous sommes donc en présence d'un problème isopérimétrique.*

*Puisque ni* $f = y\sqrt{1+(y')^2}$ *ni* $g = \sqrt{1+(y')^2}$ *ne dépendent de* $x$*, nous pouvons utiliser l'identité de Beltrami du théorème 14.18 et l'appliquer à la fonction*

$$F = \sigma g y\sqrt{1+(y')^2} - \lambda\sqrt{1+(y')^2} = (\sigma g y - \lambda)\sqrt{1+(y')^2}.$$

*En remplaçant cette fonction* $F$ *dans l'identité de Beltrami*

$$y'\frac{\partial F}{\partial y'} - F = C,$$

*nous obtenons*

$$\frac{(y')^2(\sigma g y - \lambda)}{\sqrt{1+(y')^2}} - (\sigma g y - \lambda)\sqrt{1+(y')^2} = C$$

*et, après quelques simplifications,*

$$-\frac{\sigma g y - \lambda}{\sqrt{1+(y')^2}} = C.$$

*Il est possible d'isoler* $y'$ *comme suit :*

$$\frac{dy}{dx} = \pm\sqrt{\left(\frac{\sigma g y - \lambda}{C}\right)^2 - 1}. \tag{14.38}$$

*Cette équation différentielle est à variables séparables, comme celle de la brachistochrone, c'est-à-dire que les dépendances en* $x$ *et en* $y$ *peuvent être isolées de part et d'autre du signe d'égalité :*

$$dx = \pm\frac{dy}{\sqrt{\left(\frac{\sigma g y - \lambda}{C}\right)^2 - 1}}.$$

*Nous voyons ici que la méthode nous permet de trouver* $x$ *en fonction de* $y$*. Or, si on regarde la forme de la chaînette, on voit que* $y$ *est fonction de* $x$*, mais que, si on veut représenter* $x$ *en fonction de* $y$*, on a besoin de deux fonctions, une pour la branche de gauche et une pour la branche de droite.*

*Comme précédemment, la recherche des primitives permet d'intégrer l'équation différentielle :*

$$x = \pm\frac{C}{\sigma g}\text{arccosh}\left(\frac{\sigma g y - \lambda}{C}\right) + a_\pm,$$

*où* $a_\pm$ *est une constante d'intégration. Donc,*

$$x - a_\pm = \pm\frac{C}{\sigma g}\text{arccosh}\left(\frac{\sigma g y - \lambda}{C}\right)$$

*ou, puisque la fonction* cosh *est paire* ($\cosh x = \cosh(-x)$) *:*

$$\frac{\sigma g y - \lambda}{C} = \cosh \frac{\sigma g}{C}(x - a_\pm).$$

*Ainsi,*

$$y = \frac{C}{\sigma g} \cosh \frac{\sigma g}{C}(x - a_\pm) + \frac{\lambda}{\sigma g}.$$

*Dans ce qui précède, on doit avoir* $a_+ = a_- = a$ *pour que les deux courbes se recollent en une unique courbe.*

*On voit donc que la chaînette suspendue prend la forme d'une caténaire si elle est uniforme et parfaitement flexible (comme dans l'exemple 14.11). Pour trouver les valeurs de* $C$, $a$ *et* $\lambda$, *il faut se souvenir qu'elles sont les solutions du système de trois équations*

$$\begin{cases} J = L, \\ y(x_1) = y_1, \\ y(x_2) = y_2. \end{cases}$$

*Notons cependant qu'il peut être très difficile dans certains cas d'exprimer explicitement les valeurs de* $C$, $a$ *et* $\lambda$ *en fonction de* $L$, $x_1$, $y_1$, $x_2$ *et* $y_2$. *Il faut alors utiliser des méthodes numériques.*

Comme la cycloïde, la caténaire se retrouve souvent dans la nature. Elle a même donné son nom au fil électrique qui court au-dessus des voies ferrées. On trouve aussi des caténaires inversées : c'est la forme que prend un arc tenant sous son propre poids. Et nous avons vu à la section 14.8 qu'un film de savon tendu entre deux cerceaux circulaires prend la forme d'un caténoïde (ou cosinus hyperbolique de révolution).

**Exemple 14.20** ***(arc tenant par son propre poids)*** *L'utilisation de l'arche pour supporter une structure architecturale a probablement commencé en Mésopotamie. C'est une structure éprouvée dont il reste des exemples de toutes les époques de l'humanité. Plusieurs formes existent, mais une d'entre elles se distingue par ses propriétés structurales : l'arche caténaire. Nous dirons qu'une arche tient sous son propre poids si les forces dues à son poids se transmettent tangentiellement à la courbe dessinée par l'arche et assurent son équilibre, et si les autres contraintes du matériau peuvent être négligées*[4].

[4]Ceci n'est certainement pas le cas de toutes les arches. Imaginons un cas extrême de deux murs verticaux distants de la largeur de trois briques exactement. On peut donc coincer trois briques entre les deux murs verticaux de façon à ce que la première touche au mur de gauche, la troisième, au mur de droite, et que la seconde soit prise entre les deux autres. Si la pression sur les deux briques extrêmes est suffisante, ces trois briques peuvent être suspendues dans le vide sans tomber. Ceci veut dire que celle du centre, soumise à la gravité (une force verticale), est maintenue en équilibre par les forces qu'exercent sur elle ses deux voisines. Or, ces briques ne subissent que des forces horizontales des deux murs et la gravité. Il faut donc que la structure interne des briques transforme les forces horizontales des deux murs en forces verticales sur

*Un tel arc apparaît à la figure 14.15b. Nous ne traiterons pas ce cas directement par le calcul des variations, mais nous verrons par une méthode indirecte que cette forme est un maximum de l'énergie potentielle, sous la contrainte que la longueur de l'arc est fixée.*

*Dans notre cas, au lieu de travailler comme dans l'exemple 14.19, nous allons procéder à l'envers. Nous allons modéliser directement la position d'équilibre de l'arc et remarquer que le profil $y(x)$ de l'arc est la solution de l'équation d'Euler–Lagrange associée à (14.37) sous la contrainte que la longueur de l'arc est fixée.*

*Nous allons faire cette modélisation parallèlement à celle de la chaînette et voir que les descriptions sont les mêmes, au sens des flèches près. Regardons la figure 14.15.*

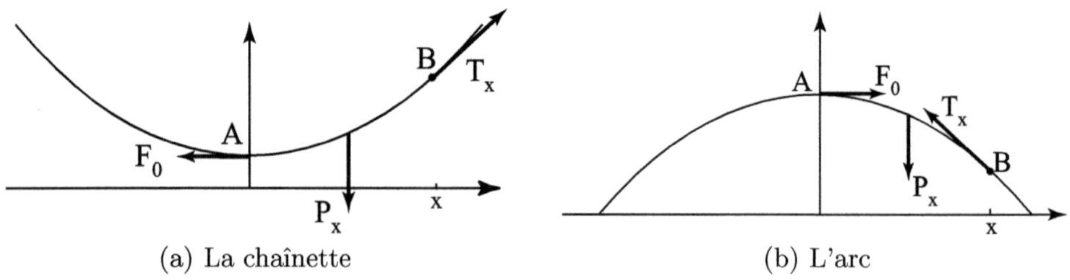


(a) La chaînette (b) L'arc

**Fig. 14.15.** Modélisation de la chaînette et de l'arc tenant sous son propre poids

*Étudions une section de la chaînette ou de l'arc au dessus d'un segment $[0, x]$. Comme elle est en équilibre, la somme des forces s'exerçant sur cette section doit être nulle. Nous avons trois forces : le poids $P_x$, la tension $F_0$ au point $(0, y(0))$ et la tension $T_x$ au point $(x, y(x))$. Dans le cas de l'arc, on a les trois mêmes forces, mais $F_0$ et $T_x$ sont inversées. $F_0 = (f_0, 0)$ est constante mais $P_x$ et $T_x$ dépendent de $x$. Le poids est vertical : $P_x = (0, p_x)$. Soit $T_x = (T_{x,h}, T_{x,v})$. Dire que la somme des forces est nulle donne les deux équations*

$$\begin{cases} T_{x,h} = -f_0, \\ T_{x,v} = -p_x. \end{cases} \tag{14.39}$$

*Soit $\theta$ l'angle entre la tangente à la courbe en $B$ et l'horizontale. On a*

$$\begin{cases} T_{x,h} = |T_x| \cos\theta, \\ T_{x,v} = |T_x| \sin\theta, \end{cases}$$

*et*

la brique du centre. Ces forces dues à la déformation (en général minuscule) de la structure moléculaire du matériau sont appelées contraintes. Elles peuvent donner lieu à une simple compression, mais aussi à un cisaillement ou à une torsion. De nombreux matériaux dont la pierre et le béton résistent fort bien à la compression, mais mal au cisaillement ou à la torsion. Une arche minimisant les contraintes peut donc être un avantage.

$$y'(x) = \tan\theta.$$

*Soient* $\sigma$ *la densité de masse linéaire,* $g$ *la constante gravitationnelle et* $L(x)$ *la longueur de notre section de courbe. Alors* $p_x = -L(x)g\sigma$. *Regardons ce que deviennent les équations* (14.39) *:*

$$\begin{cases} |T_x|\cos\theta = -f_0, \\ |T_x|\sin\theta = L(x)\sigma g. \end{cases}$$

*Divisons la deuxième équation par la première :*

$$\tan\theta = y' = -\frac{\sigma g}{f_0}L(x).$$

*Dérivons cette équation. Nous obtenons*

$$y'' = -\frac{\sigma g}{f_0}L'(x) = -\frac{\sigma g}{f_0}\sqrt{1+y'^2} \tag{14.40}$$

*en utilisant* $L'(x) = \sqrt{1+y'^2}$. *(Rappelez-vous la relation obtenue à l'exemple 14.1 ; nous y avons décrit l'accroissement infinitésimal de la longueur d'une courbe par* $ds = \sqrt{1+y'^2}dx$. *Donc, la dérivée de la longueur de cette courbe est* $L' = \frac{ds}{dx}$.*)*

*Un exercice assez facile de calcul différentiel permet de vérifier que*

$$y(x) = -\frac{f_0}{\sigma g}\cosh\left(\frac{\sigma g}{f_0}(x-x_0)\right) + y_0$$

*satisfait à l'équation* (14.40) *ci-dessus. Pour avoir le maximum en* $x = 0$, *on prend* $x_0 = 0$. *La courbe coupe alors l'axe des* $x$ *en* $\pm x_1$ *où* $x_1$ *dépend de* $y_0$. *Le nombre* $y_0$ *est déterminé par le fait que la longueur de la courbe au-dessus de* $[-x_1, x_1]$ *est égale à* $L$. *Ce qui est remarquable, c'est que* $y(x)$ *est aussi une solution de l'équation de Beltrami* (14.38) *obtenue pour la chaînette si la constante* $C$ *est égale à* $f_0$ *et le multiplicateur de Lagrange* $\lambda$, *égal à* $\sigma g y_0$. *(À nouveau, un exercice en calcul différentiel !) En d'autres mots, la solution* $y(x)$ *ci-dessus est aussi un point critique de la fonctionnelle* énergie potentielle (14.37) *soumise à la contrainte d'une longueur fixe. Ou encore, la forme de l'arc tenant sous son propre poids est un point critique de l'énergie potentielle, sous la contrainte que la longueur de l'arc est fixée !*

*Nous sommes sûrs que cet extremum n'est pas un minimum. Est-ce que c'est un maximum sous la contrainte que la longueur de l'arc est fixée ? Il est facile de se convaincre que oui. Ici encore, on va se servir du parallèle avec la chaînette. Dans ce cas, toute autre solution, par exemple celle de la figure 14.16a, a une énergie potentielle plus grande que la caténaire. Par symétrie, toute position de l'arc autre que la caténaire inversée, par exemple celle de la figure 14.16b, a une énergie potentielle inférieure.*

L'exemple 14.20 montre que la forme de caténaire inversée minimise les contraintes du matériau utilisé. Ce n'est pas surprenant que cette forme soit utilisée en architecture. Un exemple fameux est la *Gateway Arch* à Saint Louis dans le Missouri. Le profil des

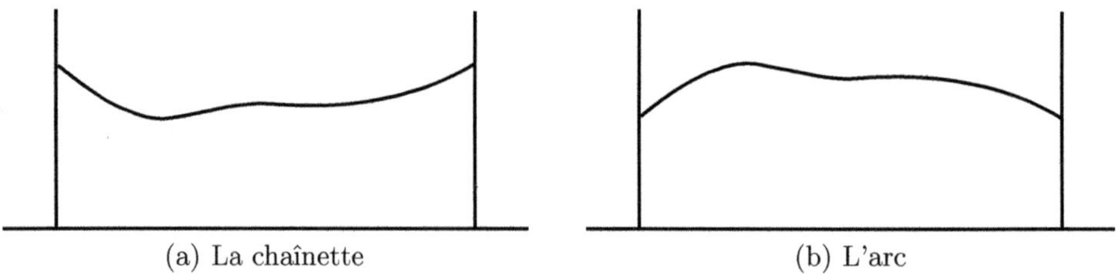


**Fig. 14.16.** Une autre position de la chaînette et de l'arc

voûtes de certains édifices a aussi une forme de caténaire. En Suède, on a bâti un hôtel touristique, le *Icehotel* de Jukkasjärvi, fait entièrement de glace. Or, la glace n'est pas le plus solide des matériaux, et il est donc important de minimiser les contraintes. C'est pourquoi les architectes ont choisi de construire toutes les arches en forme de caténaire. Pour la même raison, le profil optimal d'un igloo est une caténaire. On peut se demander si les Inuits le savaient intuitivement ?

Le fameux architecte catalan Antoni Gaudí connaissait non seulement les propriétés de l'arche caténaire, mais aussi sa relation avec la chaînette. Pour étudier des systèmes d'arches complexes, par exemple un échafaudage où les pieds de certaines arches reposent sur le sommet d'autres, il eut l'idée de suspendre au plafond des chaînettes reliées entre elles comme les arches le seraient. Il lui suffisait alors de regarder l'ensemble des chaînettes dans un miroir posé au sol pour connaître la forme à donner aux arches.

## 14.11 Le miroir liquide

Afin de concentrer la lumière provenant de l'espace en un seul point, les miroirs des télescopes doivent avoir la forme d'un paraboloïde de révolution (voir la section 15.2.1). La construction de miroirs précis, c'est-à-dire dont la surface ne s'écarte que très peu du paraboloïde, est donc un des enjeux capitaux de l'astronomie. Les difficultés sont énormes, cependant, car les diamètres des miroirs sont parfois de plusieurs mètres (plus de cinq mètres pour le télescope Hale sur le mont Palomar, et ce n'est plus le plus gros !).

Pour contourner cette difficulté, des physiciens ont eu l'idée de réaliser des miroirs liquides en faisant tourner un liquide dans une cuve à vitesse constante. Le premier à décrire cette possibilité est l'Italien Ernesto Capocci en 1850. En 1909, l'américain Robert Wood construit les premiers télescopes à miroir liquide à base de mercure. Comme la qualité de l'image reste faible, l'idée est abandonnée. Elle est ressuscitée en 1982 par l'équipe d'Ermanno F. Borra à l'Université Laval, au Québec. D'autres équipes se mettent de la partie, notamment celle de Paul Hickson à l'Université de la Colombie Britannique. Les différentes difficultés techniques sont vaincues les unes après les autres, et le télescope à miroir liquide devient peu à peu réalité. L'article [7] est une lecture passionnante sur le sujet.

Avant d'en dire plus, commençons par expliquer le principe. Lorsqu'on fait tourner un liquide à vitesse constante, sa surface prend la forme d'un paraboloïde de révolution, soit exactement la forme d'un miroir de télescope ! C'est ce dernier fait que nous allons montrer ci-dessous à l'aide du calcul des variations. Les miroirs liquides sont donc à base de mercure. Il y a des avantages évidents à cette technologie : ces miroirs sont beaucoup moins coûteux que les miroirs traditionnels et ont cependant une très bonne qualité de surface. On peut donc en construire de beaucoup plus grands. De plus, il est aisé de varier la distance focale : il suffit d'ajuster la vitesse angulaire. Le principal défaut de ces miroirs est qu'il est impossible d'aligner l'axe autrement qu'à la verticale. Donc, si ce miroir est utilisé dans un télescope, la portion de ciel observable est limitée au zénith, soit ce qui est directement au-dessus du miroir.

Parmi les problèmes que les chercheurs ont résolus, on trouve l'élimination des vibrations, le contrôle de la vitesse de rotation, qui doit être parfaitement constante, et l'élimination de la turbulence atmosphérique à la surface du miroir. Comme on ne peut orienter le télescope pour contrer la rotation de la Terre (voir l'exercice 18 du chapitre 3), les objets célestes observés laissent une traînée lumineuse semblable à ce que vous pouvez voir sur les photos nocturnes. L'équipe de Borra a résolu le problème en remplaçant la pellicule par un détecteur CCD (dispositif à coupleur de charge qui, par exemple, remplace la pellicule dans les appareils numériques), et la technique utilisée est appelée technique du balayage. Cette même équipe a également construit dans les années 1990 des miroirs liquides ayant jusqu'à 3,7 m de diamètre et produisant des images de très grande qualité optique.

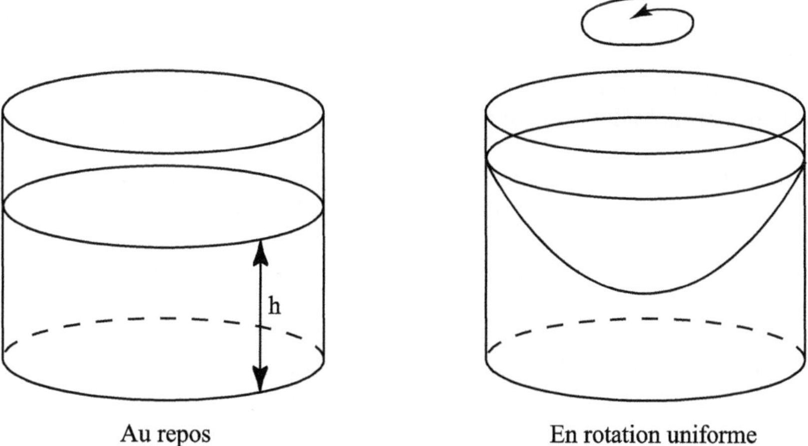


**Fig. 14.17.** Un miroir liquide

Près de Vancouver, au Canada, l'équipe de Hickson a construit un miroir de six mètres, le *Large Zenith Telescope* (LZT). Même si on ne peut les orienter, ces télescopes sont utiles. En effet, lorsqu'on veut étudier la densité de galaxies lointaines, le zénith est une direction aussi intéressante que les autres. Pendant ce temps-là, on peut utiliser les autres télescopes plus coûteux pour d'autres tâches.

Maintenant que les images des télescopes à miroir liquide sont devenues très satisfaisantes, les nouveaux projets de télescopes à miroir liquide ne manquent pas. Parmi ceux-ci, mentionnons ALPACA (Advanced Liquid-mirror Probe for Astrophysics, Cosmology and Asteroids), projet d'installation d'un télescope à miroir liquide de huit mètres de diamètre au sommet d'une montagne chilienne. L'exercice 5 du chapitre 15 décrit l'agencement des miroirs de ce futur télescope : le miroir primaire est liquide, les miroirs secondaire et tertiaire sont en verre. Et Roger Angel de l'Université de l'Arizona dirige une équipe internationale qui, avec le soutien de la NASA (*National Aeronautics and Space Administration*), développe les plans d'un télescope à miroir liquide qu'on installerait sur la Lune ! En effet, les télescopes à miroir liquide sont beaucoup plus faciles à transporter que les grands miroirs de verre, et un télescope sur la Lune profiterait de l'absence de l'atmosphère qui, sur la Terre, brouille les images. De plus, à cause de la faible gravité et de l'absence d'air, qui permet d'éliminer la turbulence à la surface du miroir, on considère un projet de miroir de 100 mètres de diamètre ! Déjà, l'équipe de Borra a fait des progrès dans le remplacement du mercure, qui gèle à $-39°$C, par un liquide ionique, qui ne s'évapore pas et reste liquide jusqu'à $-98°$C.

L'équipe de Borra cherche aussi des façons de déformer les miroirs liquides pour observer dans d'autres directions qu'au zénith. Le mercure étant très lourd, on tente de le remplacer par un liquide magnétique appelé ferrofluide, qui peut facilement être déformé par un champ magnétique externe. Malheureusement, les ferrofluides ne réfléchissent pas la lumière. L'équipe de l'Université Laval a résolu ce problème à l'aide d'un film mince fait de nanoparticules d'argent appelé MELLF (*MEtal Liquid Like Film*), qui possède une bonne réflectivité et épouse la forme du ferrofluide sur lequel il repose. La recherche se poursuit.

Grâce au principe de Hamilton, il est possible de prouver que la surface du miroir liquide est un paraboloïde de révolution.

**Proposition 14.21** *On considère un cylindre vertical de rayon $R$ rempli de liquide jusqu'à une hauteur $h$. Si le liquide dans le cylindre tourne à une vitesse angulaire constante $\omega$ autour de son axe, alors la surface du liquide est un paraboloïde de révolution dont l'axe est l'axe du cylindre. La forme du paraboloïde est indépendante de la densité du liquide.*

PREUVE On utilise les coordonnées cylindriques $(r, \theta, z)$ où

$$(x, y) = (r\cos\theta, r\sin\theta).$$

Le liquide est dans un cylindre de rayon $R$. On présume que la surface du liquide est une surface de révolution donnée par $z = f(r) = f(\sqrt{x^2 + y^2})$. Identifier le profil de la surface de révolution consiste à trouver la fonction $f$. Pour ce faire, nous appliquerons le principe de Hamilton. Comme le système est en équilibre, cela revient à trouver l'extremum du lagrangien $L = T - V$ (voir l'exemple 14.16).

**Calcul de l'énergie potentielle V** Le liquide est divisé en éléments de volume infinitésimaux centrés en $(r, \theta, z)$ et déterminés par $dr$, $d\theta$ et $dz$. Alors, le volume d'un élément de volume infinitésimal est $dv \approx r\,dr\,d\theta\,dz$. Supposons que la densité de masse volumique soit $\sigma$. Alors, la masse de chaque élément de volume infinitésimal est donnée par $dm \approx \sigma r\,dr\,d\theta\,dz$. Puisque la hauteur de cet élément de volume infinitésimal est $z$, son énergie potentielle est $dV = \sigma g r\,dr\,d\theta\,z\,dz$.

On additionne maintenant l'énergie potentielle de chaque élément de volume infinitésimal pour trouver l'énergie potentielle totale :

$$\begin{aligned} V = \int dV &= \sigma g \left(\int_0^{2\pi} d\theta\right) \cdot \int_0^R \left(\int_0^{f(r)} z\,dz\right) r\,dr \\ &= 2\sigma g\pi \int_0^R \left.\frac{z^2}{2}\right|_0^{f(r)} r\,dr \\ &= \sigma g\pi \int_0^R (f(r))^2 r\,dr. \end{aligned}$$

**Calcul de l'énergie cinétique T** C'est la somme de l'énergie cinétique de chacun des éléments de volume pris séparément. Si $u$ représente la vitesse d'un des éléments de volume, il possède une énergie cinétique $dT = \frac{1}{2}u^2 dm$, où $dm \approx \sigma r\,dr\,d\theta\,dz$ est sa masse. Étant donné que la vitesse angulaire $\omega$ est constante, la vitesse d'un élément à distance $r$ du centre est $u = r\omega$. L'énergie cinétique totale est donc

$$\begin{aligned} T = \int dT &= \frac{1}{2}\sigma\omega^2 \left(\int_0^{2\pi} d\theta\right) \cdot \int_0^R \left(\int_0^{f(r)} dz\right) r^3 dr \\ &= \sigma\pi\omega^2 \int_0^R f(r) r^3\,dr. \end{aligned}$$

**Application du principe de Hamilton** Rappelons que le principe de Hamilton vise à minimiser la valeur de l'intégrale $\int_{t_1}^{t_2}(T - V)dt$. Or, nous sommes en position d'équilibre. Donc, l'intégrale sera minimale si l'intégrant $T - V$ lui-même est minimum. Nous avons

$$T - V = \sigma\pi \int_0^R \left(f(r)\omega^2 r^3 - g(f(r))^2 r\right) dr,$$

qui est de la forme

$$\sigma\pi \int_0^R G(r, f, f')\,dr$$

pour $G(r, f, f') = f(r)\omega^2 r^3 - g(f(r))^2 r$.

La minimisation de $I$ est cependant soumise à une contrainte. Le volume Vol doit effectivement satisfaire à $\text{Vol} = \pi R^2 h$. Lorsque la surface du liquide est une surface de révolution, ce volume s'exprime par

$$\text{Vol} = \int_0^{2\pi} d\theta \cdot \int_0^R \left( \int_0^{f(r)} dz \right) r\, dr = 2\pi \int_0^R r f(r)\, dr. \tag{14.41}$$

Le théorème 14.18 permet de résoudre ce problème d'extremum sous contrainte. Il faut remplacer $G$ par la fonction $F(r, f, f') = \sigma\omega^2 f(r) r^3 - \sigma g (f(r))^2 r - 2\lambda r f(r)$. L'équation d'Euler–Lagrange pour $F$ est

$$\frac{\partial F}{\partial f} - \frac{d}{dr}\left(\frac{\partial F}{\partial f'}\right) = 0.$$

Mais la fonction $F$ ne dépend pas explicitement de $f'$, et dans ce cas particulier, l'équation se réduit tout simplement à : $\frac{\partial F}{\partial f} = 0$, c'est-à-dire

$$\sigma\omega^2 r^3 - 2\sigma g r f(r) - 2\lambda r = 0.$$

La fonction $f$ est donc

$$f(r) = \frac{\omega^2 r^2}{2g} - \frac{\lambda}{\sigma g}, \tag{14.42}$$

c'est-à-dire une parabole. On peut déjà tirer quelques conclusions intéressantes de ceci. Notons tout d'abord que la forme de la parabole dépend de la vitesse de la rotation angulaire et de la gravité, car le coefficient de $r^2$ est $\frac{\omega^2}{2g}$. Il est par contre étonnant de constater que la valeur de la densité de masse $\sigma$ n'a aucun impact sur la forme de la parabole. Le terme $\frac{\lambda}{\sigma g}$ représente une translation de la parabole vers le haut ou vers le bas. Il est déterminé par le volume du liquide, qui est constant.

Il nous reste maintenant à calculer la valeur de $\lambda$ en utilisant la contrainte $\text{Vol} = \pi R^2 h$. Les expressions du volume du liquide en rotation (14.41) et du profil $f$ du liquide (14.42) permettent d'obtenir

$$\begin{aligned}
\text{Vol} &= 2\pi \int_0^R \left( \frac{\omega^2 r^2}{2g} - \frac{\lambda}{\sigma g} \right) r\, dr \\
&= 2\pi \left[ \frac{\omega^2 r^4}{8g} - \frac{\lambda r^2}{2\sigma g} \right]_0^R \\
&= \frac{\pi\omega^2 R^4}{4g} - \frac{\pi\lambda R^2}{\sigma g}.
\end{aligned}$$

Puisque le volume est constant ($= \pi R^2 h$), ceci permet de fixer la constante $\lambda$,

$$\lambda = \frac{\sigma\omega^2 R^2}{4} - \sigma g h,$$

et de donner à $f$ sa forme définitive,

$$f(r) = \frac{\omega^2 r^2}{2g} - \frac{\omega^2 R^2}{4g} + h.$$

Nous avons donc ici l'équation exacte de la forme que prendra le paraboloïde de révolution quand on fait tourner le liquide à vitesse constante. □

## 14.12 Exercices

***Le problème fondamental du calcul des variations***

**1.** Un avion doit aller d'un point $A$ à un point $B$ situés à l'altitude zéro et à une distance $d$ l'un de l'autre[5]. Dans ce problème, on identifie la surface terrestre à un plan. Plus un avion voyage à basse altitude, plus cela coûte cher. On veut déterminer la trajectoire de l'avion qui minimise le coût du trajet entre $A$ et $B$. Cette trajectoire sera une courbe dans le plan vertical passant par $A$ et par $B$. Le coût de parcours de l'avion sur une distance $ds$ à l'altitude $h$ constante est donné par $e^{(-h/H)}ds$.
**a)** Choisir un système d'axes bien adapté au problème.
**b)** Donner l'expression du coût du voyage de l'avion en fonction de sa trajectoire dans le plan vertical passant par $A$ et par $B$ et exprimer le problème de minimisation du coût comme un problème du calcul des variations.
**c)** En déduire l'équation d'Euler–Lagrange ou de Beltrami associée.

***La brachistochrone***

**2.** Quelle est l'équation spécifique de la cycloïde sur laquelle descendra un mobile en un temps minimal du point $(0,0)$ jusqu'au point $(1,2)$ ? Quel temps mettra la particule à effectuer la descente ? Utiliser un logiciel pour effectuer les calculs.

**3.** Calculer l'aire sous une arche dont le profil est une cycloïde. Y a-t-il un rapport avec l'aire du cercle générateur ?

**4.** Vérifier que le vecteur tangent de la cycloïde $(a(\theta - \sin\theta), a(1 - \cos\theta))$ en $\theta = 0$ est vertical.

**5.** Aller voir si les pistes de planche à roulettes et de tremplin acrobatique sont des cycloïdes.

**6.** **a)** Soient $(x_1, y_1)$ et $(x_2, y_2)$ tels que la brachistochrone partant de $(x_1, y_1)$ verticalement arrive horizontalement en $(x_2, y_2)$. Montrer que $\frac{y_2 - y_1}{x_2 - x_1} = \frac{2}{\pi}$.

---

[5]Ce problème a été tiré d'un recueil de notes de cours de Francis Clarke.

**b)** Montrer que si $\frac{y_2-y_1}{x_2-x_1} < \frac{2}{\pi}$, alors le mobile en mouvement sur la brachistochrone descend plus bas que $y_2$ avant de remonter jusqu'en $y_2$ (pour aller rapidement, le mobile a intérêt à prendre de l'élan avant de remonter). Vérifier qu'on a même une solution valide pour $y_1 = y_2$. (Ainsi, on peut se déplacer horizontalement de $(x_1, y)$ à $(x_2, y)$ même si la vitesse initiale est nulle, et la cycloïde est la façon la plus rapide de le faire.)

**7.** **a)** Calculer le temps de descente de $(0,0)$ à $P_\theta = (a(\theta - \sin\theta), a(1-\cos\theta))$ par la droite joignant les deux points. (Utiliser la formule (14.2) en remplaçant $y$ par l'équation de la droite.)
**b)** Comparer avec le temps de descente par la courbe brachistochrone et voir que ce temps est toujours plus long.
**c)** Montrer que le temps mis pour parcourir en ligne droite la distance entre $(0,0)$ et $P_\theta$ tend vers l'infini lorsque $\theta \to 2\pi$.

**8.** On cherche le chemin le plus rapide pour aller de $(0,0)$ à la droite verticale $x = x_2$. On sait qu'on doit suivre un arc de cycloïde (14.19), mais on ne sait pas pour quelle valeur de $a$.
**a)** Montrer que, pour $a$ fixé, le temps de parcours suivant la cycloïde (14.19) est $\sqrt{\frac{a}{g}}\theta$, où $\theta$ est déterminé implicitement par $a(\theta - \sin\theta) = x_2$.
**b)** Montrer que le minimum est en $\theta = \pi$, c'est-à-dire quand la cycloïde coupe la droite $x = x_2$ horizontalement.

***Un dispositif isochrone***

**9.** Voici une autre jolie propriété de la caténaire inversée. Pour faire le problème, il faut vous inspirer du calcul du dispositif isochrone (section 14.7).
**a)** Montrer que la caténaire inversée $y = -\cosh x + \sqrt{2}$ coupe l'axe des $x$ aux points $x = \ln(\sqrt{2}-1)$ et $x = \ln(\sqrt{2}+1)$. Montrer que la pente est 1 au point $x = \ln(\sqrt{2}-1)$ et $-1$ au point $x = \ln(\sqrt{2}+1)$.
**b)** Montrer que l'arc de courbe entre ces deux points est de longueur 2.
**c)** On construit une piste avec une succession de tels arcs (figure 14.18) et on considère une bicyclette avec des roues carrées de côté 2. Montrer que le centre des roues reste toujours à la hauteur $\sqrt{2}$. **Suggestion :** considérer une seule roue carrée qui roule sans frottement sur la piste (figure 14.19). Au départ, un des coins de la roue est situé en $(\ln(\sqrt{2}-1), 0)$. La roue est donc tangente à la piste en ce point.

***Le tunnel le plus rapide***

**10.** On considère un cercle fixe $x^2 + y^2 = R^2$ de rayon $R$ et un cercle de rayon $a < R$ roulant sans glisser à l'intérieur du cercle de rayon $R$. Au départ, les deux cercles sont tangents en $P = (R, 0)$. Montrer que le point $P$ décrit l'hypocycloïde d'équation (14.18) où $b = \frac{a}{R}$.

**11.** **a)** Dans le cas $b = \frac{1}{2}$, vérifier que le mouvement d'une particule dans le tunnel donné par l'hypocycloïde d'équation (14.18) est le même que celui des oscillations d'un ressort. (Il vous faudra calculer la dépendance de la position de la particule en fonction du temps.)
**b)** En déduire que la période est indépendante de la hauteur du point de chute.
**c)** Donner le temps de parcours d'un point matériel partant d'un point de la Terre $P$ pour aller au point antipodal $-P$, sous la seule action de la gravité, en empruntant un tunnel rectiligne passant par le centre de la Terre. (Le rayon de la Terre est d'environ 6365 km.)

**12.** Vérifier que, quelle que soit la valeur de $b$, si on laisse aller, sans vitesse initiale, la particule à partir d'une hauteur $h$ dans un tunnel en forme d'hypocycloïde, alors la particule effectue des oscillations isochrones, c'est-à-dire dont la période est indépendante de la hauteur $h$ du point de départ (voir la propriété analogue étudiée dans la section 14.7). Donner la valeur de cette période.

**13.** Cet exercice a pour but de calculer le temps de parcours de New-York à Los Angeles par un tunnel en forme d'hypocycloïde. Vous voudrez peut-être utiliser

**Fig. 14.18.** Les deux roues carrées d'une bicyclette se promenant sur des bosses en forme de caténaires inversées (exercice 9).

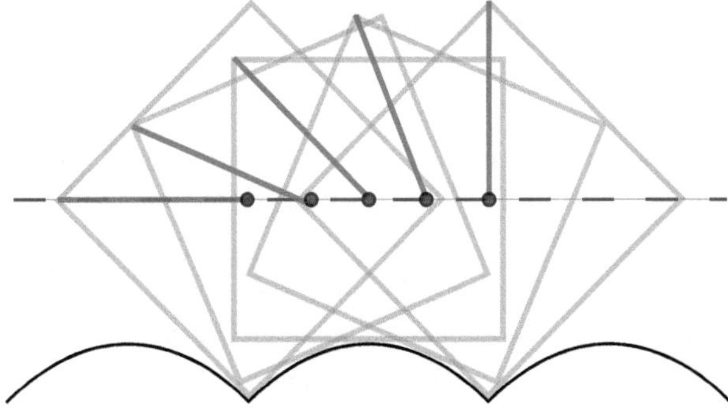

**Fig. 14.19.** La roue tournant sur la piste dans l'exercice 9. On a mis en évidence un rayon.

un logiciel pour une partie des calculs. Le tunnel se situe dans le plan passant par le centre de la Terre et les deux villes. On approxime le rayon de la Terre à $R = 6365$ km.

**a)** New York est à environ 41 degrés de latitude nord et 73 degrés de longitude ouest. Los Angeles est à environ 34 degrés de latitude nord et 118 degrés de longitude ouest. Calculer l'angle $\phi$ entre les deux vecteurs joignant le centre de la Terre à ces deux villes.

**b)** Étant donné une hypocycloïde d'équation (14.18) et le point initial $P_0 = (R, 0)$ correspondant à $\theta = 0$, calculer la première valeur positive $\theta_0$ de $\theta$ pour laquelle $P_{\theta_0} = (x(\theta_0), y(\theta_0))$ est sur le cercle de rayon $R$. Calculer l'angle $\psi$ entre les vecteurs $\overrightarrow{OP_0}$ et $\overrightarrow{OP_{\theta_0}}$.

**c)** En mettant $\phi = \psi$, calculer le paramètre $b$ de l'hypocycloïde correspondant au tunnel de New-York à Los Angeles.

**d)** Calculer finalement le temps de parcours de New York à Los Angeles par un tunnel en forme d'hypocycloïde les reliant, sous le seul effet de la gravité. (Vous pouvez faire le calcul ou encore, utiliser le résultat de l'exercice 12.)

**e)** Calculer la profondeur maximale du tunnel.

**f)** Calculer la vitesse maximum atteinte au point le plus profond du tunnel.

### *Le principe de Hamilton*

**14.** **a)** L'énergie potentielle emmagasinée dans un ressort est proportionnelle au carré de sa déformation linéaire $x$ par rapport à sa position d'équilibre : $V(x) = \frac{1}{2}kx^2$ où $k$ est une constante. Ceci est la loi de Hooke. On suppose qu'une extrémité d'un ressort sans masse est fixée à un mur et qu'une masse $m$ est fixée à l'extrémité libre. La position $x$ de la masse $m$ est 0 lorsque le ressort est à l'équilibre. Écrire le lagrangien (et l'action) de cette masse.

**b)** Montrer que le principe de Hamilton redonne bien l'équation d'une masse attachée à un ressort, $x'' = -kx/m$, où $x''$ est la dérivée seconde de la position de la masse.

**c)** Montrer que, si la particule est relâchée sans vitesse à la position $x = 1$ à l'instant $t = 0$, sa trajectoire est décrite par $x(t) = \cos(t\sqrt{k/m})$.

### *Pellicules de savon*

**15.** Montrer que l'aire d'une surface de révolution engendrée par une courbe $z = f(x)$, $x \in [a, b]$, tournant autour de l'axe des $x$ est donnée par

$$2\pi \int_a^b f\sqrt{1 + f'^2}dx.$$

**16.** **a)** Montrer que l'aire d'une surface donnée par le graphe d'une fonction $z = f(x, y)$ au-dessus d'une région $D$ est donnée par l'intégrale double

$$I = \iint_D \sqrt{1 + f_x^2 + f_y^2}dxdy,$$

où $f_x = \frac{\partial f}{\partial x}$ et $f_y = \frac{\partial f}{\partial y}$.

**b)** Supposons que le domaine $D$ soit un rectangle $[a,b] \times [c,d]$. Montrer qu'une fonction $f$ minimisant $I$ et satisfaisant aux conditions aux limites

$$\begin{cases} f(a,y) = g_1(y), \\ f(b,y) = g_2(y), \\ f(x,c) = g_3(x), \\ f(x,d) = g_4(x), \end{cases}$$

où $g_1, g_2, g_3, g_4$ sont des fonctions satisfaisant à $g_1(c) = g_3(a)$, $g_1(d) = g_4(a)$, $g_2(c) = g_3(b)$, $g_2(d) = g_4(b)$ satisfait à l'équation d'Euler–Lagrange

$$f_{xx}(1+f_y^2) + f_{yy}(1+f_x^2) - 2f_xf_yf_{xy} = 0. \tag{14.43}$$

**Suggestion** Copier la preuve du théorème 14.4 : supposer que l'intégrale atteint un minimum en $f^*$, prendre une variation $F = f^* + \epsilon g$ telle que $g$ s'annule au bord de $D$. Alors $I$ devient une fonction de $\epsilon$. Poser que sa dérivée en $\epsilon = 0$ est nulle. Il faut ensuite travailler sur cette dérivée et transformer les intégrales doubles en intégrales itérées pour pouvoir appliquer la formule de l'intégrale par parties. Sur une partie de la fonction à intégrer, il faut intégrer en $x$, puis en $y$, et sur une autre partie on doit utiliser l'ordre inverse. Il y a un peu de travail...

**17.** Montrer que l'hélicoïde d'équation $z = \arctan \frac{y}{x}$ est une surface minimale. Pour cela, vous devez montrer que la fonction $f(x,y) = \arctan \frac{y}{x}$ satisfait à l'équation (14.43).

***Les trois villes et les films de savon. Le problème de l'arbre minimal de Steiner.***

**18.** **a)** Soient $A, B, C$ les trois sommets d'un triangle et $P$ le point de Fermat du triangle, c'est-à-dire le point $(x,y)$ tel que $|PA| + |PB| + |PC|$ soit minimum. Montrer qu'on a

$$\frac{\overrightarrow{PA}}{|PA|} + \frac{\overrightarrow{PB}}{|PB|} + \frac{\overrightarrow{PC}}{|PC|} = 0.$$

*Indice :* prendre les dérivées partielles par rapport à $x$ et à $y$.

**b)** Montrer que la seule manière d'avoir trois vecteurs unitaires dont la somme est nulle est que les trois vecteurs forment des angles de $\frac{2\pi}{3}$.

**c)** Montrer que, dans la construction de la figure 14.12, les trois droites s'intersectent en un même point et que ce point est à l'intérieur du triangle si et seulement si les trois angles du triangle sont inférieurs à $\frac{2\pi}{3}$.

**d)** Si les trois angles du triangle $ABC$ sont inférieurs à $\frac{2\pi}{3}$, montrer qu'il existe un unique point $P$ à l'intérieur du triangle tel que les vecteurs $\overrightarrow{PA}, \overrightarrow{PB}, \overrightarrow{PC}$ se coupent à angle de $\frac{2\pi}{3}$.

*Indice :* le lieu géométrique des points $P$ sous lesquels on voit un segment $AB$ sous un angle donné $\theta$ est la réunion de deux arcs de cercle (figure 14.20). Chacun des arcs est appelé *arc capable* de l'angle $\theta$ sur le segment $AB$. Le point $P$ est à l'intersection de trois arcs de cercle : les trois arcs capables de l'angle $\frac{2\pi}{3}$ construits sur les trois segments $AB, AC, BC$.

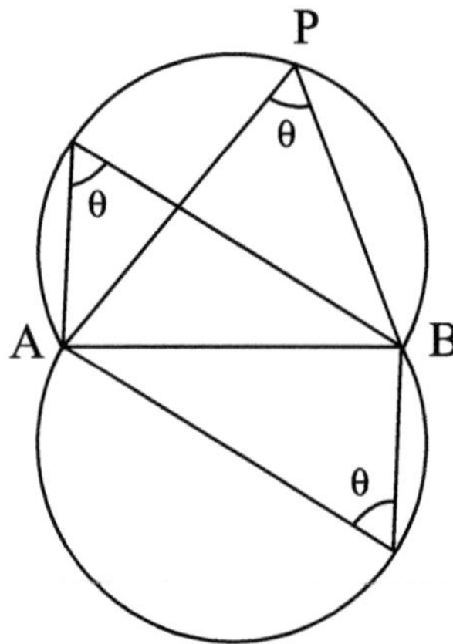


**Fig. 14.20.** Arcs capables de l'angle $\theta$ sur le segment $AB$ (exercice 18).

**e)** Si les trois angles du triangle $ABC$ sont inférieurs à $\frac{2\pi}{3}$, montrer que les trois droites de la construction d'un point de Fermat se coupent à angle de $\frac{\pi}{3}$. *Indice :* soit $A'$ (respectivement $B'$, $C'$) le troisième sommet du triangle équilatéral construit sur $BC$ (respectivement $AC$, $AB$). Vous devez montrer que les trois vecteurs $\overrightarrow{AA'}, \overrightarrow{BB'}, \overrightarrow{CC'}$ se coupent à angle de $\frac{2\pi}{3}$. Pour ce faire, calculez les produits scalaires des vecteurs deux à deux. Vous pouvez sans perte de généralité, supposer que $A = (0,0)$, $B = (1,0)$ et $C = (a,b)$.

**f)** En déduire que le point d'intersection des trois droites est le point de Fermat s'il est à l'intérieur du triangle.

**g)** Utiliser le calcul de e) pour montrer que

$$|AA'| = |BB'| = |CC'|.$$

**19.** On considère le problème de l'arbre minimal de Steiner pour quatre points situés aux quatre sommets du carré. La solution optimale apparaît à la figure 14.21 dans laquelle tous les angles sont de 120 degrés. Montrer que ce réseau est le plus court possible est difficile. Nous nous contenterons d'une sous-question.

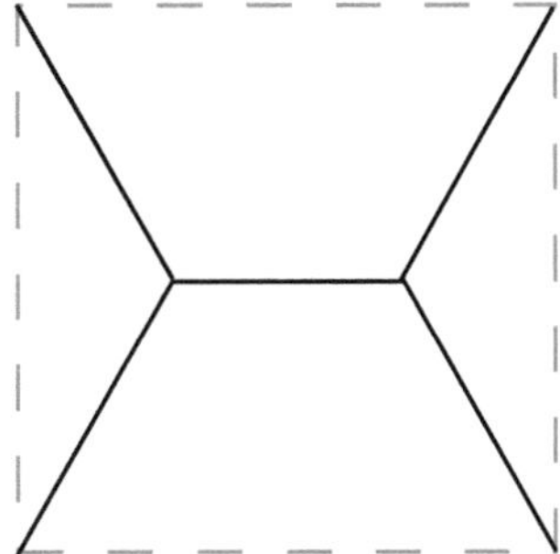

**Fig. 14.21.** Arbre minimal de Steiner pour quatre points situés aux qatre sommets du carré (exercice 19)

**a)** Montrer que la longueur de ce réseau est inférieure à la somme des longueurs des deux diagonales.
**b)** Pouvez-vous deviner l'arbre minimal de Steiner pour quatre points situés aux quatre sommets d'un rectangle ?

***Les problèmes isopérimétriques***

**20.** On veut maximiser l'aire limitée d'une part par le graphe d'une fonction $y(x)$ sur $[x_1, x_2]$ s'annulant en $x_1$ et $x_2$, d'autre part par le segment $[x_1, x_2]$ de l'axe des $x$, sous la condition que le périmètre de la région est $L$ (voir l'exemple 14.17 au début de la section 14.10). Dériver l'équation d'Euler–Lagrange pour la fonctionnelle $M$ associée par le théorème 14.18. Résoudre l'équation et vérifier que sa solution est un arc de cercle. Quelle condition doivent remplir $L$, $x_1$ et $x_2$ ?

**21.** **La forme des câbles d'un pont suspendu** Contrairement à la chaînette, les câbles d'un pont suspendu ne prennent pas la forme d'une caténaire, mais plutôt celle d'une parabole. La différence est que le câble est de poids négligeable par rapport au tablier du pont.
**a)** Faire la modélisation des forces comme dans l'exemple 14.20 et en déduire l'équation différentielle satisfaite par la forme de la courbe : ici le poids $P_x$ est proportionnel à $dx$ et non à la longueur $ds$ de l'élément de courbe correspondant à $dx$.
**b)** Montrer que la solution est une parabole.

# Références


[1] Arnold, Vladimir I. *Méthodes mathématiques de la mécanique classique*, Moscou, Éditions Mir, 1974, 470 p.

[2] Bliss, Gilbert A. *Lectures on the calculus of variations*, Chicago, University of Chicago Press, 1946, 292 p.

[3] Cox J., « The shape of the ideal column », *Mathematical Intelligencer*, vol. 14, 1992, p. 16–24.

[4] Ekeland, Ivar. *Le meilleur des mondes possibles*, Paris, Seuil, 2000.

[5] Feynman, Richard P., Robert B. Leighton, et Matthew Sands. *Le cours de physique de Feynman*, Dunod, 1998, (en plusieurs tomes).

[6] Goldstine, Herman H. *A History of the Calculus of Variations from the 17th through the 19th Century*, New York, Springer-Verlag, 1980, 410 p.

[7] Hickson P., « Les télescopes à miroir liquide », *Pour la Science*, août 2007, p. 70–76.

[8] Weinstock, Robert. *Calculus of Variations / with applications to physics and engineering*, Toronto, McGraw-Hill Book Company, 1952, 326 p.

# 15

# Flashs-science

*Ce chapitre présente des flashs-science, c'est-à-dire de petits sujets qu'on peut traiter en une heure ou deux. La plupart d'entre eux sont de nature géométrique, et plusieurs ne font appel qu'à la géométrie euclidienne. Chaque section est indépendante. Certains des flashs-science peuvent être traités comme des exercices : on explique le problème, et le texte constitue un solutionnaire que l'on ne regarde qu'après avoir réfléchi au problème. Certains petits sujets complémentent des sujets traités ailleurs dans le livre. Les références à ces autres chapitres sont indiquées.*

**Notation** Dans tout le chapitre, on notera la longueur du segment $AB$ par $|AB|$.

## 15.1 Les lois de réflexion et de réfraction de la lumière

La loi de la réflexion décrit la trajectoire d'un rayon allant d'un point $A$ à un point $B$ en étant réfléchi par un miroir. La loi de la réfraction décrit, elle, la trajectoire d'un rayon lumineux d'un point $A$ dans un milieu homogène à un point $B$ dans un autre milieu homogène, par exemple d'un point $A$ dans l'air à un point $B$ dans l'eau. Ces deux lois, a priori très différentes, peuvent être unies en un seul principe fort élégant.

**La loi de la réflexion** Lorsqu'un rayon de lumière arrive sur un miroir, il est réfléchi de telle sorte que l'angle d'incidence est égal à l'angle de réflexion (figure 15.1).

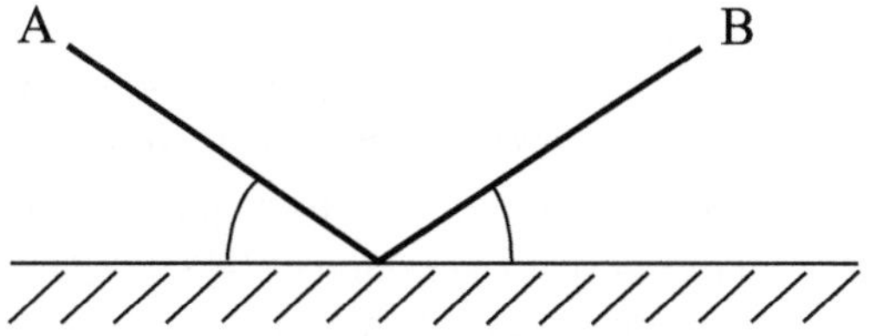


**Fig. 15.1.** La loi de la réflexion

Un principe simple permet de reformuler la loi de la réflexion : *la lumière choisit le chemin le plus court parmi tous les chemins allant du point A au point B en passant par au moins un point du miroir.* Nous allons montrer que ce principe contient la loi de la réflexion.

**Théorème 15.1** *Soient $A$ et $B$ deux points situés d'un même côté d'un miroir. Considérons un rayon allant du point $A$ au point $B$ en touchant le miroir en un point $P$. Alors, le plus court chemin qu'il puisse prendre est celui pour lequel $AP$ et $PB$ font des angles égaux avec le miroir comme dans la loi de la réflexion. Donc, le principe implique la loi de la réflexion.*

PREUVE Soit $Q$ un point du miroir. Considérons un chemin allant de $A$ à $B$ constitué de l'union des deux segments $AQ$ et $QB$ comme sur la figure 15.2. La longueur du chemin parcouru par le rayon est égale à $|AQ| + |BQ|$ (c'est-à-dire la longueur du segment $AQ$ plus la longueur du segment $QB$). Soit $P$ le point du miroir tel que $AP$ et $BP$ font des angles égaux avec le miroir. Soit $A'$ le symétrique de $A$ par rapport au miroir. Donc, $AA'$ est perpendiculaire au miroir qu'il coupe en $R$. On a aussi $|AR| = |A'R|$. Les deux triangles $ARQ$ et $A'RQ$ sont congrus, car ils ont deux côtés égaux, $|AR| = |A'R|$ et $RQ$ de part et d'autre d'un angle égal $\widehat{ARQ} = \widehat{A'RQ} = \frac{\pi}{2}$. Par conséquent, $|AQ| = |A'Q|$. Alors, la longueur du chemin parcouru par le rayon est égale à $|A'Q| + |QB|$. Comparons

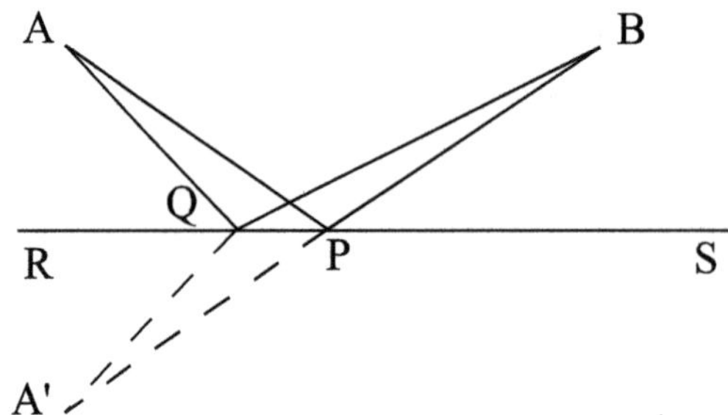


**Fig. 15.2.** La loi de la réflexion et le chemin le plus court

avec le chemin particulier pour lequel $Q = P$ : on parcourt $AP$ suivi de $PB$. Pour $Q = P$, le calcul précédent montre que $|AP| = |A'P|$. Alors, la longueur du chemin parcouru par le rayon, soit $|AP| + |PB|$, est égale à la longueur du chemin $|A'P| + |PB|$. On a d'une part $\widehat{APR} = \widehat{BPS}$ (par hypothèse) et d'autre part $\widehat{APR} = \widehat{A'PR}$, car les deux triangles $APR$ et $A'PR$ sont congrus. Ceci donne $\widehat{BPS} = \widehat{A'PR}$. On en déduit que $P$ est sur le segment $A'B$ par application du lemme 15.2 ci-dessous. Maintenant, puisque $P$ est sur le segment $A'B$, alors $|A'P| + |PB| = |A'B|$. Comme le segment de droite $A'B$ est le plus court chemin entre $A'$ et $B$, on a, pour $Q \neq P$,

$$|A'P| + |PB| = |A'B| < |A'Q| + |QB| = |AQ| + |QB|.$$

□

**Lemme 15.2** *On considère une droite $(D)$, un point $P$ de $(D)$ et deux points $A$ et $B$ situés de part et d'autre de $(D)$ comme sur la figure 15.3. Si $\widehat{APR} = \widehat{BPS}$, alors $A$, $P$ et $B$ sont alignés.*

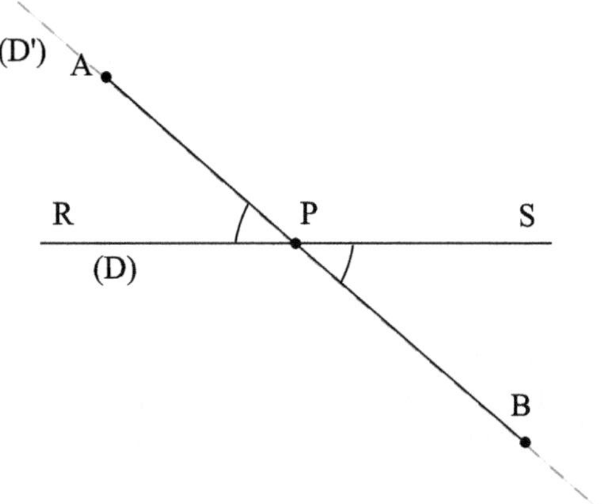


**Fig. 15.3.** Si $\widehat{APR} = \widehat{BPS}$, alors $A$, $P$ et $B$ sont alignés.

PREUVE Dans la figure 15.3, prolongeons le segment $PA$ en une droite $(D')$. Cette droite passe par $P$. Comme des angles opposés par le sommet sont égaux, sa partie inférieure fait un angle égal à $\widehat{APR}$ avec $PS$. Mais le segment $PB$ a aussi cette propriété. Donc, $PB$ est inclus dans $(D')$. □

**Remarque** La preuve géométrique du théorème 15.1 est extrêmement élégante. Elle utilise un principe simple : le segment de droite joignant deux points est le plus court chemin entre ces deux points. Nous verrons que les idées de preuve que nous avons introduites ici se retrouvent dans les preuves de la propriété remarquable de la parabole, de l'ellipse et de l'hyperbole (section 15.2).

**La loi de la réfraction** Cette deuxième loi permet de calculer la déviation d'un rayon lumineux qui passe d'un milieu homogène où la lumière se propage à une vitesse $v_1$ à un milieu homogène où la lumière se propage à une vitesse $v_2$. Si les angles du rayon avec la normale à la surface de démarcation des deux milieux sont $\theta_1$ et $\theta_2$ (figure 15.4), alors la loi de la réfraction nous donne

$$\frac{\sin\theta_1}{\sin\theta_2} = \frac{v_1}{v_2}.$$

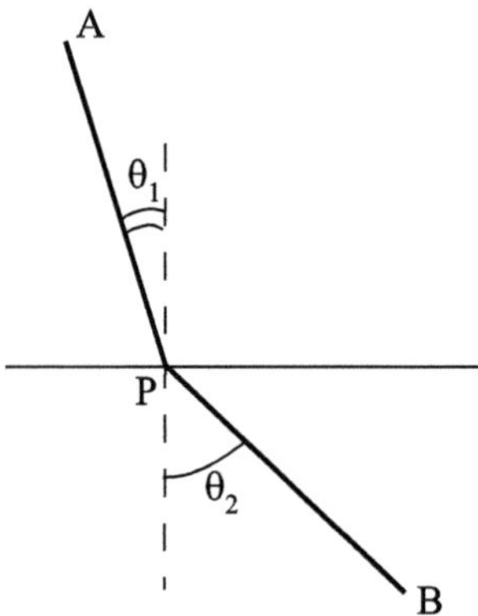


**Fig. 15.4.** La loi de la réfraction

Bien évidemment, le principe précédent, à savoir que la lumière suit le chemin le plus court, ne convient plus. Il semble donc qu'on ne va pas réussir à donner une unique loi physique qui explique la loi de la réflexion et la loi de la réfraction. Revenons donc à la loi de la réflexion. Le rayon lumineux qui se réfléchit sur le miroir traverse un milieu homogène, donc a une vitesse constante. Si le chemin choisi entre $A$ et $B$ est le plus court, c'est aussi le plus rapide. *Dans la loi de la réflexion, la lumière choisit le chemin le plus rapide entre $A$ et $B$.* Nous pouvons maintenant revenir à la loi de la réfraction et énoncer un principe décrivant simultanément les lois de la réflexion et de la réfraction.

**Principe** Dans la loi de la réfraction comme dans la loi de la réflexion, la lumière choisit le chemin le plus rapide pour aller du point $A$ au point $B$.

**Théorème 15.3** *On considère deux milieux homogènes séparés par un plan. Soient $A$ et $B$ deux points situés de part et d'autre du plan de démarcation. Soient $v_1$ la vitesse de la lumière dans le demi-espace contenant $A$ et $v_2$ la vitesse de la lumière dans le demi-espace contenant $B$. Le chemin le plus rapide que puisse prendre un rayon allant du point $A$ au point $B$ en traversant le plan de démarcation est celui qui passe par le point $P$ où les angles $\theta_1$ et $\theta_2$ entre $AP$ et $PB$ et la normale au plan de démarcation sont ceux de la loi de la réfraction, c'est-à-dire*

$$\frac{\sin\theta_1}{\sin\theta_2} = \frac{v_1}{v_2}.$$

Preuve On va faire la preuve seulement pour le problème plan de la figure 15.5. La preuve la plus simple utilise le calcul différentiel. On suppose que le rayon change de milieu au point $Q$ d'abscisse $x$ (donc, $|OQ| = x$) et on pose $l = |OR|$. Soient $h_1 = |AO|$ et $h_2 = |RB|$. On calcule le temps de parcours T(x) entre $A$ et $B$. Ce temps de parcours est égal à

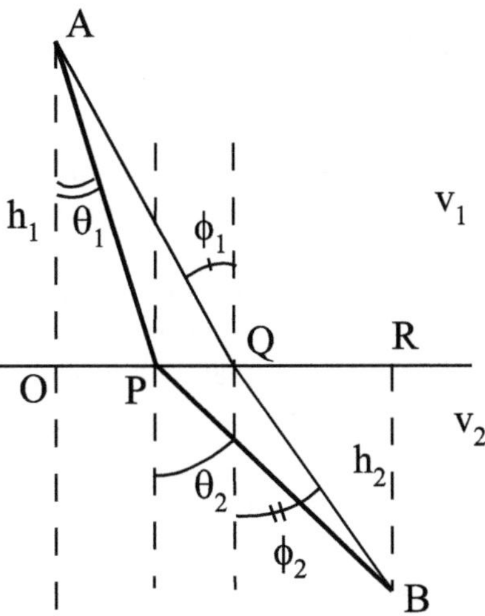


**Fig. 15.5.** La loi de la réfraction et le chemin le plus rapide

$$T(x) = \frac{|AQ|}{v_1} + \frac{|QB|}{v_2} = \frac{\sqrt{x^2+h_1^2}}{v_1} + \frac{\sqrt{(l-x)^2+h_2^2}}{v_2}.$$

Pour minimiser ce temps de parcours, on cherche $x_*$ tel que $T'(x_*) = 0$. Comme

$$T'(x) = \frac{x}{v_1\sqrt{x^2+h_1^2}} - \frac{(l-x)}{v_2\sqrt{(l-x)^2+h_2^2}},$$

alors $T'(x_*) = 0$ pour $x_*$ satisfaisant à

$$\frac{x_*}{v_1\sqrt{x_*^2+h_1^2}} = \frac{(l-x_*)}{v_2\sqrt{(l-x_*)^2+h_2^2}}$$

Le résultat découle du fait que

$$\frac{x_*}{\sqrt{x_*^2+h_1^2}} = \sin\theta_1, \qquad \frac{(l-x_*)}{\sqrt{(l-x_*)^2+h_2^2}} = \sin\theta_2.$$

On peut vérifier que $T''(x_*) > 0$, c'est-à-dire que le point $x_*$ est un minimum. En effet,

$$T''(x) = \frac{h_1^2}{v_1(x^2+h_1^2)^{3/2}} + \frac{h_2^2}{v_2((l-x)^2+h_2^2)^{3/2}}.$$

□

Un rayon lumineux choisit toujours le chemin le plus rapide. On voit tout de suite l'intérêt de ce principe : non seulement il est élégant sur le plan théorique, mais il nous ouvre de nouveaux horizons. Par exemple, il nous permet de calculer la trajectoire d'un rayon lumineux dans un mélange inhomogène à l'aide du calcul différentiel et intégral.

**Les principes d'optimisation en physique** En fait, ce n'est qu'un des nombreux exemples où les lois de la physique semblent obéir à un *principe d'optimisation.* Toute la mécanique lagrangienne repose sur des idées semblables, exploitées dans le *calcul des variations.* Nous donnons quelques exemples :

- Un câble de haute tension tendu entre deux pylônes décrit une courbe. Quelle est cette courbe ? On peut calculer son équation et voir que c'est une caténaire, c'est-à-dire une courbe donnée par le graphe d'un cosinus hyperbolique. Rappelons la définition du cosinus hyperbolique :

$$\cosh x = \frac{e^x + e^{-x}}{2}.$$

  Pourquoi ? Parmi toutes les courbes entre les deux pylônes de même longueur, le câble de haute tension « choisit » la courbe qui minimise l'énergie potentielle (voir aussi la section 14.10 du chapitre 14).
- Si l'on fait tourner un liquide dans un cylindre à vitesse constante autour de l'axe du cylindre, la surface du liquide est un paraboloïde circulaire. Ici on n'a pas seulement de l'énergie potentielle, mais aussi de l'énergie cinétique. La solution physique du problème doit minimiser le *lagrangien* qui est donné par la différence entre l'énergie potentielle et l'énergie cinétique. Ce calcul est fait dans la section 14.11 du chapitre 14.

Revenons maintenant à la loi de la réfraction. Si l'on connaît l'angle $\theta_1$ avec la normale dans le premier milieu, on peut calculer l'angle $\theta_2$ avec la normale dans le deuxième milieu en utilisant

$$\sin\theta_2 = \frac{v_2 \sin\theta_1}{v_1}.$$

Mais cette équation a-t-elle toujours une solution ? Si $v_2 > v_1$ et $\sin\theta_1 > \frac{v_1}{v_2}$, alors $\frac{v_2 \sin\theta_1}{v_1} > 1$ et ne peut donc être égal au sinus d'un angle. Donc, si l'angle avec la normale est trop grand, c'est-à-dire si le rayon arrive de manière trop oblique, il ne peut pas pénétrer dans le second milieu et il est réfléchi. Comment ? Si l'on suit le principe général mis en évidence plus haut, il doit, pour aller d'un point $A$ à un point $B$, utiliser le chemin le plus rapide entre les deux points parmi les chemins qui touchent la surface de séparation. Il doit donc être réfléchi conformément à la loi de la réflexion, à savoir avec un angle réfléchi égal à l'angle d'incidence, l'angle d'incidence étant l'angle d'arrivée la surface de démarcation.

**La fibre optique** La fibre optique est un milieu transparent où se propage la lumière. Comme la vitesse de la lumière y est moins grande que dans l'air, les rayons sont réfléchis s'ils arrivent à la frontière suffisamment inclinés (figure 15.6).

La fibre optique est souvent utilisée dans les télécommunications haute vitesse et les réseaux locaux parce qu'elle permet de faire transiter en même temps un grand nombre

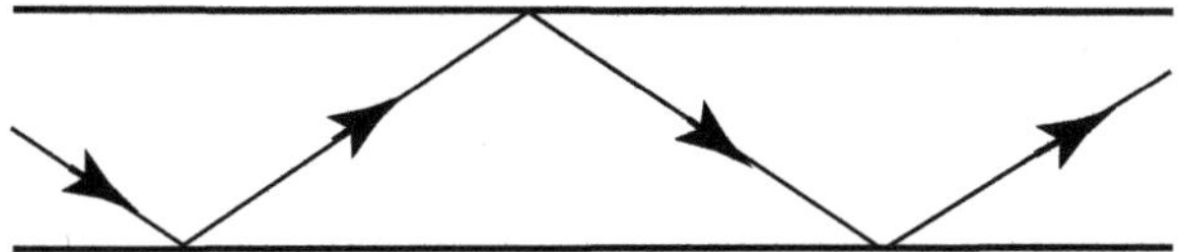

**Fig. 15.6.** La propagation d'un rayon dans la fibre optique

de signaux sans qu'ils se mélangent. Plusieurs défis se posent aux ingénieurs et certains des problèmes peuvent faire l'objet d'un travail de session (dispersion des ondes, fibre optique dont l'indice de réfraction varie selon la distance au centre de la fibre, séparation des différents signaux à la sortie, etc.).

**Les ondes courtes (par exemple, [2])** Les ondes électromagnétiques sont une grande famille d'ondes incluant la lumière, les ultraviolets, les rayons X et les ondes radio. Les diverses catégories d'ondes se distinguent par leur fréquence, les ondes radio allant de quelques hertz à quelques centaines de gigaghertz (1 gigahertz = 1 GHz = $10^9$ Hz). En Amérique du Nord, la radiophonie commerciale en *modulation d'amplitude* (radio AM) transmet sur des fréquences proches de 1 MHz (1 mégahertz = 1 MHz = $10^6$ Hz) alors que la diffusion en *modulation de fréquence* (radio FM) utilise des fréquences plus élevées ($\approx$ 100 MHz). Entre ces deux spectres se situent les ondes courtes, entre 3 et 30 MHz. Quelle que soit la puissance de transmission, la courbure de la Terre limite le rayon d'action de toute antenne. Cependant, les ondes courtes et de fréquences inférieures à celles-ci sont transmises plus loin que ne le permettrait la propagation en ligne droite de l'antenne au point de réception. Elles sont réfléchies par les couches supérieures de l'ionosphère.

L'atmosphère est un milieu non uniforme. On distingue trois couches principales :

- la troposphère d'altitude inférieure à 15 km ;
- la stratosphère d'altitude entre 15 et 40 km ; et
- l'ionosphère d'altitude entre 40 et 400 km.

Dans les couches supérieures de l'ionosphère, les gaz ionisés agissent comme un miroir pour les ondes courtes. Quoique les conditions de ces gaz et donc, de la réflexion qu'ils produisent, varient au cours du jour et de la nuit, il est possible, dans des conditions favorables, qu'un signal soit réfléchi plus d'une fois entre l'ionosphère et la surface de la Terre. Le calcul exact de la trajectoire du signal doit tenir compte des couches intermédiaires qui, elles, le réfractent.

**La localisation des coups de foudre** À la section 1.3 du chapitre 1, on voit que les coups de foudre génèrent des ondes électromagnétiques se propageant dans l'atmosphère ; à l'occasion, elles sont réfléchies par l'ionosphère. Dans ce cas, certains détecteurs de coups de foudre peuvent capter l'onde initiale, et d'autres, son image miroir.

## 15.2 Quelques applications des coniques

### 15.2.1 Une propriété remarquable de la parabole

La légende veut qu'Archimède (287-212 avant notre ère) ait incendié la flotte romaine qui assiégeait Syracuse, sa ville natale en Sicile. Il l'aurait fait en utilisant la propriété remarquable dont il sera maintenant question.

Tous se rappellent l'équation de la parabole $y = ax^2$, dont le sommet est à l'origine et l'axe est vertical. Il en existe aussi une définition géométrique que nous utiliserons par la suite.

**Définition 15.4** *La parabole est le lieu géométrique des points du plan à égale distance d'un point $F$, nommé foyer de la parabole, et d'une droite $(\Delta)$, la directrice de la parabole (figure 15.7).*

Il est aisé de déterminer la position du foyer et de la directrice $(\Delta)$ pour la parabole d'équation $y = ax^2$.

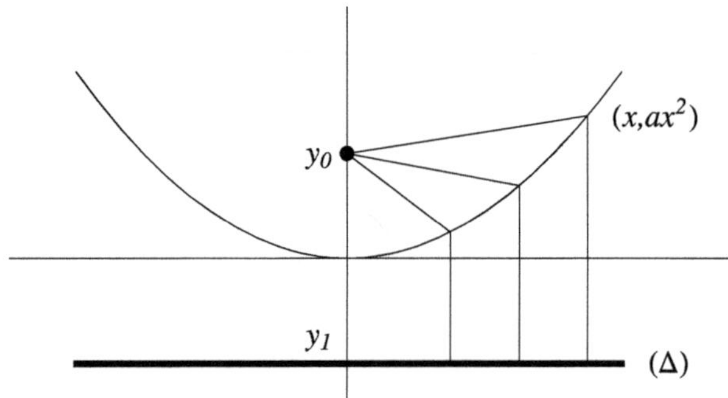


**Fig. 15.7.** Une définition géométrique de la parabole

**Proposition 15.5** *Le foyer de la parabole $y = ax^2$ est le point de coordonnées $(0, \frac{1}{4a})$, et sa directrice a pour équation $y = -\frac{1}{4a}$.*

Preuve Par symétrie, le foyer est sur l'axe de symétrie de la parabole (l'axe des $y$ si la parabole a pour équation $y = ax^2$ ; voir la figure 15.7), et la directrice doit être perpendiculaire à cet axe. Donc,

$$F = (0, y_0) \qquad \text{et} \qquad (\Delta) = \{(x, y_1) \mid x \in \mathbb{R}\}.$$

On voit déjà que $y_1 = -y_0$, puisque $(0,0)$ est sur la parabole. Si un point appartient à la parabole, il est de la forme $(x, ax^2)$, et il se trouve à égale distance du foyer et de la directrice si

$$|(x, ax^2) - (0, y_0)| = |(x, ax^2) - (x, -y_0)|.$$

Élevons au carré pour nous débarrasser des radicaux :

$$|(x, ax^2) - (0, y_0)|^2 = |(x, ax^2) - (x, -y_0)|^2.$$

Cette équation donne $x^2 + (ax^2 - y_0)^2 = (x - x)^2 + (ax^2 + y_0)^2$, c'est-à-dire

$$x^2 + a^2x^4 - 2ax^2y_0 + y_0^2 = a^2x^4 + 2ax^2y_0 + y_0^2,$$

ou encore

$$x^2(1 - 4ay_0) = 0$$

pour tout $x$. Il faut donc que le coefficient de $x^2$ soit nul, c'est-à-dire que $1 - 4ay_0 = 0$. Alors, $y_0 = \frac{1}{4a}$. Le foyer est le point de coordonnées $(0, \frac{1}{4a})$, et la directrice a pour équation $y = -\frac{1}{4a}$. □

Pour comprendre la propriété remarquable que nous allons maintenant décrire, il faut s'imaginer que l'intérieur de la parabole est un miroir. Tout rayon lumineux réfléchi en un point de ce miroir satisfait à la loi de la réflexion : les angles que font le rayon incident et le rayon réfléchi avec la tangente à la parabole sont égaux (voir la section 15.1 pour plus de détails sur la loi de la réflexion).

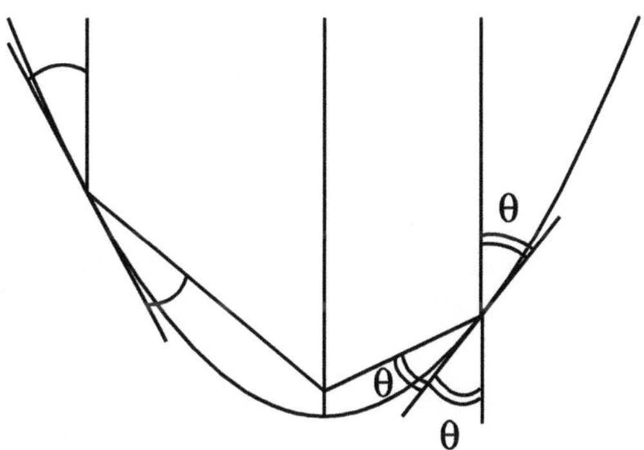


**Fig. 15.8.** Une propriété remarquable de la parabole

Le théorème suivant décrit la propriété remarquable de la parabole.

**Théorème 15.6 (la propriété remarquable de la parabole)** *Tous les rayons parallèles à l'axe de la parabole et réfléchis sur la parabole passent au foyer de la parabole.*

PREUVE Considérons la parabole d'équation $y = f(x)$ où $f(x) = ax^2$. Nous allons conserver la fonction $f(x)$ tout au long du calcul pour pouvoir utiliser nos calculs pour le théorème 15.7, qui est la réciproque de notre théorème. Soient $(x_0, y_0)$ un point de la parabole et $\theta$ l'angle que fait le rayon incident avec la parabole (c'est-à-dire avec la tangente à la parabole en $(x_0, y_0)$). Pour des raisons de symétrie, nous pouvons nous limiter à $x_0 \geq 0$. En regardant la figure 15.8 et en utilisant le fait que deux angles opposés par le sommet sont égaux, on voit que le rayon réfléchi fait un angle de $2\theta$ avec la verticale, c'est-à-dire un angle de $\frac{\pi}{2} - 2\theta$ avec l'horizontale. L'équation du rayon réfléchi est donc

$$y - y_0 = \tan\left(\frac{\pi}{2} - 2\theta\right)(x - x_0) \tag{15.1}$$

(c'est ici que nous utilisons $x_0 \geq 0$, car nous devrions ajouter un signe $-$ dans le cas $x_0 < 0$). Il faut calculer $\tan(\frac{\pi}{2} - 2\theta)$ en fonction de $x_0$. La pente de la tangente à la parabole est donnée par $f'(x_0) = 2ax_0$. Comme l'angle que fait la tangente avec l'horizontale est $\frac{\pi}{2} - \theta$, on a

$$\tan\left(\frac{\pi}{2} - \theta\right) = \cot\theta = f'(x_0) = 2ax_0.$$

On a

$$\tan\left(\frac{\pi}{2} - 2\theta\right) = \cot 2\theta.$$

Comme $\cos 2\theta = \cos^2\theta - \sin^2\theta$ et $\sin 2\theta = 2\sin\theta\cos\theta$, on obtient

$$\cot 2\theta = \frac{\cos^2\theta - \sin^2\theta}{2\sin\theta\cos\theta} = \frac{\frac{\cos^2\theta - \sin^2\theta}{\sin^2\theta}}{\frac{2\sin\theta\cos\theta}{\sin^2\theta}} = \frac{\cot^2\theta - 1}{2\cot\theta}.$$

Ceci donne

$$\cot 2\theta = \frac{(f'(x_0))^2 - 1}{2f'(x_0)} = \frac{4a^2x_0^2 - 1}{4ax_0}.$$

On trouve le point d'intersection du rayon réfléchi avec l'axe vertical en prenant $x = 0$ dans l'équation (15.1) et en remarquant que $y_0 = f(x_0)$. On obtient

$$y = f(x_0) - x_0\frac{(f'(x_0))^2 - 1}{2f'(x_0)}.$$

Utilisons maintenant $f(x) = ax^2$. On obtient simplement

$$y = \frac{1}{4a},$$

c'est-à-dire que le point d'intersection $(0, y)$ du rayon réfléchi avec l'axe vertical de la parabole est indépendant du rayon incident vertical considéré. De plus, on reconnaît que le point $(0, \frac{1}{4a})$, qui est le point d'intersection de tous les rayons réfléchis, est précisément le foyer de la parabole. □

La réciproque est aussi vraie.

**Théorème 15.7** *La parabole est la seule courbe telle qu'il existe une direction pour laquelle tous les rayons parallèles à cette direction et réfléchis sur la courbe passent par un même point.*

SCHÉMA DE LA PREUVE Ce théorème est nettement plus avancé. Si on considère une courbe d'équation $y = f(x)$, il faut résoudre l'équation différentielle formulée plus haut, à savoir

$$f(x_0) - x_0 \frac{(f'(x_0))^2 - 1}{2f'(x_0)} = C,$$

où $C$ est une constante, ce qui revient à résoudre l'équation différentielle (on pose $x_0 = x$ pour avoir une forme plus standard)

$$2f(x)f'(x) - x(f'(x))^2 - 2Cf'(x) + x = 0.$$

Nous ne le ferons pas dans ce texte. Cependant, ceux qui connaissent la théorie des équations différentielles noteront que cette équation est non linéaire du premier ordre. □

Nous allons donner une preuve géométrique du théorème 15.6 utilisant seulement la définition géométrique de la parabole introduite à la définition 15.4.

PREUVE GÉOMÉTRIQUE DU THÉORÈME 15.6 On raisonne sur la figure 15.9. On

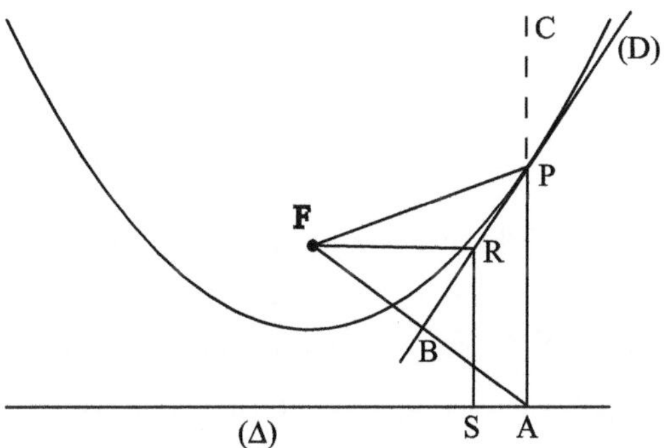


**Fig. 15.9.** La preuve géométrique de la propriété remarquable de la parabole

considère une parabole de foyer $F$ et de directrice $(\Delta)$. Soit $P$ un point de la parabole, et soit $A$ sa projection sur $(\Delta)$. Par définition de la parabole, on sait que $|PF| = |PA|$. Soit $B$ le milieu du segment $FA$ et soit $(D)$ la droite passant par $P$ et $B$. Comme le triangle $FPA$ est isocèle, on sait qu'on a l'égalité des angles $\widehat{FPB} = \widehat{APB}$. On démontrera donc le théorème si on montre que la droite $(D)$ est tangente à la parabole en $P$. En effet, regardons le prolongement $PC$ de $PA$, qui est le rayon incident. L'angle que fait $PC$

avec la droite $(D)$, c'est-à-dire l'angle entre le rayon incident et la droite $(D)$, est égal à l'angle $\widehat{APB}$ (angles opposés par le sommet), lequel est égal à l'angle $\widehat{FPB}$. Donc, si la droite $(D)$ se comporte comme un miroir et si $PC$ est le rayon incident, alors $PF$ sera le rayon réfléchi.

Il nous faut maintenant prouver que la droite $(D)$ définie ci-dessus est tangente à la parabole en $P$. Nous montrerons pour cela que tous les points de $(D)$, sauf $P$, sont situés sous la parabole. En effet, il est facile de se convaincre que toute droite passant par $P$ autre que la tangente à la parabole a des points situés au dessus de la parabole (voir la figure 15.10).

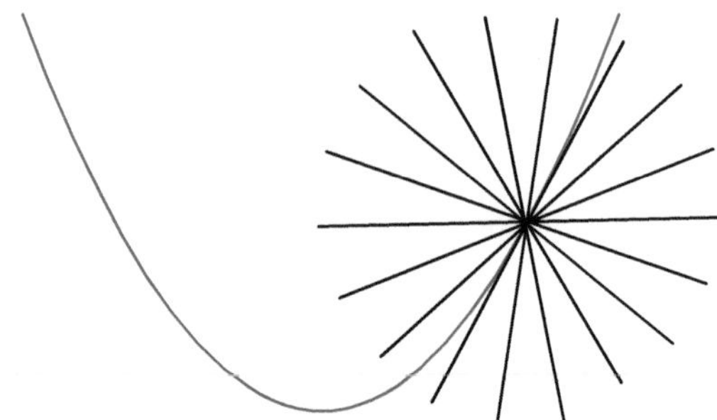

**Fig. 15.10.** La tangente à la parabole en $P$ est la seule droite passant par $P$ qui n'a pas de point au-dessus de la parabole.

La propriété géométrique définissant la parabole peut être reformulée ainsi : soient $R$ un point quelconque du plan et $S$ sa projection orthogonale sur la droite directrice. Alors, on a

$$\begin{cases} |FR| < |SR| & \text{si } R \text{ est au-dessus de la parabole,} \\ |FR| = |SR| & \text{si } R \text{ est sur la parabole,} \\ |FR| > |SR| & \text{si } R \text{ est au-dessous de la parabole.} \end{cases} \tag{15.2}$$

Prenons donc $R$, un point quelconque de $(D)$ différent de $P$, et soit $S$ sa projection sur $(\Delta)$. Les triangles $FPR$ et $PAR$ sont congrus, car ils ont un angle égal entre deux côtés égaux. Donc, $|FR| = |AR|$. D'autre part, puisque $AR$ est l'hypoténuse du triangle rectangle $RSA$, on a $|SR| < |AR|$. Donc, $|SR| < |FR|$, ce qui implique de par (15.2), que $R$ est sous la parabole. □

Cette propriété est-elle vraiment remarquable ? Le théorème 15.7 affirme que cette propriété distingue la parabole. Comment cela se traduit-il en pratique ? Regardons la figure 15.11. Un miroir plan transforme un faisceau de rayons parallèles en un autre faisceau de rayons parallèles, un miroir circulaire transforme un faisceau de rayons parallèles en une gerbe qui ne se concentre pas en un foyer bien localisé, alors qu'avec un miroir parabolique recevant un faisceau de rayons parallèles à son axe, les rayons réfléchis sont concentrés en un point. Il n'est donc pas trop surprenant de retrouver la parabole dans plusieurs applications technologiques.

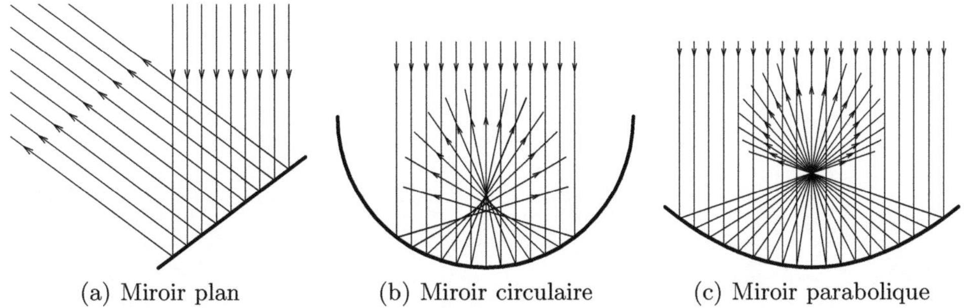


**Fig. 15.11.** Comparaison des faisceaux réfléchis par un miroir plan, un miroir circulaire et un miroir parabolique

**Les antennes paraboliques** Une telle antenne est le plus souvent orientée pour que son axe soit dirigé vers la source de signal qui la dessert (souvent un satellite). Le récepteur est alors situé au foyer de l'antenne. La photo de la figure 15.12 montre une antenne parabolique à l'entrée de la ville de Höfn en Islande. En Islande, pays de montagnes et de fjords encaissés, il n'est pas toujours possible, dans le fond de certains fjords de diriger une antenne vers un satellite. Lors du passage de certains cols reliant deux fjords, on observe alors des paires d'antennes paraboliques, chacune dirigée vers l'une des vallées. L'une des antennes sert de receveur, passe l'information reçue à l'autre antenne, qui émet ensuite l'information reçue.

**Les radars** La forme d'un radar est également parabolique. La différence est que la direction de son axe est variable et que c'est le radar qui émet des ondes électromagnétiques dans cette direction. Lorsque ces ondes frappent un objet, elles sont réfléchies. Celles qui frappent l'objet perpendiculairement à sa surface reviennent au radar. Elles frappent sa surface et sont toutes réfléchies au foyer, là où se trouve le récepteur. Pour couvrir beaucoup de directions, le radar est constamment en rotation, son axe restant à peu près horizontal.

**Les phares d'auto** Ici comme dans le radar, l'ampoule située au foyer émet des rayons dans toutes les directions. Tous les rayons dirigés vers l'arrière sont réfléchis en un faisceau parallèle.

**Les télescopes** Encore une fois, on oriente le télescope de telle sorte que son axe soit dirigé vers la portion du ciel qu'on observe. Ainsi, les rayons lumineux sont essentiellement parallèles à l'axe du télescope. La conception des télescopes bute cependant sur

**Fig. 15.12.** Une antenne parabolique à l'entrée de la ville de Höfn en Islande

un obstacle majeur. Le miroir parabolique crée l'image au foyer de la parabole, c'est-à-dire au-dessus du miroir. Mais l'observateur ne peut se tenir au-dessus du miroir (car il obstruerait l'entrée des rayons lumineux), et il faut donc utiliser un miroir secondaire. Il existe deux manières classiques de procéder.

1. La première est d'utiliser un miroir plan à l'oblique comme sur la figure 15.13. Ce type d'instrument est dit *télescope de Newton.*

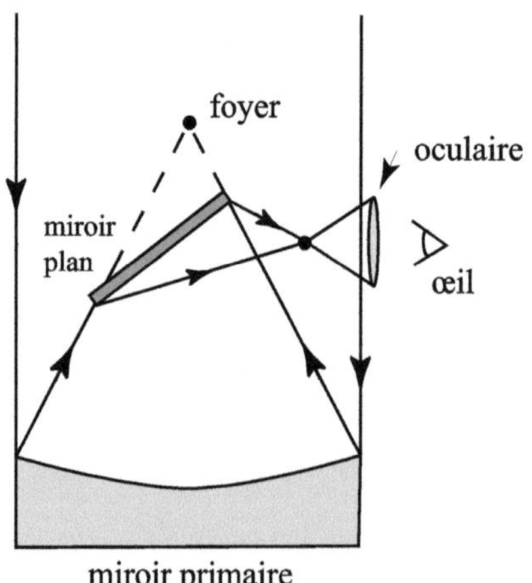


**Fig. 15.13.** Télescope de Newton

2. La deuxième consiste à utiliser un miroir secondaire convexe situé au-dessus du grand miroir appelé miroir primaire. Dans ce cas-ci, les deux miroirs ne sont pas nécessairement paraboliques, car c'est seulement la composition des réflexions par les deux miroirs qui concentre le faisceau parallèle en un seul point (figure 15.14). Il existe cependant un cas où le miroir primaire est parabolique. Dans ce cas, on choisit pour le miroir secondaire un miroir hyperbolique convexe tel que le foyer de la parabole est aussi un foyer de l'hyperbole. Ceci vient de la propriété remarquable des miroirs hyperboliques présentée à la section 15.2.3. Ce type d'instrument est appelé *télescope de Schmidt–Cassegrain.*

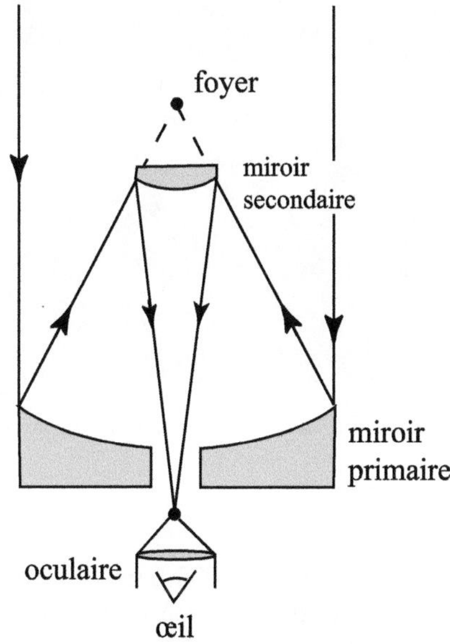


**Fig. 15.14.** Télescope de Schmidt–Cassegrain

Récemment, on a commencé à construire des télescopes à miroir liquide. L'exercice 15.48 montre le plan du télescope ALPACA qui sera installé au sommet d'une montagne chilienne. Pour plus de détails sur les télescopes à miroir liquide, voir section 14.11 du chapitre 14.

**Les fours solaires** Les fours solaires servent à capter l'énergie solaire pour produire de l'électricité. Plusieurs d'entre eux sont construits à Odeillo, dans les Pyrénées, où se trouve le laboratoire PROMES du CNRS (Laboratoire PROcédés, Matériaux et Énergie Solaire du Conseil National de la Recherche Scientifique). L'ensoleillement y est exceptionnel. Le plus grand four a une puissance de un mégawatt[1] (figure 15.15). À titre

[1] 1 mégawatt = $10^6$ watts

**Fig. 15.15.** Le grand four solaire d'Odeillo. On aperçoit aussi quelques héliostats (photo de Serge Chauvin).

de comparaison, il existe en France environ 250 barrages hydroélectriques dont la puissance varie de quelques dizaines de kilowatts[2] à quelques centaines de mégawatts. La puissance des grands barrages d'Hydro-Québec varie entre 1000 et 2000 mégawatts. Les éoliennes que l'on retrouve dans les parcs d'éoliennes ont souvent une puissance individuelle de 600 kilowatts. Le four solaire de la figure 15.15 est constitué d'un grand miroir parabolique d'une surface de 1830 mètres carrés. Son axe est horizontal, et son foyer se trouve à 18 mètres du miroir. Comme on ne peut orienter vers le soleil un si grand miroir, on utilise un ensemble de 63 héliostats mobiles d'une surface totale de 2835 mètres carrés. Un héliostat est simplement un miroir mû par un mécanisme d'horlogerie permettant d'orienter les rayons réfléchis dans une direction fixe, quelle que soit l'heure du jour. Les héliostats sont installés et programmés pour qu'ils redirigent les rayons solaires reçus vers le four solaire, parallèlement à l'axe du four. Ceci requiert que le four solaire soit orienté vers le nord ! Tout le rayonnement reçu par le four est réfléchi au foyer où se trouve un récepteur, lequel contient de l'hydrogène qui est chauffé à haute température. Cette chaleur est transformée en puissance mécanique entraînant

[2] 1 kilowatt = $10^3$ watts

**Fig. 15.16.** Les héliostats redirigeant les rayons vers le four solaire d'Odeillo (photo de Serge Chauvin)

une génératrice électrique selon un mécanisme appelé le *cycle Stirling*. L'ensemble du système est appelé *module Parabole-Stirling*. Les recherches visent à optimiser le rendement lors de la transformation de la chaleur en électricité. On a déjà observé un rendement brut de 18 %.

**Retour sur la légende d'Archimède** L'application de la parabole suggérée par Archimède (toujours selon la légende) était de construire d'énormes miroirs paraboliques, de pointer leurs axes vers le soleil et de tâcher que leurs foyers soient proches de la flotte romaine. La technologie actuelle pourrait sans doute produire des miroirs d'une envergure et d'un pouvoir réfléchissant suffisants pour enflammer une voile distante. On doute cependant que la technologie de l'époque ait pu produire de tels outils de défense, même par alignement de boucliers bien polis. Les intrépides ingénieurs du Massachusetts Institute of Technology, à Cambridge, dans la banlieue de Boston, ont récemment mené une expérience de faisabilité[3]. En utilisant plus d'une centaine de miroirs d'un pied carré ($\approx 0{,}1$ m$^2$), ils ont réussi, après quelques tentatives, à enflammer une maquette de bateau de 10 pieds de long ($\approx 3$ m) située à environ 100 pieds ($\approx 30$ m) des miroirs alignés

[3]http ://web.mit.edu/2.009/www/lectures/10_ArchimedesResult.html

suivant une parabole. Cette expérience a été critiquée parce que les distances utilisées étaient loin de correspondre à celles auxquelles aurait fait face Archimède. Malgré ces critiques, l'expérience montre que l'idée n'est pas aussi saugrenue qu'on aurait pu le penser.

Archimède ne pouvait pas non plus aller à la quincaillerie du coin pour acheter une centaine de miroirs ! Aurait-il pu utiliser une série de boucliers bien polis les uns à côté des autres ? On en doute, mais on ne peut l'exclure.

### 15.2.2 L'ellipse

Rappelons la définition géométrique de l'ellipse.

**Définition 15.8** *L'ellipse est le lieu géométrique des points du plan dont la somme des distances à deux points $F_1$ et $F_2$ est égale à une constante $C > |F_1F_2|$. Les points $F_1$ et $F_2$ sont appelés les foyers de l'ellipse.*

L'ellipse a une propriété remarquable du même type que la parabole.

**Théorème 15.9 (la propriété remarquable de l'ellipse)** *Tout rayon incident partant d'un des foyers et réfléchi sur l'ellipse arrive à l'autre foyer.*

Preuve Ici aussi, nous allons donner une preuve géométrique utilisant seulement la définition 15.8, que nous pouvons reformuler comme suit : si $R$ est un point quelconque du plan, on a

$$\begin{cases} |F_1R| + |F_2R| < C & \text{si } R \text{ est à l'intérieur de l'ellipse,} \\ |F_1R| + |F_2R| = C & \text{si } R \text{ est sur l'ellipse,} \\ |F_1R| + |F_2R| > C & \text{si } R \text{ est à l'extérieur de l'ellipse.} \end{cases} \tag{15.3}$$

Considérons un rayon issu de $F_1$ frappant l'ellipse au point $P$ (figure 15.17). Prenons la droite $(D)$ passant par $P$ et faisant des angles égaux avec $F_1P$ et $F_2P$. On doit montrer que cette droite est tangente à l'ellipse en $P$. Ici encore, on se sert du fait que toute droite passant par $P$ autre que la tangente à l'ellipse a des points intérieurs à l'ellipse (figure 15.18). On doit donc montrer que tout point $R$ de $(D)$ différent de $P$ satisfait à $|F_1R| + |F_2R| > C$.

Soit $F$ le symétrique de $F_1$ par rapport à $(D)$. Puisque $P$ et $R$ sont sur $(D)$, on a par symétrie $|FP| = |F_1P|$ et $|FR| = |F_1R|$. Donc, les triangles $F_1PR$ et $FPR$ sont congrus, car ils ont trois côtés égaux. On en déduit l'égalité des angles $\widehat{FPR} = \widehat{F_1PR}$. Comme $\widehat{F_1PR} = \widehat{F_2PS}$ par définition de $(D)$, on a $\widehat{FPR} = \widehat{F_2PS}$, ce qui nous permet de conclure que $F_2$, $F$ et $P$ sont alignés de par le lemme 15.2. Par conséquent, $|FF_2| = |FP| + |PF_2|$ et

$$|F_1R| + |F_2R| = |FR| + |F_2R| > |FF_2|.$$

Or,

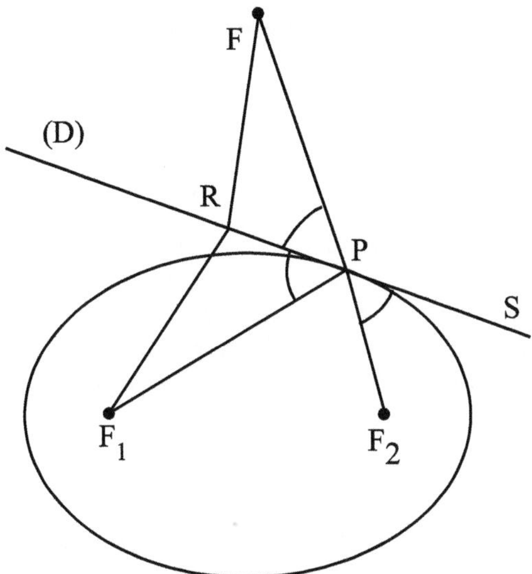


**Fig. 15.17.** La propriété remarquable de l'ellipse

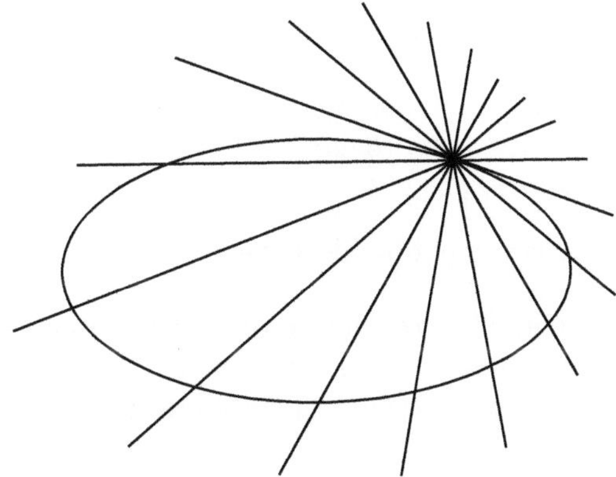

**Fig. 15.18.** La tangente à l'ellipse en un point $P$ est la seule droite passant par $P$ qui n'a pas de point intérieur à l'ellipse.

$$|FF_2| = |FP| + |PF_2| = |F_1P| + |PF_2| = C.$$

Donc, $|F_1R| + |F_2R| > C$, ce qui permet de conclure que $R$ est en dehors de l'ellipse. □

**Les miroirs elliptiques** Les miroirs de forme elliptique sont étudiés en optique géométrique et couramment utilisés dans des applications. Alors qu'un miroir parabolique a la propriété de refléter un faisceau venant d'un point (par exemple, une ampoule) en un faisceau parallèle (principe que l'on utilise, par exemple, dans les phares), un miroir elliptique reflète un faisceau venant d'un point en un faisceau convergeant vers un autre point. Certaines ampoules pourront donc être utilisées avec un miroir elliptique. C'est le cas de certaines lampes dans les projecteurs de cinéma, le dispositif permettant de concentrer la lumière qui traverse le film précisément dans l'orifice étroit de l'objectif. Les miroirs secondaires des télescopes peuvent aussi avoir des formes elliptiques.

**Les voûtes elliptiques** La propriété décrite s'observe aussi en acoustique. Ainsi, les voûtes du métro de Paris ont une section transversale qui est à peu près une ellipse. Un voyageur bien placé sur un quai (non loin du foyer de l'ellipse) entend beaucoup mieux la conversation de la personne en face de lui sur l'autre quai (aux environs de l'autre foyer) que celle d'une personne située beaucoup plus près sur le même quai que lui.

### 15.2.3 L'hyperbole

Rappelons la définition géométrique de l'hyperbole.

**Définition 15.10** *L'hyperbole est le lieu géométrique des points du plan tels que la valeur absolue de la différence de leurs distances à deux points $F_1$ and $F_2$ (appelés les foyers) est égale à une constante $C < |F_1F_2|$. Donc, un point $P$ est sur l'hyperbole si et seulement si*

$$| \, |F_1P| - |F_2P| \, | = C.$$

*Une hyperbole a deux branches. La branche attachée au foyer $F_1$ est l'ensemble des points $P$ tels que $|F_2P| - |F_1P| = C$, tandis que la branche attachée à $F_2$ est l'ensemble des points $P$ tels que $|F_1P| - |F_2P| = C$.*

L'hyperbole a la propriété remarquable suivante.

**Théorème 15.11 (la propriété remarquable de l'hyperbole)** *Tout rayon incident situé à l'extérieur d'une branche d'hyperbole et dirigé vers le foyer situé à l'intérieur de cette branche est réfléchi sur la branche d'hyperbole vers l'autre foyer de l'hyperbole (figure 15.19).*

PREUVE La preuve, semblable à celle du théorème 15.9, est laissée pour l'exercice 4. □

**Les miroirs hyperboliques** Les miroirs convexes de forme hyperbolique sont aussi étudiés en optique géométrique et utilisés dans nombre d'applications, parmi lesquelles la fabrication d'appareils photo. Nous avons vu ci-dessus que dans le télescope de type Schmidt–Cassegrain (figure 15.14), le miroir primaire du télescope est parabolique et concentre donc un faisceau lumineux parallèle à son axe en son foyer. Le miroir secondaire est convexe de forme hyberbolique et de même foyer que le miroir parabolique. Il reflète donc le faisceau convergent en un faisceau convergent en un seul point, le deuxième foyer de l'hyperbole.

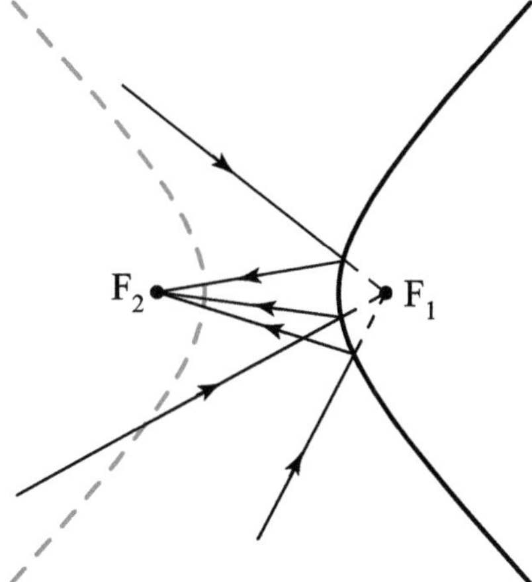


**Fig. 15.19.** La propriété remarquable de l'hyperbole

### 15.2.4 Des outils ingénieux pour tracer les coniques

Vu l'importance des coniques, on a inventé des outils ingénieux pour les tracer. Ainsi, la définition géométrique de l'ellipse permet de la tracer en tendant une corde de longueur fixe $C$ entre deux points $F_1$ et $F_2$ (par exemple, on plante des clous en $F_1$ et $F_2$ et on y attache la corde) et en promenant le crayon de manière à ce que la corde soit tendue (figure 15.20). On voit bien que ceci n'est pas très précis, car il est difficile de contrôler l'angle du crayon. Un outil beaucoup plus précis est décrit à l'exercice 7. L'exercice 8 donne une méthode de traçage de l'hyperbole similaire à la méthode de traçage de l'ellipse avec une corde. Quant à la parabole, on donne une méthode de traçage à l'exercice 9 à l'aide d'une corde et d'une équerre.

## 15.3 Les quadriques en architecture

Les architectes aiment créer des formes audacieuses. Pensons aux maisons de Gaudí ou au Stade olympique de Montréal. D'autres fois, ce sont les ingénieurs qui, pour des raisons de comportement optimal, conçoivent des structures aux surfaces courbes : on peut penser aux tours de réfrigération des centrales nucléaires ou encore, à la forme d'un barrage hydroélectrique du côté opposé au réservoir. Lorsque ces structures sont coulées en béton, cela demande de faire des coffrages, un problème non trivial lorsque la surface n'est pas dans un plan.

Certaines surfaces mathématiques, appelées *surfaces réglées*, ont une propriété remarquable : elles contiennent une ou des familles de droites, si bien que chaque point de la surface est sur au moins une droite incluse dans la surface. Un exemple que vous connaissez bien est le cône. C'est notre premier exemple de quadrique. Toutes les

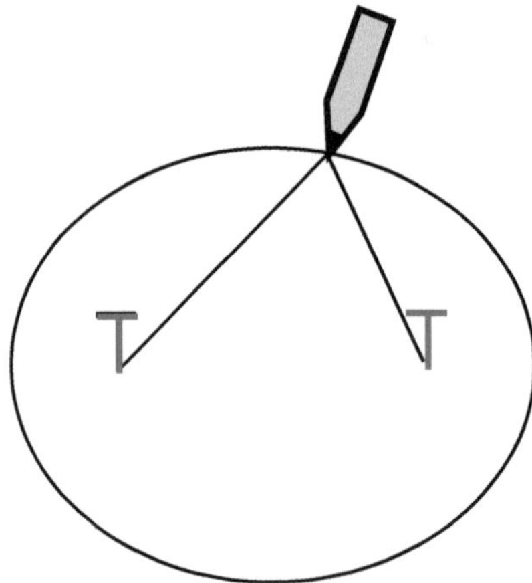

**Fig. 15.20.** Le traçage d'une ellipse au moyen d' une corde tendue entre les deux foyers

quadriques ne sont pas des surfaces réglées. En effet, la sphère et l'ellipsoïde sont des exemples de quadriques qui ne contiennent aucune droite.

Par contre, l'hyperboloïde à une nappe (figure 15.21) est une surface réglée : il contient deux familles de droites.

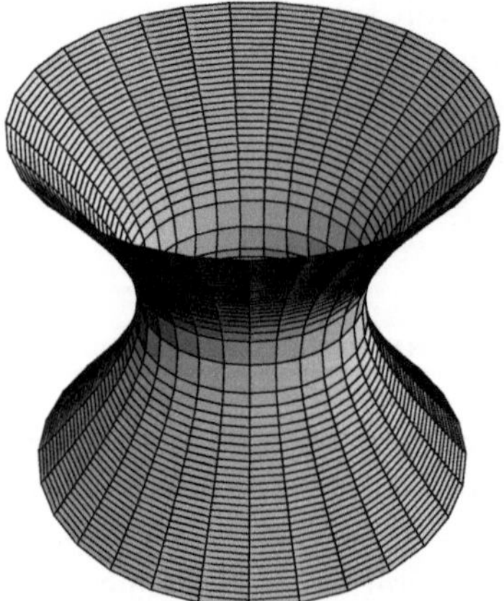

**Fig. 15.21.** Un hyperboloïde de révolution à une nappe

Une autre quadrique souvent utilisée en architecture est le paraboloïde hyperbolique ou « selle de cheval » (figure 15.22). Certains toits de maison ou de bâtiment ont cette forme.

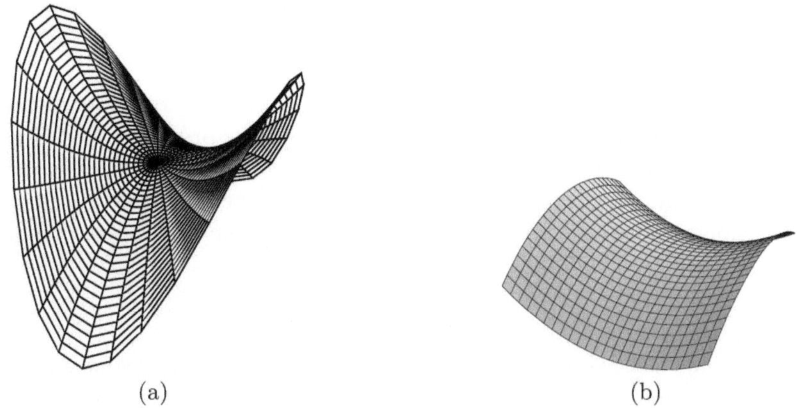

(a) (b)

**Fig. 15.22.** Deux selles de cheval ou paraboloïdes hyperboliques

Par ailleurs, les miroirs paraboliques dont nous avons parlé sont des paraboloïdes circulaires (figure 15.23a). Les miroirs elliptiques sont des portions d'ellipsoïdes de révolution (figure 15.23b). Quant aux miroirs hyperboliques, ils sont formés d'une portion de nappe d'hyperboloïde de révolution à deux nappes (figure 15.23c). Nous avons donc trois autres quadriques qui ont d'importantes applications technologiques.

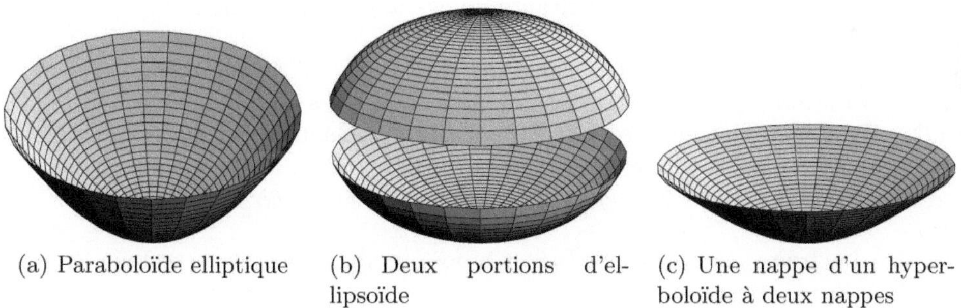

(a) Paraboloïde elliptique (b) Deux portions d'ellipsoïde (c) Une nappe d'un hyperboloïde à deux nappes

**Fig. 15.23.** Quadriques dont la forme sert de miroir

Nous allons étudier ici les deux quadriques réglées que sont l'hyperboloïde à une nappe et le paraboloïde hyperbolique.

**Définition 15.12** *Une quadrique est une surface de l'espace dont l'équation est donnée par*

$$P(x, y, z) = 0,$$

*où $P$ est un polynôme de degré 2 et de variables $(x, y, z)$.*

Lorsqu'on étudie les quadriques, on peut rencontrer des polynômes $P$ de forme compliquée. On fait alors des changements de variables préservant les distances et les angles pour ramener l'équation à une forme canonique simple dans laquelle on peut facilement lire la géométrie. C'est l'équivalent, en trois dimensions, de ce qu'on fait en deux dimensions quand on choisit de présenter l'ellipse dans un repère orthonormé dans lequel elle a l'équation canonique

$$\frac{x^2}{a^2} + \frac{y^2}{b^2} = 1$$

qui permet de savoir directement que les axes de symétrie sont les axes de coordonnées et que les demi-axes sont $a$ et $b$.

**L'hyperboloïde à une nappe** Dans un repère orthornormé adéquat, il a l'équation

$$\frac{x^2}{a^2} + \frac{y^2}{b^2} - \frac{z^2}{c^2} = 1. \tag{15.4}$$

On voit que, si on l'intersecte avec un plan quelconque contenant l'axe des $z$, soit un plan d'équation $Ax + By = 0$ , alors l'intersection est une hyperbole dans ce plan. Par contre, si on l'intersecte avec un plan parallèle au plan $(x, y)$, soit un plan d'équation $z = C$, alors l'intersection est une ellipse dans ce plan.

Les tours de réfrigération des centrales nucléaires ont la forme d'hyperboloïdes à une nappe de révolution : dans ce cas, on a $a = b$ dans l'équation (15.4) (figure 15.21). Nous examinerons après la proposition suivante les avantages d'une telle forme.

**Proposition 15.13** *On considère deux cercles $x^2 + y^2 = R^2$ situés dans les plans $z = -z_0$ et $z = z_0$. Soit $\phi_0 \in (-\pi, 0) \cup (0, \pi]$ un angle fixé. Alors, la réunion des droites $(D_\theta)$, où $(D_\theta)$ est la droite joignant le point $P(\theta) = (R\cos\theta, R\sin\theta, -z_0)$ du premier cercle au point $Q(\theta) = (R\cos(\theta + \phi_0), R\sin(\theta + \phi_0), z_0)$ du deuxième cercle, est un hyperboloïde de révolution à une nappe si $\phi_0 \neq \pi$ et un cône si $\phi_0 = \pi$ (voir la figure 15.24).*

PREUVE La droite $(D_\theta)$ passe par $P(\theta)$ et a pour vecteur directeur le vecteur $\overrightarrow{P(\theta)Q(\theta)}$. C'est donc l'ensemble des points

$$\{(x(t, \theta), y(t, \theta), z(t, \theta)) | t \in \mathbb{R}\}$$

tels que

$$\begin{cases} x(t, \theta) = R\cos\theta + tR(\cos(\theta + \phi_0) - \cos\theta), \\ y(t, \theta) = R\sin\theta + tR(\sin(\theta + \phi_0) - \sin\theta), \\ z(t, \theta) = -z_0 + 2tz_0. \end{cases} \tag{15.5}$$

On doit éliminer $t$ et $\theta$ pour trouver l'équation de la surface. Pour cela, on va calculer $x^2(t, \theta) + y^2(t, \theta)$. On a

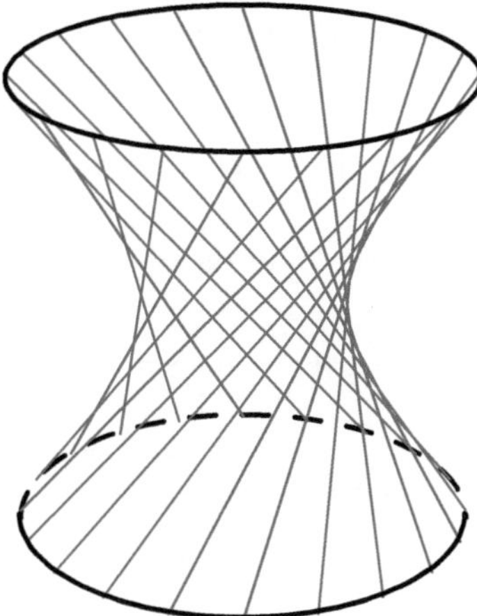

**Fig. 15.24.** Les droites générant un hyperboloïde de révolution

$$\begin{aligned}x^2(t,\theta) &= R^2[\cos^2\theta + t^2(\cos^2(\theta+\phi_0) - 2\cos(\theta+\phi_0)\cos\theta + \cos^2\theta)\\ &\quad +2t\cos\theta(\cos(\theta+\phi_0) - \cos\theta)]\end{aligned}$$

et

$$\begin{aligned}y^2(t,\theta) &= R^2[\sin^2\theta + t^2(\sin^2(\theta+\phi_0) - 2\sin(\theta+\phi_0)\sin\theta + \sin^2\theta)\\ &\quad +2t\sin\theta(\sin(\theta+\phi_0) - \sin\theta)],\end{aligned}$$

ce qui donne

$$\begin{aligned}x^2(t,\theta) + y^2(t,\theta) &= R^2[1 + 2t^2(1 - (\cos\theta\cos(\theta+\phi_0) + \sin\theta\sin(\theta+\phi_0)))\\ &\quad -2t + 2t(\cos\theta\cos(\theta+\phi_0) + \sin\theta\sin(\theta+\phi_0))].\end{aligned}$$

Remarquons que

$$\cos\theta\cos(\theta+\phi_0) + \sin\theta\sin(\theta+\phi_0) = \cos((\theta+\phi_0) - \theta) = \cos\phi_0,$$

ce qui donne

$$\begin{aligned}x^2(t,\theta) + y^2(t,\theta) &= R^2[1 + 2t^2(1-\cos\phi_0) - 2t(1-\cos\phi_0)]\\ &= R^2[1 + 2(t^2 - t)(1-\cos\phi_0)].\end{aligned} \tag{15.6}$$

Nous progressons : déjà $\theta$ a disparu. Pour se débarrasser de $t$, il faut maintenant regarder $z^2(t,\theta)$ :

$$z^2(t,\theta) = z_0^2(1 + 4(t^2 - t)),$$

d'où l'on tire

$$t^2 - t = \frac{z^2(t,\theta) - z_0^2}{4z_0^2}.$$

En remplaçant dans (15.6) et en omettant d'écrire la dépendance en $t$ et $\theta$ de $x, y, z$, on obtient finalement

$$x^2 + y^2 = R^2 \left[ 1 + \frac{1}{2}(1 - \cos\phi_0) \frac{z^2 - z_0^2}{z_0^2} \right], \tag{15.7}$$

qui est bien l'équation d'un hyperboloïde de révolution à une nappe. En effet, pour obtenir la forme

$$\frac{x^2}{a^2} + \frac{y^2}{a^2} - \frac{z^2}{c^2} = 1,$$

il suffit de choisir

$$\begin{cases} a = R\sqrt{\frac{1+\cos\phi_0}{2}}, \\ c = \frac{z_0\sqrt{1+\cos\phi_0}}{\sqrt{1-\cos\phi_0}}, \end{cases}$$

si $1 + \cos\phi_0 \neq 0$, c'est-à-dire si $\cos\phi_0 \neq -1$ ou encore, $\phi_0 \neq \pi$. Pour $\phi_0 = \pi$, on revient à (15.7) qui devient

$$x^2 + y^2 = \frac{R^2}{z_0^2} z^2,$$

ce qui est bien l'équation d'un cône (voir l'exercice 10).

Nous venons de montrer que nos droites font partie de notre hyperboloïde ou de notre cône. Donc, l'union des droites est un sous-ensemble de notre surface. Mais est-il égal à cette surface ou avons-nous manqué des points ? Il est aisé de remarquer que notre surface est une union de cercles situés dans les différents plans $z = z_1$, pour $z_1 \in \mathbb{R}$ (dans le cas du cône le cercle se réduit à un point si $z_1 = 0$). En posant $z = z_1$ dans (15.5), nous obtenons $t = \frac{z_1 + z_0}{2z_0}$. Nous devons montrer que l'ensemble des points $(x(t,\theta), y(t,\theta))$, pour $t = \frac{z_1+z_0}{2z_0}$ et $\theta \in [0, 2\pi]$, est un cercle.

À l'aide des deux formules trigonométriques,

$$\begin{aligned} \cos(a+b) &= \cos a \cos b - \sin a \sin b, \\ \sin(a+b) &= \sin a \cos b + \cos a \sin b, \end{aligned} \tag{15.8}$$

nous obtenons

$$\begin{cases} x(t,\theta) = R(1 + t(\cos\phi_0 - 1))\cos\theta - tR\sin\phi_0 \sin\theta, \\ y(t,\theta) = R(1 + t(\cos\phi_0 - 1))\sin\theta + tR\sin\phi_0 \cos\theta. \end{cases}$$

Soient $\alpha = R(1+t(\cos\phi_0 - 1))$ et $\beta = tR\sin\phi_0$. Écrivons $(\alpha, \beta)$ en coordonnées polaires : $(\alpha, \beta) = (r\cos\psi_0, r\sin\psi_0)$. Alors,

$$\begin{cases} x(t,\theta) = r\cos\psi_0\cos\theta - r\sin\psi_0\sin\theta = r\cos(\theta + \psi_0), \\ y(t,\theta) = r\cos\psi_0\sin\theta + r\sin\psi_0\cos\theta = r\sin(\theta + \psi_0), \end{cases}$$

la dernière égalité étant dérivée des formules (15.8). Sous cette forme, il est clair que tous les points du cercle de rayon $r$ sont couverts lorsque $\theta \in [0, 2\pi]$. □

Nous venons de voir qu'un hyperboloïde à une nappe est l'union d'une famille de droites. Si vous regardez la figure 15.24, vous pouvez facilement imaginer qu'il existe une deuxième famille de droites qui est la symétrique de la première (voir l'exercice 12). C'est un très gros avantage si l'on veut construire une telle forme en béton. Non seulement on peut réaliser un coffrage avec des planches plates, à condition qu'elles soient assez étroites, mais on peut armer le béton de tiges droites dans deux directions différentes. Ceci simplifie énormément la construction et permet d'obtenir une structure très solide.

**Le paraboloïde hyperbolique** Dans un repère orthornormé bien choisi, il a l'équation

$$z = \frac{x^2}{a^2} - \frac{y^2}{b^2}, \tag{15.9}$$

où $a, b > 0$ (figure 15.22). L'intersection avec un plan quelconque contenant l'axe des $z$, soit un plan d'équation $Ax + By = 0$, est soit une parabole, soit une droite horizontale. Par contre, l'intersection avec un plan parallèle au plan $(x, y)$, soit un plan d'équation $z = C$, est une hyperbole dans ce plan si $C \neq 0$ et deux droites si $C = 0$.

**Proposition 15.14** *Soient $B, C > 0$. On se donne les droites $(D_1)$ et $(D_2)$ d'équations*

$$(D_1) \begin{cases} z = -Cx, \\ y = -B, \end{cases} \qquad (D_2) \begin{cases} z = Cx, \\ y = B. \end{cases}$$

*On considère la droite $(\Delta_{x_0})$ joignant le point $P(x_0) = (x_0, -B, -Cx_0)$ de $(D_1)$ au point $Q(x_0) = (x_0, B, Cx_0)$ de $(D_2)$. Alors, la réunion des droites $(\Delta_{x_0})$ est un paraboloïde hyperbolique (figure 15.25).*

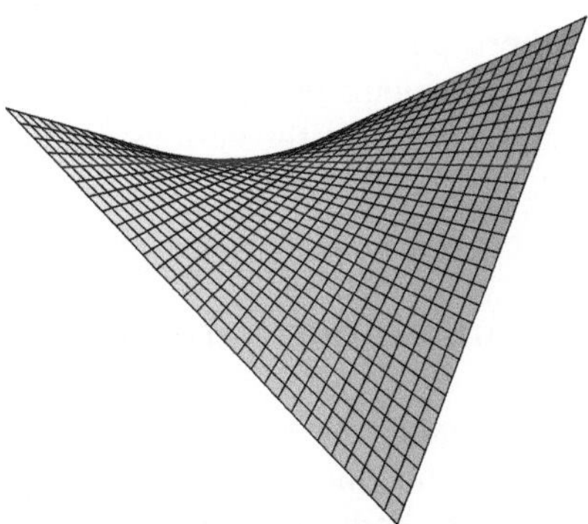

**Fig. 15.25.** Deux familles de droites sur un paraboloïde hyperbolique

PREUVE La droite $(\Delta_{x_0})$ passe par $P(x_0)$ et a pour vecteur directeur $\overrightarrow{P(x_0)Q(x_0)}$. C'est donc l'ensemble des points

$$(x(t,x_0),y(t,x_0),z(t,x_0)) = (x_0, -B+2Bt, -Cx_0+2Ctx_0). \tag{15.10}$$

On a donc

$$z = Cx_0(2t-1) = \frac{C}{B}x_0 y = \frac{C}{B}xy.$$

Si on pose

$$\begin{cases} x = \frac{1}{\sqrt{2}}(X-Y), \\ y = \frac{1}{\sqrt{2}}(X+Y), \end{cases} \tag{15.11}$$

l'équation devient

$$z = \frac{C}{B}xy = \frac{C}{2B}(X^2-Y^2).$$

On reconnaît l'équation d'un paraboloïde hyperbolique. Remarque : le changement de variables (15.11) équivaut à une rotation de 45 degrés du système de coordonnées autour de l'axe des $z$.

Ici encore, on doit montrer que tout point du paraboloïde hyperbolique est sur l'une des droites. Le calcul est plus facile que pour l'hyperboloïde. Soit $(x,y,z)$ sur le paraboloïde hyperbolique. Il suffit de vérifier qu'il existe $x_0$ et $t$ tels que $(x,y,z) = (x(t,x_0),y(t,x_0),z(t,x_0))$. On choisit bien sûr $x_0 = x$. En posant $y = -B+2Bt$, on obtient $t = \frac{y+B}{2B}$. Puisque $z$ est sur le paraboloïde hyperbolique, on a $z = \frac{C}{B}xy$. Ceci donne

$$z = \frac{C}{B}x(-B+2Bt) = Cx(2t-1) = z(t,x_0).$$

Donc, $(x,y,z) = (x(t,x_0),y(t,x_0),z(t,x_0))$ pour $x_0 = x$ et $t = \frac{y+B}{2B}$, ce qui garantit que $(x,y,z)$ est sur la droite $(\Delta_x)$. □

La proposition 15.14 suggère une méthode de construction d'un toit en forme de paraboloïde hyperbolique. On fixe deux poutres suivant les droites $(D_1)$ et $(D_2)$, sur lesquelles on aligne des poutres plus petites et plus étroites ou encore, des planches minces le long des droites $(\Delta_{x_0})$.

## 15.4 La disposition optimale des antennes en téléphonie mobile

La téléphonie mobile a maintenant envahi notre quotidien. Beaucoup de compagnies offrent le service. Pour ce faire, chacune doit installer des antennes sur le territoire qu'elle dessert, de manière à ce que tout point du territoire desservi soit suffisamment proche d'une antenne. Pour le moment, le service est bon près des grands centres ou des grands axes de communication, mais il reste encore de nombreuses régions éloignées qui n'ont pas accès au service.

Supposons qu'une compagnie veuille disposer des antennes sur un grand territoire de manière à ce que l'ensemble du territoire ait accès au service de téléphonie mobile, c'est-à-dire qu'en tout point du territoire, on soit à une distance inférieure à $r$ d'une antenne.

La compagnie étudie différents types de disposition pour établir laquelle requiert le moins d'antennes. On ne considérera que des dispositions régulières, plus précisément les trois dispositions suivantes :

- réseau triangulaire régulier ;
- réseau carré ;
- réseau hexagonal régulier.

On suppose que le territoire est grand et de forme pas trop allongée de manière à ne pas devoir se soucier de la meilleure manière d'approcher les bords.

**Disposition en réseau triangulaire régulier** On veut couvrir un grand territoire en plaçant des antennes aux sommets d'un réseau triangulaire régulier. Deux antennes voisines sont à la distance $a$ l'une de l'autre, où $a$ est la longueur du côté des triangles équilatéraux du réseau. Dans un tel triangle, le point le plus éloigné des trois sommets est le centre du cercle circonscrit, qui est le point d'intersection des trois médiatrices. La longueur de la médiatrice d'un côté est donnée par $h = a\cos\frac{\pi}{3} = \frac{\sqrt{3}}{2}a$. Comme le triangle est équilatéral, les médiatrices des côtés sont aussi les médianes, et on sait que leur point d'intersection est le centre de gravité du triangle, lequel est situé aux deux tiers de la longueur de chaque médiane à partir du sommet. Donc, le centre de gravité est à la distance $\frac{2}{3}\frac{\sqrt{3}}{2}a = \frac{1}{\sqrt{3}}a$ des sommets du triangle. Puisque les antennes sont aux sommets du triangle et que le centre de gravité est le point du triangle le plus éloigné des sommets, chaque antenne doit atteindre ce point, et on doit donc avoir $r \geq \frac{1}{\sqrt{3}}a$. Pour minimiser le nombre d'antennes, on prend $r = \frac{1}{\sqrt{3}}a$. On doit donc prendre des triangles de côté $a = \sqrt{3}r$.

Considérons maintenant un grand territoire, par exemple, un carré $n \times n$, dont le côté $n$ est beaucoup plus grand que $r$ (figure 15.26). On négligera les phénomènes au

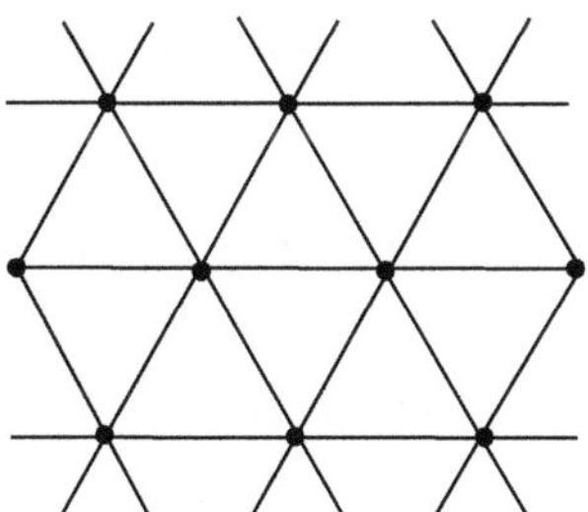

**Fig. 15.26.** Réseau triangulaire régulier

bord. On commence par aligner des antennes à la distance $a$. Pour traverser le territoire horizontalement, on a besoin d'une ligne de $\frac{n}{\sqrt{3}r}$ antennes. Les lignes successives sont situées à la distance $h$ les unes des autres. Comme $h = \frac{\sqrt{3}a}{2} = \frac{3}{2}r$, on a donc besoin de $\frac{n}{h} = \frac{2n}{3r}$ lignes pour couvrir tout le territoire. Au total, on a donc besoin de

$$\frac{2}{3\sqrt{3}}\frac{n^2}{r^2} \approx 0{,}385\frac{n^2}{r^2} \tag{15.12}$$

antennes. Ce nombre varie comme un multiple de $n^2$.

En faisant ce calcul, on a négligé de préciser comment étaient disposés les sommets par rapport au bord du territoire. Faut-il mettre des antennes sur son bord inférieur ou commencer la première rangée à l'intérieur ? À quelle distance du bord latéral gauche doit-on mettre la première antenne ? On voit que toutes ces questions sont beaucoup plus difficiles que le calcul qu'on a déjà fait. Mais on peut se convaincre que la variation du nombre d'antennes que l'on obtient en étudiant les différentes possibilités est au maximum de l'ordre de $Cn$ où $C$ est une constante positive. Si $n$ est assez grand, elle est donc négligeable par rapport à la borne donnée en (15.12), qui est un multiple de $n^2$. Cette remarque est aussi valable pour les réseaux carré et hexagonal que nous considérerons.

**Disposition en réseau carré** Considérons maintenant un carré de côté $a$. Dans un tel carré, le point le plus éloigné des quatre sommets est le centre de gravité situé au point d'intersection des deux diagonales. Il est à la distance $r = \frac{1}{\sqrt{2}}a$ des quatre sommets. On doit donc prendre des carrés de côté $a = \sqrt{2}r$.

Considérons maintenant un grand territoire, par exemple, un carré $n \times n$ dont le côté $n$ est beaucoup plus grand que $r$ (figure 15.27), où on va disposer des antennes aux sommets de carrés de côté $a$. On a vu qu'on peut négliger l'erreur due aux antennes

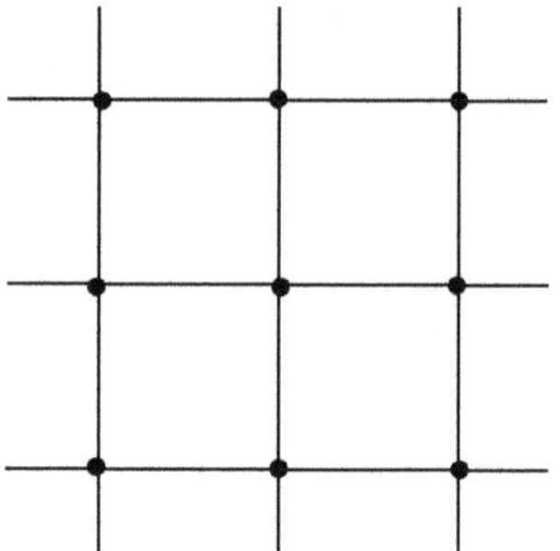

**Fig. 15.27.** Réseau carré

proches du bord. On commence par aligner des antennes à la distance $a$. Pour traverser le territoire horizontalement, on a besoin d'une ligne de $\frac{n}{\sqrt{2}r}$ antennes. Les lignes successives sont situées à la distance $a$ les unes des autres. On a donc besoin de $\frac{n}{\sqrt{2}r}$ lignes pour couvrir tout le territoire. Au total, on a donc besoin de

$$\frac{1}{2}\frac{n^2}{r^2} \approx 0{,}5\frac{n^2}{r^2}$$

antennes.

**Disposition des antennes en un réseau hexagonal régulier** Considérons enfin un hexagone de côté $a$. Le point le plus éloigné des six sommets est le centre de l'hexagone, lequel est situé à la distance $a$ des six sommets. On doit donc prendre des hexagones de côté $a = r$.

Pour couvrir le grand territoire $n \times n$ (figure 15.28), on utilise une disposition aux

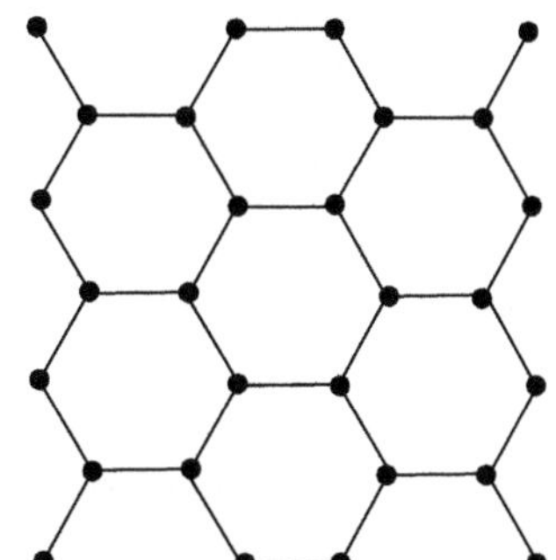

**Fig. 15.28.** Réseau hexagonal régulier

sommets d'un pavage composé d'hexagones ayant deux côtés horizontaux. On remarquera que, sur chaque ligne horizontale contenant des points du réseau, les points sont distants de $r, 2r, r, 2r, r, 2r \dots$ La distance moyenne entre deux points est donc de $\frac{3}{2}r$. Pour traverser le territoire horizontalement, on a besoin d'une ligne de $\frac{2n}{3r}$ points. Les lignes successives sont situées à la distance $h$ les unes des autres, où $h = \frac{\sqrt{3}}{2}r$. On a donc besoin de $\frac{n}{h} = \frac{2n}{\sqrt{3}r}$ lignes pour couvrir tout le territoire. Au total, on a donc besoin de

$$\frac{4}{3\sqrt{3}} \frac{n^2}{r^2} \approx 0{,}770 \frac{n^2}{r^2}$$

antennes, soit deux fois plus qu'avec un réseau triangulaire.

Si on compare les trois solutions, on voit que le réseau triangulaire régulier est de loin le plus économique. Il est suivi du réseau carré et du réseau hexagonal régulier.

On aurait pu deviner graphiquement que le réseau triangulaire régulier est exactement deux fois plus économique que le réseau hexagonal régulier. En effet, si on prend le réseau hexagonal régulier, on peut remarquer que les centres des hexagones forment un réseau triangulaire régulier (figure 15.29). Le centre de chaque triangle coïncide avec un sommet du réseau hexagonal régulier. Il est donc exactement à la distance $r$ des sommets du triangle. Sur chaque ligne horizontale où on retrouve des sommets, on trouve deux points du réseau hexagonal régulier pour chaque point du réseau triangulaire régulier.

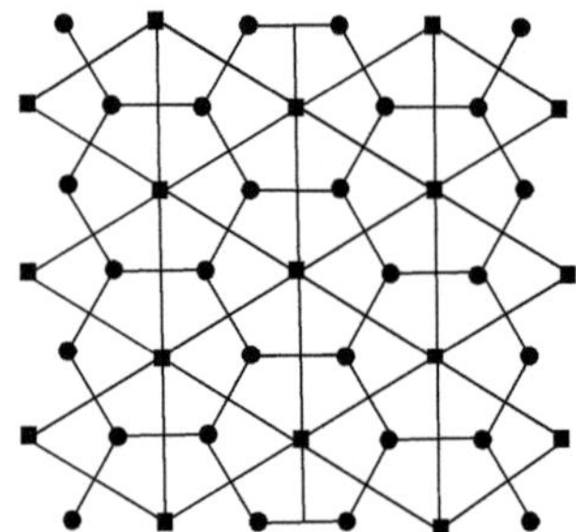

**Fig. 15.29.** Réseaux triangulaire et hexagonal duaux

## 15.5 Les diagrammes de Voronoï

Cette section traite d'une question qui semble être l'inverse du problème de la section 15.4. Mais vous n'avez pas besoin de l'avoir lue ! Supposons qu'on ait un certain nombre d'antennes déjà disposées sur un territoire. On cherche à fractionner ce territoire en parcelles de telle sorte que

- chaque parcelle contienne exactement une antenne ;
- chaque parcelle contienne l'ensemble des points de la région qui sont plus près de son antenne que des autres antennes (figure 15.30).

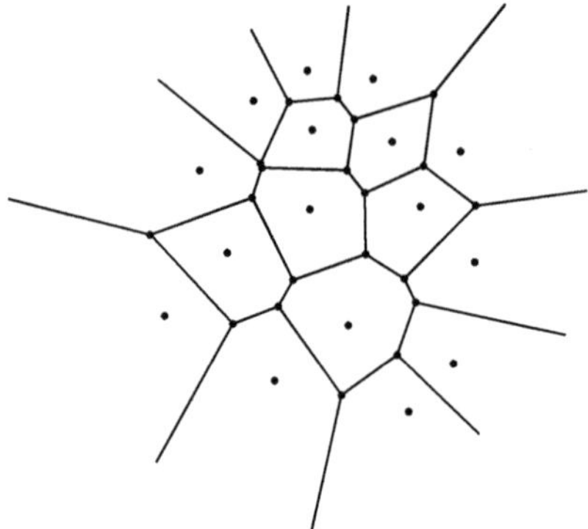

**Fig. 15.30.** Un diagramme de Voronoï

La partition en parcelles (que l'on appellera cellules) ainsi obtenue est nommée le diagramme de Voronoï du réseau d'antennes. En effet, la position des antennes peut dépendre de contraintes urbaines (règlements de zonage, disponibilité de terrains) ou géographiques (on met les antennes sur les sommets plutôt que dans les zones basses).

Dessiner le diagramme de Voronoï permet aux concepteurs de visualiser les zones mal desservies parce que certaines parcelles sont trop grandes et d'apporter des correctifs.

**Une parenthèse historique** Le mathématicien ukrainien Voronoï (1868-1908) a défini les diagrammes de Voronoï en dimension quelconque, mais c'est en fait Dirichlet (1805-1859) qui les a d'abord étudiés en deux et trois dimensions. Le concept est donc aussi appelé *tessellation de Dirichlet.* On trouve même déjà de tels diagrammes dans les travaux de Descartes en 1644.

On peut remplacer les antennes par des bureaux de poste, des hôpitaux ou encore, par des écoles. Dans ce dernier cas, on pourrait vouloir définir le bassin de chaque école d'une région de telle sorte que chaque enfant soit affecté à l'école la plus proche de son domicile. Les diagrammes de Voronoï ont donc de très nombreuses applications.

Énonçons le problème en termes mathématiques.

**Définition 15.15** *Soit* $S = \{P_1, \ldots, P_n\}$ *un ensemble de points distincts d'une région* $\mathcal{D} \subset \mathbb{R}^2$. *Les points* $P_i$ *sont appelés sites.*

1. *Pour chaque site* $P_i$*, la cellule de Voronoï de* $P_i$*, notée* $V(P_i)$*, est l'ensemble des points de* $\mathcal{D}$ *qui sont plus proches de* $P_i$ *que des autres sites* $P_j$ *(ou également proches) :*
$$V(P_i) = \{Q \in \mathcal{D}, |P_iQ| \leq |P_jQ|, j \neq i\}.$$
2. *Le diagramme de Voronoï de* $S$*, noté* $V(S)$*, est la décomposition de* $\mathcal{D}$ *en cellules de Voronoï.*

Pour décider comment aborder le problème, prenons le cas où $\mathcal{D} = \mathbb{R}^2$ et $S = \{P, Q\}$, $P \neq Q$.

**Proposition 15.16** *Soient* $P$ *et* $Q$ *deux points distincts du plan. La médiatrice du segment* $PQ$ *est le lieu géométrique des points à égale distance de* $P$ *et de* $Q$*. C'est une droite* $(D)$ *perpendiculaire au segment* $PQ$ *en son milieu. Tous les points* $R$ *d'un côté de* $(D)$ *satisfont à* $|PR| < |QR|$*, et ceux de l'autre côté satisfont à* $|PR| > |QR|$*. Donc, le diagramme de Voronoï de* $S$ *est la partition de* $\mathbb{R}^2$ *en deux demi-plans fermés limités par* $(D)$ *(figure 15.31).*

PREUVE La preuve est laissée en exercice. □

Nous avons maintenant l'ingrédient de base pour trouver la cellule de Voronoï $V(P_i)$ d'un point $P_i$ appartenant à un ensemble de sites $S = \{P_1, \ldots, P_n\}$. Nous nous limiterons au cas $\mathcal{D} = \mathbb{R}^2$ (figure 15.32).

**Proposition 15.17** *Étant donné un ensemble* $S = \{P_1, \ldots, P_n\}$ *de sites, pour chaque paire de points* $(P_i, P_j)$*, la médiatrice du segment* $P_iP_j$ *divise le plan en deux demi-plans*

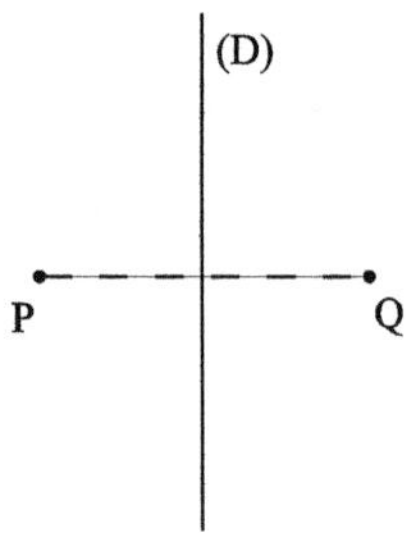


**Fig. 15.31.** Diagramme de Voronoï de deux points $P$ et $Q$.

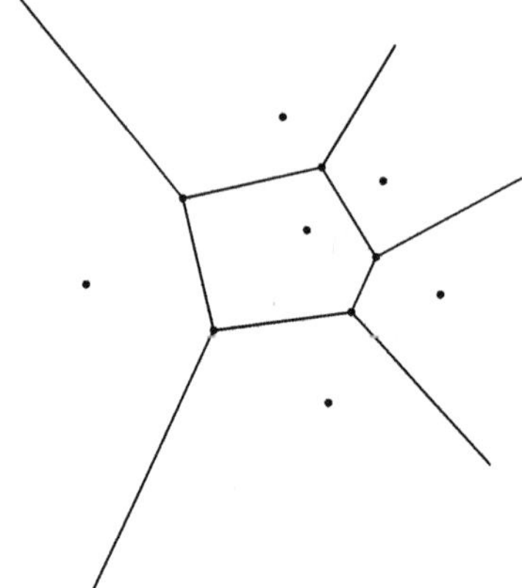

**Fig. 15.32.** Une cellule de Voronoï.

*$\Pi_{i,j}$ et $\Pi_{j,i}$, le premier contenant $P_i$ et le second, $P_j$. La cellule de Voronoï $V(P_i)$ d'un site $P_i$ est l'intersection des demi-plans $\Pi_{i,j}$ pour $j \neq i$ (figure 15.32) :*

$$V(P_i) = \bigcap_{j \neq i} \Pi_{i,j}.$$

PREUVE La preuve est facile. Soit $\mathcal{R}_i = \bigcap_{j \neq i} \Pi_{i,j}$. On doit montrer que $\mathcal{R}_i = V(P_i)$. Soit $R \in \mathcal{R}_i$. Alors, pour tout $j \neq i$, on a $R \in \Pi_{i,j}$, ce qui entraîne $|P_iR| \leq |P_jR|$. Alors, $R \in V(P_i)$ par définition de $V(P_i)$. Donc, $\mathcal{R}_i \subset \bigcap_{j \neq i} \Pi_{i,j}$. Supposons maintenant que $R \notin \mathcal{R}$ : il existe $j \neq i$ tel que $R \notin \Pi_{i,j}$. Par conséquent, $|P_iR| > |P_jR|$ et, finalement, $R \notin V(P_i)$.

On peut donc conclure que $\mathcal{R}_i = V(P_i)$. □

Voyons maintenant quelle est la forme d'une cellule de Voronoï.

**Définition 15.18** *Un sous-ensemble $\mathcal{D}$ du plan est convexe si, pour toute paire de points $P, Q \in \mathcal{D}$, le segment $PQ$ est inclus dans $\mathcal{D}$.*

La figure 15.33 donne des exemples d'ensembles convexe et non convexe.

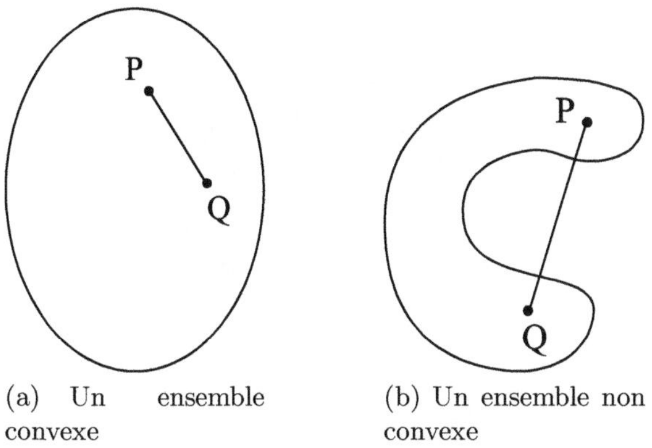


(a) Un ensemble convexe

(b) Un ensemble non convexe

**Fig. 15.33.** Ensembles convexe et non convexe

**Proposition 15.19** *Une cellule de Voronoï est un sous-ensemble convexe du plan. Si la cellule est finie (c'est-à-dire incluse dans un disque de rayon $r$), c'est un polygone du plan.*

PREUVE On donne ses grandes lignes et on laisse le reste en exercice. Un demi-plan est un sous-ensemble convexe du plan. Une intersection d'ensembles convexes est convexe. □

**Construction du diagramme de Voronoï d'un ensemble $S$** Il n'est pas facile en pratique de programmer la construction du diagramme de Voronoï d'un ensemble $S$ de sites, surtout quand le nombre d'éléments de $S$ est grand. Il se fait beaucoup de recherche en géométrie combinatoire et en informatique sur ce sujet. Certains programmes sont cependant disponibles sur Internet ou dans des langages de manipulation symbolique. Par exemple, une fonction de Mathematica a été utilisée pour construire les figures 15.30 et 15.32.

Les diagrammes de Voronoï sont souvent présentés avec leurs « duaux », les *triangulations de Delaunay*. Un problème important de géométrie combinatoire est de construire une partition d'un ensemble en triangles (on dit une triangulation), ayant deux à deux soit une intersection vide, soit une arête en commun, soit encore un sommet en commun. Pour un ensemble $S$ de sites et son diagramme de Voronoï, la triangulation de Delaunay est définie ainsi : les sommets des triangles sont les sites de $S$, et on trace le segment $P_iP_j$ entre les sites $P_i$ et $P_j$ si les cellules $V(P_i)$ et $V(P_j)$ ont une arête commune (figure 15.34).

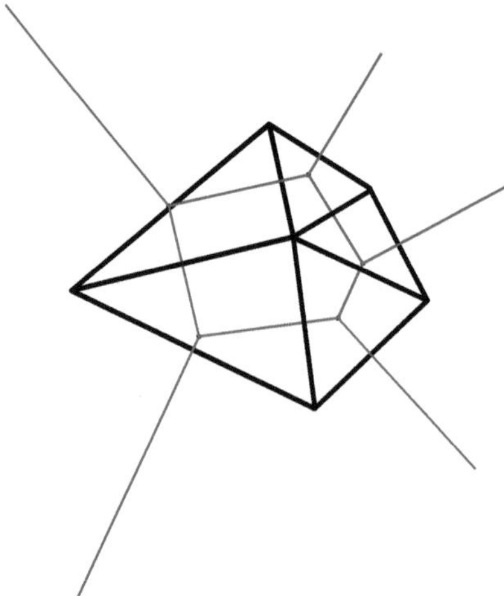

**Fig. 15.34.** La triangulation de Delaunay (en trait noir épais) associée au diagramme de Voronoï de la figure 15.32 (en trait fin gris)

Étant donné un ensemble de sites, il existe plusieurs triangulations pour lesquelles les sommets des triangles sont situés aux points de $S$. Les triangulations de Delaunay ont de très bonnes propriétés, entre autres parce que leurs triangles sont « plus équilatéraux » (moins aplatis) en moyenne que ceux d'autres triangulations. Elles sont donc très utilisées dans tous les problèmes appliqués où des maillages sont requis (voir aussi l'exercice 24).

**Le problème réciproque** Nous avons vu qu'étant donné un ensemble $S$ de sites, son diagramme de Voronoï consiste en une partition du plan en cellules convexes. Les cellules bornées sont des polygones convexes. La frontière de chaque cellule non bornée est formée d'un nombre fini de segments de droite et de deux demi-droites. Rien n'empêche de généraliser le concept du diagramme de Voronoï à des surfaces non planes. La réciproque est beaucoup plus difficile : supposons que l'on ait une partition du plan ou d'une autre surface en cellules du type décrit ci-dessus. Sous quelles conditions existe-t-il un ensemble de sites $S$ dont cette partition est le diagramme de Voronoï ? On peut déjà penser à un processus de modélisation qui conduirait à un diagramme de Voronoï. En effet, supposons que l'on dépose des gouttes d'encre aux points d'un ensemble de sites sur un papier buvard. Alors, les gouttes s'étendent et se rejoignent précisément sur les frontières des cellules de Voronoï (voir, par exemple, le chapitre 4 où ce genre de problème est examiné et, en particulier, l'exercice 19 de ce chapitre). Un modèle semblable est obtenu si, au lieu de papier buvard, on considère une surface combustible uniforme et que l'on enflamme les sites $S_i$. Le feu se propage à vitesse constante dans toutes les directions, et les frontières des cellules de Voronoï sont les points où le feu s'éteint. Si l'on a une raison de penser que la partition de la surface en cellules résulte d'un processus similaire à ceux-ci, alors on peut penser que la réponse est positive. Si l'on n'a aucune idée du processus de formation des cellules, alors le problème réciproque décrit est un problème purement mathématique. Nous présentons les cas simples à l'exercice 26.

## 15.6 La vision des ordinateurs

On ne traite ici que d'un tout petit aspect qui consiste à comprendre comment reconstituer la perception de la profondeur à partir d'images 2D. On a deux photos prises par deux observateurs situés en $O_1$ et $O_2$. Dans notre modèle, les images d'un point $P$ sont respectivement $P_1$ et $P_2$. Ces points sont situés à l'intersection des plans de projection et des droites $(D_1)$ et $(D_2)$ joignant $P$ à $O_1$ et $O_2$ respectivement. Le plan de projection correspond au plan de la pellicule ou du capteur de la caméra (dans la figure 15.35 on a pris le même plan de projection pour les deux photos, mais cette condition ne sert qu'à simplifier les calculs).

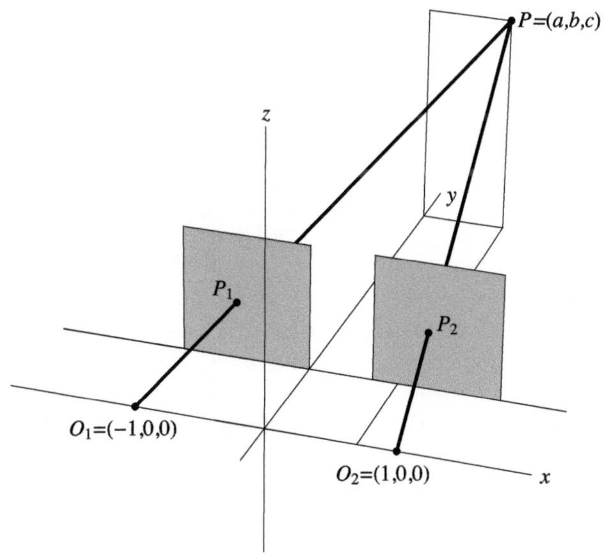


**Fig. 15.35.** Deux photos prises de points de vue différents

Connaissant les points $P_i$ et $O_i$, nous pouvons déterminer la droite $(D_i)$ joignant ces deux points. Ceci permet de calculer la position de $P$, qui est l'unique point d'intersection des droites $(D_1)$ et $(D_2)$.

Faisons le détail des calculs. Nous choisissons un système d'axes dans lequel $O_1$ et $O_2$ sont situés sur l'axe des $x$ ; l'origine est au milieu du segment $O_1O_2$. L'unité sur l'axe des $x$ est telle que $O_1 = (-1, 0, 0)$ et $O_2 = (1, 0, 0)$. L'axe des $y$ est horizontal, et son unité est choisie de telle sorte que le plan de projection est $y = 1$. L'axe des $z$ est vertical, et son unité peut être choisie arbitrairement. Alors, les coordonnées des points $P_i$ sont $(x_i, 1, z_i)$, $i = 1, 2$. Elles sont connues puisqu'on peut les mesurer sur les deux photos.

Soit $(a, b, c)$ les coordonnées de $P$. Ce sont nos inconnues. Pour les trouver, nous allons utiliser les équations paramétriques des droites $(D_1)$ et $(D_2)$. La droite $(D_1)$ passe par $O_1$, et son vecteur directeur est le vecteur $\overrightarrow{O_1P_1} = (x_1 + 1, 1, z_1)$. C'est donc l'ensemble des points

$$(D_1) = \{(-1, 0, 0) + t_1(x_1 + 1, 1, z_1) | t_1 \in \mathbb{R}\}.$$

De même, $\overrightarrow{O_2P_2} = (x_2 - 1, 1, z_2)$ et donc,

$$(D_2) = \{(1, 0, 0) + t_2(x_2 - 1, 1, z_2) | t_2 \in \mathbb{R}\}.$$

Le point $P$ est le point commun à $(D_1)$ et $(D_2)$. Pour le trouver, on cherche $t_1$ et $t_2$ tels que les coordonnées du point de $(D_1)$ correspondant à $t = t_1$ coïncident avec celles du point de $(D_2)$ correspondant à $t = t_2$ :

$$\begin{cases} -1 + t_1(x_1 + 1) = 1 + t_2(x_2 - 1), \\ t_1 = t_2, \\ t_1 z_1 = t_2 z_2. \end{cases} \tag{15.13}$$

La deuxième équation nous donne $t_1 = t_2$. En remplaçant dans la première équation, on obtient

$$t_1 = \frac{2}{x_1 - x_2 + 2}. \tag{15.14}$$

Remarquons que $x_1 - x_2 + 2 > 0$, donc $t_1$ est positif. En effet, en regardant la figure (15.35), on voit que la distance entre $P_1$ et $P_2$, qui est donnée par $x_2 - x_1$, est plus petite que la distance entre $O_1$ et $O_2$, qui est 2. Considérons maintenant la troisième équation de (15.13). Puisque $t_1 = t_2 \neq 0$, elle nous dit que $z_1 = z_2$ : c'est la condition pour que les points $P_1$ et $P_2$ soient la projection d'un même point $P$. En effet, si on prend deux points quelconques $P_1$ et $P_2$, les droites $(D_1)$ et $(D_2)$ ne se couperont pas en général. La condition $z_1 = z_2$ dit que les deux droites sont situées dans le même plan $z = z_1 y$ et donc, se couperont si $x_1 - x_2 \neq 2$.

On a maintenant localisé le point $P$ :

$$\begin{aligned} (a, b, c) &= (-1, 0, 0) + \tfrac{2}{x_1 - x_2 + 2}(x_1 + 1, 1, z_1) \\ &= \left(\tfrac{x_1 + x_2}{x_1 - x_2 + 2}, \tfrac{2}{x_1 - x_2 + 2}, \tfrac{2z_1}{x_1 - x_2 + 2}\right). \end{aligned}$$

**Remarque** C'est ce que nous faisons tout le temps instinctivement : nous avons besoin de nos deux yeux pour évaluer la profondeur, car notre cerveau fait le « calcul » à partir des deux images. On doit cependant comprendre la géométrie que nous venons de décrire pour apprendre aux ordinateurs à faire de même.

## 15.7 Un bref coup d'œil sur l'architecture d'un ordinateur

Les ordinateurs sont construits à l'aide de circuits intégrés. L'élément de base est le transistor que l'on peut, dans un premier temps, comparer à un interrupteur électrique. Les circuits sont organisés de manière à ce que les ordinateurs puissent effectuer des opérations.

Nous nous limiterons à des circuits électriques très simples qui ne comprennent que des interrupteurs. Chaque interrupteur prend deux positions que nous associerons aux nombres 0 et 1.

Dans ce court flash-science, nous nous limiterons à montrer comment on peut imaginer des circuits qui modélisent des opérations de base sur l'ensemble $S = \{0, 1\}$. Les langages de programmation sont pensés pour décomposer un calcul compliqué en une suite d'opérations de base. Les ordinateurs sont conçus pour effectuer ces opérations et mettre des quantités en mémoire. Les premiers ordinateurs ne pouvaient faire qu'une opération à la fois alors que les ordinateurs modernes font des opérations en parallèle.

Nous allons décrire quelques-unes des opérations de base que peut faire un ordinateur et modéliser un circuit électrique les effectuant. Les opérations de base que nous allons modéliser sont des opérations sur l'ensemble $S = \{0, 1\}$ correspondant aux opérateurs booléens NON, ET, OU et au « ou exclusif » que nous allons noter XOR. L'entrée 0 correspond à une absence de courant extérieur et l'entrée 1, à un courant.

**L'opérateur booléen ET** C'est la fonction ET : $S \times S \rightarrow S$ donnée par la table

| ET | 0 | 1 |
|---|---|---|
| 0 | 0 | 0 |
| 1 | 0 | 1 |

(15.15)

Pourquoi appelle-t-on cet opérateur « ET » ? Supposons que $A$ et $B$ soient des énoncés. On peut leur assigner une valeur de vérité : la valeur de vérité 0 si l'énoncé est faux et la valeur de vérité 1 si l'énoncé est vrai. On s'intéresse maintenant à l'énoncé $A$ ET $B$. Cet énoncé n'est vrai que si $A$ et $B$ sont vrais. Dans les trois autres cas, $A$ vrai et $B$ faux, $A$ faux et $B$ vrai, $A$ faux et $B$ faux, l'énoncé $A$ ET $B$ est faux, et sa valeur de vérité est 0. C'est exactement ce que nous donne la table ci-dessus. On peut remarquer que la table de l'opérateur ET est aussi la table de la multiplication modulo 2, une des opérations de l'arithmétique modulo 2 que nous rencontrons dans plusieurs chapitres. Un circuit simple modélisant cette opération se trouve à la figure 15.36. Il a deux interrupteurs, chacun actionné par la valeur d'une entrée. Quand l'entrée est un 1, l'interrupteur se ferme, et le courant peut passer. Quand l'entrée est un 0, l'interrupteur s'ouvre, et le

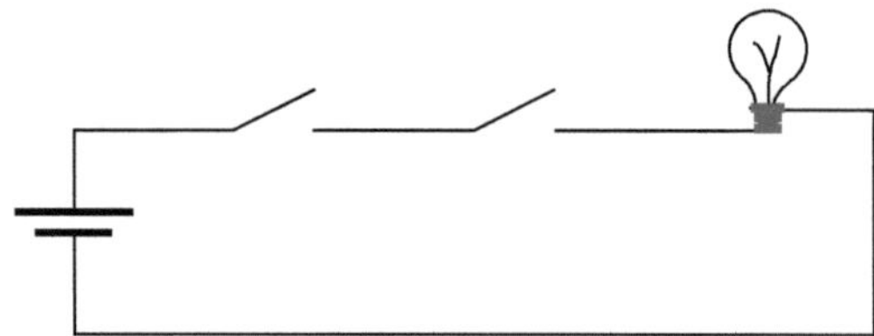

**Fig. 15.36.** Un circuit modélisant le ET

courant ne passe pas. On voit bien que le courant passe dans le circuit si et seulement si les deux interrupteurs sont fermés. Le courant qui passe témoigne que le résultat de l'opération, appelé la sortie, est 1. L'absence de courant témoigne que la sortie est 0.

On peut donc réécrire la table (15.15) sous la forme

| ENTRÉE A | ENTRÉE B | SORTIE |
|---|---|---|
| 0 | 0 | 0 |
| 0 | 1 | 0 |
| 1 | 0 | 0 |
| 1 | 1 | 1 |

(15.16)

**L'opérateur booléen OU** C'est une fonction OU : $S \times S \to S$ donnée par la table

| OU | 0 | 1 |
|---|---|---|
| 0 | 0 | 1 |
| 1 | 1 | 1 |

(15.17)

L'énoncé $A$ OU $B$ est vrai dès qu'au moins un des énoncés $A$ et $B$ est vrai. Il n'est

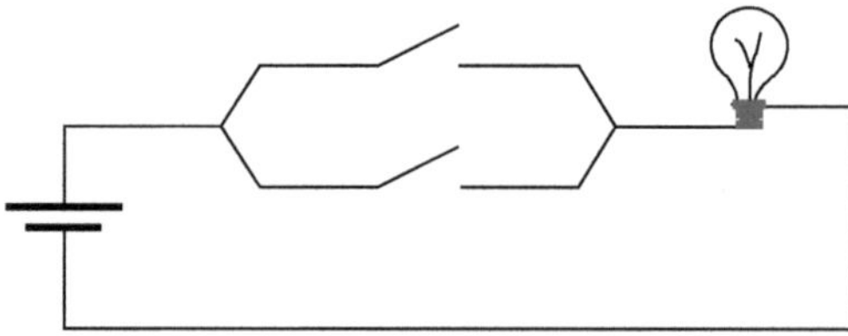

**Fig. 15.37.** Un circuit modélisant le OU

faux que quand $A$ et $B$ sont tous les deux faux. Un circuit modélisant cette opération est illustré à la figure 15.37. Les règles sont les mêmes que dans le cas du ET, mais les deux interrupteurs sont en parallèle. On voit bien que le courant peut passer dans le circuit dès qu'un des deux interrupteurs est fermé. Ici encore, le courant qui passe témoigne que le résultat de l'opération est 1 alors que l'absence de courant témoigne que le résultat de l'opération est 0. Comme pour le ET, on peut réécrire la table (15.17) sous la forme

| ENTRÉE A | ENTRÉE B | SORTIE |
|---|---|---|
| 0 | 0 | 0 |
| 0 | 1 | 1 |
| 1 | 0 | 1 |
| 1 | 1 | 1 |

(15.18)

**L'opérateur booléen XOR (parfois aussi noté $\oplus$)** C'est une fonction XOR : $S \times S \to S$ donnée par la table

| XOR | 0 | 1 |
|---|---|---|
| 0 | 0 | 1 |
| 1 | 1 | 0 |

(15.19)

L'énoncé $A$ XOR $B$ est vrai si et seulement si un seul des énoncés $A$ ou $B$ est vrai et que l'autre est faux, d'où son nom de « OU exclusif ». On peut remarquer que la table de vérité de l'opérateur XOR est aussi la table de l'addition modulo 2 que nous rencontrons dans plusieurs chapitres. Le circuit modélisant cette opération est illustré à

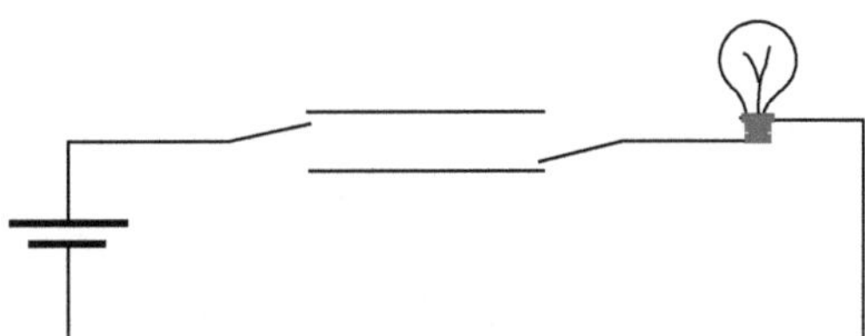

**Fig. 15.38.** Un circuit modélisant le XOR

la figure 15.38. Son fonctionnement est un peu plus subtil. L'interrupteur de gauche est en position supérieure quand il reçoit un 1 et en position inférieure quand il reçoit un 0. L'interrupteur de droite est en position inférieure quand il reçoit un 1 et en position supérieure quand il reçoit un 0. On voit bien que le courant passe dans le circuit quand un des deux interrupteurs reçoit un 1, et l'autre, un 0. Ici encore, le courant qui passe témoigne que le résultat de l'opération est 1. On réécrit la table (15.19) comme suit :

| ENTRÉE A | ENTRÉE B | SORTIE |
|---|---|---|
| 0 | 0 | 0 |
| 0 | 1 | 1 |
| 1 | 0 | 1 |
| 1 | 1 | 0 |

(15.20)

**L'opérateur booléen NON** C'est une fonction NON : $S \to S$ donnée par

$$\begin{cases} \text{NON}(0) = 1, \\ \text{NON}(1) = 0, \end{cases} \tag{15.21}$$

ou encore, par

| ENTRÉE | SORTIE |
|---|---|
| 0 | 1 |
| 1 | 0 |

(15.22)

Regardons la figure 15.39. Il y a exactement un interrupteur qui reçoit l'entrée. L'am-

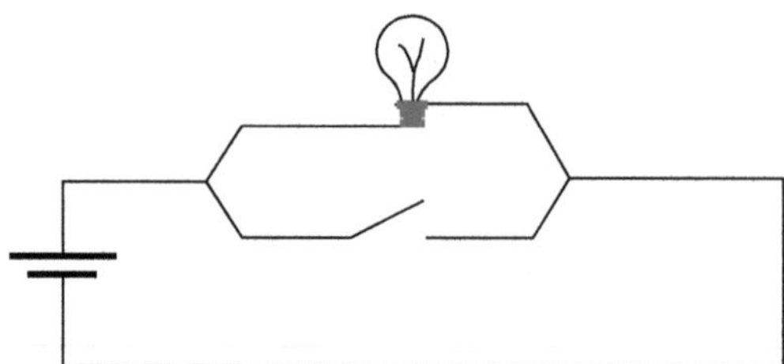

**Fig. 15.39.** Un circuit modélisant le NON

poule est une résistance. L'interrupteur est situé sur une branche qui offre une résistance inférieure à celle de l'ampoule. Quand l'entrée est un 1, c'est-à-dire que l'interrupteur se ferme, alors le courant passe surtout par la branche parallèle, et l'ampoule s'éteint ou luit très faiblement. Quand l'entrée est un 0, c'est-à-dire que l'interrupteur est ouvert, alors tout le courant passe par l'ampoule, et le résultat est un 1.

**Quelques réflexions** C'est le moment de faire une pause et de tirer quelques leçons de ce qui a été fait :

1. Dans le dernier exemple, celui du NON, on a dit que l'ampoule s'éteint alors qu'elle reste alimentée. En informatique, les données sont discrètes (des 0 ou des 1) alors que les intensités de courant ou de voltage sont continues. Dans les circuits d'ordinateur, on doit donc utiliser des « seuils ». Par exemple, la valeur de l'entrée sera 0 en deçà du seuil et 1 au delà.
2. Ce qui manque dans notre explication, c'est une bonne description des entrées (les $A$ et $B$ initiaux, aussi appelés *inputs*) et des sorties (les résultats de nos calculs, aussi appelés *outputs*). Une entrée correspond à la position d'un interrupteur, et il est facile d'imaginer que cet interrupteur est lui-même actionné par un autre circuit qui n'apparaît pas sur la figure : notre entrée est alors la sortie de cet autre circuit. Sur nos figures, par contre, l'ampoule constitue la sortie, et on lit le résultat suivant qu'elle s'allume ou non. Mais cette sortie ne peut servir d'entrée pour un nouveau

calcul. Dans les ordinateurs modernes, les sorties peuvent servir d'entrées pour de nouvelles opérations.

Il existe d'autres opérateurs booléens couramment utilisés dans la conception des ordinateurs : le NAND et le NOR. Ils sont définis ainsi :

$$\begin{cases} A \text{ NAND } B \iff \text{NON}(A \text{ ET } B), \\ A \text{ NOR } B \iff \text{NON}(A \text{ OU } B). \end{cases} \tag{15.23}$$

On peut évidemment les réaliser en combinant des circuits réalisant le NON, le ET et le OU, mais il est plus simple de monter des circuits qui les exécutent directement. Le NAND et le NOR sont donc souvent ajoutés à la liste des opérateurs booléens de base. Ils sont dits *universels*. L'exercice 34 explique pourquoi.

**Un tout premier pas vers les ordinateurs** Les ordinateurs sont composés de transistors que l'on peut visualiser comme des interrupteurs complexes ne fonctionnant que dans un sens, un peu comme une porte dont la penture ne permet l'ouverture que d'un côté : ainsi un transistor peut « livrer » une entrée sans être affecté par ce qui se passe par la suite. Pour cela, au lieu d'associer à l'entrée 1 la présence d'un courant, on utilise une différence de potentiel qui peut être positive ou négative. Lorsque la différence de potentiel a le bon signe et atteint le seuil voulu, elle engendre le courant qui ouvre l'interrupteur.

**Un mot sur les systèmes intégrés à très haute échelle ou systèmes VLSI** (*very large scale integration*) Les transistors servent à créer diverses familles de composantes logiques, dont TTL (*transistor-transistor logic*), ECL (*emitter coupled logic*), NMOS (*n-channel metal oxide semiconductor*), CMOS (*complementary metal oxide semiconductor*), par assemblage en portes symbolisant le ET, le OU, le XOR, le NON et souvent le NAND et le NOR. Chaque sortie peut devenir l'entrée du prochain circuit, ce qui permet l'assemblage de circuits très complexes ayant des millions de transistors. Dans la plupart de ces familles logiques, la différence de potentiel à la sortie d'un transistor représente le niveau logique, et le courant transporte la charge nécessaire aux variations de cette différence de potentiel. Les transistors MOS étaient historiquement fabriqués de trois couches, une couche de silicium, une couche d'oxyde (isolant) et une couche de métal (agissant comme interrupteur). De nos jours, le métal a été remplacé par un silicium polycristallin, et la couche d'oxyde est très mince, de l'ordre de 12 Å (1 Å = 1 angström = $10^{-10}$ m ; une liaison atomique a une longueur approximative de 2 Å). Les composantes CMOS sont de loin les plus employées. Leur efficacité réside dans le fait que le courant circule seulement quand le circuit logique est en transition, contrairement à notre ampoule électrique. La transition est effectuée par un transfert de charge transporté par le courant. Une fois le transfert de charge effectué, il n'y a plus de courant, donc pas d'énergie perdue. Cela permet de créer des circuits intégrés qui ont plus d'un milliard de transistors et une consommation d'énergie raisonnable ($< 150$ W).

Du point de vue pratique, le NAND et le NOR sont importants parce que, dans la famille CMOS, ils sont créés à partir de transistors de manière plus simple et naturelle que le ET et le OU. Également pour des raisons pratiques, le NAND est préférable au NOR.

## 15.8 Tracer sur une sphère le pavage régulier à 12 pentagones sphériques

Il y a quelques années, l'auteure (Christiane Rousseau) a été approchée par Pierre Robert, dit « Pierre le Jongleur », ébéniste et jongleur qui construit des boules de cirque, ces grandes boules sur lesquelles se tiennent des jongleurs ou acrobates. L'ébéniste avait construit une boule en bois de 50 cm de diamètre sur laquelle il voulait peindre des étoiles à cinq branches de telle sorte qu'elles forment un pavage régulier de la sphère (figure 15.40). (En fait, au Québec, les outils d'ébéniste sont le plus souvent en système anglais, et Pierre Robert avait construit une boule de 20 po de diamètre.)

**Fig. 15.40.** La boule de cirque décorée d'étoiles à cinq branches

Il existe un polyèdre régulier dont les 12 faces sont des pentagones réguliers, le *dodécaèdre* (figure 15.41). Comme ce polyèdre est régulier, il est inscrit dans une sphère, c'est-à-dire que tous ses sommets sont sur une même sphère. L'ébéniste a donc demandé à l'auteure de lui indiquer comment trouver les sommets de ce dodécaèdre.

**Dessiner sur une sphère** Un ébéniste qui doit dessiner sur une sphère ne peut pas utiliser de règle. Par contre, un compas fonctionne très bien, et on va s'en servir pour localiser les sommets du dodécaèdre inscrit. Une fois qu'on a localisé deux points, on peut visualiser un arc de grand cercle entre ces deux points en tendant un fil entre les deux. Si la friction est minimale, le fil aura tendance à suivre l'arc de grand cercle. La méthode est satisfaisante si on se contente de peu de précision. Si on veut un tracé plus

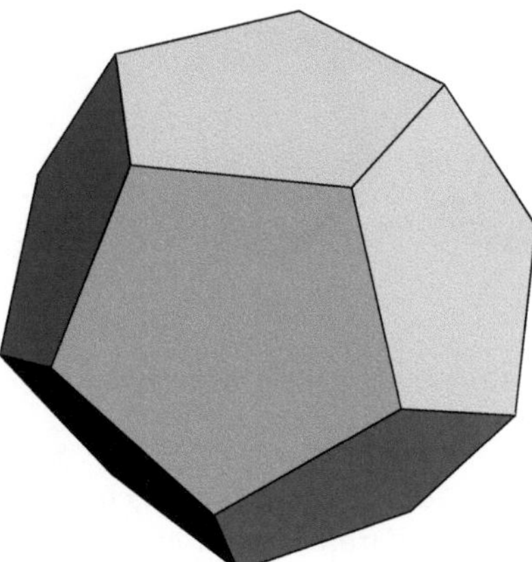

**Fig. 15.41.** Un dodécaèdre

précis, il faut utiliser un compas, calculer l'ouverture à lui donner et localiser l'endroit où placer la pointe sèche (voir l'exercice 41).

**Utiliser un compas sur la sphère** Sur la sphère, si on plante la pointe sèche d'un compas en un point $N$ et qu'on donne une ouverture $r'$ au compas, on trace un cercle de rayon $r \neq r'$ (voir la figure 15.45). Le véritable centre $P$ du cercle est à l'intérieur de la sphère et n'est donc pas situé en $N$. Par contre, tous les points du cercle que nous avons tracé sur la sphère sont à la distance $r'$ de $N$. Nous devrons faire attention à cette subtilité dans notre démarche. La relation entre $r$ et $r'$ dépend du rayon $R$ de la sphère. Elle sera déduite ultérieurement.

Voici la solution proposée pour tracer les sommets du dodécaèdre sur la sphère circonscrite. Commençons par la liste des symboles que nous utiliserons :

- $R$ est le rayon de la sphère ;
- $a$ est l'arête du dodécaèdre inscrit dans la sphère ;
- $d$ est la diagonale d'une face pentagonale du dodécaèdre ;
- $r$ est le rayon du cercle circonscrit à une des faces pentagonales (un pentagone plan) ;
- $r'$ est l'ouverture qu'on doit donner au compas pour tracer sur la sphère de rayon $R$ un cercle de rayon $r$.

**Les ingrédients pour tracer les sommets du dodécaèdre** On a besoin de calculer l'arête $a$ du dodécaèdre et la diagonale $d$ d'une face pentagonale du dodécaèdre en fonction du rayon $R$ de la sphère. Cela semble un problème très difficile.

- Fort heureusement, on utilise pour cela une propriété remarquable du dodécaèdre : les diagonales des pentagones sont les arêtes de cubes inscrits sur le dodécaèdre. On a cinq tels cubes (voir la figure 15.42 et l'exercice 44).

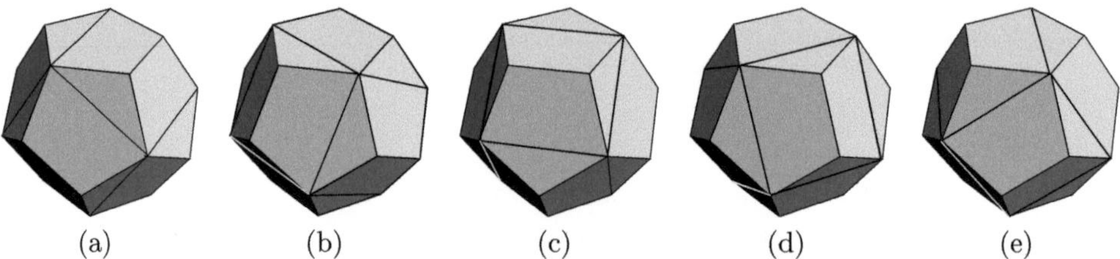


**Fig. 15.42.** Les cinq cubes inscrits sur le dodécaèdre

- On voit déjà poindre un problème plus facile : chacun de ces cubes est inscrit dans la sphère. On cherche donc l'arête $d$ d'un cube inscrit dans une sphère de rayon $R$. Nous laissons le calcul pour l'exercice 39 : le résultat est

$$d = \frac{2}{\sqrt{3}}R.$$

- Il faut maintenant trouver la relation entre $a$ et $d$. On est ramené à un problème plan : étant donné un pentagone de côté $a$, trouver la longueur de sa diagonale $d$ (voir la figure 15.43). La formule est évidente d'après la figure dès qu'on a montré que les angles intérieurs d'un pentagone sont de $\frac{3\pi}{5}$. Nous laissons cette partie pour l'exercice 36. Cette longueur est donnée par

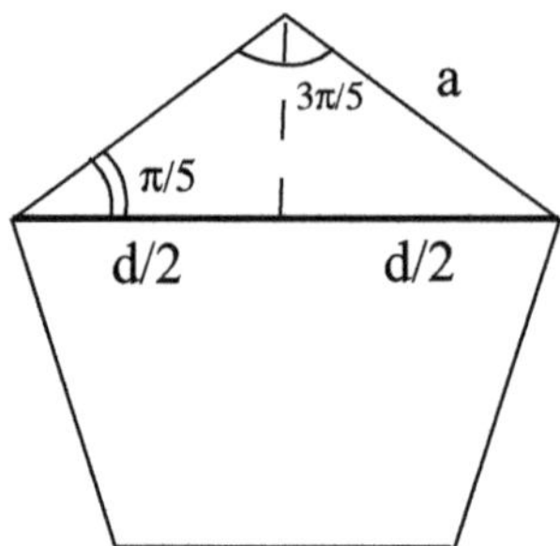


**Fig. 15.43.** Diagonale du pentagone

$$d = 2a\cos\frac{\pi}{5}.$$

Nous savons donc maintenant que

$$a = \frac{d}{2\cos\frac{\pi}{5}} = \frac{R}{\sqrt{3}\cos\frac{\pi}{5}}.$$

**Le traçage des sommets du dodécaèdre** Nous avons maintenant les ingrédients pour passer au traçage proprement dit. On choisit un point $P_1$ de la sphère qui sera un sommet du dodécaèdre. Chaque sommet est adjacent à trois autres sommets qui sont situés à la distance $a$ de $P_1$. On trace donc sur la sphère le cercle $C_1$ en mettant la pointe sèche du compas en $P_1$ et en donnant au compas une ouverture de $a$. ($P_1$ n'est pas dans le plan de ce cercle!) On choisit un point $P_2$ du cercle $C_1$ qui sera un deuxième sommet du dodécaèdre. À partir de ce moment-là tous les sommets sont déterminés de manière unique. Le dodécaèdre a deux autres sommets, $P_3$ et $P_4$, sur le cercle $C_1$. Les trois points $P_2$, $P_3$ et $P_4$ divisent le cercle $C_1$ en trois arcs égaux. Ils sont situés à la distance $d$ les uns des autres. Les points $P_3$ et $P_4$ sont donc les intersections de $C_1$ avec le cercle $C_2$ qu'on trace en mettant la pointe sèche du compas en $P_2$ et en lui donnant une ouverture de $d$. On itère le procédé en prenant le cercle tracé avec la pointe sèche en $P_2$ et une ouverture de $a$. Sur ce cercle se trouvent deux nouveaux sommets du dodécaèdre. Ils sont à la distance $d$ de $P_1$. On itère jusqu'à ce qu'on ait localisé les 20 sommets.

Dans notre exemple, nous avions $R = 25$ cm, ce qui donne $a \approx 17{,}9$ cm et $d \approx 28{,}9$ cm.

La méthode précédente nous permet de tracer les sommets des pentagones sphériques, mais ne nous permet pas de tracer les centres de ces mêmes pentagones. Pour pouvoir aussi tracer les centres des pentagones, il nous faut un ingrédient de plus. On procède en deux étapes. On commence par chercher le rayon $r$ du cercle circonscrit à un pentagone de côté $a$ (voir la figure 15.44). Nous laissons pour l'exercice 40 la preuve que ce rayon

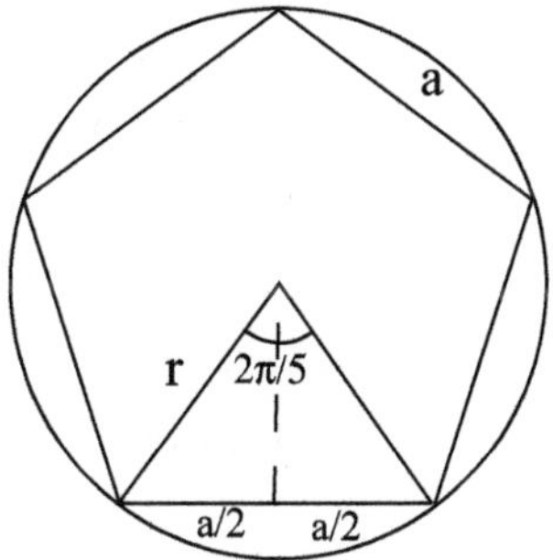


**Fig. 15.44.** Rayon du cercle circonscrit au pentagone

$r$ est donné par

$$r = \frac{a}{2\sin\frac{\pi}{5}}.$$

On a donc

$$r = \frac{R}{2\sqrt{3}\sin\frac{\pi}{5}\cos\frac{\pi}{5}} = \frac{R}{\sqrt{3}\sin\frac{2\pi}{5}}. \qquad (15.24)$$

L'ingrédient qui nous manque est la distance entre le centre (sur la sphère) d'un pentagone sphérique et un des sommets du pentagone. Cette distance est l'ouverture qu'on doit donner au compas dont la pointe sèche est au centre du pentagone sphérique pour tracer le cercle circonscrit à la face correspondante du pentagone. C'est un cas particulier de la proposition suivante.

**Proposition 15.20** *On veut tracer sur une sphère de rayon $R$ un cercle de rayon $r$. Pour cela, on place la pointe sèche du compas en un point $N$ de la sphère et on donne au compas une ouverture de*

$$r' = \sqrt{r^2 + \left(R - \sqrt{R^2 - r^2}\right)^2}. \tag{15.25}$$

Preuve On suppose que le cercle de rayon $r$ que l'on veut tracer se situe dans un plan horizontal (voir la figure 15.45). On doit donc calculer la longueur $r' = |NA|$. On

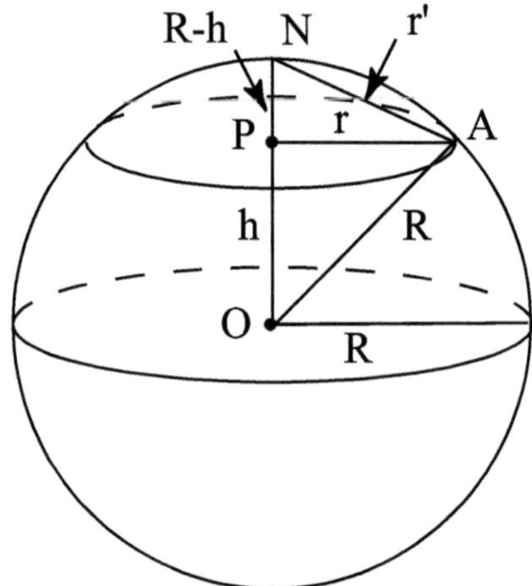


**Fig. 15.45.** Pour tracer le cercle centré en $P$ de rayon $r$, on met la pointe sèche du compas en $N$ et on donne au compas l'ouverture $r'$.

y va de proche en proche en appliquant le théorème de Pythagore aux deux triangles rectangles $OPA$ et $APN$. Ceci donne

$$h = \sqrt{R^2 - r^2},$$

et

$$r' = \sqrt{r^2 + (R - h)^2},$$

d'où le résultat. □

Dans notre cas, $r$, le rayon du cercle circonscrit à une face pentagonale, est exprimé par (15.24), ce qui donne

$$h = R\sqrt{1 - \frac{1}{3\sin^2 \frac{2\pi}{5}}}.$$

Alors,

$$R - h = R\left(1 - \sqrt{1 - \frac{1}{3\sin^2 \frac{2\pi}{5}}}\right).$$

En utilisant une calculatrice, on obtient $r' \approx 0{,}641R$. Pour $r = 25$ cm, ceci donne $r' \approx 16{,}0$ cm.

**La deuxième méthode de traçage** On choisit sur la sphère un point $N$ qui sera au centre d'un pentagone sphérique et on trace sur la sphère le cercle $C$ en plaçant la pointe sèche du compas en $N$ et en donnant au compas une ouverture de $r'$. On choisit sur ce cercle un point $A_1$ qui sera un sommet du dodécaèdre. On place la pointe sèche du compas en $A_1$ et on lui donne une ouverture de $a$. On trace deux petits arcs de cercle qui intersectent $C$. Ces points d'intersection sont deux autres sommets du dodécaèdre, $A_2$ et $A_3$. En plaçant la pointe sèche successivement en $A_2$ et en $A_3$ avec la même ouverture de compas, on trouve par itération les deux derniers sommets du dodécaèdre qui forment le pentagone inscrit dans le cercle $C$.

On cherche ensuite le centre d'un deuxième pentagone sphérique. Un tel centre est, par exemple, situé à la distance $r'$ des points $A_1$ et $A_2$ : pour cela, on donne au compas une ouverture de $r'$ et on place la pointe sèche du compas successivement en $A_1$ et en $A_2$. Les deux cercles que l'on trace se coupent en deux points. Le premier est le point $N$ que l'on connaît déjà, et le deuxième est le point cherché au centre du deuxième pentagone sphérique qui a pour sommets $A_1$ et $A_2$. On itère jusqu'à ce qu'on ait trouvé tous les sommets et tous les centres.

Il nous reste un dernier morceau de jolies mathématiques connu des Anciens. La formule de $a$ fait intervenir $\cos\frac{\pi}{5}$ que nous pourrions calculer avec une calculatrice. En fait, on va montrer que :

**Théorème 15.21**

$$\cos\frac{\pi}{5} = \frac{1+\sqrt{5}}{4}.$$

PREUVE La preuve utilise la formule d'Euler pour les nombres complexes :

$$e^{i\theta} = \cos\theta + i\sin\theta.$$

On a donc

$$e^{i\frac{\pi}{5}} = \cos\frac{\pi}{5} + i\sin\frac{\pi}{5}.$$

De plus, en utilisant les propriétés des exponentielles, on a

$$(e^{i\frac{\pi}{5}})^5 = e^{i\pi} = \cos\pi + i\sin\pi = -1. \tag{15.26}$$

D'autre part,

$$(e^{i\frac{\pi}{5}})^5 = \left(\cos\frac{\pi}{5} + i\sin\frac{\pi}{5}\right)^5.$$

En posant $c = \cos\frac{\pi}{5}$ et $s = \sin\frac{\pi}{5}$, on obtient

$$(e^{i\frac{\pi}{5}})^5 = c^5 + 5ic^4s - 10c^3s^2 - 10ic^2s^3 + 5cs^4 + is^5. \tag{15.27}$$

En égalant partie réelle et partie imaginaire de (15.26) et (15.27), on obtient le système de deux équations

$$\begin{aligned} c^5 - 10c^3s^2 + 5cs^4 &= -1, \\ 5c^4s - 10c^2s^3 + s^5 &= 0. \end{aligned} \tag{15.28}$$

La seconde équation de (15.28) devient après factorisation $s(5c^4 - 10c^2s^2 + s^4) = 0$. Comme $s \neq 0$, on obtient

$$5c^4 - 10c^2s^2 + s^4 = 0. \tag{15.29}$$

On pose $C = \cos\frac{2\pi}{5}$. On a les formules trigonométriques suivantes :

$$c^2 = \frac{1+C}{2}, \qquad s^2 = \frac{1-C}{2}. \tag{15.30}$$

En remplaçant dans (15.29), on obtient

$$16C^2 + 8C - 4 = 4(4C^2 + 2C - 1) = 0.$$

Cette équation a une racine positive et une racine négative. Comme $C = \cos\frac{2\pi}{5} > 0$, on a

$$C = \cos\frac{2\pi}{5} = \frac{-1+\sqrt{5}}{4}.$$

De là et de (15.30), on déduit

$$c^2 = \frac{3+\sqrt{5}}{8} \qquad \text{et} \qquad s^2 = \frac{5-\sqrt{5}}{8}. \tag{15.31}$$

La première équation de (15.28) peut s'écrire

$$c(c^4 - 10c^2s^2 + 5s^4) = -1$$

d'où l'on déduit

$$c = -\frac{1}{c^4 - 10c^2s^2 + 5s^4} = -\frac{1}{1-\sqrt{5}} = \frac{1+\sqrt{5}}{4}.$$

□

## 15.9 Le piquetage d'une route

En génie civil, lors de la construction d'une route, on commence par dessiner son tracé sur une carte. On doit ensuite reporter ce tracé sur le terrain : pour ce faire, on place des piquets qui indiquent le tracé de la route, d'où le terme de « piquetage ». Typiquement, le tracé de la route est approximé sur la carte par des segments de droite joints par des arcs de cercle.

Supposons que l'on veuille placer des piquets le long d'un arc de cercle à distance $a$ les uns des autres (par exemple, $a = 10$ m ou $a = 30$ m). On connaît le segment $SP$

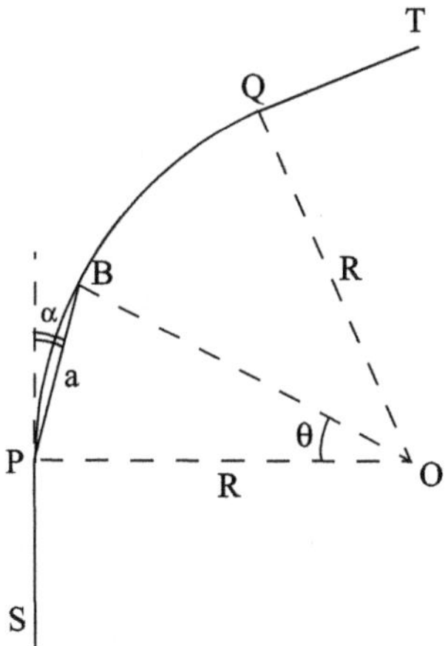


**Fig. 15.46.** Piquetage

et le segment $QT$ qui sont déjà piquetés. Le plan des ingénieurs a été dessiné de telle sorte qu'un tel arc existe ! Alors, le centre $O$ de l'arc est le point d'intersection de la perpendiculaire à $PS$ passant par $P$ avec la perpendiculaire à $QT$ passant par $Q$. Si le plan est exact et a été bien reproduit sur le terrain, alors ce point $O$ est à la distance $R$ de $P$ et de $Q$. On doit donc placer des piquets le long de l'arc de cercle centré en $O$ de rayon $R$ et d'extrémités $P$ et $Q$. Le premier point $B$ sera à la distance $a$ de $P$. Pour le tracer on veut calculer l'angle $\alpha$ entre la droite $PS$ (qui est tangente au cercle) et le segment $PB$. Ainsi, on pourra se contenter d'utiliser les outils d'arpentage le long du tracé de la route.

**Proposition 15.22** *(i)* $\alpha = \frac{\theta}{2}$*, où* $\theta$ *est l'angle au centre qui sous-tend la corde* $PB$*.*
*(ii)* $\alpha = \arcsin \frac{a}{2R}$.

PREUVE (i) Remarquons tout d'abord que $OP$ est perpendiculaire à $PS$. Donc,

$$\alpha = \frac{\pi}{2} - \widehat{OPB}.$$

Comme le triangle $OPB$ est isocèle, on a

$$\widehat{OBP} = \widehat{OPB} = \frac{\pi}{2} - \alpha.$$

De plus, la somme des angles du triangle vaut $\pi$. D'où

$$\widehat{OPB} + \widehat{OBP} + \widehat{POB} = 2(\frac{\pi}{2} - \alpha) + \theta = \pi - 2\alpha + \theta = \pi.$$

Donc, $2\alpha = \theta$, ce qui prouve (i).

(ii) Soit $X$ le milieu de $PB$. Alors, $OX$ est perpendiculaire à $PB$ puisque le triangle $PBO$ est isocèle, et

$$PX = \frac{a}{2} = R \sin \frac{\theta}{2}.$$

Puisque $\frac{\theta}{2} = \alpha$, alors

$$a = 2R \sin \alpha,$$

ce qui prouve (ii).

□

Il suffit alors de placer le piquet $B$ à la distance $a$ de $P$ sur la droite qui forme un angle $\alpha = \arcsin \frac{a}{2R}$ avec la droite portée par $SP$. C'est une opération facile avec les outils d'arpentage.

## 15.10 Exercices

### *Les lois de la réflexion et de la réfraction*

**1.** On place deux miroirs dans le fond d'un récipient, à angle droit l'un par rapport à l'autre. Montrer qu'un rayon vertical qui n'est pas réfléchi sur les parois du récipient est réfléchi à la verticale (voir la figure 15.47).

**2.** L'exercice 18 du chapitre 1, qui porte sur le fonctionnement du sextant, est une application de la loi de la réflexion. Si vous ne l'avez pas déjà résolu, répondez maintenant à la question.

### *Les coniques*

**3.** On a traité le problème dans le plan. En fait, ce qu'on appelle « miroir parabolique » est un paraboloïde circulaire

$$z = a(x^2 + y^2).$$

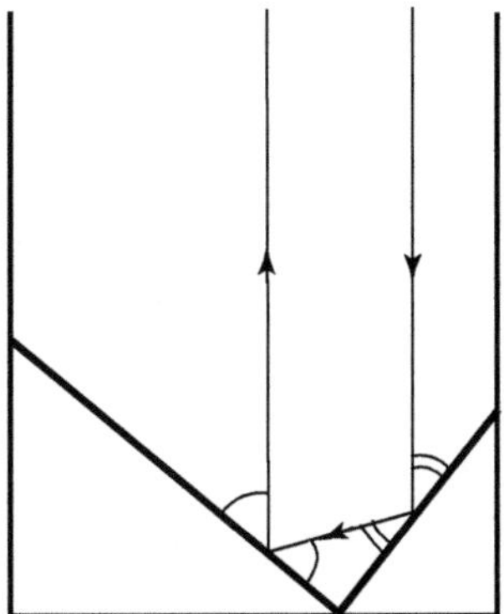

**Fig. 15.47.** Deux miroirs perpendiculaires comme dans l'exercice 1

Si tous les rayons arrivent de l'infini parallèlement à l'axe du miroir et sont réfléchis suivant la loi de la réflexion, montrer que tous les rayons réfléchis passent par le même point $(0, 0, \frac{1}{4a})$. Pour cela, utiliser le résultat dans le plan avec la courbe $z = ax^2$, puis passer au cas général en utilisant la symétrie du problème sous des rotations par rapport à l'axe du paraboloïde circulaire : le rayon réfléchi est contenu dans le plan engendré par le rayon initial et l'axe du paraboloïde.

4. **La propriété remarquable de l'hyperbole** Soit $(D)$ une droite joignant un point $P$ d'une branche d'hyperbole au foyer situé à l'intérieur de cette branche. Soit $(D')$ la droite symétrique de $(D)$ par rapport à la tangente à l'hyperbole en $P$. Montrer que $(D')$ passe par l'autre foyer de l'hyperbole (voir la figure 15.19).

5. **Le télescope à miroir liquide du projet ALPACA** Le plan du télescope ALPACA qui sera implanté au sommet d'une montagne chilienne est donné à la figure 15.48. Expliquer quelles formes coniques on pourrait donner à ses trois miroirs et comment placer leurs foyers pour le réaliser. (Plus de détails sur ce télescope sont donnés à la section 14.11 du chapitre 14.)

6. Pour faire fonctionner un four solaire de forme parabolique, on doit installer des héliostats qui reflètent les rayons du soleil dans une direction parallèle à l'axe du four solaire. Pour cet exercice, on identifie l'héliostat à un miroir plan. En chaque point de ce miroir arrive un rayon qui doit être réfléchi parallèlement à l'axe du four solaire.
**a)** Montrer que la normale à l'héliostat en chaque point $P$ doit être la bissectrice de l'angle entre le rayon solaire en $P$ et la parallèle à l'axe du four solaire passant par $P$.
**b)** Pour noter les directions, on peut prendre un système d'axes et se donner une direction par un vecteur unitaire. L'extrémité du vecteur est un point de la sphère unité que l'on peut exprimer en coordonnées sphériques

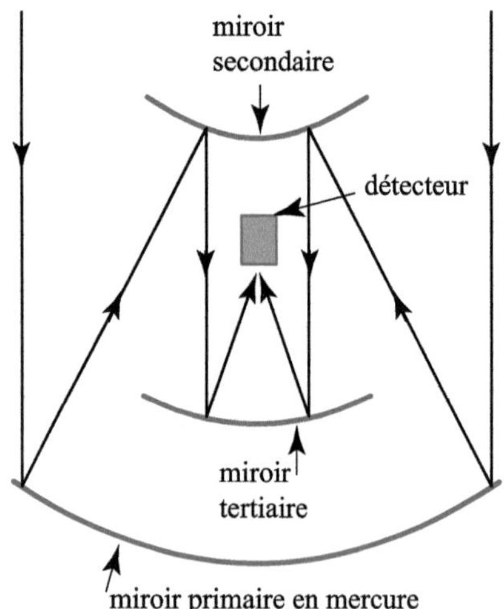


**Fig. 15.48.** Le télescope du projet ALPACA (exercice 5)

$$(\cos\theta\cos\phi, \sin\theta\cos\phi, \sin\phi),$$

où $\theta \in [0, 2\pi]$ et $\phi \in [-\frac{\pi}{2}, \frac{\pi}{2}]$. Montrer que, si $P_i = (\cos\theta_i\cos\phi_i, \sin\theta_i\cos\phi_i, \sin\phi_i)$, $i = 1, 2$, alors la direction de la bissectrice de l'angle $\widehat{P_1OP_2}$ est donnée par le vecteur $\frac{\mathbf{v}}{|\mathbf{v}|}$, où $\mathbf{v} = \overrightarrow{OP_1} + \overrightarrow{OP_2}$.

Remarque : le miroir de l'héliostat est monté sur des axes de rotation de manière à s'ajuster à la position du soleil tout au long de la journée. L'emploi des coordonnées sphériques met en évidence le fait que deux rotations suffisent pour lui faire prendre n'importe quelle orientation. (Pour plus de détails sur les mouvements autour d'axes de rotation, voir le chapitre 3.)

**7.** Voici un outil ingénieux utilisé par les menuisiers pour tracer des ellipses. L'outil est une plaque carrée encavée de deux sillons en forme de croix sur lesquels se meuvent deux petits chariots. Le chariot étiqueté $A$ ne peut se mouvoir que verticalement alors que l'autre ne bouge qu'horizontalement. Aux centres des petits chariots sont fixées deux petites tiges sur lesquelles pivote un bras dans un plan parallèle au plan de l'outil. Le bras est rigide, et la distance entre les petites tiges, que nous appellerons $A$ et $B$, est constante et égale à $d = |AB|$. La longueur totale du bras est $L$. À l'extrémité $C$ du bras est fixée une pointe de crayon qui dessine une courbe (figure 15.49).

**a)** Montrer que la courbe dessinée par la pointe de crayon quand les chariots se meuvent le long des sillons, entraînant la rotation du bras autour de $A$ et de $B$, est une ellipse.

**b)** Comment faut-il choisir $d$ et $L$ pour que l'ellipse tracée ait les demi-axes $a$ et $b$ ?

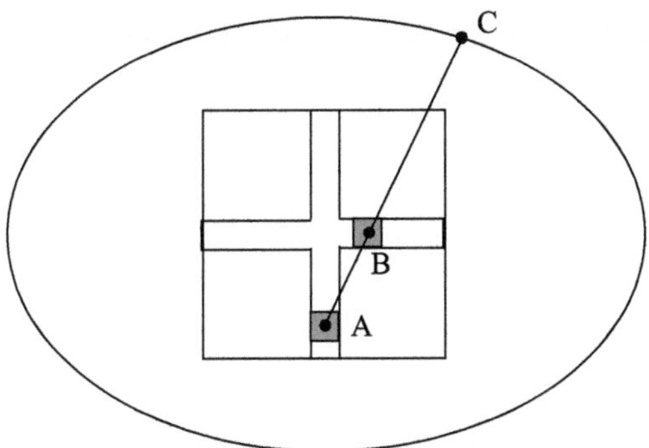


**Fig. 15.49.** Un outil pour tracer une ellipse (exercice 7)

**8.** L'hyperbole est l'ensemble des points $P$ du plan dont les distances à deux points $F_1$ et $F_2$ (les foyers de l'hyperbole) ont une différence, en valeur absolue, égale à une constante $r$ :

$$\big|\,|F_1P| - |F_2P|\,\big| = r. \tag{15.32}$$

Voici comment on peut dessiner une première branche de l'hyperbole avec une règle, une corde et un crayon. La règle pivote autour d'un clou planté au premier foyer $F_1$ de l'hyperbole. À l'extrémité $A$ de la règle, on fixe une corde dont l'autre extrémité est fixée au deuxième foyer $F_2$ de l'hyperbole. La corde est de longueur $\ell$. On place le crayon le long de la règle de telle manière qu'il tende la corde (figure 15.50).

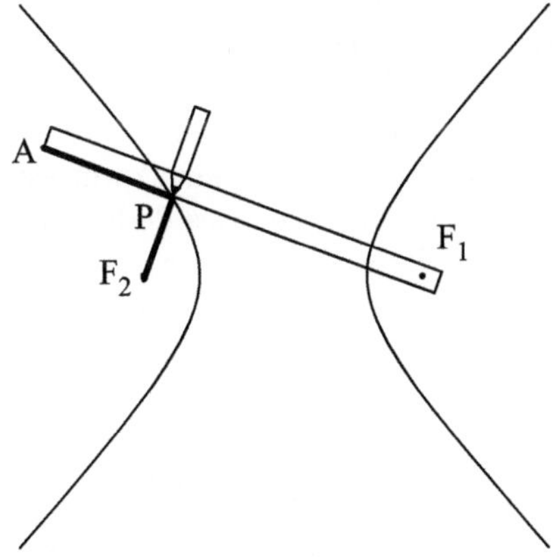


**Fig. 15.50.** Le traçage de l'hyperbole (exercice 8)

a) Montrer que la pointe du crayon décrit une branche d'hyperbole.

**b)** De quelle longueur $\ell$ doit être la corde si la longueur de la règle est $L$ et que l'équation de l'hyperbole est donnée par (15.32) ?

**c)** Que devez-vous faire pour tracer la deuxième branche de l'hyperbole ?

**9.** Voici un dispositif pour tracer une parabole. On fixe une règle le long d'une droite $(D)$. On fait glisser une équerre de hauteur $h = AB$ le long de la règle (voir la figure 15.51). Une corde de longueur $L$ est attachée par une extrémité à un point fixe $O$ situé à la distance $h_1$ de la droite $(D)$. L'autre extrémité de la corde est attachée au sommet $A$ de l'équerre. La pointe du crayon est placée le long du côté vertical de l'équerre en un point $P$ de telle sorte que la corde soit tendue : on a donc $|AP| + |OP| = L$. On pose $h_2 = h - h_1$.

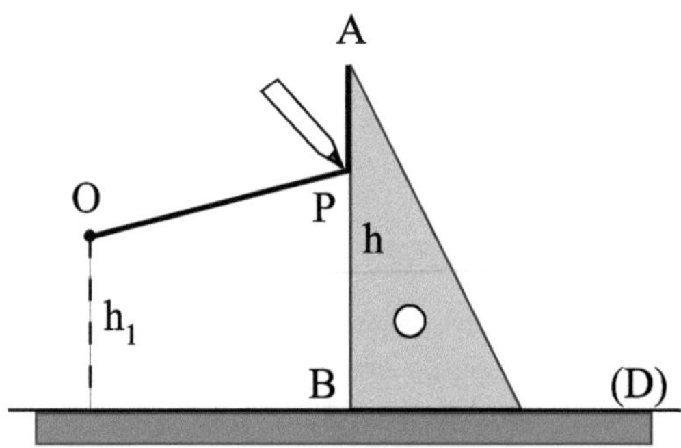


**Fig. 15.51.** Le traçage de la parabole (exercice 9)

**a)** Si $L > h_2$, montrer que la pointe du crayon décrit un arc de parabole. (Suggestion : prendre un système d'axes centré en $O$ et appeler $(x, y)$ les coordonnées de $P$.)

**b)** Montrer que le foyer de la parabole est en $O$.

**c)** Montrer que l'arc de parabole qu'on peut tracer est tangent à la droite $(D)$ si $h_1 = \frac{L-h_2}{2}$. Dans ce cas, trouver la directrice de la parabole.

**d)** Montrer que le sommet de la parabole est une extrémité de l'arc de parabole que l'on peut tracer si et seulement si $\frac{L-h_2}{2} \leq h_1$.

***Les quadriques***

**10.** Montrer que l'équation

$$x^2 + y^2 = C^2 z^2$$

où $C > 0$ est l'équation d'un cône de section circulaire.

**11.** On considère deux ellipses $\frac{x^2}{a^2} + \frac{y^2}{b^2} = 1$ situées dans les plans $z = -z_0$ et $z = z_0$. Soit $\phi_0 \in (-\pi, 0) \cup (0, \pi]$ un angle fixé. Soit $(D_\theta)$ la droite joignant le point $P(\theta) = (a\cos\theta, b\sin\theta, -z_0)$ de la première ellipse au point $Q(\theta) = (a\cos(\theta +$

$\phi_0), b\sin(\theta + \phi_0), z_0)$ de la deuxième ellipse. Montrer que la réunion des droites $(D_\theta)$ est un hyperboloïde à une nappe si $\phi_0 \neq \pi$ et un cône de section elliptique si $\phi_0 = \pi$. Quelle surface obtient-on si $\phi_0 = 0$ ?

**12.** **a)** Dans la proposition 15.13 et dans l'exercice 11, on a construit des hyperboloïdes à une nappe qui sont la réunion d'une famille de droites $(D_\theta)$. Montrer qu'il existe une deuxième famille de droites $(D'_\theta)$ dont la réunion donne le même hyperboloïde.
**b)** Montrer que, dans le cas du cône, les deux familles de droites sont confondues.

**13.** Montrer qu'en tout point d'un hyperboloïde à une nappe, le plan tangent en ce point coupe l'hyperboloïde suivant deux droites.
(En particulier, on a des points de la surface de chaque côté du plan tangent : c'est une propriété des points de courbure (de Gauss) négative.)

**14.** Montrer qu'en tout point d'un paraboloïde hyperbolique, le plan tangent en ce point coupe le paraboloïde hyperbolique suivant deux droites.

**15.** On considère les coordonnées cylindriques $(x, y, z) = (r\cos\theta, r\sin\theta, z)$. L'hélicoïde est défini par les équations paramétriques

$$\begin{cases} x = r\cos\theta \\ y = r\sin\theta \\ z = C\theta, \end{cases}$$

où $C$ est une constante. Essayer de visualiser la surface et montrer que c'est une surface réglée, c'est-à-dire une réunion de droites.
(On peut s'inspirer de cette surface pour construire des escaliers en colimaçon.)

***La disposition optimale des antennes sur un territoire***

**16.** Essayer de disposer des antennes sur un grand territoire avec d'autres réseaux triangulaires réguliers dont tous les triangles sont congrus entre eux, mais pas nécessairement équilatéraux, et vérifier que le réseau de triangles équilatéraux est optimal, c'est-à-dire qu'il utilise le nombre minimal d'antennes. (Un réseau est régulier si les triangles sont alignés en rangées horizontales empilées les unes audessus des autres. Sur chaque rangée horizontale il y a alternance entre les triangles base en haut et base en bas.)

**17.** On reprend les trois réseaux réguliers de la section 15.4, à savoir les réseaux dont les cellules sont des triangles équilatéraux, des carrés ou des hexagones réguliers, mais on change de problématique. On veut choisir le réseau tel que la somme des longueurs des arêtes soit minimale, sous la contrainte que toutes les « cellules » (triangulaires, carrées ou hexagonales) ont la même aire $A$. Montrer que c'est le réseau hexagonal qui est le plus économique, suivi du réseau carré, puis du réseau triangulaire.

(Motivation : les alvéoles des ruches d'abeilles sont hexagonales. On a longtemps conjecturé que c'était pour minimiser la quantité de cire que les abeilles « choisissaient » cette forme pour les alvéoles. Si les alvéoles étaient très profondes, ce serait effectivement le cas, car la surface du fond serait négligeable dans la quantité de cire requise pour construire les alvéoles. En fait, on sait maintenant que la forme du fond n'est pas optimale.)

**18.** On recouvre une grande région du plan par des disques de rayon $r$. On utilise deux méthodes : dans la première, les centres des disques sont situés aux sommets d'un réseau de carrés (figure 15.52, à gauche) et dans la deuxième, aux sommets d'un réseau de triangles équilatéraux (figure 15.52, à droite). Quelle méthode donne

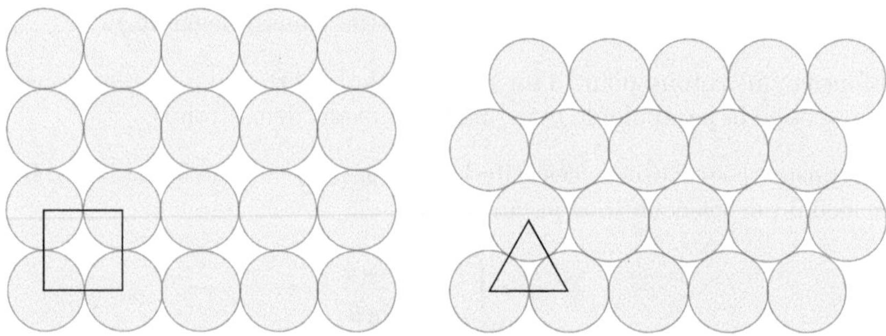

**Fig. 15.52.** Les deux méthodes de remplissage d'une région du plan avec des disques (exercice 18)

le remplissage le plus dense ? Suggestion : calculer la proportion de chaque carré recouverte par des portions de disques à gauche et la proportion de chaque triangle recouverte par des portions de disques à droite.

***Les diagrammes de Voronoï***

**19.** Généraliser la proposition 15.17 au cas d'une région $\mathcal{D}$ quelconque du plan.

**20.** On peut aussi définir le diagramme de Voronoï d'un ensemble de sites dans l'espace $\mathbb{R}^3$. Proposer une définition et un équivalent des propositions 15.16 et 15.17 pour ce cas.

**21.** Donner le diagramme de Voronoï d'un ensemble de trois points qui sont les sommets d'un triangle équilatéral.

**22.** Donner des conditions sur la position de quatre points $P_1$, $P_2$, $P_3$, $P_4$ pour que le diagramme de Voronoï de l'ensemble $S = \{P_1, P_2, P_3, P_4\}$ contienne une cellule triangulaire.

**23.** On se donne un polygone convexe à $n$ côtés et un point $P_1$ à l'intérieur du polygone.
**a)** Donner un algorithme pour ajouter $n$ autres points $P_2, \ldots, P_{n+1}$, de telle sorte que le polygone devienne la seule cellule fermée du diagramme de Voronoï de $S = \{P_1, \ldots, P_{n+1}\}$ (voir la figure 15.32).
**b)** Donner un algorithme pour ajouter les $n$ demi-droites qui complètent le diagramme de Voronoï de $S$.

**24.** Cet exercice porte sur la triangulation de Delaunay associée à un diagramme de Voronoï et dont on rappelle la définition : les sommets des triangles sont les sites de $S$, et on trace le segment $P_iP_j$ entre les sites $P_i$ et $P_j$ si les cellules $V(P_i)$ et $V(P_j)$ ont une arête commune.
**a)** Vérifier que, si dans le diagramme de Voronoï, on a au plus trois arêtes passant par chaque sommet, alors la construction précédente donne des triangles.
**b)** Vérifier que chaque croisement $P$ de trois arêtes dans le diagramme de Voronoï est le centre du cercle circonscrit à un triangle de la triangulation de Delaunay, dont les sommets sont les sites des trois cellules du diagramme de Voronoï qui ont un sommet en $P$. (Cette question est une occasion de redémontrer que les médiatrices des trois côtés d'un triangle se coupent en un seul point.)

**25.** Mettre en évidence un ensemble de sites $S$ dont la figure 15.28 est le diagramme de Voronoï et donner la triangulation de Delaunay associée.

**26.** Ici on considère le problème inverse de la détermination du diagramme de Voronoï d'un ensemble de sites. Étant donné une partition du plan en cellules, on se demande s'il existe un ensemble de sites $S$ tel que ces cellules soient celles du diagramme de Voronoï de $S$.
**a)** On commence par le cas de trois demi-droites $(D_1)$, $(D_2)$ et $(D_3)$, comme sur la figure 15.53a. On se demande s'il existe un ensemble de sites $S = \{A, B, C\}$ tel que ces demi-droites soient le diagramme de Voronoï de $S$. L'analyse est différente suivant que le point d'intersection $O$ des trois demi-droites est situé ou non à l'intérieur du triangle $ABC$. Montrer qu'une condition nécessaire pour que $O$ soit situé à l'intérieur du triangle $ABC$ est donnée par $\alpha, \beta, \gamma > \frac{\pi}{2}$. Montrer que, si $A$, $B$ et $C$ existent, alors les angles de la figure 15.53b ont les valeurs indiquées sur la figure.
**b)** Montrer que, si l'on choisit $A$ dans l'angle formé par $(D_1)$ et $(D_2)$, alors il existe $B$ et $C$ tels que $(D_1)$, $(D_2)$ et $(D_3)$ sont le diagramme de Voronoï de $S = \{A, B, C\}$ si et seulement si $A$ est sur une demi-droite issue de $O$ faisant un angle de $\pi - \gamma$ avec $(D_1)$ et de $\pi - \beta$ avec $(D_2)$.
**c)** On considère maintenant la figure 15.54a pour le cas de trois demi-droites telles que $\alpha < \frac{\pi}{2}$ et $\beta, \gamma > \frac{\pi}{2}$. Montrer que les différents angles prennent les valeurs indiquées sur la figure 15.54b.
**d)** En conclure que, si on a une partition du plan en cellules comme sur la figure 15.55, il n'existe pas toujours d'ensemble de sites $S = \{A, B, C, D\}$ tel que ces cellules soient celles du diagramme de Voronoï de $S$.
**e)** Pouvez-vous décrire le cas intermédiaire $\alpha = \frac{\pi}{2}$ ?

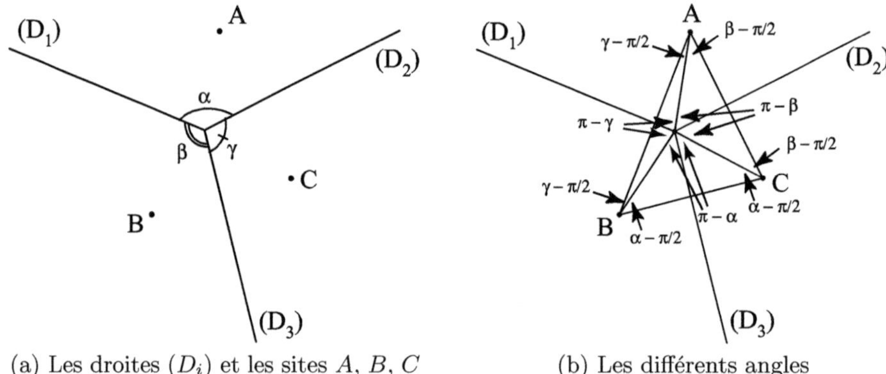


(a) Les droites $(D_i)$ et les sites $A$, $B$, $C$ (b) Les différents angles

**Fig. 15.53.** Les droites et angles de l'exercice 26 a)

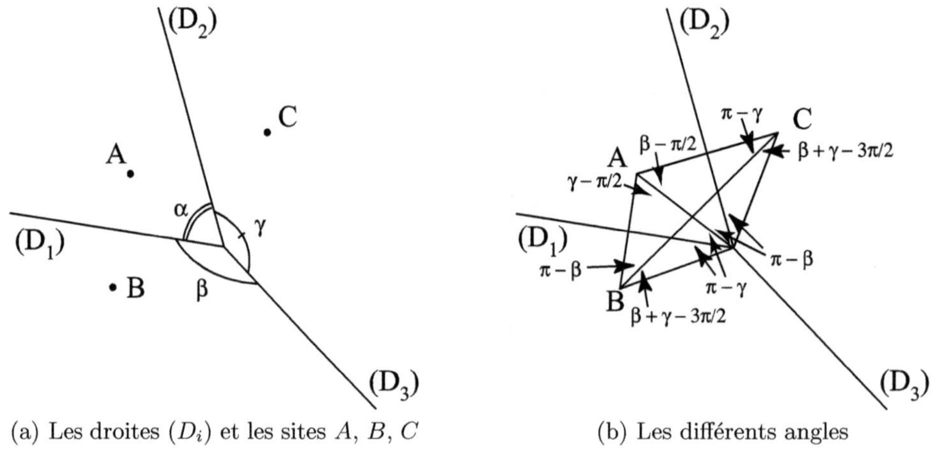


(a) Les droites $(D_i)$ et les sites $A$, $B$, $C$ (b) Les différents angles

**Fig. 15.54.** Les droites et angles de l'exercice 26 c)

## *La vision des ordinateurs*

**27.** On considère la figure 15.35 et les points $O_1 = (-1, 0, 0)$, $O_2 = (1, 0, 0)$, sur laquelle les projections $P_1$ et $P_2$ sont dans le plan $y = 1$. L'image d'un point $P$ sur la photo 1 (resp. photo 2) est l'intersection $P_1$ (resp. $P_2$) de la droite $O_1P$ (resp. $O_2P$) avec le plan de projection $y = 1$.

**a)** Montrer que l'image d'une droite verticale est une droite verticale sur chaque photo.

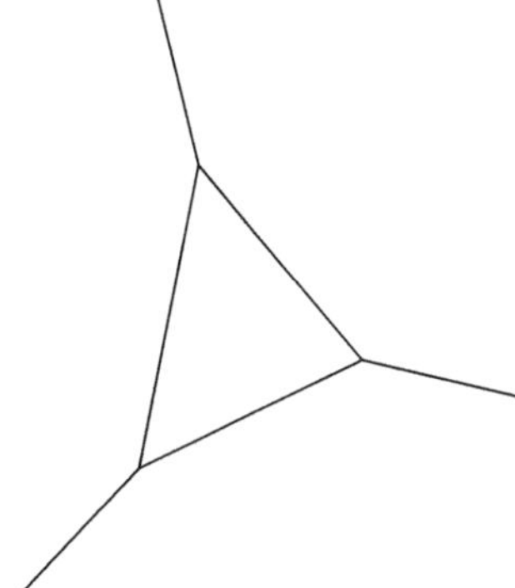

**Fig. 15.55.** Une partition en cellules pour l'exercice 26 d)

**b)** Trouver l'ensemble des points de l'espace qui sont cachés par $P$ dans la première photo. Comment apparaît cet ensemble sur la deuxième photo ?
**c)** On se donne une droite oblique de la forme $(a, b, c)+t(\alpha, \beta, \gamma)$, $t \in \mathbb{R}$, $\alpha, \beta, \gamma > 0$. Montrer que l'image des points de la droite sur la première photo est une droite. On ne considère que l'image des points $(x, y, z)$ de la demi-droite $y > 1$. Montrer que l'image du point à l'infini de cette droite ne dépend que de $(\alpha, \beta, \gamma)$ et est indépendant de $(a, b, c)$.

**28.** On a vu que si on prend deux photos différentes d'un même point $P$ à partir de deux points de vue différents, on peut calculer la position du point $P$. Par contre, on a vu qu'une photo ne suffit pas. Un petit malin a eu l'idée suivante pour y parvenir avec une seule photo : il dispose un miroir de telle sorte que sur la photo apparaissent l'image $Q$ du point $P$ et l'image $Q'$ du reflet $P'$ de $P$ dans le miroir (voir la figure 15.56). Sachant que la position du miroir est connue, expliquer comment cette information lui permet de calculer la position de $P$.

***Un bref coup d'œil sur l'architecture d'un ordinateur***

**29.** Concevoir un circuit électrique qui exécute

$$(A \text{ ET } B) \text{ OU } (C \text{ ET } D).$$

**30.** Concevoir un circuit électrique qui exécute

$$(A \text{ OU } B) \text{ ET } (C \text{ OU } D).$$

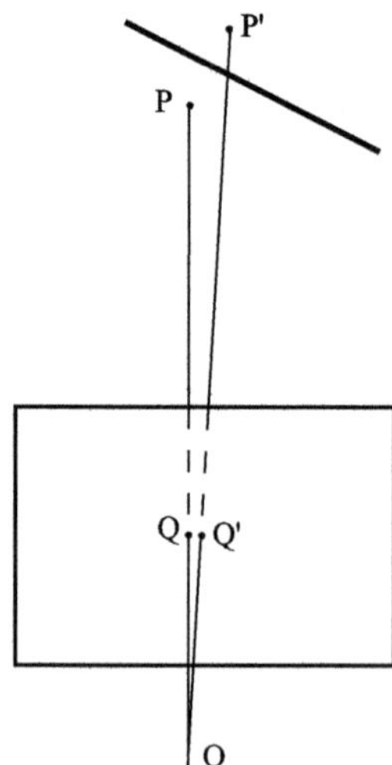


**Fig. 15.56.** Une seule photo et un miroir (exercice 28)

**31.** Concevoir un circuit électrique qui exécute

$$((A \text{ OU } B) \text{ ET } (C \text{ OU } D)) \text{ OU } (E \text{ ET } F).$$

**32.** **a)** Montrer que l'on peut définir le OU et le XOR à partir du NON et du ET.
**b)** Montrer que l'on peut définir le ET et le XOR à partir du NON et du OU.
**c)** Montrer que l'on peut définir le ET et le OU à partir du NON et du XOR. (Cette question est plus difficile que les deux précédentes!)

**33.** Donner la table des opérations NAND et NOR définies en (15.23).

**34.** Les opérateurs NAND et NOR sont appelés opérateurs booléens universels parce qu'un seul de ces opérateurs suffit à définir tous les autres. Voici les premières étapes de la démonstration. Ensuite, utiliser l'exercice 32.
**a)** Montrer que l'on peut définir le NON à partir du NAND.
**b)** Montrer que l'on peut définir le NON à partir du NOR.
**c)** Montrer que l'on peut définir le ET et le OU à partir du NAND.
**d)** Montrer que l'on peut définir le ET et le OU à partir du NOR.

**35.** Une ampoule éclaire un escalier. Deux interrupteurs permettent d'allumer ou d'éteindre l'ampoule, le premier au bas de l'escalier et le second en haut. L'électricien a utilisé le circuit de l'une des opérations logiques que nous avons décrites. Laquelle ?

***Le pavage régulier à 12 pentagones sphériques***

**36.** a) Montrer que chaque angle intérieur d'un polygone régulier à $n$ côtés mesure $\frac{\pi(n-2)}{n}$.
b) En déduire que les angles intérieurs d'un pentagone sont de $\frac{3\pi}{5}$ et que la diagonale $d$ d'un pentagone de côté $a$ (figure 15.43) est donnée par

$$d = 2a \cos \frac{\pi}{5}.$$

**37.** Un tétraèdre est un polyèdre régulier formé par quatre triangles équilatéraux (voir la figure 15.57).
a) Calculer la hauteur d'un tétraèdre régulier d'arête $a$, c'est-à-dire la distance entre un sommet et la face déterminée par les trois autres sommets.

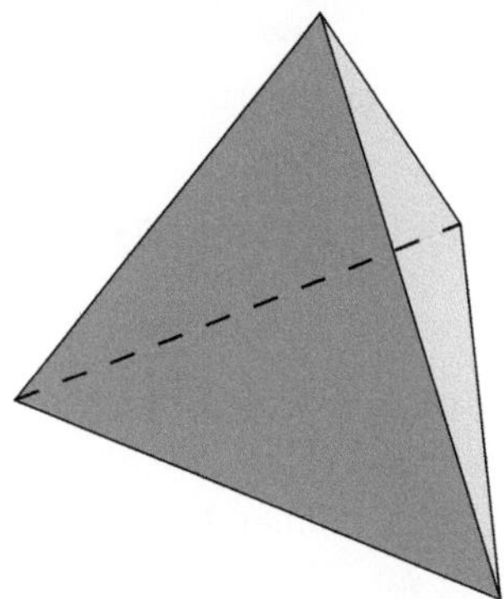

**Fig. 15.57.** Un tétraèdre régulier (exercice 37)

b) Quel est le rayon $r$ du cercle circonscrit à un triangle équilatéral d'arête $a$ ?
c) On considère la sphère de rayon $R$ circonscrite à un tétraèdre régulier d'arête $a$. Calculer $R$ en fonction de $a$.
d) Montrer que les quatre hauteurs se coupent au quart de leur longueur à partir de la base.

**38.** Montrer qu'un choix approprié de diagonales d'un cube donne un tétraèdre. Combien de tels tétraèdres obtient-on ?

**39.** a) Montrer que l'arête $d$ d'un cube inscrit dans une sphère de rayon $R$ est

$$d = \frac{2}{\sqrt{3}} R.$$

**b)** Expliquer comment tracer sur une sphère, à l'aide d'un compas, les sommets du cube inscrit dans la sphère.
**c)** Si on projette les arêtes du cube sur la sphère, on divise celle-ci en six régions égales. Les centres de ces régions sont les sommets de l'octaèdre inscrit dans la sphère (voir la figure 15.58 pour visualiser un octaèdre). Expliquer comment tracer ces sommets à l'aide d'un compas.

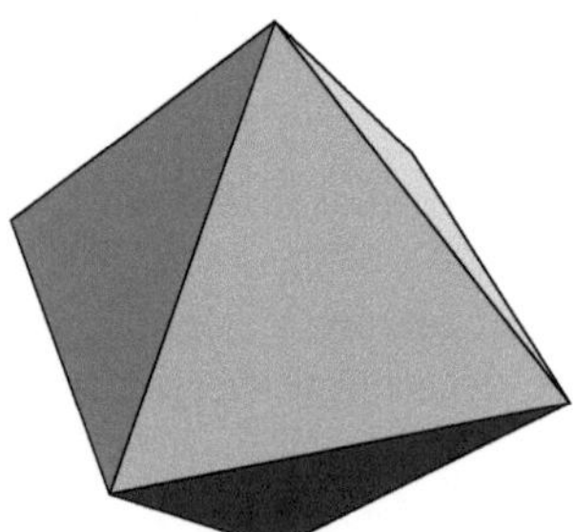

**Fig. 15.58.** Un octaèdre

**40.** Montrer que le rayon $r$ du cercle circonscrit à un pentagone de côté $a$ (figure 15.44) est donné par

$$r = \frac{a}{2\sin\frac{\pi}{5}}.$$

**41.** **a)** Quelle est l'ouverture $R'$ à donner à un compas pour tracer un grand cercle sur la sphère ?
**b)** Vous vous donnez deux points $P$ et $Q$ sur une sphère de rayon $R$. Expliquer comment tracer un arc de grand cercle passant par $P$ et $Q$ à l'aide d'un compas seulement. Sous quelle condition sur $P$ et $Q$ ce grand cercle est-il unique ?

**42.** Vous avez une boule de 30 cm de diamètre sur laquelle vous voulez reproduire la carte du globe terrestre. Vous choisissez un point que vous appelez le pôle Nord.
**a)** Expliquer comment tracer l'équateur avec un compas et comment déterminer le pôle Sud.
**b)** Expliquer comment tracer les tropiques : ce sont les parallèles à 23,5 degrés de latitude nord et sud.
**c)** Expliquer comment tracer les cercles polaires : ce sont les parallèles à 66,5 degrés de latitude nord et sud.
**d)** Expliquer comment tracer un méridien que vous appellerez méridien de Greenwich.
**e)** Expliquer comment tracer le méridien correspondant à 25 degrés de longitude ouest.

**43.** Il existe cinq polyèdres réguliers : le tétraèdre, le cube, l'octaèdre, le dodécaèdre et l'icosaèdre, qui sont donc tous inscrits dans une sphère. L'icosaèdre apparaît à la figure 15.59. Il a 12 sommets et 20 faces alors que le dodécaèdre a 20 sommets et 12 faces.

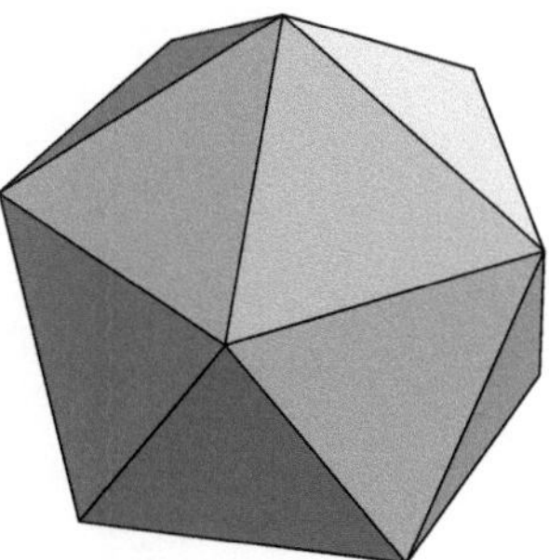

**Fig. 15.59.** Un icosaèdre

**a)** Montrer que les centres des faces d'un dodécaèdre sont les sommets d'un icosaèdre et que les centres des faces d'un icosaèdre sont les sommets d'un dodécaèdre. (On dit que les deux polyèdres sont *duaux*.)
**b)** En déduire une manière de tracer sur une sphère les sommets d'un icosaèdre inscrit.
**c)** Chaque sommet d'un icosaèdre appartient à cinq faces. Il existe au moins une manière de colorier les faces d'un icosaèdre à l'aide de cinq couleurs de sorte que les cinq faces touchant à chaque sommet soient toutes de couleur différente. Pouvez-vous en proposer une ? Est-il possible de colorier les faces de façon à ce que les couleurs attachées à chaque sommet, vu du dessus, apparaissent dans le même ordre ?

**44.** Expliquer pourquoi les diagonales des pentagones du dodécaèdre forment des cubes. Suggestion : regarder les symétries, par exemple, le plan médiateur de deux diagonales. Il peut être commode, pour raisonner, de construire soi-même un dodécaèdre et de dessiner dessus ces diagonales.

# Références

[1] Gutenmacher, Victor et N.B. Vasilyev. *Lines and Curves, A practical Geometry Handbook*, Boston, Birkhäuser, 2004, 156 p.

[2] Leiffet, Bernard. *Navigation côtière au Canada*, Montréal, Éditions du Trécarré, 1989.

[3] Mead, Carver. *Introduction aux systèmes VLSI*, Paris, InterEditions, 1983 (pour la version française), 398 p.

# Index


Ackermann, fonction d' 435
action 490
adénine 417
Adleman, L. 214, 224, 418, 448
ADN 417
  polymérase 450
AES (Advanced Encryption Standard) 223
affine
  groupe (affin) 56
  transformation 340
    régulière 53
Agrawal, M. 235
aire 31
AKS (Agrawal, Kayal, Saxena) 235, 236, 242
aléatoire 248
algorithme 124, 139, *438*, 443
  AKS (Agrawal, Kayal, Saxena) 235, 236, 242
  complexité d'un 235
  déterministe 19, 235
  d'Euclide *215*
  de programmation dynamique 137
  de Shor 235, *236*
  optimal 124
  par ADN 445
  probabiliste 235, 236, 248, 449
  robuste 124
  sous-exponentiel 236
Alhambra 67
almanach 3
ALPACA (Advanced Liquid-mirror Probe for Astrophysics, Cosmology and Asteroids) 502, 529, 567
alphabet 439
  de ruban 424
AltaVista 273
altitude 5
amorce 446, 450
amortissement 160, 166
amplitude 14, 371
analyse
  de formes 124
  de Fourier 300
  de signal 14
Anderson–Erikson, fonction d' 15, 38
Angel, R. 502
angle
  d'incidence 516
  de réflexion 516
angle dièdre 135
angström 557
antenne parabolique 527
arbre 489
arbre minimal de Steiner 489
arc capable 510
arc tenant par son poids 497
Archimède 29, 522, 531
  pavages 74
archimédien (pavage) 74
arithmétique modulo $n$ 214
Atlas de Peters 2, 30

atmosphère 521
  ionosphère 521
  stratosphère 521
  troposphère 521
attracteur 336, *341*, 343
  d'un système de fonctions itérées 350
autosimilarité 337, 358
axe
  de rotation 104, 115
  de symétrie 146

Bach, J.S. 304
Bahr, M. 224
balayage, technique du 502
Banach, théorème de 336, 350
Barnsley, théorème du collage 355
barrage hydroélectrique 531
base
  changement de 105, 386
  JPEG 393
  orthonormale 95
  standard 94
base azotée 418
battements 328
Bayes
  formule de 227
Beethoven, L. van 301
Beltrami, identité 466–469
binaire, développement 255
bit 178, 380
  de parité 178
  quantique 237, 238
Boehm, M. 224
Borel, E. 325
Borra, E. F. 501
boule maximale 147
brachistochrone 472, 505
Brahms, J. 326
bras canadien 113, 117
Bravais, A. 45
brin
  arête 451
  sommet 451
Brin, S. 276, 288
Buhler, J. 224
bulles de savon 485
byte 179, 383

calcul des variations 520
  problème fondamental du 462, 505
calcul quantique 238
calculabilité 438
Canadarm 113, 117
Cantor, ensemble de 373
Capocci, E. 501
capteurs CCD (*charge coupled device*) 383
caractéristique d'Euler 154
Carmichael, nombre de 225
carte isokéronique 18
cartographie 2, 27
caténaire 487, 495, 520
  inversée 499
caténoïde 487, 497
centroïde 15
cercle circonscrit 559, 573
chaîne de Markov *280*
chaînette 495
champ de vecteurs 140
champ magnétique terrestre 35
changement de base 105–108, 390
chirurgie 113, 123, 137
circonscrit, cercle 559, 573
circuit 553
classe $C^r$ 141
classification
  frise 51, 64
  mosaïque 65, 77
  pavage archimédien 74
  pavage archimédien sur la sphère 74
clé 218
  de cryptage 218
  de décryptage 218
  publique 214
CMOS (*complementary metal oxide semiconductor*) 557
CNRS (Conseil National de la Recherche Scientifique) 529, 531
cobalt 60 123
code correcteur d'erreurs 177–203
  élément 184
  dimension 186
  Hamming $C(2^k-1, 2^k-k-1)$ 186
  Hamming $C(7,4)$ 183
  longueur 186
  matrice de contrôle 186

matrice génératrice 186
Reed–Solomon 198
code détecteur 178
IBM 207
ISBN 206
code RSA (Rivest, Shamir, Adleman) 214, 217–224, 235
*collaborative trust* 286
Commission internationale de l'éclairage 406
compact 290, 349
compas 1, 35
complémentarité des bases azotées 420, 448
composition 429, 437
compression 379
avec perte 380
sans perte 380
concaténation 426
condition de Lipschitz 350
conforme 33
congruence 210
congru à 210, 215
conjonctive, forme normale 446
Conseil National de la Recherche Scientifique (CNRS) 529, 531
constante de la gravitation de Newton 476
Consultative Committee for Space Data System 181
contact 145
contraction 347, 350
affine *341*, 375
convexe 549
coordonnées sphériques 32, 89
coplanaires 375
corps 22, *189*, 250
des quotients de polynômes 190
espace vectoriel sur un 183
$\mathbb{F}_2$ 181, 254
$\mathbb{F}_{2^r}$ 22
$\mathbb{F}_4$ 207
$\mathbb{F}_8$ 208
$\mathbb{F}_9$ 194
fini *189*, 189–198
$\mathbb{F}_p$ ($\mathbb{Z}_p$) 190, 210, 250
$\mathbb{F}_{p^r}$ 256, 260
$\mathbb{Q}, \mathbb{R}, \mathbb{C}$ 190
corrélation entre deux signaux 3, *20*
cosinus hyperbolique 497, 520
coup de foudre
entre nuages 13
intensité d'un 15
localisation 12–15, 521
négatif 13
positif 13
courbe de niveau 133, 145
courbe elliptique 224
courbure de Gauss 28, 571
coût
d'atténuation 18
projeté 18
covariance 366
Cox, J. 469
Cramer, règle de 5
crénelage 329
crible
des corps de nombres 224
quadratique 224
cristallographie 65
croissance 146
cryptage 221, 225
cryptographie *214*, 248
cube 106, 579
cycle 139
cycle des quintes 303
cycle Stirling 531
cyclique, groupe 231
cycloïde 473, 480, 483, 505
cylindre 153
cytosine 417

décalage 7
décibel (dB) 315, 316
décodage
Hamming 186, 187
Reed–Solomon 201
décryptage 218, 221, 225
degré de compression 371
degrés de liberté 88, 90, 490
Delahaye, J.-P. 225
Delaunay, triangulation de 549, 573
densité
de masse linéaire 495
de masse volumique 479

densité spatio-temporelle 15
Département de la Défense des États-Unis 2
dérive par ... 439
dérivée directionnelle 141
DES (Data Encryption Standard) 223
Descartes, R. 547
détecteur (code) 178
détection des coups de foudre 12
  seuil de détection 15
  taux de détection 17
déterminant 100
développement binaire 255
DGPS (*differential global positioning system*) 9
diagonalisation 97, 106
diagramme de Voronoï 156, 546–547, 572
dièdre 135
différence de potentiel 557
dimension 92, 356
  code 186
  fractale 356, *358*
directrice 522
Dirichlet
  tessellation de 547
  théorème de 313
Dirichlet, P. G. 547
disque maximal 147
distance 124, 347, *349*
  de Hausdorff 349, *351*
  loxodromique 35
  orthodromique 35
distribution asymptotique des nombres premiers 225
dodécaèdre 558
dose 123
dune de sable 147

échantillonnage, théorème d' 323
ECL (*emitter coupled logic*) 557
écliptique 39
électrophorèse 419, 448
ellipse 532
  définition géométrique 532
  foyer 133, 532
  squelette 131
  traçage 568
ellipsoïde 41, 153, 536, 537
empilement des sphères 124
encodage 218
  Hamming 186, 187
  Reed–Solomon 199
énergie
  cinétique 503, 520
  potentielle 503, 520
énoncé logique 444
ensemble de Cantor 373
ensemble final d'états 424
entrée 557
enzyme 417
éolienne 531
épaississement 351
équation d'Euler–Lagrange 466–469, 476, 494
équations différentielles 468
erreur gaussienne 13
espace complet 349
espace vectoriel 183
espérance 227
ET 576
état initial 422
état superposé 238
étoile polaire 39
Euler 214
  caratéristique d' 154
  fonction d' 218
  théorème d' 220
Euler–Lagrange, équation d' 466–469, 476
Everest 11
expérience aléatoire 226

$\mathbb{F}_2$ 181
facteur de contraction 352, 353, 355
  exact 352
famille logique 557
Fermat
  petit théorème de 220, 233
  principe de 471
ferrofluides 502
fibre optique 520
filtrage de signal 14
Fletcher, H. 315
flocon de von Koch 374
flot d'un champ de vecteurs 140

fonction
  addition 430
  arithmétique 428
  *cosgn* 432
  d'Ackermann 435
  d'Anderson–Erikson 15, 38
  d'Euler *218*, 238, 239
  de classe $C^r$ 141
  de densité 15
  de Popolansky 15, 38
  de répartition 15, 267
  exponentielle 430
  factorielle 431
  multiplication 430
  partielle 436
  prédécesseur 431
  primitive récursive 428
  projection 427
  puissance itérée de Knuth 431
  récursive 428, *437*
  *sgn* 432
  sinc 322
  sortie 262
  soustraction propre 431
  successeur 426
  tétration 431
  totale 428
  tour de puissance 431
  trace 24
  zéro 426
fonctionnelle 462
fondamentale (fréquence) 312
force
  de pression 498
  de tension 498
  gravitationnelle 476, 478
forme
  analyse de 124
  reconnaissance de 124
forme conjonctive normale 446
formule
  de Bayes 227, 228
  d'Euler 563
four solaire 531
Fourier
  analyse de 300
  coefficients de 307, 310
  théorème de Dirichlet 313
foyer 522
fractales 248, 337
France Télécom 181
Franke, J. 224
fréquence 300
  fondamentale 312
  harmonique 312
  hertz (Hz) 304
  Nyquist 315, 321
  seuil d'audition 315, 325
frise *48*, 48–65
  groupe de symétrie 59
  période 48
Frobenius, théorème de 290
frontière 124, 127, 146

Galileo 11
gamme 300
  heptatonique 301
  hertz (Hz) 304
  intervalle 300
  note 300
  pentatonique 301
  Pythagore 326
  tempérament 304, 326
  Zarlino 326
Gateway Arch 500
Gaudí, A. 500, 535
Gauss, C. F. 224, 235
gel 419
générateur
  de nombres aléatoires 247–263
  $\mathbb{F}_2$-linéaire 254
  $\mathbb{F}_p$-linéaire 254, *260*
  linéaire congruentiel *250*, 264, 265
  récursif multiple *260*
  récursif multiple combiné *261*, 267
géodésie 11
géodésique 35
géométrie fractale 367
Gershwin, G. 327
gestion du risque 18
gif 379
Global Positioning System 2

Global System for Mobile Communications 11
Google 273, 288
GPS (*global positioning system*)
  commun 3
  différentiel 9
  pulsation du 13
gradient 133, 141, 145
grand carré 362
grands nombres, loi des 250
graphe *139*
  arbre 154, 489
  connexe 139
  cycle 139
  dirigé 418
  équivalence de 139
  non orienté 139
  orienté 418
groupe 24, *55*, *230*, 233
  classification des frises 64
  classification des mosaïques 65, 77
  cristallographique 65
  cyclique 231
  de symétrie 59
  ordre 72
  ordre d'un élément 23, 233
  racine primitive 233
  sous-groupe 230
groupe hydroxyle 451
GSM (*global system for mobile communications*) 11
guanine 417
Gulatee, B. L. 11

Hamilton, principe de 490, 502
hamitonien, problème du chemin 418
Hamming (code) 181, 183, 186
harmonique (fréquence) 312
hélicoïde 509, 571
héliostat 567
hertz (Hz) 304, 521
Hickson, P. 501
homothétie 340, 364
horloge atomique 3
HTML (*hypertext markup language*) 276
Huffman, code de 381
Huygens, C. 473, 483

hydroliser 448
hydroxyle 451
hyperbole 37, 534, 567
  traçage 569
hyperboloïde 536
  à deux nappes 537
  à une nappe 536, *538*, 571
*hypertext markup language* (HTML) 276
hypocycloïde 477, 506
hypothèque 165–168

IBM 207
Icehotel 500
identité de Beltrami 466–469, 495, 496
implicites, théorème des fonctions 144
indice 18
indice de réfraction 471
input 557
insertion–délétion *439*, 440
intérêt 160
  composé 160
  simple 162
International Standard Book Number (ISBN) 206
interrupteur 553
intervalle 300
  octave 300
  quinte 302
    cycle des 303
ionosphère 14, 521
ISBN (International Standard Book Number) 206
isochrone 483
isokéronique, carte 18
isométrie 28, 96
isopérimétrique 493, 496, 511

Joint Photographic Experts Group (voir aussi JPEG) 379
joint universel 117
JPEG (Joint Photographic Experts Group) 336, 371, 379, 382, 399
Jukkasjärvi 500

Kaplan, Cecci et Libchaber 448
Karajan, H. von 304
Kayal, N. 235

Khumbu 11
Kleinjung, T. 224
Ko (kilooctet) 179, 383
Kotelnikov, V.A. 325

Laboratoire PROcédés, Matériaux et Énergie Solaire 529
lacet 113
Lagrange
  multiplicateurs de 493
  théorème de 23, 231
Lagrange, J. L. 469
lagrangien 490, 520
Lambert
  projection conforme de 41
  projection cylindrique 29
  projection de 36
langage de programmation 553
langue française 380
Large Zenith Telescope (LZT) 502
latitude 5, 29, 39
  géodésique 41
Leibniz, W. G. 159
Lenstra, H. W. 224
locus 417
loi
  de la réflexion 515, 523
  de la réfraction 517
  de Moore 224
  de probabilité 249, 267
  des grands nombres 250
  exponentielle 267
lois de Newton 492
longitude 5, 29
longueur (code) 186
Loran, système 36
loxodromie 35
LZT (Large Zenith Telescope) 502

machine de Turing *424*, 439
  alphabet de ruban 424
  configuration finale 425
  configuration initiale 425
  ensemble final d'états 424
  état du pointeur 422
  état initial 422
  fonction calculable avec 425
  fonctionnement 421
  MT-calculable 425
  pointeur 422
  standard 424
  symbole blanc 422
Mandelbrot, B. 367
Markov, chaîne de 280
matrice
  d'une transformation linéaire 94, 105
  de changement de base 106–108, 387
  de contrôle 186
  de passage 106
  de transition (chaîne de Markov) 281
  génératrice 186
  orthogonale *94*, 93–104, 387, *388*, 390
  transposée 94
mécanique quantique 238
médiatrice 150, 547
MELLF (*metal liquid like film*) 502
mensualité 160, 166, 171
Mercator
  projection de 32
  universelle transverse, projection de 36
méridien 29
  de Greenwich 39
MEtal Liquid Like Film (MELLF) 502
méthode de Newton 361
méthode des moindres carrés 365
métrique de Schwarzschild 10
minimalisation 436
Minitel 181, 189
miroir 48
  circulaire 527
  elliptique 534, 537
  hyperbolique 534, 537
  liquide 500
  parabolique 527, 537, 567
  plan 527
  tertiaire 567
Mo (mégaoctet) 179, 371, 383
modèles statistiques 15
modélisation 3D 147
modulation de fréquence 521
module « Parabole-Stirling » 531
moindre action, principe de 490
moindres carrés, méthode des 365
mont Blanc 11

mont Everest 11
Moore, G. 224
morphologie 146
MOS (*metal oxide semiconductor*) 557
mosaïque (voir aussi pavage) 65–68, 77
Motwani, R. 276
mouvements d'un solide
  dans l'espace 100, 105
  dans le plan 90
MP3 379
MT-calculabilité 438
  MT-calculable 425, 433
MTU (Mercator transverse universelle) 36
multiplicateurs de Lagrange 493
Munson, W. 315

NAND 557, 576
nanoparticules d'argent 502
nanoseconde 13, 38
NASA (National Aeronautics and Space Administration) 502
Navigational Warfare (NAVWAR) 11
Newton
  constante de la gravitation 478
  lois de 492
niveau logique 557
NMOS (*n-channel metal oxide semiconductor*) 557
nombre de Carmichael 225
nombres
  aléatoires 247, 248
  pseudo-aléatoires 247, 248
NON 576
NOR 557, 576
Nyquist, H. 315, 321
  théorème 325

octaèdre 578, 579
octave 300
octet 179, 371, 383
Odeillo 531
ondes 521
  courtes 471, 521
  électromagnétiques 13, 521
  radios 521
  ultraviolets 521
opérateur 336, 344
opérateur $\mu$ 436
opérateur booléen 432, 553
  ET 432, 553
  NAND 557, 576
  NON 432, 556
  NOR 557, 576
  OU 432, 554
  universel 557, 576
  XOR 555
ordinateur 553
ordinateur quantique 235, 237, 238
  bit quantique 237
  calcul quantique 238
  état superposé 238
  parallélisme 238
  superposition 238
ordre 23, 233, 237
Organisation du Traité de l'Atlantique Nord (OTAN) 36
orientation 91, 105
orthodromie 35, 40
orthogonale
  matrice 93, 364, 390
  transformation 93, 96
orthonormale, base 95
oscilloperturbographe 14, 37
OTAN (Organisation du Traité de l'Atlantique Nord) 36
OU 576
output 557
Overton, M. 469
oxyde 557

Page, L. 276, 288
PageRank 273
  amélioré 286
  simplifié 285
parabole 152, 492, 522
  définition géométrique 522
  directrice 522
  foyer 522
  traçage 570
Parabole-Stirling 531
paraboloïde
  circulaire 520, 537, 567
  de révolution 500
  hyperbolique 536, *541*, 571

parallèle 29
parallélépipède rectangle 153
parallélisme 238, 419, 448
paramétrisation 30
pavage 65–68
  apériodique 67
  archimédien 74
Penrose, R. 68
pentagone 560
période 25, 48, 251, 252, 256
  minimale 26, 257
Peters, atlas de 2, 30
petit carré 362
petit théorème de Fermat 214, *220*, 233, 234
PGCD *214*, 216
phase 325
phénomène acoustique 534
Philips 181, 299, 322
phosphate 451
picture element (voir aussi pixel) 362
piquetage 565
pixel (*picture element*) 143, 349, 362, 381, 382
plan de l'écliptique 39
plus grand diviseur commun *214*, 216
PMOS (*p-channel metal oxide semiconductor*) 557
point critique 466, 469, 497
point fixe 344, 350
pointeur 422
Pollard, H. 224
polycristallin 557
polyèdres réguliers 579
polygone 153, 549
polymérase 450
polynôme
  caractéristique 98, 283
  irréductible 193
  primitif *23*, *256*, 266
Pomerance, crible quadratique 224
Popolansky, fonction de 15, 38
portes 557
prédécesseur 431
prédicat 432
  récursif 437
pression 498
prêt 160
primitif *23*, *256*, 262
primitive récursive 428
principal 160
principe
  d'optimisation 520
  de Fermat 471
  de Hamilton 490, 502
Prisse d'Avennes, E. 85
probabilité, loi de 249
problème
  de la satisfaisabilité 444
  du chemin hamiltonien 418
  isopérimétrique 493, 496, 511
processus aléatoire *279*
production
  de l'insertion 439
  de la délétion 440
produit scalaire 94
produit vectoriel 104
projection 340, 427
  conforme de Lambert 41
  cylindrique de Lambert 29
  de Lambert 36
  de Mercator 32, 40
    universelle transverse 36
  équivalente 30
  gnomonique 28
  horizontale sur le cylindre 29
  orthographique 28
  stéréographique 28, 41
promeneur impartial 277
PROMES (Laboratoire PROcédés, Matériaux et Énergie Solaire) 531
propre
  transformation affine 53
propriété tautochrone 473, 480
pseudo-aléatoire 19, 248, 249
puissance itérée de Knuth 431

quadrique 535, *538*
quantification 399, 400
  table 401
quinte 302
  cycle 303

racine primitive *197*, 233, 250
radar 527

rayon
  incident 523
  réfléchi 523
récepteur 2
reconnaissances de formes 124
récurrence de base ... et de pas ... 429, 437
récurrence linéaire 260
redondance 178, 184
Reed–Solomon (code) 181, 198
réflexion 48
  loi de 515
réfraction, loi de 517
régime stationnaire *284*
région 124
registre à décalage *20*, 19–27, 38, *252*, 256, 265
règle de Cramer 5
régulière
  transformation affine 53
relativité
  générale 10
  restreinte 10
repère 109
repère orthonormé 105
représentation unaire 426
réseau
  carré 544, 572
  hexagonal 545, 572
  triangulaire 543, 572
résidu quadratique *229*, 234, 235
Rivest, R. L. 214
robot 87
rotation 87, 93, 104, *340*, 364
roulis 113

satellite 2
  signal 2
satisfaisabilité 444, 457
Saxena, N. 235
scalpel à rayons gamma 137
Schubert, F. 327
Schwarzschild, métrique de 10
seuil 556
  de détection 15
  de tolérance 124
seuil d'audition 315, 325
  Fletcher–Munson 315
sextant 1, 39, 566
Shamir, A. 214
Shannon, C.E. 325
Shor, algorithme de 235, *236*
Shuttle Remote Manipulator System (SRMS) 113, 117
signal
  périodique 19
  pseudo-aléatoire 19
signature d'un message 222
silicium polycristallin 557
simplement connexe 139
simplexe 290
simulation 249, 267
sinc 322
site 547
skateboard 470
snowboard 463
solde initial 160
Solomon (voir Reed–Solomon) 181
son
  battements 328
  crénelage 329
  fréquence 300
    fondamentale 312
    harmonique 312
  hauteur 300
  hertz (Hz) 304
  intensité 300, 316
  perception 315
  seuil d'audition 315
Sony 181, 299, 322
sortie 557
sous-ensemble compact 349, 351
sous-espace propre 98
sous-groupe 230
soustraction propre 431
sphère circonscrite 559
SpiroGraph 477
squelette *125*, *134*, 124–151
  partie linéaire 134
  partie surface 134
  $r$-squelette 127
  région 124

SRMS (Shuttle Remote Manipulator System) 113, 117
Stade olympique de Montréal 535
station spatiale internationale 113
Steiner, arbre minimal 489
stratégie optimale 137
stratosphère 521
successeur 426
sucre 451
suite de Cauchy 348
surface minimale 486, 509
surface réglée 536
symbole de Jacobi 227, *229*
symbole international 67
symétrie 49, 59, 100, 340, 364
  glissée 51
système d'insertion–délétion 440
système de fonctions itérées 336, *341*, 341–344, 350
  attracteur 341, 344
  partitionné 362
système Loran 36
systèmes intégrés à très haute échelle, VLSI 557

tangage 113
tautochrone 473, 480
taux d'intérêt 160
  effectif 161, 168, 171
  hypothèque 166, 171
  nominal 161
  table de mensualités 171
téléphonie mobile 542
télescope 118, 527
  ALPACA (Advanced Liquid-mirror Probe for Astrophysics, Cosmology and Asteroids) 502, 529, 567
  de Newton 528
  de Schmidt–Cassegrain 529
  miroir
    primaire 528
    secondaire 528
    tertiaire 567
  miroir liquide 500, 529, 567
tempérament 304, 326
temps
  exponentiel 235, 236
  polynomial 235–237
tension 498
tessellation de Dirichlet 547
test de primalité 227
test statistique 250
tétraèdre 153, 577, 579
tétration 431
théodolite 11
théorème
  chinois des restes 242
  d'échantillonnage 323
  d'Euler *220*
  de Banach 336, 350
  de Dirichlet 313
  de Fermat, le petit 220, 233
  de Frobenius *290*, 289–292
  de Lagrange 23, 231
  de Wilson 242
  des fonctions implicites 144
  des nombres premiers 225, *225*
  du collage 355
théorie de Galois 27
théorie des graphes 445
thèse de Church 421, *438*
thymine 417
topologie 139
totalement déconnecté 359
tour de puissance 431
trace 24
transformation
  affine *338*, 340
    contraction affine 341
    propre 53
    régulière 53
  conforme 33
  cosinus discrète 389, 399
  de Fourier 336
  linéaire 53
  orthogonale 93, *94*, 96
transistor 553, 557
  MOS (*metal oxide semiconductor*) 557
translation 53, 93, 96, 338
transposée d'une matrice 94
triangle de Sierpiński 342
triangulation 3, 549, 573
  de Delaunay 549, 573
troposphère 521

TTL (*transistor-transistor logic*) 557
tunnel
  du Gothard 475
  du Seikan 475
  sous la Manche 475

unaire, représentation 426
uniform resource locator (URL) 276
uniformément continue 348
unisson 302
URL (*uniform resource locator*) 276

valeur de vérité 432, 444, 553
valeur propre 97
Vandermonde (déterminant de) *201*, 328
variable aléatoire 267
  exponentielle 267
  géométrique 227
  uniforme 267
variance 366
variation 466
vecteur directeur 108
vecteur propre 97
very large scale integration (VLSI) 557
vitesse de la lumière 3
VLSI (*very large scale integration*) 557
von Koch, flocon 374
Voronoï
  cellule de 547, 548
  diagramme de 546, 572
Voronoï, G. 547

Whittaker, E.T. 325
Wilson, théorème de 242
Winograd, T. 276
Wood, R. 501

XOR 576

Yahoo 273

zones à risques 18

MIX
Papier aus verantwortungsvollen Quellen
Paper from responsible sources
FSC® C105338

If you have any concerns about our products,
you can contact us on
**ProductSafety@springernature.com**

In case Publisher is established outside the EU,
the EU authorized representative is:
**Springer Nature Customer Service Center GmbH**
**Europaplatz 3, 69115 Heidelberg, Germany**

Printed by Libri Plureos GmbH
in Hamburg, Germany